대기환경
기사·산업기사 실기

PREFACE
ENGINEER AIR POLLUTION ENVIRONMENTAL

본서는 한국산업인력공단 최근 출제기준에 맞춰 구성하였으며 대기환경기사 및 산업기사 실기시험을 준비하는 수험생 여러분들이 효율적으로 공부할 수 있도록 필수내용만 정성껏 담았습니다.

● 본 교재의 특징

> 1. 최근 출제경향에 맞춰 핵심이론과 필수기출·예상필수문제 및 풀이 수록
> 2. 각 단원별로 출제비중 높은 내용 표시
> 3. 최근의 기출문제풀이의 상세한 해설 수록

차후 실시되는 시험문제들의 해설을 통해 미흡하고 부족한 점은 계속 수정·보완해 나가도록 하겠습니다.

끝으로, 이 책을 출간하기까지 끊임없는 성원과 배려를 해주신 예문사 관계자 여러분, 주경야독 윤동기 이사님, 달팽이 박수호 님, 아들 서지운에게 깊은 감사를 전합니다.

저자 **서영민**

출제기준

대기환경기사 출제기준(실기)

직무분야	환경·에너지	중직무분야	환경	자격종목	대기환경기사	적용기간	2025.1.1.~2025.12.31.

• 직무내용 : 대기오염으로 인한 국민건강이나 환경에 관한 위해를 예방하기 위해 대기환경관리 계획수립, 시설인·허가 및 관리, 실내공기질 관리, 악취관리, 이동오염원 관리, 측정분석·평가를 통해 대기환경을 적정하고 지속가능하도록 관리·보전하는 직무이다.

실기검정방법	필답형	시험시간	3시간

실기과목명	주요항목	세부항목	세세항목
대기오염 방지실무	1. 대기오염 방지기술	1. 오염물질 확산 및 예측하기	1. 확산이론을 이해할 수 있다. 2. 안정도에 따른 연기확산을 파악할 수 있다. 3. 바람과 대기오염의 관계, 오염도를 예측할 수 있다.
		2. 연소이론, 연소계산, 연소설비 이해하기	1. 연소이론을 이해할 수 있다. 2. 연소생성물을 계산할 수있다. 3. 연소설비를 파악할 수 있다.
	2. 가스처리	1. 유체역학적 원리 이해하기	1. 유체의 흐름을 이해할 수 있다. 2. 입자동력학을 이해할 수 있다.
		2. 가스처리 및 반응 이해하기	1. 유해가스의 처리이론 및 장치를 파악할 수 있다. 2. 유해가스의 처리기술을 이해할 수 있다.
		3. 처리장치설계 이해하기	1. 흡수장치의 설계를 이해할 수 있다. 2. 흡착장치의 설계를 이해할 수 있다. 3. 기타 처리장치의 설계를 이해할 수 있다.
		4. 환기 및 통풍장치 이해하기	1. 환기장치에 관한 사항을 이해할 수 있다. 2. 통풍장치에 관한 사항을 이해할 수 있다.
	3. 입자처리	1. 입자의 기본이론 이해하기	1. 입자의 기초이론을 이해할 수 있다. 2. 입자상물질의 종류 및 특징을 파악할 수 있다.
		2. 집진원리 이해하기	1. 집진의 기초이론을 이해할 수 있다. 2. 집진장치별 집진율 등을 산정할 수 있다.
		3. 집진기술 파악하기	1. 집진기 연결형태에 따른 집진기술을 파악할 수 있다. 2. 통과율 및 집진효율 등을 계산할 수 있다.
		4. 집진장치 설계 이해하기	1. 중력식집진장치의 설계를 이해할 수 있다. 2. 관성력집진장치의 설계를 이해할 수 있다. 3. 원심력집진장치의 설계를 이해할 수 있다. 4. 세정식집진장치의 설계를 이해할 수 있다. 5. 여과집진장치의 설계를 이해할 수 있다. 6. 전기집진장치의 설계를 이해할 수 있다. 7. 기타집진장치의 설계를 이해할 수 있다.

실기과목명	주요항목	세부항목	세세항목
	4. 대기오염 측정 및 관리	1. 시료채취방법 이해하기	1. 시료채취를 위한 일반적인 사항을 파악할 수 있다. 2. 가스상 물질의 시료채취방법을 파악할 수 있다. 3. 입자상 물질의 시료채취방법을 파악할 수 있다.
		2. 시료측정 및 분석하기	1. 일반시험방법에 의거 측정 및 분석할 수 있다. 2. 배출허용기준시험방법에 의거 측정 및 분석할 수 있다. 3. 환경기준시험방법에 의거 측정 및 분석할 수 있다. 4. 기타시험방법에 의거 측정 및 분석할 수 있다.
		3. 대기오염관리 실무 파악하기	1. 대기오염관리 및 방지실무를 파악할 수 있다.
		4. 기타 오염원 관리 이해하기	1. 악취관리 업무를 이해할 수 있다. 2. 실내공기질 관리업무를 이해할 수 있다. 3. 이동오염원 관리업무를 이해할 수 있다. 4. 기타 오염원 관리업무를 이해할 수 있다.

출제기준

대기환경산업기사 출제기준(실기)

직무분야	환경·에너지	중직무분야	환경	자격종목	대기환경산업기사	적용기간	2025.1.1.~2025.12.31.

- 직무내용 : 대기오염으로 인한 국민건강이나 환경에 관한 위해를 예방하기 위해 대기환경관리계획수립, 시설 인·허가 및 관리, 실내공기질 관리, 악취관리, 이동오염원 관리, 측정분석·평가를 통해 대기환경을 적정하고 지속가능 하도록 관리·보전하는 직무이다.
- 수행준거 : 대기오염에 대한 전문적 지식을 토대로 하여
  1. 대기오염 현황을 정확히 측정 및 분석할 수 있다.
  2. 대기오염의 측정자료를 토대로 대기질을 평가 및 예측할 수 있다.
  3. 대기오염 대책을 수립하여 방지시설을 적절하게 설계, 시공, 관리할 수 있다.

실기검정방법	필답형	시험시간	2시간 30분

실기과목명	주요항목	세부항목	세세항목
대기오염 방지실무	1. 대기오염 방지기술	1. 오염물질 확산 이해하기	1. 확산이론을 이해할 수 있다. 2. 안정도에 따른 연기확산을 파악할 수 있다. 3. 바람과 대기오염의 관계, 오염도를 예측할 수 있다.
		2. 연소이론, 연소계산 이해하기	1. 연소이론 및 설비를 이해할 수 있다. 2. 연소생성물을 계산할 수 있다.
	2. 가스처리	1. 유체역학의 기본원리 이해하기	1. 유체의 흐름을 이해할 수 있다. 2. 입자동력학의 기본원리를 이해할 수 있다.
		2. 가스처리 및 반응 이해하기	1. 유해가스의 처리이론 및 장치를 파악할 수 있다. 2. 유해가스의 처리기술을 이해할 수 있다.
		3. 처리장치설계 이해하기	1. 흡수장치의 기본설계를 이해할 수 있다. 2. 흡착장치의 기본설계를 이해할 수 있다. 3. 기타 처리장치의 기본설계를 이해 할 수 있다.
		4. 환기 및 통풍장치 이해하기	1. 환기장치에 관한 사항을 이해할 수 있다. 2. 통풍장치에 관한 사항을 이해할 수 있다.
	3. 입자처리	1. 입자의 기본이론 이해하기	1. 입자의 기초이론을 이해할 수 있다. 2. 입자상물질의 종류 및 특징을 파악 할 수 있다.
		2. 집진원리 이해하기	1. 집진의 기초이론을 이해할 수 있다. 2. 집진장치별 집진율 등을 산정할 수 있다.
		3. 집진기술 파악하기	1. 집진기 연결형태에 따른 집진기술을 파악할 수 있다. 2. 통과율 및 집진효율 등을 계산할 수 있다.

실기과목명	주요항목	세부항목	세세항목
		4. 집진장치 설계 이해하기	1. 중력식집진장치의 기본설계를 이해할 수 있다. 2. 관성력집진장치의 기본설계를 이해할 수 있다. 3. 원심력집진장치의 기본설계를 이해할 수 있다. 4. 세정식집진장치의 기본설계를 이해할 수 있다. 5. 여과집진장치의 기본설계를 이해할 수 있다. 6. 전기집진장치의 기본설계를 이해할 수 있다. 7. 기타집진장치의 기본설계를 이해할 수 있다.
	4. 대기오염 측정 및 관리	1. 시료채취방법 이해하기	1. 시료채취를 위한 일반적인 사항을 파악할 수 있다. 2. 가스상 물질의 시료채취방법을 파악할 수 있다. 3. 입자상 물질의 시료채취방법을 파악할 수 있다.
		2. 시료측정 및 분석하기	1. 일반시험방법에 의거 측정 및 분석할 수 있다. 2. 배출허용기준시험방법에 의거 측정 및 분석할 수 있다. 3. 환경기준시험방법에 의거 측정 및 분석할 수 있다. 4. 기타시험방법에 의거 측정 및 분석할 수 있다.
		3. 대기오염관리 실무 파악하기	1. 대기오염관리 및 방지실무를 파악할 수 있다.
		4. 기타 오염원 관리 이해하기	1. 악취관리 업무를 이해할 수 있다. 2. 실내공기질 관리업무를 이해할 수 있다. 3. 이동오염원 관리업무를 이해할 수 있다. 4. 기타 오염원 관리업무를 이해할 수 있다.

이책의 차례

PART 01. 실기이론 및 기출필수문제

- Section 01 대기오염의 정의 ······ 1-3
- Section 02 대기의 조성 ······ 1-4
- Section 03 대기오염물질 배출원 ······ 1-7
- Section 04 대기 복사에너지 ······ 1-13
- Section 05 런던 Smog 및 로스앤젤레스 Smog ······ 1-17
- Section 06 대기 중 농도변화 ······ 1-19
- Section 07 석면 ······ 1-20
- Section 08 입자상 물질의 크기 결정방법 ······ 1-21
- Section 09 가시거리 ······ 1-23
- Section 10 지구환경문제 ······ 1-27
- Section 11 바람에 관여하는 힘 ······ 1-35
- Section 12 바람의 종류 ······ 1-36
- Section 13 국지환류(국지풍)의 종류 ······ 1-37
- Section 14 대기안정도 ······ 1-40
- Section 15 기온역전 ······ 1-48
- Section 16 연기의 형태 ······ 1-51
- Section 17 대기확산과 모델 ······ 1-54
- Section 18 유효굴뚝높이와 연기의 상승고 ······ 1-63
- Section 19 Sutton의 확산방정식 ······ 1-65
- Section 20 Down Wash 및 Down Draught ······ 1-76
- Section 21 연소이론 ······ 1-77
- Section 22 연소형태 ······ 1-88
- Section 23 연료 ······ 1-91
- Section 24 연소장치 및 연소방법 ······ 1-95
- Section 25 통풍장치 ······ 1-102

Section 26 매연(검댕, 그을음) 발생 ………………………………………… 1-106

Section 27 장치의 부식 ……………………………………………………… 1-107

Section 28 연소계산 ………………………………………………………… 1-108

Section 29 자동차의 연소 ………………………………………………… 1-170

Section 30 입자동력학 ……………………………………………………… 1-173

Section 31 입경과 입경분포 ……………………………………………… 1-176

Section 32 입경분포의 해석 ……………………………………………… 1-178

Section 33 입자의 물리적 특성 …………………………………………… 1-183

Section 34 집진원리 ………………………………………………………… 1-186

Section 35 집진장치 ………………………………………………………… 1-197

Section 36 유해가스 처리 ………………………………………………… 1-264

Section 37 황산화물 처리 ………………………………………………… 1-280

Section 38 질소산화물 처리 ……………………………………………… 1-291

Section 39 염소(Cl_2) 및 염화수소(HCl) 처리 ……………………… 1-300

Section 40 불소(F_2) 및 불소화합물 처리 …………………………… 1-305

Section 41 악취 처리 ……………………………………………………… 1-308

Section 42 휘발성 유기화합물(VOCs) 처리 …………………………… 1-310

Section 43 다이옥신류 제어 ……………………………………………… 1-311

Section 44 기초 유체 역학 ………………………………………………… 1-312

Section 45 후드(Hood) …………………………………………………… 1-321

Section 46 덕트(Duct) …………………………………………………… 1-329

Section 47 총압력손실 ……………………………………………………… 1-333

Section 48 송풍기(Fan) …………………………………………………… 1-335

Section 49 화학 기초 ……………………………………………………… 1-345

Section 50 오염물질 및 유량 보정 ……………………………………… 1-355

Section 51 화학분석 일반사항 …………………………………………… 1-357

Section 52 기체크로마토그래피법 ……………………………………… 1-359

Section 53 자외선/가시선 분광법 ……………………………………… 1-364

Section 54 원자흡수분광광도법 ………………………………………… 1-366

Section 55 비분산 적외선분광분석법 …………………………………… 1-371

Section 56 이온크로마토그래프법 ……………………………………… 1-373

CONTENTS

Section 57 흡광차분광법 ………………………………………………………… 1-374
Section 58 배출가스 중 가스상 물질 시료채취방법 ……………………………… 1-375
Section 59 배출가스 유속 및 유량 측정방법 …………………………………… 1-377
Section 60 배출가스 중 먼지 ……………………………………………………… 1-380
Section 61 비산먼지 ………………………………………………………………… 1-380
Section 62 배출가스 중 암모니아 ………………………………………………… 1-383
Section 63 배출가스 중 일산화탄소 ……………………………………………… 1-383
Section 64 배출가스 중 염화수소 ………………………………………………… 1-383
Section 65 배출가스 중 염소 ……………………………………………………… 1-384
Section 66 배출가스 중 질소산화물 ……………………………………………… 1-384
Section 67 배출가스 중 황산화물 ………………………………………………… 1-384
Section 68 배출가스 중 이황화탄소(CS_2) ……………………………………… 1-385
Section 69 배출가스 중 황화수소 ………………………………………………… 1-385
Section 70 배출가스 중 플루오린화합물 ………………………………………… 1-385
Section 71 배출가스 중 사이안화수소 …………………………………………… 1-386
Section 72 배출가스 중 매연 ……………………………………………………… 1-386
Section 73 배출가스 중 폼알데히드 및 알데히드류 …………………………… 1-387
Section 74 배출가스 중 브로민화합물 …………………………………………… 1-388
Section 75 배출가스 중 페놀화합물 ……………………………………………… 1-388
Section 76 배출가스 중 벤젠 ……………………………………………………… 1-388
Section 77 굴뚝 배출가스 중 총탄화수소 ……………………………………… 1-389
Section 78 배출가스 중 사염화탄소, 클로로폼, 염화바이닐 시험방법 ……… 1-389
Section 79 환경대기 중 시료채취방법 …………………………………………… 1-389
Section 80 환경대기 중 아황산가스 측정방법 ………………………………… 1-391
Section 81 환경대기 중 일산화탄소 측정방법 ………………………………… 1-392
Section 82 환경대기 중 질소산화물 측정방법 ………………………………… 1-392
Section 83 환경대기 중 먼지 측정방법 ………………………………………… 1-392
Section 84 환경대기 중 옥시단트 측정방법 …………………………………… 1-393
Section 85 환경대기 중 탄화수소 측정방법 …………………………………… 1-393
Section 86 환경대기 중 석면 시험방법 ………………………………………… 1-393
Section 87 환경대기 중 유해휘발성 유기화합물(VOCs)의 시험방법 ……… 1-394

Section 88 환경기준 ·· 1-395
Section 89 지정악취물질 ·· 1-396
Section 90 실내공기질 관리법상 실내공간 오염물질 ································· 1-397
Section 91 실내공기질 유지기준 ·· 1-398
Section 92 실내공기질 권고기준 ·· 1-399
Section 93 신축공동주택 공기질 권고기준 ·· 1-399

과년도 문제풀이

2012 1회 기사 ··· 2-3
      1회 산업기사 ·· 2-9
      2회 기사 ·· 2-15
      2회 산업기사 ·· 2-21
      4회 기사 ·· 2-26
      4회 산업기사 ·· 2-32

2013 대기환경기사 복원문제풀이 ··· 2-38
      대기환경산업기사 복원문제풀이 ·· 2-52

CONTENTS

2014 1회 기사 ·· 2-67
     1회 산업기사 ·· 2-73
     2회 기사 ·· 2-78
     2회 산업기사 ·· 2-84
     4회 기사 ·· 2-89
     4회 산업기사 ·· 2-95

2015 1회 기사 ·· 2-100
     1회 산업기사 ·· 2-105
     2회 기사 ·· 2-111
     2회 산업기사 ·· 2-117
     4회 기사 ·· 2-122
     4회 산업기사 ·· 2-127

2016 1회 기사 ·· 2-132
     1회 산업기사 ·· 2-136
     2회 기사 ·· 2-141
     2회 산업기사 ·· 2-146
     4회 기사 ·· 2-150
     4회 산업기사 ·· 2-156

2017 1회 기사 ·· 2-160
     1회 산업기사 ·· 2-165
     2회 기사 ·· 2-171
     2회 산업기사 ·· 2-177
     4회 기사 ·· 2-182
     4회 산업기사 ·· 2-188

대기환경기사 / 산업기사
CONTENTS

2018 1회 기사 ·· 2-194
　　　 1회 산업기사 ·· 2-200
　　　 2회 기사 ·· 2-205
　　　 2회 산업기사 ·· 2-211
　　　 4회 기사 ·· 2-216
　　　 4회 산업기사 ·· 2-222

2019 1회 기사 ·· 2-227
　　　 1회 산업기사 ·· 2-232
　　　 2회 기사 ·· 2-236
　　　 2회 산업기사 ·· 2-241
　　　 4회 기사 ·· 2-246
　　　 4회 산업기사 ·· 2-251

2020 1회 기사 ·· 2-256
　　　 1회 산업기사 ·· 2-265
　　　 통합 1·2회 기사 ·· 2-272
　　　 통합 1·2회 산업기사 ·· 2-281
　　　 3회 기사 ·· 2-289
　　　 3회 산업기사 ·· 2-297
　　　 4회 기사 ·· 2-305
　　　 4회 산업기사 ·· 2-314
　　　 5회 기사 ·· 2-321
　　　 5회 산업기사 ·· 2-330

2021 1회 기사 ·· 2-336
　　　 1회 산업기사 ·· 2-345
　　　 2회 기사 ·· 2-354
　　　 2회 산업기사 ·· 2-364
　　　 4회 기사 ·· 2-371
　　　 4회 산업기사 ·· 2-380

CONTENTS

2022 1회 기사 ··· 2-388
　　　 1회 산업기사 ··· 2-397
　　　 2회 기사 ··· 2-404
　　　 2회 산업기사 ··· 2-413
　　　 4회 기사 ··· 2-421
　　　 4회 산업기사 ··· 2-430

2023 1회 기사 ··· 2-437
　　　 1회 산업기사 ··· 2-446
　　　 2회 기사 ··· 2-454
　　　 2회 산업기사 ··· 2-464
　　　 4회 기사 ··· 2-473
　　　 4회 산업기사 ··· 2-483

2024 1회 기사 ··· 2-492
　　　 1회 산업기사 ··· 2-502
　　　 2회 기사 ··· 2-509
　　　 2회 산업기사 ··· 2-519
　　　 3회 기사 ··· 2-528
　　　 3회 산업기사 ··· 2-537

PART 01
실기이론 및 기출필수문제

본 문제는 독자의 제보 및 환경기사마을 다음 카페 시험 후기를 바탕으로 재복원한 것입니다.

SECTION 01 대기오염의 정의

1. WHO(세계보건기구)

대기 중에 인위적으로 배출된 오염물질이 한 가지 또는 그 이상이 존재하여 오염물질의 양, 농도 및 지속시간이 어떤 지역의 불특정 다수인에게 불쾌감을 일으키는 상태를 대기오염이라 한다.

2. 대기환경보전법

대기오염물질이란 대기오염의 원인이 되는 가스·입자상 물질로서 환경부령으로 정하는 것을 말한다.

(1) 가스

물질이 연소·합성·분해될 때에 발생하거나 물리적 성질로 인하여 발생하는 기체상 물질을 말한다.

(2) 입자상 물질

물질이 파쇄·선별·퇴적·이적될 때, 그 밖에 기계적으로 처리되거나 연소·합성·분해될 때에 발생하는 고체상 또는 액체상의 미세한 물질을 말한다.

3. 대기

지구 중력장(에너지)에 이끌려 지표를 덮고 있는 기체의 층으로 고도가 높아지면 대기가 적어진다. 공기는 물에 비해 탄성이 약하며, 약 0~50℃의 온도범위 내에서 공기는 보통 이상기체의 법칙을 따른다.

 학습 Point

대기의 정의 숙지

SECTION 02 대기의 조성

1. 개요

대기의 수직온도 분포에 따라 대류권, 성층권, 중간권, 열권으로 구분할 수 있다. 대기의 온도는 위쪽으로 올라갈수록, 대류권에서는 하강, 성층권에서는 상승, 중간권에서 하강, 다시 열권에서는 상승한다.

2. 대류권

대류권은 지표에서부터 평균 11~12km까지의 높이로 극지방으로 갈수록 낮아지며(적도 : 16~17km, 중위도 : 10~12km, 극 : 6~8km), 구름이 끼고 비가 오는 등의 기상현상은 대류권에 국한되어 나타난다.

3. 성층권

성층권의 고도는 약 11km에서 50km까지이며 성층권역에서는 고도에 따라 온도가 증가하고, 하층부의 밀도가 커서 안정한 상태를 나타낸다. 즉, 대기의 대류현상이 나타나지 않는다.

> **Reference** Dobson Unit (DU)
>
> 1Dobson은 지구 대기 중 오존의 총량을 0℃, 1기압의 표준상태에서 두께로 환산했을 때 0.01mm($10\mu m$)에 상당하는 양을 의미한다. 즉, $10\mu m$ 두께의 오존을 지표에 깔 수 있을 정도의 오존의 양을 말하며 이는 평방미터당 2.69×10^{20}개의 오존원자가 있는 정도이다.

4. 중간권

중간권의 고도는 약 50km에서 90km까지이다. 고도에 따라 온도가 낮아지며, 지구대기층 중에서 가장 기온이 낮은 구역이 분포한다.

5. 열권

열권의 고도는 약 80km 이상이며, 질소나 산소가 파장 $0.1\mu m$ 이하의 자외선을 흡수하기 때문에 온도가 증가한다.

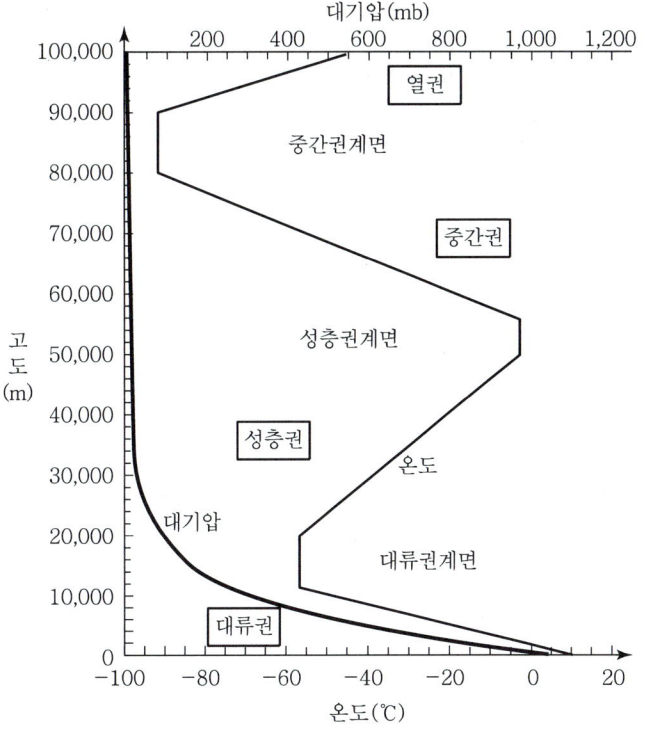

대기의 수직구조

필수 예상문제

01 공기의 조성비가 다음과 같을 때 공기의 평균분자량(g)과 공기밀도(kg/m³)를 구하시오. (단, 표준상태 0℃, 1기압)

> 질소 : 78.2%, 산소 : 21%, 아르곤 : 0.5%, 이산화탄소 : 0.3%

풀이

1) 공기의 평균 분자량 = 각 성분 가스의 분자량(g) × 체적 분율(%)

$$= \frac{[(28N_2 \times 78.2) + (32O_2 \times 21.0) + (39.95Ar \times 0.5) + (44(CO_2) \times 0.3)]}{100}$$

$$= \frac{2,894.78}{100} = 28.95g$$

2) 공기밀도 = $\frac{질량}{부피} = \frac{28.95g}{22.4L} = 1.29g/L \, (kg/m^3)$

기출 필수문제 출제율 30% 이상

02 CO : 45%, H_2 : 55%일 때 다음 물음에 답하시오.
(1) CO의 중량분율(%)   (2) 평균 분자량(g)

풀이

(1) CO의 중량분율(%) = $\dfrac{28 \times 0.45}{(28 \times 0.45) + (2 \times 0.55)} \times 100 = 91.97\%$

(2) 평균 분자량(g) = $(28 \times 0.45) + (2 \times 0.55) = 13.7g$

기출 필수문제 출제율 80% 이상

03 대류권 내에서 CO_2의 평균농도가 350ppm이고 대류권의 평균높이가 11km일 때, 대류권 내에 존재하는 CO_2의 무게(ton)는? (단, 지구의 반지름은 6,400km라 가정)

풀이

$CO_2(ton)$ = 대류권 체적 × CO_2 농도

대류권 체적 = 대류권까지 체적 − 지구체적(지상의 구 체적)

$= \dfrac{4}{3}\pi r^3 - \dfrac{4}{3}\pi R^3$

$= \dfrac{4}{3} \times 3.14 \times [11,000 + (6,400 \times 10^3)]^3 m^3$

$\quad - \dfrac{4}{3} \times 3.14 \times (6,400 \times 10^3)^3 m^3$

$= 1.1032 \times 10^{21} m^3 - 1.0975 \times 10^{21} m^3 = 5.7 \times 10^{18} m^3$

$= 5.7 \times 10^{18} m^3 \times 350/10^6 \times 44kg/22.4m^3 \times 1ton/1,000kg$

$= 3.92 \times 10^{12} ton$

기출 필수문제 출제율 80% 이상

04 지표면 근처의 CO_2 농도는 380ppm이다. 지표에서 지상 150m 사이에 존재하는 CO_2 무게(ton)를 구하시오. (단, 지구반지름 6,380km)

풀이

$CO_2(ton)$ = 농도 × 대기체적

대기체적 = 지상 150m에서의 구 체적 − 지상의 구 체적

구 체적 = $\dfrac{3.14 \times D^3}{6} = 0.524 D^3$

$$= (0.524 \times 12{,}760{,}300^3) - (0.524 \times 12{,}760{,}000^3)$$
$$= 7.678 \times 10^{16} \text{m}^3$$
$$= 380 \text{mL/m}^3 \times 7.678 \times 10^{16} \text{m}^3 \times \frac{44 \text{mg}}{22.4 \text{mL}} \times \text{ton}/10^9 \text{mg}$$
$$= 5.73 \times 10^{10} \text{ton}$$

SECTION 03 대기오염물질 배출원

1. 대기오염물질 배출원의 구분

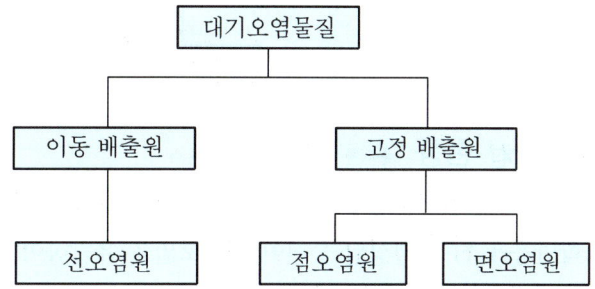

2. 1차 오염물질

(1) 정의

발생원에서 직접 대기로 배출되는 오염물질이다.

(2) 종류

에어로졸(입자상 물질), SO_2, NOx, NH_3, CO, HCl, Cl_2, N_2O_3, HNO_3, CS_2, H_2SO_4, HC(방향족 탄화수소), NaCl(바닷물의 물보라 등이 배출원), CO_2, Pb, Zn, Hg 등

3. 2차 오염물질

(1) 개요

① 발생원에서 배출된 1차 오염물질이 상호 간 또는 공기와의 반응에 의해서 생성된 오염물질을 의미하며, 1차 오염물질들이 대기 중에서 물리·화학적 과정에 의해 부차적으로 생성되는 오염물질을 말한다.

② 배출된 오염물질이 자외선과 탄화수소의 촉매로 광화학반응 등을 통하여 활성·분해되어 성상이 다른 오염물질로 광산화물이 대표적이다.

(2) 종류 출제율 60%

에어로졸(H_2SO_4 mist), O_3, PAN($CH_3COOONO_2$), 염화니트로실(NOCl), 과산화수소(H_2O_2), 아크롤레인(CH_2CHCHO), PBN($C_6H_5COOONO_2$), 알데히드(Aldehydes ; RCHO), SO_2

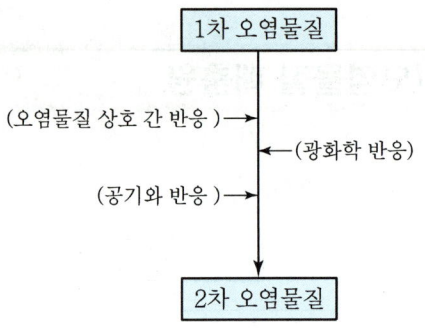

(3) 광화학 Smog 현상 출제율 30%

주로 자동차 배출가스에서 발생된 NOx가 자외선과 올레핀계 탄화수소의 촉매로 광화학반응을 하여 생성된 물질이 대기오염을 유발하여 주로 점막계통과 시정장애에 영향을 주는 현상이다.

① 광화학반응

② 질소산화물(NOx)의 광화학반응

㉠ 대기 중에서의 산화반응

NO → NO_2로 전환 의미

$2NO + O_2 \rightarrow 2NO_2$

㉡ 광화학반응

NO_2는 자외선(430nm 이하 : 202~422nm) 및 일부 가시광선 흡수

$NO_2 + h\nu$(자외선) $\rightarrow NO + O$: 광분해반응

$NO + NO_2 + H_2O \rightarrow 2HNO_2$

$HNO_2 + h\nu \rightarrow OH + NO$

ⓒ O_3의 생성반응

대기 중의 오존농도는 보통 NO_2로 산화되는 NO의 양에 비례하여 증가하며 NO에서 NO_2로의 산화가 거의 완료되고, NO_2가 최고농도에 도달하면서 O_3 농도가 증가하기 시작한다.

$$O + O_2 + M \rightarrow O_3 + M$$

M : 제3의 물질(예 N_2)

ⓔ 순환반응

생성 O_3가 NO와 반응하므로 최종적인 O_3 농도는 증가하지 않음

$$NO + O_3 \rightarrow NO_2 + O_2$$

③ NO_2의 광화학반응(광분해) Cycle

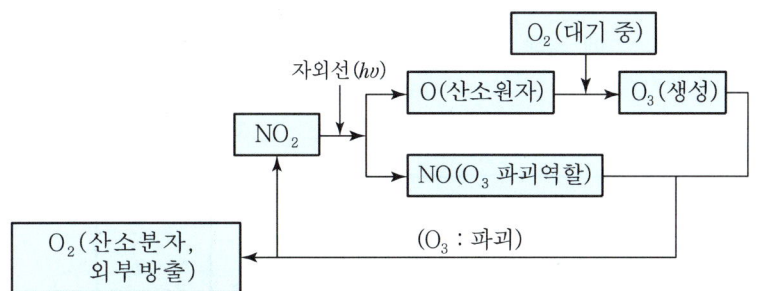

(생성 O_3 모두 NO에 의해 파괴되어 대기 중 O_3 축적은 발생하지 않음)

④ 휘발성 유기화합물(VOCs) 존재 시 광화학반응

㉠ 자외선에 의한 NO_2의 광분해반응

$$NO_2 + h\nu \rightarrow NO + O$$

㉡ O(산소원자)의 O_3 생성 및 VOCs와 반응 RO_2(과산화기) 생성

$$O + O_2 + M \rightarrow O_3 + M$$

$$O_3 + VOCs \rightarrow RO_2$$

㉢ RO_2와 NO의 반응

$$RO_2 + NO \rightarrow NO_2 + RO$$

$$NO_2 + h\nu \rightarrow NO + O$$

$$O + O_2 + M \rightarrow O_3 + M$$

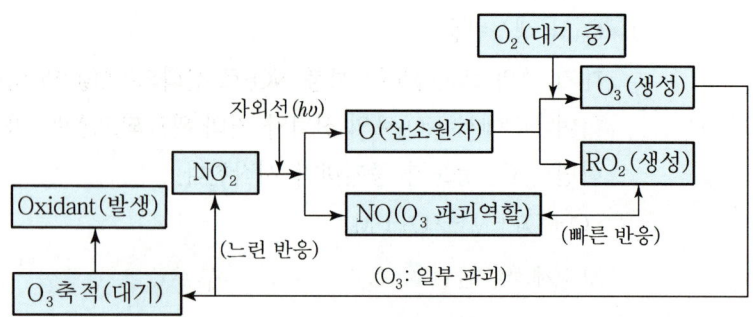

(VOCs의 산화로 생성된 RO_2는 O_3를 파괴시키는 NO와 반응하여 O_3 파괴를 방해하는 역할을 하므로 대기 중 O_3은 축적하게 됨)

광화학 스모그의 형성과정에서 하루 중 농도의 최대치가 나타나는 시간대가 일반적으로 빠른 순서는 NO>NO_2>O_3이다. 즉, NO와 HC의 반응에 의해 오전 7시경을 전후로 NO_2가 상당한 비율로 발생하기 시작한다.

> **Reference** 광화학 Smog 반응

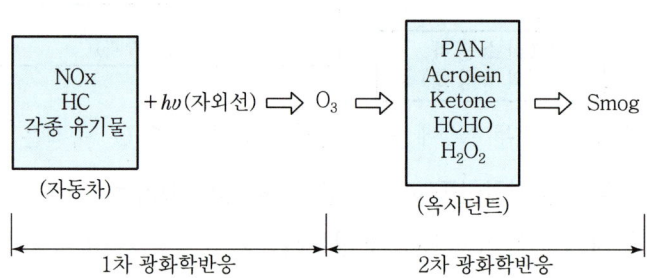

1 광화학 Smog의 3대 원인 인자
1) NOx(NO_2는 도시대기오염물 중에서 가장 중요한 태양 및 흡수기체)
2) HC(올레핀계) : 올레핀계 탄화수소가 광화학 활성이 가장 강함
3) 자외선(380~400nm)

2 광화학 Smog의 발생조건
1) 자외선의 강도가 큰 경우(시간당 일사량이 $5MJ/m^2$ 이상으로 큰 경우)
2) 공기의 정체가 크고 대기오염물질의 배출량(NOx, VOCs)이 많은 경우
3) 기온역전이 형성된 경우(대기 안정)
4) 혼합고가 낮은 경우
5) 기압경도가 완만하여 풍속 4m/sec 이하(2.5m/sec 이하)의 약풍이 지속될 경우

3 광화학 산화제(옥시던트)의 농도에 영향을 미치는 요인
  1) 빛(자외선)의 강도
  2) 빛(자외선)의 지속시간
  3) 반응물의 양
  4) 대기 안정도(기온역전)

4 대표적 산화물질(옥시던트) 출제율 80%
  1) PAN
  2) PBzN
  3) PBN
  4) PPN
  5) O_3
  6) H_2SO_4, HNO_3
  7) Aldehyde
  8) H_2O_2

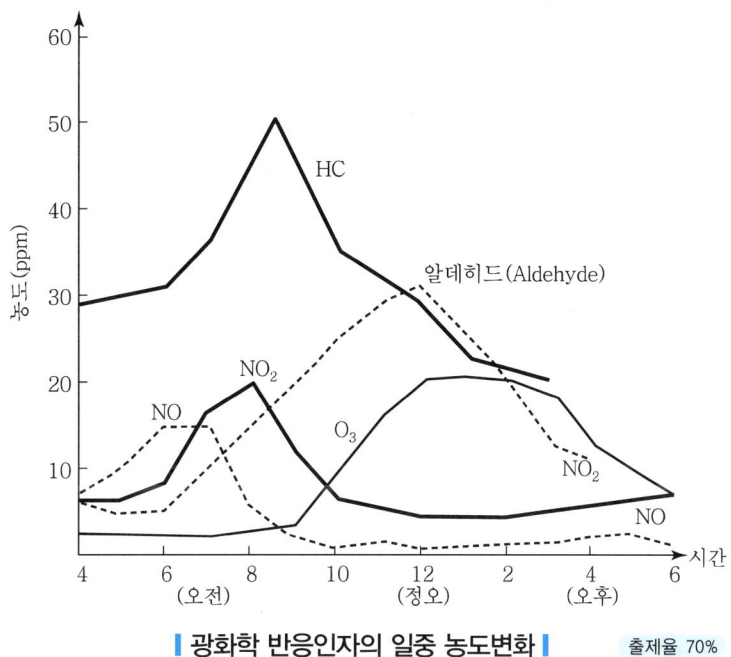

▌광화학 반응인자의 일중 농도변화 ▌ 출제율 70%

4. 1, 2차 대기오염물질

(1) 정의
발생원에서 직접 및 대기 중에서 화학반응을 통해 생성되는 물질이다.

(2) 종류
SO_2, SO_3, NO, NO_2, HCHO, 케톤(Ketones), 유기산(Organic Acid), 알데히드(Aldehydes) 등

> **학습 Point**
> ① 2차 대기오염물질 종류 5가지 이상 숙지
> ② 광화학 Smog 반응 내용 숙지
> ③ 광화학 반응인자의 일중 농도변화 숙지

기출 필수문제 출제율 50% 이상

01 체적이 100m³인 복사실의 공간에서 오존(O_3)의 배출량이 분당 0.2mg인 복사기를 연속 사용하고 있다. 복사기 사용 전 실내 오존의 농도가 0.13ppm이라고 할 때, 90분 사용 후 복사실의 오존농도(ppb)는?(단, 0℃, 1기압 기준, 환기 없음)

풀이

현재 오존의 농도 = 복사기 사용 전 농도 + 복사기 사용으로 증가된 농도

사용 전 농도 = 0.13ppm × 10³ppb/ppm = 130ppb

사용으로 증가된 농도

$$= \frac{0.2\text{mg/min} \times 90\text{min} \times 22.4\text{mL/48mg}}{100\text{m}^3}$$

$= 0.084\text{mL/m}^3(\text{ppm})$

$= 0.084\text{ppm} \times 10^3\text{ppb/ppm} = 84\text{ppb}$

$= 130\text{ppb} + 84\text{ppb} = 214\text{ppb}$

기출 필수문제 출제율 40% 이상

02 120m³인 복사실에서 오존배출량이 분당 240μg인 복사기를 연속사용하고 있다. 이 복사기를 사용하기 전의 실내오존의 농도가 196μg/Nm³라고 할 때, 6시간 사용 후 복사실의 오존농도(ppb)는?(단, 0℃, 1기압, 환기 없음)

풀이

현재 오존의 농도 = 복사기 사용 전 농도 + 복사기 사용으로 증가된 농도

사용 전 농도 = 196μg/Nm³

사용으로 증가된 농도

$$= \frac{240\mu\text{g/min} \times 6\text{hr} \times 60\text{min/hr}}{120\text{m}^3} = 720\mu\text{g/Nm}^3$$

$= 196 + 720 = 916\mu\text{g/Nm}^3$

$= 916\mu\text{g/Nm}^3 \times \frac{22.4\text{mL}}{48\text{mg}} \times 1\text{mg}/10^3\mu\text{g}$

$= 0.42746\text{ppm} \times 10^3\text{ppb/ppm} = 427.47\text{ppb}$

SECTION 04 대기 복사에너지

1. 태양상수

(1) 정의
지구의 대기권 밖에서 햇빛(태양광선)에 수직인 $1cm^2$의 면적에 1분 동안 들어오는 태양복사에너지의 양을 말한다.

(2) 태양상수의 값
$2cal/cm^2 \cdot min(1,380W/m^2)$

(3) 지표에 도달하는 태양복사에너지(E)
지표면 $1cm^2$의 면적이 1분 동안 받는 평균복사에너지

$$E = \frac{1분\ 동안에\ 받는\ 총에너지}{전지구표면적} = \frac{\pi R_e^2 I}{4\pi R_e^2} = \frac{I}{4}$$

$$= 0.5cal/cm^2 \cdot min$$

여기서, R_e : 지구반지름
        I : 태양상수

2. 스테판-볼츠만의 법칙(Stefan-Boltzmann's Law)

(1) 정의
복사에너지 중 파장에 대한 에너지 강도가 최대가 되는 파장과 흑체의 표면온도의 관계를 나타내는 법칙을 말한다. 흑체 복사를 하는 물체에서 방출되는 복사강도는 그 물체표면 $1cm^2$의 절대온도의 4승에 비례한다.

(2) 관련식

$$E = \sigma T^4$$

여기서, E : 흑체 단위표면적에서 복사되는 에너지
        T : 흑체의 표면 절대온도
        σ : 스테판-볼츠만 상수($5.67 \times 10^{-8} W/m^2 \cdot K^{-4}$)

필수 예상문제

01 스테판-볼츠만의 법칙에 따라 표면온도가 1,000K에서 2,000K가 되었다면 흑체에서 복사되는 에너지는 몇 배가 되는가?

> **풀이**
>
> $E = \sigma T^4$ 이므로
>
> $\left(\dfrac{T_2}{T_1}\right)^4 = \left(\dfrac{2,000}{1,000}\right)^4 = 16$ 배

기출 필수문제 출제율 30% 이상

02 도시지역이 시골지역보다 태양의 복사열량이 10% 감소한다고 한다. 도시지역의 지상온도가 255K일 때 시골지역의 지상온도(K)는 얼마나 되겠는가?(단, 스테판-볼츠만 법칙 이용)

> **풀이**
>
> $E = \sigma \times T^4$
>
> 1) 도시지역의 복사에너지
> $E = (5.67 \times 10^{-8}) \times 255^4 = 239.74 \, \text{W/m}^2$
> 2) 시골지역의 복사에너지
> $E = 239.74 \times 1.1 = 263.714 \, \text{W/m}^2$
> 3) 시골지역의 지상온도
> $263.714 = (5.67 \times 10^{-8}) \times T^4$
> $T^4 = 4,651,040,564 \, \text{K}$
> $T = 261.15 \, \text{K}$

3. 빈의 변위법칙(Wien's Displacement Law) 출제율 30%

(1) 정의

최대에너지 파장과 흑체 표면의 절대온도가 반비례함을 나타내는 법칙으로 파장의 길이가 작을수록 표면온도가 높은 물체이다.

(2) 관련식

$$\lambda_m = \frac{2,897}{T}$$

여기서, λ_m : 복사에너지 중 에너지 강도가 최대가 되는 파장(μm)
T : 흑체의 표면온도(K)

4. 플랑크의 법칙(Planck's Distribution Law of Emission)

(1) 정의

흑체로부터 복사되는 에너지 강도를 표면온도와 파장의 함수로 나타내며 방정식으로 표현된다.

(2) 관련식

$$E_\lambda = h\nu = h\frac{C}{\lambda}$$

여기서, E_λ : 파장이 λ인 복사에너지의 에너지 강도
C : 빛의 속도(3.0×10^8m/sec)
h : Planck's 상수
ν : 진동수

5. 복사평형

(1) 비어-램버트의 법칙(Beer-Lambert's Law)

① 정의

어떤 매질을 통과하는 빛의 복사 속 밀도는 통과한 거리에 따라 지수적으로 감소함을 나타내는 법칙이다.

② 관련식

$$I = I_0 \exp(-K\rho S)$$

여기서, I : 매질로 입사 후 빛의 복사 속 밀도
I_0 : 매질로 입사 전 빛의 복사 속 밀도
K : 감쇄계수
ρ : 매질의 밀도
S : 통과거리

(2) 대기의 흡수

① 지표면에서 측정된 태양복사에너지는 적외선 파장 영역에서 강한 흡수대를 나타낸다. 지구복사의 흡수는 수증기와 탄산가스(CO_2)가 가장 큰 역할을 하며 수증기에 의한 흡수는 적외선 영역, CO_2는 $2.5 \sim 3\mu m$, $4 \sim 5\mu m$의 파장 영역에 대해서 이루어진다.

② 대기의 창(Atmospheric Window)은 대기에 의한 흡수가 약하여 $8 \sim 12\mu m$의 파장영역의 복사는 대기에 의하여 거의 흡수되지 않고 지구대기권을 그대로 통과하는데 이 파장영역을 말한다.

(3) 산란

① 개요

지구대기 중에서 광선이 기체분자 및 에어로졸에 부딪혀 여러 방향으로 퍼져나가게 되는 현상이다.

② 레일리 산란(Rayleigh Scattering)

빛의 산란강도는 광선 파장의 4승에 반비례한다는 법칙으로 Rayleigh는 '맑은 하늘 또는 저녁 노을은 공기분자에 의한 빛의 산란에 의한 것'이라는 것을 발견하였으며 맑은 날 하늘이 푸르게 보이는 이유는 레일리 산란 특성에 의해 파장이 짧은 청색광이 긴 적색광보다 더욱 강하게 산란되기 때문이다.

③ 미 산란(Mie Scattering)

미 산란은 광선이 파장과 이를 산란시키는 입자의 반경이 같은 경우에 산란 효과가 뚜렷하게 나타나며 태양복사에너지는 지표면에 도달하기 전에 대기 중에 있는 여러 물질에 의해 산란되어 그 양이 줄어들게 된다. 특히 대기 중의 먼지나 입자의 직경이 전자파의 파장과 거의 같은 크기일 경우, 하늘은 백색으로 변하거나 뿌옇게 흐려져 일사량의 감소를 초래하며 간접적으로 대기오염도를 예측할 수 있는데 이와 같은 현상을 미 산란이라 한다.

(4) 알베도(Albedo) 출제율 30%

지구지표의 반사율을 나타내는 지표, 즉 알베도는 입사에너지에 대하여 반사되는 에너지의 의미이며 지표면 상태 중 일반적으로 얼음이 알베도가 가장 크다.

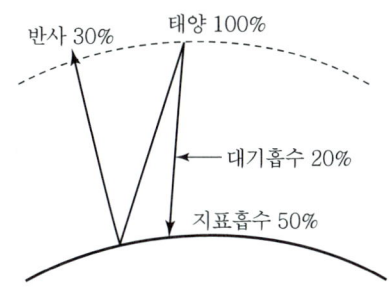

※ 반사하는 30%를 반사율 또는 알베도라 한다.

SECTION 05 런던 Smog 및 로스앤젤레스 Smog

1. 런던 Smog 사건

(1) **발생연도** : 1952년 12월

(2) **발생장소** : 영국 London

(3) **환경조건** : 기온역전, 하천평지, 무풍, 연무, 높은 습도, 대도시

(4) **원인** : 가정난방용 및 화력발전소의 석탄연소

(5) **원인물질** : SO_2, 분진(부유먼지), 에어로졸 등

(6) **피해**
   ① 3주 동안 4,000명, 2개월 동안 8,000명 사망
   ② 전 연령층에 만성기관지염, 천식, 기관지 확장증, 폐섬유증 등의 질병 유발

(7) **특징** : 최대의 사망자 수를 기록한 대기오염사건

2. 로스앤젤레스 Smog 사건

(1) **발생연도** : 1954년 여름(7~9월)

(2) **발생장소** : 미국 Los Angeles

(3) **환경조건** : 기온역전, 해안분지, 백색연무, 급격한 인구증가(대도시) 등

(4) **원인** : 자동차 증가에 따른 석유계 연료소비

(5) **원인물질**

CO, CO_2, SO_3, NO_2, 올레핀계 탄화수소, 광화학적 산화물(알데히드, 아크로레인, 오존 등) 형성

(6) **피해**

① 눈, 코, 기도, 폐의 지속적 점막 자극
② 고무제품 균열 및 건축물 손상에 따른 재산상 손실
③ 일상생활의 불쾌감 야기

| London Smog와 LA Smog의 비교 |

구분	London형	LA형
특징	Smoke+Fog의 합성	광화학작용 (2차성 오염물질의 스모그 형성)
반응·화학반응	• 열적 환원반응 • 연기+안개 → 환원형 Smog	• 광화학적 산화반응 • $HC+NOx+h\nu$ → 산화형 Smog
발생 시 기온	4℃ 이하	24℃ 이상(25~30℃)
발생 시 습도	85% 이상	70% 이하
발생 시간	새벽~이른 아침, 저녁	주간(한낮)
발생 계절	겨울(12~1월)	여름(7~9월)
일사량	없을 때	강한 햇빛
풍속	무풍	3m/sec 이하
역전 종류	복사성 역전(방사형) ; 접지역전	침강성 역전(하강형)
주 오염 배출원	• 공장 및 가정난방 • 석탄 및 석유계 연료	• 자동차 배기가스 • 석유계 연료
시정거리	100m 이하	1.6~0.8km 이하
Smog 형태	차가운 취기가 있는 농무형	회청색의 농무형
피해	• 호흡기 장애, 만성기관지염, 폐렴 • 심각한 사망률(인체에 대해 직접적 피해)	• 점막자극, 시정악화 • 고무제품 손상, 건축물 손상
주 오염물질	SO_2, smoke, CO, H_2SO_4 mist	NOx, O_3, PAN, 알데히드, 아크로레인

SECTION 06 대기 중 농도변화

1. 대기 중 농도변화

① NO는 주로 교통량이 많은 이른 아침(오전 7~9시)에 하루 중 최고치를 나타낸다. 즉, 대기 중에서 최고농도가 나타나는 시간이 가장 이른 것이 NO이다.

② NO_2의 농도 최고치는 NO 농도 최고치 기준 약 1시간 후에 나타나는데 그 이유는 NO가 태양복사에너지를 흡수하여 NO_2로 산화되면 NO 농도는 감소, NO_2의 농도는 증가하기 때문이다.

③ NO가 강한 태양복사에너지에 의하여 NO_2로 산화되기 때문에 NO_2는 한여름철에 높은 농도를 나타낸다.

④ NO_2가 먼저 형성된 후에 O_3가 형성된다. 즉, O_3 농도가 최고치(오후 2~4시경)에 이르기 전에 NO_2의 최고농도가 나타난다.

⑤ 퇴근시간대에도 NO 농도가 다소 증가하는 추세를 나타내는데 오후에는 오전보다 평균풍속이 높고 대기혼합작용이 활발하기 때문에 오전 농도만큼 높지는 않다.

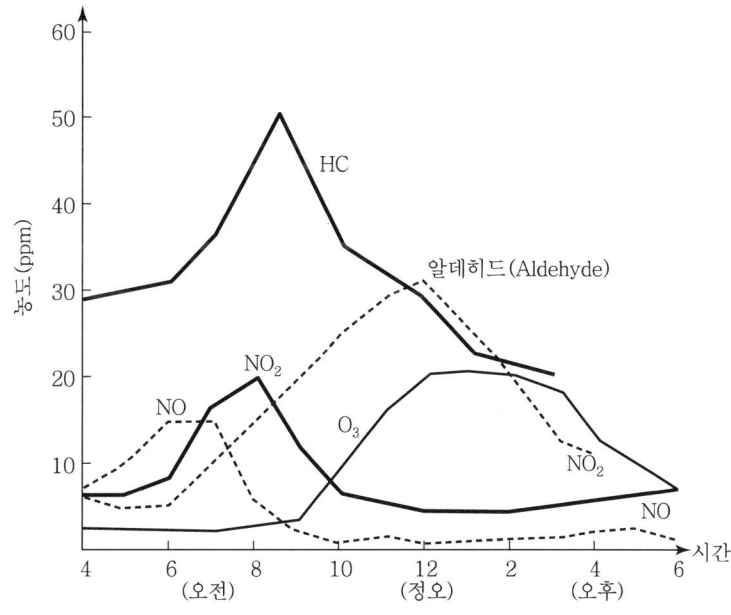

대기 중 농도변화 내용 숙지

SECTION 07 석면

1. 정의

석면이란 광물성 규산염의 총칭이며 백석면(크리소타일), 청석면(크로시돌라이트), 갈석면(아모사이트), 안토 필라이트, 트레모라이트 또는 액티노라이트의 섬유상이라고 정의하고 있다. 또한 섬유를 위상차현미경으로 관찰했을 때 길이가 $5\mu m$이고 길이 대 너비의 비가 최소한 3:1 이상인 입자상 물질이라고 정의하고 있다.

2. 특성

① 불연성, 내열성, 저항성, 내전기전도성이 뛰어나기 때문에 작업장에서 많이 사용된다.
② 일반먼지는 공기역학적 직경으로 크기를 표시하지만 섬유는 위상차현미경으로 측정한 물리적 크기로 표시한다.
③ 일반 입자상 물질과 달리 폐 내에 위험성을 줄 수 있기 때문에 공기역학적 특성과 더불어 길이와 너비도 동시에 고려한다.
④ 섬유는 흡입성, 흉곽성, 호흡성으로 구분하지 않고 섬유의 개수로 나타낸다.

3. 장해

① 석면종류 중 청석면(크로시돌라이트, Crocidolite)이 직업성 질환(폐암, 중피종) 발생 위험률이 가장 높다.
② 일반적으로 석면폐증, 폐암, 악성중피종을 발생시켜 1급 발암물질군에 포함된다.
③ 쉽게 소멸되지 않는 특성이 있어 인체흡수 시 제거되지 않고 폐 및 폐포 등에 박혀 유해증이 증가된다.
④ 만성장해로 석면폐를 일으키며 기침, 가래 등 기관지염 증상이 따르며 호흡곤란, 심계항진을 호소한다.

> **학습 Point**
> 석면의 장해 내용 숙지

SECTION 08 입자상 물질의 크기 결정방법

1. 가상직경

(1) 공기역학적 직경(Aerodynamic Diameter) 출제율 80%

대상 먼지와 침강속도가 같고 단위밀도가 $1g/cm^3$이며, 구형인 먼지의 직경으로 환산된 직경이다.(측정하고자 하는 입자상 물질과 동일한 침강속도를 가지며 밀도가 $1g/cm^3$인 구형입자의 직경)

(2) 질량 중위 직경(Mass Median Diameter)

입자 크기별로 농도를 측정하여 50%의 누적분포에 해당하는 입자크기를 말한다.

2. 기하학적(물리적) 직경 출제율 30%

현미경을 이용하는 방법으로 투영된 입자의 모양이 원형이 아닐 때 입자의 최장 또는 최단 크기로 정의하거나 여러 방향으로 나누어 크기를 측정하여 산출평균한 값으로 광학직경(Optical Diameter)이라고도 한다.

(1) 마틴직경(Martin Diameter)

먼지의 면적을 2등분하는 선의 길이로 선의 방향은 항상 일정하여야 하며 과소평가할 수 있는 단점이 있다.

(2) 페렛직경(Feret Diameter)

먼지의 한쪽 끝 가장자리와 다른 쪽 가장자리 사이의 거리로 과대평가할 수 있는 단점이 있다.

(3) 등면적직경(Projected Area Diameter)

먼지의 면적과 동일한 면적을 가진 원의 직경으로 가장 정확한 직경이며 측정은 현미경 접안경에 Porton Reticle을 삽입하여 측정한다.

즉, $D=\sqrt{2^n}$ [$D(\mu m)$는 입자직경, n은 Porton Reticle에서 원의 번호]

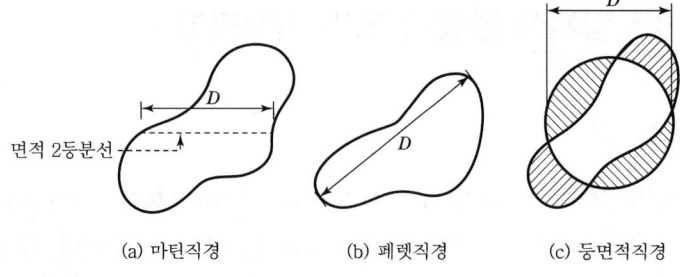

(a) 마틴직경 (b) 페렛직경 (c) 등면적직경

│ 물리적 직경 │

Reference 역학적 등가상당 직경

1 Stokes 직경 출제율 60%

1) 정의
   스토크스 직경은 알고자 하는 입자상 물질과 같은 밀도 및 침강속도를 갖는 입자상 물질의 직경을 말한다.(입자의 모양이 실제로 구형이 아니더라도 동일한 침강속도와 밀도를 갖는 구형입자의 직경을 의미)

2) 관련식
   Stokes 침강속도식은 층류영역 내에서 구형입자가 자유낙하 시 이 구형입자의 표면에 충돌하는 기체의 상대속도를 0이라고 가정한다.

$$V_s = \frac{d_p^2(\rho_p - \rho)g}{18\mu_g} \qquad d_p = \left(\frac{18\mu_g V_s}{(\rho_p - \rho)g}\right)^{\frac{1}{2}}$$

여기서, V_s : 종말침강속도(cm/sec), d_p : 입자크기(광학직경 : cm)
ρ_p : 입자밀도(g/cm³), ρ : 가스밀도(g/cm³)
g : 중력가속도(980cm/sec²), μ_g : 가스점도(g/cm · sec)

2 Aerodynamic Diameter(공기역학적 직경)

대상 먼지와 침강속도가 같고 단위밀도가 1g/cm³이며, 구형입자의 직경으로 환산된 직경을 말한다.

3 Stokes 및 Aerodynamic Diameter의 차이점 출제율 60%

공기역학적 직경은 단위밀도(1g/cm³)를 갖는 구형입자로 가정하는 데 비해 스토크스 직경은 대상입자상 물질의 밀도를 고려한다는 차이가 있다.

 Point

1 공기역학적 직경 및 스토크스 직경의 정의 및 차이점 숙지
2 물리적 직경의 종류 및 내용 숙지

SECTION 09 가시거리

1. 개요

고농도의 오염물질을 동반한 가시도의 감소는 빛의 산란과 흡수에 기인되며 시정감소에 영향을 미치는 요인은 가스상 오염물질, 입자상 부유오염물질, 무기탄소(Element Carbon), 상대습도이다.

2. 시정감소에 영향을 미치는 요소

① 가스상 오염물질 ② 입자상 부유오염물질
③ 무기탄소(Element Carbon) ④ 상대습도

3. 상대습도가 70%일 때 최대시정거리

$$L = \frac{1,000 \times A}{G}$$

여기서, L : 최대시정거리(km)
  G : 먼지농도($\mu g/m^3$)
  A : 상수 1.2(0.6~2.4)

4. 파장이 5,240 Å일 때 시정거리

$$L_v = \frac{5.2 \times \rho \times r}{K \times G}$$

여기서, L_v : 시정거리(km ; m)
  K : 분산면적비
  G : 먼지농도($\mu g/m^3$; g/cm^3)
  ρ : 먼지밀도(g/m^3)
  r : 먼지반경(μm)

5. 빛의 전달률 계수(COH ; Coefficient of Haze) 출제율 50%

(1) 개요

대기 중의 먼지에 대한 대기질의 오염도를 평가하는 방법으로 깨끗한 여과지에 먼지를 모은 다음 빛전달률의 감소를 측정함으로써 결정되며 COH의 계수는 1,000m를 기준으로 측정된 값이다. COH 값이 0이면 빛전달률이 양호함을 의미하고 이 값이 커질수록 빛전달률이 작게 되며, 대기질은 오염된 것을 의미한다.

(2) 관련식

$$\text{COH}(1{,}000\text{m당}) = \frac{\text{분진의 광학적 밀도}/0.01}{L} \times 10^3$$

여기서, L : 총 이동거리(m) = 속도(m/sec) × 시간(sec)

분진의 광학적 밀도 = log(불투명도)

$$= \log\left(\frac{1}{\text{빛의 전달률}}\right)$$

빛의 전달률 = $\dfrac{I_t}{I_0} \times 100$

I_0 : 입사세기

I_t : 투과세기

(3) 특성

① COH 산출식에서 불투명도란 더러운 여과지를 통과한 빛 전달분율의 역수로 정의되며 광학적 밀도는 불투명도의 log 값으로 정의된다.
② COH 값이 0이면 깨끗한 것이며, 빛 전달분율이 0.977이면 COH 값은 1이 된다.

6. Beer-Lambert 법칙

(1) 개요

광원으로부터 광도 I_0로 나온 빛이 대기를 통과 시 대기 중의 입자 및 기체 등에 의해 흡수 산란되어 거리 X를 통과하는 빛의 광도 I는 약해지는 관계의 법칙이다.

(2) 관련식

$$I = I_0 \exp(-b_{ext} \cdot X)$$

여기서, b_{ext} = 가스상 물질의 산란계수 + 가스상 물질의 흡수계수
　　　　　　+ 입자상 물질의 산란계수 + 입자상 물질의 흡수계수
　　　　　 = 빛 소멸계수
　　　X : 시정거리(km)

✓ 학습 Point

COH의 정의 및 관련식 숙지

기출 필수문제 출제율 30% 이상

01 상대습도가 70%이고, 상수를 1.2로 정의할 때 가시거리가 15km라면 먼지농도($\mu g/m^3$)는?

> **풀이**
> 상대습도가 70%일 때 가시거리(L)
> $$L = \frac{1{,}000 \times A}{G}$$
> $$G(\mu g/m^3) = \frac{1{,}000 \times 1.2}{15km} = 80 \mu g/m^3$$

기출 필수문제 출제율 30% 이상

02 파장이 5,240Å 인 빛 속에서 밀도가 0.95g/cm³, 직경이 0.6μm인 기름방울의 분산면적비가 4.5일 때 먼지농도가 0.4mg/m³이라면 가시거리는 약 몇 km인가? (단, 파장 5,240Å 일 때 식 이용)

> **풀이**
> 시정거리(L_v) : 파장 5,240Å
> $$L_v(m) = \frac{5.2 \times \rho \times r}{K \times G}$$
> $r = 0.6 \mu m / 2 = 0.3 \mu m$
> $G = 0.4 mg/m^3 \times 10^3 \mu g/mg = 4 \times 10^2 \mu g/m^3 (4 \times 10^{-4} g/m^3)$
> $$= \frac{5.2 \times 0.95 g/cm^3 \times 10^6 cm^3/m^3 \times 0.3 \mu m \times m/10^6 \mu m}{4.5 \times 4 \times 10^{-4} g/m^3}$$
> $= 823.33 m \times 1km/1{,}000m = 0.823km$

기출 필수문제 출제율 30% 이상

03 먼지의 농도를 측정하기 위해 여과지를 통해 공기의 속도를 0.5m/sec로 하여 2.0시간 동안 여과시킨 결과, 깨끗한 여과지에 비하여 사용된 여과지의 빛전달률이 80%였다면 1,000m당 COH는?

풀이

$$COH(1{,}000\text{m당}) = \frac{\text{분진의 광학적 밀도}/0.01}{L} \times 1{,}000$$

$$\text{분진의 광학적 밀도} = \log\left(\frac{1}{\text{빛전달률}}\right)$$

$$= \log\left(\frac{1}{0.8}\right) = 0.0969$$

$$L(\text{총 이동거리, m}) = 0.5\text{m/sec} \times 2.0\text{hr} \times 3{,}600\text{sec}/1\text{hr}$$

$$= 3{,}600\text{m}$$

$$= \frac{0.0969/0.01}{3{,}600} \times 1{,}000 = 2.69$$

기출 필수문제 출제율 40% 이상

04 먼지의 농도를 측정하기 위해 여과지를 통해 공기의 속도를 0.3m/sec로 하여 4시간 동안 여과시킨 결과, 깨끗한 여과지에 비하여 사용된 여과지의 빛전달률이 70%였다면 1,000m당 COH를 계산하고 대기오염도를 판정하시오.

풀이

1) $COH(1{,}000\text{m당}) = \dfrac{\text{분진의 광학적 밀도}/0.01}{L} \times 1{,}000$

$$\text{분진의 광학적 밀도} = \log\left(\frac{1}{\text{빛전달률}}\right) = \log\left(\frac{1}{0.7}\right)$$

$$= 0.1549$$

$$L(\text{총 이동거리, m}) = 0.3\text{m/sec} \times 4\text{hr} \times 3{,}600\text{sec}/1\text{hr}$$

$$= 4{,}320\text{m}$$

$$= \frac{(0.1549/0.01)}{4{,}320} \times 1{,}000 = 3.59$$

2) 대기오염도 판정

3.59는 COH/1,000m가 3.1~6.5 범위이므로 대기오염도는 보통(moderate)

[참고] 대기오염도 판정표 : 문제에서 주어지는 경우가 대부분임

COH/1,000m	0~3	3.1~6.5	6.6~9.8	9.9~13.1	13.2 이상
대기오염도	약함 (light)	보통 (moderate)	다소 심함 (light heavy)	심함 (heavy)	매우 심함 (very heavy)

기출 필수문제 출제율 30% 이상

05 빛의 소멸계수(σ_{ext})가 0.45 km^{-1}인 대기에서, 시정거리의 한계를 빛의 강도가 초기 강도의 95%가 감소했을 때의 거리라고 정의할 때, 이때 시정거리 한계(km)는?(단, 광도는 Lambert-Beer 법칙을 따르며, 자연대수로 적용)

> **풀이**
> Beer-Lambert 법칙
> $I = I_0 \cdot \exp(-b_{ext} \cdot X)$
> $(1-0.95) = 1 \times \exp(-0.45 \text{km}^{-1} \times X)$
> 양변에 ln을 취하면
> $\ln 0.05 = -0.45 \text{km}^{-1} \times X$
> $X(\text{km}) = 6.66 \text{km}$

SECTION 10 지구환경문제

1. 산성비

(1) 정의 출제율 30%

산성비란 보통 빗물의 pH가 5.6보다 낮게 되는 경우를 말하는데, 이는 자연상태에 존재하는 CO_2(≒330~370ppm)가 빗방울에 흡수되었을 때의 pH를 기준으로 한 것이다.

(2) 주요 원인물질

① H_2SO_4(≒65%) : SO_4^{2-}
② HNO_3(≒30%) : NO_3^-
③ HCl(≒5%) : Cl^-

(3) 특성

산성비는 인위적으로 배출된 SOx 및 NOx 화합물질이 대기 중에서 황산 및 질산으로 변환되어 발생하며 인체에 피부염을 유발하고 하천 및 호수를 산성화한다. 또한 하천 및 호수 바닥에 포함하고 있는 알루미늄이나 망간 등을 용출시켜 오염을 유발한다.

2. 온실효과

(1) 개요
전 지구의 평균 지상기온은 지구가 태양으로부터 받고 있는 태양에너지와 지구가 적외선 형태로 우주로 방출하고 이는 에너지의 균형으로부터 결정된다. 이 균형은 대기 중의 CO_2, 수증기(H_2O) 등 흡수 기체가 큰 역할을 하고 있다.

(2) 기온상승원리 출제율 50%
대기의 온실효과는 실제 온실에서의 보온작용과 같은 원리가 아니며, 온실기체가 대기 중에서 계속 축적되어 발생하는 지구대류권의 온도증가 현상이다.

(3) 온실가스
① 온실가스(온실기체)란 파장이 짧은 태양광선(가시광선 등)은 그대로 통과시키지만 태양광에 의해 따뜻해진 지표가 방사하는 파장이 긴 적외선을 잘 흡수하는 광화학적 성질을 가진 기체이다.
② 대표적 지구온실가스
  CO_2, CH_4, CFC, N_2O, O_3(대류권), 수증기
③ 온실효과에 대한 기여도
  CO_2 > CFC-11, CFC-12 > CH_4 > N_2O

(4) 교토의정서
① 기후변화 협약 제3차 당사국총회(COP3)에서 선진국에게 강제성 있는 감축의무 목표를 설정하고 온실가스를 상품으로 거래하게 한 것이 가장 큰 의의이다.
② 6종류의 온실가스 설정(저감 및 관리대상 온실가스) 출제율 50%
  CO_2, CH_4, N_2O, HFC(수소불화탄소), PFC(과불화탄소), SF_6(육불화황)
  단, CFC는 몬트리올 의정서에 의해 미리 규제를 받고 있고 H_2O는 자연계에서 순환되므로 제외하였다.

Reference 온실가스 특성 출제율 40%

온실가스	지구온난화 지수 (GWP)	온난화기여도 (%)	수명 (연)	주요 배출원
CO_2	1	55	100~250	연소반응/산업공정(소성반응)
CH_4	21	15	12	폐기물처리과정/농업/가축배설물(축산)
N_2O	310	6	120	화학산업/농업(비료)
HFCs	140~11,700(1,300)	24	70~550	냉매/용제/발포제/세정제
PFCs	6,500~11,700(7,000)			냉동기/소화기/세정제
SF_6	23,900			전자제품 및 변압기의 절연체

Reference 교토메커니즘 출제율 30%

1 공동이행제도(JI ; Joint Implementation)
감축의무가 있는 선진국 사이에서 온실가스 감축사업을 공동으로 수행하는 것을 인정하여 한 국가가 다른 국가에 투자하여 감축한 온실가스 감축량의 일부분을 투자국의 감축실적으로 인정하는 제도이다.

2 청정개발체제(CDM ; Clean Development Mechanism)
1) 선진국이 개발도상국에서 온실가스 감축사업을 수행하여 달성한 실적을 선진국의 감축목표 달성에 활용할 수 있도록 하는 제도이다.
2) 선진국은 감축목표 달성에 사용할 수 있는 온실가스 감축량을 얻고 개발도상국은 선진국으로부터 기술이전 및 재정지원, 고용창출 등을 기대할 수 있다.

3 배출권거래제(ET ; Emission Trading)
온실가스 감축의무국가가 의무감축량을 초과하여 달성 시 이 초과분을 다른 온실가스 감축의무국가와 거래 가능하게 한 제도이다.

Reference 지구온난화지수(GWP ; Grobal Warming Potential)

1 같은 질량일 경우 온실가스별로 지구온난화에 영향을 미치는 정도를 나타낸 수치로 이 값이 클수록 지구온난화에 대한 기여도가 크다는 의미이다.
2 이산화탄소 1을 기준으로 하여 메탄 21, 아산화질소 310, 수소불화탄소 140~11,700, 과불화탄소 6,500~9,200(11,700), 육불화황 23,900 등이다.

3. 오존층 파괴

(1) 정의
성층권에서의 오존층은 태양으로부터 복사되는 유해 자외선을 흡수, 차단하는 필터와 같은 역할을 하여 지구생명체를 보호하고 지구온도를 적절하게 조절해 주는 기능을 한다. 이 오존층은 자연적으로 생성과 소멸을 반복하여 평형상태를 유지하고 있으나 인위적으로 배출된 대기오염물질이 자연생성 오존양보다 더 많이 오존층을 파괴하여 균형이 깨지는 것을 의미한다.

(2) 오존층
① 오존층이란 성층권에서도 오존이 더욱 밀집해 분포하는 지상 약 20~30km 구간을 말하며 오존의 최대 농도는 약 10ppm 정도이고, 오존층에서는 오존의 생성과 소멸이 계속적으로 일어나면서 오존의 농도를 유지하며 또한 지표면의 생물체에 유해한 자외선을 흡수한다.
② 오존층의 두께를 표시하는 단위는 돕슨(Dobson)이며, 지구 대기 중의 오존 총량을 표준상태에서 두께로 환산했을 때 1mm를 100돕슨으로 정하고 있다. 즉, 1Dobson은 지구 대기 중 오존의 총량을 0℃, 1기압의 표준상태에서 두께로 환산하였을 때 0.01mm에 상당하는 양으로 지구 전체의 평균오존 전량은 약 300Dobson이지만, 지리적 또는 계절적으로 그 평균값의 ±50% 정도까지 변화하고 있다.(오존총량은 적도상에서 약 200Dobson, 극지방에서 약 400Dobson)

(3) 성층권에서 오존의 생성 및 소멸
① 성층권에서 오존은 광화학 반응에 의하여 생성반응과 소멸반응을 반복적으로 하여 자연계에서 오존농도를 평형 상태로 유지시키고 있다.
② 각종 인위적 발생에 의한 오존층 파괴물질 등에 의해 생성반응보다 소멸(파괴)반응이 크면 오존층은 점차 얇아져 특정지역에서는 구멍(오존층)을 생성하게 한다.
③ 생성 및 소멸반응
[생성]

$$O_2 \xrightarrow{240nm(h\nu)} 2O$$
$$O_2 + O + M \rightarrow O_3 + M$$

ⓐ 오존은 성층권에서는 대기 중의 산소분자가 주로 240nm 이하의 자외선에 의해 광분해되어 생성된다.
ⓑ 여기서 M은 제3의 물질로 에너지를 받아들이는 물질을 의미하며, 대표적 물질은 질소(N_2)이다.

[소멸]

$$O_3 \xrightarrow{240\sim300\text{nm}(h\nu)} O_2 + O \cdot$$

오존은 파장 240~300nm(200~290nm)의 자외선에 의하여 광분해되어 소멸(분해)된다.

[파괴]

ⓐ CFC 계열 화합물(프레온가스)이 성층권에 도달하면 자외선에 의해 분해(라디칼반응)되어 염소원자(반응성이 큰 염소라디칼)가 형성된다.

$$CF_xCl_y \xrightarrow{h\nu} CF_xCl_{y-1} + Cl \cdot$$

ⓑ 염소원자는 오존과 반응하여 오존파괴를 진행한다.

$$Cl \cdot + O_3 \longrightarrow \cdot ClO + O_2$$

ⓒ 오존층 파괴지수(ODP ; Ozone Depletion Potential)
CFC-11의 오존층 파괴영향을 1로 하였을 경우, 오존층 파괴에 영향을 미치는 물질의 상대적 영향을 나타내는 값으로 단위중량당 오존의 소모능력을 의미한다.

특정물질 및 오존파괴지수(ODP)　　　출제율 40%

군	호	특정물질의 종류	화학식	오존파괴지수
Ⅰ	①	트리클로로플루오르메탄(CFC-11)	$CFCl_3$	1.0
	②	디클로로디플루오르메탄(CFC-12)	CF_2Cl_2	1.0
	③	트리클로로트리플루오르에탄(CFC-113)	$C_2F_3Cl_3$	0.8
	④	트리클로로트리플루오르에탄(CFC-114)	$C_2F_4Cl_2$	1.0
	⑤	클로로펜타플루오르에탄(CFC-115)	C_2F_5Cl	0.6
Ⅱ	⑥	브로모트리플루오르메탄(Halon-1301)	CF_3Br	10.0
	⑦	브로모클로로디플루오르메탄(Halon-1211)	CF_2BrCl	3.0
	⑧	디브로모테트라플루오르에탄(Halon-2402)	$C_2F_4Br_2$	6.0

군	호	특정물질의 종류	화학식	오존파괴지수
Ⅲ	9	클로로트리플루오르메탄(CFC-13)	CF_3Cl	1.0
	10	펜타클로로플루오르에탄(CFC-111)	C_2FCl_5	1.0
	11	테트라클로로디플루오르에탄(CFC-112)	$C_2F_2Cl_4$	1.0
	12	헵타클로로플루오르프로판(CFC-211)	C_3FCl_7	1.0
	13	헥사클로로디플루오르프로판(CFC-212)	$C_3F_2Cl_6$	1.0
	14	펜타클로로트리플루오르프로판(CFC-213)	$C_3F_3Cl_5$	1.0
	15	테트라클로로테트라플루오르프로판(CFC-214)	$C_3F_4Cl_4$	1.0
	16	트리클로로펜타플루오르프로판(CFC-215)	$C_3F_5Cl_3$	1.0
	17	디클로로헥사플루오르프로판(CFC-216)	C_3FCl_2	1.0
	18	크로로헵타플루오르프로판(CFC-217)	C_3F_7Cl	1.0
Ⅳ	19	사염화탄소	CCl_4	1.1
Ⅴ	20	1,1,1-트리클로로에탄(메틸클로로폼)	$C_2H_3Cl_3$	0.1
Ⅵ	21	디클로로프루오르메탄(HCFC-21)	$CHFCl_2$	0.04
	22	클로로디플루오르메탄(HCFC-22)	CHF_2Cl	0.055
	23	클로로플루오르에탄(HCFC-31)	CH_2FCl	0.02
	24	테트라클로로플루오르에탄(HCFC-121)	C_2HFCl_4	0.01-0.04
	25	트리클로로디플루오르에탄(HCFC-122)	$C_2HF_2Cl_3$	0.02-0.08
	26	디클로로트리플루오르에탄(HCFC-123)	$C_2HF_3Cl_2$	0.02-0.06
	27	디클로로트리플루오르에탄(HCFC-123)	$CHCl_2CF_3$	0.02
	28	디클로로트리플루오르에탄(HCFC-124)	C_2HF_4Cl	0.02-0.04
	29	디클로로트리플루오르에탄(HCFC-124)	$CHClCF_3$	0.022
	30	트리클로로플루오르에탄(HCFC-131)	$C_2H_2FCl_3$	0.007-0.05
	31	디클로로디플루오르에탄(HCFC-132)	$C_2H_2F_2Cl_2$	0.008-0.05
	32	클로로트리플루오르에탄(HCFC-133)	$C_2H_2F_3Cl$	0.02-0.06
	33	디클로로플루오르에탄(HCFC-141)	$C_2H_3FCl_2$	0.005-0.07
	34	디클로로플루오르에탄(HCFC-141b)	CH_3CFCl_2	0.11
	35	크로로디플루오르에탄(HCFC-142)	$C_2H_3F_2Cl$	0.008-0.07
	36	클로로플루오르에탄(HCFC-142b)	CH_3CF_2Cl	0.065
	37	클로로플루오르에탄(HCFC-151)	C_2H_4FCl	0.003-0.005
	38	헥사클로로플루오르프로판(HCFC-221)	C_3HFCl_6	0.015-0.07
	39	펜타클로로디플루오르프로판(HCFC-222)	$C_3HF_2Cl_5$	0.01-0.09
	40	테트라클로로트리플루오르프로판(HCFC-223)	$C_3HF_3Cl_4$	0.01-0.08
	41	트리클로로테트라플루오르프로판(HCFC-224)	$C_3HF_4Cl_3$	0.01-0.09
	42	디클로로펜타플루오르프로판(HCFC-225)	$C_3HF_5Cl_2$	0.02-0.07
	43	디클로로펜타플루오르프로판(HCFC-225ca)	$CF_3CF_2CHCl_2$	0.025
	44	디클로로펜타플루오르프로판(HCFC-225cb)	CF_2ClCF_2CHClF	0.033

군	호	특정물질의 종류	화학식	오존파괴지수
VI	㊵	클로로헥사플루오르프로판(HCFC-226)	C_3HF_6Cl	0.02-0.10
	46	펜타클로로플루오르프로판(HCFC-231)	$C_3H_2FCl_5$	0.05-0.09
	47	테트라크로로디플루오르프로판(HCFC-232)	$C_3H_2F_2Cl_4$	0.008-0.10
	48	트리크로로트리플루오르프로판(HCFC-233)	$C_3H_2F_3Cl_3$	0.007-0.23
	49	디클로로테트라플루오르프로판(HCFC-234)	$C_3H_2F_4Cl_2$	0.01-0.28
	50	크로로펜타플루오르프로판(HCFC-235)	$C_3H_2F_5Cl$	0.03-0.52
	51	테트라클로로플루오르프로판(HCFC-241)	$C_3H_3FCl_4$	0.004-0.09
	52	트리클로로플루오르프로판(HCFC-242)	$C_3H_3F_2Cl_3$	0.005-0.13
	㉝	디클로로트리플루오르프로판(HCFC-243)	$C_3H_3F_3Cl_2$	0.007-0.12
	54	클로로테트라플루오르프로판(HCFC-244)	$C_3H_3F_4Cl$	0.009-0.14
	55	트리크로로플루오르프로판(HCFC-251)	$C_3H_4FCl_3$	0.001-0.01
	56	디크로로디플루오르프로판(HCFC-252)	$C_3H_4F_2Cl_2$	0.005-0.04
	57	클로로트리플루오르프로판(HCFC-253)	$C_3H_4F_3Cl$	0.003-0.03
	58	디크로로플루오르프로판(HCFC-261)	$C_3H_5FCl_2$	0.002-0.02
	59	클로로디플루오르프로판(HCFC-262)	$C_3H_5F_2Cl$	0.002-0.02
	60	클로로플루오르프로판(HCFC-271)	C_3H_6FCl	0.001-0.03
VII	㊶	디브로모플루오르메탄	$CHFBr_2$	1.00
	㊷	브로모디플루오르메탄(HBFC-22B1)	CHF_2Br	0.74
	㊸	브로모플루오르메탄	CH_2FBr	0.73
	㊹	테트라브로모플루오르에탄	C_2HFBr_4	0.3-0.8
	㊺	트리브로모디플루오르에탄	$C_2HF_2Br_3$	0.5-1.8
	66	디브로모트리플루오르에탄	$C_2HF_3Br_2$	0.4-1.6
	67	브로모테트라플루오르에탄	C_2HF_4Br	0.7-1.2
	68	트리브로모플루오르에탄	$C_2H_2FBr_3$	0.1-1.1
	69	디브로모디플루오르에탄	$C_2H_2F_2Br_2$	0.2-1.5
	70	브로모트리플루오르에탄	$C_2H_2F_3Br$	0.7-1.6
	71	디브로모플루오르에탄	$C_2H_3FBr_2$	0.1-1.7
	72	브로모디플루오르에탄	$C_2H_3F_2Br$	0.2-1.1
	73	브로모플루오르에탄	C_2H_4FBr	0.07-0.1
	74	헥사브로모플루오르프로판	C_3HFBr_6	0.3-1.5
	75	펜타브로모디플루오르프로판	$C_3HF_2Br_5$	0.2-1.9
	76	테트라브로모트리플루오르프로판	$C_3HF_3Br_4$	0.3-1.8
	77	트리브로모테트라플루오르프로판	$C_3HF_4Br_3$	0.5-2.2
	78	디브로모펜타플루오르프로판	$C_3HF_5Br_2$	0.9-2.0
	79	브로모헥사플루오르프로판	C_3HF_6Br	0.7-3.3
	80	펜타브로모플루오르프로판	$C_3H_2FBr_5$	0.1-1.9
	81	테트라브로모플루오르프로판	$C_3H_2F_2Br_4$	0.2-2.1
	82	트리브로모트리플루오르프로판	$C_3H_{12}F_3Br_3$	0.2-5.6

군	호	특정물질의 종류	화학식	오존파괴지수
Ⅶ	83	디브로모테트라플루오르프로판	$C_3H_2F_4Br_2$	0.3−7.5
	84	브로모펜타플루오르프로판	$C_3H_2F_5Br$	0.9−1.4
	85	테트라브로모플루오르프로판	$C_3H_3FBr_4$	0.08−1.9
	86	트리브로모디플루오르프로판	$C_3H_3F_2Br_3$	0.1−3.1
	87	디브로모트리플루오르프로판	$C_3H_3F_3Br_2$	0.1−2.5
	88	브로모테트라플루오르프로판	$C_3H_3F_4Br$	0.3−4.4
	89	트리브로모플루오르프로판	$C_3H_4FBr_3$	0.03−0.3
	90	디브로모디플루오르프로판	$C_3H_4F_2Br_2$	0.1−1.0
	91	브로모트리플루오르프로판	$C_3H_4F_3Br$	0.07−0.8
	92	디브로모플루오르프로판	$C_3H_5FBr_2$	0.04−0.4
	93	브로모디플루오르프로판	$C_3H_5F_2Br$	0.07−0.8
	94	브로모플루오르프로판	C_3H_6FBr	0.02−0.7
Ⅷ	95	브로모클로로메탄	CH_2BrCl	0.12
Ⅸ	96	메틸브로마이드(다만, 수출입 농산물 검역용은 제외한다)	CH_3Br	0.6

✓ 학습 Point

1. 산성비 정의 숙지
2. 온실효과 내용 및 온실가스 종류 숙지
3. 특정물질 및 오존파괴지수(ODP) 중 중요항목 숙지

기출 필수문제 출제율 40% 이상

01 다음 특정 물질 중 오존파괴지수(ODP)가 큰 순서부터 나열하시오.

① $C_2F_4Br_2$(Halon − 2402) ② $C_2F_3Cl_3$(CFC − 113)
③ CF_3Br(Halon − 1301) ④ CF_2BrCl(Halon − 1211)

풀이

③ > ① > ④ > ②
CF_3Br(10.0) > $C_2F_4Br_2$(6.0) > CF_2BrCl(3.0) > $C_2F_3Cl_3$(0.8)

SECTION 11 바람에 관여하는 힘

1. 기압경도력(Pressure Gradient Force)

일반적으로 수평면상의 고기압과 저기압의 기압 차이에 의해 생기는 힘을 의미하는 것으로 바람 발생의 근본 원인이 되는 것은 기압경도력이다.

2. 전향력(코리올리 힘, Coriolis Force) 출제율 30%

① 전향력은 지구의 자전에 의해 생기는 가속도에 의한 힘을 의미한다. 운동의 방향만 변화시키고 속도에는 영향을 미치지 않으며 코리올리의 힘이라고도 한다.
② 지구자전에 의한 전향력 때문에 북반구에서는 항상 움직이는 물체의 운동방향의 오른쪽 직각(90°) 방향으로 작용하고, 남반구에서는 항상 움직이는 물체의 운동방향의 왼쪽 직각(90°) 방향으로 작용한다. 또한 힘의 방향은 기압경도력과 반대이다.

3. 원심력(Centrifugal Force)

원심력은 곡선의 바깥쪽으로 향하는 힘이다.

4. 마찰력(Friction Force)

마찰력은 지표 부근에서 풍속에 비례하여 진행방향에 대하여 반대방향으로 작용하는 힘으로 지표 부근의 풍속을 감소시키는 중요한 역할을 한다. 이는 고도 상층으로 올라갈수록 마찰효과가 작아지기 때문이다.

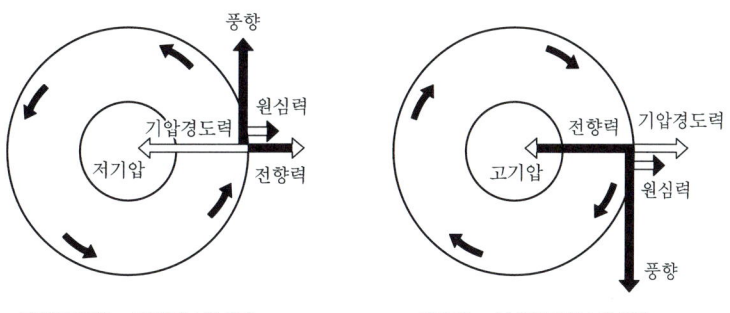

기압경도력 = 전향력+원심력   전향력 = 기압경도력+원심력

❙ 바람에 관여하는 힘의 평형 : 북반구 ❙

SECTION 12 바람의 종류

1. 지균풍(Geostrophic Wind) 출제율 40%

① 지표면으로부터의 마찰력이 무시될 수 있는 고도(상층 ; 행성경계층 PBL보다 높은 고도≒1km 이상)에서 등압선이 직선(등압선과 평행)일 경우 코리올리 힘(전향력)과 기압경도력의 두 힘만으로 완전히 평형을 이루고 있을 때 부는 수평바람을 의미하며, 고공풍이므로 마찰력의 영향이 거의 없다.
② 지균풍에 영향을 주는 기압경도력과 전향력은 크기가 같고 방향이 반대이다.

2. 경도풍(Gradient Wind) 출제율 30%

① 등압선이 곡선인 경우, 원심력·기압경도력·전향력의 세 힘이 평형을 이루는 상태에서 등압선을 따라 부는 바람이다.
② 경도풍은 일반적으로 지상 500~700m 높이에서 등압선을 따라 불며 고기압일 때 경도풍의 힘의 평형은 (전향력=기압경도력+원심력)이고 저기압일 때 경도풍의 힘의 평형은 (기압경도력=전향력+원심력)이다.

3. 지상풍(Surface Wind)

① 마찰층(Friction Layer ; 지표면이 거칠기 변화로 마찰의 영향을 받는 층) 내의 바람을 의미하며 지상풍에 관여하는 힘은 기압경도력, 마찰력, 전향력이다.
② 마찰층 내의 바람은 높이에 따라 항상 시계방향으로 각천이(Angular Shift)가 생기며 위로 올라갈수록 변하는 양은 감소하여 실제 풍향은 천천히 지균풍에 가까워진다. 이를 에크만 나선(Ekman Spiral ; 마찰 영향에 따른 풍향, 풍속의 변화 이론)이라 한다.

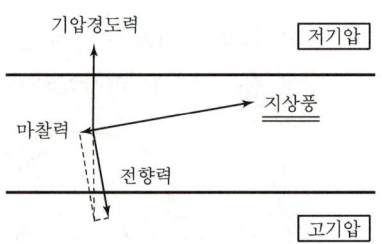

∥마찰력에 의한 지상풍∥

지균풍, 경도풍 내용 숙지

SECTION 13 국지환류(국지풍)의 종류

1. 해륙풍 출제율 50%

임해지역의 바다와 육지의 비열차로 인하여 발생한다.

(1) 육풍
① 육지에서 바다로 향해 부는 바람으로 주로 밤에 분다.
② 바다의 온도 냉각률이 육지에 비해 작아서 기압차에 의해 육지에서 바다쪽 5~6km 정도까지 바람이 불며 겨울철에 빈발한다.

(2) 해풍
① 바다에서 육지로 향해 부는 바람으로 주로 낮에 분다.
② 바다보다 육지가 빨리 데워져서 육지의 공기가 상승하기 때문에 바다에서 육지로 8~15km 정도까지 바람이 불며 대규모 바람이 약한 맑은 여름날에 발달하기 쉽다.

2. 산곡풍 출제율 50%

일정 지역(평지, 계곡, 분지)의 일사량 차이로 인하여 발생한다.

(1) 곡풍
낮에 일출이 시작되면 햇빛에 의해 산 정상 비탈면이 다른 곳에 비해 쉽게 가열되므로 따뜻해진 공기는 밀도가 낮아져 산의 비탈면을 따라 상승하는 바람이 분다. 즉 골짜기에서 정상 부분으로 불며 주로 낮에 분다.

(2) 산풍
밤에 복사 및 냉각에 의해 산 정상 비탈면이 골짜기보다 빨리 냉각되어 산 정상의 공기 밀도가 커져 비탈면 위의 공기가 아래로 침강하게 되어 부는 바람으로 주로 밤에 분다.

3. 전원풍

도시 중심부에 축적된 열이 주변 교외지역보다 많아 온도가 상승하여 상승기류가 형성되어 상승된 공기의 부족분만큼 교외지역에서 채우는 바람이 도심지역으로 부는데, 이를 전원풍이라 하며 도시열섬효과에 의해 생성되는 바람이다.

Reference 도시열섬현상(Heat Island Effect)

1 개요
1) 대도시에서 열 방출량이 많은 데 비하여 외부로 확산이 잘 안 되기 때문에 시내(도시)온도가 주변온도보다 높게 되는 현상을 말하며, 직경 10km 이상의 도시에서 잘 나타나는 현상이다.
2) Dust Dome Effect라고도 하며 도시지역 표면의 열적 성질의 차이 및 지표면에서의 증발잠열의 차이, 태양의 복사열에 의해 도시에 축적된 열이 주변지역에 비해 크기 때문에 국부적인 온도상승으로 인하여 도시상공에 지붕형태(Dome)의 오염물질이 형성되어 도시의 대기오염을 증가시키는 현상이다.

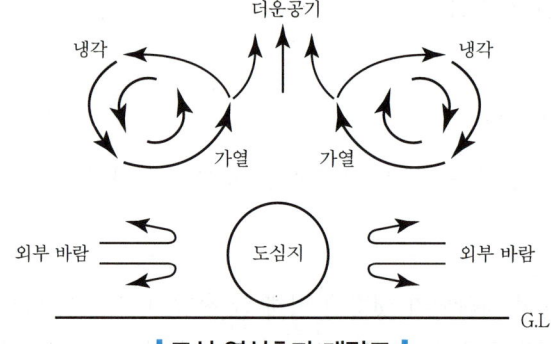

┃도심 열섬효과 개략도┃

2 원인 출제율 50%
1) 도시지역의 인구 집중에 따른 인공열 발생의 증가
2) 도시의 건물 등 구조물에 의한 거칠기 길이의 변화
3) 지표면의 열적 성질 차이(증발잠열 차이)

3 피해
1) 도시지역이 주변 교외지역보다 온도가 높아진다.
2) 오염물질 확산이 불량하여 도시지역의 오염도가 가중된다.
3) 도시의 온도증가에 따른 상승기류로 인하여 대기오염물질이 응결핵으로 작용하여 주변지역보다 운량과 강우량이 증가하며 안개가 자주 발생한다.

Reference 바람장미(Wind Rose)

1. 바람장미는 풍향별로 관측된 바람의 발생빈도와 풍속을 16방향인 막대기형으로 표시한 기상도형이다.
2. 풍향은 중앙에서 바람이 불어오는 쪽으로 막대모양으로 표시하고, 풍향 중 주풍은 가장 빈번히 관측된 풍향을 말하며 막대의 길이가 가장 긴 방향이다.
3. 관측된 풍향별로 발생빈도를 %로 표시한 것을 방향량(Vector)이라 하며, 바람장미의 중앙에 숫자로 표시한 것을 무풍률이라 한다.
4. 풍속은 막대의 굵기로 표시하며 풍속이 0.2m/sec 이하일 때를 정온(Calm) 상태로 본다.

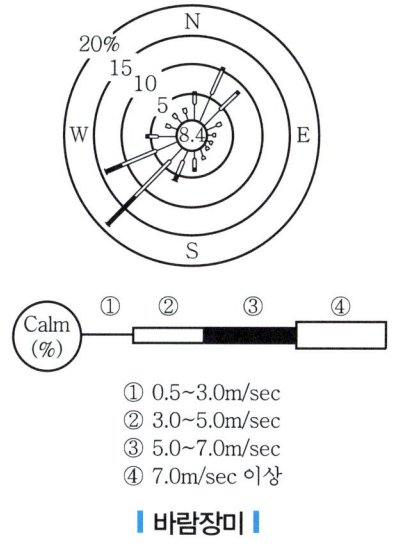

① 0.5~3.0m/sec
② 3.0~5.0m/sec
③ 5.0~7.0m/sec
④ 7.0m/sec 이상

┃바람장미┃

학습 Point

1. 해륙풍, 산곡풍 내용 숙지
2. 도시열섬현상 원인 숙지

SECTION 14 대기안정도

대기안정도와 난류는 대기경계층 내에서 오염물질의 확산 정도를 결정하는 중요한 인자이다.

1. 분류

(1) 정적인 안정도
① 건조단열체감률 ② 온위

(2) 동적인 안정도
① 파스퀼의 안정도 수 ② 리차드슨수

2. 건조단열체감률과 환경감률의 비교 방법

(1) 건조단열감률(r_d) 출제율 20%

이론적인 기온체감률을 의미하며 실제로는 일어나지 않으나 실제 대기의 난류 특성 평가 시 평가척도로는 매우 중요하게 이용된다.

$$r_d = -0.986℃/100m ≒ -1℃/100m$$
[대류권에서의 높이에 따른 기온 차이를 이론적으로 표시]

> **Reference** 습윤단열감률(r_s)
>
> ① 대기 중 공기의 잠열 영향 때문에 건조단열체감률보다 온도가 적게 하강한다.
> ② 습윤상태 공기는 100m 고도 상승 시 약 0.6℃씩 하강한다.
> $r_s ≒ -0.6℃/100m$

(2) 환경감률(r)

대기의 고도에 따른 수직 온도분포를 실제 측정한 값을 의미하며, 실제적인 기온체감률이다.

(3) 체감률 비교에 따른 대기안정도

① 과단열(불안정)
   ㉠ 불안정 상태로 환경감률이 건조단열감률보다 큰 경우에 해당하며 고도가 높아짐에 따라 기온체감률이 $-1℃/100m$를 초과한다.
   ㉡ 대기 중 오염물질의 확산이 가장 잘 이루어진다.
   ㉢ $r_d < r$ 또는 $\left(\dfrac{-dT}{dZ}\right)_{env} > r_d$ 로 나타낸다.

② 중립
   ㉠ 환경감률이 건조단열감률의 기온체감률 기울기가 같은 경우에 해당하며 고도증가에 따라 온위가 변하지 않고 일정한 대기 상태이다.
   ㉡ $r_d = r$ 또는 $\left(\dfrac{-dT}{dZ}\right)_{env} = r_d$ 로 나타낸다.

③ 미단열(준단열, 약안정)
   ㉠ 고도가 높아짐에 따라 기온체감률이 $-1℃/100m$보다 완만한 감률을 가지며 대기상태는 다소 안정하게 된다.
   ㉡ $r_d > r$ 또는 $\left(\dfrac{-dT}{dZ}\right)_{env} < r_d$ 로 나타낸다.

④ 등온
   ㉠ 주위 대기의 온도가 고도와는 관계없이 일정한 대기의 상태이다.
   ㉡ $r = 0$ 또는 $\left(\dfrac{-dT}{dZ}\right)_{env} = 0$ 로 나타낸다.

⑤ 안정(역전)
   ㉠ 건조단열감률이 환경감률보다 아주 큰 경우에 해당하며 고도가 높아질수록 기온도 증가되는 대기의 상태이다.
   ㉡ 기온의 증감이 반대경향으로 나타나 기온의 역전층이라 하고 대기오염물질 확산이 잘 이루어지지 않고 정체하여 오염이 악화될 수 있는 대기조건이다. 또한 연기 확산폭도 가장 작다.
   ㉢ $r_d \gg r$ 또는 $\left(\dfrac{-dT}{dZ}\right)_{env} \ll r_d$ 로 나타낸다.

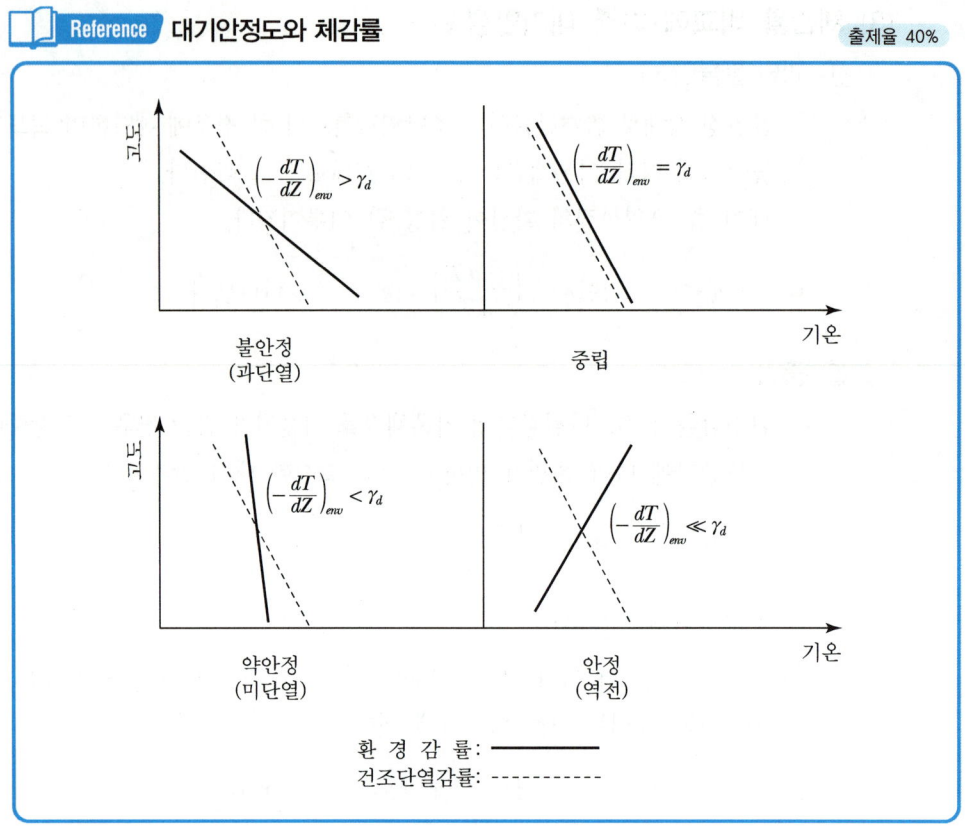

3. 온위

(1) 정의

건조공기가 상승하면 온도가 낮아지고 하강하면 온도가 높아지므로 어느 고도에 있는 공기의 온도를 다른 고도의 공기온도와 비교하기 위해서 고도를 통일하여 공기가 건조단열적으로 하강 또는 상승하여 기압이 1,000mbar인 고도까지 이동시켰을 경우의 온도를 온위라 한다.

(2) 관련식

$$온위(\theta) = T\left(\frac{P_0}{P}\right)^{R/C} = T\left(\frac{1,000}{P}\right)^{0.288}$$

여기서, θ : 온도(K), T : 기온(K)
P : 측정고도에서 기압(mbar)
P_0 : 기준고도에서 기압(1,000mbar)
R, C : 상수

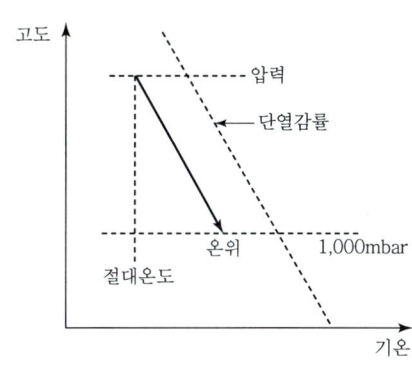

▎온위의 단열 ▎

 학습 **Point**

1. 건조단열감률 내용 숙지
2. 대기안정도와 체감률의 관계 숙지

필수 예상문제

01 2,000m에서 대기압력(최초기압)이 860mbar, 온도가 5℃, 비열비 K가 1.4일 때 온위(Potential Temperature)는?(단, 표준압력은 1,000mbar)

풀이

$$온위(\theta) = T\left(\frac{1,000}{P}\right)^{0.288} = (273+5) \times \left(\frac{1,000}{860}\right)^{0.288} = 290.34\text{K}$$

4. 파스퀼 안정도수(PSC ; Pasquill Stability Class)

① 주간에는 일사강도와 풍속, 야간에는 운량과 풍속으로부터 6단계, 즉 매우 불안정한 A등급부터 매우 안정한 F등급으로 분류하며 대기확산모델의 입력자료용으로 가장 널리 사용된다.
② 비교적 정확하고 계산에 필요한 기상관측이 용이하며 지상 10m 고도에서 풍량, 풍속, 운량, 운고로부터 계산된다.

5. 리차드슨수(R_i ; Richardson Number)

(1) 개요 출제율 70%

근본적으로 대류난류를 기계적 난류로 전환시키는 비율을 측정한 값으로 기계적 난류(강제대류)와 대류난류(자유대류) 중 어느 것이 지배적인가를 측정할 수 있다.

┃ 리차드슨수(R_i)와 대기안정도 ┃ 출제율 50%

R_i	−1.0	−0.1	−0.01	0	+0.01	+0.1	+1.0
대기운동	자유대류	자유대류 증가		강제대류	강제대류 감소		대류 없음
안정도		불안정		중립		안정	

(2) 관련식 출제율 50%

$$리차드슨수(R_i) = g/T \cdot \frac{\Delta T/\Delta Z}{(\Delta u/\Delta Z)^2} \; : \text{Panofsky의 } R_i \text{식}$$

여기서, g : 그 지역의 중력가속도(지구 중력가속도)
  T : 절대온도
  ΔT : 두 층의 온도차
  ΔZ : 두 층의 고도차
  Δu : 두 층의 풍속차
  $\Delta T/\Delta Z$: 자유대류의 크기(수직방향 온위경도)
  $\Delta u/\Delta Z$: 강제대류의 크기(수직방향 풍속경도)

(3) 특징(R_i 크기와 대기혼합의 관계) 출제율 50%

① $0.25 < R_i$ 일 경우 : 수직방향의 혼합은 거의 없고 수평상의 소용돌이만 남게 된다.(대기안정도 : 안정)
② $0 < R_i < 0.25$ 일 경우 : 성층(Stratification)에 의해서 약화된 기계적 난류가 존재한다.(대기안정도 : 중립)
③ $R_i = 0$ 일 경우 : 기계적 난류가 지배적이다.
④ $-0.03 < R_i < 0$ 일 경우 : 기계적 난류와 대류난류가 존재하나 주로 기계적 난류가 혼합을 일으킨다.
⑤ $R_i < -0.04$ 일 경우 : 대류난류(자유대류)에 의한 혼합이 기계적 혼합을 지배한다.(대기안정도 : 불안정)

6. 고도에 따른 풍속

(1) 개요

일반적으로 바람은 지표면의 거칠기에 따른 마찰력의 영향을 받는다. 풍속은 고도가 증가함에 따라 마찰에 의한 영향이 적으므로 증가한다.

(2) 관련식

① Deacon식

풍속의 지수법칙(실용적으로 사용됨)

$$\left(\frac{U_2}{U_1}\right) = \left(\frac{Z_2}{Z_1}\right)^P \qquad U_2 = U_1 \times \left(\frac{Z_2}{Z_1}\right)^P$$

여기서, U_2 : 고도 Z_2에서의 풍속(m/sec)
U_1 : 고도 Z_1에서의 풍속(m/sec)
Z_2 : 임의의 고도(m)
Z_1 : 기준 고도(m)
P : 풍속지수

② Sutton식

$$U_2 = U_1 \times \left(\frac{Z_2}{Z_1}\right)^{\frac{2}{2-n}}$$

여기서, n : 대기안정도 계수(강한 안정 0.5, 강한 불안정 0.2)

리차드슨수와 대기안정도 관계 및 관련식 숙지

7. 최대혼합깊이(최대혼합고, MMD ; Maximum Mixing Depth)

(1) 개요

기온이 상승된 지표 부근의 공기는 상층 공기와의 밀도차에 의하여 대류가 발생하는데, 상하 혼합이 활발하게 되는 지상으로부터 이 층까지의 높이를 혼합층이라 하며, 혼합층 고도가 최대가 될 때를 최대혼합고(최대 혼합 깊이)라고 한다.

(2) 특징

MMD는 실제로 지표 위 수 km까지의 실제 공기의 온도 종단도를 작성함으로써 결정되며 야간에 역전이 심할 경우에는 그 값이 거의 0이 될 수도 있고, 대기오염의 심화가 나타난다.

(3) 관련식

오염물질의 농도는 혼합고도의 3승에 반비례한다.

$$C \simeq \frac{1}{H^3}$$

여기서, C : 오염농도(ppm)
H : 혼합고도(m)

필수 예상문제

01 지상 10m에서의 풍속은 3.0m/sec이다. 지상고도 100m에서 기상상태가 매우 불안정할 때와 안정할 때의 풍속비율은?(단, Deacon의 Power Law를 적용하고, 대기안정도에 따른 풍속지수값은 매우 불안정할 때는 0.15, 안정할 때는 0.6을 적용한다.)

풀이

$$U_2 = U_1 \times \left(\frac{Z_2}{Z_1}\right)^P$$

매우 불안정 : $U = 3 \times \left(\frac{100}{10}\right)^{0.15} = 4.238$m/sec

안정 : $U = 3 \times \left(\frac{100}{10}\right)^{0.6} = 11.94$m/sec

풍속비율 $= \dfrac{4.238}{11.94} = 0.355$

기출 필수문제 출제율 50% 이상

02 기상관측자료가 다음과 같은 조건일 경우 R_i(리차드슨수)를 계산하고 대기안정도를 판정하시오.

고도(m)	풍속(m/sec)	온도(℃)
5	4.2	14.2
3	4.0	15.1

> **풀이**
>
> 1) 리차드슨수(R_i)
>
> $$R_i = \frac{g}{T} \times \frac{\Delta T/\Delta Z}{(\Delta U/\Delta Z)^2}$$
>
> $T = [(14.2+15.1)/2] + 273 = 287.65\text{K}$
>
> $$= \frac{9.8}{287.65} \times \left[\frac{(-0.9/2)}{(0.2/2)^2}\right] = -1.533$$
>
> 2) 대기안정도 : 불안정상태
>
> [참고] 리차드슨수(R_i)와 대기안정도
>
> | R_i | −1.0 | −0.1 | −0.01 | 0 | +0.01 | +0.1 | +1.0 |
> |---|---|---|---|---|---|---|---|
> | 대기운동 | 자유대류 | 자유대류 증가 | 강제대류 | | 강제대류 감소 | | 대류 없음 |
> | 안정도 | | 불안정 | | 중립 | | 안정 | |

기출 필수문제 출제율 40% 이상

03 어떤 특정 장소에서 측정한 월(month)의 최대 지면온도가 32℃였다. 어느 날 지면의 온도가 21℃, 고도 600m에서의 온도가 18℃였을 때 최대혼합깊이(MMD)(m)는 얼마인가?(단, 건조단열감률은 −0.98℃/100m)

> **풀이**
>
> 최대 혼합깊이(MMD)는 환경감률(γ)과 건조단열감률(γ_d)이 같아지는 고도(H)를 이용하여 구한다.
>
> $T_{\max} + (\gamma_d \times H) = T + (\gamma \times H)$
>
> $$H = \frac{T_{\max} - T}{\gamma - \gamma_d}$$
>
> $$\gamma = \frac{(18-21)℃}{600\text{m}} = -0.5℃/100\text{m}$$
>
> $$= \frac{(32-21)℃}{\left[\left(-\frac{0.5℃}{100\text{m}}\right) - \left(-\frac{0.98℃}{100\text{m}}\right)\right]} = 2{,}291.67\text{m}$$

SECTION 15 기온역전

1. 개요

대류권 내에서 일반적으로 고도가 높아짐에 따라 온도는 감소하나 반대로 고도가 높아짐에 따라 온도가 높아지는 층을 역전층이라 한다. 이 역전층 내에서는 오염물질이 확산되지 못하고 축적됨에 따라 오염물질농도가 높아지게 된다.

2. 분류

(1) 접지(지표)역전

① 복사역전　　　　　　　　② 이류역전

(2) 공중역전 ＜출제율 50%＞

① 침강역전　　　　　　　　② 전선형 역전
③ 해풍형 역전　　　　　　　④ 난류역전

3. 복사역전(Radiative Inversion) ＜출제율 30%＞

(1) 개요

주로 맑은 날 야간에 지표면에서 발산되는 복사열로 인하여 복사냉각이 시작되면 이로 인해 온도가 상공으로 소실되어 지표 냉각이 일어나 지표면의 공기층이 냉각된 지표와 접하게 되어 주로 밤부터 이른 아침 사이에 복사역전이 형성되며 낮이 되면 일사에 의해 지면이 가열되므로 곧 소멸된다.

(2) 특징

① 지표 가까이에 형성되므로 지표역전(접지역전)이라고도 하며 대기오염물질 배출원이 위치하는 대기층에서 주로 발생한다.
② 일출 직전에 하늘이 맑고 습도가 낮으며, 바람이 없는 경우에 강하게 생성된다.

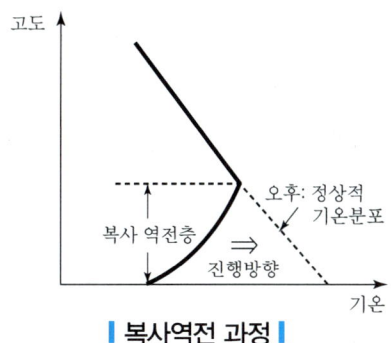

복사역전 과정

4. 이류역전

따뜻한 공기가 차가운 지표면 위로 흘러갈 때 발생, 즉 따뜻한 하층이 상대적으로 찬 지표면에 의해 냉각되어 발생한다.

5. 침강역전 _{출제율 50%}

(1) 개요

고기압 중심부분에서 기층이 서서히 침강하면서 기온이 단열변화하여 기층이 승온되어 발생하는 현상이다.

(2) 특징

① 고기압이 정체하고 있는 넓은 범위에 걸쳐서 주·야 구분 없이 장기적으로 지속되며 침강역전이 낮은 고도까지 하강하면 대기오염의 농도는 증가하는 경향이 있다.
② 대도시에서 발생한 대기오염 사건(로스앤젤레스 스모그)과 밀접한 관계가 있는 역전형태이며, 배출원 상부에서 주로 발생하고 단기간의 오염문제라기보다는 장기간 지속 시 오염물질의 장기축적 문제를 야기할 수 있다.

6. 전선형 역전(Frontal Inversion) _{출제율 30%}

비교적 높은 고도에서 따뜻한 공기와 차가운 공기가 부딪쳐 따뜻한 공기가 차가운 공기 위로 상승하면서 전선을 이룰 때 발생하며 공중역전에 해당한다.

7. 해풍형 역전(Sea Breeze Inversion) 출제율 30%

바다에서 차가운 바람이 더워진 육지 위로 불 때 전선면이 형성, 이때 발생하는 역전으로 이동성이므로 오염물질을 오랫동안 정체시키지는 않는 편이다.

8. 난류형 역전 출제율 30%

난류 발생 시의 기온분포, 즉 건조단열감률 분포 상단에서 형성되는 역전층으로, 난류로 인하여 대기오염물질 농도는 낮아진다.

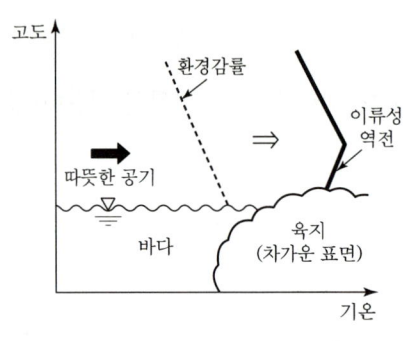

∥ 이류성 역전 ∥

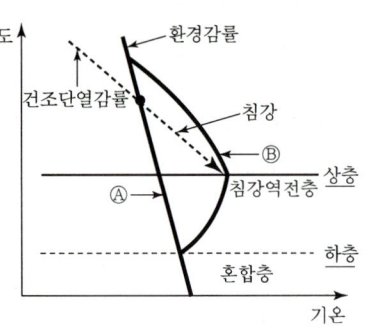

∥ 침강역전 과정(고기압) ∥

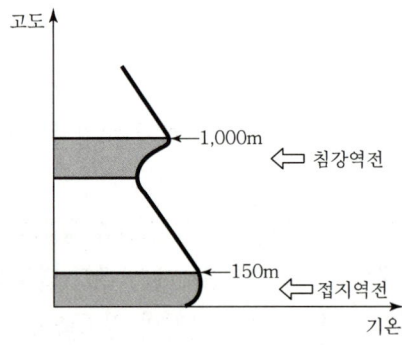

∥ 접지역전과 침강역전이 동시에 발생하는 경우 ∥

학습 Point

공중역전 4종류의 내용 숙지

SECTION 16 연기의 형태

1. Looping(환상형) 출제율 40%

① 공기의 상층으로 갈수록 기온이 급격히 떨어져서 대기상태가 크게 불안정하게 되며, 연기는 상하 좌우방향으로 크고 불규칙하게 난류를 일으키며 확산되는 형태이다.
② 대기가 불안정하여 난류가 심할 때, 즉 풍속이 배우 강하여 혼합이 크게 일어날 때 발생하며, 오염물질의 연직 확산이 굴뚝 부근의 지표면에서는 국지적, 일시적인 고농도 현상이 발생되기도 한다.(순간 농도는 가장 높음)
③ 지표면이 가열되고 바람이 약한 맑은 날 낮(오후)에 주로 일어나며 과단열감률 조건(환경감률이 건조단열감률보다 큰 경우)일 때, 즉 대기가 불안정할 때 발생한다.

2. Conning(원추형)

① 대기상태가 중립인 경우 연기의 배출형태이며, 발생시기는 바람이 다소 강하거나 구름이 많이 낀 날에 자주 관찰된다.
② 연기 Plume 내의 오염물의 단면분포가 전형적인 가우시안 분포를 나타내며 연기의 이동이 수직보다 수평이 크기 때문에 오염물질이 먼 거리까지 이동할 수 있다.

3. Fanning(부채형) 출제율 40%

① 대기상태가 안정조건(건조단열감률이 환경감률보다 큰 경우)일 때 발생하며 상하의 확산 폭이 적어 지표에 미치는 오염도는 적으나, 굴뚝의 높이가 낮으면 지표 부근에 심각한 오염문제를 발생시킨다.
② 아침과 새벽에 주로 발생하며 풍향이 자주 바뀔 때에는 뱀이 기어가는 연기모양이 된다.
③ 연기는 수직, 즉 상하 분산이 최소이고 수평이동이 매우 크게 나타나 연기가 마치 부채를 펼쳐놓은 것처럼 퍼져나가는 형태이다. 최대착지거리는 멀어지며 최대착지농도는 낮게 나타난다.

4. Fumigation(훈증형) 출제율 40%

① 대기의 하층은 불안정한 상태이고, 그 상층은 안정상태일 경우에 나타나는 연기의 형태로 하늘이 맑고 바람이 약한 날의 아침에 주로 발생한다.
② 야간에 발생한 접지역전층이 일출 후 지표면 가열에 의하여 하층대류가 활발해지면서 발생한다.
③ 일시적으로 나타나는, 즉 과도기적인 현상이다.

5. Lofting(지붕형 ; 상승형)

① 굴뚝의 높이보다 더 낮게 지표 가까이에 역전층(안정)이 이루어져 있고, 그 상공에는 대기가 불안정한 상태일 때 주로 발생하며 고기압 지역에서 하늘이 맑고 바람이 약한 늦은 오후(초저녁)나 이른 밤에 주로 발생하기 쉽다.
② 훈증형과 마찬가지로 일시적으로 나타나는 과도기적인 현상으로 고도에 따른 온도분포가 Fumigation 형에 대한 조건과 반대이다.

6. Trapping(구속형)

고기압 지역에서 상층은 침강형 역전이 형성, 하층은 복사형 역전을 형성할 때 나타나며 굴뚝상단의 일정높이에 역전층이 존재하고, 그 하층에도 역전층이 존재하는 때에 관찰되며 배출된 연기는 이들 역전층 사이에 갇혀 있는 형태로 나타난다.

> **Reference** 연기의 확산 형태 중 역전층이 존재하는 형태
>
> 1 Fanning(부채형)
> 2 Lofting(지붕형)
> 3 Trapping(구속형)

① Looping(환상형)
상 · 하층 불안정

② Conning(원추형)
중립(안정)

③ Fanning(부채형)
지표역전(안정)

④ Fumigation(훈증형)
상층 안정
하층 불안정

⑤ Lofting(지붕형)
하층 안정
상층 불안정

⑥ Trapping(구속형)
상 · 하층 안정
중층 불안정

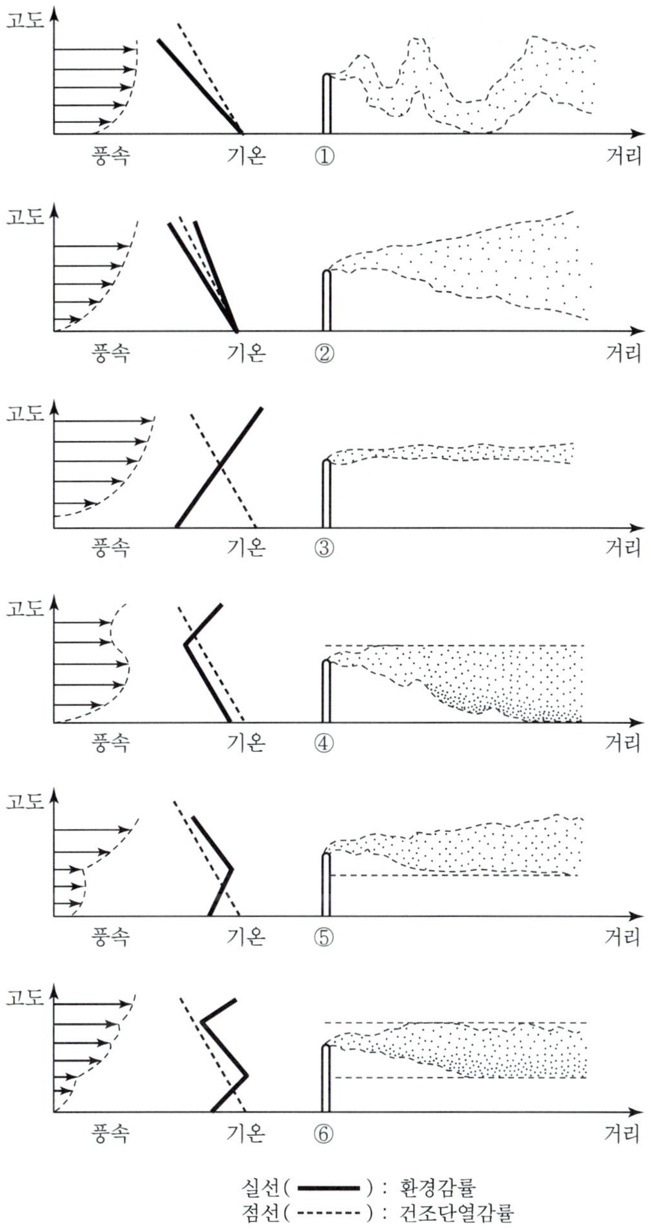
고도
풍속
기온
거리
①
②
③
④
⑤
⑥
실선( ) : 환경감률
점선( ) : 건조단열감률

| 연기의 형태 |

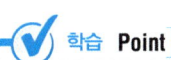

학습 Point

각 연기형태의 특징 숙지(대기안정도)

SECTION 17 대기확산과 모델

1. 가우시안 모델(Gaussian Model)

(1) 개요
점오염원에서는 풍하방향으로 확산되어 가는 Plume(연기의 모양)이 정규분포(Gaussian) 한다는 가정하에 유도하며 주로 평탄지역에 적용되도록 개발되어 왔으나, 최근 복잡지형에도 적용이 가능하도록 개발되고 있다.

(2) 가정조건
① 오염물질의 배출이 점오염원이며 연속적이기 때문에 풍하방향(x축)으로의 확산은 무시한다.(x축의 확산은 이류이동이 지배적, 즉 $V_x = 0$)
② 오염물질은 Plume 내에서 소멸 및 다른 물질로 전환되지 않으며, 지표반사가 없고 침투한다고 가정한다.
③ 오염물질의 농도분포는 x축(풍하방향), y축(수평방향), z축(수직방향)으로 정규분포(가우스분포)한다고 간주한다.
④ 바람에 의한 오염물질의 주 이동방향은 x축이며, 풍속 u는 일정하다.
⑤ 배출오염물질은 기체(입경이 미세한 Aerosol 포함)이다.

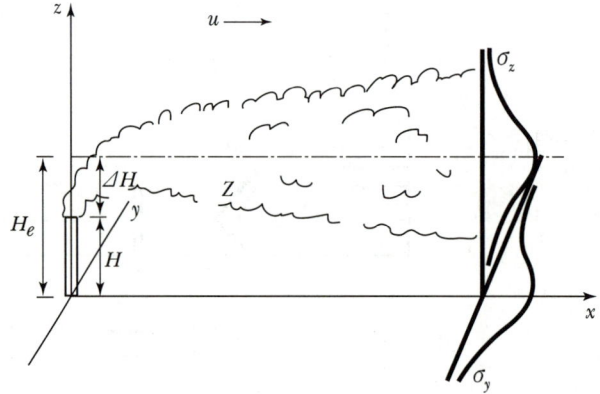

▎가우시안 모델의 요소 ▎

2. 가우시안 확산모델의 수식

(1) 기본식

x방향에는 정상흐름 평균풍속이 있고 확산이 없으며 정상흐름 평균풍속에 대하여 수직인 평균풍속, z방향에는 확산망이 있고 배출원에서 시간당 Q의 물질이 방출되는 경우 $y-z$면의 농도분포를 정규분포로 가정한다.

$$C = \frac{Q}{2\pi u \sigma_y \sigma_z} \exp\left[-\frac{1}{2}\left(\frac{y^2}{\sigma_y^2} + \frac{z^2}{\sigma_z^2}\right)\right]$$

여기서, C : 오염물질의 농도(g/m³, μg/m³)
　　　　Q : 배출원에서 오염물질 배출속도(배출량 : g/sec)
　　　　u : 굴뚝높이(굴뚝상단)에서의 평균풍속(m/sec)
　　　　σ_y : y축에 대한 확산계수(수평방향의 확산계수 : y축의 오염농도
　　　　　　　 표준편차 또는 확산폭 : m)
　　　　σ_z : z축에 대한 확산계수(수직방향의 확산계수 : z축의 오염농도
　　　　　　　 표준편차 또는 확산폭 : m)
　　　　h : 연기 중심선에서의 수평거리
　　　　z : 지표면으로부터의 수직거리(연직방향의 높이)
　　　　x, y : 풍하 측 및 수평 쪽 측면거리(m)

(2) 유효굴뚝높이 고려한 식

배출가스가 유효굴뚝높이(H_e ; Effective Stack Height)에서 z축을 H_e만큼 평행이동함으로써 유효굴뚝을 고려한 식이다.

① $z \geq 0$: z방향의 +영역농도

$$c(x, y, z, H_e) = \frac{Q}{2\pi u \sigma_y \sigma_z} \exp\left[-\frac{1}{2}\left\{\left(\frac{y}{\sigma_y}\right)^2 + \left(\frac{z-H}{\sigma_z}\right)^2\right\}\right]$$

② $z \geq 0$: z방향의 -영역농도

$$c(x, y, z, H_e) = \frac{Q}{2\pi u \sigma_y \sigma_z} \exp\left[-\frac{1}{2}\left\{\left(\frac{y}{\sigma_y}\right)^2 + \left(\frac{z+H}{\sigma_z}\right)^2\right\}\right]$$

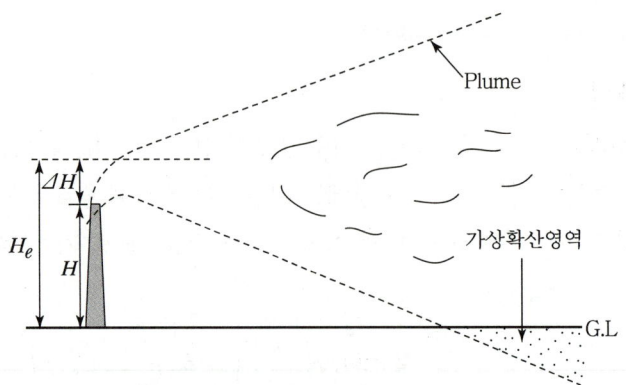

유효굴뚝높이를 고려한 가우시안 확산모델식

(3) 지표반사와 유효굴뚝높이를 고려한 식

① 배출가스가 수직방향으로 확산되어 지표면에 도달 시 더 이상 확산되지 못하고 중첩되어 농도가 높아지는 경우를 고려한 식이다.

② 지표면으로부터 고도 H에 위치하는 점오염원 – 지면으로부터 반사가 있는 경우에 사용한다.

$$c(x,\ y,\ z,\ H_e) = \frac{Q}{2\pi u \sigma_y \sigma_z} \exp\left[-\frac{1}{2}\left(\frac{y}{\sigma_y}\right)^2\right] \\ \times \left[\exp\left\{-\frac{1}{2}\left(\frac{z-H_e}{\sigma_z}\right)^2\right\} + \exp\left\{-\frac{1}{2}\left(\frac{z+H_e}{\sigma_z}\right)^2\right\}\right]$$

여기서, H_e : 유효굴뚝높이(m)

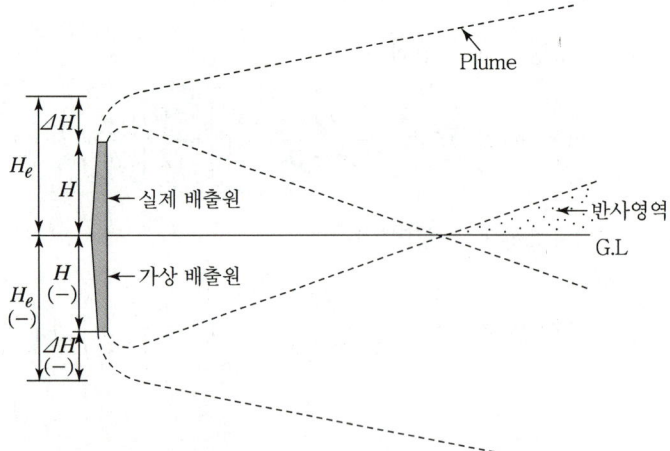

(4) 확산(Plume) 중심축상 농도 _{출제율 30%}

① $y = 0$ 및 지표면($z = 0$)의 농도를 의미한다.
② 지표면에서 오염물질의 반사를 고려한, 지표중심선에 따른 오염물의 농도변화를 예측하는 식이다.

$$c(x,\ 0,\ 0,\ H_e) = \frac{Q}{\pi u \sigma_y \sigma_z} \times \exp\left[-\frac{1}{2}\left(\frac{H_e}{\sigma_z}\right)^2\right]$$

(5) 지면 오염원 농도 _{출제율 20%}

$H_e = 0$의 농도를 의미한다.

$$c(x,\ 0,\ 0,\ 0) = \frac{Q}{\pi u \sigma_y \sigma_z} \times \exp\left[-\frac{1}{2}\left(\frac{0}{\sigma_y}\right)^2\right] = \frac{Q}{\pi u \sigma_y \sigma_z}$$

기출 필수문제 출제율 60% 이상

01 지상에서 NOx를 5g/sec로 배출하고 있는 굴뚝 없는 쓰레기 소각장에서 풍하 방향으로 3km 떨어진 곳에서의 중심축상 NOx의 지표면에서의 오염농도(g/m³)는 얼마인가?(단, 가우시안 모델식을 사용하고, 풍속은 5m/s, $\sigma_y = 190$m, $\sigma_z = 65$m이며, NOx는 배출되는 동안에 화학적으로 반응하지 않는 것으로 가정한다.)

풀이

$$C(x,\ y,\ z,\ H_e) = \frac{Q}{2\pi \sigma_y \sigma_z U} \exp\left[-\frac{1}{2}\left(\frac{y}{\sigma_y}\right)^2\right]$$
$$\times \left[\exp\left\{-\frac{1}{2}\left(\frac{z-H_e}{\sigma_z}\right)^2\right\} + \exp\left\{-\frac{1}{2}\left(\frac{z+H_e}{\sigma_z}\right)^2\right\}\right]$$

위 식에서 $\begin{matrix} y = z = 0 \\ H_e = 0 \end{matrix}$ 이므로

$$C = \frac{Q}{\pi u \sigma_y \sigma_z} = \frac{5\text{g/sec}}{3.14 \times 5\text{m/sec} \times 190\text{m} \times 65\text{m}} = 2.57 \times 10^{-5}\text{g/m}^3$$

기출 필수문제 출제율 60% 이상

02 가우시안 모델의 대기오염 확산방정식을 적용할 때 지면에 있는 오염원으로부터 바람이 부는 방향으로 200m 떨어진 연기의 중심축상 지상 오염농도(mg/m³)는? (단, 오염물질의 배출량은 4.4g/sec, 풍속은 5m/sec, σ_y, σ_z는 각각 22.5m, 12m이다.)

풀이

$$C(x, y, z, H_e) = \frac{Q}{2\pi\sigma_y\sigma_z U}\exp\left[-\frac{1}{2}\left(\frac{y}{\sigma_y}\right)^2\right]$$
$$\times\left[\exp\left\{-\frac{1}{2}\left(\frac{z-H_e}{\sigma_z}\right)^2\right\} + \exp\left\{-\frac{1}{2}\left(\frac{z+H_e}{\sigma_z}\right)^2\right\}\right]$$

위 식에서 $\begin{matrix} y=z=0 \\ H_e=0 \end{matrix}$ 이므로

$$C = \frac{Q}{\pi u \sigma_y \sigma_z} = \frac{4.4\text{g/sec}}{3.14 \times 5\text{m/sec} \times 22.5\text{m} \times 12\text{m}}$$
$$= 1.0379 \times 10^{-3}\text{g/m}^3 \times 1,000\text{mg/g} = 1.04\text{mg/m}^3$$

기출 필수문제 출제율 70% 이상

03 유효높이(H)가 60m인 굴뚝으로부터 SO_2가 125g/s의 속도로 배출되고 있다. 굴뚝높이에서의 풍속은 6m/s이고 풍하거리 500m에서 대기안정 조건에 따라 편차 σ_y는 36m, σ_z는 18.5m였다. 이 굴뚝으로부터 풍하거리 500m의 중심선상의 지표면 농도(μg/m³)는?(단, 가우시안 모델식을 사용하고, SO_2는 배출되는 동안에 화학적으로 반응하지 않는다고 가정한다.)

풀이

$$C(x, y, z, H_e) = \frac{Q}{2\pi\sigma_y\sigma_z U}\exp\left[-\frac{1}{2}\left(\frac{y}{\sigma_y}\right)^2\right]$$
$$\times\left[\exp\left\{-\frac{1}{2}\left(\frac{z-H_e}{\sigma_z}\right)^2\right\} + \exp\left\{-\frac{1}{2}\left(\frac{z+H_e}{\sigma_z}\right)^2\right\}\right]$$

위 식에서 중심선상의 지표면 농도 $y=z=0$

$$C(x, 0, 0, H_e) = \frac{Q}{\pi u \sigma_y \sigma_z} \times \exp\left[-\frac{1}{2}\left(\frac{H_e}{\sigma_z}\right)^2\right]$$
$$= \frac{125\text{g/sec} \times 10^6 \mu\text{g/g}}{3.14 \times 6\text{m/sec} \times 36\text{m} \times 18.5\text{m}} \times \exp\left[-\frac{1}{2}\left(\frac{60\text{m}}{18.5\text{m}}\right)^2\right]$$
$$= 51.79 \mu\text{g/m}^3$$

기출 필수문제 출제율 70% 이상

04 유효높이(H)가 60m인 굴뚝으로부터 오염가스가 9,000g/min의 속도로 배출되고 있다. 굴뚝높이에서의 풍속은 4m/s이고 풍하거리 500m에서 대기안정 조건에 따라 편차 σ_y는 110m, σ_z는 65m였다. 이 굴뚝으로부터 풍하거리 500m의 중심선상의 지표면 농도($\mu g/m^3$)는?(단, 가우시안 모델식을 사용하고, 오염물질이 배출되는 동안에는 화학적 반응이 나타나지 않는다고 가정한다.)

풀이

$$C(x, y, z, H_e) = \frac{Q}{2\pi\sigma_y\sigma_z U}\exp\left[-\frac{1}{2}\left(\frac{y}{\sigma_y}\right)^2\right]$$
$$\times\left[\exp\left\{-\frac{1}{2}\left(\frac{z-H_e}{\sigma_z}\right)^2\right\} + \exp\left\{-\frac{1}{2}\left(\frac{z+H_e}{\sigma_z}\right)^2\right\}\right]$$

위 식에서 중심선상의 지표면 농도 $y=z=0$

$$C(x, 0, 0, H_e) = \frac{Q}{\pi u \sigma_y \sigma_z} \times \exp\left[-\frac{1}{2}\left(\frac{H_e}{\sigma_z}\right)^2\right]$$

$$= \frac{9,000g/min \times min/60sec \times 10^6 \mu g/g}{3.14 \times 4m/sec \times 110m \times 65m}$$

$$\times \exp\left[-\frac{1}{2}\left(\frac{60m}{65m}\right)^2\right]$$

$$= 1,090.86 \mu g/m^3$$

기출 필수문제 출제율 60% 이상

05 1시간에 15,000대의 차량이 고속도로 위에서 평균시속 90km로 주행하며, 각 차량의 평균탄화수소 배출률은 0.02g/s이다. 바람은 고속도로에 수직방향으로 5m/s로 불고 있다면 도로지반과 같은 높이의 평탄한 지형에서 바람이 불어가는 쪽으로 500m 지점에서의 지상오염농도($\mu g/m^3$)는?(단, 대기는 중립상태이며, 풍하 500m에서의 $\sigma_z=15m$, $C(x, y, 0)=\dfrac{2q}{(2\pi)^{\frac{1}{2}}\sigma_z U}\exp\left[-\dfrac{1}{2}\left(\dfrac{H}{\sigma_z}\right)^2\right]$를 이용)

풀이

$$C(x, y, 0) = \frac{2q}{(2\pi)^{\frac{1}{2}}\sigma_z u}\exp\left[-\frac{1}{2}\left(\frac{H}{\sigma_z}\right)^2\right]$$

q(탄화수소 양 : g/m·sec)=0.02g/sec·대×15,000대/hr
　　　　　　　　　　×hr/90km×km/1,000m
　　　　　　　　　　=0.0033g/m·sec

$$u = 5\text{m/sec},\ \sigma_z = 15\text{m},\ H = 0(\text{도로지반과 같은 높이})$$

$$= \frac{2 \times 0.0033\text{g/m} \cdot \sec \times 10^6 \mu\text{g/g}}{(2\pi)^{\frac{1}{2}} \times 15\text{m} \times 5\text{m/sec}} \times \exp\left[-\frac{1}{2}\left(\frac{0}{15\text{m}}\right)^2\right]$$

$$= 35.12\ \mu\text{g/m}^3$$

기출 필수문제 출제율 40% 이상

06 유효굴뚝높이가 70m이고, 이 굴뚝에서 H_2S 가스가 80g/sec의 속도로 배출되며, 굴뚝 높이에서의 풍속은 10m/sec, 지면에 있는 오염원으로부터 바람부는 방향으로 500m 떨어진 연기의 중심축상의 지표면에서 H_2S 농도($\mu\text{g/m}^3$)를 계산하고 H_2S의 대기 중 냄새한계농도가 0.47ppb라 할 때 H_2S 냄새가 감지되는지 여부를 판단하시오. (단, $C = \dfrac{Q}{\pi u \sigma_y \sigma_z} \times \exp\left[-\dfrac{1}{2}\left(\dfrac{H_e}{\sigma_z}\right)^2\right]$, $\sigma_y = 36\text{m},\ \sigma_z = 18.5\text{m}$)

풀이

$$C(\mu\text{g/m}^3) = \frac{Q}{\pi u \sigma_y \sigma_z} \times \exp\left[-\frac{1}{2}\left(\frac{H_e}{\sigma_z}\right)^2\right]$$

$$Q = 80\text{g/sec} \times 10^6 \mu\text{g/g} = 80 \times 10^6\ \mu\text{g/sec}$$

$$= \frac{80 \times 10^6}{3.14 \times 10 \times 36 \times 18.5} \times \exp\left[-\frac{1}{2}\left(\frac{70}{18.5}\right)^2\right] = 2.977\ \mu\text{g/m}^3$$

$$C(\text{ppb}) = 2.977\ \mu\text{g/m}^3 \times \frac{22.4\text{mL}}{34\text{mg}} \times \text{mg}/10^3\mu\text{g}$$

$$= 1.96 \times 10^{-3}\text{ppm} \times 10^3\text{ppb/ppm} = 1.96\text{ppb}$$

H_2S의 감지한계농도가 0.47ppb이므로 감지 가능함

기출 필수문제 출제율 30% 이상

07 유효굴뚝높이 60m, 풍속이 6m/sec일 경우 풍하방향으로 500m 떨어진 연기 중심선상의 농도가 $66\mu\text{g/m}^3$이다. y방향으로 50m 떨어진 지점에서 지상농도가 $23\mu\text{g/m}^3$일 때 표준편차 σ_y를 구하시오. (단, 가우시안 방정식 이용)

풀이

$$C(x,\ y,\ z,\ H_e) = \frac{Q}{2\pi\sigma_y\sigma_z U}\exp\left[-\frac{1}{2}\left(\frac{y}{\sigma_y}\right)^2\right]$$

$$\times \left[\exp\left\{-\frac{1}{2}\left(\frac{z-H_e}{\sigma_z}\right)^2\right\} + \exp\left\{-\frac{1}{2}\left(\frac{z+H_e}{\sigma_z}\right)^2\right\}\right]$$

풍하방향으로 500m 떨어진 지점에서

$$x=500\text{m},\ y=z=0,\ H_e=60\text{m}$$

$y=0$인 경우 $\exp\left[-\dfrac{1}{2}\left(\dfrac{y}{\sigma_z}\right)^2\right]=1$

$$C=\dfrac{Q}{2\pi\sigma_y\sigma_z U}\times\left[\exp\left\{-\dfrac{1}{2}\left(\dfrac{0-H_e}{\sigma_z}\right)^2\right\}+\exp\left\{-\dfrac{1}{2}\left(\dfrac{0-H_e}{\sigma_z}\right)^2\right\}\right]$$

$$=\dfrac{Q}{2\pi\sigma_y\sigma_z U}\times 2\left[\exp\left\{-\dfrac{1}{2}\left(\dfrac{H_e}{\sigma_z}\right)^2\right\}\right]$$

$$\underline{66\mu\text{g/m}^3=\dfrac{Q}{\pi\sigma_y\sigma_z\times 6}\times\exp\left[-\dfrac{1}{2}\left(\dfrac{H_e}{\sigma_z}\right)^2\right]}\ \cdots\cdots\cdots\cdots (1)\text{식}$$

풍하방향으로 500m, y방향으로 50m 떨어진 지점에서

$$x=500\text{m},\ y=50\text{m},\ z=0,\ H_e=60\text{m}$$

$$23\mu\text{g/m}^3=\underline{\dfrac{Q}{\pi\sigma_y\sigma_z\times 6}}\times\exp\left[-\dfrac{1}{2}\left(\dfrac{50}{\sigma_y}\right)^2\right]\times\underline{\exp\left[-\dfrac{1}{2}\left(\dfrac{H_e}{\sigma_z}\right)^2\right]}$$

밑줄 친 부분이 (1)식이므로

$$23=66\times\exp\left[-\dfrac{1}{2}\left(\dfrac{50}{\sigma_y}\right)^2\right]$$

$$\ln\left(\dfrac{23}{66}\right)=-\dfrac{1}{2}\left(\dfrac{50}{\sigma_y}\right)^2$$

$$\sigma_y=\dfrac{50}{\left[\ln\left(\dfrac{23}{66}\right)\times(-2)\right]^{0.5}}=34.44\text{m}$$

3. 분산모델(Dispersion Model)

(1) 개요

기상학의 기본원리에 의하여 대기오염의 영향 등을 예측하는 모델이며, 특정한 오염원의 배출속도와 바람에 의한 분산요인을 입력자료로 하여 수용체 위치에서의 영향을 계산한다.

(2) 특징 출제율 70%

① 2차 오염원의 확인이 가능하다.
② 지형 및 오염원의 작업조건에 영향을 받는다.
③ 미래의 대기질을 예측할 수 있다.

④ 새로운 오염원이 지역 내에 생길 때, 매번 재평가를 하여야 한다.
⑤ 점, 선, 면 오염원의 영향을 평가할 수 있다.
⑥ 단기간 분석 시 문제가 된다.

4. 수용모델(Receptor Model)

(1) 개요
수용체에서 오염물질의 특성을 분석한 후 오염원의 기여도를 평가하는 모델이며, 수리통계학적으로 분석한다.

(2) 특징
① 새로운 오염원이나 불확실한 오염원과 불법배출 오염원을 정량적으로 확인, 평가할 수 있다.
② 지형·기상학적 정보가 없이도 사용 가능하다.
③ 현재나 과거에 일어났던 일을 추정하여 미래를 위한 전략을 세울 수 있으나, 미래 예측은 어렵다.
④ 오염원의 조업 및 운영상태에 대한 정보 없이도 사용 가능하다.
⑤ 측정자료를 입력자료로 사용하므로 시나리오 작성이 곤란하다.
⑥ 수용체 입장에서 평가가 현실적으로 이루어질 수 있다.
⑦ 환경과학 전반(입자상 및 가스상 물질, 가시도 문제 등)에 응용 가능하다.

> **Reference** 상자모델(Box Model) 가정조건   출제율 20%
>
> ① 고려되는 공간에서 오염물질의 농도는 균일하다.
> ② 오염물질의 분해는 1차 반응에 의한다.
> ③ 오염원은 배출과 동시에 균등하게 혼합된다.
> ④ 고려되는 공간의 수직 단면에 직각으로 부는 바람의 속도가 일정하여 환기량이 일정하다.
> ⑤ 오염물질 배출원이 지표면 전역에 균등하게 분포되어 있다.

✓ 학습 Point
1 분산모델 및 수용모델 특징 숙지
2 상자모델 가정조건 숙지

SECTION 18 유효굴뚝높이와 연기의 상승고

1. 유효굴뚝높이

(1) 개요 출제율 50%

실제 굴뚝높이보다 굴뚝에서 배출되는 연기(Plume)가 더 높은 고도까지 상승하는 경우 이 고도를 유효굴뚝높이(Effective Stack Height)라고 한다.

(2) 유효굴뚝높이 결정 인자

① 배출된 오염물질이 가지는 운동량(오염물질배출속도, Momentum)
② 배출온도에 의한 부력
③ 굴뚝의 특성
④ 기상조건 및 상태
⑤ 오염물의 물리·화학적 특성

(3) 유효굴뚝높이를 상승시키는 방법 출제율 40%

① 배출가스온도를 높임(가장 좋은 방법)
② 굴뚝에서 배출가스의 배출속도를 증가시킴
③ 굴뚝의 직경을 감소시킴
④ 배출가스양을 증가시킴
⑤ 굴뚝의 실제 높이를 높임

(4) 관련식

$$H_e = H + \Delta H$$

여기서, H_e : 유효굴뚝높이(유효굴뚝고)
H : 실제 굴뚝높이
ΔH : 연기(Plume)의 상승높이

2. 유효굴뚝의 연기 상승높이 관련식

(1) 오염물질 배출속도에 의한 연기 상승

운동량(관성력이 지배하는 연기)

① Ruppy식(기본식)

$$\Delta H = 1.5 \left(\frac{V_s}{u} \right) \times D$$

여기서, ΔH : 연기(Plume)의 상승높이(m)
V_s : 굴뚝에서 연기의 배출속도(m/sec)
D : 굴뚝의 직경(m)
u : 굴뚝 출구 주위부분의 풍속(m/sec)

② Smith식

$$\Delta H = \left(\frac{V_s}{u} \right)^{1.4} \times D$$

③ Brigg식

㉠ 중립 및 불안정 조건

$$\Delta H = 3.0 \left(\frac{V_s}{u} \right) \times D$$

㉡ 안정조건

$$\Delta H = 1.5 \left(\frac{F_m}{u\sqrt{s}} \right)^{\frac{1}{3}}$$

여기서, s : 안정도 지수
F_m : 관성력

(2) 부력에 의한 연기 상승(열부력)

① Holland식(기본식)

$$\Delta H = \frac{V_s \cdot D}{u} \left[1.5 + 2.68 \times 10^{-3} P \cdot D \left(\frac{T_s - T_a}{T_s} \right) \right]$$

여기서, P : 압력(mbar)
T_s : 배기가스의 절대온도(273+℃)
T_a : 대기의 절대온도(273+℃)

② 부력을 이용한 식

$$\Delta H = 150 \times \frac{F}{u^3} \qquad \Delta H = \frac{114\, CF^{1/3}}{u}$$

여기서, F : 부력 $= g\left(\dfrac{D}{2}\right)^2 V_s \left(\dfrac{T_s - T_a}{T_a}\right)$

③ Mosse(Carson)식

$$\Delta H = C \times \frac{1}{u^2} \times g V_s \left(\frac{D}{2}\right)^2 \times \left(\frac{T_s - T_a}{T_a}\right)$$

여기서, C : 상수(일반적으로 150)
g : 중력가속도(9.8m/sec²)

 **학습 Point**

유효굴뚝높이의 개요 및 상승방법 숙지

SECTION 19 Sutton의 확산방정식

1. 최대착지농도

$$C_{\max} = \frac{2Q}{\pi e u H_e^2}\left(\frac{\sigma_z}{\sigma_y}\right)$$

여기서, $C_{\max}$: 최대착지농도
e : 자연대수의 밑수값(2.72)
u : H에서의 평균풍속(m/sec)
H_e : 유효굴뚝높이(m)
Q : 오염물질 배출량(m³/sec)
σ_y : 수평방향 확산계수(m)
σ_z : 수직방향 확산계수(m)

$$C_{\max} \propto \frac{1}{H_e^2} \; : \; C_{\max} \propto \frac{1}{u}$$

$$C_{\max} \propto Q$$

(1) 최대착지농도를 감소시키기 위한 방법

① 배출가스 온도를 가능한 높게 한다.
② 배출가스 속도를 높인다.
③ 저농도 원료를 사용한다.
④ 굴뚝을 높게 한다.

Reference

1 유효연돌높이를 높여 $C_{\max}$ 를 1/2 로 감소시킬 경우 상승유효연돌높이

상승유효연돌높이 $= \sqrt{2} \times$ 유효연돌높이

2 $C_{\max}$ 의 경우 x 축상의 거리

x 축상의 거리$(\sigma_z) = \dfrac{\text{유효연돌높이}}{\sqrt{2}} = 0.707 \times$ 유효연돌높이

2. 최대착지거리

$$X_m = \left(\frac{H_e}{\sigma_z}\right)^{\frac{2}{2-n}}$$

여기서, X_m : 최대착지농도가 나타나는 지점(m)
σ_z : 수직방향 확산계수(m)
H_e : 유효굴뚝높이(m)
n : 안정도계수(일반적으로 안정 0.5, 불안정 0.25)

학습 Point

최대착지농도를 감소시키는 방법 숙지

기출 필수문제 출제율 30% 이상

01 굴뚝의 실제높이가 30m이고, 반지름은 2m이다. 이때 굴뚝배출가스의 분출속도가 25m/s이고, 굴뚝 주변의 풍속이 3m/s일 때 유효굴뚝높이는?(단, $\Delta H = 1.5 \times (V_s/u) \times D$ 이용)

풀이

$$H_e = H + \Delta H$$
$$\Delta H = 1.5 \times \left(\frac{V_s}{u}\right) \times D = 1.5 \times \left(\frac{25}{3}\right) \times (2 \times 2) = 50\text{m}$$
$$= 30 + 50 = 80\text{m}$$

필수 예상문제

02 연기의 배출속도 30m/s, 평균풍속 300m/min, 유효굴뚝높이 60m, 실제 굴뚝높이 24m인 경우 굴뚝의 직경(m)은?(단, $\Delta H = 1.5 \times (V_s/U) \times D$식 적용)

풀이

$$\Delta H = 1.5 \times \left(\frac{V_s}{u}\right) \times D$$
$$\Delta H = H_e - H = 60 - 24 = 36\text{m}$$
$$36\text{m} = 1.5 \times \left(\frac{30 \text{ m/sec}}{300 \text{ m/min} \times \text{min}/60 \text{ sec}}\right) \times D$$
$$9D = 36\text{m}$$
$$D = 4.0\text{m}$$

기출 필수문제 출제율 20% 이상

03 내경이 2m이고, 실제 높이가 60m인 연돌에서 15m/sec로 배출되는 배기가스의 온도는 127℃, 대기압은 1기압, 기온은 27℃이다. 연돌 배출구에서의 풍속이 5m/sec일 때, 유효연돌높이(m)는?(단, Holland의 연기 상승높이 결정식은 다음과 같다.)

$$\Delta H = \frac{V_s \cdot d}{U}\left[1.5 + 2.68 \times 10^{-3} \cdot P\left(\frac{T_s - T_a}{T_s}\right) \times d\right]$$

> **풀이**
>
> $H_e = H + \Delta H$
>
> $\Delta H = \dfrac{V_s \cdot d}{U}\left[1.5 + 2.68 \times 10^{-3} \times P\left(\dfrac{T_s - T_a}{T_s}\right) \times d\right]$
>
> $= \dfrac{15 \times 2}{5}\left[1.5 + (2.68 \times 10^{-3}) \right.$
>
> $\left. \times \left\{1,013.2\left(\dfrac{(273+127)-(273+27)}{273+127}\right) \times 2\right\}\right]$
>
> $= 17.15\text{m}$ [1atm = 1,013.2mbar]
>
> $= 60 + 17.15 = 77.15\text{m}$

기출 필수문제 출제율 50% 이상

04 실제 굴뚝높이 30m, 배출가스온도 250°F, 배출가스속도 13m/s, 굴뚝직경 1.5m 인 화력발전소가 있다. 굴뚝 주변 대기온도가 20℃이고, 굴뚝 배출구에서 대기 풍속이 1m/s이며, 대기압은 970mb인 조건에서 다음 Holland식을 이용한 연기의 유효굴뚝높이(m)는?

$$\Delta H = \dfrac{V_s \cdot d}{U}\left[1.5 + 2.68 \times 10^{-3} \cdot P_a\left(\dfrac{T_s - T_a}{T_s}\right) \times d\right]$$

> **풀이**
>
> $H_e = H + \Delta H$
>
> $\Delta H = \dfrac{V_s \cdot d}{U}\left[1.5 + 2.68 \times 10^{-3} \cdot P\left(\dfrac{T_s - T_a}{T_s}\right) \times d\right]$
>
> $T_s = \dfrac{5}{9}(°F - 32) = \dfrac{5}{9} \times (250 - 32) = 121.11℃$
>
> $= \dfrac{13 \times 1.5}{1}\left[1.5 + (2.68 \times 10^{-3}) \times 970 \right.$
>
> $\left. \times \left(\dfrac{(273+121.11)-(273+20)}{273+121.11}\right) \times 1.5\right] = 48.76\text{m}$
>
> $= 30 + 48.76 = 78.76\text{m}$

기출 필수문제 출제율 30% 이상

05 높이 40m인 굴뚝으로부터 20m/sec로 연기가 배출되고 있다. 굴뚝 반지름은 2m, 굴뚝 주위로 풍속은 4m/sec, 배출가스의 열방출률은 6,000kJ/sec일 때, 아래의 식을 이용하여 유효굴뚝의 높이를 계산하면?[단, Holland의 식은 아래와 같고, Q_h는 열방출률(kJ/sec)이다.]

$$\Delta H(\text{m}) = \frac{V_s \cdot d}{U} \times \left(1.5 + 0.0096 \times \frac{Q_h}{V_s \cdot d}\right)$$

풀이

$H_e = H + \Delta H$

$\Delta H = \dfrac{V_s \cdot d}{U}\left(1.5 + 0.0096 \times \dfrac{Q_h}{V_s \cdot d}\right)$

$= \dfrac{20 \times 4}{4} \times \left[1.5 + \left(0.0096 \times \dfrac{6,000}{20 \times 4}\right)\right] = 44.4\text{m}$

$= 40 + 44.4 = 84.4\text{m}$

기출 필수문제 출제율 30% 이상

06 높이 40m인 굴뚝으로부터 20m/sec로 연기가 배출되고 있다. 굴뚝 반지름은 2m, 유효굴뚝높이 80m, 배출가스의 열방출률은 4,000kJ/sec일 때, 아래의 식을 이용하여 굴뚝 주위의 풍속(m/sec)을 구하시오.[단, Holland의 식은 아래와 같고, Q_h는 열방출률(kJ/sec)]

$$\Delta H(\text{m}) = \frac{V_s \cdot d}{U} \times \left(1.5 + 0.0096 \times \frac{Q_h}{V_s \cdot d}\right)$$

풀이

$\Delta H = \dfrac{V_s \cdot d}{U}\left(1.5 + 0.0096 \times \dfrac{Q_h}{V_s \cdot d}\right)$

$\Delta H = H_e - H = 80 - 40 = 40\text{m}$

$40 = \dfrac{20 \times (2 \times 2)}{U} \times \left[1.5 + \left(0.0096 \times \dfrac{4,000}{20 \times (2 \times 2)}\right)\right]$

$40 = \dfrac{158.4}{U}$

$U(\text{m/sec}) = 3.96\text{m/sec}$

필수 예상문제

07 굴뚝 직경 3m, 배출속도 15m/sec, 배출온도 650K, 대기온도 27℃, 풍속 4.2m/sec 일 때, 유효상승고(Δh)는?(단, 아래 식을 이용하여 계산할 것)

$$\Delta h = \frac{114\ CF^{1/3}}{u},\ C = 1.58,\ F = g\left(\frac{D}{2}\right)^2 V_s \left(\frac{T_s - T_a}{T_a}\right)$$

풀이

유효상승고(Δh) $= \dfrac{114\ CF^{1/3}}{u}$

$F(\text{부력}) = g\left(\dfrac{D}{2}\right)^2 V_s \left(\dfrac{T_s - T_a}{T_a}\right)$

$= 9.8 \times \left(\dfrac{3}{2}\right)^2 \times 15 \times \left[\dfrac{650 - (273 + 27)}{(273 + 27)}\right]$

$= 385.88\ \text{m}^4/\text{sec}^3$

$= \dfrac{114 \times 1.58 \times 385.88^{1/3}}{4.2} = 312.22\ \text{m}$

필수 예상문제

08 Sutton의 확산방정식에서 현재 굴뚝의 유효고도가 50m일 때, 최대지표농도를 1/4로 낮추려면 굴뚝의 유효고도를 얼마만큼 더 증가시켜야 하는가?(단, 기타 조건은 같다고 가정한다.)

풀이

최대착지농도($C_{\max}$)

$C_{\max} = \dfrac{2Q}{\pi e u H_e^{\ 2}} \times \dfrac{\sigma_z}{\sigma_y}$ 에서 기타 조건이 같으므로

$C_{\max} = \dfrac{1}{H_e^{\ 2}}$

$H_e = \dfrac{1}{\sqrt{C_{\max}}} = \dfrac{1}{\sqrt{1/4}} = 2$

H_e 2배 증가 시 $C_{\max}$는 1/4로 감소하므로
나중 유효연돌높이 $= 50\text{m} \times 2 = 100\text{m}$
증가시켜야 하는 높이 $= 100 - 50 = 50\text{m}$

※ 상승유효연돌높이 $= \sqrt{4} \times$ 유효연돌높이 $= \sqrt{4} \times 50 = 100\text{m}$

필수 예상문제

09 어떤 공장의 현재 유효연돌고의 높이가 55m이다. 이때의 농도에 비해 유효연돌고를 높여 최대지표농도를 1/2로 감소시키고자 한다. 다른 조건이 모두 같다고 가정할 때 유효연돌고의 높이(m)는?

풀이

$$C_{\max} = \frac{1}{H_e^2}$$

$$H_e = \frac{1}{\sqrt{C_{\max}}} = \frac{1}{\sqrt{1/2}} = 1.4142$$

유효연돌고높이(m) = $55 \times 1.4142 = 77.78$m

※ 유효연돌고높이 = $\sqrt{2} \times$ 유효연돌높이 = $\sqrt{2} \times 55 = 77.78$m

기출 필수문제 출제율 40% 이상

10 굴뚝배출가스양 15m³/sec, HCl의 농도 850ppm, 풍속 25m/sec, $K_y = 0.07$, $K_z = 0.08$인 중립대기조건에서 중심축상 최대지표농도가 1.61×10^{-2}ppm인 경우 굴뚝의 유효고(m)는?(단, Sutton의 확산식을 이용한다.)

풀이

$$C_{\max} = \frac{2Q}{\pi e u H_e^2}\left(\frac{K_z}{K_y}\right)$$

$$1.61 \times 10^{-2} = \frac{2 \times (15 \times 850)}{\pi \times e \times 25 \times H_e^2} \times \left(\frac{0.08}{0.07}\right)$$

$\pi \times e \times 25 \times H_e^2 \times 0.07 = 126{,}708.07$ [e^1(자연대수의 밑수) = 2.72]

$H_e^2 = 8{,}482.86$

$H_e = \sqrt{8{,}482.86} = 92.10$m

필수 예상문제

11 유효굴뚝높이가 100m이고, SO_2의 배출량이 150g/s인 화력발전소가 있다. 굴뚝배출구에서 대기풍속이 5m/s일 때 최대착지농도($\mu g/m^3$)는?(단, 아래 식 이용, $\sigma_y = 250$m, $\sigma_z = 140$m)

$$C_{\max} = \frac{0.1171 Q}{U \sigma_y \sigma_z}$$

풀이

$$C_{\max} = \frac{0.1171 Q}{u\sigma_y \sigma_z}$$

$$= \frac{0.1171 \times 150 \text{g/sec} \times 10^6 \mu\text{g/g}}{5\text{m/sec} \times 250\text{m} \times 140\text{m}} = 100.37 \mu\text{g/m}^3$$

기출 필수문제 출제율 80% 이상

12 유효굴뚝높이 60m에서 유량 980,000m³/day, SO₂ 1,200ppm으로 배출되고 있다. 이때 최대지표농도(ppb)는?(단, Sutton의 확산식을 사용하고, 풍속은 6m/s, 이 조건에서 확산계수 $K_y = 0.15$, $K_z = 0.18$이다.)

풀이

$$C_{\max} = \frac{2Q}{\pi e u H_e^2}\left(\frac{\sigma_z}{\sigma_y}\right)$$

$$Q = 980,000\text{m}^3/\text{day} \times \text{day}/86,400\text{sec} = 11.34\text{m}^3/\text{sec}$$

$$= \frac{2 \times 11.34\text{m}^3/\text{sec} \times 1,200 \text{ ppm}}{\pi \times e \times 6\text{m/sec} \times (60\text{m})^2} \times \left(\frac{0.18}{0.15}\right)$$

$$= 0.177\text{ppm} \times 10^3 \text{ppb/ppm} = 177.07\text{ppb}$$

기출 필수문제 출제율 70% 이상

13 다음 조건에서 지상에 나타나는 황산화물의 최대지표농도(ppb)를 구하시오.(단, Sutton의 확산식 이용)

- 유효연돌높이 : 45m
- 황산화물 농도 : 900ppm
- 풍속 : 5m/sec
- 배출가스유량 : 15,000Sm³/hr
- 수평, 수직 확산계수 : 각 0.12

풀이

최대지표농도($C_{\max}$)

$$C_{\max}(\text{ppb}) = \frac{2Q}{\pi e u H_e^2} \times \left(\frac{\sigma_z}{\sigma_y}\right)$$

$$= \frac{2 \times 15,000\text{Sm}^3/\text{hr} \times \text{hr}/3,600\text{sec} \times 900\text{ppm}}{3.14 \times 2.72 \times 5\text{m/sec} \times (45\text{m})^2} \times \left(\frac{0.12}{0.12}\right)$$

$$= 0.0867\text{ppm} \times 10^3 \text{ppb/ppm} = 86.73\text{ppb}$$

필수 예상문제

14 유효굴뚝높이와 지표상 최고오염농도와의 관계식에서 지상 최고농도를 현재의 1/3로 하려면 유효굴뚝높이를 원래의 몇 배로 하여야 하는가?(단, 기타 대기조건은 같은 조건이며, Sutton식을 이용)

풀이

$$C_{\max} = \frac{1}{H_e^2}$$

$$H_e = \frac{1}{\sqrt{C_{\max}}} = \frac{1}{\sqrt{1/3}} = 1.73 \ (즉, \ 원래의 \ 1.73배이다.)$$

기출 필수문제 출제율 30% 이상

15 주변환경조건이 동일하다고 할 때, 굴뚝의 유효고도가 1/2로 감소한다면 하류중심선의 최대지표농도는 어떻게 변화하는가?(단, Sutton의 확산식을 이용)

풀이

$$C_{\max} = \frac{1}{H_e^2} = \frac{1}{(1/2)^2} = 4 \ (즉, \ 4배 \ 증가한다.)$$

기출 필수문제 출제율 30% 이상

16 유효굴뚝높이 50m 정도에서 확산계수가 $K_y = K_z = 0.1$이고, 풍속 $U = 5$m/sec이다. 지표면에서의 대기오염농도가 최대가 되는 착지거리는 얼마인가(m)?(단, 대기상태는 중립이며, 안정도계수(n)=0.25)

풀이

최대착지거리(X_m)

$$X_m = \left(\frac{H_e}{K_z}\right)^{\frac{2}{2-n}} = \left(\frac{50}{0.1}\right)^{\frac{2}{2-0.25}} = 1,214.89\text{m}$$

필수 예상문제

17 굴뚝으로부터 배출되는 SO_2가 풍하 측 5,000m 지점에서 지표 최고농도를 나타냈을 때, 유효굴뚝높이(m)는?(단, Sutton의 확산식을 사용하고, 수직확산계수는 0.07, 대기안정도지수(n)는 0.25이다.)

풀이

$$X_m = \left(\frac{H_e}{\sigma_z}\right)^{\frac{2}{2-n}}$$

$$5,000 = \left(\frac{H_e}{0.07}\right)^{\frac{2}{2-0.25}}$$

양변에 log를 취하면

$\log 5,000 = 1.143 \log \dfrac{H_e}{0.07}$

$H_e = 10^{3.236} \times 0.07 = 120.53\text{m}$

기출 필수문제 출제율 80% 이상

18 유효굴뚝높이 100m에서 배출가스양이 30,000Sm³/hr, SO_2 농도가 1,200ppm으로 배출되고 있다. 다음 물음에 답하시오.(단, 풍속 5m/sec, 수직·수평 확산계수는 0.07, 안정도계수 $n=0.25$)

(1) Sutton 확산식 이용 최대착지농도(ppb)

(2) 최대착지거리(m)

풀이

(1) 최대착지농도($C_{\max}$)

$$C_{\max} = \frac{2Q}{\pi e u H_e^2} \times \frac{\sigma_z}{\sigma_y}$$

$Q = 30,000\text{Sm}^3/\text{hr} \times \text{hr}/3,600\text{sec} = 8.33\text{Sm}^3/\text{sec}$

$= \dfrac{2 \times 8.33 \times 1,200}{3.14 \times 2.72 \times 5 \times 100^2} \times \left(\dfrac{0.07}{0.07}\right)$

$= 0.04681\text{ppm} \times 10^3 \text{ppb/ppm} = 46.81\text{ppb}$

(2) 최대착지거리($X_{\max}$)

$X_{\max} = \left(\dfrac{H_e}{\sigma_z}\right)^{\frac{2}{2-n}} = \left(\dfrac{100}{0.07}\right)^{\frac{2}{2-0.25}} = 4,032.76\text{m}$

기출 필수문제 출제율 50% 이상

19 어느 공장의 유효굴뚝높이가 120m인 연돌에서 배출되는 SO_2 배출률이 2g/sec일 때 풍하지역의 연기중심선상에서 다음을 구하시오. (단, 다음 식 이용, 굴뚝 높이에서 풍속=2m/sec, $\sigma_y = 0.32 X_{\max}^{0.78}$, $\sigma_z = 0.707 H_e$, $\sigma_z = 0.22 X_{\max}^{0.78}$)

$$C_{\max} = \frac{0.117 Q}{U \sigma_y \sigma_z}$$

(1) 최대착지거리($X_{\max}$) : (m)

(2) SO_2의 최대지표농도($C_{\max}$) : (ppb)

> **풀이**
>
> (1) 최대착지거리($X_{\max}$)
>
> $\sigma_z = 0.707 \times H_e = 0.707 \times 120\text{m} = 84.84\text{m}$
>
> $\sigma_z = 0.22 X_{\max}^{0.78}$
>
> $84.84\text{m} = 0.22 X_{\max}^{0.78}$
>
> 양변에 log를 취하면
>
> $\log X_{\max} = \dfrac{\log 385.64}{0.78}$
>
> $X_{\max} = 2,068.32\text{m}$
>
> (2) SO_2의 최대지표농도($C_{\max}$)
>
> $C_{\max} = \dfrac{0.117 Q}{U \sigma_y \sigma_z}$
>
> $\sigma_y = 0.32 X_{\max}^{0.78} = 0.32 \times 2,068.32^{0.78} = 123.405\text{m}$
>
> $= \dfrac{0.117 \times 2\text{g/sec} \times 10^6 \mu\text{g/g} \times \dfrac{22.4 \mu\text{L}}{64 \mu\text{g}}}{2\text{m/sec} \times 123.405\text{m} \times 84.84\text{m}} = 3.91\text{ppb}$

SECTION 20 Down Wash 및 Down Draught

1. Down Wash(세류현상) 출제율 50%

(1) 정의

오염물질의 토출속도에 비해 굴뚝높이에서의 풍속이 크면 연기가 굴뚝 아래로 향하여 오염물질이 흩날리어 굴뚝 일부분에 오염물질의 농도가 높아지는 현상을 말한다($V_s/u < 1$의 경우 생김).

(2) Down Wash 방지조건

$$\frac{V_s}{u} > 2 \, [\, V_s > 2u \,]$$

여기서, V_s : 굴뚝배출가스의 유속(오염물질 토출속도)
u : 풍속(굴뚝높이에서의 풍속)

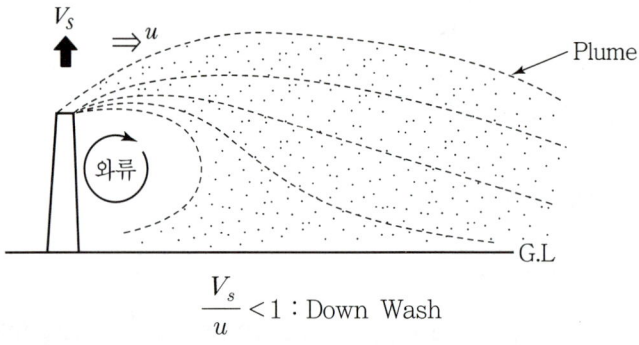

$\dfrac{V_s}{u} < 1$: Down Wash

| Down Wash |

2. Down Draught(역류현상) 출제율 50%

(1) 정의

연기가 굴뚝 주변 건물이나 지형물의 배후에서 발생되는 와류(소용돌이)에 말려 들어가는 현상이며, 건물은 바람의 영향에 의해 하류 측에 난류를 발생시킨다.

(2) Down Draught 방지 조건

① 굴뚝높이를 주변 건물높이의 2.5배 이상 높게 한다.
② 배출가스의 온도를 높여 부력을 증가시킨다.
③ 굴뚝 상부에 정류판을 설치한다.

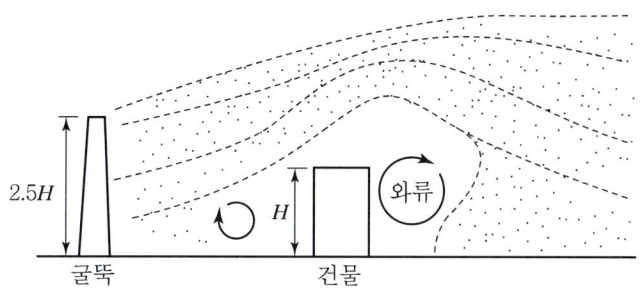

굴뚝높이 : $2.5H$(바람직)

| Down Draught |

Down Wash, Down Draught의 원인, 대책 숙지

SECTION 21 연소이론

1. 연소의 정의

연소는 연료 중 가연성 물질(C, H, S)이 산소와 반응하여 열, 빛, 이산화탄소, 수증기를 급속히 발생시키는 산화현상으로 많은 열을 수반하는 발열화학 반응이다.

2. 연소의 3요소 : 연소의 조건

(1) 가연성(가연성 물질) : 가연물 구비조건

① 반응열(발열량)이 클 것
② 열전도율이 낮을 것
③ 활성화 에너지가 작을 것
④ 산소와 친화력이 우수할 것
⑤ 연소접촉 표면적이 클 것

(2) 산소공급원

(3) 점화원(열원)

3. 완전연소

(1) 정의
산소가 충분한 상태에서 가연성 물질을 다시 연소시킬 수 없는 상태로 완전히 산화되는 연소로 연소 후 발생되는 물질 중에서 가연성분이 없는 연소를 의미한다.

(2) 완전연소 구비조건 : 3T 출제율 30%
① 온도(Temperature) : 연료를 인화점 이상 예열하기 위한 충분한 온도
② 시간(Time) : 완전연소를 위한 충분한 체류시간
③ 혼합(Turbulence) : 연료와 공기의 충분한 혼합

4. 불완전연소

(1) 정의
가연성 물질이 연소한 후 생성된 물질이 재연소 가능한 형태로 배출되는 연소를 의미한다.

(2) 불완전연소의 발생원인
① 산소공급원이 부족한 경우
② 주위 온도 및 연소실 온도가 너무 낮은 경우
③ 연료 조성이 적당하지 않은 경우
④ 연소기구 형태가 적합하지 않은 경우

5. 착화온도(착화점, 발화점, 발화온도)

(1) 정의 출제율 30%
가연성 물질이 점화원 없이 주위의 축적된 산화열에 의하여 연소를 일으키는 최저온도이며, 착화온도(발화점)가 낮은 물질일수록 위험성이 크다.

(2) 착화온도가 낮아지는 조건
① 동질물질인 경우 화학적으로 발열량이 클수록
② 화학결합의 활성도가 클수록(반응활성도가 클수록)
③ 공기 중의 산소농도 및 압력이 높을수록
④ 분자구조가 복잡할수록(분자량이 클수록)
⑤ 비표면적이 클수록
⑥ 열전도율이 낮을수록

> **Reference** 인화점과 연소점
>
> **1 인화점** 출제율 30%
> 가연성 물질에 불씨(점화원)를 접촉 시 불이 붙는 최저온도이며, 가연성 액체연료의 위험성을 나타내는 척도로 사용된다. 또한 인화점에서는 외부에서의 열을 제거하면 연소가 중단된다.
>
> **2 연소점**
> 인화점보다 5~10℃ 높은 온도이며, 점화원을 제거하더라도 계속하여 연소할 수 있는 온도이다.

6. 가스의 폭발범위

(1) 폭발범위

가연성 가스가 공기 중에 존재할 때 폭발할 수 있는 농도의 범위를 부피(%)로 나타내고 농도가 높은 쪽을 폭발상한계, 농도가 낮은 쪽을 폭발하한계로 표현한다.

(2) 르샤틀리에(Le Chatelier) 법칙 출제율 30%

① 개요

혼합가스의 폭발범위를 구하는 식으로 점화원에 의해 폭발을 일으킬 수 있는 혼합가스 중 가연성 가스의 부피(%)를 말한다. 열역학적인 평형이동에 관한 원리로, 평형상태에 있는 물질계의 온도, 압력을 변화시키면 그 변화를 감소시키는 방향으로 반응이 진행되어 새로운 평형에 도달한다는 의미가 있다.

② 관련식

$$\frac{100}{L} = \frac{V_1}{L_1} + \frac{V_2}{L_2} + \cdots\cdots + \frac{V_n}{L_n}$$

여기서, L : 혼합가스 폭발한계치(하한계, 상한계)
L_1, L_2, L_n : 각 성분가스의 단독 폭발한계치(하한계, 상한계)
V_1, V_2, V_n : 각 성분가스의 부피 분포 비율(%)

$$L = \frac{100}{\frac{V_1}{L_1} + \frac{V_2}{L_2} + \cdots\cdots + \frac{V_n}{L_n}}$$

(3) 폭굉 출제율 30%

① 정의

가스 중의 음속보다 화염전파속도가 큰 경우, 파면 선단에 충격파라는 소용돌이 형태의 압력으로 격렬한 파괴작용이 일어나는데, 이를 폭굉이라 한다.

② 폭굉유도거리

최초의 정상적인(완만한) 연소상태에서 격렬한 폭굉으로 진행할 때까지의 거리를 말한다.

③ 폭굉유도거리가 짧아지는 요건

㉠ 정상의 연소속도가 큰 혼합가스일수록
㉡ 관 속에 방해물이 있거나 관 내경이 작을수록
㉢ 압력이 높을수록
㉣ 점화원의 에너지가 강할수록

학습 Point

1 완전연소 3T의 내용 숙지
2 르샤틀리에 법칙 숙지

기출 필수문제 출제율 20% 이상

01 CH_4 30%, C_2H_6 30%, C_3H_8 40%인 혼합가스의 폭발범위를 구하시오. (단, CH_4 폭발범위 5~15%, C_2H_6 폭발범위 3~12.5%, C_3H_8 폭발범위 2.1~9.5%, 르샤틀리에의 식 이용)

풀이

1) 폭발하한치(LEL)

$$\frac{100}{\text{LEL}} = \frac{V_1}{L_1} + \frac{V_2}{L_2} + \frac{V_3}{L_3}$$

$$\frac{100}{\text{LEL}} = \frac{30}{5} + \frac{30}{3} + \frac{40}{2.1}$$

$$\text{LEL} = 2.85\%$$

2) 폭발상한치(UEL)

$$\frac{100}{\text{UEL}} = \frac{V_1}{L_1} + \frac{V_2}{L_2} + \frac{V_3}{L_3}$$

$$\frac{100}{\text{UEL}} = \frac{30}{15} + \frac{30}{12.5} + \frac{40}{9.5}$$

$$\text{UEL} = 11.61\%$$

폭발범위 : 2.85~11.61%

[참고] 각 가스의 폭발한계값(상온, 1 atm)

가스	폭발하한치(%)	폭발상한치(%)
일산화탄소(CO)	12.5	74.0
수소(H_2)	4.0	75.0
메탄(CH_4)	5.0	15.0
아세틸렌(C_2H_2)	2.5	81.0
에틸렌(C_2H_4)	2.7	36.0
에탄(C_2H_6)	3.0	12.4
프로필렌(C_3H_6)	2.2	9.7
프로판(C_3H_8)	2.1	9.5
부틸렌(C_4H_8)	1.7	9.9
부탄(C_4H_{10})	1.8	8.5

7. 탄화도

(1) 개요

① 석탄의 성분이 변화되는 진행 정도, 즉 석탄이 탄화되는 정도를 나타내는 지수이며 석탄 탄화작용이 진행됨에 따라 고정탄소는 증가, 휘발성분은 감소한다.

② 고정탄소에 대한 휘발분의 비율(고정탄소/휘발분)을 연료비라 하며 석탄의 탄화 정도를 나타내는 지수이다.

③ 탄화도가 증가하면 산소의 농도가 감소하며, 탄화도는 양질의 연료가 가장 높다.

(2) 탄화도의 크기

무연탄 > 역청탄(유연탄) > 갈탄 > 이탄 > 목재

(3) 탄화도가 높아질 경우의 현상 출제율 40%
① 착화온도가 높아진다.
② 고정탄소가 증가한다.
③ 발열량이 높아진다.
④ 연료비[고정탄소(%)/휘발분(%)]가 증가한다.
⑤ 연소속도가 늦어진다.
⑥ 수분 및 휘발분이 감소한다.
⑦ 비열이 감소한다.
⑧ 산소의 양이 줄어든다.
⑨ 매연발생률이 감소한다.

학습 Point

탄화도가 높아질 경우의 현상에 대한 내용 숙지

8. 화학적 반응속도론(연소반응속도론)

(1) 화학반응속도 출제율 50%

화학반응속도는 반응물이 화학반응을 통하여 생성물을 형성할 때 단위시간당 반응물이나 생성물의 농도변화를 의미하며, 반응시간이 경과함에 따라 반응물은 점점 작아지므로 (−)가 되고, 생성물은 시간이 경과함에 따라 생성량이 많아져 (+)가 된다.

(2) 일반적 화학반응식 출제율 40%

$$\frac{dc}{dt} = -k \cdot c^n$$

여기서, k : 반응계수(속도상수)
n : 반응차수(0차, 1차, 2차)
c : 반응물질의 농도

(3) 0차 반응(Zero Order Reaction)
① 개요
반응속도가 반응물의 농도에 영향을 받지 않는, 즉 농도에 무관한 반응을 의미하며 시간에 대한 농도변화는 그래프상 직선으로 표현된다.

② 관련식

$$C_t = -kt + C_0$$

여기서, C_t : t시간 후 남은 반응물의 농도
k : 0차 반응의 속도상수(mol/L·hr)
C_0 : 초기($t=0$)에서의 반응물의 농도

(4) 1차 반응(First Order Reaction) 출제율 60%

① 개요

반응속도가 반응물의 농도에 비례하여 진행되는 반응이며 시간에 대한 농도 변화는 그래프상 직선이 아닌 곡선으로 표현된다.(단, 시간에 대한 농도의 대수로 표현하면 직선이 됨)

② 관련식

$$C_t = C_0 e^{-k \cdot t}$$

여기서, C_t : t시간 후 남은 반응물의 농도
C_0 : 초기($t=0$)에서의 반응물의 농도
k : 1차 반응의 속도상수(hr^{-1}, 1/hr)

$$\ln\left(\frac{C_t}{C_0}\right) = -kt$$

(5) 2차 반응(Second Order Reaction) 출제율 60%

① 개요

반응속도가 반응물의 농도의 제곱에 비례하여 진행하는 반응이며, 시간에 대한 농도의 역수로 표현하면 직선이 된다.

② 관련식

$$\frac{1}{C_t} - \frac{1}{C_0} = kt$$

(6) 반응속도상수와 온도 출제율 30%

① 반응속도는 단위시간에 있어서 소모된 반응물질의 양(농도)이나 또는 증가된 생성물질의 양(농도)으로 나타낸다.

② Arrhenius 법칙(반응속도상수를 온도의 함수로 나타낸 방정식)

$$K = Ae\left(-\frac{E_a}{RT}\right)$$

여기서, K : 반응속도상수
A : 빈도계수(Frequency Factor)
E_a : 활성화 에너지
T : 절대온도

학습 Point

1. 화학반응속도의 정의 숙지
2. 1차 반응, 2차 반응 개요 및 관련식 숙지
3. 반응속도와 온도와의 관계 숙지

기출 필수문제 출제율 80% 이상

01 1,000초 동안 반응물의 1/2이 분해되었다면 반응물이 1/300이 남을 때까지는 얼마의 시간(sec)이 필요한가? (단, 1차 반응 기준)

풀이

$$\ln\frac{C_t}{C_0} = -kt$$

$$k = -\frac{1}{t}\ln\left(\frac{C_t}{C_0}\right) = -\frac{1}{1,000}\ln\left(\frac{1/2}{1}\right) = 0.000693\,\mathrm{sec}^{-1}$$

$$\ln\left(\frac{1/300}{1}\right) = -0.000693\,\mathrm{sec}^{-1} \times t$$

$$t = \frac{-5.7037}{-0.000693} = 8,230\,\mathrm{sec}$$

기출 필수문제 출제율 80% 이상

02 암모니아 농도가 99.9% 반응하려면 얼마의 시간(sec)이 필요한지 구하시오. (단, 1차 반응식 이용, $k = 0.015/\mathrm{sec}$)

풀이

$$\ln\frac{C_t}{C_0} = -kt$$

$$\ln\frac{(1-0.999)C_0}{C_0} = -0.015\sec^{-1} \times t$$

$$t = \frac{-6.9078}{-0.015} = 460.52\sec$$

기출 필수문제 출제율 50% 이상

03 어떤 1차 반응에서 1,000sec 동안 반응물의 1/2이 분해되었다면 반응물의 1/10이 남을 때까지의 시간(sec)은?

풀이

$$\ln\frac{C_t}{C_0} = -kt$$

$$k = -\frac{1}{t}\ln\left(\frac{C_t}{C_0}\right) = -\frac{1}{1,000}\ln\left(\frac{1/2}{1}\right) = 0.000693\sec^{-1}$$

$$\ln\left(\frac{1/10}{1}\right) = -0.000693\sec^{-1} \times t$$

$$t = \frac{-2.3025}{-0.000693} = 3,322.63\sec$$

필수 예상문제

04 암모니아 농도가 용적비로 215ppm인 실내공기를 송풍기로 환기시킬 때 실내용적이 $4,040m^3$이고, 송풍량이 $111m^3$/min이면 농도를 9ppm으로 감소시키기 위한 시간은?

풀이

$$\ln\frac{C_t}{C_0} = -kt$$

$$k = \frac{송풍량}{작업장용적} = \frac{111m^3/min}{4,040m^3} = 0.02747\min^{-1}$$

$$\ln\left(\frac{9}{215}\right) = -0.02747\min^{-1} \times t$$

$$t = \frac{3.1734}{-0.02747} = 115.52\min$$

기출 **필수문제** 출제율 30% 이상

05 사무실 용적이 250m³인 곳에서 회의가 열리고 있다. 회의인원 10명 중 3명이 담배를 피워 포름알데히드 농도가 0.5ppm이었다. 회의를 중단하고 공기청정기를 이용하여 포름알데히드 농도를 0.01ppm으로 낮추려고 할 때 소요되는 시간(min)을 구하시오. (단, 공기청정기유량 25m³/min, 효율 100%, 실내공기는 공기청정기 가동 중 완전 혼합, 회의 전 포름알데히드 농도 0ppm)

풀이

1차 반응식

$$\ln \frac{C_t}{C_0} = -kt$$

$$k(\text{속도상수}) = \frac{Q}{V} = \frac{25\text{m}^3/\text{min}}{250\text{m}^3} = 0.1/\text{min}\,(0.1\text{min}^{-1})$$

$$\ln \frac{0.01}{0.5} = -0.1/\text{min} \times t$$

$$t(\text{min}) = \frac{-3.912}{-0.1/\text{min}} = 39.12\text{min}$$

필수 **예상문제**

06 NH_3를 제조하는 작업장(10m×100m×10m)에서 NH_3 10kg이 누출되어 전 작업장 내로 확산되었다. 이때 송풍능력 100m³/min의 송풍기를 사용하여 허용농도로 환기시키는 데 소요되는 시간(hr)은?

(단, $-\dfrac{d[A]}{dt} = K[A]$, NH_3 허용농도 25ppm, 표준상태 기준)

풀이

$$\ln \frac{C_t}{C_0} = -kt$$

$$C_0(NH_3 \text{ 농도}) = \frac{NH_3 \text{양}}{\text{작업장 용적}} \times 10^6$$

$$= \frac{10\text{kg} \times \dfrac{22.4\text{m}^3}{17\text{kg}}}{(10 \times 100 \times 10)\text{m}^3} \times 10^6 = 1,317.65\text{ppm}$$

$C_t = 25\text{ppm}$

$$K = \frac{\text{송풍량}}{\text{작업장 용적}} = \frac{100\text{m}^3/\text{min}}{(10 \times 100 \times 10)\text{m}^3} = 0.01\text{min}^{-1}$$

$$\ln\left(\frac{25}{1,317.65}\right) = -0.01\,\text{min}^{-1} \times t$$

$$t = \frac{-3.9647}{-0.01\,\text{min}^{-1}} = 396.47\,\text{min} \times \text{hr}/60\,\text{min} = 6.61\,\text{hr}$$

필수 예상문제

07 창고에 화재가 발생하여 적재된 A화합물이 10분 동안에 1/2이 소실되었다. 이 화합물의 90%가 소실되는 데 소요되는 시간(min)은?(단, 연소반응은 2차 반응으로 진행된다.)

풀이

$$\frac{1}{C_t} - \frac{1}{C_0} = kt$$

$$\frac{1}{0.5} - \frac{1}{1} = k \times 10$$

$$k = \frac{1}{10} = 0.1\,\text{min}^{-1}$$

$$\frac{1}{0.1} - \frac{1}{1} = 0.1\,\text{min}^{-1} \times t$$

$$t = \frac{9}{0.1} = 90\,\text{min}$$

필수 예상문제

08 가우시안 확산모델을 이용하여 화력발전소에서 10km 떨어지고, 평균풍속이 1.5m/sec인 주거지역의 SO_2 농도를 계산하였더니 0.05ppm이었다. SO_2의 화학반응(1차 반응)을 고려한다면 주거지역의 SO_2 농도(ppm)는 얼마인가?(단, SO_2의 대기 중에서 반응속도상수는 $4.8 \times 10^{-5}\,\text{s}^{-1}$이고 1차 반응을 이용하여 계산할 것)

풀이

$$C_t = C_0 \cdot e^{-(k \cdot t)}$$

$$t(\text{소요시간}) = \text{거리}/\text{속도} = \frac{10,000\,\text{m}}{1.5\,\text{m/sec}} = 6,666.67\,\text{sec}$$

$$= 0.05 \times e^{-(4.8 \times 10^{-5} \times 6,666.67)} = 0.036\,\text{ppm}$$

> **필수 예상문제**

09 어떤 0차 반응에서 반응을 시작하고 반응물의 50%가 반응하는 데 30분이 걸렸다. 반응물의 90%가 반응하는 데 소요되는 시간(min)은?

풀이

$$C_t = -kt + C_0$$
$$C_t - C_0 = -kt$$
$$-0.5 = -k \times 30$$
$$k = 0.0167 \text{min}^{-1}$$
$$0.9 = 0.0167 \text{min}^{-1} \times t$$
$$t = 53.89 \text{min}$$

SECTION 22 연소형태

가연물의 종류에 따른 연소형태 종류 출제율 50%

연료	연소형태(연소방식)
기체연료	• 예혼합연소(Premixed Burning) • 확산연소(Diffusive Burning) • 부분예혼합연소(Semi-premixed Burning)
액체연료	• 증발연소(Evaporating Combustion) • 분무연소(Spray Burning) • 액면연소(Pool Burning) • 등심연소(Wick Combustion) : 심화연소
고체연료	• 증발연소(Evaporating Combustion) • 분해연소(Decomposing Combustion) • 표면연소(Surface Combustion) • 자기연소(내부연소)

1. 확산연소법

(1) 정의 및 적용 예 출제율 30%

가연성 연료와 외부 공기가 서로 확산에 의해 혼합하면서 화염을 형성하는 연소형태, 즉 연료를 버너노즐로부터 분리시켜 외부공기와 일정속도로 혼합하여 연소하는 방법이다.(적용 : LPG 가스 등 대부분 기체연료)

(2) 특징
① 연소용 공기와 기체연료(가스)를 예열할 수 있다.
② 화염이 길다.
③ 그을음이 발생하기 쉽다.(연료분출속도가 큰 경우)
④ 역화(Back Fire)의 위험이 없다.
⑤ 주로 탄화수소가 적은 발생로가스, 고로가스 등에 적용되는 연소방식이다.

(3) 확산연소에 사용되는 버너의 종류
① 포트형 ② 버너형

2. 예혼합연소법

(1) 정의
기체연료가 공기와 미리 혼합된 상태에서 버너에 의해 연소실 내에 분출시켜서 연소가 이루어지는 방법으로 연소효율이 100%까지도 가능하다.

(2) 특징
① 화염온도가 높아 연소부하가 큰 경우에 사용이 가능하다.
② 혼합기의 분출속도가 느릴 경우 역화의 위험이 있어 역화방지기를 부착해야 한다.(기체연료의 연소방법 중 역화 위험이 가장 큼)
③ 연소조절이 쉽다.(연료와 공기의 혼합비가 일정하여 균일하게 연소됨)
④ 화염이 짧다.

3. 증발연소

(1) 정의 및 적용 예 출제율 40%
화염으로부터 열을 받으면 가연성 증기가 발생하는 연소, 즉 액체연료가 액면에서 증발하여 가연성 증기로 되어 산소와 반응한 후 착화되어 화염이 발생하고 증발이 촉진되면서 연소가 이루어지는 것을 의미한다.(적용 : 휘발유, 나프탈렌, 양초)

(2) 특징
① 연료의 증발속도가 연소속도보다 빠르면 불완전연소된다.
② 증발온도가 열분해온도보다 낮은 경우 증발연소된다.

4. 분해연소

(1) 정의 및 적용 예 출제율 40%

고체연료가 가열되면 열분해가 일어나서 가연성 가스가 발생하며, 이를 공기와 혼합하여 확산 연소하는 과정을 분해연소라 한다.(적용 : 석탄, 목재)

(2) 특징

① 열분해는 증발온도보다 분해온도가 낮은 경우에 가열에 의해 발생된다.
② 고체연료는 일반적으로 연소 전에 분해되어 가연성 가스가 발생된다.

5. 표면연소

(1) 정의 및 적용 예 출제율 40%

고체연료 표면에 고온을 유지시켜 표면에서 반응을 일으켜 내부로 연소가 진행되는 연소방법이다.(적용 : 코크스, 숯, 금속)

(2) 특징

① 탄소만으로 되어 있고 휘발분이 적은 고체연료의 가장 대표적인 연소방법이다.
② 고체연료 표면에 산소가 반응하여 불꽃 없이 적열 후 연소된다. 즉, 코크스나 석탄 등이 고온연소 시 고체 표면이 빨갛게 빛을 내면서 반응하는 연소로 화염이 없는 연소형태이다.
③ 증발, 분해되지 못하고 표면의 탄소로부터 직접연소되는 현상이다.

6. 자기연소(내부연소) 출제율 30%

외부 공기 없이 고체 자체의 산소 분해에 의하여 연소하면서 내부로 연소가 폭발적으로 진행되는 연소방법이다. 대표적인 물질은 니트로글리세린이다.

 학습 Point

1 가연물 종류에 따른 연소형태 종류 숙지
2 확산연소법, 증발연소, 분해연소, 표면연소, 자기연소의 정의 및 적용 예 숙지

SECTION 23 연료

1. 정의
연료란 공기 중의 산소에 의한 연소반응에서 열을 얻기 위한 물질, 즉 연소열을 경제적으로 이용할 수 있는 물질이다.

2. 고체연료

(1) 고체연료의 장단점 출제율 30%

① 장점
  ㉠ 노천야적이 가능하다.
  ㉡ 저장 및 취급이 용이하다.
  ㉢ 매장량이 풍부하다.(구하기 쉬움)
  ㉣ 특수목적에 사용할 수 있다.(연소성이 느린 점을 이용)
  ㉤ 연소장치가 간단하고 가격이 저렴하다.

② 단점
  ㉠ 완전연소가 곤란하다.
  ㉡ 회분이 많아 재(Ash)가 다량 발생하며 재 처리가 곤란하다.
  ㉢ 전처리(건조, 분쇄 등)가 필요하다.
  ㉣ 연소효율이 낮아 고온을 얻기 힘들다.
  ㉤ 연소조절이 어렵고 매연이 발생한다.
  ㉥ 착화연소가 곤란하며 연료의 배관수송이 어렵다.

> **Reference 고정탄소**
>
> **1 정의**
> 일반적으로 공업분석항목에 고정탄소, 수분, 회분, 휘발분이 있으며, 이때 고정탄소는 100%에서 수분과 회분, 휘발분 함량을 뺀 나머지를 말한다.
>
> **2 계산**
> 수분(%)+휘발분(%)+회분(%)+고정탄소(%)=100%
> 고정탄소(%)=100-[수분(%)+휘발분(%)+회분(%)]

(2) 석탄의 탄화도에 따른 분류

① 석탄의 탄화 정도를 나타내는 지수인 연료비 $= \dfrac{\text{고정탄소}(\%)}{\text{휘발분}(\%)}$ 에 의해 무연탄이 탄화도, 탄소분(고정탄소)의 값이 가장 높고 휘발성분의 값은 가장 적다.
② 연료비가 높을수록 양질의 석탄이며 무연탄이 가장 높은 석탄이다.
③ 무연탄은 고정탄소량이 많아 연료비가 가장 높다.

> **Reference** 탄화도
>
> 긴 지질시대를 거쳐 생성된 석탄은 그 산출상태와 성질에 있어서 많은 차이점을 갖게 되는데 지질조건과 생성지층에 따라 생성속도와 성상이 달라지게 된다. 이와 같은 변화과정을 석탄화 또는 탄화라고 하고, 그 진행 정도를 석탄화도 또는 탄화도라고 한다.

｜고체연료의 특성 비교｜

구분	목탄	코크스	무연탄	갈탄	역청탄	이탄	아탄
비중	0.3~0.6	0.6~1.4	1.5~1.8	1.0~1.3	1.2~1.7	0.8~1.1	1.0~1.3
착화온도(℃)	350~400	500~600	400~500	250~450	300~400	250~300	200~220
고위발열량 (kcal/kg)	6,800~7,500	6,800~7,500	7,500~8,100	3,500~5,000	5,000~7,300	3,500~4,500	2,500~4,800
수분(%)	6	2	3	9	3	17	12
회분(%)	2	10	12	17	12	12	23
휘발분(%)	42	3	10	37	37	47	37
고정탄소(%)	50	85	75	37	48	24	28
연료비	1.2 정도	28 정도	7.5 이상	1 이하	1.0~4.0	−	−

기출 **필수문제** 출제율 40% 이상

01 석탄을 공업분석하여 다음과 같은 결과를 얻었다. 이 석탄의 연료비는?

구분	함량(%)
수분	2.1
회분	15.0
휘발분	36.4

> **풀이**
>
> $$연료비 = \frac{고정탄소(\%)}{휘발분(\%)}$$
>
> 고정탄소(%) = 100 − (수분 + 회분 + 휘발분) = 100 − (2.1 + 15.0 + 36.4)
> = 46.5%
>
> 휘발분(%) = 36.4%
>
> $$= \frac{46.5}{36.4} = 1.28$$

기출 필수문제 출제율 30% 이상

02 석탄을 공업분석하여 다음과 같은 결과를 얻었을 경우 이 석탄의 연료비를 구하고 석탄의 종류를 분류하시오. (단, 갈탄, 역청탄, 무연탄 중 선택하시오.)

구분	함량(%)
수분	2
회분	10
휘발분	7

> **풀이**
>
> $$연료비 = \frac{고정탄소(\%)}{휘발분(\%)}$$
>
> 고정탄소(%) = 100 − (수분 + 회분 + 휘발분) = 100 − (2 + 10 + 7) = 81%
>
> $$= \frac{81}{7} = 11.5$$
>
> 석탄의 종류 중 무연탄의 연료비가 약 7.5 이상이므로 무연탄으로 분류
>
> [참고] 고체연료의 연료비
> ① 코크스 : 28 정도　　② 무연탄 : 약 7.5 이상
> ③ 역청탄 : 1.0~4　　　④ 갈탄 : 1.0 이하

3. 액체연료

(1) 액체연료의 장단점 출제율 30%

① 장점
　㉠ 타 연료에 비하여 발열량이 높다.
　㉡ 석탄 연소에 비하여 매연 발생이 적다.
　㉢ 연소효율 및 열효율이 높다.

㉠ 회분이 거의 없어 재의 발생이 없고 기체연료에 비해 밀도가 커 저장에 큰 장소를 필요로 하지 않고 연료의 수송도 간편하다.

② 단점
㉠ 역화, 화재(인화)가 발생할 수 있어 위험이 크며 연소온도가 높아 국부가열의 위험성이 존재한다.
㉡ 중질유의 연소에서는 황성분으로 인하여 SO_2, 매연이 다량 발생한다.
㉢ 국내 자원이 적고, 수입에의 의존 비율이 높으며 소량의 재 중 금속산화물이 장해원인이 될 수 있다.
㉣ 사용 버너에 따라 소음이 발생된다.

(2) 석유계 액체연료의 탄수소비(C/H)
① C/H 비가 클수록 이론공연비는 감소한다.
② C/H 비가 클수록 방사율이 크며(장염 발생) 휘도가 높아진다.
③ C/H 비가 클수록 비교적 비점이 높고 매연이 발생되기 쉽다.(파라핀계가 매연발생량이 가장 높음)
④ 중질연료일수록 C/H 비가 크다.(중유>경유>등유>휘발유)
⑤ C/H 비는 연소공기량 및 발열량, 연료의 연소특성에 영향을 준다.
⑥ C/H 비 크기는 올레핀계>나프텐계>아세틸렌>프로필렌>프로판 순이다.

4. 기체연료

(1) 장점 출제율 30%
① 적은 과잉공기(공기비)로 완전연소가 가능하다.
② 연료 속에 회분 및 유황 함유량이 적어 배연가스 중 SO_2 등 대기오염물질 발생량이 매우 적다.
③ 연소효율이 높고 연소조절, 점화 및 소화가 용이하다.
④ 저발열량의 것으로 고온을 얻을 수 있고 전열효율을 높일 수 있다.
⑤ 연소율의 가연범위(Turn-down Ratio, 부하 변동범위)가 넓다.

(2) 단점 출제율 30%
① 다른 연료에 비해 취급이 곤란하다.
② 공기와 혼합해서 점화하면 폭발 등의 위험이 있다.
③ 저장이 곤란하고 시설비가 많이 든다.

> **Reference** 옥탄가와 세탄가 _출제율 20%_
>
> **1 옥탄가**
> 가솔린의 안티노킹성(Anti-knocking)을 나타내는 척도로 가솔린의 품질을 결정하는 요소이다.
>
> **2 세탄가**
> 디젤기관의 착화성을 정량적으로 평가하는 데 이용되는 수치이며, 이 값이 클수록 디젤노킹을 일으키기 어려워진다.

학습 Point

고체연료, 액체연료, 기체연료의 장단점 숙지

SECTION 24 연소장치 및 연소방법

1. 고체연료의 연소장치

(1) 화격자 연소장치(Grate of Stoker Incinerator)

① 개요

화격자 연소란 고체연료를 고정 또는 이동 화격자 위에서 연소하는 방식이다. 화격자는 주입된 고체연료를 운반시켜 연소되게 하는 역할 및 화격자 사이에 공기가 통과하도록 하는 기능을 하며, 화격자 하부로 재가 화격자를 통하여 쉽게 낙하하여 재를 제거한다.

② 장점

㉠ 연속적인 소각과 배출이 가능하다.
㉡ 경사화격자 방식의 경우는 수분이 많거나 발열량이 낮은 연료도 어느 정도 연소가 가능하다.
㉢ 용량부하가 크며 전자동운전이 가능하다.

③ 단점

㉠ 수분이 많거나 플라스틱같이 열에 쉽게 용해되는 물질에 의해 화격자가 막힐 수 있다.

ⓒ 체류기간이 길고 교반력이 약하여 국부가열이 발생할 염려가 있다.
　　　ⓓ 고온 중에서 기계적 가동에 의해 금속부의 마모 및 손실이 심하게 나타난다.

(2) 고정상 연소장치(Fixed Bed Incinerator)

① 개요

연소로 내의 화상 위에서 연료물질을 연소하는 방식의 화격자로서 적재가 불가능한 슬러지(오니), 입자상 물질, 열을 받아 용융해서 착화연소하는 물질(플라스틱)의 연소에 적합하다.

② 장점

　ⓐ 화격자에 적재가 불가능한 슬러지, 입자상 물질의 연료를 연소할 수 있다.
　ⓑ 열에 열화, 용해되는 플라스틱을 잘 연소시킬 수 있다.

③ 단점

　ⓐ 체류기간이 길고 교반력이 약하여 국부가열이 발생할 수 있다.
　ⓑ 연소효율이 나쁘고 잔사용량이 많이 발생된다.

(3) 미분탄 연소장치(Pulverized Coal Incinerator)

① 개요

석탄의 표면적을 크게(0.1mm 정도 크기로 분쇄) 하고 1차 공기 중에 부유시켜서 공기와 함께 노 내로 흡입시켜 연소시키는 방법이다. 적은 공기비로도 완전연소가 가능하며, 화력발전소나 시멘트 소성로와 같은 대형 대용량 연소시설에서 석탄으로 연소시키고자 할 때 가장 적합한 연소방식이다.

② 장점 출제율 30%

　ⓐ 적은 공기비로도 완전연소가 가능하다.
　ⓑ 점화 및 소화 시 열손실은 적고 부하의 변동에 쉽게 적용할 수 있다.
　ⓒ 연소속도가 빠르고 높은 연소효율을 기대할 수 있다.
　ⓓ 연소량의 조절이 용이하고 과잉공기에 열손실이 적다.
　ⓔ 사용연료의 범위가 넓어 저질탄에도 유효하게 사용할 수 있다.
　ⓕ 대용량 보일러에 적용할 수 있다.

③ 단점 출제율 30%

　ⓐ 설치 및 유지비가 고가이다.
　ⓑ 비산분진의 배출량 및 재비산이 많고 집진장치가 필요하다.
　ⓒ 분쇄기 및 배관 중에 폭발의 우려 및 수송관의 마모가 일어날 수 있다.

ⓔ 역화, 폭발의 위험성이 있다.
　　ⓜ 소용량 보일러에 적용할 수 없다.

(4) 유동층 연소장치(Fluidized Bed Combustion)

① 개요

　하부에서 공기를 주입하여 불활성층인 모래를 유동시켜 이를 가열하고 상부에서 연료물질을 주입하여 연소하는 형식이다.

② 유동층 매체(유동사)의 구비조건 `출제율 20%`

　ⓐ 불활성이어야 한다.
　ⓑ 열에 대한 충격이 강하고 융점이 높아야 한다.
　ⓒ 입도분포가 균일하고 미세하여야 한다.
　ⓓ 비중이 작아야 한다.
　ⓔ 내마모성이 있어야 한다.
　ⓕ 공급이 안정되고 가격이 저렴하여야 한다.

③ 장점 `출제율 40%`

　ⓐ 유동매체의 열용량이 커서 액상, 기상 및 고형폐기물의 전소 및 혼소가 가능하다.
　ⓑ 일반 소각로에서 소각이 어려운 난연성 폐기물의 소각에 적합하며, 특히 폐유, 폐윤활유 등의 소각에 탁월하다.
　ⓒ 반응시간이 빨라 소각시간이 짧다.
　ⓓ 연소효율이 높아 미연소분이 적고 2차연소실이 불필요하다.
　ⓔ 연소온도가 미분탄연소로에 비해 낮고 과잉공기량이 낮아 NOx 생성억제에 효과가 있다.(노 내에서 산성가스의 제거가 가능하며 별도의 배연탈황설비 불필요함)
　ⓕ 기계적 구동부분이 적어 고장률이 낮다.
　ⓖ 노 내 온도의 자동제어로 열회수가 용이하다.

④ 단점 `출제율 30%`

　ⓐ 층의 유동으로 상으로부터 찌꺼기의 분리가 어려우며 운전비, 특히 동력비가 높다.
　ⓑ 대형의 고형폐기물은 투입이나 유동화를 위해 파쇄가 필요하다.
　ⓒ 유동매체의 손실로 인한 보충이 필요하다.
　ⓓ 재나 미연탄소의 배출이 많다.

ⓜ 부하변동에 쉽게 대응할 수 없다.
ⓑ 수명이 긴 Char는 연소가 완료되지 않고 배출될 수 있으므로 재연소장치에서의 연소가 필요하다.

(5) 회전식 연소로(Rotary Kiln)

① 개요

회전하는 원통형 소각로로서 경사진 구조로 되어 있는 회전식 소각로이며 길이와 직경의 비는 2~10, 회전속도는 0.3~1.5rpm 정도로, 투입되는 연소물질은 교반·건조·이동되면서 연소된다.

② 장점
㉠ 넓은 범위의 액상 및 고상폐기물을 소각할 수 있다.
㉡ 액상이나 고상폐기물을 각각 수용하거나 혼합하여 처리할 수 있다.
㉢ 경사진 구조로 용융상태의 물질에 의하여 방해받지 않는다.
㉣ 소각 전처리(예열, 혼합, 파쇄)가 크게 요구되지 않는다.
㉤ 소각 시 공기와의 접촉이 좋고 효율적으로 난류가 생성된다.

③ 단점
㉠ 처리량이 적을 경우 설치비가 많이 소요된다.
㉡ 노에서의 공기유출이 크므로 종종 대량의 과잉공기가 필요하다.
㉢ 대기오염 제어시스템에 대하여 분진부하율이 높다.
㉣ 2차 연소실이 필요하고 연소효율이 낮은 편이다.
㉤ 구형 형태의 폐기물은 완전연소가 끝나기 전에 굴러떨어질 수 있다.

학습 Point
1 미분탄 연소장치의 장단점 숙지
2 유동층 연소장치의 장단점 및 유동층 매체 구비조건 숙지

2. 액체연료의 연소장치

(1) 기화연소방식(증발연소)

① 개요

연료를 고온의 물체에 접촉 또는 충돌시켜 액체를 가연성 증기로 변환 후 연소시키는 방식이다.

② 증발식 버너 종류
- ㉠ 포트형 버너(포트식 연소)
- ㉡ 심지형 버너(심지식 연소)
- ㉢ 증발식 버너(증발식 연소)
- ㉣ 월프레임형 버너

(2) 분무화연소방식

① 개요

연료(주로 중유)를 미세하게 분무하여 연소시키는 방식이다.

② 분무방식에 따른 구분
- ㉠ 유압식 버너
- ㉡ 회전식 버너
- ㉢ 공압공기식 버너
- ㉣ 저압공기식 버너

(3) 유압식 버너(유압분무식 버너)

① 개요

오일펌프로 연료 자체에 고압력을 가하여 분사하여 분무화시키는 버너이다.

② 특징
- ㉠ 연료분사범위

  30~3,000L/hr(또는 15~2,000L/hr)
- ㉡ 유량조절범위

  환류식 1 : 3, 비환류식 1 : 2로 유량조절범위가 좁아 부하변동에 적응하기 어렵다.
- ㉢ 유압 : 5~30kg/cm² 정도
- ㉣ 분사(분무) 각도
  - 40~90° 정도의 넓은 각도
  - 연료유의 분사각도는 기름의 압력, 점도 등으로 약간 달라진다.
- ㉤ 특성　출제율 40%
  - 대용량 버너 제작이 용이하다.
  - 유량은 유압의 평방근에 비례하고 고점도의 기름은 분무화가 불량하다.
  - 구조가 간단하여 유지보수가 용이하다.
  - 유량조절범위가 다른 버너에 비해 좁아 부하변동에 적응하기 어렵다.
  - 연료의 점도가 크거나, 유압이 5kg/cm² 이하가 되면 분무화가 불량하다.

(4) 회전식 버너

① 개요

고속회전하는 Atomizer의 원심력에 의하여 연료유를 비산시켜 분무화하는 기능을 갖춘 형식의 버너이다.

② 특징

㉠ 연료분사범위

5~1,000L/hr(연료유 분사유량은 직결식이 1,000L/hr 이하, 벨트식이 2,700L/hr 이하)

㉡ 유량조절범위

1 : 5(유압식 버너에 비해 연료유의 분무화 입경은 비교적 크다.)

㉢ 유압 : 0.3~0.5kg/cm^2 정도

㉣ 분사(분무) 각도 : 40~80° 정도

㉤ 특성
- 비교적 넓게 퍼지는 화염을 나타낸다.
- 부하변동이 있는 중소형 보일러에 주로 사용한다.
- 유압식 버너에 비해 분무입자가 비교적 크므로 중유의 점도가 작을수록 분무상태가 좋아진다.
- 점도가 작은 유류에 적합하며 유량이 적으면 분무화가 불량해진다.

(5) 고압공기식 버너(고압기류 분무식 버너)

① 개요

분무매체(증기 또는 공기)에 압력으로 분사, 분무화시켜 연소시키는 버너이며 분무매체의 압력이 높은 것이 고압공기식 버너이다.

② 특징

㉠ 연료분사범위
- 외부혼합식 : 3~500L/hr
- 내부혼합식 : 10~1,200L/hr

㉡ 유량조절범위

1 : 10 정도로 커서 부하변동에 적응이 용이하다.

㉢ 유압 : 2~8kg/cm^2 정도(증기압 또는 공기압 2~10kg/cm^2)

㉣ 분사(분무) 각도 : 20~30° 정도

㉤ 특성
- 고점도 사용에도 적합하다.(연료유의 점도가 큰 경우도 분무화 용이함)

- 장염(가장 좁은 각도의 긴 화염)이나 연소 시 소음이 발생된다.
- 제강용평로, 연속가열로, 유리용해로 등의 대형가열로에 많이 사용된다.
- 분무에 필요한 1차 공기량은 이론연소공기량의 7~12% 정도이다.

(6) 저압공기식 버너(저압기류 분무식 버너)

① 개요

분무매체(공기)에 압력으로 분사, 분무화시켜 연소시키는 버너이며 분무매체의 압력이 낮은 것이 저압공기식 버너이다.

② 특징

㉠ 연료분사범위 : 2~300L/hr
㉡ 유량조절범위 : 1 : 5 정도
㉢ 유압 : $0.3~0.5kg/cm^2$
㉣ 분사(분무) 각도 : 30~60° 정도
㉤ 특성
- 구조상 소형설비 예로 소형 가열로 등에 적합하다.
- 무화 시 공기압력에 따라 공기량을 증감할 수 있다.
- 자동연소제어가 용이하며 비교적 좁은 각도의 짧은 화염을 가진다.

(7) 건타입(Gun Type) 버너

① 개요

유압식과 공기분무식을 합한 형식의 버너이다.

② 특징 출제율 30%

㉠ 유압은 보통 $7kg/cm^2$ 이상이다.
㉡ 연소가 양호하고 전자동 연소가 가능하다.
㉢ 소형으로서 소용량에 적합하다.
㉣ 고장이 적다.

3. 기체연료의 연소장치

(1) 확산연소장치(확산형 가스버너)

① 개요

기체연료와 연소용 공기를 버너 내에서 혼합하지 않고 내화재료로 제작된 넓은 화구에서 공기와 가스를 연소실로 보내어 혼합하여 연소시키는 방법이다.

② 특징
　㉠ 화염이 길고 그을음이 발생하기 쉽다.
　㉡ 역화의 위험이 없으며 가스와 공기를 예열할 수 있다.
　㉢ 사용상 조작범위가 넓고, 장염을 만든다.

(2) **예혼합연소장치(예혼합형 가스버너)**

기체연료가 공기와 미리 혼합된 상태에서 버너에 의해 연소시키는 방법으로 난류가 형성되므로 화염길이가 짧고, 완전연소로 인한 그을음 생성량은 적다.

유압식 버너의 특징 숙지

SECTION 25 통풍장치

1. 통풍장치의 구분

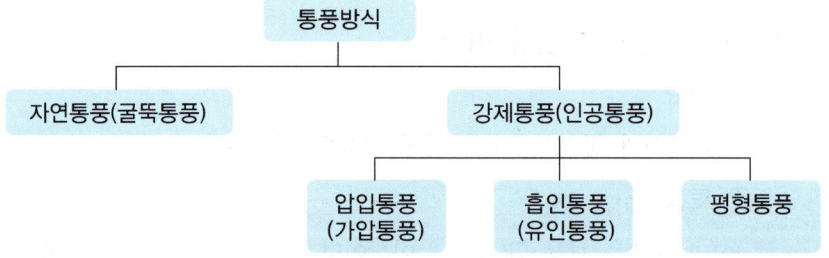

2. 자연통풍

(1) **개요**

굴뚝 내외부의 공기밀도 및 가스밀도 차에 의한 통풍력이 발생하여 이루어진다.

(2) **자연통풍력 상승조건**
　① 배기가스의 온도가 높을수록(외기온도가 낮을수록)
　② 굴뚝배출가스 속도가 클수록
　③ 굴뚝(연돌)의 높이가 높을수록
　④ 굴뚝의 직경을 작게 하고, 내부의 굴곡이 적을수록

⑤ 외기주입량이 없을수록
⑥ 계절별로는 겨울보다 여름에 통풍력이 높아짐

(3) 통풍력 계산

$$Z = 273H\left(\frac{\gamma_a}{273+t_a} - \frac{\gamma_g}{273+t_g}\right) = H(\gamma_a - \gamma_g)$$

여기서, Z : 통풍력(mmH$_2$O, mmAq, kg/m^2)
H : 굴뚝의 높이(m)
γ_a : 공기밀도(비중)(kg/m^3)
γ_g : 배기가스 밀도(비중)(kg/m^3)
t_a : 외기 온도(℃)
t_g : 배기가스 온도(℃)

> **Reference** 공기의 밀도와 배기가스의 밀도가 같을 때의 통풍력
>
> $$Z = 355H\left(\frac{1}{273+t_a} - \frac{1}{273+t_g}\right)$$

3. 강제통풍

(1) 개요

송풍기 및 배풍기를 이용하는 통풍방식이다.

(2) 종류

① 압입통풍 : 송풍기

㉠ 연소용 공기를 노 앞에서 설치된 가압송풍기를 이용하여 강제로 연소실 내부로 압입하는 통풍방식이다.

㉡ 노 내압이 정압(+)으로 유지되므로 연소효율이 좋다. 송풍기의 고장이 적고 점검, 유지, 보수가 용이하다. 연소용 공기를 예열할 수 있고 송풍기의 동력소모가 적다. 노벽 손상의 우려가 있다.

㉢ 역화의 위험성이 있고 노 내압이 정압(+)이므로 가스분출 우려가 있다. 배기가스의 유속은 6~8m/sec 정도이다.

② 흡인통풍
  ㉠ 연기가스를 송풍기로 흡인하여 노 내의 압력을 부압(-)으로 하여 배기가스를 굴뚝에 흡인시켜 배출하는 통풍방식이다.
  ㉡ 노 내압이 부압(-)으로 냉기침입의 우려가 있으나 역화의 위험성은 없다.
  ㉢ 배풍기의 점검 및 보수가 어렵고 수명이 짧고, 소요동력이 많이 요구되며 연소배기가스에 의한 부식이 발생한다.

③ 평형통풍
  ㉠ 연소실 전면, 후면에 각 송풍기 및 배풍기를 부착한 병용식 통풍방식으로 연소실의 구조가 복잡하여도 통풍이 잘 이루어진다.
  ㉡ 통풍력이 커서 대형 연소로(보일러)에 적합하다.
  ㉢ 통풍 및 노 내 압력의 조절이 용이하나 소음이 크고 설비비 및 유지비가 많이 소요된다.

(3) 특징
  ① 통풍 효율이 양호하다.
  ② 통풍 조절이 용이하다.
  ③ 소음이 많고 동력비가 증가된다.
  ④ 상대적으로 연돌의 높이가 낮아도 무방하다.

학습 Point

강제통풍의 종류 3가지 내용 숙지

필수 예상문제

01 연돌 내 연소가스온도가 250℃이고 외부공기의 온도가 25℃일 때 통풍력(mmH$_2$O)은?(단, 연돌의 높이는 25m)

풀이
$$Z = 355H\left(\frac{1}{273+t_a} - \frac{1}{273+t_g}\right)$$
$$= 355 \times 25\left[\frac{1}{(273+25)} - \frac{1}{(273+250)}\right] = 12.81\text{mmH}_2\text{O}$$

기출 필수문제 출제율 50% 이상

02 연돌 높이가 40m인 상태에서 자연통풍으로 연소하고 있다. 이 열설비 후단에 집진장치를 설치한 결과 압력손실이 10mmH₂O 발생하였다. 집진장치 설치 이전의 통풍력을 유지하기 위해서는 연돌의 높이를 몇 m만큼 증가시켜야 하는지 구하시오. (단, 배출가스온도 280℃, 대기온도 25℃, 연돌 내 마찰손실 무시, 공기 및 배출가스의 표준상태 밀도 1.3kg/Sm³)

풀이

집진장치 설치 전 통풍력(Z)

$$Z(\text{mmH}_2\text{O}) = 355H\left(\frac{1}{273+t_a} - \frac{1}{273+t_g}\right)$$

$$= 355 \times 40 \times \left[\frac{1}{(273+25)} - \frac{1}{(273+280)}\right] = 21.97\,\text{mmH}_2\text{O}$$

총통풍력 $= 21.97 + 10 = 31.97\,\text{mmH}_2\text{O}$

연돌높이(H)

$$31.97 = 355 \times H \times \left[\frac{1}{(273+25)} - \frac{1}{(273+280)}\right]$$

$$H = \frac{31.97}{0.55} = 58.13\,\text{m}$$

증가시켜야 할 연돌높이 $= 58.13\,\text{m} - 40 = 18.13\,\text{m}$

기출 필수문제 출제율 50% 이상

03 연돌 내의 배기가스의 평균온도가 280℃, 대기의 온도는 25℃이다. 이때 통풍력을 40mmH₂O로 하기 위한 연돌의 높이(m)는?(단, 연소가스와 공기의 표준상태에서의 밀도는 1.3kg/Nm³이고, 연돌 내의 압력손실은 무시)

풀이

$$Z = 355H\left(\frac{1}{273+t_a} - \frac{1}{273+t_g}\right)$$

$$40 = 355 \times H\left[\frac{1}{(273+25)} - \frac{1}{(273+280)}\right]$$

$$H = \frac{40}{0.55} = 72.73\,\text{m}$$

> 기출 필수문제 출제율 30% 이상

04 연돌 내 연소가스온도를 227℃에서 125℃로 낮추면 통풍력은 227℃일 때에 비하여 몇 % 정도 낮아지는지 구하시오.(단, 대기온도 27℃, 표준상태에서 배기가스와 외부대기의 비중량은 1.3kg/Sm³으로 동일)

풀이

1) 227℃일 경우 통풍력(Z_1)

$$Z_1 = 355H\left(\frac{1}{273+t_a} - \frac{1}{273+t_g}\right) = 355 \times H \times \left(\frac{1}{273+27} - \frac{1}{273+227}\right)$$
$$= 0.4733H$$

2) 125℃일 경우 통풍력(Z_2)

$$Z_2 = 355H\left(\frac{1}{273+t_a} - \frac{1}{273+t_g}\right) = 355 \times H \times \left(\frac{1}{273+27} - \frac{1}{273+125}\right)$$
$$= 0.2914H$$

통풍력 저감률(%) = $\frac{0.4733 - 0.2914}{0.4733} \times 100 = 38.43\%$

SECTION 26 매연(검댕, 그을음) 발생

1. 매연 발생원인

① 통풍력이 부족 또는 과대한 경우
② 연소실의 체적이 적은 경우
③ 무리하게 연소하는 경우
④ 연소실의 온도가 낮은 경우
   (화염온도가 높은 경우 매연 발생은 작으나 발열속도보다 전열면 등으로의 방열속도가 빨라 불꽃의 온도가 낮은 경우 발생하기 쉽다.)
⑤ 연소장치가 불량한 경우
⑥ 운전자의 취급이 미숙한 경우
⑦ 연료의 질이 해당 보일러에 적정하지 않은 경우

2. 매연 방지대책

① 통풍력을 적절하게 유지할 것   ② 연소실 및 연소장치를 점검·개선할 것

③ 무리하게 연소하지 말 것
④ 연소 기술을 향상시킬 것
⑤ 적합한 연료를 사용할 것
⑥ 후단에 매연집진장치를 설치할 것

SECTION 27 장치의 부식

1. 저온부식

(1) 원인

저온부식은 150℃ 이하의 전열면에 응축하는 황산, 질산, 염산 등의 산성염에 의하여 발생되며 황산(H_2SO_4)은 연소가스 중 SO_2가 산화하여 SO_3로 되고 H_2O와 반응하여 생성되며 금속 등에 부착하여 부식의 원인이 된다.

(2) 저온부식의 방지대책

① 내산성 금속재료를 사용한다.
② 저온부식이 일어날 수 있는 금속표면은 피복한다.
③ 연소가스온도를 산노점 온도보다 높게 유지해야 한다.
④ 예열공기를 사용하거나 보온시공을 한다.
⑤ 과잉공기를 줄여서 연소한다.(SO_2의 산화 방지)
⑥ 연료를 전처리하여 유황분을 제거한다.
⑦ 연소실 및 연돌에 공기누입을 방지한다.

2. 고온부식

(1) 원인

회분 중에 포함되어 있는 바나듐(V) 성분이 연소에 의해 5산화바나듐(V_2O_5)이 되어 고온 전열면에 융착하여 그 부분을 부식시키며, V_2O_5의 융점이 약 650℃ 정도이므로 고온부식은 이 온도에서 발생한다.

(2) 고온부식의 방지대책

① 연료(중유)를 전처리하여 바나듐을 제거한다.
② 첨가제를 사용해 바나듐의 융점을 높여 전열면에 부착하는 것을 방지한다.
③ 연소가스의 온도를 바나듐의 융점 이하로 유지하여 운전한다.

④ 고온부식이 일어날 수 있는 전열면 표면에 보호 피복을 한다.
⑤ 전열면의 온도가 높아지지 않도록 설계 시 반영한다.

SECTION 28 연소계산

1. 연료 구성

(1) 연료의 구성요소

탄소(C), 수소(H), 산소(O), 황(S), 질소(N), 회분(Ash), 휘발분(V), 수분(W : H_2O)

(2) 가연성 물질 3원소

① 탄소(C), 수소(H), 황(S)
② 3가연원소의 연소반응에서 가연물질이 연소하기 위한 공기량, 연소생성 가스양을 구할 수 있다.

> **Reference** 공기조성
>
> 산소 ┌ 부피 : 21%
> 　　 └ 중량 : 23%(23.2%)
>
> 질소 ┌ 부피 : 79%
> 　　 └ 중량 : 77%(76.8%)

2. 가연 3원소의 연소반응식

(1) 탄소(C)

① 부피식

$$C + O_2 \rightarrow CO_2 \; ; \; [2CO + O_2 \rightarrow 2CO_2]$$

12kg　　22.4Sm³　　　　　22.4Sm³
1kg　　1.87Sm³(22.4/12)　1.87Sm³(22.4/12)

② 중량식

$$C + O_2 \rightarrow CO_2$$

12kg　　32kg　　　　　44kg
1kg　　2.67kg(32/12)　3.67kg(44/12)

③ 발열량

$$C + O_2 \rightarrow CO_2 + 97{,}200\,\text{kcal/kmol}$$

$$C + O_2 \rightarrow CO_2 + 8{,}100\,\text{kcal/kg}$$

> **Reference 열량단위**
>
> 1. kcal/kmol은 열량단위이며 가연성분 1kg 분자량의 연소 시 발열량은 kcal/kg이다. 즉, kcal/kg의 단위는 가연성분(1/1kg분자량)에 대한 열량 단위이다.
> 2. $97{,}200\,\text{kcal/kmol} \times \dfrac{1}{12} = 8{,}100\,\text{kcal/kg}$

(2) 수소(H)

① 부피식

$$H_2 + \tfrac{1}{2}O_2 \rightarrow H_2O\ ;\ [2H_2 + O_2 \rightarrow 2H_2O]$$

2kg	11.2Sm³		22.4Sm³
1kg	5.6Sm³(11.2/2)		11.2Sm³(22.4/2)

② 중량식

$$H_2 + \tfrac{1}{2}O_2 \rightarrow H_2O$$

2kg	16kg		18kg
1kg	8kg(16/2)		9kg(18/2)

③ 발열량

$$H_2 + \tfrac{1}{2}O_2 \rightarrow H_2O + 68{,}000\,\text{kcal/kmol}$$

$$H_2 + \tfrac{1}{2}O_2 \rightarrow H_2O + 34{,}000\,\text{kcal/kg}\,(68{,}000/2)$$

(3) 황(S)

① 부피식

$$S + O_2 \rightarrow SO_2$$

32kg	22.4Sm³		22.4Sm³
1kg	0.7Sm³(22.4/32)		0.7Sm³(22.4/32)

② 중량식

$$S + O_2 \rightarrow SO_2$$
32kg 32kg   64kg
1kg   1kg(32/32)   2kg(64/32)

③ 발열량

$S + O_2 \rightarrow SO_2 + 80,000 \text{kcal/kmol}$

$S + O_2 \rightarrow SO_2 + 2,500 \text{kcal/kg}(80,000/32)$

3. 일반탄화수소 ($C_m H_n$)의 연소반응식

(1) 기본식

$$C_m H_n + \left(m + \frac{n}{4}\right) O_2 \rightarrow m CO_2 + \left(\frac{n}{2}\right) H_2 O$$

(2) 연소반응식 예

① 메탄(CH_4) : $CH_4 + 2O_2 \rightarrow CO_2 + 2H_2O$

② 아세틸렌(C_2H_2) : $C_2H_2 + 2.5O_2 \rightarrow 2CO_2 + H_2O$

③ 에틸렌(C_2H_4) : $C_2H_4 + 3O_2 \rightarrow 2CO_2 + 2H_2O$

④ 에탄(C_2H_6) : $C_2H_6 + 3.5O_2 \rightarrow 2CO_2 + 3H_2O$

⑤ 프로핀(C_3H_4) : $C_3H_4 + 4O_2 \rightarrow 3CO_2 + 2H_2O$

⑥ 프로필렌(C_3H_6) : $C_3H_6 + 4.5O_2 \rightarrow 3CO_2 + 3H_2O$

⑦ 프로판(C_3H_8) : $C_3H_8 + 5O_2 \rightarrow 3CO_2 + 4H_2O$

⑧ 부틴(C_4H_6) : $C_4H_6 + 5.5O_2 \rightarrow 4CO_2 + 3H_2O$

⑨ 부틸렌(C_4H_8) : $C_4H_8 + 6O_2 \rightarrow 4CO_2 + 4H_2O$

⑩ 부탄(C_4H_{10}) : $C_4H_{10} + 6.5O_2 \rightarrow 4CO_2 + 5H_2O$

⑪ 벤젠(C_6H_6) : $C_6H_6 + 7.5O_2 \rightarrow 6CO_2 + 3H_2O$

4. 이론산소량

연료를 이론적으로 완전연소시키는 데 소요되는 최소한의 산소량을 의미한다.

(1) 고체 및 액체연료

고체, 액체연료 1kg의 연소 시 이론산소량(O_0)

① 부피식

$$O_0 = \frac{22.4}{12}C + \frac{11.2}{2}\left(H - \frac{O}{8}\right) + \frac{22.4}{32}S$$

$$= 1.867C + 5.6\left(H - \frac{O}{8}\right) + 0.7S$$

$$= 1.867C + 5.6H - 0.7O + 0.7S\,(Sm^3/kg)$$

② 중량식

$$O_0 = \frac{32}{12}C + \frac{16}{2}\left(H - \frac{O}{8}\right) + \frac{32}{32}S$$

$$= 2.667C + 8\left(H - \frac{O}{8}\right) + S$$

$$= 2.667C + 8H - O + S\,(kg/kg)$$

> **Reference** 유효수소[H − (O/8)]
>
> **1** 유효수소는 연료 내에 포함된 수분을 보정하는 것을 의미한다.
> **2** 가연물질에 결합수로서 포함하는 수소를 제외한 유효수소분에 대한 소요산소를 나타낸다.
> **3** 유효수소는 실제 연소에 참여할 수 있는 수소의 양으로 전체 수소에서 산소와 결합된 수소량을 제외한 양 $\left(H - \dfrac{O}{8}\right)$을 의미한다.

(2) 기체연료

기체연료의 이론산소량은 완전연소에 필요한 산소량의 합에서 기체연료 자체에 포함된 산소량을 제외한 것이다.

① 부피식

$$O_0 = 0.5H_2 + 0.5CO + 2CH_4 + \cdots + \left(m + \frac{n}{4}\right)C_mH_n - O_2\,(Sm^3/Sm^3)$$

$$= 0.5H_2 + 0.5CO + 2CH_4 + 2.5C_2H_2 + 3C_2H_4 + 5C_3H_8 + 6.5C_4H_{10} + 1.5H_2S - O_2$$

② 중량식

$$O_0 = \frac{1/2 \times 32}{22.4}H_2 + \frac{1/2 \times 32}{22.4}CO + \frac{2 \times 32}{22.4}CH_4 + \cdots$$

$$+ \left(\frac{32m + 8n}{22.4}\right)C_mH_n - \frac{32}{22.4}O_2\,(kg/Sm^3)$$

필수 예상문제

01 탄소(C) 10kg을 완전연소시키는 데 필요한 산소의 양(Nm^3)은?

> **풀이**
>
> 연소반응식 C + O_2 → CO_2
>
> 12kg : 22.4Nm^3
>
> 10kg : $O_2(Nm^3)$
>
> $O_2(Nm^3) = \dfrac{10kg \times 22.4Nm^3}{12kg} = 18.67Nm^3$

필수 예상문제

02 이론적으로 순수한 탄소 10kg을 완전연소시키는 데 필요한 산소의 양(kg)은?

> **풀이**
>
> 연소반응식 C + O_2 → CO_2
>
> 12kg : 32kg
>
> 10kg : $O_2(kg)$
>
> $O_2(kg) = \dfrac{10kg \times 32kg}{12kg} = 26.67kg$

필수 예상문제

03 부탄 100kg을 표준상태에서 완전연소시키는 데 필요한 이론산소의 양(kg)은?

> **풀이**
>
> 연소반응식 C_4H_{10} + 6.5O_2 → $4CO + 5H_2O$
>
> 58kg : 6.5×32kg
>
> 100kg : $O_2(kg)$
>
> $O_2(kg) = \dfrac{100kg \times (6.5 \times 32)kg}{58kg} = 358.62kg$

필수 예상문제

04 기체연료의 혼합물 조성이 Ethylene 20%, Ethane 40%, Propane 40%이다. 이 기체연료 3kmol의 질량(kg)은?

풀이

$$혼합물(kg/kmol) = \frac{[(C_2H_4 \times 20) + (C_2H_6 \times 40) + (C_3H_8 \times 40)]}{100}$$

$$= \frac{[(28 \times 20) + (30 \times 40) + (44 \times 40)]}{100} = 35.2 kg/kmol$$

기체연료질량(kg) = 35.2kg/kmol × 3kmol = 105.6kg

기출 필수문제 출제율 50% 이상

05 석탄의 조성이 탄소 70%, 수소 10%, 산소 15%, 황 2%였다면 이 석탄 1kg을 완전연소시킬 경우 이론산소량(Sm^3)을 구하시오.

풀이

이론산소량(Sm^3) = $1.867C + 5.6H + 0.7S - 0.7O$
  = $(1.867 \times 0.7) + (5.6 \times 0.1) + (0.7 \times 0.02) - (0.7 \times 0.15)$
  = $1.78 Sm^3/kg \times 1kg = 1.78 Sm^3$

필수 예상문제

06 수소 1kg이 완전연소되었을 때 필요한 이론적 산소요구량(kg)과 연소생성물인 수분의 양(kg)은 각각 얼마인가?

풀이

이론적 산소요구량 H_2 + $\frac{1}{2}O_2$ → H_2O

  2kg : 16kg
  1kg : O_2(kg)

$$O_2(kg) = \frac{1kg \times 16kg}{2kg} = 8kg$$

수분의 양 H_2 + $\frac{1}{2}O_2$ → H_2O

  2kg : 18kg
  1kg : H_2O(kg)

$$H_2O(kg) = \frac{1kg \times 18kg}{2kg} = 9kg$$

필수 예상문제

07 원소구성비(무게)가 C : 75%, O : 9%, H : 10%, S : 6%인 석탄 10kg을 완전연소시킬 때 필요한 이론산소량(kg)은?

풀이

이론산소량(O_0)

O_0(kg/kg) = $2.667C + 8H - O + S = (2.667 \times 0.75) + (8 \times 0.1) - 0.09 + 0.06$
= 2.77kg/kg × 10kg = 27.7kg

필수 예상문제

08 연료 조성을 원소분석한 결과 중량비가 C : 69%, H : 6%, O : 18%, N : 5%, S : 2%였다. 10kg 연소 시 필요한 이론산소량(Sm^3)은?

풀이

이론산소량(O_0 : 부피)

$O_0(Sm^3) = 1.867C + 5.6H - 0.7O + 0.7S$
$= (1.867 \times 0.69) + (5.6 \times 0.06) - (0.7 \times 0.18) + (0.7 \times 0.02)$
$= 1.51 Sm^3/kg \times 10kg = 15.1 Sm^3$

5. 이론공기량

연료를 이론적으로 완전연소시키는 데 소요되는 최소한의 공기량을 의미하며 연료의 화학적 조성에 따라 다르다.

(1) 고체 및 액체연료

고체, 액체연료 1kg의 연소 시 이론공기량(A_0)

① 부피식

$$A_0 = \frac{1}{0.21}\left[\frac{22.4}{12}C + \frac{11.2}{2}\left(H - \frac{O}{8}\right) + \frac{22.4}{32}S\right]$$

$$= \frac{1}{0.21}(1.867C + 5.6H - 0.7O + 0.7S)$$

$$= 8.89C + 26.67H - 3.33O + 3.33S (Sm^3/kg)$$

② 중량식

$$A_0 = \frac{1}{0.232}\left[\frac{32}{12}C + \frac{16}{2}\left(H - \frac{O}{8}\right) + \frac{32}{32}S\right]$$

$$= \frac{1}{0.232}(2.667C+8H-O+S)$$
$$=11.49C+34.48H-4.31O+4.31S(kg/kg)$$

(2) 기체연료

① 부피식(Sm^3/Sm^3)

$$A_0 = \frac{1}{0.21}\left[0.5H_2 + 0.5CO + 2CH_4 + \cdots + \left(m+\frac{n}{4}\right)C_mH_n - O_2\right]$$

② 중량식(kg/Sm^3)

$$A_0 = \frac{1}{0.232}\left[\frac{0.5\times32}{22.4}H_2 + \frac{0.5\times32}{22.4}CO + \frac{2\times32}{22.4}CH_4 + \cdots \right.$$
$$\left. + \left(\frac{32m+8n}{22.4}\right)C_mH_n - \frac{32}{22.4}O_2\right]$$

기출 필수문제 출제율 30% 이상

01 C_2H_4 1kg을 완전연소시키기 위하여 소요되는 이론공기량(Sm^3)을 구하시오.

> **풀이**
>
> 연소반응식 C_2H_4 + $3O_2$ → $2CO_2$ + $2H_2O$
> 28kg : $3\times22.4 Sm^3$
> 1kg   : $O_0(Sm^3)$
>
> $$O_0(Sm^3) = \frac{1kg \times (3\times22.4)Sm^3}{28kg} = 2.4 Sm^3$$
>
> $$A_0(Sm^3) = \frac{O_0}{0.21} = \frac{2.4}{0.21} = 11.43 Sm^3$$

기출 필수문제 출제율 30% 이상

02 탄소, 수소 및 황의 중량비가 83%, 14%, 3%인 폐유 5kg을 연소하는 데 필요한 이론공기량(Sm^3)은?

> **풀이**
>
> 이론공기량 $A_0(Sm^3) = \dfrac{1}{0.21}[1.867C+5.6H+0.7S]$
>
> $= \dfrac{1}{0.21}[(1.867\times0.83)+(5.6\times0.14)+(0.7\times0.03)]$
>
> $= 11.21 Sm^3/kg \times 5kg = 56.05 Sm^3$

기출 필수문제 출제율 30% 이상

03 CH_4 $1Sm^3$의 이론연소공기량(Sm^3)을 구하시오.

[풀이]

연소반응식 $CH_4 + 2O_2 \rightarrow CO_2 + 2H_2O$
$\quad\quad\quad\quad\quad 22.4Sm^3 : 2 \times 22.4Sm^3$
$\quad\quad\quad\quad\quad 1Sm^3 \quad : \quad O_0(Sm^3)$

$O_0 = \dfrac{1Sm^3 \times (2 \times 22.4)Sm^3}{22.4Sm^3} = 2Sm^3$

$A_0 = \dfrac{O_0}{0.21} = \dfrac{2Sm^3}{0.21} = 9.52Sm^3$

기출 필수문제 출제율 40% 이상

04 어떤 연료의 원소 조성이 다음과 같을 때 이론공기량(Sm^3/kg)은?[단, 가연분 80% (C=45%, H=10%, O=40%, S=5%), 수분 10%, 회분 10%]

[풀이]

이론공기량(A_0)

$A_0(Sm^3/kg) = \dfrac{1}{0.21}[1.867C + 5.6H - 0.7O + 0.7S]$

가연분 중 각 성분 계산 : C=0.8×45=36%
$\quad\quad\quad\quad\quad\quad\quad\quad\quad\quad\quad$ H=0.8×10=8%
$\quad\quad\quad\quad\quad\quad\quad\quad\quad\quad\quad$ O=0.8×40=32%
$\quad\quad\quad\quad\quad\quad\quad\quad\quad\quad\quad$ S=0.8×5=4%

$\quad\quad = \dfrac{1}{0.21}[(1.867 \times 0.36) + (5.6 \times 0.08) - (0.7 \times 0.32) + (0.7 \times 0.04)]$

$\quad\quad = 4.4Sm^3/kg$

필수 예상문제

05 탄소, 수소의 중량조성이 각각 85%, 15%인 액체연료를 매시간당 200kg으로 완전 연소할 경우 필요한 이론공기량(Sm^2/hr)은?

[풀이]

이론공기량(A_0)

$A_0(Sm^3/hr) = \dfrac{1}{0.21}[1.867C + 5.6H]$

$$= \frac{1}{0.21}[(1.867 \times 0.85) + (5.6 \times 0.15)]$$
$$= 11.56 \text{Sm}^3/\text{kg} \times 200 \text{kg/hr} = 2,312 \text{Sm}^3/\text{hr}$$

기출 필수문제 출제율 40% 이상

06 메탄올(CH_3OH) 10kg이 연소하는 데 필요한 이론공기량(Sm^3)을 구하시오.

풀이

$$A_0(\text{Sm}^3) = \frac{1}{0.21}[1.867C + 5.6H - 0.7O]$$

CH_3OH의 분자량에 대한 각 성분 구성비

CH_3OH 분자량 $= C + H_4 + O = 12 + (1 \times 4) + 16 = 32$

$C = 12/32 = 0.375$
$H = 4/32 = 0.125$
$O = 16/32 = 0.500$

$$= \frac{1}{0.21}[(1.867 \times 0.375) + (5.6 \times 0.125) - (0.7 \times 0.5)]$$
$$= 5.0 \text{Sm}^3/\text{kg} \times 10 \text{kg} = 50 \text{Sm}^3$$

[다른 풀이]
연소반응식 $CH_3OH + 1.5O_2 \rightarrow CO_2 + 2H_2O$

$32\text{kg} : 1.5 \times 22.4 \text{Sm}^3$
$10\text{kg} : O_0(\text{Sm}^3)$

$$O_0(\text{Sm}^3) = \frac{10\text{kg} \times (1.5 \times 22.4 \text{Sm}^3)}{32\text{kg}} = 10.5 \text{Sm}^3$$

$$A_0(\text{Sm}^3) = \frac{10.5}{0.21} = 50 \text{Sm}^3$$

필수 예상문제

07 부피비로 CH_4 80%, O_2 10%, N_2 10%인 연료가스 $10Nm^3$을 완전연소시키기 위해 필요한 이론공기량(Nm^3)은?

풀이

이론공기량(A_0) : 기체

$$A_0(\text{Nm}^3) = \frac{1}{0.21}[2CH_4 - O_2] = \frac{1}{0.21}[(2 \times 0.8) - 0.1]$$
$$= 7.14 \text{Nm}^3/\text{Nm}^3 \times 10 \text{Nm}^3 = 71.4 \text{Nm}^3$$

필수 예상문제

08 CH₄ 75%, O₂ 3%, CO 7%, H₂ 15%의 조성으로 된 가스 1Sm³를 완전연소하는 데 필요한 이론공기량(Sm³/Sm³)은?

풀이

이론공기량(A_0) : 기체

$$A_0(\text{Sm}^3/\text{Sm}^3) = \frac{1}{0.21}[0.5H_2 + 0.5CO + 2CH_4 - O_2]$$

$$= \frac{1}{0.21}[(0.5 \times 0.15) + (0.5 \times 0.07) + (2 \times 0.75) - 0.03]$$

$$= 7.52\,\text{Sm}^3/\text{Sm}^3$$

기출 필수문제 출제율 80% 이상

09 기체연료 1Sm³의 성분함유량이 다음과 같을 때 도시가스 1Sm³를 완전연소하는 데 필요한 이론공기량(Sm³)을 구하시오. (단, 질소는 모두 일산화질소가 된다고 가정)

성분	CO_2	C_2H_4	C_3H_6	O_2	CO	H_2	CH_4	N_2
함유량(Sm³)	0.1	0.04	0.03	0.01	0.15	0.25	0.25	0.17

풀이

이론공기량(A_0)

$$A_0(\text{Sm}^3) = \frac{1}{0.21}\left[0.5H_2 + 0.5CO + 2CH_4 + \cdots + \left(m + \frac{n}{4}\right)C_mH_n - O_2\right]$$

$$C_2H_4 + 3O_2 \rightarrow 2CO_2 + 2H_2O$$

$$C_3H_6 + 4.5O_2 \rightarrow 3CO_2 + 3H_2O$$

$$= \frac{1}{0.21} \times [(0.5 \times 0.25) + (0.5 \times 0.15) + (2 \times 0.25) + (3 \times 0.04)$$

$$+ (4.5 \times 0.03) + (1 \times 0.17) - 0.01]$$

$$= 5.3\,\text{Sm}^3/\text{Sm}^3 \times 1\,\text{Sm}^3 = 5.3\,\text{Sm}^3$$

기출 필수문제 출제율 30% 이상

10 C₆H₆ 2Sm³가 완전연소하는 데 소요되는 이론공기량(Sm³)은?

풀이

이론공기량(A_0) : 탄화수소류

$$A_0(\text{Sm}^3) = \frac{1}{0.21}\left(m + \frac{n}{4}\right) = 4.76m + 1.19n$$

$$= (4.76 \times 6) + (1.19 \times 6) = 35.7\,\text{Sm}^3/\text{Sm}^3 \times 2\,\text{Sm}^3 = 71.4\,\text{Sm}^3$$

[다른 풀이]
연소반응식 $C_6H_6 \;+\; 7.5O_2 \;\to\; 6CO_2 \;+\; 3H_2O$
$\qquad\qquad 22.4Sm^3 \;:\; 7.5\times 22.4Sm^3$
$\qquad\qquad 2Sm^3 \;:\; O_0(Sm^3)$

$O_0(Sm^3) = \dfrac{2Sm^3 \times (7.5\times 22.4)Sm^3}{22.4Sm^3} = 15Sm^3$

$A_0(Sm^3) = \dfrac{15}{0.21} = 71.43Sm^3$

기출 필수문제 출제율 40% 이상

11 연료 $1Sm^3$ 중 C_3H_8과 C_4H_{10}의 부피비가 2 : 8일 때 완전연소 시 혼합가스의 이론공기량(Sm^3/Sm^3)을 구하시오.

풀이

C_3H_8의 연소반응식 $C_3H_8 \;+\; 5O_2 \;\to\; 3CO_2 \;+\; 4H_2O$
C_4H_{10}의 연소반응식 $C_4H_{10} + 6.5O_2 \;\to\; 4CO_2 \;+\; 5H_2O$

혼합 시 이론산소량(Sm^3/Sm^3) $= \dfrac{(2\times 5)+(8\times 6.5)}{2+8} = 6.2Sm^3/Sm^3$

혼합 시 이론공기량(Sm^3/Sm^3) $= \dfrac{6.2}{0.21} = 29.52Sm^3/Sm^3$

기출 필수문제 출제율 50% 이상

12 부피비율로 프로판 30%, 부탄 70%로 이루어진 혼합가스 1L를 완전연소시키는 데 필요한 이론공기량(L)은?

풀이

프로판(C_3H_8)의 연소반응식
$C_3H_8 \;+\; 5O_2 \;\to\; 3CO_2 \;+\; 4H_2O$
$\qquad\qquad$ 이론산소량 5L(30%)

부탄(C_4H_{10})의 연소반응식
$C_4H_{10} \;+\; 6.5O_2 \;\to\; 4CO_2 \;+\; 5H_2O$
$\qquad\qquad$ 이론산소량 6.5L(70%)

혼합 시 이론산소량(O_0) $= \dfrac{(0.3\times 5)+(0.7\times 6.5)}{0.3+0.7} = 6.05L$

이론공기량(A_0) $= \dfrac{6.05}{0.21} = 28.81L$

기출 필수문제 출제율 40% 이상

13 옥탄 10L를 완전연소시키기 위하여 소요되는 이론공기량(kg)은?(단, 옥탄의 비중 0.7)

> **풀이**
>
> 연소반응식
>
> $C_8H_{18} + 12.5O_2 \rightarrow 8CO_2 + 9H_2O$
>
> 114kg : 12.5×32kg
>
> 10L : O_0(L)
>
> $O_0(L) = \dfrac{10L \times (12.5 \times 32)kg}{114kg} = 35.09L$
>
> $A_0(kg) = \dfrac{35.09L}{0.232} \times 0.7kg/L = 105.87kg$

기출 필수문제 출제율 60% 이상

14 분자식이 C_mH_n인 탄화수소가스 $1Nm^3$의 완전연소에 필요한 이론공기량(Sm^3/Sm^3)을 구하시오.

> **풀이**
>
> C_mH_n의 완전연소방정식
>
> $C_mH_n + \left(m + \dfrac{n}{4}\right)O_2 \rightarrow mCO_2 + \dfrac{n}{2}H_2O$
>
> $A_0 = \dfrac{O_0}{0.21} = \dfrac{\left(m + \dfrac{n}{4}\right)}{0.21} = 4.76m + 1.19n$

기출 필수문제 출제율 40% 이상

15 프로판(C_3H_8) : 부탄(C_4H_{10})이 40% : 60%의 용적비로 혼합된 기체 $1Sm^3$이 완전연소 시 CO_2 발생량(Sm^3)은?

> **풀이**
>
> 프로판(C_3H_8)의 연소반응식
>
> $C_3H_8 + 5O_2 \rightarrow 3CO_2 + 4H_2O$
>
> CO_2 발생량 $3Sm^3$(40%)
>
> 부탄(C_4H_{10})의 연소반응식
>
> $C_4H_{10} + 6.5O_2 \rightarrow 4CO_2 + 5H_2O$
>
> CO_2 발생량 $4Sm^3$(60%)

혼합 시 CO_2 발생량

$$CO_2(Sm^3) = \frac{(0.4 \times 3) + (0.6 \times 4)}{0.4 + 0.6} = 3.6 Sm^3$$

기출 필수문제 출제율 60% 이상

16 프로판과 부탄의 비가 각각 50%인 기체 연료를 완전 연소 시 이 혼합연료 $1Sm^3$의 이론공기량(Sm^3) 및 CO_2 발생량(Sm^3)을 구하시오.

풀이

완전연소반응식

$C_3H_8 + 5O_2 \rightarrow 3CO_2 + 4H_2O$ (50%)

$C_4H_{10} + 6.5O_2 \rightarrow 4CO_2 + 5H_2O$ (50%)

이론공기량(A_0)

$$A_0(Sm^3) = \frac{O_0}{0.21} = \frac{(5 \times 0.5) + (6.5 \times 0.5)}{0.21} = 27.38 Sm^3$$

CO_2 발생량

$$CO_2(Sm^3) = (3 \times 0.5) + (4 \times 0.5) = 3.5 Sm^3$$

필수 예상문제

17 완전연소를 위한 산소의 양이 10kg 필요하다면 공급해야 할 이론적인 공기량(m^3)은?(단, 공기분자량 29kg)

풀이

이론공기량(A_0) : 중량

$$A_0(kg) = \frac{O_0}{0.232} = \frac{10kg}{0.232} = 43.10 kg$$

이론공기량(A_0) : 부피

$$A_0(m^3) = 43.10 kg \times \left(\frac{22.4 m^3}{29 kg}\right) = 33.29 m^3$$

기출 필수문제 출제율 30% 이상

18 CO가 $0.03Sm^3$, CO_2가 $0.05Sm^3$, O_2가 $0.01Sm^3$, C_2H_6이 $0.95Sm^3$으로 혼합되어 있는 가스연료 $1Sm^3$을 완전연소시킬 경우 필요한 이론공기량(Sm^3)을 구하시오.

> **풀이**
>
> $CO + \dfrac{1}{2}O_2 \rightarrow CO_2$
>
> $C_2H_6 + 3.5O_2 \rightarrow 2CO_2 + 3H_2O$
>
> $A_0 = \dfrac{O_0}{0.21}$
>
> $O_0 = (0.5 \times 0.03) + (3.5 \times 0.95) - 0.01 = 3.33 Sm^3/Sm^3$
>
> $= \dfrac{3.33}{0.21} = 15.86 Sm^3/Sm^3 \times 1Sm^3 = 15.86 Sm^3$

필수 예상문제

19 기체연료의 부피가 $1m^3$일 때 이론공기량(m^3/m^3)은?(단, 수소 60%, 일산화탄소 15%, 프로판 25%)

> **풀이**
>
> 이론공기량(A_0)
>
> $A_0(m^3/m^3) = \dfrac{1}{0.21}\left[(0.5 \times H_2) + (0.5 \times CO) + \cdots + \left(m + \dfrac{n}{4}\right)C_mH_n - O_2\right]$
>
> $= \dfrac{1}{0.21}\left[(0.5 \times 0.6) + (0.5 \times 0.15) + \left(3 + \dfrac{8}{4}\right) \times 0.25\right] = 7.74 m^3/m^3$

기출 필수문제 출제율 20% 이상

20 탄소 86%, 수소 11%, S 3% 조성을 갖는 중유 100kg을 연소하여 CO_2, H_2O, SO_2로 완전연소시켰을 경우 다음을 계산하시오.

(1) 표준상태에서 CO_2, H_2O, SO_2 각각의 성분(kmol)

(2) 1atm, 210℃에서 CO_2, H_2O, SO_2 각각의 부피(m^3)

> **풀이**
>
> (1) 표준상태 성분
>
> $CO_2(kmol/hr) = 100kg \times 0.86 \times \dfrac{44kg}{12kg} \times \dfrac{1kmol}{44kg} = 7.17 kmol$
>
> $H_2O(kmol/hr) = 100kg \times 0.11 \times \dfrac{18kg}{2kg} \times \dfrac{1kmol}{18kg} = 5.5 kmol$

$$SO_2(kmol/hr) = 100kg \times 0.03 \times \frac{64kg}{32kg} \times \frac{1kmol}{64kg} = 0.094kmol$$

(2) 1atm, 210°C에서 부피

$$CO_2(m^3) = 7.17kmol \times \frac{22.4m^3}{1kmol} \times \frac{273+210}{273} = 284.15m^3$$

$$H_2O(m^3) = 5.5kmol \times \frac{22.4m^3}{1kmol} \times \frac{273+210}{273} = 217.97m^3$$

$$SO_2(m^3) = 0.094kmol \times \frac{22.4m^3}{1kmol} \times \frac{273+210}{273} = 3.75m^3$$

6. 실제공기량과 공기비

연소 시 실제로는 이론공기량(A_0)보다 많은 양의 공기를 공급하여야 완전연소가 가능하며, 실제공기량(A)은 이론공기량과 공기비(m)를 적용하여 산출한다.

(1) 공기비(m) : 공기과잉계수

A_0에 대한 A의 비로 나타낸다.

$$m = \frac{A}{A_0} \; ; \; A = m \cdot A_0$$

여기서, m : 공기비(과잉공기계수)
A : 실제공기량
A_0 : 이론공기량

(2) 과잉공기량(A^+)

$$A^+ = A - A_0 = mA_0 - A_0 = A_0(m-1) \; ; \; m = 1 + \left(\frac{A^+}{A_0}\right)$$

$$과잉산소량(잔존산소량) = 0.21(m-1)A_0$$

(3) 과잉공기율(A')

$$A' = \frac{A - A_0}{A_0} = \frac{A_0(m-1)}{A_0} = m - 1 \; ; \; m = A' + 1$$

(4) 공기비 산출방법

① 연소가스의 조성 이용(배기가스의 분석결과치가 주어진 경우)

㉠ 완전연소 시(CO = O)

$$m = \frac{21}{21 - O_2}$$

㉡ 불완전연소 시

(CO = O) 경우

$$m = \frac{N_2}{N_2 - 3.76 O_2}$$

(CO ≠ O) 경우

$$m = \frac{N_2}{N_2 - 3.76(O_2 - 0.5 CO)}$$

② CO_{2max}(최대탄산가스율)를 알고 있을 경우

가연물질 중 수소 성분이 매우 적어야 적용할 수 있다.

$$m = \frac{CO_{2max}}{CO_2}$$

여기서, CO_{2max} : 최대탄산가스율(공기 중 산소가 모두 CO_2로 변화하여 연소가스 중의 CO_2 비율이 최대가 된 것을 의미)

$$m = \frac{G - G_0}{A_0} + 1$$

여기서, G : 실제 연소가스양, G_0 : 이론 연소가스양

7. 공기비의 영향

(1) 공기비가 클 경우

① 공연비가 커지고 연소실 내 연소온도가 낮아진다.
② 통풍력이 증대되어 배기가스에 의한 열손실이 증대한다.
③ 배기가스 중 황산화물(SO_2), 질소산화물(NO_2)의 함량이 증가하여 연소장치의 전열면 부식이 촉진된다.

④ CH_4, CO 및 C 등 연료 중의 가연성 물질의 농도가 감소되는 경향을 보인다.

(2) 공기비가 작을 경우

① 불완전 연소로 인하여 배기가스 내 매연의 발생이 크다.
② 불완전 연소로 인하여 연소가스의 폭발위험성이 크다.
③ 연소배출가스 중의 CO, HC의 오염물질 농도가 증가한다.
④ 열손실에 큰 영향을 준다.

기출 필수문제 출제율 40% 이상

01 배기가스의 분석치가 CO_2 10%, O_2 5%, N_2 85%이면 연소 시 공기비(m)는?

> **풀이**
> $$m = \frac{N_2}{N_2 - 3.76 O_2} = \frac{85}{85 - (3.76 \times 5)} = 1.28$$

필수 예상문제

02 어느 석탄을 사용하여 가열로의 배기가스를 분석한 결과 CO_2 14.5%, O_2 6%, N_2 79%, CO 0.5%였다. 이 경우의 공기비(m)는?

> **풀이**
> $$m = \frac{N_2}{N_2 - 3.76(O_2 - 0.5CO)} = \frac{79}{79 - 3.76[6 - (0.5 \times 0.5)]} = 1.38$$

기출 필수문제 출제율 40% 이상

03 탄화수소 연소 후 건조배기 가스양의 조성분석이 CO_2 15%, CO 5%, O_2 10%이고 나머지는 N_2일 경우 공기비(m)를 구하시오.

> **풀이**
> $$m = \frac{N_2}{N_2 - 3.76 \times (O_2 - 0.5CO)}$$
> $N_2 = 100 - (15 + 5 + 10) = 70\%$
> $$= \frac{70}{70 - 3.76 \times [10 - (0.5 \times 5)]} = 1.67$$

기출 필수문제 출제율 30% 이상

04 Methane과 Propane이 용적비 1 : 1의 비율로 조성된 혼합가스 $1Sm^3$를 완전연소시키는 데 $18Sm^3$의 실제공기가 사용되었다면 이 경우 공기비(m)는?

> **풀이**
>
> $$m = \frac{A}{A_0}$$
>
> $A = 18Sm^3$
>
> $A_0 \rightarrow$ Methane 연소반응식
>
> $$CH_4 + 2O_2 \rightarrow CO_2 + 2H_2O$$
>
> Propane 연소반응식
> $$C_3H_8 + 5O_2 \rightarrow 3CO_2 + 4H_2O$$
>
> 혼합 시 이론산소량 $= \dfrac{(2 \times 0.5) + (5 \times 0.5)}{0.5 + 0.5} = 3.5Sm^3$
>
> $A_0 = \dfrac{3.5}{0.21} = 16.67Sm^3$
>
> $= \dfrac{18}{16.67} = 1.08$

기출 필수문제 출제율 60% 이상

05 탄소 80%, 수소 20%인 액체연료를 1kg/min로 연소시킬 때 배기가스 성분이 CO_2 15%, O_2 5%, N_2 80%였다면 실제 공급된 공기량(Sm^3/hr)은?

> **풀이**
>
> 실제 공기량(A)
>
> $A = m \times A_0$
>
> $m = \dfrac{N}{N - 3.76O_2} = \dfrac{80}{80 - (3.76 \times 5)} = 1.31$
>
> $A_0 = \dfrac{1}{0.21}[1.867C + 5.6H]$
>
> $\quad = \dfrac{1}{0.21}[(1.867 \times 0.8) + (5.6 \times 0.2)] = 12.45 Sm^3/kg$
>
> $= 1.31 \times 12.45 Sm^3/kg \times 1kg/min \times 60min/hr = 978.23 Sm^3/hr$

필수 예상문제

06 중량조성이 탄소 85%, 수소 15%인 액체연료를 매시 50kg 연소한 후 배출가스를 분석하였더니 분석치가 CO_2 12.5%, CO 3%, O_2 3.5%, N_2 81%이었다. 이때 매 시간당 필요한 공기량(Sm^3/hr)은?

풀이

실제공기량(A)

$A = m \times A_0$

$$m = \frac{N_2}{N_2 - 3.76(O_2 - 0.5CO)} = \frac{81}{81 - 3.76[3.5 - (0.5 \times 3)]} = 1.10$$

$$A_0 = \frac{1}{0.21}(1.867 \times 0.85) + (5.6 \times 0.15) = 11.56 Sm^3/kg$$

$= 1.10 \times 11.56 Sm^3/kg \times 50 kg/hr = 635.8 Sm^3/hr$

기출 필수문제 출제율 40% 이상

07 다음의 연료조성을 가진 기체연료를 연소하고 있다. 연소에 소요된 공기량이 $10.2 Sm^3/Sm^3$이었다면 공기비(m)는 얼마인가?(단, 연료의 조성비 CH_4 95%, CO_2 3%, O_2 1%, N_2 1%)

풀이

$$m = \frac{A}{A_0}$$

$A = 10.2 Sm^3/Sm^3$

$$A_0 = \frac{1}{0.21}[0.5H_2 + 0.5CO + 2CH_4 - O_2]$$

$$= \frac{1}{0.21}[2 \times 0.95 - 0.01] = 9 Sm^3/Sm^3$$

$$= \frac{10.2}{9} = 1.13$$

기출 필수문제 출제율 60% 이상

08 어떤 연료의 원소조성이 다음과 같고 실제공기량이 $6Sm^3$일 때의 공기비는?(단, 가연분 60%(C=45%, H=10%, O=40%, S=5%), 수분 30%, 회분 10%)

풀이

공기비(m)

$$m = \frac{A}{A_0}$$

$A = 6Sm^3$

$$A_0 = \frac{1}{0.21}(1.867C + 5.6H - 0.7O + 0.7S)$$

가연분 중 각 성분 계산 : C=0.6×45=27%, H=0.6×10=6%
O=0.6×40=24%, S=0.6×5=3%

$$= \frac{1}{0.21}[(1.867 \times 0.27) + (5.6 \times 0.06) - (0.7 \times 0.24) + (0.7 \times 0.03)] = 3.3Sm^3$$

$$= \frac{6}{3.3} = 1.8$$

기출 필수문제 출제율 30% 이상

09 중량분율이 탄소 85%, 수소 10%, 황 5%인 중유 1kg을 $26Sm^3$의 공기로 완전연소 시킬 경우 공기비(m)를 구하시오.

풀이

$$m = \frac{A}{A_0}$$

$A = 26Sm^3$

$$A_0 = \frac{O_0}{0.21} = \frac{1}{0.21}[(1.867 \times 0.85) + (5.6 \times 0.1) + (0.7 \times 0.05)]$$

$$= 10.39Sm^3/kg \times 1kg = 10.39Sm^3$$

$$= \frac{26}{10.39} = 2.5$$

필수 예상문제

10 CH_4 95%, CO_2 1%, O_2 4%인 기체연료 $1Sm^3$에 대하여 $12Sm^3$의 공기를 사용하여 연소하였다면 이때의 공기비(m)를 구하시오.

풀이

$$m = \frac{A}{A_0}$$

$$A = 12Sm^3$$

$$A_0 = \frac{1}{0.21} O_0$$

가연성분인 CH_4만 고려하고 기체연료 내의 산소는 분자상태이기 때문에 ($-$)한다.

$$CH_4 + 2O_2 \rightarrow CO_2 + 2H_2O$$

$$= \frac{1}{0.21}(2 \times 0.95 - 0.04) = 8.86Sm^3$$

$$= \frac{12}{8.86} = 1.35$$

기출 필수문제 출제율 30% 이상

11 C 85%, H 15%의 액체연료를 연소하는 경우, 연소 배기가스의 분석결과가 CO_2 12%, O_2 4%, N_2 84%였다면 이 액체연료 kg당 실제연소용 공기량(Sm^3/kg)은?(단, 표준상태 기준)

풀이

실제공기량(A)
$A = m \times A_0$

$$m = \frac{N_2}{N_2 - 3.76O_2} = \frac{84}{84 - (3.76 \times 4)} = 1.22$$

$$A_0 = \frac{1}{0.21}(1.867C + 5.6H)$$

$$= \frac{1}{0.21}[(1.867 \times 0.85) + (5.6 \times 0.15)] = 11.56Sm^3/kg$$

$$= 1.22 \times 11.56Sm^3/kg = 14.10Sm^3/kg$$

기출 필수문제 출제율 50% 이상

12 용적비로 Propane : Butane = 3 : 1로 혼합된 가스 $1Sm^3$를 이론적으로 완전연소할 경우 발생되는 CO_2 양(Sm^3)을 구하시오.

> **풀이**
> Propane 연소방정식
> $C_3H_8 + 5O_2 \rightarrow 3CO_2 + 4H_2O$
> Butane 연소방정식
> $C_4H_{10} + 6.5O_2 \rightarrow 4CO_2 + 5H_2O$
> $CO_2(Sm^3) = \left(3 \times \dfrac{3}{4}\right) + \left(4 \times \dfrac{1}{4}\right) = 3.25 Sm^3$

기출 필수문제 출제율 40% 이상

13 배기가스의 성분분석 결과 CO_2 함량이 11.5%였을 경우 중유 750L/hr 연소 시 필요한 공기량(Sm^3/min)을 구하시오. (단, 중유 이론공기량 $12.0Sm^3$/kg, CO_{2max}(%) 13%, 밀도 $0.95g/cm^3$)

> **풀이**
> 실제공기량(A)
> $A = m \times A_0$
> $m = \dfrac{CO_{2max}}{CO_2} = \dfrac{13}{11.5} = 1.13$
> $A_0 = 12.0 Sm^3/kg \times 950 kg/m^3 \times 750 L/hr \times m^3/1{,}000L \times hr/60min$
> $\quad = 142.5 Sm^3/min$
> $= 1.13 \times 142.5 Sm^3/min = 161.03 Sm^3/min$

기출 필수문제 출제율 40% 이상

14 프로판을 공기비 1.2로 연소시키는 경우 연소기에 유입되어 연소용 공기와 혼합 시 프로판의 질량분율(%)을 구하시오.

> **풀이**
> 완전연소반응식
> $C_3H_8 + 5O_2 \rightarrow 3CO_2 + 4H_2O$
> 44kg : 5×32kg
> $A = m \times A_0$
> $A_0 = \dfrac{O_0}{0.232} = \dfrac{5 \times 32 kg}{0.232} = 689.655 kg/kg$

$$= 1.2 \times 689.655 = 827.59 \text{kg/kg}$$

프로판 질량분율(%) $= \left(\dfrac{44}{827.59+44}\right) \times 100 = 5.05\%$

8. 공기연료비(AFR)

(1) 개요

완전연소 시 공급되는 공기와 연료의 비율을 나타내며 부피기준의 공연비는 [공기몰수/연료몰수]로, 무게기준의 공연비는 [공기단위중량/연료단위중량]으로 나타낸다.

(2) 관련식

① 부피식

$$AFR = \dfrac{\text{공기의 몰수(Air-mole)}}{\text{연료의 몰수(Fuel-mole)}}$$

$$AFR = \dfrac{\text{산소의 몰수}/0.21}{\text{연료의 몰수}}$$

② 무게(중량)식

$$AFR = \dfrac{\text{공기의 중량(Air-kg)}}{\text{연료의 중량(Fuel-kg)}}$$

$$AFR = \dfrac{\text{공기의 몰수} \times \text{분자량}}{\text{연료의 몰수} \times \text{분자량}}$$

기출 필수문제 출제율 70% 이상

01 옥탄(C_8H_{18})을 완전연소시킬 때의 AFR을 부피 및 중량기준으로 각각 구하시오. (단, 표준상태 기준)

풀이

C_8H_{18}의 연소반응식

C_8H_{18} + 12.5O_2 → 8CO_2 + 9H_2O

1 mole   12.5 mole

부피기준 AFR $= \dfrac{\text{산소의 mole}/0.21}{\text{연료의 mole}} = \dfrac{12.5/0.21}{1} = 59.5$ mole air/mole fuel

중량기준 AFR $= 59.5 \times \dfrac{28.95}{114} = 15.14$ kg air/kg fuel

[114 : 옥탄의 분자량, 28.95 : 건조공기 분자량]

기출 **필수문제** 출제율 50% 이상

02 프로판과 부탄의 용적비가 3 : 2 로 구성된 기체연료를 완전연소시킬 경우 AFR을 부피기준으로 구하시오. (단, 공기비 1.3)

풀이

연소반응식 : $C_3H_8 + 5O_2 \rightarrow 3CO_2 + 4H_2O$

$C_4H_{10} + 6.5O_2 \rightarrow 4CO_2 + 5H_2O$

$$\text{AFR} = \dfrac{(\text{산소 mole}/0.21) \times \text{공기비}}{\text{연료의 몰수}} = \dfrac{\left[\dfrac{\left(5 \times \dfrac{3}{5}\right) + \left(6.5 \times \dfrac{2}{5}\right)}{0.21}\right] \times 1.3}{1}$$

$= 34.67$ mol air/mol fuel

기출 **필수문제** 출제율 70% 이상

03 가솔린($C_8H_{17.5}$)을 완전연소시킬 때의 AFR을 부피 및 중량(질량) 기준으로 각각 구하시오.

풀이

$C_8H_{17.5}$의 연소반응식

$C_8H_{17.5} + 12.375O_2 \rightarrow 8CO_2 + 8.75H_2O$

부피기준 AFR $= \dfrac{\text{산소의 mole}/0.21}{\text{연료의 mole}} = \dfrac{12.375/0.21}{1}$

$= 58.93$ mole air/mole fuel

중량기준 AFR $= 58.93 \times \dfrac{28.95}{113.5} = 15.03$ kg air/kg fuel

[113.5 : 가솔린 분자량, 28.95 : 건조공기 분자량]

9. 등가비(ϕ : Equivalent Ratio)

(1) 개요

공기비의 역수로서 일정량의 이론적인 연공비(연료와 공기의 혼합비)에 대하여 실제 연소되는 연공비는 몇 배가 되는지를 표현한 것이며 당량비라고도 한다.

(2) 관련식 출제율 30%

$$\phi = \frac{(\text{실제의 연료량/산화제})}{(\text{완전연소를 위한 이상적 연료량/산화제})} = \frac{1}{m}$$

(3) ϕ에 따른 특성 출제율 50%

① $\phi = 1$
　㉠ $m = 1$
　㉡ 완전연소에 알맞은 연료와 산화제가 혼합된 경우로 이상적 연소형태이다.

② $\phi > 1$
　㉠ $m < 1$
　㉡ 연료가 과잉으로 공급된 경우로 완전연소형태이다.
　㉢ 일반적으로 CO는 증가하고 NO, HC는 감소한다.

③ $\phi < 1$
　㉠ $m > 1$
　㉡ 공기가 과잉으로 공급된 경우로 완전연소형태이다.
　㉢ CO는 완전연소를 기대할 수 있어 최소가 되나, NO는 증가된다.

 **Point**

등가비 관련식 및 특성 숙지

10. 이론연소가스양

(1) 고체 및 액체연료

① 이론건연소가스양(G_{od})

G_{od}는 배기가스 중 수증기(수분)가 포함되지 않은 상태의 조건으로, 이론공기량(A_0)으로 연소 시 C, H, S 성분의 연소생성물 및 공기 내 질소의 양을 계산하여 연소가스양을 구한다.

$$G_{od} = A_0 \times 0.79 + \frac{22.4}{12}C + \frac{22.4}{32}S + \frac{22.4}{28}N$$
$$= (1-0.21)A_0 + 1.867C + 0.7S + 0.8N$$
$$= A_0 - 0.21\left[\frac{1.867C + 5.6\left(H - \frac{O}{8}\right) + 0.7S}{0.21}\right] + 1.867C + 0.7S + 0.8N$$

$$\text{부피}: G_{od} = A_0 - 5.6H + 0.7O + 0.8N (\text{Sm}^3/\text{kg})$$

여기서, $C : C + O_2 \rightarrow CO_2 \left[\dfrac{22.4\text{Sm}^3}{12\text{kg}} = 1.867\text{Sm}^3/\text{kg}\right]$

$H_2 : H_2 + 1/2O_2 \rightarrow H_2O \left[\dfrac{22.4\text{Sm}^3}{2\text{kg}} = 11.2\text{Sm}^3/\text{kg}\right]$

$S : S + O_2 \rightarrow SO_2 \left[\dfrac{22.4\text{Sm}^3}{32\text{kg}} = 0.7\text{Sm}^3/\text{kg}\right]$

$N_2 :$ 연소반응 없음 $\left[\dfrac{22.4\text{Sm}^3}{28\text{kg}} = 0.8\text{Sm}^3/\text{kg}\right]$

$H_2O :$ 연소반응 없음 $\left[\dfrac{22.4\text{Sm}^3}{18\text{kg}} = 1.244\text{Sm}^3/\text{kg}\right]$

$$\text{중량}: G_{od} = 12.5C + 26.49H - 3.31O + 5.31S + N$$
$$= (1 - 0.232)A_0 + 3.67C + 2S + N (\text{kg/kg})$$

② 이론습연소가스양(G_{ow})

G_{od}에 수증기(수분)가 포함되는 상태의 조건으로, 연소용 공기 중의 수분은 연료 중의 수분이나 연소 시 생성되는 수분량에 비해 매우 적으므로 보통 무시할 수 있다.

$G_{ow} = G_{od} + 11.2H + 1.244W$
$= (1 - 0.21)A_0 + 1.867C + 0.7S + 0.8N + 11.2H + 1.244W$

$$\text{부피}: G_{ow} = A_0 + 5.6H + 0.7O + 0.8N + 1.244W (\text{Sm}^3/\text{kg})$$
$$\text{중량}: G_{ow} = (1 - 0.232)A_0 + 3.76C + 9H + 2S + N + W (\text{kg/kg})$$

(2) **기체연료**

$$G_{od} = (1 - 0.21)A_0 + \Sigma \text{연소생성물}(\text{Sm}^3/\text{Sm}^3)$$

여기서, Σ 연소생성물 : 주로 N_2, CO_2, H_2O

$$G_{ow} - G_{od} + H_2O(\text{Sm}^3/\text{Sm}^3)$$
$$G_{od} = G_{ow} - H_2O$$

대부분 기체연료는 탄화수소(C_mH_n)의 형태이므로

$$G_{od} = 0.79A_0 + m \, (\text{Sm}^3/\text{Sm}^3)$$

$$G_{ow} = 0.79A_0 + \left(m + \frac{n}{2}\right)(\text{Sm}^3/\text{Sm}^3)$$

(3) 발열량을 이용한 간이식(Rosin식)

① 고체연료

㉠ 이론공기량(A_0)

$$A_0 = 1.01 \times \frac{\text{저위발열량}(H_l)}{1{,}000} + 0.5$$

㉡ 이론연소가스양(G_0)

$$G_0 = 0.89 \times \frac{\text{저위발열량}(H_l)}{1{,}000} + 1.65$$

② 액체연료

㉠ 이론공기량(A_0)

$$A_0 = 0.85 \times \frac{\text{저위발열량}(H_l)}{1{,}000} + 2$$

㉡ 이론연소가스양(G_0)

$$G_0 = 1.11 \times \frac{\text{저위발열량}(H_l)}{1{,}000}$$

필수 예상문제

01 C : 80%, H : 20%인 연료를 1kg/hr 연소 시 발생되는 이론건배기가스양(Sm³/hr)은?

풀이

이론건배기가스양(G_{od})

$G_{od} = (1 - 0.21)A_0 + 1.867\text{C}$

$A_0 = \dfrac{1}{0.21}[(1.867 \times 0.8) + (5.6 \times 0.2)] = 12.45\text{Sm}^3$

$= (0.79 \times 12.45) + (1.867 \times 0.8) = 11.33\text{Sm}^3/\text{hr}$

[다른 풀이] $G_{od} = A_0 - 5.6\text{H} = 12.45 - (5.6 \times 0.2) = 11.33\text{Sm}^3/\text{hr}$

기출 필수문제 출제율 30% 이상

02 기체연료(C_mH_n) 1mol을 이론공기량으로 완전 연소시킬 경우 이론습연소가스양(mol)을 구하시오. (단, 화학반응식을 이용하여 작성하시오.)

> **풀이**
>
> $$C_mH_n + \left(m + \frac{n}{4}\right)O_2 \rightarrow mCO_2 + \left(\frac{n}{2}\right)H_2O$$
>
> 이론습연소가스양(G_{ow})
>
> $$G_{ow} = 0.79A_0 + \left(m + \frac{n}{2}\right)$$
>
> $$A_0 = \frac{1}{0.21}\left(m + \frac{n}{4}\right) = 4.76m + 1.19n$$
>
> $$= 0.79 \times (4.76m + 1.19n) + \left(m + \frac{n}{2}\right) \text{mol}$$
>
> $$= 4.76m\,\text{mol} + 1.44n\,\text{mol}$$

기출 필수문제 출제율 30% 이상

03 다음 조건에서 이론습연소가스양(Sm^3)은?

- C : 80%, H : 10%, O : 5%, S : 5%
- 고체연료 사용량 : 1kg

> **풀이**
>
> 이론습연소가스양(G_{ow})
>
> $$G_{ow} = A_0 + 5.6H + 0.7O$$
>
> $$A_0 = \frac{1}{0.21}[(1.867 \times 0.8) + (5.6 \times 0.1) + (0.7 \times 0.05) - (0.7 \times 0.05)]$$
>
> $$= 9.78\,Sm^3/kg \times 1kg = 9.78\,Sm^3$$
>
> $$= 9.78 + (5.6 \times 0.1) + (0.7 \times 0.05) = 10.38\,Sm^3$$

> 기출 필수문제 출제율 50% 이상

04 고로가스 부피조성이 $CO_2 : 20\%$, $CO : 20\%$, $N_2 : 60\%$로 구성되어 있다. 이 연료를 이론적으로 완전연소시킬 경우 이론건조연소가스양(Sm^3/Sm^3)은?

> **풀이**
>
> $G_{od} = (1-0.21)A_0 + $ 생성물질
>
> $CO + \dfrac{1}{2}O_2 \rightarrow CO_2$ (20%)
>
> $CO_2 \rightarrow CO_2$ (20%)
>
> $N_2 \rightarrow N_2$ (60%)
>
> $A_0 = \dfrac{1}{0.21}(0.5 \times 0.2) = 0.4762 Sm^3/Sm^3$
>
> $= [(1-0.21) \times 0.4762] + [(1 \times 0.2) + (1 \times 0.2) + (1 \times 0.6)]$
>
> $= 1.38 m^3/Sm^3$

> 필수 예상문제

05 메탄 $1Sm^3$을 완전연소 시 G_{od} 및 G_{ow}(Sm^3)를 구하시오.

> **풀이**
>
> 이론습연소가스양(G_{ow})
>
> $G_{ow} = (1-0.21)A_0 + $ 연소생성물의 합
>
> A_0(이론공기량)은 연소반응식에 의해 구함
>
> $CH_4 + 2O_2 \rightarrow \underline{CO_2 + 2H_2O}$
>   연소생성물
>
> $A_0 = \dfrac{1}{0.21} \times 2m^3 = 9.52 Sm^3/Sm^3 \times 1Sm^3 = 9.52 Sm^3$
>
> $= (0.79 \times 9.52) + (1+2) = 10.52 Sm^3$
>
> 이론건연소가스양(G_{od})
>
> $G_{od} = G_{ow} - H_2O$
>
> $= (1-0.21)A_0 + $ 연소생성물(수분 제외)
>
> 연소반응식 $CH_4 + 2O_2 \rightarrow \underline{CO_2}$
>   연소생성물
>
> $= (0.79 \times 9.52) + 1 = 8.52 Sm^3$

기출 **필수문제** 출제율 30% 이상

06 저위발열량 11,500kcal/kg인 중유를 완전연소시키는 데 필요한 이론습연소가스양(Sm^3/kg)은?(단, 표준상태 기준, Rosin의 식 적용)

> **풀이**
>
> 액체연료 이론습연소가스양(G_0)
>
> $G_0 = 1.11 \times \dfrac{\text{저위발열량}(H_l)}{1,000} = 1.11 \times \dfrac{11,500}{1,000} = 12.77 Sm^3/kg$

기출 **필수문제** 출제율 30% 이상

07 저위발열량 11,500kcal/kg인 중유를 연소시키는 데 필요한 이론공기량(m^3/kg)은? (단, Rosin식 이용)

> **풀이**
>
> 이론공기량(A_0) : 액체연료 Rosin식
>
> $A_0 = 0.85 \times \dfrac{H_l}{1,000} + 2 = 0.85 \times \dfrac{11,500}{1,000} + 2 = 11.78 m^3/kg$

기출 **필수문제** 출제율 30% 이상

08 중유 1kg의 조성이 중량조성 C : 86.6%, H : 4%, O : 8%, S : 1.4%일 때 이론산소량(Sm^3/kg)과 이론습연소가스양(Sm^3/kg)을 구하시오.

> **풀이**
>
> 1) 이론산소량(O_0)
>
> $O_0 = 1.867C + 5.6H - 0.7O + 0.7S$
> $= (1.867 \times 0.866) + (5.6 \times 0.04) - (0.7 \times 0.08) + (0.7 \times 0.014)$
> $= 1.795 Sm^3/kg$
>
> 2) 이론습연소가스양(G_{ow})
>
> $G_{ow} = A_0 + 5.6H + 0.7O$
>
> $A_0 = \dfrac{O_0}{0.21} = \dfrac{1.795}{0.21} = 8.55 Sm^3/Sm^3$
>
> $= 8.55 + (5.6 \times 0.04) + (0.7 \times 0.08) = 8.83 Sm^3/kg$

기출 필수문제 출제율 50% 이상

09 Propane $5Sm^3$를 완전연소시킬 때 필요한 이론건조연소가스양(Sm^3)은?

> **풀이**
> 연소반응식
>
> C_3H_8 + $5O_2$ → $3CO_2$ + $4H_2O$
>
> $22.4Sm^3$: $5 \times 22.4Sm^3$: $3 \times 22.4Sm^3$
>
> $5Sm^3$: $O_0(Sm^3)$: $CO_2(Sm^3)$
>
> $O_0(Sm^3) = \dfrac{5Sm^3 \times (5 \times 22.4)Sm^3}{22.4Sm^3} = 25Sm^3$
>
> $CO_2(Sm^3) = \dfrac{5Sm^3 \times (3 \times 22.4)Sm^3}{22.4Sm^3} = 15Sm^3$
>
> 이론건조연소가스양(G_{od})
>
> $G_{od} = 0.79A_0 + CO_2$
>
> $A_0 = \dfrac{1}{0.21} \times O_0 = \dfrac{1}{0.21} \times 25 = 119.05Sm^3$
>
> $= (0.79 \times 119.05) + 15 = 109.05Sm^3$

기출 필수문제 출제율 30% 이상

10 액체연료를 완전연소 시 습윤연소가스가 $16.60Sm^3$/kg이었다. 이 연료의 이론공기량이 $11.40Sm^3$/kg, 이론 습연소가스양이 $12.20Sm^3$/kg일 경우 공기비를 구하시오.

> **풀이**
> $G_w = G_{ow} + (m-1)A_0$
>
> $16.60 = 12.20 + (m-1) \times 11.40$
>
> $m = 1.39$

11. 실제연소가스양

(1) 고체 및 액체연료

① 실제건연소가스양(G_d)

G_d는 배기가스 중 수증기(수분)가 포함되지 않은 상태의 조건이다. 즉, 실제습연소가스양(G_w)에서 수분을 제외하면 되며 이론건연소가스양(G_{od})과 과잉공기량(Ⓐ)을 합한 것이다.

$$G_d = G_{od} + Ⓐ$$
$$= G_{od} + (m-1)A_0$$
$$= [A_0 - 5.6H + 0.7O + 0.8N] + (m-1)A_0$$

$$G_d = mA_0 - 5.6H + 0.7O + 0.8N (Sm^3/kg)$$
$$= (m - 0.21)A_0 + 1.867C + 0.7S + 0.8N (Sm^3/kg)$$

② 실제습연소가스양(G_w)

G_d에 수증기(수분)가 포함되는 상태의 조건으로 이론습연소가스양(G_{ow})과 과잉공기량(Ⓐ)을 합한 것이다.

$$G_w = G_{ow} + Ⓐ$$
$$= G_{ow} + (m-1)A_0$$
$$= [A_0 + 5.6H + 0.7O + 0.8N] + 1.244W + (m-1)A_0$$

$$G_w = mA_0 + 5.6H + 0.7O + 0.8N + 1.244W (Sm^3/kg)$$
$$= (m-0.21)A_0 + 1.867C + 11.2H + 0.7S + 0.8N$$
$$+ 1.244 (Sm^3/kg)$$

(2) **기체연료**

① 탄화수소의 연소반응식

$$C_mH_n + \left(m + \frac{n}{4}\right)O_2 \rightarrow mCO_2 + \frac{n}{2}H_2O$$

② 실제건연소가스양(G_d)

$$G_d = (m-1)A_0 + G_{od}$$
$$= (m-0.21)A_0 + \Sigma 연소생성물 (Sm^3/Sm^3)$$
$$= mA_0 + 1 - 1.5H_2 - 0.5CO - 2CH_4 - 2C_2H_4 (Sm^3/Sm^3)$$

③ 실제습연소가스양(G_w)

$$G_w = (m-1)A_0 + G_{ow}$$
$$= (m-0.21)A_0 + \Sigma 연소생성물 (Sm^3/Sm^3)$$
$$= G_d + H_2O \ (Sm^3/Sm^3)$$
$$= mA_0 + 1 - \frac{1}{2}(H_2 + CO)(Sm^3/Sm^3)$$

필수 예상문제

01 프로판 $1Sm^3$을 공기비 1.1로 완전연소시킬 경우, 발생되는 건조연소가스양(Sm^3)은?

풀이

연소반응식 $C_3H_8 + 5O_2 \rightarrow 3CO_2 + 4H_2O$

실제건조연소가스양(G_d)

$G_d = (m - 0.21)A_0 + CO_2$

$A_0 = \dfrac{1}{0.21} \times O_0 = \dfrac{1}{0.21} \times 5 = 23.81 Sm^3/Sm^3 \times 1Sm^3 = 23.81 Sm^3$

$= [(1.1 - 0.21) \times 23.81] + 3 = 24.19 Sm^3$

기출 필수문제 출제율 50% 이상

02 공장에서 시간당 1kg의 등유($C_{10}H_{20}$)를 공기비 1.1로 24시간 연속 완전연소시켰을 경우 다음을 구하시오.

(1) 실제공기량(Sm^3/day) (2) 실제습연소가스양(Sm^3/day)

풀이

완전연소반응식

$C_{10}H_{20} + 15O_2 \rightarrow 10CO_2 + 10H_2O$

140kg : $15 \times 22.4 m^3$: $10 \times 22.4 m^3$: $10 \times 22.4 m^3$

1kg/hr : O_0(kg/hr) : CO_2(kg/hr) : H_2O(kg/hr)

(1) 실제공기량(A)

$A = m \times A_0$

$A_0(Sm^3/day) = O_0 \times \dfrac{1}{0.21}$

$O_0 = \dfrac{1kg/hr \times (15 \times 22.4)m^3}{140kg}$

$= 2.4 m^3/hr \times 24hr/day = 57.6 m^3/day$

$= 57.6 \times \dfrac{1}{0.21} = 274.29 m^3/day$

$= 1.1 \times 274.29 = 301.72 Sm^3/day$

(2) 실제습연소가스양(G_w)

$G_w(Sm^3/day) = [(m - 0.21)A_0] + CO_2 + H_2O$

$CO_2 = \dfrac{1kg/hr \times (10 \times 22.4)m^3}{140kg} = 1.6 m^3/hr \times 24hr/day$

$= 38.4 m^3/day$

$$H_2O = \frac{1\text{kg/hr} \times (10 \times 22.4)\text{m}^3}{140\text{kg}} = 1.6\text{m}^3/\text{hr} \times 24\text{hr/day}$$
$$= 38.4\text{m}^3/\text{day}$$
$$= [(1.1-0.21) \times 274.29] + 38.4 + 38.4 = 320.92\text{Sm}^3/\text{day}$$

필수 예상문제

03 메탄 1Sm³을 공기과잉계수 1.5로 연소시킬 경우 실제습윤연소가스양(Sm³)은?

풀이

연소반응식
$CH_4 + 2O_2 \rightarrow CO_2 + 2H_2O$

실제습윤연소가스양(G_w)
$G_w = (m-0.21)A_0 + CO_2 + H_2O$

$A_0 = \dfrac{1}{0.21} \times O_0 = \dfrac{1}{0.21} \times 2 = 9.52\text{Sm}^3/\text{Sm}^3 \times 1\text{Sm}^3 = 9.52\text{Sm}^3$

$= [(1.5-0.21) \times 9.52] + 1 + 2 = 15.28\text{Sm}^3$

기출 필수문제 출제율 50% 이상

04 Propane 1Sm³을 20%의 과잉 공기로 완전연소하였을 경우 다음 물음에 답하시오.

(1) 건조연소가스양(G_d ; Sm³)

(2) 습윤연소가스양(G_w ; Sm³)

(3) 습윤연소가스양(G_w)/건조연소가스양(G_d)의 비

풀이

연소반응식
$C_3H_8 + 5O_2 \rightarrow 3CO_2 + 4H_2O$

(1) 건조연소가스양(G_d)

$G_d = (m-0.21)A_0 + CO_2$

$A_0 = \dfrac{O_0}{0.21} = \dfrac{5}{0.21} = 23.81\text{Sm}^3/\text{Sm}^3 \times 1\text{Sm}^3 = 23.81\text{Sm}^3$

$= [(1.2-0.21) \times 23.81] + 3 = 26.57\text{Sm}^3$

(2) 습윤연소가스양(G_w)

$G_w = G_d + H_2O = 26.57Sm^3 + 4 = 30.57Sm^3$

(3) 습윤연소가스양(G_w)/건조연소가스양(G_d)의 비

$$\frac{G_w}{G_d} = \frac{30.57}{26.57} = 1.15$$

필수 예상문제

05 어떤 액체연료 1kg 중 C : 85%, H : 10%, O : 2%, N : 1%, S : 2%가 포함되어 있다. 이 연료를 공기비 1.3으로 완전연소시킬 때 발생하는 실제습배출가스양(Sm^3/kg)은?

풀이

$G_w = mA_0 + 5.6H + 0.7O + 0.8N + 1.244W(Sm^3/kg)$

$A_0 = \dfrac{1}{0.21}[(1.867 \times 0.85) + (5.6 \times 0.1) - (0.7 \times 0.02) + (0.7 \times 0.02)]$

$\quad = 10.22 Sm^3/kg$

$= (1.3 \times 10.22) + (5.6 \times 0.1) + (0.7 \times 0.02) + (0.8 \times 0.01) = 13.87 Sm^3/kg$

기출 필수문제 출제율 40% 이상

06 석탄의 조성이 탄소 70%, 수소 10%, 산소 15%, 황 2%였다면 이 석탄 1kg을 완전연소시킬 경우 이론공기량(Sm^3/kg) 및 습연소가스양(Sm^3/kg)을 구하시오.(단, 공기비는 1.3)

풀이

이론공기량(A_0)

$A_0(Sm^3/kg) = \dfrac{O_0}{0.21}$

$\quad = \dfrac{1}{0.21} \times [(1.867 \times 0.7) + (5.6 \times 0.1) - (0.7 \times 0.15) + (0.7 \times 0.02)]$

$\quad = 8.46 Sm^3/kg$

습연소가스양(G_w)

$G_w(Sm^3/kg) = mA_0 + 5.6H + 0.7O + 0.8N + 1.244W$

$\quad = (1.3 \times 8.46) + (5.6 \times 0.1) + (0.7 \times 0.15) = 11.66 Sm^3/kg$

필수 예상문제

07 CH_4 $0.5Sm^3$, C_2H_6 $0.5Sm^3$를 공기비 1.35로 완전연소시킬 경우 습연소가스양 (Sm^3/Sm^3)은?

풀이

$G_w = G_{ow} + (m-1)A_0$

$G_{ow} = 0.79A_0 + CO_2 + H_2O$

$$CH_4 \;+\; 2O_2 \;\to\; CO_2 \;+\; 2H_2O$$
$$1m^3 \;:\; 2m^3 \;:\; 1m^3 \;:\; 2m^3$$
$$0.5m^3 \;:\; 1m^3 \;:\; 0.5m^3 \;:\; 1m^3$$
$$C_2H_6 \;+\; 3.5O_2 \;\to\; 2CO_2 \;+\; 3H_2O$$
$$1m^3 \;:\; 3.5m^3 \;:\; 2m^3 \;:\; 3m^3$$
$$0.5m^3 \;:\; 1.75m^3 \;:\; 1m^3 \;:\; 1.5m^3$$

$= [0.79(1+1.75)/0.21] + (0.5+1) + (1+1.5) = 14.35 Sm^3/Sm^3$

$= 14.35 + (1.35-1) \times [(1+1.75)/0.21] = 18.93 Sm^3/Sm^3$

기출 필수문제 출제율 30% 이상

08 프로판(C_3H_8) 10kg을 과잉공기계수 1.15로 완전연소시킬 때 발생하는 실제습연소가스양(kg)은?

풀이

연소반응식

$$C_3H_8 \;+\; 5O_2 \;\to\; 3CO_2 \;+\; 4H_2O$$
$$44kg \;:\; 5 \times 32kg \;:\; 3 \times 44kg \;:\; 4 \times 18kg$$
$$10kg \;:\; O_0(kg) \;:\; CO_2(kg) \;:\; H_2O(kg)$$

습연소가스양(G_w)

$G_w = (m - 0.232) \times A_0 + CO_2 + H_2O$

$O_0 = \dfrac{10kg \times (5 \times 32)kg}{44kg} = 36.36 kg$

$CO_2 = \dfrac{10kg \times (3 \times 44)kg}{44kg} = 30 kg$

$H_2O = \dfrac{10kg \times (4 \times 18)kg}{44kg} = 16.36 kg$

$A_0 = \dfrac{1}{0.232} \times O_0 = \dfrac{1}{0.232} \times 36.36 = 156.72 kg$

$= [(1.15 - 0.232) \times 156.72] + 30 + 16.36 = 190.23 kg$

기출 필수문제 출제율 50% 이상

09 Butane $1Sm^3$을 과잉공기 25%로 완전연소시켰을 때 생성되는 습배출가스 중 CO_2의 농도(vol%)는?

풀이

연소반응식 $C_4H_{10} + 6.5O_2 \rightarrow 4CO_2 + 5H_2O$
$1Sm^3 : 6.5Sm^3 : 4Sm^3 : 5Sm^3$

실제습연소가스양 $= (m-0.21)A_0 + \sum CO_2 + \sum H_2O$

$$A_0 = \frac{1}{0.21} \times O_0 = \frac{1}{0.21} \times 6.5 = 30.95 Sm^3$$

$= [(1.25-0.21) \times 30.95] + 4 + 5 = 41.19 Sm^3/Sm^3$

$$CO_2 농도(\%) = \frac{CO_2 \text{ 가스양}}{\text{실제습연소가스양}} \times 100 = \frac{4}{41.19} \times 100 = 9.71\%$$

필수 예상문제

10 프로판 1kg을 공기비 1.2로 완전연소시켰을 경우 연소반응식 및 실제 건연소가스양(Sm^3)을 구하시오.

풀이

연소반응식

$C_3H_8 + 5O_2 \rightarrow 3CO_2 + 4H_2O$

실제건연소가스양(G_d)

$G_d = G_{od} + (m-1)A_0$
$\quad = (m-0.21)A_0 + CO_2$

$$A_0 = \frac{O_0}{0.21}$$

$O_0 \Rightarrow C_3H_8 + 5O_2 \rightarrow 3CO_2 + 4H_2O$
$\quad\quad\quad 44kg : 5 \times 22.4 Sm^3$
$\quad\quad\quad 1kg : O_0$

$$O_0 = \frac{1kg \times (5 \times 22.4)m^3}{44kg} = 2.55 Sm^3$$

$= \frac{2.55}{0.21} = 12.14 Sm^3$

$$CO_2 \Rightarrow 44\text{kg} : 3 \times 22.4\text{Sm}^3$$
$$1\text{kg} : CO_2$$
$$CO_2 = \frac{1\text{kg} \times (3 \times 22.4)\text{Sm}^3}{44\text{kg}} = 1.53\text{Sm}^3$$
$$= [(1.2-0.21) \times 12.14] + 1.53 = 13.55\text{Sm}^3$$

기출 **필수문제** 출제율 50% 이상

11 부탄 1Sm^3의 연소 시 습배기가스 중 CO_2가 11%였다. 공기비를 구하시오.

풀이

연소반응식
$$C_4H_{10} + 6.5O_2 \rightarrow 4CO_2 + 5H_2O$$
$$1\text{m}^3 : 6.5\text{m}^3 : 4\text{m}^3 : 5\text{m}^3$$

실제습연소가스양 $= (m-0.21)A_0 + \sum CO_2 + \sum H_2O$

$$A_0 = \frac{O_0}{0.21} = \frac{6.5}{0.21} = 30.95\text{Sm}^3$$
$$= [(m-0.21) \times 30.95] + 4 + 5 \text{Sm}^3/\text{Sm}^3$$

CO_2 농도(%) $= \dfrac{CO_2\text{가스양}}{\text{실제습연소가스양}} \times 100$

$$11 = \frac{400}{30.95m - 6.49 + 9}$$
$$30.95m + 2.5 = 36.36$$
$$30.95m = 33.86$$
$$m = \frac{33.86}{30.95} = 1.0$$

12. 최대 이산화탄소 농도(CO_{2max})

(1) 개요

CO_{2max}는 이론공기량으로 완전연소 시 이론건조연소가스양(G_{od}) 중 CO_2의 백분율을 의미하며, 연소가스 중 CO_2의 농도가 최댓값을 갖도록 연소하는 것이 이상적이다.

(2) 관련식

$$CO_{2max}(\%) = \frac{CO_2 \text{양}}{G_{od}} \times 100 \text{(기본식)}$$

여기서, CO_2양 : 단위연료당 CO_2 발생량(Sm^3/kg)
G_{od} : 이론건조연소가스양(Sm^3/kg)

① 고체 및 액체연료

$$CO_{2max}(\%) = \frac{1.867C}{G_{od}} \times 100 = \frac{187C}{G_{od}}$$

여기서, C : 연료 내 탄소양

② 기체연료

$$CO_{2max}(\%) = \left(\frac{CO + CO_2 + CH_4 + 2C_2H_2 + 2C_2H_4 + 2C_2H_6 + 3C_3H_8}{G_{od}} \right) \times 100$$

$$CO_{2max}(\%) = \frac{\Sigma CO_2 \text{양}}{G_{od}} \times 100$$

여기서, ΣCO_2양 : 배기가스 내의 총 CO_2양
G_{od} : 이론건조연소가스양(Sm^3/Sm^3)

③ 완전연소

$$CO_{2max}(\%) = \frac{CO_2 \times 100}{100 - \left(\dfrac{O_2}{0.21}\right)}$$

$$CO_{2max}(\%) = \frac{21 \times CO_2}{21 - O_2} = m \times CO_2 \quad : CO = 0 \text{일 때}$$

여기서, CO_2 : 배기가스 내의 CO_2 농도 비율(%)
m : 과잉공기비

④ 불완전연소

$$CO_{2max}(\%) = \frac{21(CO_2 + CO)}{21 - O_2 + 0.395CO} = m \times CO_2 \quad : CO \neq 0 \text{일 때}$$

여기서, CO : 배기가스 내의 CO 농도 비율(%)

기출 필수문제 출제율 30% 이상

01 이론공기량을 사용하여 C_3H_8을 완전연소시킬 때 건조가스 중의 CO_{2max}(%)는?

풀이

$$CO_{2max}(\%) = \frac{CO_2 \text{ 양}}{G_{od}} \times 100$$

연소반응식

$$C_3H_8 \quad + \quad 5O_2 \quad \rightarrow \quad 3CO_2 \quad + \quad 4H_2O$$
$$22.4m^3 \;:\; 5 \times 22.4m^3 \;:\; 3 \times 22.4m^3$$

$$G_{od} = (1 - 0.21)A_0 + \text{건조생성물}[CO_2]$$

$$A_0 = \frac{1}{0.21} \times O_0 = \frac{1}{0.21} \times 5 = 23.81 Sm^3/Sm^3$$

$$= (0.79 \times 23.81) + 3 = 21.81 Sm^3/Sm^3$$

$$= \frac{3}{21.81} \times 100 = 13.76\%$$

기출 필수문제 출제율 80% 이상

02 C=87%, H=10%, S=3%인 중유의 CO_{2max}(%)를 구하시오. (단, 표준상태, 건조가스 기준)

풀이

$$CO_{2max}(\%) = \frac{1.867C}{G_{od}} \times 100$$

$$G_{od} = A_0 - 5.6H$$

$$A_0 = \frac{O_0}{0.21}$$

$$= \frac{1}{0.21} \times [(1.867 \times 0.87) + (5.6 \times 0.1) + (0.7 \times 0.03)]$$

$$= 10.501 Sm^3/kg$$

$$= 10.501 - (5.6 \times 0.1) = 9.94 Sm^3/kg$$

$$= \left(\frac{1.867 \times 0.87}{9.94}\right) \times 100 = 16.34\%$$

기출 필수문제 출제율 50% 이상

03 배출가스 분석 결과 $CO_2 = 15.6\%$, $O_2 = 5.8\%$, $N_2 = 78.6\%$, $CO = 0.0\%$일 때 $CO_{2max}(\%)$와 공기과잉계수(m)는?

> **풀이**
>
> 완전연소[CO=0]
>
> $$CO_{2max}(\%) = \frac{21 \times CO_2}{21 - O_2} = \frac{21 \times 15.6}{21 - 5.8} = 21.55\%$$
>
> $$m = \frac{N_2}{N_2 - 3.76 O_2} = \frac{78.6}{78.6 - (3.76 \times 5.8)} = 1.38$$

필수 예상문제

04 공기를 사용하여 CO를 완전연소시킬 때 연소가스 중의 CO_2 농도의 최대치 $CO_{2max}(\%)$는?

> **풀이**
>
> $$CO_{2max}(\%) = \frac{CO_2}{G_{od}} \times 100$$
>
> $$G_{od} = (1 - 0.21) A_0 + CO_2$$
>
> 연소반응식 $CO + \frac{1}{2} O_2 \rightarrow CO_2$
>
> $$A_0 = \frac{1}{0.21} \times O_0 = \frac{1}{0.21} \times 0.5 = 2.38 \text{m}^3/\text{kg}$$
>
> $$= (0.79 \times 2.38) + 1 = 2.88 \text{m}^3/\text{kg}$$
>
> $$= \frac{1}{2.88} \times 100 = 34.72\%$$

기출 필수문제 출제율 40% 이상

05 탄소 82%, 수소 18%의 조성을 갖는 액체연료의 $CO_{2max}(\%)$는?(단, 표준상태 기준)

> **풀이**
>
> $$CO_{2max}(\%) = \frac{CO_2}{G_{od}} \times 100 = \frac{1.867 \times C}{G_{od}}$$

$$G_{od} = A_0 - 5.6H$$

$$A_0 = \frac{1}{0.21}O_0$$

$$= \frac{1}{0.21} \times [(1.867 \times 0.82) + (5.6 \times 0.18)] = 12.09 \text{m}^3/\text{kg}$$

$$= 12.09 - (5.6 \times 0.18) = 11.08 \text{m}^3/\text{kg}$$

$$= \frac{(1.867 \times 0.82)}{11.08} \times 100 = 13.82\%$$

기출 필수문제 출제율 40% 이상

06 중유의 성분분석결과 C 82%, H 10%, O 3%, S 3%, 수분 2%이다. 이 중유가 완전 연소 시 이론적 $CO_{2max}(\%)$을 구하시오. (단, 표준상태 기준)

풀이

$$CO_{2max}(\%) = \frac{1.867C}{G_{od}} \times 100$$

$$G_{od} = A_0 - 5.6H + 0.7O + 0.8N$$

$$A_0 = \frac{1}{0.21} \times \left[(1.867 \times 0.82) + \left\{ 5.6 \times \left(0.1 - \frac{0.03}{8} \right) \right\} \right.$$

$$\left. + (0.7 \times 0.03) \right] = 9.96 \text{m}^3/\text{kg}$$

$$= 9.96 - (5.6 \times 0.1) + (0.7 \times 0.03) = 9.42 \text{m}^3/\text{kg}$$

$$C = 1.867 \times 0.82 = 1.53 \text{m}^3/\text{kg}$$

$$= \frac{1.53}{9.42} \times 100 = 16.24\%$$

13. 연소가스의 조성에 따른 농도

(1) 연소가스(배기가스) 중 산소농도

$$O_2 \text{ 농도}(\%) = \frac{O_2(\text{과잉공기 중 산소량})}{G} \times 100$$

$$= \frac{(m-1)A_0 \times 0.21}{G} \times 100$$

여기서, G : 연소가스양(실제)
$(m-1)A_0$: 과잉공기량

(2) 연소가스(배기가스) 중 SO_2 농도

① 고체 및 액체연료

$$SO_2(\%) = \frac{SO_2}{G} \times 100 = \frac{0.7S}{G} \times 100 \qquad G(m^3/kg)$$

$$SO_2(ppm) = \frac{SO_2}{G} \times 10^6 = \frac{0.7S}{G} \times 10^6 \qquad G(m^3/kg)$$

② 기체연료

$$SO_2(\%) = \frac{SO_2}{G} \times 100 \qquad G(m^3/m^3)$$

$$SO_2(ppm) = \frac{SO_2}{G} \times 10^6 \qquad G(m^3/m^3)$$

(3) 연소가스(배기가스) 중 CO_2 농도

① 고체 및 액체연료

$$CO_2(\%) = \frac{CO_2}{G} \times 100 = \frac{1.867C}{G} \times 100 \qquad G(m^3/kg)$$

② 기체연료

$$CO_2(\%) = \frac{CO_2}{G} \times 100 \qquad G(m^3/m^3)$$

(4) 건조가스 내의 먼지농도

$$먼지농도(mg/m^3) = \frac{m_d(mg/kg)}{G_d(m^3/kg)} = \frac{단위연료당\ 먼지\ 배출량}{건조가스양}$$

(5) 연소가스(배기가스) 중 N_2 농도

연료 중 질소 성분이 존재하지 않을 경우에 적용한다.

$$N_2(\%) = \frac{mA_0 \times (1-0.21)}{G} \times 100 = \frac{실제공기\ 내의\ 질소량}{G} \times 100$$

기출 필수문제 출제율 50% 이상

01 C_3H_8(프로판)과 C_2H_6(에탄)의 혼합가스 $1Nm^3$을 완전연소시킨 결과 배기가스 중 CO_2의 생성량이 $2.5Nm^3$이었다. 이 혼합가스의 mole비(C_3H_8/C_2H_6)는 얼마인가?

> **풀이**
> 프로판 연소반응식 $C_3H_8 + 5O_2 \rightarrow 3CO_2 + 4H_2O$
> $\qquad\qquad\qquad\quad 1Nm^3 \quad\quad : \quad 3Nm^3$
> $\qquad\qquad\qquad\quad x(Nm^3) \quad : \quad 3x(Nm^3)$
>
> 에탄 연소반응식 $C_2H_6 + 3.5O_2 \rightarrow 2CO_2 + 3H_2O$
> $\qquad\qquad\qquad\quad 1Nm^3 \quad\quad\quad : \quad 2Nm^3$
> $\qquad\qquad\qquad\quad (1-x)(Nm^3) \quad : \quad 2(1-x)(Nm^3)$
>
> CO_2 생성량=$2.5Nm^3=3x+2(1-x)$
> $2.5=3x+2(1-x)$
> $x(C_3H_8)=0.5$이므로 $(1-x)=0.5$
> 혼합가스 mole비$=\dfrac{C_3H_8}{C_2H_6}=\dfrac{0.5}{0.5}=1$

기출 필수문제 출제율 60% 이상

02 용적비로 Propane : Butane = 3 : 1로 혼합된 가스 $1Sm^3$를 이론적으로 완전연소할 경우 발생되는 CO_2 양(Sm^3)을 구하시오.

> **풀이**
> Propane 연소방정식
> $C_3H_8 + 5O_2 \rightarrow 3CO_2 + 4H_2O$
> Butane 연소방정식
> $C_4H_{10} + 6.5O_2 \rightarrow 4CO_2 + 5H_2O$
> $CO_2(Sm^3)=\left(3\times\dfrac{3}{4}\right)+\left(4\times\dfrac{1}{4}\right)=3.25 Sm^3$

필수 예상문제

03 유황 1.5%가 함유된 중유 1kg을 연소하는 보일러에서 배출되는 가스 중 황산화물의 농도(ppm)는?(단, 중유 1kg당 굴뚝배출연소가스양은 13Sm³이다.)

풀이

$$SO_2(ppm) = \frac{SO_2}{G_d} \times 10^6$$

$$\begin{array}{ccc} S & \to & SO_2 \\ 32kg & : & 22.4Sm^3 \\ 1kg \times 0.015 & : & SO_2(Sm^3) \end{array}$$

$$SO_2(Sm^3) = \frac{1\,kg \times 0.015 \times 22.4\,Sm^3}{32\,kg} = 0.0105Sm^3$$

$$= \frac{0.0105\,Sm^3}{13\,Sm^3} \times 10^6 = 807.69ppm$$

기출 필수문제 출제율 60% 이상

04 탄소 86%, 수소 12%, 황 2%인 연료를 완전연소할 때 배출가스의 비율은 아래와 같다. 건조배기가스 중 SO_2의 농도(%)를 구하시오.

배출가스 [$CO_2 + SO_2 = 13\%$, $O_2 = 3\%$, $CO = 0\%$]

풀이

건조배기가스 중 SO_2 농도(%)

$$= \frac{SO_2}{G_d} \times 100$$

$$G_d = (m - 0.21)A_0 + 1.867C + 0.7S$$

$$m = \frac{N_2}{N_2 - 3.76 \times O_2} = \frac{84}{84 - (3.76 \times 3)} = 1.155$$

$$A_0 = \frac{O_0}{0.21} = \frac{1}{0.21}[1.867C + 5.6H + 7S]$$

$$= \frac{1}{0.21}[(1.867 \times 0.86) + (5.6 \times 0.12) + (0.7 \times 0.02)]$$

$$= 10.91 m^3/kg$$

$$= [(1.155 - 0.21) \times 10.91] + (1.867 \times 0.86) + (0.7 \times 0.02) = 11.932 m^3/kg$$

$$SO_2 = 0.7S = 0.7 \times 0.02 = 0.014 m^3/kg$$

$$= \frac{0.014}{11.932} \times 100 = 0.12\%$$

기출 | 필수문제 | 출제율 60% 이상

05 액체연료(중유)의 원소 조성 및 배기가스 분석치는 아래와 같다. 건조배기가스 중의 황산화물(SO_2) 농도(ppm)를 구하시오.

- 연료의 원소 조성 : C=82%, H=13%, S=2%, O=2%, N=1%
- 배기가스 성분 : $CO_2 + SO_2 = 13\%$, CO=0%, $O_2 = 4\%$

풀이

건조배기가스 중 SO_2 농도

$$SO_2(ppm) = \frac{SO_2}{G_d} \times 10^6 = \frac{0.7S}{G_d} \times 10^6$$

$$G_d = G_{od} + (m-1)A_0$$

$$G_{od} = 0.79A_0 + CO_2 + SO_2 + N_2$$

$$A_0 = \frac{O_0}{0.21} = \frac{1}{0.21}[(1.867 \times 0.82) + (5.6 \times 0.13)$$
$$+ (0.7 \times 0.02) - (0.7 \times 0.02)]$$
$$= 10.76 Sm^3/kg$$

$$= (0.79 \times 10.76) + (1.867 \times 0.82) + (0.7 \times 0.02)$$
$$+ (0.8 \times 0.01) = 10.053 Sm^3/kg$$

$$m = \frac{N_2}{N_2 - 3.76O_2} = \frac{83}{83 - (3.76 \times 4)} = 1.22$$

$$= 10.053 + [(1.22 - 1) \times 10.76] = 12.42 Sm^3/kg$$

$$SO_2 = 0.7S = 0.7 \times 0.02 = 0.014 Sm^3/kg$$

$$= \frac{0.014}{12.42} \times 10^6 = 1,127.21 ppm$$

기출 | 필수문제 | 출제율 60% 이상

06 C=86.0%, H=11%, S=3.0% 조성을 갖는 중유를 연소 후 배기가스 분석을 실시하여 다음과 같은 결과를 얻었을 때, 다음 물음에 답하시오.

$$CO_2 + SO_2 = 13.0\%, \; O_2 = 3.0\%, \; CO = 0\%$$

(1) 중유 1kg당 소요공기량(Sm^3)   (2) 건조배기가스 중의 SO_2 농도(ppm)

풀이

(1) 중유 1kg당 소요공기량(A)

$$A(Sm^3) = m \times A_0$$

$$m = \frac{N_2}{N_2 - 3.76 \times O_2} = \frac{84}{84 - (3.76 \times 3)} = 1.155$$

$$A_0 = \frac{O_0}{0.21} = \frac{1}{0.21}[(1.867 \times 0.86) + (5.6 \times 0.11) + (0.7 \times 0.03)]$$
$$= 10.68 \text{Sm}^3/\text{kg}$$
$$= 1.155 \times 10.68 \text{Sm}^3/\text{kg} \times 1\text{kg} = 12.34 \text{Sm}^3$$

(2) 건조배기가스 중의 SO_2 농도

$$SO_2(\text{ppm}) = \frac{SO_2}{G_d} \times 10^6 = \frac{0.7S}{G_d} \times 10^6$$

$$G_d = G_{od} + (m-1)A_0$$

$$G_{od} = 0.79 A_0 + CO_2 + SO_2$$
$$= (0.79 \times 10.68) + (1.867 \times 0.86) + (0.7 \times 0.03)$$
$$= 10.06 \text{Sm}^3/\text{kg}$$
$$= 10.06 + [(1.155 - 1) \times 10.68] = 11.72 \text{Sm}^3/\text{kg}$$

$$= \frac{0.7 \times 0.03}{11.72} \times 10^6 = 1,791.81 \text{ppm}$$

기출 필수문제 출제율 80% 이상

07 C, H, S의 중량(%)이 각각 85%, 13%, 2%인 중유를 공기과잉계수 1.2로 연소시킬 때 건조배기 중의 이산화황의 부피분율(%)은?(단, 황성분은 전량 이산화황으로 전환된다고 가정함)

풀이

$$SO_2(\%) = \frac{SO_2}{G_d} \times 100 = \frac{0.7S}{G_d} \times 100$$

$$G_d = mA_0 - 5.6H$$

$$A_0 = \frac{1}{0.21} \times O_0$$
$$= \frac{1}{0.21} \times [(1.867 \times 0.85) + (5.6 \times 0.13) + (0.7 \times 0.02)]$$
$$= 11.09 \text{Sm}^3/\text{kg}$$
$$= (1.2 \times 11.09) - (5.6 \times 0.13) = 12.58 \text{Sm}^3/\text{kg}$$

$$= \frac{0.7 \times 0.02}{12.58} \times 100 = 0.11\%$$

> 기출 필수문제 출제율 80% 이상

08 중유를 원소분석하였더니 C : 85%, H : 14%, S : 1%이었다. 공기비 1.2로 5kg/hr 연소시킬 경우 건조가스 중 SO_2의 농도(ppm)를 구하시오.

[풀이]

건조연소가스양(G_d)

$$G_d = mA_0 - 5.6H + 0.7O$$

$$A_0 = \frac{1}{0.21} \times [(1.867 \times 0.85) + (5.6 \times 0.14) + (0.7 \times 0.01)] = 11.32 \, m^3/kg$$

$$= (1.2 \times 11.32) - (5.6 \times 0.14) = 12.8 \, m^3/kg$$

$$SO_2(ppm) = \frac{SO_2}{G_d} \times 10^6 = \frac{0.7S}{G_d} \times 10^6$$

$$= \frac{0.7 \times 0.01 \, m^3/kg \times 5 \, kg/hr}{12.8 \, m^3/kg \times 5 \, kg/hr} \times 10^6 = 546.88 \, ppm$$

> 기출 필수문제 출제율 80% 이상

09 C : 78%, H : 22%로 구성되어 있는 액체연료 1kg을 공기비 1.2로 연소하는 경우에 C의 1%가 검댕으로 발생된다고 하면 건연소배기가스 $1Sm^3$ 중의 검댕(그을음)의 농도(g/Sm^3)는?

[풀이]

$$검댕\ 농도(g/Sm^3) = \frac{C의\ 발생량(g/kg)}{G_d(배기가스양)(Sm^3/kg)}$$

검댕 발생량 $= 0.78 \times 0.01 \, kg/kg \times 10^3 \, g/kg = 7.8 \, g/kg$

건연소가스양(G_d) $= mA_0 - 5.6H$

$$A_0 = \frac{O_0}{0.21}$$

$$O_0 = 1.867C + 5.6H$$

$$= (1.867 \times 0.78) + (5.6 \times 0.22) = 2.69 \, Sm^3/kg$$

$$= \frac{2.69}{0.21} = 12.8 \, Sm^3/kg$$

$$= (1.2 \times 12.8) - (5.6 \times 0.22) = 14.13 \, Sm^3/kg$$

$$검댕\ 농도(g/Sm^3) = \frac{7.8 \, g/kg}{14.13 \, Sm^3/kg} = 0.552 \, g/Sm^3$$

기출 필수문제 출제율 80% 이상

10 탄소 85%, 수소 15%로 구성된 액체연료 1kg을 공기비 1.1로 연소 시 탄소 1%가 그을음이 된다. 건조 연소가스 중 그을음의 농도(g/Sm^3)는?

풀이

그을음 농도$(g/Sm^3) = \dfrac{C_d(g/kg)}{G_d(Sm^3/kg)}$

그을음의 발생량$(C_d) = 0.85 \times 0.01 kg/kg \times 10^3 g/kg = 8.5 g/kg$

건연소가스양$(G_d) = G_{od} + (m-1)A_0$

$A_0 = (1.867 \times 0.85 + 5.6 \times 0.15) \times \dfrac{1}{0.21} = 11.557 Sm^3/kg$

$G_{od} = 0.79 A_0 + CO_2$
$= 0.79 \times 11.557 + 1.867 \times 0.85$
$= 10.717 Sm^3/kg$
$= 10.717 + (1.1 - 1) \times 11.557 = 11.8727 Sm^3/kg$

그을음 농도$(g/Sm^3) = \dfrac{8.5 g/kg}{11.8727 Sm^3/kg} = 0.72 g/Sm^3$

필수 예상문제

11 중유 중 황(S) 함량 3%인 것을 6,400kg/hr로 연소 시 5분 동안 생성되는 황산화물의 양(Sm^3)은?(단, 중유 중 황은 모두 SO_2로 되며, 표준상태 기준)

풀이

연소반응식 $S \quad + \quad O_2 \quad \rightarrow \quad SO_2$

$\qquad\qquad 32g \qquad\qquad\quad : \quad 22.4 Sm^3$

$\qquad 6,400 kg/hr \times 0.03 \quad : \quad SO_2(Sm^3)$

$SO_2(Sm^3) = \dfrac{(6,400 kg/hr \times 0.03) \times 22.4 Sm^3}{32 kg}$
$= 134.4 Sm^3/hr \times 5min \times hr/60min = 11.2 Sm^3$

필수 예상문제

12 황 함유량이 질량%로 1.6%인 중유를 매시 100ton 연소시킬 때 SO_2의 배출량 (Sm^3/hr)은?(단, 표준상태를 기준으로 하고, 황은 100% 반응하며, 이 중 5%는 SO_3로 배출, 나머지는 SO_2로 배출된다.)

풀이

연소반응식 S + O_2 → SO_2
　　　　　 32kg　　　　　　 : 22.4Sm^3
　　　　　 100ton/hr×0.016×(1−0.05) : $SO_2(Sm^3/hr)$

$$SO_2(Sm^3/hr) = \frac{(100\text{ton/hr} \times 0.016 \times 0.95) \times 22.4\text{Sm}^3 \times 1{,}000\text{kg/ton}}{32\text{kg}}$$

$$= 1{,}064\text{Sm}^3/\text{hr}$$

기출 필수문제 출제율 70% 이상

13 프로판과 부탄의 부피를 1 : 1로 혼합하여 완전연소시킨 결과 건조연소가스 내의 CO_2 농도가 15%라면 이 혼합연료 $5m^3$를 완전연소시킬 때 생성되는 건조연소가스의 양(Sm^3)을 계산하시오.

풀이

$$CO_2(\%) = \frac{CO_2}{G_d} \times 100$$

$C_3H_8 + 5O_2 \rightarrow 3CO_2 + 4H_2O$ (50%)
$C_4H_{10} + 6.5O_2 \rightarrow 4CO_2 + 5H_2O$ (50%)
$CO_2 = (3 \times 0.5) + (4 \times 0.5) = 3.5\text{Sm}^3$

$$0.15 = \frac{3.5\text{Sm}^3}{G_d}$$

$G_d = 23.33\text{Sm}^3/\text{Sm}^3 \times 5\text{Sm}^3 = 116.65\text{Sm}^3$

기출 필수문제 출제율 50% 이상

14 중량분율로 C=85%, H=9%, S=6%인 중유를 공기비 1.25로 완전연소 시 습배출가스 중의 황산화물(SO_2)의 농도(%)를 구하시오.(단, 표준상태 기준)

풀이

$$SO_2(\%) = \frac{SO_2}{G_w} \times 10^2 = \frac{0.7S}{G_w} \times 10^2$$

$$G_w = G_{ow} + (m-1)A_0$$
$$G_{ow} = (1-0.21)A_0 + CO_2 + H_2O + SO_2$$
$$A_0 = \frac{O_0}{0.21} = \frac{1}{0.21} \times [(1.867 \times 0.85) + (5.6 \times 0.09)$$
$$+ (0.7 \times 0.06)] = 10.157 Sm^3/kg$$
$$= (0.79 \times 10.157) + (1.867 \times 0.85) + (11.2 \times 0.09)$$
$$+ (0.7 \times 0.06) = 10.66 Sm^3/kg$$
$$= 10.66 + [(1.25-1) \times 10.157] = 13.199 Sm^3/kg$$
$$= \frac{0.7 \times 0.06}{13.199} \times 10^2 = 0.32\%$$

기출 필수문제 출제율 50% 이상

15 탄소 84%, 수소 13.0%, 황 2.0%, 산소 1.0% 조성을 가지는 중유를 1kg당 16Sm³의 공기로 완전연소할 경우 습배출가스 중의 황산화물의 부피농도(ppm)는?(단, 표준상태 기준)

풀이

$$SO_2(ppm) = \frac{SO_2}{G_w} \times 10^6$$
$$= \frac{0.7S}{G_w} \times 10^6$$
$$G_w = G_{ow} + (m-1)A_0$$
$$G_{ow} = (1-0.21)A_0 + CO_2 + H_2O + SO_2$$
$$A_0 = \frac{1}{0.21} \times O_0$$
$$= \frac{1}{0.21} \times [(1.867 \times 0.84) + (5.6 \times 0.13) + (0.7$$
$$\times 0.02) - (0.7 \times 0.01)] = 11.0 Sm^3/kg$$
$$= (0.79 \times 11.0) + (1.867 \times 0.84) + (11.2 \times 0.13)$$
$$+ (0.7 \times 0.02) = 11.73 Sm^3/kg$$
$$m = \frac{A}{A_0} = \frac{16}{11.0} = 1.45$$
$$= 11.73 + [(1.45-1) \times 11.0] = 16.68 Sm^3/kg$$
$$= \frac{0.7 \times 0.02}{16.68} \times 10^6 = 839.33 ppm$$

기출 필수문제 출제율 40% 이상

16 다음 조건에서 액체 중유를 연소 시 습연소가스양 중 SO_2 농도(ppm)를 구하시오.

- 중유조성 : C 85%, H 12%, S 1.5%, N 1.5%
- 실제공기공급량 : 15Sm³/kg

풀이

$$SO_2(ppm) = \frac{0.7S}{G_w} \times 10^6$$

$$\begin{aligned} G_w(Sm^3/kg) &= mA_0 + 5.6H + 0.7O + 0.8N + 1.244W \\ &= A + 5.6H + 0.7O + 0.8N + 1.244W \\ &= 15Sm^3/kg + (5.6 \times 0.12) + (0.8 \times 0.015) \\ &= 15.68 Sm^3/kg \end{aligned}$$

$$= \frac{0.7 \times 0.015}{15.68} \times 10^6 = 669.64 \, ppm$$

기출 필수문제 출제율 40% 이상

17 다음 조건에서 배연 중 SO_2의 농도(ppm)를 구하시오.

- 처리방법 : 습식 석회세정법
- 석고회수량($CaSO_4 \cdot 2H_2O$) : 15.7ton/24hr
- 배기가스양 : 400,000Sm³/hr
- 탈황효율 : 96%
- Ca 원자량 : 40

풀이

$$SO_2 + CaSO_3 + \frac{1}{2}O_2 \rightarrow CaSO_4 \cdot 2H_2O + CO_2$$

22.4Sm³ : 172kg

$SO_2(mL/Sm^3) \times Sm^3/10^6 mL$
$\times 0.96 \times 400,000 Sm^3/hr \times 24hr$: $15.7 ton \times 1,000 kg/ton$

$$SO_2(mL/Sm^3) = \frac{22.4 Sm^3 \times 15.7 ton \times 1,000 kg/ton}{SO_2(mL/Sm^3) \times Sm^3/10^6 mL \times 0.96 \times 400,000 Sm^3/hr \times 24hr \times 172 kg}$$

$$= 221.86 \, mL/Sm^3 = 221.86 \, ppm$$

필수 예상문제

18 S 성분이 1%인 중유를 10ton/hr로 연소시켜 배기가스 중 SO_2를 $CaCO_3$으로 배연탈황하는 경우, 이론상 필요한 $CaCO_3$의 양(ton/hr)은?(단, 중유 중 S는 모두 SO_2로 산화된다고 가정하고, 탈황률은 100%로 본다.)

풀이

$$S \rightarrow CaCO_3$$
$$32kg : 100kg$$
$$10,000kg/hr \times 0.01 : CaCO_3(kg/hr)$$
$$CaCO_3(ton/hr) = \frac{(10,000kg/hr \times 0.01) \times 100kg}{32kg}$$
$$= 312.5kg/hr \times ton/1,000kg = 0.31ton/hr$$

기출 필수문제 출제율 50% 이상

19 다음 조성을 가진 중량기준의 중유 1kg 을 공기비 1.25로 완전연소시키는 경우 건조가스 내의 먼지농도(mg/Nm^3)를 구하시오.[단, 조성 중 회분은 모두 먼지로 배출된다. C(86.9%), H(11.0%), S(2.0%), 회분(0.1%)]

풀이

$$먼지농도(mg/Nm^3) = \frac{단위연료당\ 먼지배출량(mg/kg)}{건조가스양(Nm^3/kg)}$$

$$단위연료당\ 먼지배출량 = 0.001kg/kg \times 10^6 mg/kg$$
$$= 1,000mg/kg$$

$$G_d = mA_0 - 5.6H + 0.7O + 0.8N$$

$$A_0 = \frac{1}{0.21} \times [1.867C + 5.6H + 0.7S]$$

$$= \frac{1}{0.21} \times [(1.867 \times 0.869) + (5.6 \times 0.11) + (0.7 \times 0.02)] = 10.726 Nm^3/kg$$

$$= (1.25 \times 10.726) - (5.6 \times 0.11) = 12.79 Nm^3/kg$$

$$먼지농도(mg/Nm^3) = \frac{1,000}{12.79} = 78.19 mg/Nm^3$$

기출 필수문제 출제율 50% 이상

20 H$_2$S가 0.3% 포함된 메탄을 공기비 1.05로 연소했을 때 건조배기가스 중의 SO$_2$ 농도(ppm)는?(단, H$_2$S는 모두 SO$_2$로 변환된다.)

풀이

$$SO_2(ppm) = \frac{0.7S}{G_d} \times 10^6$$

$$G_d = (m - 0.21)A_0 + \Sigma(\text{연소생성물})$$

$$CH_4 + 2O_2 \rightarrow CO_2 + 2H_2O$$
$$1 : 2$$
$$0.997 : O_0 \quad O_0 = 1.994 \, Sm^3/Sm^3$$

$$H_2S + 1.5O_2 \rightarrow SO_2 + H_2O$$
$$1 : 1.5$$
$$0.003 : O_0 \quad O_0 = 0.0045 \, Sm^3/Sm^3$$

$$= \left[(1.05 - 0.21) \times \left(\frac{1.994 + 0.0045}{0.21}\right)\right] + (0.997 + 0.003)$$

$$= 8.994 \, Sm^3/Sm^3$$

$$= \frac{0.003}{8.994} \times 10^6 = 333.56 \, ppm$$

기출 필수문제 출제율 50% 이상

21 석탄연소에서 배출되고 있는 SO$_2$의 배출량을 규제하기 위하여 연료 연소 시 발생하는 발열량(kcal)당 SO$_2$의 중량을 2.5mg SO$_2$/kcal 이하로 규제하려면, 단위중량당 발열량이 6,000kcal/kg인 석탄의 황 함유량을 몇 % 이하로 유지하여야 하는지 구하시오.(단, 황 함량은 중량비, 석탄 중 황은 모두 SO$_2$로 변환됨)

풀이

$$S + O_2 \rightarrow SO_2$$
$$32 \, kg \quad : \quad 64 \, kg$$
$$S(kg/kcal) \quad : \quad 2.5 \, mg/kcal \times 10^{-6} \, kg/mg$$

$$S(kg/kcal) = \frac{32 \, kg \times (2.5 \times 10^{-6}) \, kg/kcal}{64 \, kg} = 1.25 \times 10^{-6} \, kg/kcal$$

$$S(\%) = 1.25 \times 10^{-6} \, kg/kcal \times 6,000 \, kcal/kg$$
$$= 7.5 \times 10^{-3} \times 100 = 0.75\%$$

14. 발열량

(1) 개요

단위질량의 연료가 완전연소 후, 처음의 온도까지 냉각될 때 발생하는 열량을 말하며 일반적으로 수증기의 증발잠열은 이용이 잘 안 되기 때문에 저위발열량이 주로 사용된다. 또한 증발잠열의 포함 여부에 따라 고위발열량과 저위발열량으로 구분된다.

(2) 단위

① 고체 및 액체연료 : kcal/kg   ② 기체연료 : $kcal/Sm^3$

(3) 고위발열량(H_h)

① 정의

연료를 완전연소 후 생성되는 수증기가 응축될 때 방출하는 증발잠열(응축열)을 포함한 열량으로 총발열량이라고도 한다.

② 측정

㉠ 봄브 열량계(Bomb Calorimeter) : 고체, 액체연료
㉡ 융겔스 열량계 : 기체연료

③ 계산식

㉠ 고체, 액체연료(Dulong식)

$$H_h = 8{,}100C + 34{,}000\left(H - \frac{O}{8}\right) + 2{,}500S \,(\text{kcal/kg})$$

㉡ 기체연료

$$H_l = H_h - 480\sum H_2O$$

여기서, H_l : 저위발열량($kcal/Sm^3$)
480 : 수증기(H_2O) $1Sm^3$의 증발잠열($kcal/Sm^3$)
단, 중량으로 수증기의 응축잠열은 600kcal/kg

$$\left(480\text{kcal}/\text{Sm}^3 = 600\text{kcal/kg} \times \frac{18\text{kg}}{22.4\text{Sm}^3}\right)$$

$$H_l = H_h - 480\,(H_2 + 2CH_4 + 2C_2H_4 + 3C_2H_5 + 4C_3H_8 + \cdots)$$
$$= H_h - 480\left(H_2 + \sum \frac{y}{2} C_xH_y\right)$$

(4) 저위발열량(H_l)

① 정의

연료가 완전연소 후 연소과정에서 생성되는 수증기(수분)의 증발잠열(응축열)을 제외한 열량으로, 응축잠열을 회수하지 않고 배출하였을 때의 발열량이다.

② 계산

㉠ 연소분석치
㉡ 연소반응식
에 의한 산출

③ 계산식

$$H_l = H_h - 600(9\text{H} + \text{W})(\text{kcal/kg})$$

여기서, H : 연료 내의 수소함량(kg)
W : 연료 내의 수분함량(kg)
600 : 0℃에서 H_2O 1kg의 증발열량

필수 예상문제

01 액체연료의 성분분석 결과 탄소 84%, 수소 11%, 황 2.4%, 산소 1.3%, 수분 1.3%이었다면 이 연료의 저위발열량(kcal/kg)은?(단, Dulong식을 이용)

풀이

고위발열량(H_h)

$H_h = 8,100\text{C} + 34,000\left(\text{H} - \dfrac{\text{O}}{8}\right) + 2,500\text{S}(\text{kcal/kg})$

$= (8,100 \times 0.84) + \left[34,000\left(0.11 - \dfrac{0.013}{8}\right)\right] + (2,500 \times 0.024) = 10,548.75\text{kcal/kg}$

저위발열량(H_l)

$H_l = H_h - 600(9\text{H} + \text{W})$

$= 10,548.75 - 600[(9 \times 0.11) + 0.013] = 9,946.95\text{kcal/kg}$

필수 예상문제

02 에탄(C_2H_6)의 고위발열량이 16,000kcal/Sm^3일 때, 저위발열량(kcal/Sm^3)은? (단, H_2O 1Sm^3의 증발잠열은 480kcal/Sm^3)

> **풀이**
>
> $H_l = H_h - 480 \sum H_2O$
>
> C_2H_6 연소반응식 $C_2H_6 + 3.5O_2 \rightarrow 2CO_2 + 3H_2O$
>
> $= 16,000 - (480 \times 3) = 14,560 \text{ kcal/Sm}^3$

필수 예상문제

03 메탄과 프로판이 1 : 3으로 혼합된 기체연료의 고위발열량이 $19,400 \text{ kcal/Sm}^3$이다. 이 기체연료의 저위발열량(kcal/Sm^3)은?

> **풀이**
>
> 메탄(CH_4) 저위발열량(H_l)
>
> $H_l = H_h - 480 \sum H_2O$
>
> $CH_4 + O_2 \rightarrow CO_2 + 2H_2O$
>
> $= 19,400 - (480 \times 2) = 18,440 \text{ kcal/Sm}^3$
>
> 프로판(C_3H_8) 저위발열량(H_l)
>
> $H_l = H_h - 480 \sum H_2O$
>
> $C_3H_8 + 5O_2 \rightarrow 3CO_2 + 4H_2O$
>
> $= 19,400 - (480 \times 4) = 17,480 \text{ kcal/Sm}^3$
>
> 혼합연료의 저위발열량(kcal/Sm^3) $= \dfrac{(1 \times 18,440) + (3 \times 17,480)}{1+3} = 17,720 \text{ kcal/Sm}^3$

15. 연소온도

(1) 이론 연소온도

연료를 이론공기량으로 완전연소시켜 화염에 도달할 수 있는 이론상 최고온도를 의미하며, 연소온도는 연소 후 배기가스 발생온도 중 최고온도를 말한다.

(2) 관련식

$$H_l = G_{ow} C_{pm} (T_{bt} - T_0)$$

여기서, H_l : 저위발열량(kcal/Sm^3 또는 kcal/kg)

G_{ow} : 이론습연소가스양(Sm^3/Sm^3 또는 Sm^3/kg)

C_{pm} : 온도 T_0와 T_{bt} 간의 연소가스 정압비열 G_p의 평균치 ($\text{kcal/Sm}^3 \cdot \text{℃}$)

T_{bt} : 이론단열화연소온도(℃), T_0 : 연소 전의 온도(℃)

$$H_l = G_{ow} C_p (t_2 - t_1)$$

여기서, H_l : 저위발열량(kcal/Sm³ 또는 kcal/kg)

G_{ow} : 이론습연소가스양(Sm³/Sm³ 또는 Sm³/kg)

C_p : 이론습연소가스양의 평균정압비열(kcal/Sm³ · ℃)

t_2 : 이론연소온도(℃)

t_1 : 기준온도(℃) 또는 실제온도(℃)

$$t_2 = \frac{H_l}{GC_p} + t_1$$

필수 예상문제

01 저위발열량이 5,500kcal/Sm³인 가스연료의 이론연소온도는 몇 ℃인가?(단, 이론연소가스양 10Sm³/Sm³, 연료연소가스의 평균정압비열은 0.35kcal/Sm³ · ℃, 기준온도 15℃, 공기는 예열하지 않으며 연소가스는 해리하지 않는다.)

풀이

이론연소온도(℃)

$= \dfrac{\text{저위발열량}}{\text{이론연소가스양} \times \text{연소가스 평균정압비열}} + \text{실제온도}$

$= \dfrac{5{,}500\,\text{kcal/Sm}^3}{10\,\text{Sm}^3/\text{Sm}^3 \times 0.35\,\text{kcal/Sm}^3 \cdot ℃} + 15℃ = 1{,}586.43℃$

기출 필수문제 출제율 50% 이상

02 다음과 같은 조건에서의 메탄의 이론연소온도는?(단, 메탄, 공기는 25℃에서 공급되는 것으로 하며, 메탄의 저위발열량은 7,500kcal/Sm³, CO_2, $H_2O(g)$, N_2의 평균정압몰비열은 각각 13.1, 10.5, 8.0kcal/kmol · ℃로 한다.)

풀이

이론연소온도(t_2)

$t_2 = \dfrac{H_l}{GC_p} + t_2$

$$G = (1-0.21)A_0 + \sum \text{연소생성물}$$

$$CH_4 + 2O_2 \rightarrow CO_2 + 2H_2O$$

$$= 0.79 \times \left(\frac{2}{0.21}\right) + [1+2] = 10.52 Sm^3/Sm^3$$

$C_p \rightarrow CO_2$, H_2O, N_2 성분 계산 후 구함

$$CO_2 = \frac{CO_2}{G} \times 100 = \frac{1}{10.52} \times 100 = 9.51\%$$

$$H_2O = \frac{H_2O}{G} \times 100 = \frac{2}{10.52} \times 100 = 19.01\%$$

$$N_2 = 100 - [CO_2 + H_2O] = 100 - [9.51 + 19.01] = 71.48\%$$

$$C_p = (13.1 \times 0.0951) + (10.5 \times 0.1901) + (8.0 \times 0.7148)$$

$$= 8.96 kcal/kmol \cdot ℃ \times \left(\frac{1 kmol}{22.4 Sm^3}\right)$$

$$= 0.4 kcal/Sm^3 \cdot ℃$$

$$= \frac{7,500 kcal/Sm^3}{10.52 Sm^3/Sm^3 \times 0.4 kcal/Sm^3 \cdot ℃} + 25℃ = 1,807.32℃$$

기출 필수문제 출제율 50% 이상

03 다음 조건에서 완전연소시 이론연소온도(℃)를 구하시오.

- 이론공기량 : $9Sm^3/kg$
- 이론습연소가스양 : $12Sm^3/kg$
- 저위발열량 : 7,000kcal/kg(열손실은 저위발열량의 15%)
- 공기비 : 1.3(중유)
- 가스 실제유입온도 : 18℃
- 가스비열 : $0.64 kcal/Sm^3 \cdot ℃$

풀이

이론연소온도(t_2)

$$t_2 = \frac{H_l}{GC_p} + t_2$$

$$G = G_{ow} + (m-1)A_0 = 12 + [(1.3-1) \times 9] = 14.7 Sm^3/kg$$

$$= \frac{7,000 kcal/kg \times (1-0.15)}{14.7 Sm^3/kg \times 0.64 kcal/Sm^3 \cdot ℃} + 18℃ = 650.44℃$$

16. 연소효율

(1) 개요

가연성 물질을 연소할 때 완전연소량에 비해서 실제연소되는 양의 비율을 말하며 강열감량이 크면 연소효율이 저하된다.

* 강열감량 : 소각 또는 연소 시 재(Ash)의 잔사에 포함되어 있는 미연분량

(2) 관련식

$$\text{연소효율}(\eta) = \frac{H_l - (L_1 + L_2)}{H_l} \times 100(\%)$$

$$= \frac{\text{실제연소 시 발열량}}{\text{완전연소 시 발열량}} \times 100(\%)$$

여기서, H_l : 저위발열량(kcal/kg)
L_1 : 미연손실열량(kcal/kg)
L_2 : 불완전연소손실열량(kcal/kg)

필수 예상문제

01 수소 12%, 수분 1%를 함유한 중유 1kg의 발열량을 열량계로 측정하였더니 고위발열량이 10,000kcal/kg이었다. 비정상적인 보일러의 운전으로 인해 불완전연소에 의한 손실열량이 2,000kcal/kg이라면 연소효율(%)을 구하시오.

풀이

$$\text{연소효율}(\%) = \frac{H_l - (L_1 + L_2)}{H_l} \times 100$$

$$H_l = H_h - 600(9H + W)$$
$$= 10,000 - 600[(9 \times 0.12) + 0.01] = 9,346 \text{kcal/kg}$$

$$= \frac{9,346 - (0 + 2,000)}{9,346} \times 100 = 78.6\%$$

17. 연소실 열부하율(연소부하율 : 연소실 열발생률)

(1) 개요

연소실 열부하율은 1시간 동안 단위부피당 발생되는 폐기물의 평균열량을 의미하며 열부하가 너무 크면 국부적인 과열에 의한 연소로의 손상 및 불완전연소가 우려된다. 또한 열부하가 너무 작으면 연소실 내의 적정온도 유지가 어렵다.

(2) 관련식

$$열부하율(kcal/m^3 \cdot hr) = \frac{H_l \times G'}{V}$$

여기서, H_l : 저위발열량(kcal/kg)
  V : 연소실 용적(m^3)
  G' : 시간당 연소량(kg/hr)

필수 예상문제

01 크기가 1.2m×2.0m×1.5m인 연소실에서 저위발열량이 10,000kcal/kg인 중유를 2시간에 100kg씩 연소시키고 있다. 이 연소실의 열발생률($kcal/m^3 \cdot hr$)은?

풀이

연소실 열발생률($kcal/m^3 \cdot hr$)

$= \dfrac{저위발열량(kcal/kg) \times 시간당\ 연소량(kg/hr)}{연소실\ 부피(m^3)}$

$= \dfrac{10,000\,kcal/kg \times 100\,kg/2\,hr}{(1.2 \times 1.5 \times 2.0)m^3}$

$= 138,888.89\,kcal/m^3 \cdot hr$

기출 필수문제 출제율 30% 이상

02 가로, 세로, 높이가 각각 2.0m, 2.5m, 4m인 연소실에서 중유를 시간당 1ton을 연소하고자 한다. 저위발열량이 20,000kcal/kg일 때 연소실의 열발생률($kcal/m^3 \cdot hr$)을 구하시오.

풀이

열발생률($kcal/m^3 \cdot hr$)

$= \dfrac{저위발열량(kcal/kg) \times 시간당\ 연소량(kg/hr)}{연소실\ 부피(m^3)}$

$= \dfrac{20,000\,kcal/kg \times 1,000\,kg/hr}{(2.0 \times 2.5 \times 4)m^3}$

$= 1,000,000\,kcal/m^3 \cdot hr$

필수 예상문제

03 최적 연소부하율이 100,000kcal/m³·hr인 연소로를 설계하여 발열량이 5,000 kcal/kg인 석탄을 100kg/hr로 연소하고자 한다면, 이때 필요한 연소로의 연소실 용적(m³)은?(단, 열효율은 100%)

> **풀이**
>
> 연소부하율(kcal/m³·hr) = $\dfrac{H_l \times G'}{V}$
>
> $V(m^3) = \dfrac{5,000 \text{kcal/kg} \times 100 \text{kg/hr}}{100,000 \text{kcal/m}^3 \cdot \text{hr}} = 5 m^3$

SECTION 29 자동차의 연소

1. 가솔린엔진과 디젤엔진의 비교

항목	가솔린엔진	디젤엔진
사용연료	휘발유, 알코올, LPG, CNG	경유
연료공급방식	압축 전 연료공기 혼합 전자제어 연료 분사방식, 기화기식	공기 압축 후 연료공급 전자제어 연료 분사방식, 기계분사식
연소형태 (점화방식)	• 연료를 공기와 혼합 후 실린더에 흡입, 압축 후 점화플러그에 의해 강제로 점화, 연소, 폭발시키는 형태(불꽃점화방식) • 연소 개념으로 보면 예혼합연소에 가까움	• 공기만을 실린더에 흡입 후 압축시킨 연료를 미세한 입자형태로 분사시켜 자연발화로 연소, 폭발시키는 형태(압축점화방식) • 연소 개념으로 보면 확산연소에 가까움
연소특성	• 혼합기의 공기과잉률이 약 0.8~1.5 범위(범위에서 벗어나면 전기스파크에 의한 점화 및 정상적인 화염 전파가 어려움) • 연소 시 혼합기는 시·공간적으로 일정한 공기·연료비를 나타냄	• 연소실 내의 공기과잉률은 시·공간적으로 일정하지 않음(고압 압축공기 중에 경유의 직접 분사로 균일한 혼합기의 생성이 어렵기 때문) • 공기가 충분한 상태에서 연소가 일어남(항상 일정 부피의 공기 중에 연료를 분사하기 때문)
배출가스	• 일반적으로 CO, HC, NOx 농도가 높음(정지 가동) • 공회전 시 CO, 가속 및 감속 시 HC, 정속주행 시 NOx 농도가 높음 • 정속주행 시 낮은 CO 농도로 배출	• 일반적으로 NOx, 매연 다량 배출 • 고속주행 시 NOx, 매연 농도 높음 • 공회전 시 CO, HC의 농도 낮음

항목	가솔린엔진	디젤엔진
소음·진동	소음·진동이 적음(압축비가 8~9 정도로 낮기 때문)	소음·진동이 심함(압축비가 15~20 정도로 높기 때문)
연소실 크기	제한받음(노킹현상 때문에 일반적으로 160mm 이하로 함)	제한 없음
기타	• 일반적으로 가솔린엔진이 디젤엔진에 비하여 착화점이 높음 • 공연비 제어가 용이하고 삼원촉매를 적용할 수 있어 배출가스제어에 유리함	• 압축비가 높아 최대효율이 가솔린기관에 비해 1.5배 정도이며 연비는 가솔린기관에 비해 높음 • 디젤엔진은 공급공기가 많기 때문에 배기가스 온도가 낮아 엔진 내구성에 유리함 • 디젤기관이 가솔린기관에 비해 보다 문제시되는 물질은 매연, NOx임

2. 가솔린엔진의 노킹(Knocking) 현상

(1) 정의

실린더 내의 연소에서 불꽃 표면이 미연소가스에 점화되어 연소가 진행되는 사이에 미연소 말단가스의 2차적 자연발화현상이 일어나며, 이로 인해 고온과 국부적인 고압으로 진동과 진동에 의한 2차 금속성 소음이 발생된다.

(2) 원인

① 엔진이 과부하 및 과열된 경우
② 점화시기가 정상보다 너무 빠른 경우
③ 혼합비가 희박한 경우
④ 연료의 옥탄가가 낮은 경우

(3) 방지대책

① 연소실을 구형(Circular Type)으로 한다.
② 점화플러그는 연소실 중심에 부착한다.
③ 난류를 증가시키기 위해 난류생성 Pot를 부착한다.
④ 고옥탄가 연료 사용 및 점화시기를 정확히 조정한다.
⑤ 혼합비를 농후하게 하고 혼합가스의 와류를 증대한다.

3. 디젤엔진

(1) 장점 출제율 50%

① 열효율이 높고, 연소소비율이 적어 대형 엔진 제작이 가능하다.
② 점화장치가 없어 가솔린엔진에 비해 고장이 적다.
③ 인화점이 높은 연료(경유)를 사용하므로 취급·저장에 위험성이 적다.
④ 저속에서 큰 회전력이 발생하여 저부하 시 효율이 나쁘지 않다.

(2) 단점 출제율 50%

① 연소압력이 크므로 엔진 각 부분의 내구성을 고려해야 한다.
② 운전 중 소음·진동이 크며 출력당 엔진중량과 형태가 크다.
③ 연료분사장치가 매우 정밀, 복잡하여 제작비용이 고가이다.
④ 압축비가 높아 큰 출력의 기동 전동기가 필요하다.

(3) 디젤엔진의 노킹방지 대책

① 세탄가가 높은 연료를 사용한다.
② 분사개시 때 분사량을 감소시킨다.
③ 급기온도를 높인다.
④ 압축비, 압축압력 및 압축온도를 높인다.
⑤ 회전속도를 감소시킨다.

4. 배출가스 제어장치

(1) 가솔린 자동차

① 엔진 개량
② 연료장치 개량
③ Blow-by 가스 제어장치
④ 증발가스 제어장치
⑤ 배기가스 재순환장치(EGR ; Exhaust Gas Recirculation)
⑥ 삼원촉매장치(TWC ; Three Way Catalyst) 출제율 30%
  산화촉매(백금, 파라듐)와 환원촉매(로듐)를 사용하여 CO, HC, NOx를 동시처리하는 장치이다.

(2) 디젤자동차
① 엔진 개량
② 연료장치 개량
③ 배기가스 재순환장치(EGR)
④ 후처리장치
  ㉠ 디젤산화 촉매(DOC ; Disel Oxidation Catalyst)
  ㉡ 선택적 촉매환원(SCR ; Selective Catalytic Reduction)
  ㉢ 매연여과장치(DPF ; Disel Particulate Filter Trap)

 학습 Point

1. 디젤엔진의 장단점 숙지
2. 삼원촉매장치 숙지

SECTION 30 입자동력학

1. 중력(F_g)

$$F_g = mg \text{ (입자가 구형일 경우 } F_g\text{)}$$
$$F_g = \frac{1}{6}\pi d_p^3 \rho_p g$$

여기서, m : 구형입자의 질량, g : 중력가속도(9.8m/sec²)
d_p : 구형입자의 직경, ρ_p : 구형입자의 밀도

2. 부력(F_b)

중력의 반대방향으로 작용하는 힘

$$F_b = \rho_g V_p g$$
$$= \frac{1}{6}\pi d_p^3 \rho_g g$$

여기서, ρ_g : 가스의 밀도, V_p : 입자의 체적$\left(V_p = \frac{\pi d_p^3}{6}\right)$

3. 항력(F_d)

유체(가스) 내부를 이동하는 입자는 유체에 의하여 마찰저항력을 받게 되며 이를 항력이라 한다.

$$F_d = C_D \frac{\rho_g A_p V_s^2}{2}$$

여기서, C_D : 항력계수(Coefficient of Drag Force)
　　　　　　(유체의 흐름 상태에 따라 다른 값을 가짐)
　　　　A_p : 입자의 Projected Area(투영면적)
　　　　V_s : 구형입자의 상대이동속도

(층류의 경우 F_d)

$$F_d = 3\pi \mu_g d_p V_s$$

여기서, μ_g : 가스의 점도

4. 입자의 종말침강속도(V_s, Terminal Settling Velocity)

(1) 정의　출제율 70%

입자에 작용하는 세 힘, 즉 중력, 부력, 항력이 균형을 이루어 침강하는 속도를 종말침강속도라 한다.

(2) 힘의 평형식　출제율 70%

$$중력(F_g) = 부력(F_b) + 항력(F_d)$$

(3) Stokes 침강속도식　출제율 70%

층류영역에서 구형입자가 자유낙하 시 구형입자의 표면에 충돌하는 상대적 가스 속도가 0이라는 가정하에 성립하는 식이다.

$$\frac{\pi}{6} d_p^3 \rho_p g = \frac{\pi}{6} d_p^3 \rho_g g + 3\pi \mu_g d_p V_s$$

$$V_s (\text{m/sec}) = \frac{d_p^2 (\rho_p - \rho_g) g}{18 \mu_g}$$

여기서, V_s : 종말침강속도(m/sec), ρ_p : 입자밀도(kg/m³)
　　　　ρ_g : 가스밀도(kg/m³), μ_g : 가스점도(kg/m·sec)

5. 커닝험 보정계수(C_c, Cunningham Correction Factor) 출제율 40%

① 입자의 직경이 $1\mu m$보다 작은 미세 입자의 경우 기체분자가 입자에 충돌 시 입자표면에서 Slip(미끄럼) 현상이 일어나면 입자에 작용하는 항력이 작아져 종말침강속도 계산 시 Stokes 침강속도식으로 구한 값보다 커져 이를 보정하는 계수를 커닝험 보정계수라 한다.
② 커닝험 보정계수는 항상 1보다 크다. 이 값, 즉 $C_c \geq 1$이 되기 위해서는 가스 온도가 높을수록, 미세입자일수록, 가스압력이 낮을수록, 가스분자 직경이 작을수록 커지게 된다.
③ 전기집진장치에서 분진입자의 겉보기 이동속도는 커닝험 보정계수에 비례한다.

> **학습 Point**
> 1. 힘의 평형식에 의한 침강속도 유도 숙지
> 2. 커닝험 보정계수 내용 숙지

기출 필수문제 출제율 30% 이상

01 대기 공간에서 공기점도 $\mu = 1.5 \times 10^{-5}$kg/m·sec, 입경 $20\mu m$인 구형 미세입자가 중력침강할 때 다음에 답하시오.(단, 입자밀도 2,000kg/m³, 공기밀도 1.3kg/m³, 커닝험 보정계수 $C_f = 1$)

(1) 종말침강속도(m/sec)

(2) 항력(N)(유효숫자 3자리까지 구하시오.)

풀이

(1) 종말침강속도(V_s)

$$V_s(\text{m/sec}) = \frac{d_p^2(\rho_p - \rho)g}{18\mu_g} \times C_f$$

$d_p = 20\mu m \times 10^{-6} \text{m}/\mu m = 20 \times 10^{-6}\text{m}$
$\rho_p = 2,000 \text{kg/m}^3$
$\rho = 1.3 \text{kg/m}^3$
$\mu_g = 1.5 \times 10^{-5}$ kg/m·sec

$$= \frac{(20 \times 10^{-6})^2 \times (2,000 - 1.3) \times 9.8}{18 \times 1.5 \times 10^{-5}} \times 1 = 2.9 \times 10^{-2} \text{m/sec}$$

(2) 항력(F_d)(유효숫자 3자리)

$$F_d(N) = \frac{3\pi\mu_g d_p V_s}{C_f}$$

$$= \frac{3 \times 3.14 \times (1.5 \times 10^{-5}) \times (20 \times 10^{-6}) \times (2.9 \times 10^{-2})}{1}$$

$$= 8.19 \times 10^{-11} N(kg \cdot m/sec^2)$$

SECTION 31 입경과 입경분포

1. 기학학적(물리적) 입경

(1) 개요

현미경(광학, 전자, 주사전자현미경 등)을 사용하여 입자 직경을 직접 측정하며 광학직경(Optical Diameter)이라고도 한다. 측정위치에 따라 그 투영면적이 상이하기 때문에 정확한 산출에 어려움이 있다.

(2) 종류

① 마틴직경(Martin Diameter)

먼지의 면적을 2등분하는 선의 길이, 즉 입자의 2차원 투영상을 구하여 그 투영면적을 2등분한 선분 중 어떤 기준선과 평행인 것의 길이를 의미하며, 최단거리로 측정되므로 과소평가할 수 있는 단점이 있다.

② 페렛직경(Feret Diameter) 출제율 30%

먼지의 한쪽 끝 가장자리와 다른 쪽 가장자리 사이의 거리이며, 최장거리로 측정되므로 과대평가할 수 있는 단점이 있다.

③ 등면적직경(Projected Area Diameter)

먼지의 면적과 동일한 면적을 가진 원의 직경으로, 가장 정확한 직경이며 측정은 현미경 접안경에 Porton Reticle을 삽입하여 측정한다.

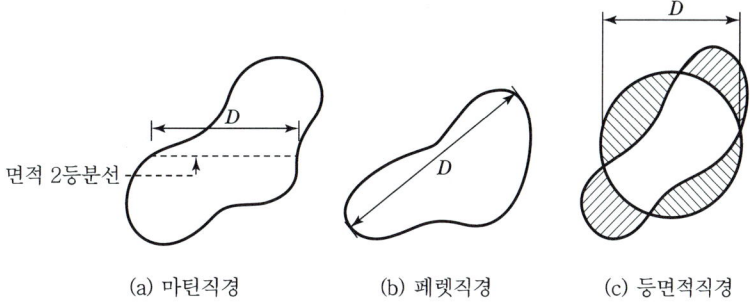

(a) 마틴직경　　　(b) 페렛직경　　　(c) 등면적직경

| 물리적 직경 |

2. 운동 특성적 입경

(1) Stokes 직경 _{출제율 70%}

① 입자 형태가 구형이 아니더라도 동일한 침강속도 및 밀도를 갖는 구형입자의 직경을 Stokes 직경이라 하며, 스토크스 직경의 단점은 입경의 크기가 입자의 밀도에 따라 달라지므로 계산 시 입자 밀도도 고려해야 한다는 것이다.

② Stokes Diameter(d_s)

$$d_s = \left[\frac{18\,\mu_g V_s}{(\rho_p - \rho_g)g}\right]^{\frac{1}{2}} \quad \text{일반적으로 } \rho_p \gg \rho_g \text{이므로}$$

$$d_s = \left[\frac{18\,\mu_g V_s}{\rho_p g}\right]^{\frac{1}{2}}$$

(2) 공기역학적 직경(Aerodynamic Diameter) _{출제율 70%}

① 입자 형태가 구형이 아니더라도 동일한 침강속도 및 단위밀도($1g/cm^3$)를 갖는 구형입자의 직경을 공기역학적 직경이라 하며, 실제 대기오염 분야에서는 일반적으로 공기역학적 직경을 사용하여 입자의 크기를 나타낸다.

② Aerodynamic Diameter(d_a)

$$d_a = \left[\frac{18\,\mu_g V_s}{(\rho_p - \rho_g)g}\right]^{\frac{1}{2}} \quad \text{일반적으로 } \rho_p \gg \rho_g \text{이므로}$$

$$d_a = \left[\frac{18\,\mu_g V_s}{\rho_p g}\right]^{\frac{1}{2}}$$

(3) Stokes 직경과 공기역학적 직경의 관계 출제율 60%

$$d_a = d_p(\rho_p/\chi)^{\frac{1}{2}} = d_s(\rho_p)^{\frac{1}{2}}$$

여기서, χ : 역학적 형상계수(무차원)

학습 Point
1. 물리적 직경의 종류 3가지 및 내용 숙지
2. 스토크스 직경 및 공기역학적 직경의 정의 및 관계 숙지

기출 필수문제 출제율 20% 이상

01 입자 직경이 3μm이고 구형밀도가 3g/cm³인 경우 공기역학적 직경(μm)으로 환산하시오.

풀이
$$d_a = d_s(\rho_p)^{\frac{1}{2}} = 3\mu\text{m} \times \sqrt{3} = 5.2\mu\text{m}$$

SECTION 32 입경분포의 해석

1. 산술평균(M)

모든 수치를 합하고 총 개수로 나눈, 즉 모든 입자의 입경을 합하여 총 입자의 개수로 나눈 값이다.

$$M = \frac{X_1 + \cdots\cdots + X_i}{N} = \frac{\sum_{i=1}^{n} X_i}{N}$$

2. 표준편차(SD)

표준편차는 관측값의 산포도(Dispersion), 즉 평균 가까이에 분포하고 있는지의 여부를 측정하는 데 많이 쓰인다.

$$SD = \sqrt{\frac{\sum_{i=1}^{N}(X_i - M)^2}{N-1}}$$

여기서, X_i : 측정치, M : 산술평균, N : 측정치의 수

3. 기하평균(GM)

대수정규분포로 하기 위하여 모든 자료를 대수로 변환하여 평균 후 평균한 값을 역대수로 취한 값을 의미한다. 입경을 표시하는 x축에 log(대수)를 취하여 분포를 나타내면 대수정규분포가 되며 누적분포에서는 50%에 해당하는 값이다.

$$\log(GM) = \frac{\log X_1 + \cdots\cdots + \log X_n}{N}$$

4. 기하표준편차(GSD)

대수변환된 변화량의 표준편차 수치를 다시 역대수화한 수치값을 의미한다.

(1) 계산식

$$\log(GSD) = \left[\frac{(\log X_1 - \log GM)^2 + \cdots\cdots + (\log X_n - \log GM)^2}{N-1}\right]^{0.5}$$

(2) 그래프상 GSD(대수확률 분포도)

$$GSD = \frac{84.1\%\text{에 해당하는 입경}}{50\%\text{인 먼지 입경}} = \frac{50\%\text{에 해당하는 입경}}{15.9\%\text{에 해당하는 입경}}$$

5. 로진-레뮬러 분포(Rosin-Rammler 분포) 출제율 60%

실제의 입경분포는 불규칙적인 분포를 보여 이 불규칙적인 분포를 해석하기 위하여 로진-레뮬러 분포를 이용하며, 누적확률 그래프상에서 입경이 큰 입자에서부터 작은 입자로 누적하여 분포확률을 나타낸다. 즉, 먼지입도의 분포(누적분포)를 나타내는 식이 로진-레뮬러 분포식이다.

$$R(\%) = 100\exp(-\beta d_p{}^n)$$

여기서, R : 체상누적분포(입경 d_p보다 큰 입자비율 : %)

β : 입경계수(β가 커지면 임의의 누적분포를 갖는 입경 d_p는 작아져서 미세한 분진이 많다는 것을 의미)

n : 입경지수(입경분포 범위를 의미하며 n이 클수록 입경분포 폭은 좁아짐)

d_p : 입경

학습 Point

로진-레뮬러 계산식 숙지

기출 필수문제 출제율 50% 이상

01 어떤 먼지의 입경 $30\mu m$ 이하가 전체의 몇 %를 차지하는지 그 비율(%)을 구하시오. (단, Rosin-Rammler 분포식을 이용, $\beta=0.063$, $n=1$)

풀이

$30\mu m$ 이상 차지하는 분포를 구하여 계산함

$R(\%) = 100\exp(-\beta d_p{}^n) = 100 \times \exp(-0.063 \times 30^1) = 15.107\%$

$30\mu m$ 이하 차지하는 분포 $= 100 - 15.107 = 84.89\%$

기출 필수문제 출제율 50% 이상

02 50% 누적확률에 대응하는 중위경이 $30\mu m$일 경우 $10\mu m$ 이상 입자가 차지하는 비율(%)을 구하시오. (단, Rosin-Rammler 분포식을 이용, 입경지수 1)

풀이

Rosin-Rammler 분포식(R)

$R(\%) = 100\exp(-\beta d_p{}^n)$

$50\% = 100 \times \exp[-\beta \times (30\mu m)^1]$

$\beta = \dfrac{\ln 0.5}{-(30\mu m)^1} = 0.0231$

$R(\%) = 100 \times \exp[-0.0231 \times (10\mu m)^1] = 79.37\%$

기출 필수문제 출제율 30% 이상

03 입경이 x인 지수 n값이 1인 Rosin-Rammler 분포를 갖는 입자가 있다. 이 입자의 중위직경(R : 50%)이 $50\mu m$일 경우 $25\mu m$ 이상의 체거름상 분진농도(%)를 구하시오.

> **풀이**
> $R(\%) = 100\exp(-\beta x^n)$
> $50\% = 100 \times \exp(-\beta \times 50^1)$
> $-\beta \times 50 = \ln(0.5)$
> $\beta = 0.0138$
> $R(\%) = 100 \times \exp(-0.0138 \times 25^1) = 70.82\%$

기출 필수문제 출제율 40% 이상

04 A작업장에서 배출하는 먼지의 입경을 Rosin-Rammler 분포로 표시하면 50% 누적확률에 대응하는 입경이 $35\mu m$가 된다. 이때 $15\mu m$ 이하의 입자가 차지하는 분율(%)는?(단, 입경지수 1)

> **풀이**
> $R(\%) = 100\exp(-\beta d_p^{\,n})$
> $50\% = 100 \times \exp(-\beta \times 35^1)$
> $-\beta \times 35 = \ln(1-0.5)$
> $\beta = 0.0198$
> $R(\%) = 100 \times \exp(-0.0198 \times 15^1) = 74.30\%$
> $15\mu m$ 이하의 입자가 차지하는 분포 $= 100 - 74.30 = 25.7\%$

기출 필수문제 출제율 40% 이상

05 A지점의 미세먼지 측정농도가 다음과 같을 때 산술평균 및 기하학적 평균을 구하고 PM-10의 연간 환경기준과 비교하시오.

측정결과($\mu g/m^3$) : 46, 53, 48, 62, 57

> **풀이**
> 1) 산술평균(M)
> $$M = \frac{46+53+48+62+57}{5} = 53.2 \mu g/m^3$$

2) 기하학적 평균(GM)

$$\log GM = \frac{\log 46 + \log 53 + \log 48 + \log 62 + \log 57}{5} = 1.723$$

$$GM = 10^{1.723} = 52.84 \mu g/m^3$$

3) 평가

PM-10의 환경기준은 연간 평균치로 $50 \mu g/m^3$ 이하이므로 산술평균 및 기하학적 평균 모두 환경기준을 초과함

6. 입경 측정방법

(1) 직접측정방법 출제율 50%

① 표준체 측정법

체(Sieve)를 이용하여 약 $40 \mu m$ 이상의 입경을 측정범위로 하며, 직접측정방법으로 중량분포로 나타낸다.

② 현미경 측정법

광학현미경, 전자현미경 등을 이용하여 약 $0.001 \sim 100 \mu m$ 범위의 입경을 측정범위로 하며, 개수분포로 나타낸다.

(2) 간접측정방법 출제율 60%

① 관성충돌법(Cascade Impactor)

입자가 관성력에 의해 시료채취표면에 충돌하는 원리로 $1 \sim 50 \mu m$ 범위의 입경을 측정범위로 하며, 크기 및 단계별로 중량분포로 나타낸다.

② 광산란법

입자에 빛을 쏘이면 반사하여 발광하게 되는데 이 반사광을 측정하여 입자의 개수·입자 반경을 측정하며 $0.2 \sim 100 \mu m$ 범위의 입경을 측정범위로 하며, 중량분포(중량)로 나타낸다.

③ 중력침강법

입자의 침강속도를 측정하여 간접적으로 측정하는 방법으로 $1 \sim 100 \mu m$ 범위의 입경을 측정범위로 한다.

④ 액상침강법

입자가 액체 중에서 침강하는 시간을 측정하여 입경과 분포상태를 알아보는 측정방법이다.

직접측정방법 및 간접측정방법의 종류 및 내용 숙지

SECTION 33 입자의 물리적 특성

1. 밀도

입자 자체의 밀도이며 진밀도를 의미한다. 또한 진밀도가 작을수록 침강속도는 느리다.

$$\text{입자밀도}(\rho_p : \text{kg/m}^3) = \frac{\text{입자질량}(\text{kg})}{\text{입자부피}(\text{m}^3)}$$

2. 겉보기 밀도(Bulk Density)

입자의 모양 및 공극 정도에 따라 달라지는 밀도를 의미한다.

$$\text{입자 겉보기 밀도}(\rho_b : \text{kg/m}^3) = \frac{\text{입자질량}(\text{kg})}{\text{겉보기 부피}(V_b, \text{m}^3)}$$

$$\text{겉보기 체적}(V_b) = \text{입자 자체의 부피}(V) + \text{입자 내부 공극부분 부피}$$

$$\text{공극률}(\varepsilon : \%) = \frac{\text{공극부분의 부피}}{\text{입자 전체의 부피}} = \left(1 - \frac{V}{V_b}\right) \times 100$$

$$\text{밀도} = \text{겉보기 밀도}(1 - \text{공극률})$$

> **Reference** 밀도의 상태보정
>
> $t\,(\text{℃})$, $P\,(\text{mmHg})$의 상태에서 보정
>
> $$\text{밀도}(\text{kg/m}^3) = (\text{표준상태 가스밀도}) \times \left(\frac{273}{273+t}\right) \times \left(\frac{P}{760}\right)$$

3. 비중

$$\text{입자의 겉보기 비중}(S_b) = \text{진비중}(S_p) \times [1 - \text{공극률}(\varepsilon)]$$

4. 비표면적

① 비표면적(S_v)은 입자의 단위체적당 표면적으로 계산되며 입경이 작을수록 표면에 존재하는 원자와 내부에 존재하는 원자비가 크게 되어 비표면적은 커지고 비표면적이 커지면 부착성(응집성, 흡착성)도 증가한다.
② 입자의 비표면적이 크면 원심력 집진장치의 경우 입자가 장치의 벽면에 부착하여 장치벽면을 폐색시키고, 전기집진장치에서는 주로 먼지가 집진극에 퇴적되어 역전리 현상이 초래된다.

5. 수분의 결합력과 표면장력관계

$$F = \frac{\pi d_p T}{1 + \tan(\theta/2)}$$

여기서, F : 결합력(N)
d_p : 입자직경(μm)
T : 표면장력(dyne/cm)
θ : 결합각

기출 필수문제 출제율 40% 이상

01 입자의 입경이 10μm인 구형입자의 밀도가 1,500kg/m³이라면 이 입자의 단위질량당 비표면적(m²/kg)을 구하시오.

풀이

$$\text{비표면적} = \frac{6}{d_p} = \frac{6}{(10\mu m \times 10^{-6} m/\mu m) \times (1,500 kg/m^3)} = 400 m^2/kg$$

기출 필수문제 출제율 40% 이상

02 입자의 비표면적이 5,000m²/kg, 구형입자의 밀도가 1.5g/cm³이다. 동일 조건에서 입자직경이 두 배로 증가하면 이 입자의 비표면적(m²/kg)은 어떻게 되는지 구하시오.

풀이

비표면적 $= \dfrac{6}{d_p \cdot \rho_p}$

$5{,}000\text{m}^2/\text{kg} = \dfrac{6}{d_p \times 1{,}500\text{kg/m}^3}$

$d_p = 8 \times 10^{-7}\text{m}$

비표면적 $= \dfrac{6}{8 \times 10^{-7} \times 2 \times 1{,}500} = 2{,}500\text{m}^2/\text{kg}$

기출 필수문제 출제율 40% 이상

03 입자직경이 50μm인 표면에 수분이 존재할 경우 입자 간에 표면장력 T(dyne/cm)가 작용될 때 그 결합력(N)을 구하시오. (단, $F = \pi d_p T$, 표면장력 72.8dyne/cm)

풀이

결합력(F)

$F(\text{N}) = \pi d_p T$

$= 3.14 \times 50\mu\text{m} \times 72.8\text{dyne/cm}$

[dyne : 질량이 1g인 자유로운 물체에 1cm/sec²의 가속도를 주는 힘으로 0.00001N과 같다.
즉, $1\text{N} = 10^5 \text{dyne}$]

$= 3.14 \times 50\mu\text{m} \times \dfrac{\text{cm}}{10^4 \mu\text{m}} \times \dfrac{72.8\text{dyne} \times 0.00001\text{N}/1\text{dyne}}{\text{cm}}$

$= 0.0000114\text{N}(1.14 \times 10^{-5}\text{N})$

> 기출 필수문제 출제율 30% 이상

04 입자의 직경이 $50\mu m$인 구형입자의 표면에 수분이 존재하고 구형입자 간에 부착한 액의 표면장력 $72.8 dyne/cm$가 작용할 때 결합력(N)을 구하시오. (단, θ는 45°이고, 유효숫자 3개까지 나타내시오.)

풀이

결합력(F)

$$F(N) = \frac{\pi d_p T}{1 + \tan\left(\frac{\theta}{2}\right)}$$

$$= \frac{3.14 \times 50 \times 72.8}{1 + \tan\left(\frac{45°}{2}\right)} = 8,081.95 dyne \times 0.00001 N/dyne = 0.081 N$$

SECTION 34 집진원리

1. 효율별 구분

(1) 저효율집진장치(전처리장치 : 1차 처리장치)

전처리장치는 1차적으로 조대입자를 선별 제거하여 후처리장치에 가해지는 입자부하를 낮추기 위하여 설치되며 또한 배출가스가 고온일 경우 냉각(Conditioning)시키는 목적도 있다.
① 중력집진장치
② 관성력집진장치
③ 원심력집진장치(후처리장치 단독으로 이용되는 경우도 있음)

(2) 고효율집진장치(후처리장치 : 2차 처리장치)

① 세정집진장치　　② 여과집진장치　　③ 전기집진장치

2. 집진장치 선정 시 고려사항

① 입자의 함진농도, 입자크기, 입경분포
② 배출가스양, 요구집진효율, 점착성(응집 및 부착)
③ 전기저항(대전성)

④ 배출가스온도, 폭발 및 가연성 여부
⑤ 입자 밀도, 비중, 비표면적
⑥ 총압력손실, 제거분진의 처분
⑦ 투자비와 운영관리비

3. 집진효율(η)

$$\eta = \left(\frac{S_c}{S_i}\right) \times 100 = \left(\frac{S_i - S_o}{S_i}\right) \times 100 = \left(1 - \frac{S_o}{S_i}\right) \times 100$$

여기서, η : 집진효율(%)
S_i : 집진장치에 유입된 분진량(kg/sec, g/hr)
S_c : 집진장치에 집진된 분진량(kg/sec, g/hr)
S_o : 집진장치 출구 분진량(kg/sec, g/hr)

(1) 입구와 출구의 배출가스양이 같은 경우($Q_i = Q_o$)의 집진효율

$$\eta(\%) = \left(\frac{C_i - C_o}{C_i}\right) \times 100 = \left(1 - \frac{C_o}{C_i}\right) \times 100$$

(2) 입구와 출구의 배출가스양이 다른 경우($Q_i \neq Q_o$)의 집진효율

$$\eta(\%) = \left(\frac{Q_i C_i - Q_o C_o}{Q_o C_i}\right) \times 100 = \left(1 - \frac{Q_o C_o}{Q_i C_i}\right) \times 100$$

여기서, Q_i : 집진장치 입구에서의 배출가스양(m^3/sec, m^3/hr)
Q_o : 집진장치 출구에서의 배출가스양(m^3/sec, m^3/hr)
C_i : 집진장치 입구에서의 분진농도(kg/m^3, g/m^3)
C_o : 집진장치 출구에서의 분진농도(kg/m^3, g/m^3)

4. 통과율(P)

$$P(\%) = \frac{S_o}{S_i} \times 100 = 100 - \eta\,(\%)$$

집진 성능 파악 시 집진율이 높은 경우 통과율을 적용하면 쉽다.

5. 부분집진효율(η_f)

함진가스에 함유된 입자 중 어느 특정 입경이나 입경범위의 입자를 대상으로 한 집진효율을 의미하며 집진장치의 집진성능 해석 시 필요하다.

$$\eta_f(\%) = \left(1 - \frac{C_o f_o}{C_i f_i}\right) \times 100$$

여기서, f_i, f_o : 특정 입경범위의 입자가 전입자에 대한 입·출구 중량비, 즉 집진장치 입·출구에서 전입자에 대한 특정 입경범위를 갖는 입자의 분포율을 의미한다.

6. 입경별 부분집진율에 대한 총집진율(η_t) 출제율 20%

$$\eta_t(\%) = \frac{(f_1 \eta_{f_1}) + (f_2 \eta_{f_2}) + \cdots\cdots + (f_n \eta_{f_n})}{f_1 + f_2 + \cdots\cdots + f_n} \times 100$$

여기서, $f_1, \cdots\cdots, f_n$: 입자질량분포(1의 값을 가짐)
$\eta_{f_1}, \cdots\cdots, \eta_{f_n}$: 부분집진효율

7. 집진장치 직렬연결 시 총집진율(η_T)

직렬방식이 병렬방식보다 더 많이 사용되며, 병렬방식은 처리가스양이 많은 경우 사용된다.

$$\begin{aligned}\eta_T(\%) &= 1 - [(1-\eta_1)(1-\eta_2)] \times 100 \\ &= (1-P_t) \times 100 \\ &= [\eta_1 + \eta_2(1-\eta_1)] \times 100\end{aligned}$$

여기서, η_1 : 1차 집진장치 집진율(%)
η_2 : 2차 집진장치 집진율(%)
P_t : 2차 집진장치 출구에서의 통과율

(동일 집진효율 집진장치 직렬 시 총집진율)

$$\eta_t = 1 - (1-\eta_c)^n$$

여기서, η_c : 단위집진효율(%)
n : 집진장치 개수

필수 예상문제

01 배출가스양이 3,600m³/hr이고, 가스온도 150℃, 압력 500mmHg, 함진농도 10g/m³인 배출가스를 처리하는 집진장치에서 출구의 함진농도를 0.5g/Sm³로 하기 위하여 필요한 집진율은 약 몇 %인가?

> **풀이**
>
> $$\eta(\%) = \left(1 - \frac{C_o}{C_i}\right) \times 100$$
>
> $$C_i = 10\text{g/m}^3 \times \frac{273+150}{273} \times \frac{760}{500} = 23.55\text{g/Sm}^3$$
>
> $$C_o = 0.5\text{g/Sm}^3$$
>
> $$= \left(1 - \frac{0.5}{23.55}\right) \times 100 = 97.88\%$$

기출 필수문제 출제율 60% 이상

02 A집진장치의 입구 및 출구에서 함진가스 중 먼지의 농도가 각각 15.8g/Sm³, 0.032g/Sm³이었다. 또 입구와 출구에서 측정한 먼지시료 중 입경이 0~5μm인 입자의 중량분율이 전 먼지에 대해 각각 0.1과 0.6이라 할 때, 0~5μm 입경을 가진 입자의 부분집진율은 몇 %인가?

> **풀이**
>
> $$\eta_f(\%) = \left(1 - \frac{C_o f_o}{C_i f_i}\right) \times 100 = \left(1 - \frac{0.032 \times 0.6}{15.8 \times 0.1}\right) \times 100 = 98.78\%$$

기출 필수문제 출제율 30% 이상

03 먼지농도 40g/Sm³의 함진가스를 정상운전조건에서 95%로 처리하는 사이클론이 있다. 이때 처리가스의 10%에 해당하는 외부공기가 유입될 때 먼지통과율이 외부 공기 유입이 없는 정상운전 시의 2배에 달한다고 한다면, 출구가스 중의 먼지농도 (g/Sm³)는?

> **풀이**
>
> $$P = \frac{C_o \times Q_o}{C_i \times Q_i} \times 100 \qquad 10\% = \frac{C_o \times 1.1}{40 \times 1.0} \times 100$$
>
> $C_o(\text{출구농도}) = 3.64\text{g/m}^3$

기출 필수문제 출제율 30% 이상

04 사이클론 집진장치에서 외기의 유입이 없을 경우 집진율이 78%이다. 외부로부터 외기가 10% 유입될 경우 집진율(%)은?(단, 분진통과율은 외기 유입이 없는 경우에 2.5배가 된다.)

> **풀이**
> 외기 유입이 없는 경우의 통과율=100−78=22%
> 외기 유입이 있는 경우의 통과율=22×2.5=55%
> $\eta = 100 - P = 100 - 55 = 45\%$

기출 필수문제 출제율 30% 이상

05 Cyclone 원추하부 Dust Box 부분에서 처리가스양의 15%에 상당하는 외부공기가 유입될 때의 집진효율은 80%이다. 이때 통과율은 공기가 유입되지 않을 때의 3배라고 한다면 공기가 유입되지 않을 경우의 집진효율(%)을 구하시오.

> **풀이**
> 공기가 유입되지 않을 경우 집진효율(%)
> =100−정상시 통과효율
> 　정상시 통과효율=비정상 통과효율×$\frac{1}{3}$
> 　비정상 통과효율=100−80=20%=20×$\frac{1}{3}$=6.67%
> =100−6.67=93.33%

기출 필수문제 출제율 50% 이상

06 A먼지 배출공장에 집진율 60%인 사이클론과 집진율 98%인 전기집진장치를 직렬로 연결하여 설치하였다. 이때 총 집진효율은?

> **풀이**
> $\eta_T = \eta_1 + \eta_2(1-\eta_1) = 0.6 + [0.98 \times (1-0.6)] = 0.992 \times 100 = 99.2\%$

기출 필수문제 출제율 50% 이상

07 총 집진효율 90%를 요구하는 A공장에서 50% 효율을 가진 1차 집진장치를 이미 설치하였다. 이때 2차 집진장치는 몇 % 효율을 가진 것이어야 하는가?(단, 장치 연결은 직렬 조합임)

> **풀이**
> $\eta_T = \eta_1 + \eta_2(1-\eta_1)$
> $0.9 = 0.5 + \eta_2(1-0.5)$
> $\eta_2(\%) = 0.8 \times 100 = 80\%$

기출 필수문제 출제율 50% 이상

08 2대의 집진장치를 직렬로 연결했을 때 2차 집진장치의 집진효율은 96.0%이고, 총 집진효율은 99.0%이었다면, 1차 집진장치의 집진효율(%)은?

> **풀이**
> $\eta_T = \eta_1 + \eta_2(1-\eta_1)$
> $0.99 = \eta_1 + [0.96 \times (1-\eta_1)]$
> $\eta_1 = 0.75 \times 100 = 75\%$

필수 예상문제

09 두 종류의 집진장치를 직렬로 연결하였다. 1차 집진장치의 입구먼지농도는 13g/m³, 2차 집진장치의 출구먼지농도는 0.4g/m³이다. 2차 집진장치의 처리효율을 90%라 할 때, 1차 집진장치의 집진효율(%)은?(단, 기타 조건은 같다.)

> **풀이**
> 총 집진효율$(\eta_T) = \left(1 - \dfrac{C_o}{C_i}\right) \times 100 = \left(1 - \dfrac{0.4}{13}\right) \times 100 = 96.92\%$
> $\eta_T = \eta_1 + \eta_2(1-\eta_1)$
> $0.9692 = \eta_1 + [0.9 \times (1-\eta_1)]$
> $\eta_1 = 0.692 \times 100 = 69.2\%$

기출 필수문제 출제율 60% 이상

10 배출가스 중 먼지농도가 1,500mg/Sm³인 먼지를 처리하고자 제진효율이 50%인 중력집진장치, 75%인 원심력집진장치, 80%인 세정집진장치를 직렬로 연결하여 사용해 왔다. 여기에 효율이 80%인 여과집진장치를 하나 더 직렬로 연결할 때, 전체 집진효율(%)과 이때 출구의 먼지농도(mg/Sm³)는 각각 얼마인가?

풀이

전체 집진효율(η_T)
$\eta_T(\%) = 1 - [(1-\eta_1)(1-\eta_2)(1-\eta_3)(1-\eta_4)]$
$\quad\quad = 1 - [(1-0.5)(1-0.75)(1-0.8)(1-0.8)] = 0.995 \times 100 = 99.5\%$
$P = (1-\eta_T) \times 100 = (1-0.995) \times 100 = 0.5\%$
$P(\%) = \dfrac{S_o}{S_i} \times 100$
$0.5\% = \dfrac{S_o}{1,500\text{mg/Sm}^3} \times 100$
S_o(출구먼지 농도) $= 7.5\text{mg/Sm}^3$

기출 필수문제 출제율 50% 이상

11 3개의 집진장치를 직렬로 조합하여 집진한 결과 총집진율이 99%이었다. 1차 및 2차 집진장치의 집진율이 각각 70%, 80%라 하면 3차 집진장치의 집진율(%)은 약 얼마인가?

풀이

1차, 2차 총효율 계산 후 3차 집진장치의 집진효율을 구함
$\eta_T = \eta_1 + \eta_2(1-\eta_1) = 0.7 + 0.8(1-0.7) = 0.94$
$0.99 = 0.94 + \eta_2(1-0.94)$
$\eta_2(\%) = 0.833 \times 100 = 83.33\%$

기출 필수문제 출제율 50% 이상

12 A공장에서 배출되는 분진을 사이클론과 전기집진장치를 직렬로 연결하여 제거하고자 한다. 사이클론에서의 유입농도 80g/m³, 유량 30,000m³/hr이고 전기집진장치에서의 유입농도 15g/m³, 유량 36,000m³/hr, 최종출구 농도 1.0g/m³, 유량 36,000m³/hr일 때, 이 집진장치의 총 효율은 몇 %인가?

풀이

총집진율(η_T) = $\eta_1 + \eta_2(1-\eta_1)$

Cyclone 집진율(η_1) = $\left(1-\dfrac{C_o Q_o}{C_i Q_i}\right) = \left(1-\dfrac{15\times 36{,}000}{80\times 30{,}000}\right)$

$= 0.775$

전기집진장치 집진율(η_2) = $\left(1-\dfrac{C_o Q_o}{C_i Q_i}\right)$

$= \left(1-\dfrac{1\times 36{,}000}{15\times 36{,}000}\right) = 0.9333$

$= 0.775 + [0.9333(1-0.775)] = 0.9850 \times 100 = 98.50\%$

기출 필수문제 출제율 60% 이상

13 Cl_2 농도가 200ppm인 배출가스를 처리하여 5mg/m³로 배출할 경우 Cl_2의 제거효율(%)은?(단, 온도는 표준상태)

풀이

$\eta = \left(1-\dfrac{C_o}{C_i}\right)\times 100$

$C_i = 200\text{ppm} = 200\text{mL/m}^3$

$C_o = 5\text{mg/m}^3 \times \dfrac{\text{부피}}{\text{분자량}} = 5\text{mg/m}^3 \times \dfrac{22.4\text{mL}}{71\text{mg}} = 1.577\text{mL/m}^3$

$= \left(1-\dfrac{1.577}{200}\right)\times 100 = 99.21\%$

기출 필수문제 출제율 60% 이상

14 어떤 집진장치의 입·출구 농도가 각각 100ppm, 5mg/m³일 때 이 집진장치의 효율(%)은?(단, 오염물질 NO_2, 표준상태)

풀이

$\eta(\%) = \left(1-\dfrac{C_o}{C_i}\right)\times 100$

$C_o = 5\text{mg/m}^3 \times \dfrac{22.4}{46} = 2.43\text{ppm}$

$= \left(1-\dfrac{2.43}{100}\right)\times 100 = 97.57\%$

기출 필수문제 출제율 40% 이상

15 HCl 350ppm이 굴뚝에서 배출되고 있다. 이를 배출허용기준 50mg/m³으로 하려면 HCl의 농도를 현재값의 몇 % 이하로 배출하여야 하는가?(단, 표준상태)

풀이

$$\eta = \left(1 - \frac{C_o}{C_i}\right) \times 100$$

$C_i = 350\text{ppm} = 350\text{mL/m}^3$

$C_o = 50\text{ mg/m}^3 \times \dfrac{22.4\text{ mL}}{36.5\text{ mg}} = 30.68\text{mL/m}^3$

$= \left(1 - \dfrac{30.68}{350}\right) \times 100 = 91.23\%$

현재값의 8.77%(=100−91.23) 이하로 배출하여야 한다.

기출 필수문제 출제율 30% 이상

16 집진장치에서 포집하고자 하는 먼지의 입경범위에 따른 질량분포와 집진장치에서의 각 입경범위에 따른 집진율은 다음 표와 같다. 이 장치에서의 총 집진효율(%)을 구하시오.

입경분포(μm)	0~5	5~10	10~15	15~20
먼지질량분포(%)	10	30	40	20
부분집진율(%)	93	95	97	99

풀이

총 집진효율(η_T)

$\eta_T = f_1\eta_1 + \cdots + f_n\eta_n$

$= (0.1 \times 0.93) + (0.3 \times 0.95) + (0.4 \times 0.97) + (0.2 \times 0.99)$

$= 0.964 \times 100 = 96.4\%$

필수 예상문제

17 먼지농도가 50g/Sm³인 배기가스를 1차 원심력식 집진장치, 2차 여과집진장치로 직렬연결하였다. 부분집진효율이 다음 표와 같을 때 여과집진장치의 출구 먼지농도(g/Sm³)를 구하시오.

입경범위(μm)	0~5	5~10	10~20	20~40	40~60	60~100
원심력집진장치 입구먼지입경분포(%)	8	20	20	30	20	2
원심력집진장치의 부분집진효율(%)	0	1	10	55	88	93
여과집진장치의 부분집진효율(%)	80	85	88	92	93	95

풀이

원심력집진장치의 집진효율(η_1) = $(0 \times 0.08) + (1 \times 0.2) + (10 \times 0.2) + (55 \times 0.3)$
$+ (88 \times 0.2) + (93 \times 0.02)$
$= 38.16\%$

여과집진장치 집진효율(η_2) = $(80 \times 0.08) + (85 \times 0.2) + (88 \times 0.2) + (92 \times 0.3)$
$+ (93 \times 0.2) + (95 \times 0.02)$
$= 89.1\%$

총 집진효율(η_T) = $1 - (1-\eta_1)(1-\eta_2)$
$= 1 - [(1-0.3816)(1-0.891)] = 0.9326 \times 100 = 93.26\%$

출구 먼지농도(g/Sm³)

$\eta_T = 1 - \dfrac{C_o}{C_i}$

C_o(출구 먼지농도) = $(1-\eta_T)C_i = (1-0.9326) \times 50\text{g/Sm}^3 = 3.37\text{g/Sm}^3$

기출 필수문제 출제율 70% 이상

18 유입공기 중 염소가스의 농도가 50,000ppm이고, 흡수탑의 염소가스 제거효율은 80%이다. 이 흡수탑 4개를 직렬로 연결 시 유출공기 중 염소가스의 농도(ppm)는?

풀이

총제거효율(η_T)

$n_T = 1 - (1-\eta_c)^n = 1 - (1-0.8)^4 = 0.9984$

유출농도(ppm) = $50,000 \times (1-0.9984) = 80\text{ppm}$

필수 예상문제 출제율 50% 이상

19 4개의 집진시설이 직렬로 연결되었을 경우 총 집진효율(%)을 구하시오.

- 1차 집진시설 집진효율 : 40%
- 2차 집진시설 집진효율 : 60%
- 3차 집진시설 집진효율 : 80%
- 4차 집진시설 집진효율 : 95%

> **[풀이]**
>
> 총 집진효율(η_T)
>
> $\eta_T = 1-[(1-\eta_1)\times(1-\eta_2)\times(1-\eta_3)\times(1-\eta_4)]$
>
> $\quad = 1-[(1-0.4)\times(1-0.6)\times(1-0.8)\times(1-0.95)]$
>
> $\quad = 0.9976 \times 100 = 99.76\%$

기출 | 필수문제 출제율 20% 이상

20 여과집진장치(집진효율 95%), 전기집진장치(집진효율 99%)를 병렬로 연결하였다. 각 입구농도가 5g/m³일 경우 출구의 총 유출량(g/hr)을 구하시오.(단, 여과집진장치 유입유량 10,000m³/hr, 전기집진장치 유입유량 20,000m³/hr)

> **[풀이]**
>
> 출구 총 유출량(g/hr)
> = 여과집진장치 유출량 + 전기집진장치 유출량
> 여과집진장치 유출량 = 5g/m³ × 10,000m³/hr × (1-0.95) = 2,500g/hr
> 전기집진장치 유출량 = 5g/m³ × 20,000m³/hr × (1-0.99) = 1,000g/hr
> = 2,500 + 1,000 = 3,500g/hr

기출 | 필수문제 출제율 40% 이상

21 집진장치 2개를 직렬로 연결 시 다음 조건에서 2차 집진장치의 집진효율과 총 포집된 먼지량(g/m³)을 구하시오.

- 1차 집진장치 효율 : 60%
- 1차 집진장치 입구 먼지농도 : 15g/m³
- 최종 배출 먼지농도 : 0.3g/m³

> **[풀이]**
>
> 1) 2차 집진장치 집진효율(η_2)
>
> $\eta_T = 1-(1-\eta_1)(1-\eta_2)$
>
> $\eta_T = \left(1-\dfrac{출구농도}{입구농도}\right)\times 100 = \left(1-\dfrac{0.3}{15}\right)\times 100 = 98\%$
>
> $0.98 = [(1-(1-0.6)(1-\eta_2)]$
>
> $0.4(1-\eta_2) = 1-0.98$
>
> $\eta_2 = 0.95 \times 100 = 95\%$
>
> 2) 총 포집먼지량(g/m³) = 입구 먼지농도 × 총 집진효율 = 15g/m³ × 0.98 = 14.7g/m³

SECTION 35 집진장치

1. 중력집진장치

(1) 원리

함진가스 중의 입자상 물질을 중력에 의한 자연침강(Stokes의 법칙)을 이용하는 방법으로 주로 입자의 크기가 50μm 이상인 입자상 물질을 처리하는 데 사용된다.

(2) 개요

① 취급입자 : 50~100μm 이상(조대입자)
② 기본유속 : 1~2m/sec
③ 압력손실 : 5~10(10~15)mmH$_2$O
④ 집진효율 : 40~60%

(3) 장점 출제율 60%

① 타 집진장치보다 구조가 간단하고 압력손실이 적다.
② 전처리 장치로 많이 이용된다.
③ 함진가스의 온도변화에 의한 영향을 거의 받지 않는다.
④ 설치비, 유지비가 낮고 유지관리가 용이하다.
⑤ 부하가 높고, 고온가스 처리가 용이하며 장치 운전 시 신뢰도가 높다.

(4) 단점 출제율 60%

① 집진효율이 낮고 미세입자 처리가 곤란하다.
② 먼지부하 및 유량 변동에 적응성이 낮아 민감하다.

(5) 종말침강속도(Stokes Law)

(Stokes Law 가정)
① 구형입자
② 층류 흐름영역
③ $10^{-4} < Re < 0.6$ (Re : 레이놀즈수)
④ 구는 일정한 속도로 운동

$$V_s = \frac{d_p^2(\rho_p - \rho)g}{18\mu_g}$$

여기서, V_s : 종말침강속도(m/sec)
d_p : 입자직경(m)
ρ_p : 입자밀도(kg/m³)
ρ : 가스(공기)밀도(kg/m³)
g : 중력가속도(9.8m/sec)
μ_g : 가스점도(점성계수 : kg/m · sec)

(6) 집진 가능 최소입경

Stokes 침강속도식을 이용

$$d_{p\min} = \left[\frac{18\mu_g V_s}{(\rho_p - \rho)g}\right]^{\frac{1}{2}}$$

여기서, $d_{p\min}$: 집진이 가능한 입자의 최소입경

$$d_{p100} = d_{p\min} \times \sqrt{2} = \left[\frac{36\mu_g V_s}{(\rho_p - \rho)g}\right]^{\frac{1}{2}}$$

여기서, d_{p100} : 100% 제거되는 입자의 최소직경
작을수록 집진성능이 우수함

(7) 집진효율(η)

① 층류

$$\eta = \frac{V_s}{V} \times \frac{L}{H} \times n = \frac{V_s LW}{VHW} \times n = \frac{LWV_s}{Q} \times n$$

$$= \frac{d_p^2(\rho_p - \rho)gL}{18\mu_g HV} \times n$$

$$d_p = \left[\frac{18\mu_g \cdot H \cdot V}{g \cdot L(\rho_p - \rho)}\right]^{\frac{1}{2}}$$

여기서, d_p : 100% 제거되는 입자의 최소직경
η : 집진효율
V_s : 종말침강속도(m/sec)
V : 수평이동속도(처리가스속도 : m/sec)
L : 침강실 수평길이(m)
H : 침강실 높이(m)
n : 침강실 단수

[배출가스양 Q가 주어졌을 경우]

$$\eta = \frac{W \cdot L}{Q} \times \frac{d_p^2(\rho_p - \rho)g}{18\mu_g}$$

$$d_p = \left[\frac{18\mu_g Q}{W \cdot L(\rho_p - \rho)g}\right]^{\frac{1}{2}}$$

② 난류

$$\eta = 1 - \exp\left(-\frac{LWV_s}{Q}\right)$$

[n개의 단으로 나누어져 있는 경우]

$$\eta = 1 - \exp\left(-\frac{nLWV_s}{Q}\right)$$

(8) 흐름판정

Re(레이놀즈수)를 구하여 판정한다.

① 층류 : $Re < 2,100$

② 난류 : $Re < 4,000$

③ 관계식

㉠ 유체가 원형 관으로 이동하는 경우

$$Re = \frac{\rho VD}{\mu_g}$$

ⓛ 유체가 장방형 관으로 이동하는 경우

$$Re = \frac{\rho}{\mu_g}\left(\frac{2Q}{nW+H}\right) = \frac{\rho}{\mu_g}\left[\frac{2Q}{W+(h+H_d)}\right] \times \frac{1}{n}$$

여기서, Q : 유입 배출가스양
H_d : 수평판 위의 분진입자 두께
h : 침강실 단 사이 거리
n : 침강실 단수

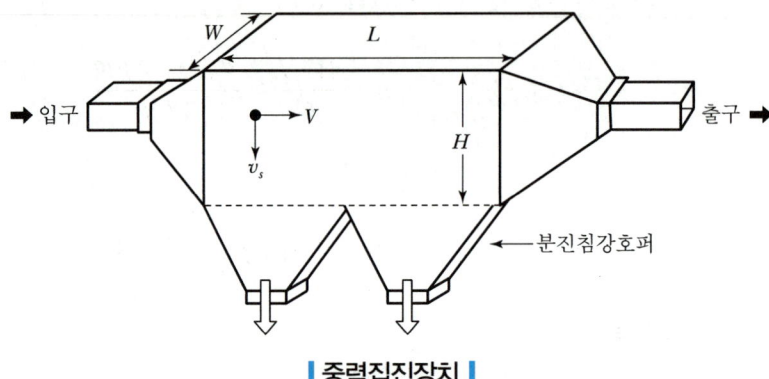

| 중력집진장치 |

중력집진장치 장단점 숙지

기출 필수문제 출제율 40% 이상

01 중력식 침강실의 제거효율이 85%, 배출가스 중 먼지농도가 155g/m³, 배출가스유량이 10m³/sec, 침전된 먼지의 밀도가 800kg/m³이고, 침전된 먼지의 부피가 0.55m³가 될 때 청소해야 한다. 먼지발생(kg/min) 및 청소하는 시간 간격(분)을 구하시오.

풀이

먼지발생(kg/min) = 10m³/sec × 155g/m³ × kg/1,000g × 60sec/min × 0.85
= 79.05kg/min

발생부피(m³/min) = $\frac{79.05\text{kg/min}}{800\text{kg/m}^3}$ = 0.0988m³/min

청소시간 간격(min) = $\frac{0.55\text{m}^3}{0.0988\text{m}^3/\text{min}}$ = 5.57min

필수 예상문제

02 상온에서 밀도가 1.5g/cm^3, 입경이 $30\mu\text{m}$인 입자상 물질의 종말침강속도(m/sec)는?(단, 공기의 점도 $1.7\times10^{-5}\text{kg/m}\cdot\text{sec}$, 공기의 밀도 1.3kg/m^3이다.)

풀이

Stokes Law에 의한 침강속도

$$V_s = \frac{d_p^2(\rho_p - \rho)g}{18\mu_g}$$

$$d_p = 30\mu\text{m} \times 10^{-6}\text{m}/\mu\text{m} = 30\times10^{-6}\text{m}$$

$$\rho_p = 1.5\text{g/cm}^3 \times \text{kg}/1{,}000\text{g} \times 10^6\text{cm}^3/\text{m}^3 = 1{,}500\text{kg/m}^3$$

$$= \frac{(30\mu\text{m}\times10^{-6}\text{m}/\mu\text{m})^2 \times (1{,}500-1.3)\text{kg/m}^3 \times 9.8\text{m/sec}^2}{18\times(1.7\times10^{-5})\text{kg/m}\cdot\text{sec}}$$

$$= 0.043\text{m/sec}$$

기출 필수문제 출제율 60% 이상

03 폭 5m, 높이 0.2m, 길이 10m, 침전실의 단수 2인 중력집진장치에서 처리가스를 $0.4\text{m}^3/\text{sec}$로 유입처리 시 입경 $10\mu\text{m}$ 입자의 집진효율(%)은?(단, $\rho_p = 1.10\text{g/cm}^3$, $\mu = 1.84\times10^{-4}\text{g/cm}\cdot\text{sec}$, ρ = 무시한다.)

풀이

$$\eta = \frac{V_g}{V} \times \frac{L}{H} \times n = \frac{d_p^2(\rho_p - \rho)gL}{18\mu HV} \times n$$

$$\text{유속}(V) = \frac{Q}{A} = \frac{0.4}{5\times0.2} = 0.4\text{m/sec}$$

$$\text{점도}(\mu) = 1.84\times10^{-4}\text{g/cm}\cdot\text{sec} \times \text{kg}/1{,}000\text{g} \times 100\text{cm/m}$$

$$= 1.8\times10^{-5}\text{kg/m}\cdot\text{sec}$$

$$\text{밀도}(\rho_p) = 1.10\text{g/cm}^3 \times \text{kg}/1{,}000\text{g} \times 10^6\text{cm}^3/\text{m}^3 = 1{,}100\text{kg/m}^3$$

$$\text{입경}(d_p) = 10\mu\text{m} \times 10^{-6}\text{m}/\mu\text{m} = 10\times10^{-6}\text{m}$$

$$= \frac{(10\times10^{-6})^2 \times (1{,}100-0) \times 9.8 \times 10}{18\times(1.84\times10^{-5})\times(0.2\times0.4)} \times 2$$

$$= 0.4048\times2 = 0.8136\times100 = 81.36\%$$

기출 필수문제 출제율 50% 이상

04 높이 7m, 폭 10m, 길이 15m의 중력집진장치를 이용하여 처리가스를 4m³/sec의 유량으로 비중이 1.5인 먼지를 처리하고 있다. 이 집진기가 포집할 수 있는 최소입자의 크기($d_{\min}$)는?(단, 온도는 25℃, 점성계수는 1.85×10^{-5}kg/m·s이며 공기의 밀도는 무시한다.)

풀이

$$d_{\min} = \left(\frac{18\mu_g Q}{W \cdot L(\rho_p - \rho)g} \right)^{\frac{1}{2}}$$

$\rho_p = 1.5 \text{g/cm}^3 \times \text{kg}/1{,}000\text{g} \times 10^6 \text{cm}^3/\text{m}^3 = 1{,}500 \text{kg/m}^3$

$$= \left(\frac{18 \times (1.85 \times 10^{-5}) \text{kg/m·sec} \times 4\text{m}^3/\text{sec}}{10\text{m} \times 15\text{m} \times 1{,}500 \text{kg/m}^3 \times 9.8 \text{m/sec}^2} \right)^{\frac{1}{2}}$$

$= 0.000024678 \text{m} \times 10^6 \mu\text{m/m} = 24.58 \mu\text{m}$

기출 필수문제 출제율 40% 이상

05 온도 25℃의 염산액적을 포함한 배출가스 1.4m³/sec를 폭 9m, 높이 6m, 길이 15m의 침강집진기로 집진제거한다. 염산 비중이 1.6이라면 이 침강집진기가 집진할 수 있는 최소입경(μm)은?(단, 25℃, 공기점도 1.85×10^{-5}kg/m·sec)

풀이

$$d_p = \left(\frac{18\mu_g \cdot Q}{W \cdot L(\rho_p - \rho)g} \right)^{\frac{1}{2}}$$

$\rho_p = 1.6 \text{g/cm}^3 \times \text{kg}/1{,}000\text{g} \times 10^6 \text{cm}^3/\text{m}^3 = 1{,}600 \text{kg/m}^3$

$\rho = 1.3 \text{kg/m}^3 \times \dfrac{273}{273 + 25} = 1.19 \text{kg/m}^3$

$$= \left(\frac{18 \times (1.85 \times 10^{-5}) \text{kg/m·sec} \times 1.4\text{m}^3/\text{sec}}{9\text{m} \times 15\text{m} \times (1{,}600 - 1.19) \text{kg/m}^3 \times 9.8 \text{m/sec}^2} \right)^{\frac{1}{2}}$$

$= 0.000014845 \text{m} \times 10^6 \mu\text{m/m} = 14.85 \mu\text{m}$

06 배출가스 0.4m³/s를 폭 5m, 높이 0.2m, 길이 10m의 중력식 침강집진장치로 집진제거한다면 처리가스 내의 입경 10μm 먼지의 집진효율(%)은?[단, 먼지밀도 1.10g/cm³, 배출가스밀도 1.2kg/m³, 처리가스점도 1.8×10^{-4} g/cm·s, 단수 (n) 1, 아래 식 이용)]

$$\text{집진효율 } \eta_f = \frac{g(\rho_p - \rho_s)n\,WLd_p^{\,2}}{18\,\mu Q}$$

풀이

$$\eta_f(\%) = \frac{g(\rho_p - \rho_s)n\,WLd_p^{\,2}}{18\mu Q} \times 100$$

$\rho_p = 1.10\text{g/cm}^3 \times \text{kg}/1,000\text{g} \times 10^6 \text{cm}^3/\text{m}^3 = 1,100 \text{kg/m}^3$

$\mu = 1.8 \times 10^{-4} \text{g/cm} \cdot \text{sec} \times \text{kg}/1,000\text{g} \times 100\text{cm/m} = 1.8 \times 10^{-5} \text{kg/m} \cdot \text{sec}$

$d_p = 10\mu\text{m} \times 10^{-6}\text{m}/\mu\text{m} = 10 \times 10^{-6}\text{m}$

$$= \frac{9.8\text{m/sec}^2 \times (1,100 - 1.2)\text{kg/m}^3 \times 1 \times 5\text{m} \times 10\text{m} \times (10 \times 10^{-6}\text{m})^2}{18 \times (1.8 \times 10^{-5})\text{kg/m}^3 \times 0.4\text{m}^3/\text{sec}}$$

$= 0.4159 \times 100 = 41.59\%$

07 침강실의 길이가 5m인 중력집진장치를 사용하여 침강집진할 수 있는 먼지의 최소입경이 140μm였다. 이 길이를 2배로 변경할 경우 침강실에서 집진 가능한 최소입경(μm)은?(단, 배출가스의 효율은 층류이고 길이 이외의 모든 설계조건은 동일하다.)

풀이

$d_p = \left[\dfrac{18\mu_g HV}{gL(\rho_p - \rho)}\right]^{\frac{1}{2}}$ 식에서 d_p과 L의 관계를 가지고 비례식으로 계산함

$d_p \propto \left(\dfrac{1}{L}\right)^{\frac{1}{2}}$

$140 : \left(\dfrac{1}{5}\right)^{\frac{1}{2}} = 2$배 변경 시 최소입경 : $\left(\dfrac{1}{5 \times 2}\right)^{\frac{1}{2}}$

2배 변경 시 최소입경(μm) = 98.99μm

기출 필수문제 출제율 70% 이상

08 함진가스의 유입속도가 3m/sec이고 중력침강실의 높이가 1.5m일 때 입자의 침강 종말속도가 25cm/sec인 입자를 90% 제거하기 위한 침강실의 길이(m)는?

풀이

$$L(m) = \eta \times \frac{H \cdot V}{V_s} = 0.9 \times \frac{1.5m \times 3m/sec}{25cm/sec \times m/100cm} = 16.2m$$

기출 필수문제 출제율 40% 이상

09 0.7m³/sec의 배출가스양을 폭 5.5m, 높이 1.5m인 중력집진장치를 이용하여 처리하고자 한다. 입경 30μm인 분진의 침강효율이 55%일 경우 중력집진실의 길이(m)를 구하시오.

- 입자의 밀도 : 1.5g/cm³
- 배출가스의 밀도 : 1.29kg/m³
- 처리가스의 점도 : 1.85×10⁻⁴g/cm·sec
- 층류로 가정

풀이

$$\eta(\%) = \frac{V_s L W}{V H W} \times 100$$

$$V_s = \frac{d_p^2 (\rho_p - \rho) g}{18 \mu_g}$$

$d_p = 30\mu m = 30 \times 10^{-6} m$

$\rho_p = 1.5 g/cm^3 = 1,500 kg/m^3$

$\rho = 1.29 kg/m^3$

$\mu_g = 1.85 \times 10^{-4} g/cm \cdot sec = 1.85 \times 10^{-5} kg/m \cdot sec$

$$= \frac{(30 \times 10^{-6})^2 \times (1,500 - 1.29) \times 9.8}{18 \times 1.85 \times 10^{-5}} = 0.0397 m/sec$$

$$0.55 = \frac{0.0397 m/sec \times L \times 5.5m}{0.7 m^3/sec}$$

$$L = \frac{0.55 \times 0.7 m^3/sec}{0.0397 m/sec \times 5.5m} = 1.76m$$

기출 필수문제 출제율 50% 이상

10 중력식 집진기에서 입자직경이 $50\mu m$이며 밀도가 $2,000kg/m^3$, 가스유량이 $10 m^3/sec$이다. 집진기의 폭이 $1.5m$, 높이가 $1.5m$이며 밑면을 포함한 수평단이 10단일 때 효율이 100%가 되기 위한 침강실의 길이(m)는?(단, 층류로 가정하며, 점성계수 $\mu = 1.75 \times 10^{-5} kg/m \cdot sec$)

풀이

침강실의 길이(L)

$$L = \eta \times \frac{H \times V}{V_s}$$

$$H = \frac{1.5m}{10} = 0.15m$$

$$V = \frac{Q}{A} = \frac{10m^3/sec}{(1.5 \times 1.5)m^2} = 4.44m/sec$$

$$V_s = \frac{d_p^2(\rho_p - \rho)g}{18\mu_g}$$

$d_p = 50\mu m \times 10^{-6}m/1\mu m = 5 \times 10^{-5}m$, $\rho_p = 2,000kg/m^3$

$\rho = 1.29kg/Sm^3$, $\mu_g = 1.75 \times 10^{-5} kg/m \cdot sec$

$$= \frac{(5 \times 10^{-5})^2 \times (2,000 - 1.29) \times 9.8}{18 \times (1.75 \times 10^{-5})} = 0.155m/sec$$

$$= 1.0 \times \frac{0.15 \times 4.44}{0.155} = 4.29m$$

기출 필수문제 출제율 50% 이상

11 입경 $80\mu m$ 이상 되는 분진을 포집하는 중력 침강실을 다시 입경 $40\mu m$ 이상 분진을 포집하기 위하여 침강실의 높이를 조절하려면 어느 정도의 높이(m)가 필요한가?(단, 침강실의 길이는 변경할 수 없으며, 처음 높이는 2m이다.)

풀이

$$V_s = \frac{H \cdot V}{L} \qquad V_s = \frac{d_p^2(\rho_p - \rho)g}{18\mu g} \rightarrow V_s \propto d_p^2$$

$V_s \propto H \propto d_p^2$

$2m : (80\mu m)^2 =$ 침강실 높이 $: (40\mu m)^2$

침강실 높이(H : m) $= \frac{(40\mu m)^2 \times 2m}{(80\mu m)^2} = 0.5m$

기출 필수문제 출제율 50% 이상

12 배기가스의 흐름 형태가 층류일 경우 다음 조건에서 100% 집진되는 최소입경(μm)을 구하시오.

- 중력침강실 높이 1.5m, 길이 6m, 유입속도 3m/sec
- 배출가스 점성계수(μ_g)=0.067kg/m·hr
- 배출가스온도 20℃
- 입자밀도 2.5g/cm³

풀이

$$d_{p100} = \left[\frac{36\mu_g V_s}{(\rho_p - \rho)g}\right]^{\frac{1}{2}}$$

$$V_s = V \times \frac{H}{L} = 3\text{m/sec} \times \left(\frac{1.5\text{m}}{6\text{m}}\right) = 0.75\text{m/sec}$$

$$\mu_g = 0.067\text{kg/m} \cdot \text{hr} \times \text{hr}/3{,}600\text{sec} = 1.861 \times 10^{-5}\,\text{kg/m} \cdot \text{sec}$$

$$\rho_p = 2.5\text{g/cm}^3 \times \text{kg}/1{,}000\text{g} \times 10^6\text{cm}^3/\text{m}^3 = 2{,}500\text{kg/m}^3$$

$$\rho = 1.293\text{kg/m}^3 \times \frac{273}{273+20} = 1.2\text{kg/m}^3$$

$$= \left[\frac{36 \times (1.861 \times 10^{-5})\text{kg/m} \cdot \text{sec} \times 0.75\text{m/sec}}{(2{,}500 - 1.2)\text{kg/m}^3 \times 9.8\text{m/sec}^2}\right]^{\frac{1}{2}}$$

$$= 0.000143\text{m} \times 10^6\,\mu\text{m/m} = 143.24\,\mu\text{m}$$

기출 필수문제 출제율 30% 이상

13 어떤 구형입자의 직경이 4μm이고 밀도가 4g/cm³일 경우 공기역학적 직경(μm)을 구하시오. (단, Stokes 공식 적용)

풀이

$$V_s = \frac{d_p^2(\rho_p - \rho)g}{18\mu}, \quad V_s(\text{Stokes 침강속도}), \quad V_s{'}(\text{공기역학적 침강속도})$$

$V_s = V_s{'}$에서 $d_p^2 \times \rho_p = (d_p{'})^2 \times \rho_p{'}$

$(4\mu\text{m})^2 \times 4\text{g/cm}^3 = (d_p{'})^2 \times 1\text{g/cm}^3$

$$(d_p{'}) = \left[\frac{(4\mu\text{m})^2 \times 4\text{g/cm}^3}{1\text{g/cm}^3}\right]^{0.5} = 8\,\mu\text{m}$$

[다른 풀이]

공기역학적 직경 = Stokes 직경 $\times \sqrt{\text{본래 입자의 밀도}} = 4\mu\text{m} \times \sqrt{4} = 8\,\mu\text{m}$

기출 **필수문제** 출제율 60% 이상

14 다음 조건을 이용하여 질문에 대한 답을 계산하시오.

- 배기가스유량 : 100m³/min
- 입자밀도 : 1.5g/cm³
- 가스점도 : 1.84×10⁻⁴g/cm·sec
- 침강실 폭 및 길이, 높이 : 3m, 4m, 5m
- 입자직경 : 50μm

(1) 침강속도(m/sec)　　　　**(2) 집진효율(%)**

> **풀이**
>
> **(1) 침강속도(V_s)**
>
> $$V_s = \frac{d_p^2(\rho_p - \rho)g}{18\mu_g}$$
>
> $d_p = 50\mu m = 50 \times 10^{-6} m$
>
> $\rho_p = 1.5 g/cm^3 = 1,500 kg/m^3$
>
> $\rho = 1.29 kg/m^3$
>
> $\mu_g = 1.84 \times 10^{-4} g/cm \cdot sec = 1.84 \times 10^{-5} kg/m \cdot sec$
>
> $$= \frac{(50 \times 10^{-6})^2 \times (1,500 - 1.29) \times 9.8}{18 \times 1.84 \times 10^{-5}} = 0.1109 \, m/sec$$
>
> **(2) 집진효율(η)**
>
> 우선 침강실 흐름을 판별하기 위해 레이놀즈수 계산
>
> $$Re = \frac{\rho \times V \times D}{\mu_g}$$
>
> $$V(유속) = \frac{Q}{A} = \frac{100 m^3/min \times min/60sec}{3m \times 5m} = 0.1111 \, m/sec$$
>
> $$D(상당직경) = \frac{2 \times (W \cdot H)}{W + H} = \frac{2(3 \times 5)}{3 + 5} = 3.75 \, m$$
>
> $$= \frac{1.29 \times 0.1111 \times 3.75}{1.84 \times 10^{-5}} = 129,209.04 \, (유체흐름 \ 난류)$$
>
> $$\eta = 1 - \exp\left(-\frac{LWV_s}{Q}\right)$$
>
> $Q = 100 m^3/min \times min/60sec = 1.67 \, m^3/sec$
>
> $$= \left[1 - \exp\left(-\frac{4m \times 3m \times 0.1109 m/sec}{1.67 m^3/sec}\right)\right] \times 100 = 54.93\%$$

기출 필수문제 출제율 40% 이상

15 중력집진기를 사용하여 분진을 제거하려고 한다. 분진의 밀도가 0.75g/cm³이고, 분진의 입경이 20μm이다. 이 경우 침강실의 길이가 5m일 때의 집진효율(%)을 구하고, 집진효율이 90%가 되도록 침강실의 길이를 늘이고자 할 때 추가로 필요한 최소한의 길이(m)를 구하시오.(단, 가스의 밀도 1.28kg/m³, 배출가스 속도 0.7m/sec, 점도 0.067kg/m·hr, 침강실의 폭과 높이는 각각 3m이다.)

층류	전이류	난류
$V_s = \dfrac{d_p^2(\rho_p - \rho_a)g}{18\mu}$	$V_s = 0.153 \rho_p^{0.71} \dfrac{d_p^{1.14}}{\rho_a^{0.25} \mu_g^{0.23}} g^{0.71}$	$V_s = 1.74 \left[g \cdot d_p \left(\dfrac{\rho_p}{\rho_a} \right) \right]^{0.5}$

(1) 침강실의 길이가 5m일 때의 집진효율(%)
(2) 집진효율을 90%로 유지하기 위한 침강실의 추가 최소 길이(m)

풀이

유체흐름의 형태를 파악하기 위하여 레이놀즈수(Re)를 구함

$Re = \dfrac{\rho V d}{\mu}$

ρ(유체밀도) $= 1.28$kg/m³

V(유속) $= 0.7$m/sec

D(상당직경) $= \dfrac{2 \times (3 \times 3)}{3 + 3} = 3$m

μ(유체점도) $= 0.067$kg/m·hr $\times$ hr/3,600sec $= 1.86 \times 10^{-5}$kg/m·sec

$= \dfrac{1.28 \times 0.7 \times 3}{1.86 \times 10^{-5}} = 14,451.61$

Re가 4,000 이상이므로 난류 공식 이용

(1) 침강실의 길이가 5m일 때의 집진효율(η)

$\eta(\%) = 1 - \exp\left(-\dfrac{LWV_s}{Q} \right)$

$Q = A \times V = (3 \times 3)\text{m}^2 \times 0.7\text{m/sec} = 6.3\text{m}^3/\text{sec}$

$V_s = 1.74 \left[g \cdot d_p \left(\dfrac{\rho_p}{\rho_a} \right) \right]^{0.5}$

$g = 9.8$m/sec²

$d_p = 20\mu\text{m} \times 10^{-6}\text{m}/\mu\text{m} = 2 \times 10^{-5}$m

$\rho_p = 0.75$g/cm³ $\times$ kg/1,000g $\times 10^6$cm³/m³ $= 0.75 \times 10^3$kg/m³

$\rho_a = 1.28$kg/m³

$$= 1.74 \times \left[9.8 \times 2 \times 10^{-5} \times \left(\frac{0.75 \times 10^3}{1.28}\right)\right]^{0.5} = 0.5897 \text{m/sec}$$

$$= 1 - \exp\left(-\frac{5 \times 3 \times 0.5897}{6.3}\right) = 0.7544 \times 100 = 75.44\%$$

(2) 집진효율을 90%로 유지하기 위한 침강실의 추가 최소 길이(m)

길이는 효율과 다음의 관계가 성립하므로 비례식으로 계산

$L \propto \ln(1-\eta)$

$5\text{m} : \ln(1-0.7544) = 길이(\text{m}) : \ln(1-0.9)$

$$길이(\text{m}) = \frac{5\text{m} \times \ln(1-0.9)}{\ln(1-0.7544)} = 8.20\text{m}$$

추가 길이 $= 8.20 - 5 = 3.20\text{m}$

2. 관성력 집진장치

(1) 원리

함진배기를 방해판(Baffle)에 충돌시켜 기류의 방향을 급격하게 전환시킴으로써 입자의 관성력에 의하여 입자를 분리·포집하는 장치이다.

(2) 개요

① 취급입자 : $10 \sim 100 \mu\text{m}$ 이상(조대입자)
② 기본유속 : $1 \sim 2\text{m/sec}$
③ 압력손실 : $30 \sim 70\text{mmH}_2\text{O}$
④ 집진효율 : $50 \sim 70\%$

(3) 장단점 출제율 30%

① 구조 및 원리가 간단하고 전처리 장치로 많이 이용된다.
② 운전비용이 적고, 고온가스 중의 입자상 물질 제거가 가능하므로 굴뚝 또는 배관(Duct) 내에 적용되는 경우가 많다.
③ 큰 입자 제거에 효율적이며 미세입자의 효율은 낮다.
④ 유속이 너무 빠르면 압력손실 증가와 분진의 재비산 문제가 발생한다.

(4) 종류

① 충돌식

충돌 직전의 처리가스속도가 크고, 처리 후 출구가스속도는 느릴수록 미립자의 제거가 쉬우며 집진효율이 높아진다. 또한 기류의 방향전환시 곡률반경이 작을수록, 방향전환 횟수가 많을수록 압력손실은 커지나 집진효율은 좋아 미세입자의 포집이 가능하다.

② 반전식

방향전환을 하는 가스의 곡률반경이 작을수록 또한 전환횟수가 많을수록 미세한 먼지를 분리포집할 수 있다.

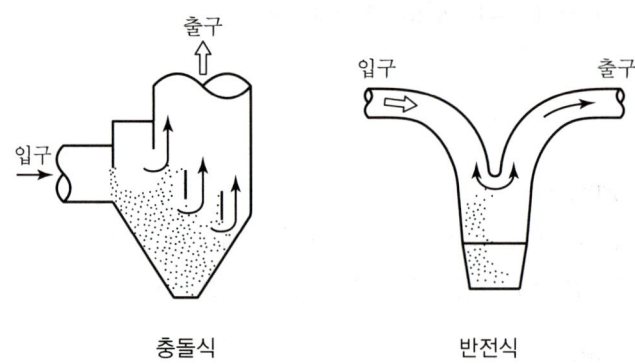

∥ 관성력 집진장치 ∥

(5) 관성충돌계수(효과)를 크게 하기 위한 특성 및 조건

① 분진의 입경이 커야 한다.
② 처리가스와 액적의 상대속도가 커야 한다.
③ 처리가스의 온도가 낮아야 응집작용하여 관성충돌효과가 커진다.
④ 액적의 직경이 작아야 한다.

(6) 효율증가방안 출제율 30%

① 충돌식은 충돌 직전의 처리가스속도(각속도)를 크게 한다.
② 충돌식은 출구가스속도를 느리게 한다.
③ 반전식은 방향 전환을 하는 가스의 곡률반경을 작게 한다.
④ 반전식은 전환횟수를 많게 한다.

3. 원심력 집진장치

(1) 원리
입자를 함유하는 가스에 선회운동을 시켜서 배출가스 흐름으로부터 입자를 분리·포집하는 집진장치로 Cyclone이라고도 한다.

(2) 개요
① 취급입자 : $3 \sim 100 \mu m$
② 압력손실 : $50 \sim 150 mmH_2O$
③ 집진효율 : $60 \sim 90\%(50 \sim 80\%)$
④ 입구유속은 압력손실, 집진효율, 경제성을 고려하여 설정한다.
　㉠ 접선유입식 : $7 \sim 15m/sec$
　㉡ 축류식 : $10m/sec$ 전후

(3) 장점
① 설치비가 낮고 고온에서 운전이 가능하다.
② 구조가 간단하여 유지, 보수비용이 저렴하다.
③ 배출가스로부터 분진회수 및 분리가 적은 비용으로 가능하다.
④ 직렬 또는 병렬로 연결하여 사용이 가능하다.
⑤ 먼지량이 많아도 처리가 가능하다.

(4) 단점
① 미세입자에 대한 집진효율이 낮고 먼지부하, 유량변동에 민감하다.
② 접착성, 마모성, 조해성, 부식성 가스에 부적합하다.
③ 먼지퇴적함에서 재유입, 재비산의 가능성이 있고 저효율 집진장치 중 압력손실이 비교적 높아 동력소비량이 큰 편이다.
④ 처리 가스양이 많아질수록 내관경이 커져서 미립자의 분리가 잘 되지 않는다.

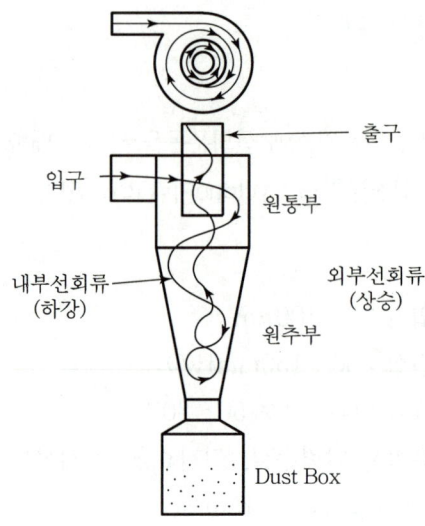

┃원심력 집진장치(Cyclone)┃

(5) 종류

함진가스 흐름의 유입방식에 따라 접선유입식과 축류식으로 분류한다.

① 접선유입식

입구모양에 따라 나선형과 와류형으로 분류되며, 일반적인 입구 가스속도는 7~15m/sec 정도로, 이 범위 속도가 집진효율에 미치는 영향은 크다.

② 축류식

함진가스를 축방향에서 안내날개(Vane)를 통하여 유입하는 것으로 반전형과 직진형이 있다.

(6) 집진 성능인자

① 입자의 분리속도(원심분리속도)

㉠ 최대원심력(F_c)

$$F_c = \left(\frac{\pi}{6}d_p^3 \rho_p\right)\left(\frac{V_\theta^2}{R_c}\right)$$

여기서, F_c : 최대원심력
 d_p : 입자직경
 ρ_p : 입자밀도
 V_θ : 원심력이 최대가 되는 R_c 지점에서 선회류의 접선속도
 R_c : 원추하부의 반경

ⓒ 입자의 분리속도(V)

$$V = \frac{d_p^2(\rho_p - \rho)}{18\mu_g} \times \frac{V_\theta^2}{R_2}$$

여기서, V : 입자분리속도(m/sec), d_p : 입자직경(m)
μ_g : 배출가스 점도(kg/m·sec), ρ_p : 입자밀도(kg/m³)
V_θ : 원심반경 R_2인 지점에서 배출가스 유속(m/sec)
R_2 : • 원추하부의 반경(m)
• 외부선회류가 내부선회류로 방향 전환을 일으키는 지점

ⓒ 집진효율은 한계(입구)유속 내에서는 입자분리속도가 빠를수록 효율이 증가하며, 분리속도는 입구유입속도, 입자 직경, 밀도차가 클수록, 배출가스 점도, 장치크기가 작을수록 커진다.

② 분리계수

㉠ 개요 출제율 40%
- 분리계수는 입자에 작용하는 원심력과 중력의 관계이며, 잠재적인 효율(분리능력)을 나타내는 지표이다.
- 원심력이 클수록 분리계수가 커져 집진율도 증가하며, 분리계수는 중력가속에 반비례하고 입자의 접선방향속도의 제곱에 비례한다.

ⓒ 관련식

$$분리계수(S) = \frac{원심력}{중력} = \frac{V_\theta^2}{g \cdot R_2}$$

③ 집진 가능 입경

㉠ 절단입경
- Cyclone에서 50% 처리효율로 제거되는 입자의 크기, 즉 50% 분리한 계입경이다.
- Lapple의 절단입경(Cut Size Diameter)

$$d_{p50} = \sqrt{\frac{9\mu_g W}{2\pi N(\rho_p - \rho)V}}$$

여기서, N : 유효회전수
V : 유입구의 가스유속(m/sec)

ⓒ 임계입경
- Cyclone에서 100% 처리효율로 제거되는 입자의 크기, 즉 100% 분리 한계입경이다.
- Lapple의 임계입경(Critical Diameter)

$$d_{pcrit} = d_{p50} \times \sqrt{2} = \sqrt{\frac{9\mu_g W}{\pi N(\rho_p - \rho)V}}$$

ⓒ 절단 및 임계입경이 클수록 분리효율이 낮아 장치의 집진성능이 낮아진다.

④ 집진효율

㉠ Lapple의 입경에 따른 부분집진율

$$\eta_f(\%) = \frac{\pi N d_p^2 (\rho_p - \rho) V}{9\mu_g W} \times 100$$

$$= \frac{\pi N d_p^2 (\rho_p - \rho) Q}{9\mu_g H W^2} \times 100 \quad (V = \frac{Q}{H \cdot W})$$

여기서, Q : 입구의 배기가스양(m³/sec)
H : 유입구 높이(m)
W : 유입구 폭(m)

㉡ Lapple의 효율예측 곡선 이용 집진율 <출제율 60%>

입경 범위에 대한 중량분포가 주어졌을 때 적용하며 다음과 같이 구한다.
[절단입경 구함 → 효율곡선을 이용 (입경/절단입경)의 비를 종축에서 구함 → 종축에 의한 횡축의 부분집진율 구함 → 부분집진율과 중량분포를 이용하여 총집진율 구함]

Reference 유효회전수(N) <출제율 30%>

$$N = \frac{1}{\text{유입구 높이}(H)} \times \left(\text{원통부 높이} + \frac{\text{원추부 높이}}{2}\right)$$

⑤ 블로다운(Blow Down) 방식 출제율 95%

㉠ 정의

Cyclone의 집진효율을 향상시키기 위한 하나의 방법으로서 더스트 박스 또는 호퍼부에서 처리가스(유입유량)의 5~10%에 상당하는 함진가스를 추출·흡인하여 운영하는 방식이다.

㉡ 효과
- 원추하부에 가교현상을 방지하여 장치 내부의 먼지퇴적을 억제한다.
- Cyclone 내의 난류현상(선회기류의 흐트러짐 현상)을 억제시킴으로써 집진된 먼지의 재비산을 방지한다.
- 유효원심력을 증가시켜 집진효율이 향상된다.

(7) 집진성능평가

① 처리가스양(Q)이 변화하는 경우(단, 다른 기타 운전조건 일정) 출제율 30%

$$\frac{1-\eta_a}{1-\eta_b} = \left(\frac{Q_b}{Q_a}\right)^{0.5}$$

여기서, a, b : 각 운전조건 또는 배출원의 특성

② 다른 기타 운전조건이 변화하는 경우(단, 처리가스양 일정)

㉠ μ(점도)가 변화하는 경우

$$\frac{1-\eta_a}{1-\eta_b} = \left(\frac{\mu_a}{\mu_b}\right)^{0.5}$$

㉡ ρ(밀도)가 변화하는 경우

$$\frac{1-\eta_a}{1-\eta_b} = \left(\frac{\rho_p - \rho_b}{\rho_p - \rho_a}\right)^{0.5}$$

③ 농도(C)가 변화하는 경우

$$\frac{1-\eta_a}{1-\eta_b} = \left(\frac{C_b}{C_a}\right)^{0.18}$$

(8) Cyclone 운전조건에 따른 집진효율 변화 [출제율 80%]

운전조건	집진효율 변화
입구크기 감소	효율 증가
입구유속 증가	효율 증가(단, 한계유속 내에서)
원통직경 증가	효율 감소
가스점도 증가	효율 감소
분진밀도 증가	효율 증가
분진 양 증가	효율 증가
입자입경 증가	효율 증가
Blow Down 효과	효율 증가

(9) 집진율 향상조건 [출제율 30%]

① 미세먼지의 재비산을 방지하기 위해 Skimmer와 Turning Vane 등을 설치한다.
② 배기관경(내경)이 작을수록 입경이 작은 먼지를 제거할 수 있다.
③ 먼지폐색(Dust Plugging) 효과를 방지하기 위해 축류집진장치를 사용한다.
④ 고용량 가스를 비교적 높은 효율로 처리해야 할 경우 소구경 Cyclone을 여러 개 조합시킨 Multi Cyclone을 사용한다.
⑤ Blow Down 효과를 적용하면 효율이 높아진다.
⑥ 한계(입구)유속 내에서는 유속이 빠를수록 효율이 증가한다.

> **Reference** 집진효율 및 압력손실에 영향을 주는 요소
>
> **1 입구의 크기**
> 입구의 크기가 작아질 경우 처리가스 유입속도가 증가하여 집진효율 및 압력손실도 증가한다.
> **2 함진가스의 유입속도**
> 유입속도가 커질수록 집진효율은 증가한다.(단, 유입속도가 10m/sec 이상에서는 집진효율에 거의 영향을 못 미친다.)
> **3 출구직경**
> 출구직경이 작아질수록 집진효율, 압력손실은 증가하나 가스의 처리능력은 저감된다.

1. 원심력집진시설의 분리계수 내용 숙지
2. Lapple 효율예측곡선 이용 집진율 계산 내용 숙지
3. Blow Down 정의 및 효과 숙지
4. 운전조건에 따른 집진효율 변화 숙지

기출 필수문제 출제율 40% 이상

01 다음 조건에서 Cyclone의 입자 직경이 $12\mu m$인 분리속도(m/sec)를 구하시오.

- 함진가스 온도 및 유입속도 : 100℃, 12m/sec
- 함진가스 중 입자밀도 : 2.4g/cm^3
- 가스점도(120℃) : 1.02×10^{-5}poise
- 원추하부의 직경 : 40cm

풀이

$$\text{분리속도}(V) = \frac{d_p^2(\rho_p - \rho)}{18\mu_g} \times \frac{V_\theta^2}{R_2}$$

$d_p = 12\mu m \times m/10^6 \mu m = 1.2\times 10^{-5} m$

$\rho_p = 2.4 g/cm^3 \times kg/1{,}000g \times 10^6 cm^3/m^3 = 2{,}400 kg/m^3$

$\rho = 1.3 kg/Sm^3 \times \dfrac{273}{273+100} = 0.951 kg/m^3$

$V_\theta = 12 m/sec$

$\mu_g = 1.02\times 10^{-5} \text{poise} \times \dfrac{1g/cm\cdot sec}{poise} \times kg/1{,}000g \times 100cm/m$

$\quad = 1.02\times 10^{-6} kg/m\cdot sec$

$R_2 = 0.4m/2 = 0.2m$

$= \dfrac{(1.2\times 10^{-5})^2 \times (2{,}400-0.951)\times 12^2}{18\times(1.02\times 10^{-6})\times 0.2} = 13.54 m/sec$

기출 필수문제 출제율 95% 이상

02 유입구 폭이 15cm, 유효회전수가 6인 사이클론에 아래 상태와 같은 함진가스를 처리하고자 할 때, 이 함진가스에 포함된 입자의 절단입경(μm)은?

- 함진가스의 유입속도 : 20m/s
- 함진가스의 점도 : 2×10^{-5}kg/m·s
- 함진가스의 밀도 : 1.2kg/m^3
- 먼지입자의 밀도 : 2.0g/m^3

풀이

$$d_{p50} = \left(\frac{9\mu_g W}{2\pi N(\rho_p - \rho)V}\right)^{0.5}$$

$\rho_p = 2.0\text{g/cm}^3 \times \text{kg}/1{,}000\text{g} \times 10^6 \text{cm}^3/\text{m}^3 = 2{,}000\text{kg/m}^3$

$W = 15\text{cm} \times \text{m}/100\text{cm} = 0.15\text{m}$

$$= \left[\frac{9 \times (2 \times 10^{-5}) \times 0.15}{2 \times 3.14 \times 6 \times (2{,}000 - 1.2) \times 20}\right]^{0.5}$$

$= 4.23 \times 10^{-6} \text{m} \times 10^6 \mu\text{m/m} = 4.23 \mu\text{m}$

기출 필수문제 출제율 95% 이상

03 Cyclone의 유입속도는 15m/sec, 유입구폭은 12cm, 유효회전수는 5이다. 2.15 g/cm^{3}인 입자밀도가 50% 효율로 집진 가능한 분진의 입경(μm)을 구하시오. (단, 공기점성 : 0.0748kg/m·hr)

풀이

절단입경(d_{p50})

$$d_{p50} = \left(\frac{9\mu_g W}{2\pi N(\rho_p - \rho)V}\right)^{0.5}$$

$\mu_g = 0.0748\text{kg/m}\cdot\text{hr} \times \text{hr}/3{,}600\text{sec} = 2.078 \times 10^{-5} \text{kg/m}\cdot\text{sec}$

$\rho_p = 2.15\text{g/cm}^3 \times \text{kg}/1{,}000\text{g} \times 10^6 \text{cm}^3/\text{m}^3 = 2{,}150\text{kg/m}^3$

$\rho = 1.29\text{kg/m}^3$

$$= \left(\frac{9 \times 2.078 \times 10^{-5} \times 0.12}{2 \times 3.14 \times 5 \times (2{,}150 - 1.29) \times 15}\right)^{0.5}$$

$= 4.709 \times 10^{-6} \text{m} \times 10^6 \mu\text{m/m} = 4.71 \mu\text{m}$

기출 필수문제 출제율 95% 이상

04 Cyclone의 유입속도는 15m/sec, 유입구 폭은 12cm, 유효회전수는 4이다. 1.5 g/cm³인 입자밀도가 50% 효율로 집진 가능한 분진의 입경(μm)을 구하시오.(단, 배기가스온도는 350K, 공기점성은 350K에서 0.0748kg/m·hr)

> **풀이**
>
> 절단입경(d_{p50})
>
> $$d_{p50} = \left(\frac{9\,\mu_g W}{2\pi N(\rho_p - \rho)V}\right)^{0.5}$$
>
> $\mu_g = 0.0748\text{kg/m}\cdot\text{hr} \times \text{hr}/3,600\text{sec} = 2.078 \times 10^{-5}\text{kg/m}\cdot\text{sec}$
>
> $\rho_p = 1.5\text{g/cm}^3 \times \text{kg}/1,000\text{g} \times 10^6 \text{cm}^3/\text{m}^3 = 1,500\text{kg/m}^3$
>
> $\rho = 1.29\text{kg/m}^3 \times \dfrac{273}{350} = 1.0062\text{kg/m}^3$
>
> $= \left(\dfrac{9 \times (2.078 \times 10^{-5}) \times 0.12}{2 \times 3.14 \times 4 \times (1,500 - 1.0062) \times 15}\right)^{0.5}$
>
> $= 6.303 \times 10^{-6}\text{m} \times 10^6 \mu\text{m/m} = 6.30\,\mu\text{m}$

기출 필수문제 출제율 50% 이상

05 입구 폭이 12.0cm이고 처리가스의 유효회전수가 4인 사이클론이 있다. 이 장치에 밀도가 1.70g/cm³인 먼지입자를 함유하는 처리가스가 15.0m/s의 유입속도로 처리되고 있을 때, 다음을 구하시오.(단, 처리기체의 점도는 0.0748kg/m·hr이고, 가스의 밀도는 무시하며, 가로축은 입경비(d_p/d_{p50}), 세로축은 효율이다.)

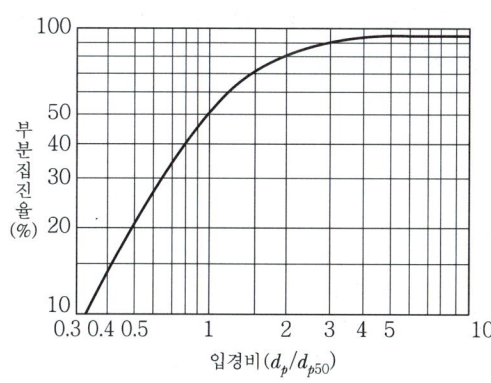

(1) 50% 효율로 처리될 수 있는 입자의 입경(μm)을 구하시오.
(2) 입경 12μm의 입자를 처리할 수 있는 효율을 그림에서 구하시오.
(3) 입경 16μm의 입자를 처리할 수 있는 효율을 그림에서 구하시오.

> **풀이**
>
> **(1) 절단입경(d_{p50})**
>
> $$d_{p50} = \sqrt{\frac{9\mu_g W}{2\pi N(\rho_p - \rho)V}}$$
>
> $\mu_g = 0.0748 \text{kg/m} \cdot \text{hr} \times \text{hr}/3{,}600\text{sec} = 2.078 \times 10^{-5} \text{kg/m} \cdot \text{sec}$
>
> $W = 0.12\text{m}$
>
> $N = 4$
>
> $\rho_p = 1.7 \text{g/cm}^3 \times \text{kg}/1{,}000\text{g} \times 10^6 \text{cm}^3/\text{m}^3 = 1{,}700 \text{kg/m}^3$
>
> $V = 15\text{m/sec}$
>
> $$= \sqrt{\frac{9 \times 2.078 \times 10^{-5} \times 0.12}{2 \times 3.14 \times 4 \times 1{,}700 \times 15}} = 5.92 \times 10^{-6}\text{m} \times 10^6 \mu\text{m/m} = 5.92 \mu\text{m}$$
>
> **(2) 입경 12μm 효율**
>
> 입경비 $\left(\dfrac{d_p}{d_{p50}}\right) = \dfrac{12\mu\text{m}}{5.92\mu\text{m}} = 2.03$
>
> Lapple의 효율예측곡선으로부터 집진효율은 약 80%이다.
>
> **(3) 입경 16μm 효율**
>
> 입경비 $\left(\dfrac{d_p}{d_{p50}}\right) = \dfrac{16\mu\text{m}}{5.92\mu\text{m}} = 2.70$
>
> Lapple의 효율예측곡선으로부터 집진효율은 약 90%이다.

기출 필수문제 출제율 50% 이상

06 Cyclone에서 유입속도와 입구폭을 각각 2배로 증가시키면 절단입경(Cut Diameter)은 처음의 몇 배가 되는가?

> **풀이**
>
> 절단입경(d_{p50})
>
> $d_{p50} = \sqrt{\dfrac{9\mu_g W}{2\pi N(\rho_p - \rho)V}}$ 에서
>
> $d_{p50} \simeq \sqrt{\dfrac{W}{V}} = \sqrt{\dfrac{2W}{2V}} = 1$
>
> 즉, 처음의 1배가 증가한다.

기출 **필수문제** 출제율 50% 이상

07 Cyclon의 가스입구속도를 1.5배, 입구폭을 3배로 증가시킬 경우 Cut Diameter는 처음의 몇 배로 되는지 구하시오.

> **풀이**
>
> $d_{p50} = \left(\dfrac{9\mu_g W}{2\pi N(\rho_p - \rho) V} \right)^{0.5}$ 에서
>
> 가스유입속도 및 유입구 폭을 고려하여 계산
>
> $d_{p50} \propto \left(\dfrac{W}{V} \right)^{0.5} = \left(\dfrac{3}{1.5} \right)^{0.5} = 1.41$배

기출 **필수문제** 출제율 50% 이상

08 원심력 집진장치에서 Lapple에 의한 절단입경은 유입구의 폭, 입자밀도, 가스점성도, 유효회전수, 가스유입속도 등에 의하여 결정된다. 다른 조건은 일정하고 가스유입속도를 16배로 증가시키면 절단입경은 어떻게 변하는지 산출하시오.(단, 반드시 Lapple식을 써서 산출)

> **풀이**
>
> Lapple의 절단입경(d_{p50})
>
> $d_{p50} = \sqrt{\dfrac{9\mu g W}{2\pi N(\rho_p - \rho) V}}$ 에서
>
> $d_{p50} = \sqrt{\dfrac{1}{V}} = \sqrt{\dfrac{1}{16}} = 0.25$
>
> 즉, 절단입경은 1/4로 감소한다.

기출 **필수문제** 출제율 30% 이상

09 어떤 공장의 연마실에서 발생되는 배출가스의 먼지제거에 Cyclone이 사용되고 있다. 유입폭이 30cm이고, 유효회전수 6회, 입구유입속도 8m/s로 가동 중인 공정조건에서 10μm 먼지입자의 부분집진효율은 몇 %인가?(단, 먼지의 밀도는 1.6g/cm^3, 가스점도는 1.75×10^{-4} g/cm·s, 가스밀도는 고려하지 않음)

> **풀이**
>
> $\eta_f(\%) = \dfrac{\pi N d_p^2 (\rho_p - \rho) V}{9 \mu_g W}$
>
> $d_p = 10\mu\text{m} \times \text{m}/10^6 \mu\text{m} = 10 \times 10^{-6}$ m
>
> $\rho_p = 1.6\text{g/cm}^3 \times \text{kg}/1,000\text{g} \times 10^6 \text{cm}^3/\text{m}^3 = 1,600 \text{kg/m}^3$

$$\mu_g = 1.75 \times 10^{-4} \text{g/cm} \cdot \text{sec} = 1.75 \times 10^{-5} \text{kg/m} \cdot \text{sec}$$
$$W = 30\text{cm} \times \text{m}/100\text{cm} = 0.3\text{m}$$
$$= \frac{3.14 \times 6 \times (10 \times 10^{-6})^2 \times 1,600 \times 8}{9 \times (1.75 \times 10^{-5}) \times 0.3} \times 100 = 51.04\%$$

기출 필수문제 출제율 40% 이상

10 원추하부 반경이 60cm인 Cyclone 원추하부에서 배출가스의 접선속도가 660m/min일 때 분리계수는?

풀이

$$\text{분리계수}(S) = \frac{V_\theta^2}{g \cdot R_2}$$
$$V_\theta = 660\text{m/min} \times \text{min}/60\text{sec} = 11\text{m/sec}$$
$$R_2 = 60\text{cm} \times \text{m}/100\text{cm} = 0.6\text{m}$$
$$= \frac{(11\text{m/sec})^2}{9.8\text{m/sec}^2 \times 0.6\text{m}} = 20.58$$

기출 필수문제 출제율 40% 이상

11 실린더 직경 1.5×10^2cm인 사이클론으로 선회류의 회전수가 5인 경우 함진가스 유입속도 10m/s, 입자밀도 1.5g/cm³일 때 직경 24μm인 입자의 Lapple식에 의한 이론적 제거효율(%)은?(단, D_p : 절단입경(μm), 배출가스점도 : 2×10^{-5}kg/m·sec, 배출가스의 밀도 : 1.3×10^{-3}g/cm³, 유입구 폭 : 1/4×실린더 직경)

｜입경비에 대한 이론적 제거효율｜

D/D_p	1.0	1.5	2.0	2.5
이론적 제거효율(%)	50	70	80	85

풀이

$$\text{절단입경}(D_p) = \left(\frac{9\mu_g W}{2\pi N(\rho_p - \rho)V}\right)^{0.5}$$
$$\rho_p = 1.5\text{g/cm}^3 \times \text{kg}/1,000\text{g} \times 10^6 \text{cm}^3/\text{m}^3 = 1,500\text{kg/m}^3$$
$$\rho = 1.3 \times 10^{-3}\text{g/cm}^3 \times \text{kg}/1,000\text{g} \times 10^6 \text{cm}^3/\text{m}^3 = 1.3\text{kg/m}^3$$
$$W = \frac{1}{4} \times \text{실린더 직경} = \frac{1}{4} \times (1.5 \times 10^2)\text{cm} \times \text{m}/100\text{cm} = 0.375\text{m}$$
$$= \left(\frac{9 \times (2 \times 10^{-5}) \times 0.375}{2 \times 3.14 \times 5 \times (1,500 - 1.3) \times 10}\right)^{0.5}$$

$$= 1.1976 \times 10^{-5} \text{m} \times 10^6 \mu\text{m/m} = 11.976 \mu\text{m}$$

직경비 $\left(\dfrac{D}{D_p}\right) = \dfrac{24}{11.976} = 2.0$

표에서 이론적 제거효율(%) = 80%

기출 필수문제 출제율 30% 이상

12 외경 50cm인 사이클론에서 300K, 1atm인 상태에서 유량 2m³/sec를 처리한다. 입자밀도가 1.8g/cm³일 경우 다음 조건에 따라 물음에 답하시오.(단, 점도 $\mu = 1.85 \times 10^{-5}$ kg/m · sec, 가스밀도 1.29kg/m³)

Diameter(D_0)	100cm
hight of enterance(H)	$D_0/2$
width of enterance(W)	$D_0/4$

(1) 유입가스의 속도(m/sec)는?
(2) 유효회전수가 5일 때 집진효율이 50%가 되는 입자의 직경(μm)은?

풀이

(1) 유입가스 속도(V)

$$V(\text{m/sec}) = \dfrac{Q}{A} = \dfrac{Q}{H \times W} = \dfrac{2\text{m}^3/\text{sec}}{1/2\text{m} \times 1/4\text{m}} = 16\text{m/sec}$$

(2) 절단입경(d_p)

$$d_{p50} = \left(\dfrac{9\mu_g W}{2\pi N(\rho_p - \rho)V}\right)^{0.5}$$

$\mu_g = 1.85 \times 10^{-5}$ kg/m · sec

$W = \dfrac{1}{4}$m $= 0.25$m

$N = 5$

$\rho_p = 1.8$g/cm³ $\times$ kg/1,000g $\times 10^6$cm³/m³ $= 1,800$kg/m³

$\rho = 1.29$kg/m³ $\times \dfrac{273}{300} = 1.174$kg/m³

$V = 16$m/sec

$$= \left[\dfrac{9 \times (1.85 \times 10^{-5}) \times 0.25}{2 \times 3.14 \times 5 \times (1,800 - 1.174) \times 16}\right]^{0.5}$$

$= 6.79 \times 10^{-6}$m $\times 10^6 \mu$m/m $= 6.79 \mu$m

기출 | 필수문제 | 출제율 40% 이상

13 유량이 180m³/min인 공기흐름을 몸통 직경이 1.0m인 사이클론을 이용하여 처리하고자 한다. 다음 표를 이용하여 새로 제작하려고 하는 사이클론의 외부 선회류의 유효회전수(N_e)를 구하면?

몸통 직경(D/D)	1.0	가스 출구 직경(D_e/D)	0.5
유입구 높이(H/D)	0.5	선회류 출구길이(S/D)	0.625
유입구 폭(W/D)	0.25	원통부의 길이(L_b/D)	2.5
원추부의 길이(L_c/D)	2.5		

풀이

유효회전수(N_e)

$$N_e = \frac{1}{\text{유입구 높이}(H)}\left(\text{원통부 높이}(H_b) + \frac{\text{원추부 높이}(H_c)}{2}\right)$$

$$= \frac{1}{0.5} \times \left(2.5 + \frac{2.5}{2}\right) = 8$$

기출 | 필수문제 | 출제율 30% 이상

14 Cyclon 집진장치의 유량이 200Sm³/sec일 때 효율이 70%이었다면, 유량이 100Sm³/sec일 때의 효율(%)을 구하시오. (단, 기타 조건은 동일하다.)

풀이

처리가스양(Q)이 변할 때 효율식

$$\frac{1-\eta_1}{1-\eta_2} = \left(\frac{Q_2}{Q_1}\right)^{0.5}$$

$$\frac{1-0.7}{1-\eta_2} = \left(\frac{100}{200}\right)^{0.5}$$

$$0.707\eta_2 = 0.707 - 0.3$$

$$\eta_2 = \frac{0.407}{0.707} \times 100 = 57.57\%$$

기출 필수문제 출제율 50% 이상

15 원심력집진기를 사용하여 분진을 제거하려고 한다. 유량이 $3m^3/sec$(350K, 1atm)이다. 다음 물음에 답하시오.(단, 분진의 밀도 $1.6g/cm^3$, 점도 $1.85\times10^{-5}kg/m\cdot sec$이다. $\rho_p \gg \rho_a$이므로 ρ_a는 무시한다.)

입구 폭 (B_c)	입구 높이 (H_c)	원통부 직경 (D)	원통부 길이 (L_c)	원추 길이 (Z_c)	출구 직경 (D_e)
$0.37D$(m)	$0.75D$(m)	1m	2m	4m	$0.75D$(m)

(1) 유입속도(m/sec)　　(2) 유효회전수(N_e)　　(3) 절단입경(d_{p50})(μm)

> **풀이**
>
> (1) 유입속도(V)
>
> $$V(m/sec) = \frac{Q}{A} = \frac{Q}{H \times W}$$
>
> $Q = 3m^3/sec$
> $H = 0.75D = 0.75 \times 1m = 0.75m$
> $W = 0.37D = 0.37 \times 1m = 0.37m$
>
> $$= \frac{3m^3/sec}{0.75m \times 0.37m} = 10.81m/sec$$
>
> (2) 유효회전수(N_e)
>
> $$N_e = \frac{1}{유입구\ 높이} \times \left(원통부\ 높이 + \frac{원추부\ 높이}{2}\right)$$
>
> $$= \frac{1}{0.75} \times 2 + \left(\frac{4}{2}\right) = 5.33(6회)$$
>
> (3) 절단입경(d_{p50})
>
> $$d_{p50} = \left(\frac{9\mu_g W}{2\pi N(\rho_p - \rho_a)V}\right)^{0.5}$$
>
> $\mu_g = 1.85 \times 10^{-5} kg/m \cdot sec$
> $N = 6$
> $\rho_p = 1.6g/cm^3 \times kg/1,000g \times 10^6 cm^3/m^3 = 1,600kg/m^3$
> $V = 10.81m/sec$
>
> $$= \left(\frac{9 \times (1.85 \times 10^{-5}) \times 0.37}{2 \times 3.14 \times 6 \times 1,600 \times 10.81}\right)^{0.5}$$
>
> $= 9.72 \times 10^{-6} m \times 10^6 \mu m/m = 9.72 \mu m$

기출 필수문제 출제율 50% 이상

16 다음은 원통직경 1m인 Lapple에 의해 제시된 Cyclone이다. 유입구 폭 25cm, 유입구 높이 50cm, 유효회전수가 6인 사이클론에 아래 상태와 같은 함진가스를 처리하고자 할 때 다음을 구하여라.

- 처리유량 : 200m³/min
- 가스의 밀도 : 1.01kg/m³
- 가스의 점도 : 0.075kg/m · hr
- 입자밀도 : 1.6g/cm³

몸통 직경(D/D)	1.0	가스 출구 직경(D_e/D)	0.5
유입구 높이(H/D)	0.5	선회류 출구길이(S/D)	0.625
유입구 폭(W/D)	0.25	원통부의 길이(L_b/D)	2.5
원추부의 길이(L_c/D)	2.5		

(1) 가스유입속도(m/sec)   (2) 유효회전수(N_e)   (3) 절단입경(μm)

풀이

(1) 가스유입속도(V)

$$V(\text{m/sec}) = \frac{Q}{A} = \frac{Q}{H \times W} = \frac{200\text{m}^3/\text{min} \times \text{min}/60\text{sec}}{0.5\text{m} \times 0.25\text{m}} = 26.67\text{m/sec}$$

(2) 유효회전수(N_e)

$$N_e = \frac{1}{\text{유입구 높이}} \times \left(\text{원통부 높이} + \frac{\text{원추부 높이}}{2}\right)$$

$$= \frac{1}{0.5} \times \left(2 + \frac{2}{2}\right) = 6\text{회}$$

(3) 절단입경(d_{p50})

$$d_{p50} = \left(\frac{9\mu_g W}{2\pi N(\rho_p - \rho)V}\right)^{0.5}$$

$\mu_g = 0.075\text{kg/m} \cdot \text{hr} \times \text{hr}/3{,}600\text{sec} = 2.083 \times 10^{-5}\text{kg/m} \cdot \text{sec}$

$W = 25\text{cm} \times \text{m}/100\text{cm} = 0.25\text{m}, \ N = 6$

$\rho_p = 1.6\text{g/cm}^3 \times \text{kg}/1{,}000\text{g} \times 10^6\text{cm}^3/\text{m}^3 = 1{,}600\text{kg/m}^3$

$\rho = 1.01\text{kg/m}^3, \ V = 26.67\text{m/sec}$

$$= \left[\frac{9 \times (2.083 \times 10^{-5}) \times 0.25}{2 \times 3.14 \times 6 \times (1{,}600 - 1.01) \times 26.67}\right]^{0.5}$$

$= 5.4 \times 10^{-6}\text{m} \times 10^{-6}\mu\text{m/m} = 5.40\mu\text{m}$

4. 세정 집진장치

(1) 원리 및 포집메커니즘 출제율 40%
① 액적에 입자가 충돌하여 부착한다.
② 배기가스 증습에 의하여 입자가 서로 응집한다.(증습하면 입자의 응집이 높아짐)
③ 미립자 확산에 의하여 액적과의 접촉을 쉽게 한다.
④ 액막과 기포에 입자가 충돌하여 부착된다.
⑤ 입자를 핵으로 한 증기의 응결에 따라 응집성을 촉진시킨다.

(2) 장점
① 단일장치에서 가스흡수와 먼지포집이 동시에 가능하다.
② 친수성 입자의 집진효과가 크고 고온가스의 취급이 용이하다.
③ 한번 제거된 입자는 처리가스 속으로 재비산되지 않는다.
④ 고온다습한 가스나 여과, 전기집진장치보다 협소한 장소에도 설치가 가능하다.
⑤ 고온다습한 가스나 연소성 및 폭발성 가스의 처리가 가능하다.
⑥ 점착성 및 조해성 분진의 처리가 가능하다.

(3) 단점
① 습식이기 때문에 부식잠재성이 있다.
② 압력손실이 커 동력상승에 따른 운전비용이 고가이다.
③ 폐수가 발생하며 공업용수(세정수)를 과잉 사용한다.
④ 처리된 가스의 확산이 어렵다. 즉, 배기의 상승확산력을 저하한다.
⑤ 백연발생으로(가시적 연기) 인한 재가열시설이 필요하다.
⑥ 한랭, 즉 추운 경우에 세정액 동결방지장치를 필요로 한다.

(4) 세정집진장치를 설치해야 하는 경우
① 배기가스 성분이 가연성일 경우
② 유독가스 및 악취를 포함하고 있는 경우
③ 배기가스 처리량이 적을 경우
④ 배기가스의 온도가 높아 냉각을 요하는 경우
⑤ 비중이 일반적으로 작고 전기저항이 $10^{11}\,\Omega \cdot cm$ 이상인 미세입자가 있는 경우
⑥ 점착성 입자 포함 시 또는 입자의 크기를 증가시켜 응집효과를 기대할 경우

(5) 종류

① **유수식**

　㉠ 가스분산형식이다.(기체분산형)

　㉡ 종류　출제율 30%

　　S임펠러형, 로터형, 가스 분수형, 나선 안내익형, 오리피스 스크러버, Plate Tower

② **가압수식**

　㉠ 액분산형식이다.(액체분산형)

　㉡ 종류

　　ⓐ 벤투리스크러버(Venturi Scrubber)　출제율 70%
- 원리 : 가스입구에 벤투리관을 삽입하고 배기가스를 벤투리관의 목부에 유속 60~90m/sec로 빠르게 공급하여 목부 주변의 노즐로부터 세정액을 흡인 분사되게 함으로써 포집하는 방식, 즉 기본유속이 클수록 작은 액적이 형성되어 미세입자를 제거함
- 목(Throat)부 유속 : 60~90m/sec
- 적용 : 분진농도 $10g/Sm^3$ 이하
- 효율 : 가압수식 중 가장 높음(광범위 사용)
- 액가스비가 커지는 조건　출제율 50%
  - 먼지입경이 작은 경우
  - 소수성 입자의 경우
  - 먼지농도가 높은 경우
  - 점착성이 큰 경우
  - 처리가스의 온도가 높은 경우
- 압력손실 : 300~800mmH$_2$O
- 물방울입경과 먼지입경의 비는 150 : 1 전후
- 특징
  - 소형으로 대용량의 가스 처리가 가능
  - 먼지와 가스의 동시제거 가능
  - 압력손실이 높음(동력소비량 증가로 운전비용 상승)
  - 세정액 대량 요구됨(운전비용 상승)
  - 먼지부하 및 가스유동에 민감함
  - 소요면적이 적고 흡수효율이 매우 우수함

ⓑ 제트스크러버(Jet Scrubber)
- 원리 : 이젝터(Ejector)를 사용하여 물(세정액)을 고압분무하여 수적과 접촉 포집하는 방식으로 기본유속이 클수록 작은 액적이 형성되어 미세입자를 제거한다.

ⓒ 사이클론스크러버(Cyclone Scrubber)
- 원리 : 처리가스를 접선 유입시켜 회전시키면서 중심부에 노즐을 설치하여 세정액을 분무·세정하는 방식이다.

ⓓ 충전탑(Packed Tower)
- 원리 : 탑 내에 충전물을 넣어 배기가스와 세정액적과의 접촉표면적을 크게 하여 세정하는 방식이다. 즉, 충전물질의 표면을 흡수액으로 도포하여 흡수액의 얇은 층을 형성시킨 후 가스와 흡수액을 접촉시켜 흡수시킨다.
- 장점 `출제율 50%`
  - 가스양 변동에 비교적 적응성이 있음
  - 포말성 흡수액에도 적응성이 좋음
- 단점 `출제율 50%`
  - 가스유속이 과대할 경우 조작이 불가능함
  - 충전층의 공극이 폐쇄되기 쉬움

ⓔ 분무탑(Spray Tower)
- 원리 : 다수의 분사노즐을 사용하여 세정액을 미립화시켜 오염가스 중에 분무하는 방식이다.

③ 회전식
㉠ 송풍기의 회전을 이용하여 액막, 기포를 형성시켜 배기가스를 세정하는 방식이다.
㉡ 종류
ⓐ 타이젠와셔(Theisen Washer)
- 원리 : 고정 및 회전날개로 구성된 다익형 날개차를 350~750rpm으로 고속선회하여 배기가스와 세정수를 교반시켜 먼지를 제거하는 방식이다.

ⓑ 임펄스 스크러버(Impulse Scrubber)
- 원리 : 송풍기 회전축에 설치된 분무회전판에 의해 생성되는 액막, 기포 등으로 배기가스를 세정하는 방식이다.

(6) 관성충돌효율(η_t)

① 관련식

$$\eta_t = \cfrac{1}{1 + \cfrac{0.65}{S}}$$

여기서, S : 관성충돌계수(무차원)

$$S = \frac{d_p^{\ 2} \rho_p V}{18 \mu_g d_w}$$

여기서, d_p : 입자 직경(m)
ρ_p : 입자 밀도(kg/m³)
V : 초기상대속도(입자와 액적 : m/sec)
μ_g : 가스 점도(kg/m · sec)
d_w : 액적 직경(m)

② 관성충돌계수 상승에 영향을 주는 입자의 배출원 특성 및 운전조건

출제율 70%

㉠ 액적 직경이 작아야 함
㉡ 처리가스의 온도가 낮아야 함
㉢ 처리가스의 점도가 낮아야 함
㉣ 입자 입경이 커야 함
㉤ 입자 밀도가 커야 함
㉥ 처리가스와 액적의 상대속도가 커야 함

(7) 액적의 직경

① 누게야마식

가스분무 경우 그 기류에 의해 세정액이 미립화되는 경우

$$d_w = \frac{585}{V} \sqrt{\frac{T}{\rho_l}} + 597 \left(\frac{\mu_l}{\sqrt{T} \rho_l} \right)^{0.45} \times L^{1.5}$$

여기서, d_p : 액적의 크기(직경 : μm), V : 기-액 상대속도(m/sec)
T : 세정액의 표면장력(dyne/cm), ρ_l : 세정액의 밀도(g/cm³)
μ_l : 세정액의 점도(g/cm · sec), L : 액기비(L/m³)

[간이식]

$$d_w = \frac{5,000}{V} + 29\, L^{1.5}(\mu m) \ (at\ 20℃)$$

② 회전원판에 의해 분무액이 미립화되는 경우

$$d_w = \frac{200}{N\sqrt{R}}$$

여기서, d_w : 액적의 크기(직경 : cm)
 N : 회전원판의 회전수(rpm)
 R : 회전원판의 반경(cm)

(8) 벤투리스크러버의 각 인자 관계식

$$n\left(\frac{d}{D_1}\right)^2 = \frac{V_t \cdot L}{100\sqrt{P}}$$

여기서, D_1 : 목부의 직경(m)
 d : 노즐의 직경(m)
 n : 노즐의 수
 V_t : 목부의 가스유속(m/sec)
 L : 액기비(L/m³)
 P : 수압(mmH₂O)

1. 세정집진장치 포집메커니즘 4가지 숙지
2. 가스분산형 및 액분산형 종류 숙지
3. 벤투리스크러버의 액가스비 상승조건 숙지
4. 관성충돌계수 상승에 영향을 미치는 특성 및 운전조건 숙지

기출 필수문제 출제율 30% 이상

01 20℃에서 기-액 상대속도가 60m/sec이고 액기비가 2.0L/m³이라면 생성된 액적의 반경(μm)은?

> **풀이**
>
> 액적의 직경$(d_w) = \dfrac{5,000}{V} + 29\,L^{1.5}(\mu m) = \dfrac{5,000}{60} + 29 \times 2^{1.5} = 165.36\mu m$
>
> 액적의 반경 $= \dfrac{165.36}{2} = 82.68\mu m$

기출 필수문제 출제율 40% 이상

02 세정식 집진장치에서 회전원판에 의해 분무액이 미립화될 경우 원심력과 표면장력에 의해 물방울 직경을 측정할 수 있다. 회전원판의 지름이 12cm, 회전수가 4,000rpm 일 때 물방울의 직경(μm)을 구하시오.

> **풀이**
>
> 물방울 직경(d_w)
>
> $d_w(\mu m) = \dfrac{200}{N\sqrt{R}}$
>
> $R =$ 회전원판 반경 $= 12\text{cm} \div 2 = 6\text{cm}$
>
> $= \dfrac{200}{4,000 \times \sqrt{6}} = 0.0204\text{cm} \times 10^4 \mu m/\text{cm} = 204.12\mu m$

기출 필수문제 출제율 30% 이상

03 0.25μm 직경을 가진 구형 물입자(Water Droplet) 1개에 포함되어 있는 물분자수는 몇 개인가?

> **풀이**
>
> 구형물입자 체적(0.25μm 직경) $= \dfrac{1}{6}\pi d_w^3$
>
> $\qquad = \dfrac{1}{6} \times 3.14 \times (0.25\mu m \times m/10^6 \mu m)^3$
>
> $\qquad = 8.178 \times 10^{-21} m^3 \times 1,000 L/m^3$
>
> $\qquad = 8.178 \times 10^{-18} L$
>
> 1mol $= 6.023 \times 10^{23}$의 분자수(아보가드로 법칙)

$$\text{물분자수} = 8.178 \times 10^{-18} \text{L} \times 1,000 \text{g/L} \times 1\text{mol}/18\text{g} \times \frac{6.023 \times 10^{23} \text{개}}{1\text{mol}}$$
$$= 2.736 \times 10^{8} \text{개}$$

필수 예상문제

04 밀도가 1,100kg/m³인 물질 1kg 속에 포함되어 있는 입경 0.1μm인 구형입자의 수를 구하시오.

풀이

물체 1kg의 체적(V)

$$V = \frac{\text{질량}}{\text{밀도}} = \frac{1\text{kg}}{1,100\text{kg/m}^3} = 9.09 \times 10^{-4} \text{m}^3$$

입경 0.1μm인 구형입자 한 개의 체적(V')

$$V' = \frac{1}{6}\pi d_p^{\ 3}$$
$$= \frac{1}{6} \times 3.14 \times (0.1\ \mu\text{m} \times \text{m}/10^6 \mu\text{m})^3 = 5.23 \times 10^{-22} \text{m}^3/\text{개}$$

$$0.1\mu\text{m 구형입자 개수} = \frac{9.09 \times 10^{-4}\ \text{m}^3}{5.23 \times 10^{-22}\text{m}^3/\text{개}} = 1.74 \times 10^{18} \text{개}$$

기출 필수문제 출제율 30% 이상

05 유입농도 2g/m³, 유입유량 1,000m³/hr, 효율 70%, 세정액량 2m³일 때 세정액이 10g/L 농도가 되면 방출할 때의 방류시간(hr) 간격을 구하시오.

풀이

시간당 농도를 구함

$$\frac{2\text{g/m}^3 \times 1,000\text{m}^3/\text{hr} \times 0.7}{2\text{m}^3 \times 1,000\text{L/m}^3} = 0.7\text{g/L} \cdot \text{hr}$$

$$\text{방류시간 간격(배출시간 간격)} = \frac{10\text{g/L}}{0.7\text{g/L} \cdot \text{hr}} = 14.29\text{hr}$$

기출 필수문제 출제율 90% 이상

06 벤투리스크러버에서 250m³/min의 함진가스를 처리하려고 한다. 목부(Throat)의 지름이 30cm, 수압 1.8atm, 직경 4mm인 노즐 8개를 사용할 때 필요한 물의 양(L/sec)은?(단, $n\left(\dfrac{d}{D_t}\right)^2 = \dfrac{V_t \cdot L}{100\sqrt{P}}$ 이용)

풀이

식에 의해 L(액기비)를 구한 후 필요한 물의 양을 구함

$$n\left(\dfrac{d}{D_t}\right)^2 = \dfrac{V_t \cdot L}{100\sqrt{P}}$$

$$V_t = \dfrac{Q}{A} = \dfrac{250\text{m}^3/\text{min} \times \text{min}/60\text{sec}}{\left(\dfrac{3.14 \times 0.3^2}{4}\right)\text{m}^2} = 58.98\text{m/sec}$$

$d = 4\text{mm} \times \text{m}/1{,}000\text{mm} = 0.004\text{m}$

$D_t = 30\text{cm} \times \text{m}/100\text{cm} = 0.3\text{m}$

$P = 1.8\text{atm} \times 10{,}332\text{mmH}_2\text{O/atm} = 18{,}597.6\text{mmH}_2\text{O}$

$n = 8$

$$8 \times \left(\dfrac{0.004}{0.3}\right)^2 = \dfrac{58.98 \times L}{100\sqrt{18{,}597.6}}$$

$L = 0.329\text{L/m}^3$

필요한 물의 양(L/sec) $= 250\text{m}^3/\text{min} \times 0.329\text{L/m}^3 \times \text{min}/60\text{sec} = 1.37\text{L/sec}$

기출 필수문제 출제율 90% 이상

07 벤투리스크러버의 사양이 다음과 같을 때 노즐의 직경(mm)을 구하시오.

- 목 직경 : 20cm
- 노즐개수 : 10개
- 목 부의 가스유속 : 60m/sec
- 수압 : 20,000mmH₂O
- 액기비 : 1L/m³

풀이

$$n\left(\dfrac{d}{D_t}\right)^2 = \dfrac{V_t \cdot L}{100\sqrt{P}}$$

$$d = D_t \times \left(\dfrac{1}{n} \times \dfrac{V_t \times L}{100\sqrt{P}}\right)^{0.5} = 0.2 \times \left[\dfrac{1}{10} \times \left(\dfrac{60 \times 1}{100\sqrt{20{,}000}}\right)\right]^{0.5}$$

$= 0.00411\text{m} \times 1{,}000\text{mm/m} = 4.12\text{mm}$

기출 필수문제 출제율 90% 이상

08 벤투리스크러버의 사양이 다음과 같을 때 노즐의 직경(mm)을 구하시오.

- Throat 직경 : 0.25m
- Nozzle 개수 : 8
- Throat 가스유속 : 60m/sec
- 수압 : 2atm
- 액가스비 : 0.8L/m³

풀이

$$n\left(\frac{d}{D_t}\right)^2 = \frac{V_t \cdot L}{100\sqrt{P}}$$

$$d = D_t \times \left(\frac{1}{n} \times \frac{V_t \times L}{100\sqrt{P}}\right)^{0.5}$$

$$P = 2\text{atm} \times \frac{10,332\text{mmH}_2\text{O}}{1\text{atm}} = 20,664\text{mmH}_2\text{O}$$

$$= 0.25 \times \left[\frac{1}{8} \times \left(\frac{60 \times 0.8}{100\sqrt{20,664}}\right)\right]^{0.5}$$

$$= 5.11 \times 10^{-3}\text{m} \times 1,000\text{mm/m} = 5.11\text{mm}$$

기출 필수문제 출제율 50% 이상

09 Venturi Scrubber 목부의 직경이 0.2m, 수압이 2×10^4mmH₂O, 유속이 60m/sec, 노즐 직경이 3.8mm인 경우 노즐의 개수를 구하시오. (단, 액가스비는 0.5L/m³)

풀이

$$n\left(\frac{d}{D_t}\right)^2 = \frac{V_t \cdot L}{100\sqrt{P}}$$

$$n(\text{노즐 개수}) = \frac{V_t \cdot L}{100\sqrt{P}} \times \left(\frac{D_t}{d}\right)^2$$

$V_t = 60$m/sec

$L = 0.5$L/m³

$d = 3.8$mm $\times$ m/1,000mm $= 0.0038$m

$D_t = 0.2$m

$P = 20,000$mmH₂O

$$= \frac{60 \times 0.5}{100 \times \sqrt{20,000}} \times \left(\frac{0.2}{0.0038}\right)^2 = 5.88(6개)$$

기출 필수문제 출제율 40% 이상

10 A공장의 배출라인에서 평균입경이 $1\mu m$인 먼지를 함유한 배출가스 $200m^3/min$ ($20°C$ 공기)를 배출한다. 함진가스 중 먼지를 처리하기 위하여 액가스비 $1.5L/m^3$, 목부 가스유속 $50m/sec$로 하였을 경우 목부 직경과 압력손실을 구하시오. (단, 아래 식을 이용하여 계산하시오. R_{HT} : 목부의 상당수력 반경, L : 액가스비, ρ : 배출가스의 밀도, V_t : 목부의 가스유속, 이 온도에서의 가스밀도는 $1.2kg/m^3$이다.)

$$\Delta P = \left(\frac{0.033}{\sqrt{R_{HT}}} + 3.0 R_{HT}^{0.3} \cdot L\right) \cdot \frac{\rho \cdot V_t^2}{2g} (mmH_2O)$$

풀이

1) 목부 직경

$$Q = A \times V = \frac{\pi}{4}D^2 \times V$$

$$D = \left(\frac{Q \times 4}{\pi \times V}\right)^{1/2}$$

$$= \left(\frac{200/60 \times 4}{\pi \times 50}\right)^{1/2} = 0.29m$$

2) 압력손실

$$\Delta P = \left(\frac{0.033}{\sqrt{R_{HT}}} + 3.0 R_{HT}^{0.3} \cdot L\right) \cdot \frac{\rho \cdot V_t^2}{2g}$$

$$R_{HT} = \frac{D}{4} = \frac{0.291}{4} = 0.0728m$$

$$L = 1.5L/m^3$$

$$V_t = 50m/sec$$

$$= \left(\frac{0.033}{\sqrt{0.0728}} + 3.0 \times 0.0728^{0.3} \times 1.5\right) \times \frac{1.2 \times 50^2}{2 \times 9.8} = 332.57 mmH_2O$$

5. 여과집진장치

(1) 원리 출제율 40%

함진가스를 여과재(Filter Media)에 통과시켜 입자를 분리 포집하는 장치로서 $1\mu m$ 이상의 분진포집은 99%가 관성충돌과 직접차단에 의하여 이루어지고 $0.1\mu m$ 이하의 분진은 확산과 정전기력에 의하여 포집하는 집진장치이다.

(2) 입자제거 메커니즘(여과포집 기전) 출제율 40%

① **직접차단(간섭 : Direct Interception)**

기체유선에 벗어나지 않는 크기의 미세입자가 입자에 작용하는 관성력이 상대적으로 작을 때 섬유와 접촉에 의해서 포집되는 집진기구이다.

② **관성충돌(Intertial Impaction)**

입경이 비교적 크고 입자가 기체유선에서 벗어나 급격하게 진로를 바꾸면 방향의 변화를 따르지 못한 입자의 방향지향성, 즉 관성력 때문에 섬유층에 직접충돌하여 포집되는 원리이다.

③ **확산(Diffusion)**

유속이 느릴 때 포집된 입자층에 의해 유효하게 작용하는 포집기구로서 미세입자(직경 $0.1\mu m$ 이하)의 불규칙적인 운동, 즉 브라운 운동에 의한 포집원리이다.

④ **중력침강(Gravitional Settling)**

입경이 비교적 크고 비중이 큰 입자가 저속기류 중에서 중력에 의하여 침강되어 포집되는 원리이다.

⑤ **정전기 침강(Electrostatic Settling)**

입자가 정전기를 띠는 경우에는 중요한 기전이나 정량화하기가 어렵다.

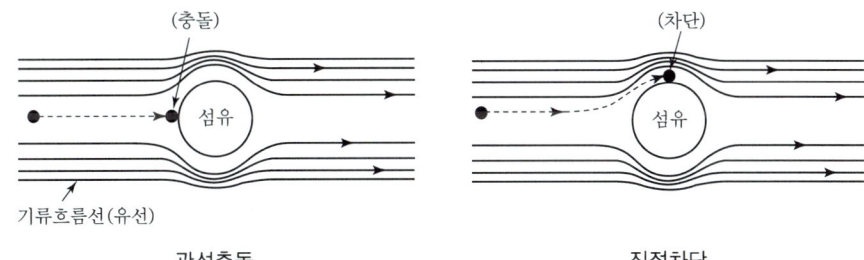

관성충돌   직접차단

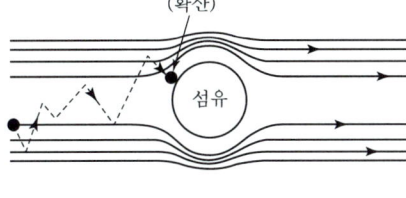

확산

| 여과포집원리(기전) |

(3) 개요
① 취급입자 : 0.1~20μm
② 압력손실 : 100~200mmH$_2$O
③ 집진효율 : 90~99%
④ 여과속도 : 일반입자(0.3~10cm/sec), 미세입자(1~2cm/sec)

(4) 장점 출제율 30%
① 집진효율이 높고 미세입자 제거가 가능하다.
② 세정집진장치보다 압력손실과 동력소모가 적다.
③ 다양한 여과재의 사용으로 인하여 설계 시 융통성이 있다.
④ 건식공정이므로 포집먼지의 처리가 쉽고 설치적용범위가 광범위하다.
⑤ 연속집진방식일 경우 먼지부하의 변동이 있어도 운전효율에는 영향이 없다.

(5) 단점 출제율 40%
① 여과재의 교환으로 유지비가 고가이다.
② 수분이나 여과속도에 대한 적응성이 낮다.
③ 가스의 온도에 따른 여과재의 사용이 제한된다. 즉, 250℃ 이상 고온가스처리 경우 고가의 특수여과백을 사용해야 한다.
④ 점착성, 흡습성, 폭발성, 발화성(산화성 먼지농도 50g/m^3 이상일 경우)의 입자 제거는 곤란하다.
⑤ 가스가 노점온도 이하가 되면 수분이 생성되므로 주의를 요한다.

(6) 여과방식에 따른 구분
① 내면여과 방식
여재를 비교적 느슨하게 틀 속에 충전하여 이것을 여과층으로 하여 함진가스 중의 먼지입자를 포집하는 방식으로 여재내면에서 포집된다.

② 표면여과 방식
비교적 얇은 여과재(직조한 여과포)에 함진가스를 통과시켜 최초로 부착된 입자층(1차 부착층 또는 초층)을 실제 여과층으로 하여 미세입자를 분리 포집하는 방식이다.

(7) 여과포(Filter Bag) 모양에 따른 구분
① 원통형(Tube Type) : 주로 사용

② 평판형(Plate Type)
③ 봉투형(Envelope Type)

(8) 탈진방식에 따른 구분

① 간헐식
  ㉠ 개요
    집진실을 여러 개의 방으로 구분하고 방 하나씩 처리가스의 흐름을 차단하여 순차적으로 탈진하는 방식이다.
  ㉡ 장점 출제율 40%
    - 여포의 수명이 연속식에 비해 길다.
    - 먼지의 재비산이 적다.
    - 높은 집진효율을 얻을 수 있다.
  ㉢ 단점 출제율 40%
    - 대량가스의 처리에 부적합하다.
    - 점성이 있는 조대분진을 탈진할 경우 진동형은 여포손상을 일으킨다.
    - 역기류형 경우 초자섬유(Glass Fiber)를 적용하는 데 한계가 있다.
  ㉣ 종류
    - 진동형
    - 역기류형
    - 역기류진동형

② 연속식
  ㉠ 개요
    포집과 탈진이 동시에 이루어지므로 압력손실이 거의 일정하고 고농도, 대용량의 가스를 처리할 수 있으며, 청소를 위해 주기적인 가동중단이 요구되지 않거나 불가능한 경우에 주로 채택된다.
  ㉡ 장점 출제율 40%
    - 포집과 탈진이 동시에 이루어지므로 압력손실이 거의 일정하다.
    - 고농도의 가스처리가 가능하다.
    - 대용량의 가스를 처리할 수 있다.
  ㉢ 단점 출제율 40%
    - 탈진공정 시 재비산이 발생한다.
    - 간헐식에 비해 집진효율이 낮다.
    - 여과백의 수명이 단축된다.
  ㉣ 종류
    - 역제트기류 분사형
    - 충격제트기류 분사형

(9) 여과속도

단위시간 동안 단위면적당 통과하는 여과재의 총면적으로 나눈 값을 의미하며, 공기여재비(Air to Cloth Ratio ; A/C)라고도 한다.

$$여과속도 = \frac{처리가스양}{총여과면적(여과포 1개 면적 \times 여과포 개수)}$$

여기서, 여과포 1개 면적 = πDH
D : 여과포 직경(m)
H : 여과포 유효높이(m)

$$여과포 개수 = \frac{처리가스양}{여과포 하나의 가스양} = \frac{전체 여과면적}{여과포 하나의 면적}$$

학습 Point

1. 여과집진장치 포집메커니즘 숙지
2. 여과집진장치 장단점 숙지
3. 탈진방식(간헐식, 연속식)의 장단점 숙지

기출 필수문제 출제율 80% 이상

01 직경이 30cm, 높이가 10m인 원통형 여과집진장치(여포)를 이용하여 배출가스를 처리하고자 한다. 배출가스양은 1,000m³/min이고, 여과속도는 3cm/s로 할 경우, 필요한 여과포 수는?

풀이

$$여과포 개수 = \frac{처리가스양}{여과포 하나당 가스양}$$

$$= \frac{1{,}000\,\text{m}^3/\text{min} \times \text{min}/60\,\text{sec}}{(\pi \times 0.3\,\text{m} \times 10\,\text{m}) \times 3\,\text{cm}/\text{sec} \times \text{m}/100\,\text{cm}} = 58.98(59개)$$

기출 필수문제 출제율 50% 이상

02 입자상 물질을 처리하기 위해 공기여재비가 1.5m/sec인 Bag Filter로 처리할 경우 여과백의 최소높이(m)를 구하시오. (단, 처리가스양 3.5m³/sec, 여과백 직경 50cm)

> **풀이**
>
> 여과면적(m²) $= \dfrac{3.5\text{m}^3/\text{sec}}{1.5\text{m}/\text{sec}} = 2.333\text{m}^2$
>
> $A = \pi \times D \times H$
>
> $H = \dfrac{A}{\pi \times D} = \dfrac{2.333\text{m}^2}{3.14 \times 0.5\text{m}} = 1.49\text{m}$

기출 필수문제 출제율 50% 이상

03 $5.0 \times 10^6 \text{cm}^3/\text{sec}$의 배기가스양을 공기여재비(A/C Ratio)=4:1로 처리하는 Bag Filter의 여과포 개수를 구하시오. (단, 여과백 ϕ20cm×3.5m)

> **풀이**
>
> 여과포 개수 $= \dfrac{\text{처리가스양}}{\text{여과포 하나당 가스양}}$
>
> 여재비=4:1=4cm³/cm²·sec=4cm/sec
>
> $= \dfrac{5.0 \times 10^6 \text{cm}^3/\text{sec} \times \text{m}^3/10^6\text{cm}^3}{(\pi \times 0.2\text{m} \times 3.5\text{m}) \times 4\text{cm}/\text{sec} \times \text{m}/100\text{cm}} = 56.87(57개)$

기출 필수문제 출제율 20% 이상

04 직경이 30cm이고, 유효높이가 10m인 원통형 Bag Filter를 사용하여 1,000m³/min의 함진가스를 처리할 때 여과속도를 2cm/sec로 하면 여과포 소요개수는?

> **풀이**
>
> 총여과면적을 구하고 여과포 하나의 면적의 비를 구하면
>
> 총여과면적 $= \dfrac{\text{총처리가스양}}{\text{여과속도}} = \dfrac{1,000\text{m}^3/\text{min}}{2\text{cm}/\text{sec} \times 60\text{sec}/\text{min} \times 1\text{m}/100\text{cm}}$
>
> $= 833.33\text{m}^2$
>
> 여과포 소요개수 $= \dfrac{\text{전체 여과면적}}{\text{여과포 하나당 면적}(\pi \times D \times L)} = \dfrac{833.33\text{m}^2}{\pi \times 0.3\text{m} \times 10\text{m}}$
>
> $= 88.46(89개)$

(10) 먼지부하

여과포의 단위면적당 퇴적되는 분진의 양을 의미하며 일반적으로 0.2~1.0kg/m² 범위에서 운전하는 것이 적당하다.

$$\text{먼지부하}(L_d) = (C_i - C_o)V_f t$$
$$= C_i \times \eta \times V_f \times t$$

여기서, L_d : 먼지부하(kg/m², g/m²)
C_i : 유입구 먼지농도(kg/m³)
C_o : 출구 먼지농도(kg/m³)
η : 집진효율
V_f : 여과속도(m/sec)
t : 여과시간(탈진주기 : sec)

$$\text{탈진주기}(t) = \frac{L_d}{C_i \times \eta \times V_f}$$

(11) 총압력손실과 탈진주기의 관계 _{출제율 20%}

여과집진장치의 총압력손실은 탈진주기에 따라 동일한 간격으로 일정하게 변화하는 특성이 있다.

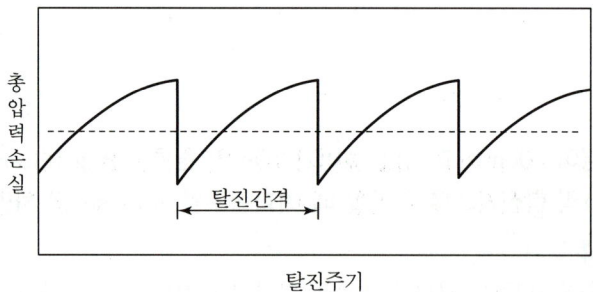

(12) Blinding 현상 _{출제율 30%}

점착성(부착성) 분진이 여과재에 부착된 후 배기가스 중에 함유된 수분의 응축으로 인하여 탈진되지 않고 여과재의 공극이 막혀 압력손실이 영구적으로 과도하게 증가되는 현상

 학습 **Point**

Blinding 현상 내용 숙지

기출 필수문제 출제율 80% 이상

01 Bag Filter의 먼지부하가 500g/m²에 달할 때 탈락시키고자 한다. 이때 탈락시간 간격(분)은?(단, Bag Filter 유입가스 함진농도는 10g/m³, 여과속도는 7,200cm/hr이다.)

> **풀이**
>
> 먼지부하(L_d) $= C_i \times V_f \times t \times \eta$
>
> 탈진주기(min) $= \dfrac{L_d}{C_i \times V_f \times \eta}$
>
> $= \dfrac{500\text{g/m}^2}{10\text{g/m}^3 \times (7{,}200\text{cm/hr} \times \text{hr/60min} \times \text{m/100cm}) \times 1.0}$
>
> $= 41.67\text{min}$

기출 필수문제 출제율 60% 이상

02 Bag Filter의 먼지부하가 400g/m²에 달할 때 탈락시키고자 한다. 이때 탈락시간 간격(min)은?(단, Bag Filter 유입가스 함진농도는 10g/m³, 출구농도 1g/m³, 여과속도 1.5cm/sec)

> **풀이**
>
> 탈진주기(t)
>
> $t = \dfrac{L_d}{C_i \times \eta \times V_f}$
>
> $\eta = \dfrac{10-1}{10} \times 100 = 90\%$
>
> $= \dfrac{400\text{g/m}^2}{10\text{g/m}^3 \times 0.9 \times 1.5\text{cm/sec} \times \text{m/100cm} \times 60\text{sec/min}} = 49.38\text{min}$

기출 필수문제 출제율 50% 이상

03 원통형 여과집진장치(여과포 지름 290mm, 유효높이 11.5m)를 사용하여 배기가스 양 1,150m³/min, 먼지농도 5g/m³를 처리하고자 한다. 먼지부하 350g/m², 출구 먼지농도가 0.5g/m³일 경우 다음에 답하시오.(단, 겉보기 여과속도 1.5cm/sec)

(1) 필요 Bag Filter의 개수　　　(2) 탈진주기(min)

> 풀이
>
> (1) 여과포 개수
>
> $$= \frac{처리가스양}{여과포\ 하나당\ 가스양}$$
>
> $$= \frac{1,150\text{m}^3/\text{min} \times \text{min}/60\text{sec}}{(3.14 \times 0.29\text{m} \times 11.5\text{m}) \times (1.5\text{cm}/\text{sec} \times \text{m}/100\text{cm})} = 122개$$
>
> (2) 탈진주기(t)
>
> $$t(\text{min}) = \frac{L_d}{C_i \times \eta \times V_f} = \frac{350\text{g}/\text{m}^2}{5\text{g}/\text{m}^3 \times 0.9 \times 0.015\text{m}/\text{sec}}$$
>
> $$= 5,185.18\text{sec} \times \text{min}/60\text{sec} = 86.42\text{min}$$

기출 필수문제 출제율 40% 이상

04 면적 1.5m²인 여과집진장치로 먼지농도가 1.5g/m³인 배기가스가 100m³/min으로 통과하고 있다. 먼지가 모두 여과포에서 제거되었으며, 집진된 먼지층의 밀도가 1g/cm³라면 1시간 후 여과된 먼지층의 두께(mm)는?

> 풀이
>
> $$먼지층\ 두께 = \frac{먼지부하(\text{kg}/\text{m}^2)}{먼지밀도(\text{kg}/\text{m}^3)}$$
>
> 먼지부하 $= C_i \times V_f \times t$
>
> $$= (1.5\text{g}/\text{m}^3 \times \text{kg}/1,000\text{g}) \times \left(\frac{100\text{m}^3/\text{min}}{1.5\text{m}^2}\right) \times 60\text{min}$$
>
> $$= 6\text{kg}/\text{m}^2$$
>
> $$= \frac{6\text{kg}/\text{m}^2}{1\text{g}/\text{cm}^3 \times 10^6 \text{cm}^3/\text{m}^3 \times \text{kg}/1,000\text{g}}$$
>
> $$= 0.006\text{m} \times 1,000\text{mm}/\text{m} = 6\text{mm}$$

기출 필수문제 출제율 40% 이상

05 여과집진장치에서 2시간 운전 동안 여과포상의 분진층 두께(mm)를 구하시오.

- 분진밀도 : 1.0g/cm³
- 여과면적 : 5×10⁴cm²
- 분진농도 : 10g/cm³
- 유량 : 100cm³/min

풀이

$$분진층\ 두께(mm) = \frac{분진부하}{분진밀도}$$

$$분진부하 = \frac{C \times Q \times t}{A}$$

$$= \frac{10\text{g/cm}^3 \times 100\text{cm}^3/\min \times 2\text{hr} \times 60\min/\text{hr}}{5 \times 10^4 \text{cm}^2}$$

$$= 2.4\text{g/cm}^2$$

$$= \frac{2.4\text{g/cm}^2}{1.0\text{g/cm}^3} = 2.4\text{cm}(24\text{mm})$$

기출 필수문제 출제율 80% 이상

06 15개의 Bag을 사용한 여과집진장치에서 입구 먼지농도는 12g/Sm³이고, 집진율은 95%이었다. 가동 중 2개의 Bag에 구멍이 생겨 처리가스양의 30%가 그대로 통과했다면 출구농도(g/Sm³)는 얼마인지 구하시오.

풀이

$C_o = [C_i(1-\eta) \times 처리된\ 가스양의\ 분율] + [C_i \times 처리되지\ 않은\ 가스양의\ 분율]$
$= [12 \times (1-0.95) \times 0.7] + [12 \times 0.3] = 4.02\text{g/Sm}^3$

기출 필수문제 출제율 80% 이상

07 10개의 Bag을 사용한 여과집진장치에 입구먼지농도가 25g/Sm³, 집진율이 95%였다. 가동 중 2개의 Bag에 구멍이 생겨 전체 처리가스양의 1/5이 그대로 통과하였다면 출구의 먼지농도(g/Sm³)는?(단, 나머지 Bag의 집진율 변화는 없음)

풀이

$$출구먼지농도 = 원\ 출구농도 + \frac{1}{5}\ 통과\ 고려\ 출구농도$$

$$= \left[25\text{g/Sm}^3(1-0.95) \times \frac{4}{5}\right] + \left(25\text{g/Sm}^3 \times \frac{1}{5}\right)$$

$$= 1.0 + 5 = 6.0\text{g/Sm}^3$$

> 기출 필수문제 출제율 50% 이상

08 20개의 여과자루를 사용하는 여과집진장치에서 효율이 95%였다. 가동 중 1개의 Bag에 구멍이 생겨 처리가스양의 1/5이 그대로 빠져나갔다. 출구 먼지농도가 150℃에서 4.1g/m³일 경우 여과집진장치로 유입되는 먼지농도(g/m³)는?

풀이

출구 먼지농도 = 입구 먼지농도 + $\frac{1}{5}$ 통과 고려 출구농도

출구 농도 = $4.1 \text{g/m}^3 \times \frac{273+150}{273} = 6.35 \text{g/m}^3$

입구 먼지농도를 x라 하면

$6.35 = C_i \times \frac{1}{5} + \left[C_i \times \frac{4}{5} \times (1-0.95) \right]$

$= 0.2 C_i + 0.04 C_i = 0.24 C_i$

C_i(입구농도) = $\frac{6.35}{0.24} = 26.46 \text{g/m}^3$

> 기출 필수문제 출제율 40% 이상

09 입구의 분진농도가 12g/m³, 유량이 500m³/min인 배가스를 공기여재비 3(m³/min)/m³인 여과집진기로 집진할 때 집진효율은 98%였다. 압력손실이 200 mmH₂O에서 탈진할 때 탈진주기(min)를 구하시오. (단, K_1 = 59.8mmH₂O/(m/min), K_2 = 127mmH₂O/(kg/m·min), $\Delta P = K_1 V_f + K_2 C V_f^2 t$이다.)

풀이

$\Delta P = K_1 V_f + K_2 C V_f^2 t$

$t(\text{min}) = \dfrac{\Delta P - K_1 V_f}{K_2 C V_f^2}$

C(포집된 분진농도) = $12\text{g/m}^3 \times \text{kg}/1,000\text{g} = 0.012\text{kg/m}^3 \times 0.98$
$= 0.01176 \text{kg/m}^3$

$= \dfrac{200 - (59.8 \times 3)}{127 \times 0.01176 \times 3^2} = 1.53 \text{min}$

기출 **필수문제** 출제율 40% 이상

10 분진농도 12g/m³, 유량 1,500m³/min의 가스를 백필터로 처리하고자 한다. 백의 직경은 0.3m, 길이는 4.5m, 처리속도는 3m/min이며, 처리효율을 95%로 한다. 다음을 구하시오.

> 차압식 $\Delta P = K_1 V_f + K_2 C V_f^2 t$
> 여기서, $K_1 = 60 \text{mmH}_2\text{O}(\text{m/min})(\text{kg/m}^2)$
> $K_2 = 120 \text{mmH}_2\text{O}(\text{m/min})(\text{kg/m}^2)$

(1) Bag의 개수

(2) 차압을 200mmH₂O로 하고자 한다면 탈진주기(min)는?

풀이

(1) Bag의 개수(N)

$$N = \frac{처리가스양}{여과포 하나당 가스양}$$

$$= \frac{1,500 \text{m}^3/\text{min}}{(3.14 \times 0.3\text{m} \times 4.5\text{m}) \times 3\text{m/min}} = 117.95(118개)$$

(2) 탈진주기(t)

$$t = \frac{\Delta P - K_1 V_1}{(K_2 C V_f^2) \times \eta}$$

$$= \frac{200\text{mmH}_2\text{O} - (60\text{mmH}_2\text{O} \times 3\text{m/min})}{[120\text{mmH}_2\text{O} \times 12\text{g/m}^3 \times \text{kg}/1,000\text{g} \times (3\text{m/min})^2] \times 0.95}$$

$$= 1.62 \text{min}$$

기출 **필수문제** 출제율 30% 이상

11 3개의 집진실로 구성된 여과집진기의 총 여과시간이 50분이고 단위집진실의 탈진시간이 6분이라면, 단위집진실의 운전시간(min)은?

풀이

총 여과시간=[(여과시간+탈진시간)×집진실 수]−단위집진실 탈진시간
50=[(여과시간+6)×3]−6
단위집진실 운전시간=12.67min

6. 전기집진장치

(1) 원리 출제율 40%

특고압 직류 전원을 사용하여 집진극을 (+), 방전극을 (-)로 불평등 전계를 형성하고 이 전계에서의 코로나(Corona) 방전을 이용하여 함진가스 중의 입자에 전하를 부여, 대전입자를 쿨롱력(Coulomb)으로 집진극에 분리포집하는 장치이다.

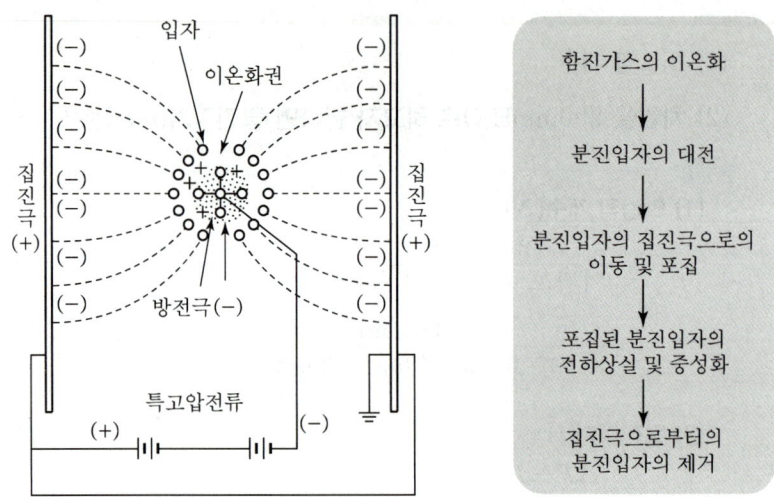

┃ 전기집진장치 원리 ┃

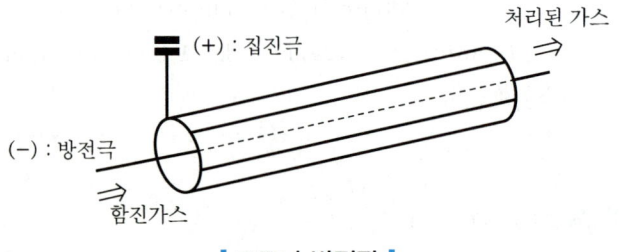

┃ 코로나 방전관 ┃

(2) 입자에 작용하는 전기력의 종류 출제율 30%

① 대전입자의 하전에 의한 쿨롱력은 가장 지배적으로 작용
② 전계강도에 의한 힘
③ 입자 간의 흡인력
④ 전기풍에 의한 힘

(3) 개요

① 취급입자 : $0.01\mu m$ 이상

② 압력손실 : 건식($10mmH_2O$), 습식($20mmH_2O$)

③ 집진효율 : 99.9% 이상

④ 입구유속 : 건식($1\sim2m/sec$), 습식($2\sim4m/sec$)

⑤ 방전극 `출제율 20%`

코로나 방전 시 정(+) 코로나보다 부(-) 코로나 방전을 하는 이유는 코로나 방전 개시전압이 낮기 때문이다. 방전극은 코로나 방전을 잘 형성하도록 뾰족한 Edge로 이루어져야 하며 진동 혹은 요동을 일으키지 않는 구조여야 한다.

⑥ 집진극

집진극 두께는 $0.05\sim0.2cm$, 설치간격은 $10\sim30cm$, 높이는 $6\sim12m$이며, 재질은 주로 탄소강, 스테인리스강 등을 사용한다. 또한 원통형 집진극은 주로 습식 집진에 사용된다.

⑦ 습식 전기집진장치의 장단점 `출제율 20%`

　㉠ 장점
- 건식에 비하여 처리가스의 속도를 2배 정도 크게 할 수 있다.
- 역전리 현상 및 재비산 현상이 건식에 비하여 상대적으로 아주 적게 발생한다.
- 집진면이 깨끗하게 되어 높은 전계강도를 얻을 수 있다.

　㉡ 단점
- 많은 양의 슬러지가 발생한다.
- 장치구조가 복잡하다.

(4) 전기집진장치의 장점 `출제율 50%`

① 집진효율이 높다.($0.1\sim0.9\mu m$인 것에 대해서도 높은 집진효율)

② 광범위한 온도범위에서 적용이 가능하며 부식성, 폭발성 가스가 함유된 먼지의 처리도 가능하다.

③ 고온가스(500℃ 전후) 처리가 가능하여 보일러와 철강로 등에 설치할 수 있다.

④ 압력손실이 낮고 대용량의 처리가스가 가능하고 배출가스의 온도강하가 적다.
⑤ 운전 및 유지비가 저렴하다(전력소비 적음).
⑥ 회수가치 입자포집에 유리하며 습식 및 건식으로 집진할 수 있다.

(5) 전기집진장치의 단점 _{출제율 50%}

① 처리가스가 적은 경우 다른 고성능 집진장치에 비해 건설비가 비싸다.
② 설치공간을 많이 차지한다.
③ 설치된 후에는 운전조건의 변화에 유연성이 적다.
④ 먼지성상에 따라 전처리시설이 요구된다.
⑤ 분진포집에 적용되며 기체상 물질 제거에는 곤란하다.
⑥ 부하변동에 따른 적응이 곤란하다.(전압변동과 같은 조건변동에 쉽게 적응이 곤란)

(6) 집진효율

① 일반식(Deutsch-Anderson식)

$$\eta = 1 - \exp\left(-\frac{Q_c}{Q}\right)K$$

여기서, η : 집진효율
Q_c : 집진극에 포집된 배기가스양
Q : 유입가스양
K : 보정계수

$$\eta = 1 - \exp\left(-\frac{A \cdot W}{Q}\right)$$

여기서, A : 집진극 면적
W : 입자 분리속도(겉보기 이동속도)

② 평판형

주로 수평으로 가스를 흐르게 한다.

$$\eta = 1 - \exp\left(-\frac{lW}{dV_g}\right)K = 1 - \exp\left(-\frac{2lW}{DV_g}\right)K$$

여기서, l : 집진극 길이
d : 집진극과 방전극 사이의 거리

D : 집진극과 집진극 사이의 거리(방전극과 방전극 사이의 거리)
V_g : 배출가스 속도
K : 보정계수(전극구성, 재비산)

③ 원통형(관형)

주로 수직으로 가스를 흐르게 한다.

$$\eta = 1 - \exp\left(-\frac{2lW}{RV_g}\right)K = 1 - \exp\left(-\frac{4lW}{DV_g}\right)K$$

여기서, R : 집진극과 방전극 사이의 거리

④ 집진효율 100% : 집진극의 길이

집진극의 길이가 작을수록 집진성능은 향상된다.

$$l = d \times \frac{V_g}{W}$$

학습 Point

1. 전기집진장치 포집원리 숙지
2. 전기집진장치에서 입자에 작용하는 전기력 종류 숙지
3. 습식 전기집진장치 장단점 숙지
4. 전기집진장치 장단점 숙지

필수 예상문제

01 직경 10cm, 길이가 1m인 원통형 전기집진장치에서 가스유속이 2m/s이고, 먼지 입자의 분리속도가 25cm/s라면 집진율은 얼마인가?

풀이

$$집진효율(\%) = 1 - \exp\left(-\frac{AW}{Q}\right)$$

$$A = \pi Dl = 3.14 \times 0.1\text{m} \times 1\text{m} = 0.314\text{m}^2$$

$$W = 25\text{cm/sec} \times \text{m}/100\text{cm} = 0.25\text{m/sec}$$

$$Q = AV = \left(\frac{3.14 \times 0.1^2}{4}\right)\text{m}^2 \times 2\text{m/sec} = 0.0157\text{m}^3/\text{sec}$$

$$= 1 - \exp\left(-\frac{0.314 \times 0.25}{0.0157}\right) = 0.9933 \times 100 = 99.33\%$$

기출 **필수문제** 출제율 50% 이상

02 시멘트공장에서 먼지제거를 위해 전기집진장치를 사용하고 있다. 이 집진장치의 폭은 4.4m, 높이 5.6m인 두 개의 집진판을 23cm 간격의 평형판으로 농도가 18.5 g/m³인 가스 50m³/min를 처리한다면 집진효율(%)은?(단, 전기집진장치 내 입자의 겉보기 이동속도는 0.058m/s이다.)

풀이

$$집진효율(\%) = 1 - \exp\left(-\frac{AW}{Q}\right)$$

$A = (4.4\text{m} \times 5.6\text{m}) \times 2 = 49.28\text{m}^2$

$W = 0.058\text{m/sec}$

$Q = 50\text{m}^3/\text{min} \times \text{min}/60\text{sec} = 0.833\text{m}^3/\text{sec}$

$$= 1 - \exp\left(-\frac{49.28 \times 0.058}{0.833}\right) = 0.9676 = 96.76\%$$

필수 **예상문제**

03 직경 10cm이고 길이가 1m인 원통형 집진극을 가진 전기집진장치에서 처리되는 가스의 유속이 1.5m/s이고, 먼지입자가 집진극을 향하여 이동한 속도가 15cm/s일 때, 먼지 제거효율(%)은?(단, $\eta = 1 - e^{-2VL/RU}$을 이용하여 계산)

풀이

$$제거효율(\eta) = 1 - e^{-2VL/RU}$$

$$= 1 - \exp\left(-\frac{2lW}{RV_g}\right)$$

$W = 15\text{cm/sec} \times \text{m}/100\text{cm} = 0.15\text{m/sec}$

$l = 1\text{m}$

$R = 5\text{cm} \times \text{m}/100\text{cm} = 0.05\text{m}$

$V_g = 1.5\text{m/sec}$

$$= 1 - \exp\left(-\frac{2 \times 1 \times 0.15}{0.05 \times 1.5}\right) = 0.9816 \times 100 = 98.16\%$$

기출 필수문제 출제율 30% 이상

04 석탄화력발전소에서 120m³/min의 배출가스를 전기집진기로 처리한다. 입자이동속도가 15cm/sec일 때, 이 집진기의 효율이 99.5%가 되려면 집진극의 면적은? (단, Deutsch-Anderson식 적용)

풀이

집진효율$(\eta) = 1 - \exp\left(-\dfrac{A \cdot W}{Q}\right)$

$W = 15\text{cm/sec} \times \text{m}/100\text{cm} = 0.15\text{m/sec}$

$Q = 120\text{m}^3/\text{min} \times \text{min}/60\text{sec} = 2\text{m}^3/\text{sec}$

$0.995 = 1 - \exp\left(-\dfrac{A \times 0.15}{2}\right)$

$\exp\left(-\dfrac{A \times 0.15}{2}\right) = 1 - 0.995$

$\left(-\dfrac{A \times 0.15}{2}\right) = \ln(1-0.995)$

$A(\text{m}^2) = 70.64\text{m}^2$

필수 예상문제

05 A전기집진장치의 집진효율은 90%이다. 이때 집진판의 면적을 1.5배로 증가시키면 집진효율은 몇 %가 되는가?(단, 기타 조건은 동일하다.)

풀이

$\eta = 1 - \exp\left(-\dfrac{AW}{Q}\right)$

양변에 ln을 취한 식을 만들면

$\exp\left(-\dfrac{AW}{Q}\right) = 1 - \eta$

$-\dfrac{AW}{Q} = \ln(1-\eta)$, 기타 조건이 동일하므로

$A = -\dfrac{Q}{W}\ln(1-\eta)$

$1.5 = \dfrac{-\dfrac{Q}{W}\ln(1-\eta)}{-\dfrac{Q}{W}\ln(1-0.9)}$

$\eta = 0.9684 \times 100 = 96.84\%$

기출 필수문제 출제율 60% 이상

06 전기집진장치의 분진 제거효율은 다음 식으로 계산한다. $\eta = 1 - e^{-AV/Q}$ 효율을 90%에서 99%로 증가시키자면 집진극의 증가 면적은?(단, 다른 조건은 변하지 않는다.)

풀이

$$\eta = 1 - e^{-\frac{AV}{Q}}$$

양변에 ln 취한 식을 만들면

$$-\frac{AV}{Q} = \ln(1-\eta)$$

$$증가면적비 = \frac{-\frac{Q}{V}\ln(1-0.99)}{-\frac{Q}{V}\ln(1-0.9)} = 2배$$

필수 예상문제

07 전기집진장치에서 입구 먼지농도가 $10g/m^3$이고, 출구 먼지농도가 $0.5g/m^3$이다. 출구 먼지농도를 $100mg/m^3$으로 하기 위해서 필요한 집진극의 증가면적은?(단, 기타 조건은 고려하지 않는다.)

풀이

$$\eta = 1 - e^{-\frac{AV}{Q}}$$

양변에 ln을 취한 식을 만들면

$$-\frac{AV}{Q} = \ln(1-\eta)$$

$$초기효율 = \left(1 - \frac{0.5}{10}\right) \times 100 = 95\%$$

$$나중효율 = \left(1 - \frac{0.1}{10}\right) \times 100 = 99\%$$

$$집진극 증가면적비 = \frac{-\frac{Q}{V}\ln(1-0.99)}{-\frac{Q}{V}\ln(1-0.95)} = 1.54배$$

기출 필수문제 출제율 50% 이상

08 오염공기 2,100m³/min을 전기집진장치로 처리하려고 한다. 높이 4m, 길이 3m 집진판을 사용하여 96%의 집진율을 얻으려면 필요한 집진판의 수는?(단, Deutsch-Anderson식 이용, 모든 내부집진판은 양면, 두 개의 외부집진판은 각 하나의 집진면을 가지며, 유효표류속도는 4m/min이다.)

풀이

$$\eta = 1 - \exp\left(-\frac{AW}{Q}\right)$$

$A = (4\,\text{m} \times 3\,\text{m}) \times 2 = 24\text{m}^2$

$Q = 2,100\text{m}^3/\text{min} \times \text{min}/60\text{sec} = 35\text{m}^3/\text{sec}$

$W = 4\,\text{m/min} \times \text{min}/60\,\text{sec} = 0.067\text{m/sec}$

$$0.96 = 1 - \exp\left(-\frac{24 \times 0.067 \times n}{35}\right)$$

$$\left(-\frac{24 \times 0.067 \times n}{35}\right) = \ln(1 - 0.96)$$

$n = 70.06 ≒ 71 + 1(\text{외부집진판 2개 고려}) = 72\text{개}$

기출 필수문제 출제율 90% 이상

09 평판형 전기집진기에서 집진극과 방전극의 간격 4cm, 가스 유속 2.4m/sec로서 먼지 입자를 100% 제거하기 위해 요구되는 이론적인 전기집진극의 길이(m)는? (단, 입자의 집진극으로 표류(분리)속도는 0.045m/sec임)

풀이

$$L = d \times \frac{V_g}{W}$$

$d = 4\text{cm} \times \text{m}/100\text{cm} = 0.04\text{m}$

$V_g = 2.4\text{m/sec}$

$W = 0.045\text{m/sec}$

$= 0.04 \times \dfrac{2.4}{0.045} = 2.13\text{m}$

기출 필수문제 출제율 90% 이상

10 평판형 전기집진장치의 집진판과 방전극 사이의 간격이 5cm, 가스의 유속은 3m/s, 입자의 집진극으로 이동속도가 7cm/s일 때, 층류영역에서 입자를 완전히 제거하기 위한 이론적인 집진극의 길이(m)는?

풀이

$$L = d \times \frac{V_g}{W}$$

$d = 5\text{cm} \times \text{m}/100\text{cm} = 0.05\text{m}$

$V_g = 3\text{m/sec}$

$W = 7\text{cm/sec} \times \text{m}/100\text{cm} = 0.07\text{m/sec}$

$= 0.05 \times \dfrac{3}{0.07} = 2.14\text{m}$

기출 필수문제 출제율 30% 이상

11 평행하게 설치되어 있는 높이 7.0m, 폭 5.0m인 두 판 사이의 중간에 방전극이 위치하고 있다. 이 집진기 처리유량이 $1\text{m}^3/\text{sec}$로 통과시 집진효율이 99%가 되려면 충전입자의 이동속도(m/sec)는?

풀이

$$\eta = 1 - \exp\left(-\frac{AW}{Q}\right)$$

양변에 ln을 취하여 정리하면

$$-\frac{AW}{Q} = \ln(1-\eta)$$

$$W(\text{m/sec}) = -\frac{Q}{A}\ln(1-\eta)$$

$Q = 1\text{m}^3/\text{sec}$

$A = (7.0\text{m} \times 5.0\text{m}) \times 2 = 70\text{m}^2$

$\eta = 0.99$

$= -\dfrac{1}{70}\ln(1-0.99) = 0.066\text{m/sec}$

기출 필수문제 출제율 50% 이상

12 반경이 5cm, 길이가 1m인 원통형 전기집진에서 처리가스 수평속도를 2m/sec로 할 경우 입자의 집진극으로의 이동속도(m/sec)를 구하시오. (단, 입구먼지농도 $10g/m^3$, 출구먼지농도 $0.03g/m^3$)

풀이

$$\eta = 1 - \exp\left(-\frac{AW}{Q}\right)$$

양변에 ln을 취하여 정리하면

$$-\frac{AW}{Q} = \ln(1-\eta)$$

$$W(\text{m/sec}) = -\frac{Q}{A}\ln(1-\eta)$$

$$Q = A \times V = \left(\frac{3.14 \times 0.1^2}{4}\right)\text{m}^2 \times 2\text{m/sec} = 0.0157\text{m}^3/\sec$$

$$A = \pi DL = 3.14 \times 0.1\text{m} \times 1\text{m} = 0.314\text{m}^2$$

$$\eta = \left(1 - \frac{0.03}{10}\right) \times 100 = 99.7\%$$

$$= -\frac{0.0157}{0.314}\ln(1-0.997) = 0.29\text{m/sec}$$

기출 필수문제 출제율 40% 이상

13 전기집진장치의 배출가스양 $150\text{m}^3/\text{min}$, 먼지농도 $10g/m^3$인 배기가스를 처리하여 $20mg/Sm^3$로 유지하려 한다. 이때 겉보기 이동속도(m/sec)는? (단, 집진판의 규격은 5m×4m이고 집진판의 개수는 25개이며 양면집진으로 두 개의 외부집진판은 각 하나의 집진면을 가진다.)

풀이

$$\eta = 1 - \exp\left(-\frac{AW}{Q}\right)$$

양변에 ln을 취하여 정리하면

$$-\frac{AW}{Q} = \ln(1-\eta)$$

$$W(\text{m/sec}) = -\frac{Q}{A}\ln(1-\eta)$$

$$Q = 150\text{m}^3/\text{min} \times \text{min}/60\sec = 2.5\text{m}^3/\sec$$

$$A = 5\text{m} \times 4\text{m} \times 2 \times 24 = 960\text{m}^2$$

$$\eta = \left(1 - \frac{C_o}{C_i}\right) \times 100 = \left(1 - \frac{0.02\text{g/m}^3}{10\text{g/m}^3}\right) \times 100 = 99.8\%$$

$$= -\frac{2.5}{960}\ln(1-0.998) = 0.01618\text{m/sec}$$

기출 필수문제 출제율 40% 이상

14 평판형 전기집진기의 집진극 간의 길이가 25cm이고 집진극 전압이 50kV이다. 가스속도는 1.5m/sec이고 입자직경 d_p는 0.5μm일 때 입자의 이동속도(m/sec)를 구하시오.(단, $P=2$, 점성계수=0.0863kg/m·hr)

풀이

입자이동속도(W)

$$W(\text{m/sec}) = \frac{1.1 \times 10^{-14} \times P \times E^2 \times d_p}{\mu}$$

$P = 2$

$$E = \frac{V}{r} = \frac{50,000\text{V}}{\left(\frac{0.25}{2}\right)} = 400,000\text{V/m}$$

$d_p = 0.5\mu\text{m}$

$$= \frac{1.1 \times 10^{-14} \times 2 \times (400,000)^2 \times 0.5}{8.63 \times 10^{-2}} = 0.02\text{m/sec}$$

기출 필수문제 출제율 50% 이상

15 집진극 사이의 간격이 25cm인 평판형 집진기가 있다. 이 집진기로 유입되는 전압은 50kV이고, 평균 처리 가스속도는 1.5m/sec, 집진극을 통과하는 가스 중 입자의 입경은 0.5μm일 때 입자의 이동속도는 다음 식으로 구한다. 이때 효율이 100%가 되는 집진판의 길이(m)는?(단, 이동속도(W)는 다음 식과 같으며, 여기서 유전율 $P=2$, $\mu=0.0863$kg/m·hr이다.)

$$W = \frac{1.1 \times 10^{-14} \times P \times E^2 \times d_p}{\mu}$$

> **풀이**
>
> 집진판의 길이(m) $= d \times \dfrac{V_g}{W}$
>
> $d = 25\text{cm} \times \text{m}/100\text{cm} = 0.25\text{m}$
>
> $V_g = 1.5\text{m/sec}$
>
> $W = \dfrac{1.1 \times 10^{-14} \times P \times E^2 \times d_p}{\mu}$
>
> $P = 2,\ d_p = 0.5\mu\text{m},\ \mu = 8.63 \times 10^{-2}\text{kg/m} \cdot \text{hr}$
>
> $E = \dfrac{V}{r} = \dfrac{50{,}000\text{V}}{\left(\dfrac{0.25}{2}\right)\text{m}} = 400{,}000\text{V/m}$
>
> $= \dfrac{(1.1 \times 10^{-14}) \times 2 \times (400{,}000)^2 \times 0.5}{8.63 \times 10^{-2}} = 0.02\text{m/sec}$
>
> $= 0.125\text{m} \times \dfrac{1.5\text{m/sec}}{0.02\text{m/sec}} = 9.38\text{m}$

기출 필수문제 출제율 40% 이상

16 먼지제거를 위해 전기집진장치를 사용하고 있다. 이 집진장치의 폭, 높이가 각각 4m, 4.5m인 평형판을 20cm 간격으로 설치하여 농도 10g/m^3인 가스 60m^3/min를 처리할 경우 집진효율(%) 및 먼지량(kg/day)을 구하시오. (단, 전기집진장치 내 입자의 겉보기 이동속도는 0.05m/s이다.)

> **풀이**
>
> 1) 집진효율(η)
>
> $\eta(\%) = 1 - \exp\left(-\dfrac{AW}{Q}\right)$
>
> $A = (4\text{m} \times 4.5\text{m}) \times 2 = 36\text{m}^2$
>
> $W = 0.05\text{m/sec}$
>
> $Q = 60\text{m}^3/\text{min} \times \text{min}/60\text{sec} = 1.0\text{m}^3/\text{sec}$
>
> $= 1 - \exp\left(-\dfrac{36 \times 0.05}{1.0}\right)$
>
> $= 0.8347 \times 100 = 83.47\%$
>
> 2) 먼지량(D)
>
> $D(\text{kg/day}) = 60\text{m}^3/\text{min} \times 10\text{g/m}^3 \times \text{kg}/1{,}000\text{g} \times 60\text{min}/1\text{hr} \times 24\text{hr/day}$
> $\times 0.8347 = 721.18\text{kg/day}$

필수 예상문제

17 전기집진장치 내 먼지의 겉보기 이동속도는 0.15m/sec, (6×3)m인 집진판 200매를 설치하여 유량 10,000m³/min를 처리할 경우 집진효율(%)은?(단, 내부 집진판은 양면집진, 2개의 외부 집진판은 각 하나의 집진면을 가진다.)

> **풀이**
>
> $$\eta = 1 - \exp\left(-\frac{AW}{Q}\right)$$
>
> A(전체면적) → 개수 $= \dfrac{\text{전체면적}(A)}{1개당\ 면적} + 1$
>
> $200개 = \dfrac{A}{6 \times 3 \times 2} + 1$
>
> $A = 7,164\text{m}^2$
>
> $= 1 - \exp\left[-\dfrac{7,164 \times 0.15}{(10,000/60)}\right] = 0.9984 \times 100 = 99.84\%$

(7) 겉보기 전기저항(비저항, 겉보기 고유저항) 출제율 40%

① 개요

전기집진장치의 성능지배요인 중 가장 큰 것이 분진의 겉보기 전기저항이며 집진율이 가장 양호한 범위는 비저항값이 $10^4(10^5) \sim 10^{10}(10^{11})\Omega \cdot \text{cm}$ 정도이다.

② 겉보기 전기저항이 낮을 경우 출제율 70%

㉠ $10^4 \Omega \cdot \text{cm}$ 이하

㉡ 분진은 쉽게 대전되어 집진 가능하나 저항이 낮아 집진극에 부착된 대전 입자가 전하를 방전하여 중화가 빠르게 진행된다.

㉢ 부착, 포집된 분진 입자의 반발로 인해 처리가스 내로 재비산 현상(Jumping 현상)이 빈번하게 발생하여 집진효율이 저하한다.

㉣ NH_3(암모니아)를 주입하여 Conditioning 하는 방법(암모니아를 황산과 반응하여 생성된 황산암모늄이 저항을 증가시키는 역할)을 이용한다.

㉤ 처리가스의 온도와 습도는 낮게 조절한다.

③ 겉보기 전기저항이 높은 경우[역전리 현상 대책 : ㉣, ㉥, ㉦] 출제율 70%

㉠ $10^{11} \Omega \cdot \text{cm}$ 이상

㉡ 분진대전이 곤란하고, 대전된 분진이라도 집진극에서 쉽게 제거가 되지 않는다.

ⓒ 절연 파괴현상이 발생하고 역코로나 및 역전리 현상(집진극인 양극이 방전극 역할이 되는 현상)이 일어나 재비산되어 집진율이 저하된다.
ⓓ 비저항 조절제(물 또는 수증기, 소다회, 트리에틸아민, 황산, 이산화황 등)를 투입하여 겉보기 전기저항을 낮춘다.
ⓔ 처리가스의 온도조절 및 배기가스 내 수분량이 증가할수록 먼지 비저항이 감소하므로 온도와 습도를 높게 한다. 겉보기 전기저항은 일정한 온도범위에서 최대를 나타내고 그 온도범위보다 크거나 낮으면 감소하는 특징을 나타낸다.
ⓕ 물, 수증기 사용 시에는 습식집진방식을 택하여야 한다.
ⓖ 탈진 타격을 강하게 하며 빈도도 늘린다.
ⓗ $10^{12} \sim 10^{13} \Omega \cdot cm$ 범위에서는 스파크 발생은 없으나 절연파괴 현상을 일으킨다.

④ 겉보기 전기저항이 정상적인 경우
ⓐ $10^5 \sim 10^{10} \Omega \cdot cm$
ⓑ 입자의 대전과 집진된 분진의 탈진이 정상적으로 진행된다.

(8) 유지관리

① 시동 시
ⓐ 애자 등의 표면을 깨끗이 닦아 고전압회로의 절연저항이 100MΩ 이상 되도록 한다.
ⓑ 배출가스를 유입하기 최소 6시간 전에 애관용 히터를 가열하여 애자관 표면에 수분이나 먼지의 부착을 방지한다.
ⓒ 집진실 내부를 충분하게 건조시킨 후 하전시키며 타봉장치는 운전과 동시에 자동으로 작동되게 한다.

② 운전 시
ⓐ 2차 전류가 심하게 변하는 것은 전극 간 거리(Pitch)의 불균일 또는 변형으로 국부적인 단락을 일으키기 때문인 경우가 많다.
ⓑ 2차 전류가 매우 적을 때는 조습용 스프레이의 수량을 늘려 겉보기 저항을 낮추어 주어야 한다.
ⓒ 2차 전류가 주기적으로 변동하는 것은 방전극에 의한 영향이 크다.
ⓓ 2차 전류가 불규칙적으로 변동하는 것은 전극의 변형 및 부착 부진의 스파크에 의한 영향의 경우도 있다.

ⓜ 1차 전압이 낮은 데도 불구하고 2차 전류가 흐르는 경우는 고압회로상의 절연불량이 원인이다.
ⓗ 조습용 Spray Nozzle은 운전 중 막히기 쉽기 때문에 운전 중에도 점검, 교환이 가능해야 한다.

③ 정지 시
㉠ 접지저항을 연 1회 이상 점검하고 10Ω 이하로 유지한다.
㉡ 가스 누수, 전극의 휨, 분진 부착 상태, 전극 간 거리, 각 장치 부식 정도 등을 점검한다.

(9) 장애현상의 원인 · 대책 출제율 80%
① 역전리 현상(Back Corona)
㉠ 원인
• 겉보기 전기저항이 너무 클 때
• 미분탄의 연소 시
• 배출가스의 점성이 클 때
㉡ 대책 : 고압부상의 절연회로를 점검

② 재비산 현상(Dust Jumping)
㉠ 원인
• 배출가스의 입구 유속이 클 때
• 겉보기 전기저항이 낮을 때
㉡ 대책
• 처리가스 속도를 낮추어 속도를 조절함
• 재비산 장소에 배플(Baffle) 설치

③ 2차 전류가 많이 흐를 때
㉠ 원인
• 먼지의 농도가 너무 낮을 때
• 공기 부하시험을 행할 때
• 방전극이 너무 가늘 때
• 이온 이동속도가 큰 가스를 처리할 때
㉡ 대책
• 입구 분진농도 조절
• 처리가스 조절

- 방전극을 새것으로 교환

④ 2차 전류가 현저하게 떨어질 때(먼지의 비저항이 비정상적으로 높은 경우)
  ㉠ 원인 : 먼지의 농도가 너무 높을 때
  ㉡ 대책
    - 스파크 횟수를 증가
    - 조습용 스프레이의 수량을 증가
    - 입구 먼지농도를 적절히 조절

⑤ 2차 전류가 주기적 또는 불규칙적으로 흐를 때
  ㉠ 원인 : 부착 분진의 스파크가 자주 발생할 때
  ㉡ 대책
    - 1차 전압을 낮추어 줌
    - 충분히 분진 탈리를 함
    - 방전극과 집진극을 점검함

⑥ 1차 전압이 낮고 과도 전류가 흐를 때
  ㉠ 원인 : 고압부 절연상태가 불량할 때
  ㉡ 대책 : 절연회로 점검

⑽ **전기집진장치의 성능향상 대책** 출제율 30%

① 1차 전압이 낮고 과도전류가 흐를 경우 절연회로를 점검한다.
② 2차 전류가 주기적 또는 불규칙적으로 흐를 경우 1차 전압을 낮추어 주거나 충분히 탈리조작을 행한다.
③ 2차 전류가 현저하게 떨어질 경우 스파크 횟수를 증가시키거나 조습용 스프레이의 수량을 증가시킨다.
④ 2차 전류가 많이 흐를 경우 입구 분진농도를 조절한다.
⑤ 재비산 현상이 일어날 경우 처리가스 속도를 낮추어 속도를 조절한다.
⑥ 역전리 현상이 일어날 경우 고압부상의 절연회로를 점검한다.

 **학습 Point**

① 겉보기 전기저항이 낮거나 높을 경우의 현상 및 대책 숙지
② 장해현상의 원인 및 대책 숙지
③ 성능향상 대책 숙지

기출 필수문제 출제율 20% 이상

01 전기집진장치에서 전류밀도가 먼지층 표면 부근의 이온전류 밀도와 같고 양호한 집진작용이 이루어지는 값이 $2 \times 10^{-8} A/cm^2$이며, 또한 먼지층 중의 절연파괴 전계강도를 $5 \times 10^3 V/cm$로 한다면, 이때 (1) 먼지층의 겉보기 전기저항과 (2) 이 장치의 문제점은?

> **풀이**
> (1) 전기저항 = $\dfrac{전압}{전류} = \dfrac{5 \times 10^3 \text{ V/cm}}{2 \times 10^{-8} \text{ A/cm}^2} = 2.5 \times 10^{11} \Omega \cdot cm$
> (2) $10^{11} \Omega \cdot cm$ 이상이므로 역전리 현상이 발생한다.

SECTION 36 유해가스 처리

1. 흡수법

(1) 원리 및 개요

흡수는 기체상태의 오염물질을 흡수액을 사용하여 흡수제거시키는 것으로 세정이라고도 하며 흡수조작에는 물 또는 수용액을 주로 흡수제로 사용하기 때문에 가스의 용해도가 중요한 요인이다.

(2) 헨리법칙(Henry Law) 출제율 20%

① 기체의 용해도와 압력관계

즉, 일정온도에서 기체 중에 있는 특정 유해가스 성분의 분압과 이와 접한 액체상 중 액농도와의 평형관계를 나타낸 법칙이다.(일정온도에서 특정 유해가스 압력은 용해가스의 액중 농도에 비례한다는 법칙)

② 헨리법칙에 잘 적용되는 기체(난용성 : 용해도가 작은 기체)

H_2, O_2, N_2, CO, CO_2, NO, NO_2, H_2S, CH_2

③ 헨리법칙에 잘 적용되지 않는 기체(가용성 : 용해도가 큰 기체)

Cl_2, HCl, NH_3, SO_2, SiF_4, HF

④ 헨리법칙

$$P = H \cdot C$$

여기서, P : 용질가스의 기상분압(atm)
H : 헨리상수(atm · m³/kg · mol)
C : 액체성분 농도(kg · mol/m³)

⑤ 헨리상수
　㉠ 헨리상수(H)는 온도에 따라 변하며 온도가 높을수록, 용해도가 작을수록 커진다. 출제율 20%
　㉡ 헨리상수값이 큰 물질순서
　　$CO > H_2S > SO_2 > Cl_2 > SO_2 > NH_3 > HF > HCl$
　㉢ 액상 측 저항이 지배적인 물질은 헨리상수값이 큰 것을 의미한다.

기출 필수문제 출제율 60% 이상

01 유해가스와 흡수액이 일정온도에서 평형상태에 있고 기체상의 유해가스 부분압이 70mmHg일 때 액상 중의 유해가스농도가 2.5kmol/m³이라면 헨리상수(atm · m³/kmol)는?

> **풀이**
> $P = H \cdot C$
> $H = \dfrac{P}{C} = \dfrac{70\text{mmHg} \times \dfrac{1\text{atm}}{760\text{mmHg}}}{2.5\text{kmol/m}^3} = 0.037\text{atm} \cdot \text{m}^3/\text{kmol}$

기출 필수문제 출제율 50% 이상

02 헨리의 법칙을 따르는 유해가스가 물속에 2.0kmol/m³ 만큼 용해되어 있을 때, 분압이 258.4mmH₂O이었다면, 이 유해가스의 분압이 30mmHg로 될 때 물속의 유해가스농도(kmol/m³)는?(단, 기타 조건은 변화 없음)

> **풀이**
> $P = H \cdot C$에서 P와 C는 비례하므로
> $258.4\text{mmH}_2\text{O} \times \dfrac{760\text{mmHg}}{10{,}332\text{mmH}_2\text{O}} = 19.01\text{mmHg}$
> $19.01\text{mmHg} : 2.0\text{kmol/m}^3 = 30\text{mmHg} : 농도$
> 농도(kmol/m³) $= \dfrac{2.0\text{kmol/m}^3 \times 30\text{mmHg}}{19.01\text{mmHg}} = 3.16\text{kmol/m}^3$

(3) 흡수액(세정액)의 구비조건 출제율 95%
① 용해도가 커야 한다.
② 점도(점성)가 작고 화학적으로 안정해야 한다.
③ 독성이 없고 휘발성이 낮아야 한다.
④ 착화성·부식성이 없어야 한다.
⑤ 빙점(어는점)은 낮고 비점(끓는점)은 높아야 한다.
⑥ 가격이 저렴하고 사용이 편리해야 한다.
⑦ 용매의 화학적 성질과 비슷해야 한다.

(4) 흡수장치 종류 출제율 80%
① 액분산형 흡수장치(용해도가 크고 가스 측 저항이 큰 경우 적용)
　㉠ 충전탑(Packed Tower)
　㉡ 분무탑(Spray Tower)
　㉢ 벤투리스크러버(Venturi Scrubber)
　㉣ 사이클론스크러버(Cyclone Scrubber)
　㉤ 분무실(Spray Chamber)

② 기체분산형 흡수장치(액측 저항이 큰 경우 적용) 출제율 60%
　㉠ 단탑(Plate Tower)
　　• 포종탑(Tray Tower)
　　• 다공판탑(Sieve Plate Tower)
　㉡ 기포탑

(5) 충전탑(Packed Tower)
① 개요

충전탑의 원리는 충전물질의 표면을 흡수액으로 도포하여 흡수액의 엷은 층을 형성시킨 후 가스와 흡수액을 접촉시켜 흡수시키는 것으로, 효율 증대를 위해서는 가스의 용해도를 증가시키고 액가스비를 증가시켜야 한다.

② 충전물(Packing Material) 구비조건 출제율 50%
　㉠ 단위부피당 표면적이 클 것
　㉡ 가스와 액체가 전체에 균일하게 분포될 것
　㉢ 가스 및 액체에 대하여 내식성이 있을 것
　㉣ 압력손실이 적고 충전밀도가 클 것

ⓜ 충분한 화학적 저항성을 가질 것(화학적으로 불활성)
ⓗ 대상물질에 부식성이 작을 것
ⓢ 세정액의 체류현상(Hold-up)이 작을 것

③ **편류현상(Channeling Effect)** 출제율 40%

　㉠ 편류현상은 탑상부에서 흡수액 주입 시 한쪽으로만 흐르는 현상으로 효율이 저감된다.
　㉡ 편류현상을 최소화하기 위해서는 주입구를 분산(최소 5개)시켜야 하며 탑의 직경(D)과 충전물 직경(d)의 비(D/d)가 8~10 정도 되어야 한다.
　㉢ 불규칙적 충전방법은 충전밀도가 낮아 액이 내벽 쪽으로 흐르므로 일정 간격으로 액 재분배기를 설치한다.

④ **충전탑의 파괴점(Break Point)** 출제율 80%

　㉠ 가스속도 증가 시 압력손실이 급격히 증가되는 Break Point가 나타나는데 첫 번째 파괴점을 부하점(Loading Point), 두 번째 파괴점을 범람점(Flooding Point)이라 한다.
　㉡ 일정한 양의 흡수액을 통과시키면서 유량속도를 증가시키면 압력손실은 가스속도의 대수값에 비례하며, 충전층 내의 액보유량(Hold-up)이 증가하는 점을 부하점이라 한다.
　㉢ 범람점은 흡수액이 흘러넘쳐 향류조작 자체가 불가능함을 의미한다.
　㉣ 보통 가스유속은 부하점 유속의 40~70% 범위에서 선정한다.
　㉤ 범람점(Flooding Point)에서의 가스속도는 충전제를 불규칙하게 쌓았을 때보다 규칙적으로 쌓았을 때가 더 크다.

> **Reference** 출제율 80%
>
> **1 Hold-up**
> 충전층(Packing) 내의 세정액 보유량을 의미한다.
>
> **2 Loading Point**
> 부하점이라 하며 세정액의 Hold-up이 증가하여 압력손실이 급격하게 증가되는 첫 번째 파괴점을 말한다.
>
> **3 Flooding Point**
> 범람점이라 하며 충전층 내의 가스속도가 과도하여 세정액이 비말동반을 일으켜 흘러넘쳐 향류조작 자체가 불가능한 두 번째 파괴점을 말한다.

4 충전탑의 Loading Point, Flooding Point

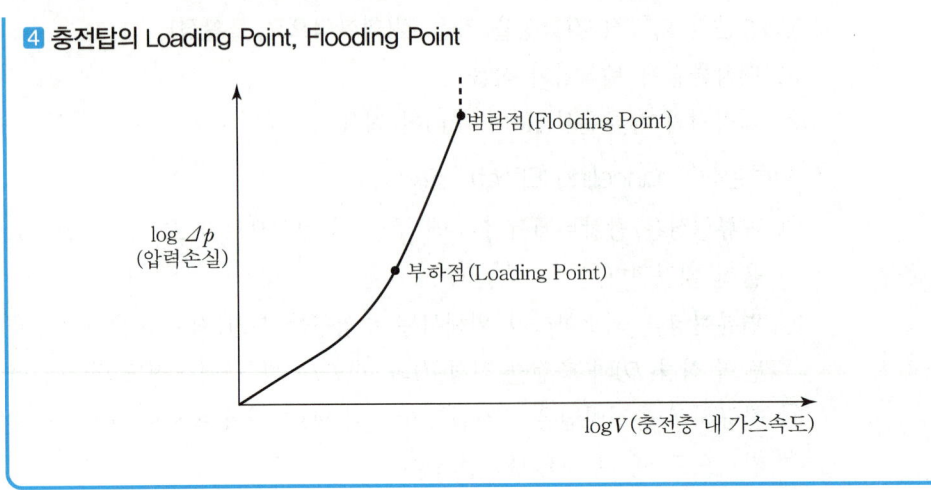

⑤ 충전탑 높이

$$H = H_{OG} \times N_{OG}$$

여기서, H : 충전탑 높이
H_{OG} : 기상총괄이동단위 높이
N_{OG} : 기상총괄이동단위 수
$$N_{OG} = \ln\left(\frac{1}{1-\eta}\right)$$
η : 제거효율

(6) 단탑(Plate Tower)

① 포종탑

계단식으로 되어 있는 다단의 Plate 위에 있는 액체 속으로 기포가 발생되는 포종을 갖는 가스를 분산, 접촉시키는 방법으로, 가스속도가 작을 경우 효율이 증가한다.

② 다공판탑

직경 3~12mm 범위의 구멍을 갖춘 다공판(개공률≒10%) 위에 가스를 분산, 접촉시키는 방법으로 액측 저항이 클 경우 이용하기 유리하다.

(7) 분무탑(Spray Tower) 출제율 30%

① 탑 내에 몇 개의 살수노즐을 사용하여 함진가스를 향류 접촉시켜 분진을 제거하며, 가스의 압력손실(2~20mmH₂O)은 작은 반면, 분무에 상당한 동력이 요구되며, 겉보기 속도는 0.2~1m/sec 정도이다.

② 가격이 저렴하고 압력손실이 적으며 구조가 간단하다.
③ 침전물이 생성되는 경우 및 고온가스처리에 적합하다.
④ 효율이 낮고 노즐이 막힐 염려가 있다.
⑤ 가스유출 시 비말동반의 위험이 있다.

Reference 충전탑과 단탑의 차이점   출제율 50%

1. 탑의 재질이 내식성인 경우 충전탑이 단탑에 비하여 경제적이다.
2. 흡수액이 포말성인 경우 단탑보다 충전탑이 유리하다.
3. 처리배기량이 동일한 경우 충전탑이 단탑보다 압력손실이 작다.
4. 충전탑이 단탑보다 Hold-up 현상이 적다.
5. 흡수액에 부유물이 포함된 경우 단탑을 사용하는 것이 충전탑보다 효율적이다.
6. 온도변화에 따른 팽창과 수축이 우려될 경우에는 충전재 손상이 예상되므로 충전탑보다는 단탑이 유리하다.

✓ 학습 Point

1. 헨리법칙 내용 숙지
2. 흡수액 구비조건 숙지
3. 액분산형 및 기체분산형 흡수장치 종류 숙지
4. 충전물 구비조건 숙지
5. 편류현상 및 파괴점 내용 숙지
6. 충전탑과 단탑의 차이점 숙지

필수 예상문제

01 배출가스 중의 염소를 충전탑에서 물을 흡수액으로 사용하여 흡수시킬 때 효율이 80%이었다. 동일한 조건에서 95%의 효율을 얻기 위해서는 이론적으로 충전층의 높이를 몇 배로 하면 되는가?

풀이

$H = H_{OG} \times N_{OG}$

80% 효율 → $H_{80} = H_{OG} \times \ln\left(\dfrac{1}{1-0.8}\right) = 1.6094 \times H_{OG}$

95% 효율 → $H_{95} = H_{OG} \times \ln\left(\dfrac{1}{1-0.95}\right) = 2.9957 \times H_{OG}$

충전층 높이의 비 $= \dfrac{2.9957 \times H_{OG}}{1.6094 \times H_{OG}} = 1.86$ 배

기출 필수문제 출제율 70% 이상

02 충전탑 설계를 위하여 Pilot Plant를 건설하여 특정 가스를 흡수 실험한 결과가 다음과 같을 때 동일 조건하에서 처리효율 98%의 충전탑 설계 시 충전높이(m)는 얼마로 해야 되는지 구하시오.(단, 실험조건 및 결과는 액가스비 $3L/m^3$, 공탑속도 1.2m/sec, 처리효율 75%, 초기 충전층 높이 0.7m)

> **풀이**
> 충전탑 높이(H)
> $H = H_{OG} \times N_{OG}$
> 초기 충전층 높이 0.7m → $N_{OG} = \ln\left(\dfrac{1}{1-\eta}\right) = \ln\left(\dfrac{1}{1-0.75}\right) = 1.386$
> 0.7m : 1.386 = 충전높이(m) : $\ln\left(\dfrac{1}{1-0.98}\right)$
> 충전높이(m) $= \dfrac{0.7\text{m} \times \ln\left(\dfrac{1}{1-0.98}\right)}{1.386} = 1.98\text{m}$

기출 필수문제 출제율 70% 이상

03 충전탑에서 HF를 함유한 유해배출가스를 처리하고자 한다. 이동단위높이 $H_{OG} = 1.2$m인 탑에서 배기가스 중의 HF를 수산화나트륨 수용액에 흡수시켜 제거하는데 유해가스제거율을 95%로 하기 위한 탑의 높이(m)는?(단, 이동단위수 $N_{OG} = \ln\dfrac{y_1}{y_2}$로 계산되고, y_1, y_2는 흡수탑 입구와 출구에서 유해가스의 몰분율이다.)

> **풀이**
> $H = H_{OG} \times N_{OG} = H_{OG} \times \ln\left(\dfrac{1}{1-\eta}\right) = 1.2\text{ m} \times \ln\left(\dfrac{1}{1-0.95}\right) = 3.59\text{m}$

기출 필수문제 출제율 50% 이상

04 100ppm의 HF를 함유한 배기가스를 NaOH 수용액으로 흡수 처리하는 탑이 있다. 기상총괄이동단위높이(H_{OG}) 0.5m, 흡수탑의 높이(H)가 3m일 때 HF의 출구농도는 몇 ppm인가?

> **풀이**
> HF 출구농도(C_o)
> $C_o = C_i \times (1-\eta)$
> $H = H_{OG} \times N_{OG} = H_{OG} \times \ln\left(\dfrac{1}{1-\eta}\right)$
> $N_{OG} = \dfrac{H}{H_{OG}} = \dfrac{3}{0.5} = 6$
> $6 = \ln\left(\dfrac{1}{1-\eta}\right)$
> $\eta = 99.75\%$
> $= 100\text{ppm} \times (1-0.9975) = 0.25\text{ppm}$

기출 필수문제 출제율 50% 이상

05 충전탑에서 SO_2를 함유한 유해배출가스를 처리하고 있다. 높이 5m인 충전탑에서 흡수 처리한 후 SO_2 농도가 0.1ppm이었다면 유해가스 중의 SO_2 초기농도는 몇 ppm인가?(단, 기상총괄이동단위높이 H_{OG}는 1.0m이다.)

> **풀이**
> 효율(η)을 우선 구함
> $H = H_{OG} \times N_{OG}$
> $5\text{m} = 1.0\text{m} \times N_{OG}$, $N_{OG} = 5.0$
> $5.0 = \ln\left(\dfrac{1}{1-\eta}\right)$
> $\dfrac{1}{1-\eta} = e^{5.0}$
> $1-\eta = \dfrac{1}{e^{5.0}}$
> $\eta = 0.9932$
> SO_2 초기농도(ppm) $= \dfrac{\text{처리 후 농도}}{1-\text{효율}} = \dfrac{0.1}{1-0.9932} = 14.71\text{ppm}$

기출 필수문제 출제율 30% 이상

06 높이가 5m인 충전탑에서 염화수소를 제거하려고 한다. 기상총괄이동단위높이가 0.8m일 때 충전탑으로 유입되는 염화수소의 농도가 100ppm이라면 흡수 후 유출되는 염화수소의 농도(mg/Sm³)를 구하시오.

> **풀이**
>
> 효율(η)을 우선 구함
>
> $H = H_{OG} \times N_{OG}$
>
> $5 = 0.8 \times \ln\left(\dfrac{1}{1-\eta}\right)$
>
> $\dfrac{5}{0.8} = \ln\left(\dfrac{1}{1-\eta}\right)$
>
> $\exp(6.25) = \left(\dfrac{1}{1-\eta}\right)$
>
> $\eta = 0.9981 \times 100 = 99.81\%$
>
> $99.81\% = \left(1 - \dfrac{유출농도}{유입농도}\right) \times 100$
>
> $0.9981 = \left(1 - \dfrac{유출농도}{100\text{ppm}}\right)$
>
> 유출농도(ppm) = 0.19ppm
>
> 단위보정 유출농도(mg/Sm³) = $0.19\text{mL/Sm}^3 \times \dfrac{36.5\text{mg}}{22.4\text{mL}} = 0.31\text{mg/Sm}^3$

2. 흡착법

(1) 원리 출제율 30%

유체가 고체상 물질의 표면에 부착되는 성질을 이용하여 오염된 가스(주 : 유기용제)를 제거하는 원리이며 특히 회수가치가 있는 불연성 희박농도가스의 처리 및 기체상 오염물질이 비연소성이거나 태우기 어려운 경우에 가장 적합한 방법이 흡착법이다.

(2) 흡착의 분류 출제율 80%

① 물리적 흡착

㉠ 가스와 흡착제가 분자 간의 인력, 즉 Van der Waals Force(반데르발스 결합력)로 약하게 결합되어 있으며 보통 가용한 피흡착제의 표면적에 비례한다.

ⓒ 가스 중의 분자 상호 간의 인력보다 고체표면과의 인력이 크게 되는 때에 일어난다.
ⓒ 장점으로는 가역성이 높다. 즉, 가역적 반응이기 때문에 흡착제 재생 및 오염가스 회수에 매우 유용하며 여러 층의 흡착(다분자 흡착)이 가능하다.
ⓔ 흡착물질은 임계온도 이상에서는 흡착되지 않는다.
ⓜ 흡착제에 대한 용질의 분자량이 클수록, 온도가 낮을수록, 압력(분압)이 높을수록 흡착에 유리하다.
ⓑ 흡착량은 단분자층과는 관계가 적다. 즉, 물리적 흡착은 다분자 흡착층 흡착이며, 흡착열이 낮다.

② 화학적 흡착
  ⓐ 가스와 흡착제가 화학적 반응을 하기 때문에 결합력은 물리적 흡착보다 크다.
  ⓒ 비가역 반응이기 때문에 흡착제 재생 및 오염가스 회수를 할 수 없다.
  ⓒ 분자 간의 결합력이 강하여 흡착과정에서 발열량이 많다. 즉, 반응열을 수반하여 온도가 대체로 높다.
  ⓔ 흡착력은 단분자층의 영향을 받는다.

(3) 흡착법이 유용한 경우
① 기체상 오염물질이 비연소성이거나 태우기 어려운 경우
② 오염물질의 회수가치가 충분한 경우
③ 배기 내의 오염물 농도가 대단히 낮은 경우

(4) 흡착제 선정 시 고려사항 출제율 40%
① 흡착탑 내에서 기체흐름에 대한 저항(압력손실)이 작을 것
② 어느 정도의 강도와 경도가 있을 것
③ 흡착률이 우수할 것
④ 흡착제의 재생이 용이할 것
⑤ 흡착물질의 회수가 용이할 것

(5) 흡착제
① 활성탄(Activated Corbon)
활성탄은 탄소함유물질을 탄화 및 활성화하여 만든 흡착능력이 큰 무정형 탄소의 일종으로, 주로 비극성 물질에 유효하며 유기용제의 증기 제거기능이 높다.

② 실리카겔(Silicagel)

실리카겔은 규산나트륨과 황산의 반응에서 유도된 무정형의 물질로 표면적은 $300m^2/g$ 정도이며, 탄소의 불포화결합을 가진 분자를 선택적으로 흡착한다. 즉, 물과 같은 극성분자를 선택적으로 흡착한다.
실리카겔의 친화력(극성이 강한 순서)

> 물 > 알코올류 > 알데하이드류 > 케톤류 > 에스테르류
> > 방향족 탄화수소류 > 올레핀류 > 파라핀류

③ 활성 알루미나(Alumina)
④ 보크사이트(Bauxite)
⑤ 합성제올라이트(Synthetic Zeolite)

(6) **흡착식** 출제율 60%

① Freundlich 등온흡착식

압력과 단위무게당 흡착량의 변화를 나타낸 식이며 고농도에서 등온선은 선형을 유지하지만 한정된 범위의 용질농도에 대한 흡착평형 값으로 적용된다.

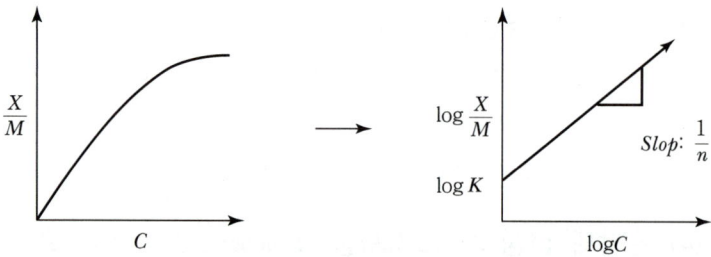

$$\frac{X}{M} = KC^{\frac{1}{n}}$$ 양변에 log를 취하면

$$\log\frac{X}{M} = \frac{1}{n}\log C + \log K$$

여기서, X : 흡착제에 흡착된 피흡착제 농도(유입농도 – 유출농도)(제거된 오염물질=흡착된 용질량 : mg/L)
M : 흡착제의 양(mg/L)
C : 용질의 평형농도(흡착 후 평형농도)(피흡착제 물질농도=출구가스농도 : mg/L)

K, n : • 상수($\dfrac{X}{M} = KC^{\frac{1}{n}}$을 만족할 경우 $n=1.725$, $K=1.579$)
- k 상수가 커지면 활성탄 흡착능이 커짐을 의미
- $\dfrac{1}{n}$이 $0.1 \sim 0.5$ 범위일 경우 저농도에서 흡착이 커짐을, 2.0보다 큰 경우 흡착량이 크게 저하됨을 의미

② Langmuir 등온흡착식

㉠ 흡착제와 흡착물질 사이에 결합력이 약한 물리적 흡착을 의미하며 고농도에서 등온선은 선형적이지 못하고 한정적이다.

㉡ 흡착은 가역적, 평형조건이 이루어졌다는 가정하에 적용되며 흡착된 용질은 단분자층으로 흡착된다.

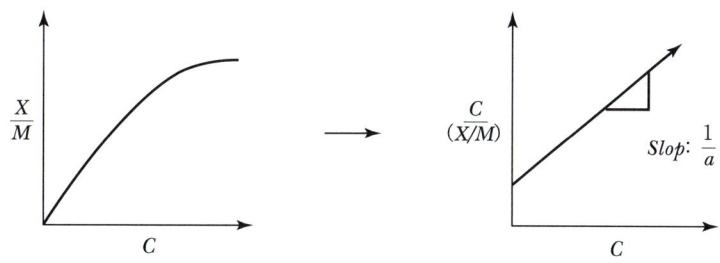

$$\dfrac{X}{M} = \dfrac{abC}{1+bC} \rightarrow \left(S = \dfrac{\alpha\beta C}{1+\alpha C}\right)$$

양변에 C를 곱하면

$$\dfrac{C}{\left(\dfrac{X}{M}\right)} = \dfrac{1}{ab} + \dfrac{C}{a}, \quad \dfrac{X}{M} = \dfrac{abC}{1+bC}$$

여기서, $\dfrac{X}{M} = S$

a : 상수(최대흡착량) $\rightarrow \beta$
b : 상수(흡착에너지) $\rightarrow \alpha$

필수 예상문제

01 수은농도가 25mg/L이다. 흡착법으로 처리하여 5mg/L까지 처리할 경우 소요되는 흡착제의 양(mg/L)은?(단, $K=0.5$, $n=2$, Freundlich식 이용)

풀이

$$\frac{X}{M} = KC^{\frac{1}{n}}$$

$$\frac{25-5}{M} = 0.5 \times 5^{\frac{1}{2}}$$

$$M = 17.89 \text{mg/L}$$

기출 필수문제 출제율 50% 이상

02 초기농도가 60mg/L인 배기가스에 활성탄 15mg/L를 반응시키니 농도가 10mg/L가 되었고 활성탄을 40mg/L 반응시키니 농도가 4mg/L로 되었다. 농도를 8mg/L로 만들기 위하여 반응시켜야 하는 활성탄의 양(mg/L)은?(단, Freundlich 등온공식을 이용)

$$\frac{X}{M} = KC^{\frac{1}{n}}$$

풀이

$$\frac{X}{M} = KC^{\frac{1}{n}}$$

$$\frac{60-10}{15} = K \times 10^{\frac{1}{n}} : \text{㉮식} \qquad \frac{60-4}{40} = K \times 4^{\frac{1}{n}} : \text{㉯식}$$

㉮식을 ㉯식으로 나눔

$2.378 = 2.5^{\frac{1}{n}}$, 양변에 log를 취하면

$\log 2.378 = \frac{1}{n} \log 2.5$, $n = 1.057 \to$ ㉮식에 대입

$3.33 = K \times 10^{\frac{1}{1.057}}$, $K = 0.38$

$$\frac{60-8}{M} = 0.38 \times 8^{\frac{1}{1.057}}$$

$$M = 19.14 \text{mg/L}$$

기출 필수문제 출제율 20% 이상

03 어떤 유해가스의 흡착 실험을 수행한 결과 흡착제의 단위질량당 흡착된 용질량 $\left(\dfrac{x}{m}\right)$과 출구가스농도 C_0 데이터를 얻었다. 이 실험데이터로부터 $\log(C_0)$ 대 $\log\left(\dfrac{x}{m}\right)$에 대하여 Plot 하였더니 다음과 같은 직선을 얻었다. 흡착은 Freundlich 등온흡착식 $\dfrac{x}{m} = KC_0^{1/n}$을 만족할 때 등온상수 n과 K값을 구하면?

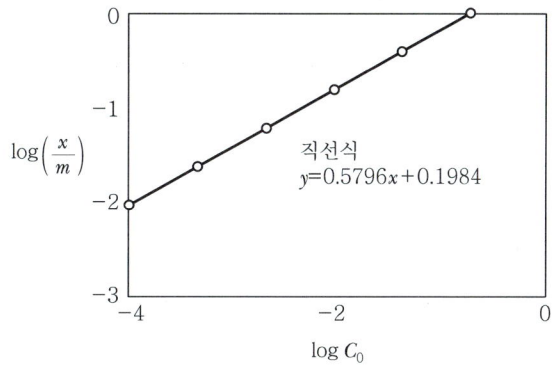

직선식
$y = 0.5796x + 0.1984$

풀이

$\dfrac{x}{m} = KC^{\frac{1}{n}}$ 양변에 log를 취하면

$\log\left(\dfrac{x}{m}\right) = \log\left(KC_0^{\frac{1}{n}}\right)$

$\log\left(\dfrac{x}{m}\right) = \dfrac{1}{n}\log C_0 + \log K$

문제상 직선식

$y = 0.5796x + 0.1984$에서

$\dfrac{1}{n} = 0.5796$, $n = 1.725$

$\log K = 0.1984$

$K = 1.579$

기출 필수문제 출제율 20% 이상

04 오염된 공기를 활성탄 흡착에 의해 처리하고자 한다. 오염공기는 50m³/min, 25℃, 1atm으로 흡착층에 유입되며, 이 중 Benzene(C_6H_6) 650ppm이 포함되어 있다. 흡착층의 깊이는 0.8m, 탑 내 속도는 0.55m/sec, 활성탄의 겉보기 밀도는 330kg/m³, 활성탄 흡착층의 운전흡착용량(Working Adsorption Capacity)은 주어진 [Yaws 식]에 의해 나타난 흡착용량의 45%라 할 때, 활성탄 흡착층의 운전흡착용량(kg/kg)을 구하시오.

> [Yaws 식]
> $$\log X = -1.189 + 0.288 \log C_e - 0.0238 (\log C_e)^2$$
> X : 흡착용량[오염물질(g)/탄소(g)]
> C_e : 오염농도(ppm)

풀이

흡착용량(X)
$\log X = -1.189 + 0.288 \log C_e - 0.0238 (\log C_e)^2$
$\quad = -1.189 + (0.288 \times \log 650) - [0.0238 \times (\log 650)^2] = -0.5672$
$X = 10^{-0.5672} = 0.2709$
활성탄 흡착층의 운전흡착용량 = $0.2709 \times 0.45 = 0.12$ kg/kg

(7) 흡착장치

① 고정상 흡착장치(Fixed Bed Absorber)

보통수직형은 처리가스양이 적은 소규모에 적합하고, 수평형 및 실린더형은 처리가스양이 많은 대규모에 적합하며, 처리가스를 연속적으로 처리하고자 할 경우에는 회분식(Batch Type) 흡착장치 2개를 병렬로 연결하여 흡착과 재생을 교대로 한다.

② 이동상 흡착장치(Movable Bed Adsorber)

흡착층을 위에서 아래로 이동시키면서 처리가스를 아래에서 위로 향하게 하여 향류 접촉시키는 방식으로 항상 흡착제를 탈착부로 이동시키기 때문에 포화된 탈착에 필요한 에너지가 적게 들고 또한 흡착제 사용량이 절약되는 장점이 있다.

③ 유동상 흡착장치

고정층과 이동층 흡착장치의 장점만을 이용한 복합형이며, 가스의 유속을 크게 유지할 수 있고, 가스와 흡착제를 향류 접촉시킬 수 있다.

(8) 흡착과정

① 포화점(Saturation Point)

주어진 온도와 압력조건에서 흡착제가 가장 많은 양의 흡착질을 흡착하는 점이다.

② 파과점(Break Point)

㉠ 흡착제층 전체가 포화되어 배출가스 중에 오염가스 일부가 남게 되는 점을 파과점이라 하며, 파과점 이후부터는 오염가스의 농도가 급격히 증가한다.

㉡ 파과곡선의 형태는 비교적 기울기가 큰 것이 바람직하다. 그 이유는 기울기가 작은 경우는 흡착층의 상당한 부분이 이미 포화되기 전부터 파과가 진행됐음을 의미하기 때문이다.

㉢ 파과곡선은 흡착탑 출구농도(유출농도)가 시간 진행에 따라 S자 형태의 그래프로 나타난다.

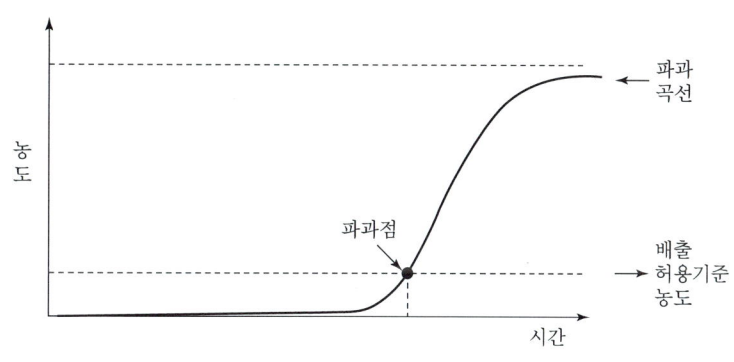

| 파과곡선 |

(9) 활성탄 흡착제 재생방법

㉠ 수증기 송입 탈착법 ㉡ 가열공기 탈착법
㉢ 수세(물) 탈착법 ㉣ 감압(압력을 낮춤) 탈착법
㉤ 고온의 불활성기체에 의한 탈착법

학습 Point

1. 흡착의 원리 및 적용 숙지
2. 물리적 흡착 내용 숙지
3. 흡착제 선정 시 고려사항 숙지
4. Freundlich 등온흡착식 내용 및 관련 그림·관계식 숙지
5. 흡착제 재생방법 종류 숙지

3. 연소법(소각법)

(1) 개요
배출가스양이 많은 가연성의 유해가스, 유해가스의 농도가 낮은 경우, 악취물질 등에 적용한다.

(2) 특징
① 폐열을 회수하여 이용할 수 있다.
② 배기가스의 유량과 농도의 변화에 잘 적용할 수 있다.
③ 연소장치의 설계 및 운전조절을 통해 유해가스를 거의 완전히 제거할 수 있다.
④ 시설투자비와 유지관리비가 많이 들며 연소 시 기타 오염물질을 유발시킬 가능성이 있다.

(3) 종류 출제율 40%
① 직접연소법
유해가스를 고온에서 산화분해하여 CO_2와 H_2O로 변환시켜 제거하며 보조연료가 필요하여 경제적으로 부담이 크다.

② 촉매연소법
백금이나 금속산화물 등의 촉매를 이용하여 200~400℃ 정도의 온도에서 산화분해시키는 방법으로 보조연료가 거의 필요 없으나 촉매독(먼지, 황성분, 중금속)이 문제가 되어 촉매의 활성을 저하시킨다.

학습 Point

직접연소법과 촉매연소법 내용 숙지

SECTION 37 황산화물 처리

1. 개요
화석연료 연소 시 가연성 황성분은 거의 SO_2로 산화되고, 연료 중 황성분 1~5% 정도가 SO_3로 산화되며 SO_3는 연소가스 중의 수증기와 반응하여 H_2SO_4가 된다. (단, 연소가스의 온도가 낮은 경우는 황산이 Mist 상태로 생성)

2. 종류

(1) 습식법

흡수제를 용해 또는 현탁시켜서 배기가스와 접촉하여 탈황시키며 흡수제로는 석회의 현탁액, 암모니아 수용액, 아황산나트륨 수용액 등을 사용한다.

① **종류** 출제율 50%
- ㉠ 석회세정법(Wet Lime 또는 Limestone Scrubbing)
- ㉡ 암모니아 흡수법
- ㉢ 나트륨 흡수법(또는 초산나트륨 흡수법)
- ㉣ 마그네슘 흡수법

② **장점** 출제율 50%
- ㉠ 반응효율(제거효율)이 높다.
- ㉡ 장치규모가 적고 상용화 실적이 많다.
- ㉢ 화학적 양론비가 적어 백연 발생이 적고 약품비가 적게 소요된다.

③ **단점** 출제율 50%
- ㉠ 배출가스의 냉각으로 인해 배기가스의 온도가 저하하고 연돌에서의 확산이 나쁘다.
- ㉡ 수질오염(폐수)의 문제가 있다.
- ㉢ 장치의 부식을 유발할 수 있다.

(2) 건식법

고체상의 흡수제를 배기가스와 접촉시켜 탈황시키는 방법이다.

① **종류** 출제율 50%
- ㉠ 석회석 주입법
- ㉡ 활성산화망간법
- ㉢ 활성탄 흡착법
- ㉣ 산화·환원법
- ㉤ 산화구리법
- ㉥ 전자빔을 이용한 방법

② **장점** 출제율 50%
- ㉠ 배출가스의 온도저하(냉각)가 거의 없다.
- ㉡ 연돌 내에서 배출가스의 확산력이 좋다.
- ㉢ 초기투자비가 적게 들고 다이옥신 제거 효과도 있다.

③ 단점 출제율 50%

  ㉠ 습식법에 비해 상대적으로 효율이 낮다.
  ㉡ 장치의 규모가 크다.
  ㉢ 장치 내 스케일 문제 및 후단 여과집진장치의 여과포 손상을 유발할 수 있다.

3. 석회세정법

(1) 개요

효율이 낮은 건식석회법을 보완하여 소석회 또는 석회석을 슬러리 상태로 만들어 배연가스 중 황산화물을 처리하는 방법이다.

(2) 반응식

탈황률의 유지 및 스케일 형성을 방지하기 위해 흡수액의 pH를 6 정도(6.5~7.0)로 조정한다. 또한 반응온도조건은 120~150℃ 정도이다.

$$CaO + H_2O \rightarrow Ca(OH)_2$$
$$(Lime : 소석회)$$
$$Ca(OH)_2 + CO_2 \rightarrow CaCO_3 + H_2O$$
$$(Limestone : 석회석)$$
$$CaCO_3 + CO_2 + H_2O \rightarrow Ca(HCO_3)_2$$
$$Ca(HCO_3)_2 + SO_2 + H_2O \rightarrow CaSO_3 \cdot 2H_2O + 2CO_2$$
$$CaSO_3 \cdot 2H_2O + \frac{1}{2}O_2 \rightarrow CaSO_4 \cdot 2H_2O$$

(3) 제거효율에 영향을 미치는 인자

① 흡수액의 pH

흡수액 pH가 상승하는 경우
- SO_2 제거효율이 높아짐
- 석회석 이용효율이 낮아짐
- 산화반응 속도가 낮아짐

② 액기비(L/G)

액기비가 증가하는 경우
- SO_2 제거효율이 높아짐
- 순환 Pump 동력비가 증가됨

(4) 특징
① 흡수탑의 부식 및 흡수탑 내에서의 압력손실 증가가 단점이다.
② 세정액의 폐수처리 문제 및 백연이 발생한다.
③ 반응표면적을 증대시켜 반응효율(제거효율)이 높다.
④ 가장 큰 단점은 흡수탑 및 탑 이후의 배관에서 스켈링을 유발시키는 것이다.

(5) 스켈링 방지방법 출제율 30%
① 흡수탑 순환액에 산화탑에서 생성한 석고를 반송하고 흡수액 슬러리 중의 석고농도를 5% 이상으로 유지하여 석고의 결정화를 촉진한다.
② 흡수액량을 많게 하여 탑 내에서의 결착을 방지한다.
③ 순환액 pH 값 변동을 적게 한다.

4. 암모니아 흡수법

(1) 개요
암모니아 수용액($2NH_4OH$)을 SO_2와 반응시켜 SO_2, S, $(NH_4)_2SO_4$ 형태로 흡수하는 방법이다.

(2) 반응식

$$SO_2 + 2NH_4OH \rightarrow (NH_4)_2SO_3 + H_2O$$
$$(NH_4)_2SO_3 + H_2O + SO_2 \rightarrow 2NH_4HSO_3$$

5. 석회석 주입법

(1) 개요
$CaCO_3$ 분말을 연소실(≒1,000℃)에 직접 혼입하여 열분해에 의해 SO_2를 $CaSO_4$(황산칼슘)로 반응, 집진장치에서 최종 제거하는 방법이다.

(2) 반응식

$$CaCO_3 + SO_2 + \frac{1}{2}O_2 \rightarrow CaSO_4 + CO_2$$
$$[CaCO_3 \rightarrow CaO + CO_2$$
$$CaO + SO_2 + \frac{1}{2}O_2 \rightarrow CaSO_4 \downarrow]$$

(3) 특징

① 제거효율이 낮고 연소로 내에서 석회석 분말이 스케일을 생성하여 전달률을 저감시켜 SO_2와 반응하지 못한 석회수분말이 후단 집진기의 성능저하를 유발한다.
② 초기 투자비용이 적게 들어 소규모 보일러나 노후된 보일러에 추가로 설치할 때 사용한다.
③ $CaCO_3$의 가격이 저렴하고 배기가스의 온도 저하가 없어 굴뚝에서 환산력이 좋은 장점이 있다.
④ 연소로의 짧은 접촉시간으로 $CaCO_3$ 분말이 미반응하면 후처리 집진장치의 효율이 저감된다.

6. 접촉촉매 산화법

(1) 개요

V_2O_5, K_2SO_4 등의 촉매를 이용하여 배기가스 중 SO_2를 SO_3로 산화 후 탑 내에서 세정하여 진한 H_2SO_4, $(NH_4)_2SO_4$로 회수하는 방법이다.

(2) 반응식

$$SO_2 + V_2O_5 \rightarrow SO_3$$
$$SO_3 + H_2O \rightarrow H_2SO_4$$
$$SO_3 + 2NH_4OH \rightarrow (NH_4)SO_4 + H_2O$$

7. 흡착법

(1) 개요

SO_2를 함유한 배기가스를 활성탄층으로 통과시켜 SO_2를 흡착시키고 흡착된 SO_2는 활성탄 표면에서 산소와 반응하여 산화된 후 수증기와 반응하여 황산으로 흡착층에 고정된다.

(2) 반응식

$$SO_2 + \frac{1}{2}O_2 + H_2O \rightarrow H_2SO_4$$

Reference SDA(반건식 분무건조식 유해가스 처리장치) 출제율 30%

1 개요

습식 및 건식 처리장치의 단점을 보완하기 위해 사용되며 흡수제[Lime, $Ca(OH)_2$]를 용해시켜 분무노즐을 통해 분무시키고, 반응생성물은 고온배가스에 의해 건조되어 폐수가 발생되지 않으며, 장치의 부식과 백연 발생이 거의 없다. 후단에 B/F를 설치하면 입자상 물질뿐만 아니라 일부 가스상 물질 및 다이옥신, 퓨란 등의 제거도 가능하다.

2 세정건조 흡수장치의 효율을 높이기 위한 조건

1) 흡수제는 용해도가 커야 한다.
2) 분무장치에 의해 가능한 미세한 액적으로 분배해야 한다.
3) 반응기 내 분무된 액적과 배가스의 접촉에 충분한 체류시간이 필요하다.
4) 흡수제는 착화성·부식성이 없어야 한다.
5) 반응기 내에는 건조에 필요한 고온 상태가 유지되어야 한다.

Reference 알칼리금속법의 장점

  반응물이 거의 용액으로 퇴적물(찌꺼기)이 없다.
2 SO_2와 알칼리의 반응효율이 좋아 제거율이 높다.
3 반응이 배출가스의 배출온도에서 이루어진다.

학습 Point

1 습식법·건식법의 종류 및 장단점 숙지
2 세정건조 흡수장치 효율상승조건 숙지

기출 필수문제 출제율 30% 이상

01 공장에서 배출가스양 80,000Nm³/hr, SO₂ 농도 1,600ppm이 배출되고 있다. 이 배기가스의 25%가 흘러가 주변 주거지역에 피해를 주고 있다. 이 주거지역으로 흘러들어 간 SO_2(ton/year)를 구하시오.(단, 표준상태, 공장가동 하루 24시간, 연 300일 가동)

> **풀이**
>
> $$SO_2(ton/year) = 80,000Nm^3/hr \times 1,600mL/m^3 \times 0.25 \times \frac{64kg}{22.4m^3}$$
> $$\times ton/1,000kg \times m^3/10^6 mL \times 24hr/day \times 300day/year$$
> $$= 658.29 ton/year$$

기출 필수문제 출제율 50% 이상

02 황성분이 무게비로 1.2%인 중유를 1,000kg/hr으로 연소 시 배출되는 SO_2를 석고로 회수하는 경우 석고의 생산량(kg/hr)은?

> **풀이**
>
> SO_2 가스의 양
>
> S + O₂ → SO₂
> 32kg : 64kg
> 1,000kg/hr×0.012 : SO₂(kg/hr)
>
> $$SO_2(kg/hr) = \frac{1,000kg/hr \times 0.012 \times 64kg}{32kg} = 24kg/hr$$
>
> 석고의 생산량
>
> SO₂ + CaO + $\frac{1}{2}$O₂ → CaSO₄
> 64kg : 136kg
> 24kg/hr : CaSO₄(kg/hr)
>
> $$CaSO_4(kg/hr) = \frac{24kg/hr \times 136kg}{64kg} = 51kg/hr$$

기출 필수문제 출제율 50% 이상

03 중유연료를 200ton/hr로 완전연소 시 $CaCO_3$ 주입법으로 SO_2의 90%을 처리할 경우 석회석($CaCO_3$)의 소요량(ton/hr)을 구하시오.(단, 중유의 조성 C : 84%, 수소 : 12%, 황 : 1.2%)

> **풀이**
>
> $SO_2 + CaCO_3 \rightarrow CaSO_3 + CO_2$
>
> $64kg : 100kg$
>
> $200ton/hr \times 0.012 \times 1,000kg/ton \times \dfrac{64kg}{32kg} \times 0.9 : CaCO_3(ton/hr)$
>
> $CaCO_3(ton/hr)$
>
> $= \dfrac{200ton/hr \times 0.012 \times 1,000kg/ton \times \dfrac{64kg}{32kg} \times 0.9 \times 100kg}{64kg}$
>
> $= 6,750kg/hr \times ton/1,000kg = 6.75ton/hr$

기출 필수문제 출제율 50% 이상

04 황성분 1.1%인 중유를 15ton/hr으로 연소할 때 배출되는 가스를 $CaCO_3$로 탈황하고 황을 석고($CaSO_4 \cdot 2H_2O$)로 회수하고자 할 경우 회수하는 석고의 양(ton/hr)은?(단, 황성분은 100% SO_2로 전환되고, 탈황률은 90%이다.)

> **풀이**
>
> $S \rightarrow CaSO_4 \cdot 2H_2O$
>
> $32kg : 172kg$
>
> $15ton/hr \times 0.011 \times 0.9 : CaSO_4 \cdot 2H_2O(ton/hr)$
>
> $CaSO_4 \cdot 2H_2O(ton/hr) = \dfrac{15ton/hr \times 0.011 \times 0.9 \times 172kg}{32kg} = 0.80ton/hr$

기출 필수문제 출제율 60% 이상

05 황함량 1.8%인 중유를 1시간에 20ton 연소하고 있는 공장에서 배연탈황을 실시하고 있다. 이 시설에서 부산물을 석고($CaSO_4$)로 회수하려고 하는 경우 회수되는 석고의 이론량(ton/h)은?(단, 이 장치의 탈황률은 90%이고, Ca 원자량 : 40)

> **풀이**
>
> $S \rightarrow CaSO_4$
>
> $32kg : 136kg$
>
> $20ton/hr \times 0.018 \times 0.9 : CaSO_4(ton/hr)$
>
> $CaSO_4(ton/hr) = \dfrac{20ton/hr \times 0.018 \times 0.9 \times 136kg}{32kg} = 1.38ton/hr$

기출 필수문제 출제율 50% 이상

06 1,000Sm³/hr의 배기가스를 배출하는 연소시설에서 건식석회(CaO)주입법으로 발생되는 SO_2를 제거하고자 한다. 농도가 2,000ppm일 때 생성되는 황산칼슘의 양(kg/hr)을 구하시오. (단, SO_2는 황산칼슘으로 모두 변함. 처리효율 80%, Ca 분자량 40)

풀이

$$SO_2 + CaO + \frac{1}{2}O_2 \rightarrow CaSO_4$$

22.4Sm³ : 136kg

1,000Sm³/hr × 2,000mL/m³ × m³/10⁶mL × 0.8 : $CaSO_4$(kg/hr)

$$CaSO_4(kg/hr) = \frac{1{,}000Sm^3/hr \times 2{,}000mL/m^3 \times m^3/10^6 mL \times 0.8 \times 136kg}{22.4Sm^3} = 9.71 kg/hr$$

기출 필수문제 출제율 80% 이상

07 건식석회법으로 SO_2를 처리하고자 한다. 배기가스양은 200Sm³/hr, 배기가스의 SO_2 농도는 3,000ppm일 때 SO_2 제거에 요구되는 석회석($CaCO_3$)의 양(kg/hr)은?

풀이

$SO_2 + CaCO_3 \rightarrow CaSO_3 + CO_2$

22.4Sm³ : 100kg

200Sm³/hr × 3,000mL/m³ × m³/10⁶mL : $CaCO_3$(kg/hr)

$$CaCO_3(kg/hr) = \frac{200Sm^3/hr \times 3{,}000mL/m^3 \times m^3/10^6 mL \times 100kg}{22.4Sm^3}$$

$= 2.68 kg/hr$

기출 필수문제 출제율 50% 이상

08 황성분이 1.5%인 중유를 185kg/hr로 연소하는 보일러 배기가스 SO_2를 $CaCO_3$로 처리 시 필요한 $CaCO_3$의 양(kg/hr)을 구하시오. (단, 탈황률은 95%)

풀이

$S + O_2 \rightarrow SO_2$
$SO_2 + CaCO_3 \rightarrow CaCO_3 + CO_2$

$$S \rightarrow CaCO_3$$
$$32kg : 100kg$$
$$185kg/hr \times 0.015 \times 0.95 : CaCO_3(kg/hr)$$
$$CaCO_3(kg/hr) = \frac{185kg/hr \times 0.015 \times 0.95 \times 100kg}{32kg} = 8.24 kg/hr$$

기출 필수문제 출제율 50% 이상

09 황 함량이 1.5%인 중유를 18.5ton/hr로 연소할 때 발생하는 SO_2를 $CaCO_3$로 제거하고자 한다. 시간당 필요한 $CaCO_3$의 양(ton/hr)을 구하라. (단, 연료 중의 모든 S는 SO_2로 된다.)

풀이

$$S \rightarrow CaCO_3$$
$$32kg : 100kg$$
$$18.5ton/hr \times 0.015 : CaCO_3(ton/hr)$$
$$CaCO_3(ton/hr) = \frac{18.5ton/hr \times 0.015 \times 100kg}{32kg} = 0.87\ ton/hr$$

기출 필수문제 출제율 40% 이상

10 $10,000m^3/hr(25℃, 1atm)$ 배기가스를 배출하는 연소시설에서 건식 석회석 주입법으로 SO_2를 처리한다. SO_2 농도가 1,000ppm이고(SO_2의 농도를 줄이기 위해 석회석층 내에 직접 투입하는 기법으로), Ca/S mol의 비가 4일 때, SO_2가 발생하지 않는다. 이때 필요한 $CaCO_3(kg/hr)$의 양을 구하시오. (단, $CaCO_3$ 농도 100%)

풀이

$$SO_2 + CaCO_3 \rightarrow CaSO_3 + CO_2$$
$$22.4Sm^3 : 4 \times 100kg$$
$$10,000m^3/hr \times 1,000mL/Sm^3 \times \frac{273}{273+25} \times m^3/10^6 mL : CaCO_3(kg/hr)$$

$CaCO_3(kg/hr)$

$$= \frac{10,000m^3/hr \times 1,000mL/Sm^3 \times \frac{273}{273+25} \times m^3/10^6 mL \times 400kg}{22.4Sm^3}$$

$$= 163.59 kg/hr$$

기출 필수문제 출제율 60% 이상

11 황 함유량 1.2%인 중유를 10ton/hr로 연소하는 보일러에서 배기가스를 NaOH 수용액으로 처리한 후 황성분을 전량 Na_2SO_3로 회수할 경우, 이때 필요한 NaOH의 이론량(kg/hr)은?(단, 황성분은 전량 SO_2로 전환된다고 한다.)

> **풀이**
>
> S + O_2 → SO_2
> SO_2 + 2NaOH → Na_2SO_3 + H_2O
> S → 2NaOH
> 32kg : 2×40kg
> 10,000 kg/hr × 0.012 : NaOH(kg/hr)
>
> $$NaOH(kg/hr) = \frac{10,000 kg/hr \times 0.012 \times 80kg}{32kg} = 300 kg/hr$$

기출 필수문제 출제율 70% 이상

12 황성분이 2.4%인 중유를 2,000kg/hr 연소하는 보일러 배기가스를 NaOH 용액으로 처리 시, 시간당 필요한 NaOH의 양(kg/hr)은?(단, 탈황률은 90%)

> **풀이**
>
> S + O_2 → SO_2
> SO_2 + 2NaOH → Na_2SO_3 + H_2O
> S → 2NaOH
> 32kg : 2×40kg
> 2,000kg/hr × 0.024 × 0.90 : NaOH(kg/hr)
>
> $$NaOH(kg/hr) = \frac{2,000 kg/hr \times 0.024 \times 0.90 \times 80kg}{32kg} = 108 kg/hr$$

기출 필수문제 출제율 50% 이상

13 황 함유량 2.5%인 중유를 10ton/hr로 연소하는 보일러에서 SO_2 gas를 NaOH 수용액으로 세정하여 부산물로 Na_2SO_3이 생성된다. 이때 필요한 NaOH의 소요되는 이론량(kg/day)을 구하시오.(단, 탈황효율 85%, 24시간 연속 가동)

> **풀이**
>
> S + O_2 → SO_2
> SO_2 + 2NaOH → Na_2SO_3 + H_2O

$$\begin{aligned}
&\text{S} \quad\quad\quad\quad \rightarrow \text{2NaOH} \\
&\text{32kg} \quad\quad\quad : \quad 2\times40\text{kg} \\
&10{,}000\text{kg/hr}\times0.025\times0.85 \; : \; \text{NaOH(kg/hr)} \\
&\text{NaOH(kg/hr)} = \frac{10{,}000\text{kg/hr}\times0.025\times0.85\times(2\times40)\text{kg}}{32\text{kg}} \\
&\quad\quad\quad\quad\quad\quad = 531.25\text{kg/hr}\times24\text{hr/day} = 12{,}750\text{kg/day}
\end{aligned}$$

기출 필수문제 출제율 40% 이상

14 석탄 연소에서 배출되고 있는 SO_2의 배출량을 규제하기 위하여 연료 연소 시 발생하는 발열량(kcal)당 SO_2의 중량을 2.5mg SO_2/kcal 이하로 규제하려고 하면, 단위중량당 발열량이 6,000kcal/kg인 석탄의 황 함유량을 몇 % 이하로 유지하여야 하는지 구하시오. (단, 황 함량은 중량비, 석탄 중 황은 모두 SO_2로 변환됨)

풀이

$$\begin{aligned}
&\text{S} \quad + \quad \text{O}_2 \quad \rightarrow \quad \text{SO}_2 \\
&\text{32kg} \quad\quad\quad\quad : \quad 64\text{kg} \\
&\text{S(kg/kcal)} \quad\quad : \quad 2.5\text{mg/kcal}\times\text{kg}/10^6\text{mg} \\
&\text{S(kg/kcal)} = \frac{32\text{kg}\times(2.5\times10^{-6})\text{kg/kcal}}{64\text{kg}} = 1.25\times10^{-6}\text{kg/kcal} \\
&\text{S(\%)} = 1.25\times10^{-6}\text{kg/kcal}\times6{,}000\text{kcal/kg} \\
&\quad\quad\quad = 7.5\times10^{-3}\times100 = 0.75\%
\end{aligned}$$

SECTION 38 질소산화물 처리

1. 개요

질소산화물(NOx)은 주로 연소과정에서 발생하며 대기오염 유발물질은 NO와 NO_2이며 화염에서 NOx 발생 중 90%는 NO이고 나머지 10%는 NO_2가 차지한다.

2. 연소 시 NOx 생성에 영향을 미치는 인자 및 저감

① 온도(낮게 함)
② 반응속도

③ 반응물질의 농도(NOx 함량)가 적은 연료 사용
④ 반응물질의 혼합 정도(연소영역에서 산소농도 낮춤)
⑤ 연소실 체류시간(연소영역에서 연소가스 체류시간은 짧게 함)

3. 연소과정에서 발생하는 질소산화물의 종류 _{출제율 70%}

(1) Thermal NOx(Zeldovich Mechanism)

연료의 연소로 인한 고온분위기에서 연소공기의 분해과정에서 발생, 즉 대기 중 N_2와 O_2가 결합하여 생성되며, 고온에서 고온 NO는 빠르게 형성되지만 형성에 필요한 시간은 평형에 도달하지 못할 정도로 짧다.

(2) Fuel NOx

연료 내 화학적으로 결합된 질소성분이 연소 시 NOx로 전환(산화), 즉 연료 자체가 함유하고 있는 불순물의 질소성분 연소에 의해서 발생한다.

(3) Prompt NOx

연료와 공기 중 질소 성분의 결합으로 발생한다. 즉, 연료가 열분해시 질소가 HC 및 C와 반응하여 HCN 또는 CN이 생성되며, 이들은 OH 및 O_2 등과 결합하여 중간생성물질(NCO)을 형성하여 NO의 발생에 관계가 있다는 학설이다.

4. 연소조절에 의한 NOx 저감방법(연소개선에 의한 NOx 억제방법)
_{출제율 90%}

(1) 저산소연소(저과잉공기 연소)

낮은 공기비로 연소시키는 방법, 즉 연소 내로 과잉공기의 공급량을 줄여(약 10%) 질소와 산소가 반응할 수 있는 기회를 적게 하는 것이다.

(2) 저온도 연소(연소용 예열공기의 온도 조절)

에너지 절약, 건조 및 착화성 향상을 위해 사용하는 예열공기의 온도를 조절(낮게 함)하여 NOx 생성량을 조절한다.

(3) 연소부분의 냉각

연소실의 열부하를 낮춤으로써 NOx 생성을 저감할 수 있다.

(4) 배기가스의 재순환

연소용 공기에 일부 냉각된 배기가스를 섞어 연소실로 재순환하여 온도 및 산소 농도를 낮춤으로써 NOx 생성을 저감할 수 있으며, NOx 발생량을 약 15~25% 줄일 수 있고 Thermal NOx 저감에 효과는 좋으나 Fuel NOx 저감은 미비하다.

(5) 2단 연소(2단계 연소법)

1차 연소실에서 가스온도 상승을 억제하면서 운전하여 NOx의 생성을 줄이고 불완전연소가스는 2차 연소실에서 완전연소시키는 방법이다. 즉, 버너부분에서 이론공기량의 85~95% 정도로 공급하고, 상부 공기구멍에서 10~15%의 공기를 더 공급한다.

(6) 버너 및 연소실의 구조 개선

저 NOx 버너를 사용하고 버너의 위치를 적정하게 설치하여 NOx 생성을 저감할 수 있다.

(7) 수증기 물분사 방법

물분자의 흡열반응을 이용하여 화로 내에 수증기를 분무, 온도를 저하시켜 NOx 생성을 저감할 수 있다.

5. 처리기술에 의한 질소산화물 제거방법

(1) 선택적 촉매환원법(SCR ; Selective Catalytic Reduction)

① 개요 출제율 40%

연소가스 중의 NOx를 촉매(TiO_2와 V_2O_5를 혼합하여 제조)를 사용하여 환원제(NH_3, H_2S, CO, H_2 등)와 반응 N_2와 H_2O로 O_2와 상관없이 접촉환원시키는 방법이다.

② 반응식 출제율 50%

㉠ 환원제 : NH_3

NH_3를 환원제로 사용하는 탈질법은 산소 존재에 의해 반응속도가 증대하는 특이한 반응이고, 2차 공해의 문제도 적은 편이므로 광범위하게 적용된다.

$$6NO + 4NH_3 \rightarrow 5N_2 + 6H_2O$$
$$6NO_2 + 8NH_3 \rightarrow 7N_2 + 12H_2O$$

(산소가 공존하는 경우)
$$4NO + 4NH_3 + O_2 \rightarrow 4N_2 + 6H_2O$$

ⓒ 환원제 : CO

$$2NO + 2CO \rightarrow N_2 + 2CO_2$$
$$2NO_2 + 4CO \rightarrow N_2 + 4CO_2$$

③ 특징

㉠ 주입환원제가 배출가스 중 질소산화물을 우선적으로 환원한다는 의미에서 선택적 촉매환원법이라 한다.
㉡ 적정반응 온도영역은 275~450℃이며 최적반응은 350℃에서 일어난다.
㉢ 최적조건에서 약 90% 정도의 효율이 있다.
㉣ 먼지, SOx 등에 의해 촉매의 활성이 저하되어 효율이 떨어진다.
㉤ 촉매 교체 시 상당한 비용이 부담된다.

(2) 선택적 비촉매(무촉매) 환원법(SNCR ; Selective Noncatalytic Reduction)

① 개요 출제율 40%

촉매를 사용하지 않고 연소가스에 환원제(암모니아, 요소)를 분사하여 고온에서 NOx와 선택적으로 반응하여 N_2와 H_2O로 분해하는 방법으로 NO의 암모니아에 의한 환원에는 보통 산소의 공존이 필요하다.

② 반응식

$$4NO + 4NH_3 + O_2 \rightarrow 4N_2 + 6H_2O$$
$$4NO + 2(NH_2)_2CO + O_2 \rightarrow 4N_2 + 4H_2O + 2CO_2$$

③ 특징

㉠ 반응온도 영역은 750~950℃이며 최적반응은 800~900℃에서 일어난다.
㉡ 질소산화물의 제거효율은 약 40~70%이며 제거율을 높이기 위해서는 보통 1,000℃ 정도의 고온과 NH_3/NO비가 2 이상인 암모니아의 첨가가 필요하다.
㉢ 다양한 가스에 적용 가능하고 장치가 간단하며 유지보수가 용이하다.

② 약품을 과다 사용하면 암모니아가 HCl과 반응하여 백연현상이 발생할 수 있으므로 주의를 요한다.
⑩ 온도가 너무 낮은 경우 NOx의 환원반응이 원활하지 않아 암모니아 그대로 배출되는데 이를 암모니아 슬립현상이라 한다.

> **Reference** SCR과 SNCR의 비교

비교 항목	SNCR	SCR
NOx 저감한계	50ppm	20~40ppm
제거효율	30~70%	90%
운전온도	850~950℃	300~400℃
소요면적	설치공간이 작다.	촉매탑 설치
암모니아 슬립	10~100ppm	5~10ppm
PCDD 제거	거의 없음	가능성 있음
경제성	설치비가 저렴하다.	수명이 짧다.
고려사항	• 투입온도, 혼합 • 암모니아 슬립 • 효율	• 운전온도 • 배기가스 가열비용 • 촉매독 • 암모니아 슬립(매우 적음) • 설치공간 • 촉매 교체비
장점	• 다양한 가스성상에 적용 가능 • 장치가 간단 • 운전보수 용이	• 높은 탈질효과 • 암모니아 슬립이 매우 적다.
단점	연소온도를 950℃ 이하로 확실히 제어	• 유지비가 많이 든다(촉매비용). • 운전비가 많이 든다. • 압력손실이 크다. • 먼지, SOx 등에 의해 방해를 받는다.

(3) 접촉분해법

① NO가 함유된 배기가스를 CO_3O_4(산화코발트)에 접촉시켜 N_2와 O_2로 분해하는 방법이다.

② 반응식

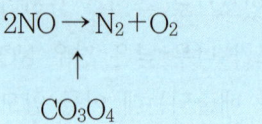
$$2NO \rightarrow N_2 + O_2$$
$$\uparrow$$
$$CO_3O_4$$

(4) 흡착법
활성탄, 실리카겔의 흡착제에 배기가스를 흡착시키는 방법으로, 산소가 다량 포함 시 폭발, 화재의 위험성이 있으며, NO_2는 흡착 가능하나, NO는 흡착이 곤란하다.

(5) 전자선 조사법
배기가스 중 암모니아를 첨가, 전리성 방사선(α선, β선, γ선, 전자선 및 X선)을 조사하여 가스 중의 산소 또는 물을 활성화시켜 산화력이 강한 OH 라디칼을 형성하여 NOx와 SOx을 고체상 입자로 동시 제거하는 방법으로 NOx 및 SOx 제거율이 80% 이상을 달성할 수 있는 건식의 제거 프로세스이다.

(6) 용융염 흡수법
배기가스 중의 NO를 용융염에 흡수하는 방법이다.

(7) 접촉환원법
NOx가 함유된 배기가스를 촉매($CuO-Al_2O_3$, $Mn-Fe_2O_3$)하에서 환원제(CO, H_2, CH_4)를 이용하여 N_2로 환원시키는 방법으로 CO의 환원반응속도가 가장 빠르다.

> **Reference** 비선택적 촉매환원법(NSCR)
>
> **1 개요** 출제율 40%
> 배기가스 중 O_2를 우선 환원제(CH_4, H_2, CO, HC 등)로 하여금 소비하게 한 후 NOx를 환원시키는 방법이다. 즉 NOx뿐만 아니라 O_2까지 소비된다.
>
> **2 반응식**
> $$4NO + CH_4 \rightarrow 2N_2 + CO_2 + 2H_2O$$
> $$4NO_2 + CH_4 \rightarrow 4NO + CO_2 + 2H_2O$$

3 특징

1) 촉매로는 Pt, V_2O_5뿐만 아니라 Co, Ni, Cu, Cr 등의 산화물도 이용 가능하다.
2) NO 환원제는 아세틸렌계 > 올레핀계 > 방향족계 > 파라핀계 순으로 불포화도가 높은 만큼 반응성이 좋다.
3) NOx와 환원제의 반응서열은 CH_4 > H_2 > CO이며 탄화수소의 경우 탄소수의 증가에 따라 일반적으로 반응성이 개선된다고 볼 수 있다.

> **Reference** SOx와 NOx 동시 제어기술 종류

1 활성탄 흡착공정
2 NOXSO 공정
  알루미나 담체에 탄산나트륨을 3.5~3.8% 정도 첨가하여 제조된 흡착제를 사용하여 SOx와 NOx를 90% 이상 제거한다.
3 CuO 공정
4 전자선 조사공정

✓ 학습 Point

1. 연소과정 중 발생하는 NOx 종류 3가지 내용 숙지
2. 연소조절에 의한 NOx 저감방법의 종류 및 내용 숙지
3. SCR, SHCR, NSCR의 원리 및 반응식 숙지

기출 필수문제 출제율 70% 이상

01 150ppm의 NO를 함유하는 배기가스가 30,000Sm³/hr으로 발생하고 있다. 암모니아 접촉환원법으로 탈질하는 데 필요한 암모니아의 양(kg/hr)은?

풀이

$6NO + 4NH_3 \rightarrow 5N_2 + 6H_2O$

$6 \times 22.4 Sm^3$: $4 \times 17 kg$

$30,000 Sm^3/hr \times 150 mL/Sm^3 \times 10^{-6} Sm^3/mL$: $NH_3(kg/hr)$

$$NH_3(kg/hr) = \frac{30,000 Sm^3/hr \times 150 mL/Sm^3 \times 10^{-6} Sm^3/mL \times (4 \times 17) kg}{6 \times 22.4 Sm^3} = 2.28 kg/hr$$

기출 필수문제 출제율 40% 이상

02 어느 배출시설의 시간당 배기가스양은 $150Sm^3/hr$이다. 7,000ppm의 NO가 모두 N_2로 전환된다. 이 질소산화물을 암모니아에 의한 선택적 접촉환원법으로 처리할 경우 소요되는 암모니아의 이론량은 몇 Sm^3/day인가?(단, 산소가 존재하지 않는 기준)

풀이

$6NO \quad + \quad 4NH_3 \rightarrow 5N_2 + 6H_2O$

$6 \times 22.4 Sm^3 \quad : \quad 4 \times 22.4 Sm^3$

$150Sm^3/hr \times 7,000mL/m^3 \times 10^{-6} m^3/mL \quad : \quad NH_3(Sm^3/hr)$

$NH_3(m^3/day) = \dfrac{150Sm^3/hr \times 7,000mL/m^3 \times 10^{-6} m^3/mL \times 4 \times 22.4 Sm^3}{6 \times 22.4 Sm^3}$

$= 0.7 Sm^3/hr \times 24 hr/day = 16.8 Sm^3/day$

기출 필수문제 출제율 50% 이상

03 NO 농도가 50ppm인 배기가스 $150,000Sm^3/hr$를 CO로 선택적 접촉환원법으로 처리하는 경우 필요한 CO의 양(kg/hr)은?

풀이

$2NO \quad + \quad 2CO \rightarrow N_2 + 2CO_2$

$2 \times 22.4 Sm^3 \quad : \quad 2 \times 28 kg$

$150,000 Sm^3/hr \times 50 mL/Sm^3 \times 10^{-6} Sm^3/mL \quad : \quad CO(kg/hr)$

$CO(kg/hr) = \dfrac{150,000 Sm^3/hr \times 50 mL/Sm^3 \times 10^{-6} Sm^3/mL \times (2 \times 28)kg}{2 \times 22.4 Sm^3}$

$= 9.38\ kg/hr$

기출 **필수문제** 출제율 50% 이상

04 500ppm의 NO를 함유하는 배기가스 450,000Sm³/hr를 암모니아 선택적 접촉환원법으로 배연탈질할 때 요구되는 암모니아 양(Sm³/hr)은?(단, 산소가 공존하는 경우)

풀이

4NO + 4NH$_3$+O$_2$ → 4N$_2$ + 6H$_2$O
4×22.4Sm³ : 4×22.4Sm³
450,000Sm³/hr×500mL/Sm³×10⁻⁶Sm³/mL : NH$_3$(Sm³/hr)

$$NH_3(Sm^3/hr) = \frac{450,000Sm^3/hr \times 500mL/Sm^3 \times 10^{-6}Sm^3/mL \times 4 \times 22.4Sm^3}{4 \times 22.4Sm^3} = 225Sm^3/hr$$

기출 **필수문제** 출제율 80% 이상

05 배출시설의 배기가스유량은 100,000Nm³/hr이다. 이 배기가스에 함유된 질소산화물은 NO=224ppm, NO$_2$=22.4ppm이며, 이 질소산화물을 암모니아에 의한 선택적 접촉환원법으로 처리할 경우 NO, NO$_2$를 완전처리하기 위해 소요되는 암모니아의 이론량(kg/hr)을 구하시오.(단, 산소공존은 없으며 표준상태이다. 화학반응식을 기재하고 풀이하시오.)

풀이

1) NO

6NO + 4NH$_3$ → 5N$_2$ + 6H$_2$O
6×22.4Sm³ : 4×17kg
100,000Sm³/hr×224mL/Sm³×10⁻⁶Sm³/mL : NH$_3$(kg/hr)

$$NH_3(kg/hr) = \frac{100,000Sm^3/hr \times 224mL/Sm^3 \times 10^{-6}Sm^3/mL \times (4 \times 17)kg}{6 \times 22.4Sm^3} = 11.33kg/hr$$

2) NO$_2$

6NO$_2$ + 8NH$_3$ → 7N$_2$ + 12H$_2$O
6×22.4Sm³ : 8×17kg
100,000Sm³/hr×22.4mL/Sm³×10⁻⁶Sm³/mL : NH$_3$(kg/hr)

$$NH_3(kg/hr) = \frac{100,000Sm^3/hr \times 22.4mL/Sm^3 \times 10^{-6}Sm^3/mL \times (8 \times 17)kg}{6 \times 22.4Sm^3} = 2.27kg/hr$$

NH$_3$(kg/hr)=11.33+2.27=13.6kg/hr

기출 필수문제 출제율 30% 이상

06 건식 탈질법 중 접촉환원법에 NO를 N_2로 제거하기 위한 반응식을 환원제 NH_3, H_2S, H_2, CO에 대하여 나타내시오.

풀이

1) NH_3
   $6NO + 4NH_3 \rightarrow 5N_2 + 6H_2O$
   $4NO + 4NH_3 + O_2 \rightarrow 4N_2 + 6H_2$(산소 공존)

2) H_2S
   $2NO + 2H_2S \rightarrow 2S + N_2 + 2H_2O$

3) H_2
   $2NO + 2H_2 \rightarrow N_2 + 2H_2O$

4) CO
   $2NO + 2CO \rightarrow N_2 + 2CO_2$

SECTION 39 염소(Cl_2) 및 염화수소(HCl) 처리

1. 개요

염소 및 염화수소 가스는 물에 대한 용해도가 매우 크기 때문에 세정식 집진장치(벤투리스크러버)나 충전탑을 이용하여 처리하며, 염소가스는 NaOH 및 $Ca(OH)_2$ 등의 알칼리 용액에 의해 중화반응을 거쳐 처리하기도 한다.

2. 반응식

$2NaOH + Cl_2 \rightarrow NaCl + NaOCl + H_2O$
$2Ca(OH)_2 + 2Cl_2 \rightarrow CaCl_2 + Ca(OCl)_2 [표백분] + 2H_2O$
$2HCl + Ca(OH)_2 \rightarrow CaCl_2 + 2H_2O$

기출 필수문제 출제율 30% 이상

01 염소가스의 농도가 0.1%(부피비) 되는 배출가스 $500Nm^3/hr$를 수산화칼슘으로 처리하려고 할 때 이론적으로 필요한 시간당 수산화칼슘량(kg/hr)은?

풀이

흡수반응식

$2Ca(OH)_2 \quad + \quad 2Cl_2 \quad \rightarrow \quad CaCl_2 + Ca(OCl)_2 + 2H_2O$

$2 \times 74kg \qquad : \qquad 2 \times 22.4Nm^3$

$Ca(OH)_2(kg/hr) \qquad : \qquad 500Nm^3/hr \times 0.001$

$Ca(OH)_2(kg/hr) = \dfrac{(2 \times 74)kg \times 500Nm^3/hr \times 0.001}{2 \times 22.4Nm^3} = 1.65kg/hr$

기출 필수문제 출제율 60% 이상

02 염화수소의 함량이 0.65(% V/V)의 배출가스 $4,500Sm^3/hr$를 수산화칼슘으로 처리하여 염화수소를 완전히 제거할 때 이론적으로 필요한 수산화칼슘의 양(kg/hr)은?

풀이

흡수반응식

$2HCl \quad + \quad Ca(OH)_2 \quad \rightarrow \quad CaCl_2 + 2H_2O$

$2 \times 22.4Sm^3 \quad : \quad 74kg$

$4,500Sm^3/hr \times 0.0065 \quad : \quad Ca(OH)_2(kg/hr)$

$Ca(OH)_2(kg/hr) = \dfrac{4,500Sm^3/hr \times 0.0065 \times 74kg}{2 \times 22.4Sm^3} = 48.31kg/hr$

필수 예상문제

03 염소농도가 200ppm인 배출가스를 처리하여 $10mg/Sm^3$으로 배출한다고 할 때 염소의 제거율(%)은?(단, 온도는 표준상태로 가정)

풀이

$염소제거율(\eta : \%) = \left(1 - \dfrac{C_o}{C_i}\right) \times 100$

$C_i = 200mL/m^3 \times 71mg/22.4mL = 633.93mg/Sm^3$

$C_o = 10mg/Sm^3$

$= \left(1 - \dfrac{10}{633.93}\right) \times 100 = 98.42\%$

기출 필수문제 출제율 60% 이상

04 배출시설의 배기가스 중 염소농도가 $100mL/Sm^3$이었다. 이 염소농도를 $20mg/Sm^3$로 저하시키기 위해 제거해야 할 염소농도(mL/Sm^3)는?

풀이

제거해야 할 염소농도(mL/Sm^3) = 초기농도 - 나중농도

초기농도 = $100mL/Sm^3$(ppm)

나중농도 = $20mg/Sm^3 \times \dfrac{22.4mL}{71mg}$

= $6.31mL/Sm^3$(ppm)

= $100 - 6.31 = 93.69mL/Sm^3$

기출 필수문제 출제율 60% 이상

05 배출가스 중 염화수소의 농도가 300ppm이다. 배출허용기준이 $100mg/Sm^3$일 때, 최소한 몇 %를 제거해야 배출허용 기준을 만족할 수 있는가?(단, 표준상태 기준, 기타 조건은 동일함)

풀이

제거효율(%) = $\dfrac{초기농도 - 나중농도}{초기농도} \times 100$

초기농도 = 300ppm

나중농도 = $100mg/Sm^3 \times \dfrac{22.4mL}{36.5mg} = 61.37mL/Sm^3$(ppm)

= $\left(\dfrac{300 - 61.37}{300}\right) \times 100 = 79.54\%$

기출 필수문제 출제율 60% 이상

06 염소가스를 함유하는 배출가스에 50kg의 수산화나트륨을 포함한 수용액을 순환사용하여 100% 반응시킨다면 몇 kg의 염소가스를 처리할 수 있는가? 또한 생성되는 차아염소산나트륨의 양(kg)을 구하시오.(단, 표준상태 기준)

풀이

1) Cl 가스양

$2NaOH + Cl_2 \rightarrow NaCl + NaOCl + H_2O$

$2 \times 40kg$: $71kg$

$50kg$: $Cl_2(kg)$

$Cl_2(kg) = \dfrac{50kg \times 71kg}{2 \times 40kg} = 44.38kg$

2) NaOCl 생성량

$$2NaOH + Cl_2 \rightarrow NaCl + NaOCl + H_2O$$

$2 \times 40kg$: $74.45kg$

$50\ kg$: $NaOCl(kg)$

$$NaOCl(kg) = \frac{50kg \times 74.45kg}{2 \times 40kg} = 46.53kg$$

기출 필수문제 출제율 50% 이상

07 염소농도가 300ppm, 배출가스양이 5,000Sm³/hr로 발생하고 있다. 이를 수산화나트륨 수용액으로 흡수처리하여 제거할 경우 발생되는 차아염소산나트륨의 양(kg/hr)을 구하시오.

풀이

$$2NaOH + Cl_2 \rightarrow NaCl + NaOCl + H_2O$$

$22.4Sm^3$: $74.5kg$

$5,000Sm^3/hr \times 300ppm \times 10^{-6}$: $NaOCl(kg/hr)$

$$NaOCl(kg/hr) = \frac{5,000Sm^3/hr \times 300ppm \times 10^{-6} \times 74.5kg}{22.4Sm^3} = 4.99kg/hr$$

필수 예상문제

08 배출가스양이 100Sm³/hr이고 HCl 농도가 250ppm이다. 이를 5m³의 물(세정수)에 1시간 동안 흡수율 70%로 반응 시 이 수용액의 pH는?(단, HCl은 완전히 해리된다고 가정)

풀이

흡수 HCl의 양(L) = $100Sm^3/hr \times 250mL/m^3 \times 10^{-6}m^3/mL \times 1,000L/m^3 \times 0.7$
  = $17.5L/hr \times 1hr = 17.5L$

용해된 HCl 몰농도(mol/L) = $17.5L/5m^3 \times 1mol/22.4L \times 1m^3/1,000L$
  = $1.56 \times 10^{-4} mol/L$

HCl 몰농도 = 수소이온(H^+) 몰농도

$HCl \rightarrow H^+ + Cl^-$
$1M$: $1M$

$pH = -\log[H^+] = -\log[1.56 \times 10^{-4}] = 3.81$

기출 필수문제 출제율 20% 이상

09 배출가스양이 100Sm³/hr이고 HCl 농도가 250ppm이다. 이를 5m³의 물에 1시간 동안 흡수율 60%로 반응 시 이 수용액의 pH는?

> **풀이**
>
> 흡수 HCL의 양(L) = 100Sm³/hr × 250mL/m³ × 10^{-6}m³/mL × 1,000L/m³ × 0.6
> = 15L/hr × 1hr = 15L
>
> 용해된 HCl 몰농도(mol/L) = 15L/5m³ × 1mol/22.4L × 1m³/1,000 L
> = 1.34×10^{-4} mol/L
>
> HCl 몰농도 = 수소이온(H^+) 몰농도
>
> $$\boxed{\begin{array}{ccc} HCl & \rightarrow & H^+ + Cl^- \\ 1M & : & 1M \end{array}}$$
>
> pH = $-\log[H^+]$ = $-\log[1.34 \times 10^{-4}]$ = 3.87

기출 필수문제 출제율 60% 이상

10 배출가스양이 1,000Sm³/hr, 그중 HCl 농도가 500ppm이다. 10m³ 물순환 사용하는 Spray Tower에서 HCl 제거 시 5시간 후 세정순환수의 pH는?(단, 물의 증발로 인한 손실은 없고, Spray Tower의 제거효율은 100%)

> **풀이**
>
> 배출가스 중 HCl 양(g/hr) = 1,000Sm³/hr × 500mL/Sm³ × $\dfrac{36.5g}{22,400mL}$
> = 814.73g/hr
>
> 5시간 후 물에 녹는 HCl 양(g) = 814.73g/hr × 5hr = 4,073.66g
>
> HCl 몰농도 = 수소이온(H^+) 몰농도
>
> $[H^+]$ = [HCl] = $\dfrac{4,073.66g \times \dfrac{1mol}{36.5g}}{10,000L}$ = 0.01116mol/L
>
> pH = $-\log[H^+]$ = $-\log[0.01116]$ = 1.95

11 배출시설에서 배출가스양은 15,000Sm³/hr이고 염소의 농도는 50mg/Sm³이다. NaOH 용액으로 염소를 처리하여 3ppm으로 저감할 경우에 필요한 NaOH의 양(kg/hr)을 구하시오.(단, 염소와 NaOH 반응률은 100%로 하고 반드시 화학반응식을 기재하고 계산하시오.)

> **풀이**
>
> 흡수반응식
> $Cl_2 + 2NaOH \rightarrow NaOCl + NaCl + H_2O$
> 반응시켜야 하는 염소농도(ppm) = 발생염소농도 - 처리농도
>
> $$발생염소농도 = 50mg/Sm^3 \times \frac{22.4mL}{71mg}$$
> $$= 15.77mL/Sm^3 (ppm)$$
> $$= 15.77 - 3 = 12.77 ppm$$
>
> $Cl_2 \quad \rightarrow \quad 2NaOH$
> $22.4Sm^3 \quad : \quad 2 \times 40kg$
> $15,000Sm^3/hr \times 12.77mL/Sm^3 \times m^3/10^6 mL : NaOH$
>
> $$NaOH(kg/hr) = \frac{15,000Sm^3/hr \times 12.77mL/Sm^3 \times m^3/10^6 mL \times (2 \times 40)kg}{22.4Sm^3} = 0.68kg/hr$$

SECTION 40 불소(F_2) 및 불소화합물 처리

1. 개요 및 특징

물에 대한 용해도가 비교적 크므로 수세에 의한 처리가 가능하다. 그러나 침전물이 생겨 공극폐쇄를 유발하므로 충전탑과 같은 세정장치를 불소처리 사용하는 것은 부적절하다.

2. 반응식

$$F_2 + Ca(OH)_2 \rightarrow CaF_2 + \frac{1}{2}O_2 + H_2O$$

$$2HF + Ca(OH)_2 \rightarrow CaF_2 + 2H_2O$$

$$3SiF_4 + 2H_2O \rightarrow SiO_2[규산] + 2H_2SiF_6[규불화수소산]$$

⇒ 사불화규소는 물과 반응해서 콜로이드 상태의 규산과 규불화수소산을 생성

기출 필수문제 출제율 60% 이상

01 불화수소농도가 250ppm인 배출가스양 1,000Sm³/hr를 10m³의 물로 10시간 순환 세정할 경우 순환수의 pH는?(단, HF는 50%가 전리하고, F 원자량 19)

풀이

배출가스 중 HF 양(g) = $1,000Sm^3/hr \times 250mL/Sm^3 \times \dfrac{20g}{22,400mL} \times 10hr$

= 2,232.14g

HF의 mol 수 = $2,232.14g \times \dfrac{1mol}{20g}$ = 111.61mol

세정순환수 중 HF 몰농도(M) = $\dfrac{111.61 mol}{10,000L}$ = 0.011M

HF → H⁺ + F⁻ 반응에서 HF 50% 전리

$[H^+] = [HF]$

$[H^+]$ 농도 = 0.011 × 0.5 = 0.0055M

pH = $-\log[H^+]$ = $-\log(0.0055)$ = 2.26

기출 필수문제 출제율 70% 이상

02 HF 농도가 1,000ppm인 배출가스를 1,000Sm³/hr으로 배출하는 공정에서 HF를 제거하기 위해 Ca(OH)₂ 현탁액으로 처리 시 10시간 처리할 경우 Ca(OH)₂의 필요한 양(kg)은?(단, 제거효율 90%)

풀이

배출가스 중 HF 양(g) = $1,000Sm^3/hr \times 1,000mL/Sm^3 \times \dfrac{20g}{22,400mL} \times 10hr$

= 8,928.57g

$$2HF \quad + \quad Ca(OH)_2 \quad \rightarrow \quad CaF_2 + 2H_2O$$
$$2 \times 20g \quad : \quad 74g$$
$$8,928.57g \times 0.9 \quad : \quad Ca(OH)_2(kg)$$
$$Ca(OH)_2(kg) = \frac{8,928.57g \times 74g \times 0.9}{(2 \times 20)g} = 14,866.07g \times kg/1,000g = 14.87kg$$

기출 필수문제 출제율 40% 이상

03 배출가스양이 $5,000Sm^3/hr$, HF의 농도는 50ppm이다. 수산화칼슘으로 HF를 침전제거시키고자 할 경우 5일간 사용된 수산화칼슘의 양(kg)을 구하시오.(단, 운전시간 1일 10시간, HF의 물에 대한 흡수율 80%)

풀이

흡수반응식

$$2HF \quad + \quad Ca(OH)_2 \quad \rightarrow \quad CaF_2 + 2H_2O$$
$$2 \times 22.4Sm^3 \quad : \quad 74kg$$
$$5,000Sm^3/hr \times 50ppm \times 10^{-6} \times 10hr/day \times 5day \times 0.8 : Ca(OH)_2(kg)$$

$$Ca(OH)_2(kg) = \frac{5,000Sm^3/hr \times 50ppm \times 10^{-6} \times 10hr/day \times 5day \times 0.8 \times 74kg}{2 \times 22.4Sm^3} = 16.52kg$$

기출 필수문제 출제율 60% 이상

04 HF 2,000ppm, SiF_4 1,000ppm을 함유하는 배출가스 $11,200Sm^3/hr$을 물에 흡수하여 H_2SiF_6(규불산)을 회수하려고 할 경우 흡수율이 100%라면 이론적으로 시간당 몇 kmol의 규불산이 회수되겠는가?

풀이

HF 부피 : $2,000 \times 10^{-6} \times 11,200Sm^3/hr = 22.4Sm^3/hr$

SiF_4 부피 : $1,000 \times 10^{-6} \times 11,200Sm^3/hr = 11.2Sm^3/hr$

$$2HF \quad + \quad SiF_4 \quad \rightarrow \quad H_2SiF_6$$
$$22.4Sm^3/hr \quad : \quad 11.2Sm^3/hr \quad : \quad 11.2Sm^3/hr$$

1kmol = $22.4Sm^3/hr$이므로 $11.2Sm^3/hr = 0.5kmol/hr$

SECTION 41 악취 처리

1. 통풍(환기) 및 희석(Ventilation)

높은 굴뚝을 통해 방출시켜 대기 중에 분산 희석시키는 방법으로 운영비(Operation Cost)가 가장 적게 드는 방법이다.

2. 흡착에 의한 처리

유량이 비교적 적은 경우 활성탄 등 흡착제를 이용하여 냄새를 제거하는 방식으로 활성탄을 사용하여 악취물질을 흡착시켜 제거할 경우에는 일반적으로 표면유속을 112~150m/min(1.87~2.5m/sec) 정도로 한다.

3. 흡수에 의한 처리

악취물질이 흡수액에 대해 용해성이 좋아야 적용 가능하다. 즉, 악취물질이 세정액에 가용성이어야 한다. 일반적으로 흡수액은 물이 사용되며 H_2S의 경우는 에탄올과 아민 등에 흡수된다.

4. 응축법에 의한 처리

냄새를 가진 가스를 냉각·응축시키는 방법으로 유기용매증기를 고농도($200g/Sm^3$) 이상으로 함유한 배기가스에 적용하며 응축 후 액화된 유기용매는 회수가 가능하다.

5. 불꽃 소각법(직접 연소법)

대부분은 산화방식의 직접불꽃 소각법에 의하여 산화분해하여 탄산가스와 물(수증기)로 변화시켜 악취를 제거한다. 단점은 보조연료가 필요하여 경제적으로 부담이 된다는 것이다.

6. 촉매 산화법(촉매 연소법) 출제율 50%

(1) 정의

백금이나 금속산화물 등의 촉매를 이용하여 250~450℃(300~400℃) 정도의 온도에서 산화분해시키는 방법으로 보조연료가 필요 없다.

(2) 장점
① 직접연소법에 비해 산화온도가 낮아 보조연료가 적게 소요되거나 필요 없다.
② 직접연소법에 비해 체류시간이 짧으며 저온이기 때문에 NOx 생성량을 감소시킬 수 있다.

(3) 단점
① 촉매독(먼지, 중금속, 황성분 등)에 의해 촉매의 활성이 저하된다.
② 초기설치비용이 많이 소요된다.

7. 화학적 산화법

강산화력의 O_3, $KMnO_4$, $NaOCl$, ClO_2, H_2O_2, ClO, Cl_2 등을 산화제로 사용하여 주로 유기물질 제거에 적용한다.

8. 위장법(Masking)

높은 향기를 가진 물질을 이용하여 악취를 은폐(위장)시키는 방법으로 유해도가 덜한 악취에 적용한다.

9. Ball 차단법

밀폐형 구조물을 설치할 필요가 없고 크기와 색상이 다양하며 미관이 수려한 편이다.

 학습 Point

1. 악취처리방법 종류 숙지
2. 촉매 산화법 정의, 장단점 숙지

SECTION 42 휘발성 유기화합물(VOCs) 처리

1. VOCs 제거 기술

(1) 흡착법

VOCs 분자가 Van der Waals의 약한 결합력에 의해 흡착제에 물리적으로 흡착하는 원리를 이용한 방법이다.

(2) 연소법

① 후연소(직접화염소각법, 열소각법)
② 재생(Regenerative) 열산화
③ 촉매소각법

(3) 흡수(세정)법

흡수장치는 Con-current나 Cross 형태로 가스상과 액상에 흐르는 경우도 있으나, 대부분은 Counter-current 형태가 일반적이다.

(4) 생물막(여과)법

① 미생물을 이용하여 VOCs(악취)를 CO_2, H_2O, 광물염으로 전환시키는 일련의 공정을 말한다.
② CO 및 NOx를 포함한 생성오염부산물이 적거나 없다.(장점)
③ 저농도 오염물질의 처리에 적합하고 설치가 간단하다.(장점)
④ 습도제어에 각별한 주의가 필요하다.(단점)
⑤ 생체량의 증가로 장치가 막힐 수 있다.(단점)

(5) 저온(Cryogenic) 응축법

탄화수소와 같은 가스성분을 냉각제로 냉각 응축시켜 VOCs를 분리·포집하는 방법이다.

> **학습 Point**
> 생물막(여과)법의 장단점 숙지

SECTION 43 다이옥신류 제어

1. 개요 및 특징

① 다이옥신류란 PCDDs와 PCDFs를 총체적으로 말하며 다이옥신과 퓨란은 하나 또는 두 개의 산소원자와 1~8개의 염소원자가 결합된 두 개의 벤젠고리를 포함하고 있다.(다이옥신은 산소 2개, 2개의 벤젠고리, 2개 이상의 염소원소로 구성)
② 다이옥신의 광분해에 가장 효과적인 파장범위는 250~340nm이다.
③ 다이옥신 중 2, 3, 7, 8-tetrachloro dibenzo-p-dioxin이 독성이 가장 높다.
④ 독성이 가장 강한 것으로 알려진 2, 3, 7, 8-TCDD의 독성잠재력을 1로 보고, 다른 이성질체에 대해서는 상대적인 독성등가인자를 사용하여 주로 표시한다. (TCDD ; tetrachloro dibenzo-p-dioxin)
⑤ PCDF계는 135개, PCDD계는 75개의 이성질체가 존재한다.

2. 연소로의 다이옥신류 배출경로

① 폐기물 중에 존재하는 다이옥신류(PCDD/PCDF)가 분해되지 않고 배출(PCB의 불완전연소에 의해 발생)
② PCDP/PCDF의 전구물질이 전환되어 배출
③ 소각과정에서 유기물에 염소공여체가 반응하여 생성 배출
④ 저온에서 촉매화반응에 의해 분진과 결합하여 배출

3. 제어방법

(1) 1차적(사전 : 연소 전) 제어방법

다이옥신류 전구물질(PVC, 유기염소계 화합물)을 사전에 제어하는 방법이다.

(2) 2차적(노 내, 연소과정) 제어방법

① 다이옥신 물질의 분해에 충분한 연소온도가 되도록 가동개시할 때 온도를 빨리 승온시키고 체류시간을 조정하고 완전연소를 위해 연료와 공기를 충분히 혼합시킨다.(완전연소조건 3T)
② 일반적으로 적절한 온도범위는 850~950℃ 정도이다. 즉, 소각 후 연소실 온도는 850℃ 이상, 연소실에서의 체류시간을 2초 정도로 유지하여 2차 발생을 억제한다.

③ 입자이월(소각로 내 부유분진이 연소기 밖으로 빠져나가는 입자)은 다이옥신류의 저온형성에 참여하는 전구물질 역할을 하기 때문에 최소화한다.
④ 연소실의 형상을 클링커 축적이 생기지 않는 구조로 한다.
⑤ 실시간 연소상태를 모니터링하는 자동제어시스템을 운영한다. 특히 배출가스 중 산소와 일산화탄소 농도를 측정하여 연소상태를 제어한다.

(3) 3차적(후처리, 연소 후) 제어방법 출제율 50%

① 촉매분해법

촉매로 금속산화물(V_2O_5, TiO_2), 귀금속(Pt, Pd) 등을 이용하여 다이옥신을 분해하는 방법이다.

② 열분해법

산소가 아주 적은 환원성 분위기에서 탈염소화, 수소첨가반응 등에 의해 다이옥신을 분해하는 방법이다.

③ 자외선 광분해법

자외선 파장(250~340nm)을 이용하여 배기가스에 조사하여 다이옥신의 결합을 분해하는 방법이다.

④ 오존분해법

용액 중에 오존을 주입하여 다이옥신을 산화분해하는 방법이다.

⑤ 활성탄주입시설＋반응탑＋Bag Filter(여과집진시설)의 조합방법

배기가스 Conditioning 시 활성탄 분말투입시설을 설치하여 다이옥신과 반응시킨 후 집진함으로써 제거하는 방법이다.

학습 Point

다이옥신의 3차적 제어방법 종류 및 내용 숙지

SECTION 44 기초 유체 역학

1. 단위

(1) 길이

$1m = 10^2 cm = 10^3 mm = 10^6 \mu m = 10^9 nm (1nm = 10^{-3} \mu m = 10^{-9} m)$

$1\mu m = 10^{-3} mm = 10^{-6} m$

$1ft = 0.3048m$

$1mile = 1,609.3m$

(2) 질량

$1kg = 10^3 g = 10^6 mg = 10^9 \mu g$

$1ton = 10^3 kg$

$1\mu g = 10^{-3} mg = 10^{-6} g$

$1ng = 10^{-3} \mu g = 10^{-6} mg = 10^{-9} g$

$1lb = 0.4536kg = 453.6g$

(3) 시간

$1day = 24hr = 1,440min = 86,400sec$

(4) 넓이(면적)

$1m^2 = 10^4 cm^2 = 10^6 mm^2$

(5) 체적(부피)

$1m^3 = 10^6 cm^3 = 10^9 mm^3$

$1L = 10^{-3} kL = 10^3 mL = 10^6 \mu L$

(6) 온도

$$섭씨온도(℃) = \frac{5}{9}[화씨온도(℉) - 32]$$

$$화씨온도(℉) = [\frac{9}{5} \times 섭씨온도(℃)] + 32$$

$$절대온도(K) = 273 + 섭씨온도(℃)$$

$$랭킨온도(°R) = 460 + 화씨온도(℉)$$

(7) 압력

① 물체의 단위면적에 작용하는 수직방향의 힘

② $1Pa = 1N/m^2 = 10^{-5} bar = 10 dyne/cm^2$
$= 1,020 \times 10^{-1} mmH_2O = 9.869 \times 10^{-6} atm$

③ 1기압＝1atm＝760mmHg＝10,332mmH$_2$O
　　　＝1.0332kgf/cm^2＝10,332kgf/m^2
　　　＝14.7psi＝760torr＝10,332mmAq＝10,332mH$_2$O＝1,013hPa
　　　＝1,013.25mb＝1.01325bar＝10,113×10^{5}dyne/cm^2
　　　＝1.013×10^{5}Pa

2. 유체의 물리적 성질

(1) 밀도(Density : ρ)

① 정의 : 단위체적당 유체의 질량

② 단위 : g/cm^3, kg/m^3

③ 관계식 : 밀도(ρ) $= \dfrac{\text{질량}}{\text{부피}}$

④ 0℃, 1기압의 건조한 공기의 밀도는 1.293kg/m^{3}이다.

(2) 점성계수(Dynamic Viscosity : μ)

① 정의 : 유체에 미치는 전단응력과 그 속도 사이의 비례상수, 즉 전단응력에 대한 저항의 크기를 나타낸다.

② 단위 : N·s/m^2, kg/m·s, g/cm·s, kgf·sec/m^2
　　　1poise＝1g/cm·s＝1dyne·s/cm^2
　　　1centipoise＝10^{-2}poise＝1mg/mm·s

(3) 동점성계수(Kinematic Viscosity : ν)

① 정의 : 점성계수를 밀도로 나눈 값을 말한다.

② 단위 : m^2/sec, cm^2/sec
　　　1stokes＝1cm^2/s
　　　1cstoke＝10^{-2}stokes

③ 관계식 : 동점성계수(ν) $= \dfrac{\mu}{\rho}$

(4) 표준공기

① 표준상태(STP)란, 0℃, 1atm 상태를 말하며 물리·화학 등 공학분야에서 기준이 되는 상태로서 일반적으로 사용한다.

② 환경공학에서 표준상태는 기체의 체적을 Sm^3, Nm^{3}으로 표시하여 사용한다.

3. 연속방정식

(1) 개요

정상류가 흐르고 있는 유체 유동에 관한 연속방정식을 설명하는 데 적용된 법칙은 질량보존의 법칙이다. 즉, 정상류로 흐르고 있는 유체가 임의의 한 단면을 통과하는 질량은 다른 임의의 한 단면을 통과하는 단위시간당 질량과 같아야 한다.

(2) 관계식(비압축성 유체 흐름 가정)

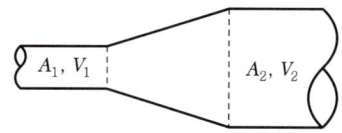

$$Q = A_1 V_1 = A_2 V_2$$

여기서, Q : 단위시간에 흐르는 유체의 체적(유량)(m^3/min)
A_1, A_2 : 각 유체통과 단면적(m^2)
V_1, V_2 : 각 유체의 통과 유속(m/sec)

4. 베르누이 정리(Bernoulli 정리)

① 동일 유선상에서 정상상태로 흐르는 유체에 대한 베르누이 정리의 적용조건은 비압축성이며 비점성 유체, 즉 베르누이 방정식은 임의의 두 점이 같은 유선상에 있고 비압축성이며 비점성인 이상유체가 정상상태(정상류)로 흐르는 조건하에 성립한다.
② 베르누이 정리에 의해 국소 환기장치 내의 에너지 총합은 에너지의 득실이 없다면 언제나 일정하다. 즉, 에너지 보존법칙이 성립한다.
③ 베르누이 정리(방정식)

압력수두, 속도수두, 위치수두의 합은 일정하다.

$$\frac{P}{\gamma} + \frac{V^2}{2g} + Z = \text{Constant}(H)$$

여기서, P/γ : 압력수두(m) → 단위질량당 압력에너지
$V^2/2g$: 속도수두(m) → 단위질량당 속도에너지
Z : 위치수두(m) → 단위질량당 위치에너지
H : 전수두(m)

5. 압력의 종류

(1) 압력은 단위면적당 단위체적의 유체가 가지고 있는 에너지를 의미한다.

(2) 베르누이 정리에 의해 속도수두를 동압(속도압), 압력수두를 정압이라 하고 동압과 정압의 합을 전압이라 한다.

> 전압(TP ; Total Pressure) = 동압(VP ; Velocity Pressure)
> + 정압(SP ; Static Pressure)

① 정압

밀폐된 공간(Duct) 내 사방으로 동일하게 미치는 압력을 말한다. 즉, 모든 방향에서 동일한 압력으로, 송풍기 앞에서는 음압, 송풍기 뒤에서는 양압이며, 공기흐름에 대한 저항을 나타내는 압력이며 위치에너지에 속한다.

② 동압(속도압)

㉠ 공기의 흐름방향으로 미치는 압력이고 단위체적의 유체가 갖고 있는 운동에너지이며, 공기의 운동에너지에 비례하여 항상 0 또는 양압을 갖는다.

㉡ 공기속도(V)와 속도압(VP)의 관계

$$속도압(동압)(VP) = \frac{\gamma V^2}{2g}$$

$$V = \sqrt{\frac{2gVP}{\gamma}}$$

여기서, 표준공기인 경우 $\gamma = 1.203 \text{kg}_f/\text{m}^3$, $g = 9.81 \text{m/s}^2$ 이므로

앞의 식에 대입하면

$$V = 4.043\sqrt{VP}, \quad VP = \left(\frac{V}{4.043}\right)^2$$

여기서, V : 공기속도(m/sec)
VP : 동압(속도압)(mmH$_2$O)

③ 전압

전압은 단위유체에 작용하는 정압과 동압의 총합으로 시설 내에 필요한 단위체적당 전 에너지를 나타낸다.

기출 필수문제 출제율 30% 이상

01 덕트 내 어떤 공기 측정 시 동압이 15mmH$_2$O일 때 유속은 20m/sec였다. 덕트의 밸브를 열고 동압을 측정하니 30mmH$_2$O이었다면 이때 유속(m/sec)은 얼마인가?

> **풀이**
>
> 동압(VP) = $\dfrac{\gamma V^2}{2g}$ 에서 $15 = \dfrac{\gamma \times 20^2}{2 \times g}$ 이므로
>
> $\dfrac{\gamma}{g} = 0.075$
>
> 동압 30mmH$_2$O 상태에 적용
>
> 동압(VP) = $\dfrac{\gamma V^2}{2g}$ 에서 $30 = 0.075 \times \dfrac{V^2}{2}$ 이므로
>
> $V = \sqrt{\dfrac{30 \times 2}{0.075}} = 28.28$ m/sec

6. 레이놀즈수 및 층류와 난류

(1) 층류(Laminar Flow)

유체의 입자들이 규칙적인 유동상태(소용돌이, 선회운동 일으키지 않음)가 되어 질서정연하게 흐르는 상태이며 관 내에서의 속도 분포가 정상 포물선을 그리며 평균유속은 최대유속의 약 1/2이다.

(2) 난류(Turbulent Flow)

유체의 입자들이 불규칙적인 유동상태(작은 소용돌이가 혼합된 상태)가 되어 상호 간 활발하게 운동량을 교환하면서 흐르는 상태이다.

(3) 레이놀즈수(Reynolds Number : Re)

① 유체흐름에서 관성력과 점성력의 비를 무차원 수로 나타낸 것을 말하며, 유체흐름에서 층류와 난류를 구분하는 데 사용된다.

② 층류흐름

레이놀즈수가 작으면 관성력에 비해 점성력이 상대적으로 커져서 유체가 원래의 흐름을 유지하려는 성질을 갖는다.

(관성력<점성력)

③ 난류흐름

레이놀즈수가 커지면 점성력에 비해 관성력이 지배하게 되어 유체의 흐름에 많은 교란이 생겨 난류흐름을 형성한다.
(관성력 > 점성력)

④ 관계식

$$Re = \frac{\rho Vd}{\mu} = \frac{Vd}{\nu} = \frac{관성력}{점성력}$$

여기서, Re : 레이놀즈수(무차원)
ρ : 유체밀도(kg/m^3)
d : 유체가 흐르는 직경(m)
V : 유체의 평균유속(m/sec)
μ : 유체의 점성계수[$kg/m \cdot s$(poise : Pa · s)] : 유체 점도
ν : 유체의 동점성계수(m^2/sec)

⑤ 레이놀즈수의 크기에 따른 구분

㉠ 층류($Re < 2,100$)
㉡ 천이영역($2,100 < Re < 4,000$)
㉢ 난류($Re > 4,000$)

필수 예상문제

01 21℃에서 동점성계수가 $1.5 \times 10^{-5} m^2$/sec이다. 직경이 20cm인 관에 층류로 흐를 수 있는 최대의 평균속도(m/sec)와 유량(m^3/min)을 구하여라.

풀이

1) 공기의 최대평균속도
   관 내를 층류로 흐를 수 있는 $Re = 2,100$이므로
   $Re = \frac{Vd}{\nu}$ 에서 V를 구하면
   $V = \frac{Re \cdot \nu}{d} = \frac{2,100 \times (1.5 \times 10^{-5})}{0.2} = 0.16 m/sec$

2) 유량
   $Q = A \times V = \left(\frac{\pi \times 0.2^2}{4}\right) \times 0.16 = 5.02 \times 10^{-3} m^3/sec(0.3 m^3/min)$

기출 필수문제 출제율 50% 이상

02 직경이 30cm인 관으로 유체가 5m/sec로 흐르고 있다. 유체의 점도가 1.85×10^{-5} kg/m·s라 할 때 이 유체의 흐름 특성을 평가하면?(단, 유체의 밀도는 1.2kg/m^{3}으로 가정)

풀이

$$Re = \frac{\rho Vd}{\mu} = \frac{1.2 \times 5 \times 0.3}{1.85 \times 10^{-5}} = 97,297$$

따라서, 유체 흐름 특성은 Re값이 4,000보다 큰 값이므로 난류상태

필수 예상문제

03 1기압 20℃의 동점성계수가 1.5×10^{-5}m^2/sec 이고 유속이 20m/sec이다. 원형 Duct의 단면적이 0.385m^{2}이면 Reynolds Number는?

풀이

$$Re = \frac{V \cdot d}{\nu} = \frac{20 \times 0.7}{1.5 \times 10^{-5}} = 933,333$$

$$\left[단면적 = \frac{\pi d^2}{4} 에서\ d = \sqrt{\frac{단면적 \times 4}{\pi}} = \sqrt{\frac{0.385 \times 4}{\pi}} = 0.7 \right]$$

기출 필수문제 출제율 50% 이상

04 유체조건이 다음과 같을 경우 물음에 답하시오.

- Duct 직경 : 0.3048m
- 밀도 : 1.2kg/m^3
- 유속 : 2m/sec
- 점도 : 20cP

(1) 레이놀즈수(Re)

(2) 동점성계수(Kinematic Viscosity)(m^2/sec)

풀이

(1) 레이놀즈수(Re)

$$Re = \frac{\rho VD}{\mu}$$

$$= \frac{1.2\text{kg/m}^3 \times 2\text{m/sec} \times 0.3048\text{m}}{20 \times 10^{-3}\text{kg/m} \cdot \text{sec}} = 36.58$$

$$[1\text{cP} = 10^{-2}\text{Poise} = 1\text{mg/mm} \cdot \text{sec}]$$

(2) 동점성계수(ν)

$$\nu(\text{m}^2/\text{sec}) = \frac{\mu}{\rho} = \frac{20 \times 10^{-3} \text{kg/m} \cdot \text{sec}}{1.2 \text{kg/m}^3} = 0.0167 \text{m}^2/\text{sec}$$

기출 필수문제 출제율 50% 이상

05 중력식 집진기의 높이와 폭이 3m이고 가스유속이 1m/sec일 때 레이놀즈수를 구하시오. (단, 20℃, 1atm, 점성계수 $\mu = 1.18 \times 10^{-5}$ kg/m·sec)

풀이

$$Re = \frac{\rho V d}{\mu}$$

$$d = \frac{2ab}{a+b} = \frac{2(3 \times 3)\text{m}^2}{(3+3)\text{m}} = 3\text{m}$$

$$\rho = 1.293 \text{kg/m}^3 \times \frac{273}{273+20} = 1.20 \text{kg/m}^3$$

$$= \frac{1.20 \times 1 \times 3}{1.18 \times 10^{-5}} = 305,084.75$$

기출 필수문제 출제율 50% 이상

06 직경 10cm인 원형관 내로 밀도 0.85g/cm³인 유체가 10cm/sec의 속도로 흐르고 있을 경우 이 유체의 레이놀즈수를 계산하고, 유체흐름의 형태가 층류인지 난류인지 근거를 바탕으로 나타내시오. (단, 기체점도 5cP)

풀이

1) 레이놀즈수(Re)

$$Re = \frac{\rho V D}{\mu}$$

$\rho = 0.85 \text{g/cm}^3 \times \text{kg}/1,000\text{g} \times 10^6 \text{cm}^3/\text{m}^3 = 850 \text{kg/m}^3$

$V = 10 \text{cm/sec} \times \text{m}/100\text{cm} = 0.1 \text{m/sec}$

$D = 10 \text{cm} = 0.1 \text{m}$

$\mu = 5\text{cP} = 5\text{mg/mm} \cdot \text{sec} \times \text{kg}/10^6 \text{mg} \times 1,000 \text{mm/m}$
$\quad = 5 \times 10^{-3} \text{kg/m} \cdot \text{sec}$

$$= \frac{850 \times 0.1 \times 0.1}{5 \times 10^{-3}} = 1,700$$

2) 판정근거 : $Re < 2,100$이므로 층류로 판정

SECTION 45 후드(Hood)

1. 개요

후드는 발생원에서 발생된 오염물질을 작업자 호흡영역까지 확산되어 가기 전에 한곳으로 포집하고 흡인하는 장치로 최소의 배기량과 최소의 동력비로 오염물질을 효과적으로 처리하기 위해 가능한 한 오염원 가까이 설치한다.

2. 제어속도(포촉속도 : 포착속도 ; 통제속도) 출제율 30%

오염물질의 발생속도를 이겨내고 오염물질을 후드 내로 흡인하는 데 필요한 최소의 기류속도를 말한다. 즉, 후드가 취급할 공기의 양을 최소로 하고, 최대의 먼지부하를 얻도록 결정한다.

3. 제어속도 결정 시 고려사항

① 오염물질의 비산방향(확산상태)
② 오염물질의 비산거리(후드에서 오염원까지 거리)
③ 후드의 형식(모양)
④ 작업장 내 방해기류(난기류의 속도)
⑤ 오염물질의 성상(종류) : 오염물질의 사용량 및 독성

4. 제어속도범위(ACGIH)

작업조건	작업공정사례	제어속도 (m/sec)
• 움직이지 않는 공기 중에서 속도 없이 배출되는 작업조건 • 조용한 대기 중에 실제 거의 속도가 없는 상태로 발산하는 경우의 작업조건	• 액면에서 발생하는 가스나 증기·흄 • 탱크에서 증발, 탈지시설	0.25~0.5
비교적 조용한(약간의 공기 움직임) 대기 중에서 저속도로 비산하는 작업조건	• 용접, 도금 작업 • 스프레이도장 • 저속 컨베이어 운반	0.5~1.0

작업조건	작업공정사례	제어속도 (m/sec)
발생기류가 높고 오염물질이 활발하게 발생하는 작업조건	• 스프레이도장, 용기충전 • 컨베이어 적재 • 분쇄기	1.0~2.5
초고속기류가 있는 작업장소에 초고속으로 비산하는 경우	• 회전연삭작업 • 연마작업 • 블라스트 작업	2.5~10

범위가 낮은 쪽	범위가 높은 쪽
• 작업장 내 기류가 낮거나, 제어하기 유리하게 작용될 때 • 오염물질의 독성이 낮을 때 • 오염물질 발생량이 적고, 발생이 간헐적일 때 • 대형 후드로 공기량이 다량일 때	• 작업장 내 기류가 국소환기 효과를 방해할 때 • 오염물질의 독성이 높을 때 • 오염물질 발생량이 높을 때 • 소형 후드로 국소적일 때

5. 후드가 갖추어야 할 사항(후드의 흡인요령) 출제율 40%

① 가능한 한 오염물질 발생원에 가까이 설치한다.
② 제어속도는 작업조건을 고려하여 적정하게 선정한다.
③ 작업이 방해되지 않도록 설치하여야 한다.
④ 오염물질 발생특성을 충분히 고려하여 설계하여야 한다.
⑤ 가급적이면 공정을 많이 포위한다.
⑥ 후드 개구면에서 기류가 균일하게 분포되도록 설계한다.
⑦ 개구면적을 좁게 하여 흡인속도를 크게 한다.
⑧ 국부적인 흡인방식으로 한다.

6. 국소환기장치의 설계순서

후드형식 선정 → 제어속도 결정 → 소요 풍량 계산 → 반송속도 결정 → 배관 내경 선출 → 후드의 크기 결정 → 배관의 배치와 설치장소 선정 → 공기정화장치 선정 → 국소배기 계통도와 배치도 작성 → 총압력 손실량 계산 → 송풍기 선정

7. 국소환기시설의 구성

국소환기시설(장치)은 후드(Hood), 덕트(Duct), 공기정화장치(Air Cleaner Equipment), 송풍기(Fan), 배기덕트(Exhaust Duct)의 각 부분으로 구성되어 있다.

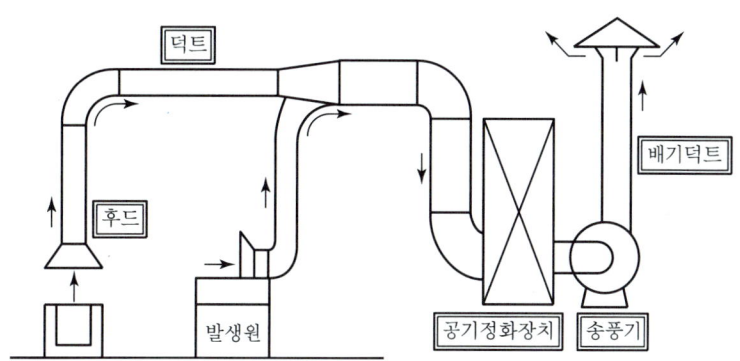

▌국소환기시설의 계통도▐

8. 무효점(제로점, Null Point) 이론 : Hemeon 이론　출제율 30%

① 무효점이란 발생원에서 방출된 오염물질이 초기 운동에너지를 상실하여 비산속도가 0이 되는 비산한계점을 의미한다.
② 무효점이란 필요한 제어속도는 발생원뿐만 아니라 이 발생원을 넘어서 오염물질이 초기운동에너지가 거의 감소되어 실제 제어속도 결정 시 이 오염물질을 흡인할 수 있는 지점까지 확대되어야 한다는 이론이다.

9. 후드의 형태

(1) 포위식 후드

① 발생원을 완전히 포위하는 형태의 후드이고 후드의 개방면에서 측정한 속도로서 면속도가 제어속도가 되며 국소환기시설의 후드형태 중 가장 효과적인 형태이다. 즉, 필요환기량을 최소한으로 줄일 수 있다. 또한 유독한 오염물질의 발생원을 포위할 수 있는 경우에는 포위식을 선택한다.
② 후드의 개방면에서 측정한 면속도가 제어속도가 되며, 오염물질의 완벽한 흡입이 가능하다.(단, 충분한 개구면 속도를 유지하지 못할 경우 오염물질이 외부로 누출될 우려가 있음)

③ 필요송풍량

$$Q = 60 \cdot A \cdot V_c = (60 \cdot K \cdot A \cdot V)$$

여기서, Q : 필요송풍량(m^3/min)
A : 후드 개구면적(m^2)
V_c : 제어속도(m/sec)
K : 불균일에 대한 계수(개구면 평균유속과 제어속도의 비로서 기류분포가 균일할 때 $K=1$로 본다.)

(2) 외부식 후드

① 후드의 흡인력이 외부까지 미치도록 설계한 후드로 포집형 후드라고 하며, 작업 여건상 발생원에 독립적으로 설치하여 오염물질을 포집하는 후드이다. 즉, 작업 또는 공정상 발생원을 포위할 수 없는 경우 외부식 후드를 선택한다.
② 타 후드형태에 비해 작업자가 방해를 받지 않고 작업할 수 있어 일반적으로 많이 사용된다.
③ 필요송풍량(Q)(Dalla Valle)

㉠ 외부식 원형 또는 장방형 후드 ⇒ 자유공간 위치, 플랜지 미부착

$$Q = 60 \cdot V_c(10X^2 + A) \Rightarrow \text{Dalla Valle 식(기본식)}$$

여기서, Q : 필요송풍량(m^3/min)
V_c : 제어속도(m/sec)
A : 개구면적(m^2)
X : 후드 중심선으로부터 발생원(오염원)까지의 거리(m)

㉡ 측방외부식 테이블상 장방형 후드 ⇒ 바닥면에 위치, 플랜지 미부착

$$Q = 60 \cdot V_c(5X^2 + A)$$

여기서, Q : 필요송풍량(m^3/min)
V_c : 제어속도(m/sec)
A : 개구면적(m^2)
X : 후드 중심선으로부터 발생원(오염원)까지의 거리(m)

㉢ 측방외부식 플랜지부착 원형 또는 장방형 후드 ⇒ 자유공간 위치, 플랜지 부착 <출제율 30%>

$$Q = 60 \cdot 0.75 \cdot V_c(10X^2 + A)$$

외부식 후드에 플랜지(Flange)를 부착하면 후방유입기류를 차단(후드 뒤쪽의 공기흡입방지)하고 후드전면에서 포집범위가 확대되어 포착속도가 커지며 Flange가 없는 후드에 비해 동일지점에서 동일한 제어속도를 얻는 데 필요한 송풍량을 약 25% 감소시킬 수 있다.

㉣ 측방외부식 테이블상 플랜지 부착 장방형 후드 ⇒ 바닥면에 위치, 플랜지 부착

$$Q = 60 \cdot 0.5 \cdot V_c(10X^2 + A)$$

필요송풍량을 가장 많이 줄일 수 있는 경제적 후드형태이다.

10. Hood 압력손실

(1) 가속손실

① 정지상태의 실내공기를 일정한 속도로 가속화시키는 데 필요한 운동에너지로 가속화시키는 데는 동압(속도압)에 해당하는 에너지가 필요하다.

② 관계식

$$가속손실(\Delta P) = 1.0 \times VP$$

여기서, VP : 속도압(동압)(mmH$_2$O)

(2) 유입손실

① 공기가 후드나 덕트로 유입될 때 후드 덕트의 모양에 따라 발생되는 난류가 공기의 흐름을 방해함으로써 생기는 에너지 손실을 의미하며, 후드 개구에서 발생되는 베나수축(Vena Contractor)의 형성과 분리에 의해 일어나는 에너지 손실이다.

② 관계식

$$유입손실(\Delta P) = F \times VP$$

여기서, F : 유입손실계수(요소)
VP : 속도압(동압)(mmH$_2$O)

③ 베나수축

관 내로 공기가 유입될 때 기류의 직경이 감소하는 현상, 즉 기류면적의 축소현상을 말한다. 베나수축에 의한 손실과 베나수축이 다시 확장될 때 발생하는 난류에 의한 손실을 합하여 유입손실이라 하고 후드의 형태에 큰 영향을 받는다.

(3) 후드(Hood)정압(SP_h)

① 개요

가속손실과 유입손실을 합한 것이다. 즉, 공기를 가속화시키는 힘인 속도압과 후드 유입구에서 발생되는 후드의 압력손실을 합한 것이다.

② 관계식

$$후드정압(SP_h) = VP + \Delta P = VP + (F \times VP) = VP(1+F)$$

여기서, VP : 속도압(동압)(mmH$_2$O)
ΔP : Hood 압력손실(mmH$_2$O) ⇒ 유입손실
F : 유입손실계수(요소) ⇒ 후드 모양에 좌우됨

③ 유입계수(C_e)

㉠ 개요

실제 후드 내로 유입되는 유량과 이론상 후드 내로 유입되는 유량의 비로서 후드의 유입효율을 나타내며 C_e가 1에 가까울수록 압력손실이 작은 Hood를 의미한다.

㉡ 관계식

$$유입계수(C_e) = \frac{실제적\ 유량}{이론적\ 유량} = \frac{실제\ 흡인유량}{이상적\ 흡인유량}$$

$$후드유입\ 손실계수(F) = \frac{1 - C_e^2}{C_e^2} = \frac{1}{C_e^2} - 1$$

$$유입계수(C_e) = \sqrt{\frac{1}{1+F}}$$

학습 Point

1. 후드의 흡입요령 내용 숙지
2. 플랜지 부착 효과 내용 숙지

기출 필수문제 출제율 60% 이상

01 유입계수가 0.80, 속도압이 20mmH₂O일 때 후드의 압력손실(mmH₂O)은?

풀이

후드의 정압이 아니라 압력손실 계산문제이므로
후드의 압력손실(ΔP) = $F \times VP$

F : 후드 유입 손실계수

$$F = \frac{1}{C_e^2} - 1 = \frac{1}{0.80^2} - 1 = 0.562$$

VP : 속도압 = 20mmH₂O

= 0.562 × 20 = 11.25mmH₂O

필수 예상문제

02 후드의 유입계수가 0.7, 후드의 압력손실이 1.6mmH₂O일 때 후드의 속도압(mmH₂O)은?

풀이

후드의 압력손실(ΔP) = $F \times VP$ (후드 압력손실=후드 유입손실)

$$VP = \frac{\Delta P}{F}$$

$$F = \frac{1}{C_e^2} - 1 = \frac{1}{0.7^2} - 1 = 1.04$$

ΔP = 1.6mmH₂O

$$= \frac{1.6}{1.04} = 1.54 \text{mmH}_2\text{O}$$

필수 예상문제

03 후드의 압력손실이 2.5mmH$_2$O이고 동압이 1mmH$_2$O일 경우 유입계수는?

풀이

$$C_e = \sqrt{\frac{1}{1+F}}$$

$$\Delta P = F \times VP$$

$$F = \frac{\Delta P}{VP} = \frac{2.5}{1} = 2.5$$

$$= \sqrt{\frac{1}{1+2.5}} = 0.5345$$

필수 예상문제

04 어떤 단순 후드의 유입계수가 0.82이고 기류속도가 18m/sec일 때 후드의 정압 (mmH$_2$O)은?(단, 공기밀도는 1.2kg/m^3)

풀이

후드의 정압(SP_h) = $VP(1+F)$

$$F = \frac{1}{C_e^2} - 1 = \frac{1}{0.82^2} - 1 = 0.487$$

$$VP = \frac{\gamma V^2}{2g} = \frac{1.2 \times 18^2}{2 \times 9.8} = 19.84 \text{mmH}_2\text{O}$$

$$= 19.84(1 + 0.487)$$
$$= 29.5 \text{mmH}_2\text{O이나 실질적으로 } -29.5 \text{mmH}_2\text{O임}$$

필수 예상문제

05 후드의 정압이 20mmH$_2$O이고 속도압이 12mmH$_2$O일 때 유입계수(C_e)는?

풀이

유입계수(C_e) = $\sqrt{\dfrac{1}{1+F}}$ 이므로 우선 F(유입손실계수)를 구하면

$$SP_h = VP(1+F)$$

$$F = \frac{SP_h}{VP} - 1 = \frac{20}{12} - 1 = 0.67$$

$$C_e = \sqrt{\frac{1}{1+0.67}} = 0.77$$

기출 필수문제 출제율 40% 이상

06 후드의 압력손실이 150mmH$_2$O이고, 유체의 밀도 및 유속이 2.5kg/m^3, 10m/sec이다. 유입계수를 구하시오.

풀이

유입계수(C_e)

$$C_e = \sqrt{\frac{1}{1+F}}$$

$$\Delta P = F \times VP$$

$$F = \frac{\Delta P}{VP}$$

$$VP = \frac{\gamma V^2}{2g} = \frac{2.5 \times 10^2}{2 \times 9.8} = 12.76 \text{mmH}_2\text{O}$$

$$= \frac{150}{12.76} = 11.76$$

$$= \sqrt{\frac{1}{1+11.76}} = 0.28$$

SECTION 46 덕트(Duct)

1. 개요

후드에서 흡인한 오염물질을 공기정화기를 거쳐 송풍기까지 운반하는 송풍관 및 송풍기로부터 배기구까지 운반하는 관을 덕트라 한다.

2. 덕트 설치기준(설치 시 고려 사항)

① 가능한 한 길이는 짧게 하고 굴곡부의 수는 적게 할 것
② 접속부의 내면은 돌출된 부분이 없도록 할 것
③ 곡관 전후에 청소구를 설치하는 등 청소하기 쉬운 구조로 할 것
④ 덕트 내 오염물질이 쌓이지 아니하도록 이송속도를 유지할 것
⑤ 연결부위 등은 외부공기가 들어오지 아니하도록 할 것(연결 방법은 가능한 한 용접을 이용할 것)
⑥ 가능한 한 후드의 가까운 곳에 설치할 것

3. 반송속도

반송속도는 오염물질을 이송하기 위한 송풍관 내 기류의 최소 속도를 의미하며 일반적으로 다음 표에 준하여 결정한다.

유해물질	예	반송속도(m/sec)
가스, 증기, 흄 및 매우 가벼운 물질	각종 가스, 증기, 산화아연 및 산화알루미늄 등의 흄, 목재분진, 고무분, 합성수지분	10
가벼운 건조먼지	원면, 곡물분, 고무, 플라스틱, 경금속 분진	15
일반 공업 분진	털, 나무부스러기, 대패부스러기, 샌드블라스트, 글라인더 분진, 내화벽돌분진	20
무거운 분진	납 분진, 주조 및 모래털기 작업 시 먼지, 선반작업 시 먼지	25
무겁고 비교적 큰 입자의 젖은 먼지	젖은 납 분진, 젖은 주조작업 발생 먼지	25 이상

4. Duct 압력손실

(1) 개요

후드에서 흡입된 공기가 덕트를 통과할 때 공기기류는 마찰 및 난류로 인해 마찰압력손실과 난류압력손실이 발생한다.

(2) 덕트 압력손실 계산 종류

① 등가길이(등거리) 방법

Duct의 단위 길이당 마찰손실을 유속과 직경의 함수로 표현하는 방법, 즉 같은 손실을 갖는 직관의 길이로 환산하여 표현하는 방법이다.

② 속도압 방법

유량과 유속에 의한 Duct 1m당 발생하는 마찰손실로 속도압을 기준으로 표현하는 방법이며 산업환기 설계에 일반적으로 사용한다.

(3) 원형 직선 Duct의 압력손실

① 압력손실은 덕트의 길이, 공기밀도에 비례, 유속의 제곱에 비례하고 덕트의 직경에 반비례하며 또한 원칙적으로 마찰계수는 Moody Chart(레이놀즈수와 상대조도에 의한 그래프)에서 구한 값을 적용한다.

② 압력손실(ΔP)

$$\Delta P = F \times VP \,(\text{mmH}_2\text{O}) : \text{Darcy}-\text{Weisbach식}$$

$$F(\text{압력손실계수}) = 4 \times f \times \frac{L}{D}\left(= \lambda \times \frac{L}{D}\right)$$

여기서, f(페닝마찰계수 : 표면마찰계수) $= \dfrac{\lambda}{4}$

λ : 관마찰계수(무차원)
D : 덕트 직경(m)
L : 덕트 길이(m)

$$VP(\text{속도압}) = \frac{\gamma \cdot V^2}{2g} \,(\text{mmH}_2\text{O})$$

여기서, γ : 비중(kg/m³)
V : 공기속도(m/sec)
g : 중력가속도(m/sec²)

(4) 장방형 직선 Duct 압력손실

① 압력손실 계산 시 상당직경을 구하여 원형 직선 Duct 계산과 동일하게 한다.

② 압력손실(ΔP)

$$\Delta P = \lambda(f) \times VP$$

$$F(\text{압력손실계수}) = f \times \frac{L}{D} = \lambda$$

여기서, f : 페닝마찰계수(무차원)
D : 덕트 직경(상당직경, 등가직경)(m)
L : 덕트 길이(m)

$$VP(\text{속도압}) = \frac{\gamma \cdot V^2}{2g} \,(\text{mmH}_2\text{O})$$

여기서, γ : 비중(kg/m³)
V : 공기속도(m/sec)
g : 중력가속도(m/sec²)

③ 상당직경(등가직경 : Equivalent Diameter)
사각형(장방형)관과 동일한 유체역학적인 특성을 갖는 원형판의 직경을 의미한다.

$$상당직경(d_e) = \frac{2ab}{a+b}$$

여기서, $\frac{2ab}{a+b}$ = 수력반경×4 = $\frac{유로단면적}{접수길이}$×4 = $\frac{ab}{2(a+b)}$×4

a, b : 각 변의 길이

필수 예상문제

01 원형 송풍관의 길이 30m, 내경 0.2m, 직관 내 속도압이 15mmH₂O, 철판의 관마찰계수(λ)가 0.016일 때 압력손실(mmH₂O)은?

풀이

$$압력손실(\Delta P) = \left(4 \times f \times \frac{L}{D}\right) \times VP$$

$4f = \lambda$ 이므로

$$= \lambda \times \frac{L}{D} \times VP = 0.016 \times \frac{30}{0.2} \times 15 = 36\,\text{mmH}_2\text{O}$$

필수 예상문제

02 장방형 덕트의 단변 0.13m, 장변 0.26m, 길이 15m, 속도압 20mmH₂O, 관마찰계수(λ)가 0.004일 때 덕트의 압력손실(mmH₂O)은?

풀이

$$압력손실(\Delta P) = \lambda \times \frac{L}{D} \times VP 에서$$

$$상당직경(d_e) = \frac{2ab}{a+b} = \frac{2(0.13 \times 0.26)}{0.13 + 0.26} = 0.173\,\text{m}$$

$$= 0.004 \times \frac{15}{0.173} \times 20 = 6.94\,\text{mmH}_2\text{O}$$

필수 예상문제

03 송풍량이 110m³/min일 때 관내경이 400mm이고 길이가 5m인 직관의 마찰손실은?(단, 유체밀도 1.2kg/m³, 관마찰손실계수 0.02를 직접 적용함)

풀이

압력손실$(\Delta P) = \left(\lambda \times \dfrac{L}{D}\right) \times VP$

VP(속도압)을 구하려면 먼저 V(속도)를 구하여야 한다.

$Q = AV$

$V = \dfrac{Q}{A} = \dfrac{110 \text{ m}^3/\text{min}}{\left(\dfrac{\pi \times (0.4)^2}{4}\right)\text{m}^2} = 875.8 \text{m/min}(14.6\text{m/sec})$

$= 0.02 \times \dfrac{5}{0.4} \times \dfrac{1.2 \times 14.6^2}{2 \times 9.8} = 3.26 \text{mmH}_2\text{O}$

SECTION 47 총압력손실

1. 개요

총압력손실의 계산은 덕트합류 시 균형유지를 위한, 즉 압력평형을 이루기 위한 계산방법을 의미한다.

2. 총압력손실 계산 방법

(1) 정압조절평형법(유속조절평형법 : 유량평형조절법) 출제율 50%

① 개요

저항이 큰 쪽의 덕트직경을 약간 크게, 또는 덕트직경을 감소시켜 저항을 줄이거나 증가시켜 합류점의 정압이 같아지도록 하는 방법이다.

② 적용

분지관의 수가 적고 고독성 물질이나 폭발성 및 방사성 분진

③ 장점

㉠ 예기치 않는 침식, 부식, 분진퇴적으로 인한 축적(퇴적)현상이 일어나지 않는다.

ⓛ 잘못 설계된 분지관, 최대저항 경로선정이 잘못되어도 설계 시 쉽게 발견할 수 있다.
ⓒ 설계가 정확할 때에는 가장 효율적인 시설이 된다.
ⓔ 유속의 범위가 적절히 선택되면 덕트의 폐쇄가 일어나지 않는다.

④ 단점
㉠ 설계 시 잘못된 유량을 고치기 어렵다.(임의로 유량을 조절하기 어려움)
ⓛ 설계가 복잡하고 시간이 걸린다.
ⓒ 설계유량 산정이 잘못되었을 경우, 수정은 덕트의 크기 변경을 필요로 한다.
ⓔ 때에 따라 전체 필요한 최소유량보다 더 초과될 수 있다.

(2) 저항조절평형법(댐퍼조절평형법 : 덕트균형유지법) 출제율 50%

① 개요

각 덕트에 댐퍼를 부착하여 압력을 조정, 평형을 유지하는 방법이며 총압력손실 계산은 압력손실이 가장 큰 분지관을 기준으로 산정한다.

② 적용

분지관의 수가 많고 덕트의 압력손실이 클 때 사용(배출원이 많아서 여러 개의 후드를 주관에 연결한 경우)

③ 장점
㉠ 시설설치 후 변경에 유연하게 대처가 가능하다.
ⓛ 최소 설계풍량으로 평형유지가 가능하다.
ⓒ 공장 내부 작업공정에 따라 적절한 덕트위치 변경이 가능하다.
ⓔ 설계계산이 간편하고, 고도의 지식을 요하지 않는다.
ⓜ 설치 후 송풍량의 조절이 비교적 용이하다. 즉, 임의의 유량을 조절하기가 용이하다.

④ 단점
㉠ 평형상태시설에 댐퍼를 잘못 설치시 평형상태가 파괴될 수 있다.
ⓛ 부분적 폐쇄댐퍼는 침식, 분진퇴적의 원인이 된다.
ⓒ 최대 저항경로 선정이 잘못되어도 설계 시 쉽게 발견할 수 없다.
ⓔ 댐퍼가 노출되어 있는 경우가 많아 누구나 쉽게 조절할 수 있어 정상기능을 저해할 수 있다.

㉤ 임의의 댐퍼 조정 시 평형상태가 파괴될 수 있다.

 학습 Point

정압 및 저항 조절평형법의 내용 숙지

SECTION 48 송풍기(Fan)

1. 개요

국소배기장치의 일부로서 오염공기를 후드에서 덕트 내로 유동시켜서 옥외로 배출하는 원동력을 만들어내는 흡인장치를 말한다.

2. 종류

(1) **원심력 송풍기(Centrifugal Fan)**

원심력 송풍기는 축방향으로 흘러 들어온 공기가 반지름 방향으로 흐를 때 생기는 원심력을 이용하고 달팽이 모양으로 생겼다. 흡입방향과 배출방향이 수직이며 날개의 방향에 따라 다익형, 평판형, 터보형으로 구분한다.

① 다익형(Multi Blade Fan)

㉠ 개요

전향 날개형[전곡 날개형(Forward-curved Blade Fan)]이라고 하며 많은 날개(Blade)를 갖고 있고, 같은 주속도에 가장 높은 풍압(최고 750 mmH$_2$O)을 발생시키나, 효율은 3종류의 송풍기 중 가장 낮아서 약 40 ~70% 정도, 여유율은 1.15~1.25 정도이고, 제한된 장소나 저압에서 대풍량(20,000m^3/min 이하)을 요하는 시설에 이용된다.

㉡ 장점

- 동일풍량, 동일풍압에 대해 가장 소형이므로 제한된 장소에 사용 가능
- 간단한 설계
- 회전속도가 작아 소음이 낮음
- 저가로 제작이 가능

ⓒ 단점
- 구조강도상 고속회전이 불가능
- 효율이 낮음(약 60%)
- 동력 상승률이 크고 과부하되기 쉬우므로 큰 동력의 용도에 적합하지 않음
- 청소가 곤란

② 평판형(Radial Fan)

플레이트 송풍기, 방사 날개형 송풍기라고도 한다. 날개(Blade)가 다익형보다 적고, 직선이며 평판모양으로 강도가 매우 높게 설계되어 있어 분진을 자체 정화할 수 있다.

③ 터보형(Turbo Fan)

㉠ 개요

후향 날개형(후곡날개형)(Backward-curved Blade Fan)은 송풍량이 증가해도 동력이 증가하지 않는 장점을 가지고 있어 한계부하 송풍기라고도 하며 회전날개(깃)가 회전방향 반대편으로 경사지게 설계되어 있어 충분한 압력을 발생시킬 수 있다.

㉡ 장점
- 장소의 제약을 받지 않음
- 송풍기 중 효율이 가장 좋음
- 풍압이 바뀌어도 풍량의 변화가 적음(하향구배 특성이기 때문에)
- 송풍량이 증가해도 동력은 크게 상승하지 않음
- 송풍기를 병렬로 배치해도 풍량에는 지장이 없음

ⓒ 단점
- 소음이 큼
- 분진농도가 낮은 공기나 고농도 분진함유 공기 이송 시에 집진기 후단에 설치해야 함

(2) 축류 송풍기(Axial Flow Fan)

① 개요

전향 날개형 송풍기와 유사한 특징을 가지고 있고 공기이송 시 공기가 회전축(프로펠러)을 따라 직선방향으로 이송되며 프로펠러 송풍기는 구조가 가장 간단하고 적은 비용으로 많은 양의 공기를 이송시킬 수 있다.

② 장점
- ㉠ 덕트에 바로 삽입할 수 있어 설치비용이 저렴
- ㉡ 전동기와 직결할 수 있고, 또 축방향 흐름이기 때문에 관도 도중에 설치할 수 있음
- ㉢ 경량이고 재료비 및 설치비용이 저렴

③ 단점
- ㉠ 압력손실이 비교적 많이 걸리는 시스템에 사용했을 때 서징현상으로 진동과 소음이 심한 경우가 생김
- ㉡ 최대 송풍량의 70% 이하가 되도록 압력손실이 걸릴 경우 서징현상을 피할 수 없음
- ㉢ 규정 풍량 이외에서는 효율이 떨어지므로 가열공기 또는 오염공기의 취급에 부적당함

3. 송풍기 전압 및 정압

(1) 송풍기 전압(FTP)

배출구 전압(TP_{out})과 흡입구 전압(TP_{in})의 차로 표시한다.

$$FTP = TP_{out} - TP_{in}$$
$$= (SP_{out} + VP_{out}) - (SP_{in} + VP_{in})$$

(2) 송풍기 정압(FSP) 출제율 30%

송풍기 전압(FTP)과 배출구 속도압(VP_{out})의 차로 표시한다.

$$FSP = FTP - VP_{out}$$
$$= (SP_{out} - SP_{in}) + (VP_{out} - VP_{in}) - VP_{out}$$
$$= (SP_{out} - SP_{in}) - VP_{in}$$
$$= (SP_{out} - TP_{in})$$

기출 필수문제 출제율 30% 이상

01 송풍기의 흡입구 및 배출구 내의 속도압은 각각 18mmH$_2$O로 같고, 흡입구의 정압은 −55mmH$_2$O이며 배출구 내의 정압은 20mmH$_2$O이다. 송풍기의 전압(mmH$_2$O)과 정압(mmH$_2$O)은 각각 얼마인가?

풀이

송풍기 전압(FTP)
$$FTP = (SP_{out} + VP_{out}) - (SP_{in} + VP_{in}) = (20+18) - (-55+18) = 75\,\text{mmH}_2\text{O}$$

송풍기 정압(FSP)
$$FSP = (SP_{out} - SP_{in}) - VP_{in} = [20-(-55)] - 18 = 57\,\text{mmH}_2\text{O}$$

기출 필수문제 출제율 30% 이상

02 송풍기의 입구정압은 40mmH$_2$O이고, 출구정압은 4mmH$_2$O이며, 입구 측 평균유속이 15m/s일 때 필요한 송풍기의 유효정압(mmH$_2$O)을 구하시오.

풀이

송풍기 유효정압(FSP)
$$FSP(\text{mmH}_2\text{O}) = FTP - VP_{out}$$
$$= (SP_{out} - SP_{in}) - VP_{in}$$
$$VP_{in} = \left(\frac{V}{4.043}\right)^2 = \left(\frac{15}{4.043}\right)^2 = 13.76\,\text{mmH}_2\text{O}$$
$$= [4-(-40)] - 13.76 = 30.24\,\text{mmH}_2\text{O}$$

4. 송풍기 소요동력(kW)

$$\text{kW} = \frac{Q \times \Delta P}{6{,}120 \times \eta} \times \alpha \qquad \text{HP} = \frac{Q \times \Delta P}{4{,}500 \times \eta} \times \alpha$$

여기서, Q : 송풍량(m^3/min)
ΔP : 송풍기유효전압(정압 ; mmH$_2$O)
η : 송풍기 효율(%)
α : 안전인자(여유율)(%)

기출 필수문제 출제율 60% 이상

01 100m³/min, 송풍기 유효전압이 200mmH$_2$O, 송풍기 효율이 70%, 여유율이 1.2인 송풍기의 소요동력(kW)은?(단, 송풍기 효율과 원동기 여유율을 고려함)

풀이

$$kW = \frac{Q \times \Delta P}{6,120 \times \eta} \times \alpha = \frac{100 \times 200}{6,120 \times 0.7} \times 1.2 = 5.6 kW$$

기출 필수문제 출제율 60% 이상

02 처리가스양 20,000m³/hr, 압력손실이 160mmH$_2$O인 집진장치의 송풍기 소요동력은 몇 kW인가?(단, 송풍기 효율 60%, 여유율 1.3)

풀이

$$kW = \frac{Q \times \Delta P}{6,120 \times \eta} \times \alpha$$

$$Q = 20,000 m^3/hr \times hr/60min = 333.33 m^3/min$$

$$= \frac{333.33 \times 160}{6,120 \times 0.6} \times 1.3 = 18.88 kW$$

필수 예상문제

03 처리가스양 1×10^6 Sm³/hr, 집진장치 입구 먼지농도 2g/Sm³, 출구 먼지농도 0.3g/Sm³, 집진장치의 압력손실 50mmH$_2$O인 경우, Blower의 소요동력(kW)은?(단, Blower의 효율은 80%이다.)

풀이

$$kW = \frac{Q \times \Delta P}{4,500 \times \eta} \times \alpha$$

$$Q = 1 \times 10^6 Sm^3/hr \times hr/60min = 16,666.67 m^3/min$$

$$= \frac{16,666.67 \times 50}{6,120 \times 0.8} \times 1.0 = 170.21 kW$$

기출 필수문제 출제율 70% 이상

04 처리유량 10,000m³/hr, 압력손실 250mmH₂O, 효율 65%로 1일 2시간 30분씩 30일(1달) 가동할 때 전력요금(원/월)을 산정하시오. (단, 1kW·hr당 15원으로 함)

풀이

$$\text{소요동력(kW)} = \frac{Q \times \Delta P}{6{,}120 \times \eta} \times \alpha$$

$Q = 10{,}000\text{m}^3/\text{hr} \times \text{hr}/60\text{min} = 166.67\text{m}^3/\text{min}$

$\Delta P = 250\text{mmH}_2\text{O}$

$\eta = 0.65$

$$= \frac{166.67 \times 250}{6{,}120 \times 0.65} \times 1.0 = 10.47\text{kW}$$

월전력요금 $= 10.47\text{kW} \times 2.5\text{hr/day} \times 30\text{day/month} \times 15원/1\text{kWh}$
$= 11{,}778.75$ 원/month

필수 예상문제

05 처리가스양이 100,000Sm³/hr이고, 압력손실이 800mmH₂O일 때, 1일 16시간 운전하는 집진장치의 연간동력비는 1,160만 원이다. 가동시간은 동일하며 처리가스양은 70,000Sm³/hr, 압력손실은 400mmH₂O인 같은 형식의 집진장치를 사용할 경우 연간 동력비를 구하시오. (단, 송풍기 효율은 변함 없음)

풀이

$$P(\text{kW}) = \frac{\Delta P \times Q}{102 \times \eta} \qquad \text{kW} \propto \Delta P \times Q \propto \text{동력비용}$$

$800\text{mmH}_2\text{O} \times 100{,}000\text{Sm}^3/\text{hr} : 1160$만 원 $= 400\text{mmH}_2\text{O} \times 70{,}000\text{Sm}^3/\text{hr} : X$

$X = 406$만 원

5. 송풍기 법칙(상사법칙 : Law Of Similarity)

송풍기 법칙이란 송풍기의 회전수와 송풍기 풍량, 송풍기 풍압, 송풍기 동력과의 관계이며 송풍기의 성능 추정에 매우 중요한 법칙이다.

(1) 송풍기 크기가 같고 유체(공기)의 비중이 일정할 때 출제율 50%

① 풍량은 송풍기 회전속도(회전수)비에 비례한다.

$$\frac{Q_2}{Q_1} = \frac{N_2}{N_1} \qquad Q_2 = Q_1 \times \frac{N_2}{N_1}$$

여기서, Q_1 : 회전수 변경 전 풍량(m³/min)
Q_2 : 회전수 변경 후 풍량(m³/min)
N_1 : 변경 전 회전수(rpm)
N_2 : 변경 후 회전수(rpm)

② 풍압(전압)은 송풍기 회전속도(회전수)비의 제곱에 비례한다.

$$\frac{FTP_2}{FTP_1} = \left(\frac{N_2}{N_1}\right)^2 \qquad FTP_2 = FTP_1 \times \left(\frac{N_2}{N_1}\right)^2$$

여기서, FTP_1 : 회전수 변경 전 풍압(mmH₂O)
FTP_2 : 회전수 변경 후 풍압(mmH₂O)

③ 동력은 송풍기 회전속도(회전수)비의 세제곱에 비례한다.

$$\frac{kW_2}{kW_1} = \left(\frac{N_2}{N_1}\right)^3 \qquad kW_2 = kW_1 \times \left(\frac{N_2}{N_1}\right)^3$$

여기서, kW_1 : 회전수 변경 전 동력(kW)
kW_2 : 회전수 변경 후 동력(kW)

(2) 송풍기 회전수, 유체(공기)의 중량이 일정할 때

① 풍량은 송풍기 크기(회전차 직경)의 세제곱에 비례한다.

$$\frac{Q_2}{Q_1} = \left(\frac{D_2}{D_1}\right)^3 \qquad Q_2 = Q_1 \times \left(\frac{D_2}{D_1}\right)^3$$

여기서, D_1 : 변경 전 송풍기의 크기(회전차 직경)
D_2 : 변경 후 송풍기의 크기(회전차 직경)

② 풍압(전압)은 송풍기 크기(회전차 직경)의 제곱에 비례한다.

$$\frac{FTP_2}{FTP_1} = \left(\frac{D_2}{D_1}\right)^2 \qquad FTP_2 = FTP_1 \times \left(\frac{D_2}{D_1}\right)^2$$

여기서, FTP_1 : 송풍기 크기 변경 전 풍압(mmH₂O)
FTP_2 : 송풍기 크기 변경 후 풍압(mmH₂O)

③ 동력은 송풍기 크기(회전차 직경)의 오제곱에 비례한다.

$$\frac{kW_2}{kW_1} = \left(\frac{D_2}{D_1}\right)^5 \qquad kW_2 = kW_1 \times \left(\frac{D_2}{D_1}\right)^5$$

여기서, kW_1 : 송풍기 크기 변경 전 동력(kW)
kW_2 : 송풍기 크기 변경 후 동력(kW)

학습 Point

송풍기 상사법칙(회전수 비) 내용 숙지

기출 필수문제 출제율 80% 이상

01 송풍기 풍압 50mmH₂O에서 200m³/min의 송풍량을 이동시킬 때 회전수가 500rpm이고 동력은 4.2kW이다. 만약 회전수를 600rpm으로 할 경우 송풍량(m³/min), 풍압(mmH₂O), 동력(kW)을 구하시오.

풀이

1) 송풍량 : $\dfrac{Q_2}{Q_1} = \left(\dfrac{N_2}{N_1}\right)$

   $Q_2 = Q_1 \times \left(\dfrac{N_2}{N_1}\right) = 200 \times \left(\dfrac{600}{500}\right) = 240\,\text{m}^3/\text{min}$

2) 풍압 : $\dfrac{FTP_2}{FTP_1} = \left(\dfrac{N_2}{N_1}\right)^2$

   $FTP_2 = FTP_1 \times \left(\dfrac{N_2}{N_1}\right)^2 = 50 \times \left(\dfrac{600}{500}\right)^2 = 72\,\text{mmH}_2\text{O}$

3) 동력 : $\dfrac{kW_2}{kW_1} = \left(\dfrac{N_2}{N_1}\right)^3$

   $kW_2 = kW_1 \times \left(\dfrac{N_2}{N_1}\right)^3 = 4.2 \times \left(\dfrac{600}{500}\right)^3 = 7.3\,\text{kW}$

기출 **필수문제** 출제율 80% 이상

02 송풍기 정압이 70mmH$_2$O에서 280m^3/min의 송풍량을 이동시킬 경우 회전수가 400rpm이고 동력은 5.5HP이다. 만일 회전수를 550rpm으로 할 경우 송풍량(m^3/min), 정압(mmH$_2$O), 동력(HP)을 구하시오.

> **풀이**
>
> 1) 송풍량(Q)
> $$Q = Q_1 \times \left(\frac{\text{rpm}_2}{\text{rpm}_1}\right) = 280 \times \left(\frac{550}{400}\right) = 385 \text{m}^3/\text{min}$$
>
> 2) 정압(ΔP)
> $$\Delta P = \Delta P_1 \times \left(\frac{\text{rpm}_2}{\text{rpm}_1}\right)^2 = 70 \times \left(\frac{550}{400}\right)^2 = 132.34 \text{mmH}_2\text{O}$$
>
> 3) 동력(HP)
> $$\text{HP} = \text{HP}_1 \times \left(\frac{\text{rpm}_2}{\text{rpm}_1}\right)^3 = 5.5 \times \left(\frac{550}{400}\right)^3 = 14.29 \text{HP}$$

필수 **예상문제**

03 회전차 외경이 600mm인 원심송풍기의 풍량은 300m^3/min, 풍압은 100mmH$_2$O, 축동력은 10kW이다. 회전차 외경이 1,200mm인 동류(상사구조)의 송풍기가 동일한 회전수로 운전된다면 이 송풍기의 풍량(m^3/min), 풍압(mmH$_2$O), 축동력(kW)을 구하시오.(단, 두 경우 모두 표준공기를 취급한다.)

> **풀이**
>
> 1) 송풍량 : $\dfrac{Q_2}{Q_1} = \left(\dfrac{D_2}{D_1}\right)^3$
> $$Q_2 = Q_1 \times \left(\frac{D_2}{D_1}\right)^3 = 300 \times \left(\frac{1,200}{600}\right)^3 = 2,400 \text{ m}^3/\text{min}$$
>
> 2) 풍압 : $\dfrac{FTP_2}{FTP_1} = \left(\dfrac{D_2}{D_1}\right)^2$
> $$FTP_2 = FTP_1 \times \left(\frac{D_2}{D_1}\right)^2 = 100 \times \left(\frac{1,200}{600}\right)^2 = 400 \text{mmH}_2\text{O}$$
>
> 3) 축동력 : $\dfrac{\text{kW}_2}{\text{kW}_1} = \left(\dfrac{D_2}{D_1}\right)^5$
> $$\text{kW}_2 = \text{kW}_1 \times \left(\frac{D_2}{D_1}\right)^5 = 10 \times \left(\frac{1,200}{600}\right)^5 = 320 \text{kW}$$

필수 예상문제

04 21℃ 기체를 취급하는 어떤 송풍기의 풍량이 20m³/min, 송풍기 정압이 70mmH₂O, 축동력이 2kW이다. 동일한 회전수로 50℃인 기체를 취급한다면 이때, 풍량, 송풍기 정압, 축동력을 구하시오.

풀이

1) 풍량
   동일 송풍기로 운전되므로 풍량은 비중량의 변화와 무관
   $Q_1 = Q_2 = 20 \text{m}^3/\text{min}$

2) 송풍기 정압
   $\dfrac{FTP_2}{FTP_1} = \dfrac{T_1}{T_2}$ (정압은 절대온도에 반비례)
   $FTP_2 = FTP_1 \times \left(\dfrac{T_1}{T_2}\right) = 70 \times \left(\dfrac{273+21}{273+50}\right) = 63.72 \text{mmH}_2\text{O}$

3) 축동력
   $\dfrac{\text{kW}_2}{\text{kW}_1} = \dfrac{T_1}{T_2}$ (축동력은 절대온도에 반비례)
   $\text{kW}_2 = \text{kW}_1 \times \left(\dfrac{T_1}{T_2}\right) = 2 \times \left(\dfrac{273+21}{273+50}\right) = 1.82 \text{kW}$

기출 필수문제 출제율 20% 이상

05 CO_2가 0.9m³/min로 발생되고 있다. 공기 중 CO_2를 5,000ppm으로 유지하기 위한 환기량(m³/hr)은?(단, 안전계수는 10)

풀이

필요환기량(m³/hr) $= \dfrac{CO_2 \text{ 발생량}}{\text{유지 기준농도}} \times \text{안전계수}$

$= \dfrac{0.9 \text{m}^3/\text{min} \times 60 \text{min/hr}}{\left(5,000\text{ppm} \times \dfrac{1}{10^6}\right)} \times 10 = 108,000 \text{m}^3/\text{hr}$

6. 송풍기의 풍량 조절방법

(1) 회전수 조절법(회전수 변환법)
풍량을 크게 바꾸려고 할 때 가장 적절한 방법으로, 구동용 풀리의 풀리비 조정에 의한 방법이 일반적으로 사용된다.

(2) 안내익 조절법(Vane Control법)
송풍기 흡입구에 6~8매의 방사상 날개(Blade)를 부착, 그 각도를 변경함으로써 풍량을 조절하며 다익, 레이디얼 팬보다 터보 팬에 적용하는 것이 효과가 크다.

(3) 댐퍼 부착법(Damper 조절법)
후드를 추가로 설치해도 쉽게 압력조절이 가능하고 사용하지 않는 후드를 막아 다른 곳에 필요한 정압을 보낼 수 있어 현장에서 배관 내에 댐퍼를 설치하여 송풍량을 조절하기 가장 쉬운 방법이다.

SECTION 49 화학 기초

1. 몰농도(M, mol/L)

(1) 정의
용질 1몰(1g 분자량)이 용매에 녹아 용액 1L로 된 농도, 즉 용액 1L 중에 녹아 있는 용질의 g 분자량을 의미한다.

(2) 관련식

$$1M = 1mole/L = g분자량(용질,\ mol)/L(용액부피)$$

$$M = \frac{비중 \times 1,000 \times \%/100}{g분자량}$$

2. 노르말 농도(N 농도) 및 당량(eq)

(1) 원자가
원소 1원자가 H, O, Cl과 치환(또는 화합)하는 수를 의미한다.
예로서 H_2O의 H는 +1가이고 O는 -2가이다.

(2) 당량(eq ; equivalent weight)

① 원자(이온) 당량

$$원자(이온)\ 당량 = \frac{원자량}{원자가}$$

예 H_2SO_4에서 1g 당량 $= \dfrac{98}{2} = 49$

② g 당량

㉠ 당량을 g 단위로 표현한 것으로 질량단위이다.
㉡ 예로 H_2SO_4 1g 당량은 49g이다.

③ 분자(화합물) 당량

$$분자\ 당량 = \frac{분자량}{양이온\ 가수}$$

(3) 노르말 농도(N 농도)

① 정의

용액 1L 중에 녹아 있는 용질의 g 당량 수를 의미한다.

② 관련식

$$1N = \frac{L_{eq}(용질)}{L(용액)} = \frac{g\ 당량}{L(용액)}$$

$$N = \frac{비중 \times 1{,}000 \times \%/100}{g\ 당량}$$

③ 몰랄 농도(Molality)

㉠ 용매 1,000g에 녹아 있는 용질의 mole 수를 의미한다.
㉡ 온도에 무관하며 끓는점을 증가시키고 어느점을 감소시키는 데 주로 이용된다.

$$M = \frac{용질의\ 몰수(mol)}{용매의\ 질량(kg)}$$

> **Reference** 가수계산

1. 산일 경우 : H^+수＝가수
   예) HCl(1가), H_2SO_4(2가), HNO_3(1가)
2. 염기일 경우 : OH^-수＝가수
   예) NaOH(1가), $Ca(OH)_2$(2가), KOH(1가), $Cr(OH)_3$(3가)
3. 화합물일 경우 : 양이온의 산화수＝가수
   예) $CaCO_3$(2가), $MgCO_3$(2가), $CaCl_2$(2가)
4. 산화제, 환원제일 경우 : 교환전자수＝가수, 화합물의 산화수는 '0'이다.
   예) $KMnO_4$: 5가
   K : +1, Mn : +2, O_4 : $(-2) \times 4 = -8$
   총합은 0이 되어야 한다.
   예) $K_2Cr_2O_7$: 6가
   K_2 : $(+1) \times 2$, Cr_2 : $(+3) \times 2$, O_7 : $(-2) \times 7$

필수 예상문제

01 물 1L에 $CaCO_3$ 200mg을 녹인 용액의 M, N은?

풀이
M(mol/L)＝200mg/1L×1mole/100g＝2.0×10^{-3}M(mol/L)
N(eq/L)＝200mg/L×1eq/(100/2)g＝4.0×10^{-3}N(eq/L)

필수 예상문제

02 수산화나트륨 30g을 증류수에 넣어 1.5L로 하였을 때 규정농도(N)는?(단, Na의 원자량은 23이다.)

풀이
N(eq/L)＝30g/1.5L×1eq/(40/1)g＝0.5N(eq/L)

필수 예상문제

03 NaOH 50g을 물에 넣어 500mL로 하는 경우의 M농도를 구하시오.(단, Na : 23)

풀이
M농도(mol/L)＝5g/500mL×1mol/40g×1,000mL/1L＝2.5mol/L

기출 필수문제 출제율 40% 이상

04 시중에 판매되는 진한 황산의 비중은 약 1.85이고 농도는 중량기준으로 96% 정도이다. M(mol/L) 농도는?

풀이

$$M농도(mol/L) = \frac{1.85 \times 1,000 \times 96/100}{98} = 18.12 \, mol/L$$

[다른 풀이]
H_2SO_4의 1몰 농도(1M) = 98g/L

  1M : 98g/L
  x(M) : 1.85×10^3 g/L $\times$ 96/100

$$M = \frac{1M \times 1.85 \times 10^3 g/L \times 96/100}{98 g/L}$$

$= 18.12 \, mol/L$ (비중 $1.84 = 1.84 kg/L = 1.84 \times 10^3 g/L$)

필수 예상문제

05 HCl 농도가 50w/w%일 경우 N농도는?(단, HCl 비중 : 1.12)

풀이

$$N(eq/L) = \frac{비중 \times 1,000 \times \%/100}{g \, 당량}$$

$$= \frac{1.12 \times 1,000 \times 50/100}{36.5} = 15.3 \, N(eq/L)$$

기출 필수문제 출제율 50% 이상

06 농도가 90% wt(%), 비중 1.84인 H_2SO_4의 몰(M) 농도 및 노르말(N) 농도를 구하시오.

풀이

1) M농도

  $M(mol/L) = 1.84 g/mL \times 1,000 mL/L \times mol/98g \times 0.9 = 16.89 \, mol/L(M)$

2) N농도

  $N(규정농도 ; eq/L) = 1.84 g/mL \times 1,000 mL/L \times \left[1eq/\left(\dfrac{98}{2}\right)g\right] \times 0.9$

  $= 33.79 \, eq/L(N)$

기출 필수문제 출제율 40% 이상

07 불화수소농도가 300mL/m³인 배출가스양 1,000Sm³/hr를 10m³의 물로 10시간 순환세정할 경우 순환수 중 불화수소농도(N)를 구하시오.(단, 소수점 셋째 자리까지 구함)

> **풀이**
>
> 규정농도(N)
>
> $$N(g\ 당량/L) = \frac{300\text{mL/m}^3 \times 1,000\text{Sm}^3/\text{hr} \times 10\text{hr} \times \text{L}/1,000\text{mL} \times \frac{1\text{g 당량}}{22.4\text{L}}}{10\text{m}^3 \times 1,000\text{L/m}^3} = 0.013\text{N}$$

3. 수소이온농도(pH)

(1) 정의

수소이온농도의 역수의 상용대수 값

(2) 관계식

$$pH = \log\frac{1}{[H^+]} = -\log[H^+] \qquad [H^+] = \text{mol/L}$$

$$pOH = \log\frac{1}{[OH^-]} = -\log[OH^-] \qquad [OH^-] = \text{mol/L}$$

$$[H^+] = 10^{-pH} \qquad [OH^-] = 10^{-pOH}$$

$$pH = 14 - pOH \qquad pOH = 14 - pH$$

기출 필수문제 출제율 50% 이상

01 배기가스양이 100m³/hr인 HCl 농도가 100ppm이다. 이를 3,000L의 물에 120min 흡수시켰을 경우, 이 수용액의 노르말 농도 및 pH를 구하시오.(단, 흡수율 70%)

> **풀이**
>
> 1) 노르말 농도(N)
>
> $$N(\text{eq/L}) = 100\text{m}^3/\text{hr} \times 100\text{mL/m}^3 \times 1/3,000\text{L} \times 2\text{hr} \times 1\text{mol}/22.4\text{L}$$
>
> $$\times 1\text{L}/10^3\text{mL} \times \frac{70}{100} = 2.08 \times 10^{-4} \text{eq/L}$$
>
> 2) $pH = \log\frac{1}{2.08 \times 10^{-4}} = 3.68$

기출 필수문제 출제율 50% 이상

02 굴뚝 배출가스양이 100Nm³/hr이고 HCl 농도가 200ppm인 경우 5,000L의 물에 5시간 흡수시켰을 때 수용액의 노르말 농도(N)와 pOH는 얼마인가?(단, 흡수율은 60%)

풀이

1) 노르말 농도(N)

$$N(eq/L) = \frac{100Nm^3/hr \times 200mL/m^3 \times 5hr \times 0.6 \times 1eq/36.5g}{36.5g/22.4L \times 1L/1,000mL}$$
$$= 5.36 \times 10^{-4} eq/L$$

2) pOH = 14 − pH

$$pH = \log \frac{1}{5.36 \times 10^{-4}} = 3.27$$
$$= 14 - 3.27 = 10.73$$

4. 중화적정

산과 염기가 반응하는 것을 중화라 하며, 완전중화와 불완전중화가 있다.

(1) 완전중화
① 산의 당량(eq) = 염기의 당량(eq)
② $[H^+] = [OH^-]$
③ 혼합액의 pH = 7

$$NVf = N'V'f'$$

(2) 불완전중화
① 산의 당량(eq) ≠ 염기의 당량(eq)
② $[H^+] \neq [OH^-]$
③ 혼합액의 pH ≠ 7

$$N_0 = \frac{N_1 V_1 - N_2 V_2}{V_1 + V_2}$$

여기서, N_0 : 혼합액의 N농도

필수 예상문제

01 Mg(OH)$_2$ 464mg/L 용액의 pH는?(단, Mg(OH)$_2$는 완전해리하며, M.W=58)

[풀이]

$$Mg(OH)_2(mol/L) = 464mg/L \times g/1{,}000mg \times 1mol/58g$$
$$= 8 \times 10^{-3} mol/L$$

$$Mg(OH)_2 \rightleftarrows Mg^{2+} + 2OH^-$$

Mg(OH)$_2$: 2OH$^-$

8×10^{-3} mol/L : 0.016 mol/L

pH = 14 − pOH

$$pOH = \log\frac{1}{[OH^-]} = \log\frac{1}{0.016} = 1.796$$

pH = 14 − 1.8 = 12.2

필수 예상문제

02 0.02M의 황산 30mL를 중화시키는 데 필요한 0.1N 수산화나트륨 용액의 양(mL)은?

[풀이]

H$_2$SO$_4$ 0.02M = 0.04N

$NV = N'V'$

0.1N × 수산화나트륨 용액(mL) = 0.04N × 30mL

수산화나트륨 용액(mL) = 12mL

기출 필수문제 출제율 40% 이상

03 95% H$_2$SO$_4$(비중 1.84)을 이용하여 0.5N H$_2$SO$_4$ 용액 1,000mL를 제거하고자 할 때 95% H$_2$SO$_4$ 소요량(mL)을 구하시오.

[풀이]

$NV = N'V'$

0.5eq/L × 1,000mL × L/1,000mL = 1eq/(98/2)g × 1.84g/mL × 0.95 × V'

$$V' = \frac{0.5eq}{0.0356eq/mL} = 14.05mL$$

기출 | 필수문제 | 출제율 40% 이상

04 300ppm의 염화수소를 함유한 12,000m³/hr의 배기가스를 처리하기 위해 액가스비 1L/Sm³의 세정탑을 이용하였다. 이 세정탑의 폐수를 중화하기 위해 0.5N-NaOH 용액을 사용하였다면 얼마만큼의 양(L/hr)이 소요되는가?(단, 염화수소는 100% 흡수된다.)

> **풀이**
>
> $NV = N'V'$
>
> $NV = 300\text{mL/m}^3 \times 12{,}000\text{m}^3/\text{hr} \times \dfrac{36.5\text{mg}}{22.4\text{mL}} \times \dfrac{1\text{eq}}{36.5\text{g}} \times \text{g}/1{,}000\text{mg} = 160.71$
>
> $N'V' = \dfrac{0.5\text{eq}}{\text{L}} \times V'(\text{L/hr})$
>
> $160.71 = 0.5 \times V'(\text{L/hr})$
>
> $V'(0.5\text{N}-\text{NaOH}) = 321.43\text{L/hr}$

5. 농도

(1) ppm(part per million)

① 백만분율을 의미한다.

② $1\text{ppm} = 1/10^6 = 10^{-6}$

㉠ 고체 및 액체(중량)

$1\text{ppm} = 1\text{mg/kg}$(만일 비중이 1일 경우 1mg/L)

㉡ 기체(부피)

$1\text{ppm} = 1\text{mL/m}^3 = 1\text{mL/kL}$

(2) pphm(part per hundred million)

① 1억분율을 의미한다.

② $1\text{pphm} = 1/10^8 = 10^{-8}$

㉠ 고체 및 액체(중량)

$1\text{pphm} = 10\mu\text{g/kg}$(만일 비중이 1일 경우 $10\mu\text{g/L}$)

㉡ 기체(부피)

$1\text{ppm} = 10\mu\text{L/m}^3$

(3) ppb(part per billion)

① 10억분율을 의미한다.

② $1ppb = 1/10^9 = 10^{-9}$
  ㉠ 고체 및 액체(중량)
    $1ppb = 1\mu g/kg$(만일 비중이 1일 경우 $1\mu g/L$)
  ㉡ 기체(부피)
    $1ppb = 1\mu L/m^3$

(4) %농도(part per hundred)
  $1\% = 10^4 ppm = 10^{-2}$

(5) 질량 또는 중량농도(mg/m^3)와 용량농도(ppm)의 환산(0℃, 1기압의 경우)

① $mg/m^3 = ppm \times \dfrac{분자량}{22.4} \times \dfrac{273}{273+섭씨온도} \times \dfrac{압력}{760}$

② $ppm = mg/m^3 \times \dfrac{22.4}{분자량} \times \dfrac{273+섭씨온도}{273} \times \dfrac{760}{압력}$

③ $\mu g/m^3 = ppm \times \dfrac{분자량}{22.4} \times 10^{-3}$

④ $ppm = \mu g/m^3 \times \dfrac{22.4}{분자량} \times 10^3$

기출 필수문제 출제율 40% 이상

01 표준상태에서 질소산화물 500ppm은 몇 mg/Sm^3인가?

풀이

$mg/Sm^3 = ppm \times \dfrac{분자량}{22.4}$

$= 500ppm \times \dfrac{46mg}{22.4mL}$ ($ppm = mL/Sm^3$) $= 1,026.79 mg/Sm^3$

필수 예상문제

02 황산(H_2SO_4)의 농도가 $10mg/m^3$일 경우 ppm으로 환산하면?(단, 25℃, 1기압)

풀이

$ppm = mg/m^3 \times \dfrac{22.4}{분자량} \times \dfrac{273+섭씨온도}{273}$

$= 10mg/m^3 \times \dfrac{22.4}{98} \times \dfrac{(273+25)}{273} = 2.5 ppm$

기출 필수문제 출제율 50% 이상

03 SO_2 0.035%를 mg/m^3으로 환산하시오. (단, 0℃, 1기압)

풀이

$$mg/m^3 = ppm \times \frac{분자량}{22.4}$$

$$ppm = 0.035\% \times \frac{10,000ppm}{1\%} = 350ppm$$

$$= 350ppm \times \frac{64}{22.4} = 1,000mg/m^3 \quad [SO_2 = 32 + (16 \times 2)]$$

기출 필수문제 출제율 40% 이상

04 배기가스 중 SiF_4 농도가 20ppm이다. 만일 배출허용기준이 불소의 양으로 $10mg/m^3$ 이하일 경우 불화규소의 농도를 몇 % 이하로 해야 하는지 구하시오.

풀이

ppm을 mg/m^3으로 환산하면

$mg/m^3 = 20ppm \times \frac{104}{22.4} = 92.86 mg/m^3$ $[SiF_4 = 28 + (19 \times 4) = 104]$

F로서 농도$(mg/m^3) = 20ppm \times \frac{104}{22.4} \times \frac{76}{104} = 67.86 mg/m^3$

배출허용기준이 $10mg/m^3$ 이하이므로

$\frac{10}{67.86} \times 100 = 14.74\%$ (현재의 14.74% 이하로 해야 함)

필수 예상문제

05 배출가스 중 염화수소의 농도가 250ppm이다. 이 농도를 $80mg/Sm^3$ 이하로 하려면 몇 % 이하로 해야 하는지 구하시오. (단, 표준상태)

풀이

$$(\%) = \frac{기준농도}{배출농도} \times 100$$

배출농도$(ppm) = 250ppm \times \frac{36.5mg}{22.4mL} = 407.37 mg/Sm^3$

$= \frac{80}{407.37} \times 100 = 19.64\%$ (현재의 19.64% 이하로 해야 함)

기출 필수문제 출제율 30% 이상

06 500m³ 용적의 방 안에 10명이 있고 그중 5명이 담배를 피는데, 1시간 동안 5명이 총 20개피의 담배를 피웠다. 담배 1개비당 1.4mg의 포름알데히드가 발생한다면 1시간 후 방 안의 포름알데히드 농도는 몇 ppm인지 소수점 셋째 자리까지 구하시오.(단, 포름알데히드는 완전혼합되고, 담배를 피기 전 농도는 0이며, 온도는 25℃로 한다.)

풀이

시간당 포름알데히드[HCHO] 농도(mg/m³) $= \dfrac{20\text{개피/hr} \times 1.4\text{mg/개피}}{500\text{m}^3}$

$= 0.056\text{mg/m}^3 \cdot \text{hr}$

한 시간 후 농도(mg/m³) $= 0.056\text{mg/m}^3 \cdot \text{hr} \times 1\text{hr} = 0.056\text{mg/m}^3$

온도(25℃)에 따른 부피보정 후 농도(ppm)

농도(ppm) $= 0.056\text{mg/m}^3 \times \dfrac{22.4\text{mL} \times \left(\dfrac{273+25}{273}\right)}{30\text{mg(HCHO 분자량)}} = 0.046\text{ppm}$

SECTION 50 오염물질 및 유량 보정

Note : 2021년 9월 10일 대기공정시험기준 전면개정 반영한 내용(50~87)으로 변경수록하였습니다. 기존 과년도 공정시험기준 문제풀이에 유의하시기 바랍니다.

1. 오염물질 농도 보정

$$C = C_a \times \dfrac{21 - O_s}{21 - O_a}$$

여기서, C : 오염물질 농도(mg/Sm³ 또는 ppm)
O_s : 표준산소농도(%)
O_a : 실측산소농도(%)
C_a : 실측오염물질농도(mg/Sm³ 또는 ppm)

2. 배출가스유량 보정

$$Q = Q_a \div \frac{21 - O_s}{21 - O_a}$$

여기서, Q : 배출가스유량(Sm^3/일)
O_s : 표준산소농도(%)
O_a : 실측산소농도(%)
Q_a : 실측배출가스유량(Sm^3/일)

기출 필수문제 출제율 50% 이상

01 연소시설에서 배출되는 먼지의 농도를 측정한 결과 온도 250℃에서 $50mg/m^3$이 었다. 배출가스 중의 산소농도는 15%, 표준산소농도는 12%일 때 먼지의 농도 (mg/m^3)를 구하시오.

풀이

$$C = C_a \times \frac{21 - O_s}{21 - O_a}$$
$$= \left[50 \times \frac{(273 + 250)}{273} \right] mg/m^3 \times \left(\frac{21 - 12}{21 - 15} \right) = 143.68 mg/m^3$$

기출 필수문제 출제율 40% 이상

02 온도가 200℃인 어떤 공장의 A물질의 배출가스가 $500mg/Am^3$(실측산소농도 11%)로 배출된다. A물질의 배출허용기준이 $60mg/Sm^3$(표준산소농도 4%)일 경우, 배출허용기준을 만족시킬 수 있는 최저집진효율(%)을 구하시오.

풀이

표준산소농도로 보정한 A물질 농도를 구함

$$C(mg/m^3) = C_a \times \frac{21 - O_s}{21 - O_a} = 500 mg/Am^3 \times \frac{273 + 200}{273} \times \frac{21 - 4}{21 - 11}$$
$$= 1,472.71 mg/Sm^3$$

최저집진효율(%) $= \left(\frac{\text{배출농도} - \text{배출허용기준}}{\text{배출농도}} \right) \times 100$

$$= \left(\frac{1,472.71 - 60}{1,472.71} \right) \times 100 = 95.93\%$$

기출 **필수문제** 출제율 50% 이상

03 SO_2의 실측배출가스유량이 $100m^3/day$, 실측농도가 30ppm이고 이때 실측산소농도가 3.5%이다. SO_2의 배출가스유량(m^3/day) 및 표준산소농도로 보정한 농도(ppm)를 구하시오.(단, SO_2는 표준산소농도를 적용받으며, 표준산소농도는 5%이다.)

> **풀이**
>
> 1) 배출가스유량(m^3/day) = 실측배출가스유량 $\div \left(\dfrac{21 - 표준산소농도}{21 - 실측산소농도} \right)$
>
> $= 100m^3/day \div \left(\dfrac{21 - 5}{21 - 3.5} \right) = 109.38 m^3/day$
>
> 2) 표준산소보정농도(ppm) = 실측농도 $\times \left(\dfrac{21 - 표준산소농도}{21 - 실측산소농도} \right)$
>
> $= 30ppm \times \left(\dfrac{21 - 5}{21 - 3.5} \right) = 27.43 ppm$

SECTION 51 화학분석 일반사항

1. 온도

(1) 온도 용어 출제율 30%

용어	온도(℃)	비고
표준온도	0	
상온	15~25	
실온	1~35	
찬 곳	0~15의 곳	따로 규정이 없는 경우
냉수	15 이하	
온수	60~70 ℃	
열수	≒100 ℃	

(2) 수욕상 수욕 중에서 가열한다.

규정이 없는 한 수온 100℃에서 가열함을 뜻하고 약 100℃의 증기욕을 쓸 수 있다는 의미

(3) **시험은 따로 규정이 없는 한 상온에서 조작**

단, 온도의 영향이 있는 것의 판정은 표준온도를 기준으로 함

(4) **냉후**

보온 또는 가열 후 실온까지 냉각된 상태

2. 용기 출제율 30%

시험용액 또는 시험에 관계된 물질을 보존, 운반 또는 조작하기 위하여 넣어두는 것

구분	정의
밀폐용기	취급 또는 저장하는 동안에 이물질이 들어가거나 또는 내용물이 손실되지 아니하도록 보호하는 용기
기밀용기	취급 또는 저장하는 동안에 밖으로부터의 공기 또는 다른 가스가 침입하지 아니하도록 내용물을 보호하는 용기
밀봉용기	취급 또는 저장하는 동안에 기체 또는 미생물이 침입하지 아니하도록 내용물을 보호하는 용기
차광용기	광선이 투과하지 않는 용기 또는 투과하지 않게 포장한 용기이며 취급 또는 저장하는 동안에 내용물이 광화학적 변화를 일으키지 아니하도록 방지할 수 있는 용기

3. 시험의 기재 용어 출제율 30%

(1) **정확히 단다.**

규정한 양의 정체를 취하여 분석용 저울로 0.1mg까지 다는 것

(2) **정확히 취한다.**

홀피펫, 메스플라스크 또는 이와 동등 이상의 정도를 갖는 용량계를 사용하여 조작하는 것

(3) **항량이 될 때까지 건조한다 또는 강열한다.**

같은 조건에서 1시간 더 건조 또는 강열할 때 전후 무게의 차가 g당 0.3mg 이하

(4) **즉시**

30초 이내에 표시된 조작을 하는 것을 의미

(5) **감압 또는 진공**

15mmHg 이하

(6) 이상과 초과, 이하, 미만

① "이상"과 "이하"는 기산점 또는 기준점인 숫자를 포함
② "초과"와 "미만"은 기산점 또는 기준점의 숫자를 불포함
③ a~b → a 이상 b 이하

(7) 방울수

20℃에서 정제수 20방울 떨어뜨릴 때, 그 부피가 약 1mL 되는 것

SECTION 52 기체크로마토그래피법

1. 원리 및 적용범위

이 법은 기체시료 또는 기화(氣化)한 액체나 고체시료를 운반가스(Carrier Gas)에 의하여 분리, 관 내에 전개시켜 기체상태에서 분리되는 각 성분을 크로마토그래피적으로 분석하는 방법으로 일반적으로 무기물 또는 유기물의 대기오염물질에 대한 정성(定性), 정량(定量) 분석에 이용한다.

2. 장치

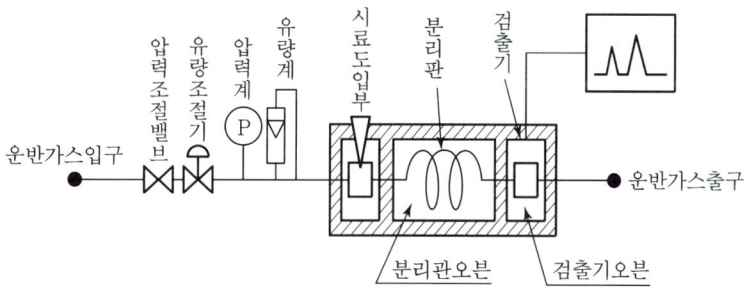

운반가스유로 → 시료도입부 → 가열오븐 → 검출기 → 기록계

│ 장치의 기본구성 │

3. 검출기(Detector) 출제율 30%

(1) 열전도도 검출기(TCD ; Thermal Conductivity Detector)

열전도도 검출기는 금속 필라멘트(Filament), 전기저항체를 검출소자로 하여 금속판 안에 들어 있는 본체와 여기에 안정된 직류전기를 공급하는 전원회로,

전류조절부, 신호검출 전기회로, 신호 감쇄부 등으로 구성되며 2개의 필라멘트는 운반기체인 헬륨에 노출되고 나머지 두 개의 필라멘트는 운반기체에 의해 이동하는 시료에 노출되어 이 둘 사이의 열전도도 차이를 측정함으로써 시료를 검출하여 분석한다.

(2) **불꽃 이온화 검출기(FID ; Flame Ionization Detector)**
불꽃 이온화 검출기는 수소연소노즐(Nozzle), 이온수집기(Ion Collector)와 함께 대극(對極) 및 배기구(排氣口)로 구성되는 본체와 이 전극 사이에 직류전압을 주어 흐르는 이온전류를 측정하기 위한 직류전압 변환회로, 감도조절부, 신호감쇄부 등으로 구성된다.

(3) **전자포획형 검출기(ECD ; Electron Capture Detector)**
(4) **질소인 검출기(NPD ; Nitron Phosphorous Detector)**
(5) **불꽃 열이온 검출기(FTD ; Flame Thermoionic Detector)**
(6) **불꽃 광도 검출기(FPD ; Flame Photometric Detector)**

4. 운반가스

(1) **열전도도형 검출기(TCD)**
순도 99.8% 이상의 수소나 헬륨

(2) **불꽃 이온화 검출기(FID)**
순도 99.8% 이상의 질소 또는 헬륨

5. 분리의 평가

분리관효율과 분리능에 의해 평가가 이루어진다.

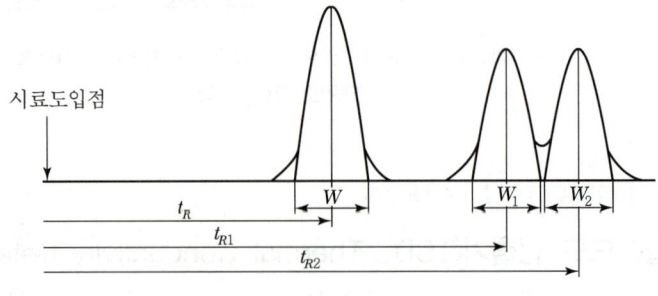

| 크로마토그램 |

(1) 분리관효율

분리관효율은 보통 이론단수(理論段數) 또는 1이론단에 해당하는 분리관의 길이 HETP(Height Equivalent to a Theoretical Plate)로 표시한다.

$$이론단수(n) = 16 \cdot \left(\frac{t_R}{W}\right)^2$$

여기서, t_R : 시료도입점으로부터 봉우리 최고점까지의 길이(보유시간)
W : 봉우리의 좌우 변곡점에서 접선이 자르는 바탕선의 길이

$$HETP = \frac{L}{n}$$

여기서, L : 분리관의 길이(mm)

(2) 분리능 _{출제율 40%}

① 분리계수(d)

$$d = \frac{t_{R2}}{t_{R1}}$$

② 분리도(R)

$$R = \frac{2(t_{R2} - t_{R1})}{W_1 + W_2}$$

여기서, t_{R1} : 시료도입점으로부터 봉우리 1의 최고점까지의 길이
t_{R2} : 시료도입점으로부터 봉우리 2의 최고점까지의 길이
W_1 : 봉우리 1의 좌우 변곡점에서의 접선이 자르는 바탕선의 길이
W_2 : 봉우리 2의 좌우 변곡점에서의 접선이 자르는 바탕선의 길이

 **학습 Point**

분리계수 및 분리도 관계식 및 각 Factor 숙지

기출 | 필수문제 | 출제율 50% 이상

01 다음 조건을 이용하여 가스크로마토그래프법으로 계산된 피크의 좌우변곡점에서 접선이 자르는 바탕선 길이(mm)를 구하시오.

- 이론단수 : 1,600
- 기록지 이동속도 : 1.5cm/min
- 보유시간 : 15min

풀이

이론단수$(N) = 16 \times \left(\dfrac{t_R}{W}\right)^2$

$1,600 = 16 \times \left(\dfrac{15\text{mm/min} \times 15\text{min}}{W}\right)^2$

$\left(\dfrac{225}{W}\right)^2 = \dfrac{1,600}{16}$

$\dfrac{225}{W} = \sqrt{\dfrac{1,600}{16}}$

$W = 22.5\text{mm}$

6. 정량법 출제율 30%

(1) 절대검량선법

정량하려는 성분으로 된 순물질을 단계적으로 취하여 크로마토그램을 기록하고 봉우리 넓이 또는 봉우리 높이를 구하며 성분량을 횡축에, 봉우리 넓이 또는 봉우리 높이를 종축에 취하여 검량선을 작성한다.

(2) 넓이 백분율법

크로마토그램으로부터 얻은 시료 각 성분의 봉우리 면적을 측정하고 그것들의 합을 100으로 하여 이에 대한 각각의 봉우리 넓이 비를 각 성분의 함유율로 한다.

$$X_i(\%) = \dfrac{A_i}{\sum\limits_{i=1}^{n} A_i} \times 100$$

여기서, $X_i(\%)$: 넓이 백분율법 산출식
A_i : i성분의 봉우리 넓이
n : 전 봉우리 수

(3) 보정넓이 백분율법

도입한 시료의 전성분이 용출되며 또한 용출 전 성분의 상대감도가 구해진 경우는 다음 식에 의하여 정확한 함유율을 구할 수 있다.

$$X_i(\%) = \frac{(A_i/f_i)}{\sum_{i=1}^{n}(A_i/f_i)} \times 100$$

여기서, A_i : i 성분의 봉우리 넓이
f_i : i 성분의 상대감도
n : 전 봉우리 수

(4) 상대검정곡선법

정량하려는 성분의 순물질 일정량에 내부표준물질의 일정량을 가한 혼합시료의 크로마토그램을 기록하여 봉우리 넓이를 측정한다.

$$X_i(\%) = \frac{\left(\dfrac{M_X}{M_S}\right) \times n}{M} 100$$

여기서, M_X : X 성분량(피검 성분량), M_S : 내부표준물질량
M : 시료의 기지량, n : 표준물질의 기지량

(5) 표준물질첨가법

시료의 크로마토그램으로부터 피검성분 A 및 다른 임의의 성분 B의 피크 넓이 a_1 및 b_1을 구한다. 다음에 시료의 일정량 W에 성분 A의 기지량 ΔW_A을 가하여 다시 크로마토그램을 기록하여 성분 A 및 B의 피크 넓이 a_2 및 b_2를 구하면 K의 정수로 해서 다음 식이 성립한다.

$$X(\%) = \frac{\Delta W_A}{\left(\dfrac{a_2}{b_2} \cdot \dfrac{b_1}{a_1} - 1\right)W} \times 100$$

여기서, ΔW_A : 성분 A의 기지량, W : 시료량
a_1, a_2 : 성분 A의 첫 번째 넓이와 두 번째 넓이
b_1, b_2 : 성분 B의 첫 번째 넓이와 두 번째 넓이

> **학습 Point**
> 정량법 종류 및 내용 숙지

SECTION 53 자외선/가시선 분광법

1. 원리 및 적용범위

이 시험방법은 시료물질이나 시료물질의 용액 또는 여기에 적당한 시약을 넣어 발색(發色)시킨 용액의 흡광도를 측정하여 시료 중의 목적성분을 정량하는 방법으로 파장 200~1,200nm에서의 액체의 흡광도를 측정함으로써 대기 중이나 굴뚝배출가스 중의 오염물질 분석에 적용한다.

2. 개요

(1) **램버트-비어(Lambert-Beer) 법칙**

강도 I_0 되는 단색광속이 그림과 같이 농도 C, 길이 l 되는 용액층을 통과하면 이 용액에 빛이 흡수되어 입사광의 강도가 감소한다.

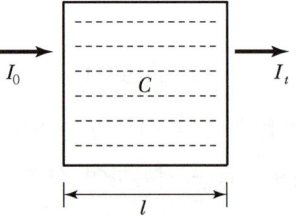

∥ 흡광광도 분석방법 원리도 ∥

$$I_t = I_0 \cdot 10^{-\varepsilon cl}$$

여기서, I_0 : 입사광의 강도, I_t : 투사광의 강도
C : 농도, l : 빛의 투사거리
ε : 비례상수로서 흡광계수(吸光係數)라 하고,
C=1mol, l=10mm일 때의 ε의 값을 몰흡광계수라 하며 K로 표시한다.

(2) 흡광도(A)

$$A = \log \frac{1}{t}$$

여기서, $t = \dfrac{I_t}{I_o}$ (투과도)

$$A = \varepsilon c l$$

3. 장치

(1) 장치의 구성

광원부 —— 파장선택부 —— 시료부 —— 측광부

(2) 광원부
   ① 가시부와 근적외부 광원 : 텅스텐램프
   ② 자외부 광원 : 중수소 방전관

(3) 흡수셀 재질 출제율 20%
   ① 가시 및 근적외부 파장범위 : 유리제
   ② 자외부 파장범위 : 석영제
   ③ 근적외부 파장범위 : 플라스틱제

 학습 Point

흡광광도법 중 흡수셀 재질 숙지

기출 필수문제 출제율 50% 이상

01 자외선/가시선 분광법으로 오염물질을 측정할 경우 흡광계수(ε)는 90, 오염물질 농도는 0.02mol, 셀의 길이는 0.2mm이다. 흡광도 및 투과도를 구하시오.

> **풀이**
> 1) 흡광도(A)
> $$A = \log \frac{1}{\text{투과도}} = \varepsilon CL = 90 \times 0.02 \times 0.2 = 0.36$$
> 2) 투과도
> $$A = \log \frac{1}{\text{투과도}}$$
> $$\text{투과도} = \frac{1}{10^A} = \frac{1}{10^{0.36}} = 0.44$$

SECTION 54 원자흡수분광광도법

1. 원리 및 적용범위

이 시험방법은 시료를 적당한 방법으로 해리(解離)시켜 중성원자로 증기화하여 생긴 기저상태(Ground State or Normal State)의 원자가 이 원자 증기층을 투과하는 특유파장의 빛을 흡수하는 현상을 이용하여 광전측광(光電測光)과 같은 개개의 특유 파장에 대한 흡광도를 측정하여 시료 중의 원소(元素) 농도를 정량하는 방법으로, 대기 또는 배출 가스 중의 유해 중금속, 기타 원소의 분석에 적용한다.

2. 용어

(1) 역화(Flame Back)
불꽃의 연소속도가 크고 혼합기체의 분출속도가 작을 때 연소현상이 내부로 옮겨지는 것

(2) 원자흡광도(Atomic Absorptivity or Atomic Extinction Coefficient)
어떤 진동수 i의 빛이 목적원자가 들어 있지 않는 불꽃을 투과했을 때의 강도를 I_{ov}, 목적원자가 들어 있는 불꽃을 투과했을 때의 강도를 I_v라 하고 불꽃 중의 목적원자농도를 c, 불꽃 중의 광도의 길이(Path Length)를 l이라 했을 때

$$E_{AA} = \frac{\log_{10} \cdot I_{o\nu}/I_\nu}{c \cdot l}$$ 로 표시되는 양을 말한다.

(3) 공명선(Resonance Line) _{출제율 40%}
원자가 외부로부터 빛을 흡수했다가 다시 먼저 상태로 돌아갈 때(遷移) 방사하는 스펙트럼선

(4) 근접선(Neighbouring Line)
목적하는 스펙트럼선에 가까운 파장을 갖는 다른 스펙트럼선

(5) 중공음극램프(Hollow Cathode Lamp)
원자흡광분석의 광원(光源)이 되는 것으로 목적원소를 함유하는 중공음극 한 개 또는 그 이상을 저압의 네온과 함께 채운 방전관(放電管)

(6) 분무실(Nebulizer Chamber, Atomizer Chamber) _{출제율 40%}
분무기와 병용하여 분무된 시료용액의 미립자를 더욱 미세하게 해주는 한편, 큰 입자와 분리시키는 작용을 하는 장치

(7) 선프로파일(Line Profile)
파장에 대한 스펙트럼선의 강도를 나타내는 곡선

(8) 멀티 패스(Multi Path)
불꽃 중에서의 광로(光路)를 길게 하고 흡수를 증대시키기 위하여 반사를 이용하여 불꽃 중에 빛(光束)을 여러 번 투과시키는 것

 **학습 Point**

공명선 · 분무실 내용 숙지

---

3. 개요

원자증기화하여 생긴 기저상태의 원자가 그 원자증기층을 투과하는 특유 파장의 빛을 흡수하는 성질을 이용한 것이다.

(1) 빛의 흡수 정도와 원자증기밀도의 관계
진동수 ν 강도 I_o 되는 광원으로부터 반사되는 길이 l(cm)의 원자증기층을 투과할 때 그 원자에 의하여 흡수되어 빛의 강도가 I_ν 되었다고 하면

$$I_\nu = I_{o\nu} \cdot \exp(-k_\nu \cdot l)$$

여기서, k_ν : 비례정수

진동수 ν에서의 흡수율

ν에 따라 다른 값을 가짐

(2) 흡광도(A)

$$A = \log\left(\frac{I_{o\nu}}{I_\nu}\right)$$

(3) 투과율(T)

$$T(\%) = \left(\frac{I_\nu}{I_{o\nu}}\right) \times 100$$

$$A = E_{AA} Cl = \frac{\log\left(\frac{I_{o\nu}}{I_\nu}\right)}{C \times L}$$

여기서, E_{AA} : 원자흡광률

C : 시료 중 목적원자 농도

l : 광원으로부터 반사되는 길이

4. 장치

원자흡광 분석장치는 일반적으로 광원부, 시료원자화부, 파장선택부(분광부) 및 측광부로 구성되어 있고 단광속형과 복광속형이 있다.

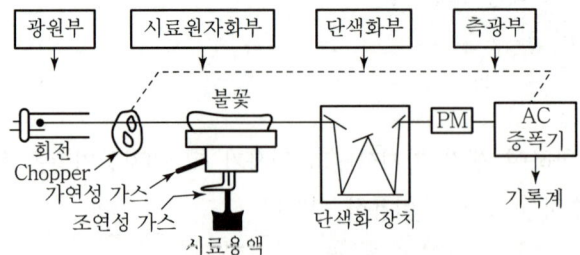

▎원자흡광 분석장치의 구성 ▎

5. 불꽃(조연성 가스와 가연성 가스의 조합)

(1) 수소 – 공기와 아세틸렌 – 공기
거의 대부분의 원소분석에 유효하게 사용

(2) 수소 – 공기
원자 외 영역에서의 불꽃 자체에 의한 흡수가 적기 때문에 이 파장영역에서 분석선을 갖는 원소의 분석에 사용

(3) 아세틸렌 – 이산화질소
불꽃의 온도가 높기 때문에 불꽃 중에서 해리하기 어려운 내화성 산화물(Refractory Oxide)을 만들기 쉬운 원소의 분석에 사용

(4) 프로판 – 공기
불꽃온도가 낮고 일부 원소에 대하여 높은 감도를 나타냄

6. 검량선의 작성과 정량법

(1) 절대검정곡선법 출제율 50%
검량선은 적어도 3종류 이상의 농도의 표준시료용액에 대하여 흡광도를 측정하여 표준물질의 농도를 가로대에, 흡광도를 세로대에 취하여 그래프를 그려서 작성하며 분석시료에 대하여 흡광도를 측정하고 검정곡선의 직선영역에 의하여 목적성분의 농도를 구한다.

(2) 표준물첨가법 출제율 50%
같은 양의 분석시료를 여러 개 취하고 여기에 표준물질이 각각 다른 농도로 함유되도록 표준용액을 첨가하여 용액열을 만든다. 이어 각각의 용액에 대한 흡광도를 측정하여 가로대에 용액영역 중의 표준물질 농도를, 세로대에 흡광도를 취하여 그래프용지에 그려 검량선을 작성한다.

(3) 상대검정곡선법 출제율 50%
새로 분석시료 중에 가한 내부 표준원소(목적원소와 물리적 화학적 성질이 아주 유사한 것이어야 한다)와 목적원소와의 흡광도 비를 구하는 동시에 측정을 행하며 측정치가 흩어져 상쇄하기 쉬우므로 분석값의 재현성이 높아지고 정밀도가 향상된다.

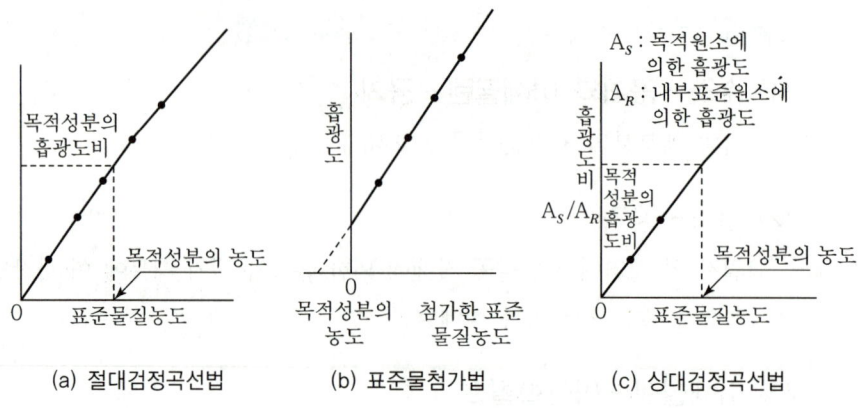

▎각종 정량법에 의한 검량선 ▎

(4) 넓이백분율법
(5) 보정넓이백분율법

7. 화학적 간섭

(1) 불꽃 중에서 원자가 이온화하는 경우

이온화 전압이 낮은 알칼리 및 알칼리토류 금속원소의 경우에 많고 특히 고온 불꽃을 사용한 경우에 두드러진다. 이 경우에는 이온화 전압이 더 낮은 원소 등을 첨가하여 목적원소의 이온화를 방지하여 간섭을 피할 수 있다.

(2) 공존물질과 작용하여 해리하기 어려운 화합물이 생성되어 흡광에 관계하는 기저상태의 원자수가 감소하는 경우

공존하는 물질이 음이온의 경우와 양이온의 경우가 있으나 일반적으로 음이온 쪽의 영향이 크다.

(3) 화학적 간섭을 피하는 방법 출제율 30%

① 이온교환이나 용매추출 등에 의한 방해물질의 제거
② 과량의 간섭원소의 첨가
③ 간섭을 피하는 양이온(란타늄, 스트론튬, 알칼리 원소 등), 음이온 또는 은폐제, 킬레이트제 등의 첨가
④ 목적원소의 용매추출
⑤ 표준첨가법의 이용

- ① 정량법 종류 3가지 내용 숙지
- ② 화학적 간섭 대책 숙지

SECTION 55 비분산 적외선분광분석법

1. 원리 및 적용범위

이 시험법은 선택성 검출기를 이용하여 시료 중의 특정 성분에 의한 적외선의 흡수량 변화를 측정하여 시료 중에 들어 있는 특정 성분의 농도를 구하는 방법으로, 대기 및 굴뚝 배출기체 중의 오염물질을 연속적으로 측정하는 비분산 정필터형 적외선 가스 분석계에 대하여 적용한다.

2. 용어

(1) 비분산(Nondispersive)

빛을 프리즘(Prism)이나 회절격자와 같은 분산소자에 의해 분산하지 않는 것

(2) 정필터형

측정성분이 흡수되는 적외선을 그 흡수파장에서 측정하는 방식

(3) 반복성

동일한 분석계를 이용하여 동일한 측정대상을 동일한 방법과 조건으로 비교적 단시간에 반복적으로 측정하는 경우로서 개개의 측정치가 일치하는 정도

(4) 비교가스 출제율 30%

시료셀에서 적외선 흡수를 측정하는 경우 대조가스로 사용하는 것으로 적외선을 흡수하지 않는 가스

(5) 제로가스(Zero Gas) 출제율 30%

분석계의 최저 눈금값을 교정하기 위하여 사용하는 가스

(6) 스팬가스(Span Gas) 출제율 30%
분석계의 최고 눈금값을 교정하기 위하여 사용하는 가스

(7) 제로 드리프트(Zero Drift)
측정기의 최저 눈금에 대한 지시치의 일정 기간 내의 변동

(8) 스팬 드리프트(Span Drift) 출제율 30%
측정기의 눈금스팬에 대응하는 지시치의 일정 기간 내의 변동

3. 구성

분석계는 일반적으로 적외선 광원(이하 "광원"이라 한다), 회전섹터, 광학필터, 시료셀, 비교셀, 적외선 검출기(이하 "검출기"라 한다), 증폭기 및 지시계로 구성된다.

(1) 광원
광원은 원칙적으로 니크롬선 또는 탄화규소의 저항체에 전류를 흘려 가열한 것을 사용한다.

(2) 회전섹터 출제율 40%
① 회전섹터는 시료광속과 비교광속을 일정주기로 단속(斷續)시켜, 광학적으로 변조(變調)시키는 것으로 측정 광신호의 증폭에 유효하고 잡신호 영향을 줄일 수 있다.
② 단속방식
  ㉠ 1~20Hz의 교호단속
  ㉡ 동시단속

(3) 광학필터 출제율 40%
광학필터는 시료가스 중에 포함되어 있는 간섭성분가스의 흡수파장역의 적외선을 흡수제거하기 위하여 사용하며, 가스필터와 고체필터가 있는데, 이것은 단독 또는 적절히 조합하여 사용한다.

 학습 Point

1. 비교가스, 제로가스, 스팬 드리프트 정의 숙지
2. 회전섹터, 광학필터 내용 숙지

SECTION 56 이온크로마토그래프법

1. 원리 및 적용범위 출제율 30%

(1) 원리
이 방법은 이동상으로는 액체를, 고정상으로는 이온교환수지를 사용하여 이동상에 녹는 혼합물을 고분리능 고정상이 충전된 분리관 내로 통과시켜 시료성분의 용출상태를 전도도 검출기 또는 광학 검출기로 검출하여 그 농도를 정량하는 방법이다.

(2) 적용범위
강수물(비, 눈, 우박 등), 대기먼지, 하천수 중의 이온성분을 정성, 정량 분석하는 데 이용한다.

2. 장치

(1) 장치의 개요

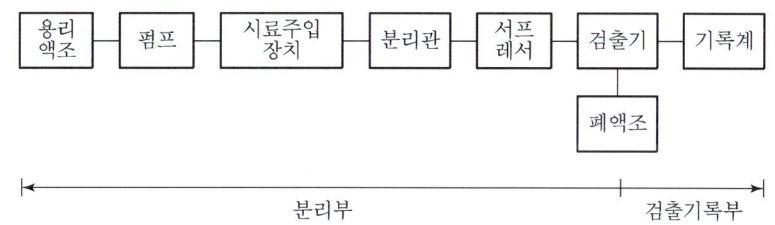

∥ 이온크로마토그래피의 구성 예 ∥

(2) 용리액조
이온성분이 용출되지 않는 재질로서 용리액을 직접공기와 접촉시키지 않는 밀폐된 것을 선택하며 일반적으로 폴리에틸렌이나 경질 유리제를 사용한다.

(3) 송액펌프 만족조건
① 맥동(脈動)이 적은 것
② 필요한 압력을 얻을 수 있는 것
③ 유량조절이 가능할 것
④ 용리액 교환이 가능할 것

(4) 서프레서(Suppressor)

용리액에 사용되는 전해질 성분을 제거하기 위하여 분리관 뒤에 직렬로 접속시킨 것으로써 전해질을 물 또는 저전도도의 용매로 바꿔줌으로써 전기전도도셀에서 목적이온 성분과 전기전도도만을 검출할 수 있게 하는 역할을 한다.

> **학습 Point**
> 1. 이온크로마토그래프법 원리와 구성 숙지
> 2. 서프레서 정의 숙지

SECTION 57 흡광차분광법

1. 원리 및 적용범위

(1) 원리

이 방법은 일반적으로 빛을 조사하는 발광부와 50~1,000m 정도 떨어진 곳에 설치되는 수광부(또는 발·수광부와 반사경) 사이에 형성되는 빛의 이동경로(Path)를 통과하는 가스를 실시간으로 분석하며, 측정에 필요한 광원은 180~2,850nm 파장을 갖는 제논(Xenon) 램프를 사용한다.

(2) 적용범위

아황산가스, 질소산화물, 오존 등의 대기오염물질 분석에 적용한다.

2. 측정원리

흡광차분광법(DOAS ; Differential Optical Absorption Spectroscopy)은 흡광광도법의 기본 원리인 Lambert-Beer 법칙을 응용한다.

$$I_t = I_0 \cdot 10^{-\varepsilon Cl}$$

여기서, I_0 : 입사광의 광도
I_t : 투사광의 광도
C : 농도
l : 빛의 투사거리
ε : 흡광계수

3. 장치

흡광차 분광법의 분석장치는 분석기와 광원부로 나누어지며, 분석기 내부는 분광기, 샘플 채취부, 검지부, 분석부, 통신부 등으로 구성된다.

SECTION 58 배출가스 중 가스상 물질 시료채취방법

1. 시료채취장치의 구성요소

채취관 → 연결관 → 채취부

2. 시료채취관

(1) 재질

① 재질선정 시 고려 요인
  ㉠ 배출가스의 조성
  ㉡ 온도

② 재질 만족 조건 <small>출제율 50%</small>
  ㉠ 화학반응이나 흡착작용 등으로 배출가스의 분석결과에 영향을 주지 않는 것
  ㉡ 배출가스 중의 부식성 성분에 의하여 잘 부식되지 않는 것
  ㉢ 배출가스의 온도, 유속 등에 견딜 수 있는 충분한 기계적 강도를 갖는 것

분석대상가스의 종류별 채취관 및 도관 등의 재질 <small>출제율 70%</small>

분석대상가스, 공존가스	채취관, 도관의 재질	여과재	비고
암모니아	①②③④⑤⑥	ⓐ ⓑ ⓒ	① 경질유리
일산화탄소	①②③④⑤⑥⑦	ⓐ ⓑ ⓒ	② 석영
염화수소	①②　　⑤⑥⑦	ⓐ ⓑ ⓒ	③ 보통강철
염소	①②　　⑤⑥⑦	ⓐ ⓑ ⓒ	④ 스테인리스강
황산화물	①②　④⑤⑥⑦	ⓐ ⓑ ⓒ	⑤ 세라믹
질소산화물	①②　④⑤⑥	ⓐ ⓑ ⓒ	⑥ 플루오로수지
이황화탄소	①②　　　⑥	ⓐ ⓑ	⑦ 염화바이닐수지
폼알데하이드	①②　　　⑥	ⓐ ⓑ	⑧ 실리콘수지

분석대상가스, 공존가스	채취관, 도관의 재질	여과재	비고
황화수소	①② ④⑤⑥⑦	ⓐ ⓑ ⓒ	⑨ 네오프렌
플루오린화합물	④ ⑥	ⓒ	
사이안화수소	①② ④⑤⑥⑦	ⓐ ⓑ ⓒ	
브로민	①② ⑥	ⓐ ⓑ	ⓐ 알칼리 성분이 없는 유리솜 또는 실리카솜
벤젠	①② ⑥	ⓐ ⓑ	
페놀	①② ④ ⑥	ⓐ ⓑ	ⓑ 소결유리
비소	①② ④⑤⑥⑦	ⓐ ⓑ ⓒ	ⓒ 카보런덤

(2) 보온 및 가열 <출제율 50%>

① 채취관을 보온 또는 가열하는 경우

   ㉠ 배출가스 중의 수분 또는 이슬점이 높은 가스성분이 응축해서 채취관이 부식될 염려가 있는 경우
   ㉡ 여과재가 막힐 염려가 있는 경우
   ㉢ 분석대상가스가 응축수에 용해해서 오차가 생길 염려가 있는 경우

② 보온재료

   ㉠ 암면   ㉡ 유리섬유제

│ 분석 물질별 분석방법 및 흡수액 │ <출제율 50%>

분석대상가스	분석방법	흡수액
암모니아	인도페놀법	붕산 용액(5g/L)
염화수소	• 이온크로마토그래피법 • 싸이오사이안산제이수은법	• 정제수 • 수산화소듐 용액(0.1mol/L)
염소	오르토톨리딘법	오르토톨리딘 염산염 용액 (0.1g/L)
황산화물	침전적정법	과산화수소수 용액(1+9)
질소산화물	아연환원나프틸에틸렌디아민법	황산 용액(0.005mol/L)
이황화탄소	• 자외선/가시선 분광법 • 가스크로마토그래피법	다이에틸아민구리 용액
폼알데하이드	• 크로모트로핀산법 • 아세틸아세톤법	• 크로모트로핀산+황산 • 아세틸아세톤 함유 흡수액
황화수소	자외선/가시선 분광법	아연아민착염 용액
플루오린화합물	• 자외선/가시선 분광법 • 적정법 • 이온선택전극법	수산화소듐 용액(0.1mol/L)

분석대상가스	분석방법	흡수액
사이안화수소	자외선/가시선 분광법	수산화소듐 용액(0.5mol/L)
브로민화합물	• 자외선/가시선 분광법 • 적정법	수산화소듐 용액(0.1mol/L)
페놀	• 자외선/가시선 분광법 • 가스크로마토그래피법	수산화소듐 용액(0.1mol/L)
비소	• 자외선/가시선 분광법 • 원자흡수분광법 • 유도결합플라스마 분광법	수산화소듐 용액(0.1mol/L)

학습 Point

1. 채취관 재질만족조건 숙지
2. 분해 대상 가스의 종류별 채취관 및 도관의 재질 숙지
3. 채취관을 가열 또는 보온하는 경우 내용 및 재질 숙지
4. 각 분석방법에 따른 흡수액 숙지

SECTION 59 배출가스 유속 및 유량 측정방법

1. 적용범위

이 측정법은 굴뚝에서 배출되는 건조 배출가스의 유량을 구하는 방법에 대하여 규정하며 건조 배출가스 유량은 단위시간당 배출되는 표준상태의 건조배출 가스양(Sm^3/h)으로 나타난다.

2. 기구 및 장치 : 피토관

① 재질은 스테인리스와 같은 재질의 금속관
② 관 바깥지름의 범위는 4~10mm 정도
③ 각 분기관 사이의 거리는 같아야 함
④ 각 분기관과 오리피스 평면과의 거리는 바깥지름의 1.05~1.50배 사이
⑤ 피토관 계수는 사전에 확인되어야 하며, 고유번호가 부여되고 이 번호는 지워지지 않도록 관 몸체에 새겨야 한다.

3. 계산

(1) 배출가스 평균유속

$$\overline{V} = C\sqrt{\frac{2g}{\gamma}} \cdot (\sqrt{h})_{avg}$$

여기서, $\overline{V}$: 배출가스 평균유속(m/초)
C : 피토관 계수
h : 배출가스 동압측정치(mmH_2O)
g : 중력가속도(9.8m/초^2)
γ : 굴뚝 내의 습한 배출가스 밀도(kg/m^3)

(2) 건조배출가스 유량

원형 직사각형 또는 정사각형 단면일 때

$$Q_N = \overline{V} \times A \times \frac{273}{273+\overline{\theta}_s} \times \frac{P_a+\overline{P}_s}{760} \times \left(1-\frac{X_w}{100}\right) \times 3{,}600$$

여기서, Q_N : 건조 배출가스 유량(m^3/시간)
$\overline{V}$: 배출가스 평균유속(m/초)
A : 굴뚝 단면적(m^2)
$\overline{\theta}_s$: 배출가스 평균온도(℃)
P_a : 대기압(mmHg)
$\overline{P}_s$: 배출가 평균정압(mmHg)
X_w : 배출가스 중의 수분량(%)

기출 필수문제 출제율 50% 이상

01 A굴뚝 배출가스의 유속을 피토관으로 측정하여 다음과 같은 결과를 얻었다. 이 배출가스의 유속(m/sec)은?

- 배출가스온도 : 180℃
- 비중 0.85의 톨루엔을 사용한 경사마노미터의 동압 : 7.5mm 톨루엔주
- 피토관 계수 : 0.8584
- 배출가스의 밀도(표준상태) : 1.3kg/Sm^3

풀이

$$V(\text{m/sec}) = C\sqrt{\frac{2g}{\gamma}} \times \sqrt{h}$$

$$\gamma = 1.3\text{kg/Sm}^3 \times \frac{273}{273+180} = 0.783\text{kg/m}^3$$

$$h = 7.5 \times 0.85 = 6.375\text{mmH}_2\text{O}$$

$$= 0.8584 \times \sqrt{\frac{2 \times 9.8 \times 6.375}{0.783}} = 10.84\text{m/sec}$$

기출 필수문제 출제율 50% 이상

02 어느 굴뚝 배출가스의 유속을 피토관으로 측정하여 다음과 같은 결과를 얻었다. 이 배출가스의 유량(m^3/min)을 구하시오.

- 배출가스 온도 : 120℃
- 정압 : 0mmH$_2$O
- 등가직경 : 1.2m
- 동압 : 20mmH$_2$O
- 배출가스 밀도 : 1.29kg/Sm^3
- 피토관계수 : 0.85

풀이

배출가스유량(Q)

$$Q(\text{m}^3/\text{min}) = A \times V$$

$$A = \frac{3.14 \times D^2}{4} = \frac{3.14 \times (1.2)^2 \text{m}^2}{4} = 1.13\text{m}^2$$

$$V = C\sqrt{\frac{2g}{\gamma}} \times \sqrt{h}$$

$$\gamma = 1.29\text{kg/Sm}^3 \times \frac{273}{273+120} = 0.896\text{kg/m}^3$$

$$= 0.85 \times \sqrt{\frac{2 \times 9.8}{0.896}} \times \sqrt{20} = 17.78\text{m/sec}$$

$$= 1.13\text{m}^2 \times 17.78\text{m/sec} \times 60\text{sec/min} = 1,205.42\text{m}^3/\text{min}$$

SECTION 60 배출가스 중 먼지

1. 적용 가능한 시험방법 출제율 20%

① 반자동식 측정법
② 수동식 측정법
③ 자동식 측정법

| 원형단면의 측정점 |

굴뚝직경 $2R$(m)	반경 구분수	측정점 수
1 이하	1	4
1 초과 2 이하	2	8
2 초과 4 이하	3	12
4 초과 4.5 이하	4	16
4.5 초과	5	20

 학습 Point

① 배출가스 중 먼지 측정방법 종류 숙지
② 원형단면의 반경 구분수 및 측정점 수 숙지

SECTION 61 비산먼지

1. 적용 가능한 시험방법 출제율 40%

① 고용량 공기 시료채취기
② 저용량 공기 시료채취기
③ 베타선법
④ 광학기법

2. 고용량 공기시료채취기

(1) 시료채취방법

① 장소 및 위치선정
  ㉠ 시료채취장소는 원칙적으로 측정하려고 하는 발생원의 부지경계선상에 선정하며 풍향을 고려하여 그 발생원의 비산먼지농도가 가장 높을 것으로 예상되는 지점 3개소 이상을 선정한다.
  ㉡ 시료채취 위치는 부근에 장애물이 없고 바람에 의하여 지상의 흙모래가 날리지 않아야 하며 기타 다른 원인에 의하여 영향을 받지 않고 그 지점에서의 비산먼지농도를 대표할 수 있는 위치를 선정한다.
  ㉢ 별도로 발생원의 위(Upstream)인 바람의 방향을 따라 대상 발생원의 영향이 없을 것으로 추측되는 곳에 대조위치를 선정한다.

② 채취 시간
  ㉠ 시료채취는 1회 1시간 이상 연속 채취한다.
  ㉡ 원칙적으로 시료채취를 제외하는 경우 출제율 30%
   • 대상발생원의 조업이 중단되었을 때
   • 비나 눈이 올 때
   • 바람이 거의 없을 때(풍속이 0.5m/초 미만일 때)
   • 바람이 너무 강하게 불 때(풍속이 10m/초 이상일 때)

(2) 비산먼지농도의 계산

① 비산먼지농도의 계산 출제율 70%

각 측정지점의 포집먼지량과 풍향풍속의 측정결과로부터 비산먼지의 농도를 구함

$$C = (C_H - C_B) \times W_D \times W_S$$

여기서, C : 비산먼지농도
C_H : 포집먼지량이 가장 많은 위치에서의 먼지농도(mg/m^3)
C_B : 대조위치에서의 먼지농도(mg/m^3)
W_D, W_S : 풍향, 풍속 측정결과로부터 구한 보정계수

단, 대조위치를 선정할 수 없는 경우에는 C_B는 0.15 mg/m^{3}로 한다. 또 풍향, 풍속 보정계수(W_D, W_S)는 다음과 같이 구한다.

㉠ 풍향에 대한 보정

풍향 변화 범위	보정계수
전 시료채취 기간 중 주 풍향이 90° 이상 변할 때	1.5
전 시료채취 기간 중 주 풍향이 45~90° 변할 때	1.2
전 시료채취 기간 중 주 풍향의 변동이 없을 때(45° 미만)	1.0

㉡ 풍속에 대한 보정

풍속 변화 범위	보정계수
풍속이 0.5m/초 미만 또는 10m/초 이상 되는 시간이 전 채취시간의 50% 미만일 때	1.0
풍속이 0.5m/초 미만 또는 10m/초 이상 되는 시간이 전 채취시간의 50% 이상일 때	1.2

학습 Point

1. 비산먼지 분석방법의 종류 숙지
2. 하이볼륨에어샘플러법의 시료채취 제외 경우 내용 숙지
3. 비산먼지농도 계산식 숙지

기출 필수문제 출제율 80% 이상

01 외부로 비산 배출되는 먼지를 하이볼륨에어샘플러법으로 측정한 조건이 다음과 같을 때 비산먼지의 농도(mg/m³)는?

- 대조위치의 먼지농도 : 0.12mg/m³
- 포집먼지량이 가장 많은 위치의 먼지농도 : 5.55mg/m³
- 전 시료채취 기간 중 주 풍향이 90° 이상 변했으며, 풍속이 0.5m/초 미만 또는 10m/초 이상되는 시간이 전 채취시간의 50% 미만이었다.

풀이

비산먼지농도(mg/m³) = $(C_H - C_B) \times W_D \times W_S$
   = $(5.55 - 0.12) \times 1.5 \times 1.0 = 8.15 \text{mg/m}^3$

SECTION 62 배출가스 중 암모니아

1. 적용 가능한 시험방법

자외선/가시선 분광법 – 인도페놀법

SECTION 63 배출가스 중 일산화탄소

1. 적용 가능한 시험방법 출제율 20%

분석방법	정량범위	방법검출한계	정밀도(%RSD)
자동측정법 – 비분산 적외선분광분석법	0~1,000ppm	–	–
자동측정법 – 전기화학식 (정전위전해법)	0~1,000ppm	–	–
기체크로마토그래피	TCD : 1,000ppm 이상 FID : 0~2,000ppm	314ppm 0.3ppm	10% 이내

SECTION 64 배출가스 중 염화수소

1. 적용 가능한 시험방법

분석방법	정량범위	방법검출한계
이온크로마토그래피	0.4~0.79ppm • 시료채취량 : 20L • 분석용 시료용액 : 100mL	0.1ppm
	6.3~160ppm • 시료채취량 : 20L • 분석용 시료용액 : 250mL	2.0ppm
싸이오사이안산제이수은 자외선/가시선 분광법	1.2~12.5ppm • 시료채취량 : 20L • 분석용 시료용액 : 250mL	0.6ppm

SECTION 65 배출가스 중 염소

1. 적용 가능한 시험방법 출제율 20%

자외선/가시선 분광법 – 오르토 톨리딘법

SECTION 66 배출가스 중 질소산화물

1. 적용 가능한 시험방법

(1) **자외선/가시선 분광법 – 아연환산 나프틸에틸렌디아민법** 출제율 30%

시료 중의 질소산화물을 오존 존재하에서 물에 흡수시켜 질산이온으로 만든다. 측정파장은 545nm이다.

(2) **자동측정법 : 주시험방법**
① 전기화학식(정전위전해법) ② 화학발광법
③ 적외선흡수법 ④ 자외선흡수법

학습 Point

배출가스 중 질소산화물 분석방법의 종류 및 내용 숙지

SECTION 67 배출가스 중 황산화물

1. 적용 가능한 시험방법

① 침전적정법(아르세나조 Ⅲ법)
② 용액전도율법 : 자동측정법
③ 전기화학식(정전위전해법) : 자동측정법
④ 적외선흡수법 : 자동측정법
⑤ 불꽃광도법 : 자동측정법
⑥ 자외선흡수법 : 자동측정법

SECTION 68 배출가스 중 이황화탄소(CS₂)

1. 적용 가능한 시험방법

① 자외선/가시선 분광법
② 기체크로마토그래프법 : 주시험방법

SECTION 69 배출가스 중 황화수소

1. 적용 가능한 시험방법

(1) 자외선/가시선 분광법 – 메틸렌 블루법

배출가스 중의 황화수소를 아연아민착염 용액에 흡수시켜 p-아미노다이메틸아닐린 용액과 염화철(Ⅲ) 용액을 가하여 생성되는 메틸렌 블루의 흡광도를 670nm 이내 측정한다.

> **학습 Point**
> 배출가스 중 황화수소 분석방법의 종류 및 내용 숙지

SECTION 70 배출가스 중 플루오린화합물

1. 적용 가능한 시험방법 출제율 50%

(1) 자외선/가시선 분광법(란탄 – 알리자린 콤플렉손법, La Alizarin Complexon) : 주시험방법

시료 흡수액을 일정량으로 묽게 한 다음 완충액을 가하여 pH를 조절하고 란탄과 알리자린 콤플렉손을 가하여 이때 생기는 색의 흡광도를 측정하는 방법이다.

(2) 적정법(질산토륨 – 네오트린법)

플루오린 이온을 방해이온과 분리한 다음 완충액을 가하여 pH를 조절하고 네오트린을 가한 다음 질산소듐 용액으로 적정하는 방법이다.

(3) 이온 선택전극법

배출가스 중 플루오린화합물 분석방법 및 내용 숙지

SECTION 71 배출가스 중 사이안화수소

1. 적용 가능한 시험방법 출제율 20%

(1) 자외선/가시선 분광법 – 4 – 피리딘카복실산 – 피라졸론법

사이안화수소를 흡수액에 흡수시킨 다음 이것을 발색시켜서 얻은 발색액에 대하여 흡광도를 측정하여 사이안화수소를 정량하며, 시료 채취량이 10L이고 분석용 시료용액의 양이 250mL인 경우 정량범위는 0.05~8.61ppm이며, 방법 검출한계는 0.02ppm이다.

배출가스 중 사이안화수소 종류 및 내용 숙지

SECTION 72 배출가스 중 매연

1. 링겔만 매연농도(Ringelmann Smoke Chart) 법

보통 가로 14cm, 세로 20cm의 백상지에 각각 0, 1.0, 2.3, 3.7, 5.5mm 전폭의 격자형 흑선을 그려 백상지의 흑선부분이 전체의 0%, 20%, 40%, 60%, 80%, 100%를 차지하도록 하여 이 흑선과 굴뚝에서 배출하는 매연의 검은 정도를 비교한 후 각각 0~5도까지 6종으로 분류한다.

2. 측정방법(측정위치의 선정)

될 수 있는 한 무풍일 때 연돌구 배경의 검은 장해물을 피해 연기의 흐름에 직각인 위치에 태양광선을 측면으로 받는 방향으로부터 농도표를 측정치의 앞 16m에 놓고 200m 이내(가능하면 연돌구에서 16 m)의 적당한 위치에 서서 연도배출구에서 30~45cm 떨어진 곳의 농도를 측정자의 눈높이의 수직이 되게 관측 비교한다.

SECTION 73 배출가스 중 폼알데히드 및 알데히드류

1. 적용 가능한 시험방법

(1) **고성능 액체크로마토그래프법(HPLC) : 주시험방법** _{출제율 30%}
   ① 배출가스 중의 알데히드류는 흡수액 2,4-DNPH(Dinitrophenylhydrazine)과 반응하여 하이드라존 유도체(Hydrazone derivative)를 생성하게 되고 이를 액체크로마토그래프로 분석한다.
   ② 하이드라존(Hydrazone)은 UV영역, 특히 350~380nm에서 최대 흡광치를 나타낸다.

(2) **크로모트로핀산(Chromotropic Acid) 자외선/가시선 분광법**
   폼알데히드를 포함하고 있는 배출가스를 크로모트로핀산을 함유하는 흡수 발색액에 포집하고 가온하여 발색시켜 얻은 자색 발색액의 흡광도를 측정하여 폼알데히드 농도를 구한다.

(3) **아세틸 아세톤(Acetyl Acetone) 자외선/가시선 분광법**
   폼알데히드를 포함하고 있는 배출가스를 아세틸 아세톤을 함유하는 흡수 발색액에 포집하고 가온하여 발색시켜 얻은 황색 발색액의 흡광도를 측정하여 폼알데히드 농도를 구하는 방법이다.

 학습 Point

배출가스 중 알데히드류 분석방법의 종류 및 내용 숙지

SECTION 74 배출가스 중 브로민화합물

1. 적용 가능한 시험방법 출제율 40%

(1) 자외선/가시선 분광법 – 싸이오사이안산 제2수은법 : 주시험방법

배출가스 중 브로민화합물을 수산화소듐 용액에 흡수시킨 후 일부를 분취해서 산성으로 하여 과망간산포타슘 용액을 사용하여 브로민으로 산화시켜 클로로폼으로 추출하고 흡광도는 460nm에서 측정한다.

(2) 적정법

배출가스 중 브로민화합물을 수산화소듐 용액에 흡수시킨 다음 브로민을 하이포아염소산소듐 용액을 사용하여 브로민산 이온으로 산화시키고 과잉의 하이포아염소산염은 폼산소듐으로 환원시켜 이브로민산 이온을 아이오딘 적정법으로 정량하는 방법이다.

SECTION 75 배출가스 중 페놀화합물

1. 적용 가능한 시험방법

① 4-아미노안티피린-자외선/가시선 분광법
② 기체크로마토그래피법 : 주시험방법

SECTION 76 배출가스 중 벤젠

1. 적용 가능한 시험방법

기체크로마토그래피법(Gas Chromatography)

SECTION 77 굴뚝 배출가스 중 총탄화수소

1. 적용 가능한 시험방법

① 불꽃이온화검출(FID)법(Flame Ionization Detector) : 주시험방법
② 비분산적외선(NDIR)법(Nondispersive Infrared Analyzer)

SECTION 78 배출가스 중 사염화탄소, 클로로폼, 염화바이닐 시험방법

1. 적용 가능한 시험방법 출제율 50%

(1) 고체흡착 열탈착 – 기체크로마토그래피법

열탈착에 의한 방법은 흡착제를 충진한 흡착관에 사염화탄소, 클로로폼, 염화바이닐을 흡착시킨 후 탈착을 쉽게 하기 위해 흡착시킨 방향과 반대방향으로 열탈착하여 기체크로마토그래피(Gas Chromatography)를 이용하여 분석하는 방법이다.

(2) 시료채취주머니 – 기체크로마토그래피법

시료채취주머니 내의 시료 일정량을 흡입하여 저온 농축관에 농축하고, 농축된 시료를 열탈착하여 기체크로마토그래피를 이용하여 분석하는 방법이다.

배출가스 중 염화바이닐 분석방법의 종류 및 내용 숙지

SECTION 79 환경대기 중 시료채취방법

1. 시료채취를 위한 일반사항[채취지점수(측정점 수)의 결정] 출제율 60%

(1) 인구비례에 의한 방법

측정하려고 하는 대상지역의 인구분포 및 인구밀도를 고려하여 인구밀도가

5,000명/km² 이상일 때는 그림을 이용하고 그 이하일 때는 다음 식에 의해 측정점의 수를 결정한다.

$$측정점\ 수 = \frac{그\ 지역의\ 거주지면적}{25km^2} \times \frac{그\ 지역의\ 인구밀도}{전국\ 평균인구밀도}$$

(2) **TM좌표에 의한 방법(Grid System)**

전국 지도의 TM좌표에 따라 해당 지역의 1 : 25,000 이상의 지도 위에 2~3km 간격으로 바둑판 모양의 구획을 만들고(格子網) 그 구획마다 측정점을 선정한다.

(3) **중심점에 의한 동심원을 이용하는 방법**

측정하려고 하는 대상지역을 대표할 수 있다고 생각되는 한 지점을 선정하고 지도 위에 그 지점을 중심점으로 0.3~2km의 간격으로 동심원을 그린다. 또 중심점에서 각 방향(8방향 이상)으로 직선을 그어 각각 동심원과 만나는 점을 측정점으로 한다.

2. 가스상 물질의 시료채취방법

(1) **직접 채취법**

이 방법은 시료를 측정기에 직접 도입하여 분석하는 방법으로 채취관-분석장치-흡입펌프로 구성된다.

(2) **용기포집법(容器浦集法)** 출제율 30%

이 방법은 시료를 일단 일정한 용기에 포집한 다음 분석에 이용하는 방법으로 채취관-용기 또는 채취관-유량조절기-흡입펌프-용기로 구성된다.

(3) **용매포집법(溶媒浦集法, 吸收法)**

이 방법은 측정대상 가스를 선택적으로 흡수 또는 반응하는 용매에 시료가스를 일정유량으로 통과시켜 포집하는 방법으로 채취관-여과재-포집부-흡입펌프-유량계(가스미터)로 구성된다.

(4) **고체흡착법**

이 방법은 활성탄, 실리카겔과 같은 고체분말 표면에 가스가 흡착되는 것을 이용하는 방법이다.

(5) 저온응축법

이 방법은 탄화수소와 같은 가스성분을 냉각제로 냉각 응축시켜 공기로부터 분리포집하는 방법으로 주로 GC나 GC/MS 분석계에 이용한다.

(6) 채취용 여과지에 의한 방법

이 방법은 여과지를 적당한 시약에 담갔다가 건조시키고 시료를 통과시켜 목적하는 가스성분을 포집하는 방법으로 주로 불소화합물, 암모니아, 트리메틸아민 등의 가스를 포집하는 데 이용한다.

 학습 Point

① 환경대기 시료채취지점 수 결정방법 종류 및 내용 숙지
② 용기포집법 내용 숙지

SECTION 80 환경대기 중 아황산가스 측정방법

1. 측정방법의 종류

(1) 수동 및 반자동측정법

① 파라로자닐린법(Pararosaniline Method)
② 산정량 수동법(Acidimetric Method)
③ 산정량 반자동법(Acidimetric Method)

(2) 자동 연속 측정법

① 용액 전도율법(Conductivity Method)
② 불꽃광도법(Flame Photometric Detector Method)
③ 자외선형광법(Pulse U.V. Fluorescence Method) : 주시험방법
④ 흡광차분광법(DOAS ; Differential Optical Absorption Spectroscopy)

SECTION 81 환경대기 중 일산화탄소 측정방법

1. 측정방법의 종류

(1) 자동연속측정

비분산 적외선 분석법

(2) 수동

① 비분산형 적외선 분석법
② 불꽃 이온화 검출기법(기체크로마토그래프법)

SECTION 82 환경대기 중 질소산화물 측정방법

1. 측정방법의 종류

(1) 자동연속측정방법

① 화학발광법(Chemiluminescent Method)
② 살츠만(Saltzman)법
③ 흡광차분광법(DOAS ; Differential Optical Absorption Spectroscopy)
④ 공동감쇠분광법(CAPS)

(2) 수동

① 야곱스-호흐하이저법　　　② 수동살츠만법

SECTION 83 환경대기 중 먼지 측정방법

1. 측정방법의 종류

① 고용량 공기시료채취기법(High Volume Air Sampler Method) : 주시험방법
② 저용량 공기시료채취기법(Low Volume Air Sampler Method)
③ 베타선법(β-Ray Method) : 주시험방법

SECTION 84 환경대기 중 옥시단트 측정방법

1. 측정방법의 종류

(1) 자동연속 측정방법
① 자외선 광도법(Ultra Violate Photometric Method) : 주 시험방법
② 화학발광법(Chemiluminescent Method)
③ 중성요오드화 칼륨법(Neutral Buffered KI Method)
③ 흡광차분광법(DOAS ; Differential Optical Absorption Spectroscopy)

(2) 수동
① 중성요오드화 칼륨법(Neutral Buffered Potassium Iodide Method)
② 알칼리성 요오드화 칼륨법(Alkalized Potassium Iodide Method)

SECTION 85 환경대기 중 탄화수소 측정방법

1. 측정방법의 종류

(1) 자동연속(수소염이온화 검출기법)
① 총탄화수소 측정법
② 비메탄 탄화수소 측정법 : 주시험방법
③ 활성 탄화수소 측정법

SECTION 86 환경대기 중 석면 시험방법

1. 원리 및 적용범위
① 환경대기 중의 석면농도를 측정하기 위한 것으로 멤브레인필터에 포집한 대기 부유먼지 중의 석면섬유를 위상차현미경을 사용하여 계수하는 방법이다.
② 석면먼지의 농도표시는 표준상태(0℃, 760mmHg)의 기체 1mL 중에 함유된 석면섬유의 개수(개/mL)로 표시한다.

SECTION 87 환경대기 중 유해휘발성 유기화합물(VOCs)의 시험방법

1. 측정방법의 종류
① 고체흡착열탈착법 : 주시험방법
② 고체흡착용매추출법

2. 용어의 정의

(1) **파과부피(Breakthrough Volume)**

일정농도의 VOCs가 흡착관에 흡착되는 초기 시점부터 일정시간이 흐르게 되면 흡착관 내부에 상당량의 VOCs가 포함되기 시작하고 전체 휘발성 유기화합물질 농도의 5%가 흡착관을 통과하게 되는데, 이 시점에서 흡착관 내부로 흘러 간 총 부피를 말한다.

(2) **안전부피(Safe Sample Volume)**

파과부피의 $\frac{2}{3}$ 배를 취하거나(직접적인 방법) 머무름 부피의 $\frac{1}{2}$ 정도를 취함으로써(간접적인 방법) 얻어진다.

(3) **머무름부피(Retention Volume)**

짧은 길이를 흡착제가 충전된 흡착관을 통과하면서 분석물질의 증기띠를 이동시키는 데 필요한 운반기체의 부피, 즉 분석물질의 증기띠가 흡착관을 통과하면서 탈착되는 데 필요한 양만큼의 부피를 측정하여 알 수 있다. 보통 그 증기띠가 흡착관을 이동하여 돌파(파과)가 나타난 시점에서 측정된다. 튜브 내의 불감부피를 고려하기 위하여 메테인의 머무름부피를 차감한다.

학습 Point

안전부피 내용 숙지

SECTION 88 환경기준

출제율 90%

항목	기준	측정방법
아황산가스 (SO$_2$)	• 연간 평균치 : 0.02ppm 이하 • 24시간 평균치 : 0.05ppm 이하 • 1시간 평균치 : 0.15ppm 이하	자외선 형광법 (Pulse U.V. Fluorescence)
일산화탄소 (CO)	• 8시간 평균치 : 9ppm 이하 • 1시간 평균치 : 25ppm 이하	비분산적외선 분석법 (Non-Dispersive Infrared Method)
이산화질소 (NO$_2$)	• 연간 평균치 : 0.03ppm 이하 • 24시간 평균치 : 0.06ppm 이하 • 1시간 평균치 : 0.10ppm 이하	화학 발광법 (Chemiluminescene Method)
미세먼지 (PM-10)	• 연간 평균치 : 50μg/m^3 이하 • 24시간 평균치 : 100μg/m^3 이하	베타선 흡수법 (β-Ray Absorption Method)
미세먼지 (PM-2.5)	• 연간 평균치 : 15μg/m^3 이하 • 24시간 평균치 : 35μg/m^3 이하	중량농도법 또는 이에 준하는 자동 측정법
오존 (O$_3$)	• 8시간 평균치 : 0.06ppm 이하 • 1시간 평균치 : 0.1ppm 이하	자외선 광도법 (U.V. Photometric Method)
납 (Pb)	연간 평균치 : 0.5μg/m^3 이하	원자흡광 광도법 (Atomic Absorption Spectrophotometry)
벤젠	연간 평균치 : 5μg/m^3 이하	가스크로마토그래피 (Gas Chromatography)

학습 Point

환경기준 항목에 따른 각 기준치 숙지

SECTION 89 지정악취물질

출제율 30%

구분	배출허용기준(ppm)		엄격한 배출허용 기준의 범위 (ppm)	적용 시기
	공업지역	기타 지역	공업지역	
암모니아	2 이하	1 이하	1~2	2005년 2월 10일 부터
메틸메르캅탄	0.004 이하	0.002 이하	0.002~0.004	
황화수소	0.06 이하	0.02 이하	0.02~0.06	
다이메틸설파이드	0.05 이하	0.01 이하	0.01~0.05	
다이메틸다이설파이드	0.03 이하	0.009 이하	0.009~0.03	
트라이메틸아민	0.02 이하	0.005 이하	0.005~0.02	
아세트알데하이드	0.1 이하	0.05 이하	0.05~0.1	
스타이렌	0.8 이하	0.4 이하	0.4~0.8	
프로피온알데하이드	0.1 이하	0.05 이하	0.05~0.1	
뷰틸알데하이드	0.1 이하	0.029 이하	0.029~0.1	
n-발레르알데하이드	0.02 이하	0.009 이하	0.009~0.02	
i-발레르알데하이드	0.006 이하	0.003 이하	0.003~0.006	
톨루엔	30 이하	10 이하	10~30	2008년 1월 1일 부터
자일렌	2 이하	1 이하	1~2	
메틸에틸케톤	35 이하	13 이하	13~35	
메틸아이소뷰틸케톤	3 이하	1 이하	1~3	
뷰틸아세테이트	4 이하	1 이하	1~4	
프로피온산	0.07 이하	0.03 이하	0.03~0.07	2010년 1월 1일 부터
n-뷰틸산	0.002 이하	0.001 이하	0.001~0.002	
n-발레르산	0.002 이하	0.0009 이하	0.0009~0.002	
i-발레르산	0.004 이하	0.001 이하	0.001~0.004	
i-뷰틸알코올	4.0 이하	0.9 이하	0.9~4.0	

SECTION 90 실내공기질 관리법상 실내공간 오염물질

1. 미세먼지(PM-10)
2. 이산화탄소(CO_2 ; Carbon dioxide)
3. 폼알데하이드(Formaldehyde)
4. 총부유세균(TAB ; Total Airborne Bacteria)
5. 일산화탄소(CO ; Carbon monoxide)
6. 이산화질소(NO_2 ; Nitrogen dioxide)
7. 라돈(Rn ; Radon)
8. 휘발성 유기화합물(VOCs ; Volatile Organic Compounds)
9. 석면(Asbestos)
10. 오존(O_3 ; Ozone)
11. 미세먼지(PM-2.5)
12. 곰팡이(Mold)
13. 벤젠(Benzene)
14. 톨루엔(Toluene)
15. 에틸벤젠(Ethylbenzene)
16. 자일렌(Xylene)
17. 스티렌(Styrene)

SECTION 91 실내공기질 유지기준

출제율 70%

오염물질 항목 다중이용시설	미세먼지 (PM-10) ($\mu g/m^3$)	미세먼지 (PM-2.5) ($\mu g/m^3$)	이산화탄소 (ppm)	폼알데하이드 ($\mu g/m^3$)	총부유세균 (CFU/m^3)	일산화탄소 (ppm)
가. 지하역사, 지하도상가, 철도역사의 대합실, 여객자동차터미널의 대합실, 항만시설 중 대합실, 공항시설 중 여객터미널, 도서관·박물관 및 미술관, 대규모 점포, 장례식장, 영화상영관, 학원, 전시시설, 인터넷컴퓨터게임시설제공업의 영업시설, 목욕장업의 영업시설	100 이하	50 이하	1,000 이하	100 이하	—	10 이하
나. 의료기관, 산후조리원, 노인요양시설, 어린이집	75 이하	35 이하		80 이하	800 이하	
다. 실내주차장	200 이하	—		100 이하	—	25 이하
라. 실내 체육시설, 실내 공연장, 업무시설, 둘 이상의 용도에 사용되는 건축물	200 이하	—	—	—	—	—

 학습 Point

실내공기질 유지기준 전체 내용 숙지

SECTION 92 실내공기질 권고기준

출제율 60%

오염물질 항목 다중이용시설	이산화질소 (ppm)	라돈 (Bq/m^3)	총휘발성 유기화합물 (μg/m^3)	곰팡이 (CFU/m^3)
가. 지하역사, 지하도상가, 철도역사의 대합실, 여객자동차터미널의 대합실, 항만시설 중 대합실, 공항시설 중 여객터미널, 도서관·박물관 및 미술관, 대규모점포, 장례식장, 영화상영관, 학원, 전시시설, 인터넷컴퓨터게임시설제공업의 영업시설, 목욕장업의 영업시설	0.1 이하	148 이하	500 이하	—
나. 의료기관, 어린이집, 노인요양시설, 산후조리원	0.1 이하		400 이하	
다. 실내주차장	0.3 이하		1,000 이하	—

 학습 Point

실내공기질 권고기준 전체 내용 숙지

SECTION 93 신축공동주택 공기질 권고기준

1. 포름알데히드 : 210μg/m^3 이하
2. 벤젠 : 30μg/m^3 이하
3. 톨루엔 : 1,000μg/m^3 이하
4. 에틸벤젠 : 360μg/m^3 이하
5. 자일렌 : 700μg/m^3 이하
6. 스티렌 : 300μg/m^3 이하
7. 라돈 : 148Bq/m^3

PART 02 과년도 문제풀이

ENGINEER AIR POLLUTION ENVIRONMENTAL

본 문제는 독자의 제보 및 환경기사마을 다음 카페 시험 후기를 바탕으로 재복원한 것입니다.

2012년 1회 기사

01 유효굴뚝높이 200m에서 유량이 40,000Sm³/hr, SO₂ 농도가 1,000ppm으로 배출되고 있다. 이때 최대지표농도(ppb)는?(단, Sutton의 확산식을 사용하고, 풍속은 5m/sec인 경우 확산계수 $C_z/C_y=1$이다.)

> **풀이**
>
> 최대지표농도($C_{\max}$)
>
> $$C_{\max}(\text{ppb}) = \frac{2Q}{\pi e u H_e^2}\left(\frac{\sigma_z}{\sigma_y}\right)$$
>
> u(H에서의 평균풍속)=5m/sec, H_e(유효굴뚝 높이)=200m
> Q(오염물질 배출량)=40,000Sm³/hr×hr/3,600sec
>   =11.11Sm³/sec
> σ_y(수평방향 확산계수)=1, σ_z(수직방향 확산계수)=1
>
> $$= \frac{2\times 11.11\times 1,000}{\pi\times e\times 5\times 200^2}\times 1 = 0.013\text{ppm}\times 10^3\text{ppb/ppm} = 13\text{ppb}$$

02 등가직경이 1.2m인 굴뚝에서 배출가스유속을 피토관으로 측정한 결과 동압이 14mmH₂O이었다. 이 굴뚝으로부터 배출되는 배출가스양(m³/min)을 계산하시오. (단, 피토관 계수 0.85, 배출가스온도 120℃, 정압 0mmH₂O, 표준가스밀도 1.29kg/Sm³)

> **풀이**
>
> 배출가스유량(Q)
> $Q(\text{m}^3/\text{min}) = A\times V$
>
> $$A = \frac{3.14\times D^2}{4} = \frac{3.14\times 1.2^2\text{m}^2}{4} = 1.13\text{m}^2$$
>
> $$V = C\sqrt{\frac{2gP_v}{\gamma}}$$
>
> $$\gamma = 1.29\text{kg/Sm}^3\times \frac{273}{273+120} = 0.896\text{kg/m}^3$$
>
> $$= 0.85\times \sqrt{\frac{2\times 9.8\times 14}{0.896}} = 14.88\text{m/sec}$$
>
> $= 1.13\text{m}^2\times 14.88\text{m/sec} = 16.81\text{m}^3/\text{sec}\times 60\text{sec/min}$
> $= 1,008.6\text{m}^3/\text{min}$

03 C=87(중량%), H=11(중량%), S=2(중량%)인 중유의 CO_{2max}은 몇 %인가?(단, 표준상태, 건조가스 기준)

> **풀이**
>
> $$CO_{2max}(\%) = \frac{1.867C}{G_{od}} \times 100$$
>
> $$G_{od} = A_0 - 5.6H$$
>
> $$A_0 = \frac{1}{0.21} \times O_0$$
>
> $$= \frac{1}{0.21} \times [(1.867 \times 0.87) + (5.6 \times 0.11) + (0.7 \times 0.02)]$$
>
> $$= 10.73 m^3$$
>
> $$= 10.73 - (5.6 \times 0.11) = 10.12 m^3$$
>
> $$= \frac{1.867 \times 0.87}{10.12} \times 100 = 16.05\%$$

04 중량조성으로 탄소 85%, 수소 14%, 황 1%인 중유를 연소할 경우 발생하는 SO_2 농도(ppm)는?(단, 공기비 1.2, 건조가스 기준)

> **풀이**
>
> $$SO_2(ppm) = \frac{0.7S}{G_d} \times 10^6$$
>
> $$G_d = mA_0 - 5.6H$$
>
> $$A_0 = \frac{1}{0.21} \times [(1.867 \times 0.85) + (5.6 \times 0.14) + (0.7 \times 0.01)]$$
>
> $$= 11.32 m^3/kg$$
>
> $$= (1.2 \times 11.32) - (5.6 \times 0.14) = 12.8 m^3$$
>
> $$= \frac{(0.7 \times 0.01)}{12.8} \times 10^6 = 546.88 ppm$$

05 화학반응속도의 의미를 쓰고 1차 반응식 및 2차 반응식에 대하여 설명하시오.

> **풀이**
>
> **1. 화학반응속도의 의미**
>
> 반응물이 화학반응을 통해서 생성물을 형성할 때 단위시간당 반응물이나 생성물의 농도변화를 의미한다. 즉, 반응시간이 경과함에 따라 반응물은 점점 작아지므로 (−)가 되고, 생성물은 시간이 경과함에 따라 생성량이 많아져 (+)가 된다.

2. 1차 반응(First Order Reaction)

① 개요

반응속도가 반응물의 농도에 비례하여 진행되는 반응이며 시간에 대한 농도변화는 그래프상 직선이 아닌 곡선으로 표현된다.(단, 시간에 대한 농도의 대수로 표현하면 직선이 됨)

② 관련식

$$C_t = C_0 e^{-(k \cdot t)} \quad \text{or} \quad \ln\frac{C_t}{C_0} = -kt$$

여기서, C_t : t시간 후 남은 반응물의 농도
C_0 : 초기($t=0$)에서의 반응물의 농도
k : 1차 반응의 속도상수(hr^{-1}, $1/hr$)

3. 2차 반응(Second Order Reaction)

① 개요

반응속도가 반응물의 농도의 제곱에 비례하여 진행하는 반응이며, 시간에 대한 농도의 역수로 표현하면 직선이 된다.

② 관련식

$$\frac{1}{C_t} - \frac{1}{C_0} = Kt$$

06 입자직경이 $50\mu m$인 표면에 수분이 존재할 경우 입자 간에 표면장력 T(dyne/cm)가 작용될 때 그 결합력(N)을 구하시오.(단, $F = \pi d_p T$, 표면장력 72.8dyne/cm)

> **풀이**
> 결합력(F)
> $F(N) = \pi d_p T$
> $\quad = 3.14 \times 50\mu m \times 72.8\text{dyne/cm}$
> [dyne : 질량이 1g인 자유로운 물체에 $1cm/sec^2$의 가속도를 주는 힘으로 0.00001N과 같다.]
> $\quad = 3.14 \times 50\mu m \times \dfrac{cm}{10^4 \mu m} \times 72.8\text{dyne/cm} \times 0.00001\text{N/1dyne}$
> $\quad = 0.0000114\text{N}(1.14 \times 10^{-5}\text{N})$

07 세정집진장치에서 관성충돌계수를 크게 하기 위한 조건 5가지를 쓰시오.

> **풀이**
>
> **관성충돌계수 상승조건**
> ① 액적직경이 작아야 함 ② 입자입경이 커야 함
> ③ 입자밀도가 커야 함 ④ 액적의 상대속도가 커야 함
> ⑤ 처리가스의 온도, 점도가 낮아야 함

08 어떤 송풍기가 200m³/min의 공기로 이동시킬 경우 그 회전속도가 200rpm이었고 소요동력은 6HP, 송풍기전압은 60mmH₂O이었다. 이 송풍기의 회전수를 400rpm으로 증가시켰을 경우 다음을 구하시오.

(1) 송풍기 전압(mmH₂O) (2) 소요동력(HP) (3) 풍량(m³/min)

> **풀이**
>
> **(1) 송풍기 전압(FTP)**
>
> $$\frac{\text{FTP}_2}{\text{FTP}_1} = \left(\frac{N_2}{N_1}\right)^2$$
>
> $$\text{FTP}_2 = \text{FTP}_1 \times \left(\frac{N_2}{N_1}\right)^2 = 60 \times \left(\frac{400}{200}\right)^2 = 240\,\text{mmH}_2\text{O}$$
>
> **(2) 소요동력(HP)**
>
> $$\frac{\text{HP}_2}{\text{HP}_1} = \left(\frac{N_2}{N_1}\right)^3$$
>
> $$\text{HP}_2 = \text{HP}_1 \times \left(\frac{N_2}{N_1}\right)^3 = 6 \times \left(\frac{400}{200}\right)^3 = 48\,\text{HP}$$
>
> **(3) 풍량(Q)**
>
> $$\frac{Q_2}{Q_1} = \left(\frac{N_2}{N_1}\right)$$
>
> $$Q_2 = Q_1 \times \left(\frac{N_2}{N_1}\right) = 200 \times \left(\frac{400}{200}\right) = 400\,\text{m}^3/\text{min}$$

09 A지점의 미세먼지(PM-10) 측정농도가 다음과 같을 때 산술평균 및 기하학적 평균을 구하고 PM-10의 환경정책 기본법상 대기환경 24시간 평균치와 연간 평균치를 제시하고, 다음 물음에 답하시오.

> 측정결과($\mu g/m^3$) : 46, 53, 48, 62, 57
> 1) 기하학적 평균값이 24시간 평균치를 상회하는지 판단
> 2) 기하학적 평균값이 연간 평균치를 상회하는지 판단
> 3) 산술평균값이 24시간 평균치를 상회하는지 판단
> 4) 산술평균값이 연간 평균치를 상회하는지 판단

풀이

산술평균(M)

$$M = \frac{46+53+48+62+57}{5} = 53.2 \mu g/m^3$$

기하학적 평균(GM)

$$\log GM = \frac{\log 46 + \log 53 + \log 48 + \log 62 + \log 57}{5} = 1.723$$

$$GM = 10^{1.723} = 52.84 \mu g/m^3$$

1) 기하학적 평균값($52.84 \mu g/m^3$) < 24시간 평균치($100 \mu g/m^3$) : 상회하지 않음
2) 기하학적 평균값($52.84 \mu g/m^3$) > 연간 평균치($50 \mu g/m^3$) : 상회함
3) 산술평균값($53.2 \mu g/m^3$) < 24시간 평균치($100 \mu g/m^3$) : 상회하지 않음
4) 산술평균값($53.2 \mu g/m^3$) > 연간 평균치($50 \mu g/m^3$) : 상회함

10 20개의 여과자루를 사용하는 여과집진장치에서 효율이 95%이었다. 가동 중 1개의 Bag에 구멍이 생겨 처리가스양의 1/5이 그대로 빠져나갔다. 출구 먼지농도는 150℃에서 $4.1g/m^3$일 경우 여과집진장치로 유입되는 먼지농도(g/m^3)는?

풀이

출구 먼지농도 = 입구 먼지농도 + 1/5 통과 고려 출구농도

출구 농도 $= 4.1g/m^3 \times \frac{273+150}{273} = 6.35 g/m^3$

입구 먼지농도를 x라 하면

$$6.35 = C_i \times \frac{1}{5} + [C_i \times \frac{4}{5} \times (1-0.95)] = 0.2C_i + 0.04C_i = 0.24C_i$$

C_i(유입먼지농도) $= 26.46 g/m^3$

11 황 함유량이 5%인 중유를 10ton/hr로 연소하는 보일러에서 배가스를 NaOH 수용액으로 처리한 후 황 성분을 전량 Na_2SO_3로 회수할 경우, 이때 필요한 NaOH의 이론량(kg/hr)은?(단, 황성분은 전량 SO_2로 전환된다고 한다.)

> **풀이**
>
> $S + O_2 \rightarrow SO_2$
> $SO_2 + 2NaOH \rightarrow Na_2SO_3 + H_2O$
> $S \rightarrow 2NaOH$
> 32kg : 2×40kg
> 10,000kg/hr×0.05 : NaOH(kg/hr)
>
> $$NaOH(kg/hr) = \frac{10,000kg/hr \times 0.05 \times 80kg}{32kg} = 1,250kg/hr$$

12 사무실 용적이 250m³인 곳에서 회의가 열리고 있다. 회의인원 10명 중 3명이 담배를 피워 포름알데히드 농도가 0.5ppm이었다. 회의를 중단하고 공기청정기를 이용하여 포름알데히드 농도를 0.01ppm으로 낮추려고 할 때 소요되는 시간(min)을 구하시오.(단, 공기청정기유량 25m³/min, 효율 100%, 실내공기는 공기청정기 가동 중 완전혼합, 회의 전 포름알데히드 농도 0ppm)

> **풀이**
>
> 1차 반응식
>
> $$\ln \frac{C_t}{C_0} = -kt$$
>
> $$k(\text{속도상수}) = \frac{Q}{V} = \frac{25m^3/min}{250m^3} = 0.1/min (0.1min^{-1})$$
>
> $$\ln \frac{0.01}{0.5} = -0.1/min \times t$$
>
> $$t(min) = \frac{-3.912}{-0.1/min} = 39.12min$$

# SECTION 02 2012년 1회 산업기사

01 입구 폭이 12.0cm이고 처리가스의 유효회전수가 4인 사이클론이 있다. 이 장치에 밀도가 1.70g/cm³인 먼지입자를 함유하는 처리가스가 15.0m/s의 유입속도로 처리되고 있을 때, 다음을 구하시오.(단, 처리기체의 점도는 0.0748kg/m·hr이고, 가스의 밀도는 무시하며, 가로축은 입경비(d_p/d_{p50}), 세로축은 효율이다.)

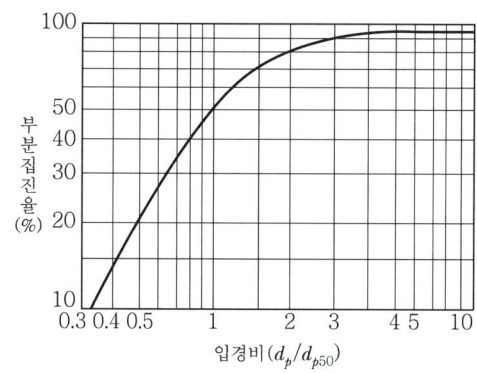

(1) 50% 효율로 처리될 수 있는 입자의 입경(μm)을 구하시오.
(2) 입경 12μm의 입자를 처리할 수 있는 효율을 그림에서 구하시오.
(3) 입경 16μm의 입자를 처리할 수 있는 효율을 그림에서 구하시오.

풀이

(1) **절단입경(d_{p50})**

$$d_{p50} = \sqrt{\frac{9\mu_g W}{2\pi N(\rho_p - \rho)V}}$$

$\mu_g = 0.0748\text{kg/m} \cdot \text{hr} \times \text{hr}/3{,}600\text{sec} = 2.078 \times 10^{-5}\text{kg/m} \cdot \text{sec}$

$W = 0.12\text{m}, \ N = 4, \ V = 15\text{m/sec}$

$\rho_p = 1.7\text{g/cm}^3 \times \text{kg}/1{,}000\text{g} \times 10^6 \text{cm}^3/\text{m}^3 = 1{,}700\text{kg/m}^3$

$$= \sqrt{\frac{9 \times 2.078 \times 10^{-5} \times 0.12}{2 \times 3.14 \times 4 \times 1{,}700 \times 15}}$$

$= 5.92 \times 10^{-6}\text{m} \times 10^6 \mu\text{m/m} = 5.92\mu\text{m}$

(2) 입경 12μm 효율

$$입경비\left(\frac{d_p}{d_{p50}}\right) = \frac{12\mu m}{5.92\mu m} = 2.03$$

Lapple의 효율예측곡선으로부터 집진효율은 약 80%이다.

(3) 입경 16μm 효율

$$입경비\left(\frac{d_p}{d_{p50}}\right) = \frac{16\mu m}{5.92\mu m} = 2.70$$

Lapple의 효율예측곡선으로부터 집진효율은 약 90%이다.

02 다이옥신을 함유한 가스를 촉매로 사용하여 산화분해시켜 다이옥신을 제거시키고자 할 때, 주로 사용되는 촉매 3가지만 쓰시오.

풀이

다이옥신 촉매분해법의 사용촉매(3가지만 기술)
① 귀금속(Pt, Pd) ② $V_2O_5 - TiO_2$
③ $V_2O_5 - Al_2O_3$ ④ $V_2O_5 - WO_3$

03 15개의 Bag을 사용한 여과집진장치에서 입구 먼지농도는 12g/Sm³이고, 집진율은 95%이었다. 가동 중 2개의 Bag에 구멍이 생겨 처리가스양의 30%가 그대로 통과했다면 출구농도(g/Sm³)는 얼마인지 구하시오.

풀이

$$C_0 = [C_i(1-\eta) \times 처리된 가스양의 분율] + [C_i \times 처리되지 않은 가스양의 분율]$$
$$= [12 \times (1-0.95) \times 0.7] + [12 \times 0.3] = 4.02 g/Sm^3$$

04 C=86.0%, H=11%, S=3.0% 조성을 갖는 중유를 연소 후 배기가스 분석을 실시하여 다음과 같은 결과를 얻었을 때, 다음 물음에 답하시오.

$$CO_2 + SO_2 = 13.0\%, \ O_2 = 3.0\%, \ CO = 0\%$$

(1) 중유 1kg당 소요공기량(Sm³)
(2) 건조배기가스 중의 SO_2 농도(ppm)

풀이

(1) **중유 1kg당 소요공기량(A)**

$A(\text{Sm}^3) = m \times A_0$

$$m = \frac{N_2}{N_2 - 3.76 \times O_2} = \frac{84}{84 - (3.76 \times 3)} = 1.155$$

$$A_0 = \frac{O_0}{0.21} = \frac{1}{0.21}[(1.867 \times 0.86) + (5.6 \times 0.11) + (0.7 \times 0.03)]$$

$\qquad = 10.68 \text{Sm}^3/\text{kg}$

$= 1.155 \times 10.68 \text{Sm}^3/\text{kg} \times 1\text{kg} = 12.34 \text{Sm}^3$

(2) **건조배기가스 중의 SO_2 농도**

$$SO_2(\text{ppm}) = \frac{SO_2}{G_d} \times 10^6 = \frac{0.7S}{G_d} \times 10^6$$

$G_d = G_{od} + (m-1)A_0$

$G_{od} = 0.79A_0 + CO_2 + SO_2$

$\qquad = (0.79 \times 10.68) + (1.867 \times 0.86) + (0.7 \times 0.03)$

$\qquad = 10.06 \text{Sm}^3/\text{kg}$

$= 10.06 + [(1.155 - 1) \times 10.68] = 11.72 \text{Sm}^3/\text{kg}$

$$= \frac{0.7 \times 0.03}{11.72} \times 10^6 = 1,791.81 \text{ppm}$$

05 벤투리스크러버의 장치 사양이 아래와 같을 때, 벤투리스크러버의 노즐 직경(mm)을 구하시오.

- 슬로트부 직경 $D_t = 0.2\text{m}$
- 노즐 개수 $n = 6$
- 슬로트부의 속도 $V_t = 60\text{m/sec}$
- 수압 $P = 2\text{atm}$
- 액가스비 $L = 0.5\text{L/m}^3$

> **풀이**
>
> 벤투리스크러버의 각 인자 관계식
>
> $$n\left(\frac{d}{D_t}\right)^2 = \frac{V_t \cdot L}{100\sqrt{P}}$$
>
> 여기서, D_t : 목부의 직경(m), d : 노즐의 직경(m)
> n : 노즐의 수, V_t : 목부의 가스유속(m/sec)
> L : 액기비(L/m³), P : 수압(mmH2O)
>
> $$d = D_t \times \left(\frac{1}{n} \times \frac{V_t \times L}{100\sqrt{P}}\right)^{0.5}$$
>
> $$P = 2\text{atm} \times \frac{10,332\text{mmH}_2\text{O}}{\text{atm}} = 20,664\text{mmH}_2\text{O}$$
>
> $$= 0.2 \times \left[\frac{1}{6} \times \left(\frac{60 \times 0.5}{100\sqrt{20,664}}\right)\right]^{0.5} = 0.00373\text{m} \times 1,000\text{mm/m} = 3.73\text{mm}$$

06 사이클론의 운전조건이 집진효율 등에 미치는 영향을 다음 각 항목에 근거하여 설명하시오.

(1) 입구의 크기   (2) 함진가스의 유입속도   (3) 출구의 직경

> **풀이**
>
> **(1) 입구의 크기**
> 입구의 크기가 작아질 경우 처리가스 유입속도가 증가하여 집진효율 및 압력손실도 증가한다.
>
> **(2) 함진가스의 유입속도**
> 유입속도가 커질수록 집진효율은 증가한다.(단, 유입속도가 10m/sec 이상에서는 집진효율에 거의 영향을 못 미친다.)
>
> **(3) 출구직경**
> 출구직경이 작아질수록 집진효율, 압력손실은 증가하나 가스의 처리능력은 저감된다.

07 배기가스를 흡착법으로 처리할 경우 사용된 활성탄 재생방법을 4가지만 쓰시오.

> **풀이**
>
> **흡착제 재생방법**
> ① 수증기 송입 탈착법   ② 가열공기 탈착법
> ③ 수세(물) 탈착법   ④ 감압(압력을 낮춤) 탈착법
> ⑤ 고온의 불활성기체 탈착법

08 원심력 집진장치에서 Lapple에 의한 절단입경은 유입구의 폭, 입자밀도, 가스점성도, 유효회전수, 가스유입속도 등에 의하여 결정된다. 다른 조건은 일정하고 가스 유입속도를 16배로 증가시키면 절단입경은 어떻게 변하는지 산출하시오. (단, 반드시 Lapple식을 써서 산출)

> **풀이**
>
> **Lapple의 절단입경(d_{p50})**
>
> $d_{p50} = \sqrt{\dfrac{9\mu_g W}{2\pi N(\rho_p - \rho)V}}$ 에서
>
> $d_{p50} = \sqrt{\dfrac{1}{V}} = \sqrt{\dfrac{1}{16}} = 0.25$ 즉, 절단입경은 1/4로 감소한다.

09 대기공정시험기준상 비분산적외선분광분석법에 사용되는 용어의 정의이다. 다음에 알맞은 용어를 쓰시오.

(1) 시료셀에 적외선 흡수를 측정하는 경우 대조가스로 사용하는 것으로 적외선을 흡수하지 않는 가스

(2) 분석계의 최저 눈금값을 교정하기 위해 사용하는 가스

(3) 측정기의 교정범위 눈금에 대한 지시값의 일정 기간 내의 변동

> **풀이**
>
> (1) 비교가스   (2) 제로가스(Zero Gas)   (3) 스팬 드리프트(Span Drift)
>
> [참고] 비분산 적외선 분광분석법상 용어 정의
> 1. 비분산(Nondispersive) : 빛(光束)을 프리즘(Prism)이나 회절격자(回折格子)와 같은 분산소자에 의해 분산하지 않는 것
> 2. 정필터형 : 측정성분이 흡수되는 적외선을 그 흡수파장에서 측정하는 방식
> 3. 반복성 : 동일한 분석계를 이용하여 동일한 측정대상을 동일한 방법과 조건으로 비교적 단시간에 반복적으로 측정하는 경우로서 개개의 측정치가 일치하는 정도
> 4. 비교가스 : 시료셀에서 적외선 흡수를 측정하는 경우 대조가스로 사용하는 것으로, 적외선을 흡수하지 않는 가스
> 5. 시료셀(Sample Cell) : 시료가스를 넣는 용기
> 6. 비교셀(Reference Cell) : 비교가스를 넣는 용기
> 7. 시료광속(試料光束) : 시료셀을 통과하는 빛
> 8. 비교광속(光束) : 비교셀을 통과하는 빛

9. 제로가스(Zero Gas) : 분석계의 최저 눈금값을 교정하기 위하여 사용하는 가스
10. 스팬가스(Span Gas) : 분석계의 최고 눈금값을 교정하기 위하여 사용하는 가스
11. 제로 드리프트(Zero Drift) : 측정기의 최저 눈금에 대한 지시치의 일정 기간 내의 변동
12. 교정범위 : 측정기 최대측정범위의 80~90% 범위에 해당하는 교정값
13. 스팬 드리프트(Span Drift) : 측정기의 교정범위 눈금에 대한 지시값의 일정 기간 내의 변동

10 고체먼지입자의 입도분포율을 의미하는 Rosin-Rammler식을 쓰고, 이 식에 사용된 각각의 해당인자의 의미를 모두 쓰시오.

풀이

$$R(\%) = 100\exp(-\beta d_p^n)$$

여기서, R : 체상누적분포(입경 d_p보다 큰 입자비율 : %), β : 입경계수
n : 입경지수(입경분포범위), d_p : 입경

11 유효 굴뚝높이가 60m인 굴뚝에서 SO_2가 5g/s의 비율로 배출되고 있다. 굴뚝높이에서의 풍속은 7m/s이고, 풍하거리 600m 지점에서의 편차 $\sigma_y=95m$, $\sigma_z=65m$일 경우, 굴뚝으로부터 풍하거리 600m의 중심선상의 지표농도($\mu g/m^3$)를 구하시오.

풀이

$$C(x, y, z, H_e) = \frac{Q}{2\pi\sigma_y\sigma_z U}\exp\left[-\frac{1}{2}\left(\frac{y}{\sigma_y}\right)^2\right]$$
$$\times \left[\exp\left(-\frac{1}{2}\left(\frac{z-H_e}{\sigma_z}\right)^2\right) + \exp\left(-\frac{1}{2}\left(\frac{z+H_e}{\sigma_z}\right)^2\right)\right]$$

위 식에서 중심선상의 지표면 농도 $y=z=0$

$$C(x, 0, 0, H_e) = \frac{Q}{\pi u \sigma_y \sigma_z} \times \exp\left[-\frac{1}{2}\left(\frac{H_e}{\sigma_z}\right)^2\right]$$
$$= \frac{5g/sec \times 10^6 \mu g/g}{3.14 \times 7m/sec \times 95m \times 65m} \times \exp\left[-\frac{1}{2}\left(\frac{60m}{65m}\right)^2\right]$$
$$= 24.06 \mu g/m^3$$

SECTION 03 2012년 2회 기사

01 다음은 원통직경이 1m인 Lapple에 의해 제시된 Cyclone이다. 유입구 폭 25cm, 유입구 높이 50cm, 유효회전수가 6인 사이클론에 아래 상태와 같은 함진가스를 처리하고자 할 때, 다음을 구하여라.

- 처리유량 : 200m³/min
- 가스의 밀도 : 1.01kg/m³
- 가스의 점도 : 0.075kg/m · hr
- 입자밀도 : 1.6g/cm³

원통부 직경(D/D)	1.0	가스 출구 직경(D_e/D)	0.5
유입구 높이(H/D)	0.5	선회류 출구길이(S/D)	0.625
유입구 폭(W/D)	0.25	원통부의 길이(L_b/D)	2.0
원추부의 길이(L_c/D)	2.0		

(1) 가스유입속도(m/sec) (2) 유효회전수(N_e) (3) 절단입경(μm)

> **풀이**
>
> **(1) 가스유입속도(V)**
>
> $$V(\text{m/sec}) = \frac{Q}{A} = \frac{Q}{H \times W} = \frac{200\text{m}^3/\text{min} \times \text{min}/60\text{sec}}{0.5\text{m} \times 0.25\text{m}} = 26.67\text{m/sec}$$
>
> **(2) 유효회전수(N_e)**
>
> $$N_e = \frac{1}{\text{유입구 높이}} \times \left(\text{원통부 높이} + \frac{\text{원추부 높이}}{2}\right) = \frac{1}{0.5} \times \left(2 + \frac{2}{2}\right) = 6$$
>
> **(3) 절단입경(d_{p50})**
>
> $$d_{p50} = \left(\frac{9\mu_g W}{2\pi N(\rho_p - \rho)V}\right)^{0.5}$$
>
> $\mu_g = 0.075\text{kg/m} \cdot \text{hr} \times \text{hr}/3,600\text{sec} = 2.083 \times 10^{-5}\text{kg/m} \cdot \text{sec}$
>
> $W = 25\text{cm} \times \text{m}/100\text{cm} = 0.25\text{m}, \ N = 6$
>
> $\rho_p = 1.6\text{g/cm}^3 \times \text{kg}/1,000\text{g} \times 10^6\text{cm}^3/\text{m}^3 = 1,600\text{kg/m}^3$
>
> $\rho = 1.01\text{kg/m}^3, \ V = 26.67\text{m/sec}$
>
> $$= \left[\frac{9 \times (2.083 \times 10^{-5}) \times 0.25}{2 \times 3.14 \times 6 \times (1,600 - 1.01) \times 26.67}\right]^{0.5}$$
>
> $= 5.4 \times 10^{-6}\text{m} \times 10^6\mu\text{m/m} = 5.40\mu\text{m}$

02 함진가스의 유입속도가 2.5m/sec이고 중력침강실의 높이가 1.5m일 때 입자의 종말속도가 17cm/sec인 입자를 95% 제거하기 위한 침강실의 길이(m)는?

> **풀이**
>
> 침강실 길이(L)
>
> $$L(\text{m}) = \eta \times \frac{H \cdot V}{V_s} = 0.95 \times \frac{1.5\text{m} \times 2.5\text{m/sec}}{17\text{cm/sec} \times \text{m}/100\text{cm}} = 20.96\text{m}$$

03 배출가스 중 불소화합물의 분석방법 2가지를 쓰시오.

> **풀이**
>
> **배출가스 중 불소화합물 분석방법(2가지만 기술)**
> ① 자외선/가시선 분광법(란탄-알리자린 콤플렉손법)
> ② 적정법(질산토륨-네오트린법)
> ③ 이온선택전극법

04 광학현미경으로 측정 시 먼지(입자상 물질)의 한쪽 끝 가장자리와 다른 쪽 가장자리 사이의 거리를 나타내며, 최장거리로 측정되므로 과대평가할 수 있는 단점이 있는 물리적 입경을 쓰시오.

> **풀이**
>
> 페렛직경(Feret Diameter)
>
> [참고] 기하학적(물리적) 입경의 종류
> ① 페렛직경(Feret Diameter)
> ② 마틴직경(Martin Diameter)
>   먼지의 면적을 2등분하는 선의 길이, 즉 입자의 2차원 투영상을 구하여 그 투영면적을 2등분한 선분 중 어떤 기준선과 평행인 것의 길이를 의미하며, 최단거리로 측정되므로 과소평가할 수 있는 단점이 있다.
> ③ 등면적직경(Projected Area Diameter)
>   먼지의 면적과 동일한 면적을 가진 원의 직경으로 가장 정확한 직경이며 측정은 현미경 접안경에 Porton Reticle을 삽입하여 측정한다.

05 옥탄(C_8H_{18})을 완전연소시킬 때의 AFR을 부피 및 중량기준으로 각각 구하시오. (단, 표준상태 기준)

> **풀이**
>
> C_8H_{18}의 연소반응식
>
> C_8H_{18} + 12.5O_2 → 8CO_2 + 9H_2O
> 1mole   12.5mole
>
> 부피기준 AFR = $\dfrac{\text{산소의 mole}/0.21}{\text{연료의 mole}}$ = $\dfrac{12.5/0.21}{1}$ = 59.5mole air/mole fuel
>
> 중량기준 AFR = $59.5 \times \dfrac{28.95}{114}$ = 15.14kg air/kg fuel
>
> [114 : 옥탄의 분자량, 28.95 : 건조공기 분자량]

06 대기환경기준 중 ( ) 안에 알맞은 내용을 쓰시오.

항목	기준
아황산가스(SO_2)	• 연간 평균치 : 0.02ppm 이하 • 24시간 평균치 : 0.05ppm 이하 • 1시간 평균치 : (①)ppm 이하
일산화탄소(CO)	• 8시간 평균치 : (②)ppm 이하 • 1시간 평균치 : 25ppm 이하
이산화질소(NO_2)	• 연간 평균치 : 0.03ppm 이하 • 24시간 평균치 : (③)ppm 이하 • 1시간 평균치 : 0.10ppm 이하
미세먼지(PM-10)	• 연간 평균치 : 50$\mu g/m^3$ 이하 • 24시간 평균치 : 100$\mu g/m^3$ 이하
미세먼지(PM-2.5)	• 연간 평균치 : 15$\mu g/m^3$ 이하 • 24시간 평균치 : 35$\mu g/m^3$ 이하
오존(O_3)	• 8시간 평균치 : 0.06ppm 이하 • 1시간 평균치 : (④)ppm 이하
납(Pb)	• 연간 평균치 : (⑤)$\mu g/m^3$ 이하
벤젠	• 연간 평균치 : (⑥)$\mu g/m^3$ 이하

> **풀이**
>
> ① 0.15   ② 9   ③ 0.06
> ④ 0.1   ⑤ 0.5 ⑥ 5

07 가로, 세로, 높이가 각각 2.0m, 2.4m, 3m인 연소실에서 중유를 시간당 1ton을 연소하고자 한다. 저위발열량이 20,000kcal/kg 일 때 연소실의 열발생률(kcal/m$^3 \cdot$ hr)을 구하시오.

> **풀이**
>
> $$\text{열발생률}(kcal/m^3 \cdot hr) = \frac{\text{저위발열량}(kcal/kg) \times \text{시간당 연소량}(kg/hr)}{\text{연소실 부피}(m^3)}$$
>
> $$= \frac{20,000 kcal/kg \times 1,000 kg/hr}{(2.0 \times 2.4 \times 3)m^3}$$
>
> $$= 1,388,888.89 kcal/m^3 \cdot hr$$

08 배출시설의 배기가스양은 100,000Nm^3/hr이며, 이 배기가스에 함유된 질소산화물은 NO=224ppm, NO$_2$=22.4ppm이다. 이 질소산화물을 암모니아에 의한 선택적 접촉환원법으로 처리할 경우 소요되는 암모니아의 이론량(kg/hr)을 구하시오. (단, 산소공존은 없으며 표준상태, 화학반응식을 기재하고 풀이하시오.)

> **풀이**
>
> 1) NO
>
> $6NO \quad + \quad 4NH_3 \quad \rightarrow \quad 5N_2 \quad + \quad 6H_2O$
>
> $6 \times 22.4 Sm^3 \quad : \quad 4 \times 17 kg$
>
> $100,000 Sm^3/hr \times 224 mL/Sm^3 \times 10^{-6} Sm^3/mL : NH_3(kg/hr)$
>
> $$NH_3(kg/hr) = \frac{100,000 Sm^3/hr \times 224 mL/Sm^3 \times 10^{-6} Sm^3/mL \times (4 \times 17)kg}{6 \times 22.4 Sm^3} = 11.33 kg/hr$$
>
> 2) NO$_2$
>
> $6NO_2 \quad + \quad 8NH_3 \quad \rightarrow \quad 7N_2 \quad + \quad 12H_2O$
>
> $6 \times 22.4 Sm^3 \quad : \quad 8 \times 17 kg$
>
> $100,000 Sm^3/hr \times 22.4 mL/Sm^3 \times 10^{-6} Sm^3/mL : NH_3(kg/hr)$
>
> $$NH_3(kg/hr) = \frac{100,000 Sm^3/hr \times 22.4 mL/Sm^3 \times 10^{-6} Sm^3/mL \times (8 \times 17)kg}{6 \times 22.4 Sm^3} = 2.27 kg/hr$$
>
> $NH_3(kg/hr) = 11.33 + 2.27 = 13.6 kg/hr$

09 다음 조건을 이용하여 가스크로마토그래프법으로 계산된 봉우리의 좌우변곡점에서 접선이 자르는 바탕선 길이(mm)를 구하시오.

- 이론단수 : 1,600
- 기록지 이동속도 : 5mm/min
- 보유시간 : 20min

풀이

이론단수$(N) = 16 \times \left(\dfrac{t_R}{W}\right)^2$

$1,600 = 16 \times \left(\dfrac{5\text{mm/min} \times 20\text{min}}{W}\right)^2$

$\left(\dfrac{100}{W}\right)^2 = \dfrac{1,600}{16}$

$\dfrac{100}{W} = \sqrt{\dfrac{1,600}{16}}$

$W = 10\text{mm}$

10 기체연료(C_mH_n) 1mol을 이론공기량으로 완전연소시키는 경우 이론습연소가스양(mol/mol)을 구하시오. (단, 화학반응식을 이용하여 작성하시오.)

풀이

$C_mH_n + \left(m + \dfrac{n}{4}\right)O_2 \rightarrow mCO_2 + \dfrac{n}{2}H_2O$

이론습연소가스양(G_{ow})

$G_{ow} = 0.79A_0 + \left(m + \dfrac{n}{2}\right)$

$\quad A_0 = \dfrac{1}{0.21}\left(m + \dfrac{n}{4}\right) = 4.76m + 1.19n$

$\quad = 0.79 \times (4.76m + 1.19n) + \left(m + \dfrac{n}{2}\right)\text{mol} = 4.76m\,\text{mol} + 1.44n\,\text{mol}$

11 배출가스 중 황산화물을 처리하는 방법 중 건식법 종류 3가지를 쓰고, 습식법 및 건식법의 장단점을 각각 2가지씩 쓰시오.

> **풀이**
>
> 1. 건식법 종류(3가지만 기술)
>   ① 석회석 주입법　　② 활성산화망간법　　③ 활성탄 흡착법
>   ④ 산화·환원법　　　⑤ 산화구리법　　　　⑥ 전자빔을 이용한 방법
>
> 2. 습식법의 장단점(2가지씩만 기술)
>   1) 장점
>   ① 반응효율(제거효율)이 높다.
>   ② 장치규모가 적고 상용화 실적이 많다.
>   ③ 화학적 양론비가 적어 백연발생 및 약품비가 적게 소요된다.
>   2) 단점
>   ① 배출가스의 냉각으로 인해 배기가스의 온도가 저하하고 연돌에서의 확산이 나쁘다.
>   ② 수질오염(폐수)의 문제가 있다.
>   ③ 장치의 부식을 유발할 수 있다.
>   ④ 운전비 및 건설비는 건식법에 비해 높다.
>
> 3. 건식법의 장단점(2가지씩만 기술)
>   1) 장점
>   ① 배출가스의 온도저하(냉각)가 거의 없다.
>   ② 연돌에서 배출가스의 확산력이 좋다.
>   ③ 초기투자비가 적게 들고 다이옥신 제거 효과도 있다.
>   ④ 폐수가 발생하지 않는다.
>   2) 단점
>   ① 습식법에 비해 상대적으로 효율이 낮다.
>   ② 장치의 규모가 크다.
>   ③ 장치 내 스케일 문제 및 후단 여과집진장치의 여과포 손상을 유발할 수 있다.

2012년 2회 산업기사

01 중력집진장치의 장단점을 2가지씩 쓰시오.

> **풀이**
>
> **1. 장점**
> ① 타 집진장치보다 구조가 간단하고 압력손실이 적다.
> ② 함진가스의 온도 변화에 의한 영향을 거의 받지 않는다.
>
> **2. 단점**
> ① 집진효율이 낮고 미세입자 처리는 곤란하다.
> ② 먼지부하 및 유량 변동에 적응성이 낮아 민감하다.

02 세정집진장치의 포집원리 4가지 및 다공판탑의 장단점을 2가지씩 쓰시오.

> **풀이**
>
> **1. 세정집진장치의 포집원리**
> ① 액적에 입자가 충돌하여 부착
> ② 배기가스 증습에 의하여 입자가 서로 응집
> ③ 미립자 확산에 의하여 액적과 접촉
> ④ 액막과 기포에 입자가 충돌하여 부착
>
> **2. 다공판탑의 장단점**
> 1) 장점(2가지만 기술)
>   ① 비교적 소량의 액량으로 처리가 가능하다.
>   ② 판수를 증가시키면 고농도 가스처리도 일시처리가 가능하다.
>   ③ 액측 저항이 클 경우 이용하기 유리하다.
> 2) 단점(2가지만 기술)
>   ① 가스양의 변동이 심한 경우 조업이 불가능하다.
>   ② 고체부유물 생성이 적합하다.
>   ③ 압력손실이 크다.

03 가솔린기관과 비교할 경우 디젤기관의 장단점을 3가지씩 기술하시오.

> **풀이**
>
> **디젤기관의 장단점**
>
> 1. 장점(3가지만 기술)
>   ① 열효율이 높고, 연소소비율이 적어 대형 엔진 제작이 가능하다.
>   ② 점화장치가 없어 가솔린엔진에 비해 고장이 적다.
>   ③ 인화점이 높은 연료(경유)를 사용하므로 취급·저장에 위험성이 적다.
>   ④ 저속에서 큰 회전력이 발생하여 저부하 시 효율이 나쁘지 않다.
>
> 2. 단점(3가지만 기술)
>   ① 연소압력이 크므로 엔진 각 부분의 내구성을 고려해야 한다.
>   ② 운전 중 소음·진동이 크며 출력당 엔진중량과 형태가 크다.
>   ③ 연료분사장치가 매우 정밀, 복잡하여 제작비용이 고가이다.
>   ④ 압축비가 높아 큰 출력의 기동 전동기가 필요하다.

04 헨리의 법칙을 따르는 유해가스가 물속에 $2.0 kmol/m^3$만큼 용해되어 있을 때, 분압이 $258.4 mmH_2O$이었다면, 이 유해가스의 분압이 $45.6 mmHg$로 될 때 물속의 유해가스농도($kmol/m^3$)는?(단, 기타 조건은 변화 없음)

> **풀이**
>
> $P = H \cdot C$에서 P와 C는 비례하므로
>
> $258.4 mmH_2O \times \dfrac{760 mmHg}{10,332 mmH_2O} = 19.02 mmHg$
>
> $19.02 mmHg : 2.0 kmol/m^3 = 45.6 mmHg : 농도(kmol/m^3)$
>
> $농도(kmol/m^3) = \dfrac{2.0 kmol/m^3 \times 45.6 mmHg}{19.02 mmHg} = 4.79 kmol/m^3$

05 배출가스 중 염소농도가 $160 mL/Sm^3$이었다. 이 염소농도를 $20 mg/Sm^3$으로 저하시키기 위해 제거해야 할 염소농도(mL/Sm^3)를 구하시오.

> **풀이**
>
> 제거해야 할 염소농도(mL/Sm^3)
>
> 염소농도(mL/Sm^3) = 초기농도 − 나중농도
>
> 초기농도 = $160 mL/Sm^3$
>
> 나중농도 = $20 mg/Sm^3 \times \dfrac{22.4 mL}{71 mg} = 6.31 mL/Sm^3$
>
> $= 160 - 6.31 = 153.69 mL/Sm^3$

06 연소 용어 중 등가비(ϕ)에 대하여 다음 물음에 답하시오.

(1) 등가비를 식으로 표현하고 공기비와의 관계를 중심으로 간단히 설명하시오.

(2) 다음 ( ) 안에 '증가' 또는 '감소'를 넣어 문장을 완성하시오.

> 등가비가 1인 연소시설의 등가비를 1 이하로 낮추면 배출가스 중의 CO는 (①) 하고 NO는 (②)한다.

풀이

(1) 등가비(ϕ : Equivalent Ratio)

　　공기비의 역수로서 일정량의 이론적인 연공비(연료와 공기의 혼합비)에 대하여 실제 연소되는 연공비는 몇 배가 되는지 표현한 것이며 당량비라고도 한다.

$$\phi = \frac{(\text{실제 연료량}/\text{산화제})}{(\text{완전연소를 위한 이상적 연료량}/\text{산화제})} = \frac{1}{\text{공기비}(m)}$$

(2) ① 감소　　② 증가

07 탄소 85%, 수소 15%의 조성을 갖는 액체연료를 1kg/min로 연소시킬 때 배기가스 성분이 CO_2 15%, O_2 5%, N_2 80%였다면 실제 공급된 공기량(Sm^3/hr)은?

풀이

실제 공기량(A)

$A = m \times A_0$

$$m = \frac{N_2}{N_2 - 3.76\,O_2} = \frac{80}{80 - (3.76 \times 5)} = 1.31$$

$$A_0 = \frac{1}{0.21}[1.867C + 5.6H]$$

$$= \frac{1}{0.21}[(1.867 \times 0.85) + (5.6 \times 0.15)] = 11.56\,Sm^3/kg$$

$= 1.31 \times 11.56\,Sm^3/kg \times 1kg/min \times 60min/hr = 908.37\,Sm^3/hr$

08 평판형 전기집진장치의 집진극과 방전극 사이의 간격이 5cm, 가스의 유속은 2.5m/s, 입자의 집진극으로 이동속도가 7cm/s일 때, 층류영역에서 입자를 완전히 제거하기 위한 이론적인 집진극의 길이(m)를 구하시오.

> **풀이**
>
> $$L = d \times \frac{V_g}{W}$$
>
> d : 5cm×m/100cm=0.05m, V_g : 2.5m/sec
>
> W : 7cm/sec×m/100cm=0.07m/sec
>
> $= 0.05 \times \dfrac{2.5}{0.07} = 0.89\text{m}$

09 연소시설에서 배출되는 먼지의 농도를 측정한 결과 온도 250℃에서 30mg/m³이었다. 배출가스 중의 산소농도는 15%, 표준산소농도는 12%일 때 먼지의 농도(mg/m³)를 구하시오.

> **풀이**
>
> $$C = C_a \times \frac{21 - O_s}{21 - O_a} = \left[30 \times \frac{(273 + 250)}{273} \right] \text{mg/m}^3 \times \left(\frac{21 - 12}{21 - 15} \right) = 86.21 \text{mg/m}^3$$

10 여과집진장치의 탈진방식 중 간헐식과 연속식의 장단점을 3가지씩 기술하시오.

> **풀이**
>
> **1. 간헐식**
>   1) 장점
>   ① 여포의 수명이 연속식에 비해 길다.
>   ② 먼지의 재비산이 적다.
>   ③ 높은 집진효율을 얻을 수 있다.
>   2) 단점
>   ① 대량가스의 처리에 부적합하다.
>   ② 점성이 있는 조대분진을 탈진할 경우 진동형은 여포손상을 일으킨다.
>   ③ 역기류형 경우 초자섬유(Glass Fiber)를 적용하는 데 한계가 있다.

2. 연속식

1) 장점
① 포집과 탈진이 동시에 이루어지므로 압력손실이 거의 일정하다.
② 고농도의 가스처리가 가능하다.
③ 대용량의 가스를 처리할 수 있다.

2) 단점
① 탈진공정 시 재비산이 발생한다.
② 간헐식에 비해 집진효율이 낮다.
③ 여과백의 수명이 단축된다.

11 오존층의 두께를 표시하는 단위인 돕슨을 정의하고, 다음에 제시한 특정 물질들을 오존파괴지수가 큰 순서대로 나열하시오.

$CFC-114$, $HCFC-22$, CCl_4, $Halon-1301$

풀이

1. 돕슨(Dobson)
지구 대기 중에 있는 오존의 총량을 표준상태에서 두께로 환산했을 때 1mm를 100 돕슨으로 정하고 있다. 즉, 1Dobson은 지구 대기 중의 오존의 총량을 0℃, 1기압의 표준상태에서 두께로 환산하였을 때 0.01mm에 상당하는 양이다.

2. 오존파괴지수(ODP) 순서
① $Halon-1301[CF_3Br]$: 10.0
② CCl_4 : 1.1
③ $CFC-114[C_2F_4Cl_2]$: 1.0
④ $HCFC-22[CHF_2Cl]$: 0.055

SECTION 05 2012년 4회 기사

01 배출가스양이 5,000Sm³/hr, HF의 농도는 50ppm이다. 수산화칼슘으로 HF를 침전 제거시키고자 할 경우 5일간 사용된 수산화칼슘의 양(kg)을 구하시오. (단, 운전시간 1일 10시간, HF의 물에 대한 흡수율 80%)

[풀이]

흡수반응식

$2HF + Ca(OH)_2 \rightarrow CaF_2 + 2H_2O$

$2 \times 22.4 Sm^3$: $74 kg$

$5,000 Sm^3/hr \times 50 ppm \times 10^{-6} \times 10 hr/day \times 5 day \times 0.8$: $Ca(OH)_2 (kg)$

$$Ca(OH)_2(kg) = \frac{5,000 Sm^3/hr \times 50 ppm \times 10^{-6} \times 10 hr/day \times 5 day \times 0.8 \times 74 kg}{2 \times 22.4 Sm^3} = 16.52 kg$$

02 평판형 집진판을 이용하여 전기집진장치를 사용한다. 집진효율공식을 이용하여 성능을 증진하기 위한 조건 5개를 쓰시오.

[풀이]

평판형 집진판의 성능을 증가시키기 위한 조건(5가지만 기술)
① 겉보기 전기저항 값을 $10^4 \sim 10^{11} \Omega \cdot cm$ 범위로 유지한다.
② 분진의 겉보기 이동속도(표류)를 크게 한다.
③ 집진면의 면적(높이와 길이의 비)을 크게 한다.
④ 코로나 방전이 잘 형성되도록 방전극을 가늘고 길게 한다.
⑤ 재비산 현상 발생 시 배출가스 처리속도를 작게 한다.
⑥ 역전리 현상 발생 시 고압부상의 절연회로를 점검, 보수한다.

03 입경 80μm 이상 되는 분진을 포집하는 중력 침강실을 입경 50μm 이상의 분진을 포집하는 침강실의 높이로 조절하려면 어느 정도의 높이(m)가 필요한가? (단, 침강실의 길이는 변경할 수 없으며, 처음 높이는 2m이다.)

[풀이]

$$V_s = \frac{H \cdot V}{L}$$

$$V_s = \frac{d_p^2 (\rho_p - \rho) g}{18 \mu_g} \rightarrow V_s \propto d_p^2$$

$$V_s \propto H \propto d_p^2$$
$$2\text{m} : (80\mu\text{m})^2 = \text{조정침강실 높이} : (50\mu\text{m})^2$$
$$\text{조정침강실 높이}(H : \text{m}) = \frac{(50\mu\text{m})^2 \times 2\text{m}}{(80\mu\text{m})^2} = 0.78\text{m}$$

04 지표면 근처의 CO_2 농도는 380ppm이다. 지표에서 지상 150m 사이에 존재하는 CO_2 무게(ton)를 구하시오. (단, 지구반지름 6,380km)

풀이

CO_2(ton) = 농도 × 대기체적

대기체적 = 지상 150m에서의 구 체적 − 지상의 구 체적

$$\text{구 체적} = \frac{\pi \times D^3}{6} = 0.524 D^3$$
$$= (0.524 \times 12760300^3) - (0.524 \times 12760000^3) = 7.678 \times 10^{16} \text{m}^3$$
$$= 380\text{mL/m}^3 \times 7.678 \times 10^{16} \text{m}^3 \times \frac{44\text{mg}}{22.4\text{mL}} \times \text{ton}/10^9 \text{mg} = 5.73 \times 10^{10} \text{ton}$$

05 Cyclon에서 함진가스에 포함되어 있는 입자의 50% 분리한계입경(μm)을 구하시오.

- 유입구폭 : 15cm
- 유입속도 : 450K에서 15m/sec
- 함진가스 점도 : 0.09kg/m · hr
- 유효회전수 : 4
- 입자밀도 : 2.0g/cm³

풀이

50% 분리한계입경(d_{p50})

$$d_{p50} = \sqrt{\frac{9\mu_g W}{2\pi N(\rho_p - \rho)V}}$$

$\mu_g = 0.09\text{kg/m} \cdot \text{hr} \times \text{hr}/3,600\text{sec} = 2.5 \times 10^{-5} \text{kg/m} \cdot \text{sec}$

$W = 0.15\text{m}, \ N = 4, \ V = 15\text{m/sec}$

$\rho_p = 2.0\text{g/cm}^3 \times \text{kg}/1,000\text{g} \times 10^6 \text{cm}^3/\text{m}^3 = 2,000\text{kg/m}^3$

$\rho = 1.29\text{kg/Sm}^3 \times \dfrac{273}{450} = 0.78\text{kg/m}^3$

$$= \sqrt{\frac{9 \times 2.5 \times 10^{-5} \times 0.15}{2 \times 3.14 \times 4 \times (2,000 - 0.78) \times 15}} = 6.693 \times 10^{-6}\text{m} \times 10^6 \mu\text{m/m}$$
$$= 6.69\mu\text{m}$$

06 NO_2, PM-10, 벤젠의 환경기준을 쓰시오.

> **풀이**
>
> 1) NO_2
>   ① 연간 평균치 : 0.03ppm 이하   ② 24시간 평균치 : 0.06ppm 이하
>   ③ 1시간 평균치 : 0.10ppm 이하
>
> 2) PM-10
>   ① 연간 평균치 : $50\mu g/m^3$ 이하   ② 24시간 평균치 : $100\mu g/m^3$ 이하
>
> 3) 벤젠
>   연간 평균치 : $5\mu g/m^3$ 이하
>
> **[참고] 환경기준**
>
> | 항목 | 기준 | 측정방법 |
> | --- | --- | --- |
> | 아황산가스 (SO_2) | • 연간 평균치 : 0.02ppm 이하
• 24시간 평균치 : 0.05ppm 이하
• 1시간 평균치 : 0.15ppm 이하 | 자외선 형광법
(Pulse U.V. Fluorescence) |
> | 일산화탄소 (CO) | • 8시간 평균치 : 9ppm 이하
• 1시간 평균치 : 25ppm 이하 | 비분산적외선 분석법
(Non-Dispersive Infrared Method) |
> | 이산화질소 (NO_2) | • 연간 평균치 : 0.03ppm 이하
• 24시간 평균치 : 0.06ppm 이하
• 1시간 평균치 : 0.10ppm 이하 | 화학 발광법
(Chemiluminescene Method) |
> | 미세먼지 (PM-10) | • 연간 평균치 : $50\mu g/m^3$ 이하
• 24시간 평균치 : $100\mu g/m^3$ 이하 | 베타선 흡수법
(β-Ray Absorption Method) |
> | 미세먼지 (PM-2.5) | • 연간 평균치 : $15\mu g/m^3$ 이하
• 24시간 평균치 : $35\mu g/m^3$ 이하 | 중량농도법 또는 이에 준하는 자동 측정법 |
> | 오존 (O_3) | • 8시간 평균치 : 0.06ppm 이하
• 1시간 평균치 : 0.1ppm 이하 | 자외선 광도법
(U.V. Photometric Method) |
> | 납 (Pb) | • 연간 평균치 : $0.5\mu g/m^3$ 이하 | 원자흡광 광도법
(Atomic Absorption Spectrophotometry) |
> | 벤젠 | • 연간 평균치 : $5\mu g/m^3$ 이하 | 가스크로마토그래피
(Gas Chromatography) |

07 바람의 종류 중 산곡풍, 해륙풍, 경도풍에 대하여 정의, 발생원인, 특성(밤과 낮에 바람 방향이 달라지는 경우에는 비교를 포함) 등을 중심으로 각각을 설명하시오.

> **풀이**
>
> **1. 산곡풍**
>
> 일정 지역(평지, 계곡, 분지)의 일사량 차이로 인하여 발생한다.
> ① 곡풍 : 산의 사면(비탈면)을 따라 상승하는 바람으로 주로 낮에 분다.
> ② 산풍 : 밤에 경사면이 빨리 냉각되어 경사면 위의 공기 온도가 같은 고도의 경사면에서 떨어져 있는 공기의 온도보다 차가워져 경사면 위의 공기 전체가 아래로 침강하게 되어 부는 바람이다.
>
> **2. 해륙풍**
>
> 임해지역의 바다와 육지의 비열차로 인하여 발생한다.
> ① 육풍 : 바다의 온도냉각률이 육지에 비해 작아서 기압차에 의해 육지에서 바다로 향해 부는 바람으로 주로 밤에 분다.
> ② 해풍 : 낮 동안 육지가 바다보다 빨리 더워져 육지공기가 상승하여 바다에서 육지로 향해 부는 바람으로 주로 낮에 분다.
>
> **3. 경도풍(Gradient Wind)**
>
> ① 등압선이 곡선인 경우, 원심력 · 기압경도력 · 전향력의 세 힘이 평형을 이루는 상태에서 등압선을 따라 부는 바람이다.
> ② 북반구의 저기압에서는 시계 반대 방향으로 회전하며 위쪽으로 상승하면서 불고 고기압에서는 시계 방향으로 회전하면서 분다.

08 높이가 5m인 충전탑에서 염화수소를 제거하려고 한다. 기상총괄이동단위높이가 0.8m일 때 충전탑으로 유입되는 염화수소의 농도가 100ppm이라면 흡수 후 유출되는 염화수소의 농도(mg/Sm^3)를 구하시오.

> **풀이**
>
> 우선효율(η)을 구함
>
> $H = H_{OG} \times N_{OG}$
>
> $5 = 0.8 \times \ln\left(\dfrac{1}{1-\eta}\right)$
>
> $\dfrac{5}{0.8} = \ln\left(\dfrac{1}{1-\eta}\right)$
>
> $\exp 6.25 = \left(\dfrac{1}{1-\eta}\right)$
>
> $\eta = 0.9981 \times 100 = 99.81\%$

$$99.81\% = \left(1 - \frac{유출농도}{유입농도}\right) \times 100$$

$$0.9981 = \left(1 - \frac{유출농도}{100\text{ppm}}\right)$$

유출농도(ppm) = 0.19ppm

단위보정 유출농도(mg/m³) = $0.19\text{mL/Sm}^3 \times \dfrac{36.5\text{mg}}{22.4\text{mL}} = 0.31\text{mg/Sm}^3$

09 다음 물질의 신축공동주택의 실내공기질 권고기준을 쓰시오.

(1) 포름알데히드　　　　(2) 벤젠　　　　(3) 에틸벤젠

풀이

(1) $210\mu\text{g/m}^3$ 이하　　(2) $30\mu\text{g/m}^3$ 이하　　(3) $360\mu\text{g/m}^3$ 이하

10 배출가스상물질 시료채취장치 중 시료채취관의 재질구비조건 3가지 및 포름알데히드의 여과재 재질 2가지를 쓰시오.

풀이

1. 시료채취관의 재질구비조건
　① 화학반응이나 흡착작용 등으로 배출가스의 분석결과에 영향을 주지 않는 것
　② 배출가스 중의 부식성 성분에 의하여 잘 부식되지 않는 것
　③ 배출가스의 온도, 유속 등에 견딜 수 있는 충분한 기계적 강도를 갖는 것

2. 여과재 재질
　① 알칼리성분이 없는 유리솜 또는 실리카솜　　② 소결유리

11 다음 조건을 이용하여 질문에 대한 답을 계산하시오.

- 배기가스유량 : 100m³/min
- 침강실 폭 및 길이, 높이 : 4m, 7m, 5m
- 입자밀도 : 1.5g/cm³
- 입자직경 : 60μm
- 가스점도 : 1.84×10⁻⁴g/cm·sec

(1) 침강속도(m/sec)　　　　(2) 집진효율(%)

> **풀이**
>
> (1) 침강속도(V_s)
>
> $$V_s = \frac{d_p^2(\rho_p - \rho)g}{18\mu_g}$$
>
> $d_p = 60\mu m = 60 \times 10^{-6} m$
>
> $\rho_p : 1.5g/cm^3 = 1,500 kg/m^3$, $\rho : 1.29 kg/m^3$
>
> $\mu_g : 1.84 \times 10^{-4} g/cm \cdot sec = 1.84 \times 10^{-5} kg/m \cdot sec$
>
> $$= \frac{(60 \times 10^{-6})^2 \times (1,500 - 1.29) \times 9.8}{18 \times 1.84 \times 10^{-5}} = 0.1596 m/sec$$
>
> (2) 집진효율(η)
>
> 우선 침강실 흐름을 판별하기 위해 레이놀즈수 계산
>
> $$Re = \frac{\rho \times V \times D}{\mu_g}$$
>
> $$V(유속) = \frac{Q}{A} = \frac{100m^3/min \times min/60sec}{4m \times 5m} = 0.0835 m/sec$$
>
> $$D(상당직경) = \frac{2 \times (W \times H)}{W + H} = \frac{2 \times (4 \times 5)}{4 + 5} = 4.44 m$$
>
> $$= \frac{1.29 \times 0.0835 \times 4.44}{1.84 \times 10^{-5}} = 25,992.09 (유체흐름 난류)$$
>
> $$\eta = 1 - \exp\left(-\frac{LWV_s}{Q}\right)$$
>
> $Q = 100m^3/min \times min/60sec = 1.67 m^3/sec$
>
> $$= \left[1 - \exp\left(-\frac{7m \times 4m \times 0.1596 m/sec}{1.67 m^3/sec}\right)\right] \times 100 = 93.12\%$$

2012년 4회 산업기사

01 SO_2 0.035%를 mg/m^3으로 환산하시오. (단, 0℃, 1기압)

풀이

$$mg/m^3 = ppm \times \frac{분자량}{22.4}$$

$$ppm = 0.035\% \times \frac{10,000ppm}{1\%} = 350ppm$$

$$= 350ppm \times \frac{64}{22.4} = 1,000mg/m^3 \quad [SO_2 = 32 + (16 \times 2)]$$

02 Hood 개구면적 주위에 플랜지(Flange)를 부착하는 이유를 설명하시오.

풀이

Flange 부착 시 후방유입기류를 차단하고 후드 전면에서 포집범위가 확대되어 포착속도가 커진다. 또한 Flange가 없는 후드에 비해 동일 지점에서 동일한 제어속도를 얻는 데 필요한 송풍량을 약 25% 감소시킬 수 있으며 동일한 오염물질 제어에 있어 압력손실도 감소한다.

03 석탄연료의 분석 결과가 다음과 같을 경우 연료비를 구하시오.

휘발분(5%), 수분(2%), 회분(4%)

풀이

$$연료비 = \frac{고정탄소}{휘발분}$$

$$고정탄소(\%) = 100 - [휘발분 + 수분 + 회분] = 100 - (5+2+4) = 89\%$$

$$= \frac{89}{5} = 17.8$$

04 Bag Filter의 먼지부하가 400g/m²에 달할 때 탈락시키고자 한다. 이때 탈락시간 간격(min)은?(단, Bag Filter 유입가스 함진농도는 10g/m³, 출구농도 1g/m³, 여과속도 1.5cm/sec)

> **풀이**
>
> 탈진주기(t)
>
> $$t = \frac{L_d}{C_i \times \eta \times V_f}$$
>
> $$\eta = \frac{10-1}{10} \times 100 = 90\%$$
>
> $$= \frac{400\text{g/m}^2}{10\text{g/m}^3 \times 0.9 \times 1.5\text{cm/sec} \times \text{m}/100\text{cm} \times 60\text{sec/min}} = 49.38\text{min}$$

05 원심력식 집진장치에서 함진가스에 포함되어 있는 절단입경(μm)을 구하시오.

- 유입구폭 : 15cm
- 유입속도 : 15m/sec
- 함진가스 점도 : 0.09kg/m · hr
- 유효회전수 : 4
- 입자밀도 : 2.0g/cm³

> **풀이**
>
> 50% 분리한계입경(d_{p50})
>
> $$d_{p50} = \sqrt{\frac{9\mu_g W}{2\pi N(\rho_p - \rho)V}}$$
>
> $\mu_g = 0.09\text{kg/m} \cdot \text{hr} \times \text{hr}/3{,}600\text{sec} = 2.5 \times 10^{-5}\text{kg/m} \cdot \text{sec}$
>
> $W = 0.15\text{m},\ N = 4$
>
> $\rho_p = 2.0\text{g/cm}^3 \times \text{kg}/1{,}000\text{g} \times 10^6 \text{cm}^3/\text{m}^3 = 2{,}000\text{kg/m}^3$
>
> $\rho_g = 1.29\text{kg/Sm}^3,\ V = 15\text{m/sec}$
>
> $$= \sqrt{\frac{9 \times 2.5 \times 10^{-5} \times 0.15}{2 \times 3.14 \times 4 \times (2{,}000 - 1.29) \times 15}} = 6.694 \times 10^{-6}\text{m} \times 10^6 \mu\text{m/m}$$
>
> $= 6.69\mu\text{m}$

06 송풍기의 처리유량 10,000m³/hr, 압력손실 250mmH₂O, 효율 65%로 1일 2시간 30분씩 30일(1달) 가동할 때 전력요금을 산정하시오. (단, 1kWh당 15원으로 함)

풀이

소요동력(kW) $= \dfrac{Q \times \Delta P}{6,120 \times \eta} \times \alpha$

$Q = 10,000\text{m}^3/\text{hr} \times \text{hr}/60\text{min} = 166.67\text{m}^3/\text{min}$

$\Delta P = 250\text{mmH}_2\text{O}, \ \eta = 0.65$

$= \dfrac{166.67 \times 250}{6,120 \times 0.65} \times 1.0 = 10.47\text{kW}$

월전력요금 $= 10.47\text{kW} \times 2.5\text{hr/day} \times 30\text{day/month} \times 15$원$/1\text{kWh}$

$= 11,783.56$원$/\text{month}$

07 관성력집진장치의 효율 증가 방법 4가지 쓰시오.

풀이

효율 증가 방법
① 충돌식은 충돌 직전의 처리가스속도(각속도)를 크게 한다.
② 충돌식은 출구가스속도를 느리게 한다.
③ 반전식은 방향 전환을 하는 가스의 곡률반경을 작게 한다.
④ 반전식은 전환횟수를 많게 한다.

08 100ppm의 NO를 함유하는 배기가스가 750,000Sm³/hr으로 발생하고 있다. 암모니아 접촉환원법으로 탈질하는 데 필요한 암모니아의 양(kg/hr)은?

풀이

6NO + 4NH₃ → 5N₂ + 6H₂O
6×22.4Sm³ : 4×17kg

750,000Sm³/hr × 100mL/Sm³ × 10⁻⁶Sm³/mL : NH₃(kg/hr)

NH₃(kg/hr) $= \dfrac{750,000\text{Sm}^3/\text{hr} \times 100\text{mL/Sm}^3 \times 10^{-6}\text{Sm}^3/\text{mL} \times (4 \times 17)\text{kg}}{6 \times 22.4\text{Sm}^3} = 37.95\text{kg/hr}$

09 원자흡광광도법의 정량법인 절대검정곡선법, 표준물첨가법, 상대검정곡선법에 대하여 설명하시오.

> **풀이**
>
> ### 1. 절대검정곡선법
> ① 검량선은 적어도 3종류 이상의 농도의 표준시료용액에 대하여 흡광도를 측정하여 표준물질의 농도를 가로대에, 흡광도를 세로대에 취하여 그래프를 그려서 작성한다.
> ② 분석시료의 조성과 표준시료의 조성이 일치하거나 유사하여야 한다.
>
> ### 2. 표준물첨가법
> 같은 양의 분석시료를 여러 개 취하고 여기에 표준물질이 각각 다른 농도로 함유되도록 표준용액을 첨가하여 용액열을 만든다. 이어 각각의 용액에 대한 흡광도를 측정하여 가로대에 용액영역 중의 표준물질 농도를, 세로대에는 흡광도를 취하여 그래프용지에 그려 검량선을 작성한다.
>
> ### 3. 상대검정곡선법
> ① 분석시료 중에 다량으로 함유된 공존원소 또는 새로 분석시료 중에 가한 내부표준원소(목적원소와 물리적 화학적 성질이 아주 유사한 것이어야 한다.)와 목적원소와의 흡광도 비를 구하는 동시 측정을 행한다.
> ② 이 방법은 측정치가 흩어져 상쇄하기 쉬우므로 분석값의 재현성이 높아지고 정밀도가 향상된다.
>
> [참고]
>
>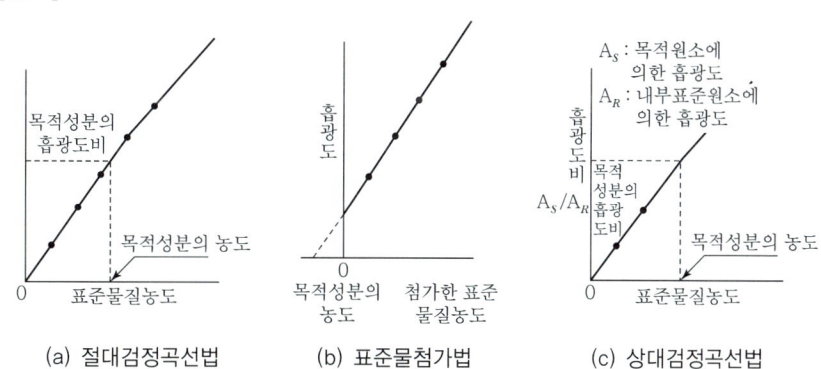
>
> (a) 절대검정곡선법   (b) 표준물첨가법   (c) 상대검정곡선법
>
> **| 각종 정량법에 의한 검량선 |**

10 이온크로마토그래프법의 원리와 적용범위를 쓰시오.

> **풀이**
>
> **1. 원리**
>
> 이동상으로는 액체를, 고정상으로는 이온교환수지를 사용하여 이동상에 녹는 혼합물을 고분리능 고정상이 충전된 분리관 내로 통과시켜 시료성분의 용출상태를 전도도 검출기 또는 광학검출기로 검출하여 그 농도를 정량하는 방법이다.
>
> **2. 적용범위**
>
> 강수물(비, 눈, 우박 등), 대기먼지, 하천수 중의 이온성분을 정성·정량 분석하는 데 이용한다.

11 어떤 집진장치의 입·출구 농도가 각각 100ppm, 5mg/m³일 때 이 집진장치의 효율(%)은?(단, 오염물질 NO_2, 표준상태)

> **풀이**
>
> 효율(η)
>
> $$\eta(\%) = \left(1 - \frac{C_0}{C_i}\right) \times 100$$
>
> $$C_0 = 5\text{mg/m}^3 \times \frac{22.4}{46} = 2.43\text{ppm}$$
>
> $$= \left(1 - \frac{2.43}{100}\right) \times 100 = 97.57\%$$

12 미세먼지 발생 사업장에서 아래 그림과 같이 전기집진장치를 설치하여 함진가스를 처리하고자 한다. 전기집진장치는 두 구획(Field I, Field II)으로 한 구획에 7개의 집진판이 설치되어 있다.

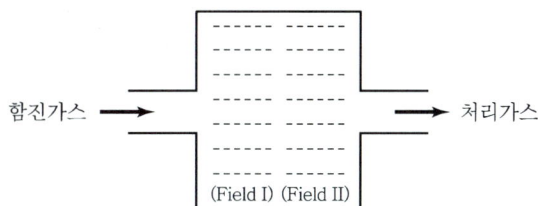

다음 운전조건에서 집진효율(%)을 구하시오.

- 처리유량 : 300m³/min
- 집진판규격(3m × 4.5m)
- 입자이동속도(Field I, 6m/min ; Field II, 3m/min)

풀이

총효율(η_T) = $\eta_1 + \eta_2(1-\eta_1)$

Field I 효율(η_1) = $1 - \exp\left(-\frac{A \times W}{Q}\right)$

$= 1 - \exp\left(-\frac{3m \times 4.5m \times 2 \times 6 \times 6m/min}{300m^3/min}\right) = 0.9608$

Field II 효율(η_2) = $1 - \exp\left(-\frac{A \times W}{Q}\right)$

$= 1 - \exp\left(-\frac{3m \times 4.5m \times 2 \times 6 \times 3m/min}{300m^3/min}\right) = 0.8021$

$\eta_T = 0.9608 + [0.8021 \times (1-0.9608)] = 0.9922 \times 100\% = 99.22\%$

SECTION 07 2013년 대기환경기사 복원문제풀이

01 실내공기질 관리법상 유지기준을 ( ) 안에 써 넣으시오.

[다중이용시설]
- 전시시설

[오염물질항목]
- 미세먼지 : (①)
- 이산화탄소 : (②)
- 폼알데하이드 : (③)
- 일산화탄소 : (④)

풀이

① $150\mu g/m^3$ 이하
② 1,000ppm 이하
③ $100\mu g/m^3$ 이하
④ 10ppm 이하

오염물질 항목 다중이용시설	미세먼지 (PM-10) ($\mu g/m^3$)	미세먼지 (PM-2.5) ($\mu g/m^3$)	이산화 탄소 (ppm)	폼알데 하이드 ($\mu g/m^3$)	총부유 세균 (CFU/m^3)	일산화 탄소 (ppm)
가. 지하역사, 지하도상가, 철도역사의 대합실, 여객자동차터미널의 대합실, 항만시설 중 대합실, 공항시설 중 여객터미널, 도서관·박물관 및 미술관, 대규모 점포, 장례식장, 영화상영관, 학원, 전시시설, 인터넷컴퓨터게임시설제공업의 영업시설, 목욕장업의 영업시설	100 이하	50 이하	1,000 이하	100 이하	—	10 이하
나. 의료기관, 산후조리원, 노인요양시설, 어린이집	75 이하	35 이하		80 이하	800 이하	
다. 실내주차장	200 이하	—		100 이하	—	25 이하
라. 실내 체육시설, 실내 공연장, 업무시설, 둘 이상의 용도에 사용되는 건축물	200 이하	—	—	—	—	—

02 집진판(극)의 간격이 30cm인 평판형 전기집진장치가 있다. 방전극과 집진극 사이의 유효전압은 80kV이고, 평균가스속도는 0.5m/sec이다. 이를 통과하는 가스 내 먼지 입자의 직경이 0.5μm이고, 온도는 553K이다. 집진극으로 끌려가는 입자의 표류속도(m/sec)를 구하시오. (단, 입자는 표류속도$(W) = \dfrac{1.1 \times 10^{-14} \times P \times E^2 \times d_p}{\mu}$이고, $P = 2$, $\mu = 0.0863 \text{kg/m} \cdot \text{hr}$이다.)

> **풀이**
>
> 표류속도$(W) = \dfrac{1.1 \times 10^{-14} \times P \times E^2 \times d_p}{\mu}$
>
> $P = 2$, $E = \dfrac{V}{r} = \dfrac{80,000\text{V}}{(0.3/2)\text{m}} = 533333.33 \text{V/m}$
>
> $d_p = 0.5 \mu\text{m}$, $\mu = 8.63 \times 10^{-2} \text{kg/m} \cdot \text{hr}$
>
> $= \dfrac{1.1 \times 10^{-14} \times 2 \times (533333.33)^2 \times 0.5}{8.63 \times 10^{-2}} = 0.04 \text{m/sec}$

03 다음의 ( ) 안에 적당한 용어를 써 넣으시오.

(1) 방울수라 함은 (①)℃에서 정제수 (②)방울 떨어뜨릴 때 그 부피가 약 1mL 되는 것을 뜻한다.
(2) (③)라 함은 물질을 취급 또는 보관하는 동안 기체 또는 미생물이 침입하지 아니 하도록 내용물을 보호하는 용기를 뜻한다.
(3) 상온은 (④)℃, 실온은 1~35℃, 찬 곳은 따로 규정이 없는 경우 (⑤)℃를 말한다.

> **풀이**
>
> ① 20   ② 20   ③ 밀봉용기   ④ 15~25   ⑤ 0~15

04 먼지농도가 2,000mg/m³이고, 집진효율이 50%, 70%, 80%인 3개의 집진장치를 직렬로 연결할 경우 배출되는 먼지의 농도(mg/m³)를 구하시오.

> **풀이**
>
> 총 집진효율(η_T)
>
> $\eta_T = 1 - [(1 - \eta_1) \times (1 - \eta_2) \times (1 - \eta_3)]$
>
> $= 1 - [(1 - 0.5) \times (1 - 0.7) \times (1 - 0.8)] = 0.97 \times 100 = 97\%$
>
> 배출농도(mg/m³) $= 2,000 \text{mg/m}^3 \times (1 - 0.97) = 60 \text{mg/m}^3$

05 송풍기의 입구 흡인정압이 55mmH₂O이고, 배출구정압이 80mmH₂O이며, 입구 측 평균 유속이 1,200m/min일 때 필요한 송풍기의 유효정압(kg_f/cm^2)을 구하시오. (단, 비중량 : $1.3kg_f/m^3$)

> **풀이**
>
> 송풍기 유효정압(FSP)
>
> $$FSP(mmH_2O) = FTP - VP_{out}$$
> $$= (SP_{out} - SP_{in}) - VP_{in}$$
>
> $$VP_{in} = \frac{\gamma V^2}{2g} = \frac{1.3 \times \left(\frac{1,200}{60}\right)^2}{2 \times 9.8} = 26.53 mmH_2O$$
>
> $$= 80 - (-55) - 26.53 = 108.47 mmH_2O$$
>
> $$= 108.47 mmH_2O \times \frac{0.0001 kg_f/cm^2}{mmH_2O} = 0.0108 kg_f/cm^2$$

06 어떠한 연도의 배기가스양은 1시간당 $10^3 m^3$이고 배기가스 측정공의 염화수소농도는 $50mL/m^3$이었다. 이 염화수소를 제거하기 위하여 $10m^3$의 물을 순환사용하는 수세탑을 설치하여 1일 8시간씩 5일간 가동하였을 때 다음 물음에 답하시오. (단, 표준상태, 물의 증발손실은 없고 수세탑의 제거효율은 100%이다.)

(1) 순환수 중 염화수소의 규정 농도   (2) 순환수의 pH

> **풀이**
>
> 배출가스 중 HCl양(g/hr) = $1,000 Sm^3/hr \times 50mL/Sm^3 \times \frac{36.5g}{22,400mL} = 81.47 g/hr$
>
> 1일 8hr, 5일 후 물에 녹는 HCl양(g) = $81.47 g/hr \times 8hr/day \times 5day = 3,258.8g$
>
> (1) 순환수 중 염화수소 규정농도
>
>   HCl 몰농도 = 수소이온 몰농도(M = N)
>
> $$[H^+] = [HCl] = \frac{3,258.8g \times \frac{1mol}{36.5g}}{10,000L} = 0.008928 mol/L$$
>
> (2) 순환수 pH
>
> $pH = -\log[H^+] - \log[0.008928] = 2.05$

07 대기오염물질배출업소에서 입자상 물질의 농도를 측정하고자 흡수관법, 경사마노미터, 피토관 및 건식가스미터를 이용하여 아래 표의 값을 얻었다. 다음을 계산하시오.

- 시료채취흡인가스양 : 20L
- 흡습수분의 질량 : 2.0g
- 배출가스의 밀도 : 1.3kg/m³
- 포집먼지의 질량 : 2.4mg
- 가스미터에서의 흡인가스차압 : 18.8mmH₂O
- 가스미터에서의 흡인가스온도 : 17℃
- 측정 시 대기압 : 762mmHg
- 측정 시 외기온도 : 17℃
- 피토관계수 : 1.1
- 17℃에서 물의 포화수증기압 : 14.53mmHg
- 경사마노미터(경사각 30°)에서의 차압눈금값 : 8mm
- 경사마노미터에서의 수액 : 물

(1) 배출가스 중의 수분농도(%)

(2) 배출가스 유속(m/sec)

(3) 배출가스 중의 먼지농도(mg/m³)

풀이

(1) **배출가스 중의 수분농도(%)**

흡수관법(건식가스미터 사용)

$$수분농도(\%) = \frac{\frac{22.4}{18}m_a}{V_m' \times \frac{273}{273+\theta_m} \times \frac{P_0 + P_m}{760} + \frac{22.4}{18}m_a} \times 100$$

$m_a = 2.0\text{g}, \quad V_m' = 20\text{L}$

$\theta_m = 17℃, \quad P_0 = 762\text{mmHg}$

$P_m = 18.8\text{mmH}_2\text{O} \times \frac{760\text{mmHg}}{10,332\text{mmH}_2\text{O}} = 1.38\text{mmHg}$

$$= \frac{1.244 \times 2.0}{\left(20 \times \frac{273}{273+17}\right) \times \left(\frac{760+1.38}{760}\right) + (1.244 \times 2.0)} \times 100$$

$= 11.65\%$

(2) 배출가스 유속(m/sec)

$$V(\text{m/sec}) = C\sqrt{\frac{2gh}{\gamma}}$$

$$h = \gamma \times L \times \sin\theta$$
$$= 1{,}000\text{kg/m}^3 \times 0.008\text{m} \times \sin 30° = 4\text{mmH}_2\text{O}$$

$$= 1.1 \times \sqrt{\frac{2 \times 9.8\text{m/sec}^2 \times 4\text{mmH}_2\text{O}}{1.3\text{kg/m}^3}} = 8.54\text{m/sec}$$

(3) 배출가스 중의 먼지농도(mg/m³)

습식·건식 가스미터일 경우 풀이가능하다. (습식가스미터로 가정)

$$\text{먼지농도}(\text{mg/m}^3) = \frac{m_d}{V_N{'}} = \frac{\text{먼지량}(\text{mg})}{\text{건가스양}(\text{Sm}^3)}$$

$$V_N{'} = V_m \times \frac{273}{273+\theta_m} \times \frac{P_a + P_m - P_v}{760} \times 10^{-3}$$

$$V_m = 20\text{L}, \quad \theta_m = 17°\text{C}$$
$$P_a = 762\text{mmHg}, \quad P_m = 1.38\text{mmHg}$$
$$P_v = 14.53\text{mmHg}$$

$$= 20 \times \frac{273}{273+17} \times \frac{762+1.38-14.53}{760} \times 10^{-3}$$
$$= 0.0185\text{Sm}^3$$

$$= \frac{2.4\text{mg}}{0.0185\text{Sm}^3} = 129.73\text{mg/Sm}^3$$

08 다음 물음에 답하시오.

(1) COH 정의 (2) COH 구하는 공식

풀이

빛의 전달률 계수(COH ; Coefficient of Haze)

(1) 정의

대기 중의 먼지에 대한 대기질의 오염도를 평가하는 방법으로 깨끗한 여과지에 먼지를 모은 다음 빛 전달률의 감소를 측정함으로써 결정되며 COH의 계수는 1,000m를 기준으로 측정된 값이다. COH 값이 0이면 빛 전달률이 양호함을 의미하고 이 값이 커질수록 빛 전달률이 작게 되며, 대기질은 오염된 것을 의미한다.

(2) 관련식

$$COH(1,000\text{m당}) = \frac{\text{분진의 광학적 밀도}/0.01}{L} \times 10^3$$

여기서, L : 총 이동거리(m)=속도(m/sec)×시간(sec)

분진의 광학적 밀도=log(불투명도)

분진의 광학적 밀도=$\log\left(\dfrac{1}{\text{빛의 전달률}}\right)$

빛의 전달률=$\dfrac{I_t(\text{투과 세기})}{I_0(\text{입사 세기})} \times 100$

09 처리가스양이 78,000m³/hr이고 배출원에서 집진장치를 포함한 송풍기까지의 압력손실을 150mmH₂O라 할 때 송풍기의 소요동력(kW)을 구하시오. (단, 송풍기 효율 0.7)

풀이

송풍기 소요동력(kW)

$$kW = \frac{Q \times \Delta P}{6,120 \times \eta} \times \alpha$$

$Q = 78,000\text{m}^3/\text{hr} \times \text{hr}/60\text{min} = 1,300\text{m}^3/\text{min}$

$= \dfrac{1,300 \times 150}{6,120 \times 0.7} \times 1.0 = 45.52\text{kW}$

10 벤젠 1mol을 완전연소시킨 경우 연소반응식과 공기연료비를 중량비로 구하시오.

풀이

1) 연소반응식

$C_6H_6 + 7.5O_2 \rightarrow 6CO_2 + 3H_2O$

1mole : 7.5mole

부피기준 AFR = $\dfrac{\dfrac{1}{0.21} \times 7.5}{1} = 35.71 \text{moles air/moles fuel}$

2) 중량기준 AFR = $35.71 \times \dfrac{28.95}{78} = 13.25 \text{kg air/kg fuel}$

11 유입구 폭이 20cm, 유효회전수가 5인 사이클론에 다음과 같은 함진가스를 처리할 경우 입자의 절단입경(μm)을 구하시오.

- 함진가스 유입속도 : 20m/sec
- 함진가스 점도 : 2×10^{-5}kg/m · sec
- 함진가스 밀도 : 1.2kg/m³
- 입자 밀도 : 2.0g/cm³

풀이

$$d_{p50} = \left(\frac{9\mu_g W}{2\pi N(\rho_p - \rho)V}\right)^{0.5}$$

$\rho_p = 2.0\text{g/cm}^3 \times \text{kg}/1{,}000\text{g} \times 10^6 \text{cm}^3/\text{m}^3 = 2{,}000 \text{kg/m}^3$

$W = 20\text{cm} = 0.2\text{m}$

$$= \left(\frac{9 \times (2 \times 10^{-5}) \times 0.2}{2 \times 3.14 \times 5 \times (2{,}000 - 1.2) \times 20}\right)^{0.5} = 5.35 \times 10^{-6} \text{m} \times 10^6 \mu\text{m/m}$$

$= 5.35 \mu\text{m}$

12 상자모델(Box Model)의 가정조건 4가지를 쓰시오.

풀이

상자모델의 가정조건(4가지만 기술)
① 고려된 공간에서 오염물의 농도는 균일하다.
② 오염물 배출원이 지표면 전역에 균등하게 분포되어 있다.
③ 오염원은 배출과 동시에 균등하게 혼합된다.
④ 고려되는 공간의 수직단면에 직각방향으로 부는 바람의 속도가 일정하여 환기량이 일정하다.
⑤ 오염물의 분해는 일차 반응에 의한다.(오염물은 다른 물질로 전환되지 않고 지표면에 흡수되지 않음)

13 면적 1.5m²인 여과집진장치로 먼지농도가 1.5g/m³인 배기가스가 100m³/min으로 통과하고 있다. 먼지가 모두 여과포에서 제거되었으며, 집진된 먼지층의 밀도가 1g/cm³라면 1시간 후 여과된 먼지층의 두께(mm)는?

풀이

$$\text{먼지층 두께} = \frac{\text{먼지 부하}(\text{kg/m}^2)}{\text{먼지 밀도}(\text{kg/m}^3)}$$

$$\text{먼지부하} = C_i \times V_f \times t$$
$$= (1.5\text{g/m}^3 \times \text{kg}/1{,}000\text{g}) \times \left(\frac{100\text{m}^3/\text{min}}{1.5\text{m}^2}\right) \times 60\text{min} = 6\text{kg/m}^2$$
$$= \frac{6\text{kg/m}^2}{1\text{g/cm}^3 \times 10^6 \text{cm}^3/\text{m}^3 \times \text{kg}/1{,}000\text{g}} = 0.006\text{m} \times 1{,}000\text{mm/m} = 6\text{mm}$$

14 유해가스와 흡수액이 일정온도에서 평형상태에 있고 기체상의 유해가스 부분압이 40mmHg일 때 액상 중의 유해가스농도가 2.5kmol/m³이라면 헨리상수(atm · m³/kmol)는?

풀이

$$P = H \cdot C$$
$$H = \frac{P}{C} = \frac{40\text{mmHg} \times \dfrac{1\text{atm}}{760\text{mmHg}}}{2.5\text{kmol/m}^3} = 0.021 \text{atm} \cdot \text{m}^3/\text{kmol}$$

15 반경이 5cm, 길이가 1m인 원통형 전기집진에서 처리가스 수평속도를 2m/sec로 할 경우 입자의 집진극으로의 이동속도(m/sec)를 구하시오. (단, 입구먼지농도 10g/m³, 출구먼지농도 0.04g/m³)

풀이

$$\eta = 1 - \exp\left(-\frac{AW}{Q}\right)$$

양변에 ln을 취하여 정리하면

$$-\frac{AW}{Q} = \ln(1-\eta)$$

$$W(\text{m/sec}) = -\frac{Q}{A}\ln(1-\eta)$$

$$Q = A \times V = \left(\frac{3.14 \times 0.1^2}{4}\right)\text{m}^2 \times 2\text{m/sec} = 0.0157\text{m}^3/\text{sec}$$

$$A = \pi DL = 3.14 \times 0.1\text{m} \times 1\text{m} = 0.314\text{m}^2$$

$$\eta = \left(1 - \frac{0.04}{10}\right) \times 100 = 99.6\%$$

$$= -\frac{0.0157}{0.314}\ln(1-0.996) = 0.27\text{m/sec}$$

16 교토의정서의 교토메커니즘 3가지를 쓰시오.

> **풀이**
>
> **교토메커니즘**
> ① 공동이행제도(JI)   ② 청정개발체제(CDM)   ③ 배출권거래제(ET)

17 파장이 5,240Å인 빛 속에서 밀도가 0.95g/cm³, 직경이 0.7μm인 기름방울의 분산 면적비가 4.5일 때 먼지농도가 0.4mg/m³이라면 가시거리는 몇 m인가? (단, 파장 5,240Å일 때 식 이용)

> **풀이**
>
> 시정거리(L_v) : 파장 5,240Å
>
> $$L_v(m) = \frac{5.2 \times \rho \times r}{K \times G}$$
>
> $\rho = 0.95 \text{g/cm}^3 \times 10^6 \text{cm}^3/\text{m}^3 = 0.95 \times 10^6 \text{g/m}^3$
>
> $r = 0.7\mu m/2 = 0.35\mu m$
>
> $G = 0.4 \text{mg/m}^3 \times 10^3 \mu\text{g/mg} = 4 \times 10^2 \mu\text{g/m}^3$
>
> $$= \frac{5.2 \times 0.95 \times 10^6 \mu\text{g/m}^3 \times 0.35\mu m}{4.5 \times (4 \times 10^2)\mu\text{g/m}^3} = 960.56\text{m}$$

18 배출가스 중 다이옥신을 가스크로마토그래프/질량분석계(GC/MC)로 분석하고자 할 때, GC/MC에 주입하기 전에 첨가하는 실린지 첨가용 내부표준물질 2종류를 쓰시오.

> **풀이**
>
> ① $^{13}Cl_2 - 1,2,3,4 - T_4CDD$ ② $^{13}Cl_2 - 1,2,3,7,8,9 - H_6CDD$

19 알베도(Albedo)와 빈의 변위법칙을 간단히 설명하시오.

> **풀이**
>
> **1. 알베도**
> 지구지표의 반사율을 나타내는 지표, 즉 알베도는 입사에너지에 대하여 반사되는 에너지의 의미이다. 지구의 평균 알베도는 약 30~35%이다.
>
> **2. 빈의 변위법칙**
> 최대에너지 파장과 흑체 표면의 절대온도가 반비례함을 나타내는 법칙으로 파장의 길이가 작을수록 표면온도가 높은 물체를 의미한다.

20 용접작업 시 발생되는 Fume을 제거하기 위하여 외부식 후드를 설치하려고 한다. 후드 개구면에서 흄 발생 지점까지의 거리가 0.4m, 제어속도는 0.25m/sec, 후드 개구면적이 0.5m²일 때 필요한 송풍량(m³/min)은?

> **풀이**
> 문제 내용 중 후드 위치 및 플랜지에 대한 언급이 없으므로 기본식으로 구한다.
> $Q = 60 \times V_c(10X^2 + A)$
> V_c(제어속도) : 0.25m/sec
> X(후드 개구면부터 거리) : 0.4m
> A(개구단면적) : 0.5m²
> $= 60 \times 0.25[(10 \times 0.4^2) + 0.5] = 31.5 \text{m}^3/\text{min}$

21 전기집진장치의 입자에 작용하는 전기력 종류 4가지를 쓰시오.

> **풀이**
> 입자에 작용하는 전기력
> ① 대전입자의 하전에 의한 쿨롱력　② 전계강도에 의한 힘
> ③ 입자 간의 흡인력　　　　　　　④ 전기풍에 의한 힘

22 공기 중 혼합물로서 A물질 50ppm(TLV$_1$=420ppm), B물질 50ppm(TLV$_2$=120ppm)으로 존재 시, 혼합 시 허용농도(TLV)를 구하시오.

> **풀이**
> 노출지수(EI) $= \dfrac{C_1}{\text{TLV}_1} + \dfrac{C_2}{\text{TLV}_2} = \dfrac{50}{420} + \dfrac{50}{120} = 0.5357$
> 혼합 시 허용농도(TLV) $= \dfrac{\text{혼합물 농도}}{\text{EI}} = \dfrac{(50+50)}{0.5357} = 186\text{ppm}$

23 중유 1kg의 조성이 중량조성 C : 86.6%, H : 4%, O : 8%, S : 1.4%일 때 이론산소량(Sm³/kg)과 이론습연소가스양(Sm³/kg)을 구하시오.

> **풀이**
> 1) 이론산소량(O_0)
> $O_0 = 1.867\text{C} + 5.6\text{H} - 0.7\text{O} + 0.7\text{S}$
> $= (1.867 \times 0.866) + (5.6 \times 0.04) - (0.7 \times 0.08) + (0.7 \times 0.014) = 1.795\text{Sm}^3/\text{kg}$

2) 이론습연소가스양(G_{ow})

$G_{ow} = A_0 + 5.6H + 0.7O$

$A_0 = \dfrac{O_0}{0.21} = \dfrac{1.795}{0.21} = 8.55 Sm^3/kg$

$= 8.55 + (5.6 \times 0.04) + (0.7 \times 0.08) = 8.83 Sm^3/kg$

24 배출가스양이 500Sm³/hr이고 HCl 농도가 800mL/Sm³이다. 이를 5m³의 물(순환수)에 1시간 동안 흡수율 85%로 반응 시 이 수용액의 pH는?(단, HCl은 완전히 해리된다고 가정)

풀이

흡수 HCl의 양(L) = 500Sm³/hr × 800mL/m³ × 10^{-6}m³/mL
　　　　　　　× 1,000L/m³ × 0.85 = 340L/hr × 1hr = 340L

용해된 HCl 몰농도(mol/L) = 340L/5m³ × 1mol/22.4L × 1m³/1,000 L
　　　　　　　　　　　= 0.003035mol/L

HCl 몰농도 = 수소이온 몰농도

| HCl | → | $H^+ + Cl^-$ |
| 1 M | : | 1 M |

pH = $-\log[H^+] = -\log[0.003035] = 2.52$

25 Bag Filter의 먼지부하가 360g/m²에 달할 때 간헐적으로 탈락시키고자 한다. 이때 탈락시간 간격(min)은?(단, Bag Filter 유입가스 함진농도는 10g/m³, 출구농도 1g/m³, 여과속도 1.0cm/sec)

풀이

탈진주기(t)

$t = \dfrac{L_d}{C_i \times \eta \times V_f}$

$\eta = \dfrac{10-1}{10} \times 100 = 90\%$

$= \dfrac{360g/m^2}{10g/m^3 \times 0.9 \times 1.0cm/sec \times m/100cm \times 60sec/min} = 66.67min$

26 밀도가 1,500kg/m³, 직경 3μm 구형입자의 비표면적(m²/kg)과 입자의 질량합계가 1kg일 때 입자의 수를 계산하시오.

> **풀이**
>
> 1) 비표면적(m²/kg) $= \dfrac{6}{d_p \times \rho} = \dfrac{6}{(3\mu m \times 10^{-6} m/\mu m) \times (1,500 kg/m^3)}$
> $= 1,333.33 m^2/kg$
>
> 2) 입자의 수
>   질량 = 구형입자 체적 × 밀도 × 입자수
>
>   입자 수 $= \dfrac{1}{\left(\dfrac{3.14 \times (3 \times 10^{-6})^3}{6}\right) \times 1,500} = 4.72 \times 10^{13}$ 개

27 전기집진장치에서 저비저항일 경우와 고비저항일 때 발생하는 장애현상을 각각 2가지씩 쓰시오.

> **풀이**
>
> **1. 저비저항 시 장애현상**
>   ① 재비산 현상　　② 집진극에 부착된 입자의 중화가 빠르게 진행
>
> **2. 고비저항 시 장애현상**
>   ① 역전리 현상　　② 집진극에 부착된 입자의 탈리가 곤란

28 유해가스 처리방법 중 흡수법에 관한 내용이다. 다음 물음에 답하시오.

(1) 대표적인 액분산형 흡수장치 3가지를 쓰시오.

(2) 다음을 간단히 설명하시오.

　　① Hold-up　　　② Loading Point　　　③ Flooding Point

> **풀이**
>
> **(1) 액분산형 흡수장치**
>   ① 충전탑(Packed Tower)　　② 분무탑(Spray Tower)
>   ③ 벤투리스크러버(Venturi Scrubber)
>
> **(2) 정의**
>   ① Hold-up : 충전층(Packing) 내의 세정액 보유량을 의미한다.
>   ② Loading Point : 부하점이라 하며 세정액의 Hold-up이 증가하여 압력손실이 급격하게 증가되는 첫 번째 파괴점을 말한다.

> ③ Flooding Point : 범람점이라 하며 충전층 내의 가스속도가 과도하여 세정액이 비말동반을 일으켜 흘러넘쳐 향류조작 자체가 불가능한 두 번째 파괴점을 말한다.

29 다음은 환경정책기본법상의 대기환경기준에 대한 내용이다. 괄호 안에 알맞은 수치를 쓰시오.

(1) SO_2 연간 평균치 : ( )ppm 이하
(2) CO 1시간 평균치 : ( )ppm 이하
(3) 납 연간 평균치 : ( )$\mu g/m^3$ 이하
(4) 벤젠 연간 평균치 : ( )$\mu g/m^3$ 이하

> **풀이**
> (1) 0.02   (2) 25   (3) 0.5   (4) 5

30 처리가스양이 5m³/sec인 전기집진장치를 설계하고자 한다. 입자의 이동속도가 $W_e = 1.5 \times 10^5 d_p$이라면 입경($d_p$) 0.7$\mu$m인 입자를 96% 제거하는 데 필요한 면적(m²)을 구하시오. (단, W_e 단위는 m/sec, d_p의 단위는 m로 하였을 경우임)

> **풀이**
> $$\eta = 1 - \exp\left(-\frac{AW}{Q}\right)$$
> 양변에 log를 취하여 정리하면
> $$A = -\frac{Q}{W}\ln(1-\eta)$$
> $W = 1.5 \times 10^5 d_p = 1.5 \times 10^5 \times 0.7\mu m \times m/10^6 \mu m = 0.105 m/sec$
> $= -\frac{5}{0.105} \times \ln(1-0.96) = 153.28 m^2$

31 용량비로 CO 40%, H_2 60%로 구성된 기체혼합물의 각 물질 중량비(%) 및 혼합물의 평균분자량(g)을 구하시오.

> **풀이**
> CO 중량비(%) $= \dfrac{28 \times 0.4}{(28 \times 0.4) + (2 \times 0.6)} \times 100 = 90.32\%$
> H_2 중량비(%) $= \dfrac{(2 \times 0.6)}{(28 \times 0.4) + (2 \times 0.6)} \times 100 = 9.68\%$
> 평균분자량(g) $= (28 \times 0.4) + (2 \times 0.6) = 12.40g$

32 소각로 배출 다이옥신 배출농도를 측정한 결과 산소농도 15%에서 다음과 같은 결과를 얻었다. 배출 다이옥신의 농도를 산소농도 12%로 환산 TEF를 고려하여 ng-TEQ/Sm³을 구하시오.(단, ( ) 안은 TEF이며 농도는 소수 셋째 자리까지 구함)

①	$T_4CDD(1.0) : 0.1ng/Sm^3$
②	$T_4CDF(0.5) : 0.2ng/Sm^3$
③	$O_8CDD(0.001) : 12ng/Sm^3$
④	$P_5CDD(0.5) : 0.5ng/Sm^3$
⑤	$O_8CDF(0.001) : 2ng/Sm^3$

풀이

$$TEQ = \sum(TEF \times 치환이성체농도)$$
$$= (1 \times 0.1) + (0.5 \times 0.2) + (0.001 \times 12) + (0.5 \times 0.5) + (0.001 \times 2)$$
$$= 0.464 ng/Sm^3$$

다이옥신류환산농도(C)

$$C = C_s(다이옥신농도) \times \frac{21 - O_a}{21 - O_s}$$

$$= 0.464 ng/Sm^3 \times \frac{21 - 12}{21 - 15} = 0.696 ng-TEQ/Sm^3$$

33 여과면적 1.5m²인 여과집진장치 내로 배출가스유량 100m³/min, 농도 1g/m³가 통과되고 있다. 먼지가 여과집진장치에서 모두 제거되었고 집진된 먼지부착층의 밀도가 1g/cm³일 때 1시간 후의 여과먼지층의 두께(mm)를 구하시오.

풀이

$$먼지층\ 두께(mm) = \frac{먼지부하}{먼지밀도}$$

$$먼지부하 = C_i \times V_f \times t \times \eta$$

$$= 1g/m^3 \times \left(\frac{100m^3/min}{1.5m^2}\right) \times 1hr$$

$$\times 60min/hr \times 1.0 = 4,000g/m^2$$

$$= \frac{4,000g/m^2 \times m^2/10^4 cm^2}{1g/cm^3} = 0.4cm \times 10mm/cm = 4mm$$

SECTION 08 2013년 대기환경산업기사 복원문제풀이

01 입경측정방법 중 간접측정방법 3가지를 쓰고 간단히 설명하시오.

> **풀이**
>
> **1. 관성충돌법(Cascade Impactor)**
>   입자가 관성력에 의해 시료채취표면에 충돌하는 원리로 $1 \sim 50 \mu m$ 범위의 입경을 측정범위로 하며, 크기 및 단계별로 중량분포로 나타낸다.
>
> **2. 광산란법**
>   입자에 빛을 쏘이면 반사하여 발광하게 되는데 이 반사광을 측정하여 입자의 개수·입자 반경을 측정한다. $0.2 \sim 100 \mu m$ 범위의 입경을 측정범위로 하며, 중량분포(중량)로 나타낸다.
>
> **3. 중력침강법**
>   입자의 침강속도를 측정하여 간접적으로 측정하는 방법으로 $1 \sim 100 \mu m$ 범위의 입경을 측정범위로 한다.

02 로진-레뮬러 분포식에 관하여 간단히 기술하시오.

> **풀이**
>
> **1. 개요**
>   실제의 입경분포는 불규칙적인 분포를 보여 이 불규칙적인 분포를 해석하기 위하여 로진-레뮬러 분포를 이용하며, 누적확률 그래프상에서 입경이 큰 입자에서부터 작은 입자로 누적하여 분포확률을 나타낸다.
>
> **2. 계산식**
> $$R(\%) = 100 \exp(-\beta d_p^{\,n})$$
>   여기서, R : 체상누적분포(입경 d_p 보다 큰 입자비율 : %)
> β : 입경계수
> n : 입경지수(입경분포 범위)
> d_p : 입경

03 2차 대기오염물질의 종류 4가지를 쓰시오.

> **풀이**
>
> **2차 대기오염물질(4가지만 기술)**
> ① 에어로졸(H_2SO_4 mist)　　② PAN(CH_3COONO_2)
> ③ 염화니트로실(NOCl)　　　　④ 과산화수소수(H_2O_2)
> ⑤ 아크로레인(CH_2CHCHO)　⑥ 알데히드(RCHO)
> ⑦ 오존(O_3)

04 연소과정 중 질소산화물의 억제방법 5가지를 쓰시오.

> **풀이**
>
> **연소과정 중 질소산화물 억제방법(4가지만 기술)**
> ① 저산소연소(저과잉공기연소)　② 저온도연소(연소용 예열공기의 온도조절)
> ③ 배기가스 재순환　　　　　　④ 2단 연소
> ⑤ 버너 및 연소실의 구조 개선　⑥ 수증기 물분사

05 분자식 C_mH_n의 탄화수소 $1Nm^3$의 완전연소에 필요한 이론공기량을 수식으로 나타내시오.

> **풀이**
>
> C_mH_n의 완전연소방정식
>
> $$C_mH_n + \left(m + \frac{n}{4}\right)O_2 \rightarrow mCO_2 + \frac{n}{2}H_2O$$
>
> $$A_0 = \frac{O_0}{0.21} = \frac{\left(m + \frac{n}{4}\right)}{0.21} = 4.76m + 1.19n$$

06 배출가스의 먼지제거에 Cyclone이 사용되고 있다. 유입폭이 30cm이고, 유효회전수 8회, 입구유입속도 10m/s로 가동 중인 공정조건에서 $9\mu m$ 먼지입자의 부분집진효율은 몇 %인가?(단, 먼지의 밀도는 $1.8g/cm^3$, 가스점도는 $0.0748kg/m \cdot hr$, 가스 밀도는 고려하지 않음)

> **풀이**
>
> $$\eta_f(\%) = \frac{\pi N d_p^2 (\rho_p - \rho) V}{9 \mu_g W}$$
>
> $d_p = 9\mu m \times m/10^6 \mu m = 9 \times 10^{-6} m$
>
> $\rho_p = 1.8 g/cm^3 \times kg/1,000g \times 10^6 cm^3/m^3 = 1,800 kg/m^3$
>
> $\mu_g = 0.0748 kg/m \cdot hr \times hr/3,600 sec = 2.08 \times 10^{-5} kg/m \cdot sec$
>
> $W = 30 cm \times m/100 cm = 0.3 m$
>
> $= \frac{3.14 \times 8 \times (9 \times 10^{-6})^2 \times 1,800 \times 10}{9 \times (2.08 \times 10^{-5}) \times 0.3} \times 100 = 65.22\%$

07 어떤 공장의 공정라인에서 평균 입경이 $1\mu m$인 분진을 함유한 배출가스가 $150m^3/min$($20°C$ 공기)으로 방출되고 있다. 이 함진가스 중의 분진을 액가스비 $2.0L/m^3$, 목부분의 가스유속이 $50m/sec$인 벤투리스크러버를 사용하여 집진하려 할 때 목부직경(m)과 압력손실(mmH_2O)을 구하시오. (단, 이 온도에서 가스의 밀도는 $1.25kg/m^3$이고 압력손실은 다음 식으로 주어진다.)

$$\Delta P = \left(\frac{0.033}{\sqrt{R_{HT}}} + 3.0 R_{HT}^{0.30} \cdot L \right) \frac{\rho_g u_t^2}{2g}$$

> **풀이**
>
> 1) 목부 직경(D_t)
>
> $$Q = A \times V = \frac{3.14 \times D_t^2}{4} \times V$$
>
> $$D_t = \left(\frac{4Q}{\pi V} \right)^{0.5} = \left(\frac{4 \times 150 m^3/min}{3.14 \times 50 m/sec \times 60 sec/min} \right)^{0.5} = 0.252 m$$
>
> 2) 압력손실(ΔP)
>
> $$\Delta P = \left(\frac{0.033}{\sqrt{R_{HT}}} + 3.0 R_{HT}^{0.3} \times L \right) \times \frac{\rho_g V_t^2}{2g}$$
>
> $R_{HT} = \frac{D_t}{4} = \frac{0.252}{4} = 0.0631$
>
> $= \left[\frac{0.033}{\sqrt{0.0631}} + (3 \times 0.0631^{0.3} \times 2.0) \right] \times \frac{1.25 \times 50^2}{2 \times 9.8} = 438.54 mmH_2O$

08 염소농도가 300ppm, 배출가스양이 3,000Sm³/hr로 발생하고 있다. 이를 수산화나트륨 수용액으로 흡수처리하여 제거할 경우 발생되는 차아염소산나트륨의 양(kg/hr)을 구하시오.

> **풀이**
>
> $2NaOH + Cl_2 \rightarrow NaCl + NaOCl + H_2O$
> $\qquad\qquad 22.4m^3 \qquad\qquad\qquad : 74.5kg$
> $3,000Sm^3/hr \times 300ppm \times 10^{-6} : NaOCl(kg/hr)$
>
> $NaOCl(kg/hr) = \dfrac{3,000Sm^3/hr \times 300ppm \times 10^{-6} \times 74.5kg}{22.4m^3} = 2.99kg/hr$

09 배출가스상 물질 시료채취방법 중 시료채취장치의 채취관을 보온 또는 가열하는 경우 3가지와 벤젠 측정 시 채취관의 재질 3가지를 쓰시오.

> **풀이**
>
> 1. 채취관을 보온 또는 가열하는 경우
>   ① 배출가스 중의 수분 또는 이슬점이 높은 가스성분이 응축해서 채취관이 부식될 우려가 있는 경우
>   ② 여과재가 막힐 우려가 있는 경우
>   ③ 분석대상가스가 응축수에 용해해서 오차가 생길 우려가 있는 경우
>
> 2. 벤젠 채취관의 재질
>   ① 경질유리 　　　② 석영 　　　③ 불소수지

10 가스크로마토그래프법 분리평가 항목 중 분리능의 '분리계수' 및 '분리도'의 식을 쓰고 각 인자를 설명하시오.

> **풀이**
>
> 1) 분리계수(d) $= \dfrac{t_{R2}}{t_{R1}}$
>
> 2) 분리도(R) $= \dfrac{2(t_{R2} - t_{R1})}{W_1 + W_2}$
>
> 　여기서, t_{R1} : 시료도입점으로부터 봉우리(피크) 1의 최고점까지의 길이
> 　　　　　t_{R2} : 시료도입점으로부터 봉우리(피크) 2의 최고점까지의 길이
> 　　　　　W_1 : 봉우리(피크) 1의 좌우 변곡점에서의 접선이 자르는 바탕선의 길이
> 　　　　　W_2 : 봉우리(피크) 2의 좌우 변곡점에서의 접선이 자르는 바탕선의 길이

11 덕트 내 어떤 공기 측정 시 동압이 15mmH₂O일 때 유속은 20m/sec이었다. 덕트의 밸브를 열고 동압을 측정하니 20mmH₂O이었다면 이때 유속(m/sec)은 얼마인가?

> **풀이**
>
> 동압$(VP) = \dfrac{\gamma V^2}{2g}$ 에서
>
> $15 = \dfrac{\gamma \times 20^2}{2 \times g}$ 이므로 $\dfrac{\gamma}{g} = 0.075$
>
> 동압 30mmH₂O 상태에 적용
>
> 동압$(VP) = \dfrac{\gamma V^2}{2g}$ 에서
>
> $20 = 0.075 \times \dfrac{V^2}{2}$ 이므로
>
> $V = \sqrt{\dfrac{20 \times 2}{0.075}} = 23.09 \text{m/sec}$

12 1,000초 동안 반응물의 1/2이 분해되었다면 반응물이 1/250이 남을 때까지는 얼마의 시간(sec)이 필요한가?(단, 1차 반응 기준)

> **풀이**
>
> $\ln \dfrac{C_t}{C_0} = -kt$
>
> $k = -\dfrac{1}{t}\ln\left(\dfrac{C_t}{C_0}\right) = -\dfrac{1}{1,000}\ln\left(\dfrac{1/2}{1}\right) = 0.000693 \sec^{-1}$
>
> $\ln\left(\dfrac{1/250}{1}\right) = -0.000693\sec^{-1} \times t$
>
> $t = \dfrac{-5.5214}{-0.000693\sec^{-1}} = 7,967.48 \text{sec}$

13 A굴뚝 배출가스의 유속을 피토관으로 측정하여 다음의 결과를 얻었다. 이 배출가스의 유속(m/sec)은?

- 배출가스온도 : 200℃
- 비중 0.85의 톨루엔을 사용한 경사마노미터의 동압 : 6.5mm 톨루엔주
- 피토관 계수 : 0.8584
- 배출가스의 밀도(표준상태) : 1.3kg/Sm³

풀이

$$V(\text{m/sec}) = C\sqrt{\frac{2g}{\gamma}} \times \sqrt{h}$$

$$\gamma = 1.3\text{kg/Sm}^3 \times \frac{273}{273+200} = 0.7503\text{kg/Sm}^3$$

$$h = 6.5 \times 0.85 = 5.525\text{mmH}_2\text{O}$$

$$= 0.8584 \times \sqrt{\frac{2 \times 9.8 \times 5.525}{0.7503}} = 10.31\text{m/sec}$$

14 Cyclone에서 절단입경(Cut Diameter) 계산 시 가스유속을 2배 증가시키면 절단입경은 처음의 몇 배가 되겠는가?

풀이

절단입경(d_{p50})

$$d_{p50} = \sqrt{\frac{9\mu_g W}{2\pi N(\rho_p - \rho)V}} \text{에서}$$

$$d_{p50} \simeq \sqrt{\frac{1}{V}} = \sqrt{\frac{1}{2V}} \quad \text{즉, 처음의 } \sqrt{\frac{1}{2}} = 0.7(0.5)\text{배가 된다.}$$

15 집진장치 2개를 직렬로 연결 시 다음 조건에서 2차 집진장치의 집진효율과 총 포집된 먼지량(g/m³)을 구하시오.

- 1차 집진장치 효율 : 60%
- 1차 집진장치 입구먼지농도 : 15g/m³
- 최종 배출먼지농도 : 0.3g/m³

풀이

1) 2차 집진장치 집진효율(η_2)

$$\eta_T = 1 - (1-\eta_1)(1-\eta_2)$$

$$\eta_T = \left(1 - \frac{\text{출구농도}}{\text{입구농도}}\right) \times 100 = \left(1 - \frac{0.3}{15}\right) \times 100 = 98\%$$

$$0.98 = [(1-(1-0.6)(1-\eta_2)]$$

$$0.4(1-\eta_2) = 1 - 0.98$$

$$\eta_2 = 0.95 \times 100 = 95\%$$

2) 총 포집먼지량(g/m³)

(g/m³) = 입구먼지농도 × 총 집진효율 = 15g/m³ × 0.98 = 14.7g/m³

16 다음 조건을 이용하여 질문에 대한 답을 계산하시오.

- 배기가스유량 : 100m³/min
- 침강실 폭 및 길이, 높이 : 3m, 4m, 5m
- 입자밀도 : 1.5g/cm³
- 입자직경 : 50μm
- 가스점도 : 1.84×10^{-4} g/cm · sec

(1) 침강속도(m/sec) (2) 집진효율(%)

풀이

(1) 침강속도(V_s)

$$V_s = \frac{d_p^2(\rho_p - \rho)g}{18\mu_g}$$

$d_p = 50\mu m = 50 \times 10^{-6}$ m, ρ_p : 1.5g/cm³ = 1,500kg/m³

ρ : 1.29kg/m³, μ_g : 1.84×10^{-4} g/cm · sec = 1.84×10^{-5} kg/m · sec

$$= \frac{(50 \times 10^{-6})^2 \times (1,500 - 1.29) \times 9.8}{18 \times 1.84 \times 10^{-5}} = 0.1109 \text{m/sec}$$

(2) 집진효율(η)

우선 침강실 흐름을 판별하기 위해 레이놀즈수 계산

$$Re = \frac{\rho \times V \times D}{\mu_g}$$

$$V(유속) = \frac{Q}{A} = \frac{100\text{m}^3/\text{min} \times \text{min}/60\text{sec}}{3\text{m} \times 5\text{m}} = 0.1111 \text{m/sec}$$

$$D(상당직경) = \frac{2 \times (W \cdot H)}{W + H} = \frac{2(3 \times 5)}{3 + 5} = 3.75\text{m}$$

$$= \frac{1.29 \times 0.1111 \times 3.75}{1.84 \times 10^{-5}} = 29,209.04 (유체흐름난류)$$

$$\eta = 1 - \exp\left(-\frac{LWV_s}{Q}\right)$$

$Q = 100\text{m}^3/\text{min} \times \text{min}/60\text{sec} = 1.67\text{m}^3/\text{sec}$

$$= \left[1 - \exp\left(-\frac{4\text{m} \times 3\text{m} \times 0.1109\text{m/sec}}{1.67\text{m}^3/\text{sec}}\right)\right] \times 100 = 54.93\%$$

17 대기환경기준 중 SO_2, NO_2, PM-10의 기준을 쓰시오.

> **풀이**
> 1) SO_2(아황산가스)
>   ① 연간 평균치 : 0.02ppm 이하   ② 24시간 평균치 : 0.05ppm 이하
>   ③ 1시간 평균치 : 0.15ppm 이하
> 2) NO_2(이산화질소)
>   ① 연간 평균치 : 0.03ppm 이하   ② 24시간 평균치 : 0.06ppm 이하
>   ③ 1시간 평균치 : 0.10ppm 이하
> 3) PM-10(미세먼지)
>   ① 연간 평균치 : $50\mu g/m^3$ 이하   ② 24시간 평균치 : $100\mu g/m^3$ 이하

18 유입구 폭이 20cm, 유효회전수가 5인 사이클론에 다음과 같은 함진가스를 처리할 경우 입자의 절단입경(μm)을 구하시오.

- 함진가스 유입속도 : 20m/sec
- 함진가스 점도 : 2×10^{-5}kg/m·sec
- 함진가스 밀도 : $1.2kg/m^3$
- 입자 밀도 : $2.0g/cm^3$

> **풀이**
> $$d_{p50} = \left(\frac{9\,\mu_g W}{2\pi N(\rho_p - \rho)V} \right)^{0.5}$$
> $\rho_p = 2.0g/cm^3 \times kg/1{,}000g \times 10^6 cm^3/m^3 = 2{,}000 kg/m^3$
> $W = 20cm = 0.2m$
> $= \left(\dfrac{9 \times (2 \times 10^{-5}) \times 0.2}{2 \times 3.14 \times 5 \times (2{,}000 - 1.2) \times 20} \right)^{0.5} = 5.35 \times 10^{-6} m \times 10^6 \mu m/m$
> $= 5.35 \mu m$

19 벤투리스크러버에서 220m³/min의 함진가스를 처리하려고 한다. 목부(Throat)의 지름이 30cm, 수압 1.8atm, 직경 5mm인 노즐 10개를 사용할 때 필요한 물의 양 (L/sec)은?(단, $n\left(\dfrac{d}{D_t}\right)^2 = \dfrac{V_t \cdot L}{100\sqrt{P}}$ 이용)

> **풀이**
>
> 식에 의해 L(액기비)를 구한 후 필요한 물의 양을 구함
>
> $$n\left(\dfrac{d}{D_t}\right)^2 = \dfrac{V_t \cdot L}{100\sqrt{P}}$$
>
> $$V_t = \dfrac{Q}{A} = \dfrac{220\text{m}^3/\text{min} \times \text{min}/60\sec}{\left(\dfrac{3.14 \times 0.3^2}{4}\right)\text{m}^2} = 51.89\text{m/sec}$$
>
> $d = 5\text{mm} \times \text{m}/1{,}000\text{mm} = 0.005\text{m}$
>
> $D_t = 30\text{cm} \times \text{m}/100\text{cm} = 0.3\text{m}$
>
> $P = 1.8\text{atm} \times 10{,}332\text{mmH}_2\text{O/atm} = 18{,}597.6\text{mmH}_2\text{O}$
>
> $n = 10$
>
> $$10 \times \left(\dfrac{0.005}{0.3}\right)^2 = \dfrac{51.89 \times L}{100\sqrt{18{,}597.6}}$$
>
> $L = 0.73(\text{L/m}^3)$
>
> 필요한 물의 양(L/sec) = 220m³/min × 0.73L/m³ × min/60sec = 2.67L/sec

20 SO₂의 실측배출가스 유량이 150m³/day, 실측농도가 30ppm이고 이때 실측산소농도가 2.8%이다. SO₂의 배출가스유량(m³/day) 및 표준산소농도로 보정한 농도(ppm)를 구하시오.(단, SO₂는 표준산소농도를 적용받으며, 표준산소농도는 4%이다.)

> **풀이**
>
> 1) 배출가스유량(m³/day) = 실측배출가스유량 ÷ $\left(\dfrac{21 - 표준산소농도}{21 - 실측산소농도}\right)$
>
> $$= 150\text{m}^3/\text{day} \div \left(\dfrac{21-4}{21-2.8}\right) = 160.59\text{m}^3/\text{day}$$
>
> 2) 표준산소보정농도(ppm) = 실측농도 × $\left(\dfrac{21 - 표준산소농도}{21 - 실측산소농도}\right)$
>
> $$= 30\text{ppm} \times \left(\dfrac{21-4}{21-2.8}\right) = 28.02\text{ppm}$$

21 배출가스 중 염소농도가 150mL/Sm³이었다. 이 염소농도를 15mg/Sm³으로 저하시키기 위해 제거해야 할 염소농도(mL/Sm³)를 구하시오.

> **풀이**
> 제거해야 할 염소농도(mL/Sm³) = 초기농도 − 나중농도
> 초기농도 = 150mL/Sm³
> 나중농도 = $15\text{mg/Sm}^3 \times \dfrac{22.4\text{mL}}{71\text{mg}} = 4.73\text{mL/Sm}^3$
> = 150 − 4.73 = 145.27mL/Sm³

22 연소 용어 중 등가비(ϕ)에 대하여 다음 물음에 답하시오.
 (1) 등가비를 식으로 표현하고 공기비와의 관계를 중심으로 간단히 설명하시오.
 (2) 다음 (　) 안에 '증가' 또는 '감소'를 넣어 문장을 완성하시오.

> 등가비가 1인 연소시설의 등가비를 1 이하로 낮추면 배출가스 중의 CO는 (①)하고 NO는 (②)한다.

> **풀이**
> (1) 등가비(ϕ : Equivalent Ratio)
> 　공기비의 역수로서 일정량의 이론적인 연공비(연료와 공기의 혼합비)에 대하여 실제 연소되는 연공비는 몇 배가 되는지 표현한 것이며 당량비라고도 한다.
> $$\phi = \dfrac{(\text{실제 연료량/산화제})}{(\text{완전연소를 위한 이상적 연료량/산화제})} = \dfrac{1}{\text{공기비}(m)}$$
> (2) ① 감소　　② 증가

23 120ppm의 NO를 함유하는 배기가스가 500,000Sm³/hr으로 발생하고 있다. 암모니아 접촉환원법으로 탈질하는 데 필요한 암모니아의 양(kg/hr)은?(단, 산소가 존재하는 경우)

> **풀이**
> 4NO + 4NH₃ + O₂ → 4N₂ + 6H₂O
> 4×22.4Sm³ : 4×17kg
> 500,000Sm³/hr × 120mL/Sm³ × 10⁻⁶Sm³/mL : NH₃(kg/hr)
>
> $$\text{NH}_3(\text{kg/hr}) = \dfrac{500{,}000\text{Sm}^3/\text{hr} \times 120\text{mL/Sm}^3 \times 10^{-6}\text{Sm}^3/\text{mL} \times (4\times17)\text{kg}}{4 \times 22.4\text{Sm}^3} = 45.54\text{kg/hr}$$

24 외부식 후드의 특성 4가지를 쓰시오.

> **풀이**
> ① 타 후드형태에 비해 작업자가 방해를 받지 않고 작업할 수 있어 일반적으로 많이 사용하고 있다.
> ② 포위식에 비하여 필요 송풍량이 많이 소요된다.
> ③ 방해기류(외부 난기류)의 영향이 작업장 내에 있을 경우 흡인효과가 저하된다.
> ④ 기류속도가 후드 주변에서 매우 빠르므로 쉽게 흡인되는 물질(유기용제, 미세 분말 등)의 손실이 크다.

25 Hood의 제어속도범위 적용 시 범위가 낮을 때 적용하는 경우 3가지를 쓰시오.

> **풀이**
> **제어속도범위 적용 시(범위가 낮은 쪽 3가지만 기술)**
>
> | 범위가 낮은 쪽 | 범위가 높은 쪽 |
> |---|---|
> | • 작업장 내 기류가 낮거나, 제어하기 유리하게 작용될 때
• 오염물질의 독성이 낮을 때
• 오염물질의 발생량이 적고, 발생이 간헐적일 때
• 대형 후드로 공기량이 다량일 때 | • 작업장 내 기류가 국소환기 효과를 방해할 때
• 오염물질의 독성이 높을 때
• 오염물질 발생량이 높을 때
• 소형 후드로 국소적일 때 |

26 송풍관 내를 30℃의 공기가 20m/sec의 속도로 흐를 때 동압(mmH$_2$O)을 구하여라. (단, 공기밀도는 1.293kg/m^3, 기압 1atm)

> **풀이**
> $$VP(동압) = \frac{\gamma V^2}{2g}$$
> $$= \frac{1.293 \times 20^2}{2 \times 9.8} = 26.38 \text{ mmH}_2\text{O}, \text{ 온도보정하면}$$
> $$= 26.38 \times \frac{273}{273+30} = 23.77 \text{ mmH}_2\text{O}$$

27 염화수소의 함량이 0.85%(v/v)의 배출가스 6,500Sm³/hr를 수산화칼슘으로 처리하여 염화수소를 완전히 제거할 때 이론적으로 필요한 수산화칼슘의 양(kg/hr)은?

> **풀이**
> 흡수반응식
> $2HCl \quad + \quad Ca(OH)_2 \rightarrow CaCl_2 + 2H_2O$
> $2 \times 22.4 \, Sm^3 \quad : \quad 74kg$
> $6,500 \, Sm^3/hr \times 0.0085 : Ca(OH)_2(kg/hr)$
> $Ca(OH)_2(kg/hr) = \dfrac{6,500 Sm^3/hr \times 0.0085 \times 74kg}{2 \times 22.4 Sm^3} = 91.26 kg/hr$

28 염소가스를 함유하는 배출가스에 100kg의 수산화나트륨을 포함한 수용액을 순환사용하여 100% 반응시킨다면 몇 kg의 염소가스를 처리할 수 있는가?(표준상태 기준)

> **풀이**
> $2NaOH + Cl_2 \rightarrow NaCl + NaOCl + H_2O$
> $2 \times 40kg : 71kg$
> $100kg : Cl_2(kg)$
> $Cl_2(kg) = \dfrac{100kg \times 71kg}{2 \times 40kg} = 88.75kg$

29 굴뚝배출가스 중의 유속을 피토관으로 측정했을 때 평균유속이 14.5m/sec였다. 이때의 동압(mmHg)은?(단, 피토관계수는 1.0이며, 굴뚝 내의 습한 배출가스의 밀도는 1.2kg/m³이다.)

> **풀이**
> $VP(동압) = \dfrac{\gamma V^2}{2g}(mmH_2O) = \dfrac{1.2 \times 14.5^2}{2 \times 9.8}$
> $= 12.87 mmH_2O \times \dfrac{760 mmHg}{10,332 mmH_2O} = 0.95 mmHg$

30 Methane과 Propane이 용적비 1 : 1의 비율로 조성된 혼합가스 1Sm³를 완전연소시키는 데 25Sm³의 실제공기가 사용되었다면 이 경우 공기비는?

> **풀이**
>
> $$m = \frac{A}{A_0}$$
>
> $A = 25\text{Sm}^3$
>
> $A_0 \rightarrow$ Methane 연소반응식 : $CH_4 + 2O_2 \rightarrow CO_2 + 2H_2O$
>
> Propane 연소반응식 : $C_3H_8 + 5O_2 \rightarrow 3CO_2 + 4H_2O$
>
> 혼합 시 이론산소량 $= \dfrac{(2 \times 0.5) + (5 \times 0.5)}{0.5 + 0.5} = 3.5\text{Sm}^3$
>
> $A_0 = \dfrac{3.5}{0.21} = 16.67\text{Sm}^3$
>
> $= \dfrac{25}{16.67} = 1.5$

31 분석방법 중 비분산 적외선 분석법에 관하여 다음 물음에 답하시오.

(1) 원리 및 적용범위 (2) 용어 : 스팬가스, 비교가스

(3) 분석계의 장치 구성순서

> **풀이**
>
> **(1) 원리 및 적용범위**
>
> 선택성 검출기를 이용하여 시료 중의 특정 성분에 의한 적외선의 흡수량 변화를 측정하여 시료 중에 들어 있는 특정 성분의 농도를 구하는 방법으로, 대기 및 굴뚝 배출기체 중의 오염물질을 연속적으로 측정하는 비분산 정필터형 적외선 가스 분석계에 대하여 적용한다.
>
> **(2) 용어**
>
> ① 스팬가스
>
> 분석계의 최고 눈금값을 교정하기 위하여 사용하는 가스
>
> ② 비교가스
>
> 시료셀에서 적외선 흡수를 측정하는 경우 대조가스로 사용하는 것으로 적외선을 흡수하지 않는 가스
>
> **(3) 분석계의 장치 구성순서**
>
> 광원 → 회전섹터 → 시료셀(비교셀) → 검출기 → 증폭기 → 지시계

32 헨리법칙(Henry Law)을 간단히 설명하시오.

> **풀이**
> 기체의 용해도와 압력관계, 즉 일정온도에서 기체 중에 있는 특정 유해가스 성분의 분압과 이와 접한 액체상 중 액농도와의 평형관계를 나타낸 법칙이다.(일정온도에서 특정 유해가스 압력은 용해가스의 액중 농도에 비례한다는 법칙)

33 다음은 Cyclone에 관한 내용이다.

(1) 분리계수의 정의를 쓰시오.(관련식 포함)

(2) 원추하부 반경이 60cm인 Cyclone에서 배출가스의 접선속도가 660m/min일 때 분리계수를 구하시오.

> **풀이**
> (1) **분리계수**
> ① 정의
> 입자에 작용하는 원심력과 중력의 관계이며, 잠재적인 효율(분리능력)을 나타내는 지표이다.
> ② 관련식
>
> $$\text{분리계수} = \frac{\text{원심력}}{\text{중력}} = \frac{V_\theta^2}{g \times R_2}$$
>
> 여기서, V_θ : 원심반경 R_2인 지점에서 배출가스 유속
> R_2 : 원추하부의 반경
>
> (2) **분리계수(S)**
>
> $$S = \frac{V_\theta^2}{g \cdot R_2}$$
>
> $V_\theta = 660\text{m/min} \times \text{min}/60\text{sec} = 11\text{m/sec}$
> $R_2 = 60\text{cm} \times \text{m}/100\text{cm} = 0.6\text{m}$
>
> $$= \frac{(11\text{m/sec})^2}{9.8\text{m/sec}^2 \times 0.6\text{m}} = 20.58$$

34 다음은 배출가스 중 수은화합물 중 자외선/가시선 분광법(디티존법)에 대한 설명이다. ( ) 안에 알맞은 용어를 작성하시오.

> 시료를 질산과 (①)으로 산화시킨 다음 (①)을 (②)으로 환원하고 (③)로 중화하여 일정량의 황산을 넣고 (④)로 수은을 추출한다.

> **풀이**
> ① 과망간산포타슘　　　② 염산하이드록실아민
> ③ 암모니아수　　　　　④ 디티존사염화탄소

35 다음은 휘발성 유기화합물질(VOCs) 누출확인방법 중 장치의 성능기준에 관한 내용이다. (　) 안에 알맞은 용어를 쓰시오.

(1) 측정될 개별화합물에 대한 기기의 반응인자는 (　)보다 작아야 한다.
(2) 기기의 응답시간은 (　)보다 작거나 같아야 한다.
(3) 교정정밀도는 교정용 가스값의 (　)보다 작거나 같아야 한다.

> **풀이**
> (1) 10　　　　(2) 30초　　　　(3) 10%

36 후두에 관한 다음을 답하시오.

(1) 무효점 정의　　　　　(2) 제어속도 정의

> **풀이**
> (1) **무효점**(Nul Point)
>   발생원에서 배출된 오염물질이 초기운동에너지를 상실하여 비산속도가 0이 되는 비산한계점을 의미한다.
> (2) **제어속도**
>   오염물질의 발생속도를 이겨내고 오염물질을 후드 내로 흡인하는 데 필요한 최소의 기류속도를 말한다.

37 옥탄 10L를 완전연소시키기 위하여 소요되는 이론공기량(kg)은?(단, 옥탄의 비중 0.7)

> **풀이**
> 연소반응식
> $C_8H_{18} + 12.5O_2 \rightarrow 8CO_2 + 9H_2O$
> 114kg : 12.5×32kg
> 10L : O_0(L)
>
> $O_0(L) = \dfrac{10\,L \times (12.5 \times 32)\,kg}{114\,kg} = 35.09\,L$
>
> $A(kg) = \dfrac{35.09\,L}{0.232} \times 0.7\,kg/L = 105.87\,kg$

SECTION 09 2014년 1회 기사

01 분산모델(Dispersion Model)과 수용모델(Receptor Model)의 특징을 각각 3가지씩 쓰시오.

> **풀이**
>
> 1. 분산모델 특징(3가지만 기술)
>   ① 2차 오염원의 확인이 가능하다.
>   ② 지형 및 오염원의 작업조건에 영향을 받는다.
>   ③ 미래의 대기질을 예측할 수 있다.
>   ④ 새로운 오염원이 지역 내에 생길 때, 매번 재평가를 하여야 한다.
>   ⑤ 점, 선, 면 오염원의 영향을 평가할 수 있다.
>   ⑥ 단기간 분석 시 문제가 된다.
>   ⑦ 특정오염원의 영향을 평가할 수 있는 잠재력을 가지고 있으나 기상과 관련하여 대기 중의 무작위적인 특성을 적절하게 묘사할 수 없으므로 결과에 대한 불확실성이 크다.
>
> 2. 수용모델 특징(3가지만 기술)
>   ① 새로운 오염원이나 불확실한 오염원과 불법배출 오염원을 정량적으로 확인, 평가할 수 있다.
>   ② 지형, 기상학적 정보가 없어도 사용 가능하다.
>   ③ 현재나 과거에 일어났던 일을 추정하여 미래를 위한 전략을 세울 수 있으나, 미래 예측은 어렵다.
>   ④ 오염원의 조업 및 운영상태에 대한 정보 없이도 사용 가능하다.
>   ⑤ 측정자료를 입력자료로 사용하므로 시나리오 작성이 곤란하다.
>   ⑥ 수용체 입장에서 평가가 현실적으로 이루어질 수 있다.
>   ⑦ 환경과학 전반(입자상 및 가스상 물질, 가시도 문제 등)에 응용 가능하다.

02 스토크스 직경과 공기역학적 등가입경을 비교 설명하시오.

풀이

1. **스토크스 직경**
   입자형태가 구형이 아니더라도 동일한 침강속도 및 밀도를 갖는 구형입자의 직경으로 입자크기가 입자의 밀도에 따라 다르기 때문에 입자의 밀도도 함께 고려해야 하는 단점이 있다.

2. **공기역학적 등가입경(공기역학적 직경)**
   입자형태가 구형이 아니더라도 동일한 침강속도 및 단위밀도($1g/cm^3$)를 갖는 구형입자의 직경으로 환산된 직경을 말한다.

03 충전탑 설계를 위하여 Pilot Plant를 건설하여 특정 가스를 흡수 실험한 결과가 다음과 같을 때 동일 조건하에서 처리효율 98%의 충전탑 설계 시 충전높이(m)는 얼마로 해야 되는지 구하시오. (단, 실험조건 및 결과 액가스비 $3L/m^3$, 공탑속도 $1.2m/sec$, 처리효율 75%, 초기 충전층 높이 0.7m)

풀이

충전탑 높이(H)

$H = H_{OG} \times N_{OG}$

$N_{OG} = \ln\left(\dfrac{1}{1-\eta}\right)$ 관계식을 이용

$0.7m : \ln\left(\dfrac{1}{1-0.75}\right) =$ 충전높이$(m) : \ln\left(\dfrac{1}{1-0.98}\right)$

충전높이$(m) = \dfrac{0.7m \times \ln\left(\dfrac{1}{1-0.98}\right)}{\ln\left(\dfrac{1}{1-0.75}\right)} = 1.98m$

04 실내공기질 관리법상 권고기준 중 노인요양시설의 기준을 오염물질 항목에 따라 쓰시오.

풀이

실내공기질 권고기준
① 이산화질소 : 0.05ppm 이하
② 라돈 : $148Bq/m^3$ 이하
③ 총휘발성 유기화합물 : $400\mu g/m^3$ 이하
④ 미세먼지(PM-2.5) : $70\mu g/m^3$ 이하
⑤ 곰팡이 : $500CFU/m^3$ 이하

오염물질 항목 다중이용시설	이산화질소 (ppm)	라돈 (Bq/m³)	총휘발성 유기화합물 (μg/m³)	곰팡이 (CFU/m³)
가. 지하역사, 지하도상가, 철도역사의 대합실, 여객자동차터미널의 대합실, 항만시설 중 대합실, 공항시설 중 여객터미널, 도서관·박물관 및 미술관, 대규모점포, 장례식장, 영화상영관, 학원, 전시시설, 인터넷컴퓨터게임시설제공업의 영업시설, 목욕장업의 영업시설	0.1 이하	148 이하	500 이하	—
나. 의료기관, 어린이집, 노인요양시설, 산후조리원	0.05 이하		400 이하	500 이하
다. 실내주차장	0.30 이하		1,000 이하	—

05 외부로 비산 배출되는 먼지를 하이볼륨에어샘플러법으로 측정한 조건이 다음과 같을 때 비산먼지의 농도(mg/m³)는?

- 대조위치의 먼지농도 : 0.12mg/m³
- 포집먼지량이 가장 많은 위치의 먼지농도 : 6.83mg/m³
- 전 시료채취 기간 중 주 풍향이 90° 이상 변했으며, 풍속이 0.5m/초 미만 또는 10m/초 이상되는 시간이 전 채취시간의 50% 미만이었다.

풀이

비산먼지농도(mg/m³) = $(C_H - C_B) \times W_D \times W_S$

$= (6.83 - 0.12)\text{mg/m}^3 \times 1.5 \times 1.0 = 10.07\text{mg/m}^3$

[참고]

1) 풍향에 대한 보정

풍향변화범위	보정계수
전 시료채취 기간 중 주 풍향이 90° 이상 변할 때	1.5
전 시료채취 기간 중 주 풍향이 45~90° 변할 때	1.2
전 시료채취 기간 중 풍향이 변동 없을 때(45° 미만)	1.0

2) 풍속에 대한 보정

풍속범위	보정계수
풍속이 0.5m/초 미만 또는 10m/초 이상 되는 시간이 전 채취시간의 50% 미만일 때	1.0
풍속이 0.5m/초 미만 또는 10m/초 이상 되는 시간이 전 채취시간의 50% 이상일 때	1.2

06 벤젠 1mol을 완전연소시킨 경우 연소반응식과 공기연료비를 부피비, 중량비로 구하시오.

> **풀이**
>
> 연소반응식
>
> $C_6H_6 + 7.5O_2 \rightarrow 6CO_2 + 3H_2O$
>
> 1mole : 7.5mole
>
> 1) 부피기준 AFR $= \dfrac{\dfrac{1}{0.21} \times 7.5}{1} = 35.71$ moles air/moles fuel
>
> 2) 중량기준 AFR $= 35.71 \times \dfrac{28.95}{78} = 13.25$ kg air/kg fuel

07 14m³/sec의 배출가스양을 폭 10m, 높이 5m인 중력집진장치를 이용하여 처리하고자 한다. 입경 50μm인 분진의 침강효율이 55%일 경우 중력집진실의 길이(m)를 구하시오.

- 입자의 밀도 : 1.5g/cm³
- 처리가스의 점도 : 1.85×10⁻⁴g/cm·sec
- 배출가스의 밀도 : 1.29kg/m³
- 층류로 가정

> **풀이**
>
> $\eta(\%) = \dfrac{V_s L W}{V H W} \times 100$
>
> $V_s = \dfrac{d_p^2(\rho_p - \rho)g}{18\mu_g}$
>
> $d_p = 50\mu m = 50 \times 10^{-6} m$
>
> $\rho_p = 1.5 g/cm^3 = 1,500 kg/m^3$, $\rho = 1.29 kg/m^3$
>
> $\mu_g = 1.85 \times 10^{-4} g/cm \cdot sec = 1.85 \times 10^{-5} kg/m \cdot sec$

$$= \frac{(50 \times 10^{-6})^2 \times (1{,}500 - 1.29) \times 9.8}{18 \times 1.85 \times 10^{-5}} = 0.1103 \text{m/sec}$$

$$0.55 = \frac{0.1103 \text{m/sec} \times L \times 10\text{m}}{14\text{m}^3 \text{sec}}$$

$$L = \frac{0.55 \times 14\text{m}^3/\text{sec}}{0.1103 \text{m/sec} \times 10\text{m}} = 6.98\text{m}$$

08 연돌 내 연소가스온도를 227℃에서 125℃로 낮추면 통풍력은 227℃일 때에 비하여 몇 % 정도 낮아지는지 구하시오.(단, 대기온도 27℃, 표준상태에서 배기가스와 외부 대기의 비중량은 1.3kg/Sm³으로 동일)

풀이

1) 227℃일 경우 통풍력(Z_1)

$$Z_1 = 355H\left(\frac{1}{273+t_a} - \frac{1}{273+t_g}\right) = 355 \times H \times \left(\frac{1}{273+27} - \frac{1}{273+227}\right)$$
$$= 0.4733H$$

2) 125℃일 경우 통풍력(Z_2)

$$Z_2 = 355H\left(\frac{1}{273+t_a} - \frac{1}{273+t_g}\right) = 355 \times H \times \left(\frac{1}{273+27} - \frac{1}{273+125}\right)$$
$$= 0.2914H$$

통풍력 저감률(%) = $\frac{0.4733 - 0.2914}{0.4733} \times 100 = 38.43\%$

09 장방형 덕트의 단변 0.13m, 장변 0.85m, 길이 16m, 속도압 14mmH$_2$O, 관마찰계수(λ)가 0.004일 때 덕트의 압력손실(mmH$_2$O)은?

풀이

압력손실(ΔP) = $\lambda \times \frac{L}{D} \times VP$

상당직경(d_e) = $\frac{2ab}{a+b} = \frac{2 \times (0.13 \times 0.85)}{0.13 + 0.85} = 0.226\text{m}$

$= 0.004 \times \frac{16}{0.226} \times 14 = 3.96 \text{mmH}_2\text{O}$

10 1기압 20℃의 동점성계수가 $1.5 \times 10^{-5} \text{m}^2/\text{sec}$이다. 원형 덕트의 직경이 50cm이고 Reynolds Number가 3×10^4일 경우 덕트 내의 가스유속(m/sec)은?

> **풀이**
>
> $$Re = \frac{V \times d}{\nu}$$
>
> $$V = \frac{Re \cdot \nu}{d} = \frac{(3 \times 10^4) \times (1.5 \times 10^{-5} \text{m}^2/\text{sec})}{0.5\text{m}} = 0.9 \text{m/sec}$$

11 A레미콘 공장의 먼지배출량은 3.25g/m^3이고 배출 허용기준은 0.1g/m^3으로 설정하였다. 이 배출허용기준의 준수와 관련하여 집진장치를 설치하고자 한다. 다음 물음에 답하시오.

(1) 배출허용기준을 준수하기 위하여 한 대의 집진장치를 설치한다면 집진장치의 효율(%)은 최소 얼마인가?

(2) 효율(%)이 동일한 집진장치 두 대를 직렬로 연결한다면 한 대의 집진장치의 효율(%)은 최소 얼마인가?

(3) 직렬연결한 집진장치의 두 번째 장치효율이 75%였다면 나머지 한 대의 효율(%)은 얼마인가?

> **풀이**
>
> (1) $\eta = \left(1 - \dfrac{C_o}{C_i}\right) \times 100 = \left(1 - \dfrac{0.1}{3.25}\right) \times 100 = 96.92\%$
>
> (2) $\eta_t = 1 - (1-\eta_1)^2$
>
> $0.9692 = 1 - (1-\eta_1)^2$
>
> $\eta_1 = 82.45\%$
>
> (3) $\eta_t = \eta_1 + \eta_2(1-\eta_1)$
>
> $0.9692 = \eta_1 + 0.75(1-\eta_1)$
>
> $\eta_1 = 87.68\%$

SECTION 10 | 2014년 1회 산업기사

01 Venturi Scrubber의 집진원리 및 액가스비를 크게 하는 요인 4가지를 기술하시오.

풀이

1. 집진원리
가스입구에 벤투리관을 삽입하고 배기가스를 벤투리관의 목부에 유속 60~90m/sec로 빠르게 공급하여 목부 주변의 노즐로부터 세정액을 흡인 분사되게 함으로써 포집하는 방식, 즉 기본유속이 클수록 작은 액적이 형성되어 미세입자를 제거하는 원리이다.

2. 액가스비를 크게 하는 요인
① 먼지의 입경이 작은 경우
② 입자의 친수성이 적은 경우(소수성입자의 경우)
③ 점착성이 큰 경우
④ 처리가스의 온도가 높은 경우

02 굴뚝 배출가스양이 1,000Sm³/hr이고 HCl 농도가 250ppm인 경우 5,000L의 물에 5시간 흡수시켰을 때 수용액의 노르말 농도(N)와 pOH는 얼마인가?(단, 흡수율은 60%)

풀이

1) 노르말 농도(N)

$$N(eq/L) = \frac{1,000Sm^3/hr \times 250mL/m^3 \times 5hr \times 0.6 \times 1eq/36.5g \times 36.5g/22.4L \times 1L/1,000mL}{5,000L}$$

$$= 6.69 \times 10^{-3} eq/L$$

2) pOH = 14 − pH

$$pH = \log \frac{1}{6.69 \times 10^{-3}} = 2.17$$

$$= 14 - 2.17 = 11.83$$

03 가스크로마토 그래프법 분리평가 항목 중 분리능의 '분리계수' 및 '분리도'의 식을 쓰고 각 인자를 설명하시오.

> **풀이**
>
> 1) 분리계수(d) = $\dfrac{t_{R2}}{t_{R1}}$
>
> 2) 분리도(R) = $\dfrac{2(t_{R2} - t_{R1})}{W_1 + W_2}$
>
> 여기서, t_{R1} : 시료도입점으로부터 봉우리(피크) 1의 최고점까지의 길이
> t_{R2} : 시료도입점으로부터 봉우리(피크) 2의 최고점까지의 길이
> W_1 : 봉우리(피크) 1의 좌우 변곡점에서의 접선이 자르는 바탕선의 길이
> W_2 : 봉우리(피크) 2의 좌우 변곡점에서의 접선이 자르는 바탕선의 길이

04 불소(F_2) 및 불소화합물 처리의 반응식이다. ( ) 안에 알맞은 물질을 화학식으로 쓰시오.

$$F_2 + (\quad) \rightarrow CaF_2$$
$$2HF + (\quad) \rightarrow CaF_2$$

> **풀이**
>
> 반응식
>
> $F_2 + Ca(OH)_2 \rightarrow CaF_2 + \dfrac{1}{2}O_2 + H_2O$
>
> $2HF + Ca(OH)_2 \rightarrow CaF_2 + 2H_2O$
>
> $3SiF_4 + 2H_2O \rightarrow SiO_2$[규산] $+ 2H_2SiF_6$[규불화수소산]
>
> ⇒ 사불화규소는 물과 반응해서 콜로이드 상태의 규산과 규불화수소산을 생성

05 여과집진장치에서 Blinding 현상을 간단히 설명하시오.

> **풀이**
>
> 점착성 분진이 여과재에 부착된 후 배기가스 중에 함유된 수분의 응축으로 인하여 탈진이 쉽게 되지 않고 여과재의 공극이 막혀 압력손실이 영구적으로 과도하게 증가되는 현상을 말한다.

06 SO_2의 실측농도가 7ppm이고 이때 실측산소농도가 4%이다. SO_2의 표준산소농도로 보정한 농도(ppm)를 구하시오. (단, SO_2 표준산소농도 8%)

풀이

$$\text{표준산소 보정농도(ppm)} = \text{실측농도} \times \left(\frac{21 - \text{표준산소농도}}{21 - \text{실측산소농도}} \right)$$

$$= 7\text{ppm} \times \left(\frac{21-8}{21-4} \right) = 5.35\text{ppm}$$

07 3% 황분이 들어 있는 중유를 5ton/hr로 연소하는 보일러의 배출가스를 탄산칼슘으로 탈황하여 석고($CaSO_4 \cdot 2H_2O$)로 회수하려 한다. 탈황률이 90%라 할 때 이론적으로 회수할 수 있는 석고($CaSO_4 \cdot 2H_2O$)의 양(ton/hr)은? (단, 연료 중의 황성분은 모두 SO_2로 된다.)

풀이

$S \rightarrow CaSO_4 \cdot 2H_2O$

32kg : 172kg

20ton/hr×0.03×0.9 : $CaSO_4 \cdot 2H_2O$(ton/hr)

$$CaSO_4 \cdot 2H_2O(\text{ton/hr}) = \frac{5\text{ton/hr} \times 0.03 \times 0.9 \times 172\text{kg}}{32\text{kg}} = 0.73\text{ton/hr}$$

08 다음은 비분산적외선분광분석법에 관한 내용이다. ( ) 안의 용어 및 수치를 넣으시오.

(1) ( )는 시료셀에서 적외선 흡수를 측정하는 경우 대조가스로 사용하는 것으로 적외선을 흡수하지 않는 가스를 말한다.
(2) 응답시간은 제로 조정용 가스를 도입하여 안정된 후 유로를 스팬가스로 바꾸어 기준 유량으로 분석계에 도입하여 그 농도를 눈금 범위 내의 어느 일정한 값으로부터 다른 일정한 값으로 갑자기 변화시켰을 때 스텝(step) 응답에 대한 소비시간이 (①) 이내이어야 한다. 또 이때 최종 지시치에 대한 90%의 응답을 나타내는 시간은 (②) 이내이어야 한다.

풀이

(1) 비교가스
(2) ① 1초 ② 40초

09 3개의 집진실로 구성된 여과집진기의 총 여과시간이 50분이고 단위집진실의 탈진시간이 6분이라면, 단위집진실의 운전시간(min)은?

> **풀이**
> 총 여과시간=[(여과시간+탈진시간)×집진실 수]−단위집진실 탈진시간
> 50=[(여과시간+6)×3]−6
> 단위집진실의 운전시간=12.67min

10 층류영역에서 구형입자의 직경이 $2.1\mu m$, 밀도가 $1.5g/cm^3$, 침강속도가 $0.1cm/sec$이다. 이 입자와 동일한 침강속도를 갖는 공기역학적 직경(μm)을 구하시오.

> **풀이**
> 공기역학적 직경(d_a)
> $$d_a = d_s \times \left(\frac{\rho_p}{\rho_a}\right)^{0.5} = 2.1\mu m \times \left(\frac{1.5g/cm^3}{1.0g/cm^3}\right)^{0.5} = 2.57\mu m$$

11 암모니아 농도가 99.9% 반응하려면 얼마의 시간(sec)이 필요한지 구하시오. (단, 1차 반응식 이용, $k=0.015/sec$)

> **풀이**
> $$\frac{\ln C}{C_0} = -k \cdot t$$
> $$\ln\frac{(1-0.999)C_0}{C_0} = -0.015sec^{-1} \times t$$
> $$t(반응시간) = \frac{-6.9078}{-0.015sec^{-1}} = 460.52sec$$

12 Propane $1Sm^3$에 20%의 과잉 공기로 완전연소하였을 경우 다음 물음에 답하시오.

(1) 건조연소가스양(G_d)

(2) 습윤연소가스양(G_w)

(3) 습윤연소가스양(G_w)/건조연소가스양(G_d)의 비

> **풀이**
>
> 연소반응식
>
> $C_3H_8 + 5O_2 \rightarrow 3CO_2 + 4H_2O$
>
> **(1) 건조연소가스양(G_d)**
>
> $G_d = (m - 0.21)A_0 + CO_2$
>
> $A_0 = \dfrac{O_0}{0.21} = \dfrac{5}{0.21} = 23.81 Sm^3/Sm^3 \times 1Sm^3 = 23.81 Sm^3$
>
> $= [(1.2 - 0.21) \times 23.81] + 3 = 26.57 Sm^3$
>
> **(2) 습윤연소가스양(G_w)**
>
> $G_w = G_d + H_2O = 26.57 Sm^3 + 4 = 30.57 Sm^3$
>
> **(3) 습윤연소가스양(G_w)/건조연소가스양(G_d)의 비**
>
> $\dfrac{G_w}{G_d} = \dfrac{30.57}{26.57} = 1.15$

2014년 2회 기사

01 20개의 Bag을 사용한 Bag Filter에서 입구먼지농도가 8g/Nm3이고 집진효율은 90%였다. 가동 중 3개의 Bag에 구멍이 생겨, 전체 처리가스양의 1/5이 그대로 통과 시 출구먼지농도(g/Nm³)를 구하시오.

풀이

출구먼지농도(g/Nm³) = 원 출구농도 + $\frac{1}{5}$ 통과 고려 출구농도

$$= \left[8g/Nm^3 \times (1-0.9) \times \frac{4}{5}\right] + \left[8g/Nm^3 \times \frac{1}{5}\right]$$

$$= 2.24 g/Nm^3$$

02 어느 배출시설의 시간당 배기가스양은 100Sm³/hr이다. 7,000ppm의 NO가 모두 N_2로 전환된다. 이 질소산화물을 암모니아에 의한 선택적 접촉환원법으로 처리할 경우 소요되는 암모니아의 이론량은 몇 Sm³/day인가?(단, 산소가 존재하지 않는 기준)

풀이

6NO + 4NH₃ → 5N₂ + 6H₂O

$6 \times 22.4 Sm^3$: $4 \times 22.4 Sm^3$

$100 Sm^3/hr \times 7,000 mL/m^3 \times 10^{-6} m^3/mL$: $NH_3(Sm^3/hr)$

$$NH_3(Sm^3/day) = \frac{100 Sm^3/hr \times 7,000 mL/m^3 \times 10^{-6} m^3/mL \times 4 \times 22.4 Sm^3}{6 \times 22.4 Sm^3}$$

$$= 0.467 Sm^3/hr \times 24 hr/day = 11.21 Sm^3/day$$

03 다음의 NO_2, O_3, 벤젠의 대기환경기준 수치를 써 넣으시오.

NO₂	연간 평균치	(①)ppm 이하	O₃	8시간 평균치	(④)ppm 이하
	24시간 평균치	(②)ppm 이하		1시간 평균치	(⑤)ppm 이하
	1시간 평균치	(③)ppm 이하	벤젠	연간 평균치	(⑥)μg/m³ 이하

풀이

① 0.03ppm 이하   ② 0.06ppm 이하   ③ 0.10ppm 이하
④ 0.06ppm 이하   ⑤ 0.1ppm 이하   ⑥ 5μg/m³ 이하

04 오염공기 12,000m³/hr을 전기집진장치로 처리하려고 한다. 높이 5m, 길이 2m 집진판을 사용하여 99.5%의 집진율을 얻으려면 필요한 집진판의 수는?(단, Deutsch Anderson식 이용, 모든 내부집진판은 양면, 두 개의 외부집진판은 각 하나의 집진면을 가지며, 유효표류속도는 10m/min이다.)

> **풀이**
>
> $$\eta = 1 - \exp\left(-\frac{AW}{Q}\right)$$
>
> A : $(5m \times 2m) \times 2 = 20m^2$
> Q : $12{,}000m^3/hr \times hr/3{,}600sec = 3.33m^3/sec$
> W : $10m/min \times min/60sec = 0.167m/sec$
>
> $$0.995 = 1 - \exp\left(-\frac{20 \times 0.167 \times n}{3.33}\right)$$
>
> $$\left(-\frac{20 \times 0.167 \times n}{3.33}\right) = \ln(1 - 0.995)$$
>
> $-1.003n = -5.298$
>
> $n = \dfrac{5.298}{1.003} = 5.28 + 1$(외부집진판 2개 고려)$= 6.28$(7개)

05 전기집진장치에서 발생하는 장해현상 중 2차 전류가 현저하게 떨어질 때 대책 3가지를 쓰시오.

> **풀이**
>
> **2차 전류가 현저하게 떨어질 때 대책**
> ① 스파크 횟수를 증가　　② 조습용 스프레이의 수량을 증가
> ③ 적절히 입구먼지농도 조절

06 다음 환경대기 중 먼지측정법 3가지를 쓰시오.

> **풀이**
> ① 고용량 공기시료 채취기법　　② 저용량 공기시료 채취기법
> ③ 베타선법

07 중력집진기를 사용하여 분진을 제거하려고 한다. 분진의 밀도가 $0.75g/cm^3$이고, 분진의 입경이 $20\mu m$이다. 이때, 침강실의 길이가 5m일 때의 집진효율(%)을 구하고, 집진효율을 90%로 유지하기 위해 침강실의 길이를 늘이고자 할 때 추가적으로 필요한 최소한의 길이(m)를 구하시오. (단, 가스의 밀도 $1.28kg/m^3$, 유출가스 속도 $0.7m/sec$, 점도 $0.067kg/m \cdot hr$, 침강실의 폭과 높이는 각각 3m이다.)

층류	전이류	난류
$V_s = \dfrac{d_p^2(\rho_p - \rho_a)g}{18\mu}$	$V_s = 0.153 \rho_P^{0.71} \dfrac{d_p^{1.14}}{\rho_a^{0.25}\mu_g^{0.23}} g^{0.71}$	$V_s = 1.74\left[g \cdot d_p\left(\dfrac{\rho_p}{\rho_a}\right)\right]^{0.5}$

(1) 침강실의 길이가 5m일 때의 집진효율(%)
(2) 집진효율을 90%로 유지하기 위한 침강실의 추가 최소 길이(m)

> **풀이**
>
> 유체흐름의 형태를 파악하기 위하여 레이놀즈수(Re)를 구함
>
> $$Re = \frac{\rho V d}{\mu}$$
>
> ρ(유체밀도)$= 1.28kg/m^3$, V(유속)$= 0.7m/sec$
>
> d_e(상당직경)$= \dfrac{2 \times (3 \times 3)}{3+3} = 3m$
>
> μ(유체점도)$= 0.067kg/m \cdot hr \times hr/3{,}600sec = 1.86 \times 10^{-5} kg/m \cdot sec$
>
> $= \dfrac{1.28 \times 0.7 \times 3}{1.86 \times 10^{-5}} = 144{,}516.13$
>
> Re가 4,000 이상이므로 난류 공식 이용
>
> **(1) 침강실의 길이가 5m일 때의 집진효율(η)**
>
> $$\eta(\%) = 1 - \exp\left(-\frac{LWV_s}{Q}\right)$$
>
> $Q = A \times V = (3 \times 3)m^2 \times 0.7m/sec = 6.3m^3/sec$
>
> $V_s = 1.74\left[g \cdot d_p\left(\dfrac{\rho_p}{\rho_a}\right)\right]^{0.5}$
>
> $g = 9.8m/sec^2$
>
> $d_p = 20\mu m \times 10^{-6}m/\mu m = 2 \times 10^{-5}m$
>
> $\rho_p = 0.75g/cm^3 \times kg/1{,}000g \times 10^6 cm^3/m^3 = 0.75 \times 10^3 kg/m^3$
>
> $\rho_a = 1.28kg/m^3$
>
> $= 1.74 \times \left[9.8 \times 2 \times 10^{-5} \times \left(\dfrac{0.75 \times 10^3}{1.28}\right)\right]^{0.5} = 0.5897m/sec$

$$= 1 - \exp\left(-\frac{5 \times 3 \times 0.5897}{6.3}\right) = 0.7544 \times 100\% = 75.44\%$$

(2) 집진효율을 90%로 유지하기 위한 침강실의 추가 최소 길이(m)

길이는 효율과 다음 관계가 성립하므로 비례식으로 계산

$L \propto \ln(1-\eta)$

$5\mathrm{m} : \ln(1-0.7544) = 길이(\mathrm{m}) : \ln(1-0.9)$

$$길이(\mathrm{m}) = \frac{5\mathrm{m} \times \ln(1-0.9)}{\ln(1-0.7544)} = 8.20\mathrm{m}$$

추가 길이 $= 8.20 - 5 = 3.20\mathrm{m}$

08 다음은 폭굉과 가스의 연소에 관한 내용이다. 폭굉유도거리의 정의 및 폭굉유도거리가 짧아지는 경우 3가지를 쓰시오. 또한 아래의 조성을 가진 혼합기체의 폭발하한치(%)를 구하시오.

성분	조성(%)	하한 연소범위(%)
메탄	80	5.0
에탄	15	3.0
프로판	4	2.1
부탄	1	1.5

풀이

1. 정의

최초의 정상적인(완만한) 연소상태에서 격렬한 폭굉으로 진행할 때까지의 거리를 말한다.

2. 폭굉유도거리가 짧아지는 요건

① 정상의 연소속도가 큰 혼합가스일수록
② 관 속에 방해물이 있거나 관내경이 작을수록
③ 압력이 높을수록

3. 폭발하한치

$$\frac{100}{LEL} = \frac{V_1}{L_1} + \frac{V_2}{L_2} + \frac{V_3}{L_3} + \frac{V_4}{L_4} = \frac{80}{5.0} + \frac{15}{3.0} + \frac{4}{2.1} + \frac{1}{1.5}$$

$LEL = 4.24\%$

09 빛의 소멸계수(σ_{ext})가 0.45 km^{-1}인 대기에서, 시정거리의 한계를 빛의 강도가 초기 강도의 95%가 감소했을 때의 거리라고 정의할 때, 이때 시정거리 한계(km)는? (단, 광도는 Lambert-Beer 법칙을 따르며, 자연대수로 적용)

> **풀이**
>
> **Beer-Lambert 법칙**
>
> $I = I_0 \cdot \exp(-b_{ext} \cdot X)$
>
> $(1-0.95) = 1 \times \exp(-0.45 \text{km}^{-1} \times X)$
>
> 양변에 ln을 취하면
>
> $\ln 0.05 = -0.45 \text{km}^{-1} \times X$
>
> $X(\text{km}) = 6.66 \text{km}$

10 배출원에서 발생하는 오염물질을 후드에 흡인 시 후드의 설치 및 흡인요령 5가지를 쓰시오. (단, 후드의 개구면적을 작게 하여 흡인속도를 크게 한다는 내용은 제외함)

> **풀이**
>
> **후드의 흡인요령(흡입방법)(5가지만 기술)**
> ① 가능한 한 오염물질 발생원에 가까이 설치한다.
> ② 제어속도는 작업조건을 고려하여 적정하게 선정한다.
> ③ 작업에 방해되지 않도록 설치하여야 한다.
> ④ 오염물질 발생특성을 충분히 고려하여 설계하여야 한다.
> ⑤ 가급적이면 공정을 많이 포위한다.
> ⑥ 후드 개구면에서 기류가 균일하게 분포되도록 설계한다.
> ⑦ 국부적인 흡인방식으로 한다.

11 어떤 유해가스의 흡착 실험을 수행한 결과 흡착제의 단위질량당 흡착된 용질량 (x/m)과 출구가스농도 C_0 데이터를 얻었다. 이 실험데이터로부터 $\log(C_0)$ 대 $\log(x/m)$에 대하여 Plot 하였더니 다음과 같은 직선을 얻었다. 흡착은 Freundlich 등온흡착식 $x/m = KC_0^{1/n}$을 만족할 때 등온상수 n과 K값을 구하면?

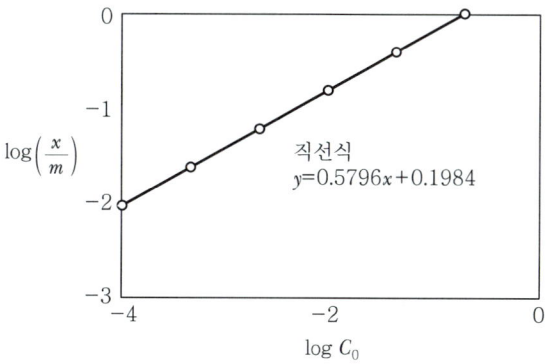

> **풀이**
>
> $\dfrac{x}{m} = KC^{\frac{1}{n}}$ 양변에 log를 취하면
>
> $\log\left(\dfrac{x}{m}\right) = \log\left(KC_0^{\frac{1}{n}}\right)$
>
> $\log\left(\dfrac{x}{m}\right) = \dfrac{1}{n}\log C_0 + \log K$
>
> 문제상 직선식 $y = 0.5796x + 0.1984$에서
>
> $\dfrac{1}{n} = 0.5796$, $n = 1.725$
>
> $\log K = 0.1984$
>
> $K = 1.579$

SECTION 12 2014년 2회 산업기사

01 분산모델(Dispersion Model)과 수용모델(Receptor Model)의 특징을 각각 3가지씩 쓰시오.

> **풀이**
>
> **1. 분산모델 특징(3가지만 기술)**
> ① 2차 오염원의 확인이 가능하다.
> ② 지형 및 오염원의 작업조건에 영향을 받는다.
> ③ 미래의 대기질을 예측할 수 있다.
> ④ 새로운 오염원이 지역 내에 생길 때, 매번 재평가를 하여야 한다.
> ⑤ 점, 선, 면 오염원의 영향을 평가할 수 있다.
> ⑥ 단기간 분석 시 문제가 된다.
> ⑦ 특정오염원의 영향을 평가할 수 있는 잠재력을 가지고 있으나 기상과 관련하여 대기 중의 무작위적인 특성을 적절하게 묘사할 수 없으므로 결과에 대한 불확실성이 크다.
>
> **2. 수용모델 특징(3가지만 기술)**
> ① 새로운 오염원이나 불확실한 오염원과 불법배출 오염원을 정량적으로 확인·평가할 수 있다.
> ② 지형, 기상학적 정보가 없이도 사용 가능하다.
> ③ 현재나 과거에 일어났던 일을 추정하여 미래를 위한 전략을 세울 수 있으나, 미래 예측은 어렵다.
> ④ 오염원의 조업 및 운영상태에 대한 정보 없이도 사용 가능하다.
> ⑤ 측정자료를 입력자료로 사용하므로 시나리오 작성이 곤란하다.
> ⑥ 수용체 입장에서 평가가 현실적으로 이루어질 수 있다.
> ⑦ 환경과학 전반(입자상 및 가스상 물질, 가시도 문제 등)에 응용 가능하다.

02 기체의 용해도에 따른 유해가스처리 설비를 2가지로 분류하고 각각의 장치를 2가지씩 쓰시오.

> **풀이**
> 1. 액분산형 흡수장치(가스 측 저항이 큰 경우 적용)
>   ① 충전탑　　　　　　② 분무탑
>   ③ 벤투리스크러버　　　④ 사이클론스크러버
> 2. 기체분산형 흡수장치(액 측 저항이 큰 경우 적용)
>   ① 단탑(포종탑, 다공판탑)　② 기포탑

03 Cyclone의 유입속도는 13m/sec, 유입구 폭은 12cm, 유효회전수는 5이다. 2.15g/cm³인 입자밀도가 50% 효율로 집진 가능한 분진의 입경(μm)을 구하시오.(단, 공기점성 : 0.0748kg/m·hr)

> **풀이**
> 절단입경(d_{p50})
>
> $$d_{p50} = \left(\frac{9\mu_g W}{2\pi N(\rho_p - \rho)V}\right)^{0.5}$$
>
> $\mu_g = 0.0748\text{kg/m}\cdot\text{hr}\times\text{hr}/3{,}600\text{sec} = 2.078\times10^{-5}$
> $\rho_p = 2.15\text{g/cm}^3\times\text{kg}/1{,}000\text{g}\times10^6\text{cm}^3/\text{m}^3 = 2{,}150\text{kg/m}^3$
> $\rho = 1.29\text{kg/m}^3$
>
> $$= \left(\frac{9\times2.078\times10^{-5}\times0.12}{2\times3.14\times5\times(2{,}150-1.29)\times13}\right)^{0.5} = 5.058\times10^{-6}\text{m}\times10^6\mu\text{m/m}$$
>
> $= 5.06\mu\text{m}$

04 유입계수 0.82, 속도압이 9mmH₂O일 때 후드의 압력손실(mmH₂O)은?

> **풀이**
> 후드압력손실(ΔP) = $F\times VP$
>
> $$F = \frac{1}{C_e^2} - 1 = \frac{1}{0.82^2} - 1 = 0.487$$
>
> $= 0.487\times9\text{mmH}_2\text{O} = 4.39\text{mmH}_2\text{O}$

05 농황산의 비중이 1.86이고, 농도가 95%이다. 몰농도(M)와 규정농도(N)를 구하시오.

> **풀이**
>
> 1) 몰농도(M)
> $1M : 98g/L = M(mol/L) : 1.86kg/L \times 0.95 \times 1,000g/kg$
>
> $M(mol/L) = \dfrac{1M \times 1.86kg/L \times 0.95 \times 1,000g/kg}{98g/L} = 18.03M(mol/L)$
>
> 2) 규정농도(N)
> $1N : \left(\dfrac{98}{2}\right)g/L = N(eq/L) : 1.86kg/L \times 0.95 \times 1,000g/kg$
>
> $N(eq/L) = \dfrac{1N \times 1.86kg/L \times 0.95 \times 1,000g/kg}{49g/L} = 36.06N(eq/L)$

06 COH(Coefficient of Haze) 계수에 대하여 기술하시오.

> **풀이**
>
> **빛의 전달률 계수(COH ; Coefficient of Haze)**
> 대기 중의 먼지에 대한 대기질의 오염도를 평가하는 방법으로 깨끗한 여과지에 먼지를 모은 다음 빛전달률의 감소를 측정함으로써 결정되며 COH의 계수는 1,000m를 기준으로 측정된 값이다. COH 값이 0이면 빛전달률이 양호함을 의미하고 이 값이 커질수록 빛 전달률이 작게 되며, 대기질은 오염되었음을 의미한다.

07 배기가스를 흡착법으로 처리할 경우 사용된 활성탄 재생방법을 5가지를 쓰시오.

> **풀이**
>
> **흡착제 재생방법**
> ① 수증기 송입 탈착법　　② 가열공기 탈착법
> ③ 수세(물) 탈착법　　　　④ 감압(압력을 낮춤) 탈착법
> ⑤ 고온의 불활성기체 탈착법

08 바람의 종류 중 지균풍 중 지균풍에 영향을 주는 힘의 요소를 이용하여 설명하시오.

> **풀이**
>
> 지균풍에 영향을 주는 힘의 요소는 기압경도력과 전향력이며 이들은 크기가 같고 방향은 반대이다. 즉 지균풍은 지표면으로부터의 마찰력이 무시될 수 있는 고도에서 등압선이 직선일 경우 전향력과 기압경도력의 두 힘만으로 완전히 평형을 이루고 있을 때 부는 수평 바람을 의미한다.

09 배출가스양이 45,000Sm³/hr, HF의 농도는 50ppm 이다. 수산화칼슘으로 HF를 세정할 경우 5일간 사용된 수산화칼슘의 양(kg)을 구하시오.(단, 운전시간 1일 10시간, HF의 물에 대한 흡수율 80%)

> **풀이**
>
> 흡수반응식
>
> $2HF \quad + \quad Ca(OH)_2 \quad \rightarrow \quad CaF_2 + 2H_2O$
>
> $2 \times 22.4 Sm^3 \quad : \quad 74kg$
>
> $45,000 Sm^3/hr \times 50ppm \times 10^{-6} \times 10hr/day \times 5day \times 0.8 : Ca(OH)_2(kg)$
>
> $Ca(OH)_2(kg) = \dfrac{45,000 Sm^3/hr \times 50ppm \times 10^{-6} \times 10hr/day \times 5day \times 0.8 \times 74kg}{2 \times 22.4 Sm^3} = 148.66kg$

10 0.3μm 직경을 가진 구형물입자(Water Droplet) 하나에 포함되어 있는 물분자수는 몇 개인가?

> **풀이**
>
> 구형물입자 체적(0.25μm 직경) $= \dfrac{1}{6}\pi d_w^3$
>
> $= \dfrac{1}{6} \times 3.14 \times (0.3\mu m \times m/10^6 \mu m)^3$
>
> $= 1.413 \times 10^{-20} m^3 \times 1,000 L/m^3 = 1.413 \times 10^{-17} L$
>
> 1mol = 6.023×10^{23}의 분자수(아보가드로 법칙)
>
> 물분자수 $= 1.413 \times 10^{-17} L \times 1,000g/L \times 1mol/18g \times \dfrac{6.023 \times 10^{23}}{1 mol} = 4.73 \times 10^8$개

11 높이 40m인 굴뚝으로부터 20m/sec로 연기가 배출되고 있다. 굴뚝 반지름은 2m, 유효굴뚝높이 80m, 배출가스의 열방출률은 4,000kJ/sec일 때, 아래의 식을 이용하여 굴뚝 주위의 풍속(m/sec)을 구하시오. [단, Holland의 식은 아래와 같고, Q_h는 열방출률(kJ/sec)]

$$\Delta H(\text{m}) = \frac{V_s \cdot d}{U} \times \left(1.5 + 0.0096 \times \frac{Q_h}{V_s \cdot d}\right)$$

풀이

$$\Delta H = \frac{V_s \cdot d}{U}\left(1.5 + 0.0096 \times \frac{Q_h}{V_s \cdot d}\right)$$

$\Delta H = H_e - H = 80 - 40 = 40\text{m}$

$$40 = \frac{20 \times (2 \times 2)}{U} \times \left[1.5 + \left(0.0096 \times \frac{4,000}{20 \times (2 \times 2)}\right)\right]$$

$$40 = \frac{158.4}{U}$$

$U(\text{m/sec}) = 3.96\text{m/sec}$

---

12 다음은 환경대기 중 시료채취 위치선정에 관한 내용이다. ( ) 안에 알맞은 내용을 쓰시오.

(1) 주위에 건물이나 수목 등의 장애물이 있는 경우에는 채취위치로부터 장애물까지의 거리가 그 장애물 높이의 (①) 이상 또는 채취점과 장애물 상단을 연결하는 직선이 수평선과 이루는 각도가 (②) 되는 곳을 선정한다.
(2) 주위에 건물 등이 밀집되거나 접근되어 있을 경우에는 건물 바깥벽으로부터 적어도 (③) 이상 떨어진 곳에 채취점을 선정한다.

풀이

(1) ① 2배   ② 30° 이하
(2) ③ 1.5m

SECTION 13 2014년 4회 기사

01 NO 224ppm, NO_2 22.4ppm을 함유하는 배기가스가 100,000Sm³/hr으로 발생하고 있다. 암모니아에 의한 선택적 접촉환원법으로 탈질하기 위한 암모니아의 양(kg/hr)을 구하시오.(단, 산소공존은 없으며 표준상태, 화학반응식을 기재하고 풀이하시오.)

풀이

1) NO

$$6NO + 4NH_3 \rightarrow 5N_2 + 6H_2O$$

$6 \times 22.4 Sm^3$: $4 \times 17 kg$

$100,000 Sm^3/hr \times 224 mL/Sm^3 \times 10^{-6} Sm^3/mL$: $NH_3(kg/hr)$

$$NH_3(kg/hr) = \frac{100,000 Sm^3/hr \times 224 mL/Sm^3 \times 10^{-6} Sm^3/mL \times (4 \times 17)kg}{6 \times 22.4 Sm^3} = 11.33 kg/hr$$

2) NO_2

$$6NO_2 + 8NH_3 \rightarrow 7N_2 + 12H_2O$$

$6 \times 22.4 Sm^3$: $8 \times 17 kg$

$100,000 Sm^3/hr \times 22.4 mL/Sm^3 \times 10^{-6} Sm^3/mL$: $NH_3(kg/hr)$

$$NH_3(kg/hr) = \frac{100,000 Sm^3/hr \times 22.4 mL/Sm^3 \times 10^{-6} Sm^3/mL \times (8 \times 17)kg}{6 \times 22.4 Sm^3} = 2.27 kg/hr$$

$NH_3(kg/hr) = 11.33 + 2.27 = 13.6 kg/hr$

02 활성탄 흡착의 분류 중 물질적 흡착의 특징 6가지를 쓰시오.

풀이

물리적 흡착의 특징

① 가스와 흡착제가 분자 간의 인력, 즉 Van der Waals Force(반데르발스 결합력)로 약하게 결합되어 있으며 보통 가용한 피흡착제의 표면적에 비례한다.
② 가스 중의 분자 간 상호의 인력보다 고체표면과의 인력이 크게 되는 때에 일어난다.
③ 가역성이 높다. 즉, 가역적 반응이기 때문에 흡착제 재생 및 오염가스 회수에 매우 유용하며 여러 층의 흡착이 가능하다.
④ 흡착제에 대한 용질의 분자량이 클수록, 온도가 낮을수록, 압력(분압)이 높을수록 흡착에 유리하다.

⑤ 흡착량은 단분자층과는 관계가 적다. 즉, 물리적 흡착은 다분자 흡착층 흡착이며, 흡착열이 낮다.
⑥ 흡착물질은 임계온도 이상에서는 흡착되지 않는다.

[참고] 화학적 흡착
① 가스와 흡착제가 화학적 반응을 하기 때문에 결합력은 물리적 흡착보다 크다.
② 비가역 반응이기 때문에 흡착제 재생 및 오염가스 회수를 할 수 없다.
③ 분자 간의 결합력이 강하여 흡착과정에서 발열량이 많다. 즉, 반응열을 수반하여 온도가 대체로 높다.
④ 흡착력은 단분자층의 영향을 받는다.

03 다음 각 연소의 종류에 대해 간단하게 설명하시오. (단, 연소별 해당되는 물질을 반드시 1가지 이상 언급하시오.)

1. 증발연소
2. 분해연소
3. 표면연소
4. 확산연소
5. 내부(자기)연소

풀이

1. 증발연소
  1) 정의
    화염으로부터 열을 받으면 가연성 증기가 발생하는 연소, 즉 액체연료가 액면에서 증발하여 가연성 증기로 되어 산소와 반응한 후 착화되어 화염이 발생하고 증발이 촉진되면서 연소가 이루어지는 것을 의미한다.
  2) 적용연료(1가지만 기술)
    ① 휘발유, 등유, 경유, 알코올(중유는 제외)
    ② 나프탈렌, 벤젠   ③ 양초

2. 분해연소
  1) 정의
    고체연료가 가열되면 열분해가 일어나서 가연성 가스가 발생하며, 이를 공기와 혼합하여 확산 연소하는 과정을 분해연소라 한다.
  2) 적용연료(1가지만 기술)
    ① 석탄, 목재(휘발분을 가짐)   ② 중유(증발이 어려움)

3. 표면연료
  1) 정의
    고체연료 표면에 고온을 유지시켜 표면에서 반응을 일으켜 내부로 연소가 진행되는 연소방법으로 숯불연소, 불균일연소라고도 한다.

2) 적용연료(1가지만 기술)
① 코크스, 숯(목탄), 흑연   ② 금속
③ 석탄(분해연소와 탄소의 표면연소의 두 반응에서 이루어짐)

4. 확산연소
1) 정의

   가연성 연료와 외부공기가 서로 확산에 의해 혼합하면서 화염을 형성하는 연소형태, 즉 연료를 버너노즐로부터 분리시켜 외부공기와 일정속도로 혼합하여 연소하는 방법이다.(버너 내에서 공기와 혼합시키지 않고 버너노즐에서 연료가스를 분사하고 연료와 공기를 일정속도로 혼합하여 연소)

2) 적용연료

   대부분 기체연료

5. 내부(자기)연소
1) 정의

   외부공기 없이 고체 자체의 산소 분해에 의하여 연소하면서 내부로 연소가 폭발적으로 진행되는 방법이다.

2) 적용연료(1가지만 기술)

   ① 니트로글리세린   ② 화약, 폭약

---

04 배출가스 중 브롬화합물의 분석방법이다. ( ) 안에 맞는 용어를 넣으시오.

> 티오시안산제2수은법은 브롬화합물을 수산화소듐 용액에 흡수시킨 후 일부를 분취해서 산성으로 하여 (①) 용액을 사용하여 브롬으로 산화시켜 (②)으로 추출한다. 흡광도는 (③)nm에서 측정한다.

풀이
① 과망간산포타슘   ② 클로로포름   ③ 460

05 비분산적외선분광분석법 측정기기의 성능유지기준 중 제로드리프트(Zero Drift)에 관한 설명이다. ( ) 안에 알맞은 용어는?

> 제로가스를 연속적으로 도입하여 고정형은 24시간, 이동형은 (①)시간 연속측정하는 동안에 전체 눈금의 (②) 이상의 지시변화가 없어야 한다.

풀이
① 4시간   ② ±2%

06 여과집진장치의 탈진방식 중 간헐식과 연속식의 장단점을 2가지씩 쓰시오.

> **풀이**
>
> **1. 간헐식**
>   1) 장점
>   ① 여포의 수명이 연속식에 비해 길다.
>   ② 먼지의 재비산이 적다.
>   2) 단점
>   ① 대량가스의 처리에 부적합하다.
>   ② 점성이 있는 조대분진을 탈진할 경우 진동형은 여포손상을 일으킨다.
>
> **2. 연속식**
>   1) 장점
>   ① 포집과 탈진이 동시에 이루어지므로 압력손실이 거의 일정하다.
>   ② 고농도의 가스처리가 가능하다.
>   2) 단점
>   ① 탈진공정 시 재비산이 발생한다.
>   ② 간헐식에 비해 집진효율이 낮다.

07 액체연료의 연소장치 중 유압식 버너의 특성 5가지를 쓰시오.

> **풀이**
>
> **유압식 버너의 특징(5가지만 기술)**
> ① 대용량 버너 제작이 용이하다.
> ② 유량은 유압의 평방근에 비례하고 고점도의 기름은 분무화가 불량하다.
> ③ 구조가 간단하여 유지보수가 용이하다.
> ④ 부하변동이 적은 곳에 적당하다.
> ⑤ 유량조절범위가 다른 버너에 비해 좁아 부하변동에 적응하기 어렵다.
> ⑥ 연료의 점도가 크거나, 유압이 $5kg/cm^2$ 이하가 되면 분무화가 불량하다.

08 저위발열량 11,500kcal/kg인 중유를 완전연소시키는 데 필요한 이론습연소가스양 (Sm³/kg) 및 이론공기량(Sm³/kg)은?(단, 표준상태 기준, Rosin의 식 적용)

> **풀이**
>
> 액체연료 이론습연소가스양(G_0)
>
> $$G_0 = 1.11 \times \frac{저위발열량(H_l)}{1,000} = 1.11 \times \frac{11,500}{1,000} = 12.77 \text{Sm}^3/\text{kg}$$
>
> 이론공기량(A_0) : 액체연료 Rosin식
>
> $$A_0 = 0.85 \times \frac{H_l}{1,000} + 2 = 0.85 \times \frac{11,500}{1,000} + 2 = 11.78 \text{Sm}^3/\text{kg}$$

09 연돌 높이가 40m인 상태에서 자연통풍으로 연소하고 있다. 이 열설비 후단에 집진장치를 설치한 결과 압력손실이 10mmH₂O 발생하였다. 집진장치 설치 이전의 통풍력을 유지하기 위해서는 연돌의 높이를 몇 m만큼 증가시켜야 하는지 구하시오.(단, 배출가스온도 280℃, 대기온도 25℃, 연돌 내 마찰손실 무시, 공기 및 배출가스의 표준상태 밀도 1.3kg/Sm³)

> **풀이**
>
> 집진장치 설치 전 통풍력(Z)
>
> $$Z(\text{mmH}_2\text{O}) = 355H\left(\frac{1}{273+t_a} - \frac{1}{273+t_g}\right)$$
>
> $$= 355 \times 40 \times \left[\frac{1}{(273+25)} - \frac{1}{(273+280)}\right] = 21.97 \text{mmH}_2\text{O}$$
>
> 총통풍력 = 21.97 + 10 = 31.97mmH₂O
>
> 연돌높이 계산(H)
>
> $$31.97 = 355 \times H \times \left[\frac{1}{(273+25)} - \frac{1}{(273+280)}\right]$$
>
> $$H = \frac{31.97}{0.55} = 58.13\text{m}$$
>
> 증가시켜야 할 연돌높이 = 58.13 - 40 = 18.13m

10 전기집진장치에서 전류밀도가 먼지층 표면 부근의 이온전류 밀도와 같고 양호한 집진작용이 이루어지는 값이 2×10^{-8} A/cm²이며, 또한 먼지층 중의 절연파괴 전계강도를 5×10^3 V/cm로 한다면, 이때 (1) 먼지층의 겉보기 전기저항과 (2) 이 장치의 문제점은?

> **풀이**
> (1) 전기저항 = $\dfrac{\text{전압}}{\text{전류}} = \dfrac{5 \times 10^3 \text{ V/cm}}{2 \times 10^{-8} \text{ A/cm}^2} = 2.5 \times 10^{11} \Omega \cdot \text{cm}$
> (2) $10^{11} \Omega \cdot \text{cm}$ 이상이므로 역전리 현상이 발생한다.

11 500m³ 용적의 방 안에 10명이 있고 그중 5명이 담배를 피우는데, 1시간 동안 5명이 총 20개피의 담배를 피웠다. 담배 1개비당 1.3mg의 포름알데히드가 발생한다면 1시간 후 방 안의 포름알데히드 농도는 몇 ppm인가? 소수점 셋째 자리까지 구하라. (단, 포름알데히드는 완전혼합되고, 담배를 피우기 전 농도는 0이며, 온도는 25℃로 한다.)

> **풀이**
> 시간당 포름알데히드[HCHO] 농도(mg/m³) = $\dfrac{20 \text{개피/hr} \times 1.3 \text{mg/개피}}{500 \text{m}^3}$
> $= 0.052 \text{mg/m}^3 \cdot \text{hr}$
> 한 시간 후 농도(mg/m³) = $0.052 \text{mg/m}^3 \cdot \text{hr} \times 1\text{hr} = 0.052 \text{mg/m}^3$
> 온도(25℃)에 따른 부피보정 후 농도(ppm)
> 농도(ppm) = $0.052 \text{mg/m}^3 \times \dfrac{22.4\text{mL} \times \left(\dfrac{273+25}{273}\right)}{30\text{mg}(\text{HCHO 분자량})} = 0.042 \text{ppm}$

SECTION 14 2014년 4회 산업기사

01 Cyclone에서 Blow Down 방식의 정의 및 효과를 3가지 쓰시오.

> **풀이**
>
> **블로다운(Blow Down) 방식**
>
> 1. 정의
>
>   Cyclone의 집진효율을 향상시키기 위한 하나의 방법으로서 더스트 박스 또는 호퍼부에서 처리가스(유입유량)의 5~10%에 상당하는 함진가스를 추출·흡인하여 운영하는 방식이다.
>
> 2. 효과
>   ① 원추하부에 가교현상을 방지하여 장치 내부의 먼지퇴적을 억제한다.
>   ② Cyclone 내의 난류현상(선회기류의 흐트러짐 현상)을 억제시킴으로써 집진된 먼지의 재비산을 방지한다.
>   ③ 유효원심력을 증가시켜 집진효율이 향상된다.

02 휘발성 유기화합물(VOCs) 및 악취 처리 방법 중 바이오필터(생물막)법의 원리 및 장단점을 2가지씩 기술하시오.

> **풀이**
>
> 1. 원리
>
>   미생물을 이용하여 VOCs 및 악취를 CO_2, H_2O로 전환시키는 원리이다.
>
> 2. 장단점
>
>   1) 장점
>   ① 생성오염부산물이 적거나 없다.
>   ② 저농도 오염물질(주 : VOCs)의 처리에 적합하고 설치가 간단하다.
>   2) 단점
>   ① 생성량의 증가로 장치가 막힐 수 있다.
>   ② 넓은 부지가 요구되며 습도제어에 각별한 주의가 필요하다.

03 환경대기 중 먼지 측정방법 3가지를 쓰시오.

> **풀이**
> ① 고용량 공기시료 채취기법 ② 저용량 공기시료 채취기법
> ③ 베타선법

04 C_3H_8(프로판)과 C_2H_6(에탄)의 혼합가스 $1Nm^3$을 완전연소시킨 결과 배기가스 중 CO_2의 생성량이 $2.6Nm^3$이었다. 이 혼합가스의 mole비(C_3H_8/C_2H_6)는 얼마인가?

> **풀이**
> 프로판 연소반응식
> $C_3H_8 \;+\; 5O_2 \;\rightarrow\; 3CO_2 \;+\; 4H_2O$
> $1Nm^3 \qquad\qquad : \quad 3Nm^3$
> $x(Nm^3) \qquad\qquad : \quad 3x(Nm^3)$
>
> 에탄 연소반응식
> $C_2H_6 \;+\; 3.5O_2 \;\rightarrow\; 2CO_2 \;+\; 3H_2O$
> $1Nm^3 \qquad\qquad : \quad 2Nm^3$
> $(1-x)(Nm^3) \qquad : \quad 2(1-x)(Nm^3)$
>
> CO_2 생성량 $= 2.6Nm^3 = 3x + 2(1-x)$
> $2.6 = 3x + 2(1-x)$
> $x(C_3H_8) = 0.6$이므로 $(1-x) = 0.4$
> 혼합가스 mole비 $= \dfrac{C_3H_8}{C_2H_6} = \dfrac{0.6}{0.4} = 1.5$

05 Cyclone에서 유입속도와 입구폭을 각각 2배로 증가시키면 절단입경(Cut Diameter)은 처음의 몇 배가 되겠는가?

> **풀이**
> 절단입경 (d_{p50})
> $d_{p50} = \sqrt{\dfrac{9\,\mu_g\,W}{2\,\pi N(\rho_p - \rho)\,V}}$ 에서
> $d_{p50} \simeq \sqrt{\dfrac{W}{V}} = \sqrt{\dfrac{2W}{2V}} = 1$
> 처음의 1배가 증가한다.

06 C 85%, H 15%의 액체연료를 연소하는 경우, 연소 배기가스의 분석결과가 CO_2 12%, O_2 4%, N_2 84%였다면 이 액체연료 kg당 실제연소용 공기량(Sm^3/kg)은?(단, 표준상태 기준)

> **풀이**
>
> 실제공기량(A)
>
> $A = m \times A_0$
>
> $$m = \frac{N_2}{N_2 - 3.76O_2} = \frac{84}{84 - (3.76 \times 4)} = 1.22$$
>
> $$A_0 = \frac{1}{0.21}(1.867C + 5.6H)$$
>
> $$= \frac{1}{0.21}[(1.867 \times 0.85) + (5.6 \times 0.15)] = 11.56 Sm^3/kg$$
>
> $= 1.22 \times 11.56 Sm^3/kg = 14.10 Sm^3/kg$

07 다음 조건에서 지상에 나타나는 황산화물의 최대지표농도(ppm)를 구하시오.(단, Sutton의 확산식 이용)

- 유효연돌높이 : 40m
- 황산화물 농도 : 900ppm
- 풍속 : 5m/sec
- 배출가스유량 : 15,000Sm^3/hr
- 수평, 수직 확산계수 : 각 0.12

> **풀이**
>
> 최대지표농도(C_{max})
>
> $$C_{max}(ppm) = \frac{2Q}{\pi \cdot e \cdot u \cdot H_e^2} \times \left(\frac{\sigma_z}{\sigma_y}\right)$$
>
> $$= \frac{2 \times 15,000 Sm^3/hr \times hr/3,600 sec \times 900 ppm}{3.14 \times 2.72 \times 5 m/sec \times (40m)^2} \times \left(\frac{0.12}{0.12}\right)$$
>
> $= 0.11 ppm$

08 기체연료 1Sm³의 성분함유량이 다음과 같을 때 도시가스 1Sm³을 완전연소하는 데 필요한 이론공기량(Sm³)을 구하시오. (단, 질소는 모두 일산화질소가 된다고 가정)

성분	CO_2	C_2H_4	C_3H_6	O_2	CO	H_2	CH_4	N_2
함유량(Sm³)	0.1	0.04	0.03	0.01	0.15	0.25	0.25	0.17

풀이

이론공기량(A_0)

$$A_0(Sm^3) = \frac{1}{0.21}\left[0.5H_2 + 0.5CO + 2CH_4 + \cdots + \left(m + \frac{n}{4}\right)C_mH_n - O_2\right]$$

$$C_2H_4 + 3O_2 \rightarrow 2CO_2 + 2H_2O$$
$$C_3H_6 + 4.5O_2 \rightarrow 3CO_2 + 3H_2O$$

$$= \frac{1}{0.21} \times [(0.5 \times 0.25) + (0.5 \times 0.15) + (2 \times 0.25) + (3 \times 0.04)$$
$$+ (4.5 \times 0.03) + (1 \times 0.17) - 0.01]$$
$$= 5.3 Sm^3/Sm^3 \times 1 Sm^3 = 5.3 Sm^3$$

09 흡착제 선정 시 고려사항 3가지를 쓰시오.

풀이

흡착제 선정 시 고려사항(3가지만 기술)
① 흡착탑 내에서 기체흐름에 대한 저항(압력손실)이 작을 것
② 어느 정도의 강도와 경도가 있을 것
③ 흡착률이 우수할 것
④ 흡착제의 재생이 용이할 것
⑤ 흡착물질의 회수가 용이할 것

10 분진농도 12g/m³, 유량 1,000m³/min의 가스를 백필터로 처리하고자 한다. 백의 직경은 0.3m, 길이는 4.5m, 처리속도는 3m/min이며, 처리효율은 95%로 한다. 다음을 구하시오.

> 차압식 $\Delta P = K_1 V_f + K_2 C V_f^2 t \cdot \eta$
>
> $K_1 = 60 \text{mmH}_2\text{O}(\text{m/min})$
>
> $K_2 = 120 \text{mmH}_2\text{O}(\text{m/min})(\text{kg/m}^2)$

(1) Bag 개수

(2) 차압을 200mmH₂O로 하고자 한다면 탈진주기(min)는?

> **풀이**
>
> (1) **Bag 개수(N)**
>
> $N = \dfrac{\text{처리가스양}}{\text{여과포 하나당 가스양}}$
>
> $= \dfrac{1{,}000 \text{m}^3/\text{min}}{(3.14 \times 0.3\text{m} \times 4.5\text{m}) \times 3\text{m/min}} = 78.63(79\text{개})$
>
> (2) **탈진주기(t)**
>
> $t = \dfrac{\Delta P - K_1 V_f}{(K_2 C V_f^2) \times \eta}$
>
> $= \dfrac{200 \text{mmH}_2\text{O} - (60 \text{mmH}_2\text{O} \times 3\text{m/min})}{[120 \text{mmH}_2\text{O} \times 12\text{g/m}^3 \times \text{kg}/1{,}000\text{g} \times (3\text{m/min})^2 \times 0.95]}$
>
> $= 1.62 \text{min}$

11 배출가스 중 염화비닐 분석방법 2가지를 쓰고 간단히 설명하시오.

> **풀이**
>
> **배출가스 중 염화비닐 분석방법**
>
> 1. **고체흡착 열탈착법 – 기체크로마토그래피**
>   흡착제를 충전한 흡착관에 염화비닐을 흡착시킨 후 탈착을 쉽게 하기 위해 흡착시킨 방향과 반대방향으로 열탈착하여 기체크로마토그래피(Gas Chromatography)를 이용하여 분석하는 방법이다.
>
> 2. **테들러백 – 기체크로마토그래피**
>   테들러백 내의 시료 일정량을 흡인하여 저온농축관에 농축하고, 농축된 시료를 열탈착하여 기체크로마토그래프를 이용하여 분석하는 방법이다.

15 2015년 1회 기사

01 동압측정 시 확대율이 10배가 되는 경사마노미터의 동압이 45mmH₂O이다. 이때 유속이 1.5배 증가할 경우 동압(mmH₂O)을 구하시오.

풀이

$V = C\sqrt{\dfrac{2gh}{\gamma}}$ 에서

유속(V)과 동압(h)의 관계는 $V \propto \sqrt{h}$

초기유속(V) : $\sqrt{\dfrac{45\text{mmH}_2\text{O}}{10\text{배}}} = 1.5\,V : \sqrt{h}$

$\sqrt{h} = \dfrac{1.5\,V \times \sqrt{\dfrac{45\text{mmH}_2\text{O}}{10}}}{V}$

$h = 10.13 \text{mmH}_2\text{O}$

02 세정식 집진장치에서 회전원판에 의해 분무액이 미립화될 경우 원심력과 표면장력에 의해 물방울 직경을 측정할 수 있다. 회전원판의 지름이 6cm, 회전수가 4,400rpm일 때 물방울의 직경(μm)을 구하시오.

풀이

물방울 직경(d_w)

$d_w(\mu\text{m}) = \dfrac{200}{N\sqrt{R}}$

R = 회전원판 반경 = 6cm ÷ 2 = 3cm

$= \dfrac{200}{4,400 \times \sqrt{3}} = 0.026243\text{cm} \times 10^4 \mu\text{m/cm} = 262.43\mu\text{m}$

03 전체 환기와 비교 시 국소환기의 장점 3가지를 쓰시오.

풀이

국소환기의 장점(3가지만 기술)
① 전체 환기는 희석에 의한 저감으로서 완전 제거가 불가능하나, 국소환기는 발생원상에서 포집, 제거하므로 오염물질의 완전 제거가 가능하다.
② 국소환기는 전체 환기에 비해 필요환기량이 적어 경제적이다.
③ 작업장 내의 방해기류나 부적절한 급기에 의한 영향을 적게 받는다.

④ 오염물질로부터 작업장 내의 기계 및 시설물을 보호할 수 있다.
⑤ 비중이 큰 침강성 입자상 물질도 제거 가능하므로 작업장 관리(청소 등) 비용을 절감할 수 있다.

04 배출시설의 배기가스양은 100,000Nm³/hr이며, 이 배기가스에 함유된 질소산화물은 NO=224ppm, NO₂=22.4ppm이다. 이 질소산화물을 암모니아에 의한 선택적 접촉환원법으로 처리할 경우 소요되는 암모니아의 이론량(kg/hr)을 구하시오.(단, 산소공존은 없으며 표준상태, 화학반응식을 기재하고 풀이하시오.)

> **풀이**
>
> 1) NO
>
> $6NO + 4NH_3 \rightarrow 5N_2 + 6H_2O$
>
> $6 \times 22.4 Sm^3 : 4 \times 17 kg$
>
> $100,000 Sm^3/hr \times 224 mL/Sm^3 \times 10^{-6} Sm^3/mL : NH_3(kg/hr)$
>
> $NH_3(kg/hr) = \dfrac{100,000 Sm^3/hr \times 224 mL/Sm^3 \times 10^{-6} Sm^3/mL \times (4 \times 17)kg}{6 \times 22.4 Sm^3} = 11.33 kg/hr$
>
> 2) NO₂
>
> $6NO_2 + 8NH_3 \rightarrow 7N_2 + 12H_2O$
>
> $6 \times 22.4 Sm^3 : 8 \times 17 kg$
>
> $100,000 Sm^3/hr \times 22.4 mL/Sm^3 \times 10^{-6} Sm^3/mL : NH_3(kg/hr)$
>
> $NH_3(kg/hr) = \dfrac{100,000 Sm^3/hr \times 22.4 mL/Sm^3 \times 10^{-6} Sm^3/mL \times (8 \times 17)kg}{6 \times 22.4 Sm^3} = 2.27 kg/hr$
>
> $NH_3(kg/hr) = 11.33 + 2.27 = 13.6 kg/hr$

05 실린더 직경 1.5×10^2cm인 사이클론으로 선회류의 회전수가 5인 경우 함진가스 유입속도 10m/s, 입자밀도 1.5g/cm³일 때 직경 24μm인 입자의 Lapple식에 의한 이론적 제거 효율(%)은?(단, D_p : 절단입경(μm), 배출가스점도 : 2×10^{-5}kg/m·sec, 배출가스의 밀도 : 1.3×10^{-3}g/cm³, 유입구 폭 : 1/4×실린더 직경)

｜입경비에 대한 이론적 제거 효율｜

D/D_p	1.0	1.5	2.0	2.5
이론적 제거 효율(%)	50	70	80	85

> **풀이**
>
> 절단입경$(D_p) = \left(\dfrac{9\,\mu_g W}{2\pi N(\rho_p - \rho)V}\right)^{0.5}$
>
> $\rho_p = 1.5\text{g/cm}^3 \times \text{kg}/1{,}000\text{g} \times 10^6 \text{cm}^3/\text{m}^3 = 1{,}500 \text{kg/m}^3$
>
> $\rho = 1.3 \times 10^{-3}\text{g/cm}^3 \times \text{kg}/1{,}000\text{g} \times 10^6 \text{cm}^3/\text{m}^3 = 1.3 \text{kg/m}^3$
>
> $W = \dfrac{1}{4} \times 실린더\ 직경 = \dfrac{1}{4} \times (1.5 \times 10^2)\text{cm} \times \text{m}/100\text{cm} = 0.375\text{m}$
>
> $= \left(\dfrac{9 \times (2 \times 10^{-5}) \times 0.375}{2 \times 3.14 \times 5 \times (1{,}500 - 1.3) \times 10}\right)^{0.5}$
>
> $= 1.1976 \times 10^{-5}\text{m} \times 10^6 \mu\text{m/m} = 11.976 \mu\text{m}$
>
> 직경비$\left(\dfrac{D}{D_p}\right) = \dfrac{24\mu\text{m}}{11.976\mu\text{m}} = 2.0$
>
> 표에서 이론적 제거 효율(%)= 80%

06 오염된 공기를 활성탄 흡착에 의해 처리하고자 한다. 오염공기는 50m³/min, 25℃ 1atm으로 흡착층에 유입되며, 이 중 Benzene(C_6H_6) 650ppm이 포함되어 있다. 흡착층의 깊이는 0.8m, 탑 내 속도는 0.55m/sec, 활성탄의 겉보기 밀도는 330kg/m³, 활성탄 흡착층의 운전흡착용량(Working Adsorption Capacity)은 주어진 [Yaws 식]에 의해 나타난 흡착용량의 45%라 할 때, 활성탄 흡착층의 운전흡착용량(kg/kg)을 구하시오.

> [Yaws 식]
> $\log X = -1.189 + 0.288 \log C_e - 0.0238(\log C_e)^2$
> 여기서, X : 흡착용량[오염물질(g)/탄소(g)]
> C_e : 오염농도(ppm)

> **풀이**
>
> 흡착용량(X)
> $\log X = -1.189 + 0.288 \log C_e - 0.0238(\log C_e)^2$
> $\quad = -1.189 + (0.288 \times \log 650) - [0.0238 \times (\log 650)^2] = -0.5672$
> $X = 10^{-0.5672} = 0.2709$
> 활성탄 흡착층의 운전흡착용량 $= 0.2709 \times 0.45 = 0.12 \text{kg/kg}$

07 가스크로마토그래프법 분리평가 항목 중 분리능의 '분리계수' 및 '분리도'의 식을 쓰고 각 인자를 설명하시오.

> **풀이**
>
> 1) 분리계수$(d) = \dfrac{t_{R2}}{t_{R1}}$
>
> 2) 분리도$(R) = \dfrac{2(t_{R2} - t_{R1})}{W_1 + W_2}$
>
> 여기서, t_{R1} : 시료도입점으로부터 봉우리(피크) 1의 최고점까지의 길이
> t_{R2} : 시료도입점으로부터 봉우리(피크) 2의 최고점까지의 길이
> W_1 : 봉우리(피크) 1의 좌우 변곡점에서의 접선이 자르는 바탕선의 길이
> W_2 : 봉우리(피크) 2의 좌우 변곡점에서의 접선이 자르는 바탕선의 길이

08 Butane $1Sm^3$을 과잉공기 20%로 완전연소시켰을 때 생성되는 습배출가스 중 CO_2의 농도(vol%)는?

> **풀이**
>
> 연소반응식
> $C_4H_{10} + 6.5O_2 \rightarrow 4CO_2 + 5H_2O$
> $1m^3 \ : 6.5m^3 \ : \ 4m^3 : 5m^3$
> 실제습연소가스양 $= (m - 0.21)A_0 + \sum CO_2 + \sum H_2O$
>
> $$A_0 = \dfrac{1}{0.21} \times O_0 = \dfrac{1}{0.21} \times 6.5 = 30.95 Sm^3/Sm^3$$
>
> $$= [(1.2 - 0.21) \times 30.95] + 4 + 5 = 39.64 Sm^3/Sm^3$$
>
> $$CO_2\ 농도(\%) = \dfrac{CO_2\ 가스양}{실제습연소가스양} \times 100 = \dfrac{4}{39.64} \times 100 = 10.09\%$$

09 유해가스 처리방법 중 흡수법의 단탑, 충전탑의 차이점 3가지를 기술하시오.

> **풀이**
>
> **단탑, 충전탑의 차이점(3가지만 기술)**
> ① 흡수액이 포말성인 경우 단탑보다 충전탑이 유리하다.
> ② 처리배기량이 동일인 경우 충전탑이 단탑보다 압력 손실이 적다.
> ③ 충전탑이 단탑보다 Hold-up 현상이 적다.
> ④ 흡수액에 부유물이 포함된 경우 충전탑보다 단탑을 사용하는 것이 효율적이다.

10 유효굴뚝높이를 높이기 위하여 굴뚝직경을 1/3로 감소하였을 경우 굴뚝 내부의 압력손실 변화를 쓰시오. (단, 굴뚝직경 외 다른 인자는 동일하다고 가정)

> **풀이**
>
> $\Delta P = 4f \times \dfrac{L}{D} \times \dfrac{\gamma V^2}{2g}$ 에서
>
> 직경을 $\dfrac{1}{3}$ 로 줄이면 단면적은 $\dfrac{1}{9}$ → 유속은 9배
>
> $\Delta P \propto \dfrac{V^2}{D} \times \dfrac{9^2}{\left(\dfrac{1}{3}\right)} = 243$ (즉 압력손실은 243배 증가함)

11 실내공기질관리법상 권고기준 중 실내주차장시설의 기준을 오염물질 항목에 따라 쓰시오.

> **풀이**
>
> **실내주차장의 실내공기질 권고기준**
>
> ① 이산화질소 : 0.30ppm 이하   ② 라돈 : 148Bq/m³ 이하
> ③ 총휘발성 유기화합물 : 1,000μg/m³ 이하
>
> | 오염물질 항목
다중이용시설 | 이산화질소
(ppm) | 라돈
(Bq/m³) | 총휘발성
유기화합물
(μg/m³) | 곰팡이
(CFU/m³) |
> |---|---|---|---|---|
> | 가. 지하역사, 지하도상가, 철도역사의 대합실, 여객자동차터미널의 대합실, 항만시설 중 대합실, 공항시설 중 여객터미널, 도서관·박물관 및 미술관, 대규모점포, 장례식장, 영화상영관, 학원, 전시시설, 인터넷컴퓨터게임시설제공업의 영업시설, 목욕장업의 영업시설 | 0.1 이하 | 148 이하 | 500 이하 | — |
> | 나. 의료기관, 어린이집, 노인요양시설, 산후조리원 | 0.05 이하 | | 400 이하 | 500 이하 |
> | 다. 실내주차장 | 0.30 이하 | | 1,000 이하 | — |

SECTION 16 2015년 1회 산업기사

01 대기환경기준 항목 중 SO_2의 1시간, 24시간, 연간 기준치를 쓰시오.

> **풀이**
>
> **SO_2 기준치**
> ① 1시간 평균치 : 0.15ppm 이하   ② 24시간 평균치 : 0.05ppm 이하
> ③ 연간 평균치 : 0.02ppm 이하

02 휘발성 유기화합물(VOCs)의 처리방법 3가지를 쓰고 간단히 기술하시오.

> **풀이**
>
> **VOCs 처리방법**
> ① 연소법 : VOCs를 고온의 열로 산화분해하여 H_2O와 CO_2로 분해하는 방법이다.
> ② 흡착법 : VOCs 분자가 Van der Waals의 약한 결합력에 의해 흡착제에 물리적으로 흡착하는 원리를 이용한 방법이다.
> ③ 생물막(여과)법 : 미생물을 이용하여 VOCs를 CO_2, H_2O, 광물염으로 전환시키는 일련의 공정을 말한다.

03 직경 10cm인 원형관 내로 밀도 $0.85g/cm^3$인 유체가 10cm/sec의 속도로 흐르고 있을 경우 이 유체의 레이놀즈수를 계산하고, 유체흐름의 형태가 층류인지 난류인지 근거를 바탕으로 나타내시오. (단, 기체점도 10cP)

> **풀이**
>
> 1) 레이놀즈수(Re)
>
> $$Re = \frac{\rho V D}{\mu}$$
>
> $\rho = 0.85 g/cm^3 \times kg/1{,}000g \times 10^6 cm^3/m^3 = 850 kg/m^3$
> $V = 10 cm/sec \times m/100cm = 0.1 m/sec,\ D = 10cm = 0.1m$
> $\mu = 10cP = 10mg/mm \cdot sec \times kg/10^6 mg \times 1{,}000mm/m = 0.01 kg/m \cdot sec$
>
> $$= \frac{850 \times 0.1 \times 0.1}{0.01} = 850$$
>
> 2) 판정근거
> $Re < 2{,}100$이므로 층류로 판정

04 헨리의 법칙을 따르는 유해가스가 물속에 2.0kmol/m³ 만큼 용해되어 있을 때, 분압이 258.4mmH₂O였다면, 이 유해가스의 분압이 30mmHg로 될 때 물속의 유해가스 농도(kmol/m³)는?(단, 기타 조건은 변화 없음)

> **풀이**
>
> $P = H \cdot C$에서 P와 C는 비례하므로
>
> $258.4 \text{mmH}_2\text{O} \times \dfrac{760 \text{mmHg}}{10,332 \text{mmH}_2\text{O}} = 19.01 \text{mmHg}$
>
> $19.01 \text{mmHg} : 2.0 \text{kmol/m}^3 = 30 \text{mmHg} : 농도(\text{kmol/m}^3)$
>
> $농도(\text{kmol/m}^3) = \dfrac{2.0 \text{kmol/m}^3 \times 30 \text{mmHg}}{19.01 \text{mmHg}} = 3.16 \text{kmol/m}^3$

05 C=86.0%, H=11%, S=3.0% 조성을 갖는 중유를 연소 후 배기가스 분석을 실시하여 다음과 같은 결과를 얻었을 때, 각 물음에 답하시오.

$$CO_2 + SO_2 = 13.0\%, \quad O_2 = 3.0\%, \quad CO = 0\%$$

(1) 중유 1kg당 소요공기량(Sm³)
(2) 건조배기가스 중의 SO₂ 농도(ppm)

> **풀이**
>
> (1) 중유 1kg당 소요공기량(A)
>
> $A(\text{Sm}^3) = m \times A_0$
>
> $m = \dfrac{N_2}{N_2 - 3.76 \times O_2} = \dfrac{84}{84 - (3.76 \times 3)} = 1.155$
>
> $A_0 = \dfrac{O_0}{0.21} = \dfrac{1}{0.21}[(1.867 \times 0.86) + (5.6 \times 0.11) + (0.7 \times 0.03)]$
>
> $\qquad = 10.68 \text{Sm}^3/\text{kg}$
>
> $\qquad = 1.155 \times 10.68 \text{Sm}^3/\text{kg} \times 1\text{kg} = 12.34 \text{Sm}^3$
>
> (2) 건조배기가스 중의 SO₂ 농도
>
> $SO_2(\text{ppm}) = \dfrac{SO_2}{G_d} \times 10^6 = \dfrac{0.7S}{G_d} \times 10^6$
>
> $G_d = G_{od} + (m-1)A_0$
>
> $G_{od} = 0.79 A_0 + CO_2 + SO_2$
>
> $\qquad = (0.79 \times 10.68) + (1.867 \times 0.86) + (0.7 \times 0.03)$
>
> $\qquad = 10.06 \text{Sm}^3/\text{kg}$

$$= 10.06 + [(1.155-1) \times 10.68] = 11.72 \, \text{Sm}^3/\text{kg}$$

$$= \frac{0.7 \times 0.03}{11.72} \times 10^6 = 1{,}791.81 \, \text{ppm}$$

06 다음 표를 이용하여 밀도(ρ_a)가 1.2kg/m³인 공기 속을 입경 2×10^{-3}m인 분진이 자유낙하할 때 다음 물음에 답하시오.

(1) 흐름영역 결정계수인 k에 따른 분진의 흐름영역을 판정하시오.

(2) 분진의 종말속도(m/sec)를 구하시오. (단, 공기의 점도는 1.82×10^{-5}kg/m·sec, 분진의 밀도는 2.67×10^3kg/m³, 중력가속도 g는 9.8m/sec²이다.)

구분	흐름영역 결정계수(k)	종말속도
흐름영역	$k = d_p\left(\dfrac{\rho_p \rho_a}{\mu_g^2} g\right)$	
층류	$k < 3.3$	$v_s = \dfrac{d_p^2 (\rho_p - \rho_a) g}{18 \mu_g}$
난류	$k > 43.6$	$v_s = 1.74\left(g d_p \dfrac{\rho_p}{\rho_a}\right)^{\frac{1}{2}}$

풀이

(1) 흐름영역 판정

유체흐름 결정계수 $(k) = d_p\left(\dfrac{\rho_p \rho_a}{\mu_g^2} g\right)$

$d_p = 2\times 10^{-3}$rmm, $\rho_p = 2.67\times 10^3$kg/m³

$\rho_a = 1.2$kg/m³, $g = 9.8$m/sec²

$\mu_g = 1.83\times 10^{-5}$kg/m·sec

$$= 2\times 10^{-3} \times \left(\frac{2.67\times 10^3 \times 1.2}{(1.82\times 10^{-5})^2} \times 9.8\right) = 1.896\times 10^{11}$$

k값이 43.6보다 크므로 난류로 판정함

(2) 종말침강속도(m/sec)

$$= 1.74 \times \left(g \times d \times \frac{\rho_p}{\rho_a}\right)^{0.5}$$

$$= 1.74 \times \left(9.8 \times 2\times 10^{-3} \times \frac{2.67\times 10^3}{1.2}\right)^{0.5} = 11.49 \, \text{m/sec}$$

07 4m×5m×6m 인 복사실에서 오존배출량이 분당 240μg인 복사기 2대를 연속 사용하고 있다. 이 복사기를 사용하기 전의 실내오존의 농도가 196μg/Nm³라고 할 때, 2시간 사용 후 복사실의 오존농도(ppb)는?(단, 0℃, 1기압, 환기 없음)

> **풀이**
>
> 현재 오존의 농도
> =복사기 사용 전 농도+복사기 사용으로 증가된 농도
>   사용 전 농도=196μg/Nm³
>   사용으로 증가된 농도=$\dfrac{(240\mu g/min \times 2hr \times 60min/hr) \times 2}{(4\times 5\times 6)m^3}$=480μg/Nm³
> =196+480=676μg/Nm³
> =676μg/Nm³×$\dfrac{22.4mL}{48mg}$×1mg/10³μg
> =0.31547ppm×10³ppb/ppm=315.47ppb

08 여과집진장치에서 입구 먼지농도는 15g/Sm³이고, 집진율은 98%였다. 가동 중 Bag에 구멍이 생겨 처리가스양의 10%가 그대로 통과했다면 출구농도(g/Sm³)는 얼마인지 구하시오.

> **풀이**
>
> $C_0 = [C_i(1-\eta) \times$ 처리된 가스양의 분율$] + [C_i \times$ 처리되지 않은 가스양의 분율$]$
> $= [15 \times (1-0.98) \times 0.9] + [15 \times 0.1] = 1.77g/Sm^3$

09 500m³ 용적의 방 안에 10명이 있고 그중 5명이 담배를 피는데, 1시간 동안 5명이 총 20개피의 담배를 피웠다. 담배 1개비당 1.4mg의 포름알데히드가 발생한다면 1시간 후 방 안의 포름알데히드 농도는 몇 ppm인가? 소수점 셋째 자리까지 구하라.(단, 포름알데히드는 완전혼합되고, 담배를 피기 전 농도는 0이며, 온도는 25℃로 한다.)

> **풀이**
>
> 시간당 포름알데히드[HCHO] 농도(mg/m³)=$\dfrac{20개피/hr \times 1.4mg/개피}{500m^3}$
>   =0.056mg/m³·hr
> 한 시간 후 농도(mg/m³)=0.056mg/m³·hr×1hr=0.056mg/m³
> 온도(25℃)에 따른 부피보정 후 농도(ppm)
>   농도(ppm)=0.056mg/m³×$\dfrac{22.4mL \times \left(\dfrac{273+25}{273}\right)}{30mg(HCHO분자량)}$=0.046ppm

10 연소과정에서 발생하는 Thermal NOx, Fuel NOx의 생성방식을 간단히 기술하시오.

> **풀이**
>
> 1. **Thermal NOx**
>   연료의 연소로 인한 고온분위기에서 연소공기의 분해과정 중 발생, 즉 대기 중 N_2와 O_2가 결합하여 생성되며, 고온에서 고온 NO는 빠르게 형성되지만 형성에 필요한 시간은 평형에 도달하지 못할 정도로 짧다.
>
> 2. **Fuel NOx**
>   연료 내 화학적으로 결합된 질소성분이 연소 시 NOx로 전환(산화), 즉 연료 자체가 함유하고 있는 불순물의 질소성분 연소에 의해서 발생한다.

11 초기농도가 56mg/L인 배기가스에 활성탄 20mg/L를 반응시키니 농도가 16mg/L가 되었고 활성탄을 52mg/L 반응시키니 농도가 4mg/L로 되었다. 농도를 10mg/L로 만들기 위하여 반응시켜야 하는 활성탄의 양(mg/L)은?(단, Freundlich 등온공식 $\frac{X}{M} = KC^{\frac{1}{n}}$을 이용)

> **풀이**
>
> $$\frac{X}{M} = KC^{\frac{1}{n}}$$
>
> $$\frac{56-16}{20} = K \times 16^{\frac{1}{n}} : \text{식 ①}$$
>
> $$\frac{56-4}{52} = K \times 4^{\frac{1}{n}} : \text{식 ②}$$
>
> 식 ①을 식 ②로 나눔
>
> $2 = 4^{\frac{1}{n}}$, 양변에 log를 취하면
>
> $\log 2 = \frac{1}{n}\log 4$, $n = 2.0 \rightarrow$ 식 ①에 대입
>
> $2 = K \times 16^{\frac{1}{2.0}}$, $K = 0.5$
>
> $$\frac{56-10}{M} = 0.5 \times 10^{\frac{1}{2.0}}$$
>
> $M = 29.09 \text{mg/L}$

12 프로판의 고위발열량이 25,000kcal/Sm³일 때, 저위발열량(kcal/Sm³)은?(단, H_2O 1Sm³의 증발잠열은 480kcal/Sm³)

> **풀이**
> $H_l = H_h - 480 \sum H_2O$
> C_3H_8 연소반응식
> $C_3H_8 + 5O_2 \rightarrow 3CO_2 + 4H_2O$
> $= 25,000 - (480 \times 4) = 23,080 \text{kcal/Sm}^3$

SECTION 17 2015년 2회 기사

01 대기오염공정시험 기준상 아황산가스의 자동연속 측정방법 3가지를 쓰시오.

> **풀이**
> 환경대기 중 아황산가스 자동연속 측정방법(3가지만 기술)
> ① 용액 전도율법(Conductivity Method)
> ② 불꽃광도법(Flame Photometric Detector Method)
> ③ 자외선형광법(Pulse U.V. Fluorescence Method)
> ④ 흡광차분광법(DOAS ; Differential Optical Absorption Spectroscopy)

02 C=86.0%, H=11%, S=3.0% 조성을 갖는 중유를 연소 후 배기가스 분석을 실시하여 다음과 같은 결과를 얻었을 때, 다음 물음에 답하시오.

$$CO_2 + SO_2 = 13.0\%, \ O_2 = 3.0\%, \ CO = 0\%$$

(1) 중유 1kg당 소요공기량(Sm³)

(2) 건조배기가스 중의 SO_2 농도(ppm)

> **풀이**
> (1) 중유 1kg당 소요공기량(A)
> $A(\text{Sm}^3) = m \times A_0$
>
> $$m = \frac{N_2}{N_2 - 3.76 \times O_2} = \frac{84}{84 - (3.76 \times 3)} = 1.155$$
>
> $$A_0 = \frac{O_0}{0.21} = \frac{1}{0.21}[(1.867 \times 0.86) + (5.6 \times 0.11) + (0.7 \times 0.03)]$$
> $$= 10.68 \text{Sm}^3/\text{kg}$$
> $$= 1.155 \times 10.68 \text{Sm}^3/\text{kg} \times 1\text{kg} = 12.34 \text{Sm}^3$$
>
> (2) 건조배기가스 중의 SO_2 농도
>
> $$SO_2(\text{ppm}) = \frac{SO_2}{G_d} \times 10^6 = \frac{0.7S}{G_d} \times 10^6$$
>
> $$G_d = G_{od} + (m-1)A_0$$
> $$G_{od} = 0.79 A_0 + CO_2 + SO_2$$
> $$= (0.79 \times 10.68) + (1.867 \times 0.86) + (0.7 \times 0.03)$$
> $$= 10.06 \text{Sm}^3/\text{kg}$$

$$= 10.06 + [(1.155-1) \times 10.68] = 11.72 \, Sm^3/kg$$

$$= \frac{0.7 \times 0.03}{11.72} \times 10^6 = 1,791.81 \, ppm$$

03 다음 조건에서 여과집진장치의 탈진주기(min)를 구하시오.

- 유량 : 300m³/min
- 입구농도 : 12g/m³
- 여재비 : $\dfrac{3m^3/min}{m^2}$
- 여과집진기 효율 : 98%
- 압력손실 : 220mmH₂O
- $K_1 = 59.8 \, mmH_2O(m/min)$
- $K_2 = 127 \, mmH_2O(m/min)$
- $\Delta P = K_1 V_f + K_2 C V_f^2 t$

풀이

$$\Delta P = K_1 V_f + K_2 C V_f^2 t$$

$$t(min) = \frac{\Delta P - K_1 V_f}{K_2 C V_f^2}$$

C(포집된 분진농도) $= 12g/m^3 \times kg/1,000g = 0.012 kg/m^3 \times 0.98$
$= 0.01176 \, kg/m^3$

$$= \frac{220 - (59.8 \times 3)}{127 \times 0.01176 \times 3^2} = 3.02 \, min$$

04 배출가스의 유량이 10,000Sm³/hr이고 배출가스 중 NO의 농도가 300ppm, NO₂의 농도가 60ppm일 때, 이 배출가스를 NH₃에 의한 선택적 촉매환원법으로 처리하고자 한다. 이때 필요한 NH₃의 이론 소요량(kg/hr)은?(단, 표준상태이고 반응효율은 100%이며, 반응에 있어서 산소의 공존은 고려하지 않는다.)

풀이

1) NO

$6NO + 4NH_3 \rightarrow 5N_2 + 6H_2O$

$6 \times 22.4 \, Sm^3 : 4 \times 17 \, kg$

$10,000 \, Sm^3/hr \times 300 \, mL/Sm^3 \times 10^{-6} \, Sm^3/mL : NH_3(kg/hr)$

$$NH_3(kg/hr) = \frac{10,000 \, Sm^3/hr \times 300 \, mL/Sm^3 \times 10^{-6} \, Sm^3/mL \times (4 \times 17) \, kg}{6 \times 22.4 \, Sm^3} = 1.52 \, kg/hr$$

2) NO_2

$$6NO_2 \ + \ 8NH_3 \ \rightarrow \ 7N_2 \ + \ 12H_2O$$

$6 \times 22.4 Sm^3 \ : \ 8 \times 17 kg$

$10,000 Sm^3/hr \times 60 mL/Sm^3 \times 10^{-6} Sm^3/mL \ : \ NH_3(kg/hr)$

$$NH_3(kg/hr) = \frac{10,000 Sm^3/hr \times 60 mL/Sm^3 \times 10^{-6} Sm^3/mL \times (8 \times 17)kg}{6 \times 22.4 Sm^3} = 0.61 kg/hr$$

$NH_3(kg/hr) = 1.52 + 0.61 = 2.13 kg/hr$

---

05 외반경 50cm인 아래와 같은 조건의 표준 원심력집진장치 내부로 300K, 1atm인 배출가스를 처리한다. 배출가스처리 중 유량이 2m³/sec이고, 먼지밀도 1.8g/m³일 때 다음을 구하시오. (단, 배출가스 점성계수 $1.85 \times 10^{-5} kg/m \cdot sec$)

Body Diameter(D_0)	100cm
Hieght of Enterance(H)	$D_0/2$
Width of Enterance(W)	$D_0/4$

(1) 원심력집진장치에 유입되는 가스속도(m/sec)

(2) 유효회전수가 5회일 때 50% 제거되는 입경(μm)

> **풀이**
>
> (1) 유입가스속도(V)
>
> $$V(m/sec) = \frac{Q}{A} = \frac{Q}{H \times W} = \frac{2m^3/sec}{(1/2)m \times (1/4)m} = 16 m/sec$$
>
> (2) 절단입경(d_p)
>
> $$d_{p50} = \left(\frac{9\mu_g W}{2\pi N (\rho_p - \rho) V} \right)^{0.5}$$
>
> $\mu_g = 1.85 \times 10^{-5} kg/m \cdot sec$
>
> $W = 1m/4 = 0.25m, \ N = 5$
>
> $\rho_p = 1.8 g/cm^3 \times kg/1,000g \times 10^6 cm^3/m^3 = 1,800 kg/m^3$
>
> $\rho = 1.29 kg/m^3 \times \frac{273}{300} = 1.174 kg/m^3, \ V = 16 m/sec$
>
> $$= \left[\frac{9 \times (1.85 \times 10^{-5}) \times 0.25}{2 \times 3.14 \times 5 \times (1,800 - 1.174) \times 16} \right]^{0.5}$$
>
> $= 6.79 \times 10^{-6} m \times 10^6 \mu m/m = 6.79 \mu m$

06 유해가스 처리장치 중 액분산형 흡수장치의 종류 4가지를 쓰시오.

> **풀이**
>
> **액분산형 흡수장치(4가지만 기술)**
> ① 충전탑(Packed Tower)　　　② 분무탑(Spray Tower)
> ③ 벤투리스크러버(Venturi Scrubber)　　④ 사이클론스크러버(Cyclone Scrubber)
> ⑤ 분무실(Spray Chamber)

07 NO를 다음 물질을 통해서 환원시켜 N_2로 처리하고자 한다. 해당 반응식을 쓰시오.

(1) H_2　　　　(2) CO　　　　(3) NH_3　　　　(4) H_2S

> **풀이**
>
> (1) $2NO + 5H_2 \rightarrow 2NH_3 + 2H_2O$
>
> (2) $NO + CO \rightarrow \dfrac{1}{2}N_2 + CO_2$
>
> (3) $6NO + 4NH_3 \rightarrow 5N_2 + 6H_2O$
>
> (4) $NO + H_2S \rightarrow \dfrac{1}{2}N_2 + H_2O + S$

08 중력집진장치의 길이가 11m, 높이 2m, 침강실의 가스유속 1.5m/sec, 가스밀도 1.2kg/m³, 입자밀도 2,000kg/m³, 가스점도가 2×10^{-5}kg/m·sec일 때, 먼지가 완전히 제거될 수 있는 최소입경(μm)을 구하시오.

> **풀이**
>
> $$d_p = \left[\dfrac{18\mu g \times H \times V}{g \times L(\rho_p - \rho)} \right]^{\frac{1}{2}}$$
>
> $$= \left[\dfrac{18 \times (2 \times 10^{-5}\text{kg/m} \cdot \text{sec}) \times 2\text{m} \times 1.5\text{m/sec}}{9.8\text{m/sec}^2 \times 11\text{m} \times (2,000 - 1.2)\text{kg/m}^3} \right]^{\frac{1}{2}}$$
>
> $= 0.00007080\text{m} \times 10^6 \mu\text{m/m} = 70.80 \mu\text{m}$

09 가스크로마토그래피법에서 다음의 정량방법을 함유율 구하는 식을 포함하여 설명하시오.

  (1) 보정넓이 백분율법   (2) 상대검정곡선법   (3) 표준물첨가법

> **풀이**
>
> **(1) 보정넓이 백분율법**
>
>   도입한 시료의 전 성분이 용출되며 또한 용출 전 성분의 상대감도가 구해진 경우는 다음 식으로 정확한 함유율을 구할 수 있다.
>
> $$X_i(\%) = \frac{\dfrac{A_i}{f_i}}{\sum_{i=1}^{n} \dfrac{A_i}{f_i}} \times 100$$
>
>   여기서, $X_i(\%)$: 보정넓이 백분율법 산출식, A_i : i성분의 봉우리 넓이
> f_i : i성분의 상대감도, n : 전 봉우리 수
>
> **(2) 상대검정곡선법**
>
>   정량하려는 성분의 순물질 일정량에 내부표준물질의 일정량을 가한 혼합시료의 크로마토그램을 기록하여 봉우리 넓이를 측정한다.
>
> $$X(\%) = \frac{\left(\dfrac{M_X}{M_S}\right) \times n}{M} \times 100$$
>
>   여기서, $X(\%)$: 내부표준법 산출식
> $\dfrac{M_X}{M_S}$: 피검성분량(M_X)과 표준물질량(M_S)의 비
> M : 시료의 기지량, n : 표준물질의 기지량
>
> **(3) 표준물첨가법**
>
>   시료의 크로마토그램으로부터 피검성분 A 및 다른 임의의 성분 B의 봉우리 넓이 a_1 및 b_1을 구한다. 다음에 시료의 일정량 W에 성분 A의 기지량 ΔW_A을 가하여 다시 크로마토그램을 기록하여 성분 A 및 B의 봉우리 넓이 a_2 및 b_2를 구한다. 성분 A의 부피 또는 무게 함유율 $X(\%)$를 다음 식으로 구한다.
>
> $$X(\%) = \frac{\Delta W_A}{\left(\dfrac{a_2}{b_2} \cdot \dfrac{b_1}{a_1} - 1\right)W} \times 100$$
>
>   여기서, $X(\%)$: 피검성분추가법 계산식
> ΔW_A : 성분 A의 기지량, W : 시료량
> a_1, a_2 : 성분 A의 첫 번째 넓이와 두 번째 넓이
> b_1, b_2 : 성분 B의 첫 번째 넓이와 두 번째 넓이

10 원심력 집진장치에서 Blow Down의 효과 3가지를 쓰시오.

> **풀이**
>
> **블로다운(Blow Down) 방식**
> 1. 정의
>   Cyclone의 집진효율을 향상시키기 위한 하나의 방법으로서 더스트 박스 또는 호퍼부에서 처리가스(유입유량)의 5~10%에 상당하는 함진가스를 추출·흡인하여 운영하는 방식이다.
> 2. 효과
>   ① 원추하부의 가교현상을 방지하여 장치 내부의 먼지퇴적을 억제한다.
>   ② Cyclone 내의 난류현상(선회기류의 흐트러짐 현상)을 억제시킴으로써 집진된 먼지의 재비산을 방지한다.
>   ③ 유효원심력을 증가시켜 집진효율이 향상된다.

11 바람의 종류 중 산곡풍, 해륙풍, 경도풍에 대하여 정의, 발생원인, 특성(밤과 낮에 바람방향이 달라지는 경우에는 비교를 포함) 등을 중심으로 각각을 설명하시오.

> **풀이**
>
> **1. 산곡풍**
> 일정 지역(평지, 계곡, 분지)의 일사량 차이로 인하여 발생한다.
>   ① 곡풍 : 산의 사면(비탈면)을 따라 상승하는 바람으로 주로 낮에 분다.
>   ② 산풍 : 밤에 경사면이 빨리 냉각되어 경사면 위의 공기 온도가 같은 고도의 경사면에서 떨어져 있는 공기의 온도보다 차가워져 경사면 위의 공기 전체가 아래로 침강하게 되어 부는 바람이다.
>
> **2. 해륙풍**
> 임해지역의 바다와 육지의 비열차로 인하여 발생한다.
>   ① 육풍 : 바다의 온도냉각률이 육지에 비해 작아서 기압차에 의해 육지에서 바다로 향해 부는 바람으로 주로 밤에 분다.
>   ② 해풍 : 낮 동안 육지가 바다보다 빨리 더워져 육지공기가 상승하여 바다에서 육지로 향해 부는 바람으로 주로 낮에 분다.
>
> **3. 경도풍(Gradient Wind)**
>   ① 등압선이 곡선인 경우, 원심력·기압경도력·전향력의 세 힘이 평형을 이루는 상태에서 등압선을 따라 부는 바람이다.
>   ② 북반구의 저기압에서는 시계 반대방향으로 회전하며 위쪽으로 상승하면서 불고 고기압에서는 시계방향으로 회전하면서 분다.

SECTION 18 2015년 2회 산업기사

01 미분탄 연소장치의 장단점을 2가지씩 쓰시오.

> **풀이**
>
> 1. 장점(2가지만 기술)
>   ① 적은 공기비로도 완전연소가 가능하다.
>   ② 점화 및 소화 시 열손실은 적고 부하의 변동에 쉽게 적용할 수 있다.
>   ③ 연소속도가 빠르고 높은 연소효율을 기대할 수 있다.
>   ④ 연소량의 조절이 용이하고 과잉공기에 열손실이 적다.
>
> 2. 단점(2가지만 기술)
>   ① 설치 및 유지비가 고가이다.
>   ② 비산분진의 배출량 및 재비산이 많고 집진장치가 필요하다.
>   ③ 분쇄기 및 배관 중에 폭발의 우려 및 수송관의 마모가 일어날 수 있다.
>   ④ 역화, 폭발의 위험성이 있다.

02 구형입자의 직경이 $5\mu m$일 때 침강속도가 0.5cm/sec이다. 밀도가 동일하고 입자의 직경이 $20\mu m$로 커진다면 이때의 침강속도(cm/sec)는?

> **풀이**
>
> $$침강속도(V_s) = \frac{d_p^2(\rho_p - \rho)g}{18\mu_g}$$
>
> $0.5 : 5^2 = $ 침강속도 $: 20^2$
>
> 침강속도 $= \dfrac{0.5 \times 20^2}{5^2} = 8\text{cm/sec}$

03 액체연료의 연소장치 중 유압분무식 버너와 건 타입(Gun Type) 버너의 특징을 3가지씩 쓰시오.

> **풀이**
>
> 1. 유압분무식 버너의 특징(3가지만 기술)
>   ① 대용량 버너 제작이 용이하다.
>   ② 유량은 유압의 평방근에 비례하고 고점도의 기름은 분무화가 불량하다.
>   ③ 구조가 간단하여 유지보수가 용이하다.
>   ④ 유량조절범위가 다른 버너에 비해 좁아 부하변동에 적응하기 어렵다.
>   ⑤ 연료의 점도가 크거나, 유압이 5kg/cm^2 이하가 되면 분무화가 불량하다.

2. 건 타입(Gun Type) 버너의 특징
① 유압은 보통 $7kg/cm^2$ 이상이다.
② 연소가 양호하고 전자동 연소가 가능하다.
③ 소형으로 소용량에 적합하다.

04 굴뚝에서 배출되는 시안화수소 측정방법 2가지 및 일산화탄소 측정방법 3가지를 쓰시오.

풀이
1. 배출가스 중 시안화수소 분석방법
① 자외선/가시선 분광법 – 피리딘 피라졸론법
② 질산은 적정법

2. 배출가스 중 일산화탄소 분석방법
① 비분산 적외선 분석법 ② 정전위 전해법 ③ 가스크로마토그래피법

05 다음 질문에 답하시오.
(1) 세정식 집진장치의 포집원리 4가지를 쓰시오.
(2) 다공판탑의 장단점 2가지를 쓰시오.

풀이
(1) 세정식 집진장치 포집원리(4가지만 기술)
① 액적에 입자가 충돌하여 부착된다.
② 배기가스 증습에 의하여 입자가 서로 응집한다.(증습하면 입자의 응집이 높아짐)
③ 미립자 확산에 의하여 액적과의 접촉을 쉽게 한다.
④ 액막과 기포에 입자가 충돌하여 부착된다.
⑤ 입자를 핵으로 한 증기의 응결에 따라 응집성을 촉진시킨다.

(2) 다공판탑의 장단점
1) 장점
  ① 액측 저항이 클 경우 이용하기 유리하다.
  ② 비교적 소량의 액량으로 처리가 가능하다.
2) 단점
  ① 가스양의 변동이 심한 경우에는 운전할 수 없다.
  ② 압력 손실이 크다.

06 석탄을 연료로 사용하고 있는 화력발전소에서 배출되는 가스유량이 $10,000 Sm^3/hr$이고 NO_2의 농도는 200ppm이다. NaOH로 NO_2 가스를 흡수시킬 경우 NaOH의 반응률이 95%이면 전량 흡수 시 필요한 NaOH의 양(kg/hr)을 구하시오.

$$2NO_2 + 2NaOH \rightarrow NaNO_2 + NaNO_3 + H_2O$$

풀이

$2NO_2$: $2NaOH$

$2 \times 22.4 Sm^3$: $2 \times 40 kg$

$10,000 Sm^3/hr \times 200 mL/Sm^3 \times 10^{-6} Sm^3/mL \times 0.95$: $NaOH(kg/hr)$

$$NaOH(kg/hr) = \frac{10,000 Sm^3/hr \times 200 mL/Sm^3 \times 10^{-6} Sm^3/mL \times 0.95 \times (2 \times 40) kg}{2 \times 22.4 Sm^3} = 3.39 kg/hr$$

07 석탄의 조성이 탄소 70%, 수소 10%, 산소 15%, 황 2%일 때, 석탄 1kg을 완전연소시킬 경우 다음을 구하시오. (단, 공기비는 1.25)

(1) 이론공기량(Sm^3/kg)을 구하시오.

(2) 실제습연소가스양(Sm^3/kg)을 구하시오.

풀이

(1) **이론공기량(A_0)**

$$A_0(Sm^3/kg) = \frac{O_0}{0.21}$$

$$= \frac{1}{0.21}[(1.867 \times 0.7) + (5.6 \times 0.1) - (0.7 \times 0.15) + (0.7 \times 0.02)] = 8.46 Sm^3/kg$$

(2) **실제습연소가스양(G_w)**

$$G_w(Sm^3/kg) = mA_0 + 5.6H + 0.7O + 0.8N + 1.244W$$

$$= (1.25 \times 8.46) + (5.6 \times 0.1) + (0.7 \times 0.15) = 11.24 Sm^3/kg$$

08 원심력집진장치에 관한 다음을 답하시오.

(1) Cut (Size) Diameter에 대하여 설명하시오.

(2) 유입가스 속도가 2배, 입구 폭이 3배로 되면 Cut (Size) Diameter는 처음의 몇 배가 되는가?

풀이

(1) Cut (Size) Diameter

절단입경이라 하며 Cyclone에서 50% 처리효율로 제거되는 입자의 크기, 즉 50% 분리한계 입경이다.

(2) 절단입경(d_{50})

$$d_{50} = \sqrt{\frac{9\mu_g W}{2\pi N(\rho_p - \rho)V}}$$

$$d_{50} = \sqrt{\frac{W}{V}} = \sqrt{\frac{3W}{2V}} = 1.22, \text{ 즉, 처음의 } 1.22\text{배가 증가한다.}$$

---

09 입구 및 출구 농도가 15g/Sm³, 0.15g/Sm³이고, 직경이 0~5μm인 입자의 입구, 출구의 질량분율은 10%, 50%일 때 직경이 0~5μm인 입자의 부분집진율을 구하시오.

풀이

$$\text{부분집진율}(\%) = \left(1 - \frac{C_o f_o}{C_i f_i}\right) \times 100 = \left(1 - \frac{0.15 \times 0.5}{15 \times 0.1}\right) \times 100 = 95\%$$

---

10 유효굴뚝높이 60m에서 SOx가 2g/sec의 비율로 배출되고 있다. 풍속이 7m/sec이고 풍하거리 600m에서의 σ_y 편차가 95m, σ_z 편차가 65m일 때, 풍하거리 600m에서 중심선상 농도(μg/m³)를 구하시오. (단, 가우시안 모델식을 사용하고, SO_2는 배출되는 동안에 화학적으로 반응하지 않는다고 가정)

풀이

$$C(x, y, z, H_e) = \frac{Q}{2\pi\sigma_y\sigma_z U}\exp\left[-\frac{1}{2}\left(\frac{y}{\sigma_y}\right)^2\right]$$
$$\times\left[\exp\left\{-\frac{1}{2}\left(\frac{z-H_e}{\sigma_z}\right)^2\right\} + \exp\left\{-\frac{1}{2}\left(\frac{z+H_e}{\sigma_z}\right)^2\right\}\right]$$

위 식에서 중심선상의 지표면 농도 $y = z = 0$

$$C(x, 0, 0, H_e) = \frac{Q}{\pi u \sigma_y \sigma_z} \times \exp\left[-\frac{1}{2}\left(\frac{H_e}{\sigma_z}\right)^2\right]$$

$$= \frac{2\text{g/sec} \times 10^6 \mu\text{g/g}}{3.14 \times 7\text{m/sec} \times 95\text{m} \times 65\text{m}} \times \exp\left[-\frac{1}{2}\left(\frac{60\text{m}}{65\text{m}}\right)^2\right]$$

$$= 9.62 \mu\text{g/m}^3$$

11 세정집진장치 중 Venturi Scrubber의 집진원리 및 액가스비를 크게 하는 요인 4가지를 기술하시오.

> **풀이**
>
> **1. 집진원리**
>
> 가스입구에 벤투리관을 삽입하고 배기가스를 벤투리관의 목부에 유속 60~90m/sec로 빠르게 공급하여 목부 주변의 노즐로부터 세정액을 흡인 분사되게 함으로써 포집하는 방식, 즉 기본유속이 클수록 작은 액적이 형성되어 미세입자를 제거하는 원리이다.
>
> **2. 액가스비를 크게 하는 요인**
>
> ① 먼지의 입경이 작은 경우
> ② 입자의 친수성이 작은 경우(소수성 입자의 경우)
> ③ 점착성이 큰 경우
> ④ 처리가스의 온도가 높은 경우

SECTION 19 — 2015년 4회 기사

01 환경정책기본법상 다음의 대기환경기준을 쓰시오.

(1) 이산화질소의 24시간 평균치 (2) 벤젠의 연간 평균치
(3) PM-10의 24시간 평균치 (4) 아황산가스의 연간 평균치

풀이

(1) 0.06ppm 이하 (2) 5μg/m³ 이하 (3) 100μg/m³ 이하 (4) 0.02ppm 이하

02 가솔린자동차의 배출가스 제거장치 중 삼원촉매장치의 촉매제 3가지와 저감물질 3가지를 쓰시오.

풀이

1. 촉매제
   1) 산화촉매
      ① 백금(Pt) ② 파라듐(Pd)
   2) 환원촉매
      로듐(Rh)
2. 저감물질
   ① CO   ② HC   ③ NOx

03 충전탑에 대한 다음 용어를 설명하고, Loading Point와 Flooding Point를 그림으로 나타내시오.

(1) 홀드 업(Hold-up) (2) Loading Point (3) Flooding Point

풀이

(1) Hold-up
   충전층(Packing) 내의 세정액 보유량을 의미한다.

(2) Loading Point
   부하점이라 하며, 세정액의 Hold-up이 증가하여 압력손실이 급격하게 증가되는 첫 번째 파괴점을 말한다.

(3) Flooding Point
   범람점이라 하며, 충전층 내의 가스속도가 과도하여 세정액이 비말동반을 일으켜 흘러넘쳐 향류조작 자체가 불가능한 두 번째 파괴점을 말한다.

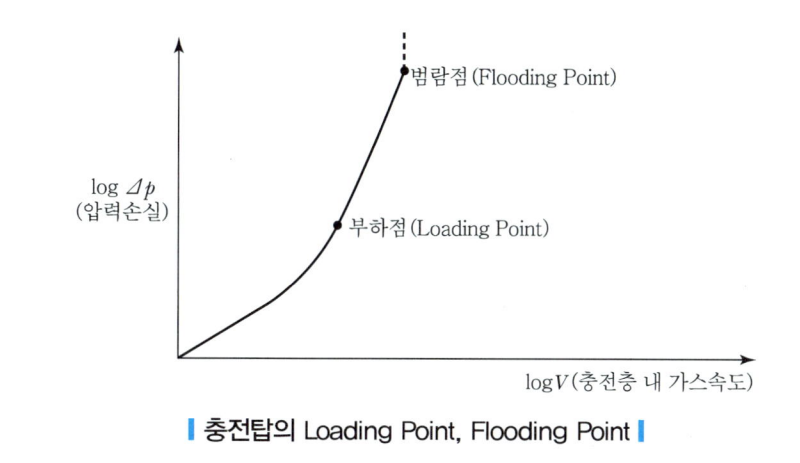

┃ 충전탑의 Loading Point, Flooding Point ┃

04 다음 조건에서 이론습연소가스양(Sm³)은?

> C : 80%, H : 10%, O : 5%, S : 5%
> 고체연료 사용량 : 1 kg

풀이

이론습연소가스양(G_{ow})

$G_{ow} = A_0 + 5.6H + 0.7O$

$A_0 = \dfrac{1}{0.21}[(1.867 \times 0.8) + (5.6 \times 0.1) + (0.7 \times 0.05) - (0.7 \times 0.05)]$

$= 9.78 \text{Sm}^3/\text{kg} \times 1\text{ kg} = 9.78 \text{Sm}^3$

$= 9.78 + (5.6 \times 0.1) + (0.7 \times 0.05) = 10.38 \text{Sm}^3$

05 유효높이(H)가 60m인 굴뚝으로부터 오염가스가 9000g/min의 속도로 배출되고 있다. 굴뚝높이에서의 풍속은 4m/s이고 풍하거리 500m에서 대기안정 조건에 따라 편차 σ_y는 110m, σ_z는 65m였다. 이 굴뚝으로부터 풍하거리 500m의 중심선상의 지표면 농도($\mu\text{g/m}^3$)는?(단, 가우시안 모델식을 사용하고, 오염물질이 배출되는 동안에는 화학적 반응이 나타나지 않는다고 가정한다.)

풀이

$$C(x, y, z, H_e) = \dfrac{Q}{2\pi\sigma_y\sigma_z U}\exp\left[-\dfrac{1}{2}\left(\dfrac{y}{\sigma_y}\right)^2\right]$$

$$\times \left[\exp\left(-\dfrac{1}{2}\left(\dfrac{z-H_e}{\sigma_z}\right)^2\right) + \exp\left(-\dfrac{1}{2}\left(\dfrac{z+H_e}{\sigma_z}\right)^2\right)\right]$$

위 식에서 중심선상의 지표면 농도 $y = z = 0$

$$C(x, 0, 0, H_e) = \frac{Q}{\pi u \sigma_y \sigma_z} \times \exp\left[-\frac{1}{2}\left(\frac{H_e}{\sigma_z}\right)^2\right]$$

$$= \frac{9,000\text{g/min} \times \text{min}/60\text{sec} \times 10^6 \mu\text{g/g}}{3.14 \times 4\text{m/sec} \times 110\text{m} \times 65\text{m}}$$

$$\times \exp\left[-\frac{1}{2}\left(\frac{60\text{m}}{65\text{m}}\right)^2\right] = 1,090.86 \mu\text{g/m}^3$$

06 HF가 함유된 가스를 기상총괄 이동단위높이가 0.5m인 충전탑을 이용, NaOH 수용액으로 흡수제거 시 HF의 처리효율은 99%였다. 충전층의 높이(m)를 구하시오. (단, 배기가스 중 HF 이외의 NaOH 수용액에 흡수되는 가스성분은 없음)

풀이

충전탑 높이(H)

$H = H_{OG} \times N_{OG}$

$H_{OG} = 0.5\text{m}$

$N_{OG} = \ln\left(\frac{1}{1-\eta}\right) = \ln\left(\frac{1}{1-0.99}\right) = 4.605$

$= 0.5\text{m} \times 4.605 = 2.3\text{m}$

07 원자흡광광도법에 사용되는 용어 중 공명선 및 분무실에 대하여 설명하시오.

풀이

1. **공명선(Resonance Line)**
   원자가 외부로부터 빛을 흡수했다가 다시 원래의 상태로 돌아갈 때 방사하는 스펙트럼선이다.

2. **분무실(Nebulizer-Chamber, Atomizer Chamber)**
   분무기와 함께 분무된 시료용액의 미립자를 더욱 미세하게 해주는 한편, 큰입자와 분리시키는 작용을 갖는 장치이다.

08 숯의 90%가 탄소로 되어 있고 탄소는 100% CO_2로 배출된다. 체적 150m³인 곳에 CO_2 농도가 1,000ppm이 되기 위해서는 몇 g의 숯을 연소시켜야 하는지 계산하시오.

> **풀이**
> 연소반응식
> C + O_2 → CO_2
> 12g : 22,400mL
> 0.9×숯(g) : 150m³×1,000mL/m³
>
> 숯(g) = $\dfrac{12\text{g} \times 150,000\text{mL}}{22,400\text{mL} \times 0.9}$ = 89.29g

09 5.0×10^6cm³/sec의 배기가스양을 공기여재비(A/C Ratio)=4 : 1로 처리하는 Bag Filter의 여과포 개수를 구하시오. (단, 여과백 ϕ20cm×3.5m)

> **풀이**
> 여과포 개수 = $\dfrac{\text{처리가스양}}{\text{여과포 하나당 가스양}}$
>
> 여재비 = 4 : 1 = 4cm³/cm²·sec = 4cm/sec
>
> = $\dfrac{5.0 \times 10^6 \text{cm}^3/\text{sec} \times \text{m}^3/10^6 \text{cm}^3}{(3.14 \times 0.2\text{m} \times 3.5\text{m}) \times 4\text{cm}/\text{sec} \times \text{m}/100\text{cm}}$ = 56.87(57개)

10 평판형 전기집진기의 집진판 사이 간격이 25cm이고 집진극 전압이 50kV이다. 가스 속도는 1.5m/sec, 입자 직경 d_p=0.5μm일 때 입자의 이동속도는 다음 식으로 구한다. 이때 효율이 100%가 되는 집진판의 길이(m)는?[단, P=2, μ=8.63×10^{-2}kg/m·hr, 이동속도(W) = $\dfrac{1.1 \times 10^{-14} \times P \times E^2 \times d_p}{\mu}$]

> **풀이**
> 집진판의 길이(m) = $d \times \dfrac{V_g}{W}$
>
> d = 25cm × m/100cm = 0.25m, V_g = 1.5m/sec
>
> $W = \dfrac{1.1 \times 10^{-14} \times P \times E^2 \times d_p}{\mu}$
>
> P = 2, $E = \dfrac{V}{r} = \dfrac{50,000\text{V}}{\left(\dfrac{0.25}{2}\right)}$ = 400,000V/m
>
> d_p = 0.5μm, μ = 8.63×10^{-2}kg/m·hr

$$= \frac{(1.1 \times 10^{-14}) \times 2 \times (400,000)^2 \times 0.5}{8.63 \times 10^{-2}} = 0.02 \text{m/sec}$$

$$= 0.25 \text{m} \times \frac{1.5 \text{m/sec}}{0.02 \text{m/sec}} = 18.75 \text{m}$$

11 산성비의 pH는 5.6이다. 산성비의 [OH$^-$]의 몰농도를 구하시오.

풀이

pOH = 14 − pH = 14 − 5.6 = 8.4
pOH = −log[OH$^-$]
[OH$^-$] = $10^{-\text{pOH}}$ = $10^{-8.4}$ = 3.98×10^{-9} M(mol/L)

12 어떤 공장의 공정라인에서 평균 입경이 1 μm인 분진을 함유한 배출가스가 150m^3/min(20℃ 공기)으로 방출되고 있다. 이 함진가스 중의 분진을 액가스비 2.0L/m^3, 목부분의 가스유속이 50m/sec인 벤투리스크러버를 사용하여 집진하려 할 때 목부직경(m)과 압력손실(mmH$_2$O)을 구하시오.(단, 이 온도에서 가스의 밀도는 1.25kg/m^{3}이고 압력손실은 다음 식으로 주어진다.)

$$\Delta P = \left(\frac{0.033}{\sqrt{R_{HT}}} + 3.0 R_{HT}^{0.30} \cdot L \right) \frac{\rho_g u_t^2}{2g}$$

풀이

1) 목부직경(D_t)

$$Q = A \times V = \frac{3.14 \times D_t^2}{4} \times V$$

$$D_t = \left(\frac{4Q}{3.14 V} \right)^{0.5} = \left(\frac{4 \times 150 \text{m}^3/\text{min}}{3.14 \times 50 \text{m/sec} \times 60 \text{sec/min}} \right)^{0.5} = 0.252 \text{m}$$

2) 압력손실(ΔP)

$$\Delta P = \left(\frac{0.033}{\sqrt{R_{HT}}} + 3.0 R_{HT}^{0.3} \times L \right) \times \frac{\rho_g V_t^2}{2g}$$

$$R_{HT} = \frac{D_t}{4} = \frac{0.252}{4} = 0.0631$$

$$= \left[\frac{0.033}{\sqrt{0.0631}} + (3 \times 0.0631^{0.3} \times 2.0) \right] \times \frac{1.25 \times 50^2}{2 \times 9.8} = 438.54 \text{mmH}_2\text{O}$$

SECTION 20 2015년 4회 산업기사

01 사이클론(Cyclone)에서 블로다운(Blow Down) 방식의 정의 및 효과를 3가지 쓰시오.

> **풀이**
>
> 블로다운(Blow Down) 방식
>
> 1. 정의
>   사이클론의 집진효율을 향상시키기 위한 하나의 방법으로서 더스트 박스 또는 호퍼부에서 처리가스(유입유량)의 5~10%에 상당하는 함진가스를 추출·흡인하여 운영하는 방식이다.
>
> 2. 효과
>   ① 원추하부의 가교현상을 방지하여 장치 내부의 먼지 퇴적을 억제한다.
>   ② 사이클론 내의 난류현상(선회기류의 흐트러짐 현상)을 억제시킴으로써 집진된 먼지의 재비산을 방지한다.
>   ③ 유효원심력을 증가시켜 집진효율이 향상된다.

02 150ppm의 NO를 함유하는 배기가스가 30,000Sm³/hr으로 발생하고 있다. 암모니아 접촉환원법으로 탈질하는 데 필요한 암모니아의 양(kg/hr)은?(단, 산소가 공존하지 않은 경우)

> **풀이**
>
> $6NO + 4NH_3 \rightarrow 5N_2 + 6H_2O$
>
> $6 \times 22.4 Sm^3$: $4 \times 17 kg$
>
> $30,000 Sm^3/hr \times 150 mL/Sm^3 \times 10^{-6} Sm^3/mL$: $NH_3(kg/hr)$
>
> $$NH_3(kg/hr) = \frac{30,000 Sm^3/hr \times 150 mL/Sm^3 \times 10^{-6} Sm^3/mL \times (4 \times 17)kg}{6 \times 22.4 Sm^3} = 2.28 kg/hr$$

03 아래 표를 이용하여 20~30μm의 입경범위에 대한 빈도분포(%/μm)를 구하시오.

입경분포(μm)	0~2.5	2.5~5.5	5.5~7.5	7.5~10.5	10.5~20	20~30
입자수	250	200	350	500	150	130

> **풀이**
>
> $20 \sim 30 \mu m$ 입경분포
>
> $$입경분포(\%/\mu m) = \frac{입자개수\ 비율(\%)}{입경범위\ 차이(\mu m)}$$
>
> $$입자개수\ 비율(\%) = \frac{부분\ 입자수}{전체\ 입자수} = \frac{130}{1,580} \times 100 = 8.2278\%$$
>
> $$입경범위\ 차이 = 30 - 20 = 10 \mu m$$
>
> $$= \frac{8.2278\%}{10 \mu m} = 0.82\%/\mu m$$

04 광화학반응에 의한 2차 대기오염물질의 종류 4가지를 쓰시오.

> **풀이**
>
> **2차 대기오염물질(4가지만 기술)**
> ① 에어로졸(H_2SO_4 mist) ② PAN(CH_2COONO_2) ③ 염화니트로실(NOCl)
> ④ 과산화수소수(H_2O_2) ⑤ 아크로레인(CH_2CHCHO) ⑥ 알데히드(RCHO)
> ⑦ 오존(O_3)

05 원자흡광광도법의 정량법인 절대검정곡선법, 표준물첨가법, 상대검정곡선법에 대하여 설명하시오.

> **풀이**
>
> **1. 절대검정곡선법**
>   ① 검량선은 적어도 3종류 이상의 농도의 표준시료용액에 대하여 흡광도를 측정하여 표준물질의 농도를 가로대에, 흡광도를 세로대에 취하여 그래프를 그려서 작성한다.
>   ② 분석시료의 조성과 표준시료의 조성이 일치하거나 유사하여야 한다.
>
> **2. 표준물첨가법**
>   같은 양의 분석시료를 여러 개 취하고 여기에 표준물질이 각각 다른 농도로 함유되도록 표준용액을 첨가하여 용액열을 만든다. 이어 각각의 용액에 대한 흡광도를 측정하여 가로대에 용액영역 중의 표준물질 농도를, 세로대에는 흡광도를 취하여 그래프 용지에 그려 검량선을 작성한다.
>
> **3. 상대검정곡선법**
>   ① 분석시료 중에 다량으로 함유된 공존원소 또는 새로 분석시료 중에 가한 내부 표준원소(목적원소와 물리적 화학적 성질이 아주 유사한 것이어야 한다.)와 목적원소와의 흡광도 비를 구하는 동시 측정을 행한다.
>   ② 이 방법은 측정치가 흩어져 상쇄하기 쉬우므로 분석값의 재현성이 높아지고 정밀도가 향상된다.

[참고]

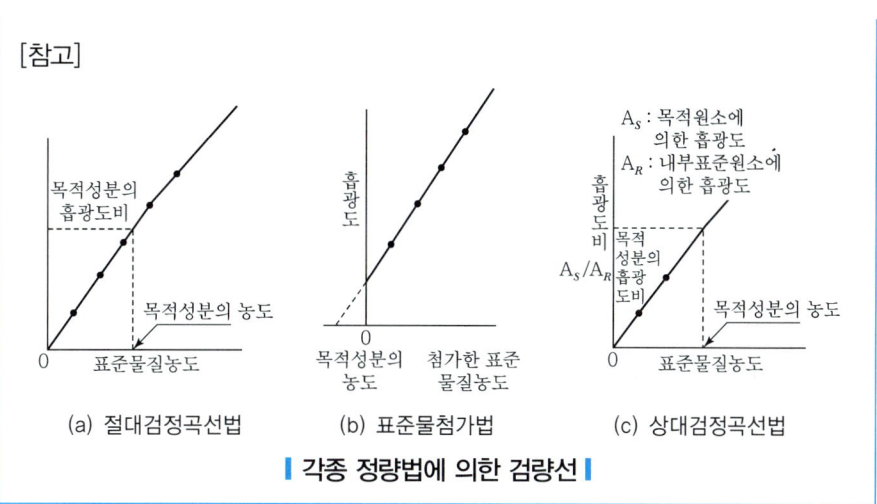

| 각종 정량법에 의한 검량선 |

06 전기집진장치의 장단점을 각 2가지씩 쓰시오.

풀이

1. 장점(2가지만 기술)
① 집진효율이 높다.(0.1~0.9μm인 것에 대해서도 높은 집진효율)
② 광범위한 온도범위에서 적용이 가능하며 부식성·폭발성 가스가 함유된 먼지의 처리도 가능하다.
③ 고온가스(500℃ 전후) 처리가 가능하여 보일러와 철강로 등에 설치할 수 있다.
④ 압력손실이 낮고 대용량의 처리가스가 가능하며 배출가스의 온도강하가 적다.
⑤ 운전 및 유지비가 저렴하다.(전력소비 적음)
⑥ 회수가치 입자포집에 유리하며 습식 및 건식으로 집진할 수 있다.
⑦ 넓은 범위의 입경과 분진농도에 집진효율이 높다.

2. 단점(2가지만 기술)
① 처리가스가 적은 경우 다른 고성능 집진장치에 비해 건설비가 비싸다.
② 설치공간을 많이 차지한다.
③ 설치된 후에는 운전조건의 변화에 유연성이 적다.
④ 먼지성상에 따라 전처리시설이 요구된다.
⑤ 분진포집에 적용되며 기체상 물질 제거에는 곤란하다.
⑥ 부하변동에 따른 적응이 곤란하다.(전압변동과 같은 조건변동에 쉽게 적응이 곤란함)
⑦ 가연성 입자의 처리가 곤란하다.

07 배출가스 중 황산화물 처리방법 중 건식탈황법 3가지를 쓰시오.

> **풀이**
>
> **건식탈황법(3가지만 기술)**
> ① 석회석주입법   ② 활성산화망간법
> ③ 활성탄 흡착법   ④ 산화 · 환원법
> ⑤ 산화구리법   ⑥ 전자빔을 이용한 방법

08 다음은 휘발성 유기화합물질의 누출 확인방법 중 측정기기 성능기준에 관한 내용이다. ( ) 안에 알맞은 내용을 쓰시오.

> (1) 측정될 개별 화합물에 대한 기기의 반응인자(Response Factor)는 ( )보다 작아야 한다.
> (2) 기기의 응답시간은 ( )초보다 작거나 같아야 한다.
> (3) 교정 정밀도는 교정용 가스값의 ( )%보다 작거나 같아야 한다.

> **풀이**
>
> (1) 10   (2) 30   (3) 10

09 어떤 연료의 원소조성이 다음과 같고 실제공기량이 $6Sm^3$일 때의 공기비는?(단, 가연분 60%(C=45%, H=10%, O=40%, S=5%), 수분 30%, 회분 10%)

> **풀이**
>
> 공기비(m)
>
> $$m = \frac{A}{A_0}$$
>
> $A = 6Sm^3$
>
> $$A_0 = \frac{1}{0.21}(1.867C + 5.6H - 0.7O + 0.7S)$$
>
> 가연분 중 각 성분 계산 : C=0.6×45=27%
> H=0.6×10=6%
> O=0.6×40=24%
> S=0.6×5=3%
>
> $$= \frac{1}{0.21}[(1.867 \times 0.27) + (5.6 \times 0.06) - (0.7 \times 0.24) + (0.7 \times 0.03)] = 3.3Sm^3$$
>
> $$= \frac{6}{3.3} = 1.8$$

10 배출시설에서 배출가스양은 15,000Sm³/hr이고 염소의 농도는 50mg/Sm³이다. NaOH 용액으로 염소를 처리하여 3ppm으로 저감할 경우에 필요한 NaOH의 양(kg/hr)을 구하시오. (단, 염소와 NaOH 반응률 100%)

> **풀이**
>
> 흡수반응식
>
> $Cl_2 + 2NaOH \rightarrow NaOCl + NaCl + H_2O$
>
> 반응시켜야 하는 염소농도(ppm) = 발생염소농도 − 처리농도
>
> $$발생염소농도 = 50mg/Sm^3 \times \frac{22.4mL}{71mg}$$
>
> $$= 15.77mL/Sm^3(ppm)$$
>
> $$= 15.77 - 3 = 12.77ppm$$
>
> $Cl_2 \quad \rightarrow \quad 2NaOH$
>
> $22.4Sm^3 \quad : \quad 2 \times 40kg$
>
> $15,000Sm^3/hr \times 12.77mL/Sm^3 \times m^3/10^6 mL : NaOH(kg)$
>
> $$NaOH(kg) = \frac{15,000Sm^3/hr \times 12.77mL/Sm^3 \times m^3/10^6 mL \times (2 \times 40)kg}{22.4Sm^3}$$
>
> $$= 0.68kg$$

11 프로판 1Sm³을 공기비 1.1로 완전연소시킬 경우, 발생되는 건조연소가스양(Sm³)은?

> **풀이**
>
> 연소반응식
>
> $C_3H_8 + 5O_2 \rightarrow 3CO_2 + 4H_2O$
>
> 실제건조연소가스양(G_d)
>
> $G_d = (m - 0.21)A_0 + CO_2$
>
> $$A_0 = \frac{1}{0.21} \times O_0 = \frac{1}{0.21} \times 5 = 23.81Sm^3/Sm^3 \times 1Sm^3 = 23.81Sm^3$$
>
> $$= [(1.1 - 0.21) \times 23.81] + 3 = 24.19Sm^3$$

SECTION 21 · 2016년 1회 기사

01 충전탑의 기상총괄 이동단위높이가 1m이고, 처리효율이 99%인 충전탑의 높이(m)는 얼마인지 구하시오.

풀이

$$h = H_{og} \times N_{og} = H_{og} \times \ln\frac{1}{\left(1 - \dfrac{E}{100}\right)} = 1 \times \ln\frac{1}{\left(1 - \dfrac{99}{100}\right)} = 4.61\text{m}$$

02 입자 직경이 $3\mu\text{m}$, 밀도가 4g/cm^3인 입자의 공기역학적 직경은(μm) 얼마인지 구하시오. (단, Stokes 직경과 공기역학적 직경의 상관관계를 이용하여 풀이하시오.)

풀이

공기역학적 직경(d_a)

$$d_a = d_s \times (\rho_p)^{\frac{1}{2}} = 3\mu\text{m} \times \sqrt{4} = 6\mu\text{m}$$

03 여과집진장치의 먼지포집원리 4가지를 쓰시오.

풀이

여과집진장치의 메커니즘(4가지만 기술)
① 관성 충돌　　② 직접 차단(간섭)　　③ 확산
④ 중력 침강　　⑤ 정전기 침강

04 황 함량 2.5%인 중유를 100ton/day로 연소시킬 때 SO_2를 $CaSO_4$ 형태로 회수하고자 한다. 탈황률이 95%이면 회수되는 $CaSO_4$의 양(kg/hr)은 얼마인가?

풀이

반응식

$SO_2 \rightarrow CaSO_4$

64kg : 136kg

$100,000\text{kg/day} \times 0.025 \times 0.095 \times \text{day/24h4} \times 64\text{kg/32kg} : CaSO_4(\text{kg/hr})$

$$CaSO_4(\text{kg/hr}) = \frac{100,000\text{kg/day} \times 0.025 \times 0.95 \times \text{day/24hr} \times 64\text{kg/32kg} \times 136\text{kg}}{64\text{kg}} = 420.57\text{kg/hr}$$

05 대기오염물질 농도를 추정하기 위한 상자모델 이론을 전개할 때 필요한 가정 4가지만 기술하시오.

> **풀이**
>
> **상자모델의 가정조건(4가지만 기술)**
> ① 고려된 공간에서 오염물질의 농도는 균일하다.
> ② 오염물 배출원이 지표면 전역에 균등하게 분포되어 있다.
> ③ 오염원은 배출과 동시에 균등하게 혼합된다.
> ④ 고려되는 공간의 수직단면에 직각방향으로 부는 바람의 속도가 일정하여 환기량이 일정하다.
> ⑤ 오염물의 분해는 1차 반응에 의한다.

06 흡착제 선정 시 고려해야 할 5가지를 쓰시오. (단, 비용 고려는 답안에서 제외한다.)

> **풀이**
>
> **흡착제 선정 시 고려사항**
> ① 흡착탑 내에서 기체 흐름에 대한 압력손실이 적어야 한다.
> ② 단위질량당 비표면적이 커야 한다. ③ 흡착효율이 우수해야 한다.
> ④ 흡착제의 재생이 용이해야 한다. ⑤ 어느 정도의 강도 및 경도가 있어야 한다.

07 다음과 같은 조건일 경우 R_i(리차드슨수)를 구하고 대기안정도를 판정하시오.

고도(m)	풍속(m/s)	온도(℃)
3m	3.9m/s	14.7℃
2m	3.3m/s	15.4℃

(1) 리차드슨수를 구하시오.　　(2) 대기안정도를 판정하시오.

> **풀이**
>
> (1) **리차드슨수(R_i)**
>
> $$R_i = \frac{g}{T} \cdot \frac{\Delta T/\Delta z}{(\Delta u/\Delta z)^2}$$
>
> $$T = \left[\frac{(14.7+15.4)}{2}\right] + 273 = 288.05\text{K}$$
>
> $$= \frac{9.8}{288.05} \times \left[\frac{-(0.7/1)}{(0.6/1)^2}\right] = -0.066$$
>
> (2) **대기안정도** : 불안정상태

08 사이클론(Cyclone) 집진장치의 집진율 향상조건 3가지를 쓰시오. (단, 블로다운 효과는 답안에서 제외한다.)

> **풀이**
>
> **사이클론(Cyclone) 집진장치의 집진율 향상조건(3가지만 기술)**
> ① 내경이 작을수록 미세입자를 포집할 수 있다.
> ② 한계유속 내에서 유속이 빠를수록 효율이 증가한다.
> ③ 회전수가 많을수록 효율이 증가한다.
> ④ 입구 폭이 작을수록 효율이 증가한다.

09 원통형 여과집진장치(여과포 지름 290mm, 유효높이 11.5m)를 사용하여 배기가스양 1,150m³/min, 먼지농도 5g/m³를 처리하고자 한다. 먼지부하 350g/m², 출구먼지농도가 0.5g/m³일 경우 다음에 답하시오. (단, 겉보기 여과속도 1.5cm/sec)

(1) 필요 Bag Filter의 개수
(2) 탈진주기(min)

> **풀이**
>
> **(1) 여과포 개수**
>
> $$= \frac{처리가스양}{여과포\ 하나당\ 가스양}$$
>
> $$= \frac{1,150\text{m}^3/\text{min} \times \text{min}/60\text{sec}}{(3.14 \times 0.29\text{m} \times 11.5\text{m}) \times (1.5\text{cm/sec} \times \text{m}/100\text{cm})} = 122개$$
>
> **(2) 탈진주기(t)**
>
> $$t(\min) = \frac{L_d}{C_i \times \eta \times V_f} = \frac{350\text{g/m}^2}{5\text{g/m}^3 \times 0.9 \times 0.015\text{m/sec}}$$
>
> $= 5,185.18\text{sec} \times \text{min}/60\text{sec} = 86.42\min$

10 배출가스상 물질시료를 채취할 때 채취관을 보온 또는 가열할 필요가 있는 3가지 경우를 쓰시오.

> **풀이**
>
> **채취관을 보온 또는 가열할 필요가 있는 경우**
> ① 배출가스 중의 수분 또는 이슬점이 높은 가스성분이 응축해서 채취관이 부식될 염려가 있는 경우
> ② 여과재가 막힐 염려가 있는 경우
> ③ 분석대상가스가 응축수에 용해해서 오차가 생길 염려가 있는 경우

11 C : 78%, H : 22%로 구성되어 있는 액체연료 1kg을 공기비 1.2로 연소하는 경우에 C의 1%가 검댕으로 발생된다고 하면 건연소배기가스 1Sm³ 중의 검댕(그을음)의 농도(g/Sm³)는?

> **풀이**
>
> 검댕 농도$(g/Sm^3) = \dfrac{C의\ 발생량(g/kg)}{G_d(배기가스양)(Sm^3/kg)}$
>
> 검댕 발생량 $= 0.78 \times 0.01 kg/kg \times 10^3 g/kg = 7.8 g/kg$
>
> 건연소가스양$(G_d) = mA_0 - 5.6H$
>
> $$A_0 = \dfrac{O_0}{0.21}$$
>
> $O_0 = 1.867C + 5.6H$
> $\quad = (1.867 \times 0.78) + (5.6 \times 0.22)$
> $\quad = 2.69 Sm^3/kg$
>
> $= \dfrac{2.69}{0.21} = 12.8 Sm^3/kg$
>
> $= (1.2 \times 12.8) - (5.6 \times 0.22) = 14.13 Sm^3/kg$
>
> $= \dfrac{7.8 g/kg}{14.13 Sm^3/kg} = 0.552 g/Sm^3$

22 2016년 1회 산업기사

01 배출가스 중 염소농도가 160mL/Sm³이었다. 이 염소농도를 20mg/Sm³으로 저하시키기 위해 제거해야 할 염소농도(mL/Sm³)를 구하시오.

풀이

제거해야 할 염소농도(mL/Sm³)
염소농도(mL/Sm³) = 초기농도 − 나중농도
  초기농도 = 160mL/Sm³
  나중농도 = $20mg/Sm^3 \times \dfrac{22.4mL}{71mg} = 6.31mL/Sm^3$
  = 160 − 6.31 = 153.69mL/Sm³

02 황 함량이 1.5%인 중유를 5ton/hr로 연소할 때 발생하는 SO_2를 $CaCO_3$로 제거하고자 한다. 시간당 필요한 $CaCO_3$의 양(kg/hr)을 구하시오. (단, 연료 중의 모든 S는 SO_2로 된다.)

풀이

$S \quad \rightarrow \quad CaCO_3$
32kg : 100kg
5,000kg/hr × 0.015 : $CaCO_3$(kg/hr)

$CaCO_3(kg/hr) = \dfrac{5,000kg/hr \times 0.015 \times 100kg}{32kg} = 234.38kg/hr$

03 직렬로 연결된 집진장치의 총집진율을 95%로 하려 한다. 1차, 2차 집진장치 중 2차 집진장치의 집진효율이 85%라고 할 때 1차 집진장치의 효율(%)을 구하시오.

풀이

$\eta_t = \eta_1 + \eta_2(1-\eta_1)$
$0.95 = \eta_1 + 0.85(1-\eta_1) \quad 0.95 = \eta_1 + 0.85 - 0.85\eta_1$
$\eta_1 = 66.67\%$

04 굴뚝의 유효고도가 40m이다. 일반적인 조건이 같을 때 최대지표농도를 절반으로 감소시키기 위해서는 유효고도를 몇 m 더 증가시켜야 하는가?

> **풀이**
>
> $$C_{\max} = \frac{2Q}{\pi e \, UH_e^2} \times \frac{K_z}{K_y}$$
>
> H_e를 제외한 모든 조건이 일정하다면 $C_{\max} = K \times \dfrac{1}{H_e^2}$
>
> $C_{\max} : K\dfrac{1}{40^2} = \dfrac{1}{2} C_{\max} : \dfrac{1}{H_e^2}$
>
> $H_e = \sqrt{2} \times 40 = 56.57\mathrm{m}$
>
> 증가시켜야 할 높이 = 56.57 − 40 = 16.57m

05 다운워시(Down Wash)의 정의와 대책을 쓰시오.

> **풀이**
>
> **1. 정의**
>   연기가 굴뚝 아래로 흩날리어 굴뚝 밑부분의 오염물질 농도가 높아지는 현상을 말한다.
>
> **2. 대책**
>   토출속도를 굴뚝높이의 풍속에 2배 이상 높게 유지한다.

06 환경대기 중 가스상 물질의 시료채취방법을 3가지 쓰시오.

> **풀이**
>
> **환경대기 중 가스상 물질의 시료채취방법**
> ① 직접채취법　　　　　　　② 용기채취법
> ③ 용매채취법　　　　　　　④ 고체흡착법
> ⑤ 저온응축법　　　　　　　⑥ 채취용 여과지에 의한 방법

07 악취처리방법 중 화학적 산화법과 촉매산화법에 대하여 간단히 설명하시오.

> **풀이**
>
> **1. 촉매산화법**
> Pt, Pd, 기타 금속(Cr, Mn, Cu, Co, Ni 등) 산화물 등의 촉매를 사용하여 악취물질을 소각시킬 경우는 250~450℃의 낮은 온도에서도 소각이 가능하다.
>
> **2. 화학적 산화법**
> 산화력이 강한 O_3, $KMnO_4$, $NaOCl$, Cl_2, ClO 등의 산화제를 이용, 화학적으로 산화시켜 제거하는 방법이다. 화학적 산화법은 주로 알데히드(R-CHO), 케톤, 아민류, 페놀, 스타이렌, 아크롤레인 등의 유기물 제거에 이용된다.

08 여과집진장치 포집원리 4가지를 쓰시오.

> **풀이**
>
> **여과집진장치의 메커니즘(4가지만 기술)**
> ① 관성 충돌   ② 직접 차단(간섭)   ③ 확산
> ④ 중력 침강   ⑤ 정전기 침강

09 연소과정 중 질소산화물의 저감방법 5가지를 쓰시오.

> **풀이**
>
> **연소과정 중 질소산화물 억제방법(4가지만 기술)**
> ① 저산소연소(저과잉공기연소)   ② 저온도연소(연소용 예열공기의 온도조절)
> ③ 배기가스 재순환   ④ 2단 연소
> ⑤ 버너 및 연소실의 구조 개선   ⑥ 수증기 물분사

10 접지역전(복사역전)과 침강역전의 발생원리와 대표적인 사건을 쓰시오.

> **풀이**
>
> **1. 접지역전(복사역전)**
> 낮에는 태양복사열에 의해 지표가 가열되어 불안정한 대류를 형성하고 밤이 되면 지표에 접한 공기가 그보다 상공의 공기에 비하여 더 차가워져서 생기는 현상으로 런던 스모그 사건이 대표적이다.
>
> **2. 침강역전**
> 고기압 중심 부분에서 기층이 서서히 침강하면서 기온이 단열압축으로 승온되어 발생하는 현상으로 로스앤젤레스 스모그 사건이 대표적이다.

11 유해가스처리 중 흡수액의 구비조건 6가지를 쓰시오.

> **풀이**
>
> **흡수액(세정액)의 구비조건(6가지만 기술)**
> ① 용해도가 커야 한다.
> ② 점도(점성)가 작고 화학적으로 안정해야 한다.
> ③ 독성이 없고 휘발성이 낮아야 한다.
> ④ 착화성, 부식성이 없어야 한다.
> ⑤ 빙점(어는점)은 낮고 비점(끓는점)은 높아야 한다.
> ⑥ 가격이 저렴하고 사용이 편리해야 한다.
> ⑦ 용매의 화학적 성질과 비슷해야 한다.

12 전기집진장치의 장단점을 각 2가지씩 쓰시오.

> **풀이**
>
> **1. 장점(2가지만 기술)**
> ① 집진효율이 높다.(0.1~0.9μm인 것에 대해서도 높은 집진효율)
> ② 광범위한 온도범위에서 적용이 가능하며 부식성·폭발성 가스가 함유된 먼지의 처리도 가능하다.
> ③ 고온가스(500℃ 전후) 처리가 가능하여 보일러와 철강로 등에 설치할 수 있다.
> ④ 압력손실이 낮고 대용량의 처리가스가 가능하며 배출가스의 온도강하가 적다.
> ⑤ 운전 및 유지비가 저렴하다.(전력소비 적음)
> ⑥ 회수가치 입자포집에 유리하며 습식 및 건식으로 집진할 수 있다.
> ⑦ 넓은 범위의 입경과 분진농도에 집진효율이 높다.

2. 단점(2가지만 기술)

① 처리가스가 적은 경우 다른 고성능 집진장치에 비해 건설비가 비싸다.
② 설치공간을 많이 차지한다.
③ 설치된 후에는 운전조건의 변화에 유연성이 적다.
④ 먼지성상에 따라 전처리시설이 요구된다.
⑤ 분진포집에 적용되며 기체상 물질 제거에는 곤란하다.
⑥ 부하변동에 따른 적응이 곤란하다.(전압변동과 같은 조건변동에 쉽게 적응이 곤란함)
⑦ 가연성 입자의 처리가 곤란하다.

13 비분산적외선 분석법에 대한 다음 물음에 답하시오.

(1) 원리 및 적용범위
(2) 용어정의(스팬가스, 비교가스)
(3) 분석계의 구성 순서

풀이

(1) 원리 및 적용범위

선택성 검출기를 이용하여 시료 중의 특정 성분에 의한 적외선 흡수량의 변화를 측정하여 시료 중에 들어있는 특정 성분의 농도를 구하는 방법으로 대기 및 연도 배출가스 중의 오염물질을 연속적으로 측정하는 비분산 정필터형 적외선 가스분석계에 대하여 적용한다.

(2) 용어 정의

① 스팬가스 : 분석계의 최고 눈금값을 교정하기 위하여 사용하는 가스
② 비교가스 : 시료셀에서 적외선 흡수를 측정하는 경우 대조가스로 사용하는 것으로 적외선을 흡수하지 않는 가스

(3) 장치 구성의 순서

광원 → 회전섹터 → 광학필터 → 시료셀(비교셀) → 검출기 → 증폭기 → 지시계

SECTION 23 2016년 2회 기사

01 질소산화물(NOx)을 제거하기 위한 방법 중 하나인 선택적 촉매환원법(SCR ; Selective Catalytic Reduction)을 설명하고 대표적인 반응식을 3가지만 쓰시오.

(1) 원리   (2) 대표반응식

풀이

(1) **원리**

배기가스 중의 NOx를 촉매(TiO_2과 V_2O_5을 혼합하여 제조)를 사용하여 환원제(NH_3, H_2S, CO, H_2)와 반응시켜 N_2와 H_2O로 변환하고 배기가스 중 O_2와 상관없이 접촉환원시키는 방법이다.

(2) **대표반응식**

$6NO + 4NH_3 \rightarrow 5N_2 + 6H_2O$

$6NO_2 + 8NH_3 \rightarrow 7N_2 + 12H_2O$

$4NO + 4NH_3 + O_2 \rightarrow 4N_2 + 6H_2O$ (산소공존의 경우)

02 가우시안 대기오염 확산방정식을 적용할 때 오염물질이 4.4g/sec로 배출되는 지면에 있는 점오염원으로부터 풍하방향으로 500m 떨어진 연기 중심축상 지표의 오염농도(mg/m³)를 구하시오. (단, 풍속=5m/sec, σ_y=22.5m, σ_z=12m이다.)

풀이

$$C(x, y, z, H_e) = \frac{Q}{2\pi\sigma_y\sigma_z U}\exp\left[-\frac{1}{2}\left(\frac{y}{\sigma_y}\right)^2\right]$$
$$\times \left[\exp\left\{-\frac{1}{2}\left(\frac{z-H_e}{\sigma_z}\right)^2\right\} + \left\{-\frac{1}{2}\left(\frac{z+H_e}{\sigma_z}\right)^2\right\}\right]$$

지상오염농도($z=0$), 중심축상 농도($y=0$), 지면오염원($H_e=0$)을 대입하면

$$C(x, 0, 0, 0) = \frac{Q}{\pi\sigma_y\sigma_z U}$$

$$= \frac{4.4\mathrm{g/sec}}{3.14 \times 22.5\mathrm{m} \times 12\mathrm{m} \times 5\mathrm{m/sec}}$$

$$= 1.037 \times 10^{-3}\mathrm{g/m^3} \times 1{,}000\mathrm{mg/g} = 1.04\mathrm{mg/m^3}$$

03 충전탑을 이용하여 유해가스를 제거하고자 할 경우 흡수액의 구비조건 6가지를 쓰시오.

> **풀이**
>
> **흡수액(세정액)의 구비조건(6가지만 기술)**
> ① 용해도가 커야 한다.
> ② 점도(점성)가 작고 화학적으로 안정해야 한다.
> ③ 독성이 없고 휘발성이 낮아야 한다.
> ④ 착화성, 부식성이 없어야 한다.
> ⑤ 빙점(어는점)은 낮고 비점(끓는점)은 높아야 한다.
> ⑥ 가격이 저렴하고 사용이 편리해야 한다.
> ⑦ 용매의 화학적 성질과 비슷해야 한다.

04 분진농도가 10g/Nm³인 배출가스를 제거하는 1차 집진장치의 집진율이 90%인 경우 출구의 분진농도를 0.2g/Nm³으로 하기 위한 2차 집진기의 집진율(%)을 구하시오.

> **풀이**
>
> $$\eta_t = \left(1 - \frac{0.2}{10}\right) \times 100 = 98\%$$
> $$\eta_t = \eta_1 + \eta_2(1 - \eta_1)$$
> $$0.98 = 0.9 + \eta_2(1 - 0.9)$$
> $$\eta_2 = 80\%$$

05 송풍기의 입구 흡인 정압이 58mmH₂O, 배출구 정압이 30mmH₂O이다. 입구 측 평균 유속이 1,200m/min일 때 필요한 송풍기의 유효정압(kg_f/cm²)을 구하시오.

> **풀이**
>
> $$FSP = SP_{out} - SP_{in} - VP_{in}$$
> $$VP_{in} = \left(\frac{1{,}200\text{m/min} \times \text{min}/60\sec}{4.043}\right)^2 = 24.47\text{mmH}_2\text{O}$$
> $$= 30 - (-58) - 24.47 = 63.53\text{mmH}_2\text{O}$$
> $$= 63.53\text{kg}_f/\text{m}^2 \times \text{m}^2/10^4\text{cm}^2 = 6.35 \times 10^{-3}\text{kg}_f/\text{cm}^2$$

06 프로판의 고위발열량이 54,000kcal/Sm³일 때 저위발열량(kcal/Sm³)을 구하시오. (단, 물의 증발잠열은 600kcal/kg이다.)

> **풀이**
>
> $C_3H_8 + 5O_2 \rightarrow 3CO_2 + 4H_2O$
>
> $H_l = H_h - 480 \sum H_2O$ [$600kcal/kg \times 18kg/22.4Sm^3 ≒ 480kcal/Sm^3$]
>
> $H_l = 54,000 - 480 \times 4 = 52,071.43 kcal/Sm^3$

07 석탄연소에 연소효율을 높이기 위한 미분탄연소의 장점 3가지를 쓰시오.

> **풀이**
>
> **미분탄연소의 장점(3가지만 기술)**
> ① 부하변동에 쉽게 적응할 수 있어 화력발전소나 시멘트 소성로와 같은 대형 대용량 연소시설에 적합하다.
> ② 스토커 연소에 비해 표면적이 크기 때문에 공기와의 접촉 및 열전달이 높아져 작은 공기비로 완전연소가 가능하다.
> ③ 비교적 저질탄도 유효하게 사용할 수 있다.
> ④ 점결탄, 저발열량탄 등과 같은 연료도 사용할 수 있다.
> ⑤ 연소제어가 용이하고 점화 및 소화 시 열손실이 적다.

08 원심력 집진장치에서 Blow Down의 효과 3가지를 쓰시오.

> **풀이**
>
> **블로다운(Blow Down) 방식**
> 1. 정의
>   Cyclone의 집진효율을 향상시키기 위한 하나의 방법으로서 더스트 박스 또는 호퍼부에서 처리가스(유입유량)의 5~10%에 상당하는 함진가스를 추출·흡인하여 운영하는 방식이다.
>
> 2. 효과
>   ① 원추하부의 가교현상을 방지하여 장치 내부의 먼지퇴적을 억제한다.
>   ② Cyclone 내의 난류현상(선회기류의 흐트러짐 현상)을 억제시킴으로써 집진된 먼지의 재비산을 방지한다.
>   ③ 유효원심력이 증가되어 집진효율이 향상된다.

09 직경 292mm, 유효높이 11.6m의 원통형 백필터를 사용해서 유량이 1,180m³/min이고, 분진농도가 5g/m³인 배기가스를 처리하려고 한다. 여과속도를 1.3cm/sec로 할 경우, 백필터의 소요개수(개)를 구하시오.

> **풀이**
>
> $$개수(n) = \frac{Q_f}{Q_i} = \frac{Q_f}{\pi \times D \times L \times V_f}$$
>
> $Q_f(\text{m}^3/\text{sec}) = 1{,}180\text{m}^3/\text{min} \times \text{min}/60\text{sec} = 19.67\text{m}^3/\text{sec}$
>
> $D = 292\text{mm} = 0.292\text{m}, \ L = 11.6\text{m}$
>
> $V_f = 1.3\text{cm/sec} = 0.013\text{m/sec}$
>
> $$= \frac{19.67}{\pi \times 0.292 \times 11.6 \times 0.013} = 142.26(143개)$$

10 물리적 흡착법의 특징을 4가지만 쓰시오.(단, [기체와 흡착제가 분자 간의 인력(Van der Waals 힘)에 의해 서로 달라붙는다.] 등으로 기재하되, 예시는 정답에서 제외함)

> **풀이**
>
> **물리적 흡착의 특징(4가지만 기술)**
> ① 가스와 흡착제가 분자 간의 인력, 즉 Van der Waals Force(반데르발스 결합력)로 약하게 결합되어 있으며 보통 가용한 피흡착제의 표면적에 비례한다.
> ② 가스 중의 분자 간 상호의 인력보다 고체표면과의 인력이 크게 되는 때에 일어난다.
> ③ 가역성이 높다. 즉, 가역적 반응이기 때문에 흡착제 재생 및 오염가스 회수에 매우 유용하며 여러 층의 흡착이 가능하다.
> ④ 흡착제에 대한 용질의 분자량이 클수록, 온도가 낮을수록, 압력(분압)이 높을수록 흡착에 유리하다.
> ⑤ 흡착량은 단분자층과는 관계가 적다. 즉, 물리적 흡착은 다분자 흡착층 흡착이며, 흡착열이 낮다.
> ⑥ 흡착물질은 임계온도 이상에서는 흡착되지 않는다.

11 다음 조건을 이용하여 가스크로마토그래프법으로 계산된 봉우리의 좌우변곡점에서 접선이 자르는 바탕선 길이(mm)를 구하시오.

- 이론단수 : 1,600
- 기록지 이동속도 : 5mm/min
- 보유시간 : 20min

풀이

이론단수$(N) = 16 \times \left(\dfrac{t_R}{W}\right)^2$

$1,600 = 16 \times \left(\dfrac{5\text{mm/min} \times 20\text{min}}{W}\right)^2$

$\left(\dfrac{100}{W}\right)^2 = \dfrac{1,600}{16}$

$\dfrac{100}{W} = \sqrt{\dfrac{1,600}{16}}$

$W = 10\text{mm}$

12 아래 조건에 따라 외부식 후드의 유량(m^3/min)을 구하시오.

- 개구면적 : $0.5m^2$
- 후드 개구면으로부터 발생원까지 거리 : 0.4m
- 제어속도 : 0.20m/sec

풀이

외부식 후드의 유량(Q)

$Q = V_c(10X^2 + A)$

$= 0.2\text{m/sec} \times [(10 \times 0.4^2)\text{m}^2 + 0.5\text{m}^2] \times 60\text{sec/min} = 25.2\text{m}^3/\text{min}$

2016년 2회 산업기사

01 세정집진장치의 장단점을 각각 3가지씩 쓰시오.

> **풀이**
> 1. 장점
>   ① 단일장치에서 가스흡수와 먼지포집이 동시에 가능하다.
>   ② 고온다습한 가스나 연소성 및 폭발성 가스의 처리가 가능하다.
>   ③ 점착성 및 조해성 분진의 처리가 가능하다.
> 2. 단점
>   ① 폐수가 발생하며 공업용수를 과잉사용한다.
>   ② 습식이기 때문에 부식잠재성이 있다.
>   ③ 압력손실이 커 동력상승에 따른 운전비용이 고가이다.

02 원추하부 반지름이 30cm인 Cyclone에서 가스접선 속도가 5m/sec이면 분리계수는?

> **풀이**
> $$S = \frac{V^2}{R \cdot g} = \frac{5^2}{0.3 \times 9.8} = 8.50$$

03 입경측정방법에 대한 내용이다. 물음에 답하시오.
(1) 입자의 입경측정방법 중 간접측정방법 3가지를 쓰시오.
(2) 로진-레믈러 분포식에서 입경지수(n)의 의미를 쓰시오. (단, 입경분포간격 활용)
(3) 로진-레믈러 분포식에서 입경계수(β)의 의미를 쓰시오. (단, 입경크기 활용)

> **풀이**
> (1) 간접측정법
>   ① 관성충돌법(Cascade Impactor)
>   입자가 관성력에 의해 시료채취표면에 충돌하는 원리로 1~50μm 범위의 입경을 측정범위로 하며, 크기 및 단계별로 중량분포로 나타낸다.
>   ② 광산란법
>   입자에 빛을 쏘이면 반사하여 발광하게 되는데 이 반사광을 측정하여 입자의 개수·입자 반경을 측정한다. 0.2~100μm 범위의 입경을 측정범위로 하며, 중량분포(중량)로 나타낸다.

③ 중력침강법

입자의 침강속도를 측정하여 간접적으로 측정하는 방법으로 1~100μm 범위의 입경을 측정범위로 한다.

(2) 입경지수(n)의 값이 클수록 입경분포간격이 좁아짐을 의미한다.
(3) 입경계수(β)의 값이 클수록 미세한 입자로 구성되어 있음을 의미한다.

04 직경이 4μm, 밀도가 4g/cm³인 입자의 공기역학적 직경을 구하시오.

풀이

$$d_a = d_s \times \sqrt{\frac{\rho_s}{\rho_a}} = 4\mu m \times \sqrt{\frac{4\text{g/cm}^3}{1\text{g/cm}^3}} = 8\mu m$$

05 배기가스를 흡착법으로 처리할 경우 사용된 활성탄 재생방법을 4가지만 쓰시오.

풀이

흡착제 재생방법(4가지만 기술)
① 수증기 송입 탈착법　　② 가열공기 탈착법
③ 수세(물) 탈착법　　　④ 감압(압력을 낮춤) 탈착법
⑤ 고온의 불활성기체 탈착법

06 여과집진장치에서 직경 220mm, 높이 2.5m인 원통형 백필터를 사용하여 먼지농도 6g/Sm³이고 가스양이 360m³/min인 배기가스를 처리하고자 한다. 겉보기 여과속도가 1.5cm/sec일 때 백필터의 개수는?

풀이

$$\text{여과포 개수} = \frac{\text{처리가스양}}{\text{여과포 하나당 가스양}}$$

$$= \frac{360\text{m}^3/\text{min} \times \text{min}/60\text{sec}}{(3.14 \times 0.22\text{m} \times 2.5\text{m}) \times 0.015\text{m/sec}} = 231.50\,(232\text{개})$$

07 황산화물 처리방법 중 석회세정법에서 발생할 수 있는 스케일 생성 방지방법 3가지를 쓰시오.

> **풀이**
>
> **스케일 방지방법**
> ① 흡수탑 순환액에 산화탑에서 생성한 석고를 반송하고 흡수액 슬러리 중의 석고 농도를 5% 이상으로 유지하여 석고의 결정화를 촉진한다.
> ② 흡수액량을 많게 하여 탑 내에서의 결착을 방지한다.
> ③ 순환액 pH 값 변동을 작게 한다.

08 1시간에 10,000대의 차량이 고속도로 위에서 평균시속 80km로 주행하며, 각 차량의 평균탄화수소 배출률은 0.02g/s이다. 바람이 고속도로와 측면 수직방향으로 5m/s로 불고 있다면 도로지반과 같은 높이의 평탄한 지형의 풍하 500m 지점에서의 지상오염농도($\mu g/m^3$)는?(단, 대기는 중립상태이며, 풍하 500m에서의 σ_z=15m, $C(x, y, 0) = \dfrac{2q}{(2\pi)^{\frac{1}{2}} \sigma_z U} \exp\left[-\dfrac{1}{2}\left(\dfrac{H}{\sigma_z}\right)^2\right]$ 를 이용)

> **풀이**
>
> $$C(x, y, 0) = \dfrac{2q}{(2\pi)^{\frac{1}{2}} \sigma_z U} \exp\left[-\dfrac{1}{2}\left(\dfrac{H}{\sigma_z}\right)^2\right]$$
>
> q(탄화수소양)$=0.02$g/sec·대$\times 10{,}000$대/hr$\times$hr/80km
> $\times$km/1,000m$=2.5\times 10^{-3}$g/sec·m
>
> $U=5$m/sec, $\sigma_z=15$m
>
> $H=0$(도로지반과 같은 높이)
>
> $= \dfrac{2\times 2.5\times 10^{-3}\text{g/sec·m}\times 10^6 \mu\text{g/g}}{(2\pi)^{\frac{1}{2}}\times 15\text{m}\times 5\text{m/sec}} \times \exp\left[-\dfrac{1}{2}\left(\dfrac{0}{15\text{m}}\right)^2\right]$
>
> $= 26.59\,\mu\text{g/m}^3$

09 굴뚝 배기가스 온도가 300℃이고 외기의 온도가 25℃이다. 이때의 통풍력을 45mmH₂O로 하려면 굴뚝의 높이(m)는 얼마로 하여야 하는가?(단, 배기가스와 외기의 비중량은 1.3kg/m³이다.)

> **풀이**
>
> 굴뚝의 높이$(\mathrm{mmH_2O}) = 273 \cdot H \cdot \left(\dfrac{1.3}{273+t_a} - \dfrac{1.3}{273+t_g} \right)$
>
> $45 = 273 \times H \times \left(\dfrac{1.3}{273+25} - \dfrac{1.3}{273+300} \right)$
>
> $H = 78.73\mathrm{m}$

10 블로다운(Blow Down) 방식의 정의와 효과를 쓰시오.

> **풀이**
>
> **블로다운(Blow Down) 방식**
>
> 1. 정의
>   사이클론의 집진효율을 향상시키기 위한 하나의 방법으로서 더스트 박스 또는 호퍼부에서 처리가스(유입유량)의 5~10%에 상당하는 함진가스를 추출·흡인하여 운영하는 방식이다.
>
> 2. 효과
>   ① 원추하부의 가교현상을 방지하여 장치 내부의 먼지 퇴적을 억제한다.
>   ② 사이클론 내의 난류현상(선회기류의 흐트러짐 현상)을 억제시킴으로써 집진된 먼지의 재비산을 방지한다.
>   ③ 유효원심력을 증가시켜 집진효율이 향상된다.

11 연소과정 중 질소산화물 억제방법 3가지를 쓰시오.

> **풀이**
>
> **연소과정 중 질소산화물 억제방법(3가지만 기술)**
> ① 저산소연소(저과잉공기연소) ② 저온도연소(연소용 예열공기의 온도조절)
> ③ 배기가스 재순환 ④ 2단 연소
> ⑤ 버너 및 연소실의 구조 개선 ⑥ 수증기 물분사

2016년 4회 기사

01 평판형 집진판을 이용하여 전기집진장치를 사용한다. 집진효율공식을 이용하여 성능을 증진하기 위한 조건 5개를 쓰시오.

> **풀이**
>
> **평판형 집진판의 성능을 증가시키기 위한 조건(5가지만 기술)**
> ① 겉보기 전기저항 값을 $10^4 \sim 10^{11} \Omega \cdot cm$ 범위로 유지한다.
> ② 분진의 겉보기 이동속도(표류)를 크게 한다.
> ③ 집진면의 면적(높이와 길이의 비)을 크게 한다.
> ④ 코로나 방전이 잘 형성되도록 방전극을 가늘고 길게 한다.
> ⑤ 재비산 현상 발생 시 배출가스 처리속도를 작게 한다.
> ⑥ 역전리 현상 발생 시 고압부상의 절연회로를 점검, 보수한다.

02 유해가스 성분의 제거를 위한 세정식 집진장치의 흡수액 구비조건 3가지만 쓰시오.

> **풀이**
>
> **흡수액(세정액)의 구비조건(3가지만 기술)**
> ① 용해도가 커야 한다.
> ② 점도(점성)가 작고 화학적으로 안정해야 한다.
> ③ 독성이 없고 휘발성이 낮아야 한다.
> ④ 착화성, 부식성이 없어야 한다.
> ⑤ 빙점(어는점)은 낮고 비점(끓는점)은 높아야 한다.
> ⑥ 가격이 저렴하고 사용이 편리해야 한다.
> ⑦ 용매의 화학적 성질과 비슷해야 한다.

03 다음 조건에서 물음에 답하시오.

- 제어속도 : 0.3m/sec
- 후드개구면 면적 : 0.6m²
- 후드유입계수 : 0.82
- 발생원에서 후드까지 거리 : 0.7m
- 밀도 : 1.3kg/Sm³(80℃)
- 덕트반송속도 : 12m/sec

(1) 유량(m³/sec) (2) 압력손실(mmH₂O)

> **풀이**
>
> (1) 유량(Q)
> $$Q = V_c \times (10X^2 + A)$$
> $$= 0.3\text{m/sec} \times [(10 \times 0.7^2)\text{m}^2 + 0.6\text{m}^2] = 1.66\text{m}^3/\text{sec}$$
>
> (2) 압력손실(ΔP)
> $$\Delta P = F \times \frac{\gamma V^2}{2g}$$
> $$F = \frac{1}{0.82^2} - 1 = 0.487$$
> $$= 0.487 \times \frac{\left(1.3 \times \frac{273}{273+80}\right) \times 12^2}{2 \times 9.8} = 3.60\text{mmH}_2\text{O}$$

04 오존층 파괴지수가 큰 순서대로 나열하시오.

① CF_3Br ② CF_2BrCl ③ CH_2BrCl ④ $C_2F_4Br_2$ ⑤ $C_2F_3Cl_3$

> **풀이**
>
> 오존층 파괴지수(ODP)
> ① CF_3Br : 10.0   ② CF_2BrCl : 3.0   ③ CH_2BrCl : 0.12
> ④ $C_2F_4Br_2$: 6.0   ⑤ $C_2F_3Cl_3$: 0.8
>
> ① > ④ > ② > ⑤ > ③

05 입자의 비표면적이 5,000m²/kg, 입자의 밀도가 1.5g/cm³이다. 이때 입자직경이 두 배로 증가하면 이 입자의 비표면적(m²/kg)은 어떻게 되는지 구하시오.

> **풀이**
>
> 비표면적 $= \dfrac{6}{d_p \cdot \rho_p}$
>
> $5{,}000\text{m}^2/\text{kg} = \dfrac{6}{d_p \times 1{,}500\text{kg}/\text{m}^3}$
>
> $d_p = 8 \times 10^{-7}\text{m}$
>
> 비표면적 $= \dfrac{6}{8 \times 10^{-7} \times 2 \times 1{,}500} = 2{,}500\text{m}^2/\text{kg}$

06 500m³ 용적의 방 안에 10명이 있고 그중 5명이 담배를 피우는데, 1시간 동안 5명이 총 20개피의 담배를 피웠다. 담배 1개피당 1.4mg의 포름알데히드가 발생한다면 1시간 후 방 안의 포름알데히드 농도는 몇 ppm인가? 소수점 셋째 자리까지 구하라. (단, 포름알데히드는 완전혼합되고, 담배를 피우기 전 농도는 0이며, 온도는 25℃로 한다.)

> **풀이**
>
> 시간당 포름알데히드[HCHO] 농도(mg/m³) $= \dfrac{20\text{개피}/\text{hr} \times 1.4\text{mg}/\text{개피}}{500\text{m}^3}$
>
> $\qquad\qquad = 0.056\text{mg}/\text{m}^3 \cdot \text{hr}$
>
> 한 시간 후 농도(mg/m³) $= 0.056\text{mg}/\text{m}^3 \cdot \text{hr} \times 1\text{hr} = 0.056\text{mg}/\text{m}^3$
>
> 온도(25℃)에 따른 부피보정 후 농도(ppm)
>
> 농도(ppm) $= 0.056\text{mg}/\text{m}^3 \times \dfrac{22.4\text{mL} \times \left(\dfrac{273+25}{273}\right)}{30\text{mg}(\text{HCHO분자량})} = 0.046\text{ppm}$

07 오염공기 2,100m³/min을 전기집진장치로 처리하려고 한다. 높이 4m, 길이 3m 집진판을 사용하여 96%의 집진율을 얻으려면 필요한 집진판의 수는?(단, Deutsch Anderson식 이용, 모든 내부집진판은 양면, 두 개의 외부집진판은 각 하나의 집진면을 가지며, 유효분리속도는 4m/min이다.)

> **풀이**
>
> $$\eta = 1 - \exp\left(-\frac{AW}{Q}\right)$$
>
> A : $(4m \times 3m) \times 2 = 24m^2$
>
> Q : $2,100m^3/min \times min/60sec = 35m^3/sec$
>
> W : $4m/min \times min/60sec = 0.067m/sec$
>
> $$0.96 = 1 - \exp\left(-\frac{24 \times 0.067 \times n}{35}\right)$$
>
> $$\left(-\frac{24 \times 0.067 \times n}{35}\right) = \ln(1-0.96)$$
>
> $n = 70.06 ≒ 71 + 1 = 72$개

08 실제굴뚝높이 30m, 배출 가스온도 250°F, 배출 가스속도 13m/s, 굴뚝직경 1.5m인 화력발전소가 있다. 굴뚝 주변 대기온도가 20℃이고, 굴뚝 배출구에서 대기 풍속이 1m/s이며, 대기압은 970mb인 조건에서 다음 Holland 식을 이용한 연기의 유효굴뚝높이(m)는?

$$\Delta H = \frac{V_s \cdot d}{U}\left[1.5 + 2.68 \times 10^{-3} \cdot P_a\left(\frac{T_s - T_a}{T_s}\right) \times d\right]$$

> **풀이**
>
> $H_e = H + \Delta H$
>
> $$\Delta H = \frac{V_s \cdot d}{U}\left[1.5 + 2.68 \times 10^{-3} \cdot P\left(\frac{T_s - T_a}{T_s}\right) \times d\right]$$
>
> $$T_s = \frac{5}{9}(°F - 32) = \frac{5}{9} \times (250 - 32) = 121.11℃$$
>
> $$= \frac{13 \times 1.5}{1}\left[1.5 + (2.68 \times 10^{-3}) \times 970\right.$$
>
> $$\left.\left(\frac{(273+121.11)-(273+20)}{273+121.11}\right) \times 1.5\right] = 48.76m$$
>
> $= 30 + 48.76 = 78.76m$

09 $C_{10}H_{20}$ 1kg/hr을 공기비 1.1로 완전연소시켰을 경우 다음을 구하시오.
(1) 실제공기량(Sm^3/day)   (2) 습연소가스양(Sm^3/day)

> **풀이**
>
> 완전연소반응식
> $C_{10}H_{20} + 15O_2 \rightarrow 10CO_2 + 10H_2O$
> 140kg : $15 \times 22.4 Sm^3$: $10 \times 22.4 Sm^3$: $10 \times 22.4 Sm^3$
> 1kg/hr : $O_0(Sm^3$/day) : $CO_2(Sm^3$/day) : $H_2O(Sm^3$/day)
>
> **(1) 실제공기량(A)**
>
> $A = m \times A_0$
>
> $A_0(Sm^3/day) = O_0 \times \dfrac{1}{0.21}$
>
> $O_0 = \dfrac{1kg/hr \times (15 \times 22.4)Sm^3}{140kg}$
>
> $= 2.4 Sm^3/hr \times 24hr/day = 57.6 Sm^3/day$
>
> $= 57.6 \times \dfrac{1}{0.21} = 274.29 Sm^3/day$
>
> $= 1.1 \times 274.29 = 301.72 Sm^3/day$
>
> **(2) 습연소가스양(G_w)**
>
> $G_w(Sm^3/day) = [(m-0.21)A_0] + CO_2 + H_2O$
>
> $CO_2 = \dfrac{1kg/hr \times (10 \times 22.4)Sm^3}{140kg}$
>
> $= 1.6 Sm^3/hr \times 24hr/day = 38.4 Sm^3/day$
>
> $H_2O = \dfrac{1kg/hr \times (10 \times 22.4)Sm^3}{140kg}$
>
> $= 1.6 Sm^3/hr \times 24hr/day = 38.4 Sm^3/day$
>
> $= [(1.1-0.21) \times 274.29] + 38.4 + 38.4 = 320.92 Sm^3/day$

10 공기비가 부족할 때 어떤 현상이 생기는지 3가지를 쓰시오.

> **풀이**
> **공기비가 부족할 때 생기는 현상(3가지만 기술)**
> ① 불완전 연소로 인하여 배기가스 내 매연의 발생이 크다.
> ② 불완전 연소로 인하여 연소가스의 폭발위험성이 크다.
> ③ 연소배출가스 중의 CO, HC의 오염물질 농도가 증가한다.
> ④ 열손실에 큰 영향을 준다.

11 석탄 1kg의 조성이 아래와 같을 때 다음 물음에 답하시오.

성분	C	H	S	O	N	재	수분
조성비(%)	65	5.2	0.2	8.8	0.8	10.5	9.5

(1) 이론습연소가스양(G_{ow}, Sm³/kg)

(2) 이론건연소가스양(G_{od}, Sm³/kg)

(3) CO_{2max}(%)

> **풀이**
> (1) $G_{ow} = A_0 + 5.6H + 0.7O + 0.8N + 1.24W$
> $$A_0 = \frac{1}{0.21}[(1.867 \times 0.65) + (5.6 \times 0.052) - (0.7 \times 0.088) + (0.7 \times 0.002)] = 6.88 \text{Sm}^3/\text{kg}$$
> $= 6.88 + (5.6 \times 0.052) + (0.7 \times 0.088) + (0.8 \times 0.008) + (1.24 \times 0.095)$
> $= 7.35 \text{Sm}^3/\text{kg}$
>
> (2) $G_{od} = A_0 - 5.6H + 0.7O + 0.8N$
> $= 6.88 - (5.6 \times 0.052) + (0.7 \times 0.088) + (0.8 \times 0.008) = 6.65 \text{Sm}^3/\text{kg}$
>
> (3) $CO_{2max} = \frac{1.867C}{G_{od}} \times 100 = \frac{1.867 \times 0.65}{6.65} \times 100 = 18.25\%$

2016년 4회 산업기사

01 송풍기 정압이 70mmH$_2$O에서 280m^3/min의 송풍량을 이동시킬 경우 회전수가 400rpm이고 동력은 5.5HP이다. 만일 회전수를 550rpm으로 할 경우 송풍량(m^3/min), 정압(mmH$_2$O), 동력(HP)을 구하시오.

풀이

1) 송풍량(Q)

$$Q = Q_1 \times \left(\frac{\text{rpm}_2}{\text{rpm}_1}\right) = 280 \times \left(\frac{550}{400}\right) = 385 \text{m}^3/\text{min}$$

2) 정압(ΔP)

$$\Delta P = \Delta P_1 \times \left(\frac{\text{rpm}_2}{\text{rpm}_1}\right)^2 = 70 \times \left(\frac{550}{400}\right)^2 = 132.34 \text{mmH}_2\text{O}$$

3) 동력(HP)

$$\text{HP} = \text{HP}_1 \times \left(\frac{\text{rpm}_2}{\text{rpm}_1}\right)^3 = 5.5 \times \left(\frac{550}{400}\right)^3 = 14.29 \text{HP}$$

02 연소과정 중 질소산화물 억제방법 5가지를 쓰시오.

풀이

연소과정 중 질소산화물 억제방법(5가지만 기술)

① 저산소연소(저 과잉공기 연소) ② 저온도연소(연소용 예열공기의 온도조절)
③ 배기가스 재순환 ④ 2단 연소
⑤ 버너 및 연소실의 구조 개선 ⑥ 수증기 물분사

03 가스크로마토그래프법 분리평가항목 중 분리능의 '분리계수' 및 '분리도'의 식을 쓰고 각 인자를 설명하시오.

풀이

1) 분리계수(d) = $\dfrac{t_{R2}}{t_{R1}}$ 2) 분리도(R) = $\dfrac{2(t_{R2} - t_{R1})}{W_1 + W_2}$

여기서, t_{R1} : 시료 도입점으로부터 봉우리(피크) 1의 최고점까지의 길이
t_{R2} : 시료 도입점으로부터 봉우리(피크) 2의 최고점까지의 길이
W_1 : 봉우리(피크) 1의 좌우 변곡점에서의 접선이 자르는 바탕선의 길이
W_2 : 봉우리(피크) 2의 좌우 변곡점에서의 접선이 자르는 바탕선의 길이

04 스토크스 직경과 공기역학적 등가입경을 비교 설명하시오.

풀이

1. 스토크스 직경
입자형태가 구형이 아니더라도 동일한 침강속도 및 밀도를 갖는 구형입자의 직경으로 입자크기가 입자의 밀도에 따라 다르기 때문에 입자의 밀도도 함께 고려해야 하는 단점이 있다.

2. 공기역학적 등가입경(공기역학적 직경)
입자형태가 구형이 아니더라도 동일한 침강속도 및 단위밀도($1g/cm^3$)를 갖는 구형 입자의 직경을 의미한다.

05 실내공기질 권고기준 중 실내주차장시설의 기준을 오염물질 항목에 따라 쓰시오.

풀이

실내주차장의 실내공기질 권고기준

① 이산화질소 : 0.30ppm 이하 ② 라돈 : 148Bq/m^3 이하
③ 총휘발성 유기화합물 : 1,000$\mu g/m^3$ 이하

오염물질 항목 다중이용시설	이산화질소 (ppm)	라돈 (Bq/m^3)	총휘발성 유기화합물 ($\mu g/m^3$)	곰팡이 (CFU/m^3)
가. 지하역사, 지하도상가, 철도역사의 대합실, 여객자동차터미널의 대합실, 항만시설 중 대합실, 공항시설 중 여객터미널, 도서관·박물관 및 미술관, 대규모점포, 장례식장, 영화상영관, 학원, 전시시설, 인터넷컴퓨터게임시설제공업의 영업시설, 목욕장업의 영업시설	0.1 이하	148 이하	500 이하	—
나. 의료기관, 어린이집, 노인요양시설, 산후조리원	0.05 이하		400 이하	500 이하
다. 실내주차장	0.30 이하		1,000 이하	—

06 Bag Filter의 먼지부하가 400g/m²에 달할 때 탈락시키고자 한다. 이때 탈락시간 간격(min)은?(단, Bag Filter 유입가스 함진농도는 10g/m³, 출구농도 1g/m³, 여과속도 1.5cm/sec)

> **풀이**
>
> 탈진주기(t)
>
> $$t = \frac{L_d}{C_i \times \eta \times V_f}$$
>
> $$\eta = \frac{10-1}{10} \times 100 = 90\%$$
>
> $$= \frac{400\text{g/m}^2}{10\text{g/m}^3 \times 0.9 \times 1.5\text{cm/sec} \times \text{m}/100\text{cm} \times 60\text{sec/min}} = 49.38\text{min}$$

07 이온크로마토그래프법의 원리와 적용범위를 쓰시오.

> **풀이**
>
> **1. 원리**
>
> 이동상으로는 액체를, 고정상으로는 이온교환수지를 사용하여 이동상에 녹는 혼합물을 고분리능 고정상이 충전된 분리관 내로 통과시켜 시료성분의 용출상태를 전도도 검출기 또는 광학검출기로 검출하여 그 농도를 정량하는 방법이다.
>
> **2. 적용범위**
>
> 강수물(비, 눈, 우박 등), 대기먼지, 하천수 중의 이온성분을 정성 · 정량 분석하는 데 이용한다.

08 원심력 집진장치에서 Lapple 에 의한 절단입경은 유입구의 폭, 입자밀도, 가스점성도, 유효회전수, 가스유입속도 등에 의하여 결정된다. 다른 조건은 일정하고 가스 유입속도를 16배로 증가시키면 절단입경은 어떻게 변하는지 산출하시오.(단, 반드시 Lapple식을 써서 산출)

> **풀이**
>
> Lapple의 절단입경(d_{p50})
>
> $$d_{p50} = \sqrt{\frac{9\mu g W}{2\pi N(\rho_p - \rho)V}} \text{ 에서}$$
>
> $$d_{p50} = \sqrt{\frac{1}{V}} = \sqrt{\frac{1}{16}} = 0.25$$
>
> 즉, 절단입경은 1/4 로 감소한다.

09 지균풍에 영향을 주는 힘의 종류를 쓰고 이들의 관계를 설명하시오.

풀이

지균풍에 영향을 주는 힘은 기압경도력과 전향력이며 이들은 크기가 같고 방향은 반대이다.

10 Hood 개구면적 주위에 플랜지(Flange)를 부착하는 이유를 설명하시오.

풀이

Flange 부착 시 후방유입기류를 차단하고 후드 전면에서 포집범위가 확대되어 포착속도가 커진다. 또한 Flange가 없는 후드에 비해 동일 지점에서 동일한 제어속도를 얻는 데 필요한 송풍량을 약 25% 감소시킬 수 있으며 동일한 오염물질 제어에 있어 압력손실도 감소한다.

11 충전탑에서 발생할 수 있는 편류현상의 정의 및 최소화할 수 있는 방지대책 3가지를 쓰시오.

풀이

1. 편류현상
탑상부에서 흡수액 주입 시 한쪽으로만 흐르는 현상으로 효율이 저감된다.

2. 방지대책
① 주입구를 분산(최소 5개)시켜야 한다.
② 탑의 직경(D)과 충전물 직경(d)의 비(D/d)가 8~10 정도 되어야 한다.
③ 탑 내 가스유속을 줄인다.

SECTION 27 2017년 1회 기사

01 부피비율 프로판 50%, 부탄 50%로 이루어진 혼합가스 $1Sm^3$을 완전연소시키는 데 필요한 이론공기량(Sm^3)과 CO_2 발생량(Sm^3)을 구하시오.

풀이

1) $C_3H_8 + 5O_2 \rightarrow 3CO_2 + 4H_2O$
   $1Sm^3 : 5Sm^3 : 3Sm^3$
   $0.5Sm^3 : 2.5Sm^3 : 1.5Sm^3$

2) $C_4H_{10} + 6.5O_2 \rightarrow 4CO_2 + 5H_2O$
   $1Sm^3 : 6.5Sm^3 : 4Sm^3$
   $0.5Sm^3 : 3.25Sm^3 : 2Sm^3$

$A_0 = O_0 \times \dfrac{1}{0.21} = (2.5 + 3.25) \times \dfrac{1}{0.21} = 27.38 Sm^3$

$CO_2 = 1.5 + 2 = 3.5 Sm^3$

02 30℃, 1atm하에서 함진공기 $65,000m^3/hr$를 지름 20cm, 유효길이 8m되는 원통형 Bag Filter로 처리하고자 할 때 가스처리속도를 1.5m/min로 한다면 소요되는 Bag의 수는?

풀이

여과포 개수 = $\dfrac{처리가스양}{여과포 하나당 가스양}$

$= \dfrac{65,000m^3/hr \times hr/60min}{(3.14 \times 0.2m \times 8m) \times 1.5m/min} = 143.67 (144개)$

03 다음은 대기환경기준이다. ( ) 안에 알맞은 수치를 넣으시오.

NOx 연간 평균 – (①)ppm
오존 1시간 평균 – (②)ppm
벤젠 연간 평균 – (③)ppm

풀이

① 0.03   ② 0.1   ③ 5

04 Freundlich 식과 Langmuir 식을 쓰고 각 변수를 설명하시오.

풀이

1) Freundlich 등온흡착식

$$\frac{X}{M} = K \cdot C^{\frac{1}{n}}$$

여기서, M : 흡착제의 중량
X : 흡착된 용질량
K, n : 상수
C : 흡착평형상태에서 배기가스 내에 잔류하는 피흡착물질의 농도

2) Langmuir 등온흡착식

$$\frac{X}{M} = \frac{abC}{1+bC}$$

여기서, M : 흡착제의 중량
X : 흡착된 용질량
C : 흡착되고 남은 피흡착물질의 농도
a, b : 경험상수

05 Venturi Scrubber에서 Throat부의 직경 0.2m, 수압 2×10^4mmH$_2$O, Nozzle의 직경 3.8mm, 액가스비 0.5L/m³, Throat의 가스유속이 60m/sec일 때, Nozzle의 수를 계산하시오.

풀이

$$n\left(\frac{d}{D_t}\right)^2 = \frac{V_t \cdot L}{100\sqrt{P}}$$

$$n(노즐의 개수) = \frac{V_t \cdot L}{100\sqrt{P}} \times \left(\frac{D_t}{d}\right)^2$$

$V_t = 60\text{m/sec}$, $L = 0.5\text{L/m}^3$

$d = 3.8\text{mm} \times \text{m}/1{,}000\text{mm} = 0.0038\text{m}$

$D_t = 0.2\text{m}$, $P = 2 \times 10^4 \text{mmH}_2\text{O}$

$$= \frac{60 \times 0.5}{100\sqrt{2 \times 10^4}} \times \left(\frac{0.2}{0.0038}\right)^2 = 5.88(6개)$$

06 처음의 굴뚝 높이는 35m였고 집진장치를 설치하였더니 통풍력이 10mmH₂O가 되었다. 집진장치를 설치하기 이전의 통풍력을 유지하기 위해서는 연돌 높이를 얼마나 올려야 하는가?(단, 가스의 온도는 227℃, 대기의 온도는 27℃, 마찰손실은 무시한다. 공기의 밀도와 배출가스 밀도는 1.3kg/Sm³이다.)

> **풀이**
> 집진장치 설치 전 통풍력(Z)
> $$Z = 273 \times H \left[\frac{1.3}{273+t_a} - \frac{1.3}{273+t_g} \right] = 273 \times 35 \left[\frac{1.3}{273+27} - \frac{1.3}{273+227} \right]$$
> $$= 16.562 \, mmH_2O$$
> 총통풍력 $= 16.562 + 10 = 26.562 \, mmH_2O$
> $$26.562 = 273 \times H \left[\frac{1.3}{273+27} - \frac{1.3}{273+227} \right]$$
> $H = 56.13m$
> 증가시켜야 할 높이 $= 56.13 - 35 = 21.13m$

07 광학현미경을 이용하여 입자상 물질을 측정 시 입자상 물질의 끝과 끝을 연결한 선 중 가장 긴 선을 직경으로 하는 입자직경 명칭을 쓰시오.

> **풀이**
> Feret Diameter(페렛직경)

08 대도시지역의 열섬효과에 영향을 주는 인자 세 가지를 서술하시오.

> **풀이**
> **열섬효과의 인자**
> ① 인구집중에 따른 인공열 발생 증가
> ② 건물 구조물 등에 의한 거칠기 변화
> ③ 지표면 열적 성질에 따른 증발잠열 차이

09 알베도, 빈의 변위법칙 및 관계식을 변수 포함해 설명하시오.

> **풀이**
>
> **1. 알베도**
> 지구 지표의 반사율을 나타내는 지표로 입사에너지에 대한 반사되는 에너지의 비이다.
>
> **2. 빈의 변위법칙**
> 흑체로부터 방출되는 파장 가운데 에너지 밀도가 최대인 파장과 흑체의 온도는 반비례한다는 법칙이다.
>
> $$\lambda_m = \frac{2,897}{T}$$
>
> 여기서, λ_m : 복사에너지 중 에너지 강도가 최대가 되는 파장(μm)
> T : 흑체의 표면온도(K)

10 중력집진장치의 길이 10m, 높이 5m이고, 분진의 밀도 1g/cm³, 점도 2.0×10^{-4} g/cm · sec이다. 최소 제거입경(μm)은?(단, 유속은 1.4m/sec)

> **풀이**
>
> $$\frac{V_g}{V} = \frac{H}{L}$$
>
> $$V_g = \frac{d_p^2(\rho_p - \rho)g}{18\mu}$$
>
> $$d_{p\min}(\mu m) = \left[\frac{18\mu HV}{(\rho_p - \rho) \cdot g \cdot L}\right]^{1/2} \times 10^6$$
>
> $\rho_p = 1g/cm^3 \times kg/1,000g \times 10^6 cm^3/m^3 = 1,000 kg/m^3$
>
> $\mu = 2.0 \times 10^{-4} g/cm \cdot sec \times kg/1,000g \times 100cm/m$
>
> $ = 2.0 \times 10^{-5} kg/m \cdot sec$
>
> $ = \left[\frac{18 \times 2.0 \times 10^{-5} \times 5 \times 1.4}{(1,000 - 1.3) \times 9.8 \times 10}\right]^{1/2} \times 10^6 = 160.46 \mu m$

11 커닝험 보정계수에 관하여 설명하시오.

> **풀이**
>
> **커닝험 보정계수 (C_c ; Cunningham Correction Factor)**
>
> ① 입자의 직경이 $1\mu m$보다 작은 미세 입자의 경우 기체분자가 입자에 충돌할 때 입자 표면에서 Slip(미끄럼) 현상이 일어나면 입자에 작용하는 항력이 작아져 종말침강 속도 계산 시 Stokes 침강속도식으로 구한 값보다 커지는데, 이를 보정하는 계수를 커닝험 보정계수라 한다.
>
> ② 커닝험 보정계수는 항상 1보다 크다. 이 값, 즉 $C_c \geq 1$이 되기 위해서는 가스온도가 높을수록, 미세입자일수록, 가스압력이 낮을수록, 가스분자 직경이 작을수록 커지게 된다.

2017년 1회 산업기사

01 다음 각 분석방법의 측정원리를 쓰시오.

(1) 흡광차분광법
(2) 비분산 적외선 분광분석법
(3) 이온크로마토그래피법

> **풀이**
>
> **(1) 흡광차분광법**
> 일반적으로 빛을 조사하는 발광부와 50~1,000m 정도 떨어진 곳에 설치되는 수광부(또는 발·수광부와 반사경) 사이에 형성되는 빛의 이동경로(Path)를 통과하는 가스를 실시간으로 분석하며, 측정에 필요한 광원은 180~2,850nm 파장을 갖는 제논(Xenon) 램프를 사용하여 아황산가스, 질소산화물, 오존 등의 대기오염물질 분석에 적용한다.
>
> **(2) 비분산 적외선 분광분석법**
> 선택성 검출기를 이용하여 시료 중의 특정 성분에 의한 적외선의 흡수량 변화를 측정하여 시료 중에 들어있는 특정 성분의 농도를 구하는 방법으로 대기 및 굴뚝 배출기체 중의 오염물질을 연속적으로 측정하는 비분산 정필터형 적외선 가스분석계에 대하여 적용한다.
>
> **(3) 이온크로마토그래피법**
> 이동상으로는 액체, 그리고 고정상으로는 이온교환수지를 사용하여 이동상에 녹는 혼합물을 고분리능 고정상이 충전된 분리관 내로 통과시켜 시료 성분의 용출상태를 전도도검출기 또는 광학검출기로 검출하여 그 농도를 정량하는 방법으로 일반적으로 강수(비, 눈, 우박 등), 대기 먼지, 하천수 중의 이온성분을 정성·정량 분석하는 데 이용한다.

02 벤투리스크러버 목부의 직경이 0.25m, 수압이 20,000mmH$_2$O, 목부의 유속이 90m/s, 노즐의 직경이 0.4cm이다. 노즐의 개수를 6개로 할 경우에 2.2m^3/sec의 가스처리 시 요구되는 물의 양(L/sec)을 구하시오.

> **풀이**
>
> $$n\left(\frac{d_n}{D_t}\right)^2 = \frac{V_t \cdot L}{100\sqrt{P}}$$
>
> 여기서, n : 노즐의 개수, d_n : 노즐의 직경(m)
> D_t : 목부의 직경(m), V_t : 목부의 유속(m/s)
> L : 액가스비(L/m^3), P : 수압(mmH$_2$O)
>
> $$6\left(\frac{0.004}{0.25}\right)^2 = \frac{90 \cdot L}{100\sqrt{20,000}} \Rightarrow L = 0.2414 \text{L/m}^3$$
>
> 액가스비 (L/m^3) = $\dfrac{\text{가스처리 시 요구되는 물의 양(L/sec)}}{\text{가스의 양(m}^3\text{/sec)}}$
>
> $0.2414\,(\text{L/m}^3) = \dfrac{X(\text{L/sec})}{2.2(\text{m}^3/\text{sec})}$
>
> 가스처리 시 요구되는 물의 양 = 0.53 L/sec

03 가스상 오염물질의 시료채취 시 채취관을 보온·가열하는 이유 3가지와 브롬을 시료채취할 때 채취관의 재질 3가지를 쓰시오.

> **풀이**
>
> **1. 채취관을 보온 또는 가열하는 경우**
> ① 배출가스 중의 수분 또는 이슬점이 높은 가스성분이 응축해서 채취관이 부식될 우려가 있는 경우
> ② 여과재가 막힐 우려가 있는 경우
> ③ 분석대상가스가 응축수에 용해해서 오차가 생길 우려가 있는 경우
>
> **2. 브롬을 시료채취할 때 채취관의 재질**
> ① 경질유리   ② 석영   ③ 불소수지

04 분산모델(Dispersion Model)과 수용모델(Receptor Model)의 특징을 각각 3가지씩 쓰시오.

> **풀이**
>
> 1. 분산모델(3가지만 기술)
>   ① 2차 오염원의 확인이 가능하다.
>   ② 지형 및 오염원의 조업조건에 영향을 받는다.
>   ③ 점·선·면 오염원의 영향을 평가할 수 있다.
>   ④ 새로운 오염원이 지역 내에 신설될 때마다 매번 재평가하여야 한다.
>   ⑤ 미래의 대기질을 예측할 수 있다.
>   ⑥ 단기간 분석 시 문제가 된다.
>
> 2. 수용모델(3가지만 기술)
>   ① 새로운 오염원이나 불확실한 오염원을 정량적으로 확인·평가할 수 있다.
>   ② 지형이나 기상학적 정보 없이도 사용이 가능하다.
>   ③ 미래 예측이 어렵다.
>   ④ 불법배출 오염원을 정량적으로 확인·평가할 수 있다.
>   ⑤ 점·선·면 오염원의 영향을 평가할 수 있다.

05 용적이 100m³인 밀폐된 공간 내에서 황 0.01%를 함유하는 등유 1kg을 완전연소한 후 공간 내의 평균 SO_2 농도(ppm)를 구하시오. (단, 표준상태 기준, 황은 완전연소하여 전량 SO_2로 되며, 연소 전 공간 내의 SO_2 농도는 고려하지 않는다.)

> **풀이**
>
> $S + O_2 \rightarrow SO_2$
> 32kg : 22.4Sm³
> 1kg × 0.0001 : SO_2(Sm³)
>
> $SO_2(m^3) = \dfrac{1kg \times 0.0001 \times 22.4Sm^3}{32kg} = 7 \times 10^{-5} Sm^3$
>
> $SO_2(ppm) = 7 \times 10^{-5} Sm^3 / 100m^3 \times 10^6 mL/m^3 = 0.7 mL/m^3 (ppm)$

06 A 공장의 배출라인에서 평균입경이 $1\mu m$인 먼지를 함유한 배출가스 $200m^3/min$ (20℃ 공기)를 배출한다. 함진가스 중 먼지를 처리하기 위하여 액가스비 $1.5L/m^3$, 목부 가스유속 $50m/sec$로 하였을 경우 목부 직경과 압력손실을 구하시오. (단, $\Delta P = \left(\dfrac{0.033}{\sqrt{R_{HT}}} + 3.0 R_{HT}^{0.3} \cdot L\right) \cdot \dfrac{\rho \cdot V_t^2}{2g}$ (mmH_2O)로 계산하시오. R_{HT} : 목부의 상당수력 반경, L : 액가스비, ρ : 배출가스의 밀도, V_t : 목부의 가스유속, 이 온도에서의 가스밀도는 $1.2kg/m^3$이다.)

> **풀이**
>
> 1) 목부 직경
>
> $$Q = A \times V = \dfrac{\pi}{4}D^2 \qquad D = \left(\dfrac{Q \times 4}{\pi \times V}\right)^{1/2} = \left(\dfrac{200/60 \times 4}{\pi \times 50}\right)^{1/2} = 0.29m$$
>
> 2) 압력손실
>
> $$\Delta P = \left(\dfrac{0.033}{\sqrt{R_{HT}}} + 3.0 R_{HT}^{0.3} \cdot L\right) \cdot \dfrac{\rho \cdot V_t^2}{2g}$$
>
> $$R_{HT} = \dfrac{D}{4} = \dfrac{0.291}{4} = 0.0728m$$
>
> $$L = 1.5L/m^3, \quad V_t = 50m/sec$$
>
> $$= \left(\dfrac{0.033}{\sqrt{0.0728}} + 3.0 \times 0.0728^{0.3} \times 1.5\right) \times \dfrac{1.2 \times 50^2}{2 \times 9.8} = 332.57 mmH_2O$$

07 대기오염물질 공정시험기준상 환경대기 중 알데히드류-고성능 액체크로마토그래프에 대한 설명이다. ( ) 안에 알맞은 말을 쓰시오.

> DNPH 유도체화 액체크로마토그래프 분석법은 카르보닐 화합물과 DNPH가 반응하여 형성된 DNPH 유도체를 (①) 용매로 추출하여 고성능 액체크로마토그래피를 이용하여 자외선 검출기 (②)nm 파장에서 분석한다.

> **풀이**
>
> ① 아세토나이트릴　　　　② 360

08 어느 산업장의 굴뚝에서 실측한 SO₂의 농도가 400ppm, 배출가스양이 12,000Sm³/hr이었다. 이때 표준산소농도가 6%, 실측산소농도가 8%였다면 보정된 오염물질의 농도와 유량을 구하시오.

> **풀이**
>
> ① $C(\text{ppm}) = C_a \times \dfrac{21 - O_s}{21 - O_a} = 400 \times \dfrac{21 - 6}{21 - 8} = 461.54\text{ppm}$
>
> ② $Q(\text{Sm}^3/\text{hr}) = Q_a \div \dfrac{21 - O_s}{21 - O_a} = 12,000 \div \dfrac{21 - 6}{21 - 8} = 10,400\text{Sm}^3/\text{hr}$

09 여과집진장치에서 먼지부하 L_d=300g/m²일 때마다 간헐적으로 부착먼지를 탈착시키고 있다. 입구 측의 먼지농도는 3.0g/m³, 출구 측의 먼지농도는 100mg/m³, 여과속도는 5cm/sec로 가동할 때 먼지의 탈진시간(hr)은?

> **풀이**
>
> $L_d = C_i \cdot \eta \cdot V_f \cdot t$
>
> $t = \dfrac{L_d}{C_i \times V_f \times \eta}$
>
> L_d : 먼지부하 = 300g/m³, C_i : 입구 먼지농도 = 3g/m³, V_f = 0.05m/sec
>
> $\eta = \left(1 - \dfrac{0.1}{3}\right) \times 100 = 96.67\%$
>
> $= \dfrac{300}{3 \times 0.05 \times 0.9667} = 2,068.89\text{sec} \times \text{hr}/3,600\text{sec} = 0.57\text{hr}$

10 HCl의 농도가 200ppm이고, 배기가스양이 100Sm³/hr이다. 5시간 동안 5,000L의 물에 흡수시켰을 경우 이 수용액의 노르말 농도와 pOH를 구하시오.(단, 흡수율 60%)

> **풀이**
>
> 흡수 HCl의 양(L) = 100Sm³/hr × 200mL/m³ × 10⁻⁶m³/mL × 1,000L/m³ × 0.6
>   = 12L/hr × 5hr = 60L
>
> 용해된 HCl의 몰농도(mol/L) = 60L/5,000L × 1mol/22.4L = 5.35 × 10⁻⁴mol/L
>
> HCl 몰농도 = 수소이온 농도 = HCl 노르말 농도(HCl → H⁺ + Cl⁻)
>
> pH = −log[H⁺] = −log(5.35 × 10⁻⁴) = 3.27
>
> pOH = 14 − 3.27 = 10.73

11 후드 압력손실이 150mmH$_2$O, 가스속도가 10m/sec, 밀도는 2.5kg/m³일 때 유입계수를 구하시오.

> **풀이**
>
> $$\Delta P = F \times \frac{\gamma V^2}{2g}$$
>
> $$150 = F \times \frac{2.5 \times 10^2}{2 \times 9.8} \quad F = 11.76$$
>
> $$F = \frac{1}{C_e^2} - 1$$
>
> $$C_e = \sqrt{\frac{1}{1+F}} = \sqrt{\frac{1}{1+11.76}} = 0.28$$

12 원심분리기의 유입구 폭이 12cm이고, 유효회전수는 4이며, 분진의 밀도가 1.5g/cm³인 배기가스가 15m/s 속도로 유입된다. 배기가스의 온도를 350K으로 가정할 때 50%의 효율로 집진되는 분진의 입경(μm)은 얼마인가?(단, 공기의 점성은 350K에서 0.0748kg/m·hr이다.)

> **풀이**
>
> 절단입경(d_{p50})
>
> $$d_{p50} = \left(\frac{9\mu_g W}{2\pi N(\rho_p - \rho)V}\right)^{0.5}$$
>
> $\mu_g = 0.0748$kg/m·hr $\times$ hr/3,600sec $= 2.078 \times 10^{-5}$kg/m·sec
>
> $\rho_p = 1.5$g/cm³ $\times$ kg/1,000g $\times 10^6$cm³/m³ $= 1,500$kg/m³
>
> $\rho = 1.29$kg/m³ $\times \frac{273}{350} = 1.0062$kg/m³
>
> $$= \left(\frac{9 \times (2.078 \times 10^{-5}) \times 0.12}{2 \times 3.14 \times 4 \times (1,500 - 1.0062) \times 15}\right)^{0.5}$$
>
> $= 6.303 \times 10^{-6}$m $\times 10^6 \mu$m/m $= 6.30 \mu$m

SECTION 29 — 2017년 2회 기사

01 여과집진장치에서 먼지부하 L_d=360g/m²일 때마다 간헐적으로 부착먼지를 탈착시키고 있다. 입구 가스 측의 먼지농도는 10g/m³, 여과속도는 1cm/sec로 가동할 때 먼지의 탈진주기(sec)는?(단, 집진효율은 98%이다.)

> **풀이**
>
> 먼지부하(L_d) = $C_i \times V_f \times t \times \eta$
>
> 탈진주기(t ; sec) = $\dfrac{L_d}{C_i \times V_f \times \eta}$
>
> $= \dfrac{360\text{g/m}^2}{10\text{g/m}^3 \times 1\text{cm/sec} \times \text{m}/100\text{cm} \times 0.98} = 3,673.47\text{sec}$

02 습식 석회세정법에 의한 배연탈황장치로부터 24시간당 15.7ton의 석고($CaSO_4 \cdot H_2O$)가 회수된다. 처리 배기가스양이 400,000Nm³/hr일 때 탈황장치의 탈황효율은 98%이었다. 배연탈황장치로 유입되는 배연가스 중의 아황산가스의 농도(ppm)는?(단, Ca 원자량 40)

> **풀이**
>
> $SO_2 + CaCO_3 + 2H_2O + \dfrac{1}{2}O_2 \rightarrow CaSO_4 \cdot 2H_2O + CO_2$ 의 반응식에서
>
> SO_2 : $CaSO_4 \cdot 2H_2O$
>
> 22.4m³ : 172kg
>
> $SO_2(\text{mL/Nm}^3) \times 10^{-6}\text{Nm}^3/\text{mL} \times \dfrac{98}{100} \times 400{,}000\text{Nm}^3/\text{hr} \times 24\text{hr}$
>
> : 15.7ton × 1,000kg/ton
>
> $SO_2 = 217.33\text{ppm}$

03 Freundlich 등온흡착식을 쓰고 실험데이터로부터 상수 n과 K값을 구하는 방법에 관하여 설명하시오.

> **풀이**
>
> **Freundlich 등온흡착식**
> 압력과 단위무게당 흡착량의 변화를 나타낸 식이며, 고농도에서 등온선은 선형을 유지하지만 한정된 범위의 용질농도에 대한 흡착평형 값으로 적용된다.
>
> [식] $\dfrac{X}{M} = KC^{\frac{1}{n}}$ (양변에 log 취하여 정리)
>
> $$\log \dfrac{X}{M} = \dfrac{1}{n} \log C + \log K$$
>
>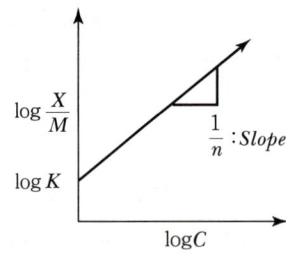
>
> - n은 기울기 값 $\dfrac{1}{n}$을 이용하여 구한다.
> - K는 y절편값 $\log K$를 이용하여 구한다.

04 환경정책기본법상의 대기환경 기준을 쓰시오.

    (1) 이산화질소(NO_2) : 24시간 평균치 (　　) 이하

    (2) 벤젠 : 연간 평균치 (　　) 이하

    (3) PM-10 : 24시간 평균치 (　　) 이하

    (4) 아황산가스(SO_2) : 연간 평균치 (　　) 이하

> **풀이**
> (1) 0.06ppm   (2) $5\mu g/m^3$ (3) $100\mu g/m^3$ (4) 0.02ppm

05 온실효과에서 기온 상승 원리와 대표적인 원인 물질 3가지를 쓰시오. (단, 부분점수 없음)

(1) 원리   (2) 온실기체 종류

> **풀이**
>
> **(1) 원리**
> 온실가스는 파장이 짧은 가시광선은 그대로 통과시키지만 태양광에 의해 따뜻해진 지표가 방사하는 파장이 긴 적외선은 잘 흡수한다. 흡수된 적외선의 에너지가 대기 중에서 계속 축적되어 발생하는 지구대류권의 온도증가현상이 온실효과이다.
>
> **(2) 온실기체(3가지만 기술)**
> ① CO_2 ② CH_4
> ③ N_2O ④ HFC(수소불화탄소)
> ⑤ PFC(과불화탄소)   ⑥ SF_6(육불화황)

06 자동차 연료로 쓰이는 가솔린($C_8H_{17.5}$)을 완전연소시킬 때의 AFR을 부피 및 중량(질량) 기준으로 각각 구하시오.

> **풀이**
>
> $C_8H_{17.5}$의 연소반응식
> $C_8H_{17.5} + 12.375O_2 \rightarrow 8CO_2 + 8.75H_2O$
>
> 1) 부피기준 $AFR = \dfrac{\text{산소의 mole}/0.21}{\text{연료의 mole}}$
>
> $\quad\quad\quad\quad\quad\quad = \dfrac{12.375/0.21}{1} = 58.93$ mole air/mole fuel
>
> 2) 중량기준 $AFR = 58.93 \times \dfrac{28.95}{113.5} = 15.03$ kg air/kg fuel
>
> [113.5 : 가솔린 분자량, 28.95 : 건조공기 분자량]

07 전기집진장치에서 발생하는 각종 장애현상의 원인과 대책을 1가지씩 쓰시오.

(1) 2차 전류가 주기적으로 변하거나 불규칙하게 흐를 때

(2) 2차 전류가 현저하게 떨어질 때

(3) 재비산 현상이 발생할 때

> **풀이**

(1) 2차 전류가 주기적으로 변하거나 불규칙하게 흐를 때
   ① 원인 : 부착 분진의 스파크가 자주 발생할 때
   ② 대책 : 1차 전압을 낮춤

(2) 2차 전류가 현저하게 떨어질 때
   ① 원인 : 먼지의 농도가 너무 높을 때
   ② 대책 : 스파크 횟수를 증가시킴

(3) 재비산 현상이 발생할 때
   ① 원인 : 배출가스의 입구유속이 클 때
   ② 대책 : 처리가스 속도를 낮추어 속도를 조절함

[참고] 장애현상의 원인·대책

1. 역전리 현상(Back Corona)
   1) 원인
      ① 겉보기 전기저항이 너무 클 때   ② 미분탄의 연소 시
      ③ 배출가스의 점성이 클 때
   2) 대책 : 고압부상의 절연회로를 점검

2. 재비산 현상(Dust Jumping)
   1) 원인
      ① 배출가스의 입구 유속이 클 때   ② 겉보기 전기저항이 낮을 때
   2) 대책
      ① 처리가스 속도를 낮추어 속도를 조절함
      ② 재비산 장소에 배플(Baffle) 설치

3. 2차 전류가 많이 흐를 때
   ① 원인
      ① 먼지의 농도가 너무 낮을 때   ② 공기 부하시험을 행할 때
      ③ 방전극이 너무 가늘 때   ④ 이온 이동속도가 큰 가스를 처리할 때
   2) 대책
      ① 입구 분진농도 조절   ② 처리가스 조절
      ③ 방전극을 새것으로 교환

4. 2차 전류가 현저하게 떨어질 때(먼지의 비저항이 비정상적으로 높은 경우)
   1) 원인 : 먼지의 농도가 너무 높을 때
   2) 대책
      ① 스파크 횟수를 증가   ② 조습용 스프레이의 수량을 증가
      ③ 적절히 입구먼지농도 조절

5. 2차 전류가 주기적 또는 불규칙적으로 흐를 때
   1) 원인 : 부착 분진의 스파크가 자주 발생할 때
   2) 대책
      ① 1차 전압을 낮춤   ② 충분히 분진 탈리를 함
      ③ 방전극과 집진극을 점검함

6. 1차 전압이 낮고 과도 전류가 흐를 때
   1) 원인 : 고압부 절연상태가 불량할 때
   2) 대책 : 절연회로 점검

08 염화수소 0.05%가 포함된 가스 1,000m³/hr을 수산화칼슘으로 중화처리하고자 한다. 필요한 수산화칼슘 소요량(kg/hr)을 구하시오.

> **풀이**
>
> $2HCl + Ca(OH)_2 \rightarrow CaCl_2 + 2H_2O$
>
> $2 \times 22.4 \text{m}^3 : 74\text{kg}$
>
> $1{,}000\text{m}^3/\text{hr} \times 0.0005 : Ca(OH)_2 (\text{kg/hr})$
>
> $Ca(OH)_2 (\text{kg/hr}) = \dfrac{1{,}000\text{m}^3/\text{hr} \times 0.0005 \times 74\text{kg}}{2 \times 22.4\text{m}^3} = 0.83 \text{kg/hr}$

09 입경 x의 지수 n 값이 1인 Rosin-Rammler 분포를 갖는 입자가 있다. 이 입자의 중위직경(R : 50)이 50μm일 경우 25μm 이상의 체거름상 분진농도(%)를 구하시오.

> **풀이**
>
> $R(\%) = 100\exp(-\beta x^n)$
>
> $50\% = 100 \times \exp(-\beta \times 50^1)$
>
> $-\beta \times 50 = \ln(0.5)$
>
> $\beta = 0.0138$
>
> $R(\%) = 100 \times \exp(-0.0138 \times 25^1) = 70.82\%$

10 다음은 비분산적외선 분석법의 성능기준에 대한 내용이다. ( ) 안에 알맞은 내용을 쓰시오.

> (1) 스팬 드리프트
>   동일 조건에서 제로가스를 흘려 보내면서 때때로 스팬가스를 도입할 때 제로 드리프트(Zero Drift)를 뺀 드리프트가 고정형은 24시간, 이동형은 (①)시간 동안에 전체 눈금값의 (②)% 이상이 되어서는 안 된다.
> (2) 응답시간
>   제로 조정용 가스를 도입하여 안정된 후, 유로를 스팬가스로 바꾸어 기준 유량으로 분석계에 도입하여 그 농도를 눈금 범위 내의 어느 일정한 값으로부터 다른 일정한 값으로 갑자기 변화시켰을 때 스텝(Step) 응답에 대한 소비시간이 (③)초 이내이어야 한다.

풀이
① 4   ② ±2   ③ 1

---

11 배출가스 중 배연탈황방법의 종류를 건식법과 습식법으로 구분하고 각 방법의 원리와 종류 3가지를 쓰시오.

풀이
1. 건식법
   ① 원리
      배기가스 중 유해가스를 제거하기 위해 분체상의 흡수제를 직접 분사·확산시켜 유해가스물질이 흡수제 입자에 흡착 또는 흡수되도록 처리한다.
   ② 종류
      석회석 주입법, 활성산화망간법, 활성탄 흡착법, 산화구리법
2. 습식법
   ① 원리
      흡수제를 용해 또는 현탁시켜 배기가스와 접촉하여 탈황시키는 방법이다.
   ② 종류
      석회세정법, 암모니아 흡수법, NaOH 흡수법

SECTION 30 2017년 2회 산업기사

01 석탄 화력발전소에서 연간 4.2×10^8Watt의 전기를 생산하고 있다. 석탄의 발열량이 2,500kcal/kg이고 연소 후 석탄의 10%가 재로 배출된다면 연간 재의 발생량 (kg/year)을 구하시오. (단, 열효율 50%, $1\text{Watt}=\dfrac{1}{4.2}\text{cal/sec}$)

> **풀이**
>
> 열효율(%) = $\dfrac{출열}{연료연소열(입열)}\times 100$
>
> $50 = \dfrac{4.2\times10^5\text{kW}\times\dfrac{\dfrac{1}{4.2}\text{kcal/sec}}{1\text{kW}}}{2,500\text{kcal/kg}\times G_f(\text{kg/sec})}\times 100$
>
> G_f(연료량) = 80kg/sec × 31,536,000sec/year = 2,522,880,000kg/year
>
> 연간 재발생량(kg/year) = 2,522,880,000 × 0.1 = 252,288,000kg/year
> $= 2.52\times10^8$ kg/year

02 배출가스 중의 불소화합물은 물에 대한 용해도가 비교적 커서 침전조에서 CaF_2로 분리·회수한다. 이때 사용되는 응집제의 종류를 쓰시오.

> **풀이**
>
> 응집제 : $Ca(OH)_2$
>
> [참고]
> $HF + Ca(OH)_2 \rightarrow CaF_2 + 2H_2O$

03 상온·상압의 함진공기 100m³/min을 벤투리스크러버로 집진하려고 한다. 수량을 50L/min, 목(Throat)부의 속도를 60m/sec로 할 때 압력손실(mmH₂O)은? (단, 가스의 비중량 γ=1.2kg/m³, $\Delta P = (0.5+L)\times\dfrac{\gamma V^2}{2g}$)

> **풀이**
>
> $\Delta P = (0.5+L)\times\dfrac{\gamma V^2}{2g}$
>
> $L = \dfrac{50\text{L/min}}{100\text{m}^3/\text{min}} = 0.5\text{L/m}^3$

$$\gamma = 1.2 \text{kg/m}^3, \quad V = 60 \text{m/sec}, \quad g = 9.8 \text{m/sec}^2$$
$$= (0.5 + 0.5) \times \frac{1.2 \times 60^2}{2 \times 9.8} = 220.41 \text{mmH}_2\text{O}$$

04 세정집진장치에서 관성충돌계수를 크게 하기 위한 입자배출원의 특성 또는 운전조건 6가지를 쓰시오.

> **풀이**
> ① 분진의 입경이 커야 한다.
> ② 분진의 밀도가 커야 한다.
> ③ 처리가스와 액적의 상대속도가 커야 한다.
> ④ 처리가스의 점도가 낮아야 한다.
> ⑤ 처리가스의 온도가 낮아야 한다.
> ⑥ 액적의 직경이 작아야 한다.

05 후드 형태 중 외부식 후드에 대하여 다음 물음에 답하시오.

(1) 장점 1가지를 쓰시오.

(2) 단점 1가지를 쓰시오.

(3) 평형점(무효점, Null Point)을 간단히 설명하시오.

(4) 제어속도를 간단히 설명하시오.

> **풀이**
> **(1) 장점**
> 작업자에 대한 방해가 적다.
>
> **(2) 단점**
> 필요 송풍량이 많다.
>
> **(3) 평형점(무효점, Null Point)**
> 발생원에서 방출된 오염물질이 초기 운동에너지를 상실하여 비산속도가 0이 되는 비산한계점을 의미한다.
>
> **(4) 제어속도**
> 오염물질의 발생속도를 이겨내고 오염물질을 후드 내로 흡인하는 데 필요한 최소의 기류속도를 말한다.

06 어떤 유해가스와 물이 일정 온도에서 평형상태에 있다. 유해가스의 분압이 기상에서 45.6mmHg일 때 수중 유해가스의 농도가 2.0kmol/m³이다. 이때 헨리상수(atm · m³/kmol)는?(단, 전압은 1atm이다.)

> **풀이**
>
> $P = H \cdot C$
>
> $H = \dfrac{P}{C} = \dfrac{45.6\text{mmHg} \times \dfrac{1\text{atm}}{760\text{mmHg}}}{2.0\text{kmol/m}^3} = 0.03 \text{atm} \cdot \text{m}^3/\text{kmol}$

07 배기가스에 포함되어 있는 질소산화물(NOx)을 제거하기 위한 방법 중 하나인 선택적 촉매환원법(SCR ; Selective Catalytic Reduction)의 원리를 설명하고 환원제와 촉매제를 각각 2가지씩 쓰시오.

> **풀이**
>
> **1. 원리**
>
> 배기가스 중에 NOx를 촉매(TiO_2와 V_2O_5)를 사용하여 환원제(NH_3, H_2S, CO, H_2)와 반응시켜 배기가스 중 O_2와 상관없이 접촉환원시켜 N_2로 환원하는 방법이다.
>
> **2. 환원제(2가지만 기술)**
>
> NH_3, H_2S, CO, H_2, 요소
>
> **3. 촉매제(2가지만 기술)**
>
> $TiO_2 - V_2O_5$, Pt, $WO_3 - TiO_2$, $V_2O_5 - Al_2O_3$

08 100ppm의 HF를 함유한 배기가스를 NaOH 수용액으로 흡수 처리하는 탑이 있다. 기상 총괄이동 단위높이(H_{OG}) 0.5m, 흡수탑의 높이(H)가 3m일 때 HF의 출구농도(ppm)는 얼마인가?

> **풀이**
>
> HF 출구농도(C_0)
> $C_0 = C_i \times (1-\eta)$
> $H = H_{OG} \times N_{OG} = H_{OG} \times \ln\left(\dfrac{1}{1-\eta}\right)$
> $N_{OG} = \dfrac{H}{H_{OG}} = \dfrac{3}{0.5} = 6$
> $6 = \ln\left(\dfrac{1}{1-\eta}\right)$
> $\eta = 99.75\%$
> $= 100\text{ppm} \times (1-0.9975) = 0.25\text{ppm}$

09 중량 조성이 C : 85%, H : 9%, S : 6%인 중유를 공기비 1.25로 연소할 때 습연소가스 중 SO_2(%)는?(단, 중유 중의 S 성분은 모두 SO_2로 생성된다.)

> **풀이**
>
> $SO_2(\%) = \dfrac{SO_2(m^3)}{G_w(m^3)} \times 100$
>
> $O_o = \dfrac{22.4}{12} \times 0.85 + \dfrac{11.2}{2} \times 0.09 + \dfrac{22.4}{32} \times 0.06 = 2.1327 \text{Sm}^3/\text{kg}$
>
> $A_o = \dfrac{O_o}{0.21} = \dfrac{2.1327}{0.21} = 10.1556 \text{Sm}^3/\text{kg}$
>
> $G_w = (m - 0.21)A_0 + CO_2 + SO_2 + H_2O$
>
> $= (1.25 - 0.21) \times 10.1556 + \dfrac{22.4}{12} \times 0.85 + \dfrac{22.4}{32} \times 0.06$
>
> $+ \dfrac{22.4}{2} \times 0.09 = 13.1984 \text{Sm}^3/\text{kg}$
>
> $= \dfrac{\dfrac{22.4}{32} \times 0.06}{13.1984} \times 100 = 0.32\%$

10 원심력집진장치의 Blow Down 방식에 대한 정의를 서술하고, 효과 3가지를 쓰시오.

> **풀이**
>
> **블로다운(Blow Down) 방식**
>
> 1. 정의
>   사이클론의 집진효율을 향상시키기 위한 하나의 방법으로서 더스트 박스 또는 호퍼부에서 처리가스(유입유량)의 5~10%에 상당하는 함진가스를 추출·흡인하여 운영하는 방식이다.
>
> 2. 효과
>   ① 원추하부의 가교현상을 방지하여 장치 내부의 먼지 퇴적을 억제한다.
>   ② 사이클론 내의 난류현상(선회기류의 흐트러짐 현상)을 억제시킴으로써 집진된 먼지의 재비산을 방지한다.
>   ③ 유효원심력을 증가시켜 집진효율이 향상된다.

11 고로가스 부피조성이 CO_2 : 20%, CO : 20%, N_2 : 60%로 구성되어 있다. 이 연료를 이론적으로 완전연소시킬 경우 이론건조연소가스양(Sm^3/Sm^3)은?

> **풀이**
>
> $G_{od} = (1-0.21)A_0 + 생성물질$
>
> $CO + \dfrac{1}{2}O_2 \rightarrow CO_2$ (20%)
>
> $CO_2 \rightarrow CO_2$ (20%)
>
> $N_2 \rightarrow N_2$ (60%)
>
> $A_0 = \dfrac{1}{0.21}(0.5 \times 0.2) = 0.4762 Sm^3/Sm^3$
>
> $= [(1-0.21) \times 0.4762] + [(1 \times 0.2) + (1 \times 0.2) + (1 \times 0.6)] = 1.38 Sm^3/Sm^3$

2017년 4회 기사

01 1,000Sm³/hr의 배기가스를 배출하는 연소시설에서 건식 석회(CaO)주입법으로 발생되는 SO_2를 제거하고자 한다. SO_2 농도가 2,000ppm일 때 생성되는 황산칼슘의 양(kg/hr)을 구하시오. (SO_2는 황산칼슘으로 모두 변함. 처리효율 80%, Ca 분자량 40)

풀이

$$SO_2 + CaO + \frac{1}{2}O_2 \rightarrow CaSO_4$$

22.4Sm³ : 136kg

1,000Sm³/hr × 2,000mL/Sm³ × m³/10⁶mL × 0.8 : CaSO₄(kg/hr)

$$CaSO_4(kg/hr) = \frac{1,000Sm^3/hr \times 2,000mL/m^3 \times m^3/10^6 mL \times 0.8 \times 136kg}{22.4Sm^3} = 9.71 kg/hr$$

02 반경 1m인 사이클론에서 외부선회류의 내측 반경이 0.5m, 외측 반경이 0.7m일 경우 장치의 중심에서 반경 0.6m인 곳으로 유입된 입자의 속도(m/sec)를 구하시오. (단, 사이클론으로 유입된 함진가스양은 1.5m³/sec이다.)

풀이

$$V(m/sec) = \frac{Q_i}{R \cdot W \cdot \ln\frac{r_2}{r_1}}$$

W = 유입구 폭 $(r_2 - r_1)$

$$= \frac{1.5}{0.6 \times (0.7 - 0.5) \times \ln\frac{0.7}{0.5}} = 37.15 m/sec$$

03 층류영역에서의 구형입자의 항력 $F_d = 3\pi\mu d_p V_s \,(\text{kg}\cdot\text{m}/\text{sec}^2)$이다. 힘의 평형관계식으로부터 Stokes 침강속도식을 유도하시오. (d_p : 구형입자의 직경, μ : 배기가스의 점도, V_s : 입자의 침강속도)

> **풀이**
>
> **입자의 종말침강속도(V_s ; Terminal Settling Velocity)**
>
> 1. 정의
>   입자에 작용하는 세 힘, 즉 중력, 부력, 항력이 균형을 이루어 침강하는 속도를 종말침강속도라 한다.
>
> 2. 힘의 평형식
>   중력(F_g) = 부력(F_b) + 항력(F_d)
>
> 3. Stokes 침강속도식
>   층류영역에서 구형입자가 자유낙하 시 구형입자의 표면에 충돌하는 상대적 가스속도가 0이라는 가정하에 성립하는 식이다.
>
>   중력 = 부력 + 항력
>
> $$\frac{\pi}{6} d_p^{\,3} \rho_p g = \frac{\pi}{6} d_p^{\,3} \rho_g g + 3\pi \mu_g d_p V_s$$
>
> $$3\pi \mu_g d_p V_s = \frac{\pi}{6} d_p^{\,3} \rho_p g - \frac{\pi}{6} d_p^{\,3} \rho_g g$$
>
> $$V_s (\text{m/sec}) = \frac{d_p^{\,2}(\rho_p - \rho_g)g}{18 \mu_g}$$
>
>   여기서, V_s : 종말침강속도(m/sec), ρ_p : 입자밀도(kg/m³)
> ρ_g : 가스밀도(kg/m³), μ_g : 가스점도(kg/m·sec)

04 A레미콘 공장의 먼지배출량은 3.25g/m³이고 배출 허용기준은 0.1g/m³으로 설정하였다. 이 배출허용기준의 준수와 관련하여 집진장치를 설치하고자 한다. 다음 물음에 답하시오.

(1) 배출허용기준을 준수하기 위하여 한 대의 집진장치를 설치한다면 집진장치의 효율은 최소 얼마인가?

(2) 효율이 동일한 집진장치 두 대를 직렬로 연결한다면 한 대의 집진장치의 효율은 최소 얼마인가?

(3) 직렬연결한 집진장치의 두 번째 장치효율이 75%였다면 나머지 한 대의 효율은 얼마인가?

> **풀이**
>
> (1) $\eta = \left(1 - \dfrac{C_o}{C_i}\right) \times 100 = \left(1 - \dfrac{0.1}{3.25}\right) \times 100 = 96.92\%$
>
> (2) $\eta_t = 1 - (1 - \eta_1)^2$
> $0.9692 = 1 - (1 - \eta_1)^2$
> $\eta_1 = 82.45\%$
>
> (3) $\eta_t = \eta_1 + \eta_2(1 - \eta_1)$
> $0.9692 = \eta_1 + 0.75(1 - \eta_1)$
> $\eta_1 = 87.68\%$

05 습식 배연탈황법 중 석회석-석고법의 최대 단점은 스케일 생성이다. 스케일의 방지 방안을 3가지 쓰시오.

> **풀이**
>
> **스케일 방지방안(3가지만 기술)**
> ① 흡수탑 순환액에 산화탑에서 생성한 석고를 반송하고 흡수액 슬러리 중의 석고 농도를 5% 이상으로 유지하여 석고의 결정화를 촉진한다.
> ② 흡수액 양을 많게 하여 탑 내에서의 결착을 방지한다.
> ③ 순환액 pH 값 변동을 적게 한다.
> ④ 탑 내에 내장물을 가능한 한 설치하지 않는다.

06 입자의 입경을 측정하는 방법을 직접측정법과 간접측정법으로 구분하고, 각각의 측정법을 2가지씩 쓰고 간단히 설명하시오.

> **풀이**
>
> **1. 직접측정법**
>   ① 표준체측정법 : 체를 이용하여 약 $40\mu m$ 이상의 입경을 측정범위로 하며, 중량분포를 나타낸다.
>   ② 현미경측정법 : 광학현미경, 전자현미경 등을 이용하여 약 $0.001 \sim 100\mu m$ 범위의 입경을 측정범위로 하며, 개수분포를 나타낸다.
>
> **2. 간접측정법**
>   ① 관성충돌법 : Cascade Impactor라고 하고 입자상 물질의 크기별로 측정하는 기구이며 입자가 관성력에 의해 시료채취표면에 충돌하여 채취하는 원리이다.
>   ② 광산란법 : 입자에 빛을 조사하면 반사하여 발광하게 되는데 그 반사광을 측정하여 분진의 개수·입자의 반경을 측정하는 방식으로 빛의 종류에 따라 레이저식·할로겐식으로 구분한다.
>
> **[참고] 액상침강법**
> 간접측정방법으로 입자가 액체 중에서 침강하는 시간을 측정하여 입경과 분포상태를 알아보는 측정방법이다.

07 배출가스 중 다이옥신을 가스크로마토그래프/질량분석계(GC/MC)로 분석하고자 할 때, GC/MC를 주입하기 전에 첨가하는 실린지 첨가용 내부표준물질 2종류를 쓰시오.

> **풀이**
>
> ① $^{13}C - 1,2,3,4 - TeCDD$ ② $^{13}C - 1,2,3,7,8,9 - HxCDD$

08 메탄 80%, 수소 20%로 구성되어 있는 가스 연료를 완전연소시켰을 때, 건조 배출가스 중의 CO_{2max}%를 구하시오.

> **풀이**
>
> $CO_{2max}(\%) = \dfrac{CO_2}{G_{od}} \times 100$
>
> $CH_4 \; + \; 2O_2 \; \rightarrow \; CO_2 + 2H_2O$
>
> $1Sm^3 \; : \; 2Sm^3 \; : \; 1Sm^3$
>
> $0.8Sm^3 : O_0(Sm^3) : \; 0.8Sm^3$
>
> $O_0(m^3) = \dfrac{0.8Sm^3 \times 2Sm^3}{1Sm^3} = 1.6Sm^3$
>
> $H_2 \; + \; \dfrac{1}{2}O_2 \; \rightarrow \; H_2O$
>
> $1Sm^3 \; : \; 0.5Sm^3$
>
> $0.2Sm^3 : O_0(Sm^3)$
>
> $O_0(Sm^3) = \dfrac{0.2Sm^3 \times 0.5Sm^3}{1Sm^3} = 0.1Sm^3$
>
> $G_{od} = 0.79 A_0 + CO_2$
>
> $\qquad A_0 = \dfrac{(1.6+0.1)Sm^3}{0.21} = 8.095Sm^3$
>
> $\qquad = (0.79 \times 8.095) + 0.8 = 7.195Sm^3$
>
> $= \dfrac{0.8}{7.195} \times 100 = 11.12\%$

09 A배출구에서 나오는 염소의 농도는 35.5mg/Sm³이고 배출량은 15,000Sm³/hr이다. NaOH 용액으로 처리하여 5ppm으로 만들 때 필요한 NaOH의 양(kg/hr)은? (단, 염소는 NaOH와 100% 반응하고 표준상태로 간주하며 화학반응식을 기재하여야 한다.)

> **풀이**
> 〈반응식〉
> $Cl_2 + 2NaOH \rightarrow NaOCl + NaCl + H_2O$
> $22.4Sm^3 : 2 \times 40kg$
> $\dfrac{(11.2-5)mL}{m^3} \times 15,000Sm^3/hr \times m^3/10^6 mL : NaOH(kg/hr)$
> $\left[염소농도(mL/m^3) = 35.5mg/m^3 \times \dfrac{22.4mL}{71mg} = 11.2mL/m^3(ppm) \right]$
> $NaOH(kg/hr) = \dfrac{6.2mL/m^3 \times 15,000Sm^3/hr \times m^3/10^6 mL \times (2 \times 40)kg}{22.4Sm^3}$
> $\qquad\qquad\qquad = 0.332kg/hr$

10 소각로에서 배출되는 다이옥신의 배출농도를 측정한 결과 산소농도 17%에서 다음과 같은 결과를 얻었다. 배출되는 다이옥신의 농도를 산소농도 12%로 환산하고 독성등가환산계수를 고려하여 ng−TEQ/Sm³으로 구하시오. (단, ( )는 독성등가환산계수)

$T_4 \cdot C \cdot D \cdot D$	$T_4 \cdot C \cdot D \cdot F$	$P_5 \cdot C \cdot D \cdot D$
0.1ng/Sm³(1.0)	0.2ng/Sm³(0.5)	0.5ng/Sm³(0.5)
O_8CDF	O_8CDD	
2ng/Sm³(0.001)	12ng/Sm³(0.001)	

> **풀이**
> $TEQ = \sum (TEF \times 실측농도)$
> $\quad = (1.0 \times 0.1) + (0.5 \times 0.2) + (0.5 \times 0.5) + (0.001 \times 2) + (0.001 \times 12)$
> $\quad = 0.464 ng/Sm^3$
> 다이옥신 환산농도 $= C_s \times \dfrac{21-O_a}{21-O_s} = 0.464 \times \dfrac{21-12}{21-17} = 1.044 ng/Sm^3$

SECTION 32 2017년 4회 산업기사

01 유해가스를 흡착법으로 처리 시 흡착제 종류 3가지와 흡착제 재생방법 3가지를 쓰시오.

> **풀이**
>
> 1. **흡착제의 종류(3가지만 기술)**
>   ① 활성탄   ② 실리카겔
>   ③ 합성제올라이트   ④ 활성알루미나
>   ⑤ 보크사이트
> 2. **재생방법(3가지만 기술)**
>   ① 수증기 송입 탈착법   ② 가열공기 탈착법
>   ③ 수세(물) 탈착법   ④ 감압(압력을 낮춤) 탈착법
>   ⑤ 고온의 불활성기체 탈착법

02 활성탄 흡착의 분류 중 물질적 흡착의 특징 6가지를 쓰시오.

> **풀이**
>
> **물리적 흡착의 특징**
> ① 가스와 흡착제가 분자 간의 인력, 즉 Van der Waals Force(반데르발스 결합력)로 약하게 결합되어 있으며 보통 가용한 피흡착제의 표면적에 비례한다.
> ② 가스 중의 분자 간 상호의 인력보다 고체표면과의 인력이 크게 되는 때에 일어난다.
> ③ 가역성이 높다. 즉, 가역적 반응이기 때문에 흡착제 재생 및 오염가스 회수에 매우 유용하며 여러 층의 흡착이 가능하다.
> ④ 흡착제에 대한 용질의 분자량이 클수록, 온도가 낮을수록, 압력(분압)이 높을수록 흡착에 유리하다.
> ⑤ 흡착량은 단분자층과는 관계가 적다. 즉, 물리적 흡착은 다분자 흡착층 흡착이며, 흡착열이 낮다.
> ⑥ 흡착물질은 임계온도 이상에서는 흡착되지 않는다.
>
> [참고] **화학적 흡착**
> ① 가스와 흡착제가 화학적 반응을 하기 때문에 결합력은 물리적 흡착보다 크다.
> ② 비가역 반응이기 때문에 흡착제 재생 및 오염가스 회수를 할 수 없다.
> ③ 분자 간의 결합력이 강하여 흡착과정에서 발열량이 많다. 즉, 반응열을 수반하여 온도가 대체로 높다.
> ④ 흡착력은 단분자층의 영향을 받는다.

03 이온크로마토그래피와 기체크로마토그래피의 원리와 적용범위를 쓰시오.

> **풀이**
>
> **1. 이온크로마토그래피**
>   ① 원리
>   이동상으로는 액체, 그리고 고정상으로는 이온교환수지를 사용하여 이동상에 녹는 혼합물을 고분리능 고정상이 충전된 분리관 내로 통과시켜 시료 성분의 용출상태를 전도도 검출기 또는 광학검출기로 검출하여 그 농도를 정량하는 방법이다.
>   ② 적용범위
>   일반적으로 강수(비, 눈, 우박 등), 대기 먼지, 하천수 중 이온 성분의 정성·정량 분석에 이용한다.
>
> **2. 기체크로마토그래피**
>   ① 원리
>   기체시료 또는 기화한 액체나 고체시료를 운반가스(Carrier Gas)에 의하여 분리, 관 내에 전개시켜 기체상태에서 분리되는 각 성분을 크로마토그래피적으로 분석하는 방법이다.
>   ② 적용범위
>   일반적으로 무기물 또는 유기물의 대기오염물질에 대한 정성·정량 분석에 이용한다.

04 석탄의 탄화도가 증가할 때 변하는 것 6가지를 쓰시오.

> **풀이**
>
> **탄화도가 높아질 경우 나타나는 현상(6가지만 기술)**
> ① 착화온도가 높아진다. ② 고정탄소가 증가한다.
> ③ 발열량이 높아진다. ④ 연료비가 증가한다.
> ⑤ 연소속도가 늦어진다. ⑥ 수분 및 휘발분이 감소한다.
> ⑦ 비열이 감소한다. ⑧ 산소의 양이 감소한다.
> ⑨ 매연발생률이 감소한다.

05 탄소 85%, 수소 15%로 구성된 액체연료 1kg이 공기비 1.1로 연소할 때 탄소 0.5%가 그을음이 된다고 하면, 건조 연소가스 중 그을음의 농도(g/Sm^3)는?

> **풀이**
>
> 그을음 농도 $(g/Sm^3) = \dfrac{C_d(g/kg)}{G_d(Sm^3/kg)}$
>
> 그을음 발생량 $(C_d) = 0.85 \times 0.005 kg/kg \times 10^3 g/kg = 4.25 g/kg$
>
> 건연소가스양 $(G_d) = G_{od} + (m-1)A_o$
>
> $$A_0 = (1.867 \times 0.85 + 5.6 \times 0.15) \times \dfrac{1}{0.21}$$
>
> $$= 11.557 Sm^3/kg$$
>
> $G_{od} = 0.79 A_0 + CO_2 = 0.79 \times 11.557 + 1.867 \times 0.85$
>
> $$= 10.717 Sm^3/kg$$
>
> $$= 10.717 + (1.1-1) \times 11.557 = 11.873 Sm^3/kg$$
>
> 그을음 농도 $(g/Sm^3) = \dfrac{4.25 g/kg}{11.873 Sm^3/kg} = 0.36 g/Sm^3$

06 옥탄(C_8H_{18})을 완전연소시킬 때의 AFR을 부피 및 중량기준으로 각각 구하시오. (단, 표준상태 기준)

> **풀이**
>
> C_8H_{18}의 연소반응식
>
> C_8H_{18} + 12.5O_2 → 8CO_2 + 9H_2O
>
> 1mole   12.5mole
>
> 부피기준 AFR = $\dfrac{\text{산소의 mole}/0.21}{\text{연료의 mole}} = \dfrac{12.5/0.21}{1} = 59.5$ mole air/mole fuel
>
> 중량기준 AFR = $59.5 \times \dfrac{28.95}{114} = 15.14$ kg air/kg fuel
>
> [114 : 옥탄의 분자량, 28.95 : 건조공기 분자량]

07 프로판(C_3H_8)과 에탄(C_2H_6)의 혼합가스 $1Nm^3$를 완전연소시킨 결과 배기가스 중 이산화탄소(CO_2)의 생성량이 $2.6Nm^3$이었다. 이 혼합가스의 mole비(C_3H_8/C_2H_6)는 얼마인가?

> **풀이**
>
> 프로판 연소반응식
> C_3H_8 + $5O_2$ → $3CO_2$ + $4H_2O$
> $1Nm^3$: $3Nm^3$
> $x(Nm^3)$: $3x(Nm^3)$
>
> 에탄 연소반응식
> C_2H_6 + $3.5O_2$ → $2CO_2$ + $3H_2O$
> $1Nm^3$: $2Nm^3$
> $(1-x)(Nm^3)$: $2(1-x)(Nm^3)$
>
> CO_2 생성량 = $2.6Nm^3 = 3x + 2(1-x)$
> $2.6 = 3x + 2(1-x)$
> $x(C_3H_8) = 0.6$이므로 $(1-x) = 0.4$
> 혼합가스 mole 비 = $\dfrac{C_3H_8}{C_2H_6} = \dfrac{0.6}{0.4} = 1.5$

08 배출가스 $300m^3/min$을 폭 2m, 높이 2.5m, 길이 6m인 중력식 침강집진장치로 집진제거할 때 다음을 계산하시오. (단, 먼지밀도 $1.10g/cm^3$, 배출가스밀도 무시, 처리가스 점도 $1.8 \times 10^{-4} g/cm \cdot s$, 층류영역)

(1) $60\mu m$인 입자의 침강속도(m/sec)
(2) $70\mu m$인 입자의 부분집진효율(%)

> **풀이**
>
> (1) $60\mu m$인 입자의 침강속도(m/sec)
>
> $V_s = \dfrac{d_p^{\,2}(\rho_p - \rho)g}{18\mu_g}$
>
> $d_p = 60\mu m = 60 \times 10^{-6} m$
> $\rho_p = 1.10 g/cm^3 = 1,100 kg/m^3$
> $\rho = $ 무시
> $\mu_g = 1.84 \times 10^{-4} g/cm \cdot sec = 1.85 \times 10^{-5} kg/m \cdot sec$
>
> $= \dfrac{(60 \times 10^{-6})^2 \times 1,100 \times 9.8}{18 \times 1.8 \times 10^{-5}} = 0.1198 m/sec$

(2) 70μm인 입자의 부분집진효율(%)

$$\eta = \frac{V_s}{V} \times \frac{L}{H} = \frac{d_p^2(\rho_p - \rho) \cdot g \cdot B \cdot L}{18 \cdot \mu_g \cdot Q} \times 100$$

$$= \frac{(70 \times 10^{-6})^2 \times 1{,}100 \times 9.8 \times 2 \times 6}{18 \times 1.8 \times 10^{-5} \times (300/60)} \times 100 = 39.13\%$$

09 액분산형 흡수장치 3가지를 쓰고, 부하점(Loading Point)에 대하여 설명하시오.

풀이

1. 액분산형 흡수장치
   ① 충전탑 ② 분무탑 ③ 벤투리스크러버

2. 부하점(Loading Point)
   충전층 내의 유량속도가 증가할 때 액의 홀드업이 급속히 증가하는 상태의 지점을 말한다.

10 전기집진장치의 배출가스양 150m³/min, 먼지농도 10g/Sm³인 배기가스를 처리하여 20mg/Sm³로 유지하려 한다. 이때 겉보기 이동속도(m/sec)는?(단, 집진판의 규격은 5m×4m이고 집진판의 개수는 25개이며 양면집진으로 두 개의 외부집진판은 각 하나의 집진면을 가진다.)

풀이

$$\eta = 1 - \exp\left(-\frac{AW}{Q}\right)$$

양변에 ln을 취하여 정리

$$-\frac{AW}{Q} = \ln(1-\eta)$$

$$W(\text{m/sec}) = -\frac{Q}{A}\ln(1-\eta)$$

$Q = 150\text{m}^3/\text{min} \times \text{min}/60\text{sec} = 2.5\text{m}^3/\text{sec}$

$A = 5\text{m} \times 4\text{m} \times 2 \times 24 = 960\text{m}^2$

$\eta = \left(1 - \frac{C_o}{C_i}\right) \times 100 = \left(1 - \frac{0.02\text{g/m}^3}{10\text{g/m}^3}\right) \times 100 = 99.8\%$

$= -\frac{2.5}{960}\ln(1-0.998) = 0.01618\text{m/sec}$

11 A공장에서 배출되는 분진을 사이클론과 전기집진장치를 직렬로 연결하여 제거하고자 한다. 사이클론에서의 유입농도 80g/m³, 유량 30,000m³/hr이고 전기집진장치에서의 유입농도 15g/m³, 유량 36,000m³/hr, 최종출구 농도 1.0g/m³, 유량 36,000m³/hr일 때, 이 집진장치의 총 효율은 몇 %인가?

풀이

총집진율(η_T) = $\eta_1 + \eta_2(1-\eta_1)$

Cyclone 집진율(η_1) = $\left(1 - \dfrac{C_o Q_o}{C_i Q_i}\right) = \left(1 - \dfrac{15 \times 36{,}000}{80 \times 30{,}000}\right) = 0.775$

전기집진장치 집진율(η_2) = $\left(1 - \dfrac{C_o Q_o}{C_i Q_i}\right) = \left(1 - \dfrac{1 \times 36{,}000}{15 \times 36{,}000}\right)$
$= 0.9333$

$= 0.775 + [0.9333(1-0.775)] = 0.9850 \times 100 = 98.50\%$

12 페놀(C_6H_5OH) 0.1μg에 포함되어 있는 분자 개수를 구하시오.(단, 표준상태)

풀이

페놀 1mol 질량(94g)의 분자 수는 6.023×10^{23}개

94g : 6.023×10^{23}개 = 0.1μg × g/10^6μg : 개수

개수 = $\dfrac{6.023 \times 10^{23} \text{개} \times 0.1 \times 10^{-6} \text{g}}{94\text{g}}$ = 6.4×10^{14}개

SECTION 33 2018년 1회 기사

01 가스크로마토그래프법 분리평가 항목 중 분리능의 '분리계수'와 '분리도'를 구하는 식과 각각의 의미를 쓰시오.

> **풀이**
>
> 1) 분리계수$(d) = \dfrac{t_{R2}}{t_{R1}}$
>
> 2) 분리도$(R) = \dfrac{2(t_{R2} - t_{R1})}{W_1 + W_2}$
>
> 여기서, t_{R1} : 시료도입점으로부터 봉우리(피크) 1의 최고점까지의 길이
> t_{R2} : 시료도입점으로부터 봉우리(피크) 2의 최고점까지의 길이
> W_1 : 봉우리(피크) 1의 좌우 변곡점에서 접선이 자르는 바탕선의 길이
> W_2 : 봉우리(피크) 2의 좌우 변곡점에서 접선이 자르는 바탕선의 길이

02 탄소 85%, 수소 15%로 구성된 액체연료 1kg을 공기비 1.1로 연소 시 탄소 1%가 그을음이 된다. 건조 연소가스 1Sm³ 중 그을음의 농도(g/Sm³)는?

> **풀이**
>
> 그을음 농도$(g/Sm^3) = \dfrac{C_d(g/kg)}{G_d(Sm^3/kg)}$
>
> 그을음의 발생량$(C_d) = 0.85 \times 0.01 kg/kg \times 10^3 g/kg = 8.5 g/kg$
>
> 건연소가스양$(G_d) = G_{od} + (m-1)A_0$
>
> $A_0 = (1.867 \times 0.85 + 5.6 \times 0.15) \times \dfrac{1}{0.21}$
>
> $\quad = 11.557 Sm^3/kg$
>
> $G_{od} = 0.79 A_0 + CO_2 = 0.79 \times 11.557 + 1.867 \times 0.85$
>
> $\quad = 10.717 Sm^3/kg$
>
> $\quad = 10.717 + (1.1 - 1) \times 11.557 = 11.8727 Sm^3/kg$
>
> 그을음 농도$(g/Sm^3) = \dfrac{8.5 g/kg}{11.8727 Sm^3/kg} = 0.72 g/Sm^3$

03 고체연료의 연소방식 중 유동층 연소의 장단점을 2가지씩 쓰시오.

> **풀이**
>
> **1. 장점(2가지만 기술)**
> ① 유동매체의 열용량이 커서 액상, 기상 및 고형폐기물의 전소 및 환소가 가능하다.
> ② 일반 소각로에서 소각이 어려운 난연성 폐기물의 소각에 적합하며, 특히 폐유, 폐윤활유 등의 소각에 탁월하다.
> ③ 반응시간이 빨라 소각시간이 짧다.
> ④ 연소효율이 높아 미연소분이 적고 2차 연소실이 불필요하다.
> ⑤ 미분탄연소로에 비해 연소온도가 낮고 과잉공기량도 낮아 NOx 생성 억제에 효과가 있다.(노 내에서 산성 가스의 제거가 가능하며 별도의 배연탈황설비가 불필요함)
> ⑥ 기계적 구동부분이 적어 고장률이 낮다.
> ⑦ 노 내 온도의 자동제어로 열회수가 용이하다.
>
> **2. 단점(2가지만 기술)**
> ① 층의 유동으로 상으로부터 찌꺼기의 분리가 어려우며 운전비, 특히 동력비가 높다.
> ② 대형의 고형폐기물은 투입이나 유동화를 위해 파쇄가 필요하다.
> ③ 유동매체의 손실로 인한 보충이 필요하다.
> ④ 재나 미연탄소의 배출이 많다.
> ⑤ 부하변동에 쉽게 대응할 수 없다.
> ⑥ 수명이 긴 Char는 연소가 완료되지 않고 배출될 수 있으므로 재연소장치에서의 연소가 필요하다.

04 공기역학적 직경과 스토크스 직경을 비교하여 설명하시오.

> **풀이**
>
> **1. 공기역학적 직경(Aerodynamic Diameter)**
> 대상 먼지와 침강속도는 동일하고, 단위밀도($1g/cm^3$)를 갖는 구형입자의 직경을 말한다.
>
> **2. 스토크스 직경(Stokes Diameter)**
> 본래의 분진과 동일한 밀도와 침강속도를 갖는 입자의 직경을 말한다. 대상 입자의 밀도를 고려한다는 것이 공기역학적 직경과의 차이이다.

05 다음은 대기오염 공정시험기준상 굴뚝배출가스 중 무기불소화합물인 불소이온을 분석하는 방법에서 적정법에 관한 설명이다. (   ) 안에 알맞은 내용을 쓰시오.

> 이 방법은 불소이온을 방해이온과 분리한 다음 완충용액을 가하여 pH를 조절하고 (①)을 가한 다음, (②) 용액으로 적정한다. 이 방법의 정량범위는 HF로서 0.6~4,200ppm이고 검출한계는 0.2ppm이다.

풀이
① 네오트린   ② 질산소듐

06 경도풍과 지균풍에 대하여 서술하시오.

풀이
1. **경도풍**
   등압선이 곡선인 경우, 원심력, 기압경도력, 전향력의 세 힘이 평형을 이루는 상태에서 등압선을 따라 부는 바람을 말한다.
2. **지균풍**
   기압경도력과 전향력이 평형을 이루고 있을 때 등압선에 평행하게 부는 바람으로 기압경도력과 전향력은 크기가 같고 방향이 반대일 때 부는 바람이다.

07 유입농도가 2,500mg/m³이고, 효율이 50%, 78%, 82%인 집진장치에 85% 여과집진장치를 직렬로 연결하였다. 총 집진효율(%)과 출구 먼지농도(mg/m³)를 계산하시오.

풀이
1) 총 집진효율(η_t)
$$\eta_t = 1 - (1-\eta_1)(1-\eta_2)(1-\eta_3)(1-\eta_4)$$
$$= 1 - (1-0.5)(1-0.78)(1-0.82)(1-0.85) = 0.99703 = 99.70\%$$

2) 출구 먼지농도(C_o)
$$C_o = C_i \times (1-\eta) = 2,500 \times (1-0.9970) = 7.5 \text{mg/m}^3$$

08 NOx 생성기전 3가지를 쓰시오.

> **풀이**
>
> 1. **Thermal NOx**
>   고온에 의해서 대기 중 질소와 산소가 결합하여 생성된 것으로 연소과정에서 생성되는 NOx의 대부분이다.
>
> 2. **Fuel NOx**
>   연료 내 화학적으로 결합된 질소 성분이 연소 시 NOx로 전환(산화) 즉, 연료 자체가 함유하고 있는 불순물의 질소성분 연소에 의해 발생된 질소산화물이다.
>
> 3. **Prompt NOx**
>   연료와 공기 중 질소 성분의 결합으로 발생한다. 즉 연료가 열분해 시 질소가 HC 및 C와 반응하여 HCN 또는 CN이 생성되며, 이들은 OH 및 O_2 등과 결합하여 중간 생성물질(NCO)을 형성하여 NO를 발생시킨다는 학설이다.

09 이온크로마토그램의 원리 및 서프레서의 역할을 서술하시오.

> **풀이**
>
> 1. **이온크로마토그램의 원리**
>   이동상으로는 액체를, 고정상으로는 이온교환수지를 사용하여 이동상에 녹는 혼합물을 고분리능 고정상이 충전된 분리관 내로 통과시켜 시료성분의 용출상태를 전도도검출기 또는 광학검출기로 검출하여 그 농도를 정량하는 방법이다.
>
> 2. **서프레서**
>   용리액에 사용되는 전해질 성분을 제거하기 위하여 분리관 뒤에 직렬로 접속한 것으로서, 전해질을 물 또는 저전도도의 용매로 바꿔줌으로써 전기 전도도 셀에서 목적이온 성분과 전기 전도도만을 고감도로 검출할 수 있게 해준다.

10 전기집진장치에서 2차 전류가 현저히 떨어질 때의 대책 3가지를 쓰시오.

> **풀이**
>
> ① 스파크 횟수를 증가시킨다.
> ② 입구의 먼지 농도를 적절히 조절한다.
> ③ 조습용 스프레이의 수량을 늘린다.

11 덕트의 반경이 15cm인 배관에 유체밀도 1.2kg/m³인 유체가 2m/s의 속도로 이동할 때 레이놀즈수와 동점도(cm²/sec)를 구하시오. (단, 유체의 점도는 0.2cP이다.)

> **풀이**
>
> 1) $Re = \dfrac{D \cdot V \cdot \rho}{\mu} = \dfrac{1.2\text{kg/m}^3 \times 2\text{m/sec} \times 0.3\text{m}}{2 \times 10^{-4}\text{kg/m} \cdot \text{sec}} = 3,600$
>
> 2) 동점도 $= \dfrac{\text{점도}}{\text{밀도}} = \dfrac{2 \times 10^{-4}\text{kg/m} \cdot \text{s}}{1.2\text{kg/m}^3}$
>
> $\quad\quad\quad\ = 1.667 \times 10^{-4}\text{m}^2/\text{sec} = 1.67\text{cm}^2/\text{sec}$
>
> [참고] 1poise = 100cP = 0.1kg/m · sec

12 어떤 유해가스와 물이 일정 온도에서 평형상태에 있다. 유해가스의 분압이 기상에서 38mmHg일 때 수중 유해가스의 농도가 2.5kmol/m³이면 헨리상수(atm · m³/kmol)는?(단, 전압은 1atm이다.)

> **풀이**
>
> $P = H \cdot C$
>
> $H(\text{atm} \cdot \text{m}^3/\text{kmol}) = \dfrac{38\text{mmHg} \times \text{atm}/760\text{mmHg}}{2.5\text{kmol/m}^3} = 0.02\text{atm} \cdot \text{m}^3/\text{kmol}$

13 다중이용시설 등의 실내공기질 관리법에서 산후조리원에서의 포름알데히드와 총부유세균의 실내공기질 유지기준을 쓰시오.

(1) 포름알데히드($\mu g/m^3$)   (2) 총부유세균(CFU/m^3)

> **풀이**
>
> (1) 80 이하   (2) 800 이하
>
> | 다중이용시설 \ 오염물질 항목 | 미세먼지 (PM-10) ($\mu g/m^3$) | 미세먼지 (PM-2.5) ($\mu g/m^3$) | 이산화탄소 (ppm) | 폼알데하이드 ($\mu g/m^3$) | 총부유세균 (CFU/m^3) | 일산화탄소 (ppm) |
> |---|---|---|---|---|---|---|
> | 가. 지하역사, 지하도상가, 철도역사의 대합실, 여객자동차터미널의 대합실, 항만시설 중 대합실, 공항시설 중 여객터미널, 도서관·박물관 및 미술관, 대규모 점포, 장례식장, 영화상영관, 학원, 전시시설, 인터넷컴퓨터게임시설제공업의 영업시설, 목욕장업의 영업시설 | 100 이하 | 50 이하 | 1,000 이하 | 100 이하 | — | 10 이하 |
> | 나. 의료기관, 산후조리원, 노인요양시설, 어린이집 | 75 이하 | 35 이하 | | 80 이하 | 800 이하 | |
> | 다. 실내주차장 | 200 이하 | — | | 100 이하 | — | 25 이하 |
> | 라. 실내 체육시설, 실내 공연장, 업무시설, 둘 이상의 용도에 사용되는 건축물 | 200 이하 | — | — | — | — | — |

SECTION 34 2018년 1회 산업기사

01 SO₂(아황산가스)의 대기환경기준치를 1시간 평균치, 24시간 평균치, 연간 평균치로 구분하여 쓰시오.

> **풀이**
> **SO₂(아황산가스)의 대기환경기준**
> ① 1시간 평균치 : 0.15ppm 이하   ② 24시간 평균치 : 0.05ppm 이하
> ③ 연간 평균치 : 0.02ppm 이하

02 사이클론 집진장치에서 외기의 유입이 없을 경우 집진율이 78%이다. 외부로부터 외기가 10% 유입될 경우 집진율(%)은?(단, 이때 분진통과율은 외기 유입이 없는 경우에 2.5배가 된다.)

> **풀이**
> 외기 유입이 없는 경우의 통과율 = 100 − 78 = 22%
> 외기 유입이 있는 경우의 통과율 = 22 × 2.5 = 55%
> $\eta = 100 - P = 100 - 55 = 45\%$

03 층류영역에서 구형입자의 항력 $F_d = 3\pi\mu_g d_p V_s \,(\text{kg}\cdot\text{m/sec}^2)$이다. 힘의 평형관계식으로부터 Stokes 침강속도식을 유도하시오. (d_p : 구형입자의 직경, μ_g : 배기가스의 점도, V_s : 입자의 침강속도)

> **풀이**
> **입자의 종말침강속도(V_s ; Terminal Settling Velocity)**
> 1. 정의
>   입자에 작용하는 세 힘, 즉 중력, 부력, 항력이 균형을 이루어 침강하는 속도를 종말침강속도라 한다.
> 2. 힘의 평형식
>   중력(F_g) = 부력(F_b) + 항력(F_d)
> 3. Stokes 침강속도식
>   층류영역에서 구형입자가 자유낙하 시 구형입자의 표면에 충돌하는 상대적 가스속도가 0이라는 가정하에 성립하는 식이다.

중력 = 부력 + 항력

$$\frac{\pi}{6}d_p^{\,3}\rho_p g = \frac{\pi}{6}d_p^{\,3}\rho_g g + 3\pi\mu_g d_p V_s$$

$$3\pi\mu_g d_p V_s = \frac{\pi}{6}d_p^{\,3}\rho_p g - \frac{\pi}{6}d_p^{\,3}\rho_g g$$

$$V_s(\mathrm{m/sec}) = \frac{d_p^{\,2}(\rho_p - \rho_g)g}{18\mu_g}$$

여기서, V_s : 종말침강속도(m/sec), ρ_p : 입자밀도(kg/m³)
ρ_g : 가스밀도(kg/m³), μ_g : 가스점도(kg/m·sec)

04 촉매연소의 정의와 장단점 2가지 및 촉매제 2가지를 쓰시오.

풀이

1. 촉매연소의 정의
백금이나 금속산화물 등의 촉매를 사용해서 비교적 저온(400~500℃)에서 불꽃 없이 산화시키는 방법이다.

2. 촉매연소의 장단점
1) 장점
   ① 높은 온도의 예열이 필요 없다.   ② NOx 발생이 적다.
   ③ 운영비가 절감된다.   ④ 압력손실이 낮다.
2) 단점
   ① 촉매제가 고가이다.
   ② 촉매독(Fe, Pb, Si, 황성분, 먼지)이 촉매에 영향을 미쳐 효율이 저하된다.
   ③ 고온에서 촉매의 활성이 떨어지므로 냉각장치 등이 필요하다.

3. 촉매의 종류
① $V_2O_5 - TiO_2$ 촉매   ② $V_2O_5 - Al_2O_3$ 촉매

05 기체크로마토그래피법에서 사용되는 검출기의 종류 2가지를 쓰시오.

풀이

검출기 종류(2가지만 기술)
① 열전도도 검출기(TCD)   ② 불꽃이온화 검출기(FID)
③ 전자포획 검출기(ECD)   ④ 질소인 검출기(NPD)
⑤ 불꽃열이온검출기(FTD)   ⑥ 불꽃광도검출기(FPD)

06 고체연료 연소의 형태 3가지를 쓰고 설명하시오.

풀이

1. 증발연소
화염으로부터 열을 받으면 가연성 증기가 발생하는 연소, 즉 액체연료가 액면에서 증발하여 가연성 증기로 되어 산소와 반응한 후 착화되어 화염이 발생하고 증발이 촉진되면서 연소가 이루어지는 것을 의미한다.(적용 : 휘발유, 나프탈렌, 양초)

2. 분해연소
고체연료가 가열되면 열분해가 일어나서 가연성 가스가 발생하며, 이를 공기와 혼합하여 확산 연소하는 과정을 분해연소라 한다.(적용 : 석탄, 목재)

3. 표면연소
고체연료 표면에 고온을 유지시켜 표면에서 반응을 일으켜 내부로 연소가 진행되는 연소방법이다.(적용 : 코크스, 숯, 금속)

07 착화점과 인화점의 정의를 쓰시오.

풀이

1. 착화점
가연성 물질이 점화원 없이 주위의 축적된 산화열에 의하여 연소를 일으키는 최저온도를 말한다.

2. 인화점
연성 물질에 점화원을 접촉시켰을 때 불이 붙는 최저온도를 말한다.

08 반응률이 99.9%일 때 반응시간(sec)을 구하시오.(단, 1차 반응식 사용, $K=0.015/\text{sec}$이다.)

풀이

$$\ln\frac{C_t}{C_o} = -K \cdot t \qquad [C_o = 100 \quad C_t = 0.1 \quad K = 0.015/\sec]$$

$$\ln\frac{0.1}{100} = -0.015\sec^{-1} \times t$$

$$t = 460.52\sec$$

09 평판형 전기집진장치가 있다. 집진면 사이의 간격이 15cm, 배출가스 유속이 0.67m/s, 입자이동속도가 5cm/sec이고, 층류영역이라 가정할 때 이 입자를 100% 제거하기 위해 요구되는 이론적 집진극의 길이(m)는?

> **풀이**
>
> $$L(\text{m}) = d \times \frac{V_g}{W}$$
>
> $$d = \left(\frac{15\text{cm}}{2}\right) \times \text{m}/100\text{cm} = 0.075\text{m}, \quad V_g = 0.67\text{m/sec}$$
>
> $$W = 5\text{cm/sec} \times \text{m}/100\text{cm} = 0.05\text{m/sec}$$
>
> $$= 0.075 \times \frac{0.67}{0.05} = 1.005\text{m}$$

10 질소산화물의 연소 개선에 의한 억제방법 5가지를 쓰시오.

> **풀이**
>
> **질소산화물의 억제방법(5가지만 기술)**
> ① 저온도연소   ② 저산소연소
> ③ 연소부분의 냉각   ④ 버너 및 연소실의 구조 개선
> ⑤ 배기가스 재순환법   ⑥ 2단 연소
> ⑦ 수증기 물분사방법

11 도시지역이 시골지역보다 태양의 복사열량이 10% 감소한다고 한다. 도시지역의 지상온도가 255K일 때 시골지역의 지상온도(K)는 얼마나 되겠는가?(단, 스테판–볼츠만 법칙 이용)

> **풀이**
>
> $$E = \sigma \times T^4$$
>
> ① 도시지역의 복사에너지 : $E = (5.67 \times 10^{-8}) \times 255^4 = 239.74\text{W/m}^2$
> ② 시골지역의 복사에너지 : $E = 239.74 \times 1.1 = 263.714\text{W/m}^2$
> ③ 시골지역의 지상온도 : $263.714 = (5.67 \times 10^{-8}) \times T^4$
>
> $$T^4 = 4,651,040,564\text{K}$$
> $$T = 261.15\text{K}$$

12 등가비에 대해서 간단히 설명하고, 등가비가 1 이하로 낮아질 때 배출 가스(NO, CO)의 상태를 증가 또는 감소로 나타내시오.

> **풀이**
>
> 1) 등가비(ϕ : Equivalent Ratio)
>   공기비의 역수로서 일정량의 이론적인 연공비(연료와 공기의 혼합비)에 대하여 실제 연소되는 연공비는 몇 배가 되는지 표시한 것이며 일명 당량비라고 한다.
>
> 2) $\phi < 1$일 때 NO는 증가, CO는 감소한다.

SECTION 35 2018년 2회 기사

01 다음 ( ) 안에 들어갈 실내공기질의 유지기준을 쓰시오.

다중이용시설 \ 오염물질	PM-10 ($\mu g/m^3$)	CO_2 (ppm)	HCHO ($\mu g/m^3$)	총부유세균 (CFU/m^3)	CO (ppm)
노인 요양시설	(①) 이하	(②) 이하	(③) 이하	(④) 이하	(⑤) 이하

풀이

① 75   ② 1,000   ③ 80   ④ 800   ⑤ 10

다중이용시설 \ 오염물질 항목	미세먼지 (PM-10) ($\mu g/m^3$)	미세먼지 (PM-2.5) ($\mu g/m^3$)	이산화탄소 (ppm)	폼알데하이드 ($\mu g/m^3$)	총부유세균 (CFU/m^3)	일산화탄소 (ppm)
가. 지하역사, 지하도상가, 철도역사의 대합실, 여객자동차터미널의 대합실, 항만시설 중 대합실, 공항시설 중 여객터미널, 도서관·박물관 및 미술관, 대규모 점포, 장례식장, 영화상영관, 학원, 전시시설, 인터넷컴퓨터게임시설제공업의 영업시설, 목욕장업의 영업시설	100 이하	50 이하	1,000 이하	100 이하	—	10 이하
나. 의료기관, 산후조리원, 노인요양시설, 어린이집	75 이하	35 이하		80 이하	800 이하	
다. 실내주차장	200 이하	—		100 이하	—	25 이하
라. 실내 체육시설, 실내 공연장, 업무시설, 둘 이상의 용도에 사용되는 건축물	200 이하	—	—	—	—	—

02 흡광광도법으로 오염물질을 측정한 결과 흡광계수(ε)가 90, 오염물질의 농도가 0.02mol, 셀의 길이가 0.2mm였다. 이때 투과도와 흡광도를 구하시오.

> 풀이
>
> 1) 흡광도$(A) = \log \dfrac{1}{t} = \log \dfrac{1}{I_t/I_o} = \log\left(\dfrac{1}{I_o \times 10^{-\varepsilon CL}/I_o}\right) = \varepsilon CL$
> $= 90 \times 0.02 \times 0.2 = 0.36$
>
> 2) $A = \log \dfrac{1}{t}$
>
> $10^A = \dfrac{1}{t}$
>
> $t(\text{투과도}) = \dfrac{1}{10^A} = \dfrac{1}{10^{0.36}} = 0.44$

03 화학반응속도와 관련된 다음 용어의 의미를 쓰시오.
(1) 반응속도의 정의   (2) 1차 반응   (3) 2차 반응

> 풀이
>
> **(1) 반응속도**
> 반응물이 화학반응을 통하여 생성물을 형성할 때 단위시간당 반응물이나 생성물의 농도변화를 의미한다.
>
> **(2) 1차 반응**
> 반응속도가 반응물의 농도에 비례하는 반응
>
> $\ln \dfrac{C_t}{C_o} = -k \cdot t$
>
> 여기서, C_t : t시간 후 남은 반응물의 농도
> C_o : 초기($t=0$)에서의 반응물의 농도
> K : 1차 반응의 속도상수
>
> **(3) 2차 반응**
> 반응속도가 반응물의 농도의 제곱에 비례하는 반응
>
> $\dfrac{1}{C_t} - \dfrac{1}{C_o} = k \cdot t$

04 입구 및 출구 농도가 각각 15g/Sm³, 0.15g/Sm³, 직경이 0~5µm인 입자의 입구 및 출구의 질량분율이 각각 10%, 50%일 때, 직경이 0~5µm인 입자의 부분집진율을 구하시오.

> **풀이**
> $$\eta_d(\%) = \left(1 - \frac{C_o \cdot f_o}{C_i \cdot f_i}\right) \times 100 = \left(1 - \frac{0.15 \times 0.5}{15 \times 0.1}\right) \times 100 = 95\%$$

05 어느 배출시설의 시간당 배기가스양은 100,000Nm³/hr이고, 이 배기가스에 함유된 질소산화물은 NO 224ppm, NO₂ 22.4ppm이다. 이 질소산화물을 암모니아에 의한 선택적 접촉환원법으로 처리할 경우 NO, NO₂를 완전처리하기 위해 소요되는 암모니아의 이론량은 몇 kg/hr인가?(단, 산소공존은 없으며 표준상태이다. 화학반응식을 기재하고 풀이하시오.)

> **풀이**
> 1) NO
> $6NO + 4NH_3 \rightarrow 5N_2 + 6H_2O$
> $6 \times 22.4 Sm^3 : 4 \times 17 kg$
> $100,000 Sm^3/hr \times 224 mL/Sm^3 \times 10^{-6} Sm^3/mL : NH_3(kg/hr)$
> $$NH_3(kg/hr) = \frac{100,000 Sm^3/hr \times 224 mL/Sm^3 \times 10^{-6} Sm^3/mL \times (4 \times 17)kg}{6 \times 22.4 Sm^3} = 11.33 kg/hr$$
>
> 2) NO₂
> $6NO_2 + 8NH_3 \rightarrow 7N_2 + 12H_2O$
> $6 \times 22.4 Sm^3 : 8 \times 17 kg$
> $100,000 Sm^3/hr \times 22.4 mL/Sm^3 \times 10^{-6} Sm^3/mL : NH_3(kg/hr)$
> $$NH_3(kg/hr) = \frac{100,000 Sm^3/hr \times 22.4 mL/Sm^3 \times 10^{-6} Sm^3/mL \times (8 \times 17)kg}{6 \times 22.4 Sm^3} = 2.27 kg/hr$$
>
> $NH_3(kg/hr) = 11.33 + 2.27 = 13.6 kg/hr$

06 다음 물음에 답하시오.

(1) 폭굉 유도거리(DID)에 대하여 설명하시오.

(2) 폭굉 유도거리가 짧아지는 요건 3가지를 쓰시오.

(3) 혼합기체의 하한 연소범위(%)는?

성분	조성(%)	하한치
메탄	80	5.0
에탄	14	3.0
프로판	4	2.1
부탄	2	1.5

풀이

(1) 폭굉 유도거리(DID)
 관 중에 폭굉 가스가 존재할 때 최초의 완만한 연소가 격렬한 폭굉으로 진행할 때까지의 거리

(2) 폭굉 유도거리가 짧아지는 요건 3가지
 ① 압력이 높을수록
 ② 점화원의 에너지가 강할수록
 ③ 관 속에 방해물이 있거나 관 내경이 작을수록

(3) 혼합기체의 하한 연소범위(%)

$$\frac{100}{\text{LEL}} = \frac{V_1}{X_1} + \frac{V_2}{X_2} + \frac{V_3}{X_3} + \frac{V_4}{X_4} = \frac{80}{5.0} + \frac{14}{3.0} + \frac{4}{2.1} + \frac{2}{1.5}$$

LEL(하한 연소범위) = 4.18

07 중력식 집진기의 높이와 폭이 3m이고 가스유속이 1m/sec일 때 레이놀즈수를 구하시오. (20℃, 1atm, 점성계수 $\mu = 1.18 \times 10^{-5}$ kg/m·sec)

> **풀이**
>
> $$Re = \frac{DV\rho}{\mu}$$
>
> d_e(상당직경) $= \dfrac{2WH}{W+H} = \dfrac{2 \times 3\text{m} \times 3\text{m}}{(3+3)\text{m}} = 3\text{m}$
>
> $\rho = 1.293 \text{kg/Sm}^3 \times \dfrac{273}{273+20} = 1.2047 \text{kg/m}^3$
>
> $= \dfrac{3\text{m} \times 1\text{m/sec} \times 1.2047 \text{kg/m}^3}{1.18 \times 10^{-5} \text{kg/m} \cdot \text{sec}} = 306,279.66$

08 평판식 전기집진기의 집진판 간격이 25cm이고 집진극 전압이 50kV이다. 가스속도는 1.5m/sec, 입자직경 $d_p = 0.5 \mu$m일 때 입자의 이동속도를 다음 식으로 구한다. 이때 효율이 100%가 되는 집진판의 길이(m)를 구하시오.

$$W_e = \frac{1.1 \times 10^{-14} \cdot P \cdot E^2 \cdot d_p}{\mu}$$

여기서, $P : 2$, E : V/m, d_p : μm, μ : 8.63×10^{-2} kg/m·hr

> **풀이**
>
> $W_e = \dfrac{1.1 \times 10^{-14} \cdot P \cdot E^2 \cdot d_p}{\mu}$
>
> $P = 2$, $d_p = 0.5 \mu$m
>
> $E = \dfrac{V}{r} = \dfrac{50,000\text{V}}{\left(\dfrac{0.25}{2}\right)\text{m}} = 400,000 \text{V/m}$
>
> $= \dfrac{1.1 \times 10^{-14} \times 2 \times (400,000)^2 \times 0.5}{8.63 \times 10^{-2}} \fallingdotseq 0.02 \text{m/sec}$
>
> $L(\text{m}) = \dfrac{R \times V}{W_e} = \dfrac{0.125\text{m} \times 1.5\text{m/s}}{0.02\text{m/s}} = 9.38\text{m}$

09 C : 87%, H : 10%, S : 3%일 때, CO_{2max}(%)를 구하시오. (단, 표준상태, 건조가스 기준)

> **풀이**
>
> $$CO_{2max} = \frac{CO_2}{G_{od}} \times 100$$
>
> $$G_{od} = (0.79 \times A_0) + CO_2 + SO_2$$
>
> $$A_0 = [(1.867 \times 0.87) + (5.6 \times 0.1) + (0.7 \times 0.03)] \times \frac{1}{0.21}$$
>
> $$= 10.5 \, Sm^3/kg$$
>
> $$CO_2 = 1.867 \times 0.87 = 1.624 \, Sm^3/kg$$
>
> $$SO_2 = 0.7 \times 0.03 = 0.021 \, Sm^3/kg$$
>
> $$= (0.79 \times 10.5) + 1.624 + 0.021 = 9.94 \, Sm^3/kg$$
>
> $$= \frac{1.624}{9.94} \times 100 = 16.33\%$$

10 CO : 45%, H_2 : 55%일 때 다음 물음에 답하시오.

(1) CO의 중량분율(%)

(2) 평균 분자량(g)

> **풀이**
>
> (1) **CO의 중량분율(%)** $= \dfrac{28 \times 0.45}{(28 \times 0.45) + (2 \times 0.55)} \times 100 = 91.97\%$
>
> (2) **평균 분자량(g)** $= (28 \times 0.45) + (2 \times 0.55) = 13.7 \, g$

SECTION 36 2018년 2회 산업기사

01 1,000초 동안 반응물의 1/2이 분해되었다면 반응물의 1/150이 남을 때까지는 얼마의 시간(sec)이 필요한가?(단, 1차 반응 기준)

풀이

1차 반응식 $\ln \dfrac{C_t}{C_o} = -K \cdot t$

$\ln \dfrac{0.5}{1} = -K \cdot 1,000 \qquad K = 6.93 \times 10^{-4} \, \text{sec}^{-1}$

$\ln \dfrac{C_o \times 1/150}{C_o} = -6.93 \times 10^{-4} \, \text{sec}^{-1} \times t$

$t = \dfrac{-5.0106}{-6.93 \times 10^{-4}} = 7,230.35 \, \text{sec}$

02 다음 물음에 답하시오.

(1) 리차드슨수의 공식
(2) 다음 경우의 대기안정도를 설명하시오.

① $0.25 < R_i$
② $0 < R_i < 0.25$
③ $R_i = 0$
④ $-0.03 > R_i > 0$
⑤ $R_i < -0.04$

풀이

(1) 리차드슨수

$R_i = \dfrac{g}{T_m} \left[\dfrac{\Delta T / \Delta Z}{(\Delta U / \Delta Z)^2} \right]$

여기서, ΔT : 두 층의 온도차
g : 중력가속도(=9.8m/s²)
T_m : 평균 절대온도 = $\dfrac{T_2 + T_1}{2}$ (K)
ΔU : 두 층의 풍속차 = $U_2 - U_1$ (m/s)
ΔZ : 두 층의 고도차 = $Z_2 - Z_1$ (m)

(2) 대기안정도

① $0.25 < R_i$: 수직방향의 혼합이 없음을 나타낸다.(수평상의 소용돌이만 남음)
② $0 < R_i < 0.25$: 성층(Stratification)에 의해서 약화된 기계적 난류가 존재한다.
③ $R_i = 0$: 중립상태로서 기계적 난류가 지배적인 상태를 나타낸다.

④ $-0.03 > R_i > 0$: 기계적 난류와 대류가 존재하나 주로 기계적 난류가 혼합을 일으킨다.

⑤ $R_i < -0.04$: 대류난류에 의한 혼합이 기계적 혼합을 지배한다.(대기안정도 : 불안정)

03 다음 비분산적외선 분석법에 관련된 용어이다. 간략히 설명하시오.
(1) 회전섹터 (2) 광학필터

> **풀이**
>
> **(1) 회전섹터**
> 시료광속과 비교광속을 일정주기로 단속하여 광학적으로 변조시키는 것으로 측정 광신호의 증폭에 유효하고 잡신호 영향을 줄일 수 있다.
>
> **(2) 광학필터**
> 시료가스 중에 포함되어 있는 간섭물질가스의 흡수파장영역의 적외선을 흡수·제거하기 위하여 사용한다. 광학필터에는 가스필터와 고체필터가 있으며 이것을 단독 또는 적절히 조합하여 사용한다.

04 외부로 비산 배출되는 먼지를 하이볼륨에어샘플러법으로 측정한 조건이 다음과 같을 때 비산먼지의 농도(mg/m³)는?

- 대조위치의 먼지농도 : 0.25mg/m^3
- 포집먼지량이 가장 많은 위치의 먼지농도 : 5.50mg/m^3
- 전 시료채취 기간 중 주 풍향이 90° 이상 변했으며, 풍속이 0.5m/초 미만 또는 10m/초 이상 되는 시간이 전 채취시간의 50% 미만이었다.

> **풀이**
>
> 비산먼지농도(mg/m³) $= (C_H - C_B) \times W_D \times W_S$
> $= (5.50 - 0.25) \times 1.5 \times 1.0 = 7.88 \text{mg/m}^3$
>
> [참고]
> 1) 풍향에 대한 보정
>
> | 풍향변화범위 | 보정계수 |
> | --- | --- |
> | 전 시료채취 기간 중 주 풍향이 90° 이상 변할 때 | 1.5 |
> | 전 시료채취 기간 중 주 풍향이 45~90° 변할 때 | 1.2 |
> | 전 시료채취 기간 중 풍향이 변동 없을 때(45° 미만) | 1.0 |

2) 풍속에 대한 보정

풍속범위	보정계수
풍속이 0.5m/초 미만 또는 10m/초 이상 되는 시간이 전 채취시간의 50% 미만일 때	1.0
풍속이 0.5m/초 미만 또는 10m/초 이상 되는 시간이 전 채취시간의 50% 이상일 때	1.2

05 석탄(연료)을 공업 분석한 결과 휘발분 40%, 회분 10%, 수분 2%였다. 이 연료의 연료비는 얼마인가?

> **풀이**
>
> 연료비 = $\dfrac{고정탄소}{휘발분}$
>
> 고정탄소(%) = 100 - (휘발분 + 회분 + 수분) = 100 - (40 + 10 + 2) = 48%
>
> = $\dfrac{고정탄소}{휘발분} = \dfrac{48}{40} = 1.2$

06 유입계수가 0.82이고 속도압이 22mmH₂O일 때 후드의 압력손실(mmH₂O)은?

> **풀이**
>
> $\Delta P = F \times \dfrac{\gamma V^2}{2g}$
>
> $F = \dfrac{1 - C_e^2}{C_e^2} = \dfrac{1 - 0.82^2}{0.82^2} = 0.487$
>
> $VP = \left(\dfrac{\gamma V^2}{2g}\right) = 22\text{mmH}_2\text{O}$
>
> $= 0.487 \times 22 = 10.71\text{mmH}_2\text{O}$

07 여과집진장치의 탈진방식 중 간헐식과 연속식의 장단점을 3가지씩 기술하시오.

> **풀이**
>
> **1. 간헐식**
>
>   1) 장점
>
>   ① 여포의 수명이 연속식에 비해 길다.
>
>   ② 먼지의 재비산이 적다.
>
>   ③ 높은 집진효율을 얻을 수 있다.

2) 단점
① 대량가스의 처리에 부적합하다.
② 점성이 있는·조대분진을 탈진할 경우 진동형은 여포손상을 일으킨다.
③ 역기류형 경우 초자섬유(Glass Fiber)를 적용하는 데 한계가 있다.

2. 연속식
1) 장점
① 포집과 탈진이 동시에 이루어지므로 압력손실이 거의 일정하다.
② 고농도의 가스처리가 가능하다.
③ 대용량의 가스를 처리할 수 있다.
2) 단점
① 탈진공정 시 재비산이 발생한다.
② 간헐식에 비해 집진효율이 낮다.
③ 여과백의 수명이 단축된다.

08 중력집진장치의 장단점을 2가지씩 쓰시오.

> **풀이**
>
> 1. 장점
>   ① 타 집진장치보다 구조가 간단하고 압력손실이 적다.
>   ② 고온가스 처리가 가능하며 유지관리가 용이하다.(함진가스의 온도변화에 의한 영향을 거의 받지 않는다.)
> 2. 단점
>   ① 집진효율이 낮고 미세입자 처리가 곤란하다.
>   ② 먼지부하 및 유량 변동에 적응성이 낮아 민감하다.

09 전기집진기의 방전극과 집진극의 거리가 4cm, 공기유속이 3m/sec, 입자의 집진극으로 이동하는 속도가 6cm/sec일 때, 이 입자를 100% 제거하기 위한 이론적인 집진극 길이(m)를 구하시오.

> **풀이**
>
> $$L = d \times \frac{V_g}{W}$$
>
> d : 4cm × m/100cm = 0.04m, V_g : 3m/sec
> W : 6cm/sec × m/100cm = 0.06m
>
> $$= 0.04 \times \frac{3}{0.06} = 2.0\text{m}$$

10 배출가스의 악취제거 방법 4가지를 쓰시오.

> **풀이**
>
> **악취제거 방법(4가지만 기술)**
> ① 통풍 및 희석법 ② 흡착에 의한 방법
> ③ 흡수에 의한 방법 ④ 응축법에 의한 방법
> ⑤ 불꽃 소각법 ⑥ 촉매 산화법
> ⑦ 화학적 산화법 ⑧ 위장법

11 폭 4m, 높이 2.5m, 바닥 포함 18단인 중력집진장치가 있다. 입자의 직경이 $40\mu m$, 입자의 밀도가 $1,200kg/m^3$이다. 중력집진장치의 유입유속이 $0.5m/sec$일 때 이 집진장치의 길이(m)는?(단, 효율 100%, 층류영역, 점도 $0.0748kg/m \cdot hr$)

> **풀이**
>
> $$L(\text{m}) = \eta \times \frac{H \times V}{V_s}$$
>
> $$H = \frac{2.5\text{m}}{18} = 0.139\text{m}$$
>
> $$V = 0.5\text{m/sec}$$
>
> $$V_s = \frac{d_p^2 \times (\rho_p - \rho)g}{18\mu_g}$$
>
> $$d_p = 40\mu\text{m} \times \text{m}/10^6 \mu\text{m} = 4 \times 10^{-5}\text{m}$$
>
> $$\rho_p = 1,200\text{kg/m}^3$$
>
> $$\rho = 1.29\text{kg/m}^3$$
>
> $$\mu_g = 0.0748\text{kg/m} \cdot \text{hr} \times \text{hr}/3,600\text{sec}$$
>
> $$= 2.07 \times 10^{-5}\text{kg/m} \cdot \text{sec}$$
>
> $$= \frac{(4 \times 10^{-5})^2 \times (1,200 - 1.29) \times 9.8}{18 \times 2.07 \times 10^{-5}} = 0.05\text{m/sec}$$
>
> $$= 1.0 \times \frac{0.139 \times 0.5}{0.05} = 1.39\text{m}$$

SECTION 37 2018년 4회 기사

01 배출가스 중 비산먼지를 High Volume Air Sampler로 측정하였다. 비산먼지 농도는?

- 대조 위치에서의 먼지농도 : $0.12\,mg/m^3$
- 채취먼지량이 가장 많은 위치에서의 먼지농도 : $6.83\,mg/m^3$
- 전 시료채취기간 중 주 풍향이 90도 이상 변함
- 풍속이 0.5m/sec 미만 또는 10m/sec 이상 되는 시간이 전 채취시간의 50% 미만이었다.

풀이

$$C_m = (C_H - C_B) \times W_D \times W_S$$
$$= (6.83 - 0.12) \times 1.5 \times 1.0 = 10.065\,mg/m^3$$

[참고]
1) 풍향에 대한 보정

풍향변화범위	보정계수
전 시료채취 기간 중 주 풍향이 90° 이상 변할 때	1.5
전 시료채취 기간 중 주 풍향이 45~90° 변할 때	1.2
전 시료채취 기간 중 풍향이 변동 없을 때(45° 미만)	1.0

2) 풍속에 대한 보정

풍속범위	보정계수
풍속이 0.5m/초 미만 또는 10m/초 이상 되는 시간이 전 채취시간의 50% 미만일 때	1.0
풍속이 0.5m/초 미만 또는 10m/초 이상 되는 시간이 전 채취시간의 50% 이상일 때	1.2

02 C : 85%, H : 7.5%, S : 3.2%, N : 3%, H_2O : 1.3%인 중유를 공기비 1.3으로 연소시킬 때 습연소가스양(Sm^3/kg)은?

풀이

습연소가스양(G_w) = $G_{ow} + (m-1)A_0$

이론공기량(A_0) = 이론산소량(O_0) × $\dfrac{1}{0.21}$

$= (1.867 \times 0.85 + 5.6 \times 0.075 + 0.7 \times 0.032) \times \dfrac{1}{0.21}$

$= 9.664\,Sm^3/kg$

$$\begin{aligned}\text{이론습연소가스양}(G_{ow}) &= 0.79A_0 + CO_2 + H_2O + SO_2 + N_2 + 1.244W \\ &= (0.79 \times 9.664) + (1.867 \times 0.85) + (11.2 \times 0.075) \\ &\quad + (0.7 \times 0.032) + (0.8 \times 0.03) + (1.244 \times 0.013) \\ &= 10.108 \, \text{Sm}^3/\text{kg}\end{aligned}$$

$$\therefore \text{습연소가스양}(G_w) = G_{ow} + (m-1)A_0 = 10.108 + (1.3-1) \times 9.664$$
$$= 13.01 \, \text{Sm}^3/\text{kg}$$

03 평판형 집진판을 이용하여 전기집진장치를 사용한다. 집진효율공식을 이용하여 성능을 증진하기 위한 조건 5개를 쓰시오.

> **풀이**
>
> **평판형 집진판의 성능을 증가시키기 위한 조건(5가지만 기술)**
> ① 겉보기 전기저항 값을 $10^4 \sim 10^{11} \Omega \cdot cm$ 범위로 유지한다.
> ② 분진의 겉보기 이동속도(표류속도)를 크게 한다.
> ③ 집진면의 면적(높이와 길이의 비)을 크게 한다.
> ④ 코로나 방전이 잘 형성되도록 방전극을 가늘고 길게 한다.
> ⑤ 재비산 현상 발생 시 배출가스 처리속도를 작게 한다.
> ⑥ 역전리 현상 발생 시 고압부상의 절연회로를 점검, 보수한다.

04 유효굴뚝높이(H_e)가 60m인 굴뚝으로부터 SO_2가 50g/sec의 질량속도로 배출되고 있다. 지상 6.5m에서의 풍속이 5.5m/sec일 때, 굴뚝으로부터 풍하거리 500m의 중심선상의 지표면 농도($\mu g/m^3$)는 얼마인가?(단, Deacon식과 가우시안 방정식을 이용한다. $P=0.25$, $\sigma_y=37m$, $\sigma_z=18m$)

$$C = \frac{Q}{2\pi \sigma_y \sigma_z U} \exp\left[-\frac{1}{2}\left(\frac{y}{\sigma_y}\right)^2\right]$$
$$\times \left[\exp\left\{-\frac{1}{2}\left(\frac{z-H_e}{\sigma_z}\right)^2\right\} + \exp\left\{-\frac{1}{2}\left(\frac{z+H_e}{\sigma_z}\right)^2\right\}\right]$$

> **풀이**
>
> $$C(x, y, z, H_e) = \frac{Q}{2\pi\sigma_y\sigma_z U} \exp\left[-\frac{1}{2}\left(\frac{y}{\sigma_y}\right)^2\right]$$
> $$\times \left[\exp\left\{-\frac{1}{2}\left(\frac{z-H_e}{\sigma_z}\right)^2\right\} + \exp\left\{-\frac{1}{2}\left(\frac{z+H_e}{\sigma_z}\right)^2\right\}\right]$$
>
> 중심선상의 지표면 농도 $y = z = 0$

$$C(x, 0, 0, H_e) = \frac{Q}{\pi \sigma_y \sigma_z U} \times \exp\left[-\frac{1}{2}\left(\frac{H_e}{\sigma_z}\right)^2\right]$$

$$U_2 = U_1 \times \left(\frac{Z_2}{Z_1}\right)^p = 5.5 \times \left(\frac{60}{6.5}\right)^{0.25} = 9.587 \text{m/sec}$$

$$= \frac{50\text{g/sec} \times 10^6 \mu\text{g/g}}{3.14 \times 37\text{m} \times 18\text{m} \times 9.587\text{m/sec}} \times \exp\left[-\frac{1}{2}\left(\frac{60}{18}\right)^2\right]$$

$$= 9.64 \mu\text{g/m}^3$$

05 외반경 50cm인 아래와 같은 조건의 표준 원심력집진장치 내부로 300K, 1atm인 배출가스를 처리한다. 배출가스처리 유량이 $2\text{m}^3/\text{sec}$이고, 먼지밀도 1.8g/cm^3일 때 다음을 구하시오. (단, 배출가스 점성계수 : $1.85 \times 10^{-5} \text{kg/m} \cdot \text{sec}$)

Body Diameter(D_0)	100cm
Hieght of Enterance(H)	$D_0/2$
Width of Enterance(W)	$D_0/4$

(1) 원심력집진장치에 유입되는 가스속도(m/sec)는?

(2) 유효회전수가 5회일 때 50% 제거되는 입경(μm)은?

풀이

(1) 유입가스속도(V)

$$V(\text{m/sec}) = \frac{Q}{A} = \frac{Q}{H \times W} = \frac{2\text{m}^3/\text{sec}}{(1/2)\text{m} \times (1/4)\text{m}} = 16\text{m/sec}$$

(2) 절단입경(d_p)

$$d_{p50} = \left(\frac{9\mu_g W}{2\pi N(\rho_p - \rho)V}\right)^{0.5}$$

$\mu_g = 1.85 \times 10^{-5} \text{kg/m} \cdot \text{sec}$

$W = \frac{1}{4}\text{m} = 0.25\text{m}, \ N = 5, \ V = 16\text{m/sec}$

$\rho_p = 1.8\text{g/cm}^3 \times \text{kg}/1,000\text{g} \times 10^6 \text{cm}^3/\text{m}^3 = 1,800 \text{kg/m}^3$

$\rho = 1.29\text{kg/m}^3 \times \frac{273}{300} = 1.174 \text{kg/m}^3$

$$= \left[\frac{9 \times (1.85 \times 10^{-5}) \times 0.25}{2 \times 3.14 \times 5 \times (1,800 - 1.174) \times 16}\right]^{0.5}$$

$$= 6.79 \times 10^{-6} \text{m} \times 10^6 \mu\text{m/m} = 6.79 \mu\text{m}$$

06 여과집진장치의 탈진방식 중 간헐식과 연속식의 장단점을 2가지씩 쓰시오.

> **풀이**
>
> 1. 간헐식
>   1) 장점
>   ① 여포의 수명이 연속식에 비해 길다.
>   ② 먼지의 재비산이 적다.
>   2) 단점
>   ① 대량가스의 처리에 부적합하다.
>   ② 점성이 있는 조대분진을 탈진할 경우 진동형은 여포손상을 일으킨다.
> 2. 연속식
>   1) 장점
>   ① 포집과 탈진이 동시에 이루어지므로 압력손실이 거의 일정하다.
>   ② 고농도의 가스처리가 가능하다.
>   2) 단점
>   ① 탈진공정 시 재비산이 발생한다.
>   ② 간헐식에 비해 집진효율이 낮다.

07 처리가스양이 100,000Sm³/hr이고, 압력손실이 800mmH₂O일 때, 1일 16시간 운전하는 집진장치의 연간동력비는 1,160만 원이다. 가동시간은 동일하며 처리가스양은 70,000Sm³/hr, 압력손실은 400mmH₂O인 같은 형식의 집진장치를 사용할 경우 연간 동력비를 구하시오. (단, 송풍기 효율은 변함 없음)

> **풀이**
>
> $$P(\text{kW}) = \frac{\Delta P \times Q}{102 \times \eta} \quad \text{kW} \propto \Delta P \times Q \propto \text{동력비용}$$
>
> 800mmH₂O × 100,000Sm³/hr : 1,160만 원
> = 400mmH₂O × 70,000Sm³/hr : X
> X = 406만 원

08 높이 10m 되는 곳에 직경 100μm의 먼지가 있다. 바람의 풍속이 5m/sec로 수평으로 불 때 이 먼지는 전방 몇 m 지점에 낙하하겠는가?(동종 먼지의 입경 10μm는 침강속도가 0.55cm/sec이다.)

> **풀이**
>
> $L = \dfrac{V \times H}{V_g}$
>
> $V_g \propto d_p^2$의 관계를 이용하여
>
> $0.55 \times 10^{-2}\text{m/sec} : 10^2 = V_g : 100^2$
>
> $V_g = 0.55\text{m/sec}$
>
> $= \dfrac{V \times H}{V_g} = \dfrac{5\text{m/sec} \times 10\text{m}}{0.55\text{m/sec}} = 90.91\text{m}$

09 어떤 특정 장소에서 측정한 월(month)의 최대 지면온도가 32℃였다. 어느 날 지면의 온도가 21℃, 고도 600m에서의 온도가 18℃였을 때 최대혼합깊이(MMD)(m)는 얼마인가?(단, 건조단열감률은 −0.98℃/100m)

> **풀이**
>
> 최대 혼합깊이(MMD)는 환경감률(γ)과 건조단열감률(γ_d)이 같아지는 고도(H)를 이용하여 구한다.
>
> $T_{\max} + (\gamma_d \times H) = T + (\gamma \times H)$
>
> $H = \dfrac{T_{\max} - T}{\gamma - \gamma_d}$
>
> $\gamma = \dfrac{(18-21)\text{℃}}{600\text{m}} = -0.5\text{℃}/100\text{m}$
>
> $= \dfrac{(32-21)\text{℃}}{\left[\left(-\dfrac{0.5\text{℃}}{100\text{m}}\right) - \left(-\dfrac{0.98\text{℃}}{100\text{m}}\right)\right]} = 2,291.67\text{m}$

10 흡착법과 관련하여 다음 물음에 답하시오.

(1) 물리적 흡착의 특징 4가지(화학적 흡착과 비교)

(2) 흡착법의 단점 2가지

> **풀이**
>
> (1) **물리적 흡착의 특징(4가지만 기술)**
>   ① 가스와 흡착제가 분자 간의 인력, 즉 Van der Waals Force(반데르발스 결합력)로 약하게 결합되어 있으며 보통 가용한 피흡착제의 표면적에 비례한다.
>   ② 가스 중의 분자 간 인력보다 고체표면과의 인력이 크게 되는 때에 일어난다.
>   ③ 가역성이 높다. 즉, 가역적 반응이기 때문에 흡착제 재생 및 오염가스 회수에 매우 유용하며 여러 층의 흡착이 가능하다.
>   ④ 흡착제에 대한 용질의 분자량이 클수록, 온도가 낮을수록, 압력(분압)이 높을수록 흡착에 유리하다.
>   ⑤ 흡착량은 단분자층과는 관계가 적다. 즉, 물리적 흡착은 다분자 흡착층 흡착이며, 흡착열이 낮다.
>
> (2) **흡착법의 단점**
>   ① 흡착제 교체에 따른 유지비가 높다.
>   ② 파괴점 이상에서는 효율이 낮아진다.

11 다음 ( ) 안에 들어갈 대기환경기준을 쓰시오.

이산화질소 (NO$_2$)	연간 평균치	(①) ppm 이하	일산화탄소 (CO)	1시간 평균치	(④) ppm 이하
	24시간 평균치	(②) ppm 이하	오존(O$_3$)	8시간 평균치	(⑤) ppm 이하
	1시간 평균치	(③) ppm 이하		1시간 평균치	(⑥) ppm 이하

> **풀이**
>
> ① 0.03ppm 이하   ② 0.06ppm 이하   ③ 0.1ppm 이하
> ④ 25ppm 이하   ⑤ 0.06ppm 이하   ⑥ 0.1ppm 이하

2018년 4회 산업기사

01 관성력 집진장치의 장점과 단점을 각각 2가지씩 쓰시오.

> **풀이**
> 1. 관성력 집진장치의 장점
>   ① 구조 및 원리가 간단하고 전처리장치로 많이 이용된다.
>   ② 운전비용이 적고, 고온가스처리가 가능하다.
> 2. 관성력 집진장치의 단점
>   ① 미세입자의 효율이 낮다.
>   ② 유속이 너무 빠르면 압력손실 증가와 분진의 재비산 문제가 발생한다.

02 전기집진장치의 분진 제거효율은 다음 식으로 계산한다. $\eta = 1 - e^{-AV/Q}$ 효율을 90%에서 99%로 증가시키자면 집진극의 증가 면적은?(단, 다른 조건은 변하지 않는다.)

> **풀이**
> $\eta = 1 - e^{-\frac{AV}{Q}}$ 양변에 ln 취한 식을 만들면
> $-\frac{AV}{Q} = \ln(1-\eta)$
> 증가면적비 $= \dfrac{-\frac{Q}{V}\ln(1-0.99)}{-\frac{Q}{V}\ln(1-0.9)} = 2$배

03 전기집진장치의 장점과 단점을 2가지 이상 쓰시오.

> **풀이**
> 1. 장점(2가지만 기술)
>   ① 집진효율이 높다.(0.1~0.9μm인 것에 대해서도 높은 집진효율)
>   ② 광범위한 온도범위에서 적용이 가능하며 부식성·폭발성 가스가 함유된 먼지의 처리도 가능하다.
>   ③ 고온가스(500℃ 전후) 처리가 가능하여 보일러와 철강로 등에 설치할 수 있다.
>   ④ 압력손실이 낮고 대용량의 처리가스가 가능하며 배출가스의 온도강하가 적다.
>   ⑤ 운전 및 유지비가 저렴하다.(전력소비 적음)

⑥ 회수가치 입자포집에 유리하며 습식 및 건식으로 집진할 수 있다.
⑦ 넓은 범위의 입경과 분진농도에 집진효율이 높다.

2. 단점(2가지만 기술)
   ① 처리가스가 적은 경우 다른 고성능 집진장치에 비해 건설비가 비싸다.
   ② 설치공간을 많이 차지한다.
   ③ 설치된 후에는 운전조건의 변화에 유연성이 적다.
   ④ 먼지성상에 따라 전처리시설이 요구된다.
   ⑤ 분진포집에 적용되며 기체상 물질 제거에는 곤란하다.
   ⑥ 부하변동에 따른 적응이 곤란하다.(전압변동과 같은 조건변동에 쉽게 적응이 곤란함)
   ⑦ 가연성 입자의 처리가 곤란하다.

04 송풍기의 풍량조절방법 3가지를 쓰시오.

풀이

송풍기의 풍량 조절법
① 회전수 조절법
② 안내익 조절법(Vane Control법)
③ 댐퍼부착법(Damper부착법)

05 충전탑에서 사용하는 용어 중 다음 용어에 대해 설명하고 그래프를 이용하여 Loading point와 Flooding point를 나타내시오.

(1) Hold-up (2) Loading point (3) Flooding point

풀이

(1) Hold-up
   충전층(Packing) 내의 세정액 보유량을 의미한다.

(2) Loading Point
   부하점이라 하며 세정액의 Hold-up이 증가하여 압력손실이 급격하게 증가되는 첫 번째 파괴점을 말한다.

(3) Flooding Point
   범람점이라 하며 충전층 내의 가스속도가 과도하여 세정액이 비말동반을 일으켜 흘러넘쳐 향류조작 자체가 불가능한 두 번째 파괴점을 말한다.

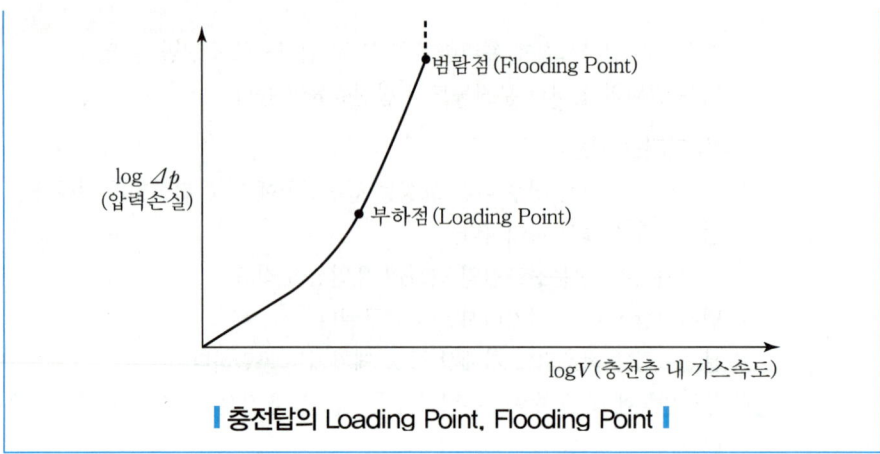

▍충전탑의 Loading Point, Flooding Point ▍

06 SO_2 0.035%를 mg/m^3으로 환산하시오. (단, 표준상태)

> **풀이**
>
> 농도(ppm) $= 0.035\% \times \dfrac{10{,}000\text{ppm}}{\%} = 350\text{ppm}$
>
> 농도(mg/m^3) $= 350\text{ppm}(\text{mL}/m^3) \times \dfrac{64\text{mg}}{22.4\text{mL}} = 1{,}000\text{mg}/m^3$

07 함진가스의 유입속도가 3m/sec이고 중력침강실의 높이가 10m일 때 종말침강속도가 25cm/sec인 입자를 이론적으로 제거하기 위한 침강실의 길이(m)는?

> **풀이**
>
> $\dfrac{V_s}{V} = \dfrac{H}{L}$
>
> $L = \dfrac{V \times H}{V_s} = \dfrac{3\text{m/sec} \times 10\text{m}}{25\text{cm/sec} \times \text{m}/100\text{cm}} = 120\text{m}$

08 입경 x의 지수 n 값이 1인 Rosin−Rammler 분포를 갖는 입자가 있다. 이 입자의 중위직경($R : 50$)이 $50\mu m$일 때 $25\mu m$ 이상의 체거름상 분진농도(%)를 구하시오.

> **풀이**
>
> $R(\%) = 100\exp(-\beta x^n)$
>
> $50\% = 100 \times \exp(-\beta \times 50^1)$
>
> $-\beta \times 50 = \ln(0.5)$
>
> $\beta = 0.01386$
>
> $R(\%) = 100 \times \exp(-0.01386 \times 25^1) = 70.72\%$

09 기체연료 1Sm³의 성분함유량이 다음과 같을 때 도시가스 1Sm³를 완전연소하는 데 필요한 이론공기량(Sm³)을 구하시오. (단, 질소는 모두 일산화질소가 된다고 가정)

성분	CO_2	C_2H_4	C_3H_6	O_2	CO	H_2	CH_4	N_2
함유량(Sm³)	0.1	0.04	0.03	0.01	0.15	0.25	0.25	0.17

풀이

이론공기량(A_0)

$$A_0(\text{Sm}^3) = \frac{1}{0.21}\left[0.5H_2 + 0.5CO + 2CH_4 + \cdots \left(m + \frac{n}{4}\right)C_mH_n - O_2\right]$$

$$C_2H_4 + 3O_2 \rightarrow 2CO_2 + 2H_2O$$
$$C_3H_6 + 4.5O_2 \rightarrow 3CO_2 + 3H_2O$$

$$= \frac{1}{0.21} \times [(0.5 \times 0.25) + (0.5 \times 0.15) + (2 \times 0.25) + (3 \times 0.04)$$
$$+ (4.5 \times 0.03) + (1 \times 0.17) - 0.01]$$
$$= 5.3 \text{Sm}^3/\text{Sm}^3 \times 1\text{Sm}^3 = 5.3 \text{Sm}^3$$

10 전기집진장치에서 분진입자의 겉보기 이동속도는 커닝험보정계수(C_m)와 비례관계이다. 다음 ( ) 안에 들어갈 내용을 쓰시오.

$C_m \geq 1$일 때, C_m은 입자크기가 (①)수록, 가스분자 크기가 작을수록, 가스의 온도가 (②)수록, 가스압력이 작을수록 커진다.

풀이

① 작을 ② 높을

11 연소 용어 중 등가비(ϕ)에 대하여 다음 물음에 답하시오.

(1) 등가비를 식으로 표현하고 공기비와의 관계를 중심으로 간단히 설명하시오.

(2) 다음 ( ) 안에 '증가' 또는 '감소'를 넣어 문장을 완성하시오.

등가비가 1인 연소시설의 등가비를 1 이하로 낮추면 배출가스 중의 CO는 (①)하고 NO는 (②)한다.

> **풀이**
>
> (1) 등가비(ϕ : Equivalent Ratio)
>
> 공기비의 역수로서 일정량의 이론적인 연공비(연료와 공기의 혼합비)에 대하여 실제 연소되는 연공비는 몇 배가 되는지 표현한 것이며 당량비라고도 한다.
>
> $$\phi = \frac{(실제\ 연료량/산화제)}{(완전연소를\ 위한 이상적\ 연료량/산화제)} = \frac{1}{공기비\,(m)}$$
>
> (2) ① 감소   ② 증가

12 평판형 전기집진장치가 있다. 집진면 사이의 간격이 8cm, 배출가스 유속이 2m/s, 입자 이동속도가 5cm/sec이고 층류영역이라 가정할 때 이론적으로 제거하기 위해 요구되는 이론적 집진극의 길이(m)는?

> **풀이**
>
> $$L = d \times \frac{V_g}{W}$$
>
> $$d = \frac{8\text{cm} \times \text{m}/100\text{cm}}{2} = 0.04\text{m}$$
>
> $W = 5\text{cm/sec} \times \text{m}/100\text{cm} = 0.05\text{m/sec}$
>
> $V = 2\text{m/sec}$
>
> $= 0.04 \times \dfrac{2}{0.05} = 1.6\text{m}$

13 4m×5m×6m 방에 오존(O_3)의 배출량이 분당 0.2mg인 복사기를 2대 연속 사용하고 있다. 복사기 사용 전 실내 오존농도가 20ppb라고 할 때, 2시간 사용 후 복사실의 오존농도(ppb)는?(단, 25℃, 1기압 기준, 환기 없음)

> **풀이**
>
> 오존농도＝복사기 사용 전 농도＋복사기 사용으로 증가된 농도
>
> 사용 전 농도＝ 20ppb
>
> 사용 후 증가된 농도 $= \dfrac{0.2\text{mg/min} \cdot 대 \times 2대 \times 120\text{min}}{(4 \times 5 \times 6)\text{m}^3} = 0.4\text{mg/m}^3$
>
> 농도(ppb)$= 0.4\text{mg/m}^3 \times \dfrac{22.4\text{mL} \times \left(\dfrac{273+25}{273}\right)}{48\text{mg}} \times 10^3 = 203.76\text{ppb}$
>
> 오존농도＝ 20ppb＋ 203.76ppb ＝ 223.76ppb

2019년 1회 기사

01 어떤 1차 반응에서 초기농도가 1몰이고 180분 경과 후, 그 농도가 0.1몰로 감소했다. 이 반응의 99%가 반응하여 농도가 0.01몰로 감소되는 데 걸리는 시간(분)을 구하시오.

> **풀이**
> $$\ln \frac{C_t}{C_o} = -K \cdot t$$
> $$\ln \frac{0.1}{1} = -K \times 180 \qquad K = 0.0128 \text{min}^{-1}$$
> $$\ln \frac{0.01}{1} = -0.0128 \text{min}^{-1} \times t$$
> $$t = 360 \text{min}$$

02 1단식 전기집진장치에서 집진극상에 누적된 분진층 중의 전계강도를 E_d(V/cm), 이것에 흐르는 전류밀도를 i(A/cm²), 분진층 겉보기 전기저항을 ρ_d(Ω·cm)라고 할 때, $E_d = i \times \rho_d$이다. 여기서 i는 분진층 표면 부근의 이온전류밀도와 같으며 양호한 집진작용이 행하여질 경우, 그 값은 2×10^{-8}A/cm²이다. 분진층 중의 전열파괴 전계강도가 5×10^3V/cm라면 이 전기집진장치의 먼지층 겉보기 전기저항을 구하고, 문제점을 쓰시오.

> **풀이**
> 1) 먼지층 겉보기 전기저항
> $$= \frac{\text{전계강도(전압)}}{\text{전류밀도(전류)}}$$
> $$= \frac{5 \times 10^3 \text{V/cm}}{2 \times 10^{-8} \text{A/cm}^2} = 2.5 \times 10^{11} \Omega \cdot \text{cm}$$
> 2) 문제점 : 겉보기 저항 값이 10^{11}Ω·cm 이상이므로 역전리 현상이 발생한다.

03 연돌의 높이가 50m이고 외부공기의 온도가 27℃이다. 연소가스의 온도를 227℃에서 127℃로 낮출 때 통풍력은 몇 % 감소되는가?(단, 대기 및 배기가스의 비중량은 1.3kg/m³이다.)

> **풀이**
>
> 1) 연소가스의 온도가 227℃일 때의 통풍력
>
> $$Z = 273H\left(\frac{\gamma_a}{273+t_a} - \frac{\gamma_g}{273+t_g}\right)$$
>
> $$= 273 \times 50\left(\frac{1.3}{273+27} - \frac{1.3}{273+227}\right) = 23.66\,mmH_2O$$
>
> 2) 연소가스의 온도가 127℃일 때의 통풍력
>
> $$Z = 273H\left(\frac{\gamma_a}{273+t_a} - \frac{\gamma_g}{273+t_g}\right)$$
>
> $$= 273 \times 50\left(\frac{1.3}{273+27} - \frac{1.3}{273+127}\right) = 14.79\,mmH_2O$$
>
> 감소된 통풍력 $= \dfrac{23.66 - 14.79}{23.66} \times 100 = 37.49\%$

04 배출가스 중 배연탈황방법의 종류를 건식법과 습식법으로 구분하고 각 방법의 종류를 3가지씩 쓰시오.

> **풀이**
>
> 1. 건식법
>   석회석 주입법, 활성탄 흡착법, 촉매산화법, 산화구리법 중 3가지만 기술
> 2. 습식법
>   석회세정법(석회흡수법), NaOH 흡수법, 암모니아 흡수법 등

05 사이클론에서 유입속도와 입구폭을 각각 2배로 증가시키면, 절단입경은 처음의 몇 배인가?

> **풀이**
>
> 절단입경(d_{p50})
>
> $d_{p50} = \sqrt{\dfrac{9\,\mu_g W}{2\pi N(\rho_p - \rho)V}}$ 에서
>
> $d_{p50} \simeq \sqrt{\dfrac{W}{V}} = \sqrt{\dfrac{2W}{2V}} = 1$
>
> 처음의 1배가 증가한다.

06
집진효율이 95%인 전기집진장치와 99%인 여과집진기를 병렬로 사용하는 어떤 공정이 있다. 여과집진장치를 통과하는 처리가스유량은 10,000m³/hr이고, 전기집진장치를 통과하는 처리유량은 30,000m³/hr이다. 입구농도가 3g/m³일 경우 시간당 배출되는 분진량(g)은 얼마인가?

풀이

입구분진량 $= 40,000 \text{m}^3/\text{hr} \times 3\text{g}/\text{m}^3 = 120,000 \text{g}/\text{hr}$

출구분진량(전기집진기) $= 30,000 \text{m}^3/\text{hr} \times 3\text{g}/\text{m}^3 \times (1-0.95) = 4,500 \text{g}/\text{hr}$

출구분진량(여과집진기) $= 10,000 \text{m}^3/\text{hr} \times 3\text{g}/\text{m}^3 \times (1-0.99) = 300 \text{g}/\text{hr}$

시간당 배출분진량(g) $= 4,500 + 300 = 4,800 \text{g}/\text{hr}$

07
황성분이 2%인 중유를 1시간에 250kg을 연소시키는 열공급시설이 있다. 여기서 나오는 배출가스를 소석회 슬러리로 세정하여 완전하게 탈황하여 $CaSO_4 \cdot 2H_2O$로 회수하였다. 탈황률이 95%일 때 회수되는 $CaSO_4 \cdot 2H_2O$의 이론량(kg/hr)을 구하시오. (단, Ca와 S의 원자량은 40, 32이다.)

풀이

$$SO_2 + CaCO_3 + 2H_2O + \frac{1}{2}O_2 \rightarrow CaSO_4 \cdot 2H_2O \downarrow + CO_2$$

22.4Sm^3 : 172kg

$250 \text{kg/hr} \times 0.02 \times \dfrac{22.4 \text{Sm}^3}{32 \text{kg}} \times 0.95$: $X(\text{kg/hr})$

$X(CaSO_4 \cdot 2H_2O) = 25.53 \text{kg/hr}$

08
충전탑을 이용하여 유해가스를 제거하고자 할 때 흡수제의 조건을 3가지만 쓰시오.

풀이

흡수액(세정액)의 구비조건(3가지만 기술)

① 용해도가 커야 한다.
② 점도(점성)가 작고 화학적으로 안정해야 한다.
③ 독성이 없고 휘발성이 낮아야 한다.
④ 착화성, 부식성이 없어야 한다.
⑤ 빙점(어는점)은 낮고 비점(끓는점)은 높아야 한다.
⑥ 가격이 저렴하고 사용이 편리해야 한다.
⑦ 용매의 화학적 성질과 비슷해야 한다.

09 탄소 85% 이외에 수소와 황으로 구성된 중유를 공기비 1.3에서 연소하여 습연소가스를 분석한 결과 SO_2가 0.25%이었을 경우, 이 중유 안에 포함되어 있는 황성분은 몇 %인가?(단, 연료인 중유 중의 황성분은 모두 연소하여 SO_2로 되었다.)

> **풀이**
>
> $$SO_2(\%) = \frac{SO_2}{G_w} \times 100$$
>
> $$G_w = (m - 0.21)A_0 + 1.867C + 11.2H + 0.7S$$
>
> $$A_0 = \frac{1}{0.21}[(1.867 \times 0.85) + 5.6(1 - 0.85 - S) + (0.7 \times S)]$$
>
> $$= 11.56 - 23.3S \ Sm^3/Sm^3$$
>
> $$= [(1.3 - 0.21) \times (11.56 - 23.3S)] + (1.867 \times 0.85)$$
>
> $$+ 11.2(1 - 0.85 - S) + 0.7S = 15.86 - 35.99S$$
>
> $$0.25 = \frac{0.7 \times S}{15.86 - 35.99S} \times 100$$
>
> $$S = 0.05 \times 100 = 5\%$$

10 석탄을 원소분석한 결과 무게로 C : 72.3%, H : 5.8%, N : 1.3%, S : 0.5%, O : 14.9%, 재 : 5.2%이었다. 이 석탄을 연소할 경우 연소가스 중 3%의 O_2를 함유한다. 이때 건조배출가스 중 SO_2의 농도(ppm)를 구하시오.(표준상태, 완전연소 황분 전량이 SO_2로 된다.)

> **풀이**
>
> $$SO_2(ppm) = \frac{SO_2}{G_d} \times 10^6$$
>
> $$G_d = 0.79A_0 + CO_2 + SO_2 + N_2 + (m - 1)A_0$$
>
> $$A_0 = \left[(1.867 \times 0.723) + \left(5.6 \times \left(0.058 - \frac{0.149}{8}\right)\right)\right.$$
>
> $$\left. + (0.7 \times 0.005)\right] \times \frac{1}{0.21} = 7.4945 m^3/kg$$
>
> $$CO_2 = 1.867 \times 0.723 = 1.35 m^3/kg$$
>
> $$SO_2 = 0.7 \times 0.005 = 0.0035 m^3/kg$$
>
> $$N_2 = 0.8 \times 0.013 = 0.0104 m^3/kg$$
>
> $$m = \frac{21}{21 - 3} = 1.167$$

$$= 0.79 \times 7.4945 + 1.35 + 0.0035 + 0.0104$$
$$+ (1.167 - 1) \times 7.4945 = 8.536 \text{m}^3/\text{hr}$$
$$= \frac{SO_2}{G_d} \times 10^6 = \frac{0.0035}{8.536} \times 10^6 = 410.03 \text{ppm}$$

11 가스크로마토그래피법에서 다음의 정량방법을 함유율을 구하는 식을 포함하여 설명하시오.

(1) 보정넓이 백분율법   (2) 상대검정곡선법   (3) 표준물첨가법

풀이

(1) 보정넓이 백분율법

시료가 도입되어 용출되기 이전에 성분의 상대감도가 구해진 경우에 적용할 수 있으며 다음 식에 의해 정확한 함유율을 구할 수 있다.

$$C_t = \frac{[A_i/f_i]}{\sum_{I=1}^{n}[A_i/f_i]} \times 100$$

(2) 상대검정곡선법

정량하려고 하는 성분의 순물질에 내부 표준물질 일정량을 가한 혼합시료의 크로마토그램을 기록하여 피크넓이를 측정한다.

$$C = \frac{[M_x/M_s] \times n}{M} \times 100$$

(3) 표준물첨가법

피검성분 A와 임의의 다른 성분 B의 피크넓이 A_p 및 B_p를 구한 다음 시료의 일정량 W에 A성분의 기지량 ΔW_A를 가하여 다시 크로마토그램을 기록하여 성분 A, B의 피크넓이 A_{p2}, B_{p2}를 구한다.

$$C = \frac{\Delta W_A}{\left[\dfrac{A_{p2}}{B_{p2}} \times \dfrac{B_p}{A_p} - 1\right]W} \times 100$$

2019년 1회 산업기사

01 헨리의 법칙을 따르는 유해가스가 물속에 $2.0 kmol/m^3$만큼 용해되어 있을 때, 분압이 $258.4 mmH_2O$였다면, 이 유해가스의 분압이 $30 mmHg$로 될 때 물속의 유해가스 농도($kmol/m^3$)는?(단, 기타 조건은 변화 없음)

풀이

$P = H \cdot C$에서 P와 C는 비례하므로

$$258.4 mmH_2O \times \frac{760 mmHg}{10,332 mmH_2O} = 19.01 mmHg$$

$19.01 mmHg : 2.0 kmol/m^3 = 30 mmHg : 농도(kmol/m^3)$

$$농도(kmol/m^3) = \frac{2.0 kmol/m^3 \times 30 mmHg}{19.01 mmHg} = 3.16 kmol/m^3$$

02 스토크스 직경과 공기역학적 등가입경을 비교 설명하시오.

풀이

1. 스토크스 직경
 입자형태가 구형이 아니더라도 동일한 침강속도 및 밀도를 갖는 구형입자의 직경으로 입자크기가 입자의 밀도에 따라 다르기 때문에 입자의 밀도도 함께 고려해야 하는 단점이 있다.

2. 공기역학적 등가입경(공기역학적 직경)
 입자형태가 구형이 아니더라도 동일한 침강속도 및 단위밀도($1g/cm^3$)를 갖는 구형입자의 직경을 의미한다.

03 NOx은 반응된 질소의 기원과 이 질소를 산화시키는 연소반응에 의해 분류될 수 있다. 질소산화물의 생성기구에 대해 종류 3가지를 쓰고, 간단히 설명하시오.

풀이

1. Thermal NOx
 고온에 의해서 대기 중 질소와 산소가 결합하여 생성된 것으로 연소과정에서 생성되는 NOx의 대부분이다.

2. Fuel NOx
 연료 내 화학적으로 결합된 질소 성분이 연소 시 NOx로 전환(산화), 즉 연료 자체가 함유하고 있는 불순물의 질소성분 연소에 의해 발생된 질소산화물이다.

3. Prompt NOx
연료와 공기 중 질소 성분의 결합으로 발생한다. 즉 연료가 열분해 시 질소가 HC 및 C와 반응하여 HCN 또는 CN이 생성되며, 이들은 OH 및 O_2 등과 결합하여 중간 생성물질(NCO)을 형성하여 NO를 발생시킨다는 학설이다.

04 고체입자의 입도분포를 의미하는 Rosin-Rammler식을 쓰고, 이 식에 사용된 기호의 의미를 모두 쓰시오.

풀이

$$R(\%) = 100\exp(-\beta d_p^{\,n})$$

여기서, R : 체상누적분포(입경 d_p보다 큰 입자비율 : %)
β : 입경계수, n : 입경지수(입경분포범위), d_p : 입경

05 전기집진장치에서 전기저항이 $10^4 \Omega \cdot cm$ 이하일 때 나타나는 현상과 방지대책 2가지를 쓰시오.

풀이
1) 재비산(Jumping)현상
2) 방지대책
  ① NH_3를 주입하여 Conditioning 한다.
  ② 처리가스의 온도와 습도를 낮게 조절한다.

06 기체크로마토그래피 분석에 사용되는 검출기의 종류 4가지를 쓰시오.

풀이
① 열전도도 검출기(TCD)   ② 불꽃이온화 검출기(FID)
③ 전자포획형 검출기(ECD)   ④ 질소인 검출기(NPD)

07 Bag Filter의 먼지부하가 400g/m²에 달할 때 탈락시키고자 한다. 이때 탈락시간 간격(min)은?(단, Bag Filter 유입가스 함진농도는 10g/m³, 출구농도 1g/m³, 여과속도 1.5cm/sec)

> **풀이**
>
> 탈진주기(t)
>
> $$t = \frac{L_d}{C_i \times \eta \times V_f}$$
>
> $$\eta = \frac{10-1}{10} \times 100 = 90\%$$
>
> $$= \frac{400 \text{g/m}^2}{10 \text{g/m}^3 \times 0.9 \times 1.5 \text{cm/sec} \times \text{m}/100\text{cm} \times 60 \text{sec/min}} = 49.38 \text{min}$$

08 강제통풍방식 3가지를 쓰고 간단히 설명하시오.

> **풀이**
>
> **강제통풍방식**
>
> ① 압입통풍
>   연소용 공기를 노 앞에서 설치된 가압송풍기를 이용하여 강제로 연소실 내부로 압입하는 통풍방식으로 노 내압이 양압(+)으로 유지된다.
> ② 흡인통풍
>   연소가스를 송풍기로 흡인하여 노 내의 압력을 부압(-)으로 하여 배가스를 굴뚝에 흡인시켜 배출하는 통풍방식이다.
> ③ 평형통풍
>   연소실 전면, 후면에 각 송풍기 및 배풍기를 부착한 병용식 통풍방식으로 연소실의 구조가 복잡하여도 통풍이 잘 이루어진다.

09 저온부식의 방지대책 3가지를 쓰시오.

> **풀이**
>
> **저온부식의 방지대책(3가지만 기술)**
>
> ① 내산성 금속재료를 사용한다.
> ② 저온부식이 일어날 수 있는 금속표면은 내식재료로 피복한다.
> ③ 연소가스 온도를 산노점 온도보다 높게 유지해야 한다.
> ④ 예열공기를 사용하거나 보온시공을 한다.
> ⑤ 과잉공기를 줄여서 연소한다.

10. 세정집진장치 중 Venturi Scrubber의 집진원리 및 액가스비를 크게 하는 요인 4가지를 기술하시오.

> **풀이**
>
> **1. 집진원리**
>   가스입구에 벤투리관을 삽입하고 배기가스를 벤투리관의 목부에 유속 60~90m/sec로 빠르게 공급하여 목부 주변의 노즐로부터 세정액을 흡인 분사되게 함으로써 포집하는 방식, 즉 기본유속이 클수록 작은 액적이 형성되어 미세입자를 제거하는 원리이다.
>
> **2. 액가스비를 크게 하는 요인**
>   ① 먼지의 입경이 작은 경우
>   ② 입자의 친수성이 작은 경우(소수성 입자의 경우)
>   ③ 점착성이 큰 경우
>   ④ 처리가스의 온도가 높은 경우

11. 접지역전(복사역전)과 침강역전의 발생원리와 대표적인 사건을 쓰시오.

> **풀이**
>
> **1. 접지역전(복사역전)**
>   낮에는 태양복사열에 의해 지표가 가열되어 불안정한 대류를 형성하고 밤이 되면 지표에 접한 공기가 그보다 상공의 공기에 비하여 더 차가워져서 생기는 현상으로 런던 스모그 사건이 대표적이다.
>
> **2. 침강역전**
>   고기압 중심 부분에서 기층이 서서히 침강하면서 기온이 단열압축으로 승온되어 발생하는 현상으로 로스앤젤레스 스모그 사건이 대표적이다.

12. 이론적으로 탄소 1kg을 연소시키면 30,000kcal의 열이 생기고, 수소 1kg을 연소시키면 34,100kcal의 열이 발생한다고 할 경우, 프로판(C_3H_8) 1kg을 연소시킬 때 발생하는 열량(kcal/kg)을 구하시오.

> **풀이**
>
> C_3H_8 : C 함유비율 $= \dfrac{36}{44}$, H 함유비율 $= \dfrac{8}{44}$
>
> 프로판(C_3H_8)열량 $= \left(30,000\text{kcal/kg} \times \dfrac{36}{44}\right) + \left(34,100\text{kcal/kg} \times \dfrac{8}{44}\right)$
>
> $\qquad = 30,745.45 \text{kcal/kg}$

SECTION 41 2019년 2회 기사

01 분무탑의 장단점을 각각 3가지씩 쓰시오.

> **풀이**
>
> **1. 분무탑의 장점**
>   ① 가격이 저렴하다.
>   ② 압력손실이 적고, 구조가 간단하다.
>   ③ 침전물이 생성되는 경우 및 고온가스처리에 적합하다.
>
> **2. 분무탑의 단점**
>   ① 효율이 낮다.
>   ② 노즐이 막힐 염려가 있다.
>   ③ 가스유출 시 비말동반의 위험이 있다.

02 이론단수 1,800인 분리관이 있다. 보유시간이 10분이 되는 피크폭(피크의 좌우 변곡점에서 접선이 자르는 바탕선의 길이)(mm)을 구하시오. (단, 기록지의 이동속도는 분당 1.5cm이며, 이론단수는 모든 성분에 대해 동일하다.)

> **풀이**
>
> 이론단수$(N) = 16 \times \left(\dfrac{t_R}{W}\right)^2$
>
> $1,800 = 16 \times \left(\dfrac{15\text{mm/min} \times 10\text{min}}{W}\right)^2$
>
> $\left(\dfrac{150}{W}\right)^2 = \dfrac{1,800}{16}$
>
> $\dfrac{150}{W} = \sqrt{\dfrac{1,800}{16}}$
>
> $W = 14.14\text{mm}$

03 황 함유량 2.5%인 중유를 10ton/hr로 연소하는 보일러에서 SO2 gas를 NaOH 수용액으로 세정하여 부산물로 Na_2SO_3이 생성된다. 이때 필요한 NaOH의 소요되는 이론량(kg/day)을 구하시오. (단, 탈황효율 85%, 24시간 연속가동)

> **풀이**
>
> $S + O_2 \rightarrow SO_2$
> $SO_2 + 2NaOH \rightarrow Na_2SO_3 + H_2O$
> $S \rightarrow 2NaOH$
> $32kg : 2 \times 40kg$
> $10,000kg/hr \times 0.025 \times 0.85 : NaOH(kg/hr)$
>
> $NaOH(kg/hr) = \dfrac{10,000kg/hr \times 0.025 \times 0.85 \times (2 \times 40)kg}{32kg}$
>
> $= 531.25kg/hr \times 24hr/day = 12,750kg/day$

04 스테판-볼츠만 법칙의 정의를 쓰시오.

> **풀이**
>
> 복사에너지 중 파장에 대한 에너지 강도가 최대가 되는 파장과 흑체의 표면온도의 관계를 나타내는 법칙으로, 흑체 복사를 하는 물체에서 방출되는 복사강도는 물체의 절대온도의 4승에 비례한다.

05 비산먼지를 채취할 때 채취개시 직후 유량이 $1.6m^3/min$이다. 채취종료 직전의 유량이 $1.4m^3/min$이었다면 흡인공기량(m^3)을 구하시오. (단, 채취시간은 25시간이다.)

> **풀이**
>
> $Q = \dfrac{Q_1 + Q_2}{2} \times t$
>
> $= \left(\dfrac{1.6m^3/min + 1.4m^3/min}{2}\right) \times 25hr \times 60min/hr = 2,250m^3$

06 후드의 유입계수가 0.79, 속도압이 22mmH₂O일 때 후드의 압력손실(mmH₂O)을 구하시오.

> **풀이**
> $$\Delta P = F \times VP$$
> $$F = \frac{1}{C_e^2} - 1 = \frac{1}{0.79^2} - 1 = 0.602$$
> $$= 0.602 \times 22 = 13.25 \text{mmH}_2\text{O}$$

07 원심력집진장치에서 블로다운(Blow Down) 방식의 효과 4가지를 쓰시오.

> **풀이**
> **블로다운(Blow Down) 방식의 효과**
> ① 유효원심력 증대   ② 재비산 방지
> ③ 집진율 향상   ④ 관 내 먼지부착으로 인한 폐쇄현상 방지

08 A사업장에서 유효굴뚝 높이가 50m이다. 최대착지농도를 1/4로 줄이고자 한다. 사업장에서 유지해야 할 유효굴뚝높이(m)를 구하시오. (단, 다른 조건 모두 일정)

> **풀이**
> $C_{\max} \propto \dfrac{1}{H_e^2}$ 이므로
>
> 유효굴뚝높이(m) $= \sqrt{4} \times H_e = \sqrt{4} \times 50 = 100\text{m}$

09 배출가스 중 배연탈황방법의 종류를 건식법과 습식법으로 구분하고 각 방법의 종류 2가지와 장단점 2가지씩을 쓰시오.

> **풀이**
>
> **1. 건식법**
>   1) 종류(2가지만 기술)
>   석회석 주입법, 활성산화망간법, 활성탄 흡착법, 산화구리법
>   2) 장점
>   ① 배출가스의 온도저하(냉각)가 거의 없다.
>   ② 폐수가 발생하지 않는다.
>   3) 단점
>   ① 습식법에 비해 상대적으로 효율이 낮다.
>   ② 장치의 규모가 크다.
>
> **2. 습식법**
>   1) 종류(2가지만 기술)
>   석회석 세정법, 암모니아 흡수법, NaOH 흡수법
>   2) 장점
>   ① 반응효율(제거효율)이 높다.
>   ② 장치규모가 작고 상용화 실적이 많다.
>   3) 단점
>   ① 배출가스의 냉각으로 인해 배기가스의 온도가 저하하고 연돌에서의 확산이 나쁘다.
>   ② 폐수가 발생하고 장치의 부식을 유발한다.

10 유해가스처리 중 흡수액의 구비조건 6가지를 쓰시오.

> **풀이**
>
> **흡수액(세정액)의 구비조건(6가지만 기술)**
> ① 용해도가 커야 한다.
> ② 점도(점성)가 작고 화학적으로 안정해야 한다.
> ③ 독성이 없고 휘발성이 낮아야 한다.
> ④ 착화성, 부식성이 없어야 한다.
> ⑤ 빙점(어는점)은 낮고 비점(끓는점)은 높아야 한다.
> ⑥ 가격이 저렴하고 사용이 편리해야 한다.
> ⑦ 용매의 화학적 성질과 비슷해야 한다.

11 강제통풍 종류 중 압입통풍의 장단점을 3가지씩 쓰시오.

> **풀이**
>
> 1. 장점
>   ① 송풍기의 동력소모가 적다.
>   ② 송풍기의 고장이 적고, 점검과 유지보수가 용이하다.
>   ③ 노 내압이 정압(+)으로 유지되므로 연소효율이 좋다.
>
> 2. 단점
>   ① 역화의 위험성이 있다.
>   ② 노 내압이 정압으로 가스분출 우려가 있다.
>   ③ 노 벽 손상의 우려가 있다.

12 고체연료 사용시설에 소형 사이클론 50개가 있다. 운전 중 2개의 소형 사이클론에서 문제가 발생하였다. 처리가스양의 1/10이 처리되지 않고 그대로 통과되었다면, 출구먼지농도(g/m^3)는?(단, 정상운전 시 소형 사이클론의 집진율은 90%이고, 장치 입구에서의 먼지농도는 $10g/m^3$이다.)

> **풀이**
>
> 출구농도 = 통과농도 + 집진 후 농도
> 　　통과농도(g/m^3) = $10 \times 0.1 = 1g/m^3$
> 　　집진 후 농도(g/m^3) = $10 \times 0.9 \times (1-0.9) = 0.9g/m^3$
> ＝ $1 + 0.9 = 1.9g/m^3$
>
> [다른 풀이]
>
> 출구먼지농도(g/m^3) = 원출구농도 + $\dfrac{1}{10}$ 통과 고려 출구농도
>
> $= \left[10g/m^3 \times (1-0.9) \times \dfrac{9}{10} \right] + \left[10g/m^3 \times \dfrac{1}{10} \right]$
>
> $= 1.9g/m^3$

SECTION 42 2019년 2회 산업기사

01 동일한 사양을 가진 사이클론에 대해서 작동운전조건을 변경할 때의 처리 효율의 변화는 다음 식을 이용하여 대략적으로 추정할 수 있다. 만약 80%의 처리 효율을 가진 동일한 사이클론에 대해서 유입구의 유속을 두 배로 증가시킬 경우 처리 효율을 구하시오.

$$\frac{100-\eta_a}{100-\eta_b} = \left(\frac{Q_b}{Q_a}\right)^{0.5}$$

여기서, η_a, η_b : a, b 조건에서의 사이클론의 효율
Q_a, Q_b : a, b 조건에서의 처리유량

풀이

$$\frac{100-\eta_a}{100-\eta_b} = \left(\frac{Q_b}{Q_a}\right)^{0.5}$$

$Q = A \times V$이므로 유속이 2배가 되면 유량도 2배가 된다.

$$\frac{100-80}{100-\eta_b} = \left(\frac{2Q_a}{Q_a}\right)^{0.5}, \quad 100-\eta_b = \frac{20}{2^{0.5}}$$

$\eta_b = 100 - 14.14 = 85.86\%$

02 복사역전과 침강역전의 발생원리와 대표적인 사건을 쓰시오.

풀이

1. **복사역전**
   낮에는 태양복사열에 의해 지표가 가열되어 불안정한 대류를 형성하고 밤이 되면 지표에 접한 공기가 그보다 상공의 공기에 비하여 더 차가워져서 생기는 현상으로 런던 스모그 사건이 대표적이다.

2. **침강역전**
   고기압 중심 부분에서 기층이 서서히 침강하면서 기온이 단열압축으로 승온되어 발생하는 현상으로 로스앤젤레스 스모그 사건이 대표적이다.

03 벤투리스크러버의 목부분의 직경(D_t)이 0.2m, 수압(P) 2atm, 목부의 유속이 90m/sec, 노즐의 직경이 0.4cm이다. 노즐의 개수를 6개로 할 경우 4.0m³/sec의 배기가스를 처리하기 위해 요구되는 물의 양(L/sec)을 구하시오. (단, 노즐의 관계식은 $n\left(\dfrac{d_n}{D_t}\right)^2 = \dfrac{V_t L}{100\sqrt{P}}$ 이다.)

> **풀이**
>
> $n\left(\dfrac{d_n}{D_t}\right)^2 = \dfrac{V_t L}{100\sqrt{P}}$
>
> $P = 2\text{atm} \times \dfrac{10,332\text{mmH}_2\text{O}}{1\text{atm}} = 20,664\text{mmH}_2\text{O}$
>
> $6 \times \left(\dfrac{0.004}{0.2}\right)^2 = \dfrac{90 \times L}{100\sqrt{20,664}}$
>
> $L = 0.383\text{L/m}^3$
>
> 액가스비(L/m³) = $\dfrac{\text{요구되는 물의 양(L/sec)}}{\text{가스의 양(m}^3\text{/sec)}}$
>
> 요구되는 물의 양(L/sec) = $0.383\text{L/m}^3 \times 4\text{m}^3/\text{sec} = 1.53\text{L/sec}$

04 전기집진장치에서 먼지입자의 비저항이 $10^4 \Omega \cdot \text{cm}$ 이하일 때 대책 2가지와 먼지입자의 비저항이 $10^{11} \Omega \cdot \text{cm}$ 이상일 때 대책 2가지를 쓰시오.

> **풀이**
>
> 1. $10^4 \Omega \cdot \text{cm}$ 이하일 때 대책
>   ① 처리가스의 온도와 습도를 낮게 조절한다.
>   ② 암모니아를 주입하여 Conditioning 한다.
>
> 2. $10^{11} \Omega \cdot \text{cm}$ 이상일 때 대책
>   ① 탈진타격을 강하게 하며 빈도를 늘린다.
>   ② 처리가스의 온도를 조절하거나 습도를 높게 한다.

05 활성탄 흡착의 분류 중 물리적 흡착법의 특징 6가지를 쓰시오.

> **풀이**
> ① 온도가 낮을수록 흡착량은 많다.
> ② 흡착물질은 임계온도 이상에서는 흡착되지 않는다.
> ③ 흡착제에 대한 용질의 분압이 높을수록 흡착량은 증가한다.
> ④ 기체 분자량이 클수록 잘 흡착된다.
> ⑤ 다분자층 흡착이다.
> ⑥ 가역성이 높다.(재생이 가능하다.)

06 배출가스 분석 결과 $CO_{2max}=20\%$, $CO_2=13\%$, $CO=3\%$이다. 배출가스 중 O_2의 농도(%)를 구하시오.

> **풀이**
> $$CO_{2\max}(\%) = \frac{21(CO_2 + CO)}{21 - O_2 + 0.395 CO}$$
> $$20 = \frac{21(13+3)}{21 - O_2 + 0.395 \times 3}$$
> $$O_2 = 5.39\%$$

07 유황 1.8%를 포함하고 저위발열량이 10,000kcal/kg인 액체연료를 과잉공기계수 1.1로 완전연소시킬 때 습연소가스 중 SO_2 농도(ppm)를 구하시오. (단, Rosin식을 적용하고 유황은 전량 SO_2로 전환된다.)

> **풀이**
> $$SO_2(ppm) = \frac{SO_2}{G_w} \times 10^6 = \frac{0.7S}{G_w} \times 10^6$$
> $$G_w = G_{ow} + (m-1)A_0$$
> $$A_0 = \frac{0.85 H_l}{1,000} + 2.0 = \frac{0.85 \times 10,000}{1,000} + 2.0 = 10.5 Sm^3/kg$$
> $$G_{ow} = \frac{1.11 H_l}{1,000} = \frac{1.11 \times 10,000}{1,000} = 11.1 Sm^3/kg$$
> $$= 11.1 + (1.1 - 1) \times 10.5 = 12.15 Sm^3/kg$$
> $$= \frac{0.7 \times 0.018}{12.15} \times 10^6 = 1,037.04 ppm$$

08 실내의 CO_2 농도가 1,200ppm이다. 공기정화장치를 이용하여 실내 CO_2 농도를 10ppm으로 저하하는 데 소요되는 시간(min)을 구하시오. (단, $K=0.1/min$이다.)

> **풀이**
>
> $$\ln \frac{C_t}{C_o} = -K \cdot t$$
>
> $$\ln \frac{10}{1,200} = -0.1 \text{min}^{-1} \times t$$
>
> $$t = 47.87 \text{ min}$$

09 메탄의 치환염소화 반응에서 테트라클로로메탄(CCl_4)을 만들 경우 메탄 $1.5Sm^3$당 생성되는 염화수소의 이론량(Sm^3)을 구하시오.

> **풀이**
>
> $CH_4 + 4Cl_2 \rightarrow CCl_4 + 4HCl$
>
> $22.4Sm^3$: $4 \times 22.4Sm^3$
>
> $1.5m^3$: $HCl(Sm^3)$
>
> $$HCl(Sm^3) = \frac{1.5Sm^3 \times (4 \times 22.4)Sm^3}{22.4Sm^3} = 6Sm^3$$

10 다운 워시와 다운 드래프트의 정의 및 방지대책에 대하여 쓰시오.

> **풀이**
>
> **1. Down Wash(세류현상)**
>
> 1) 정의
>
> 연기가 굴뚝 아래로 흩날리어 굴뚝 밑부분에 오염물질의 농도가 높아지는 현상이다. 오염물질의 토출속도에 비해 굴뚝높이에서의 풍속이 크면 연기가 굴뚝 아래로 향하여 오염물질이 흩날리어 굴뚝 일부분에 오염물질의 농도가 높아진다 ($V_s/u < 1$의 경우 생김).
>
> 2) Down Wash 방지조건
>
> 배출가스의 유속은 풍속보다 2배 이상 높게 유지시킨다.
>
> $$\frac{V_s}{u} > 2 \quad [V_s > 2u]$$
>
> 여기서, V_s : 굴뚝배출가스의 유속(오염물질 토출속도)
>
> u : 풍속(굴뚝높이에서의 풍속)

2. Down Draught(역류현상)

1) 정의

굴뚝 주변 건물이나 지형물의 배후에서 발생되는 와류(소용돌이)에 연기가 말려 들어가는 현상이다. 건물은 바람의 영향에 의해 하류 측에 난류를 발생시킨다.

2) Down Draught 방지조건

① 굴뚝높이를 주변 건물높이의 2.5배 이상 높게 한다.
② 배출가스의 온도를 높여 부력을 증가시킨다.

---

11 다음은 대기오염 공정시험기준에 나오는 용어이다. 정의를 쓰시오. (단, 관련된 수치를 반드시 언급할 것)

(1) 밀봉용기   (2) 방울수   (3) 시험조작 중 즉시

풀이

(1) 밀봉용기

물질을 취급 또는 보관하는 동안에 기체 또는 미생물이 침입하지 않도록 내용물을 보호하는 용기를 뜻한다.

(2) 방울수

20℃에서 20방울을 떨어뜨릴 때 그 부피가 약 1mL가 되는 것을 뜻한다.

(3) 시험조작 중 즉시

30초 이내에 표시된 조작을 하는 것을 뜻한다.

---

12 원심력집진장치의 Blow Down 방식에 대한 정의를 서술하고, 효과 3가지를 쓰시오.

풀이

블로다운(Blow Down) 방식

1. 정의

사이클론의 집진효율을 향상시키기 위한 하나의 방법으로서 더스트 박스 또는 호퍼부에서 처리가스(유입유량)의 5~10%에 상당하는 함진가스를 추출·흡인하여 운영하는 방식이다.

2. 효과

① 원추하부의 가교현상을 방지하여 장치 내부의 먼지 퇴적을 억제한다.
② 사이클론 내의 난류현상(선회기류의 흐트러짐 현상)을 억제시킴으로써 집진된 먼지의 재비산을 방지한다.
③ 유효원심력을 증가시켜 집진효율이 향상된다.

2019년 4회 기사

01 전기집진장치에서 먼지입자에 작용하는 전기력 4가지를 쓰시오.

> **풀이**
>
> **입자에 작용하는 전기력**
> ① 대전입자의 하전에 의한 쿨롱력   ② 전기풍에 의한 힘
> ③ 전계강도에 의한 힘   ④ 입자 간의 흡인력

02 충전탑에서 발생할 수 있는 편류현상의 정의 및 최소화할 수 있는 방지대책 3가지를 쓰시오.

> **풀이**
>
> **1. 편류현상**
> 탑상부에서 흡수액 주입 시 한쪽으로만 흐르는 현상으로 효율이 저감된다.
>
> **2. 방지대책**
> ① 주입구를 분산(최소 5개)시켜야 한다.
> ② 탑의 직경(D)과 충전물 직경(d)의 비(D/d)가 8~10 정도 되어야 한다.
> ③ 탑 내 가스유속을 줄인다.

03 경도풍과 지균풍에 대하여 서술하시오.

> **풀이**
>
> **1. 경도풍**
> 등압선이 곡선인 경우, 원심력, 기압경도력, 전향력의 세 힘이 평형을 이루는 상태에서 등압선을 따라 부는 바람을 말한다.
>
> **2. 지균풍**
> 기압경도력과 전향력이 평형을 이루고 있을 때 등압선에 평행하게 부는 바람으로 기압경도력과 전향력은 크기가 같고 방향이 반대일 때 부는 바람이다.

04 암모니아를 제거하기 위해 흡착제로 활성탄을 사용하였다. 200L의 공간 내에 암모니아 농도가 60ppm에서 5ppm으로 감소되었을 때 활성탄의 주입량(g)을 구하시오. (단, $K=0.015$, $1/n=4$)

> **풀이**
>
> Freundlich 등온흡착식을 이용하면
>
> $\dfrac{X}{M} = K \cdot C^{\frac{1}{n}}$ 에서
>
> $M = \dfrac{(60-5)}{0.015 \times 5^4} = 5.867 \text{ppm}$
>
> 활성탄 주입량(g) $= 5.867 \text{mL/m}^3 \times \dfrac{17\text{mg}}{22.4\text{mL}} \times \text{g}/10^3\text{mg} \times \text{m}^3/10^3\text{L} \times 200\text{L}$
>
> $= 8.90 \times 10^{-4} \text{g}$

05 유입구 폭이 20cm, 유효회전수가 5인 사이클론에 다음과 같은 함진가스를 처리할 경우 입자의 절단입경(μm)을 구하시오.

- 함진가스 유입속도 : 20m/sec
- 함진가스 점도 : 2×10^{-5} kg/m·sec
- 함진가스 밀도 : 1.2kg/m³
- 입자 밀도 : 2.0g/cm³

> **풀이**
>
> $d_{p50} = \left(\dfrac{9\mu_g W}{2\pi N(\rho_p - \rho)V} \right)^{0.5}$
>
> $\rho_p = 2.0\text{g/cm}^3 \times \text{kg}/1,000\text{g} \times 10^6 \text{cm}^3/\text{m}^3 = 2,000 \text{kg/m}^3$
>
> $W = 20\text{cm} = 0.2\text{m}$
>
> $= \left(\dfrac{9 \times (2 \times 10^{-5}) \times 0.2}{2 \times 3.14 \times 5 \times (2,000 - 1.2) \times 20} \right)^{0.5} = 5.35 \times 10^{-6} \text{m} \times 10^6 \mu\text{m/m}$
>
> $= 5.35 \mu\text{m}$

06 대기오염 공정시험기준에서 환경대기 중 아황산가스의 자동연속측정방식 3가지를 쓰시오.

> **풀이**
>
> **환경대기 중 아황산가스 측정방법(자동연속측정법)**
> ① 용액전도율법　　　② 불꽃광도법
> ③ 자외선형광법　　　④ 흡광차분광법

07 흑체의 정의와 스테판-볼츠만의 법칙을 설명하시오.

> **풀이**
>
> **1. 흑체**
>   입사된 복사에너지를 완전히 흡수하는 가장 이상적인 물체를 흑체(Black Body)라 한다.
>
> **2. 스테판-볼츠만의 법칙**
> $$E = \sigma \times T^4$$
>   여기서, E : 흑체 단위표면적에서 복사되는 에너지
> σ : 스테판-볼츠만 상수
> T : 흑체의 표면 절대온도

08 옥탄가와 세탄가의 정의를 쓰시오.

> **풀이**
>
> **1. 옥탄가**
>   가솔린의 안티노킹성을 나타내는 척도로 가솔린의 품질을 결정하는 요소이다.
>
> **2. 세탄가**
>   디젤기관의 착화성을 나타내며 정량적으로 평가하는 데 이용되는 수치로, 이 값이 클수록 디젤노킹을 일으키기 어려워진다.

09 전기집진장치에서 전기저항이 $10^4 \Omega \cdot cm$ 이하일 때와 $10^{11} \Omega \cdot cm$ 이상일 때의 현상과 조치방법 2가지를 쓰시오.

> **풀이**
>
> **1. $10^4 \Omega \cdot cm$ 이하일 때**
>   1) 현상 : 재비산(Jumping) 현상
>   2) 조치방법
>   ① 처리가스의 온도와 습도를 낮게 조절한다.
>   ② 암모니아를 주입하여 Conditioning 한다.
>
> **2. $10^{11} \Omega \cdot cm$ 이상일 때**
>   1) 현상 : 역전리 현상
>   2) 조치방법
>   ① 탈진타격을 강하게 하며 빈도를 늘린다.
>   ② 처리가스의 온도를 조절하거나 습도를 높게 한다.

10 연돌높이가 50m이고 대기온도 및 배기가스의 온도는 각각 25℃, 225℃일 경우 연돌의 통풍력을 1.5배 증가시키기 위한 배기가스의 온도는 얼마의 값을 가져야 되는지 계산하시오.(단, 대기 및 배기가스의 비중량은 1.3kg/Sm³, 연돌높이는 변화 없음)

> **풀이**
>
> 225℃에서의 통풍력
>
> $$Z = 273\,H \left[\frac{1.3}{273+t_a} - \frac{1.3}{273+t_g} \right]$$
>
> $$= 273 \times 50 \left[\frac{1.3}{273+25} - \frac{1.3}{273+225} \right] = 23.91\,\mathrm{mmH_2O}$$
>
> $$23.91 \times 1.5 = 273 \times 50 \left[\frac{1.3}{273+25} - \frac{1.3}{273+t_g} \right]$$
>
> 배기가스 온도(℃) = 476.51℃

11 H_2S가 0.3% 포함된 메탄을 공기비 1.05로 연소했을 때 건조배기가스 중의 SO_2 농도 (ppm)는?(단, H_2S는 모두 SO_2로 변환된다.)

> **풀이**
>
> $$SO_2(\mathrm{ppm}) = \frac{SO_2}{G_d} \times 10^6$$
>
> $$G_d = (m - 0.21)A_0 + \Sigma(\text{연소생성물})$$
>
> $CH_4\ +\ 2O_2\ \rightarrow\ CO_2\ +\ 2H_2O$
>
> $1Sm^3 : 2Sm^3$
>
> $0.997 : O_0 \qquad O_0 = 1.994\,Sm^3/Sm^3$
>
> $H_2S\ +\ 1.5O_2\ \rightarrow\ SO_2\ +\ H_2O$
>
> $1Sm^3 : 1.5Sm^3$
>
> $0.003 : O_0 \qquad O_0 = 0.0045\,Sm^3/Sm^3$
>
> $$= \left[(1.05 - 0.21) \times \left(\frac{1.994 + 0.0045}{0.21} \right) \right] + (0.997 + 0.003)$$
>
> $$= 8.994\,m^3/m^3$$
>
> $$= \frac{0.003}{8.994} \times 10^6 = 333.56\,\mathrm{ppm}$$

12 액체연료(중유)의 원소 조성 및 배기가스 분석치는 아래와 같다. 건조 배기가스 중의 황산화물(SO_2) 농도(ppm)를 구하시오.

- 연료의 원소 조성 : C=82%, H=13%, S=2%, O=2%, N=1%
- 배기가스 성분 : $CO_2 + SO_2$ =13%, CO=0%, O_2=4%

풀이

건조배기가스 중 SO_2 농도

$$SO_2(ppm) = \frac{SO_2}{G_d} \times 10^6 = \frac{0.7S}{G_d} \times 10^6$$

$$G_d = G_{od} + (m-1)A_0$$

$$G_{od} = 0.79 A_0 + CO_2 + SO_2 + N_2$$

$$A_0 = \frac{O_0}{0.21} = \frac{1}{0.21}[(1.867 \times 0.82) + (5.6 \times 0.13) + (0.7 \times 0.02) - (0.7 \times 0.02)]$$

$$= 10.76 \, Sm^3/kg$$

$$= (0.79 \times 10.76) + (1.867 \times 0.82) + (0.7 \times 0.02) + (0.8 \times 0.01) = 10.053 \, Sm^3/kg$$

$$m = \frac{N_2}{N_2 - 3.76(O_2 - 0.5CO)}$$

$$= \frac{(100-13-4)}{83 - [3.76(4 - 0.5 \times 0)]} = 1.221$$

$$= 10.053 + [(1.221-1) \times 10.76] = 12.43 \, Sm^3/kg$$

$$SO_2 = 0.7S = 0.7 \times 0.02 = 0.014 \, Sm^3/kg$$

$$= \frac{0.014}{12.43} \times 10^6 = 1,126.31 \, ppm$$

SECTION 44 2019년 4회 산업기사

01 중유 첨가제의 종류 3가지를 쓰시오.

> **풀이**
>
> **중유 첨가제의 종류(3가지만 기술)**
> ① 연소촉진제　　　　　　② 슬러지 분산제
> ③ 고온부식 방지제　　　　④ 저온부식 방지제
> ⑤ 유동점 강화제

02 농황산의 비중이 1.86이고, 농도가 95%이다. 몰농도(M)와 규정농도(N)를 구하시오.

> **풀이**
>
> 1) 몰농도(M)
>
> $$1M : 98g/L = M(mol/L) : 1.86kg/L \times 0.95 \times 1,000g/kg$$
>
> $$M(mol/L) = \frac{1M \times 1.86kg/L \times 0.95 \times 1,000g/kg}{98g/L} = 18.03M(mol/L)$$
>
> 2) 규정농도(N)
>
> $$1N : \left(\frac{98}{2}\right)g/L = N(eq/L) : 1.86kg/L \times 0.95 \times 1,000g/kg$$
>
> $$N(eq/L) = \frac{1N \times 1.86kg/L \times 0.95 \times 1,000g/kg}{49g/L} = 36.06N(eq/L)$$

03 원심력집진장치의 Blow Down 방식에 대한 정의를 서술하고, 효과 3가지를 쓰시오.

> **풀이**
>
> **블로다운(Blow Down) 방식**
>
> 1. 정의
>
>   사이클론의 집진효율을 향상시키기 위한 하나의 방법으로서 더스트 박스 또는 호퍼부에서 처리가스(유입유량)의 5~10%에 상당하는 함진가스를 추출·흡인하여 운영하는 방식이다.
>
> 2. 효과
>
>   ① 원추하부의 가교현상을 방지하여 장치 내부의 먼지 퇴적을 억제한다.
>   ② 사이클론 내의 난류현상(선회기류의 흐트러짐 현상)을 억제시킴으로써 집진된 먼지의 재비산을 방지한다.
>   ③ 유효원심력을 증가시켜 집진효율이 향상된다.

04 분산모델(Dispersion Model)의 특징 6가지를 쓰시오.

풀이

분산모델의 특징
① 2차 오염원의 확인이 가능하다.
② 지형 및 오염원의 조업조건에 영향을 받는다.
③ 점, 선, 면 오염원의 영향을 평가할 수 있다.
④ 새로운 오염원이 지역 내에 신설될 때 매번 재평가하여야 한다.
⑤ 미래의 대기질을 예측할 수 있다.
⑥ 단기간 분석 시 문제가 된다.

05 전자포획형 검출기(ECD)의 원리를 쓰시오.

풀이

전자포획형 검출기의 원리
전자포획 검출기(ECD ; Electron Capture Detector)는 방사성 물질인 Ni-63 혹은 삼중수소로부터 방출되는 β선이 운반 기체를 전리하여 이로 인해 전자포획 검출기 셀(cell)에 전자구름이 생성되어 일정 전류가 흐르게 된다. 이러한 전자포획 검출기 셀에 전자친화력이 큰 화합물이 들어오면 셀에 있던 전자가 포획되어 이로 인해 전류가 감소하는 것을 이용하는 방법이다.

06 세정집진장치의 단점 5가지를 쓰시오.

풀이

세정집진장치의 단점
① 습식이기 때문에 부식잠재성이 있다.
② 압력손실이 커 동력상승에 따른 운전비용이 고가이다.
③ 폐수가 발생하며 공업용수를 과잉사용한다.
④ 처리된 가스의 확산이 어렵다.
⑤ 한랭한 경우 동결방지장치를 필요로 한다.

07 질소산화물의 연소 개선에 의한 억제방법 5가지를 쓰시오.

> **풀이**
>
> **질소산화물의 억제방법(5가지만 기술)**
> ① 저온도연소   ② 저산소연소
> ③ 연소부분의 냉각   ④ 버너 및 연소실의 구조 개선
> ⑤ 배기가스 재순환법   ⑥ 2단 연소
> ⑦ 수증기 물분사방법

08 입경측정방법에 대한 내용이다. 물음에 답하시오.

(1) 입자의 입경측정 방법 중 간접측정방법 3가지를 쓰시오.

(2) 로진-레믈러 분포식에서 입경지수(n)의 증가 시 입경분포는?(단, 입경분포간격 활용)

(3) 로진-레믈러 분포식에서 입경계수(β)의 증가 시 입경분포는?(단, 입경크기 활용)

> **풀이**
>
> (1) 간접측정법
>   ① 관성충돌법(Cascade Impactor)
>   입자가 관성력에 의해 시료채취표면에 충돌하는 원리로 $1 \sim 50\mu m$ 범위의 입경을 측정범위로 하며, 크기 및 단계별로 중량분포로 나타낸다.
>   ② 광산란법
>   입자에 빛을 쏘이면 반사하여 발광하게 되는데 이 반사광을 측정하여 입자의 개수·입자 반경을 측정한다. $0.2 \sim 100\mu m$ 범위의 입경을 측정범위로 하며, 중량분포(중량)로 나타낸다.
>   ③ 중력침강법
>   입자의 침강속도를 측정하여 간접적으로 측정하는 방법으로 $1 \sim 100\mu m$ 범위의 입경을 측정범위로 한다.
> (2) 입경지수(n)의 값이 클수록 입경분포간격이 좁아짐을 의미한다.
> (3) 입경계수(β)의 값이 클수록 미세한 입자로 구성되어 있음을 의미한다.

09 사이클론 집진장치에서 절단입경은 유입구의 폭, 입자의 밀도, 가스의 점도, 유효회전수, 유입속도 등에 의하여 결정된다. 기타 조건은 일정하다고 할 때, 유입속도를 16배 증가시키면 절단입경은 어떻게 변하는지 Lapple 방정식을 이용하여 산출하시오.

> **풀이**
>
> Lapple의 절단입경(d_{p50})
>
> $d_{p50} = \sqrt{\dfrac{9\mu g W}{2\pi N(\rho_p - \rho)V}}$ 에서
>
> $d_{p50} \propto \sqrt{\dfrac{1}{V}} = \sqrt{\dfrac{1}{16}} = 0.25$
>
> 즉, 절단입경은 1/4로 감소한다.

10 유효굴뚝높이(H_e)가 60m인 굴뚝으로부터 SO_2가 50g/sec의 질량속도로 배출되고 있다. 지상 6.5m에서의 풍속이 5.5m/sec일 때, 굴뚝으로부터 풍하거리 500m의 중심선상의 지표면 농도($\mu g/m^3$)는 얼마인가? (단, Deacon식과 가우시안 방정식을 이용한다. $P=0.25$, $\sigma_y = 37m$, $\sigma_z = 18m$)

$$C = \dfrac{Q}{2\pi \sigma_y \sigma_z U} \exp\left[-\dfrac{1}{2}\left(\dfrac{y}{\sigma_y}\right)^2\right] \times \left[\exp\left\{-\dfrac{1}{2}\left(\dfrac{z-H}{\sigma_z}\right)^2\right\} + \exp\left\{-\dfrac{1}{2}\left(\dfrac{z+H}{\sigma_z}\right)^2\right\}\right]$$

> **풀이**
>
> $$C(x, y, z, H_e) = \dfrac{Q}{2\pi\sigma_y\sigma_z U}\exp\left[-\dfrac{1}{2}\left(\dfrac{y}{\sigma_y}\right)^2\right]$$
> $$\times \left[\exp\left\{-\dfrac{1}{2}\left(\dfrac{z-H_e}{\sigma_z}\right)^2\right\} + \exp\left\{-\dfrac{1}{2}\left(\dfrac{z+H_e}{\sigma_z}\right)^2\right\}\right]$$
>
> 중심선상의 지표면 농도 $y = z = 0$
>
> $$C(x, 0, 0, H_e) = \dfrac{Q}{\pi\sigma_y\sigma_z U}\times \exp\left[-\dfrac{1}{2}\left(\dfrac{H_e}{\sigma_z}\right)^2\right]$$
>
> $$U_2 = U_1 \times \left(\dfrac{Z_2}{Z_1}\right)^p = 5.5 \times \left(\dfrac{60}{6.5}\right)^{0.25} = 9.087\,\text{m/sec}$$
>
> $$= \dfrac{50\text{g/sec} \times 10^6 \mu\text{g/g}}{3.14 \times 37\text{m} \times 18\text{m} \times 9.087\text{m/sec}} \times \exp\left[-\dfrac{1}{2}\left(\dfrac{60}{18}\right)^2\right]$$
>
> $= 10.17\,\mu g/m^3$

11 C_3H_8 60%, C_4H_{10} 40%로 구성된 혼합기체를 공기비 1.25로 완전연소할 경우 발생되는 건조연소가스양(Sm^3/Sm^3)을 구하시오.

풀이

연소반응식

$C_3H_8 + 5O_2 \rightarrow 3CO_2 + 4H_2O$ (60%)

$C_4H_{10} + 6.5O_2 \rightarrow 4CO_2 + 5H_2O$ (40%)

$G_d = (m - 0.21)A_0 + CO_2$

$A_0 = \dfrac{O_0}{0.21}$

$O_0 = \left[\left(\dfrac{5 \times 22.4 Sm^3}{22.4 Sm^3}\right) \times 0.6\right] + \left[\left(\dfrac{6.5 \times 22.4 Sm^3}{22.4 Sm^3}\right) \times 0.4\right]$

$= 5.6 Sm^3/Sm^3$

$= \dfrac{5.6}{0.21} = 26.67 Sm^3/Sm^3$

$CO_2 = \left[\left(\dfrac{3 \times 22.4 Sm^3}{22.4 Sm^3}\right) \times 0.6\right] + \left[\left(\dfrac{4 \times 22.4 Sm^3}{22.4 Sm^3}\right) \times 0.4\right] = 3.4 Sm^3/Sm^3$

$= [(1.25 - 0.21) \times 26.67] + 3.4 = 31.14 Sm^3/Sm^3$

SECTION 45 2020년 1회 기사

01 환경정책기본법상의 대기환경 기준을 쓰시오.

(1) 이산화질소(NO_2) : 24시간 평균치 (   ) 이하

(2) 벤젠 : 연간 평균치 (   ) 이하

(3) PM-10 : 24시간 평균치 (   ) 이하

(4) 아황산가스(SO_2) : 연간 평균치 (   ) 이하

> **풀이**
> (1) 0.06ppm   (2) 5μg/m³   (3) 100μg/m³   (4) 0.02ppm

02 여과집진장치에서 먼지부하 L_d=360g/m²일 때마다 간헐적으로 부착먼지를 탈착시키고 있다. 입구 가스 측의 먼지농도는 10g/m³, 여과속도는 1cm/sec로 가동할 때 먼지의 탈진시간(sec)은?(단, 집진효율은 98%이다.)

> **풀이**
> 먼지부하(L_d) = $C_i \times V_f \times t \times \eta$
>
> 탈진주기(t ; sec) = $\dfrac{L_d}{C_i \times V_f \times \eta}$
>
> $= \dfrac{360\text{g/m}^2}{10\text{g/m}^3 \times 1\text{cm/sec} \times \text{m}/100\text{cm} \times 0.98} = 3,673.47\text{sec}$

03 Venturi Scrubber에서 Throat부의 직경 0.2m, 수압 2×10^4mmH$_2$O, Nozzle의 직경 3.8mm, 액가스비 0.5L/m³, Throat의 가스유속이 60m/sec일 때, Nozzle의 수를 계산하시오.

풀이

$$n\left(\frac{d}{D_t}\right)^2 = \frac{V_t \cdot L}{100\sqrt{P}}$$

$$n(노즐의\ 개수) = \frac{V_t \cdot L}{100\sqrt{P}} \times \left(\frac{D_t}{d}\right)^2$$

$V_t = 60\text{m/sec},\ L = 0.5\text{L/m}^3$

$d = 3.8\text{mm} \times \text{m}/1{,}000\text{mm} = 0.0038\text{m}$

$D_t = 0.2\text{m},\ P = 2 \times 10^4\text{mmH}_2\text{O}$

$$= \frac{60 \times 0.5}{100\sqrt{2 \times 10^4}} \times \left(\frac{0.2}{0.0038}\right)^2 = 5.88\,(6개)$$

04 송풍기 정압이 70mmH$_2$O에서 280m³/min의 송풍량을 이동시킬 경우 회전수가 400rpm이고 동력은 5.5HP이다. 만일 회전수를 550rpm으로 할 경우 송풍량(m³/min), 정압(mmH$_2$O), 동력(HP)을 구하시오.

풀이

1) 송풍량(Q)

$$Q = Q_1 \times \left(\frac{\text{rpm}_2}{\text{rpm}_1}\right) = 280 \times \left(\frac{550}{400}\right) = 385\text{m}^3/\text{min}$$

2) 정압(ΔP)

$$\Delta P = \Delta P_1 \times \left(\frac{\text{rpm}_2}{\text{rpm}_1}\right)^2 = 70 \times \left(\frac{550}{400}\right)^2 = 132.34\text{mmH}_2\text{O}$$

3) 동력(HP)

$$\text{HP} = \text{HP}_1 \times \left(\frac{\text{rpm}_2}{\text{rpm}_1}\right)^3 = 5.5 \times \left(\frac{550}{400}\right)^3 = 14.29\text{HP}$$

05 여과집진장치 포집원리 4가지를 쓰시오.

> **풀이**
>
> **여과집진장치의 메커니즘(4가지만 기술)**
> ① 관성 충돌   ② 직접 차단(간섭)   ③ 확산
> ④ 중력 침강   ⑤ 정전기 침강

06 어떤 공장의 유효굴뚝높이가 50m이다. 최대지표농도를 $\frac{1}{3}$ 로 감소시키려면 유효굴뚝높이(m)를 얼마나 증가시켜야 하는가?(단, Sutton의 확산식을 적용하고, 굴뚝의 반경 및 유속은 일정하다고 가정한다.)

> **풀이**
>
> Sutton의 확산식에서
>
> $C_{\max} \propto \dfrac{1}{H_e^2}$
>
> $C_{\max} : \dfrac{1}{50^2} = \dfrac{1}{3} C_{\max} : \dfrac{1}{H_e^2}$
>
> $H_e = \sqrt{3} \times 50 = 86.6\text{m}$
>
> 증가시켜야 할 높이 = 86.6 − 50 = 36.6m

07 함진가스의 유량이 $4.72 \times 10^6 \text{cm}^3/\text{sec}$인 배출가스를 여과속도 4cm/sec, 직경 0.203m, 높이 3.66m인 여과자루를 이용하여 처리할 경우 필요한 여과자루 수를 구하시오.

> **풀이**
>
> 총여과면적 $= \dfrac{4.72 \times 10^6 \text{cm}^3/\text{sec}}{4\text{cm}/\text{sec}} = 1.18 \times 10^6 \text{cm}^2 \times \text{m}^2/10^4\text{cm}^2 = 118\text{m}^2$
>
> 여과자루 한 개 면적 $= 3.14 \times 0.203\text{m} \times 3.66\text{m} = 2.33\text{m}^2$
>
> 여과자루 수 $= \dfrac{118}{2.33} = 50.64$ (51개)

08 석탄의 중량 조성이 다음과 같을 때 완전연소에 필요한 이론산소량(Sm³/kg)과 이론습연소가스양(Sm³/kg)을 계산하시오. (단, 표준상태를 기준으로 한다.)

C : 86.6%, H : 4%, O : 8%, S : 1.4%

풀이

1) 이론산소량(O_0)

$O_0 = 1.867C + 5.6H - 0.7O + 0.7S$
$= (1.867 \times 0.866) + (5.6 \times 0.04) - (0.7 \times 0.08) + (0.7 \times 0.014)$
$= 1.795 \text{Sm}^3/\text{kg}$

2) 이론습연소가스양(G_{ow})

$G_{ow} = A_0 + 5.6H + 0.7O$

$A_0 = \dfrac{O_0}{0.21} = \dfrac{1.795}{0.21} = 8.55 \text{Sm}^3/\text{kg}$

$= 8.55 + (5.6 \times 0.04) + (0.7 \times 0.08) = 8.83 \text{Sm}^3/\text{kg}$

09 굴뚝의 높이가 35m인 시설에서 자연통풍으로 연소되는 열설비가 있다. 이 열설비에서 대기오염 방지시설로 집진장치를 설치한 결과 10mmH₂O의 압력손실이 발생하였다. 집진장치를 설치하기 이전의 통풍력을 유지하기 위해서는 굴뚝의 높이를 몇 m나 더 높여야 하는가? (단, 굴뚝 내의 평균배출가스온도는 227℃, 대기온도는 27℃, 굴뚝 내부의 마찰손실은 무시하며, 공기 및 배출가스 밀도는 1.3kg/Sm³이다.)

풀이

1) 집진장치 설치 전 통풍력(Z)

$Z = 355H\left(\dfrac{1}{273+t_a} - \dfrac{1}{273+t_g}\right)$

$= 355 \times 35 \times \left(\dfrac{1}{273+27} - \dfrac{1}{273+227}\right) = 16.57 \text{mmH}_2\text{O}$

총통풍력 = 16.57 + 10 = 26.57mmH₂O

2) 연돌높이(H) 계산

$26.57 = 355 \times H \times \left(\dfrac{1}{273+27} - \dfrac{1}{273+227}\right)$

$H = \dfrac{26.57}{0.473} = 56.17 \text{m}$

더 높여야 하는 굴뚝높이 = 56.17 - 35 = 21.17m

10 다음 물음에 답하시오.

(1) COH 정의
(2) COH 구하는 공식

> **풀이**
>
> **빛의 전달률 계수(COH ; Coefficient of Haze)**
>
> 1. 정의
>   중의 먼지에 대한 대기질의 오염도를 평가하는 방법으로 깨끗한 여과지에 먼지를 모은 다음 빛 전달률의 감소를 측정함으로써 결정되며 COH의 계수는 1,000m를 기준으로 측정된 값이다. COH 값이 0이면 빛 전달률이 양호함을 의미하고 이 값이 커질수록 빛 전달률이 작게 되며, 대기질은 오염된 것을 의미한다.
>
> 2. 관련식
>
> $$\text{COH}(1{,}000\text{m당}) = \frac{\text{분진의 광학적 밀도}/0.01}{L} \times 10^3$$
>
>   여기서, L : 총 이동거리(m) = 속도(m/sec) × 시간(sec)
>
>   분진의 광학적 밀도 = log(불투명도)
> $$= \log\left(\frac{1}{\text{빛의 전달률}}\right)$$
>
> $$\text{빛의 전달률} = \frac{I_t(\text{투과 세기})}{I_0(\text{입사 세기})} \times 100$$

11 배출가스상 물질 시료채취장치 중 시료채취관의 재질구비조건 3가지 및 포름알데히드의 여과재 재질 2가지를 쓰시오.

> **풀이**
>
> 1. **시료채취관의 재질구비조건**
>   ① 화학반응이나 흡착작용 등으로 배출가스의 분석결과에 영향을 주지 않는 것
>   ② 배출가스 중의 부식성 성분에 의하여 잘 부식되지 않는 것
>   ③ 배출가스의 온도, 유속 등에 견딜 수 있는 충분한 기계적 강도를 갖는 것
>
> 2. **여과재 재질**
>   ① 알칼리 성분이 없는 유리솜 또는 실리카솜
>   ② 소결유리

12 탄소 82%, 수소 18%인 성분으로 구성된 어떤 액체연료를 2kg/min으로 연소할 경우, 연소가스의 분석치는 다음과 같았다. 한 시간당 필요한 연소용 공기량(Sm^3/hr)을 구하시오.

> 분석치 조성 : CO_2 12%,　O_2 4%,　N_2 84%

풀이

실제 공기량(A)
$A = m \times A_0$

$$m = \frac{N_2}{N_2 - 3.76 O_2} = \frac{84}{84 - (3.76 \times 4)} = 1.22$$

$$A_0 = \frac{1}{0.21}(1.867C + 5.6H)$$

$$= \frac{1}{0.21}[(1.867 \times 0.82) + (5.6 \times 0.18)] = 12.1 \, Sm^3/kg$$

$$= 1.22 \times 12.1 \, Sm^3/kg \times 2kg/min \times 60min/hr = 1,771.44 \, Sm^3/hr$$

13 사이클론 집진율 향상을 위한 조건 3가지를 쓰시오. (단, 블로다운 방식을 사용한다는 내용은 정답에서 제외함)

풀이

사이클론 집진율 향상 조건(3가지만 기술)
① 미세먼지의 재비산을 방지하기 위해 Skimmer와 Turning Vane 등을 설치한다.
② 배기관경(내경)이 작을수록 입경이 작은 먼지를 제거할 수 있다.
③ 먼지폐색(Dust Plugging) 효과를 방지하기 위해 축류집진장치를 사용한다.
④ 고용량가스를 비교적 높은 효율로 처리해야 할 경우 소구경 Cyclone을 여러 개 조합시킨 Multi Cyclone을 사용한다.
⑤ 한계(입구)유속 내에서는 유속이 빠를수록 효율이 증가한다.

14 부탄 $1Sm^3$을 연소하였더니 건연소가스 중 CO_2가 11% 배출되었다. 연소 시 공기비를 구하시오.

> **풀이**
>
> 연소반응식 C_4H_{10} + $6.5O_2$ → $4CO_2$ + $5H_2O$
> $\qquad\qquad\quad\;\;1m^3 \qquad 6.5m^3 \qquad 4m^3 \qquad 5m^3$
>
> $G_d = G_{od} + (m-1)A_0 = (m-0.21)A_0 + CO_2$
>
> $\qquad A_0 = \dfrac{6.5}{0.21} = 30.95 Sm^3/Sm^3$
>
> 건조연소가스 중 $CO_2 = \dfrac{\text{생성된 } CO_2 \text{양}}{G_d}$
>
> $0.11 = \dfrac{4}{[(m-0.21) \times 30.95] + 4}$
>
> 공기비$(m) = 1.26$

15 입경측정방법 중 직접측정법과 간접측정법을 각 2가지씩 쓰고 간단히 설명하시오.

> **풀이**
>
> **1. 직접측정법**
>   ① 표준체측정법
>   체를 이용하여 약 $40\mu m$ 이상의 입경을 측정범위로 하며, 중량분포를 나타낸다.
>   ② 현미경측정법
>   광학현미경, 전자현미경 등을 이용하여 약 $0.001 \sim 100\mu m$ 범위의 입경을 측정범위로 하며, 개수분포를 나타낸다.
>
> **2. 간접측정법**
>   ① 관성충돌법
>   Cascade Impactor라고 하고 입자상 물질의 크기별로 측정하는 기구이며 입자가 관성력에 의해 시료채취표면에 충돌하여 채취하는 원리이다.
>   ② 광산란법
>   입자에 빛을 조사하면 반사하여 발광하게 되는데 그 반사광을 측정하여 분진의 개수·입자의 반경을 측정하는 방식으로 빛의 종류에 따라 레이저식·할로겐식으로 구분한다.
>
> [참고] 액상침강법
> 간접측정방법으로 입자가 액체 중에서 침강하는 시간을 측정하여 입경과 분포상태를 알아보는 측정방법이다.

16 다음의 유체조건일 경우 물음에 답하시오.

- Duct 직경 : 0.3048m
- 밀도 : 1.2kg/m³
- 유속 : 2m/sec
- 점도 : 20cP

(1) 레이놀즈수(Re)

(2) 동점성계수(Kinematic Viscosity)

> **풀이**
>
> (1) 레이놀즈수(Re)
> $$Re = \frac{\rho VD}{\mu} = \frac{1.2\text{kg/m}^3 \times 2\text{m/sec} \times 0.3048\text{m}}{20 \times 10^{-3}\text{kg/m} \cdot \text{sec}} = 36.58$$
> [1cP = 10^{-2}poise = 1mg/mm · sec, 1P = 1g/cm · sec = 0.1kg/m · sec]
>
> (2) 동점성계수(ν)
> $$\nu(\text{m}^2/\text{sec}) = \frac{\mu}{\rho} = \frac{20 \times 10^{-3}\text{kg/m} \cdot \text{sec}}{1.2\text{kg/m}^3} = 0.0167\text{m}^2/\text{sec}$$

17 충전탑과 단탑의 차이점 3가지를 쓰시오.

> **풀이**
>
> **충전탑과 단탑의 차이점(3가지만 기술)**
> ① 탑의 재질이 내식성인 경우 충전탑이 단탑에 비하여 경제적이다.
> ② 흡수액이 포말성인 경우 단탑보다 충전탑이 유리하다.
> ③ 처리배기량이 동일한 경우 충전탑이 단탑보다 압력손실이 작다.
> ④ 충전탑이 단탑보다 Hold-up 현상이 적다.
> ⑤ 흡수액에 부유물이 포함된 경우 단탑을 사용하는 것이 충전탑보다 효율적이다.
> ⑥ 온도변화에 따른 팽창과 수축이 우려될 경우에는 충전재 손상이 예상되므로 충전탑 보다는 단탑이 유리하다.

18 25℃, 760mmHg 상태에서 Hg 1kg을 기화시키면 수은증기는 몇 m³가 되는가?(단, 수은 원자량 = 200.59)

> **풀이**
> $$수은증기(\text{m}^3) = 1\text{kg} \times \frac{22.4\text{Sm}^3 \times \frac{273+25}{273} \times \frac{760}{760}}{200.59\text{kg}} = 0.12\text{m}^3$$

19 어떤 배출가스 중 사불화규소(SiF_4) 농도가 15ppm이었다. 이 배출시설의 불소(F) 배출허용기준이 10mg F/Sm^3 이하일 경우, 불화규소 농도를 현재의 몇 % 이하로 처리하여야 하는가?(단, 원자량은 Si=28, F=19)

> **풀이**
>
> 배출허용기준 10mg F/Sm^3을 SiF_4 ppm으로 변경
>
> SiF_4(ppm) = 10mg/Sm^3 × $\dfrac{22.4\,Sm^3}{104\,kg}$ × $\dfrac{104\,kg}{(19×4)\,kg}$ = 2.95ppm
>
> 15ppm × $\dfrac{x}{100}$ = 2.95ppm x = 19.7%
>
> 즉, SiF_4 농도를 현재의 19.7% 이하로 줄여야 함

20 처리가스양 7,500m^3/min, 입구분진농도 15g/m^3, 출구분진농도 0.3g/m^3으로 운전되고 있는 전기집진장치에서 집진극의 면적이 4,500m^2일 경우 집진장치 내 분진의 이동속도(m/sec)를 계산하시오.(단, 집진율은 Deutsch Anderson식을 적용)

> **풀이**
>
> $\eta = 1 - \exp\left(-\dfrac{A \times W_e}{Q}\right)$
>
> $\ln(1-\eta) = -\dfrac{A \times W_e}{Q}$
>
> $W_e = -\dfrac{Q}{A} \times \ln(1-\eta)$
>
> $\eta = \left(1 - \dfrac{C_o}{C_i}\right) \times 100 = \left(1 - \dfrac{0.3}{15}\right) \times 100 = 98\%$
>
> $= -\dfrac{7,500\,m^3/min}{4,500\,m^2} \times \ln(1-0.98) = 6.52\,m/min \times min/60sec = 0.11\,m/sec$

46 2020년 1회 산업기사

01 원심력집진장치의 Blow Down 방식에 대한 정의를 서술하고, 효과 3가지를 쓰시오.

풀이

블로다운(Blow Down) 방식

1. 정의
   사이클론의 집진효율을 향상시키기 위한 하나의 방법으로서 더스트 박스 또는 호퍼부에서 처리가스(유입유량)의 5~10%에 상당하는 함진가스를 추출·흡인하여 운영하는 방식이다.

2. 효과
   ① 원추하부의 가교현상을 방지하여 장치 내부의 먼지 퇴적을 억제한다.
   ② 사이클론 내의 난류현상(선회기류의 흐트러짐 현상)을 억제시킴으로써 집진된 먼지의 재비산을 방지한다.
   ③ 유효원심력을 증가시켜 집진효율이 향상된다.

02 Hood 개구면적 주위에 플랜지(Flange)를 부착하는 이유를 설명하시오.

풀이

Flange 부착 시 후방유입기류를 차단하고 후드 전면에서 포집범위가 확대되어 포착속도가 커진다. 또한 Flange가 없는 후드에 비해 동일 지점에서 동일한 제어속도를 얻는데 필요한 송풍량을 약 25% 감소시킬 수 있으며 동일한 오염물질 제어에 있어 압력손실도 감소한다.

03 유해가스를 흡착법으로 처리 시 흡착제 종류 3가지와 흡착제 재생방법 3가지를 쓰시오.

풀이

1. 흡착제의 종류(3가지만 기술)
   ① 활성탄 ② 실리카겔 ③ 합성제올라이트
   ④ 활성알루미나 ⑤ 보크사이트

2. 재생방법(3가지만 기술)
   ① 수증기 송입 탈착법 ② 가열공기 탈착법
   ③ 수세(물) 탈착법 ④ 감압(압력을 낮춤) 탈착법
   ⑤ 고온의 불활성기체 탈착법

04 배기가스에 포함되어 있는 질소산화물(NOx)을 제거하기 위한 방법 중 하나인 선택적 촉매환원법(SCR ; Selective Catalytic Reduction)의 원리를 설명하고 환원제와 촉매제를 각각 2가지씩 쓰시오.

> **풀이**
>
> **1. 원리**
>
> 배기가스 중에 NOx를 촉매(TiO_2와 V_2O_5)를 사용하여 환원제(NH_3, H_2S, CO, H_2)와 반응시켜 배기가스 중 O_2와 상관없이 접촉환원시켜 N_2로 환원하는 방법이다.
>
> **2. 환원제(2가지만 기술)**
>
> NH_3, H_2S, CO, H_2, 요소
>
> **3. 촉매제(2가지만 기술)**
>
> $TiO_2-V_2O_5$, Pt, WO_3-TiO_2, $V_2O_5-Al_2O_3$

05 $5.0 \times 10^6 cm^3/sec$의 배기가스양을 공기여재비(A/C Ratio)=4 : 1로 처리하는 Bag Filter의 여과포 개수를 구하시오. (단, 여과백 $\phi 20cm \times 3.5m$)

> **풀이**
>
> $$여과포\ 개수 = \frac{처리가스양}{여과포\ 하나당\ 가스양}$$
>
> 여재비 $= 4 : 1 = 4cm^3/cm^2 \cdot sec = 4cm/sec$
>
> $$= \frac{5.0 \times 10^6 cm^3/sec \times m^3/10^6 cm^3}{(3.14 \times 0.2m \times 3.5m) \times 4cm/sec \times m/100cm} = 56.87(57개)$$

06 액체연료의 연소장치 중 유압분무식 버너와 건 타입(Gun Type) 버너의 특징을 3가지씩 쓰시오.

> **풀이**
>
> **1. 유압분무식 버너의 특징(3가지만 기술)**
>
> ① 대용량 버너 제작이 용이하다.
> ② 유량은 유압의 평방근에 비례하고 고점도의 기름은 분무화가 불량하다.
> ③ 구조가 간단하여 유지보수가 용이하다.
> ④ 유량조절범위가 다른 버너에 비해 좁아 부하변동에 적응하기 어렵다.
> ⑤ 연료의 점도가 크거나, 유압이 $5kg/cm^2$ 이하가 되면 분무화가 불량하다.

2. 건 타입(Gun Type) 버너의 특징
① 유압은 보통 7kg/cm² 이상이다.
② 연소가 양호하고 전자동 연소가 가능하다.
③ 소형으로 소용량에 적합하다.

07 C=86.0%, H=11%, S=3.0% 조성을 갖는 중유를 연소 후 배기가스 분석을 실시하여 다음과 같은 결과를 얻었을 때, 다음 물음에 답하시오.

$$CO_2 + SO_2 = 13.0\%, \quad O_2 = 3.0\%, \quad CO = 0\%$$

(1) 중유 1kg당 소요공기량(Sm³)
(2) 건조배기가스 중의 SO_2 농도(ppm)

풀이

(1) 중유 1kg당 소요공기량(A)

$$A(\text{Sm}^3) = m \times A_0$$

$$m = \frac{N_2}{N_2 - 3.76 \times O_2} = \frac{84}{84 - (3.76 \times 3)} = 1.155$$

$$A_0 = \frac{O_0}{0.21} = \frac{1}{0.21}[(1.867 \times 0.86) + (5.6 \times 0.11) + (0.7 \times 0.03)]$$

$$= 10.68 \text{Sm}^3/\text{kg}$$

$$= 1.155 \times 10.68 \text{Sm}^3/\text{kg} \times 1\text{kg} = 12.34 \text{Sm}^3$$

(2) 건조배기가스 중의 SO_2 농도

$$SO_2(\text{ppm}) = \frac{SO_2}{G_d} \times 10^6 = \frac{0.7S}{G_d} \times 10^6$$

$$G_d = G_{od} + (m-1)A_0$$

$$G_{od} = 0.79 A_0 + CO_2 + SO_2$$

$$= (0.79 \times 10.68) + (1.867 \times 0.86) + (0.7 \times 0.03)$$

$$= 10.06 \text{Sm}^3/\text{kg}$$

$$= 10.06 + [(1.155 - 1) \times 10.68] = 11.72 \text{Sm}^3/\text{kg}$$

$$= \frac{0.7 \times 0.03}{11.72} \times 10^6 = 1,791.81 \text{ppm}$$

08 흡착제 선정 시 고려사항 3가지를 쓰시오.

> **풀이**
>
> 흡착제 선정 시 고려사항(3가지만 기술)
> ① 흡착탑 내에서 기체흐름에 대한 저항(압력손실)이 작을 것
> ② 어느 정도의 강도와 경도가 있을 것
> ③ 흡착률이 우수할 것
> ④ 흡착제의 재생이 용이할 것
> ⑤ 흡착물질의 회수가 용이할 것

09 배출원에서 발생하는 오염물질을 후드에 흡인 시 후드의 설치 및 흡인요령 5가지를 쓰시오. (단, 후드의 개구면적을 작게 하여 흡인속도를 크게 한다는 내용은 제외함)

> **풀이**
>
> 후드의 흡인요령(흡입방법)(5가지만 기술)
> ① 가능한 한 오염물질 발생원에 가까이 설치한다.
> ② 제어속도는 작업조건을 고려하여 적정하게 선정한다.
> ③ 작업에 방해되지 않도록 설치하여야 한다.
> ④ 오염물질 발생특성을 충분히 고려하여 설계하여야 한다.
> ⑤ 가급적이면 공정을 많이 포위한다.
> ⑥ 후드 개구면에서 기류가 균일하게 분포되도록 설계한다.
> ⑦ 개구면적을 좁게 하여 흡인속도를 크게 한다.
> ⑧ 국부적인 흡인방식으로 한다.

10 환경정책기본법상의 초미세먼지(PM-2.5)의 대기환경기준을 쓰시오.

> **풀이**
>
> ① 연간 평균치 : $15\mu g/m^3$ 이하   ② 24시간 평균치 : $35\mu g/m^3$ 이하

11 세정집진장치의 입자포집원리 4가지를 쓰시오.

> **풀이**
>
> 세정집진장치의 포집원리
> ① 액적에 입자가 충돌하여 부착
> ② 배기가스 증습에 의하여 입자가 서로 응집
> ③ 미립자 확산에 의하여 액적 접촉
> ④ 액막과 기포에 입자가 충돌하여 부착

12 흡수탑의 염소가스제거 흡수효율이 90%이다. 이 흡수탑 3개를 직렬로 연결 시 유입가스 중 염소가스 농도가 7,000ppm일 때, 유출공기 중 염소가스 농도(ppm)를 구하시오.

> **풀이**
> 총제거효율(η_t)
> $\eta_t = 1 - (1-\eta_c)^n = 1 - (1-0.9)^3 = 0.999$
> 유출 염소가스 농도(ppm) = 7,000ppm × (1 − 0.999) = 7ppm

13 질소산화물 제어방법은 연소조절방법과 배연탈질방법이 있다. 다음 중 연소조절법에 의한 질소산화물 발생을 억제시키는 방법을 4가지만 쓰시오.

> **풀이**
> **연소과정 중 질소산화물 억제방법(4가지만 기술)**
> ① 저산소연소(저 과잉공기 연소) ② 저온도연소(연소용 예열공기의 온도조절)
> ③ 배기가스 재순환 ④ 2단 연소
> ⑤ 버너 및 연소실의 구조개선 ⑥ 수증기 물분사

14 HF가 함유된 가스를 기상총괄 이동단위높이가 0.5m인 충전탑을 이용, NaOH 수용액으로 흡수 제거 시 HF의 처리효율은 99%였다. 충전층의 높이(m)를 구하시오. (단, 배기가스 중 HF 이외의 NaOH 수용액에 흡수되는 가스성분은 없음)

> **풀이**
> 충전탑 높이(H)
> $H = H_{OG} \times N_{OG}$
> $H_{OG} = 0.5\text{m}$
> $N_{OG} = \ln\left(\dfrac{1}{1-\eta}\right) = \ln\left(\dfrac{1}{1-0.99}\right) = 4.605$
> $= 0.5\text{m} \times 4.605 = 2.3\text{m}$

15 송풍기 정압이 70mmH₂O에서 280m³/min의 송풍량을 이동시킬 경우 회전수가 400rpm이고 동력은 5.5HP이다. 만일 회전수를 550rpm으로 할 경우 송풍량(m³/min), 정압(mmH₂O), 동력(HP)을 구하시오.

풀이

1) 송풍량(Q)

$$Q = Q_1 \times \left(\frac{\text{rpm}_2}{\text{rpm}_1}\right) = 280 \times \left(\frac{550}{400}\right) = 385 \text{m}^3/\text{min}$$

2) 정압(ΔP)

$$\Delta P = \Delta P_1 \times \left(\frac{\text{rpm}_2}{\text{rpm}_1}\right)^2 = 70 \times \left(\frac{550}{400}\right)^2 = 132.34 \text{mmH}_2\text{O}$$

3) 동력(HP)

$$HP = HP_1 \times \left(\frac{\text{rpm}_2}{\text{rpm}_1}\right)^3 = 5.5 \times \left(\frac{550}{400}\right)^3 = 14.29 \text{HP}$$

16 공기역학적 직경의 정의를 쓰시오.

풀이

입자형태가 구형이 아니더라도 동일한 침강속도 및 단위밀도(1g/cm³)를 갖는 구형입자의 직경을 공기역학적 직경이라 한다.

17 커닝험 보정계수에 관하여 설명하시오.

풀이

커닝험 보정계수(C_c ; Cunningham Correction Factor)

① 입자의 직경이 1μm보다 작은 미세 입자의 경우 기체분자가 입자에 충돌할 때 입자 표면에서 Slip(미끄럼) 현상이 일어나면 입자에 작용하는 항력이 작아져 종말침강속도 계산 시 Stokes 침강속도식으로 구한 값보다 커지는데, 이를 보정하는 계수를 커닝험 보정계수라 한다.

② 커닝험 보정계수는 항상 1보다 크다. 이 값, 즉 $C_c \geq 1$이 되기 위해서는 가스온도가 높을수록, 미세입자일수록, 가스압력이 낮을수록, 가스분자 직경이 작을수록 커지게 된다.

18 Down Wash(세류현상)의 정의와 방지대책 2가지를 쓰시오.

풀이

1. 정의
오염물질의 토출속도에 비해 굴뚝높이에서의 풍속이 크면 연기가 굴뚝 아래로 향하여 오염물질이 흩날리어 굴뚝 일부분에 오염물질의 농도가 높아지는 현상이다.

2. 방지대책
① 배출가스의 유속을 굴뚝높이에서의 풍속보다 2배 이상 높게 유지한다.
② 굴뚝의 높이를 높이고 배기가스의 온도를 상승시킨다.

19 흡착제 선정 시 고려해야 할 사항 5가지를 쓰시오. (단, 비용 고려는 제외함)

풀이

흡착제 선정 시 고려사항
① 흡착탑 내에서 기체흐름에 대한 압력손실이 작을 것
② 어느 정도의 강도와 경도가 있을 것
③ 흡착률이 우수할 것
④ 흡착제의 재생이 용이할 것
⑤ 흡착물질의 회수가 용이할 것

20 배출가스 중 산소분석방법인 자기식과 전기화학식에 대하여 간단히 서술하시오.

풀이

1. 자기식
상자성체인 산소분자가 자계 내에서 자기화될 때 생기는 흡인력을 이용하여 산소농도를 연속적으로 구하는 것으로 자기풍방식과 자기력방식이 있다.

2. 전기화학식
산소의 전기화학적 산화환원반응을 이용하여 산소농도를 연속적으로 측정하는 것으로 질코니아방식과 전극방식이 있다.

SECTION 47 2020년 통합 1·2회 기사

01 원심력집진장치에서 블로다운(Blow Down) 방식의 효과 4가지를 쓰시오.

> **풀이**
> **블로다운(Blow Down) 방식의 효과**
> ① 유효원심력 증대
> ② 재비산 방지
> ③ 집진율 향상
> ④ 관 내 먼지부착으로 인한 폐쇄현상 방지

02 유해가스처리 중 흡수액의 구비조건 6가지를 쓰시오.

> **풀이**
> **흡수액(세정액)의 구비조건(6가지만 기술)**
> ① 용해도가 커야 한다.
> ② 점도(점성)가 작고 화학적으로 안정해야 한다.
> ③ 독성이 없고 휘발성이 낮아야 한다.
> ④ 착화성, 부식성이 없어야 한다.
> ⑤ 빙점(어는점)은 낮고 비점(끓는점)은 높아야 한다.
> ⑥ 가격이 저렴하고 사용이 편리해야 한다.
> ⑦ 용매의 화학적 성질과 비슷해야 한다.

03 세정집진장치 중 Venturi Scrubber의 집진원리 및 액가스비를 크게 하는 요인 4가지를 기술하시오.

> **풀이**
> **1. 집진원리**
> 가스입구에 벤투리관을 삽입하고 배기가스를 벤투리관의 목부에 유속 60~90m/sec로 빠르게 공급하여 목부 주변의 노즐로부터 세정액을 흡인 분사되게 함으로써 포집하는 방식이다. 즉, 기본유속이 클수록 작은 액적이 형성되어 미세입자를 제거하는 원리이다.
>
> **2. 액가스비를 크게 하는 요인**
> ① 먼지의 입경이 작은 경우
> ② 입자의 친수성이 작은 경우(소수성 입자의 경우)
> ③ 점착성이 큰 경우
> ④ 처리가스의 온도가 높은 경우

04 활성탄 흡착의 분류 중 물질적 흡착의 특징 5가지를 쓰시오.

> **풀이**
>
> **물리적 흡착의 특징**
> ① 가스와 흡착제가 분자 간의 인력, 즉 Van der Waals Force(반데르발스 결합력)로 약하게 결합되어 있으며 보통 가용한 피흡착제의 표면적에 비례한다.
> ② 가스 중의 분자 간 상호의 인력보다 고체표면과의 인력이 크게 되는 때에 일어난다.
> ③ 가역성이 높다. 즉, 가역적 반응이기 때문에 흡착제 재생 및 오염가스 회수에 매우 유용하며 여러 층의 흡착이 가능하다.
> ④ 흡착제에 대한 용질의 분자량이 클수록, 온도가 낮을수록, 압력(분압)이 높을수록 흡착에 유리하다.
> ⑤ 흡착량은 단분자층과는 관계가 적다. 즉, 물리적 흡착은 다분자 흡착층 흡착이며, 흡착열이 낮다.
> ⑥ 흡착물질은 임계온도 이상에서는 흡착되지 않는다.
>
> **[참고] 화학적 흡착**
> ① 가스와 흡착제가 화학적 반응을 하기 때문에 결합력은 물리적 흡착보다 크다.
> ② 비가역 반응이기 때문에 흡착제 재생 및 오염가스 회수를 할 수 없다.
> ③ 분자 간의 결합력이 강하여 흡착과정에서 발열량이 많다. 즉, 반응열을 수반하여 온도가 대체로 높다.
> ④ 흡착력은 단분자층의 영향을 받는다.

05 탄소 85%, 수소 15%로 구성된 액체연료 1kg을 공기비 1.1로 연소 시 탄소 1%가 그을음이 된다. 건조연소가스 중 그을음의 농도(g/Sm^3)는?

> **풀이**
>
> 그을음 농도(g/Sm^3) = $\dfrac{C_d(g/kg)}{G_d(Sm^3/kg)}$
>
> 그을음의 발생량(C_d) = $0.85 \times 0.01 kg/kg \times 10^3 g/kg = 8.5 g/kg$
>
> 건조연소가스양(G_d) = $G_{od} + (m-1)A_0$
>
> $A_0 = (1.867 \times 0.85 + 5.6 \times 0.15) \times \dfrac{1}{0.21} = 11.557 Sm^3/kg$
>
> $G_{od} = 0.79 A_0 + CO_2$
> $= 0.79 \times 11.557 + 1.867 \times 0.85 = 10.717 Sm^3/kg$
>
> $= 10.717 + (1.1 - 1) \times 11.557 = 11.8727 Sm^3/kg$
>
> 그을음 농도(g/Sm^3) = $\dfrac{8.5 g/kg}{11.8727 Sm^3/kg} = 0.72 g/Sm^3$

06 온실효과에서 기온 상승 원리와 대표적인 원인 물질 3가지를 쓰시오. (단, 부분점수 없음)

(1) 원리   (2) 온실기체 종류

> **풀이**
>
> **(1) 원리**
> 온실가스는 파장이 짧은 가시광선은 그대로 통과시키지만 태양광에 의해 따뜻해진 지표가 방사하는 파장이 긴 적외선은 잘 흡수한다. 흡수된 적외선의 에너지가 대기 중에서 계속 축적되어 발생하는 지구대류권의 온도증가현상이 온실효과이다.
>
> **(2) 온실기체(3가지만 기술)**
> ① CO_2 ② CH_4
> ③ N_2O ④ HFC(수소불화탄소)
> ⑤ PFC(과불화탄소)   ⑥ SF_6(육불화황)

07 30℃, 1atm하에서 함진공기 65,000m³/hr를 지름 20cm, 유효길이 8m 되는 원통형 Bag Filter로 처리하고자 할 때 가스처리속도를 1.5m/min로 한다면 소요되는 Bag의 수는?

> **풀이**
>
> 여과포 개수 = $\dfrac{처리가스양}{여과포\ 하나당\ 가스양}$
>
> $= \dfrac{65,000\text{m}^3/\text{hr} \times \text{hr}/60\text{min}}{(3.14 \times 0.2\text{m} \times 8\text{m}) \times 1.5\text{m/min}} = 143.67 (144개)$

08 석탄 1kg의 조성이 아래와 같을 때 다음 물음에 답하시오.

성분	C	H	S	O	N	재	수분
조성비(%)	65	5.2	0.2	8.8	0.8	10.5	9.5

(1) 이론습연소가스양(G_{ow}, Sm³/kg)

(2) 이론건연소가스양(G_{od}, Sm³/kg)

(3) CO_{2max}(%)

> 풀이
>
> (1) $G_{ow} = A_0 + 5.6H + 0.7O + 0.8N + 1.24W$
>
> $A_0 = \dfrac{1}{0.21}[(1.867 \times 0.65) + (5.6 \times 0.052) - (0.7 \times 0.088)$
>
> $\qquad + (0.7 \times 0.002)] = 6.88 \text{Sm}^3/\text{kg}$
>
> $\quad = 6.88 + (5.6 \times 0.052) + (0.7 \times 0.088) + (0.8 \times 0.008) + (1.24 \times 0.095)$
>
> $\quad = 7.35 \text{Sm}^3/\text{kg}$
>
> (2) $G_{od} = A_0 - 5.6H + 0.7O + 0.8N$
>
> $\quad = 6.88 - (5.6 \times 0.052) + (0.7 \times 0.088) + (0.8 \times 0.008) = 6.65 \text{Sm}^3/\text{kg}$
>
> (3) $\text{CO}_{2\max} = \dfrac{1.867C}{G_{od}} \times 100 = \dfrac{1.867 \times 0.65}{6.65} \times 100 = 18.25\%$

09 배기가스를 흡착법으로 처리할 경우 사용된 활성탄 재생방법을 5가지만 쓰시오.

> 풀이
>
> **흡착제 재생방법**
> ① 수증기 송입 탈착법　　　② 가열공기 탈착법
> ③ 수세(물) 탈착법　　　　　④ 감압(압력을 낮춤) 탈착법
> ⑤ 고온의 불활성기체 탈착법

10 세정식 집진장치에서 회전원판에 의해 분무액이 미립화될 경우 원심력과 표면장력에 의해 물방울 직경을 측정할 수 있다. 회전원판의 지름이 6cm, 회전수가 4,400rpm 일 때 물방울의 직경(μm)을 구하시오.

> 풀이
>
> 물방울 직경(d_w)
>
> $d_w(\mu\text{m}) = \dfrac{200}{N\sqrt{R}}$
>
> $\qquad R(\text{회전원판 반경}) = 6\text{cm}/2 = 3\text{cm}$
>
> $\quad = \dfrac{200}{4,400 \times \sqrt{3}} = 0.026243\text{cm} \times 10^4 \mu\text{m/cm} = 262.43\mu\text{m}$

11 C 85%, H 15%의 액체연료를 연소하는 경우, 연소 배기가스의 분석결과가 CO_2 12%, O_2 4%, N_2 84%였다면 이 액체연료 kg당 실제연소용 공기량(Sm^3/kg)은?(단, 표준상태 기준)

> **풀이**
>
> 실제공기량(A)
> $A = m \times A_0$
>
> $m = \dfrac{N_2}{N_2 - 3.76 O_2} = \dfrac{84}{84 - (3.76 \times 4)} = 1.22$
>
> $A_0 = \dfrac{1}{0.21}(1.867C + 5.6H)$
>
> $= \dfrac{1}{0.21}[(1.867 \times 0.85) + (5.6 \times 0.15)] = 11.56 Sm^3/kg$
>
> $= 1.22 \times 11.56 Sm^3/kg = 14.10 Sm^3/kg$

12 다음 각 연소의 종류에 대해 간단하게 설명하시오. (단, 연소별 해당되는 물질을 반드시 1가지 이상 언급하시오.)

| 1. 증발연소 | 2. 분해연소 | 3. 표면연소 |
| 4. 확산연소 | 5. 내부(자기)연소 | |

> **풀이**
>
> **1. 증발연소**
>   1) 정의
>   화염으로부터 열을 받으면 가연성 증기가 발생하는 연소, 즉 액체연료가 액면에서 증발하여 가연성 증기로 되어 산소와 반응한 후 착화되어 화염이 발생하고 증발이 촉진되면서 연소가 이루어지는 것을 의미한다.
>   2) 적용연료(1가지만 기술)
>   ① 휘발유, 등유, 경유, 알코올(중유는 제외)
>   ② 나프탈렌, 벤젠   ③ 양초
>
> **2. 분해연소**
>   1) 정의
>   고체연료가 가열되면 열분해가 일어나서 가연성 가스가 발생하며, 이를 공기와 혼합하여 확산 연소하는 과정을 분해연소라 한다.
>   2) 적용연료(1가지만 기술)
>   ① 석탄, 목재(휘발분을 가짐)   ② 중유(증발이 어려움)

3. 표면연소

1) 정의

   고체연료 표면에 고온을 유지시켜 표면에서 반응을 일으켜 내부로 연소가 진행되는 연소방법으로 숯불연소, 불균일연소라고도 한다.

2) 적용연료(1가지만 기술)

   ① 코크스, 숯(목탄), 흑연   ② 금속

   ③ 석탄(분해연소와 탄소의 표면연소의 두 반응에서 이루어짐)

4. 확산연소

1) 정의

   가연성 연료와 외부공기가 서로 확산에 의해 혼합하면서 화염을 형성하는 연소형태, 즉 연료를 버너노즐로부터 분리하고 외부공기와 일정속도로 혼합하여 연소하는 방법이다.

2) 적용연료

   대부분 기체연료

5. 내부(자기)연소

1) 정의

   외부공기 없이 고체 자체의 산소 분해에 의하여 연소하면서 내부로 연소가 폭발적으로 진행되는 방법이다.

2) 적용연료(1가지만 기술)

   ① 니트로글리세린   ② 화약, 폭약

---

13 $14m^3/sec$의 배출가스양을 폭 10m, 높이 5m인 중력집진장치를 이용하여 처리하고자 한다. 입경 $50\mu m$인 분진의 침강효율이 55%일 경우 중력집진실의 길이(m)를 구하시오.

- 입자의 밀도 : $1.5g/cm^3$
- 배출가스의 밀도 : $1.29kg/m^3$
- 처리가스의 점도 : $1.85\times 10^{-4} g/cm \cdot sec$
- 층류로 가정

풀이

$$\eta(\%) = \frac{V_s LW}{VHW} \times 100$$

$$V_s = \frac{d_p^2(\rho_p - \rho)g}{18\mu_g}$$

$$d_p = 50\mu m = 50 \times 10^{-6} m$$
$$\rho_p = 1.5 g/cm^3 = 1,500 kg/m^3, \ \rho = 1.29 kg/m^3$$
$$\mu_g = 1.85 \times 10^{-4} g/cm \cdot sec = 1.85 \times 10^{-5} kg/m \cdot sec$$
$$= \frac{(50 \times 10^{-6})^2 \times (1,500 - 1.29) \times 9.8}{18 \times 1.85 \times 10^{-5}} = 0.1103 m/sec$$
$$0.55 = \frac{0.1103 m/sec \times L \times 10m}{14 m^3/sec}$$
$$L = \frac{0.55 \times 14 m^3/sec}{0.1103 m/sec \times 10m} = 6.98m$$

14 지표면 근처의 CO_2 농도는 380ppm이다. 지표에서 지상 150m 사이에 존재하는 CO_2 무게(ton)를 구하시오. (단, 지구반지름 6,380km)

풀이

$CO_2(ton)$ = 농도 × 대기체적

대기체적 = 지상 150m에서의 구 체적 − 지상의 구 체적

$$구\ 체적 = \frac{\pi \times D^3}{6} = 0.524 D^3$$
$$= (0.524 \times 12,760,300^3) - (0.524 \times 12,760,000^3)$$
$$= 7.678 \times 10^{16} m^3$$
$$= 380 mL/m^3 \times 7.678 \times 10^{16} m^3 \times \frac{44mg}{22.4mL} \times ton/10^9 mg = 5.73 \times 10^{10} ton$$

15 동적인 대기안정도를 나타내는 지표인 리차드슨수(R_i)에 대하여 다음 물음에 답하시오.

(1) 정의를 관련식을 포함하여 설명하시오.

(2) R_i값에 따른 대기와의 혼합관계를 설명하시오.

① $0.25 < R_i$ ② $0 < R_i < 0.25$
③ $R_i = 0$ ④ $-0.03 < R_i < 0$
⑤ $R_i < -0.04$

풀이

(1) 정의(관련식 포함)

R_i는 근본적으로 대류난류(자유대류)를 기계적 난류(강제대류)로 전환시키는 비율을 측정한 것으로 기계적 난류와 대류난류 중 어느 것이 지배적인가를 추정할 수 있다.

$$리차드슨수(R_i) = g/T \cdot \frac{\Delta T/\Delta Z}{(\Delta u/\Delta Z)^2} \text{ : Panofsky의 } R_i \text{식}$$

여기서, g : 그 지역의 중력가속도(지구 중력가속도)
 T : 절대온도, ΔT : 두 층의 온도차
 ΔZ : 두 층의 고도차, Δu : 두 층의 풍속차
 $\Delta T/\Delta Z$: 자유대류의 크기(수직방향 온위경도)
 $\Delta u/\Delta Z$: 강제대류의 크기(수직방향 풍속경도)

(2) R_i값에 따른 혼합관계

① $0.25 < R_i$: 수직방향의 혼합이 거의 없음(수평상의 소용돌이만 남음)

② $0 < R_i < 0.25$: 성층에 의해 약화된 기계적 난류 존재

③ $R_i = 0$: 기계적 난류가 지배적인 상태

④ $-0.03 < R_i < 0$: 기계적 난류와 대류난류가 존재하나 기계적 난류가 혼합을 주로 일으킴

⑤ $R_i < -0.04$: 대류난류(자유대류)에 의한 혼합이 기계적 혼합을 지배함

16 배출가스양이 5,000Sm³/hr, HF의 농도는 50ppm이다. 수산화칼슘으로 HF를 침전·제거하고자 할 경우 5일간 사용된 수산화칼슘의 양(kg)을 구하시오. (단, 운전시간 1일 10시간, HF의 물에 대한 흡수율 80%)

풀이

흡수반응식
$$2HF + Ca(OH)_2 \rightarrow CaF_2 + 2H_2O$$
$2 \times 22.4Sm^3$: 74kg
$5,000Sm^3/hr \times 50ppm \times 10^{-6} \times 10hr/day \times 5day \times 0.8$: $Ca(OH)_2$(kg)

$$Ca(OH)_2(kg) = \frac{5,000Sm^3/hr \times 50ppm \times 10^{-6} \times 10hr/day \times 5day \times 0.8 \times 74kg}{2 \times 22.4Sm^3} = 16.52kg$$

17 세정집진장치의 원리 및 포집메커니즘 3가지를 쓰시오.

풀이

원리 및 포집메커니즘(3가지만 기술)
① 액적에 입자가 충돌하여 부착한다.
② 배기가스 증습에 의하여 입자가 서로 응집한다.(증습하면 입자의 응집이 높아짐)
③ 미립자 확산에 의하여 액적과의 접촉을 쉽게 한다.

④ 액막과 기포에 입자가 충돌하여 부착된다.
⑤ 입자를 핵으로 한 증기의 응결에 따라 응집성을 촉진한다.

18 High Volume Air Sampler를 사용하여 24시간 동안 대기 중 부유분진을 채취하였다. 채취 전후의 여과지 중량차가 1.0g이었고, 채취를 시작할 때와 완료할 때의 유량은 각각 $0.15m^3/sec$와 $0.2m^3/sec$이었다. 채취한 부유분진의 농도($\mu g/m^3$)를 구하시오.

> **풀이**
>
> 채취유량 $= \left(\dfrac{0.15+0.2}{2}\right)m^3/sec \times 24hr \times 3{,}600sec/hr = 15{,}120m^3$
>
> 부유분진농도($\mu g/m^3$) $= \dfrac{1.0g \times 10^6 \mu g/g}{15{,}120 m^3} = 66.14 \mu g/m^3$

19 처리가스양이 $78{,}000m^3/hr$이고 배출원에서 집진장치를 포함한 송풍기까지의 압력손실을 $150mmH_2O$라 할 때 송풍기의 소요동력(kW)을 구하시오. (단, 송풍기 효율 0.7)

> **풀이**
>
> 송풍기 소요동력(kW)
>
> $kW = \dfrac{Q \times \Delta P}{6{,}120 \times \eta} \times \alpha$
>
> $Q = 78{,}000 m^3/hr \times hr/60min = 1{,}300 m^3/min$
>
> $= \dfrac{1{,}300 \times 150}{6{,}120 \times 0.7} \times 1.0 = 45.52 kW$

20 분진농도 $50g/Sm^3$인 함진가스를 정상적인 운전상태에서 집진율이 80%로 처리되는 사이클론이 있다. 이 사이클론의 원주부하에서 처리가스의 5%에 해당되는 외부공기의 유입이 발생될 경우, 분진 통과율은 외부공기의 유입이 없는 정상운전 시의 2배에 달한다. 이때, 사이클론의 출구배출가스의 분진농도(g/Sm^3)를 구하시오.

> **풀이**
>
> 출구농도 $= P \times C_i = (1-0.8) \times \left(\dfrac{50}{1+0.05}\right) \times 2 = 19.05 g/Sm^3$

2020년 통합 1·2회 산업기사

01 다음 조성을 가진 중량기준의 중유 1kg을 공기비 1.25로 완전연소시키는 경우 건조가스 내의 먼지농도(mg/Nm^3)를 구하시오.[단, 조성 중 회분은 모두 먼지로 배출된다. C(86.9%), H(11.0%), S(2.0%), 회분(0.1%)]

풀이

먼지농도(mg/Nm^3) = $\dfrac{\text{단위연료당 먼지배출량(mg/kg)}}{\text{건조가스양}(G_d)}$

단위연료당 먼지배출량 = $0.001 kg/kg \times 10^6 mg/kg$
$= 1,000 mg/kg$

$G_d = mA_0 - 5.6H + 0.7O + 0.8N$

$A_0 = \dfrac{1}{0.21} \times [(1.867C) + (5.6H) + (0.7S)]$

$= \dfrac{1}{0.21} \times [(1.867 \times 0.869) + (5.6 \times 0.11) + (0.7 \times 0.02)]$

$= 10.726 Nm^3/kg$

$= (1.25 \times 10.726) - (5.6 \times 0.11) = 12.79 Nm^3/kg$

$= \dfrac{1,000}{12.79} = 78.19 mg/Nm^3$

02 광화학반응에 의한 2차 대기오염물질의 종류 4가지를 쓰시오.

풀이

2차 대기오염물질(4가지만 기술)
① 에어로졸(H_2SO_4 mist) ② PAN(CH_3COONO_2)
③ 염화니트로실(NOCl) ④ 과산화수소수(H_2O_2)
⑤ 아크로레인(CH_2CHCHO) ⑥ 알데히드(RCHO)
⑦ 오존(O_3)

03 연소과정 중 질소산화물 억제방법 4가지를 쓰시오.

풀이

연소과정 중 질소산화물 억제방법(4가지만 기술)
① 저산소연소(저과잉공기연소) ② 저온도연소(연소용 예열공기의 온도조절)

③ 배기가스 재순환   ④ 2단 연소
⑤ 버너 및 연소실의 구조 개선   ⑥ 수증기 물분사

04 공중역전의 종류 3가지를 쓰고 간단히 설명하시오.

> **풀이**
>
> **공중역전의 종류(3가지만 기술)**
>
> **1. 침강역전**
>
> 고기압 중심부분에서 기층이 서서히 침강하면서 기온이 단열변화하여 기층이 승온되어 발생하는 현상으로 고기압이 정체하고 있는 넓은 범위에 걸쳐서 시간에 무관하게 장기적으로 지속되며 침강역전이 낮은 고도까지 하강하면 대기오염의 농도는 증가하는 경향이 있다.
>
> **2. 전선형 역전(Frontal Inversion)**
>
> 비교적 높은 고도에서 따뜻한 공기와 차가운 공기가 부딪쳐 따뜻한 공기가 차가운 공기 위로 상승하면서 전선을 이룰 때 발생하며, 공중역전에 해당한다.
>
> **3. 해풍형 역전(Sea Breeze Inversion)**
>
> 차가운 바다에서 바람이 더워진 육지 위로 불 때 전선면이 형성되면서 발생하는 역전이다.
>
> **4. 난류형 역전**
>
> 난류 발생 시의 기온분포, 즉 건조단열감률 분포 상단에서 형성되는 역전층으로, 난류로 인하여 대기오염물질 농도는 낮아진다.

05 유입계수가 0.82, 속도압이 35mmH$_2$O일 때 후드의 압력손실(mmH$_2$O)은?

> **풀이**
>
> 후드의 정압이 아니라 압력손실 계산문제이므로
> 후드의 압력손실(ΔP) = $F \times VP$
>
> F : 후드 유입 손실계수
>
> $$F = \frac{1}{C_e^2} - 1 = \frac{1}{0.82^2} - 1 = 0.487$$
>
> VP : 속도압 = 35mmH$_2$O
>
> = 0.487 × 35mmH$_2$O = 17.05mmH$_2$O

06 다음은 대기공정시험기준상 알데히드류-고성능 액체크로마토그래프에 관한 설명이다. (   ) 안에 알맞은 내용을 쓰시오.

> DNPH 유도체와 액체크로마토그래프 분석법은 카르보닐 화합물과 DNPH가 반응하여 형성된 DNPH 유도체를 (①) 용매로 추출하여 고성능액체크로마토그래프를 이용하여 자외선검출기 (②)nm 파장범위에서 분석한다.

풀이
① 아세토니트릴   ② 360

07 평판형 전기집진기에서 집진극과 방전극의 간격 6cm, 가스 유속 2.8m/sec일 때 먼지 입자를 100% 제거하기 위해 요구되는 이론적인 전기집진극의 길이(m)는?[단, 입자의 집진극으로 표류(분리)속도는 0.05m/sec임]

풀이
$$L = d \times \frac{V_g}{W}$$
d : 6cm×m/100cm=0.06m, V_g : 2.8m/sec, W : 0.05m/sec
$$= 0.06 \times \frac{2.8}{0.05} = 3.36\text{m}$$

08 송풍기의 입구정압은 40mmH₂O, 출구정압은 4mmH₂O이며, 입구 측 평균유속이 15m/s일 때 필요한 송풍기의 유효정압(mmH₂O)을 구하시오.

풀이
송풍기 유효정압(FSP)
$$FSP(\text{mmH}_2\text{O}) = FTP - VP_{out}$$
$$= (SP_{out} - SP_{in}) - VP_{in}$$
$$VP_{in} = \left(\frac{V}{4.043}\right)^2 = \left(\frac{15}{4.043}\right)^2 = 13.76\text{mmH}_2\text{O}$$
$$= [4-(-40)] - 13.76 = 30.24\text{mmH}_2\text{O}$$

09 여과집진장치의 탈진방식 중 간헐식과 연속식의 장단점을 2가지씩 쓰시오.

> **풀이**
>
> 1. 간헐식
>   1) 장점
>   ① 여포의 수명이 연속식에 비해 길다.
>   ② 먼지의 재비산이 적다.
>   2) 단점
>   ① 대량가스의 처리에 부적합하다.
>   ② 점성이 있는 조대분진을 탈진할 경우 진동형은 여포손상을 일으킨다.
>
> 2. 연속식
>   1) 장점
>   ① 포집과 탈진이 동시에 이루어지므로 압력손실이 거의 일정하다.
>   ② 고농도의 가스처리가 가능하다.
>   2) 단점
>   ① 탈진공정 시 재비산이 발생한다.
>   ② 간헐식에 비해 집진효율이 낮다.

10 배기가스를 흡착법으로 처리할 경우 사용된 활성탄 재생방법을 4가지만 쓰시오.

> **풀이**
>
> **흡착제 재생방법**
> ① 수증기 송입 탈착법   ② 가열공기 탈착법
> ③ 수세(물) 탈착법   ④ 감압(압력을 낮춤) 탈착법
> ⑤ 고온의 불활성기체 탈착법

11 전기집진장치의 입자에 작용하는 전기력 종류 4가지를 쓰시오.

> **풀이**
>
> **입자에 작용하는 전기력**
> ① 대전입자의 하전에 의한 쿨롱력   ② 전계강도에 의한 힘
> ③ 입자 간의 흡인력   ④ 전기풍에 의한 힘

12 여과집진장치의 먼지포집원리 4가지를 쓰시오.

> **풀이**
>
> **여과집진장치의 메커니즘(4가지만 기술)**
> ① 관성 충돌　　② 직접 차단(간섭)　　③ 확산
> ④ 중력 침강　　⑤ 정전기 침강

13 원심력집진장치에 관한 다음을 답하시오.

(1) Cut (Size) Diameter에 대하여 설명하시오.

(2) 유입가스 속도가 2배, 입구 폭이 3배로 되면 Cut (Size) Diameter는 처음의 몇 배가 되는가?

> **풀이**
>
> (1) Cut (Size) Diameter
> 절단입경이라 하며 Cyclone에서 50% 처리효율로 제거되는 입자의 크기, 즉 50% 분리한계 입경이다.
>
> (2) **절단입경(d_{50})**
>
> $$d_{50} = \sqrt{\frac{9\mu_g W}{2\pi N(\rho_p - \rho)V}}$$
>
> $$d_{50} = \sqrt{\frac{W}{V}} = \sqrt{\frac{3W}{2V}} = 1.22$$
>
> 즉, 처음의 1.22배가 증가한다.

14 중력집진장치의 길이 10m, 높이 5m이고, 분진의 밀도 1g/cm³, 점도 2.0×10^{-4} g/cm·sec이다. 최소 제거입경(μm)은?(단, 유속은 1.4m/sec)

> **풀이**
>
> $$\frac{V_g}{V} = \frac{H}{L}$$
>
> $$V_g = \frac{d_p^2(\rho_p - \rho)g}{18\mu}$$
>
> $$d_{p\min}(\mu m) = \left[\frac{18\mu HV}{(\rho_p - \rho) \cdot g \cdot L}\right]^{1/2} \times 10^6$$
>
> $\rho_p = 1\text{g/cm}^3 \times \text{kg}/1{,}000\text{g} \times 10^6 \text{cm}^3/\text{m}^3 = 1{,}000\text{kg/m}^3$

$$\mu = 2.0 \times 10^{-4} \text{g/cm} \cdot \text{sec} \times \text{kg}/1{,}000\text{g} \times 100\text{cm/m}$$
$$= 2.0 \times 10^{-5} \text{kg/m} \cdot \text{sec}$$
$$= \left[\frac{18 \times 2.0 \times 10^{-5} \times 5 \times 1.4}{(1{,}000 - 1.3) \times 9.8 \times 10} \right]^{1/2} \times 10^6 = 160.46 \mu\text{m}$$

15 탄소 85%, 수소 15%의 조성을 갖는 액체연료를 1kg/min로 연소시킬 때 배기가스 성분이 CO_2 15%, O_2 5%, N_2 80%였다면 실제 공급된 공기량(Sm^3/hr)은?

풀이

실제 공기량(A)

$A = m \times A_0$

$$m = \frac{N_2}{N_2 - 3.76\,O_2} = \frac{80}{80 - (3.76 \times 5)} = 1.31$$

$$A_0 = \frac{1}{0.21}[1.867C + 5.6H]$$

$$= \frac{1}{0.21}[(1.867 \times 0.85) + (5.6 \times 0.15)] = 11.56\,\text{Sm}^3/\text{kg}$$

$$= 1.31 \times 11.56\,\text{Sm}^3/\text{kg} \times 1\text{kg/min} \times 60\text{min/hr} = 908.37\,\text{Sm}^3/\text{hr}$$

16 연돌높이가 50m이고 대기온도 및 배기가스의 온도는 각각 25℃, 225℃일 경우 연돌의 통풍력을 1.5배 증가시키기 위한 배기가스의 온도는 얼마의 값을 가져야 되는지 계산하시오.(단, 대기 및 배기가스의 비중량은 1.3kg/Sm^3, 연돌높이는 변화 없음)

풀이

150℃에서의 통풍력

$$Z = 273H \left[\frac{1.3}{273 + t_a} - \frac{1.3}{273 + t_g} \right]$$

$$= 273 \times 50 \left[\frac{1.3}{273 + 25} - \frac{1.3}{273 + 225} \right] = 23.91\,\text{mmH}_2\text{O}$$

$$23.91 \times 1.5 = 273 \times 50 \left[\frac{1.3}{273 + 25} - \frac{1.3}{273 + t_g} \right]$$

배기가스 온도(℃) = 476.51℃

17 유해처리 방법 중 흡착법에서의 파과점(Break Point)의 정의를 쓰시오.

> **풀이**
>
> **파과점(Break Point)**
> 흡착제층 전체가 포화되어 배출가스 중에 오염가스 일부가 남게 되는 점을 파과점이라 하며, 파과점 이후부터는 오염가스의 농도가 급격히 증가한다.

18 전기집진장치에서 입구 먼지농도가 10g/m³이고, 출구 먼지농도가 0.5g/m³이다. 출구 먼지농도를 100mg/m³로 하기 위해서 필요한 집진극의 증가면적은?(단, 기타 조건은 고려하지 않는다.)

> **풀이**
>
> $\eta = 1 - e^{-\frac{AV}{Q}}$ 양변에 ln을 취한 식을 만들면
>
> $-\frac{AV}{Q} = \ln(1-\eta)$
>
> 초기효율 $= \left(1 - \frac{0.5}{10}\right) \times 100 = 95\%$
>
> 나중효율 $= \left(1 - \frac{0.1}{10}\right) \times 100 = 99\%$
>
> 집진극 증가면적비 $= \dfrac{-\dfrac{Q}{V}\ln(1-0.99)}{-\dfrac{Q}{V}\ln(1-0.95)} = 1.54$배

19 처리가스양이 20,000m³/hr, 압력손실이 160mmH₂O인 집진장치의 송풍기 소요동력은 몇 kW인가?(단, 송풍기 효율 60%, 여유율 1.3)

> **풀이**
>
> $\text{kW} = \dfrac{Q \times \Delta P}{6,120 \times \eta} \times \alpha$
>
> $Q = 20,000\text{m}^3/\text{hr} \times \text{hr}/60\text{min} = 333.33\text{m}^3/\text{min}$
>
> $= \dfrac{333.33 \times 160}{6,120 \times 0.6} \times 1.3 = 18.88\text{kW}$

20 A공장에서 배출되는 분진을 사이클론과 전기집진장치를 직렬로 연결하여 제거하고자 한다. 사이클론에서의 유입농도 80g/m³, 유량 30,000m³/hr이고 전기집진장치에서의 유입농도 15g/m³, 유량 36,000m³/hr, 최종출구 농도 1.0g/m³, 유량 36,000m³/hr일 때, 이 집진장치의 총효율은 몇 %인가?

풀이

총집진율(η_T) = $\eta_1 + \eta_2(1-\eta_1)$

Cyclone 집진율(η_1) = $\left(1 - \dfrac{C_o Q_o}{C_i Q_i}\right) = \left(1 - \dfrac{15 \times 36,000}{80 \times 30,000}\right)$
= 0.775

전기집진장치 집진율(η_2) = $\left(1 - \dfrac{C_o Q_o}{C_i Q_i}\right) = \left(1 - \dfrac{1 \times 36,000}{15 \times 36,000}\right)$
= 0.9333

= 0.775 + [0.9333(1 − 0.775)] = 0.9850 × 100 = 98.50%

SECTION 49 2020년 3회 기사

01 기체연료(C_xH_y) 1mol을 이론공기량으로 완전연소시켰을 경우, 이론습연소가스양(mol)을 계산하시오. (단, 화학반응식까지 기재하시오.)

> **풀이**
>
> C_xH_y의 연소반응식
>
> $$C_xH_y + \left(x + \frac{y}{4}\right)O_2 \rightarrow xCO_2 + \frac{y}{2}H_2O$$
>
> 이론습연소가스양(G_{ow})
>
> $G_{ow} = 0.79A_0 + CO_2 + H_2O$
>
> $$A_0 = \frac{O_0}{0.21} = \frac{1}{0.21} \times \left(x + \frac{y}{4}\right) = 4.762x + 1.19y \,(\mathrm{mol})$$
>
> $$= 0.79 \times (4.762x + 1.19y) + x + \frac{y}{2} = 4.762x + 1.44y \,(\mathrm{mol})$$

02 석탄 1kg의 조성이 아래 표와 같을 때 다음 물음에 답하시오.

성분	C	H	S	O	N	회분(재)	수분
조성비(%)	65	5.2	0.2	8.8	0.8	10.5	9.5

(1) 이론습연소가스양(G_{ow}, Sm³/kg)

(2) 이론건연소가스양(G_{od}, Sm³/kg)

(3) CO_{2max}(%)

> **풀이**
>
> (1) $G_{ow} = A_0 + 5.6H + 0.7O + 0.8N + 1.24W$
>
> $$A_0 = \frac{1}{0.21}[(1.867 \times 0.65) + (5.6 \times 0.052) - (0.7 \times 0.088) + (0.7 \times 0.002)] = 6.88 \,\mathrm{Sm^3/kg}$$
>
> $= 6.88 + (5.6 \times 0.052) + (0.7 \times 0.088) + (0.8 \times 0.008) + (1.24 \times 0.095)$
>
> $= 7.35 \,\mathrm{Sm^3/kg}$
>
> (2) $G_{od} = A_0 - 5.6H + 0.7O + 0.8N$
>
> $= 6.88 - (5.6 \times 0.052) + (0.7 \times 0.088) + (0.8 \times 0.008) = 6.65 \,\mathrm{Sm^3/kg}$
>
> (3) $CO_{2max} = \dfrac{1.867C}{G_{od}} \times 100 = \dfrac{1.867 \times 0.65}{6.65} \times 100 = 18.25\%$

03 유체 조건이 다음과 같을 경우 물음에 답하시오.

- Duct 반경 : 15cm
- 밀도 : 1.2kg/m³
- 유속 : 2m/sec
- 점도 : 0.2cP

(1) 레이놀즈수(Re)
(2) 동점성계수(Kinematic Viscosity)(cm²/sec)

풀이

(1) 레이놀즈수(Re)

$$Re = \frac{\rho VD}{\mu} = \frac{1.2\text{kg/m}^3 \times 2\text{m/sec} \times 0.3\text{m}}{0.2 \times 10^{-3}\text{kg/m} \cdot \text{sec}} = 3,600$$

(2) 동점성계수(cm²/sec) $= \frac{\mu}{\rho}$

$$= \frac{0.2 \times 10^{-3}\text{kg/m} \cdot \text{sec}}{1.2\text{kg/m}^3}$$

$$= 1.67 \times 10^{-4}\text{m}^2/\text{sec} \times 10^4 \text{cm}^2/\text{m}^2 = 1.67\text{cm}^2/\text{sec}$$

04 어떤 1차 반응에서 550sec 동안 반응물의 1/2이 분해되었다. 반응물이 1/5 남을 때까지의 시간(hr)을 구하시오.

풀이

1차 반응식

$\ln \frac{C_t}{C_0} = -kt$

$\ln 0.5 = -k \times 550\text{sec}$

$k = 1.26 \times 10^{-3} \text{sec}^{-1}$

$\ln \frac{1/5}{1} = -1.26 \times 10^{-3} \text{sec}^{-1} \times t$

$t = 1,277.33\text{sec} \times \text{hr}/3,600\text{sec} = 0.35\text{hr}$

05 산성비의 pH는 5.6이다. 산성비의 [OH⁻]의 몰농도를 구하시오.

풀이

pOH $= 14 - \text{pH} = 14 - 5.6 = 8.4$

pOH $= -\log[\text{OH}^-]$

$[\text{OH}^-] = 10^{-\text{pOH}} = 10^{-8.4} = 3.98 \times 10^{-9} \text{M(mol/L)}$

06 CO_2가 $0.9m^3$/min로 배출된다. 공기 중 CO_2를 5,000ppm으로 유지하기 위한 환기량(m^3/hr)은?(안전계수 10)

> **풀이**
>
> $$환기량(Q) = \frac{CO_2 \text{ 발생량}}{\text{유지 기준농도}} \times \text{안전계수}$$
>
> $$= \frac{0.9m^3/\min \times 60\min/hr}{5,000 \times 10^{-6}} \times 10 = 108,000 m^3/hr$$

07 처리가스양이 $5m^3$/sec인 전기집진장치를 설계하려 한다. 입자의 이동속도(W_e)는 $1.5 \times 10^5 d_p$이고, 입경(d_p)이 $0.7\mu m$인 입자를 95% 제거하려 할 경우 집진판의 면적(m^2)은?(단, W_e의 단위는 m/sec, d_p의 단위는 m)

> **풀이**
>
> $$\eta = 1 - \exp\left(-\frac{A \times W_e}{Q}\right)$$
>
> $$W_e = 1.5 \times 10^5 \times 0.7\mu m \times 10^{-6} m/\mu m = 0.105 m/\sec$$
>
> $$A = \frac{\ln(1-\eta)}{-\frac{W_e}{Q}} = \frac{\ln(1-0.95)}{-\frac{0.105 m/\sec}{5 m^3/\sec}} = 142.65 m^2$$

08 텅스텐 전구 필라멘트를 제조하는 공정에서 질소산화물이 배출된다. 이 질소산화물은 모두 NO_2로 배출되고, 그 농도는 7,000ppm이고, 배기가스양은 $135 Sm^3$/hr이다. 이 공정을 하루에 8시간 가동하여 NH_3에 의한 선택적 촉매환원법(SCR)으로 처리하면 필요한 NH_3 양(Sm^3/day)은?(단, 산소는 공존하지 않음)

> **풀이**
>
> $6NO_2$ + $8NH_3$ → $7N_2$ + $12H_2O$
>
> $6 \times 22.4 Sm^3$: $8 \times 22.4 Sm^3$
>
> $135 Sm^3/hr \times 7,000 mL/m^3 \times m^3 /10^6 mL \times 8hr/day$: $NH_3(Sm^3/day)$
>
> $$NH_3(Sm^3/day) = \frac{8 \times 22.4 Sm^3 \times 135 Sm^3/hr \times 7,000 mL/m^3 \times m^3/10^6 mL \times 8hr/day}{6 \times 22.4 Sm^3} = 10.08 Sm^3/day$$

09 평균 탄화수소 분자식이 $C_{10}H_{20}$인 중질유 속에 0.3%(무게비)의 질소성분이 포함되어 있다. 이 중질유를 60%의 과잉공기를 사용하여 연소시킬 경우, 배출되는 습연소가스 중 NO의 농도(ppm)는?(단, 표준상태를 기준으로 하고, 이 중질유 속의 질소는 모두 NO로 변하며, 공기 중 질소는 산화반응을 전혀 하지 않는다고 가정)

> **풀이**
>
> $C_{10}H_{20} + 15O_2 \rightarrow 10CO_2 + 10H_2O$
>
> 습연소가스 전체 몰수
> $= 10CO_2 + 10H_2O + (15 \times 0.6)O_2 + (15 \times 3.76 + 15 \times 3.76 \times 0.6)N_2$
> $= 119.24 \text{mole}$
>
> 습연소가스 중 NO 가스 몰수 $= 140g \times 0.003 \times \dfrac{2 \text{mole NO}}{28g\, N_2} = 0.03 \text{moleNO}$
>
> 습연소가스 중 NO의 농도(ppm) $= \dfrac{0.03 \text{mole}}{119.24 \text{mole}} \times 10^6 = 251.59 \text{ppm}$

10 가스크로마토그래피법 분리평가 항목 중 분리능의 '분리계수'와 '분리도'를 구하는 식과 각각의 인자의 의미를 쓰시오.

> **풀이**
>
> 1) 분리계수$(d) = \dfrac{t_{R2}}{t_{R1}}$
>
> 2) 분리도$(R) = \dfrac{2(t_{R2} - t_{R1})}{W_1 + W_2}$
>
> 여기서, t_{R1} : 시료도입점으로부터 봉우리(피크) 1의 최고점까지의 길이
> t_{R2} : 시료도입점으로부터 봉우리(피크) 2의 최고점까지의 길이
> W_1 : 봉우리(피크) 1의 좌우 변곡점에서 접선이 자르는 바탕선의 길이
> W_2 : 봉우리(피크) 2의 좌우 변곡점에서 접선이 자르는 바탕선의 길이

11 온실효과에서 기온 상승 원리와 대표적인 원인 물질 3가지를 쓰시오.(단, 부분점수 없음)
(1) 원리   (2) 온실기체 종류

> **풀이**
>
> **(1) 원리**
> 온실가스는 파장이 짧은 가시광선은 그대로 통과시키지만 태양광에 의해 따뜻해진 지표가 방사하는 파장이 긴 적외선은 잘 흡수한다. 흡수된 적외선의 에너지가 대기 중에서 계속 축적되어 발생하는 지구대류권의 온도증가현상이 온실효과이다.

(2) 온실기체(3가지만 기술)

① CO_2　　　　　　　　② CH_4
③ N_2O　　　　　　　　④ HFC(수소불화탄소)
⑤ PFC(과불화탄소)　　　⑥ SF_6(육불화황)

12 알베도, 빈의 변위법칙 및 관계식을 변수를 포함해 설명하시오.

> **풀이**
>
> **1. 알베도**
> 지구 지표의 반사율을 나타내는 지표로 입사에너지에 대한 반사되는 에너지의 비이다.
>
> **2. 빈의 변위법칙**
> 흑체로부터 방출되는 파장 가운데 에너지 밀도가 최대인 파장과 흑체의 온도는 반비례한다는 법칙이다.
>
> $$\lambda_m = \frac{2,897}{T}$$
>
> 여기서, λ_m : 복사에너지 중 에너지 강도가 최대가 되는 파장(μm)
> 　　　　T : 흑체의 표면온도(K)

13 질소산화물(NOx)을 제거하기 위한 방법 중 하나인 선택적 촉매환원법(SCR ; Selective Catalytic Reduction)을 설명하고 대표적인 반응식을 3가지만 쓰시오.

(1) 원리　　　　　　　　　　　　(2) 대표 반응식

> **풀이**
>
> **(1) 원리**
> 배기가스 중의 NOx를 촉매(TiO_2과 V_2O_5을 혼합하여 제조)를 사용하여 환원제(NH_3, H_2S, CO, H_2)와 반응시켜 N_2와 H_2O로 변환하고 배기가스 중 O_2와 상관없이 접촉환원시키는 방법이다.
>
> **(2) 대표 반응식**
> $6NO + 4NH_3 \rightarrow 5N_2 + 6H_2O$
> $6NO_2 + 8NH_3 \rightarrow 7N_2 + 12H_2O$
> $4NO + 4NH_3 + O_2 \rightarrow 4N_2 + 6H_2O$ (산소공존의 경우)

14 원자흡광광도법에 사용되는 용어 중 공명선 및 분무실에 대하여 설명하시오.

> **풀이**
>
> 1. **공명선(Resonance Line)**
>   원자가 외부로부터 빛을 흡수했다가 다시 원래의 상태로 돌아갈 때 방사하는 스펙트럼선이다.
>
> 2. **분무실(Nebulizer Chamber, Atomizer Chamber)**
>   분무기와 함께 분무된 시료용액의 미립자를 더욱 미세하게 해주는 한편, 큰 입자와 분리시키는 작용을 갖는 장치이다.

15 전기집진장치에서 역전리 현상이 발생하는 것을 방지하기 위해서 먼지의 겉보기 전기저항을 감소시키는 방법을 3가지 쓰시오.

> **풀이**
>
> **역전리 현상 대책**
> ① 비저항 조절제(물 or 수증기, 트리에틸아민)를 투입하여 겉보기 전기저항을 낮춘다.
> ② 탈진 타격을 강하게 하며 빈도를 늘린다.
> ③ 습식 전기집진장치를 사용한다.

16 집진장치에서 포집하고자 하는 먼지의 입경범위에 따른 중량분포와 집진장치에서의 각 입경범위에 따른 집진율은 다음 표와 같다. 이 장치에서의 총 집진효율(%)을 구하시오.

입경분포(μm)	0~5	5~10	10~15	15~20
먼지중량분포(%)	10	30	40	20
부분집진율(%)	93	95	97	99

> **풀이**
>
> 총 집진효율(η_T)
> $$\eta_T = f_1\eta_1 + \cdots + f_n\eta_n$$
> $$= (0.1 \times 0.93) + (0.3 \times 0.95) + (0.4 \times 0.97) + (0.2 \times 0.99)$$
> $$= 0.964 \times 100 = 96.4\%$$

17 대기오염공정시험기준상 굴뚝배출가스 중 먼지를 연속적으로 자동 측정하는 방법 3가지를 쓰시오.

> **풀이**
> ① 광산란적분법   ② 베타(β)선흡수법   ③ 광투과법

18 다음은 광화학 스모그에 관한 내용이다. (　) 안에 들어갈 알맞은 용어를 쓰시오.

> 지표 부근에서 오존은 NO_2의 (　①　)에 의해 생성되는데, NO_2는 반응성 가스로 짧은 자외선을 흡수하여 NO와 (　②　)를(을) 생성하며, (　③　)는 O_2와 반응하여 오존을 형성시킨다. 다시 오존은 NO를 산화시켜 NO_2를 만든다. 그러나 대기 중에서 HC가 존재하면 반응은 더욱 복잡해져 산소원자가 이 탄화수소를 산화하여, 산화된 화합물과 (　④　)는 NO와 반응하여 NO_2를 더 많이 생성시킨다. 따라서 오존과 반응하는 NO의 양은 (　⑤　)하여 결과적으로 NO에 의한 오존농도가 증가하게 된다.

> **풀이**
> ① 광분해순환   ② O(산소원자)   ③ O(산소원자)
> ④ 자유기   ⑤ 감소

19 황 함량이 3%인 중유를 20ton/hr로 연소하는 보일러에서 발생하는 배출가스를 NaOH 수용액으로 처리한 후 Na_2SO_3로 회수할 경우, 이때 필요한 NaOH(kg/hr)는?

> **풀이**
> $S + O_2 \rightarrow SO_2$, $SO_2 + 2NaOH \rightarrow Na_2SO_3 + H_2O$
> 32kg   : 2×40kg
> 20,000kg/hr × 0.03   : NaOH(kg/hr)
> $$NaOH(kg/hr) = \frac{20,000kg/hr \times 0.03 \times (2 \times 40)kg}{32kg} = 1,500kg/hr$$

20 1.0m 직경의 몸통을 갖는 사이클론이 있다. 유량이 150m³/min이며 입자밀도 1,600kg/m³, 가스밀도 1.01kg/m³, 가스점도 0.075kg/m·hr이고 입경분포는 다음과 같을 경우 총 집진효율(%)을 구하시오.

크기 영역(μm)	크기 영역별 질량백분율
10	10
30	20
60	50
80	20

(단, 절단입경(d_{p50}) = $\left[\dfrac{9\mu W}{2\pi N_e V_i(\rho_p - \rho_g)}\right]^{0.5}$,

특정입경 분진집진효율(η_j) = $\dfrac{1}{1+\left(\dfrac{d_{p50}}{d_{pj}}\right)^2}$

여기서, η_j는 j번째 크기 영역의 집진효율, $\overline{d_{pj}}$는 j번째 크기 영역의 직경, 입구 높이와 폭은 0.5m×0.25m, 유효회전수(N_e)는 6)

> **풀이**
>
> 유입유속(V_i) = $\dfrac{150\text{m}^3/\text{min}}{(0.5\times0.25)\text{m}^2}$ = 1,200m/min
>
> $d_{p50} = \left[\dfrac{9\times0.075\text{kg/m}\cdot\text{hr}\times0.25\text{배}}{2\times3.14\times6\times1,200\text{m/min}\times60\text{min/hr}\times(1,600-1.01)}\right]^{0.5}$
>
> $\quad\quad = 6.26\times10^{-6}\text{m} = 6.3\mu\text{m}\times10^6\mu\text{m/m} = 6.26(6.3)\mu\text{m}$
>
> 입경별 분진집진효율
>
> ① 10μm
> $\eta_{10} = \dfrac{1}{1+\left(\dfrac{6.3}{10}\right)^2} = 0.716$
>
> ② 30μm
> $\eta_{30} = \dfrac{1}{1+\left(\dfrac{6.3}{30}\right)^2} = 0.958$
>
> ③ 60μm
> $\eta_{60} = \dfrac{1}{1+\left(\dfrac{6.3}{60}\right)^2} = 0.989$
>
> ④ 80μm
> $\eta_{80} = \dfrac{1}{1+\left(\dfrac{6.3}{80}\right)^2} = 0.994$
>
> 총 집진효율(%) = (0.716×0.1) + (0.958×0.2) + (0.989×0.5) + (0.994×0.2)
> $\quad\quad\quad\quad\quad$ = 0.9565×100 = 95.65%

50 2020년 3회 산업기사

01 연소 용어 중 등가비(ϕ)에 대하여 다음 물음에 답하시오.

(1) 등가비를 식으로 표현하고 공기비와의 관계를 중심으로 간단히 설명하시오.

(2) 다음 ( ) 안에 '증가' 또는 '감소'를 넣어 문장을 완성하시오.

> 등가비가 1인 연소시설의 등가비를 1 이하로 낮추면 배출가스 중의 CO는 (①)하고 NO는 (②)한다.

풀이

(1) 등가비(ϕ : Equivalent Ratio)

공기비의 역수로서 일정량의 이론적인 연공비(연료와 공기의 혼합비)에 대하여 실제 연소되는 연공비는 몇 배가 되는지 표현한 것이며 당량비라고도 한다.

$$\phi = \frac{(실제\ 연료량/산화제)}{(완전연소를\ 위한\ 이상적\ 연료량/산화제)} = \frac{1}{공기비(m)}$$

(2) ① 감소   ② 증가

02 중력집진장치의 장단점을 2가지씩 쓰시오.

풀이

1. 장점
    ① 타 집진장치보다 구조가 간단하고 압력 손실이 적다.
    ② 고온가스 처리가 가능하며 유지 관리가 용이하다.(함진가스의 온도변화에 의한 영향을 거의 받지 않는다.)

2. 단점
    ① 집진효율이 낮고 미세입자 처리가 곤란하다.
    ② 먼지부하 및 유량 변동에 적응성이 낮아 민감하다.

03 다음 질문에 답하시오.

(1) 세정식 집진장치의 포집원리 4가지를 쓰시오.

(2) 다공판탑의 장단점을 2가지씩 쓰시오.

> **풀이**
>
> (1) 세정식 집진장치 포집원리(4가지만 기술)
>   ① 액적에 입자가 충돌하여 부착된다.
>   ② 배기가스 증습에 의하여 입자가 서로 응집한다.(증습하면 입자의 응집이 높아짐)
>   ③ 미립자 확산에 의하여 액적과의 접촉을 쉽게 한다.
>   ④ 액막과 기포에 입자가 충돌하여 부착된다.
>   ⑤ 입자를 핵으로 한 증기의 응결에 따라 응집성을 촉진시킨다.
>
> (2) 다공판탑의 장단점
>   1) 장점
>   ① 액측 저항이 클 경우 이용하기 유리하다.
>   ② 비교적 소량의 액량으로 처리가 가능하다.
>   2) 단점
>   ① 가스양의 변동이 심한 경우에는 운전할 수 없다.
>   ② 압력 손실이 크다.

04 전기집진장치의 입자에 작용하는 전기력 종류 4가지를 쓰시오.

> **풀이**
>
> **입자에 작용하는 전기력**
> ① 대전입자의 하전에 의한 쿨롱력   ② 전계강도에 의한 힘
> ③ 입자 간의 흡인력   ④ 전기풍에 의한 힘

05 탄화수소를 연소시킨 후 건조배기가스의 조성을 분석하였더니 O_2 : 10%, CO_2 : 15%, CO : 5%, 나머지는 N_2이다. 이때 공기비(m)를 계산하시오.

> **풀이**
>
> $$m = \frac{N_2}{N_2 - 3.76(O_2 - 0.5CO)}$$
>
> $N_2 = 100 - (CO_2 + CO + O_2) = 100 - (15 + 5 + 10) = 70\%$
>
> $$= \frac{70}{70 - 3.76[10 - (0.5 \times 5)]} = 1.67$$

06 전기집진장치의 장점 4가지를 쓰시오.

풀이

장점(4가지만 기술)
① 집진효율이 높다.(0.1~0.9μm인 것에 대해서도 높은 집진효율)
② 광범위한 온도범위에서 적용이 가능하며 부식성 · 폭발성 가스가 함유된 먼지의 처리도 가능하다.
③ 고온가스(500℃ 전후) 처리가 가능하여 보일러와 철강로 등에 설치할 수 있다.
④ 압력손실이 적고 대용량의 가스 처리가 가능하며 배출가스의 온도강하가 적다.
⑤ 운전 및 유지비가 저렴하다.(전력소비 적음)
⑥ 회수가치 입자 포집에 유리하며 습식 및 건식으로 집진할 수 있다.

07 반지름이 5cm, 길이가 1m인 원통형 집진극을 가진 전기집진기가 있다. 입구분진농도가 8g/m³, 출구분진농도가 0.05g/m³가 되도록 운전하려고 한다. 함진가스의 배출유속을 2m/sec로 할 경우, 입자가 집진극에서 방전극으로 이동하는 속도(m/sec)는?

풀이

$$\eta = 1 - \exp\left(-\frac{AW}{Q}\right)$$

양변에 ln을 취하여 정리하면

$$-\frac{AW}{Q} = \ln(1-\eta)$$

$$W(\text{m/sec}) = -\frac{Q}{A}\ln(1-\eta)$$

$$Q = A \times V = \left(\frac{3.14 \times 0.1^2}{4}\right)\text{m}^2 \times 2\text{m/sec} = 0.0157 \text{m}^3/\text{sec}$$

$$A(\text{집진극 면적}) = 3.14DL = 3.14 \times 0.1\text{m} \times 1\text{m} = 0.314\text{m}^2$$

$$\eta = \left(1 - \frac{0.05}{8}\right) \times 100 = 99.38\%$$

$$= -\frac{0.0157}{0.314}\ln(1-0.9938) = 0.25\text{m/sec}$$

08 여과집진장치에서 Blinding 현상을 간단히 설명하시오.

> **풀이**
>
> **Blinding 현상**
> 점착성 분진이 여과재에 부착된 후 배기가스 중에 함유된 수분의 응축으로 인하여 탈진이 쉽게 되지 않고 여과재의 공극이 막혀 압력손실이 영구적으로 과도하게 증가되는 현상이다.

09 염소농도가 200ppm인 배출가스를 처리하여 10mg/Sm^3로 배출될 경우 염소의 제거율(%)은?(단, 표준상태 기준)

> **풀이**
>
> $$\text{제거효율}(\%) = \left(1 - \frac{C_o}{C_i}\right) \times 100$$
>
> $C_i = 200\text{ppm}$
>
> $C_o = 10\text{mg/Sm}^3 \times \dfrac{22.4\text{mL}}{71\text{mg}} = 3.15\text{ppm}$
>
> $= \left(1 - \dfrac{3.15}{200}\right) \times 100 = 98.43\%$

10 벤투리스크러버 목부의 직경이 0.25m, 수압이 $20{,}000\text{mmH}_2\text{O}$, 목부의 유속이 90m/s, 노즐의 직경이 0.4cm이다. 노즐의 개수를 6개로 할 경우에 $2.2\text{m}^3/\text{sec}$의 가스 처리 시 요구되는 물의 양(L/sec)을 구하시오.

> **풀이**
>
> $$n\left(\frac{d_n}{D_t}\right)^2 = \frac{V_t \cdot L}{100\sqrt{P}}$$
>
> 여기서, n : 노즐의 개수, d_n : 노즐의 직경(m)
> D_t : 목부의 직경(m), V_t : 목부의 유속(m/s)
> L : 액가스비(L/m^3), P : 수압(mmH_2O)
>
> $6\left(\dfrac{0.004}{0.25}\right)^2 = \dfrac{90 \cdot L}{100\sqrt{20{,}000}} \Rightarrow L = 0.2414\text{L/m}^3$
>
> 액가스비(L/m^3) = $\dfrac{\text{가스 처리 시 요구되는 물의 양}(\text{L/sec})}{\text{가스의 양}(\text{m}^3/\text{sec})}$
>
> $0.2414\text{L/m}^3 = \dfrac{X(\text{L/sec})}{2.2\text{m}^3/\text{sec}}$
>
> 가스 처리 시 요구되는 물의 양 = 0.53L/sec

11 유효굴뚝높이 60m에서 유량 980,000m³/day, SO₂ 1,200ppm으로 배출되고 있다. 이때 최대지표농도(ppb)는?(단, Sutton의 확산식을 사용하고, 풍속은 6m/s, 이 조건에서 확산계수 $K_y=0.15$, $K_z=0.18$이다.)

> **풀이**
>
> $$C_{\max} = \frac{2Q}{\pi \cdot e \cdot u \cdot H_e^2}\left(\frac{\sigma_z}{\sigma_y}\right)$$
>
> $Q = 980,000 \text{m}^3/\text{day} \times \text{day}/86,400 \text{sec} = 11.34 \text{m}^3/\text{sec}$
>
> $= \dfrac{2 \times 11.34 \text{m}^3/\text{sec} \times 1,200 \text{ ppm}}{\pi \times e \times 6 \text{m}/\text{sec} \times (60\text{m})^2} \times \left(\dfrac{0.18}{0.15}\right)$
>
> $= 0.177 \text{ppm} \times 10^3 \text{ppb/ppm} = 177.07 \text{ppb}$

12 흡착제 선정 시 고려사항 3가지를 쓰시오.

> **풀이**
>
> **흡착제 선정 시 고려사항(3가지만 기술)**
> ① 흡착탑 내에서 기체흐름에 대한 저항(압력손실)이 작을 것
> ② 어느 정도의 강도와 경도가 있을 것
> ③ 흡착률이 우수할 것
> ④ 흡착제의 재생이 용이할 것
> ⑤ 흡착물질의 회수가 용이할 것

13 다음은 비분산 적외선 분광분석법에 관한 내용이다. ( ) 안에 알맞은 용어를 쓰시오.

> (1) (①) : 시료셀에서 적외선 흡수를 측정하는 경우 대조가스로 사용하는 것으로 적외선을 흡수하지 않는 가스
> (2) 응답시간 : 제로 조정용 가스를 도입하여 안정된 후 유로를 스팬가스로 바꾸어 기준 유량으로 분석계에 도입하여 그 농도를 눈금 범위 내의 어느 일정한 값으로부터 다른 일정한 값으로 갑자기 변화시켰을 때 스텝(step) 응답에 대한 소비시간이 (②) 이내이어야 한다. 또한 이때 최종 지시치에 대한 90%의 응답을 나타내는 시간은 (③) 이내이어야 한다.

> **풀이**
>
> ① 비교가스　　② 1초　　③ 40초

14 다음 물음에 답하시오.

(1) 리차드슨수의 공식을 쓰시오.

(2) 다음 경우의 대기안정도를 설명하시오.

① $0.25 < R_i$ ② $0 < R_i < 0.25$
③ $R_i = 0$ ④ $-0.03 > R_i > 0$
⑤ $R_i < -0.04$

> **풀이**
>
> (1) 리차드슨수
>
> $$R_i = \frac{g}{T_m} \left[\frac{\Delta T/\Delta Z}{(\Delta U/\Delta Z)^2} \right]$$
>
> 여기서, ΔT : 두 층의 온도차
> g : 중력가속도($=9.8 \text{m/s}^2$)
> T_m : 평균 절대온도 $= \dfrac{T_2 + T_1}{2}$ (K)
> ΔU : 두 층의 풍속차 $= U_2 - U_1$(m/s)
> ΔZ : 두 층의 고도차 $= Z_2 - Z_1$(m)
>
> (2) 대기안정도
>
> ① $0.25 < R_i$: 수직 방향의 혼합이 없음을 나타낸다.(수평상의 소용돌이만 남음)
> ② $0 < R_i < 0.25$: 성층(Stratification)에 의해서 약화된 기계적 난류가 존재한다.
> ③ $R_i = 0$: 중립 상태로서 기계적 난류가 지배적인 상태를 나타낸다.
> ④ $-0.03 > R_i > 0$: 기계적 난류와 대류가 존재하나 주로 기계적 난류가 혼합을 일으킨다.
> ⑤ $R_i < -0.04$: 대류난류에 의한 혼합이 지배적이다.(대기안정도 : 불안정)

15 연소과정 중 연소조절에 의한 질소산화물 억제방법 3가지를 쓰시오.

> **풀이**
>
> **연소과정 중 질소산화물 억제방법(3가지만 기술)**
>
> ① 저산소 연소(저과잉공기 연소) ② 저온도 연소(연소용 예열공기의 온도 조절)
> ③ 배기가스 재순환 ④ 2단 연소
> ⑤ 버너 및 연소실의 구조 개선 ⑥ 수증기 물 분사

16 연소방법의 종류 3가지를 쓰고 간단하게 설명하시오.

> **풀이**
>
> **1. 증발연소**
>
> 화염으로부터 열을 받으면 가연성 증기가 발생하는 연소, 즉 액체연료가 액면에서 증발하여 가연성 증기로 되어 산소와 반응한 후 착화되어 화염이 발생하고 증발이 촉진되면서 연소가 이루어지는 것을 의미한다.(적용 : 휘발유, 나프탈렌, 양초)
>
> **2. 분해연소**
>
> 고체연료가 가열되면 열분해가 일어나서 가연성 가스가 발생하며, 이것이 공기와 혼합하여 확산 연소하는 과정을 분해연소라 한다.(적용 : 석탄, 목재)
>
> **3. 표면연소**
>
> 고체연료 표면에 고온을 유지시켜 표면에서 반응을 일으켜 내부로 연소가 진행되는 연소방법이다.(적용 : 코크스, 숯, 금속)

17 50,000Sm³/hr 배기가스를 배출하는 연소시설에서 석회석 건식법으로 SO_2를 처리하고자 한다. 배기가스의 SO_2 농도가 400ppm일 때 이론적으로 완전히 제거하기 위해 필요한 석회석($CaCO_3$)의 최소량(kg/hr)은?

> **풀이**
>
> SO_2 + $CaCO_3$ → $CaSO_3 + CO_2$
>
> 22.4Sm³ : 100kg
>
> 50,000Sm³/hr×400mL/m³×m³/10⁶mL : $CaCO_3$(kg/hr)
>
> $$CaCO_3(kg/hr) = \frac{50,000Sm^3/hr \times 400mL/m^3 \times m^3/10^6 mL \times 100kg}{22.4Sm^3}$$
>
> $= 89.29 kg/hr$

18 입경이 2.1μm, 밀도가 4g/cm³인 구형입자의 공기역학적 직경(μm)은?(단, Stokes 직경과 공기역학적 직경의 관계가 적용되며 기타 조건은 고려하지 않는다.)

> **풀이**
>
> 공기역학적 직경(d_a) = Stokes 직경 × $\left(\dfrac{구형입자의\ 밀도}{구형입자의\ 형상인자}\right)^{0.5}$
>
> $= 2.1\mu m \times \left(\dfrac{4}{1}\right)^{0.5} = 4.2\mu m$

19 C : 80%, H : 20%인 연료를 1kg/hr 연소 시 발생되는 이론건배기가스양(Sm³/hr)은?

> **풀이**
>
> 이론건배기가스양(G_{od})
>
> $G_{od} = (1 - 0.21)A_0 + 1.867C$
>
> $A_0 = \dfrac{1}{0.21}[(1.867 \times 0.8) + (5.6 \times 0.2)] = 12.45 \text{Sm}^3$
>
> $= (0.79 \times 12.45) + (1.867 \times 0.8) = 11.33 \text{Sm}^3/\text{hr}$
>
> [다른 풀이]
>
> $G_{od} = A_0 - 5.6\text{H} = 12.45 - (5.6 \times 0.2) = 11.33 \text{Sm}^3/\text{hr}$

20 다음 용어를 간단히 설명하시오.

(1) 건조단열감률 (2) 온위

> **풀이**
>
> **(1) 건조단열감률**
>
> 이론적인 기온체감률을 의미하며 고도 100m당 약 −1℃씩 기온이 하강하고 실제로는 일어나지 않으나 실제 대기의 난류특성 평가 시 평가척도로 매우 중요하게 이용된다.
>
> **(2) 온위**
>
> 건조공기가 상승하면 온도가 낮아지고 하강하면 온도가 높아지므로 어느 고도에 있는 공기의 온도를 다른 고도의 공기 온도와 비교하기 위하여 공기가 건조단열적으로 하강 또는 상승하여 기압이 1,000mbar인 고도까지 이동했을 경우의 온도를 온위라 한다.

SECTION 51 2020년 4회 기사

01 배출가스의 평균온도는 105℃이고, 높이가 75m인 굴뚝에서 자연통풍 연소장치의 굴뚝 높이를 그대로 유지하면서 통풍력을 2.5배로 증가시킬 경우, 굴뚝으로 배출되는 연소가스 온도(℃)는?(단, 굴뚝 주변의 대기온도 27℃, 공기와 배출가스의 비중량은 1.3kg/Sm³, 연도 내의 다른 마찰손실은 무시한다.)

[풀이]

105℃에서의 통풍력

$$Z = 273H\left(\frac{1.3}{273+t_a} - \frac{1.3}{273+t_g}\right)$$

$$= 273 \times 75\left(\frac{1.3}{273+27} - \frac{1.3}{273+105}\right) = 18.31 \text{mmH}_2\text{O}$$

통풍력 2.5배 증가 시 연소가스 온도(t_g)

$$18.31 \times 2.5 = 273 \times 75\left(\frac{1.3}{273+27} - \frac{1.3}{273+t_g}\right)$$

$$t_g = 346.67℃$$

02 집진극 사이의 간격이 25cm인 평판형 전기집진기가 있다. 이 집진기로 유입되는 전압은 50kV이고, 집진극 사이를 통과하는 처리가스 유속이 1.5m/sec일 경우, 입자의 입경 0.5μm를 100% 제거하기 위해 요구되는 집진극의 길이(m)를 구하시오.(단, 배출가스의 점성계수 $\mu_g = 8.63 \times 10^{-2}$ kg/m·hr, 유전율 $P=2$, 집진극으로 이동하는 입자의 이동속도 $W_e = \dfrac{1.1 \times 10^{-14} \times P \times E^2 \times d_p}{\mu_g}$ 이다.)

[풀이]

$$W_e = \frac{1.1 \times 10^{-14} \times P \times E^2 \times d_p}{\mu_g}$$

$P=2$, $d_p = 0.5\mu m$, $E = \dfrac{50,000\text{V}}{(0.25/2)\text{m}} = 400,000\text{V/m}$

$$= \frac{1.1 \times 10^{-14} \times 2 \times 400,000^2 \times 0.5}{8.63 \times 10^{-2}} = 0.02 \text{m/sec}$$

$L \times W_e = r \times V$ 에서

$$L = \frac{r \times V}{W_e} = \frac{0.125\text{m} \times 1.5\text{m/sec}}{0.02\text{m/sec}} = 9.38\text{m}$$

03 자동차 연료로 쓰이는 가솔린($C_8H_{17.5}$)을 완전연소시킬 때의 AFR을 부피 및 중량(질량) 기준으로 각각 구하시오.

> **풀이**
>
> $C_8H_{17.5}$의 연소반응식
> $C_8H_{17.5} + 12.375O_2 \rightarrow 8CO_2 + 8.75H_2O$
>
> 1) 부피 기준
>
> $$AFR = \frac{\text{산소의 mole}/0.21}{\text{연료의 mole}} = \frac{12.375/0.21}{1} = 58.93 \text{mole air/mole fuel}$$
>
> 2) 중량 기준
>
> $$AFR = 58.93 \times \frac{28.95}{113.5} = 15.03 \text{kg air/kg fuel}$$
>
> [113.5 : 가솔린 분자량, 28.95 : 건조공기 분자량]

04 분산모델(Dispersion Model)과 수용모델(Receptor Model)의 특징을 각각 3가지씩 쓰시오.

> **풀이**
>
> **1. 분산모델(3가지만 기술)**
> ① 2차 오염원의 확인이 가능하다.
> ② 지형 및 오염원의 조업조건에 영향을 받는다.
> ③ 점, 선, 면 오염원의 영향을 평가할 수 있다.
> ④ 새로운 오염원이 지역 내에 신설될 때마다 매번 재평가하여야 한다.
> ⑤ 미래의 대기질을 예측할 수 있다.
> ⑥ 단기간 분석 시 문제가 된다.
>
> **2. 수용모델(3가지만 기술)**
> ① 새로운 오염원이나 불확실한 오염원을 정량적으로 확인·평가할 수 있다.
> ② 지형이나 기상학적 정보 없이도 사용이 가능하다.
> ③ 현재나 과거에 일어났던 일을 추정하여 미래를 위한 전략을 세울 수 있으나, 미래 예측은 어렵다.
> ④ 오염원의 조업 및 운영상태에 대한 정보 없이도 사용 가능하다.
> ⑤ 측정자료를 입력자료로 사용하므로 시나리오 작성이 곤란하다.

05 500m³ 용적의 방 안에 10명이 있고 그 중 5명이 담배를 피우는데, 1시간 동안 5명이 총 20개비의 담배를 피웠다. 담배 1개비당 1.4mg의 포름알데히드가 발생한다면 1시간 후 방 안의 포름알데히드 농도는 몇 ppm인가? 소수 셋째 자리까지 구하라. (단, 포름알데히드는 완전혼합되고, 담배를 피우기 전 농도는 0이며, 온도는 25℃로 한다.)

> **풀이**
>
> 시간당 포름알데히드[HCHO] 농도(mg/m³) = $\dfrac{20개비/hr \times 1.4mg/개비}{500m^3}$
>
> $= 0.056 mg/m^3 \cdot hr$
>
> 한 시간 후 농도(mg/m³) = $0.056 mg/m^3 \cdot hr \times 1hr = 0.056 mg/m^3$
>
> 온도(25℃)에 따른 부피보정 후 농도(ppm)
>
> 농도(ppm) = $0.056 mg/m^3 \times \dfrac{22.4mL \times \left(\dfrac{273+25}{273}\right)}{30mg(HCHO 분자량)} = 0.046 ppm$

06 물리적 흡착법의 특징을 4가지만 쓰시오. (단, [기체와 흡착제가 분자 간의 인력(Van der Waals 힘)에 의해 서로 달라붙는다.] 등으로 기재하되, 예시는 정답에서 제외함)

> **풀이**
>
> **물리적 흡착의 특징(4가지만 기술)**
> ① 가스와 흡착제가 분자 간의 인력, 즉 Van der Waals Force(반데르발스 결합력)로 약하게 결합되어 있으며 보통 가용한 피흡착제의 표면적에 비례한다.
> ② 가스 중의 분자 간 상호의 인력보다 고체 표면과의 인력이 크게 되는 때에 일어난다.
> ③ 가역성이 높다. 즉, 가역적 반응이기 때문에 흡착제 재생 및 오염가스 회수에 매우 유용하며 여러 층의 흡착이 가능하다.
> ④ 흡착제에 대한 용질의 분자량이 클수록, 온도가 낮을수록, 압력(분압)이 높을수록 흡착에 유리하다.
> ⑤ 흡착량은 단분자층과는 관계가 적다. 즉, 물리적 흡착은 다분자 흡착층 흡착이며, 흡착열이 낮다.
> ⑥ 흡착물질은 임계온도 이상에서는 흡착되지 않는다.

07 분진농도가 10g/Nm³인 배출가스를 제거하는 1차 집진장치의 집진율이 90%인 경우 출구의 분진농도를 0.2g/Nm³로 하기 위한 2차 집진기의 집진율(%)을 구하시오.

풀이

$$\eta_t = \left(1 - \frac{0.2}{10}\right) \times 100 = 98\%$$
$$\eta_t = \eta_1 + \eta_2(1-\eta_1)$$
$$0.98 = 0.9 + \eta_2(1-0.9)$$
$$\eta_2 = 80\%$$

08 유해가스 처리장치 중 액분산형 흡수장치의 종류 4가지를 쓰시오.

풀이

액분산형 흡수장치(4가지만 기술)
① 충전탑(Packed Tower)   ② 분무탑(Spray Tower)
③ 벤투리스크러버(Venturi Scrubber)   ④ 사이클론스크러버(Cyclone Scrubber)
⑤ 분무실(Spray Chamber)

09 배기가스를 흡착법으로 처리할 경우 사용된 활성탄 재생방법 5가지를 쓰시오.

풀이

흡착제 재생방법
① 수증기 송입 탈착법   ② 가열공기 탈착법
③ 수세(물) 탈착법   ④ 감압(압력을 낮춤) 탈착법
⑤ 고온의 불활성기체 탈착법

10 벤투리스크러버의 장치 사양이 아래와 같을 때, 벤투리스크러버의 노즐 직경(mm)을 구하시오.

- 슬롯부 직경 $D_t = 0.2$m
- 노즐 개수 $n = 6$
- 슬롯부의 속도 $V_t = 60$m/sec
- 수압 $P = 2$atm
- 액가스비 $L = 0.5$L/m³

> **풀이**
>
> 벤투리스크러버의 각 인자 관계식
>
> $$n\left(\frac{d}{D_t}\right)^2 = \frac{V_t \cdot L}{100\sqrt{P}}$$
>
> 여기서, D_t : 목부의 직경(m), d : 노즐의 직경(m)
> n : 노즐의 수, V_t : 목부의 가스유속(m/sec)
> L : 액기비(L/m³), P : 수압(mmH₂O)
>
> $$d = D_t \times \left(\frac{1}{n} \times \frac{V_t \times L}{100\sqrt{P}}\right)^{0.5}$$
>
> $$P = 2\text{atm} \times \frac{10{,}332\text{mmH}_2\text{O}}{\text{atm}} = 20{,}664\text{mmH}_2\text{O}$$
>
> $$= 0.2 \times \left[\frac{1}{6} \times \left(\frac{60 \times 0.5}{100\sqrt{20{,}664}}\right)\right]^{0.5} = 0.00373\text{m} \times 1{,}000\text{mm/m} = 3.73\text{mm}$$

11 송풍기 크기가 같고 밀도(비중)가 일정할 때 회전속도(회전수비)와 풍량, 풍압, 동력의 관계를 기술하시오.

> **풀이**
>
> **송풍기 상사법칙(송풍기 크기가 같고 유체 비중이 일정할 때)**
>
> 1) 풍량
>   풍량은 송풍기 회전속도(회전수비)에 비례한다.
> $$\frac{Q_2}{Q_1} = \frac{\text{rpm}_2}{\text{rpm}_1},\quad Q_2 = Q_1 \times \frac{\text{rpm}_2}{\text{rpm}_1}$$
>
> 2) 풍압
>   풍압은 송풍기 회전속도(회전수비)의 제곱에 비례한다.
> $$\frac{\Delta P_2}{\Delta P_1} = \left(\frac{\text{rpm}_2}{\text{rpm}_1}\right)^2,\quad \Delta P_2 = \Delta P_1 \times \left(\frac{\text{rpm}_2}{\text{rpm}_1}\right)^2$$
>
> 3) 동력
>   동력은 송풍기 회전속도(회전수비)의 세제곱에 비례한다.
> $$\frac{\text{kW}_2}{\text{kW}_1} = \left(\frac{\text{rpm}_2}{\text{rpm}_1}\right)^3,\quad \text{kW}_2 = \text{kW}_1 \times \left(\frac{\text{rpm}_2}{\text{rpm}_1}\right)^3$$

12 질소산화물 제어방법은 연소조절방법과 배연탈질방법이 있다. 다음 중 연소조절법에 의한 질소산화물 발생을 억제시키는 방법을 4가지만 쓰시오.

> **풀이**
>
> **연소과정 중 질소산화물 억제방법(4가지만 기술)**
> ① 저산소 연소(저과잉공기 연소) ② 저온도 연소(연소용 예열공기의 온도 조절)
> ③ 배기가스 재순환   ④ 2단 연소
> ⑤ 버너 및 연소실의 구조 개선   ⑥ 수증기 물 분사

13 이온크로마토그램의 원리 및 서프레서의 역할을 서술하시오.

> **풀이**
>
> **1. 이온크로마토그램의 원리**
>
> 이동상으로는 액체를, 고정상으로는 이온교환수지를 사용하여 이동상에 녹는 혼합물을 고분리능 고정상이 충전된 분리관 내로 통과시켜 시료성분의 용출상태를 전도도검출기 또는 광학검출기로 검출하여 그 농도를 정량하는 방법이다.
>
> **2. 서프레서**
>
> 용리액에 사용되는 전해질 성분을 제거하기 위하여 분리관 뒤에 직렬로 접속한 것으로서, 전해질을 물 또는 저전도도의 용매로 바꿔줌으로써 전기 전도도 셀에서 목적이온 성분과 전기 전도도만을 고감도로 검출할 수 있게 해준다.

14 어떤 공장의 연소로에서 배출되는 함진가스를 처리하기 위해 벤투리스크러버를 설계하였다. 다음 조건에서 벤투리관 목부 직경(mm)을 구하시오.

> - 함진가스 온도 : 100℃
> - 유량 : 25,000Sm³/hr
> - 벤투리관 목부 속도 : 85m/sec

> **풀이**
>
> $$Q = A \times V = \frac{3.14 \times D^2}{4} \times V$$
>
> $$D = \sqrt{\frac{Q \times 4}{3.14 \times V}}$$
>
> $$Q(\text{m}^3/\text{sec}) = 25,000 \text{Sm}^3/\text{hr} \times \text{hr}/3,600\text{sec} \times \frac{273+100}{273} = 9.49 \text{m}^3/\text{sec}$$
>
> $$= \sqrt{\frac{9.49 \times 4}{3.14 \times 85}} = 0.38\text{m} \, (380\text{mm})$$

15 국소배기장치에서 후드의 성능저하 원인 3가지를 쓰시오.

> **풀이**
> 후드 성능저하 원인(3가지만 기술)
> ① 송풍기의 송풍량 부족(송풍기 성능저하)
> ② 발생원에서 후드 개구면까지 거리가 긺
> ③ 송풍관 내면에 분진이 퇴적
> ④ 외기 영향으로 후드 개구면 기류제어 불량

16 어떤 중력침강실의 집진효율이 85%, 배출가스 중 분진농도가 155g/m³, 배출가스 유량이 10m³/sec, 침전된 분진의 밀도가 800kg/m³이다. 이 중력집진실에 쌓인 분진의 부피가 0.55m³가 될 경우 청소를 해야 한다면 청소하는 시간(min)의 간격을 구하시오.

> **풀이**
> 먼지발생(kg/min) = 10m³/sec × 155g/m³ × kg/1,000g × 60sec/min × 0.85
> $\qquad\qquad\qquad$ = 79.05kg/min
>
> 발생부피(m³/min) = $\dfrac{79.05\text{kg/min}}{800\text{kg/m}^3}$ = 0.0988m³/min
>
> 청소시간 간격(min) = $\dfrac{0.55\text{m}^3}{0.0988\text{m}^3/\text{min}}$ = 5.57min

17 High Volume Air Sampler를 사용하여 24시간 동안 대기 중 부유분진을 채취하였다. 채취 전후의 여과지 중량차가 1.0g이었고, 채취를 시작할 때와 완료할 때의 유량은 0.15m³/sec와 0.2m³/sec이었다. 채취한 부유분진의 농도(μg/m³)를 구하시오.

> **풀이**
> 채취유량(Q) = $\left(\dfrac{Q_1 + Q_2}{2}\right) \times T$
> $\qquad\qquad$ = $\left(\dfrac{0.15 + 0.2}{2}\right)$m³/sec × 24hr × 3,600sec/hr = 15,120m³
>
> 부유분진농도(μg/m³) = $\dfrac{1.0\text{g} \times 10^6 \mu\text{g/g}}{15,120\text{m}^3}$ = 66.14μg/m³

18 탄소 86%, 수소 13%, 황 1% 조성의 중유를 1,000kg/hr 연소시킨다. 배출가스 성분 조성은 CO_2+SO_2 13%, O_2 2%, CO 0%이다. 굴뚝 출구의 배출가스 유속(m/sec)을 구하시오.(단, 굴뚝 출구 면적 $2m^2$, 배출가스 온도 270℃)

> **풀이**
>
> $G_w = mA_0 + 5.6H$
>
> $$m = \frac{N_2}{N_2 - 3.76O_2} = \frac{85}{85 - (3.76 \times 2)} = 1.1$$
>
> $[N_2 = 100 - (13+2) = 85\%]$
>
> $$A_0 = \frac{1}{0.21}[(1.867 \times 0.86) + (5.6 \times 0.13) + (0.7 \times 0.01)] = 11.15 Sm^3/kg$$
>
> $= (1.1 \times 11.15) + (5.6 \times 0.13) = 13 Sm^3/kg$
>
> $Q = A \times V$
>
> $13 Sm^3/kg \times 1,000 kg/hr \times \frac{(273+270)}{273} = 2m^2 \times V$
>
> $$V = \frac{13 Sm^3/kg \times 1,000 kg/hr \times \frac{(273+270)}{273} \times hr/3,600 sec}{2m^2} = 3.83 m/sec$$

19 탄소 84%, 수소 13%, 황 2%, 질소 1%인 중유를 $15 Sm^3/kg$의 공기로 완전연소시켰을 때 습연소가스 중 SO_2 농도(ppm)를 구하시오.

> **풀이**
>
> $$SO_2(ppm) = \frac{0.7 \times S}{G_w} \times 10^6$$
>
> $G_w = mA_0 + 5.6H + 0.8N$
>
> $= 15 + (5.6 \times 0.13) + (0.8 \times 0.02) = 15.74 Sm^3/kg$
>
> $= \frac{0.7 \times 0.02}{15.74} \times 10^6 = 889.45 ppm$

20 원심력 집진기인 사이클론에서 유입구 폭이 12cm, 유효회전수가 5일 때, 분진밀도 1.7g/cm³, 온도 350K인 함진가스가 15m/sec의 속도로 유입된다. 이 경우 절단입경(μm)을 구하시오. (단, 공기점도는 350K에서 0.0748kg/m·hr, 함진가스는 모두 공기로 가정)

> **풀이**
>
> $$d_{p50}(\mu\mathrm{m}) = \left(\frac{9\mu_g W}{2\pi N_e \rho_p V}\right)^{0.5}$$
>
> $$= \left(\frac{9 \times 0.0748\mathrm{kg/m \cdot hr} \times 1{,}000\mathrm{g/kg} \times \mathrm{m}/100\mathrm{cm} \times \mathrm{hr}/3{,}600\mathrm{sec} \times 12\mathrm{cm}}{2 \times 3.14 \times 5 \times 1.7\mathrm{g/cm}^3 \times 15\mathrm{m/sec} \times 100\mathrm{cm/m}}\right)^{0.5}$$
>
> $= 5.29 \times 10^{-4}\mathrm{cm} \times 10^4 \mu\mathrm{m/cm} = 5.29\mu\mathrm{m}$

SECTION 52 2020년 4회 산업기사

01 배출가스 중 SOx를 처리하는 방법은 크게 석회석 주입법, 알칼리금속법, 산화·환원법 등으로 구분한다. 알칼리금속법의 장점 2가지를 쓰시오.

> **풀이**
>
> **알칼리금속법의 장점(2가지만 기술)**
> ① 반응물이 거의 용액으로 퇴적물(찌꺼기)이 없다.
> ② SO_2와 알칼리의 반응효율이 좋아 제거율이 높다.
> ③ 반응이 배출가스의 배출온도에서 이루어진다.

02 0.3μm 직경을 가진 구형물입자(Water Droplet) 하나에 포함되어 있는 물분자수는 몇 개인가?

> **풀이**
>
> 구형물입자 체적(0.3μm 직경) $= \dfrac{1}{6}\pi d_w^3$
>
> $= \dfrac{1}{6} \times 3.14 \times (0.3\ \mu m \times m/10^6\ \mu m)^3$
>
> $= 1.413 \times 10^{-20}\ m^3 \times 1,000\ L/m^3 = 1.413 \times 10^{-17}\ L$
>
> 1mol $= 6.023 \times 10^{23}$의 분자수(아보가드로 법칙)
>
> 물분자수 $= 1.413 \times 10^{-17} L \times 1,000 g/L \times 1 mol/18g \times \dfrac{6.023 \times 10^{23}}{1\ mol} = 4.73 \times 10^8$개

03 질소산화물 제어방법은 연소조절방법과 배연탈질방법이 있다. 다음 중 연소조절법에 의한 질소산화물 발생을 억제시키는 방법을 4가지만 쓰시오.

> **풀이**
>
> **연소과정 중 질소산화물 억제방법(4가지만 기술)**
> ① 저산소 연소(저과잉공기 연소)   ② 저온도 연소(연소용 예열공기의 온도 조절)
> ③ 배기가스 재순환   ④ 2단 연소
> ⑤ 버너 및 연소실의 구조 개선   ⑥ 수증기 물 분사

04 황 함량 4%인 중유를 1시간에 20ton 연소하고 있는 공장에서 배연탈황을 실시하고 있다. 이 시설에서 부산물을 석고($CaSO_4$)로 회수하려고 하는 경우 회수되는 석고의 이론량(ton/h)은?(단, 이 장치의 탈황률은 90%, Ca 원자량은 40)

> **풀이**
>
> $S + O_2 \rightarrow SO_2 + CaCO_3 + \dfrac{1}{2}O_2 \rightarrow CaSO_4 + CO_2$
>
> $S \quad \rightarrow \quad CaSO_4$
>
> 32kg : 136kg
>
> 20ton/hr × 0.04 × 0.9 : $CaSO_4$(ton/hr)
>
> $CaSO_4(\text{ton/hr}) = \dfrac{20\text{ton/hr} \times 0.04 \times 0.9 \times 136\text{kg}}{32\text{kg}} = 3.06\text{ton/hr}$

05 일산화탄소(CO)를 줄이기 위한 완전연소 조건 3가지 인자를 쓰고 간단히 설명하시오.

> **풀이**
>
> **완전연소 구비조건(3T)**
> ① 온도(Temperature) : 연료를 인화점 이상 예열하기 위한 충분한 온도
> ② 시간(Time) : 완전연소를 위한 충분한 체류시간
> ③ 혼합(Turbulence) : 연료와 공기의 충분한 혼합

06 휘발성 유기화합물(VOCs) 및 악취 처리 방법 중 바이오필터(생물막)법의 원리 및 장단점을 2가지씩 기술하시오.

> **풀이**
>
> **1. 원리**
> 미생물을 이용하여 VOCs 및 악취를 CO_2, H_2O로 전환시키는 원리이다.
>
> **2. 장단점**
> 1) 장점
>   ① 생성오염부산물이 적거나 없다.
>   ② 저농도 오염물질(주 : VOCs)의 처리에 적합하고 설치가 간단하다.
> 2) 단점
>   ① 생성량의 증가로 장치가 막힐 수 있다.
>   ② 넓은 부지가 요구되며 습도제어에 각별한 주의가 필요하다.

07 세정집진장치에서 관성충돌계수를 크게 하기 위한 입자배출원의 특성 또는 운전조건 6가지를 쓰시오.

> **풀이**
> ① 분진의 입경이 커야 한다.
> ② 분진의 밀도가 커야 한다.
> ③ 처리가스와 액적의 상대속도가 커야 한다.
> ④ 처리가스의 점도가 낮아야 한다.
> ⑤ 처리가스의 온도가 낮아야 한다.
> ⑥ 액적의 직경이 작아야 한다.

08 전기집진장치에서 재비산 현상이 발생하는 원인 2가지를 쓰시오.

> **풀이**
> **재비산 현상 원인**
> ① 배출가스의 입구유속이 클 때   ② 겉보기 전기저항이 낮을 때

09 석탄(연료)을 공업 분석한 결과 휘발분 40%, 회분 10%, 수분 2%였다. 이 연료의 연료비는 얼마인가?

> **풀이**
> 연료비 = $\dfrac{\text{고정탄소}}{\text{휘발분}}$
>
> 고정탄소(%) = 100 − (휘발분 + 회분 + 수분)
>   = 100 − (40 + 10 + 2) = 48%
>
> = $\dfrac{48}{40}$ = 1.2

10 굴뚝에서 배출되는 가스의 확산이 잘 되도록 하기 위해 유효굴뚝높이를 높일 수 있는 방법 3가지를 쓰시오.

> **풀이**
> **유효굴뚝높이를 상승시키는 방법(3가지만 기술)**
> ① 배출가스온도를 높인다.
> ② 굴뚝에서 배출가스의 배출속도를 증가시킨다.
> ③ 굴뚝의 직경을 감소시킨다.
> ④ 배출가스양을 증가시킨다.

11 충전탑(Packed Tower)에 사용되는 충전물 구비조건 4가지를 쓰시오. (단, 가격이 저렴할 것 및 내구성이 클 것은 정답에서 제외함)

> **풀이**
> **충전물(Packing Material) 구비조건(4가지만 기술)**
> ① 단위부피당 표면적이 클 것
> ② 가스와 액체가 전체에 균일하게 분포될 것
> ③ 가스 및 액체에 대하여 내식성이 있을 것
> ④ 압력 손실이 적고 충전밀도가 클 것
> ⑤ 충분한 화학적 저항성을 가질 것(화학적으로 불활성)
> ⑥ 대상 물질에 부식성이 작을 것
> ⑦ 세정액의 체류현상(Hold-up)이 작을 것

12 입자상 물질을 처리하는 여러 가지 집진장치가 있다. 집진장치 및 포집원리를 쓰시오. (단, 3가지를 쓰시오.)

> **풀이**
> **집진장치 및 포집원리(3가지만 기술)**
> ① 중력집진장치 : 중력에 의한 침강 ② 관성력집진장치 : 관성력에 의한 충돌
> ③ 원심력집진장치 : 원심력   ④ 여과집진장치 : 여과력
> ⑤ 전기집진장치 : 정전기력

13 배출가스상 물질시료를 채취할 때 채취관을 보온 또는 가열할 필요가 있는 3가지 경우를 쓰시오.

> **풀이**
>
> 채취관을 보온 또는 가열할 필요가 있는 경우
> ① 배출가스 중의 수분 또는 이슬점이 높은 가스성분이 응축해서 채취관이 부식될 염려가 있는 경우
> ② 여과재가 막힐 염려가 있는 경우
> ③ 분석대상가스가 응축수에 용해해서 오차가 생길 염려가 있는 경우

14 악취처리방법 5가지를 쓰시오.

> **풀이**
>
> 악취처리방법(5가지만 기술)
> ① 통풍(환기) 및 희석(Ventilation)법   ② 흡착에 의한 처리(흡착법)
> ③ 흡수에 의한 처리(흡수법)   ④ 응축법
> ⑤ 불꽃 소각법(직접 연소법)   ⑥ 촉매 산화법(촉매 연소법)
> ⑦ 화학적 산화법

15 사이클론 집진장치에서 외기의 유입이 없을 경우 집진율이 78%이다. 외부로부터 외기가 10% 유입될 경우 집진율(%)은?(단, 이때 분진통과율은 외기 유입이 없는 경우에 2.5배가 된다.)

> **풀이**
>
> 외기 유입이 없는 경우의 통과율 = $100 - 78 = 22\%$
> 외기 유입이 있는 경우의 통과율 = $22 \times 2.5 = 55\%$
> $\eta = 100 - P = 100 - 55 = 45\%$

16 외부로 비산 배출되는 먼지를 하이볼륨에어샘플러법으로 측정한 조건이 다음과 같을 때 비산먼지의 농도(mg/m³)는?

- 대조위치의 먼지농도 : 0.12mg/m^3
- 포집먼지량이 가장 많은 위치의 먼지농도 : 5.55mg/m^3
- 전 시료채취기간 중 주 풍향이 90° 이상 변했으며, 풍속이 0.5m/초 미만 또는 10m/초 이상 되는 시간이 전 채취시간의 50% 미만이었다.

> **풀이**
>
> 비산먼지농도(mg/m³) = $(C_H - C_B) \times W_D \times W_S$
>
> $= (5.55 - 0.12) \times 1.5 \times 1.0 = 8.15\text{mg/m}^3$
>
> [참고]
> 1) 풍향에 대한 보정
>
> | 풍향변화범위 | 보정계수 |
> |---|---|
> | 전 시료채취 기간 중 주 풍향이 90° 이상 변할 때 | 1.5 |
> | 전 시료채취 기간 중 주 풍향이 45~90° 변할 때 | 1.2 |
> | 전 시료채취 기간 중 풍향이 변동 없을 때(45° 미만) | 1.0 |
>
> 2) 풍속에 대한 보정
>
> | 풍속범위 | 보정계수 |
> |---|---|
> | 풍속이 0.5m/초 미만 또는 10m/초 이상 되는 시간이 전 채취시간의 50% 미만일 때 | 1.0 |
> | 풍속이 0.5m/초 미만 또는 10m/초 이상 되는 시간이 전 채취시간의 50% 이상일 때 | 1.2 |

17 집진장치 2개를 직렬로 연결 시 다음 조건에서 2차 집진장치의 집진효율과 총 포집된 먼지량(g/m³)을 구하시오.

- 1차 집진장치 효율 : 60%
- 1차 집진장치 입구먼지농도 : 15g/m^3
- 최종 배출먼지농도 : 0.3g/m^3

> **풀이**
>
> 1) 2차 집진장치 집진효율(η_2)
>
> $\eta_T = 1-(1-\eta_1)(1-\eta_2)$
>
> $\eta_T = \left(1 - \dfrac{출구농도}{입구농도}\right) \times 100 = \left(1 - \dfrac{0.3}{15}\right) \times 100 = 98\%$
>
> $0.98 = [(1-(1-0.6)(1-\eta_2)]$
>
> $0.4(1-\eta_2) = 1 - 0.98$
>
> $\eta_2 = 0.95 \times 100 = 95\%$
>
> 2) 총 포집먼지량(g/m³) = 입구먼지농도 × 총 집진효율 = $15g/m^3 \times 0.98 = 14.7g/m^3$

18 용적 100m³인 밀폐된 실내에서 황(S) 0.1%를 함유하는 등유 200g을 완전연소시켰을 때, 실내에 존재하는 SO_2 가스의 평균농도(ppm)를 구하시오.

> **풀이**
>
> S + O_2 → SO_2
> 32kg : 22.4Sm³
> 0.001×0.2kg : $SO_2(Sm^3)$
>
> $SO_2(Sm^3) = \dfrac{0.001 \times 0.2kg \times 22.4Sm^3}{32kg} = 1.4 \times 10^{-4} Sm^3$
>
> SO_2 농도(ppm) $= \dfrac{1.4 \times 10^{-4}}{100} \times 10^6 = 1.4 ppm$

19 상온·상압의 함진공기 100m³/min을 벤투리스크러버로 집진하려고 한다. 수량을 50L/min, 목(Throat)부의 속도를 60m/sec로 할 때 압력손실(mmH₂O)은?(단, 가스의 비중량 $\gamma=1.2kg/m^3$, $\Delta P = (0.5 + L) \times \dfrac{\gamma V^2}{2g}$)

> **풀이**
>
> $\Delta P = (0.5 + L) \times \dfrac{\gamma V^2}{2g}$
>
> $L = \dfrac{50(L/min)}{100(m^3/min)} = 0.5 L/m^3$
>
> $\gamma = 1.2 kg/m^3$, $V = 60 m/sec$, $g = 9.8 m/sec^2$
>
> $= (0.5 + 0.5) \times \dfrac{1.2 \times 60^2}{2 \times 9.8} = 220.41 mmH_2O$

SECTION 53 2020년 5회 기사

01 공기 3mole, HCl 기체 5mole의 비율로 혼합된 기체 200kg-mole/hr의 유량을 흡수탑 아래로 주입하고 탑 상부에서는 16,200kg/hr의 순수한 물을 흘려보내어 HCl을 흡수한다. 탑 하부로 나오는 수용액은 물 8mole에 HCl 1mole의 비율로 함유한다면 탑 상부로 배출되는 기체는 공기 1mole당 HCl 몇 mole이 포함되는지 구하시오. (단, 탑 내에서는 물의 증발이 없다고 한다.)

풀이

순수한 물의 mole 유량 $= \dfrac{16,200}{18} = 900\,\text{kg-mole/hr}$

물에 흡수되어 탑 하부로 나오는 HCl mole량 $= 900 \times \dfrac{1}{8} = 112.5\,\text{kg-mole/hr}$

탑 상부로 나오는 공기의 mole 유량 $= 200 \times \dfrac{3}{8} = 75\,\text{kg-mole/hr}$

물에 흡수되지 않고 탑 상부로 나오는 HCl 유량
$= \left(200 \times \dfrac{5}{8}\right) - 112.5 = 12.5\,\text{kg-mole/hr}$

탑 상부로 나오는 공기 1mole당 포함된 HCl의 mole수
$= \dfrac{12.5}{75} = 0.167\,\text{mole HCl/mole air}$

02 광학현미경을 이용하여 입자상 물질을 측정 시 입자상 물질의 끝과 끝을 연결한 선 중 가장 긴 선을 직경으로 하는 입자직경 명칭을 쓰시오.

풀이

Feret Diameter(페렛 직경)

03 산세척 공정 중 발생하는 NO_2 농도를 측정하였더니 500ppm이었다. 배출가스양이 15,000Sm³/hr일 때, CH_4를 이용하여 처리할 경우 발생하는 NO를 $FeSO_4$를 이용한 착염흡수법으로 흡수 제거할 경우 필요한 $FeSO_4$ 양(kg/hr)을 구하시오.

> **풀이**
>
> $CH_4 + 4NO_2 \rightarrow CO_2 + 2H_2O + 4NO$
>
> $4NO + 4FeSO_4 \rightarrow 4Fe(NO)SO_4$
>
> $4 \times 22.4 Sm^3 : 4 \times 152 kg$
>
> $15,000 Sm^3/hr \times 500 \times 10^{-6} : FeSO_4 (kg/hr)$
>
> $FeSO_4(kg/hr) = \dfrac{15,000 Sm^3/hr \times 500 \times 10^{-6} \times 4 \times 152 kg}{4 \times 22.4 Sm^3} = 50.89 kg/hr$

04 헨리의 법칙을 따르는 유해가스가 물속에 2.0kmol/m³만큼 용해되어 있을 때, 분압이 258.4mmH₂O였다면, 이 유해가스의 분압이 30mmHg로 될 때 물속의 유해가스 농도(kmol/m³)는?(단, 기타 조건은 변화 없음)

> **풀이**
>
> $P = H \cdot C$에서 P와 C는 비례하므로
>
> $258.4 mmH_2O \times \dfrac{760 mmHg}{10,332 mmH_2O} = 19.01 mmHg$
>
> $19.01 mmHg : 2.0 kmol/m^3 = 30 mmHg : 농도(kmol/m^3)$
>
> 농도$(kmol/m^3) = \dfrac{2.0 kmol/m^3 \times 30 mmHg}{19.01 mmHg} = 3.16 kmol/m^3$

05 전기집진장치의 효율(성능) 향상방법 6가지를 쓰시오.

> **풀이**
>
> ① 1차 전압이 낮고 과도전류가 흐를 경우 절연회로를 점검한다.
> ② 2차 전류가 주기적 또는 불규칙적으로 흐를 경우 1차 전압을 낮추어 주거나 충분히 탈리조작을 행한다.
> ③ 2차 전류가 현저하게 떨어질 경우 스파크 횟수를 증가시키거나 조습용 스프레이의 수량을 증가시킨다.
> ④ 2차 전류가 많이 흐를 경우 입구분진농도를 조절한다.
> ⑤ 재비산 현상이 일어날 경우 처리가스 속도를 낮추어 속도를 조절한다.
> ⑥ 역전리 현상이 일어날 경우 고압부상의 절연회로를 점검한다.

06 다음 물음에 답하시오.

(1) 폭굉 유도거리(DID)에 대하여 설명하시오.

(2) 폭굉 유도거리가 짧아지는 요건 3가지를 쓰시오.

(3) 혼합기체의 하한 연소범위(%)는?

성분	조성(%)	하한치
메탄	80	5.0
에탄	14	
프로판	4	2.1
부탄	2	1.5

> **풀이**
>
> (1) **폭굉 유도거리(DID)**
>   관 중에 폭굉 가스가 존재할 때 최초의 완만한 연소가 격렬한 폭굉으로 진행할 때까지의 거리
>
> (2) **폭굉 유도거리가 짧아지는 요건 3가지**
>   ① 압력이 높을수록
>   ② 점화원의 에너지가 강할수록
>   ③ 관 속에 방해물이 있거나 관 내경이 작을수록
>
> (3) **혼합기체의 하한 연소범위(%)**
>
> $$\frac{100}{LEL} = \frac{V_1}{X_1} + \frac{V_2}{X_2} + \frac{V_3}{X_3} + \frac{V_4}{X_4} = \frac{80}{5.0} + \frac{14}{3.0} + \frac{4}{2.1} + \frac{2}{1.5}$$
>
> LEL(하한 연소범위) = 4.18

07 가스크로마토그래피법 분리 평가항목 중 분리능의 '분리계수'와 '분리도'를 구하는 식을 쓰고 각 인자의 의미를 설명하시오.

> **풀이**
>
> 1) 분리계수 $(d) = \dfrac{t_{R_2}}{t_{R_1}}$ 2) 분리도 $(R) = \dfrac{2(t_{R_2} - t_{R_1})}{W_1 + W_2}$
>
> 여기서, t_{R_1} : 시료도입점으로부터 봉우리(피크) 1의 최고점까지의 길이
> t_{R_2} : 시료도입점으로부터 봉우리(피크) 2의 최고점까지의 길이
> W_1 : 봉우리(피크) 1의 좌우 변곡점에서 접선이 자르는 바탕선의 길이
> W_2 : 봉우리(피크) 2의 좌우 변곡점에서 접선이 자르는 바탕선의 길이

08 액분산형 흡수장치 3가지를 쓰고, Hold-up, Loading Point, Flooding Point에 대하여 설명하시오.

> **풀이**
>
> 1. 액분산형 흡수장치
>   ① 충전탑　　　　② 분무탑　　　　③ 벤투리스크러버
>
> 2. Hold-up
>   충전층 내의 세정액 보유량을 의미한다.
>
> 3. Loading Point
>   부하점이라 하며 세정액의 Hold-up이 증가하여 압력 손실이 급격하게 증가되는 첫 번째 파괴점을 말한다.
>
> 4. Flooding Point
>   범람점이라 하며 충전층 내의 가스속도가 과도하여 세정액이 비말동반을 일으켜 흘러넘쳐 향류조작 자체가 불가능한 두 번째 파괴점을 말한다.

09 C_3H_8(프로판)과 C_2H_6(에탄)의 혼합가스 $1Nm^3$를 완전연소시킨 결과 배기가스 중 CO_2의 생성량이 $2.6Nm^3$이었다. 이 혼합가스의 mole 비(C_3H_8/C_2H_6)는 얼마인가?

> **풀이**
>
> 프로판 연소반응식
> $C_3H_8\ +\ 5O_2\ \rightarrow\ 3CO_2\ +\ 4H_2O$
> $1Nm^3$　　　　：　$3Nm^3$
> $x(Nm^3)$　　　：　$3x(Nm^3)$
>
> 에탄 연소반응식
> $C_2H_6\ +\ 3.5O_2\ \rightarrow\ 2CO_2\ +\ 3H_2O$
> $1Nm^3$　　　　：　$2Nm^3$
> $(1-x)(Nm^3)$　：　$2(1-x)(Nm^3)$
>
> CO_2 생성량 $= 2.6Nm^3 = 3x + 2(1-x)$
> $2.6 = 3x + 2(1-x)$
> $x(C_3H_8) = 0.6$이므로 $(1-x) = 0.4$
> 혼합가스 mole 비 $= \dfrac{C_3H_8}{C_2H_6} = \dfrac{0.6}{0.4} = 1.5$

10 세정집진장치에서 관성충돌계수를 크게 하기 위한 입자배출원의 특성 또는 운전조건 6가지를 쓰시오.

> **풀이**
> ① 분진의 입경이 커야 한다.
> ② 분진의 밀도가 커야 한다.
> ③ 처리가스와 액적의 상대속도가 커야 한다.
> ④ 처리가스의 점도가 낮아야 한다.
> ⑤ 처리가스의 온도가 낮아야 한다.
> ⑥ 액적의 직경이 작아야 한다.

11 오존층 파괴지수가 큰 순서대로 나열하시오.

① CF_3Br ② CF_2BrCl ③ CH_2BrCl ④ $C_2F_4Br_2$ ⑤ $C_2F_3Cl_3$

> **풀이**
> **오존층 파괴지수(ODP)**
> ① CF_3Br : 10.0   ② CF_2BrCl : 3.0   ③ CH_2BrCl : 0.12
> ④ $C_2F_4Br_2$: 6.0   ⑤ $C_2F_3Cl_3$: 0.8
> ① > ④ > ② > ⑤ > ③

12 배출가스상 물질시료를 채취할 때 채취관을 보온 또는 가열할 필요가 있는 3가지 경우를 쓰시오.

> **풀이**
> **채취관을 보온 또는 가열할 필요가 있는 경우**
> ① 배출가스 중의 수분 또는 이슬점이 높은 가스성분이 응축해서 채취관이 부식될 염려가 있는 경우
> ② 여과재가 막힐 염려가 있는 경우
> ③ 분석대상가스가 응축수에 용해해서 오차가 생길 염려가 있는 경우

13 바람의 종류 중 산곡풍, 해륙풍, 경도풍에 대하여 정의, 발생원인, 특성(밤과 낮에 바람 방향이 달라지는 경우에는 비교를 포함) 등을 중심으로 각각을 설명하시오.

> **풀이**
>
> ### 1. 산곡풍
> 일정 지역(평지, 계곡, 분지)의 일사량 차이로 인하여 발생한다.
> ① 곡풍 : 산의 사면(비탈면)을 따라 상승하는 바람으로 주로 낮에 분다.
> ② 산풍 : 밤에 경사면이 빨리 냉각되어 경사면 위의 공기 온도가 같은 고도의 경사면에서 떨어져 있는 공기의 온도보다 차가워져 경사면 위의 공기 전체가 아래로 침강하게 되어 부는 바람이다.
>
> ### 2. 해륙풍
> 임해지역의 바다와 육지의 비열차로 인하여 발생한다.
> ① 육풍 : 바다의 온도냉각률이 육지에 비해 작아서 기압차에 의해 육지에서 바다로 향해 부는 바람으로 주로 밤에 분다.
> ② 해풍 : 낮 동안 육지가 바다보다 빨리 더워져 육지공기가 상승하여 바다에서 육지로 향해 부는 바람으로 주로 낮에 분다.
>
> ### 3. 경도풍(Gradient Wind)
> ① 등압선이 곡선인 경우, 원심력 · 기압경도력 · 전향력의 세 힘이 평형을 이루는 상태에서 등압선을 따라 부는 바람이다.
> ② 북반구의 저기압에서는 시계 반대 방향으로 회전하며 위쪽으로 상승하면서 불고 고기압에서는 시계 방향으로 회전하면서 분다.

14 직경이 50cm인 원형 관에서 흐름속도 4m/sec로 유체가 흐르고 있다. 유체의 점도가 1.5centipoise라고 할 때 이 유체의 (1) 레이놀즈수 (2) 흐름상태 및 판단근거를 나타내시오.(단, 유체의 밀도는 1.3kg/m³)

> **풀이**
>
> (1) 레이놀즈수(Re)
>
> $$Re = \frac{\rho D V}{\mu}$$
>
> $\mu = 1.5\text{cP} = 1.5 \times 10^{-3} \text{kg/m} \cdot \text{sec}, \; D = 50\text{cm} = 0.5\text{m}$
>
> $= \dfrac{1.3 \times 0.5 \times 4}{1.5 \times 10^{-3}} = 1,733$

(2) **흐름상태 및 판단근거**
 1) 흐름상태 : 층류
 2) 판단근거
  ① $Re > 4,000$: 난류
  ② $Re < 2,100$: 층류

15 어떤 중력집진장치에 입경 $50\mu m$, 밀도 $2,000kg/m^3$인 입자를 함유한 표준상태의 배출가스가 유량 $10m^3/sec$로 유입되고 있다. 이 중력집진장치는 침강실의 폭이 1.5m, 높이가 1.5m이고 바닥면을 포함한 수평단이 10단의 다단일 경우, 이론적으로 100% 집진을 하기 위해 필요한 침강실의 길이(m)는?(단, 침강실의 가스흐름은 층류이고, 공기점도는 $1.75 \times 10^{-5} kg/m \cdot sec$로 가정한다.)

풀이

침강실의 길이(L)

$$L = \eta \times \frac{H \times V}{V_s}$$

$$H = \frac{1.5m}{10} = 0.15m$$

$$V = \frac{Q}{A} = \frac{10m^3/sec}{(1.5 \times 1.5)m^2} = 4.44m/sec$$

$$V_s = \frac{d_p^2(\rho_p - \rho)g}{18\mu_g}$$

$d_p = 50\mu m \times 10^{-6}m/1\mu m = 5 \times 10^{-5}m$

$\rho_p = 2,000kg/m^3$, $\rho_g = 1.29kg/Sm^3$

$\mu_g = 1.75 \times 10^{-5} kg/m \cdot sec$

$$= \frac{(5 \times 10^{-5})^2 \times (2,000 - 1.29) \times 9.8}{18 \times (1.75 \times 10^{-5})} = 0.155m/sec$$

$$= 1.0 \times \frac{0.15 \times 4.44}{0.155} = 4.29m$$

16 입구먼지농도가 1,000mg/m³이고 집진효율이 70%, 80%, 90%인 3개의 집진장치를 직렬로 연결하였을 때 출구농도(mg/m³)를 구하시오.

> **풀이**
> 총 집진효율(%) $= 1 - [(1-\eta_1) \times (1-\eta_2) \times (1-\eta_3)]$
> $\qquad = 1 - [(1-0.7) \times (1-0.8) \times (1-0.9)] = 0.994 \times 100 = 99.4\%$
> 출구농도(mg/m³) $= C_i \times (1-\eta_T) = 1,000 \times (1-0.994) = 6 \text{mg/m}^3$

17 전기집진장치의 집진실에 대한 전기적 구획을 행하는 이유를 설명하시오.

> **풀이**
> 전기집진기로 유입되는 분진농도의 차이로 인하여 방전을 위한 전력요구량 차이가 발생하여 효율적인 전력 사용을 위한 조치로 독립된 하전설비를 가진 전기적 구획이 필요하다.

18 고체연료와 비교하여 액체연료의 특징을 3가지 쓰시오.

> **풀이**
> ① 고체연료에 비하여 발열량이 높다.
> ② 고체연료에 비하여 매연 발생이 적다.
> ③ 고체연료에 비하여 연소효율 및 열효율이 높다.

19 전기집진장치에서 발생하는 장해현상 중 2차 전류가 현저하게 떨어질 때 대책 3가지를 쓰시오.

> **풀이**
> **2차 전류가 현저하게 떨어질 때 대책**
> ① 스파크 횟수를 증가시킨다.
> ② 조습용 스프레이의 수량을 늘린다.
> ③ 적절히 입구먼지농도를 조절한다.

20 질량조성으로 탄소 85%, 수소 14%, 황 1%인 중유를 5kg/hr로 완전연소시켰을 때, 시간당 발생하는 건연소가스 중 SO_2의 농도(ppm)를 구하시오. (단, 연소가스는 표준상태, 공기비는 1.2)

> **풀이**
>
> $$SO_2(ppm) = \frac{SO_2}{G_d} \times 10^6$$
>
> $$G_d = 0.79 A_0 + CO_2 + SO_2 + (m-1) A_0$$
>
> $$A_0 = \frac{1}{0.21}[(1.867 \times 0.85) + (5.6 \times 0.14) + (0.7 \times 0.01)]$$
>
> $$= 11.324 \, Sm^3/kg$$
>
> $$CO_2 = 1.867 \times 0.85 = 1.587 \, Sm^3/kg$$
>
> $$SO_2 = 0.7 \times 0.01 = 0.007 \, Sm^3/kg$$
>
> $$m = 1.2$$
>
> $$= (0.79 \times 11.324) + 1.587 + 0.007 + [(1.2 - 1) \times 11.324]$$
>
> $$= 12.805 \, Sm^3/kg \times 5 \, kg/hr = 64.025 \, Sm^3/hr$$
>
> $$SO_2 = 0.007 \, Sm^3/kg \times 5 \, kg/hr = 0.035 \, Sm^3/hr$$
>
> $$= \frac{0.035}{64.025} \times 10^6 = 546.66 \, ppm$$

2020년 5회 산업기사

01 질소산화물 제어방법은 연소조절방법과 배연탈질방법이 있다. 다음 중 연소조절법에 의한 질소산화물 발생을 억제시키는 방법을 4가지만 쓰시오.

> **풀이**
>
> **연소과정 중 질소산화물 억제방법(4가지만 기술)**
> ① 저산소 연소(저과잉공기 연소) ② 저온도 연소(연소용 예열공기의 온도 조절)
> ③ 배기가스 재순환 ④ 2단 연소
> ⑤ 버너 및 연소실의 구조 개선 ⑥ 수증기 물 분사

02 유해가스를 흡착법으로 처리 시 흡착제의 종류 5가지를 쓰시오.

> **풀이**
>
> **흡착제 종류**
> ① 활성탄 ② 실리카겔 ③ 합성제올라이트
> ④ 합성알루미나 ⑤ 보크사이트

03 원심력집진장치의 Blow Down 방식에 대한 정의를 서술하고, 기대되는 효과 3가지를 쓰시오.

> **풀이**
>
> **블로다운(Blow Down) 방식**
>
> 1. 정의
>   사이클론의 집진효율을 향상시키기 위한 하나의 방법으로서 더스트 박스 또는 호퍼부에서 처리가스(유입유량)의 5~10%에 상당하는 함진가스를 추출·흡인하여 운영하는 방식이다.
> 2. 효과
>   ① 원추하부의 가교현상을 방지하여 장치 내부의 먼지 퇴적을 억제한다.
>   ② 사이클론 내의 난류현상(선회기류의 흐트러짐 현상)을 억제시킴으로써 집진된 먼지의 재비산을 방지한다.
>   ③ 유효원심력을 증가시켜 집진효율이 향상된다.

04 도시지역이 시골지역보다 태양의 복사열량이 10% 감소한다고 한다. 도시지역의 지상온도가 255K일 때 시골지역의 지상온도(K)는 얼마나 되겠는가?(단, 스테판-볼츠만 법칙 이용)

> **풀이**
>
> $E = \sigma \times T^4$
>
> 1) 도시지역의 복사에너지
>
> $E = (5.67 \times 10^{-8}) \times 255^4 = 239.74 W/m^2$
>
> 2) 시골지역의 복사에너지
>
> $E = 239.74 \times 1.1 = 263.714 W/m^2$
>
> 3) 시골지역의 지상온도
>
> $263.714 = (5.67 \times 10^{-8}) \times T^4$
>
> $T^4 = 4,651,040,564 K$
>
> $T = 261.15 K$

05 황 함량이 1.5%인 중유를 18.5ton/hr로 연소할 때 발생하는 SO_2를 $CaCO_3$로 제거하고자 한다. 시간당 필요한 $CaCO_3$의 양(ton/hr)을 구하라.(단, 연료 중의 모든 S는 SO_2로 된다.)

> **풀이**
>
> S → $CaCO_3$
>
> 32kg : 100kg
>
> 18.5ton/hr × 0.015 : $CaCO_3$(ton/hr)
>
> $CaCO_3(ton/hr) = \dfrac{18.5ton/hr \times 0.015 \times 100kg}{32kg} = 0.87 ton/hr$

06 충전탑(Packed Tower)에 사용되는 충전물 구비조건 4가지를 쓰시오.(단, 가격이 저렴할 것 및 내구성이 클 것은 정답에서 제외함)

> **풀이**
>
> **충전물(Packing Material) 구비조건(4가지만 기술)**
> ① 단위부피당 표면적이 클 것
> ② 가스와 액체가 전체에 균일하게 분포될 것
> ③ 가스 및 액체에 대하여 내식성이 있을 것
> ④ 압력 손실이 적고 충전밀도가 클 것

⑤ 충분한 화학적 저항성을 가질 것(화학적으로 불활성)
⑥ 대상 물질에 부식성이 작을 것
⑦ 세정액의 체류현상(Hold-up)이 작을 것

07 연소 배출가스가 4,000Sm³/hr인 굴뚝에서 정압을 측정하였더니 150mmH₂O였다. 여유율 20%인 송풍기를 사용할 경우 필요한 소요동력(kW)은?(단, 송풍기 정압효율 65%, 전동기 효율 60%)

풀이

$$\text{소요동력(kW)} = \frac{Q \times \Delta P}{6,120 \times \eta} \times \alpha$$

$Q = 4,000 \text{Sm}^3/\text{hr} \times \text{hr}/60\text{min} = 66.67 \text{m}^3/\text{min}$

$$= \frac{66.67 \times 150}{6,120 \times 0.65 \times 0.6} \times 1.2 = 5.03 \text{kW}$$

08 배기가스 중 NOx를 선택적 환원처리하는 법(SCR)에 대하여 간략히 기술하시오.

풀이

선택적 촉매환원법(SCR ; Selective Catalytic Reduction)
연소가스 중의 NOx를 촉매(TiO_2와 V_2O_5를 혼합하여 제조)를 사용하여 환원제(NH_3, H_2S, CO, H_2 등)와 반응하여 N_2, H_2O로 O_2와 상관없이 접촉환원시키는 방법으로, 최적 반응은 350℃ 부근에서 일어나며 효율은 약 90% 정도이다.

09 광화학반응에 의한 2차 대기오염물질의 종류 4가지를 쓰시오.

풀이

2차 대기오염물질(4가지만 기술)
① 에어로졸(H_2SO_4 mist)
② PAN(CH_3COONO_2)
③ 염화니트로실(NOCl)
④ 과산화수소수(H_2O_2)
⑤ 아크로레인(CH_2CHCHO)
⑥ 알데히드(RCHO)
⑦ 오존(O_3)

10 직렬로 연결된 집진장치의 총 집진효율을 99%로 하려고 한다. 1차, 2차 집진장치 중 2차 집진장치의 집진효율이 90%라고 할 때 1차 집진장치의 효율(%)을 구하시오.

> **풀이**
>
> 총 집진효율(η_t)
> $\eta_t = \eta_1 + \eta_2(1-\eta_1)$
> $0.99 = \eta_1 + 0.9(1-\eta_1)$
> $0.1 \times \eta_1 = 0.09$
> $\eta_1 = 0.9 \times 100 = 90\%$

11 전기집진장치에서 먼지의 겉보기 전기저항을 낮추는 방법 3가지를 쓰시오.

> **풀이**
>
> **겉보기 전기저항 감소방법**
> ① 비저항 조절제(물 or 수증기, 트리에틸아민)를 투입하여 겉보기 전기저항을 낮춘다.
> ② 탈진 타격을 강하게 하며 빈도를 늘린다.
> ③ 습식 전기집진장치를 사용한다.

12 여과집진장치의 탈진방식 3가지를 쓰시오.

> **풀이**
>
> **여과집진장치 탈진방식**
> ① 진동형　　　　② 역기류형　　　　③ 충격제트기류분사형

13 표준상태에서 염화수소 0.1%가 포함된 배출가스 10,000m³/hr를 수산화칼슘 현탁액으로 처리하여 염화칼슘으로 제거할 경우 이론적으로 필요한 수산화칼슘양(kg/hr)을 구하시오.

> **풀이**
>
> $2HCl \quad\quad\quad\quad + \quad Ca(OH)_2 \quad \rightarrow \quad CaCl_2 + 2H_2O$
> $2 \times 22.4 Sm^3 \quad\quad\quad : \quad 74kg$
> $10,000 m^3/hr \times 0.001 \quad : \quad Ca(OH)_2$
>
> $Ca(OH)_2 (kg/hr) = \dfrac{10,000 Sm^3/hr \times 0.001 \times 74kg}{2 \times 22.4 Sm^3} = 16.52 kg/hr$

14 전기집진장치를 설계하려고 할 경우 처리가스양 5m³/sec, 집진극으로 이동하는 입자의 이동속도(W_e)는 $1.5 \times 10^5 \times d_p$이었다. $0.7\mu m$인 입자를 95% 집진율까지 제거할 때, 필요한 집진판의 면적(m²)을 구하시오.(단, W_e 단위는 m/sec이다.)

풀이

$$\eta = 1 - \exp\left(-\frac{A \cdot W_e}{Q}\right)$$

$W_e = 1.5 \times 10^5 \times 0.7\mu m \times 10^{-6} m/\mu m = 0.105 m/sec$

$$= 1 - \exp\left(-\frac{A \times 0.105}{5}\right)$$

$\ln 0.05 = -0.021 \times A$

$A = 142.65 m^2$

15 상온에서 밀도가 1.5g/cm³, 입경이 30μm인 입자상 물질의 종말침강속도(m/sec)는?(단, 공기의 점도 1.7×10^{-5}kg/m·sec, 공기의 밀도 1.3kg/m³이다.)

풀이

Stokes Law에 의한 침강속도

$$V_s = \frac{d_p^2(\rho_p - \rho)g}{18\mu_g}$$

$d_p = 30\mu m \times 10^{-6} m/\mu m = 30 \times 10^{-6} m$

$\rho_p = 1.5 g/cm^3 \times kg/1,000g \times 10^6 cm^3/m^3 = 1,500 kg/m^3$

$$= \frac{(30 \times 10^{-6} m) \times (1,500 - 1.3)kg/m^3 \times 9.8 m/sec^2}{18 \times (1.7 \times 10^{-5})kg/m \cdot sec} = 0.043 m/sec$$

16 여과집진장치 포집원리 4가지를 쓰시오.

풀이

여과집진장치의 메커니즘(4가지만 기술)
① 관성 충돌   ② 직접 차단(간섭)   ③ 확산
④ 중력 침강   ⑤ 정전기 침강

17 집진장치 2개를 직렬로 연결 시 다음 조건에서 2차 집진장치의 집진효율과 총 포집된 먼지량(g/m³)을 구하시오.

- 1차 집진장치 효율 : 60%
- 1차 집진장치 입구먼지농도 : 15g/m³
- 최종 배출먼지농도 : 0.3g/m³

풀이

1) 2차 집진장치 집진효율(η_2)

$$\eta_T = 1 - (1-\eta_1)(1-\eta_2)$$

$$\eta_T = \left(1 - \frac{출구농도}{입구농도}\right) \times 100 = \left(1 - \frac{0.3}{15}\right) \times 100 = 98\%$$

$$0.98 = 1 - (1-0.6)(1-\eta_2)$$

$$0.4(1-\eta_2) = 1 - 0.98$$

$$\eta_2 = 0.95 \times 100 = 95\%$$

2) 총 포집먼지량(g/m³) = 입구먼지농도 × 총 집진효율 = 15g/m³ × 0.98 = 14.7g/m³

18 시멘트 공장에서 먼지 제거를 위해 전기집진장치를 사용하고 있다. 이 집진장치가 폭 4.4m, 높이 5.6m인 두 개의 집진판을 23cm 간격의 평형판으로 농도가 18.5g/m³인 가스 50m³/min을 처리한다면 집진효율(%)은?(단, 전기집진장치 내 입자의 겉보기 이동속도는 0.058m/s이다.)

풀이

$$집진효율(\%) = 1 - \exp\left(-\frac{AW}{Q}\right)$$

$A = (4.4\text{m} \times 5.6\text{m}) \times 2 = 49.28\text{m}^2$

$W = 0.058\text{m/sec}$

$Q = 50\text{m}^3/\text{min} \times \text{min}/60\text{sec} = 0.833\text{m}^3/\text{sec}$

$$= 1 - \exp\left(-\frac{49.28 \times 0.058}{0.833}\right) = 0.9676 = 96.76\%$$

SECTION 55 2021년 1회 기사

01 다음 ( ) 안에 들어갈 알맞은 내용을 쓰시오.

> 산성비는 pH (①) 이하의 강우를 말하는데 이는 대기 중의 (②) 가스와 강우가 평형을 이룰 때 갖는 산도이다. 보통 온도가 (③)질수록 강우에 흡수되는 가스상 대기오염물질의 양이 많아진다.

풀이
① 5.6　　　　② 이산화탄소(CO_2)　　　　③ 낮아

02 유효높이(H)가 60m인 굴뚝으로부터 오염가스가 9,000g/min의 속도로 배출되고 있다. 굴뚝높이에서의 풍속은 4m/s이고 풍하거리 500m에서 대기안정 조건에 따라 편차 σ_y는 110m, σ_z는 65m였다. 이 굴뚝으로부터 풍하거리 500m의 중심선상의 지표면 농도($\mu g/m^3$)는?(단, 가우시안 모델식을 사용하고, 오염물질이 배출되는 동안에는 화학적 반응이 나타나지 않는다고 가정한다.)

풀이

$$C(x, y, z, H_e) = \frac{Q}{2\pi\sigma_y\sigma_z U}\exp\left[-\frac{1}{2}\left(\frac{y}{\sigma_y}\right)^2\right]$$
$$\times\left[\exp\left(-\frac{1}{2}\left(\frac{z-H_e}{\sigma_z}\right)^2\right)+\exp\left(-\frac{1}{2}\left(\frac{z+H_e}{\sigma_z}\right)^2\right)\right]$$

위 식에서 중심선상의 지표면 농도 $y=z=0$

$$C(x, 0, 0, H_e) = \frac{Q}{\pi u \sigma_y \sigma_z}\times\exp\left[-\frac{1}{2}\left(\frac{H_e}{\sigma_z}\right)^2\right]$$

$$=\frac{9{,}000\text{g/min}\times\text{min}/60\sec\times 10^6 \mu\text{g/g}}{3.14\times 4\text{m/sec}\times 110\text{m}\times 65\text{m}}$$

$$\times \exp\left[-\frac{1}{2}\left(\frac{60\text{m}}{65\text{m}}\right)^2\right] = 1{,}090.86\,\mu\text{g/m}^3$$

03 C : 80%, O : 10%, H : 7%, S : 3%의 조성을 지닌 석탄 1kg을 15.3Sm³의 공기로 완전연소시켰을 경우 공기비(m), 과잉공기량(Sm³), 과잉공기율(%)을 구하시오.

> **풀이**
>
> 이론공기량(A_0)
>
> $A_0 = \dfrac{1}{0.21}[(1.867 \times 0.8) + (5.6 \times 0.07) + (0.7 \times 0.03) - (0.7 \times 0.1)]$
>
> $= 8.75 \text{Sm}^3/\text{kg}$
>
> 1) 공기비(m) $= \dfrac{A}{A_0} = \dfrac{15.3}{8.75} = 1.75$
>
> 2) 과잉공기량 $= A - A_0 = 15.3 - 8.75 = 6.55 \text{Sm}^3$
>
> 3) 과잉공기율 $= \dfrac{A - A_0}{A_0} \times 100 = \dfrac{15.3 - 8.75}{8.75} \times 100 = 74.86\%$

04 황성분함량이 4%인 벙커C유를 매일 100kL 사용하는 보일러에 황성분함량 1.5%인 벙커C유 40%를 혼합하여 사용할 경우 SO_2 배출량의 감소율(%)을 구하시오.(단, 벙커C유에 포함된 황성분은 전량 SO_2로 전환된다.)

> **풀이**
>
> 4% 벙커C유 중 황성분 양 $= 100\text{kL} \times 0.04$
> $= 4\text{kL}(S)$
>
> 1.5% 벙커C유 40% 중 황성분 양 $= 100\text{kL} \times 0.015 \times 0.4 = 0.6\text{kL}(S)$
>
> 4% 벙커C유 60% 중 황성분 양 $= 100\text{kL} \times 0.04 \times 0.6 = 2.4\text{kL}(S)$
>
> 혼합된 벙커C유 중 황성분 양 $= 0.6\text{kL} + 2.4\text{kL} = 3\text{kL}(S)$
>
> 감소율(%) $= \dfrac{\text{처음 S양} - \text{나중 S양}}{\text{처음 S양}} \times 100 = \dfrac{4-3}{4} \times 100 = 25\%$

05 유량 20,000m³/hr인 배출가스를 흡수탑을 통과시켜 배출가스 중 유해물질을 제거하려고 한다. 흡수탑의 접근 유속을 2.5m/sec로 유지할 경우 소요되는 흡수탑 직경(m)을 구하시오.

> **풀이**
>
> $Q = A \times V$
>
> $A = \dfrac{Q}{V} = \dfrac{20,000\text{m}^3/\text{hr} \times \text{hr}/3,600\text{sec}}{2.5\text{m/sec}} = 2.22\text{m}^2$
>
> $A = \dfrac{3.14 \times D^2}{4}$
>
> $D = \sqrt{\dfrac{A \times 4}{3.14}} = \sqrt{\dfrac{2.22\text{m}^2 \times 4}{3.14}} = 1.68\text{m}$

06 어떤 공장의 굴뚝에서 배출하는 가스양이 1,000Sm³/hr이고 이 배출가스 중 HF의 농도가 250mL/Sm³이었다. 이 배출가스 중 HF를 제거하기 위해 10m³의 물을 순환하여 사용하는 분무탑을 설치하였다. 이 분무탑(세정탑)을 10시간 가동시킬 경우, 순환수의 pH를 구하시오.

> **풀이**
>
> HF의 부피 = 250mL/Sm³ × 1,000Sm³/hr × 10hr × L/1,000mL = 2,500L
>
> 순환수 1L당 HF 몰수 = $\dfrac{2,500\text{L}}{22.4\text{L/mol} \times 10\text{m}^3 \times 1,000\text{L/m}^3} = 0.011\text{mol/L}$
>
> HF ⇌ H⁺ + F⁻ (전리도 100%)
>
> $\text{pH} = \log\dfrac{1}{[\text{H}^+]} = -\log[\text{H}^+] = -\log 0.011 = 1.96$

07 후드를 이용한 배출가스의 흡인요령 5가지를 쓰시오.

> **풀이**
>
> **후드의 흡인요령**
> ① 후드를 오염물질 발생원에 근접시킨다.
> ② 국부적인 흡인방식을 선택한다.
> ③ 후드의 개구면적을 적게 한다.
> ④ 충분한 제어풍속을 유지한다.
> ⑤ 송풍기 선정 시에는 여유율을 충분히 둔다.

08 원심력집진장치의 Blow Down 방식에 대한 정의를 서술하고, 효과 3가지를 쓰시오.

> **풀이**
>
> **블로다운(Blow Down) 방식**
> 1. 정의
>   사이클론의 집진효율을 향상시키기 위한 하나의 방법으로서 더스트 박스 또는 호퍼부에서 처리가스(유입유량)의 5~10%에 상당하는 함진가스를 추출·흡인하여 운영하는 방식이다.
> 2. 효과
>   ① 원추하부의 가교현상을 방지하여 장치 내부의 먼지 퇴적을 억제한다.
>   ② 사이클론 내의 난류현상(선회기류의 흐트러짐 현상)을 억제시킴으로써 집진된 먼지의 재비산을 방지한다.
>   ③ 유효원심력을 증가시켜 집진효율이 향상된다.

09 30℃, 1atm하에서 함진공기 65,000m³/hr를 지름 20cm, 유효길이 8m 되는 원통형 Bag Filter로 처리하고자 할 때 가스처리속도를 1.5m/min으로 한다면 소요되는 Bag의 수는?

> **풀이**
>
> $$\text{여과포 개수} = \frac{\text{처리가스양}}{\text{여과포 하나당 가스양}}$$
>
> $$= \frac{65{,}000\text{m}^3/\text{hr} \times \text{hr}/60\text{min}}{(3.14 \times 0.2\text{m} \times 8\text{m}) \times 1.5\text{m}/\text{min}} = 143.67(144\text{개})$$

10 탄소 85%, 수소 15%의 무게비로 구성된 액체연료 1kg을 공기비 1.1로 연소 시 탄소 1%가 그을음이 된다. 건조배출가스 중 그을음의 농도(g/Sm³)는?

> **풀이**
>
> $$\text{그을음 농도}(\text{g/Sm}^3) = \frac{C_d(\text{g/kg})}{G_d(\text{Sm}^3/\text{kg})}$$
>
> 그을음의 발생량(C_d) = $0.85 \times 0.01\text{kg/kg} \times 10^3\text{g/kg} = 8.5\text{g/kg}$
>
> 건조연소가스양(G_d) = $G_{od} + (m-1)A_0$
>
> $$A_0 = (1.867 \times 0.85 + 5.6 \times 0.15) \times \frac{1}{0.21} = 11.557\text{Sm}^3/\text{kg}$$
>
> $$G_{od} = 0.79A_0 + \text{CO}_2$$
>
> $$= 0.79 \times 11.557 + 1.867 \times 0.85 = 10.717\text{Sm}^3/\text{kg}$$

$$= 10.717 + (1.1-1) \times 11.557 = 11.8727 \mathrm{Sm}^3/\mathrm{kg}$$

$$\text{그을음 농도}(\mathrm{g/Sm}^3) = \frac{8.5 \mathrm{g/kg}}{11.8727 \mathrm{Sm}^3/\mathrm{kg}} = 0.72 \mathrm{g/Sm}^3$$

11 충전탑을 이용하여 유해가스를 제거하고자 할 때 흡수제의 조건을 3가지만 쓰시오.

풀이

흡수액(세정액)의 구비조건(3가지만 기술)
① 용해도가 커야 한다.
② 점도(점성)가 작고 화학적으로 안정해야 한다.
③ 독성이 없고 휘발성이 낮아야 한다.
④ 착화성, 부식성이 없어야 한다.
⑤ 빙점(어는점)은 낮고 비점(끓는점)은 높아야 한다.
⑥ 가격이 저렴하고 사용이 편리해야 한다.
⑦ 용매의 화학적 성질과 비슷해야 한다.

12 충전탑의 기상총괄 이동단위높이가 1m이고, 처리효율이 99%인 충전탑의 높이(m)는 얼마인지 구하시오.

풀이

$$h = H_{og} \times N_{og} = H_{og} \times \ln\frac{1}{\left(1-\dfrac{E}{100}\right)} = 1\mathrm{m} \times \ln\frac{1}{\left(1-\dfrac{99}{100}\right)} = 4.61\mathrm{m}$$

13 상자모델(Box Model)의 가정조건 4가지를 쓰시오.

풀이

상자모델의 가정조건(4가지만 기술)
① 고려된 공간에서 오염물의 농도는 균일하다.
② 오염물 배출원이 지표면 전역에 균등하게 분포되어 있다.
③ 오염원은 배출과 동시에 균등하게 혼합된다.
④ 고려되는 공간의 수직단면에 직각방향으로 부는 바람의 속도가 일정하여 환기량이 일정하다.
⑤ 오염물의 분해는 일차 반응에 의한다.(오염물은 다른 물질로 전환되지 않고 지표면에 흡수되지 않음)

14 대기오염물질배출업소에서 입자상 물질의 농도를 측정하고자 흡수관법, 경사마노미터, 피토관 및 건식가스미터를 이용하여 아래 표의 값을 얻었다. 다음을 계산하시오.

- 시료채취흡인가스양 : 20L
- 흡습수분의 질량 : 2.0g
- 배출가스의 밀도 : 1.3kg/m³
- 포집먼지의 질량 : 2.4mg
- 가스미터에서의 흡인가스차압 : 18.8mmH₂O
- 가스미터에서의 흡인가스온도 : 17℃
- 측정 시 대기압 : 762mmHg
- 측정 시 외기온도 : 17℃
- 피토관계수 : 1.1
- 17℃에서 물의 포화수증기압 : 14.53mmHg
- 경사마노미터(경사각 30°)에서의 차압눈금값 : 8mm
- 경사마노미터에서의 수액 : 물

(1) 배출가스 중의 수분농도(%)

(2) 배출가스 유속(m/sec)

(3) 배출가스 중의 먼지농도(mg/Sm³)

> **풀이**
>
> **(1) 배출가스 중의 수분농도(%)**
>
> 흡수관법(건식가스미터 사용)
>
> $$수분농도(\%) = \frac{\frac{22.4}{18}m_a}{V_m' \times \frac{273}{273+\theta_m} \times \frac{P_a+P_m}{760} + \frac{22.4}{18}m_a} \times 100$$
>
> $m_a = 2.0\text{g}$, $V_m' = 20\text{L}$, $\theta_m = 17℃$
>
> $P_a = 762\text{mmHg}$
>
> $P_m = 18.8\text{mmH}_2\text{O} \times \dfrac{760\text{mmHg}}{10,332\text{mmH}_2\text{O}} = 1.38\text{mmHg}$
>
> $$= \frac{1.244 \times 2.0}{\left(20 \times \dfrac{273}{273+17}\right) \times \left(\dfrac{762+1.38}{760}\right) + (1.244 \times 2.0)} \times 100$$
>
> $= 11.65\%$

(2) 배출가스 유속(m/sec)

$$V(\text{m/sec}) = C\sqrt{\frac{2gh}{\gamma}}$$

$$h = \gamma \times L \times \sin\theta = 1{,}000\text{kg/m}^3 \times 0.008\text{m} \times \sin 30° = 4\text{mmH}_2\text{O}$$

$$= 1.1 \times \sqrt{\frac{2 \times 9.8\text{m/sec}^2 \times 4\text{mmH}_2\text{O}}{1.3\text{kg/m}^3}} = 8.54\text{m/sec}$$

(3) 배출가스 중의 먼지농도(mg/m³)

$$\text{먼지농도(mg/m}^3\text{)} = \frac{m_d}{V_N'} = \frac{\text{먼지량(mg)}}{\text{건가스양(Sm}^3\text{)}}$$

$$V_N' = V_m \times \frac{273}{273+\theta_m} \times \frac{P_a+P_m}{760} \times 10^{-3}$$

$$V_m = 20\text{L},\ \theta_m = 17°\text{C}$$

$$P_a = 762\text{mmHg},\ P_m = 1.38\text{mmHg},\ P_v = 14.53\text{mmHg}$$

$$= 20 \times \frac{273}{273+17} \times \frac{762+1.38}{760} \times 10^{-3} = 0.0189\text{Sm}^3$$

$$\text{먼지농도} = \frac{2.4\text{mg}}{0.0189\text{Sm}^3} = 126.98\text{mg/Sm}^3$$

15 대기오염공정시험기준상 배출가스 중 암모니아, 염화수소, 황산화물의 적용 가능한 분석방법을 2가지씩 쓰시오.

> **풀이**
>
> 1. **암모니아**
>   ① 자외선/가시선 분광법(인도페놀법)
>   ② 중화적정법
>
> 2. **염화수소**
>   ① 자외선/가시선 분광법(싸이오시안산제이수은법)
>   ② 이온크로마토그래피법
>
> 3. **황산화물**
>   ① 침전적정법(아르세나조 Ⅲ법)
>   ② 중화적정법

16 전기집진장치에서 입구 먼지농도가 12g/m³이고, 출구 먼지농도가 1g/m³이다. 출구 먼지농도를 500mg/m³으로 하기 위해서 필요한 집진극의 증가면적(%)을 구하시오. (단, 동일한 전기집진장치로 다른 조건은 변화가 없는 것으로 가정한다.)

> **풀이**
>
> $\eta = 1 - e^{-\frac{AV}{Q}}$ 양변에 ln을 취한 식을 만들면
>
> $-\frac{AV}{Q} = \ln(1-\eta)$
>
> 초기 효율 $= \left(1 - \frac{1}{12}\right) \times 100 = 91.67\%$
>
> 나중 효율 $= \left(1 - \frac{0.5}{12}\right) \times 100 = 95.83\%$
>
> 집진극 증가면적비 $= \dfrac{-\dfrac{Q}{V}\ln(1-0.9583)}{-\dfrac{Q}{V}\ln(1-0.9167)} = 1.2785$
>
> 즉, 집진극의 면적을 27.85% 증가시켜야 한다.

17 Cyclon 집진장치의 유량이 200Sm³/sec일 때 효율이 70%이었다면, 유량이 100Sm³/sec일 때의 효율(%)을 구하시오. (단, 기타 조건은 동일하다.)

> **풀이**
>
> 처리가스양(Q)이 변할 때 효율식
>
> $\dfrac{1-\eta_1}{1-\eta_2} = \left(\dfrac{Q_2}{Q_1}\right)^{0.5}$
>
> $\dfrac{1-0.7}{1-\eta_2} = \left(\dfrac{100}{200}\right)^{0.5}$
>
> $0.707\eta_2 = 0.707 - 0.3$
>
> $\eta_2 = \dfrac{0.407}{0.707} \times 100 = 57.57\%$

18 다음 그림과 같은 흡수탑에서 CO_2, NH_3, 공기의 혼합가스가 흡수처리되는 경우 장치 내에서 처리 후 출구에서의 NH_3 농도(%)를 구하시오. (단, CO_2와 공기량은 처리 전후 동일하다.)

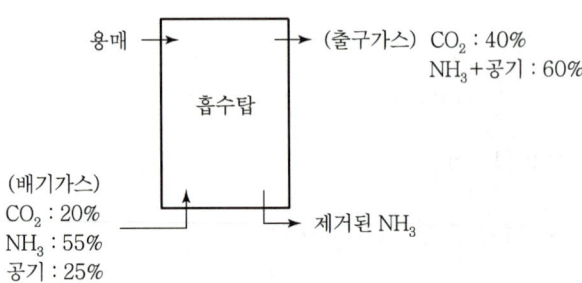

풀이

NH_3 출구농도(%) = 100 − NH_3 흡수농도(%)

- 유입가스양을 100 m^3로 가정(CO_2 : 20 m^3, NH_3 : 55 m^3, 공기 : 25 m^3)
- 유입 CO_2와 유출 CO_2 동일 조건

유출 CO_2 부피도 20 m^3(비율 40%)이므로 60%인 NH_3 + 공기부피는 30 m^3가 된다.
따라서
NH_3 + 공기 = 30 m^3(공기량 25 m^3 : 유입 · 유출공기량 동일)
NH_3 + 25 m^3 = 30 m^3
NH_3(유출) = 5 m^3

NH_3 흡수농도 = $\left(1 - \dfrac{5}{55}\right) \times 100 = 90.90\%$

NH_3 출구농도 = 100 − 90.90 = 9.1%

19 250 m^3의 회의실에서 모여 회의 시 담배를 피우기 시작하였다. 얼마 되지 않아 비흡연자들이 고통을 호소하여 실내공기 오염도 중 HCHO 농도를 분석하니 0.5ppm이었다. 회의 참석자들은 공기청정기를 가동하여 HCHO 농도를 0.01ppm까지 감소시킨 후 회의를 재개하기로 하였다면 회의를 재개할 수 있는 시간(min)을 구하시오. (단, 공기청정기의 용량은 25 m^3/min, 공기청정기는 유입된 공기 중 HCHO를 100% 제거, 실내공기는 공기청정기 가동 중 완전혼합, 비흡연자 및 흡연자의 체내로 흡수된 HCHO는 없고, 회의 시작 전 HCHO 농도는 0으로 가정한다.)

풀이

초기시간 $t_1 = 0$에서의 농도 C_1에서부터 C_2까지 소요시간(t)

$t = -\dfrac{V}{Q'} \ln\left(\dfrac{C_2}{C_1}\right) = -\dfrac{250 m^3}{25 m^3/min} \ln\left(\dfrac{0.01}{0.5}\right) = 39.12 min$

SECTION 56 2021년 1회 산업기사

01 황성분이 2.6%인 중유를 1시간에 10ton씩 연소하는 보일러의 배출가스를 수산화칼슘으로 탈황하여 황성분을 석고(2수염)로 회수한다고 할 경우 이때 탈황률이 100%이라면, 이론적으로 회수되는 석고량(kg/hr)을 구하시오. (단, Ca의 원자량은 40)

> **풀이**
>
> 반응식에서 S와 $CaSO_4 \cdot 2H_2O$는 1 : 1 반응
>
> S : $CaSO_4 \cdot 2H_2O$
>
> 32kg : 172kg
>
> 10,000kg/hr × 0.026 : $CaSO_4 \cdot 2H_2O$
>
> $CaSO_4 \cdot 2H_2O(kg/hr) = \dfrac{10{,}000kg/hr \times 0.026 \times 172kg}{32kg} = 1{,}397.5 kg/hr$

02 HF가 함유된 가스를 기상총괄 이동단위높이가 0.5m인 충전탑을 이용, NaOH 수용액으로 흡수 제거 시 HF의 처리효율은 99%였다. 충전층의 높이(m)를 구하시오. (단, 배기가스 중 HF 이외의 NaOH 수용액에 흡수되는 가스성분은 없다.)

> **풀이**
>
> 충전탑 높이(H)
>
> $H = H_{OG} \times N_{OG}$
>
> $H_{OG} = 0.5m$
>
> $N_{OG} = \ln\left(\dfrac{1}{1-\eta}\right) = \ln\left(\dfrac{1}{1-0.99}\right) = 4.605$
>
> $= 0.5m \times 4.605 = 2.3m$

03 후드를 이용한 배출가스의 흡인요령 5가지를 쓰시오.

> **풀이**
>
> **후드의 흡인요령**
> ① 후드를 오염물질 발생원에 근접시킨다.
> ② 국부적인 흡인방식을 선택한다.
> ③ 후드의 개구면적을 적게 한다.
> ④ 충분한 제어풍속을 유지한다.
> ⑤ 송풍기 선정 시에는 여유율을 충분히 둔다.

04 어떤 분진의 입경이 3배로 될 경우 그 분진의 비표면적은 어떻게 변하는가?

> **풀이**
>
> 비표면적 $= \dfrac{6}{d_p}$
>
> 입경 3배 비표면적 $= \dfrac{6}{3 \times d_p} = \dfrac{2}{d_p}$
>
> $\dfrac{2/d_p}{6/d_p} = \dfrac{1}{3}$ (즉, 비표면적은 $\dfrac{1}{3}$로 줄어듦)

05 어떤 중력집진장치에 입경 $50\mu\mathrm{m}$인 입자의 종말침강속도가 16cm/sec일 때, 침강실의 높이가 1.5m이면 이 입자를 제거하기 위해 소요되는 이론적인 침강실의 길이(m)를 구하시오. (단, 침강실에서 함진가스의 유속은 2m/sec이다.)

> **풀이**
>
> $L = H \times \left(\dfrac{U}{V_s}\right) = 1.5\mathrm{m} \times \dfrac{2\mathrm{m/sec}}{0.16\mathrm{m/sec}} = 18.75\mathrm{m}$

06 상온에서 밀도가 $1.5\mathrm{g/cm^3}$, 입경이 $20\mu\mathrm{m}$인 입자상 물질의 종말침강속도(m/sec)를 구하시오. (단, 공기의 점도 $1.7 \times 10^{-5}\mathrm{kg/m \cdot sec}$, 공기의 밀도 $1.3\mathrm{kg/m^3}$)

> **풀이**
>
> Stokes 침강속도(V_s)
>
> $V_s = \dfrac{d_p^2(\rho_p - \rho)g}{18\mu_g}$
>
> $d_p = 20\mu\mathrm{m} \times 10^{-6}\mathrm{m}/\mu\mathrm{m} = 20 \times 10^{-6}\mathrm{m}$
>
> $\rho_p = 1.5\mathrm{g/cm^3} \times \mathrm{kg}/1{,}000\mathrm{g} \times 10^6\mathrm{cm^3/m^3} = 1{,}500\mathrm{kg/m^3}$
>
> $= \dfrac{(2.0 \times 10^{-6}\mathrm{m})^2 \times (1{,}500 - 1.3)\mathrm{kg/m^3} \times 9.8\mathrm{m/sec^2}}{18 \times (1.7 \times 10^{-5})\mathrm{kg/m \cdot sec}} = 0.019\mathrm{m/sec}$

07 원심력집진장치의 Blow Down 방식에 대한 정의를 서술하고, 효과 3가지를 쓰시오.

> **풀이**
>
> **블로다운(Blow Down) 방식**
>
> 1. 정의
>
>   사이클론의 집진효율을 향상시키기 위한 하나의 방법으로서 더스트 박스 또는 호퍼부에서 처리가스(유입유량)의 5~10%에 상당하는 함진가스를 추출·흡인하여 운영하는 방식이다.
>
> 2. 효과
>   ① 원추하부의 가교현상을 방지하여 장치 내부의 먼지 퇴적을 억제한다.
>   ② 사이클론 내의 난류현상(선회기류의 흐트러짐 현상)을 억제시킴으로써 집진된 먼지의 재비산을 방지한다.
>   ③ 유효원심력을 증가시켜 집진효율이 향상된다.

08 Thermal NOx와 Fuel NOx를 설명하고 연소조절법에 의해 질소산화물 발생을 억제시키는 방법을 3가지만 쓰시오.

> **풀이**
>
> 1. Thermal NOx
>
>   고온에 의해서 대기 중 질소와 산소가 결합하여 생성된 것으로 연소과정에서 생성되는 NOx의 대부분이다.
>
> 2. Fuel NOx
>
>   연료 내 화학적으로 결합된 질소 성분이 연소 시 NOx로 전환(산화), 즉 연료 자체가 함유하고 있는 불순물의 질소성분 연소에 의해 발생된 질소산화물이다.
>
> 3. **연소조절법에 의한 질소산화물 억제방법(3가지만 기술)**
>   ① 저산소 연소(저과잉공기 연소)
>   ② 저온도 연소(연소용 예열공기의 온도 조절)
>   ③ 배기가스 재순환
>   ④ 2단 연소
>   ⑤ 버너 및 연소실의 구조 개선
>   ⑥ 수증기 물 분사

09 스토크스 직경과 공기역학적 등가입경을 비교 설명하시오.

> **풀이**
>
> **1. 스토크스 직경**
> 입자형태가 구형이 아니더라도 동일한 침강속도 및 밀도를 갖는 구형입자의 직경으로 입자크기가 입자의 밀도에 따라 다르기 때문에 입자의 밀도도 함께 고려해야 하는 단점이 있다.
>
> **2. 공기역학적 등가입경(공기역학적 직경)**
> 입자형태가 구형이 아니더라도 동일한 침강속도 및 단위밀도($1g/cm^3$)를 갖는 구형 입자의 직경을 의미한다.

10 가스크로마토그래피법 분리 평가항목 중 분리능의 '분리계수'와 '분리도'를 구하는 식을 쓰고 각 인자의 의미를 설명하시오.

> **풀이**
>
> 1) 분리계수$(d) = \dfrac{t_{R_2}}{t_{R_1}}$
>
> 2) 분리도$(R) = \dfrac{2(t_{R_2} - t_{R_1})}{W_1 + W_2}$
>
> 여기서, t_{R_1} : 시료도입점으로부터 봉우리(피크) 1의 최고점까지의 길이
> t_{R_2} : 시료도입점으로부터 봉우리(피크) 2의 최고점까지의 길이
> W_1 : 봉우리(피크) 1의 좌우 변곡점에서 접선이 자르는 바탕선의 길이
> W_2 : 봉우리(피크) 2의 좌우 변곡점에서 접선이 자르는 바탕선의 길이

11 연소 용어 중 등가비(ϕ)에 대하여 다음 물음에 답하시오.

(1) 등가비를 식으로 표현하고 공기비와의 관계를 중심으로 간단히 설명하시오.

(2) 다음 ( ) 안에 '증가' 또는 '감소'를 넣어 문장을 완성하시오.

> 등가비가 1인 연소시설의 등가비를 1 이하로 낮추면 배출가스 중의 CO는
> (①)하고 NO는 (②)한다.

풀이

(1) 등가비(ϕ : Equivalent Ratio)

공기비의 역수로서 일정량의 이론적인 연공비(연료와 공기의 혼합비)에 대하여 실제 연소되는 연공비는 몇 배가 되는지 표현한 것이며 당량비라고도 한다.

$$\phi = \frac{(실제\ 연료량/산화제)}{(완전연소를\ 위한\ 이상적\ 연료량/산화제)} = \frac{1}{공기비(m)}$$

(2) ① 감소　　② 증가

12 송풍기 정압이 70mmH$_2$O에서 280m^3/min의 송풍량을 이동시킬 경우 회전수가 400rpm이고 동력은 5.5HP이다. 만일 회전수를 550rpm으로 할 경우 송풍량(m^3/min), 정압(mmH$_2$O), 동력(HP)을 구하시오.

풀이

1) 송풍량(Q)

$$Q = Q_1 \times \left(\frac{\text{rpm}_2}{\text{rpm}_1}\right) = 280 \times \left(\frac{550}{400}\right) = 385 \text{m}^3/\text{min}$$

2) 정압(ΔP)

$$\Delta P = \Delta P_1 \times \left(\frac{\text{rpm}_2}{\text{rpm}_1}\right)^2 = 70 \times \left(\frac{550}{400}\right)^2 = 132.34 \text{mmH}_2\text{O}$$

3) 동력(HP)

$$\text{HP} = \text{HP}_1 \times \left(\frac{\text{rpm}_2}{\text{rpm}_1}\right)^3 = 5.5 \times \left(\frac{550}{400}\right)^3 = 14.29 \text{HP}$$

13 다음은 충전탑 관련 용어이다. 간단히 설명하시오.

(1) Hold-up　　(2) Loading Point　　(3) Flooding Point

풀이

(1) **Hold-up**

충전층 내의 세정액 보유량을 의미한다.

(2) **Loading Point**

부하점이라 하며 세정액의 Hold-up이 증가하여 압력 손실이 급격하게 증가되는 첫 번째 파괴점을 말한다.

(3) Flooding Point
범람점이라 하며 충전층 내의 가스속도가 과도하여 세정액이 비말동반을 일으켜 흘러넘쳐 향류조작 자체가 불가능한 두 번째 파괴점을 말한다.

14 관성력 집진장치의 장점과 단점을 각각 2가지씩 쓰시오.

> **풀이**
>
> **1. 관성력 집진장치의 장점**
>   ① 구조 및 원리가 간단하고 전처리장치로 많이 이용된다.
>   ② 운전비용이 적고, 고온가스처리가 가능하다.
>
> **2. 관성력 집진장치의 단점**
>   ① 미세입자의 효율이 낮다.
>   ② 유속이 너무 빠르면 압력손실 증가와 분진의 재비산 문제가 발생한다.

15 반응률이 99.9%일 때 반응시간(sec)을 구하시오. (단, 1차 반응식을 사용하며, $K = 0.015/\text{sec}$이다.)

> **풀이**
>
> $\ln \dfrac{C_t}{C_o} = -K \cdot t \qquad [C_o = 100 \quad C_t = 0.1 \quad K = 0.015/\text{sec}]$
>
> $\ln \dfrac{0.1}{100} = -0.015 \text{sec}^{-1} \times t$
>
> $t = 460.52 \text{sec}$

16 옥탄(C_8H_{18})을 완전연소시킬 경우 연소반응식을 쓰고 부피기준 AFR을 구하시오. (단, 표준상태 기준)

> **풀이**
>
> 1) 연소반응식
> $C_8H_{18} + 12.5O_2 \rightarrow 8CO_2 + 9H_2O$
>
> 2) 부피기준 AFR
> $\text{AFR} = \dfrac{(\text{산소 mole}/0.21)}{\text{연료 mole}} = \dfrac{(12.5/0.21)}{1} = 59.5 \text{mole air/mole fuel}$

17 굴뚝의 유효고도가 40m이다. 일반적인 조건이 같을 때 최대지표농도를 절반으로 감소시키기 위해서는 유효고도를 몇 m 더 증가시켜야 하는가?

> **풀이**
>
> $$C_{\max} = \frac{2Q}{\pi e\, UH_e^2} \times \frac{K_z}{K_y}$$
>
> H_e를 제외한 모든 조건이 일정하다면 $C_{\max} = \dfrac{1}{H_e^2}$
>
> $C_{\max} : \dfrac{1}{40^2} = \dfrac{1}{2} C_{\max} : \dfrac{1}{H_e^2}$
>
> $H_e = \sqrt{2} \times 40 = 56.57\,\mathrm{m}$
>
> 증가시켜야 할 높이 $= 56.57 - 40 = 16.57\,\mathrm{m}$

18 전기집진장치의 분진 제거효율은 다음 식으로 계산한다.

$$\eta = 1 - e^{-AV/Q}$$

효율을 90%에서 99%로 증가시키려면 집진극의 증가 면적은?(단, 다른 조건은 변하지 않는다.)

> **풀이**
>
> $\eta = 1 - e^{-\frac{AV}{Q}}$ 양변에 ln 취한 식을 만들면
>
> $-\dfrac{AV}{Q} = \ln(1-\eta)$
>
> 증가면적비 $= \dfrac{-\dfrac{Q}{V}\ln(1-0.99)}{-\dfrac{Q}{V}\ln(1-0.9)} = 2$배

19 C=86.0%, H=11.0%, S=3.0% 조성을 갖는 중유를 연소 후 배기가스 분석을 실시하여 다음과 같은 결과를 얻었을 때, 다음 물음에 답하시오.

$$CO_2 + SO_2 = 13.0\%,\ O_2 = 3.0\%,\ CO = 0\%$$

(1) 중유 1kg당 소요공기량(Sm^3)
(2) 건조배기가스 중의 SO_2 농도(ppm)

> **풀이**
>
> **(1) 중유 1kg당 소요공기량(A)**
>
> $A(Sm^3) = m \times A_0$
>
> $m = \dfrac{N_2}{N_2 - 3.76 \times O_2} = \dfrac{84}{84 - (3.76 \times 3)} = 1.155$
>
> $A_0 = \dfrac{O_0}{0.21} = \dfrac{1}{0.21}[(1.867 \times 0.86) + (5.6 \times 0.11) + (0.7 \times 0.03)]$
>
> $ = 10.68\,Sm^3/kg$
>
> $ = 1.155 \times 10.68\,Sm^3/kg \times 1kg = 12.34\,Sm^3$
>
> **(2) 건조배기가스 중의 SO_2 농도**
>
> $SO_2(ppm) = \dfrac{SO_2}{G_d} \times 10^6 = \dfrac{0.7S}{G_d} \times 10^6$
>
> $G_d = G_{od} + (m-1)A_0$
>
> $\quad G_{od} = 0.79A_0 + CO_2 + SO_2$
>
> $\qquad = (0.79 \times 10.68) + (1.867 \times 0.86) + (0.7 \times 0.03)$
>
> $\qquad = 10.06\,Sm^3/kg$
>
> $\qquad = 10.06 + [(1.155-1) \times 10.68] = 11.72\,Sm^3/kg$
>
> $ = \dfrac{0.7 \times 0.03}{11.72} \times 10^6 = 1,791.81\,ppm$

20 다음 조성을 가진 중량기준의 중유 1kg을 공기비 1.25로 완전연소시키는 경우 건조가스 내의 먼지농도(mg/Nm³)를 구하시오. [단, 조성 중 회분은 모두 먼지로 배출된다. C(86.9%), H(11.0%), S(2.0%), 회분(0.1%)]

풀이

먼지농도(mg/Nm³) = $\dfrac{\text{단위연료당 먼지배출량(mg/kg)}}{\text{건조가스양(Nm}^3\text{/kg)}}$

단위연료당 먼지배출량 = $\dfrac{0.001\text{kg} \times 10^6 \text{mg/kg}}{\text{kg}}$

= 1,000 mg/kg

$G_d = mA_0 - 5.6\text{H} + 0.7\text{O} + 0.8\text{N}$

$A_0 = \dfrac{1}{0.21} \times [(1.867\text{C}) + (5.6\text{H}) + (0.7\text{S})]$

$= \dfrac{1}{0.21} \times [(1.867 \times 0.869) + (5.6 \times 0.11) + (0.7 \times 0.02)]$

$= 10.726 \text{Nm}^3/\text{kg}$

$= (1.25 \times 10.726) - (5.6 \times 0.11) = 12.79 \text{Nm}^3/\text{kg}$

$= \dfrac{1{,}000 \text{mg/kg}}{12.79 \text{Nm}^3/\text{kg}} = 78.19 \text{mg/Nm}^3$

SECTION 57 2021년 2회 기사

01 자동차 연료로 쓰이는 C_xH_y ($x : y = 1 : 1.85$)의 화학양론적 AFR(무게기준)을 구하시오. (단, 공기 질량은 28.86)

> **풀이**
> 화학양론적 연소반응식
> $$CH_{1.85} + \left(1 + \frac{1.85}{4}\right)O_2 \rightarrow CO_2 + \frac{1.85}{2}H_2O$$
> $$CH_{1.85} + 1.463O_2 \rightarrow CO_2 + 0.925H_2O$$
> 부피기준 AFR = $\dfrac{\text{산소의 mole}/0.21}{\text{연료의 mole}}$
> $= \dfrac{(1.463/0.21)}{1} = 6.967 \text{ mole air/mole fuel}$
>
> 무게기준 AFR = AFR(부피기준) $\times \dfrac{\text{공기 질량}}{\text{연료 질량}}$
> $= 6.967 \times \dfrac{28.86}{13.85} = 14.52 \text{ kg air/kg fuel}$

02 질량조성이 탄소 85%, 수소 14%, 황 1%인 중유 5kg을 연소 시 실제공기량(Sm^3)을 구하시오. (단, 공기비는 1.2)

> **풀이**
> $A = m \times A_0$
> $A_0 = \dfrac{1}{0.21}[(1.867 \times 0.85) + (5.6 \times 0.14) + (0.7 \times 0.01)]$
> $= 11.32 \text{ Sm}^3/\text{kg} \times 5\text{kg} = 56.62 \text{ Sm}^3$
> $= 1.2 \times 56.62 \text{ Sm}^3 = 67.94 \text{ Sm}^3$

03 분진을 배출하는 공장의 배출가스양은 $1,000m^3/hr$, 분진농도는 $10g/Sm^3$, 입경분포는 다음과 같다.

입경(μm)	30	50	70	90	100 이상
질량분포(%)	5	25	40	20	10

입자의 모양은 모두 구형이며 밀도는 $200kg/m^3$이다. 배기가스의 점성계수는 $8.5 \times 10^{-6} kg/m \cdot sec$, 밀도는 $0.06kg/m^3$이며, 이 배기가스를 침강집진장치로 처리하려고 한다. 침강실의 배기가스 수평유속은 10cm/sec, 길이는 0.6m, 높이는 1.0m일 때, 집진효율(%)과 하루에 10시간씩 30일 가동할 경우 분진 집진량(kg)을 구하시오.

> **풀이**
>
> 1) 집진효율(%) $= \dfrac{L \times V_s}{H \times U} \times 100$
>
> $$V_s = \dfrac{d_p^2 \times (\rho_p - \rho_g) \times g}{18\mu_g}$$
>
> $d_p = (30 \times 0.05) + (50 \times 0.25) + (70 \times 0.4)$
> $\qquad + (90 \times 0.2) + (100 \times 0.1) = 70\mu m$
>
> $= \dfrac{(70 \times 10^{-6})^2 \times (200 - 0.06) \times 9.8}{18 \times 8.5 \times 10^{-6}} = 0.063 m/sec$
>
> $= \dfrac{0.6m \times 0.063m/sec}{1m \times 0.1m/sec} \times 100 = 37.8\%$
>
> 2) 분진 집진량(kg) $= 10g/Sm^3 \times 1,000m^3/hr \times 10hr/day$
> $\qquad \times 30day \times 0.378 \times 10^{-3} kg/g = 1,134kg$

04 기상성분인 A물질을 제거하는 흡수장치에서 다음과 같은 자료를 확보하였다. 계면에서 액상의 A성분 농도($kmol/m^3$)를 구하시오.

> - 헨리상수(H) : $2.0 kmol/m^3 \cdot atm$
> - 기상물질 이동계수(K_G) : $3.2 kmol/m^2 \cdot atm \cdot K$
> - 액상물질 이동계수(K_L) : $0.7 m/hr$
> - 기상의 A성분 분압(P_A) : $0.15 atm$
> - 액상의 A성분 농도(C_A) : $0.1 kmol/m^3$

> **풀이**
>
> 액상경막 내 단위면적당 물질이동량(흡수속도)
> $$N_A(\text{kmol/m}^2 \cdot \text{hr}) = K_G(P_A - P_{Ai})$$
> $$= K_L(C_{Ai} - C_A)$$
> $$= K_L(H \times P_{Ai} - C_A)$$
> $3.2 \times (0.15 - P_{Ai}) = 0.7 \times (2 \times P_{Ai} - 0.1)$
> $4.6 \times P_{Ai} = 0.55$
> $P_{Ai} = 0.12 \text{atm}$
> $C_{Ai} = 2 \times 0.12 = 0.24 \text{kmol/m}^3$

05 유입농도 2g/m³, 유입유량 1,000m³/hr, 효율 70%, 세정액량 2m³일 때 세정액이 10g/L 농도가 되면 방출할 때의 방류시간(hr) 간격을 구하시오.

> **풀이**
>
> 시간당 농도를 구함
> $$\frac{2\text{g/m}^3 \times 1,000\text{m}^3/\text{hr} \times 0.7}{2\text{m}^3 \times 1,000\text{L/m}^3} = 0.7\text{g/L} \cdot \text{hr}$$
> 방류시간 간격(배출시간 간격) $= \dfrac{10\text{g/L}}{0.7\text{g/L} \cdot \text{hr}} = 14.29\text{hr}$

06 어느 굴뚝 배출가스의 유속을 피토관으로 측정하여 다음과 같은 결과를 얻었다. 이 배출가스의 유량(m³/min)을 구하시오.

- 배출가스온도 : 120℃
- 동압 : 15mmH₂O
- 정압 : 10mmH₂O
- 배출가스밀도 : 1.29kg/Sm³
- 등가직경 : 1.2m
- 피토관계수 : 0.85

> **풀이**
>
> 배출가스 유량(Q)
>
> $Q(\mathrm{m^3/min}) = A \times V$
>
> $$A = \frac{3.14 \times (1.2)^2 \mathrm{m^2}}{4} = 1.13 \mathrm{m^2}$$
>
> $$V = C\sqrt{\frac{2gh}{\gamma}}$$
>
> 정압 $= 10\mathrm{mmH_2O} \times \dfrac{760\mathrm{mmHg}}{10{,}332\mathrm{mmH_2O}} = 0.736\mathrm{mmHg}$
>
> $\gamma = 1.29\mathrm{kg/Sm^3} \times \dfrac{273}{273+120} \times \dfrac{760+0.736}{760} = 0.897\mathrm{kg/m^3}$
>
> $= 0.85 \times \sqrt{\dfrac{2 \times 9.8 \times 15}{0.897}} = 15.39\mathrm{m/sec}$
>
> $= 1.13\mathrm{m^2} \times 15.39\mathrm{m/sec} \times 60\mathrm{sec/min} = 1{,}043.44\mathrm{m^3/min}$

07 배출가스 유량이 50,000Sm³/hr, NO 배출농도가 600ppm인 150℃의 소각로 배출가스가 있다. 배출되는 NO 농도를 150ppm으로 감소시키기 위해서 SNCR 공정을 채택하였다. 최적조건에서 요소[(NH₂)₂CO] 1mol당 2mol의 NO를 제거한다면 20wt% 요소용액을 사용하는 경우, 투입하여야 할 용액의 양(kg/hr)을 구하시오. (단, 20wt% 요소용액의 비중은 1.0)

> **풀이**
>
> 반응식
>
> $4\mathrm{NO} + 2(\mathrm{NH_2})_2\mathrm{CO} + \mathrm{O_2} \rightarrow 4\mathrm{N_2} + 4\mathrm{H_2O} + 2\mathrm{CO_2}$
>
> 2NO   :   (NH₂)₂CO
>
> $2 \times 22.4\mathrm{Sm^3}$:   60kg
>
> $50{,}000\mathrm{Sm^3/hr} \times 450\mathrm{ppm} \times 10^{-6} \times \left(\dfrac{273+150}{273}\right) : x \times 0.2$
>
> $x(\text{반응에 요구되는 요소양}) = \dfrac{50{,}000\mathrm{Sm^3/hr} \times 450 \times 10^{-6} \times \dfrac{423}{273} \times 60\mathrm{kg}}{2 \times 22.4\mathrm{Sm^3} \times 0.2}$
>
> $= 233.46\mathrm{kg/hr}$

08 석회석법에 의한 매연 탈황장치로부터 10ton/day의 석고($CaSO_4 \cdot 2H_2O$)가 회수된다. 처리가스양이 200,000Sm³/hr, 탈황률이 98%일 경우 배출가스 중 SO_2 농도(ppm)를 구하시오.

> **풀이**
>
> 반응식
>
> $CaCO_3 + SO_2 + \frac{1}{2}O_2 + 2H_2O \rightarrow CaSO_4 \cdot 2H_2O + CO_2$
>
> 22.4Sm³ : 172kg
> $SO_2 \times 0.98$Sm³/day : 10ton/day
>
> $SO_2(Sm^3/day) = \dfrac{22.4Sm^3 \times 10,000kg/day}{0.98 \times 172kg} = 1,328.90 Sm^3/day$
>
> $SO_2(ppm) \times 10^{-6} \times 200,000 Sm^3/hr \times 24hr/day = 1,328.90 Sm^3/day$
>
> $SO_2(ppm) = \dfrac{1,328.90 Sm^3/day}{10^{-6} \times 200,000 Sm^3/hr \times 24hr/day} = 276.85 ppm$

09 H_2S가 0.3% 포함된 메탄을 공기비 1.05로 연소했을 때 건조배기가스 중의 SO_2 농도(ppm)는?(단, H_2S는 모두 SO_2로 변환된다.)

> **풀이**
>
> $SO_2(ppm) = \dfrac{SO_2}{G_d} \times 10^6$
>
> $G_d = (m - 0.21)A_0 + \Sigma(\text{연소생성물})$
>
> $CH_4 + 2O_2 \rightarrow CO_2 + 2H_2O$
> 1 : 2
> 0.997 : O_0 $O_0 = 1.994 Sm^3/Sm^3$
>
> $H_2S + 1.5O_2 \rightarrow SO_2 + H_2O$
> 1 : 1.5
> 0.003 : O_0 $O_0 = 0.0045 Sm^3/Sm^3$
>
> $= \left[(1.05 - 0.21) \times \left(\dfrac{1.994 + 0.0045}{0.21}\right)\right] + (0.997 + 0.003)$
>
> $= 8.994 Sm^3/Sm^3$
>
> $= \dfrac{0.003}{8.994} \times 10^6 = 333.56 ppm$

10 직경이 50mm인 관으로 유체가 흐르고 있다. 1기압, 20℃에서 유체의 동점성계수가 $1.5 \times 10^{-5} \mathrm{m^2/sec}$일 때 관내유속(m/sec)을 구하시오. (단, $Re = 3 \times 10^4$)

> **풀이**
>
> $$Re = \frac{VD}{\nu}$$
>
> $$V = \frac{Re \times \nu}{D} = \frac{3 \times 10^4 \times 1.5 \times 10^{-5} \mathrm{m^2/sec}}{0.05 \mathrm{m}} = 9 \mathrm{m/sec}$$

11 A사업장에서 유해가스 처리장치의 미가동으로 아황산가스가 처리되지 않고 굴뚝으로 배출되고 있다. 이때 유효굴뚝 높이가 100m, 배출가스양이 30,000m³/hr, 풍속 6m/sec인 대기 중에 SO_2가 1,000ppm으로 배출되고 있을 때, 다음 내용을 구하시오. (단, Sutton의 확산식을 이용, 수직 및 수평방향의 확산계수는 모두 0.07, 대기안정도 계수 $n = 0.25$)

(1) 굴뚝에서 배출되는 SO_2의 최대지표농도(ppm)

(2) 굴뚝에서 배출되는 SO_2의 최대착지거리(m)

> **풀이**
>
> (1) **최대지표농도($C_{\max}$)**
>
> $$C_{\max} = \frac{2Q}{\pi \times e \times u \times H_e^2} \times \frac{\sigma_z}{\sigma_y}$$
>
> $Q = 30,000 \mathrm{Sm^3/hr} \times \mathrm{hr}/3,600 \mathrm{sec} = 8.33 \mathrm{Sm^3/sec}$
>
> $$= \frac{2 \times 8.33 \times 1,000}{3.14 \times 2.72 \times 6 \times 100^2} \times \left(\frac{0.07}{0.07}\right) = 0.0325 \mathrm{ppm}$$
>
> (2) **최대착지거리($X_{\max}$)**
>
> $$X_{\max} = \left(\frac{H_e}{\sigma_z}\right)^{\frac{2}{2-n}} = \left(\frac{100}{0.07}\right)^{\frac{2}{2-0.25}} = 4,032.76 \mathrm{m}$$

12 Cyclone에서 유입속도와 입구폭을 각각 2배로 증가시키면 절단입경(Cut Diameter)은 처음의 몇 배가 되는가?

> **풀이**
> 절단입경(d_{p50})
> $$d_{p50} = \sqrt{\frac{9\,\mu_g\,W}{2\,\pi N(\rho_p - \rho)\,V}} \text{ 에서}$$
> $$d_{p50} \simeq \sqrt{\frac{W}{V}} = \sqrt{\frac{2W}{2V}} = 1$$
> 즉, 처음의 1배가 증가한다.

13 대기 중 대류난류(자유대류)와 기계적 난류(강제대류) 중 어느 것이 더 지배적인가를 판단하는 근거는 리차드슨수(R_i)로 추정할 수 있다. 어떤 지표 경계층에서 측정한 대기의 물리량이 다음과 같을 때 리차드슨수를 구하고 이 지표 경계층에서는 어떤 난류가 지배적인가를 쓰시오.

고도(m)	평균풍속(m/sec)	온도(℃)
3	3.9	14.9
2	3.3	15.6

> **풀이**
> 리차드슨수(R_i)
> $$R_i = \left(\frac{g}{T}\right) \times \frac{(\Delta T/\Delta Z)}{(\Delta U/\Delta Z)^2}$$
> $$T = \left(\frac{14.9 + 15.6}{2}\right) + 273 = 288.25\,\text{K}$$
> $$= \left(\frac{9.8}{288.25}\right) \times \left[\frac{-(0.7/1)}{(0.6/1)^2}\right] = -0.066$$
> $R_i < -0.04$이므로 대류난류(자유대류)가 지배적이다.

14 다음 조건에서 최대 5분 만에 아황산가스를 분석하기 위한 펌프용량(L/min)을 구하시오. (단, 관경 10mm, 굴뚝길이 100m, 펌프 및 배출가스 온도 150℃)

> **풀이**
>
> $Q(\text{L/min}) = A \times V$
>
> $A = \dfrac{3.14 \times 0.01^2}{4} = 7.85 \times 10^{-5} \text{m}^2$
>
> $V = \dfrac{100\text{m}}{5\text{min}} = 20\text{m/min}$
>
> $= 7.85 \times 10^{-5} \text{m}^2 \times 20\text{m/min} \times 1{,}000\text{L/m}^3 = 1.57\text{L/min}$

15 굴뚝에서 배출되는 가스의 확산이 잘 되도록 하기 위해 유효굴뚝높이를 높일 수 있는 방법 3가지를 쓰시오.

> **풀이**
>
> **유효굴뚝높이를 상승시키는 방법(3가지만 기술)**
> ① 배출가스온도를 높인다.
> ② 굴뚝에서 배출가스의 배출속도를 증가시킨다.
> ③ 굴뚝의 직경을 감소시킨다.
> ④ 배출가스양을 증가시킨다.

16 공기역학적 직경과 스토크스 직경을 비교하여 설명하시오.

> **풀이**
>
> **1. 공기역학적 직경(Aerodynamic Diameter)**
> 대상 먼지와 침강속도는 동일하고, 단위밀도(1g/cm^3)를 갖는 구형입자의 직경을 말한다.
>
> **2. 스토크스 직경(Stokes Diameter)**
> 본래의 분진과 동일한 밀도와 침강속도를 갖는 입자의 직경을 말한다. 대상 입자의 밀도를 고려한다는 것이 공기역학적 직경과의 차이이다.

17 용기 15L에 H_2 2g, Cl_2 6g을 혼합시켰을 때의 부분압력(mmHg)을 구하시오. (단, 온도는 25℃이다.)

> **풀이**
>
> $$PV = nRT$$
> $$P = \frac{nRT}{V}$$
> $$n = \frac{2g}{2g/mol} + \frac{6g}{71g/mol} = 1.0845 mol$$
> $$= \frac{1.0845 \times 0.082 \times (273+25)}{15} \times \frac{760 mmHg}{1 atm} = 1,342.7 mmHg$$

18 다이옥신 제어 중 연소 후(후처리) 제어방법 3가지에 대하여 기술하시오.
[예시는 정답에서 제외 ; 생물학적 분해법(백색부후균 및 세균 등을 이용하여 다이옥신을 생물학적으로 분해시키는 방법)]

> **풀이**
>
> **다이옥신 연소 후 제어방법(3가지만 기술)**
>
> 1. 촉매분해법
>   촉매로 금속산화물(V_2O_5, TiO_2), 귀금속(Pt, Pd) 등을 이용하여 다이옥신을 분해하는 방법이다.
>
> 2. 열분해법
>   산소가 아주 적은 환원성 분위기에서 탈염소화, 수소첨가반응 등에 의해 다이옥신을 분해하는 방법으로 850℃ 이상의 고온을 유지하고, 체류시간도 2sec 이상 유지가 요구된다.
>
> 3. 자외선 광분해법
>   자외선 파장(250~340nm)을 이용하여 배기가스에 조사하여 다이옥신의 결합을 분해하는 방법이다.
>
> 4. 오존분해법(오존산화법)
>   용액 중에 오존을 주입하여 다이옥신을 산화분해하는 방법으로 수중분해 시 염기성 조건일수록, 온도가 높을수록 분해속도는 커진다.
>
> 5. 활성탄주입시설 + 반응탑 + Bag Filter(여과집진시설)의 조합방법
>   배기가스 Conditioning 시 활성탄 분말투입시설을 설치하여 다이옥신과 반응시킨 후 집진함으로써 제거하는 방법으로 집진장치의 온도는 200℃ 이하로 내리는 것이 바람직하다.

19 원심력집진장치의 Blow Down 운전방식에 대한 정의를 쓰시오.

> **풀이**
>
> 사이클론의 집진효율을 향상시키기 위한 하나의 방법으로서 더스트 박스 또는 호퍼부에서 처리가스(유입유량)의 5~10%에 상당하는 함진가스를 추출·흡인하여 운영하는 방식이다.

20 전기집진장치에서 저비저항 및 고비저항의 현상 및 대책을 1가지씩 쓰시오.

> **풀이**
>
> **1. 저비저항($10^4 \Omega \cdot cm$ 이하)**
>   1) 현상 : 재비산 현상
>   2) 대책
>   ① 처리가스 속도를 낮추어 조절   ② 재비산 장소에 배플 설치
>
> **2. 고비저항($10^{11} \Omega \cdot cm$ 이상)**
>   1) 현상 : 역전리 현상
>   2) 대책
>   ① 처리가스 온습도 조절   ② 탈진빈도 및 탈진강도 증가

2021년 2회 산업기사

01 이론적으로 탄소 1kg을 연소시키면 30,000kcal의 열이 발생하고, 수소 1kg을 연소시키면 34,100kcal의 열이 발생한다고 할 경우 프로판 1kg을 연소시킬 때 발생하는 열량(kcal/kg)을 구하시오.

풀이

프로판(C_3H_8)

C의 함유 비율 = $\dfrac{36}{44}$

H의 함유 비율 = $\dfrac{8}{44}$

프로판 열량(kcal/kg) = $(30,000\text{kcal/kg} \times \dfrac{36}{44}) + (34,100\text{kcal/kg} \times \dfrac{8}{44})$
= 30,746.45 kcal/kg

02 주변환경조건이 동일하다고 할 때, 굴뚝의 유효고도가 3배 증가한다면 하류중심선의 최대지표농도는 어떻게 변화하는가? (단, Sutton의 확산식을 이용)

풀이

Sutton의 확산식에서

$C_{\max} \propto \dfrac{1}{H_e^2} = \dfrac{1}{3^2} = \dfrac{1}{9}$ ($\dfrac{1}{9}$ 배로 감소한다.)

03 전기로에 설치된 Bag Filter의 입구와 출구에서 가스유량과 분진농도를 측정한 결과가 다음과 같다면 통과율(%)을 구하시오.

구분	입구 측	출구 측
배출가스유량(m^3/min)	11,400	16,200
분진농도(g/m^3)	12.63	1.01

풀이

통과율(P) = $1 - \eta$

$\eta = \left(1 - \dfrac{C_o Q_o}{C_i Q_i}\right) \times 100 = \left(1 - \dfrac{1.01 \times 16,200}{12.63 \times 11,400}\right) \times 100 = 88.64\%$

= $(1 - 0.8864) \times 100 = 11.36\%$

04 4개의 집진시설이 직렬로 연결되었을 경우 총 집진효율(%)을 구하시오.

- 1차 집진시설 집진효율 : 40%
- 2차 집진시설 집진효율 : 60%
- 3차 집진시설 집진효율 : 80%
- 4차 집진시설 집진효율 : 95%

풀이

총 집진효율(η_T)
$\eta_T = 1 - [(1-\eta_1) \times (1-\eta_2) \times (1-\eta_3) \times (1-\eta_4)]$
$= 1 - [(1-0.4) \times (1-0.6) \times (1-0.8) \times (1-0.95)] = 0.9976 \times 100 = 99.76\%$

05 다음은 전기집진장치에 관한 내용이다. ( ) 안에 알맞은 내용을 쓰시오.

겉보기 전기저항값이 $10^{11} \Omega \cdot cm$ 이상이면 분진을 대전시키기 어렵고, 일단 대전된 분진도 탈진 시 쉽게 제거되지 않게 된다. 이 경우 쌓인 분진층이 절연체 역할을 하여 전기적으로 (①)전하가 되고, 분진층 내부는 중성, 집진극은 (②)극이 되어 역전리 현상이 일어나게 된다.

풀이

① 음   ② 양

06 Bag Filter에서 간헐적으로 분진부하가 360g/m²일 때마다 부착 분진을 탈락시키고 있다. 이 백필터의 입구함진가스 중 분진농도가 10g/m³이고, 겉보기 여과속도가 1cm/sec로 가동될 경우 분진의 탈진주기(hr)를 구하시오.

풀이

$L_d = C_i \times V_f \times t$

$t = \dfrac{L_d}{C_i \times V_f} = \dfrac{360 \text{g/m}^2}{10 \text{g/m}^3 \times 0.01 \text{m/sec}} = 3,600 \sec \times \text{hr}/3,600 \sec = 1 \text{hr}$

07 벤투리스크러버의 목 부분 직경이 0.22m, 수압이 20,000mmH$_2$O, 목부 가스유속이 90m/sec이고, 노즐 개수는 6개이다. 분진함유 처리가스 2.0m³/sec를 처리할 때, 액가스비는 0.3117L/m³이다. 이 장치의 노즐 직경(mm)을 구하시오.

> **풀이**
>
> $$n\left(\frac{d}{D_t}\right)^2 = \frac{V_t \times L}{100\sqrt{P}}$$
>
> $$d = D_t \times \left(\frac{1}{n} \times \frac{V_t \times L}{100\sqrt{P}}\right)^{0.5}$$
>
> $$= 0.22 \times \left[\frac{1}{6} \times \left(\frac{90 \times 0.3117}{100\sqrt{20,000}}\right)\right]^{0.5} = 4 \times 10^{-3}\text{m} \times 1,000\text{mm/m} = 4\text{mm}$$

08 Cyclone에서 유입구 폭이 12cm, 유효회전수가 5일 때, 분진밀도 1.6g/cm³, 온도 350K인 함진가스가 15m/sec 속도로 유입된다. 이 경우 절단입경(d_{p50} ; μm)을 구하시오. (단, 공기점도는 350K에서 0.0748kg/m · hr, 함진가스 밀도는 무시한다.)

> **풀이**
>
> 절단입경(d_{p50})
>
> $$d_{p50} = \left(\frac{9\mu_g W}{2\pi N(\rho_p - \rho)V}\right)^{0.5}$$
>
> $\mu_g = 0.0748\text{kg/m} \cdot \text{hr} \times \text{hr}/3,600\text{sec} = 2.078 \times 10^{-5}\text{kg/m} \cdot \text{sec}$
>
> $\rho_p = 1.6\text{g/cm}^3 \times \text{kg}/1,000\text{g} \times 10^6\text{cm}^3/\text{m}^3 = 1,600\text{kg/m}^3$
>
> $$= \left(\frac{9 \times 2.078 \times 10^{-5} \times 0.12}{2 \times 3.14 \times 5 \times 1,600 \times 15}\right)^{0.5}$$
>
> $= 5.457 \times 10^{-6}\text{m} \times 10^6\mu\text{m/m} = 5.47\mu\text{m}$

09 저위발열량이 7,000kcal/Sm³인 기체연료의 이론연소온도(℃)를 구하시오.(단, 이 기체연료의 이론연소가스양은 10Sm³/Sm³이고, 연료 연소가스의 평균정압비열은 0.35kcal/Sm³·℃, 기준온도는 15℃이다. 공기는 예열되지 않았으며, 연소가스는 해리되지 않는다고 가정한다.)

풀이

이론연소온도(℃)

$$= \frac{저위발열량}{이론연소가스양 \times 연소가스\ 평균정압비율} + 실제온도$$

$$= \frac{7,000\text{kcal/Sm}^3}{10\text{Sm}^3/\text{Sm}^3 \times 0.35\text{kcal/Sm}^3\cdot℃} + 15℃ = 2,015℃$$

10 원심력집진장치의 Blow Down 방식에 대한 정의를 서술하고, 효과 3가지를 쓰시오.

풀이

블로다운(Blow Down) 방식

1. 정의

   사이클론의 집진효율을 향상시키기 위한 하나의 방법으로서 더스트 박스 또는 호퍼부에서 처리가스(유입유량)의 5~10%에 상당하는 함진가스를 추출·흡인하여 운영하는 방식이다.

2. 효과

   ① 원추하부의 가교현상을 방지하여 장치 내부의 먼지 퇴적을 억제한다.
   ② 사이클론 내의 난류현상(선회기류의 흐트러짐 현상)을 억제시킴으로써 집진된 먼지의 재비산을 방지한다.
   ③ 유효원심력을 증가시켜 집진효율이 향상된다.

11 송풍기 정압이 70mmH₂O에서 280m³/min의 송풍량을 이동시킬 경우 회전수가 400rpm이고 동력은 5.5HP이다. 만일 회전수를 550rpm으로 할 경우 송풍량(m³/min), 정압(mmH₂O), 동력(HP)을 구하시오.

풀이

1) 송풍량(Q)

$$Q = Q_1 \times \left(\frac{\text{rpm}_2}{\text{rpm}_1}\right) = 280 \times \left(\frac{550}{400}\right) = 385\text{m}^3/\text{min}$$

2) 정압(ΔP)

$$\Delta P = \Delta P_1 \times \left(\frac{\text{rpm}_2}{\text{rpm}_1}\right)^2 = 70 \times \left(\frac{550}{400}\right)^2 = 132.34 \text{mmH}_2\text{O}$$

3) 동력(HP)

$$\text{HP} = \text{HP}_1 \times \left(\frac{\text{rpm}_2}{\text{rpm}_1}\right)^3 = 5.5 \times \left(\frac{550}{400}\right)^3 = 14.29 \text{HP}$$

12 환경대기 중 가스상 물질의 시료채취방법 5가지를 쓰시오.

풀이
① 직접채취법   ② 용기포집법   ③ 용매포집법
④ 고체흡착법   ⑤ 저온응축법

13 다음 내용에 맞는 흡수방법을 쓰시오.(단, 충전탑 또는 단탑 중 선택)

(1) 흡수액에 부유물이 포함되어 있을 경우 또는 고체부유물 생성 시 효율적이다.
(2) 비교적 소량의 액량으로 처리가 가능하다.
(3) 단(Stage) 수를 증가시킴으로써 고농도의 배출가스도 처리가 가능하다.
(4) 흡수액에 고형물이 함유되어 있는 경우에는 침전물이 생겨 성능이 저하할 수 있다.

풀이
(1) 단탑   (2) 단탑   (3) 단탑   (4) 충전탑

14 HF 농도가 38ppm이다. 이를 습식처리효율 98.5%의 방지시설로 처리하였을 경우 배출허용기준 초과 유무를 판단하시오.(단, HF 분자량 20, HF의 배출허용기준 2mg/Sm^3)

풀이
처리 후 농도(ppm) = $38\text{ppm} \times (1-0.985) = 0.57\text{ppm}$

농도(mg/m^3) = $0.57\text{ppm}(\text{mL/m}^3) \times \dfrac{20\text{mg}}{22.4\text{mL}} = 0.51\text{mg/Sm}^3$

배출허용기준 2mg/Sm^3보다 낮게 배출된다.

15 중유의 탈황방법과 연소조절에 의한 질소산화물 제어방법을 각각 3가지씩 쓰시오.

> **풀이**
> 1. 중유의 탈황방법
>   ① 직접 탈황법   ② 간접 탈황법   ③ 중간 탈황법
> 2. 연소조절에 의한 질소산화물 제어방법
>   ① 저산소연소   ② 배기가스 재순환   ③ 2단 연소

16 중량분율이 탄소 85%, 수소 10%, 황 5%인 중유 1kg을 26Sm³의 공기로 완전연소시킬 경우 공기비(m)를 구하시오.

> **풀이**
> $$m = \frac{A}{A_0}$$
> $$A_0 = \frac{O_0}{0.21} = \frac{1}{0.21}[(1.867 \times 0.85) + (5.6 \times 0.1) + (0.7 \times 0.05)]$$
> $$= 10.39 \text{Sm}^3/\text{kg} \times 1\text{kg} = 10.39 \text{Sm}^3$$
> $$A = 26 \text{Sm}^3$$
> $$= \frac{26 \text{Sm}^3}{10.39 \text{Sm}^3} = 2.5$$

17 대기오염 배출원에서 배출되는 가스 중 SO_2의 함유량이 760mmHg, 25℃ 상태에서 450μg/mL이었다. SO_2 농도를 ppm으로 구하시오.

> **풀이**
> $$(\text{ppm}) = 450 \mu\text{g}/\text{m}^3 \times \text{mg}/10^3 \mu\text{g} \times \frac{\left(22.4 \times \frac{273+25}{273}\right)\text{mL}}{64\text{mg}} = 0.17 \text{ppm}$$

18 황성분이 2%인 중유를 1시간에 10ton씩 연소하는 보일러의 배출가스를 수산화칼슘으로 탈황하여 황성분을 석고(2수염)로 회수한다고 할 경우, 이때 탈황률이 100%이라면 이론적으로 회수되는 석고량(kg/hr)을 구하시오.

> **풀이**
> 반응식에서 S와 $CaSO_4 \cdot 2H_2O$는 1 : 1 반응
> S $\rightarrow$ $CaSO_4 \cdot 2H_2O$
> 32kg : 172kg
> 10ton/hr×0.02 : $CaSO_4 \cdot 2H_2O$(kg/hr)
> $CaSO_4 \cdot 2H_2O(kg/hr) = \dfrac{10ton/hr \times 0.02 \times 172kg \times 1,000kg/ton}{32kg} = 1,075 kg/hr$

19 평판형 전기집진장치의 집진판과 방전극 사이의 간격이 5cm, 가스의 유속은 3m/s, 입자의 집진극으로 이동속도가 7cm/s일 때, 층류영역에서 입자를 완전히 제거하기 위한 이론적인 집진극의 길이(m)는?

> **풀이**
> $L = d \times \dfrac{V_g}{W}$
> $d = 5cm \times m/100cm = 0.05m$, $V_g = 3m/sec$
> $W = 7cm/sec \times m/100cm = 0.07m/sec$
> $= 0.05 \times \dfrac{3}{0.07} = 2.14m$

20 다이옥신을 함유한 가스를 촉매로 사용하여 산화분해시켜 다이옥신을 제거시키고자 할 때, 주로 사용되는 촉매를 3가지만 쓰시오.

> **풀이**
> **다이옥신 촉매분해법의 사용촉매(3가지만 기술)**
> ① 귀금속(Pt, Pd) ② $V_2O_5 - TiO_2$
> ③ $V_2O_5 - Al_2O_3$ ④ $V_2O_5 - WO_3$

SECTION 59 2021년 4회 기사

01 가로 1.2m, 세로 2.0m, 높이 1.5m인 연소실에서 저위발열량이 10,000kcal/kg인 중유를 1시간에 100kg을 연소할 경우 연소실의 열발생률(kcal/m³·hr)을 구하시오.

풀이

$$연소실\ 열발생률 = \frac{연료의\ 저위발열량 \times 연료사용량}{연소실\ 용적}$$

$$= \frac{10,000\text{kcal/kg} \times 100\text{kg/hr}}{(1.2 \times 2.0 \times 1.5)\text{m}^3} = 2.78 \times 10^5 \text{kcal/m}^3 \cdot \text{hr}$$

02 CH_4(0.5Sm³)와 C_3H_8(0.5Sm³)이 혼합된 연료의 평균저위발열량이 15,460kcal/Sm³이다. 공기와 혼합연료는 15℃에서 공급되고 있고 CO_2, H_2O, N_2의 정압몰비열은 각각 13.6, 10.5, 8(kcal/kmol·℃)일 때 이론연소온도(℃)를 구하시오.

풀이

CO_2 부피비열 $= 13.6 \times \dfrac{1}{22.4} = 0.607\,\text{kcal/m}^3 \cdot \text{℃}$

H_2O 부피비열 $= 10.5 \times \dfrac{1}{22.4} = 0.47\,\text{kcal/m}^3 \cdot \text{℃}$

N_2 부피비열 $= 8.0 \times \dfrac{1}{22.4} = 0.36\,\text{kcal/m}^3 \cdot \text{℃}$

CH_4 연소반응식 : $CH_4 + 2O_2 + 2 \times 3.76N_2 \rightarrow CO_2 + 2H_2O + 2 \times 3.76N_2$

C_3H_8 연소반응식 : $C_3H_8 + 5O_2 + 5 \times 3.76N_2 \rightarrow 3CO_2 + 4H_2O + 5 \times 3.76N_2$

$$이론연소온도(℃) = \frac{저위발열량}{이론연소가스양 \times 정압비열} + 실제온도$$

$$= \frac{15,460\,\text{kcal/Sm}^3}{[(4 \times 0.607) + (6 \times 0.47) + (7 \times 0.36)]\text{kcal/Sm}^3 \cdot \text{℃}} + 15\text{℃}$$

$$= 2,005.22\text{℃}$$

03 충전탑 관련 용어인 Hold-up, Loading, Flooding에 대하여 설명하시오.

> **풀이**
>
> 1. **Hold-Up**
>   충전탑의 충전층 내의 세정액 보유량이 증가하는 것을 의미하며 Hold-up이 증가되면 가스의 압력손실이 커진다.
>
> 2. **Loading**
>   부하점이라 하며 충전탑 내의 가스유속을 증가시킬 경우 세정액의 Hold-up이 현저하게 증가되는 상태를 의미한다.
>
> 3. **Flooding**
>   범람점이라 하며 Loading Point를 초과하도록 충전층 내의 가스속도가 과도하여 가스가 액 중으로 분산하면서 상승하게 되는 현상을 의미한다.

04 벤투리스크러버의 장치 사양이 아래와 같을 때, 벤투리스크러버의 노즐 직경(mm)을 구하시오.

- 슬롯부 직경 $D_t = 0.2\text{m}$
- 노즐 개수 $n = 6$
- 슬롯부의 속도 $V_t = 60\text{m/sec}$
- 수압 $P = 2\text{atm}$
- 액가스비 $L = 0.5\text{L/m}^3$

> **풀이**
>
> 벤투리스크러버의 각 인자 관계식
>
> $$n\left(\frac{d}{D_t}\right)^2 = \frac{V_t \cdot L}{100\sqrt{P}}$$
>
> 여기서, D_t : 목부의 직경(m), d : 노즐의 직경(m)
> n : 노즐의 수, V_t : 목부의 가스유속(m/sec)
> L : 액기비(L/m³), P : 수압(mmH₂O)
>
> $$d = D_t \times \left(\frac{1}{n} \times \frac{V_t \times L}{100\sqrt{P}}\right)^{0.5}$$
>
> $P = 2\text{atm} \times \dfrac{10{,}332\text{mmH}_2\text{O}}{\text{atm}} = 20{,}664\text{mmH}_2\text{O}$
>
> $= 0.2 \times \left[\dfrac{1}{6} \times \left(\dfrac{60 \times 0.5}{100\sqrt{20{,}664}}\right)\right]^{0.5} = 0.00373\text{m} \times 1{,}000\text{mm/m} = 3.73\text{mm}$

05 배출가스 중 비산먼지를 High Volume Air Sampler로 측정하였다. 비산먼지 농도는?

- 대조 위치에서의 먼지농도 : $0.12mg/m^3$
- 채취먼지량이 가장 많은 위치에서의 먼지농도 : $6.83mg/m^3$
- 전 시료채취기간 중 주 풍향이 90도 이상 변함
- 풍속이 0.5m/sec 미만 또는 10m/sec 이상 되는 시간이 전 채취시간의 50% 미만이었다.

풀이

$$C_m = (C_H - C_B) \times W_D \times W_S$$
$$= (6.83 - 0.12) \times 1.5 \times 1.0 = 10.065 mg/m^3$$

[참고]
1) 풍향에 대한 보정

풍향변화범위	보정계수
전 시료채취 기간 중 주 풍향이 90° 이상 변할 때	1.5
전 시료채취 기간 중 주 풍향이 45~90° 변할 때	1.2
전 시료채취 기간 중 풍향이 변동 없을 때(45° 미만)	1.0

2) 풍속에 대한 보정

풍속범위	보정계수
풍속이 0.5m/초 미만 또는 10m/초 이상 되는 시간이 전 채취시간의 50% 미만일 때	1.0
풍속이 0.5m/초 미만 또는 10m/초 이상 되는 시간이 전 채취시간의 50% 이상일 때	1.2

06 처리가스양이 15,000Sm³/hr, 압력손실이 750mmH₂O인 어떤 집진장치가 1일 12시간 운전하여 연간 2,000만 원의 동력비가 들었다. 이 경우 가동시간은 동일하며 처리가스양이 50,000Sm³/hr, 압력손실이 30mmHg인 같은 형식의 집진장치를 사용할 경우 연간 동력비(원)를 구하시오.(단, 송풍기 효율은 변화 없음)

풀이

$$kW = \frac{\Delta P \times Q}{102 \times \eta}, \quad kW = \alpha \, \Delta P \times Q$$

여기서, α : 동력비용

$$30\text{mmHg} \times \frac{10,332\text{mmH}_2\text{O}}{760\text{mmH}_2\text{O}} = 407.84\text{mmH}_2\text{O}$$

$750\text{mmH}_2\text{O} \times 15,000\text{Sm}^3/\text{hr} : 2,000만 원$
$= 407.84\text{mmH}_2\text{O} \times 50,000\text{Sm}^3/\text{hr} : 동력비용$

$$동력비용 = \frac{407.84 \times 50,000 \times 2,000만 원}{750 \times 15,000} = 3,625.24만 원$$

07 중유 중 함유원소의 부피조성이 C=87%, H=10%, S=3%일 경우, 이 중유의 CO_{2max}(%)를 구하시오. (단, 표준상태 기준)

> **풀이**
>
> $CO_{2max} = \dfrac{CO_2}{G_{od}} \times 100$
>
> $G_{od} = (0.79 \times A_0) + CO_2 + SO_2$
>
> $A_0 = [(1.867 \times 0.87) + (5.6 \times 0.1) + (0.7 \times 0.3)] \times \dfrac{1}{0.21}$
>
> $\quad = 10.5 \text{Sm}^3/\text{kg}$
>
> $CO_2 = 1.867 \times 0.87 = 1.624 \text{Sm}^3/\text{kg}$
>
> $SO_2 = 0.7 \times 0.03 = 0.021 \text{Sm}^3/\text{kg}$
>
> $\quad = (0.79 \times 10.5) + 1.624 + 0.021 = 9.94 \text{Sm}^3/\text{kg}$
>
> $= \dfrac{1.624}{9.94} \times 100 = 16.33\%$

08 습식 배연탈황법 중 석회석-석고법의 최대 단점은 스케일 생성이다. 스케일의 방지 방안을 3가지 쓰시오.

> **풀이**
>
> **스케일 방지방안(3가지만 기술)**
> ① 흡수탑 순환액에 산화탑에서 생성한 석고를 반송하고 흡수액 슬러리 중의 석고 농도를 5% 이상으로 유지하여 석고의 결정화를 촉진한다.
> ② 흡수액 양을 많게 하여 탑 내에서의 결착을 방지한다.
> ③ 순환액 pH 값 변동을 적게 한다.
> ④ 탑 내에 내장물을 가능한 한 설치하지 않는다.

09 탄소 85%, 수소 15%로 구성되어 있는 경유 1kg을 공기비 1.1로 연소할 경우, 탄소의 1% 그을음으로 변환된다고 한다. 건연소가스 1Sm³ 중 그을음의 농도(ppm)를 구하시오. (단, 그을음 밀도 2g/mL)

> **풀이**
>
> 그을음 농도$(g/Sm^3) = \dfrac{C_d(g/kg)}{G_d(Sm^3/kg)}$
>
> 그을음의 발생량$(C_d) = 0.85 \times 0.01 kg/kg \times 10^3 g/kg = 8.5 g/kg$
>
> 건연소가스양$(G_d) = G_{od} + (m-1)A_0$
>
> $$A_0 = (1.867 \times 0.85 + 5.6 \times 0.15) \times \dfrac{1}{0.21} = 11.557 Sm^3/kg$$
>
> $$G_{od} = 0.79 A_0 + CO_2$$
> $$= (0.79 \times 11.557) + (1.867 \times 0.85) = 10.717 Sm^3/kg$$
> $$= 10.717 + (1.1 - 1) \times 11.557 = 11.8727 Sm^3/kg$$
>
> 그을음 농도$(g/Sm^3) = \dfrac{8.5 g/kg}{11.8727 Sm^3/kg} = 0.72 g/Sm^3$
>
> 그을음 농도$(ppm) = \dfrac{0.72 g/Sm^3}{2 g/mL} = 0.36 mL/Sm^3 (ppm)$

10 어느 기체연료의 조성이 부피비로 CH₄ 95%, CO₂ 3%, O₂ 1%, N₂ 1%였다. 이 기체연료의 연소에 소요된 공기량이 10.2Sm³/Sm³일 경우 공기비(m)를 구하시오.

> **풀이**
>
> $CH_4 + 2O_2 \rightarrow CO_2 + H_2O$: 가연성분 CH_4 연소반응식
>
> $22.4 Sm^3 : 2 \times 22.4 Sm^3$
>
> $0.95 Sm^3 : x$
>
> $x = \dfrac{0.95 Sm^3 \times 2 \times 22.4 Sm^3}{22.4 Sm^3} = 1.9 Sm^3$
>
> 이론공기량$(A_0) =$ 이론산소량$\times \dfrac{1}{0.21} = (1.9 - 0.01) \times \dfrac{1}{0.21} = 9 Sm^3/Sm^3$
>
> 공기비$(m) = \dfrac{A}{A_0} = \dfrac{10.2}{9} = 1.13$

11 Freundlich 식과 Langmuir 식을 쓰고 각 변수를 설명하시오.

> **풀이**
>
> 1) Freundlich 등온흡착식
>
> $$\frac{X}{M} = K \cdot C^{\frac{1}{n}}$$
>
> 여기서, M : 흡착제의 중량, X : 흡착된 용질량, K, n : 상수
> C : 흡착평형상태에서 배기가스 내에 잔류하는 피흡착물질의 농도
>
> 2) Langmuir 등온흡착식
>
> $$\frac{X}{M} = \frac{abC}{1+bC}$$
>
> 여기서, M : 흡착제의 중량, X : 흡착된 용질량
> C : 흡착되고 남은 피흡착물질의 농도, a, b : 경험상수

12 유량이 5,000Sm³/hr인 배출가스를 배출하는 배출구에서 NO의 농도가 1,000ppm인 연소로가 있다. 이 배출구에서 배출되는 NO 농도를 저감하고자 선택적 촉매환원법(SCR)을 검토하게 되었다. 당량비로 반응하는 촉매층에서 NO를 80% 저감시키기 위해 필요한 암모니아양(mol/hr)을 구하시오.

> **풀이**
>
> $6NO + 4NH_3 \rightarrow 5N_2 + 6H_2O$
>
> NO가스양 $= 5,000 m^3/hr \times 1,000 ppm \times 10^{-6} = 5 m^3 NO/hr$
>
> $5 m^3/hr \times \frac{1,000L}{1m^3} \times \frac{1mol}{22.4L} = 223.21 mol/hr$
>
> $223.21 mol/hr \times 0.8 = 178.57 mol/hr$
>
> $NH_3(mol/hr) = 178.57 mol/hr \times 당량비 = 178.57 mol/hr \times \frac{4}{6} = 119.05 mol/hr$

13 가솔린 자동차의 배출가스제거장치 중 삼원촉매장치의 촉매제 3가지와 제거대상오염물질 3가지를 쓰시오.

> **풀이**
>
> 1. 촉매제
>   백금(Pt), 파라듐(Pd), 로듐(Rh)
>
> 2. 제거대상오염물질
>   일산화탄소(CO), 탄화수소(HC), 질소산화물(NOx)

14 정지 대기 공간에서 공기점도 $\mu = 1.5 \times 10^{-5}$ kg/m·sec, 입경 20μm인 구형 미세입자가 중력침강할 때 다음에 답하시오. (단, 입자밀도 2,000kg/m³, 공기밀도 1.3kg/m³, 커닝험보정계수 $C_f = 1$)

(1) 종말침강속도(m/sec)

(2) 항력(N)(유효숫자 3자리까지 구하시오.)

풀이

(1) 종말침강속도(V_s)

$$V_s(\text{m/sec}) = \frac{d_p^2(\rho_p - \rho)g}{18\mu_g} \times C_f$$

$d_p = 20\mu\text{m} = 20 \times 10^{-6}$ m

$\rho_p = 2,000$ kg/m³

$\rho = 1.3$ kg/m³

$\mu_g = 1.5 \times 10^{-5}$ kg/m·sec

$$= \frac{(20 \times 10^{-6})^2 \times (2,000 - 1.3) \times 9.8}{18 \times 1.5 \times 10^{-5}} \times 1 = 8.9 \times 10^{-2} \text{m/sec}$$

(2) 항력(F_d)(유효숫자 3자리)

$$F_d(\text{N}) = \frac{3\pi\mu_g d_p V_s}{C_f}$$

$$= \frac{3 \times 3.14 \times (1.5 \times 10^{-5}) \times (20 \times 10^{-6}) \times (8.9 \times 10^{-2})}{1}$$

$$= 8.19 \times 10^{-11} \text{N}(\text{kg·m/sec}^2)$$

15 지름 40μm 입자의 최종 침전속도가 1.5m/sec라고 할 때, 지름 20μm인 입자를 완전히 제거하기 위해 소요되는 이론적인 중력침전실의 높이(m)를 구하시오. (단, 침전실의 길이 8m, 가스유속 2m/sec, 나머지 조건은 같음)

풀이

$$V_s = \frac{d_p^2(\rho_p - \rho)g}{18\mu g} \rightarrow V_s \propto d_p^2$$

$40^2 : 1.5 = 20^2 : V_s$

$$V_s = \frac{1.5 \times 20^2}{40^2} = 0.375 \text{m/sec}$$

중력침전실 높이(H) $= \frac{V_s \times L}{V} = \frac{0.375\text{m/sec} \times 8\text{m}}{2\text{m/sec}} = 1.5\text{m}$

16 사이클론집진기의 운전조건이 다음과 같을 때 집진효율의 일반적인 변화를 증가, 감소, 변화 없음 중 한 가지로 쓰시오.

(1) 입구유속이 빠를수록 집진효율은?
(2) 입구크기가 좁을수록 집진효율은?
(3) 원통의 직경이 클수록 집진효율은?
(4) 입자밀도가 클수록 집진효율은?
(5) 입자입경이 클수록 집진효율은?

> **풀이**
> (1) 증가　　(2) 증가　　(3) 감소　　(4) 증가　　(5) 증가

17 단면이 원형인 직선덕트에 가스가 흐르고 있다. 이 덕트의 직경만을 2배로 크게 할 경우 압력손실은 처음 덕트의 몇 배가 되는가?(단, 유량과 마찰계수 등의 기타 다른 조건은 같다고 가정한다.)

> **풀이**
> $$\Delta P = 4f \times \frac{L}{D} \times \frac{\gamma V^2}{2g}$$
> $$\Delta P_1 = K\frac{V^2}{D}, \quad \Delta P_2 = K\frac{\left(\frac{1}{4}V\right)^2}{2D}$$
> $$\frac{\Delta P_2}{\Delta P_1} = \frac{K\dfrac{\left(\frac{1}{4}V\right)^2}{2D}}{\left(\dfrac{KV^2}{D}\right)} = \frac{1}{32}$$
> 압력손실은 $\frac{1}{32}$ 배로 감소한다.

18 옥테인(C_8H_{18}) 1mol을 완전연소시키는 데 필요한 이론적 연소반응식을 쓰고 공연비를 무게비 단위측면으로 계산한 후 공연비가 5일 때는 어떤 연소상태인지를 쓰시오.

> **풀이**
>
> 1) C_8H_{18}의 연소반응식
> $C_8H_{18} + 12.5O_2 \rightarrow 8CO_2 + 9H_2O$
>
> 2) 무게(중량)기준 AFR
> 부피기준 AFR = $\dfrac{\text{산소mol}/0.21}{\text{연료mol}} = \dfrac{12.5/0.21}{1} = 59.5$ mol air/mol fuel
>
> 무게기준 AFR = $59.5 \times \dfrac{29}{114} = 15.14$ g air/g fuel
>
> 3) 공연비가 5일 때 연소상태
> 공기가 희박한 불완전 연소상태

19 연소과정에서 등가비(Equivalent Ratio)가 1보다 큰 경우 CO와 NOx의 변화(증가, 감소) 및 그 이유를 쓰시오.

> **풀이**
>
> 1) CO : 증가
> 연료과잉상태 즉, 산소량이 상대적으로 적어 불완전연소에 의한 CO 등과 같은 미연소가스 발생
>
> 2) NOx : 감소
> 연료과잉상태 즉, 공기부족상태이기 때문에 NOx는 감소함

20 0.05M 15mL의 NaOH로 SO_2를 이론적으로 완전히 제거했을 경우 SO_2의 부피(mL)를 구하시오. (단, 배출가스의 온도 70℃, 압력 760mmHg)

> **풀이**
>
> SO_2와 2NaOH 반응
> $15\text{mL} \times 0.05\dfrac{\text{mol}}{\text{L}} \times \dfrac{1}{2} = 0.375\text{mmol}$
>
> $0.375\text{mmol} \times \dfrac{22.4\text{L}}{1\text{mol}} \times \dfrac{273+70}{273} = 10.55\text{mL}$

2021년 4회 산업기사

01 원심력집진장치의 Blow Down 방식에 대한 정의를 서술하고, 기대되는 효과 3가지를 쓰시오.

> **풀이**
>
> **블로다운(Blow Down) 방식**
> 1. 정의
>   사이클론의 집진효율을 향상시키기 위한 하나의 방법으로서 더스트 박스 또는 호퍼부에서 처리가스(유입유량)의 5~10%에 상당하는 함진가스를 추출·흡인하여 운영하는 방식이다.
>
> 2. 효과
>   ① 원추하부의 가교현상을 방지하여 장치 내부의 먼지 퇴적을 억제한다.
>   ② 사이클론 내의 난류현상(선회기류의 흐트러짐 현상)을 억제시킴으로써 집진된 먼지의 재비산을 방지한다.
>   ③ 유효원심력을 증가시켜 집진효율이 향상된다.

02 아래 그림과 같이 평행하게 설치된 두 판 사이의 가운데에 방전극이 위치하고 있다. 이 전기집진장치로 1.0m³/sec의 유량이 통과할 때 집진효율이 96%가 되기 위한 충전입자의 겉보기 이동속도(m/sec)를 구하시오. (단, 평행하게 설치된 판의 규격은 높이 4m, 폭 5m이며 Deutsch-Anderson식을 적용)

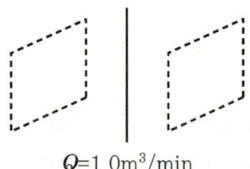

Q=1.0m³/min

> **풀이**
>
> $$\eta = 1 - \exp\left(-\frac{A \times W}{Q}\right)$$
>
> 양변에 ln을 취하고 W_e(겉보기 이동속도)의 식으로 정리
>
> $$W = \frac{\ln(1-\eta)}{-\frac{A}{Q}} = \frac{\ln(1-0.96)}{\left(\frac{(4\text{m} \times 5\text{m}) \times 2}{1.0\text{m}^3/\text{sec}}\right)} = 0.08\text{m/sec}$$

03 다음은 대기오염 공정시험기준에 나오는 용어이다. 정의를 쓰시오.(단, 관련된 수치를 반드시 언급할 것)

(1) 밀봉용기   (2) 방울수   (3) 시험조작 중 즉시

> **풀이**
>
> (1) **밀봉용기**
> 물질을 취급 또는 보관하는 동안에 기체 또는 미생물이 침입하지 않도록 내용물을 보호하는 용기를 뜻한다.
>
> (2) **방울수**
> 20℃에서 20방울을 떨어뜨릴 때 그 부피가 약 1mL가 되는 것을 뜻한다.
>
> (3) **시험조작 중 즉시**
> 30초 이내에 표시된 조작을 하는 것을 뜻한다.

04 다운 워시와 다운 드래프트의 정의 및 방지대책에 대하여 쓰시오.

> **풀이**
>
> **1. Down Wash(세류현상)**
> 1) 정의 : 연기가 굴뚝 아래로 흩날리어 굴뚝 밑부분에 오염물질의 농도가 높아지는 현상이다. 오염물질의 토출속도에 비해 굴뚝높이에서의 풍속이 크면 연기가 굴뚝 아래로 향하여 오염물질이 흩날리어 굴뚝 일부분에 오염물질의 농도가 높아진다($V_s/u < 1$의 경우 생김).
> 2) Down Wash 방지조건
> 배출가스의 유속은 풍속보다 2배 이상 높게 유지시킨다.
>
> $$\frac{V_s}{u} > 2 \quad [V_s > 2\,u]$$
>
> 여기서, V_s : 굴뚝배출가스의 유속(오염물질 토출속도)
> u : 풍속(굴뚝높이에서의 풍속)
>
> **2. Down Draught(역류현상)**
> 1) 정의 : 굴뚝 주변 건물이나 지형물의 배후에서 발생되는 와류(소용돌이)에 연기가 말려 들어가는 현상이다. 건물은 바람의 영향에 의해 하류 측에 난류를 발생시킨다.
> 2) Down Draught 방지조건
> ① 굴뚝높이를 주변 건물높이의 2.5배 이상 높게 한다.
> ② 배출가스의 온도를 높여 부력을 증가시킨다.

05 동일한 사양을 가진 사이클론에 대해서 작동운전조건을 변경할 때의 처리 효율의 변화는 다음 식을 이용하여 대략적으로 추정할 수 있다. 만약 80%의 처리 효율을 가진 동일한 사이클론에 대해서 유입구의 유속을 두 배로 증가시킬 경우 얼마만큼 증가/감소하는지를 구하시오.

$$\frac{100-\eta_a}{100-\eta_b}=\left(\frac{Q_b}{Q_a}\right)^{0.5}$$

여기서, η_a, η_b : a, b 조건에서의 사이클론의 효율
Q_a, Q_b : a, b 조건에서의 처리유량

풀이

$$\frac{100-\eta_a}{100-\eta_b}=\left(\frac{Q_b}{Q_a}\right)^{0.5}$$

$Q = A \times V$ 이므로 유속이 2배가 되면 유량도 2배가 된다.

$$\frac{100-80}{100-\eta_b}=\left(\frac{2Q_a}{Q_a}\right)^{0.5}, \ 100-\eta_b = \frac{20}{2^{0.5}}$$

$\eta_b = 100 - 14.14 = 85.86\%$

$85.86 - 80 = 5.86$(증가)

06 수세에 의한 불화규소 처리 시 세정탑 중화조에서 H_2SiF_6와 NaOH를 중화반응시킬 때 생성되는 고체부산물을 화학식으로 쓰시오.

풀이

반응식
$H_2SiF_6 + 2NaOH \rightarrow Na_2SiF_6 + 2H_2O$
고체부산물
Na_2SiF_6(규불화나트륨)

07 세정집진장치의 장단점을 각각 3가지씩 쓰시오.

> **풀이**
>
> **1. 장점**
> ① 단일장치에서 가스흡수와 먼지포집이 동시에 가능하다.
> ② 고온다습한 가스나 연소성 및 폭발성 가스의 처리가 가능하다.
> ③ 점착성 및 조해성 분진의 처리가 가능하다.
>
> **2. 단점**
> ① 폐수가 발생하며 공업용수를 과잉사용한다.
> ② 습식이기 때문에 부식잠재성이 있다.
> ③ 압력손실이 커 동력상승에 따른 운전비용이 고가이다.

08 대기안정도에 따른 연기형태 중 환상형, 부채형, 훈증형을 안정도 판정에 관련하여 설명하시오.

> **풀이**
>
> **1. Looping(환상형) : 굴뚝의 상·하층 모두 불안정**
> 공기의 상층으로 갈수록 기온이 급격히 떨어져서 대기상태가 크게 불안정하게 되며, 연기는 상하 좌우방향으로 크고 불규칙하게 난류를 일으키며 확산되는 연기 형태이다. 대기가 불안정하여 난류가 심할 때, 즉 풍속이 매우 강하여 혼합이 크게 일어날 때 발생한다.
>
> **2. Fanning(부채형) : 굴뚝의 상·하층 모두 안정(역전)**
> 고기압 구역에서 하늘이 맑고 바람이 약하면 지표로부터 열방출이 커서 한밤으로부터 아침까지 복사역전층이 생길 때에 발생하는 연기형태이며, 대기상태가 안정조건일 때 아침과 새벽에 잘 발생한다.
>
> **3. Fumigation(훈증형) : 굴뚝의 상층 안정, 하층 불안정**
> 대기의 하층은 불안정하고, 그 상층은 안정상태일 경우에 나타나는 연기의 형태이며, 하늘이 맑고 바람이 약한 날 아침에 주로 발생한다.

09 송풍기 정압이 70mmH₂O에서 280m³/min의 송풍량을 이동시킬 경우 회전수가 400rpm이고 동력은 5.5HP이다. 만일 회전수를 550rpm으로 할 경우 송풍량(m³/min), 정압(mmH₂O), 동력(HP)을 구하시오.

풀이

1) 송풍량(Q)

$$Q = Q_1 \times \left(\frac{\text{rpm}_2}{\text{rpm}_1}\right) = 280 \times \left(\frac{550}{400}\right) = 385 \text{m}^3/\text{min}$$

2) 정압(ΔP)

$$\Delta P = \Delta P_1 \times \left(\frac{\text{rpm}_2}{\text{rpm}_1}\right)^2 = 70 \times \left(\frac{550}{400}\right)^2 = 132.34 \text{mmH}_2\text{O}$$

3) 동력(HP)

$$\text{HP} = \text{HP}_1 \times \left(\frac{\text{rpm}_2}{\text{rpm}_1}\right)^3 = 5.5 \times \left(\frac{550}{400}\right)^3 = 14.29 \text{HP}$$

10 여과집진장치의 단점 3가지를 쓰시오.

풀이

① 여과재(여과포)의 교환으로 유지비가 고가이다.
② 수분이나 여과속도에 대한 적응성이 낮다.
③ 점착성, 흡습성, 폭발성, 발화성의 입자 제거는 곤란하다.
④ 가스의 온도에 따라 여과재의 사용이 제한된다.

11 불화수소를 함유하는 배기가스를 기상총괄이동단위 높이가 0.5m인 충전탑을 이용하여 수산화나트륨 수용액으로 흡수제거할 때 불화수소의 처리효율은 95%이었다. 이 경우 충전탑의 높이는 몇 m인가?(단, 배기가스 중에는 불화수소 이외에 수산화나트륨 수용액에 흡수되는 가스성분은 없다.)

풀이

$$H = H_{OG} \times N_{OG} = H_{OG} \times \ln\left(\frac{1}{1-\eta}\right) = 0.5\text{m} \times \ln\left(\frac{1}{1-0.95}\right) = 1.5\text{m}$$

12 프로페인 50%, 뷰테인 50%로 구성된 LPG를 처리하는 로가 있다. 이 로에서 공기비 1.2로 LPG 1Sm³을 처리할 때 발생하는 건조가스 생성량(Sm³)을 구하시오.

> **풀이**
>
> 연소반응식
> $C_3H_8 + 5O_2 \rightarrow 3CO_2 + 4H_2O$
> $C_4H_{10} + 6.5O_2 \rightarrow 4CO_2 + 5H_2O$
>
> $G_d = (m - 0.21)A_0 + $ 연소가스생성량
>
> $$A_0 = \frac{1}{0.21}[(5 \times 0.5) + (6.5 \times 0.5)] = 27.38 \text{Sm}^3/\text{Sm}^3$$
>
> $= (1.2 - 0.21) \times 27.38 + [(3 \times 0.5) + (4 \times 0.5)]$
> $= 30.61 \text{Sm}^3/\text{Sm}^3 \times 1\text{Sm}^3 = 30.61\text{Sm}^3$

13 전기집진장치에서 발생하는 각종 장애현상 중 재비산 현상의 원인과 방지대책을 2가지씩 쓰시오.

> **풀이**
>
> 1. 재비산 현상의 원인
>   ① 배출가스의 입구유속이 클 때
>   ② 겉보기 전기저항이 낮을 때
> 2. 방지대책
>   ① 처리가스의 속도를 낮추어 속도를 조절
>   ② 재비산 장소에 배플(Baffle) 설치

14 어느 사업장 굴뚝에서 배출되는 연소가스의 성분을 분석한 결과 CO_2의 함량이 11.5%였다. CO는 발생하지 않았다고 가정할 경우 CO_{2max}가 15.5%라면 O_2는 몇 %가 함유되었는지 구하시오.

> **풀이**
>
> $$CO_{2\max} = \frac{21 \times CO_2(\%)}{21 - O_2(\%)}$$
>
> $15.5 = \dfrac{21 \times 11.5}{21 - O_2(\%)}$
>
> $O_2 = 5.42\%$

15 염소가스 농도(부피기준)가 0.55%인 배출가스 10,000Sm³/hr를 수산화칼슘 현탁액으로 세정처리하여 배출가스 중 염소를 제거하려고 할 경우 이론적으로 필요한 수산화칼슘량(kg/hr)을 구하시오.

> **풀이**
>
> $2Cl_2 + 2Ca(OH)_2 \rightarrow CaCl_2 + Ca(OCl)_2 + 2H_2O$
>
> $2 \times 22.4 Sm^3 : 2 \times 74 kg$
>
> $10,000 Sm^3/hr \times 0.0055 : Ca(OH)_2$
>
> $Ca(OH)_2 = \dfrac{10,000 Sm^3/hr \times 0.0055 \times (2 \times 74) kg}{2 \times 22.4 Sm^3} = 181.70 kg/hr$

16 비중이 0.9이고 황(S)성분이 2.5Wt%인 중유를 매시 20kL 소비하는 보일러에서 배출되는 SO_2량(Sm^3/hr)을 구하시오.

> **풀이**
>
> SO_2량(Sm^3/hr) = $0.7 Sm^3/kg \times$ 사용량(L/hr) $\times$ 비중 $\times$ 황함유율
>
> $= 0.7 Sm^3/kg \times 20,000 L/hr \times 0.9 \times 0.025 = 315 Sm^3/hr$

17 여과집진장치에서 직경 220mm, 높이 2.5m인 원통형 백필터를 사용하여 먼지농도 $6g/Sm^3$이고 가스양이 $360 m^3/min$인 배기가스를 처리하고자 한다. 겉보기 여과속도가 1.5cm/sec일 때 백필터의 개수는?

> **풀이**
>
> 여과포 개수 = $\dfrac{처리가스양}{여과포\ 하나당\ 가스양}$
>
> $= \dfrac{360 m^3/min \times min/60sec}{(3.14 \times 0.22m \times 2.5m) \times 0.015 m/sec} = 231.50 (232개)$

18 대기안정도의 판정방법 4가지를 쓰시오.

> **풀이**
>
> **대기안정도의 판정방법**
> ① 건조단열감률　　　　　② 온위
> ③ 파스퀼의 안정도수　　　④ 리차드슨수

19 질소산화물 중 가장 안정한 물질인 N_2O가 대류권과 성층권에 미치는 영향을 쓰시오.

> 풀이
> 1) 대류권 : 온실가스 역할을 하여 온실효과에 영향을 미침
> 2) 성층권 : 오존과 반응하여 오존층을 파괴시키는 물질

20 A굴뚝의 실제 높이가 30m이고 굴뚝 반지름은 2m이다. 이때 굴뚝 배출가스의 속도가 20m/sec, 굴뚝 주변의 풍속이 5m/sec일 때 유효굴뚝높이(m)를 구하시오. (단, $\Delta H = 1.5 \times \dfrac{V_s}{U} \times D$ 이용)

> 풀이
> $H_e = H + \Delta H$
> $\Delta H = 1.5 \times \left(\dfrac{20}{5}\right) \times 4 = 24\text{m}$
> $= 30 + 24 = 54\text{m}$

2022년 1회 기사

01 대도시에서 탄화수소(HC)화합물, NO, NO_2, O_3 농도가 하루 중 오전 4시부터 오후 6시까지 시간변화에 대하여 대기 중에서 어떠한 농도변화 경향을 나타내는지 그래프에 나타내시오. (단, 위 언급 물질 중 농도가 가장 높은 물질에 대하여 상대적으로 나타내 주어야 함)

> **풀이**
>
>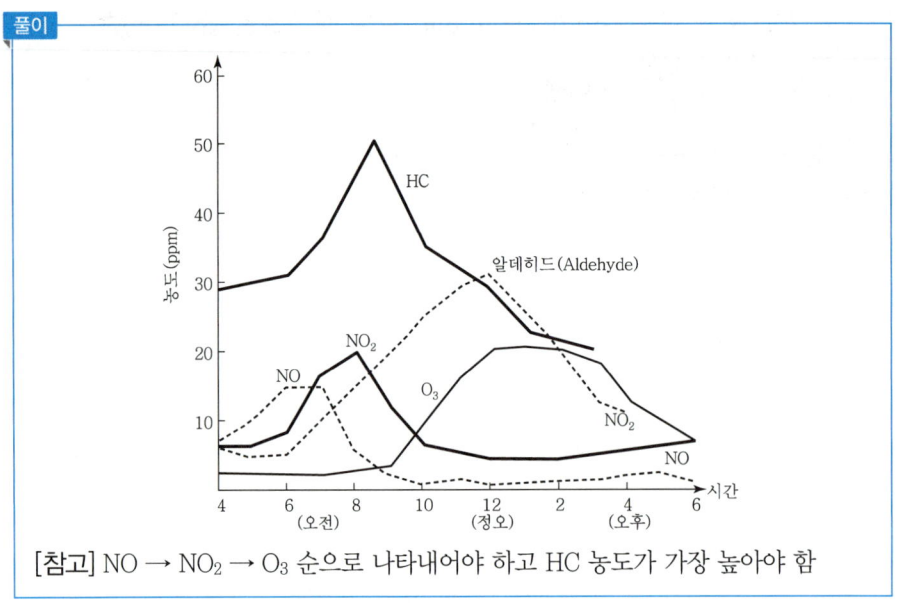
>
> [참고] NO → NO_2 → O_3 순으로 나타내어야 하고 HC 농도가 가장 높아야 함

02 오염물질농도 75,000ppm을 포함한 가스가 흡수탑에 유입되고 있다. 처리효율이 80%인 3개의 흡수탑을 직렬로 연결하여 처리 시 오염물질의 출구농도(ppm)를 구하시오.

> **풀이**
>
> 총 집진효율 $= 1-(1-\eta_1)(1-\eta_2)(1-\eta_3) = 1-(1-0.8)(1-0.8)(1-0.8)$
> $= 0.992\%$
>
> 출구농도 $= C_i \times (1-\eta) = 75{,}000\text{ppm} \times (1-0.992) = 600\text{ppm}$

03 공기가 1mole의 산소와 3.76mole의 질소로 구성되었다고 가정할 때 프로페인(C_3H_8) 1mole을 완전연소할 경우 다음 물음에 답하시오.

(1) C_3H_8의 실제적인 완전연소식(질소가스 포함)을 쓰시오.
(2) 공연비(AFR)를 부피기준으로 구하시오.
(3) 공기의 분자량을 28.95라고 할 경우 질량기준 공연비(AFR)를 구하시오.

> **풀이**
> (1) 연소반응식
> $C_3H_8 + 5O_2 + (5 \times 3.76)N_2 \rightarrow 3CO_2 + 4H_2O + (5 \times 3.76)N_2$
>
> (2) 부피기준 AFR
> $AFR = \dfrac{5 + (5 \times 3.76)}{1} = 23.8$
>
> (3) 질량기준 AFR
> $AFR = 23.8 \times \dfrac{28.95}{44} = 15.71$

04 유해가스처리 중 흡수액의 구비조건 4가지를 쓰시오.

> **풀이**
> **흡수액(세정액)의 구비조건(4가지만 기술)**
> ① 용해도가 커야 한다.
> ② 점도(점성)가 작고 화학적으로 안정해야 한다.
> ③ 독성이 없고 휘발성이 낮아야 한다.
> ④ 착화성, 부식성이 없어야 한다.
> ⑤ 빙점(어는점)은 낮고 비점(끓는점)은 높아야 한다.
> ⑥ 가격이 저렴하고 사용이 편리해야 한다.
> ⑦ 용매의 화학적 성질과 비슷해야 한다.

05 전기집진장치의 효율(성능) 향상방법 4가지를 쓰시오.

> **풀이**
> **전기집진장치의 효율증가 방안(4가지만 기술)**
> ① 1차 전압이 낮고 과도전류가 흐를 경우 절연회로를 점검한다.
> ② 2차 전류가 주기적 또는 불규칙적으로 흐를 경우 1차 전압을 낮추어 주거나 충분히 탈리조작을 행한다.

③ 2차 전류가 현저하게 떨어질 경우 스파크 횟수를 증가시키거나 조습용 스프레이의 수량을 증가시킨다.
④ 2차 전류가 많이 흐를 경우 입구분진농도를 조절한다.
⑤ 재비산 현상이 일어날 경우 처리가스 속도를 낮추어 속도를 조절한다.
⑥ 역전리 현상이 일어날 경우 고압부상의 절연회로를 점검한다.

06 외반경 50cm인 아래와 같은 조건의 표준 원심력집진장치 내부로 300K, 1atm인 배출가스를 처리한다. 배출가스처리 유량이 2m³/sec이고, 먼지밀도 1.8g/cm³일 때 다음을 구하시오.(단, 배출가스 점성계수 : 1.85×10^{-5}kg/m·sec)

Body Diameter(D_0)	100cm
Hieght of Enterance(H)	$D_0/2$
Width of Enterance(W)	$D_0/4$

(1) 원심력집진장치에 유입되는 가스속도(m/sec)를 구하시오.
(2) 유효회전수가 5회일 때 50% 제거되는 입경(μm)을 구하시오.

풀이

(1) 유입가스속도(V)

$$V(\text{m/sec}) = \frac{Q}{A} = \frac{Q}{H \times W} = \frac{2\text{m}^3/\text{sec}}{(1/2)\text{m} \times (1/4)\text{m}} = 16\text{m/sec}$$

(2) 절단입경(d_p)

$$d_{p50} = \left(\frac{9\mu_g W}{2\pi N(\rho_p - \rho)V}\right)^{0.5}$$

$\mu_g = 1.85 \times 10^{-5}$kg/m·sec

$W = \frac{1}{4}$m $= 0.25$m, $N = 5$, $V = 16$m/sec

$\rho_p = 1.8$g/cm³ $\times$ kg/1,000g $\times 10^6$cm³/m³ $= 1,800$kg/m³

$\rho = 1.29$kg/m³ $\times \frac{273}{300} = 1.174$kg/m³

$$= \left[\frac{9 \times (1.85 \times 10^{-5}) \times 0.25}{2 \times 3.14 \times 5 \times (1,800 - 1.174) \times 16}\right]^{0.5}$$

$= 6.79 \times 10^{-6}$m $\times 10^6 \mu$m/m $= 6.79 \mu$m

07 NOx 생성기전 3가지를 쓰시오.

> **풀이**
> 1. Thermal NOx
>   고온에 의해서 대기 중 질소와 산소가 결합하여 생성된 것으로 연소과정에서 생성되는 NOx의 대부분이다.
> 2. Fuel NOx
>   연료 내 화학적으로 결합된 질소 성분이 연소 시 NOx로 전환(산화), 즉 연료 자체가 함유하고 있는 불순물의 질소성분 연소에 의해 발생된 질소산화물이다.
> 3. Prompt NOx
>   연료와 공기 중 질소 성분의 결합으로 발생한다. 즉 연료가 열분해 시 질소가 HC 및 C와 반응하여 HCN 또는 CN이 생성되며, 이들은 OH 및 O_2 등과 결합하여 중간 생성물질(NCO)을 형성하여 NO를 발생시킨다는 학설이다.

08 배출가스 중 HF를 기상총괄이동단위높이가 0.6m인 충전탑을 이용하여 NaOH 수용액으로 흡수·제거하려고 한다. HF 농도를 200ppm에서 4ppm으로 처리하기 위한 충전탑의 높이(m)를 구하시오. (단, 배출가스 중 HF 이외에 NaOH 수용액에 흡수되는 가스성분은 없음)

> **풀이**
> 충전탑높이$(H) = H_{OG} \times N_{OG}$
> $H_{OG} = 0.6\text{m}$
> $N_{OG} = \ln\left(\dfrac{1}{1-\eta}\right)$
> $\eta = \left(1 - \dfrac{C_o}{C_i}\right) \times 100 = \left(1 - \dfrac{4}{200}\right) \times 100 = 98\%$
> $= \ln\left(\dfrac{1}{1-0.98}\right) = 3.912$
> $= 0.6\text{m} \times 3.912 = 2.35\text{m}$

09 이론공기량을 사용하여 C_3H_8을 완전연소시킬 경우 이론건조가스 중 $CO_{2max}(\%)$을 구하시오.

> **풀이**
> 연소반응식 : $C_3H_8 + 5O_2 \rightarrow 3CO_2 + 4H_2O$

$$CO_{2max}(\%) = \frac{CO_2}{G_{od}} \times 100$$

$$G_{od} = (1-0.21)A_0 + 건조생성물[CO_2]$$

$$A_0 = \frac{O_0}{0.21} = \frac{5}{0.21} = 23.81 Sm^3/Sm^3$$

$$= [(1-0.21) \times 23.81] + 3 = 21.81 Sm^3/Sm^2$$

$$CO_2 = 3Sm^3/Sm^3$$

$$= \frac{3}{21.81} \times 100 = 13.76\%$$

10 원통형 백필터 10개를 사용하는 여과집진장치에서 입구농도 $10g/m^3$의 함진가스를 98% 효율로 처리하고 있다. 장치에 장애가 발생하여 처리가스의 1/5이 그대로 통과 하였을 경우 출구의 분진농도(g/m^3)를 구하시오.

풀이

출구먼지농도(g/m^3) = 원출구농도 + $\frac{1}{5}$ 통과 고려 출구농도

$$= \left[10g/m^3 \times (1-0.98) \times \frac{4}{5}\right] + \left[10g/m^3 \times \frac{1}{5}\right]$$

$$= 2.16 g/m^3$$

11 광화학 스모그의 대표적인 원인물질(3가지) 및 광화학 스모그의 발생기후조건 3가지를 쓰시오.

풀이

1. 3대 원인물질
   ① NOx ② HC(올레핀계) ③ 자외선(380~400nm)

2. 발생기후조건
   ① 자외선의 강도가 큰 경우
   ② 공기의 정체가 크고 대기오염물질(NOx, HC) 배출량이 많은 경우
   ③ 기온역전이 형성된 경우
   ④ 혼합고가 낮은 경우
   ⑤ 기압경도가 완만하여 풍속 4m/sec 이하의 약풍이 지속될 경우

12 비중이 0.9이고 황(S) 성분이 2.5wt%인 B-C유를 시간당 20kL 연소할 경우 생성되는 SO_2양(Sm^3/hr)을 구하시오. (단, 연소온도 600℃, B-C유에 함유된 S은 모두 SO_2로 전환된다.)

> **풀이**
>
> 연소반응식: $S + O_2 \rightarrow SO_2$
>
> $\qquad\qquad\quad$ 32kg $\qquad\qquad\qquad$: $\quad$ 22.4Sm^3
>
> $\qquad\qquad$ 20kL/hr×900kg/kL×0.025 : $SO_2(Sm^3/hr)$
>
> $SO_2(Sm^3/hr) = \dfrac{20kL/hr \times 900kg/kL \times 0.025 \times 22.4Sm^3}{32kg} \times \dfrac{273+600}{273}$
>
> $\qquad\qquad\quad = 1{,}007.31 Sm^3/hr$

13 실내 대기오염물질 중 석면에 관한 다음 물음에 답하시오.
   (1) 청석면, 황석면, 백석면을 독성이 강한 순서로 쓰시오.
   (2) 석면으로 인해 인체에 나타나는 증상 2가지를 쓰시오.

> **풀이**
>
> **(1) 독성이 강한 순서**
>   청석면 > 황석면(갈석면) > 백석면
>
> **(2) 인체 증상(2가지만 기술)**
>   ① 석면폐증 ② 기관지염 및 호흡곤란 ③ 폐암, 중피종암, 위암

14 원통형 여과집진장치의 여과백 규격이 직경 220mm, 유효높이 2.5m이다. 여과집진장치 입구에서 배출가스양 360m^3/min, 분진농도가 8g/m^3인 함진가스를 여과속도 1.5cm/sec로 처리하고자 할 경우 소요되는 여과백의 개수를 구하시오.

> **풀이**
>
> 여과백 개수 $= \dfrac{처리가스양}{여과포 하나당 가스양}$
>
> $\qquad\qquad = \dfrac{360m^3/min \times min/60sec}{(3.14 \times 0.22m \times 2.5m) \times 1.5cm/sec \times m/100cm}$
>
> $\qquad\qquad = 231.6(232개)$

15 PM-10 분석방법 중 베타선법의 측정원리를 설명하시오.

> **풀이**
>
> **베타선법의 원리**
> 베타선을 방출하는 베타선원으로부터 조사된 베타선이 필터 위에 채취된 먼지를 통과할 때 흡수되는 베타선의 세기를 비교·측정하여 대기 중 미세먼지의 질량농도를 측정하는 방법이다.

16 배출가스 중 NOx를 제거하기 위한 처리기술 중 선택적 촉매환원법(SCR)에 사용되는 환원가스 3가지를 쓰시오. (단, CO는 정답에서 제외함)

> **풀이**
>
> **환원성 가스**
> ① NH_3 ② H_2 ③ H_2S

17 굴뚝의 배출가스 중 NO 500ppm, NO_2 5ppm을 함유하고 있고, 시간당 10,000Sm³씩 배출되고 있다. 이 배출가스를 CO에 의한 선택적 촉매환원법(SCR)으로 처리할 경우, 배출가스 중 NOx를 제거하기 위한 이론적인 CO양(Sm³/hr)과 부산물로 생성된 질소(N_2) 가스의 양(kg/hr)을 구하시오.

> **풀이**
>
> 1) 이론적인 CO양(m³/hr)
>
> NO 제거량 $= 500\text{ppm} \times 10^{-6} \times 10,000\text{Sm}^3/\text{hr} = 5\text{Sm}^3/\text{hr}$
>
> $2NO + 2CO \rightarrow N_2 + 2CO_2$
> $2 \times 22.4\text{Sm}^3 : 2 \times 22.4\text{Sm}^3$
> $5\text{Sm}^3/\text{hr} : CO(\text{Sm}^3/\text{hr})$
>
> $CO(\text{Sm}^3/\text{hr}) = \dfrac{5\text{Sm}^3/\text{hr} \times (2 \times 22.4)\text{Sm}^3}{2 \times 22.4\text{Sm}^3} = 5\text{Sm}^3/\text{hr}$
>
> NO_2 제거량 $= 5\text{ppm} \times 10^{-6} \times 10,000\text{Sm}^3/\text{hr} = 0.05\text{Sm}^3/\text{hr}$
>
> $2NO + 4CO \rightarrow N_2 + 4CO_2$
> $2 \times 22.4\text{Sm}^3 : 4 \times 22.4\text{Sm}^3$
> $0.05\text{Sm}^3/\text{hr} : CO(\text{Sm}^3/\text{hr})$
>
> $CO(\text{Sm}^3/\text{hr}) = \dfrac{0.05\text{Sm}^3/\text{hr} \times (4 \times 22.4)\text{Sm}^3}{2 \times 22.4\text{Sm}^3} = 0.1\text{Sm}^3/\text{hr}$
>
> 이론적인 CO양 $= 5 + 0.1 = 5.1\text{Sm}^3/\text{hr}$

2) 생성 N_2양(kg/hr)

$$2NO + 2CO \rightarrow N_2 + 2CO_2$$

$2 \times 22.4 Sm^3$: 28kg

$5 Sm^3/hr$: N_2(kg/hr)

$$N_2(kg/hr) = \frac{5 Sm^3/hr \times 28kg}{2 \times 22.4 Sm^3} = 3.125 kg/hr$$

$$2NO + 4CO \rightarrow N_2 + 4CO_2$$

$2 \times 22.4 Sm^3$: 28kg

$0.05 Sm^3/hr$: N_2(kg/hr)

$$N_2(kg/hr) = \frac{0.05 Sm^3/hr \times 28kg}{2 \times 22.4 Sm^3} = 0.03125 kg/hr$$

부산물 생성 N_2양 $= 3.125 + 0.03125 = 3.16 kg/hr$

18 염소가스 250ppm을 함유하는 배출가스 75,000m³/hr를 수산화나트륨 수용액으로 흡수할 때 생성되는 차아염소산나트륨(NaOCl)의 양은 시간당 몇 kg인지를 계산하시오. (단, 염소가스는 100% 반응을 하며, Na 및 Cl의 원소량은 각각 23 및 35.5이다.)

풀이

반응식 : $Cl_2 + 2NaOH \rightarrow NaOCl + NaCl + H_2O$

$22.4 m^3$: 74.5kg

$75,000 m^3/hr \times 250ppm \times 10^{-6}$: NaOCl(kg/hr)

$$NaOCl(kg/hr) = \frac{75,000 m^3/hr \times 250ppm \times 10^{-6} \times 74.5 kg}{22.4 Sm^3} = 62.36 kg/hr$$

19 전기집진장치에서 가로길이 10m, 세로길이 10m인 집진판 두 개를 사용하여 분진농도 6g/m³인 가스를 99% 효율로 처리한다. 처리가스유량이 150m³/min일 경우 이론적인 입자의 이동속도(m/min)를 구하시오.

> **풀이**
>
> $$\eta = 1 - \exp\left(-\frac{AW}{Q}\right)$$
>
> 양변에 ln을 취하면
>
> $$-\frac{AW}{Q} = \ln(1-\eta)$$
>
> $$W(\text{m/min}) = -\frac{Q}{A}\ln(1-\eta)$$
>
> $$A = 2 \times 10\text{m} \times 10\text{m} = 200\text{m}^2$$
>
> $$Q = 150\text{m}^3/\text{min} \times \text{min}/60\text{sec} = 2.5\text{m}^3/\text{sec}$$
>
> $$= -\frac{2.5}{200}\ln(1-0.99)$$
>
> $$= 0.0576\text{m/sec} \times 60\text{sec/min} = 3.45\text{m/min}$$

20 메탄(CH_4)의 고위발열량이 9,500kcal/Sm³일 때, 저위발열량(kcal/Sm³)을 구하시오. (단, H_2O 1Sm³의 증발잠열은 480kcal/Sm³이다.)

> **풀이**
>
> 저위발열량(H_l)
>
> $$H_l = H_h - 480\sum H_2O$$
>
> $$CH_4 + 2O_2 \rightarrow CO_2 + 2H_2O$$
>
> $$= 9,500 - (480 \times 2) = 8,540\text{kcal/Sm}^3$$

SECTION 62 2022년 1회 산업기사

01 다운 워시와 다운 드래프트의 정의 및 방지대책에 대하여 쓰시오.

> **풀이**
>
> **1. Down Wash(세류현상)**
> 1) 정의 : 연기가 굴뚝 아래로 흩날리어 굴뚝 밑부분에 오염물질의 농도가 높아지는 현상이다. 오염물질의 토출속도에 비해 굴뚝높이에서의 풍속이 크면 연기가 굴뚝 아래로 향하여 오염물질이 흩날리어 굴뚝 일부분에 오염물질의 농도가 높아진다($V_s/u < 1$의 경우 생김).
> 2) Down Wash 방지조건
> 배출가스의 유속을 풍속보다 2배 이상 높게 유지시킨다.
>
> $$\frac{V_s}{u} > 2 \ [V_s > 2u]$$
>
> 여기서, V_s : 굴뚝배출가스의 유속(오염물질 토출속도)
> u : 풍속(굴뚝높이에서의 풍속)
>
> **2. Down Draught(역류현상)**
> 1) 정의 : 굴뚝 주변 건물이나 지형물의 배후에서 발생되는 와류(소용돌이)에 연기가 말려 들어가는 현상이다. 건물은 바람의 영향에 의해 하류 측에 난류를 발생시킨다.
> 2) Down Draught 방지조건
> ① 굴뚝높이를 주변 건물높이의 2.5배 이상 높게 한다.
> ② 배출가스의 온도를 높여 부력을 증가시킨다.

02 질소산화물 제어방법은 연소조절방법과 배연탈질방법이 있다. 다음 중 연소조절법에 의한 질소산화물 발생을 억제시키는 방법을 4가지만 쓰시오.

> **풀이**
>
> **연소과정 중 질소산화물 억제방법(4가지만 기술)**
> ① 저산소 연소(저과잉공기 연소) ② 저온도 연소(연소용 예열공기의 온도 조절)
> ③ 배기가스 재순환 ④ 2단 연소
> ⑤ 버너 및 연소실의 구조 개선 ⑥ 수증기 물 분사

03 A공장에서 배출되는 분진을 사이클론과 전기집진장치를 직렬로 연결하여 제거하고자 한다. 사이클론에서의 유입농도 80g/m³, 유량 30,000m³/hr이고 전기집진장치에서의 유입농도 15g/m³, 유량 36,000m³/hr, 최종출구 농도 1.0g/m³, 유량 36,000m³/hr일 때, 이 집진장치의 총효율은 몇 %인가?

> **풀이**
>
> 총집진율(η_T) = $\eta_1 + \eta_2(1-\eta_1)$
>
> Cyclone 집진율(η_1) = $\left(1 - \dfrac{C_o Q_o}{C_i Q_i}\right) = \left(1 - \dfrac{15 \times 36,000}{80 \times 30,000}\right) = 0.775$
>
> 전기집진장치 집진율(η_2) = $\left(1 - \dfrac{C_o Q_o}{C_i Q_i}\right)$
>
> $= \left(1 - \dfrac{1 \times 36,000}{15 \times 36,000}\right) = 0.9333$
>
> $= 0.775 + [0.9333(1-0.775)] = 0.9850 \times 100 = 98.50\%$

04 중유의 탈황방법 4가지를 쓰시오.

> **풀이**
>
> **중유의 탈황방법**
> ① 금속산화물에 의한 흡착탈황　② 미생물에 의한 탈황
> ③ 접촉수소화탈황　④ 방사선 화학에 의한 탈황

05 배출가스 중 NOx를 제거하기 위한 처리기술 중 선택적 촉매환원법(SCR)에 사용되는 환원가스 중 NH_3를 제외하고 2가지를 쓰시오.

> **풀이**
>
> **SCR 환원제(2가지만 기술)**
> ① H_2　　② CO　　③ H_2S

06 황 함량이 3%인 중유를 20ton/hr로 연소하는 보일러에서 발생하는 배출가스를 NaOH 수용액으로 처리한 후 Na_2SO_3로 회수할 경우, 이때 필요한 NaOH의 양(kg/hr)을 구하시오.

> **풀이**
>
> $S + O_2 \rightarrow SO_2$, $SO_2 + 2NaOH \rightarrow Na_2SO_3 + H_2O$
>
> 32kg   : 2×40kg
>
> 20,000kg/hr×0.03   : NaOH(kg/hr)
>
> $NaOH(kg/hr) = \dfrac{20,000kg/hr \times 0.03 \times (2 \times 40)kg}{32kg} = 1,500kg/hr$

07 중유 중 황(S) 함량 3%인 것을 6,400kg/hr로 연소 시 5분 동안 생성되는 황산화물의 양(Sm^3)을 구하시오. (단, 중유 중 황은 모두 SO_2로 되며, 표준상태 기준)

> **풀이**
>
> 연소반응식 : $S + O_2 \rightarrow SO_2$
>
> 32g   : 22.4Sm^3
>
> 6,400kg/hr×0.03   : $SO_2(Sm^3)$
>
> $SO_2(Sm^3) = \dfrac{(6,400kg/hr \times 0.03) \times 22.4Sm^3}{32kg}$
>
> $= 134.4Sm^3/hr \times 5min \times hr/60min = 11.2Sm^3$

08 통풍장치에서 통풍력을 증가시킬 수 있는 방안 5가지를 쓰시오.

> **풀이**
>
> **통풍력 증가 방안**
> ① 굴뚝배출가스의 속도를 크게 한다.   ② 배출가스의 온도를 높게 한다.
> ③ 굴뚝의 높이를 높인다.   ④ 굴뚝의 직경을 작게 한다.
> ⑤ 굴뚝 내부의 굴곡을 적게 한다.

09 세정집진장치 설계 시 액가스비를 크게 적용하는 경우 4가지를 쓰시오.

> **풀이**
>
> **액가스비를 크게 적용하는 경우**
> ① 분진의 입경이 작은 경우   ② 분진의 농도가 높은 경우
> ③ 분진의 입자가 소수성일 경우   ④ 분진 입자의 정착성이 큰 경우

10 배출가스 중 HF를 처리하고자 한다. 충전탑으로 인입되는 배출가스 중 HF의 입구농도가 200ppm일 때, 출구에서 HF 농도를 측정한 결과 9mg/Sm³이었다면, 이 충전탑의 기상총괄이동단위수(N_{OG})를 구하시오.

> **풀이**
>
> HF 200ppm을 mg/Sm³로 구하면
>
> 농도(mg/Sm³) $= 200\text{ppm}(\text{mL/Sm}^3) \times \dfrac{20\text{mg}}{22.4\text{mL}} = 178.57\text{mg/Sm}^3$
>
> 충전탑의 처리효율(η) $= 1 - \dfrac{9}{178.57} = 0.9496$
>
> $N_{OG} = \ln\dfrac{1}{1-\eta} = \ln\dfrac{1}{1-0.9496} = 2.99$
>
> 그러므로 N_{OG}는 3단으로 한다.

11 전기집진장치에서 저비저항일 때 현상과 대책 2가지를 쓰시오.

> **풀이**
>
> 1. **현상**
>   재비산(Jumping)현상
>
> 2. **대책**
>   ① 처리가스 속도를 낮추어 조절한다.
>   ② 재비산 장소에 배플(Baffle)을 설치한다.

12 연소시설에서 배출가스양 500,000Sm³/hr가 발생하였다. 이 배출가스를 암모니아 접촉환원배연탈질법(선택적 비촉매환원법 : SNCR)으로 처리하고자 한다. 이론적으로 필요한 암모니아양(kg/hr)을 구하시오. (단, 탈질처리시설 입구 NO 농도는 100ppm이다.)

> **풀이**
>
> 배출가스 중 NO부피 $= 500,000\text{Sm}^3/\text{hr} \times 100\text{ppm} \times 10^{-6}$
> $= 50\text{Sm}^3/\text{hr}$
>
> $4\text{NO} \quad + \quad 4\text{NH}_3 \quad + \quad \text{O}_2 \quad \rightarrow \quad 4\text{N}_2 + 6\text{H}_2\text{O}$
> $4\times 22.4\text{Sm}^3 \quad : \quad 4\times 17\text{kg}$
> $50\text{Sm}^3/\text{hr} \quad : \quad \text{NH}_3(\text{kg/hr})$
>
> $\text{NH}_3(\text{kg/hr}) = \dfrac{50\text{Sm}^3/\text{hr} \times (4\times 17)\text{kg}}{4\times 22.4\text{Sm}^3} = 37.95\text{kg/hr}$

13 연소 용어 중 등가비(ϕ)에 대한 다음 물음에 답하시오.

(1) 등가비를 식으로 표현하고 공기비와의 관계를 중심으로 간단히 설명하시오.

(2) 다음 ( ) 안에 '증가' 또는 '감소'를 넣어 문장을 완성하시오.

> 등가비가 1인 연소시설의 등가비를 1 이하로 낮추면 배출가스 중의 CO는 (①)하고 NO는 (②)한다.

풀이

(1) 등가비(ϕ : Equivalent Ratio)

공기비의 역수로서 일정량의 이론적인 연공비(연료와 공기의 혼합비)에 대하여 실제 연소되는 연공비는 몇 배가 되는지 표현한 것이며 당량비라고도 한다.

$$\phi = \frac{(실제\ 연료량/산화제)}{(완전연소를\ 위한\ 이상적\ 연료량/산화제)} = \frac{1}{공기비(m)}$$

(2) ① 감소   ② 증가

---

14 배출가스 중 염소농도가 160mL/Sm³이었다. 이 염소농도를 20mg/Sm³로 저하시키기 위해 제거해야 할 염소농도(mL/Sm³)를 구하시오.

풀이

제거해야 할 염소농도(mL/Sm³)

염소농도(mL/Sm³) = 초기농도 - 나중농도

초기농도 = 160mL/Sm³

나중농도 = $20\text{mg/Sm}^3 \times \dfrac{22.4\text{mL}}{71\text{mg}} = 6.31\text{mL/Sm}^3$

= 160 - 6.31 = 153.69mL/Sm³

---

15 저온부식의 원인 및 방지대책 4가지를 쓰시오.

풀이

1. 원인

저온부식은 150℃ 이하의 전열면에 응축하는 황산, 질산, 염산 등의 산성염에 의하여 발생되며 황산(H_2SO_4)은 연소가스 중 SO_2가 산화하여 SO_3로 되고 H_2O와 반응하여 생성되며 금속 등에 부착하여 부식의 원인이 된다.

2. 방지대책(4가지만 기술)

① 내산성 금속재료를 사용한다.
② 저온부식이 일어날 수 있는 금속표면은 피복한다.

③ 연소가스온도를 산노점온도보다 높게 유지해야 한다.
④ 예열공기를 사용하거나 보온시공을 한다.
⑤ 과잉공기를 줄여서 연소한다.(SO_2의 산화 방지)
⑥ 연료를 전처리하여 유황분을 제거한다.
⑦ 연소실 및 연돌에 공기누입을 방지한다.

16 저위발열량 8,200kcal/Sm^3인 기체연료의 이론연소온도(℃)를 구하시오. (단, 이 기체연료의 이론연소가스양은 10Sm^3/Sm^3이고, 연료연소가스의 평균정압비열은 0.35kcal/Sm^3·℃, 기준온도 20℃, 공기는 예열되지 않았으며, 연소가스는 해리되지 않는다고 가정)

풀이

$$이론연소온도(℃) = \frac{H_l}{G \cdot C_p} + t_1$$

$$= \frac{8,200 kcal/Sm^3}{10 Sm^3/Sm^3 \times 0.35 kcal/Sm^3 \cdot ℃} + 20℃ = 2,362.86℃$$

17 입경 12μm, 비중량이 2,000kg/m^3인 구형분진이 점성계수 1.80×10^{-4}poise인 정지대기 중에서 1.5m를 중력침강하는 데 소요되는 시간(sec)을 구하시오. (단, Stokes Law가 성립되고, 기타 조건은 무시)

풀이

$$V_g = \frac{d_p^2 \times g \times (\rho_p - \rho)}{18 \times \mu g}$$

$$= \frac{(12 \times 10^{-6})^2 m^2 \times 9.8 m/sec \times 2,000 kg/m^3}{18 \times 1.8 \times 10^{-5} kg/m \cdot sec}$$

$$= 8.71 \times 10^{-3} m/sec$$

$$침강소요시간(t) = \frac{L}{V_g} = \frac{1.5m}{8.71 \times 10^{-3} m/sec} = 183.60 sec$$

18 사이클론의 반지름이 25cm이고, 유입함진가스의 접선속도가 10m/sec일 경우, 이 사이클론의 분리계수를 구하시오.

> **풀이**
>
> $$\text{분리계수}(S) = \frac{V^2}{R \times g} = \frac{10^2 \text{m}^2/\sec^2}{0.25\text{m} \times 9.8\text{m}/\sec^2} = 40.82$$

19 프로판 30%, 부탄 70%로 구성된 혼합가스 1Sm^3를 완전연소 시 혼합가스의 이론공기량(Sm^3)을 구하시오.

> **풀이**
>
> C_3H_8 연소반응식
>
> $C_3H_8 + 5O_2 \rightarrow 3CO_2 + 4H_2O$
>
> C_4H_{10} 연소반응식
>
> $C_4H_{10} + 6.5O_2 \rightarrow 4CO_2 + 5H_2O$
>
> 혼합 시 이론공기량(Sm^3) $= \dfrac{O_0}{0.21} = \dfrac{(5 \times 0.3) + (6.5 \times 0.7)}{0.21}$
>
> $\qquad\qquad\qquad\qquad = 28.81\text{Sm}^3/\text{Sm}^3 \times 1\text{Sm}^3 = 28.81\text{Sm}^3$

20 자외선/가시선 분광법에서 흡광도 측정에 영향을 주는 요인 5가지를 쓰시오.

> **풀이**
>
> **흡광도 측정의 영향요인**
> ① 전원의 전압(주파수 변동)　② 직사광선
> ③ 습도, 온도　　　　　　　　④ 부식성 가스, 먼지
> ⑤ 진동

2022년 2회 기사

01 가우시안 분포를 이용하여 대기오염물질 확산모델 해법을 구하기 위한 가정조건 5가지를 쓰시오.

> **풀이**
>
> **가우시안 확산모델의 가정조건(5가지만 기술)**
> ① 전반적인 확산과정은 정상상태이다.
> ② 횡방향(x축방향), 수직방향(y축방향)의 대기오염물질 평균농도분포는 정규분포이다.
> ③ 지표면에 닿는 가스상 물질은 모두 반사한다.
> ④ 풍속은 x축, y축 방향에 따라 변하지 않으나 z축방향으로는 변한다.
> ⑤ Plume의 전단면에 걸쳐 동일한 풍속을 적용한다.
> ⑥ 대기오염물질은 연속하는 점배출원에서 배출된다.
> ⑦ 대기오염물질 농도는 물질의 배출량에 비례한다.

02 분진온도를 측정하기 위해 여과지를 통해 0.3m/sec 속도로 6시간 동안 공기를 흡인한 결과 깨끗한 여과지에 비해 빛전달률이 75%였다면 1,000m당 COH를 계산하고 대기오염도를 판별하시오.

COH와 대기오염도

COH/1,000m	대기오염도
0~3	경미
3.0~6.5	보통
6.6~9.8	다소 심함
9.9~13.1	심함
13.2 이상	매우 심함

> **풀이**
>
> $$\text{COH}(1,000\text{m당}) = \frac{\text{분진의 광학적 밀도}/0.01}{L} \times 1,000$$
>
> $$\text{분진의 광학적 밀도} = \log\left(\frac{1}{\text{빛전달률}}\right) = \log\frac{1}{0.75} = 0.125$$
>
> $$L(\text{총이동거리, m}) = 0.3\text{m/sec} \times 6\text{hr} \times 3,600\text{sec/hr}$$
> $$= 6,480\text{m}$$
>
> $$= \frac{(0.125/0.01)}{6,480} \times 1,000 = 1.93$$
>
> 1.93은 대기오염도 판정표에서 0~3 범위이므로 대기오염도는 경미로 판별함

03 흡착제(Adsorbents) 선정조건 및 흡착제의 흡착능과 관련된 보전력(Retentivity), 파과점(Greak Point)에 대하여 간단히 설명하시오.

> **풀이**
>
> **1. 흡착제 선정조건**
>   ① 단위질량당 표면적이 클 것
>   ② 가스의 흐름에 대한 저항 또는 압력강하가 작을 것
>   ③ 어느 정도의 강도가 있을 것
>
> **2. 보전력**
>   흡착질로 포화된 흡착제를 주어진 온도와 압력하에서 순수한 공기를 통과시킬 때 흡착제로부터 탈착되지 않고 활성탄 내에 남아 있는 흡착질의 양을 말한다.
>
> **3. 파과점**
>   흡착제가 포화상태가 되면 출구가스 중에 유해가스 농도가 높아져서 흡착탑의 입구에서와 출구에서의 유해가스 농도가 같아지며, 출구가스 중에 유해가스 성분의 농도가 나타나기 시작하는 점을 파과점이라 한다.

04 여과포의 면적이 $1m^2$인 여과집진장치로 분진농도가 $1g/m^3$인 가스가 $100m^3/min$로 통과하고 있다. 분진이 여과포에서 제거되었고, 집진된 분진층의 밀도가 $1g/cm^3$일 경우, 1시간 후 여과된 분진층의 두께(mm)를 구하시오.

> **풀이**
>
> 먼지층 두께 $= \dfrac{\text{먼지부하}(kg/m^2)}{\text{먼지밀도}(kg/m^3)}$
>
> 먼지부하 $= C_i \times V_f \times t$
>
> $\qquad = (1g/m^3 \times kg/1,000g) \times \left(\dfrac{100m^3/min}{1m^2}\right) \times 60min$
>
> $\qquad = 6kg/m^2$
>
> $= \dfrac{6kg/m^2}{1g/cm^3 \times 10^6 cm^3/m^3 \times kg/1,000g}$
>
> $= 0.006m \times 1,000mm/m = 6mm$

05 원심력식 집진장치(Cyclone)의 집진율 향상을 위한 조건을 4가지 쓰시오.

풀이

원심력식 집진장치의 집진율 향상조건(4가지만 기술)
① 침강분진과 미세분진의 재비산을 방지하기 위해 스키머, 회전깃, 살수설비 등을 이용한다.
② 배기관경(내경)이 작을수록 집진효율이 증가한다.
③ 입구유속이 적절하게 빠를수록 유효원심력이 증가하여 집진효율이 증가한다.
④ 에디현상을 방지하기 위해 돌출핀 및 스키머를 부착한다.
⑤ Blow Down 방식을 사용하면 집진효율이 증가한다.
⑥ 먼지폐색(Dust Plugging) 효과를 방지하기 위해 축류집진장치를 사용한다.

06 도시열섬현상의 정의 및 원인 3가지를 쓰시오.

풀이

1. 정의
대도시가 열 방출량이 많은 데 비하여 외부로 확산이 잘 안되기 때문에 도시 온도가 주변 교외지역 온도보다 높게 되는 현상을 말한다.

2. 원인
① 도시지역의 인구집중에 따른 인공열 발생의 증가
② 도시의 건물 등 구조물에 의한 거칠기 길이의 변화
③ 지표면의 열적 성질 차이(증발잠열 차이)

07 배출가스 중 악취처리방법 5가지를 쓰시오.

풀이

악취처리방법(5가지만 기술)
① 흡수법   ② 흡착법
③ 통풍 및 희석법   ④ 고온연소법
⑤ 촉매산화법   ⑥ 화학적 산화법
⑦ 중화 및 위장법

08 어떤 석회로에서 분진농도가 3.25g/m³ 포함된 배출가스가 나오고 있다. 이 배출가스를 분진농도 0.10g/m³로 감소시켜 굴뚝으로 배출하여야 하는 경우 다음을 구하시오.

(1) 하나의 집진시설을 설치할 경우, 이 집진시설의 집진효율(%)

(2) 집진효율이 동일한 집진장치 2개를 직렬로 연결할 경우, 각 집진장치의 집진효율(%)

(3) 만약 직렬로 연결된 집진장치의 집진효율이 첫 번째 집진장치가 75%일 경우, 두 번째 집진장치의 집진효율(%)

> **풀이**
>
> (1) 집진율(η) = $\dfrac{C_i - C_o}{C_i} \times 100 = \dfrac{3.25 - 0.1}{3.25} \times 100 = 96.92\%$
>
> (2) 동일장치 2대 연결
>
> 총집진율(η_T) = $1 - (1-\eta_1)(1-\eta_1) = 1 - (1-\eta_1)^2$
>
> $0.9692 = 1 - (1-\eta_1)^2$
>
> $\eta_1 = 0.8245 \times 100 = 82.45\%$
>
> (3) $\eta_T = 1 - (1-\eta_1)(1-\eta_2)$
>
> $0.9692 = 1 - (1-0.75)(1-\eta_2)$
>
> $\eta_2 = 0.8768 \times 100 = 87.68\%$

09 유효굴뚝높이가 60m인 굴뚝으로부터 SO_2가 50g/sec의 비율로 배출되고 있다. 지상 5.5m에서의 풍속이 5m/sec일 때 풍하거리 500m 떨어진 지점에서의 연기중심선상의 SO_2 농도($\mu g/m^3$)를 구하시오. (단, 가우시안 모델식과 Deacon식을 이용하고 $P=0.25$, 편차 σ_y는 37m, σ_z는 18m이다.)

> **풀이**
>
> 유효굴뚝높이 60m에서 풍속(U)
>
> $U = U_o \times \left(\dfrac{z}{z_o}\right)^P = 5\text{m/sec} \times \left(\dfrac{60}{5.5}\right)^{0.25} = 9.087\text{m/sec}$
>
> 중심선상의 지표면 농도($y=z=0$)
>
> $C(x, 0, 0, H_e) = \dfrac{Q}{\pi U \sigma_y \sigma_z} \times \exp\left[-\dfrac{1}{2}\left(\dfrac{H_e}{\sigma_z}\right)^2\right]$
>
> $= \dfrac{50\text{g/sec} \times 10^6 \mu\text{g/g}}{3.14 \times 9.087\text{m/sec} \times 37\text{m} \times 18\text{m}} \times \exp\left[-\dfrac{1}{2}\left(\dfrac{60}{18}\right)^2\right]$
>
> $= 10.17 \mu\text{g/m}^3$

10 메탄의 이론연소온도(℃)를 구하시오.(단, 메탄과 공기는 18℃에서 공급되고 있으며 상온~2,100℃ 사이에서 CO_2, $H_2O(g)$, N_2의 정압몰비열은 각각 13.6, 10.5, 8.0kcal/K·mol·℃이고 메탄의 발열량은 8,500kcal/Sm³이다.)

> **풀이**
>
> CO_2 부피비열 $= 13.6 \times \dfrac{1}{22.4} = 0.607 \text{kcal/m}^3 \cdot ℃$
>
> $H_2O(g)$ 부피비열 $= 10.5 \times \dfrac{1}{22.4} = 0.47 \text{kcal/m}^3 \cdot ℃$
>
> N_2 부피비열 $= 8.0 \times \dfrac{1}{22.4} = 0.36 \text{kcal/m}^3 \cdot ℃$
>
> CH_4 연소반응식
> $CH_4 + 2O_2 + 2 \times 3.76 N_2 \rightarrow CO_2 + 2H_2O + 2 \times 3.76 N_2$
>
> $8,500 \text{kcal/Sm}^3 = G \times C_P \times \Delta t$
> $\qquad = (1 \times 0.607 + 2 \times 0.47 + 2 \times 3.76 \times 0.36) \times (t - 18)$
>
> $t = 2,016 ℃$

11 어떤 중유 중 함유 원소의 부피조성이 C=87%, H=11%, S=2%일 경우 이 중유의 CO_{2max}(%)를 계산하시오.

> **풀이**
>
> $CO_{2max} = \dfrac{1.867 \times C}{G_{od}} \times 100$
>
> $G_{od} = (1 - 0.21)A_o + 1.867C + 0.7S$
>
> $A_o = \dfrac{1}{0.21}(1.867C + 5.6H + 0.7S)$
>
> $\qquad = \dfrac{1}{0.21}[(1.867 \times 0.87) + (5.6 \times 0.1)] + (0.7 \times 0.02)$
>
> $\qquad = 10.74 \text{Sm}^3/\text{kg}$
>
> $\qquad = [(1 - 0.21) \times 10.74] \times (1.867 \times 0.87) + (0.7 \times 0.02)$
>
> $\qquad = 10.12 \text{m}^3/\text{kg}$
>
> $\quad = \dfrac{1.867 \times 0.87}{10.12} \times 100 = 16.05\%$
>
> [참고] $G_{od} = A_o - 5.6H = 10.74 - (5.6 \times 0.11) = 10.12 \text{Sm}^3/\text{kg}$

12 중력침강실에서 집진율이 60%, 침강실 길이 3m, 폭이 1m일 때 침강실의 높이(m)를 구하시오. (단, 가스의 점성계수는 1.85×10^{-5} kg/m·sec, 입경 15μm, 입자밀도 320kg/m³, 가스밀도 0.11kg/m³, 침강실 내의 풍속 1m/sec이다.)

> **풀이**
>
> $$\eta = \frac{L \times V_g}{H \times V} = \frac{L \times \dfrac{d_p^2 \times g \times (\rho_p - \rho_g)}{18\mu_g}}{H \times V} = \frac{L \times d_p^2 \times g \times (\rho_p - \rho_g)}{18\mu_g \times H \times V}$$
>
> $$= \frac{3 \times (15 \times 10^{-6})^2 \times 9.8 \times (320 - 0.11)}{18 \times 1.85 \times 10^{-6} \times 1 \times 0.6}$$
>
> $= 0.1059\text{m} \times 100\text{cm/m} = 10.59\text{cm}$

13 CO, CO₂, CH₄의 혼합기체를 기체크로마토그래프로 분석하여 다음 그림과 같은 형태의 결과를 기록지에 얻었다. 곡선 아랫부분의 면적은 시료 중에 함유된 각 성분의 몰수와 비례한다. 이러한 자료로부터 혼합기체 속에 들어 있는 CO, CO₂, CH₄의 몰분율과 질량분율을 구하시오.

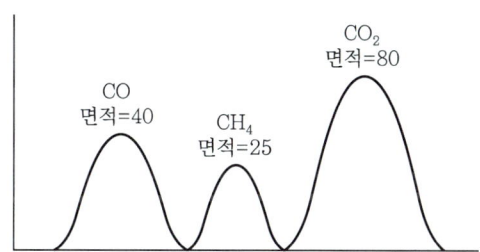

> **풀이**
>
> 1) 몰분율 계산(혼합기체에 대한 각 기체의 몰수를 구함)
>
>   CO : 40mol, CH₄ : 25mol, CO₂ : 80mol
>
>   CO 몰분율 $= \dfrac{40}{40+25+80} = 0.276$
>
>   CH₄ 몰분율 $= \dfrac{25}{40+25+80} = 0.172$
>
>   CO₂ 몰분율 $= \dfrac{80}{40+25+80} = 0.552$
>
> 2) 질량분율 계산(혼합기체의 평균분자량을 구함)
>
>   혼합기체의 평균분자량 $= (0.276 \times 28) + (0.172 \times 16) + (0.552 \times 44)$
> $= 34.768$

$$CO \text{ 질량분율} = \frac{0.276 \times 28}{34.768} = 0.222$$

$$CH_4 \text{ 질량분율} = \frac{0.172 \times 16}{34.768} = 0.079$$

$$CO_2 \text{ 질량분율} = \frac{0.552 \times 44}{34.768} = 0.699$$

14 다음 환경정책기본법상의 대기환경기준을 쓰시오.

(1) 아황산가스(SO_2) : 1시간 평균치 (①) 이하
(2) 일산화탄소(CO) : 8시간 평균치 (②) 이하
(3) 이산화질소(NO_2) : 24시간 평균치 (③) 이하
(4) 오존(O_3) : 1시간 평균치 (④) 이하
(5) 납(Pb) : 연간 평균치 (⑤) 이하
(6) 벤젠(C_6H_6) : 연간 평균치 (⑥) 이하

> **풀이**
> ① 0.15   ② 9   ③ 0.06
> ④ 0.1   ⑤ 0.5   ⑥ 5

15 다음 표의 기체용해도를 이용하여 아황산가스의 헨리상수(L·atm/g)를 구하시오. (단, 20℃, 1atm으로 가정)

온도	SO_2(용해도)
0℃	20mL/mL
20℃	40mL/mL

> **풀이**
>
> $$\text{액상농도 }(C, \text{ g/L}) = 40\text{mL/mL} \times \frac{64\text{mg} \times \text{g}/1{,}000\text{mg}}{22.4\text{mL} \times \text{L}/1{,}000\text{mL}} \times \frac{273}{273+20}$$
>
> $$= 106.48\text{g/L}$$
>
> $P = HC$
>
> $$H = \frac{P}{C} = \frac{1\text{atm}}{106.48\text{g/L}} = 9.39 \times 10^{-3} \text{L} \cdot \text{atm/g}$$

16 어떤 1차 반응에서 초기농도가 1몰이고, 180분 경과 후 그 농도가 0.1몰로 감소하였다. 이 반응의 99%가 반응하여 농도가 0.01몰로 감소되는 데 소요되는 시간(min)을 구하시오.

> **풀이**
>
> $$\ln \frac{C_t}{C_o} = -kt$$
>
> $$\ln \frac{0.1}{1} = -k \times 180\min, \ k = 0.0128\min^{-1}$$
>
> $$\ln \frac{0.01}{1} = -0.0128\min^{-1} \times t$$
>
> $t(\text{소요시간, min}) = 359.78\min$

17 아세트산 10m^3을 완전연소 시 이론건조가스양(Sm^3)을 구하시오.

> **풀이**
>
> $CH_3COOH + 2O_2 \rightarrow 2CO_2 + 2H_2O$
>
> $G_{od} = 0.79 A_o + CO_2$
>
> $$A_o = \frac{O_o}{0.21} = \frac{2}{0.21} = 9.52\text{Sm}^3/\text{Sm}^3$$
>
> $CO_2 = 2\text{Sm}^3/\text{Sm}^3$
>
> $= (0.79 \times 9.52) + 2 = 9.5208\text{Sm}^3/\text{Sm}^3 \times 10\text{m}^3 = 95.21\text{Sm}^3$

18 A제품을 하루에 100ton 생산하는 공장이 있다. 이때 1ton당 20kg의 SO_2가 대기 중으로 배출된다고 할 때 이 중에 80%(부피비)는 SO_3로 전환되고 다시 SO_2는 90%(부피비)의 H_2SO_4로 전환된다. 이때 하루에 배출되는 황산의 양(kg/day)을 구하시오.

> **풀이**
>
> $SO_2 \rightarrow H_2SO_4$
>
> 64kg : 98kg
>
> $20\text{kg/ton} \times 100\text{ton/day} \times 0.8 \times 0.9 : H_2SO_4(\text{kg/day})$
>
> $$H_2SO_4(\text{kg/day}) = \frac{20\text{kg/ton} \times 100\text{ton/day} \times 0.8 \times 0.9 \times 98\text{kg}}{64\text{kg}} = 2,205\text{kg/day}$$

19 황성분이 3%인 중유가 1시간에 10ton씩 배출되고 있다. 탈황률이 90%일 때 이론적으로 생성되는 H_2SO_4의 양(kg/hr)을 구하시오.

> **풀이**
>
> $$S \rightarrow H_2SO_4$$
> $$32\text{kg} : 98\text{kg}$$
> $$10,000\text{kg/hr} \times 0.03 \times 0.9 : H_2SO_4(\text{kg/hr})$$
> $$H_2SO_4(\text{kg/hr}) = \frac{10,000\text{kg/hr} \times 0.03 \times 0.9 \times 98\text{kg}}{32\text{kg}} = 826.88\text{kg/hr}$$

20 POPs(Persistant Organic Pollutants)의 특징 4가지를 쓰시오.

> **풀이**
>
> POPs(잔류성 유기오염물질)의 특징
> ① 독성　　② 생물농축성　　③ 잔류성　　④ 장거리 이동성

2022년 2회 산업기사

01 크누센수(Knudsen Number)의 공식 및 흐름 판별에 대하여 설명하시오.

> **풀이**
> 1) 크누센수(K_n) 공식
>
> $$K_n = \frac{\lambda}{L} = \frac{분자의\ 평균자유이동거리}{특성길이}$$
>
> 2) 흐름 판별
>   ① $0.001 > K_n$: 연속흐름
>   ② $0.1 > K_n > 0.001$: 미끄럼흐름
>   ③ $10 > K_n > 0.1$: 전이(천이)흐름
>   ④ $K_n > 10$: 자유분자흐름

02 다음 (   ) 안에 알맞은 내용을 쓰고 음코로나 및 양코로나를 구분하여 적용하는 예를 1개씩 쓰시오.

> 전기집진장치에서 방전극을 (①)로 집진극을 (②)로 했을 때 방전극에 나타나는 코로나를 음코로나라고 하며, 방전극을 (③)로 집진극을 (④)로 했을 때 방전극에 나타나는 코로나를 양코로나라고 한다.

> **풀이**
> ① (−)   ② (+)   ③ (+)   ④ (−)
> 음코로나 : 공업용 전기집진장치에 주로 적용
> 양코로나 : 오염된 공기를 대상으로 하는 공기정화기에 적용

03 벤투리스크러버의 목부 직경이 0.2m, 수압이 2kg/cm², 노즐의 직경이 약 3.8mm 이다. 노즐의 개수를 6개로 설계할 경우 유량 1.6m³/sec인 함진가스를 처리할 때, 요구되는 물의 유량(L/sec)을 구하시오. (단, 노즐 직경과 노즐 수 사이에는 다음 식이 성립한다. $n \times \left(\dfrac{d}{D_t}\right)^2 = \dfrac{V_t \times L}{100\sqrt{P}}$)

> **풀이**
>
> $$n \times \left(\dfrac{d}{D_t}\right)^2 = \dfrac{V_t \times L}{100\sqrt{P}}$$
>
> $$6 \times \left(\dfrac{3.8 \times 10^{-3}}{0.2}\right)^2 = \dfrac{60 \times L}{100 \times \sqrt{2 \times 10{,}000}}$$
>
> $L = 0.51 \text{L/m}^3$
>
> 액가스비(L/m³) = $\dfrac{\text{세정액량}}{\text{처리가스양}(\text{m}^3)}$
>
> 세정액량 = 액가스비 × 처리가스양 = 0.51L/m³ × 1.6m³/sec = 0.82L/sec

04 분산모델(Dispersion Model)과 수용모델(Receptor Model)의 특징을 각각 3가지씩 쓰시오.

> **풀이**
>
> **1. 분산모델(3가지만 기술)**
>   ① 2차 오염원의 확인이 가능하다.
>   ② 지형 및 오염원의 조업조건에 영향을 받는다.
>   ③ 점, 선, 면 오염원의 영향을 평가할 수 있다.
>   ④ 새로운 오염원이 지역 내에 신설될 때마다 매번 재평가하여야 한다.
>   ⑤ 미래의 대기질을 예측할 수 있다.
>   ⑥ 단기간 분석 시 문제가 된다.
>
> **2. 수용모델(3가지만 기술)**
>   ① 새로운 오염원이나 불확실한 오염원을 정량적으로 확인·평가할 수 있다.
>   ② 지형이나 기상학적 정보 없이도 사용이 가능하다.
>   ③ 현재나 과거에 일어났던 일을 추정하여 미래를 위한 전략을 세울 수 있으나, 미래 예측은 어렵다.
>   ④ 오염원의 조업 및 운영상태에 대한 정보 없이도 사용 가능하다.
>   ⑤ 측정자료를 입력자료로 사용하므로 시나리오 작성이 곤란하다.

05 충전탑을 이용하여 유해가스를 제거하고자 할 때 흡수액의 조건을 4가지만 쓰시오.

> **풀이**
>
> **흡수액(세정액)의 구비조건(4가지만 기술)**
> ① 용해도가 커야 한다.
> ② 점도(점성)가 작고 화학적으로 안정해야 한다.
> ③ 독성이 없고 휘발성이 낮아야 한다.
> ④ 착화성, 부식성이 없어야 한다.
> ⑤ 빙점(어는점)은 낮고 비점(끓는점)은 높아야 한다.
> ⑥ 가격이 저렴하고 사용이 편리해야 한다.
> ⑦ 용매의 화학적 성질과 비슷해야 한다.

06 1,000초 동안 반응물의 1/2이 분해되었다면 반응물의 1/150이 남을 때까지는 얼마의 시간(min)이 필요한가?(단, 1차 반응 기준)

> **풀이**
>
> 1차 반응식 $\ln \dfrac{C_t}{C_o} = -K \cdot t$
>
> $\ln \dfrac{0.5}{1} = -K \cdot 1{,}000 \quad K = 6.93 \times 10^{-4} \sec^{-1}$
>
> $\ln \dfrac{C_o \times 1/150}{C_o} = -6.93 \times 10^{-4} \sec^{-1} \times t$
>
> $t = \dfrac{-5.0106}{-6.93 \times 10^{-4}} = 7{,}230.35 \sec \times \min/60\sec = 120.51 \min$

07 전기집진장치의 배출가스양 150m³/min, 먼지농도 10g/Sm³인 배기가스를 처리하여 20mg/Sm³로 유지하려 한다. 이때 겉보기 이동속도(cm/sec)는?(단, 집진판의 규격은 5m×4m이고 집진판의 개수는 25개이며 양면집진으로 두 개의 외부집진판은 각 하나의 집진면을 가진다.)

풀이

$$\eta = 1 - \exp\left(-\frac{AW}{Q}\right)$$

양변에 ln을 취하여 정리

$$-\frac{AW}{Q} = \ln(1-\eta)$$

$$W(\text{m/sec}) = -\frac{Q}{A}\ln(1-\eta)$$

$$Q = 150\text{m}^3/\text{min} \times \text{min}/60\text{sec} = 2.5\text{m}^3/\text{sec}$$

$$A = 5\text{m} \times 4\text{m} \times 2 \times 24 = 960\text{m}^2$$

$$\eta = \left(1 - \frac{C_o}{C_i}\right) \times 100 = \left(1 - \frac{0.02\text{g/m}^3}{10\text{g/m}^3}\right) \times 100 = 99.8\%$$

$$= -\frac{2.5}{960}\ln(1-0.998)$$

$$= 0.01618\text{m/sec} \times 100\text{cm/m} = 1.62\text{cm/sec}$$

08 후드 압력손실이 150mmH₂O, 가스속도가 10m/sec, 밀도는 2.5kg/m³일 때 유입계수를 구하시오.

풀이

$$\Delta P = F \times \frac{\gamma V^2}{2g}$$

$$150 = F \times \frac{2.5 \times 10^2}{2 \times 9.8} \quad F = 11.76$$

$$F = \frac{1}{Ce^2} - 1$$

$$Ce = \sqrt{\frac{1}{1+F}} = \sqrt{\frac{1}{1+11.76}} = 0.28$$

09 어떤 화력발전소의 유해가스 처리장치의 고장으로 아황산가스가 처리되지 않은 채 굴뚝으로 배출되고 있다. 이때 유효굴뚝 높이가 200m, 배출가스양이 40,000m³/hr이고, 풍속 5m/sec인 대기 중에 이산화황(SO_2)이 1,000ppm으로 배출되고 있을 때, 다음 물음에 답하시오. (단, Sutton의 확산식을 이용하고, 수직 및 수평방향의 확산계수는 모두 0.07, 대기안정도계수 $n=0.25$이다.)

(1) 굴뚝에서 배출되는 SO_2의 최대지표농도(ppm)
(2) 굴뚝에서 배출되는 SO_2의 최대착지거리(m)

풀이

(1) **최대지표농도($C_{\max}$)**

$$C_{\max} = \frac{2Q}{\pi \times e \times u \times H_e^2} \times \left(\frac{\sigma_z}{\sigma_y}\right)$$

$$= \frac{2 \times 40,000 \text{m}^3/\text{hr} \times \text{hr}/3,600\sec \times 1,000\text{ppm}}{3.14 \times 2.72 \times 5\text{m/sec} \times (200\text{m})^2} \times \left(\frac{0.07}{0.07}\right)$$

$$= 0.013\text{ppm}$$

(2) **최대착지거리($X_{\max}$)**

$$X_{\max} = \left(\frac{H_e}{\sigma_z}\right)^{\frac{2}{2-n}} = \left(\frac{200}{0.07}\right)^{\frac{2}{2-0.25}} = 8,905.05\text{m}$$

10 다음 여과포(여과재)에 대하여 물음에 답하시오.

> 목면, 나일론, 유리섬유

(1) 내열온도(최고사용온도)가 큰 것부터 순서대로 쓰시오.
(2) 내산성 여과포를 고르시오.

풀이

(1) **내열온도 순서**
   유리섬유(250℃) > 나일론(110~150℃) > 목면(80℃)

(2) **내산성 여과포**
   유리섬유

[참고] 나일론은 아미드계는 내산성이 약간 양호하나 에스터계는 불량하다.

11 전기집진장치에서 먼지의 겉보기 전기저항을 낮추는 방법 3가지를 쓰시오.

> **풀이**
> 겉보기 전기저항 감소방법
> ① 비저항 조절제(물 or 수증기, 트리에틸아민)를 투입하여 겉보기 전기저항을 낮춘다.
> ② 탈진 타격을 강하게 하며 빈도를 늘린다.
> ③ 습식 전기집진장치를 사용한다.

12 굴뚝배출가스의 평균온도가 320℃이고, 외기의 대기온도가 20℃이며 이때의 통풍력을 50mmH₂O로 하려면 굴뚝의 높이(m)는 얼마로 하여야 하는가?(단, 연소배출가스와 외기 대기의 표준상태에서의 비중량은 1.3kg/Sm³이다.)

> **풀이**
> $$Z = 355H \times \left(\frac{1}{273+t_a} - \frac{1}{273+t_g} \right)$$
> $$50 = 355 \times H \left(\frac{1}{273+20} - \frac{1}{273+320} \right)$$
> $$50 = 355 \times H \times 0.001726$$
> $$H = \frac{50}{355 \times 0.001726} = 81.60\text{m}$$

13 표준상태에서 공기의 비중량이 1.293kg/m³이다. 공기온도가 180℃로 높아졌을 경우, 공기의 비중량(kg/m³)을 구하시오.

> **풀이**
> 공기 비중량(γ)
> $$\gamma = \gamma_o \times \frac{273}{273+t} = 1.293\text{kg/m}^3 \times \frac{273}{273+180} = 0.78\text{kg/m}^3$$

14 어떤 밀폐된 실내의 내용적은 100m³이다. 상온 상압인 이 실내에서 프로판 1kg을 완전연소시킨 후 실내에 남아 있는 O₂(%)를 구하시오.

> **풀이**
>
> $C_3H_8 + 5O_2 \rightarrow 3CO_2 + 4H_2O$
>
> C_3H_8 1kg이 차지하는 부피 $= \dfrac{22.4Sm^3}{44kg} = 0.51Sm^3/kg$
>
> 실내에 남아 있는 $O_2(\%) = \dfrac{100 \times 0.21 - 5 \times 0.51}{(3 \times 0.51) + (4 \times 0.51) + (100 - 5 \times 0.51)} \times 100$
> $= 18.5(\%)$

15 메탄의 치환염소화 반응에서 C₂Cl₄를 만들 경우 메탄 1kg당 부생되는 HCl의 이론량(kg)을 구하시오. (단, 표준상태 기준)

> **풀이**
>
> $2CH_4 + 6Cl_2 \rightarrow C_2Cl_4 + 8HCl$
>
> $2 \times 16kg$: $8 \times 35.5kg$
>
> 1kg : HCl(kg)
>
> $HCl(kg) = \dfrac{1kg \times (8 \times 35.5)kg}{2 \times 16kg} = 8.88kg$

16 자외선/가시선 분광법(흡광광도법)에서 주로 사용하는 3가지 흡수셀의 재질과 적용되는 파장을 쓰시오.

> **풀이**
>
> **흡수셀의 재질과 파장**
> ① 유리제 : 가시 및 근적외부   ② 석영제 : 자외부   ③ 플라스틱제 : 근적외부

17 사이클론의 반지름이 0.2m이고 유입 함진가스의 접선속도가 20m/sec일 경우 이 사이클론의 분리계수를 구하시오.

> **풀이**
>
> 분리계수$(S) = \dfrac{V_\theta^2}{g \times R_2} = \dfrac{(20m/sec)^2}{9.8m/sec^2 \times 0.2m} = 204.08$

18 탄소, 수소의 중량조성이 각각 86%, 14%인 어떤 액체 연료를 시간당 100kg으로 연소할 경우, 연소가스의 분석치는 다음과 같았다. 여기서 시간당 필요한 공기량(Sm^3/hr)을 구하시오.

부피조성 : CO_2 12.5%, O_2 3.5%, N_2 84%

풀이

실제공기량(A)

$A = m \times A_o$

$$m = \frac{N_2}{N_2 - 3.76 O_2} = \frac{84}{84 - (3.76 \times 5)} = 1.19$$

$$A_o = \frac{1}{0.21}(1.867C + 5.6H)$$

$$= \frac{1}{0.21}[(1.867 \times 0.86) + (5.6 \times 0.14)] = 11.39 \, Sm^3/kg$$

$$= 1.19 \times 11.39 \, Sm^3/kg = 13.55 \, Sm^3/kg \times 100kg = 1,355 \, Sm^3/hr$$

19 중유의 원소조성은 C : 88%, H : 12%이다. 이 중유를 완전연소시킨 결과 중유 1kg당 건조배기가스양이 $10 Sm^3$이었다면, 건조배기가스 중의 CO_2 농도(%)를 구하시오.

풀이

$$CO_2(\%) = \frac{CO_2}{G_d} \times 100 = \frac{1.867 \times C}{G_d} \times 100$$

$$= \frac{(1.867 \times 0.88) Sm^3/kg}{10 Sm^3/kg} \times 100 = 16.43\%$$

20 직경이 1m인 통에 세정수가 시간당 1m가 채워질 때, 다음 조건에서 하루에 채워지는 세정수의 양(kg/day)을 구하시오. (단, 세정수 밀도는 $1.3 kg/m^3$, 하루에 세정수가 투입되는 시간은 8시간이다.)

풀이

세정수의 양(kg/day) $= 1m/hr \times 8hr/day \times 1.3 kg/m^3 \times \left(\frac{3.14 \times 1^2}{4}\right) m^2$

$= 8.16 \, kg/day$

SECTION 65   2022년 4회 기사

01 원심력집진장치에서 절단입경(d_{p50}) 식은 $d_{p50} = \left(\dfrac{9\mu_g W}{2\pi N_e (\rho_p - \rho_g) V_i}\right)^{0.5}$ 이다. 여기서 μ_g : 점성계수, W : 가스입구폭, N_e : Cyclone 내에서 기류의 겉보기 회전수, ρ_p : 입자의 밀도, ρ_g : 가스의 밀도, V_i : 가스유입속도이다. 다른 조건은 모두 동일할 때 분진을 함유한 가스온도가 올라간다면 집진효율은 어떻게 변화할 것인가에 대한 이유를 쓰시오.

> **풀이**
> 가스온도가 높아지면 점성계수가 증가하고 ρ_g는 감소하고 ρ_p는 일정하지만 ρ_p에 비해 ρ_g는 매우 작기 때문에 $(\rho_p - \rho_g)$항은 거의 일정하다. 따라서 d_{p50}이 커지고 그 결과 효율은 감소한다.

02 프로판 기체연료 연소 시 6%의 과잉공기를 사용하여 완전연소 시, 습연소가스 조성 중 산소농도의 부피비(%)를 구하시오.

> **풀이**
> C_3H_8의 연소반응식
> $C_3H_8 + 5O_2 + (3.76 \times 5)N_2 \rightarrow 3CO_2 + 4H_2O + 18.8N_2$
> 6%의 과잉공기 적용 연소반응식
> $C_3H_8 + 5.3O_2 + 19.92N_2 \rightarrow 3CO_2 + 4H_2O + 0.3O_2 + 19.92N_2$
> 습연소가스 조성 중 산소농도의 부피비(%) $= \dfrac{0.3}{3 + 4 + 0.3 + 19.92} \times 100$
> $\qquad\qquad = 1.10\%$
>
> [다른 풀이]
> $A_o = \dfrac{5}{0.21} = 23.81 \, \text{Sm}^3/\text{Sm}^3$
> $G_w = (m - 0.21)A_o + $ 연소가스 생성량
> $\quad = [(1.06 - 0.21) \times 23.81] + (3 + 4)$
> $\quad = 27.24 \, \text{Sm}^3/\text{Sm}^3$
> 습연소가스 조성 중 산소농도의 부피비(%) $= \dfrac{0.3}{27.24} \times 100 = 1.10\%$

03 20℃, 1atm의 공기가 5V/V%의 H₂S 가스를 포함하고 있다. 이 공기를 물로 세정할 경우, 물에 대한 H₂S의 포화농도(mg/L)를 구하시오. (단, 20℃에서 H₂S의 물에 대한 헨리상수는 $0.0483 \times 10^4 atm \cdot m^3/kmol$이며 물의 비중은 1.0)

> **풀이**
>
> H₂S 가스분압(5V/V%) 즉 $P = 0.05 atm$
>
> $C = \dfrac{P}{H} = \dfrac{0.05 atm}{0.0483 \times 10^4 atm \cdot m^3/kmol} = 1.035 \times 10^4 kmol/m^3$
>
> 세정할 물 1L의 몰수 $= \dfrac{1,000}{18} = 55.6 gmol$
>
> 물에 용해되는 H₂S의 몰수 $= 1.035 \times 10^{-4} \times 55 = 5.76 \times 10^{-3} gmol$
>
> 물 1L에 대한 H₂S의 포화농도(mg/L) $= 5.76 \times 10^{-3} \times 34 = 0.196 mg/L$

04 전기집진장치의 집진효율이 Deutsch Anderson 식으로 주어질 경우, 집진극의 면적, 분진의 이동속도, 처리량과 제거시킬 분진의 입경 관계식은 $\dfrac{A}{Q} \times W_e = 2.23 \times d_p$이다. ($d_p$: 입자 입경(μm)) 분진의 입경이 2μm인 경우, 처리가스양만 2배 증가시킨다면 집진되지 않고 배출되는 분진량은 처음의 몇 배가 되는지 계산하시오.

> **풀이**
>
> 입경 2μm인 경우 집진효율(η_1) $= 1 - e^{-(2.23 \times 2)} = 0.988$
>
> 처리가스양 2배 증가 시 집진효율(η_2) $= 1 - e^{-(\frac{2.23 \times 2}{1+1})} = 0.892$
>
> 배출되는 분진량의 증가 $= \dfrac{1 - 0.892}{1 - 0.988} = 9$ (9배 증가)

05 어떤 화력발전소의 유효굴뚝높이가 60m인 굴뚝에서 아황산가스가 유해처리장치의 고장으로 인해 160g/sec의 유량으로 배출되고 있고, 배출지점에서의 풍속이 6m/sec이었다. 이 경우 아황산가스 측정기를 이용하여 농도를 측정한 결과, 지표면에 있는 점오염원으로부터 바람이 부는 방향(풍하측)으로 500m 떨어진 연기의 중심축상 지표면에서의 아황산가스 농도가 66μm/m³이고, 풍하방향 500m 및 y방향으로 50m 떨어진 지점의 지표에서 23μm/m³이었다. 이러한 조건하에서 표준편차 σ_y(m)를 계산하시오. (단, 여기서 적용한 가우시안 모델식은 다음과 같다.)

$$C(x, y, z, H_e) = \frac{Q}{2\pi \bar{u} \sigma_y \sigma_z} \left[\exp\left(-\frac{y^2}{2\sigma_y^2}\right) \right]$$
$$\times \left[\exp\left(-\frac{(x-H_e)^2}{2\sigma_z^2}\right) + \exp\left(-\frac{(x+H_e)^2}{2\sigma_z^2}\right) \right]$$

[풀이]

$H_e = 60\text{m}$

$Q = 160\text{g/sec} \times 10^6 \mu\text{g/g} = 1.6 \times 10^8 \mu\text{g/sec}$

$u = 6.0\text{m/sec}$

$C(500, 0, 0, 60) = \dfrac{1.6 \times 10^8}{2\pi \times 6.0 \times \sigma_y \times \sigma_z} \times 2 \times \exp\left(-\dfrac{60^2}{2\sigma_z^2}\right) = 66\mu\text{g/m}^3 \quad \cdots \text{①}$

$C(500, 50, 0, 60)$

$= \dfrac{1.6 \times 10^8}{2\pi \times 6.0 \times \sigma_y \times \sigma_z} \left[\exp\left(-\dfrac{50^2}{2\sigma_y^2}\right) \right] \times \left[\exp\left(-\dfrac{60^2}{2\sigma_z^2}\right) + \exp\left(-\dfrac{60^2}{2\sigma_z^2}\right) \right]$

$= \dfrac{1.6 \times 10^8}{2\pi \times 6.0 \times \sigma_y \times \sigma_z} \left[\exp\left(-\dfrac{50^2}{2\sigma_y^2}\right) \right] \times 2 \times \exp\left(-\dfrac{60^2}{2\sigma_z^2}\right) = 23\mu\text{g/m}^3 \quad \cdots \text{②}$

②식을 ①식으로 나누면(② ÷ ①)

$\exp\left(-\dfrac{50^2}{2\sigma_y^2}\right) = \dfrac{23}{66} = 0.3484$

$-\dfrac{50^2}{2\sigma_y^2} = \ln(0.3484) = -1.0544$

$2\sigma_y^2 = \dfrac{50^2}{1.0544}$

$\sigma_y = \sqrt{\dfrac{2{,}371}{2}} = 34.4\text{m}$

06 유해가스 용액흡수법과 관련한 다음 물음에 답하시오.

(1) 용해도가 큰 유해가스일 경우 적용하는 처리장치 3가지를 쓰시오.

(2) 용해도가 작은 유해가스일 경우 적용하는 처리장치 3가지를 쓰시오.

> **풀이**
>
> (1) 용해도가 큰 유해가스 처리장치(액분산형 처리장치)
>   ① 충전탑
>   ② 벤투리스크러버
>   ③ 분무탑
>
> (2) 용해도가 작은 유해가스 처리장치(가스분산형 처리장치)
>   ① 포종탑
>   ② 다공판탑
>   ③ 기포탑

07 순수한 빙정석으로 1일 200kg의 알루미늄 금속을 생산하는 금속가열로에서 배출되는 배출가스의 유량이 1,500m³/min이다. 온도 50℃, 압력 750mmHg인 배출가스 중 플루오르의 배출허용기준이 F로서 10ppm일 경우, 이 공장의 플루오르 처리시설의 처리효율은 최소한 몇 %가 되어야 하는가?(단, 빙정석에 함유된 알루미늄은 전량 추출되며, F는 배출가스 중에 포함되고, 원자량은 Al=27, F=19)

> **풀이**
>
> 빙정석(Na_3AlF_6)에서 알루미늄과 플루오르의 비율은 Al : 6F
>
> $27 : 6 \times 19 = 200 \text{kg/day} : x(\text{kg/day})$
>
> $x(\text{플루오르 : F}) = \dfrac{6 \times 19 \times 200 \text{kg/day}}{27}$
>
> $\qquad = 400 \text{kg/day} \times \text{day}/1,440 \text{min} = 0.28 \text{kg/min}$
>
> 온도 50℃, 압력 750mmHg인 배출가스의 유량 1,500m³/min을 STP로 환산
>
> $Q = 1,500 \text{m}^3/\text{min} \times \dfrac{273 \text{K}}{(273+50) \text{K}} \times \dfrac{750 \text{mmHg}}{760 \text{mmHg}} = 1,251.12 \text{Sm}^3/\text{min}$
>
> 배출가스 중 플루오르 농도(mg/Sm³) $= \dfrac{0.28 \times 10^6 \text{mg/min}}{1,251.12 \text{Sm}^3/\text{min}} = 223.80 \text{kg/Sm}^3$
>
> 플루오르 배출허용기준이 F로서 10ppm을 mg/Sm³ 단위로 환산
>
> $\text{mg/Sm}^3 = 10 \text{ppm} \times \dfrac{19}{22.4} = 8.48 \text{mg/Sm}^3$
>
> 처리효율 $= \dfrac{223.80 - 8.48}{223.80} \times 100 = 96.21\%$

08 어떤 입경 $x\mu m$의 분포를 체거름상 적산분포 $R(\%)$로 나타내면 $R(\%) = 100 \times e^{(-0.063x)}$가 될 경우, 입경 $15\mu m$ 이하의 입자가 차지하는 것은 전체의 몇 %인지 구하시오.

> **풀이**
>
> 체상누적분포율(%) = $100 \times e^{(-0.063 \times 15)} = 38.87\%$
>
> 입경 $15\mu m$ 이하의 입자가 차지하는 분율(체하누적분율) = $100 - 38.87 = 61.13\%$

09 이온크로마토그래피법의 원리 및 장치 구성순서를 쓰시오.

> **풀이**
>
> **1. 이온크로마토그래피법의 원리**
>
> 이동상으로는 액체를, 고정상으로는 이온교환수지를 사용하여 이동상에 녹는 혼합물을 고분리능 고정상이 충전된 분리관 내로 통과시켜 시료성분의 용출상태를 전도도검출기 또는 광학검출기로 검출하여 그 농도를 정량하는 방법이다.
>
> **2. 장치 구성순서**
>
> 용리액조 → Pump → 시료주입장치 → 분리관 → 서프레서 → 검출기 → 기록계

10 흑체의 정의, 스테판-볼츠만 법칙의 정의·공식, 키르히호프 법칙의 정의를 쓰시오.

> **풀이**
>
> **1. 흑체의 정의**
>
> 입사된 복사에너지를 완전히 흡수하는 가장 이상적인 물체를 말한다.
>
> **2. 스테판-볼츠만 법칙**
>
> ① 정의
>
> 흑체복사를 하는 물체에서 방출되는 복사강도는 그 물체의 절대온도의 4승에 비례한다.
>
> ② 공식
>
> $E = \sigma \times T^4$
>
> 여기서, E : 흑체 단위표면에서 복사되는 에너지
> σ : 스테판-볼츠만 상수
> T : 흑체의 표면 절대온도
>
> **3. 키르히호프 법칙**
>
> 열역학 평형상태하에서는 어떤 주어진 온도에서 매질의 방출계수와 흡수계수의 비는 매질의 종류에 관계없이 온도에 의해서만 결정된다는 법칙을 말한다.

11 동적 안정도 판정지표 중 하나인 리차드슨수(R_i)의 공식 및 각 인자를 설명하고 안정도를 구분하여 쓰시오.

> **풀이**
>
> **1. R_i 공식 및 각 인자**
>
> R_i는 근본적으로 대류난류(자유대류)를 기계적 난류(강제대류)로 전환시키는 비율을 측정한 것으로 기계적 난류와 대류난류 중 어느 것이 지배적인가를 추정할 수 있다.
>
> $$리차드슨수(R_i) = g/T \cdot \frac{\Delta T/\Delta Z}{(\Delta u/\Delta Z)^2} \ : \ \text{Panofsky의 } R_i \text{식}$$
>
> 여기서, g : 그 지역의 중력가속도(지구 중력가속도)
> T : 절대온도
> ΔT : 두 층의 온도차
> ΔZ : 두 층의 고도차
> Δu : 두 층의 풍속차
> $\Delta T/\Delta Z$: 자유대류의 크기(수직방향 온위경도)
> $\Delta u/\Delta Z$: 강제대류의 크기(수직방향 풍속경도)
>
> **2. 안정도 구분**
>
> ① 안정 : $R_i > 1$
> ② 중립 : $-0.01 < R_i < 0.01$
> ③ 불안정 : $R_i < -1$
>
> [참고] R_i와 대기안정도
>
> | R_i | −1.0 | −0.1 | −0.01 | 0 | +0.01 | +0.1 | +1.0 |
> |---|---|---|---|---|---|---|---|
> | 대기운동 | 자유대류 | 자유대류 증가 | 강제대류 | | 강제대류 감소 | | 대류 없음 |
> | 안정도 | | 불안정 | | 중립 | | 안정 | |

12 다음 ( ) 안에 들어갈 대기환경기준을 쓰시오.

이산화질소 (NO₂)	연간 평균치	(①) ppm 이하	일산화탄소 (CO)	1시간 평균치	(④) ppm 이하
	24시간 평균치	(②) ppm 이하	오존(O₃)	8시간 평균치	(⑤) ppm 이하
	1시간 평균치	(③) ppm 이하		1시간 평균치	(⑥) ppm 이하

> 풀이
> ① 0.03ppm 이하 ② 0.06ppm 이하 ③ 0.1ppm 이하
> ④ 25ppm 이하   ⑤ 0.06ppm 이하 ⑥ 0.1ppm 이하

13 중력집진장치의 길이 10m, 높이 5m이고, 분진의 밀도 $1g/cm^3$, 점도 2.0×10^{-4} g/cm·sec이다. 최소 제거입경(μm)은?(단, 유속은 1.4m/sec)

> 풀이
> $$\frac{V_g}{V} = \frac{H}{L}$$
> $$V_g = \frac{d_p^2(\rho_p - \rho)g}{18\mu}$$
> $$d_{p\min}(\mu m) = \left[\frac{18\mu HV}{(\rho_p - \rho)\cdot g \cdot L}\right]^{1/2} \times 10^6$$
> $\rho_p = 1g/cm^3 \times kg/1{,}000g \times 10^6 cm^3/m^3 = 1{,}000 kg/m^3$
> $\mu = 2.0 \times 10^{-4} g/cm \cdot sec \times kg/1{,}000g \times 100cm/m$
> $= 2.0 \times 10^{-5} kg/m \cdot sec$
> $= \left[\dfrac{18 \times 2.0 \times 10^{-5} \times 5 \times 1.4}{(1{,}000 - 1.3) \times 9.8 \times 10}\right]^{1/2} \times 10^6 = 160.46 \mu m$

14 커닝험 보정계수에 관하여 설명하시오.

> 풀이
> **커닝험 보정계수(C_c ; Cunningham Correction Factor)**
> ① 입자의 직경이 $1\mu m$보다 작은 미세 입자의 경우 기체분자가 입자에 충돌할 때 입자 표면에서 Slip(미끄럼) 현상이 일어나면 입자에 작용하는 항력이 작아져 종말침강속도 계산 시 Stokes 침강속도식으로 구한 값보다 커지는데, 이를 보정하는 계수를 커닝험 보정계수라 한다.
> ② 커닝험 보정계수는 항상 1보다 크다. 이 값, 즉 $C_c \geq 1$이 되기 위해서는 가스온도가 높을수록, 미세입자일수록, 가스압력이 낮을수록, 가스분자 직경이 작을수록 커지게 된다.

15 수분 39%, 회분 8%인 고체연료에서 수분과 회분을 제거한 후 휘발분이 46%, 고정탄소가 54%였다. 수분과 회분을 제거하기 전의 고체연료 속의 휘발분(%)과 고정탄소를 구하시오.

> **풀이**
>
> 수분·회분을 제거하기 전 휘발분과 고정탄소(%) $= 100 - (39+8) = 53\%$
>
> 휘발분 + 고정탄소 $= 53\%$
>
> 수분·회분 제거 전 고체연료 속 휘발분(%) $= 53 \times \dfrac{46}{100} = 24.38\%$
>
> 수분·회분 제거 전 고체연료 속 고정탄소(%) $= 53 \times \dfrac{54}{100} = 28.62\%$

16 다음 오존농도의 기하평균(mg/m^3)을 구하시오. (단, 0℃, 1atm)

(단위 : ppb)

150, 200, 125, 140, 138, 170, 115, 130, 135

> **풀이**
>
> 기하평균(GM)
>
> $\log GM = \dfrac{\log 150 + \log 200 + \log 125 + \log 140 + \log 138 + \log 170 + \log 115 + \log 130 + \log 135}{9} = 2.155$
>
> $GM = 10^{2.155} = 142.89 \text{ppb}$
>
> 농도(mg/m^3) $= 142.89 \text{ppb} \times \text{ppm}/10^3 \text{ppb} \times \dfrac{48 \text{mg}}{22.4 \text{mL}} = 0.31 \text{mg}/m^3$

17 500ppm의 NO를 함유하는 배기가스 450,000Sm^3/hr를 암모니아 선택적 접촉환원법으로 배연탈질할 때 요구되는 암모니아 양(Sm^3/hr)은? (단, 산소가 공존하는 경우)

> **풀이**
>
> $4NO \quad + \quad 4NH_3 + O_2 \quad \rightarrow \quad 4N_2 \quad + \quad 6H_2O$
>
> $4 \times 22.4 Sm^3 \quad : \quad 4 \times 22.4 Sm^3$
>
> $450,000 Sm^3/hr \times 500 mL/Sm^3 \times 10^{-6} Sm^3/mL \quad : \quad NH_3(Sm^3/hr)$
>
> $NH_3(Sm^3/hr) = \dfrac{450,000 Sm^3/hr \times 500 mL/Sm^3 \times 10^{-6} Sm^3/mL \times 4 \times 22.4 Sm^3}{4 \times 22.4 Sm^3} = 225 Sm^3/hr$

18 석유계 액체연료의 탄수소비(C/H)에 관한 다음 내용에 답하시오.

(1) 등유, 중유, 휘발유, 경유를 C/H가 큰 순서대로 나열하시오.
(2) C/H비가 이론공연비, 휘도, 방사율에 어떤 영향을 주는지를 감소, 증가로 구분하여 쓰시오.

> **풀이**
> (1) C/H가 큰 순서
>   중유> 경유> 등유> 휘발유
> (2) C/H비가 클수록 이론공연비는 감소하고, 방사율 및 휘도는 증가한다.

19 광화학 스모그에 관한 다음 물음에 답하시오.

(1) 광화학 스모그로 인한 2차 오염물질 5가지를 쓰시오.
(2) 광화학 스모그 현상은 (무풍, 바람 많은 날), (여름, 겨울), (낮, 밤)에 더 활발하게 발생한다. ( ) 안에 알맞은 내용을 선택하시오.

> **풀이**
> (1) 2차 오염물질(옥시던트)
>   PAN, H_2O_2, 알데히드, O_3, 아크로레인
> (2) 무풍, 여름, 낮

20 배출가스양이 1,000Sm³/hr, 그중 HCl 농도가 500ppm이다. 10m³ 물순환 사용하는 Spray Tower에서 HCl 제거 시 5시간 후 세정순환수의 pH는?(단, 물의 증발로 인한 손실은 없고, Spray Tower의 제거효율은 100%)

> **풀이**
> 배출가스 중 HCl 양(g/hr) = $1{,}000\text{Sm}^3/\text{hr} \times 500\text{mL/Sm}^3 \times \dfrac{36.5\text{g}}{22{,}400\text{mL}}$
> $= 814.73\text{g/hr}$
> 5시간 후 물에 녹는 HCl 양(g) = 814.73g/hr × 5hr = 4,073.66g
> HCl 몰농도=수소이온(H^+) 몰농도
> $[H^+] = [HCl] = \dfrac{4{,}073.66\text{g} \times \dfrac{1\text{mol}}{36.5\text{g}}}{10{,}000\text{L}} = 0.01116\text{mol/L}$
> $pH = -\log[H^+] = -\log[0.01116] = 1.95$

SECTION 66 2022년 4회 산업기사

01 Bag Filter에서 간헐적으로 분진부하가 360g/m²일 때마다 부착 분진을 탈락시키고 있다. 이 백필터의 입구함진가스 중 분진농도가 10g/m³이고, 겉보기 여과속도가 1cm/sec로 가동될 경우 분진의 탈진주기(hr)를 구하시오.

풀이

$$L_d = C_i \times V_f \times t$$

$$t = \frac{L_d}{C_i \times V_f} = \frac{360 \text{g/m}^2}{10 \text{g/m}^3 \times 0.01 \text{m/sec}} = 3,600 \text{sec} \times \text{hr}/3,600 \text{sec} = 1 \text{hr}$$

02 C_3H_8 60%, C_4H_{10} 40%로 구성된 혼합기체를 공기비 1.25로 완전연소할 경우 발생되는 건조연소가스양(Sm^3/Sm^3)을 구하시오.

풀이

연소반응식

$C_3H_8 + 5O_2 \rightarrow 3CO_2 + 4H_2O$ (60%)

$C_4H_{10} + 6.5O_2 \rightarrow 4CO_2 + 5H_2O$ (40%)

$G_d = (m - 0.21)A_0 + CO_2$

$$A_0 = \frac{O_0}{0.21}$$

$$O_0 = \left[\left(\frac{5 \times 22.4 \text{Sm}^3}{22.4 \text{Sm}^3}\right) \times 0.6\right] + \left[\left(\frac{6.5 \times 22.4 \text{Sm}^3}{22.4 \text{Sm}^3}\right) \times 0.4\right]$$

$$= 5.6 \text{Sm}^3/\text{Sm}^3$$

$$= \frac{5.6}{0.21} = 26.67 \text{Sm}^3/\text{Sm}^3$$

$$CO_2 = \left[\left(\frac{3 \times 22.4 \text{Sm}^3}{22.4 \text{Sm}^3}\right) \times 0.6\right] + \left[\left(\frac{4 \times 22.4 \text{Sm}^3}{22.4 \text{Sm}^3}\right) \times 0.4\right] = 3.4 \text{Sm}^3/\text{Sm}^3$$

$$= [(1.25 - 0.21) \times 26.67] + 3.4 = 31.14 \text{Sm}^3/\text{Sm}^3$$

03 중유 첨가제의 종류 3가지를 쓰시오.

풀이

중유 첨가제의 종류(3가지만 기술)
① 연소촉진제　　　② 슬러지 분산제　　　③ 고온부식 방지제
④ 저온부식 방지제　⑤ 유동점 강화제

04 복사역전과 침강역전의 발생원리와 대표적인 사건을 쓰시오.

풀이

1. 복사역전

낮에는 태양복사열에 의해 지표가 가열되어 불안정한 대류를 형성하고 밤이 되면 지표에 접한 공기가 그보다 상공의 공기에 비하여 더 차가워져서 생기는 현상으로 런던 스모그 사건이 대표적이다.

2. 침강역전

고기압 중심 부분에서 기층이 서서히 침강하면서 기온이 단열압축으로 승온되어 발생하는 현상으로 로스앤젤레스 스모그 사건이 대표적이다.

05 직경이 $4\mu m$, 밀도가 $4g/cm^3$인 입자의 공기역학적 직경을 구하시오.

풀이

$$d_a = d_s \times \sqrt{\frac{\rho_s}{\rho_a}} = 4\mu m \times \sqrt{\frac{4g/cm^3}{1g/cm^3}} = 8\mu m$$

06 건식 석회법으로 SO_2를 처리하고자 한다. 배기가스양은 $100Sm^3/hr$, 배기가스의 SO_2 농도는 3,000ppm일 때 SO_2 제거에 요구되는 석회석($CaCO_3$)의 양(kg/hr)은?

풀이

$SO_2 + CaCO_3 \rightarrow CaSO_3 + CO_2$

$22.4Sm^3 : 100kg$

$100Sm^3/hr \times 3,000mL/m^3 \times m^3/10^6 mL : CaCO_3(kg/hr)$

$$CaCO_3(kg/hr) = \frac{100Sm^3/hr \times 3,000mL/m^3 \times m^3/10^6 mL \times 100kg}{22.4Sm^3}$$

$= 1.34 kg/hr$

07 HF 농도가 500ppm인 배출가스를 1,000Sm³/hr으로 배출하는 공정에서 HF를 제거하기 위해 Ca(OH)₂ 현탁액으로 처리 시 8시간 처리할 경우 Ca(OH)₂의 필요량(kg)을 구하시오.(단, 제거효율 90%)

> **풀이**
>
> 배출가스 중 HF 양(g) = $1{,}000 Sm^3/hr \times 500 mL/Sm^3 \times \dfrac{20g}{22{,}400 mL} \times 8hr$
>
> $= 3{,}571.43 g$
>
> $2HF \quad + \quad Ca(OH)_2 \quad \rightarrow \quad CaF_2 + 2H_2O$
>
> $2 \times 20g \quad : \quad 74g$
>
> $3{,}571.43g \quad : \quad Ca(OH)_2 (kg)$
>
> $Ca(OH)_2 (kg) = \dfrac{3{,}571.43g \times 74g}{(2 \times 20)g} \times 0.9 = 5{,}946.43g \times kg/1{,}000g = 5.95kg$

08 습식 전기집진장치를 벤투리스크러버, 건식 전기집진기, 여과집진기와 비교하여 장점을 각각 한 가지씩 쓰시오.

> **풀이**
>
> ① 벤투리스크러버보다는 집진효율이 높다.
> ② 건식 전기집진기보다는 전기저항이 작은 입자도 제거 가능하고, 부착된 입자의 재비산이 없다.
> ③ 여과집진기보다는 높은 배출가스 온도의 함진가스 처리가 가능하고, 처리속도가 크다.

09 배출가스 중의 염소를 충전탑에서 물을 흡수액으로 사용하여 흡수시킬 때 효율이 80%이었다. 동일한 조건에서 95%의 효율을 얻기 위해서는 이론적으로 충전층의 높이를 몇 배로 하면 되는가?

> **풀이**
>
> $H = H_{OG} \times N_{OG}$
>
> 80% 효율 → $H_{80} = H_{OG} \times \ln\left(\dfrac{1}{1-0.8}\right) = 1.6094 \times H_{OG}$
>
> 95% 효율 → $H_{95} = H_{OG} \times \ln\left(\dfrac{1}{1-0.95}\right) = 2.9957 \times H_{OG}$
>
> 충전층 높이의 비 = $\dfrac{2.9957 \times H_{OG}}{1.6094 \times H_{OG}} = 1.86$배

10 광화학반응에 의한 2차 대기오염물질의 종류 4가지를 쓰시오.

> **풀이**
>
> **2차 대기오염물질(4가지만 기술)**
> ① 에어로졸(H_2SO_4 mist) ② PAN(CH_3COONO_2)
> ③ 염화니트로실(NOCl) ④ 과산화수소수(H_2O_2)
> ⑤ 아크로레인(CH_2CHCHO) ⑥ 알데히드(RCHO)
> ⑦ 오존(O_3)

11 중력집진장치 내의 유체흐름이 층류일 경우 집진효율 공식 및 집진효율 향상조건 2가지를 쓰시오.

> **풀이**
>
> **1. 층류일 경우 집진효율(η) 식**
>
> $$\eta = \frac{V_s}{V} \times \frac{L}{H} \times n = \frac{V_s LW}{VHW} = \frac{d_p^2(\rho_p - \rho)gL}{18\mu_g HV} \times n$$
>
> 여기서, η : 집진효율
> V_s : 종말침강속도(m/sec)
> V : 수평이동속도(처리가스속도 : m/sec)
> L : 침강실 수평길이(m)
> H : 침강실 높이(m)
> n : 침강실 단수
> W : 침강실 폭(m)
> d_p : 입자직경(m)
> ρ_p : 입자밀도(kg/m³)
> ρ : 가스밀도(kg/m³)
> g : 중력가속도(9.8m/sec²)
> μ_g : 가스의 점도(점성계수 : kg/m · sec)
>
> **2. 집진효율 향상조건(2가지만 기술)**
> ① 침강실 내 처리가스의 속도가 작을수록 미립자가 포집된다.
> ② 침강실 내의 배기가스 기류는 균일해야 한다.
> ③ 침강실의 높이가 낮고 중력장의 길이가 길수록 집진율은 높아진다.
> ④ 다단일 경우에는 단수가 증가할수록 집진율 및 압력손실도 증가한다.
> ⑤ 침강실 입구폭이 클수록 유속이 느려지며 미세한 입자가 포집된다.

12 연료를 연소시켜 연소가스를 분석하였더니 CO_2 11%, O_2 7%였다. 이때 연소가스 중 $(CO_2)_{max}$와 공기비를 구하시오.

> **풀이**
> $$CO_{2max}(\%) = \frac{21 \times CO_2(\%)}{21 - O_2} = \frac{21 \times 11}{21 - 7} = 16.5\%$$
> $$공기비(m) = \frac{CO_{2max}}{CO_2} = \frac{16.5}{11} = 1.5$$

13 다음은 세정집진장치 관련 내용이다. 가능, 불가능 중 선택하여 쓰시오.
(1) 점착성 및 조해성 분진의 처리 (가능, 불가능)
(2) 입자포집 및 가스흡수가 동시 (가능, 불가능)
(3) 고온가스의 냉각이 (가능, 불가능)
(4) 고온다습한 가스나 폭발성 가스의 처리가 (가능, 불가능)
(5) 폐수가 발생하여 처리시설이 (필요, 불필요)

> **풀이**
> (1) 가능, (2) 가능, (3) 가능, (4) 가능, (5) 필요

14 입자의 운동특성적 입경 2가지와 기하학적(물리적) 입경 3가지를 쓰시오.

> **풀이**
> **1. 운동특성적 입경**
> ① Stokes 직경   ② 공기역학적 직경
> **2. 기하학적 입경**
> ① 마틴직경   ② 페렛직경   ③ 등면적 직경

15 유입구 폭이 20cm, 유효회전수가 5인 사이클론에 다음과 같은 함진가스를 처리할 경우 입자의 절단입경(μm)을 구하시오.

- 함진가스 유입속도 : 20m/sec
- 함진가스 점도 : 2×10^{-5}kg/m·sec
- 함진가스 밀도 : 1.2kg/m^3
- 입자 밀도 : 2.0g/cm^3

풀이

$$d_{p50} = \left(\frac{9\,\mu_g W}{2\,\pi N(\rho_p - \rho)V}\right)^{0.5}$$

$\rho_p = 2.0\text{g/cm}^3 \times \text{kg}/1{,}000\text{g} \times 10^6\text{cm}^3/\text{m}^3 = 2{,}000\text{kg/m}^3$

$W = 20\text{cm} = 0.2\text{m}$

$$= \left(\frac{9\times(2\times10^{-5})\times0.2}{2\times3.14\times5\times(2{,}000-1.2)\times20}\right)^{0.5}$$

$= 5.35\times10^{-6}\text{m} \times 10^6 \mu\text{m/m} = 5.35\,\mu\text{m}$

16 농도 0.025mole인 H_2SO_4 30mL를 중화하는 데 소요되는 N/25 NaOH 용액의 양(mL)을 구하시오. (단, N/25 NaOH 용액의 $f = 1.0$)

풀이

H_2SO_4 1mole은 2N이므로

$NV = N'V'$

$0.025 \times 2 \times 30 = \dfrac{1}{25} \times V'$

$V'(\text{NaOH}) = 37.5\text{mL}$

17 질소산화물의 생성기구 종류 2가지를 쓰고 연소조절에 의한 질소산화물 저감방법 2가지를 쓰시오.

풀이

1. **질소산화물 생성기구**
   ① Thermal NOx   ② Fuel NOx
2. **연소조절에 의한 질소산화물 저감방법**
   ① 저산소연소   ② 저온도연소

18 전기집진장치의 분진 제거효율은 다음 식으로 계산한다.

$$\eta = 1 - e^{-AV/Q}$$

효율을 90%에서 99%로 증가시키려면 집진극의 증가 면적은?(단, 다른 조건은 변하지 않는다.)

> **풀이**
>
> $\eta = 1 - e^{-\frac{AV}{Q}}$ 양변에 ln 취한 식을 만들면
>
> $-\dfrac{AV}{Q} = \ln(1-\eta)$
>
> 증가면적비 $= \dfrac{-\dfrac{Q}{V}\ln(1-0.99)}{-\dfrac{Q}{V}\ln(1-0.9)} = 2$배

19 고용량 공기시료 채취기를 사용하여 24시간 동안 대기 중 부유분진을 채취하였다. 채취 전후의 여과지 중량 차이가 1.5g이었고, 채취를 시작할 때와 완료 시의 유량은 각각 0.2m³/sec와 0.25m³/sec이었다. 채취한 부유분진의 농도(μg/m³)를 구하시오.

> **풀이**
>
> 채취유량(Q) $= \dfrac{Q_1 + Q_2}{2} = \left(\dfrac{0.2 + 0.25}{2}\right)$m³/sec $\times$ 24hr $\times$ 3,600sec/hr
> $= 19,440$m³
>
> 부유분진 농도(μg/m³) $= \dfrac{1.5\text{g} \times 10^6 \mu\text{g/g}}{19,440\text{m}^3} = 77.16 \mu$g/m³

20 헨리의 법칙을 따르는 유해가스가 물속에 2.0kmol/m³만큼 용해되어 있을 때, 분압이 258.4mmH$_2$O였다면, 이 유해가스의 분압이 30mmHg로 될 때 물속의 유해가스 농도(kmol/m³)는?(단, 기타 조건은 변화 없음)

> **풀이**
>
> $P = H \cdot C$에서 P와 C는 비례하므로
>
> 258.4mmH$_2$O $\times \dfrac{760\text{mmHg}}{10,332\text{mmH}_2\text{O}} = 19.01$mmHg
>
> 19.01mmHg : 2.0kmol/m³ = 30mmHg : 농도(kmol/m³)
>
> 농도(kmol/m³) $= \dfrac{2.0\text{kmol/m}^3 \times 30\text{mmHg}}{19.01\text{mmHg}} = 3.16$kmol/m³

SECTION 67 2023년 1회 기사

01 HF 3,000ppm, SiF$_4$ 1,500ppm을 함유하는 배출가스 22,400Sm^3/hr를 물에 흡수하여 H$_2$SiF$_6$(규불산)을 회수하려고 할 경우 흡수율이 100%라면 이론적으로 회수할 수 있는 규불산의 양(Sm^3/hr)은?(단, 반응식을 써서 풀이하시오.)

> **풀이**
> HF 부피 = $3,000\text{ppm} \times 10^{-6} \times 22,400\text{Sm}^3/\text{hr} = 67.2\text{Sm}^3/\text{hr}$
> SiF$_4$ 부피 = $1,500\text{ppm} \times 10^{-6} \times 22,400\text{Sm}^3/\text{hr} = 33.6\text{Sm}^3/\text{hr}$
> $2\text{HF} + \text{SiF}_4 \rightarrow \text{H}_2\text{SiF}_6$
> $2\text{HF} : \text{H}_2\text{SiF}_6$
> $2 \times 22.4\text{Sm}^3 : 22.4\text{Sm}^3$
> $67.2\text{Sm}^3/\text{hr} : x(\text{Sm}^3/\text{hr})$
> $\text{H}_2\text{SiF}_6(\text{Sm}^3/\text{hr}) = \dfrac{67.2\text{Sm}^3/\text{hr} \times 22.4\text{Sm}^3}{2 \times 22.4} = 33.6\text{Sm}^3/\text{hr}$

02 기상성분인 A물질을 제거하는 흡수장치에서 다음과 같은 자료를 확보하였다. 계면에서 액상의 A성분 농도(kmol/m^3)를 구하시오.

- 헨리상수(H) : 2.0kmol/m^3 · atm
- 기상물질 이동계수(K_G) : 3.2kmol/m^2 · atm · K
- 액상물질 이동계수(K_L) : 0.7m/hr
- 기상의 A성분 분압(P_A) : 0.15atm
- 액상의 A성분 농도(C_A) : 0.1kmol/m^3

> **풀이**
> 액상경막 내 단위면적당 물질이동량(흡수속도)
> $N_A(\text{kmol/m}^2 \cdot \text{hr}) = K_G(P_A - P_{Ai})$
> $\qquad\qquad\qquad\quad = K_L(C_{Ai} - C_A)$
> $\qquad\qquad\qquad\quad = K_L(H \times P_{Ai} - C_A)$
> $3.2 \times (0.15 - P_{Ai}) = 0.7 \times (2 \times P_{Ai} - 0.1)$
> $4.6 \times P_{Ai} = 0.55$
> $P_{Ai} = 0.12\text{atm}$
> $C_{Ai} = 2 \times 0.12 = 0.24\text{kmol/m}^3$

03 다음 A사업장의 자가 측정기록부를 근거로 다음 물음에 답하시오. (단, 270℃에서 배출가스 비중량 1.3kg/m³, 17℃에서 물의 포화수증기압은 14.5mmHg이다.)

- 굴뚝직경 : 3m
- 배출가스 온도 : 270℃
- 경사마노미터(수액은 물) : 확대율 10, 경사각 30°, 액주이동거리 20cm
- 피토관 계수 : 0.8614
- 여과지 : 채취 전 0.8010g, 채취 후 0.9210g
- 습식가스미터 : 지시흡인량 1,200L, 온도 17℃, 게이지압 0mmHg
- 대기압 : 1atm

(1) 이 사업장의 배출가스 유속(m/sec)

(2) 이 사업장의 배출가스 중 분진농도(mg/Sm³)

> **풀이**
>
> (1) 배출가스 유속(V)
>
> $$V(\text{m/sec}) = C \times \sqrt{\frac{2gH}{r}}$$
>
> H(속도압, mmH$_2$O) $= x \times \sin\theta = 200\text{mmH}_2\text{O} \times \sin 30° = 100\text{mmH}_2\text{O}$
>
> 확대율 10, 실질적 속도압은 $100 \times \frac{1}{10} = 10\text{mmH}_2\text{O}$
>
> $= 0.8614 \times \sqrt{\frac{2 \times 9.8 \times 10}{1.3}} = 10.58\text{m/sec}$
>
> (2) 배출가스 중 분진농도(C)
>
> $$C(\text{mg/Sm}^3) = \frac{m_a}{V_s}$$
>
> $m_a = 0.9210 - 0.8010 = 0.12\text{g}(120\text{mg})$
>
> $V_s = 1,200\text{L} \times \frac{273}{273+17} \times \frac{760+0-14.5}{760} = 1,108.1\text{L}(1.1081\text{Sm}^3)$
>
> $= \frac{120\text{mg}}{1.1081\text{Sm}^3} = 108.3\text{mg/Sm}^3$

04 오존층 파괴지수가 큰 순서대로 나열하시오.

① CF_3Br　② CF_2BrCl　③ CH_2BrCl　④ $C_2F_4Br_2$　⑤ $C_2F_3Cl_3$

풀이

오존층 파괴지수(ODP)
① CF_3Br : 10.0
② CF_2BrCl : 3.0
③ CH_2BrCl : 0.12
④ $C_2F_4Br_2$: 6.0
⑤ $C_2F_3Cl_3$: 0.8

∴ ① > ④ > ② > ⑤ > ③

05 기체크로마토그래피에 적용되는 전자포획형 검출기(ECD)의 원리를 쓰시오.

풀이

전자포획형 검출기의 원리
전자포획 검출기(ECD ; Electron Capture Detector)는 방사성 물질인 Ni-63 혹은 삼중수소로부터 방출되는 β선이 운반 기체를 전리하여 이로 인해 전자포획 검출기 셀(cell)에 전자구름이 생성되어 일정 전류가 흐르게 된다. 이러한 전자포획 검출기 셀에 전자친화력이 큰 화합물이 들어오면 셀에 있던 전자가 포획되어 이로 인해 전류가 감소하는 것을 이용하는 방법이다.

06 전기집진장치에서 먼지입자에 작용하는 전기력 4가지를 쓰시오.

풀이

입자에 작용하는 전기력
① 대전입자의 하전에 의한 쿨롱력
② 전기풍에 의한 힘
③ 전계강도에 의한 힘
④ 입자 간의 흡인력

07 고체연료 사용시설에 소형 사이클론 50개가 있다. 운전 중 2개의 소형 사이클론에서 문제가 발생하였다. 처리가스양의 1/10이 처리되지 않고 그대로 통과되었다면, 출구먼지농도(g/m³)는?(단, 정상운전 시 소형 사이클론의 집진율은 90%이고, 장치 입구에서의 먼지농도는 10g/m³이다.)

> **풀이**
> 출구농도=통과농도+집진 후 농도
> 　　통과농도(g/m³)=10×0.1=1g/m³
> 　　집진 후 농도(g/m³)=10×0.9×(1−0.9)=0.9g/m³
> 　　=1+0.9=1.9g/m³
>
> [다른 풀이]
> 출구먼지농도(g/m³)=원출구농도+$\frac{1}{10}$ 통과 고려 출구농도
> $$= \left[10\text{g/m}^3 \times (1-0.9) \times \frac{9}{10}\right] + \left[10\text{g/m}^3 \times \frac{1}{10}\right]$$
> $$= 1.9\text{g/m}^3$$

08 연돌의 높이가 50m이고 외부공기의 온도가 27℃이다. 연소가스의 온도를 227℃에서 127℃로 낮출 때 통풍력은 몇 % 감소되는가?(단, 대기 및 배기가스의 비중량은 1.3kg/m³이다.)

> **풀이**
> 1) 연소가스의 온도가 227℃일 때의 통풍력
> $$Z = 273H\left(\frac{\gamma_a}{273+t_a} - \frac{\gamma_g}{273+t_g}\right)$$
> $$= 273 \times 50\left(\frac{1.3}{273+27} - \frac{1.3}{273+227}\right) = 23.66\text{mmH}_2\text{O}$$
>
> 2) 연소가스의 온도가 127℃일 때의 통풍력
> $$Z = 273H\left(\frac{\gamma_a}{273+t_a} - \frac{\gamma_g}{273+t_g}\right)$$
> $$= 273 \times 50\left(\frac{1.3}{273+27} - \frac{1.3}{273+127}\right) = 14.79\text{mmH}_2\text{O}$$
>
> 감소된 통풍력 $= \frac{23.66-14.79}{23.66} \times 100 = 37.49\%$

09 어느 배출시설의 시간당 배기가스양은 100,000Nm³/hr이고, 이 배기가스에 함유된 질소산화물은 NO 224ppm, NO₂ 22.4ppm이다. 이 질소산화물을 암모니아에 의한 선택적 접촉환원법으로 처리할 경우 NO, NO₂를 완전처리하기 위해 소요되는 암모니아의 이론량은 몇 kg/hr인가?(단, 산소공존은 없으며 표준상태이다. 화학반응식을 기재하고 풀이하시오.)

> **풀이**
>
> 1) NO
>
> $6NO + 4NH_3 \rightarrow 5N_2 + 6H_2O$
>
> $6 \times 22.4 Sm^3 : 4 \times 17 kg$
>
> $100,000 Sm^3/hr \times 224 mL/Sm^3 \times 10^{-6} Sm^3/mL : NH_3(kg/hr)$
>
> $NH_3(kg/hr) = \dfrac{100,000 Sm^3/hr \times 224 mL/Sm^3 \times 10^{-6} Sm^3/mL \times (4 \times 17)kg}{6 \times 22.4 Sm^3} = 11.33 kg/hr$
>
> 2) NO₂
>
> $6NO_2 + 8NH_3 \rightarrow 7N_2 + 12H_2O$
>
> $6 \times 22.4 Sm^3 : 8 \times 17 kg$
>
> $100,000 Sm^3/hr \times 22.4 mL/Sm^3 \times 10^{-6} Sm^3/mL : NH_3(kg/hr)$
>
> $NH_3(kg/hr) = \dfrac{100,000 Sm^3/hr \times 22.4 mL/Sm^3 \times 10^{-6} Sm^3/mL \times (8 \times 17)kg}{6 \times 22.4 Sm^3} = 2.27 kg/hr$
>
> $NH_3(kg/hr) = 11.33 + 2.27 = 13.6 kg/hr$

10 파장이 5,240Å인 빛 속에서 밀도가 0.95g/cm³, 직경이 0.7μm인 기름방울의 분산면적비가 4.5일 때 먼지농도가 0.4mg/m³이라면 가시거리는 몇 m인가?(단, 파장 5,240Å일 때 식 이용)

> **풀이**
>
> 시정거리(L_v) : 파장 5,240Å
>
> $L_v(m) = \dfrac{5.2 \times \rho \times r}{K \times G}$
>
> $\rho = 0.95 g/cm^3 \times 10^6 cm^3/m^3 = 0.95 \times 10^6 g/m^3$
>
> $r = 0.7 \mu m / 2 = 0.35 \mu m$
>
> $G = 0.4 mg/m^3 \times 10^3 \mu g/mg = 4 \times 10^2 \mu g/m^3$
>
> $= \dfrac{5.2 \times 0.95 \times 10^6 \mu g/m^3 \times 0.35 \mu m}{4.5 \times (4 \times 10^2) \mu g/m^3} = 960.56 m$

11 어떤 집진장치의 입구가스량이 50,000Sm³/hr일 경우, 출구에서 배출되는 1일 분진량을 60kg으로 하기 위해서는 집진율(%)을 얼마로 하면 되겠는가?

풀이

$$집진율(\%) = \left(1 - \frac{S_o}{S_i}\right) \times 100$$

$$S_i(입구분진량) = C_i \times Q_i$$
$$= 2\text{g/Sm}^3 \times 50,000\text{Sm}^3/\text{hr} \times \text{kg}/1,000\text{g}$$
$$= 100\text{kg/hr}$$

$$S_o(출구분진량) = 60\text{kg/day} \times \text{day}/24\text{hr} = 2.5\text{kg/hr}$$

$$= \left(1 - \frac{2.5}{100}\right) \times 100 = 97.5\%$$

12 기체연료(C_xH_y) 1mol을 이론공기량으로 완전연소시켰을 경우 이론습연소가스량(g)을 계산하시오. (단, 화학반응식을 풀이에 반영)

풀이

$$C_xH_y + \left(x + \frac{y}{4}\right)O_2 \rightarrow xCO_2 + \frac{y}{2}H_2O$$

$$A_o = \frac{1}{0.232} \times \left(x + \frac{y}{4}\right) \times 32$$

$$N_2 = (1 - 0.232) \times \frac{1}{0.232} \times \left(x + \frac{y}{4}\right) \times 32$$

$$O_2 = 0$$

$$CO_2 = 44 \times x$$

$$H_2O = 18 \times \frac{y}{2}$$

$$G_{ow} = 0.768 \times A_o + CO_2 + H_2O$$
$$= 0.768 \times \frac{32}{0.232}\left(x + \frac{y}{4}\right) + 44x + 9y$$
$$= 149.93x + 35.48y \text{ (g)}$$

13 다이옥신류 중 (1) 2,3,7,8-TCDD, (2) 2,3,7,8-TCDF, (3) PCB의 구조식을 그리시오.

> **[풀이]**
>
> (1) 2,3,7,8-TCDD
>
> [구조식: 2,3,7,8-TCDD - 두 개의 벤젠고리가 O 두 개로 연결되고 각 벤젠에 Cl 두 개씩]
>
> (2) 2,3,7,8-TCDF
>
> [구조식: 2,3,7,8-TCDF - 디벤조퓨란 구조에 Cl 네 개]
>
> (3) PCB
>
> [구조식: 두 벤젠고리가 직접 연결되고 각 벤젠에 Cl 두 개씩]

14 다음 물음에 답하시오.

(1) 어떤 공장의 현재 유효굴뚝 높이가 50m이다. 최대지표농도를 1/2로 감소시키려면 유효굴뚝 높이(m)를 얼마로 하면 되겠는가?

(2) 유효굴뚝 높이가 50m에서 수직 및 수평방향의 확산계수는 모두 0.07이다. 지표면에서의 대기오염농도가 최대가 되는 착지거리(m)를 구하시오. (단, 대기상태 중립, 대기안정도계수 0.25)

> **[풀이]**
>
> (1) sutton 확산식에서
>
> $$C_{\max} \propto \frac{1}{H_e^2}$$
>
> $$H_e = \frac{1}{\sqrt{C_{\max}}} = \frac{1}{\sqrt{\frac{1}{2}}} = 1.4142$$
>
> 유효굴뚝높이(m) = $50\text{m} \times 1.4142 = 70.71\text{m}$
>
> (2) 최대착지거리(X_m)
>
> $$X_m = \left(\frac{H_e}{K_z}\right)^{\frac{2}{2-n}} = \left(\frac{50}{0.07}\right)^{\frac{2}{2-0.25}} = 1,826.28\text{m}$$

15 450℃, $5 \times 10^4 m^3/hr$의 함진가스를 액가스비 $1.5L/m^3$로 벤투리스크러버에서 처리한다. 벤투리관을 통과한 출구의 가스온도(℃)를 구하시오.(단, 공기의 열용량 $0.313kcal/Sm^3 \cdot$ ℃, 물의 열용량 $1kcal/kg$, 액적의 온도 20℃이다.)

> **풀이**
> 세정액 사용량 $= 5 \times 10^4 m^3/hr \times 1.5L/m^3 \times hr/60min$
> $= 1,250L/min = 1,250kg/min$
> $Q = G \times C_p \times \Delta t$
> $833.33 m^3/min \times 0.313 kcal/Sm^3 \cdot ℃ \times (450-t)℃$
> $= 1,250 kg/min \times 1 kcal/kg \cdot ℃ \times (t-20)℃$
> $t = 94.24℃$ (94.24℃의 가스온도가 내려간 것을 의미)
> 벤투리관 통과 출구가스온도(℃) $= (450-94.24)℃ = 355.76℃$

16 두 가지의 집진장치가 그림과 같이 직렬로 연결되어 있을 경우 각 집진장치의 효율은 η_1과 η_2이고, C는 농도를 의미한다. 집진효율(η_T)의 식을 η_1, η_2의 함수로 나타내시오.

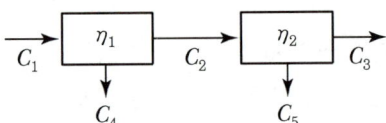

> **풀이**
> 집진장치 1
> $C_4 = C_2 \eta_1$ ……①, $C_2 = (1-\eta_1)C_1$ ……②
> 집진장치 2
> $C_3 = (1-\eta_2)C_2$ ……③
> $\eta_T = \dfrac{C_1 - C_3}{C_1} = \dfrac{C_1 - (1-\eta_1)(1-\eta_2)C_1}{C_1}$
> $= 1-(1-\eta_1)(1-\eta_2)$
> $= \eta_1 + \eta_2 - \eta_1 \times \eta_2$
> $= \eta_1 + \eta_2(1-\eta_2)$

17 CH_4 92%, O_2 4%, N_2 4%의 조성을 지닌 도시가스 $1Sm^3$을 연소시키는 경우 필요한 이론공기량(Sm^3)은?

> **풀이**
>
> 자연성분 CH_4의 연소반응식
> $$CH_4 + 2O_2 \rightarrow CO_2 + 2H_2O$$
> $$A_o(\text{이론공기량, } Sm^3/Sm^3) = \frac{(2 \times 0.92 - 0.04)}{0.21}$$
> $$= 8.57 Sm^3/Sm^3 \times 1Sm^3 = 8.57 Sm^3$$

18 석탄 100kg에 대한 원소 조성을 분석한 결과 C 85kg, H 5kg, O 6kg, S 2kg이고, 나머지는 회분이다. 이 석탄을 공기비 1.3으로 완전연소시키는 데 보일러에 매시 500kg씩 공급할 경우 다음 물음에 답하시오.(단, 이론공기량 A_o의 단위는 Sm^3/kg으로 계산)

(1) 건연소가스 중 SO_2 농도(ppm)

(2) 하루에 소모되는 공기량(ton/day)

> **풀이**
>
> (1) 건연소가스 중 SO_2 농도(ppm)
> $$SO_2(\text{ppm}) = \frac{0.7S}{G_d} \times 10^6$$
> $$G_d = mA_o - 5.6H$$
> $$A_o = \frac{1}{0.21}[(1.867 \times 0.85) + (5.6 \times 0.05)$$
> $$- (0.7 \times 0.05) + (0.7 \times 0.02)]$$
> $$= 8.76 Sm^3/kg$$
> $$= (1.3 \times 8.76) - (5.6 \times 0.05) = 11.11 Sm^3/kg$$
> $$= \frac{0.7 \times 0.02}{11.11} \times 10^6 = 1,260.13 \text{ppm}$$
>
> (2) 하루에 소모되는 공기량(ton/day)
> - 석탄 1kg에 소모되는 공기량(ton/day)
> $$= mA_o = 1.3 \times \frac{1}{0.232}[(2.667 \times 0.85) + (8 \times 0.05) - 0.06 + 0.02]$$
> $$= 14.7 kg공기/kg석탄$$
> - 하루소모공기량(ton/day)
> $$= 14.7 kg공기/kg석탄 \times 500kg/hr \times 24hr/day \times ton/10^3 kg$$
> $$= 176.4 ton/day$$

2023년 1회 산업기사

01 황성분이 2%인 중유를 1시간에 10ton씩 연소하는 보일러의 배출가스를 수산화칼슘으로 탈황하여 황성분을 석고(2수염)로 회수한다고 할 경우, 이때 탈황률이 100%이라면 이론적으로 회수되는 석고량(kg/hr)을 구하시오.

> **풀이**
> 반응식에서 S와 $CaSO_4 \cdot 2H_2O$는 1 : 1 반응
> S $\rightarrow$ $CaSO_4 \cdot 2H_2O$
> 32kg : 172kg
> 10ton/hr×0.02 : $CaSO_4 \cdot 2H_2O$(kg/hr)
> $CaSO_4 \cdot 2H_2O(kg/hr) = \dfrac{10ton/hr \times 0.02 \times 172kg \times 1,000kg/ton}{32kg} = 1,075kg/hr$

02 유해가스를 흡착법으로 처리 시 흡착제 종류 3가지와 흡착제 재생방법 3가지를 쓰시오.

> **풀이**
> 1. **흡착제의 종류(3가지만 기술)**
>   ① 활성탄
>   ② 실리카겔
>   ③ 합성제올라이트
>   ④ 활성알루미나
>   ⑤ 보크사이트
> 2. **재생방법(3가지만 기술)**
>   ① 수증기 송입 탈착법
>   ② 가열공기 탈착법
>   ③ 수세(물) 탈착법
>   ④ 감압(압력을 낮춤) 탈착법
>   ⑤ 고온의 불활성기체 탈착법

03 충전탑에서 발생할 수 있는 편류현상의 정의 및 최소화할 수 있는 방지대책 3가지를 쓰시오.

> **풀이**
>
> 1. 편류현상
>   탑상부에서 흡수액 주입 시 한쪽으로만 흐르는 현상으로 효율이 저감된다.
> 2. 방지대책
>   ① 주입구를 분산(최소 5개)시켜야 한다.
>   ② 탑의 직경(D)과 충전물 직경(d)의 비(D/d)가 8~10 정도 되어야 한다.
>   ③ 탑 내 가스유속을 줄인다.

04 HCN의 처리방법 2가지를 쓰고 간략히 설명하시오.

> **풀이**
>
> 1. 세정법
>   물에 대한 용해도가 매우 크므로 가스를 물로 세정하여 처리한다.
> 2. 연소법
>   HCN을 직접 불꽃에 접촉, 산화시켜 N_2, CO_2, H_2O로 분해·제거한다.

05 Cyclone의 처리가스 점도 0.0748kg/m·hr, B_c=12cm, N=4, V=15m/sec, 입자밀도 1.7g/cm³일 때 절단입경(μm)을 구하시오. (단, 350K 온도로 운전)

> **풀이**
>
> $$d_{p50} = \left(\frac{9\mu_g W}{2\pi N(\rho_p - \rho)V}\right)^{0.5}$$
>
> $\mu_g = 0.0748\text{kg/m·hr} \times \text{hr}/3,600\text{sec} = 2.078 \times 10^{-5} \text{kg/m·sec}$
>
> $\rho_p = 1.7\text{g/cm}^3 \times \text{kg}/1,000\text{g} \times 10^6 \text{cm}^3/\text{m}^3 = 1,700 \text{kg/m}^3$
>
> $\rho = 1.29\text{kg/m}^3 \times \dfrac{273}{350} = 1.01 \text{kg/m}^3$
>
> $= \left(\dfrac{9 \times (2.078 \times 10^{-5}) \times 0.12}{2 \times 3.14 \times 4 \times (1,700 - 1.01) \times 15}\right)^{0.5}$
>
> $= 5.92 \times 10^{-6} \text{m} \times 10^6 \mu\text{m/m} = 5.92 \mu\text{m}$

06 입자상 물질을 처리하는 여러 가지 집진장치가 있다. 집진장치 및 포집원리를 쓰시오. (단, 3가지를 쓰시오.)

> **[풀이]**
>
> **집진장치 및 포집원리(3가지만 기술)**
> ① 중력집진장치 : 중력에 의한 침강   ② 관성력집진장치 : 관성력에 의한 충돌
> ③ 원심력집진장치 : 원심력   ④ 여과집진장치 : 여과력
> ⑤ 전기집진장치 : 정전기력

07 파장이 5,240Å인 빛 속에서 밀도가 0.85g/cm³이고, 지름이 0.8μm인 기름방울의 분산면적비 K가 4.1이라면 가시도가 2,414m 되기 위해서 분진의 농도(g/m³)는 얼마여야 하는가?

> **[풀이]**
>
> 시정거리(L_v) : 파장 5,240Å
>
> $$L_v(\text{m}) = \frac{5.2 \times \rho \times r}{K \times G}$$
>
> $$G = \frac{5.2 \times \rho \times r}{K \times L_v}$$
>
> $\rho = 0.85 \text{g/cm}^3 \times 10^6 \text{cm}^3/\text{m}^3 = 0.85 \times 10^6 \text{g/m}^3$
>
> $r = 0.8 \mu\text{m} \times 0.5 = 0.4 \mu\text{m}$
>
> $$= \frac{5.2 \times 0.85 \times 10^6 \text{g/m}^3 \times 0.4 \mu\text{m}}{4.1 \times 2,414 \text{m} \times 10^6 \mu\text{m/m}} = 1.79 \times 10^{-4} \text{g/m}^3$$

08 프로판과 부탄의 용적비가 2 : 1의 비율로 혼합된 기체연료를 공기비 1.3으로 완전연소시킬 경우 부피기준 공기연료비(AFR)를 구하시오.

> **[풀이]**
>
> 연소반응식 : $C_3H_8 + 5O_2 \rightarrow 3CO_2 + 4H_2O$
>
> $C_4H_{10} + 6.5O_2 \rightarrow 4CO_2 + 5H_2O$
>
> $$AFR = \frac{(\text{산소 mol}/0.21) \times \text{공기비}}{\text{연료의 몰수}}$$
>
> $$= \left[\frac{\left(5 \times \frac{2}{3}\right) + \left(6.5 \times \frac{1}{3}\right)}{0.21}\right] \times 1.3 = 34.05 \text{ mol air/mol fuel}$$

09 석탄을 공업분석하여 다음과 같은 결과를 얻었을 경우 이 석탄의 연료비를 구하고 석탄의 종류를 분류하시오. (단, 갈탄, 역청탄, 무연탄 중 선택하시오.)

구분	함량(%)
수분	2
회분	10
휘발분	7

> **풀이**
>
> 연료비 $= \dfrac{\text{고정탄소}(\%)}{\text{휘발분}(\%)}$
>
> 고정탄소(%) $= 100 - (\text{수분} + \text{회분} + \text{휘발분}) = 100 - (2 + 10 + 7) = 81\%$
>
> $= \dfrac{81}{7} = 11.5$
>
> 석탄의 종류 중 무연탄의 연료비가 약 7.5 이상이므로 무연탄으로 분류
>
> [참고] 고체연료의 연료비
> ① 코크스 : 28 정도 ② 무연탄 : 약 7.5 이상
> ③ 역청탄 : 1.0~4 ④ 갈탄 : 1.0 이하

10 어떤 집진장치의 함진가스량이 30,000m³/hr인 사업장에서 분진의 입구농도가 20g/m³이다. 이 집진장치의 1일 분진제거량(ton/day)을 구하시오. (단, 집진장치의 집진효율은 80%)

> **풀이**
>
> 1일 분진제거량(ton/day)
> $= 30{,}000\text{m}^3/\text{hr} \times 20\text{g}/\text{m}^3 \times 0.8 \times 24\text{hr}/\text{day} \times \text{ton}/10^6\text{g}$
> $= 11.52\text{ton}/\text{day}$

11 어떤 굴뚝의 배출가스 중 염소가스의 온도가 80mL/Sm³이었다. 이 염소가스의 농도를 10mg/Sm³로 낮추기 위해 제거해야 할 염소가스의 농도(mL/Sm³)를 구하시오.

> **풀이**
>
> mg/Sm³ 단위를 mL/Sm³으로 변환
>
> $10\text{mg}/\text{Sm}^3 \times \dfrac{22.4\text{mL}}{71\text{mg}} = 3.15\text{mL}/\text{Sm}^3$
>
> 제거해야 할 염소농도(mL/Sm³) $= 80 - 3.15 = 76.85\text{mL}/\text{Sm}^3$

12 배출가스의 평균온도는 127℃이고, 높이가 50m인 굴뚝에서 자연통풍 연소장치의 굴뚝높이를 그대로 유지하면서 통풍력을 2배 증가시킬 경우, 굴뚝으로 배출되는 연소가스온도(℃)를 구하시오.(단, 굴뚝 주변 대기온도는 27℃, 공기와 배출가스 비중량은 1.3kg/Sm³, 연돌높이는 변화 없으며 연돌 내의 다른 마찰손실은 무시)

> **풀이**
>
> 127℃에서의 통풍력(Z)
>
> $Z = 273H\left[\dfrac{1.3}{273+t_a} - \dfrac{1.3}{273+t_g}\right] = 273 \times 50 \times \left(\dfrac{1.3}{273+27} - \dfrac{1.3}{273+127}\right)$
>
> $= 14.79 \, mmH_2O$
>
> 통풍력 2배 증가 시 연소가스온도(t_2)
>
> $14.79 \times 2 = 273 \times 50 \times \left(\dfrac{1.3}{273+27} - \dfrac{1.3}{273+t_g}\right)$
>
> 배기가스온도(t_g) = 327℃

13 염소가스농도(부피기준)가 0.5%인 배출가스 4,000Sm³/hr를 수산화칼슘 현탁액으로 세정처리해서 배출가스 중 염소를 제거하려고 할 경우 이론적으로 필요한 수산화칼슘량(kg/hr)을 구하시오.

> **풀이**
>
> 배출가스 중 $Cl_2(Sm^3/hr) = 4,000 Sm^3/hr \times 0.0005 = 20 Sm^3/hr$
>
> $2Cl_2 + 2Ca(OH)_2 \rightarrow CaCl_2 + Ca(OCl)_2 + 2H_2O$
>
> $2 \times 22.4 Sm^3 : 2 \times 74 kg$
>
> $20 Sm^3/hr : Ca(OH)_2$
>
> $Ca(OH_2) = \dfrac{20 Sm^3/hr \times (2 \times 74) kg}{2 \times 22.4 Sm^3} = 66.07 kg/hr$

14 굴뚝배출가스량이 800Sm³/hr이고 HCl농도가 500ppm일 경우 5,000L의 물에 5시간 흡수시켰을 때 수용액의 노말 농도(N)와 pOH는 얼마인가?(단, 흡수율은 80%)

> **풀이**
>
> (1) 노말 농도(N)
>
> $N(eq/L) = \dfrac{800 Sm^3/hr \times 500 mL/m^3 \times 5hr \times 0.8 \times 1eq/36.5g \times 36.5g/22.4L \times 1L/1,000mL}{5,000L}$
>
> $= 0.01429 \, eq/L \, (N)$

(2) $pOH = 14 - pH$

$$pH = \log\frac{1}{0.01429} = 1.84$$
$$= 14 - 1.84 = 12.16$$

15 링켈만 매연 차트를 이용하여 어떤 굴뚝의 연기농도를 240회 측정한 결과, 5도가 6회, 4도가 8회, 3도가 28회, 2도가 33회, 1도가 54회, 0도가 111회였다. 굴뚝에서 배출되는 연기농도(%)를 구하시오.

풀이

$$연기농도(\%) = \frac{\sum 도수 \times 횟수}{\sum 횟수} \times 20$$
$$= \frac{(5 \times 6) + (4 \times 8) + (3 \times 28) + (2 \times 33) + (1 \times 54) + (0 \times 111)}{240} \times 20$$
$$= 22.17\%$$

16 C_3H_8(프로판)과 C_2H_6(에탄)의 혼합가스 $1Nm^3$을 완전연소시킨 결과 배기가스 중 CO_2의 생성량이 $2.6Nm^3$이었다. 이 혼합가스의 mole비(C_3H_8/C_2H_6)는 얼마인가?

풀이

프로판 연소반응식

C_3H_8 + $5O_2$ → $3CO_2$ + $4H_2O$
$1Nm^3$: $3Nm^3$
$x(Nm^3)$: $3x(Nm^3)$

에탄 연소반응식

C_2H_6 + $3.5O_2$ → $2CO_2$ + $3H_2O$
$1Nm^3$: $2Nm^3$
$(1-x)(Nm^3)$: $2(1-x)(Nm^3)$

CO_2 생성량 $= 2.6Nm^3 = 3x + 2(1-x)$

$2.6 = 3x + 2(1-x)$

$x(C_3H_8) = 0.6$이므로 $(1-x) = 0.4$

혼합가스 mole비 $= \dfrac{C_3H_8}{C_2H_6} = \dfrac{0.6}{0.4} = 1.5$

17 함진가스 중 분진농도가 2,500mg/Sm³이었다. 이 함진가스를 처리하기 위해 중력집진장치, 원심력집진장치, 세정식 집진장치를 직렬연결하였다. 각 집진장치의 효율이 50%, 70%, 80%일 경우 분진농도를 10mg/Sm³ 이하로 줄이기 위해 여과집진장치를 직렬로 더 연결할 경우, 여과집진장치 효율은 최소 몇 % 이상이어야 하는지 구하시오.

> **풀이**
>
> $P_t = (1-\eta_1)(1-\eta_2)(1-\eta_3)(1-\eta_4)$
>
> $P_t(통과율) = \dfrac{출구농도}{입구농도} = \dfrac{10}{2,500} = 0.004$
>
> $0.004 = (1-0.5) \times (1-0.75) \times (1-0.8) \times (1-\eta_4)$
>
> $\quad\quad\quad = 0.025 - 0.025\eta_4$
>
> $\eta_4(여과집진장치\ 효율) = \dfrac{0.025 - 0.004}{0.025} \times 100 = 84\%$

18 시간당 배출되는 NO_2 농도가 3,000ppm으로 10,000Sm³/hr의 유량이 배출된다. 5시간 동안 NO_2가 배출될 경우 NH_3에 의한 SCR로 처리 시 필요한 NH_3양(Sm³)을 구하시오.

> **풀이**
>
> $6NO_2 + 8NH_3 \rightarrow 7N_2 + 12H_2O$
>
> $6 \times 22.4\text{Sm}^3 : 8 \times 22.4\text{Sm}^3$
>
> $10,000\text{Sm}^3/\text{hr} \times 3,000 \times 10^{-6} \times 5\text{hr} : NH_3(\text{Sm}^3)$
>
> $NH_3(\text{Sm}^3) = \dfrac{10,000\text{Sm}^3/\text{hr} \times 3,000 \times 10^{-6} \times 5\text{hr} \times 8 \times 22.4\text{Sm}^3}{6 \times 22.4\text{Sm}^3}$
>
> $\quad\quad\quad\quad\quad = 200\text{Sm}^3$

19 15개의 Bag을 사용한 여과집진장치에서 입구 먼지농도는 12g/Sm³이고, 집진율은 95%이었다. 가동 중 2개의 Bag에 구멍이 생겨 처리가스양의 30%가 그대로 통과했다면 출구농도(g/Sm³)는 얼마인지 구하시오.

> **풀이**
>
> $C_0 = [C_i(1-\eta) \times 처리된\ 가스양의\ 분율] + [C_i \times 처리되지\ 않은\ 가스양의\ 분율]$
>
> $\quad = [12 \times (1-0.95) \times 0.7] + [12 \times 0.3] = 4.02\text{g/Sm}^3$

20 국소배기장치에서 유량 100,000m³/hr인 집진장치에 사용되는 송풍기의 총압력손실이 400mmH$_2$O, 송풍기 효율이 65%일 때 1일 10시간 가동 시 월 전력요금(원)을 구하시오.(단, 1kWh당 전력비용은 80원이고, 1개월은 30일로 계산)

풀이

$$송풍기동력(kW) = \frac{Q \times \Delta P}{6,120 \times \eta} = \frac{100,000 \text{m}^3/\text{hr} \times \text{hr}/60\text{min} \times 400}{6,120 \times 0.65}$$
$$= 167.59 \text{kW}$$

전력요금 = 167.59kW × 10hr/day × 30day/month × 80원/kWh
         = 4,022,121.67원/month

2023년 2회 기사

01 CH₄(g)와 C₁₂H₂₆(L)의 생성열이 다음 조건과 같을 경우, 이 두 물질이 연소 시 발생하는 단위열량당 CO₂ 발생량이 적은 것은 어느 것인지 반응식을 쓰고 이유를 밝히시오.

[조건] 단위 : 293K 기준, ΔH_f(kcal/mol)
CH₄(g) : 17.89, C₁₂H₂₆(L) : 83, CO₂(g) : -94.05, H₂O(g) : -57.80, O₂(g) : 0

풀이

(1) $CH_4(g) + 2O_2 \rightarrow CO_2 + 2H_2O(g)$
$\Delta H_f = -94.05 + 2 \times (-57.80) + 17.89 = -191.76 \text{kcal}$
1mole의 CO₂(g) 발생당 191.76kcal 열량이 발생

(2) $C_{12}H_{26}(L) + 18.5O_2 \rightarrow 12CO_2 + 13H_2O$
$\Delta H_f = 12 \times (-94.05) + 13 \times (-57.80) + 83 = -1,797 \text{kcal}$
1mole의 CO₂(g) 발생당 $\dfrac{1,797}{2} = 149.75$kcal 열량이 발생

∴ CH₄가 단위열량당 CO₂ 발생량이 적다.

02 관 내에 흐르는 유체에 발생하는 정압, 속도압(동압)을 정의하고 피토우관을 이용한 유속의 측정원리를 설명하시오.

풀이

(1) 정압 : 관 내에 있는 유체는 움직이던지 정지해 있던지 간에 관의 벽에 수직(사방)으로 작용하는 압력으로 대기압보다 낮을 때는 음(−)의 값을 갖고, 대기압보다 높을 때는 양(+)의 값을 갖음
(2) 동압 : 관 내에서 어떤 속도로 운동하는 유체가 속도에 의해 결정되는 압력으로 항상 양(+)의 값을 갖음
(3) 피토우관을 이용한 유속의 측정원리
   ① 전압측정 : 마노미터 안쪽에 있는 관은 배출가스 흐름에 평행하게 향하도록 하여 전압측정
   ② 정압측정 : 마노미터 외곽에 있는 관은 배출가스 흐름에 수직하게 향하도록 하여 정압측정
   ③ 동압(속도압)계산 : 동압 = 전압 − 전압
   ④ 유속계산 : $V = C\sqrt{\dfrac{2gh}{\gamma}}$ (h : 동압)

03 선택적 환원제로 H_2S를 사용하여 SO_2와 NO를 동시에 제거하고자 한다. 배출가스량이 $2,000Sm^3/min$이고 SO_2 800ppm, NO 400ppm인 경우 필요한 H_2S가스량($Sm^3/month$)과 회수되는 황의 양(ton/month)을 계산하시오. (단, H_2S 반응률 및 처리효율은 모두 100%, 먼지포집효율 100%, 유해가스처리장치의 가동시간은 8hr/day, 25day/month 반응식은 다음과 같다.)

$$SO_2 + 2H_2S \rightarrow 3S + 2H_2O$$
$$NO + H_2S \rightarrow S + \frac{1}{2}N_2 + H_2O$$

풀이

처리해야 할 $SO_2 = 2,000Sm^3/min \times 60min/hr \times 8hr/day \times 25day/month$
$\qquad \times 800 \times 10^{-6}$
$\qquad = 19,200Sm^3/month$

처리해야 할 $NO = 2,000Sm^3/min \times 60min/hr \times 8hr/day \times 25day/month$
$\qquad \times 400 \times 10^{-6}$
$\qquad = 9,600Sm^3/month$

$SO_2 + 2H_2S \rightarrow 3S + 2H_2O$
$22.4Sm^3 : 2 \times 22.4Sm^3$
$19,200Sm^3/month : H_2S(Sm^3/month)$

$H_2S = \dfrac{19,200Sm^3/month \times (2 \times 22.4)Sm^3}{22.4Sm^3} = 38,400Sm^3/month$

$NO + H_2S \rightarrow S + \dfrac{1}{2}N_2 + H_2O$
$22.4Sm^3 : 22.4Sm^3$
$9,600Sm^3/month : H_2S(Sm^3/month)$

$H_2S = \dfrac{9,600Sm^3/month \times 22.4Sm^3}{22.4Sm^3} = 9,600Sm^3/month$

투입된 H_2S양 $= 38,400 + 9,600 = 4,800Sm^3/month$

회수되는 S양 $= \left(19,200Sm^3/month \times 3 \times \dfrac{32kg}{22.4Sm^3}\right)$
$\qquad + \left(9,600Sm^3/month \times \dfrac{32kg}{22.4Sm^3}\right)$
$\qquad = 96,000kg/month \times ton/1,000kg = 96ton/month$

04 헨리의 법칙을 이용하여 20℃, 분압 200mmHg에서 물에 대한 CO_2의 용해도 (mol/100g water)를 소수점 4자리까지 구하시오. (단, 20℃에서 CO_2 헨리상수 1.0×10^6 mmHg · mol water/mol CO_2)

> **풀이**
>
> $P = H \times C$에서 물에 대한 CO_2 용해도
>
> $$\frac{P_{CO_2}}{H} = \frac{200\text{mmHg}}{1.0 \times 10^6 \text{mmHg} \cdot \text{mol water/mol } CO_2}$$
>
> $= 2 \times 10^{-4}$ mol CO_2/mol water
>
> $$\frac{2 \times 10^{-4} \text{mol} CO_2}{18\text{g water}} \times 100\text{g water} = 1.111 \times 10^{-3} \text{mol } CO_2/100\text{g water}$$

05 여과집진기에서의 허용압력 손실이 100mmH₂O이고, 예비실험 결과 이미 결정된 장치 및 운전조건에서 이 압력손실에 해당하는 분진부하(L_d)는 0.8kg(분진)/m²(여포)임을 알게 되었다. 또한 이상적인 겉보기 유속이 2cm/sec라면 분진농도가 0.5g/m², 처리가스 유량이 1,200m³/min이고, 직경 25cm, 유효길이 3m인 여과포를 424개 설치하는 여과집진기의 효율이 90%인 경우 분진의 털어내기 시간 간격(hr)을 구하시오. (단, 압력손실이 여포와 그 위에 쌓인 분진층에 의해 발생한다고 가정)

> **풀이**
>
> 분진부하(L_d) = $C_i \times V_f \times \eta \times t$
>
> $= C_i \times \dfrac{Q}{n \times A(3.14 \times D \times L)} \times \eta \times t$
>
> 0.8×10^3 g(분진)/m²(여포)
>
> $= 0.5\text{g/m}^3 \times \dfrac{1,200\text{m}^3/\text{min} \times \text{min}/60\text{sec}}{424 \times 3.14 \times 0.25\text{m} \times 3\text{m}} \times 0.9 \times t$
>
> $t = 88,757.34\text{sec} \times \text{hr}/3,600\text{sec} = 24.66\text{hr}$

06 전기집진장치의 집진실을 독립된 하전설비를 가진 단위집진실로 구획화하는 주된 이유를 쓰시오.

> **풀이**
> 전기집진기로 유입되는 분진농도의 차이로 코로나 방전을 위한 전력요구량의 차이가 발생 즉, 집진효율을 높이고 효율적인 전력사용을 위한 조치로 독립된 하전설비를 가진 전기적 구획이 필요하다.

07 실내온도 15℃인 5m×3m×3m에서 C_8H_{18}가 60g/hr 속도로 소모하고 있다. 실내 C_8H_{18}이 불완전되어 모두 CO로 발생되었다면, CO의 농도가 100ppm 될 때까지의 시간(min)을 구하시오.

> **풀이**
> C_8H_{18} 소모율 = 60g/hr × 1hr/60min = 1g/min
>
> C_8H_{18}이 8CO로 전량전환
>
> C_8H_{18} : 8CO
>
> 114kg : 8×28kg
>
> 1g/min : CO(g/min)
>
> $CO = \dfrac{1g/min \times 224kg}{114kg} = 1.9649 g/min$
>
> 온도보정
>
> $1.9649 g/min \times \dfrac{22.4L}{28g} \times \dfrac{273+15}{273} \times 1,000 mL/L = 1,658.2892 mL/min$
>
> $\dfrac{1,658.2892 mL/min}{(5 \times 3 \times 3)m^3} \times t(min) = 100 mL/m^3 (ppm)$
>
> $t = 2.71 min$

08 집진장치의 입구와 출구에서 시료를 채취하여 입경에 따른 입자수를 분석한 결과를 다음 표에 나타내었다. 입자수 기준의 집진효율(%)과 질량기준의 집진효율(%)을 구하시오.

입경	집진장치 입구의 입자수	집진장치 출구의 입자수
$10\mu m$	100	10
$5\mu m$	100	50
$1\mu m$	100	80

풀이

(1) 입자수 기준 집진효율

입구 입자수 $= 100 + 100 + 100 = 300$

출구 입자수 $= 10 + 50 + 80 = 140$

집진효율$(\eta) = \left(1 - \dfrac{140}{300}\right) \times 100 = 53.33\%$

(2) 질량기준 집진효율

$m = \rho \times V = \rho \times \dfrac{4}{3}\pi r^3$ 에서 $m \propto r^3$ 이므로

입구 질량률 $= (5^3 \times 100) + (2.5^3 \times 100) + (0.5^3 \times 100) = 14,075$

출구 질량률 $= (5^3 \times 10) + (2.5^3 \times 50) + (0.5^3 \times 80) = 2,041.25$

집진효율$(\eta) = \left(1 - \dfrac{2,041.25}{14,075}\right) \times 100 = 85.50\%$

09 어떤 1차 반응에서 550sec 동안 반응물의 1/2이 분해되었다. 반응물이 1/5 남을 때까지의 시간(hr)을 구하시오.

풀이

1차 반응식

$\ln \dfrac{C_t}{C_0} = -kt$

$\ln 0.5 = -k \times 550\text{sec}$

$k = 1.26 \times 10^{-3} \text{sec}^{-1}$

$\ln \dfrac{1/5}{1} = -1.26 \times 10^{-3} \text{sec}^{-1} \times t$

$t = 1,277.33\text{sec} \times \text{hr}/3,600\text{sec} = 0.35\text{hr}$

10 A지점의 미세먼지(PM-10) 측정농도가 다음과 같을 때 산술평균 및 기하학적 평균을 구하고 PM-10의 환경정책 기본법상 대기환경 24시간 평균치와 연간 평균치를 제시하고, 다음 물음에 답하시오.

> 측정결과(μg/m^3) : 46, 53, 48, 62, 57
> 1) 기하학적 평균값이 24시간 평균치를 상회하는지 판단
> 2) 기하학적 평균값이 연간 평균치를 상회하는지 판단
> 3) 산술평균값이 24시간 평균치를 상회하는지 판단
> 4) 산술평균값이 연간 평균치를 상회하는지 판단

풀이

산술평균(M)

$$M = \frac{46+53+48+62+57}{5} = 53.2 \mu g/m^3$$

기하학적 평균(GM)

$$\log GM = \frac{\log 46 + \log 53 + \log 48 + \log 62 + \log 57}{5} = 1.723$$

$$GM = 10^{1.723} = 52.84 \mu g/m^3$$

1) 기하학적 평균값(52.84μg/m^3) < 24시간 평균치(100μg/m^3) : 상회하지 않음
2) 기하학적 평균값(52.84μg/m^3) > 연간 평균치(50μg/m^3) : 상회함
3) 산술평균값(53.2μg/m^3) < 24시간 평균치(100μg/m^3) : 상회하지 않음
4) 산술평균값(53.2μg/m^3) > 연간 평균치(50μg/m^3) : 상회함

11 빛의 소멸계수가 0.45km^{-1}인 대기에서 시정거리의 한계를 빛의 토기농도가 5%로 감소했을 때의 거리라고 정의할 때, 이때 시정거리 한계거리(m)를 구하시오.(단, 광도는 램버트-비어법칙을 따르며 자연대수를 적용)

풀이

램버트 – 비어법칙

$I = I_o \cdot \exp(-b_{ext} \cdot x)$

$0.05 = \exp(-0.45 \text{km}^{-1} \times x)$

양변에 ln을 취하면

$\ln 0.05 = -0.45 \text{km}^{-1} \times x$

$x = 6.66 \text{km} \times 1,000 \text{m/km} = 6,660 \text{m}$

12 원심력 집진장치의 조건이 다음과 같은 경우 물음에 답하시오.

(1) 절단입경(50% 제거되는 입경)(μm)

배출가스 점도 1.85×10^{-2}CP, 입자밀도 1.8g/cm^3

가스밀도 1.29kg/m^3, 함진가스 입구 속도 10m/sec

유효회전수 8, 유입구 폭 25cm

(2) 다음 표에 따른 입경분포의 총 집진효율(%)

입경범위(μm)	0~5	5~10	10~15	15~20
입자 중량분율(%)	10	30	40	20
부분 집진율(%)	93	95	97	99

[풀이]

(1) 절단입경(dp_{50})

$$dp_{50} = \left(\frac{9\mu g\, W}{2\pi N(\rho_p - \rho)V}\right)^{0.5}$$

$\rho_p = 1.8\text{g/cm}^3 \times \text{kg}/1{,}000\text{g} \times 10^6 \text{cm}^3/\text{m}^3 = 1{,}800 \text{kg/m}^3$

$\mu g = 1.85 \times 10^{-2} \text{CP} \times 1\text{poise}/100\text{CP} \times \dfrac{0.1 \text{kg/m} \cdot \text{sec}}{1\text{poise}}$

$\quad = 1.85 \times 10^{-5} \text{kg/m} \cdot \text{sec}$

$W = 25\text{cm} \times \text{m}/100\text{cm} = 0.25\text{m}$

$= \left(\dfrac{9 \times 1.85 \times 10^{-5} \text{kg/m} \cdot \text{sec} \times 0.25\text{m}}{2 \times 3.14 \times 8 \times (1{,}800 - 1.29)\text{kg/m}^3 \times 10\text{m/sec}}\right)^{0.5}$

$= 6.786 \times 10^{-5} \text{m} \times 10^6 \mu\text{m/m} = 6.79\mu\text{m}$

(2) 총집진효율(η_T)

$\eta_T = f_i\eta_1 + \cdots f_n\eta_n$

$= (0.1 \times 0.93) + (0.3 \times 0.95) + (0.4 \times 0.97) + (0.2 \times 0.99)$

$= 0.964 \times 100 = 96.4\%$

13 커닝험 보정계수의 정의를 쓰고 커닝험 계수가 항상 1보다 크게 되기 위한 내용을 증가, 감소, 변화없음 중 한 가지를 선택하여 쓰시오.

(가) 분진의 입경이 작을수록
(나) 가스압력이 낮을수록
(다) 가스온도가 높을수록

> **풀이**
> (1) 커닝험 보정계수
> 입자의 직경이 $1\mu m$ 보다 작은 미세입자의 경우 기체분자가 입자에 충돌 시 입자표면에서 Slip(미끄럼)현상이 일어나면 입자에 작용하는 항력이 작아져 종말 침강 속도 계산 시 Stokes 침강 속도식으로 구한 값보다 커져 이를 보정하는 계수를 커닝험 보정계수라 한다.
> (2) (가) : 증가, (나) : 증가, (다) : 증가

14 다음 보기에서 입자의 재비산 비율이 가장 큰 것을 선택하여 쓰고, 선택된 물질의 겉보기 비중이 0.03, 진비중이 2.0일 경우 공극률(%)을 구하시오.

> [보기]
> 카본블랙먼지, 시멘트 킬른 발생 먼지, 미분탄 보일러 먼지, 골재드라이어 먼지

> **풀이**
> (1) 재비산 비율 가장 큰 것 : 카본블랙먼지
> (2) 공구률(%) $= \left(1 - \dfrac{\text{겉보기 비중}}{\text{진 비중}}\right) \times 100 = \left(1 - \dfrac{0.03}{2.0}\right) \times 100 = 98.5\%$

15 NO_x(질소산화물) 생성이 화염온도에 민감한 이유를 쓰시오.

> **풀이**
> 연소용 공기 중 산소가 고온에서 유리되어 공기 중의 N_2를 산화시켜 질소산화물이 생성된다. 즉 1,800K 이상의 고온에서 생성되는 반응을 Zeldovich Mechanism이라고 한다.

16 초기농도가 56mg/L인 배기가스에 활성탄 20mg/L를 반응시키니 농도가 16mg/L가 되었고 활성탄을 52mg/L 반응시키니 농도가 4mg/L로 되었다. 농도를 10mg/L로 만들기 위하여 반응시켜야 하는 활성탄의 양(mg/L)은?(단, Freundlich 등온공식 $\dfrac{X}{M} = KC^{\frac{1}{n}}$ 을 이용)

> **풀이**
>
> $$\frac{X}{M} = KC^{\frac{1}{n}}$$
>
> $$\frac{56-16}{20} = K \times 16^{\frac{1}{n}} : \text{식 ①}$$
>
> $$\frac{56-4}{52} = K \times 4^{\frac{1}{n}} : \text{식 ②}$$
>
> 식 ①을 식 ②로 나눔
>
> $2 = 4^{\frac{1}{n}}$, 양변에 log를 취하면
>
> $\log 2 = \frac{1}{n}\log 4$, $n = 2.0 \to$ 식 ①에 대입
>
> $2 = K \times 16^{\frac{1}{2.0}}$, $K = 0.5$
>
> $$\frac{56-10}{M} = 0.5 \times 10^{\frac{1}{2.0}}$$
>
> $M = 29.09 \text{mg/L}$

17 석탄을 원소분석한 결과 무게로 C : 72.3%, H : 5.8%, N : 1.3%, S : 0.5%, O : 14.9%, 재 : 5.2%이었다. 이 석탄을 연소할 경우 연소가스 중 3%의 O_2를 함유한다. 이때 건조연소가스 중 SO_2의 농도(ppm)를 구하시오(단, 석탄성분 중 질소는 연소되지 않는다.)

> **풀이**
>
> $$SO_2(\text{ppm}) = \frac{SO_2}{G_d} \times 10^6 = \frac{0.7S}{G_d} \times 10^6$$
>
> $G_d = mA_o - 5.6H$
>
> $A_o = \frac{1}{0.21}[(1.867 \times 0.723) + 5.6\left(0.0058 - \frac{0.149}{8}\right)$
>
> $\qquad + (0.7 \times 0.005)] = 7.49 \text{Sm}^3/\text{kg}$
>
> $m = \frac{21}{21O_2} = \frac{21}{21-3} = 1.17$
>
> $= (1.17 \times 7.49) - (5.6 \times 0.058) = 8.44 \text{Sm}^3/\text{kg}$
>
> $SO_2(\text{ppm}) = \frac{0.7 \times 0.005}{8.44} \times 10^6 = 414.69 \text{ppm}$

18 처리가스량 120,000m³/hr을 99.5%의 집진효율로 입자상물질을 처리하는 전기집진장치를 설계하려고 한다. 유효표류속도(We)가 10m/min이고 집진판의 높이가 5m, 길이가 2m일 경우 집진판의 개수를 얼마나 추가하여야 하는지 계산하시오(단, 초기 집진판 개수 19개, 모든 내부집진판은 양면을 사용, 두 개의 외부 집진판은 각 하나의 집진면으로만 집진 가능)

> **풀이**
>
> $$\eta = 1 - \exp\left(-\frac{A\,We}{Q}\right)$$
>
> $A = (5 \times 2)\text{m}^2 \times 2 = 20\text{m}^2$
>
> $Q = 120,000\text{m}^3/\text{hr} \times \text{hr}/60\text{min} = 2,000\text{m}^3/\text{min}$
>
> $W = 10\text{m/min}$
>
> $0.995 = 1 - \exp\left(-\dfrac{20 \times 10 \times \eta}{2,000}\right)$
>
> $\left(-\dfrac{20 \times 10 \times \eta}{2,000}\right) = \ln(1 - 0.995)$
>
> $\eta = 52.98 ≒ 53 + 1$ (두 개의 외부집진판 고려) $= 54$ 개
>
> 추가 집진판 개수 $= 54 - 19 = 35$ 개

19 후드를 이용한 배출가스의 흡인요령 4가지를 쓰시오.

> **풀이**
> ① 후드를 오염물질 발생원에 근접시킨다.
> ② 국부적인 흡인방식을 선택한다.
> ③ 후드 개구면을 적게 한다.
> ④ 충분한 제어풍속을 유지한다.

20 다음은 여과집진장치(Bag Filter)에 관한 내용이다. ( ) 안에 알맞은 내용을 쓰시오.

> 여과집진장치에서는 0.001~1μm 입자는 (ㄱ)과 (ㄴ)의 집진원리에 의해서 제거되고, Filter에 집진된 분진의 탈진방식으로는 (ㄷ), (ㄹ) 및 (ㅁ)방식이 있다. Filter Bag(여과포)에 발생하는 압력손실의 원인은 (ㅂ)에 의한 압력손실과 (ㅅ)에 의한 압력손실을 의미한다.

> **풀이**
> ㉠ : 확산력   ㉡ : 정전기력   ㉢ : 진동식   ㉣ : 역기류식
> ㉤ : 펄스제트식   ㉥ : 여과포 자체   ㉦ : 포집분진층

2023년 2회 산업기사

01 대기오염 배출원에서 배출되는 가스중 SO₂의 함유량이 760mmHg, 50℃ 상태에서 7ppm이었다. 이 아황산가스 농도를 $\mu g/m^3$로 나타내시오.

풀이

$$\text{농도}(\mu g/m^3) = 7\text{ppm}(mL/m^3) \times \frac{64\text{mg}}{\left(22.4 \times \frac{273+50}{273}\right)\text{mL}} \times 10^3 \mu g/\text{mg}$$

$$= 16,904 \mu g/m^3$$

02 직경 300mm 원형관속을 상온·상압의 공기가 흐르고 있으며 이때 표준 피토우관에 의해 측정된 속도압이 6mmH₂O이었다. 원형관을 흐르는 공기의 유속이 일정할 경우, 매시간당 유량(m³/hr)을 구하시오(단, 공기 비중량 1.3kg/Sm³, 피토우관 계수 1.0)

풀이

$$Q(m^3/hr) = A \times V$$

$$V = C\sqrt{\frac{2gh}{r}}$$

$$= 1.0 \times \sqrt{\frac{2 \times 9.8 m/\sec^2 \times 6kg/m^2}{1.3kg/Sm^3}} = 9.5 m/\sec$$

$$= \left(\frac{3.14 \times 0.3^2}{4}\right) m^2 \times 9.51 m/\sec \times 3,600 \sec/hr$$

$$= 2,418.77 m^3/hr$$

03 다음 보기에 있는 물질 중 헨리법칙에 적용가능한 물질을 고르시오. (단, 흡수용액은 수용액)

Cl₂, HCl, N₂, O₂, CO, HF, NO

풀이

N₂, O₂, CO, NO

04 배연 탈황법 중 건식 석회석 주입법의 특징 4가지를 쓰시오.

> **풀이**
>
> **석회석 주입법의 특징(4가지만 기술)**
> ① 석회석 구입비용이 상대적으로 저렴하다.
> ② 재생부대시설이 필요 없다.
> ③ 배출가스의 온도가 떨어지지 않는다.
> ④ 미반응된 석회석 분말이 전기저항의 효율을 감소시킨다.
> ⑤ 짧은 접촉시간으로 제거율이 낮다.
> ⑥ 석회석과 배출가스 중 회분이 응결하여 설비의 압력손실이 증가된다.

05 입자상 물질을 공기여재비가 $1.5m^3/m^2 \cdot sec$인 Bag Filter로 처리할 경우 여과백의 높이는 최소 몇 m 이상이 되어야 하는지 구하시오. (단, 처리가스량 $2.5m^3/sec$, 여과백 1개 사용, 여과백 직경 50cm)

> **풀이**
>
> 여과면적$(m^2) = \dfrac{2.5m^3/sec}{1.5m/sec} = 1.67m^2$
>
> 여과면적$(A) = \pi \times \eta \times H$
>
> $H = \dfrac{A}{\pi \times D} = \dfrac{1.67m^2}{3.14 \times 0.5m} = 1.06m$

06 도시지역이 시골지역보다 태양의 복사열량이 10% 감소한다고 한다. 도시지역의 지상온도가 255K일 때 시골지역의 지상온도(K)는 얼마나 되겠는가?(단, 스테판-볼츠만 법칙 이용)

> **풀이**
>
> $E = \sigma \times T^4$
>
> 1) 도시지역의 복사에너지
> $E = (5.67 \times 10^{-8}) \times 255^4 = 239.74 W/m^2$
> 2) 시골지역의 복사에너지
> $E = 239.74 \times 1.1 = 263.714 W/m^2$
> 3) 시골지역의 지상온도
> $263.714 = (5.67 \times 10^{-8}) \times T^4$
> $T^4 = 4,651,040,564 K$
> $T = 261.15 K$

07 배출가스상 물질시료를 채취할 때 채취관을 보온 또는 가열할 필요가 있는 3가지 경우를 쓰시오.

> **풀이**
> **채취관을 보온 또는 가열할 필요가 있는 경우**
> ① 배출가스 중의 수분 또는 이슬점이 높은 가스성분이 응축해서 채취관이 부식될 염려가 있는 경우
> ② 여과재가 막힐 염려가 있는 경우
> ③ 분석대상가스가 응축수에 용해해서 오차가 생길 염려가 있는 경우

08 전기집진장치에서 입구 먼지농도가 $10g/m^3$이고, 출구 먼지농도가 $0.5g/m^3$이다. 출구 먼지농도를 $100mg/m^3$로 하기 위해서 필요한 집진극의 증가면적은?(단, 기타 조건은 고려하지 않는다.)

> **풀이**
> $\eta = 1 - e^{-\frac{AV}{Q}}$ 양변에 ln을 취한 식을 만들면
> $-\frac{AV}{Q} = \ln(1-\eta)$
> 초기효율 $= \left(1 - \frac{0.5}{10}\right) \times 100 = 95\%$
> 나중효율 $= \left(1 - \frac{0.1}{10}\right) \times 100 = 99\%$
> 집진극 증가면적비 $= \dfrac{-\frac{Q}{V}\ln(1-0.99)}{-\frac{Q}{V}\ln(1-0.95)} = 1.54$배

09 비분산적외선 분석법에 관련된 용어인 회적섹터 및 광학필터를 설명하고 ( )안에 알맞은 용어를 쓰시오.

> 응답시간 : 제로 조정용 가스를 도입하여 안정된 후 유로를 스팬가스로 바꾸어 기준 유량으로 분석계에 도입하여 그 농도를 눈금 범위 내의 어느 일정한 값으로부터 다른 일정한 값으로 갑자기 변화시켰을 때 스텝(step) 응답에 대한 소비시간이 (①) 이내이어야 한다. 또한 이때 최종 지시치에 대한 90%의 응답을 나타내는 시간은 (②) 이내이어야 한다.

풀이

(1) 회전섹터

시료광속과 비교광속을 일정주기로 단속하여 광학적으로 변조시키는 것으로 측정 광신호의 증폭에 유효하고 잡신호 영향을 줄일 수 있다.

(2) 광학필터

시료가스 중에 포함되어 있는 간섭물질가스의 흡수파장영역의 적외선을 흡수·제거하기 위하여 사용한다. 광학필터에는 가스필터와 고체필터가 있으며 이것을 단독 또는 적절히 조합하여 사용한다.

(3) 응답시간

① : 1초   ② : 40초

10 배출가스 중의 불소화합물은 물에 대한 용해도가 비교적 커서 침전조에서 CaF_2로 분리·회수한다. 이때 사용되는 응집제의 종류를 쓰시오.

풀이

응집제 : $Ca(OH)_2$

[참고]

$HF + Ca(OH)_2 \rightarrow CaF_2 + 2H_2O$

11 아래 표를 이용하여 20~30μm의 입경범위에 대한 빈도분포 $f(\%/\mu m)$와 체상누적 분포율 $R(\%)$을 구하시오.

입경분포 (μm)	0~2.5	2.5~5.5	5.5~7.5	7.5~10.5	10.5~20	20~30	30~60
입자수	230	210	430	600	200	180	150

> **풀이**
>
> (1) 20~30μm의 입경범위에 대한 빈도분포 $f(\%/\mu m)$
>
> $$f(\%/\mu m) = \frac{\text{입자개수 비율}(\%)}{\text{입경범위차이}(\mu m)}$$
>
> $$\text{입자개수비율}(\%) = \frac{\text{부분 입자수}}{\text{전체 입자수}} \times 100$$
>
> $$= \frac{180}{2,000} \times 100 = 9\%$$
>
> 입경범위차이(μm) = 30 − 20 = 10μm
>
> $$= \frac{9\%}{10\mu m} = 0.9\%/\mu m$$
>
> (2) 20~30μm의 체상누적 분포율($R(\%)$)
>
> - 0~2.5μm 입자개수비율 = $\frac{230}{2,000} \times 100 = 11.5\%$
>
>   → 체상분포율 $R(\%) = 100$
>
> - 2.5~5.5μm 입자개수비율 = $\frac{210}{2,000} \times 100 = 10.5\%$
>
>   → 체상분포율 $R(\%) = 100 - 11.5 = 88.5\%$
>
> - 5.5~7.5μm 입자개수비율 = $\frac{430}{2,000} \times 100 = 21.5\%$
>
>   → 체상분포율 $R(\%) = 88.5 - 10.5 = 78\%$
>
> - 7.5~10.5μm 입자개수비율 = $\frac{600}{2,000} \times 100 = 30\%$
>
>   → 체상분포율 $R(\%) = 78 - 21.5 = 56.5\%$
>
> - 10.5~20μm 입자개수비율 = $\frac{200}{2,000} \times 100 = 10\%$
>
>   → 체상분포율 $R(\%) = 56.5 - 30 = 26.5\%$
>
> - 20~30μm 입자개수비율 = $\frac{180}{2,000} \times 100 = 9\%$
>
>   → 체상분포율 $R(\%) = 26.5 - 10 = 16.5\%$
>
> 따라서 20~30μm의 체상누적분포율 $R(\%)$은 16.5%

12 원심력식 집진장치와 전기집진장치를 직렬로 연결하여 99% 이상의 집진율을 얻으려고 한다. 이때 1차 집진기인 원심력식 집진장치의 집진율이 55%일 경우 2차 집진기인 전기집진장치에서는 최소한 몇 % 이상 집진되어야 하는가?

> **풀이**
> $\eta_T = \eta_1 + \eta_2(1-\eta_1)$
> $0.99 = 0.55 + \eta_2(1-0.55)$
> $\eta_2(\text{전기집진장치}) = \dfrac{0.99-0.55}{0.45} \times 100 = 97.78\%$

13 먼지입경이 감소할 경우 다음 내용에 대하여 증가, 감소, 변화없음 중 한 가지를 선택하여 쓰시오.

(1) 침강속도

(2) 비표면적

(3) 원심력

(4) 부착력

> **풀이**
> (1) 침강속도 : 침강속도는 먼지입경 제곱에 비례하므로 감소
> (2) 비표면적 : 비표면적은 먼지입경에 반비례하므로 증가
> (3) 원심력 : 원심력은 먼지입경 세제곱에 비례하므로 감소
> (4) 부착력 : 부착력은 먼지입경에 반비례하므로 증가

14 Sutton의 확산방정식에서 최대 착지농도를 감소시키기 위한 방법 3가지를 쓰시오.

> **풀이**
> **최대착지농도를 감소시키기 위한 방법**
> ① 배출가스 온도를 가능한 높게 한다.
> ② 배출가스 속도를 증가시킨다.
> ③ 굴뚝을 높게 설치한다.

15 직경 100μm의 분진이 높이 10m에 있다. 풍속 5m/sec인 바람이 수평으로 불 경우 전방 낙하지점거리(m)와 낙하속도(m/sec)를 구하시오. (단, 같은 분진으로 직경이 10μm의 낙하속도는 0.6cm/sec)

> **풀이**
>
> (1) 낙하속도(V_g)
>
> V_g는 d^2에 비례하므로
>
> $0.6 \text{cm/sec} : (10\mu m)^2$
>
> $V_g(\text{cm/sec}) : (100\mu m)^2$
>
> $V_g = \dfrac{0.6 \text{cm/sec} \times (100\mu m)^2}{(10\mu m)^2} = 60 \text{cm/sec} \times \text{m}/100\text{cm} = 0.6 \text{m/sec}$
>
> (2) 낙하지점 길이(L)
>
> $L(\text{m}) = \dfrac{V \times H}{V_g} = \dfrac{5 \text{m/sec} \times 10\text{m}}{0.6 \text{m/sec}} = 83.33 \text{m}$

16 배출시설에서 배출가스양은 15,000Sm³/hr이고 이 가스 중에 포함된 HF의 농도는 100ppm이다. 2시간 동안 NaOH용액으로 HF를 완전히 중화시키는데 필요한 NaOH양(kg)을 구하시오. (단, HF와 NaOH 반응률은 100%이다.)

> **풀이**
>
> $\quad$ HF $\quad$ + $\quad$ NaOH $\quad \rightarrow \quad$ NaF + H$_2$O
>
> 22.4Sm³ $\quad$: $\quad$ 40kg
>
> $15{,}000\text{Sm}^3/\text{hr} \times 100\text{mL/m}^3 \times \text{m}^3/10^6\text{mL} \times 2\text{hr}$: NaOH(kg)
>
> $\text{NaOH(kg)} = \dfrac{15{,}000\text{Sm}^3/\text{hr} \times 100\text{mL/m}^3 \times \text{m}^3/10^6\text{mL} \times 2\text{hr} \times 40\text{kg}}{22.4\text{Sm}^3}$
>
> $\qquad\qquad\quad = 5.36\text{kg}$

17 유입구 폭이 15cm, 유효회전수가 6인 사이클론에 아래 상태와 같은 함진가스를 처리하고자 할 때, 이 함진가스에 포함된 입자의 절단입경(μm)은?

> • 함진가스의 유입속도 : 20m/s
> • 함진가스의 점도 : 2×10⁻⁵kg/m·s
> • 함진가스의 밀도 : 1.2kg/m³
> • 먼지입자의 밀도 : 2.0g/m³

풀이

$$d_{p50} = \left(\frac{9\,\mu_g W}{2\pi N(\rho_p - \rho)V}\right)^{0.5}$$

$\rho_p = 2.0\text{g/cm}^3 \times \text{kg}/1{,}000\text{g} \times 10^6\text{cm}^3/\text{m}^3 = 2{,}000\text{kg/m}^3$

$W = 15\text{cm} \times \text{m}/100\text{cm} = 0.15\text{m}$

$$= \left[\frac{9 \times (2 \times 10^{-5}) \times 0.15}{2 \times 3.14 \times 6 \times (2{,}000 - 1.2) \times 20}\right]^{0.5}$$

$= 4.23 \times 10^{-6}\text{m} \times 10^6\,\mu\text{m/m} = 4.23\,\mu\text{m}$

18 링겔만 매연차트를 이용하여 어떤 굴뚝의 연기농도를 240회 측정한 결과 5도가 6회, 4도가 8회, 3도가 30회, 2도가 31회, 1도가 53회, 0도가 110회였다. 굴뚝에서 배출되는 연기농도(%)를 구하시오.

풀이

연기농도(%)
$$= \frac{\sum 도수 \times 횟수}{\sum 횟수} \times 20$$

$$= \frac{(5 \times 6) + (4 \times 8) + (3 \times 30) + (2 \times 31) + (1 \times 53) + (0 \times 110)}{240} \times 20$$

$= 21.11\%$

19 공기를 사용하여 C_4H_{10}을 완전연소시킬 경우 이론건연소가스 중 CO_{2max}를 구하시오.

풀이

연소반응식

$C_4H_{10} + 6.5O_2 \rightarrow 4CO_2 + 5H_2O$

$$CO_{2\max}(\%) = \frac{CO_2}{G_{od}} \times 100$$

$G_{od} = (1 - 0.21)A_o + 연소생성물$

$$A_o = \frac{O_o}{0.21} = \frac{6.5}{0.21} = 30.95\,\text{Sm}^3/\text{Sm}^3$$

$= [(1 - 0.21) \times 30.95] + 4 = 28.45\,\text{Sm}^3/\text{Sm}^3$

$$= \frac{4\,\text{Sm}^3/\text{Sm}^3}{28.45\,\text{Sm}^3/\text{Sm}^3} \times 100 = 14.06\%$$

20 대기 중 NO_2의 특성에 관한 내용이다. (　) 안에 알맞은 내용을 쓰시오.

NO_2는 독성이 NO보다 (ㄱ) 정도 강하며, CO와 마찬가지로 혈액 중 (ㄴ)와 결합하여 산소운반능력을 방해한다. 또한 대도시 (ㄷ) 발생의 원인물질이다.

풀이

$$d_{p50} = \left(\frac{9\mu_g W}{2\pi N(\rho_p - \rho)V}\right)^{0.5}$$

$\rho_p = 2.0 \text{g/cm}^3 \times \text{kg}/1,000\text{g} \times 10^6 \text{cm}^3/\text{m}^3 = 2,000 \text{kg/m}^3$

$W = 15\text{cm} \times \text{m}/100\text{cm} = 0.15\text{m}$

$= \left[\dfrac{9 \times (2 \times 10^{-5}) \times 0.15}{2 \times 3.14 \times 6 \times (2,000 - 1.2) \times 20}\right]^{0.5}$

$= 4.23 \times 10^{-6} \text{m} \times 10^6 \mu\text{m/m} = 4.23 \mu\text{m}$

SECTION 71 · 2023년 4회 기사

01 거주지면적은 100km², 인구밀도 4,000명/km²인 도시에 인구비례에 의한 방법으로 측정오염 시료채취 측정점수를 계산하시오. (단, 전국평균 인구밀도 800명/km²)

> **풀이**
>
> $$측정점수 = \frac{그\ 지역\ 거주지\ 면적}{25\text{km}^2} \times \frac{그\ 지역\ 인구밀도}{전국\ 평균\ 인구밀도}$$
>
> $$= \frac{100\text{km}^2}{25\text{km}^2} \times \frac{4{,}000명/\text{km}^2}{800명/\text{km}^2}$$
>
> $$= 20$$

02 탄소 85%, 수소 15%로 구성되어 있는 경유 1kg을 공기비 1.1로 연소할 경우, 탄소의 1%가 그을음으로 변화된다고 한다. 건연소가스 1Sm³ 중 그을음의 농도(g/Sm³)를 구하시오.

> **풀이**
>
> $$그을음의\ 농도 = \frac{연료\ 1\text{kg}당\ 그을음의\ 양(\text{g/kg})}{건연소가스량(\text{Sm}^3/\text{kg})}$$
>
> $$G_d = mA_0 - 5.6\text{H}$$
>
> $$A_0 = (8.89 \times 0.85) + (26.67 \times 0.15) = 11.56\text{Sm}^3/\text{kg}$$
>
> $$= (1.1 \times 11.56) - (5.6 \times 0.15) = 11.87\text{Sm}^3/\text{kg}$$
>
> 연료 1kg당 그을음양 $= 1{,}000\text{g} \times 0.85 \times 0.01$
>
> $$= 8.5$$
>
> $$= \frac{8.5\text{g/kg}}{11.87\text{Sm}^3/\text{kg}} = 0.72\text{g/Sm}^3$$

03 배출가스상 물질시료를 채취할 때 채취관을 보온 또는 가열할 필요가 있는 3가지 경우를 쓰시오.

> **풀이**
>
> **채취관을 보온 또는 가열할 필요가 있는 경우**
> ① 배출가스 중의 수분 또는 이슬점이 높은 가스성분이 응축해서 채취관이 부식될 염려가 있는 경우
> ② 여과재가 막힐 염려가 있는 경우
> ③ 분석대상가스가 응축수에 용해해서 오차가 생길 염려가 있는 경우

04 탄소 85% 이외에 수소와 황으로 구성된 중유를 공기비 1.3에서 연소하여 습연소가스를 분석한 결과 SO_2가 0.25%이었을 경우, 이 중유 안에 포함되어 있는 황성분은 몇 %인가?(단, 연료인 중유 중의 황성분은 모두 연소하여 SO_2로 되었다.)

> **풀이**
>
> $$SO_2(\%) = \frac{SO_2}{G_w} \times 100$$
>
> $$G_w = (m - 0.21)A_0 + 1.867C + 11.2H + 0.7S$$
>
> $$A_0 = \frac{1}{0.21}[(1.867 \times 0.85) + 5.6(1 - 0.85 - S) + (0.7 \times S)]$$
>
> $$= 11.56 - 23.3S \ Sm^3/Sm^3$$
>
> $$= [(1.3 - 0.21) \times (11.56 - 23.3S)] + (1.867 \times 0.85)$$
>
> $$+ 11.2(1 - 0.85 - S) + 0.7S = 15.86 - 35.99S$$
>
> $$0.25 = \frac{0.7 \times S}{15.86 - 35.99S} \times 100$$
>
> $$S = 0.05 \times 100 = 5\%$$

05 시멘트 사업장에서 먼지제거를 위해 전기집진장치를 사용하고 있다. 이 집진장치의 폭 4.2m, 높이 4.8m인 평형판을 23cm 간격으로 설치하여 먼지농도 11.4g/m³인 배출가스량 60m³/min을 처리할 경우 집진효율(%) 및 제거되는 먼지량(kg/day)을 구하시오.(단, 전기집진장치 내 입자의 겉보기 이동속도는 0.05m/sec이다)

> **풀이**
>
> (1) 집진효율(η)
>
> $$\eta(\%) = 1 - \exp\left(-\frac{AW}{Q}\right)$$
>
> $$A = (4.2m \times 4.8m) \times 2 = 40.32m^2$$
>
> $$W = 0.05m/sec$$
>
> $$Q = 60m^3/min \times min/60sec = 1.0m^3/sec$$
>
> $$= 1 - \exp\left(-\frac{40.32 \times 0.05}{1.0}\right)$$
>
> $$= 0.8668 \times 100 = 86.68\%$$
>
> (2) 제거되는 먼지량(D)
>
> $$D(kg/day) = 60m^3/min \times 11.4g/m^3 \times kg/1,000g \times 60min/hr$$
>
> $$\times 24hr/day \times 0.8668$$
>
> $$= 853.76kg/day$$

06 Sutton의 확산방정식에서 현재 굴뚝의 유효고도가 50m일 때, 최대지표농도를 1/4로 낮추려면 굴뚝의 유효고도를 얼마만큼 더 증가시켜야 하는가?(단, 기타 조건은 같다고 가정한다.)

> **풀이**
>
> 최대착지농도($C_{\max}$)
>
> $C_{\max} = \dfrac{2Q}{\pi e u H_e^2} \times \dfrac{\sigma_z}{\sigma_y}$ 에서 기타 조건이 같으므로
>
> $C_{\max} = \dfrac{1}{H_e^2}$
>
> $H_e = \dfrac{1}{\sqrt{C_{\max}}} = \dfrac{1}{\sqrt{1/4}} = 2$
>
> H_e 2배 증가 시 $C_{\max}$는 1/4로 감소하므로
> 나중 유효연돌높이 = 50m × 2 = 100m
> 증가시켜야 하는 높이 = 100 − 50 = 50m
>
> ※ 상승유효연돌높이 = $\sqrt{4}$ × 유효연돌높이 = $\sqrt{4}$ × 50 = 100m

07 입자의 크기를 결정하는 방법으로 입자에 빛을 투영하여 생기는 그림자를 통해 그 크기를 결정하는 방법과 입자를 낙하시켜 떨어지는 침강속도를 구하여 측정하는 방법이 있다. 이 중 후자에 의한 입자의 크기를 결정하는 방법으로 공기역학적 직경과 스토크 직경이 있다. 이 두 가지 입자의 직경의 정의를 쓰고 간접측정방법 중 이 두 입자의 직경을 측정하는 명칭을 쓰시오.

> **풀이**
>
> **(1) 공기역학적 직경**
>
> 대상먼지와 침강속도는 동일하고, 단위밀도(1g/cm³)를 갖는 구형입자상 물질의 직경을 말한다.(측정방법 : 관성충돌법)
>
> **(2) 스토크 직경**
>
> 측정하고자 하는 입자상 물질과 동일한 밀도와 침강속도를 갖는 입자상 물질의 직경을 말한다.(측정방법 : 액상침강법)

08 다음 각 연소의 종류에 대해 간단하게 설명하시오. (단, 연소별 해당되는 물질을 반드시 1가지 이상 언급하시오.)

1. 증발연소
2. 분해연소
3. 표면연소
4. 확산연소
5. 내부(자기)연소

풀이

1. 증발연소
 1) 정의
  화염으로부터 열을 받으면 가연성 증기가 발생하는 연소, 즉 액체연료가 액면에서 증발하여 가연성 증기로 되어 산소와 반응한 후 착화되어 화염이 발생하고 증발이 촉진되면서 연소가 이루어지는 것을 의미한다.
 2) 적용연료(1가지만 기술)
  ① 휘발유, 등유, 경유, 알코올(중유는 제외)
  ② 나프탈렌, 벤젠   ③ 양초

2. 분해연소
 1) 정의
  고체연료가 가열되면 열분해가 일어나서 가연성 가스가 발생하며, 이를 공기와 혼합하여 확산 연소하는 과정을 분해연소라 한다.
 2) 적용연료(1가지만 기술)
  ① 석탄, 목재(휘발분을 가짐)   ② 중유(증발이 어려움)

3. 표면연소
 1) 정의
  고체연료 표면에 고온을 유지시켜 표면에서 반응을 일으켜 내부로 연소가 진행되는 연소방법으로 숯불연소, 불균일연소라고도 한다.
 2) 적용연료(1가지만 기술)
  ① 코크스, 숯(목탄), 흑연   ② 금속
  ③ 석탄(분해연소와 탄소의 표면연소의 두 반응에서 이루어짐)

4. 확산연소
 1) 정의
  가연성 연료와 외부공기가 서로 확산에 의해 혼합하면서 화염을 형성하는 연소형태, 즉 연료를 버너노즐로부터 분리하고 외부공기와 일정속도로 혼합하여 연소하는 방법이다.
 2) 적용연료
  대부분 기체연료

5. 내부(자기)연소

1) 정의
   외부공기 없이 고체 자체의 산소 분해에 의하여 연소하면서 내부로 연소가 폭발적으로 진행되는 방법이다.
2) 적용연료(1가지만 기술)
   ① 니트로글리세린   ② 화약, 폭약

09 충전탑에서 발생할 수 있는 편류현상의 정의 및 최소화할 수 있는 방지대책 3가지를 쓰시오.

> **풀이**
>
> **1. 편류현상**
> 탑상부에서 흡수액 주입 시 한쪽으로만 흐르는 현상으로 효율이 저감된다.
>
> **2. 방지대책**
> ① 주입구를 분산(최소 5개)시켜야 한다.
> ② 탑의 직경(D)과 충전물 직경(d)의 비(D/d)가 8~10 정도 되어야 한다.
> ③ 탑 내 가스유속을 줄인다.

10 분무탑의 장단점을 각각 3가지씩 쓰시오.

> **풀이**
>
> **1. 분무탑의 장점**
> ① 가격이 저렴하다.
> ② 압력손실이 적고, 구조가 간단하다.
> ③ 침전물이 생성되는 경우 및 고온가스처리에 적합하다.
>
> **2. 분무탑의 단점**
> ① 효율이 낮다.
> ② 노즐이 막힐 염려가 있다.
> ③ 가스유출 시 비말동반의 위험이 있다.

11 입자의 비표면적이 5,000m²/kg, 입자의 밀도가 1.5g/cm³이다. 이때 입자직경이 두 배로 증가하면 이 입자의 비표면적(m²/kg)은 어떻게 되는지 구하시오.

> **풀이**
>
> $$\text{비표면적} = \frac{6}{d_p \cdot \rho_p}$$
>
> $$5{,}000\text{m}^2/\text{kg} = \frac{6}{d_p \times 1{,}500\text{kg/m}^3}$$
>
> $$d_p = 8 \times 10^{-7}\text{m}$$
>
> $$\text{비표면적} = \frac{6}{8 \times 10^{-7} \times 2 \times 1{,}500} = 2{,}500\text{m}^2/\text{kg}$$

12 배출시설의 배기가스유량은 1,000Nm³/hr이다. 이 배기가스에 함유된 질소산화물은 NO=100ppm, NO₂=10ppm이며, 이 질소산화물을 암모니아에 의한 선택적 접촉환원법으로 처리할 경우 NO, NO₂를 완전처리하기 위해 소요되는 암모니아의 이론량(kg/hr)을 구하시오.(단, 산소공존은 없으며 표준상태이다. 화학반응식을 기재하고 풀이하시오.)

> **풀이**
>
> 1) NO
>
> $6\text{NO} + 4\text{NH}_3 \rightarrow 5\text{N}_2 + 6\text{H}_2\text{O}$
>
> $6 \times 22.4\text{Sm}^3 : 4 \times 17\text{kg}$
>
> $1{,}000\text{Sm}^3/\text{hr} \times 100\text{mL/Sm}^3 \times 10^{-6}\text{Sm}^3/\text{mL} : \text{NH}_3(\text{kg/hr})$
>
> $$\text{NH}_3(\text{kg/hr}) = \frac{1{,}000\text{Sm}^3/\text{hr} \times 100\text{mL/Sm}^3 \times 10^{-6}\text{Sm}^3/\text{mL} \times (4 \times 17)\text{kg}}{6 \times 22.4\text{Sm}^3} = 0.05\text{kg/hr}$$
>
> 2) NO₂
>
> $6\text{NO}_2 + 8\text{NH}_3 \rightarrow 7\text{N}_2 + 12\text{H}_2\text{O}$
>
> $6 \times 22.4\text{Sm}^3 : 8 \times 17\text{kg}$
>
> $1{,}000\text{Sm}^3/\text{hr} \times 10\text{mL/Sm}^3 \times 10^{-6}\text{Sm}^3/\text{mL} : \text{NH}_3(\text{kg/hr})$
>
> $$\text{NH}_3(\text{kg/hr}) = \frac{1{,}000\text{Sm}^3/\text{hr} \times 10\text{mL/Sm}^3 \times 10^{-6}\text{Sm}^3/\text{mL} \times (8 \times 17)\text{kg}}{6 \times 22.4\text{Sm}^3} = 0.01\text{kg/hr}$$
>
> $\text{NH}_3(\text{kg/hr}) = 0.05 + 0.01 = 0.06\text{kg/hr}$

13 내경이 20mm의 관내를 20℃, 1atm의 공기가 25m³/hr로 흐른다. 이 유체의 레이놀즈수(Re)를 구하고 유체흐름을 판별하시오.(단, 20℃의 공기의 점도는 0.018cps, 유체질량 29g/mol)

> **풀이**
>
> $Re = \dfrac{DV\rho}{\mu}$
>
> $D = 20\text{mm} \times \text{m}/1{,}000\text{mm} = 0.02\text{m}$
>
> $V = \dfrac{Q}{A} = \dfrac{25\text{m}^3/\text{hr} \times \text{hr}/3{,}600\sec}{\left(\dfrac{3.14 \times 0.02^2}{4}\right)\text{m}^2} = 22.17\text{m}/\sec$
>
> $\rho = 1.295\text{kg}/\text{m}^3 \times \left(\dfrac{273}{273+20}\right) = 1.21\text{kg}/\text{m}^3$
>
> $1.295 \rightarrow$ 표준상태의 밀도 $\left(\dfrac{29}{22.4}\right)$
>
> $\mu = 0.018\text{cPs} = 0.00018$
>
> $\quad = 0.00018 \dfrac{\text{g} \times \text{kg}/10^3\text{g}}{\text{cm} \cdot \sec \times \text{m}/10^2\text{cm}} = 18 \times 10^{-6}\text{kg}/\text{m} \cdot \sec$
>
> $= \dfrac{0.02 \times 22.17 \times 1.21}{18 \times 10^{-6}}$
>
> $= 29{,}806.33$
>
> Re가 4,000 이상이므로 유체흐름은 난류

14 25℃, 1atm일 때 유량 2,000m³/min, 알코올 농도가 250ppm이다. 1일 알코올 배출량을 100kg으로 하기 위해서 알코올 처리시설의 최소 처리효율(%)을 구하시오.

> **풀이**
>
> 알코올 종류 중 가장 간단한 메탄올(CH_3OH) 적용
>
> 메탄올 농도(mg/m³) $= 250\text{ppm} \times \dfrac{32\text{mg}}{24.45\text{mL}} = 327.20\text{mg}/\text{m}^3$
>
> 알코올처리시설의 입구 및 출구의 알코올의 유량을 S_i, S_o라 하면
>
> $S_i = 2{,}000\text{m}^3/\text{min} \times 327.20\text{mg}/\text{m}^3 = 654{,}400\text{mg}/\text{min}$
>
> $S_o = 100\text{kg}/\text{day} \times \text{day}/1{,}440\text{min} \times 10^6\text{mg}/\text{kg} = 69{,}444.44\text{mg}/\text{min}$
>
> 최소처리효율(%) $= \left(1 - \dfrac{S_o}{S_i}\right) \times 100 = \left(1 - \dfrac{69{,}444.44}{654{,}400}\right) \times 100$
>
> $\quad\quad = 89.38\%$

15 회분을 12% 함유하고 발열량은 26,700kJ/kg인 석탄을 연소하여 열효율이 40%, 출력이 1,000MW의 화력발전소를 운전하고 있다. 석탄의 가연성분을 완전연소하고 회분의 50% 먼지로 배출될 때, 배출먼지를 전기집진기로 처리하여 아래 표와 같이 입경별, 중량분율 및 처리효율로 집진하였다. 이때 처리되지 않고 굴뚝 밖으로 배출되는 먼지량(kg/sec)을 구하시오. (단, 1kW=1kJ/sec)

입경범위(μm)	0~5	5~10	10~20	20~40	> 40
집진효율(%)	70	92.5	96	99	100
중량분율(%)	12	16	22	27	23

> **풀이**
>
> 석탄사용량 = $\dfrac{\text{출력}}{\text{발열량} \times \text{열효율}}$
>
> $= \dfrac{1{,}000\text{MW} \times \dfrac{1\text{kJ/sec}}{1\text{kW}} \times \dfrac{10^3\text{kW}}{1\text{MW}}}{26{,}700\text{kJ/kg} \times 0.4}$
>
> $= 93.63\text{kg/sec}$
>
> 먼지배출량 = $93.63\text{kg/sec} \times 0.12 \times 0.5 = 5.62\text{kg/sec}$
>
> 처리먼지량 = $5.62\text{kg/sec} \times [(0.7 \times 0.12) + (0.925 \times 0.16) + (0.96 \times 0.22) + (0.99 \times 0.27) + (1 \times 0.23)]$
>
> $= 5.2856\text{kg/sec}$
>
> 대기로 배출되는 양 = $5.62 - 5.28596$
>
> $= 0.33\text{kg/sec}$

16 중력집진장치에 입경 50μm, 밀도 2,000kg/m³인 입자를 함유한 표준상태의 배출가스가 유량 10m³/sec로 유입되고 있다. 이 중력집진장치는 침강실의 폭 1.5m, 높이 1.5m이고 바닥면을 제외한 수평단이 8단의 다단일 경우 이론적으로 100% 집진을 하기 위해 필요한 침강실의 길이(m)를 구하시오. (단, 침강실 가스흐름은 층류, 공기점도는 1.75×10^{-5} kg/m·sec, 가스밀도는 무시함)

풀이

$$L = h \times \left(\frac{U}{V_s}\right)$$

$$h = \frac{H}{n} = \frac{1.5}{9} = 0.167\text{m}$$

$$u = \frac{Q}{A} = \frac{Q}{H \times W} = \frac{10\text{m}^3/\text{sec}}{1.5\text{m} \times 1.5\text{m}} = 4.44\text{m}/\text{sec}$$

$$V_s = \frac{dp^2 \times (\rho_p - \rho) \times g}{18\mu}$$

$$= \frac{(50 \times 10^{-6})m^2 \times 2,000\text{kg/m}^3 \times 9.8\text{m/sec}^2}{18 \times 1.75 \times 10^{-5}\text{kg/m} \cdot \text{sec}} = 0.16\text{m/sec}$$

$$= 0.167\text{m} \times \left(\frac{4.44}{0.16}\right) = 4.63\text{m}$$

17 페놀증기 30,000ppm을 함유하는 유량 250m³/min을 활성탄 1,000kg을 사용하여 흡착하면 100% 흡착에 소요되는 시간(min)을 구하시오. (단, 페놀의 활성탄에 대한 흡착율은 0.2kg/kg, 페놀 증기의 흡착률은 90%이며 페놀함유 유량의 온도는 25℃, 압력은 1atm이다.)

풀이

배출가스 중에 포함되어 있는 페놀양

$$= 30,000\text{mL/m}^3 \times 250\text{m}^3/\text{min} \times \frac{273}{273+25} \times \frac{94.1 \times 10^{-3}\text{kg}}{22,400\text{mL}}$$

$$= 28.86\text{kg/min}$$

활성탄 1,000kg이 페놀을 흡착할 수 있는 양

$1,000\text{kg} \times 0.2\text{kg}(페놀)/\text{kg}(활성탄) = 200\text{kg}$

$200\text{kg} = 28.86\text{kg/min} \times 0.9x$

$$x(소요시간) = \frac{200\text{kg}}{28.86\text{kg/min} \times 0.9}$$

$$= 7.70\text{min}$$

18 50개의 여과포를 사용하는 여과집진장치의 입구농도가 0.5g/m³이고 집진효율이 98.5%였다. 가동 중 2개의 여과포에 구멍이 생겼을 경우 구멍난 여과포 1개의 유량(m³/min)을 구하시오.(단, 배출가스량 150m³/min, 출구농도 200mg/m³)

> **풀이**
>
> 구멍난 여과포에서 통과되는 비율(%)을 x라 하면
> $500\text{mg/m}^3 x + (500\text{mg/m}^3 \times (1-0.985) \times (1-x)) = 200\text{mg/m}^3$
> $(500 - 7.5)x = 200 - 7.5$
> $x = 0.3909 \times 100 = 39.09\%$
>
> 구멍난 여과포 1개의 유량$= 150\text{m}^3/\text{min} \times 0.3909 \times \dfrac{1}{2} = 29.32\text{m}^3/\text{min}$

19 열효율 34%, 500MW로 운전되는 석탄화력발전소에서 7,000kcal/kg의 석탄을 사용하고 있다. 연료는 탄소 62%, 수소 14%, 황 2%, 회분 22%로 구성되어 있고, 회분은 연소에 참여하지 않았다. 공기비를 1.5로 연소한다고 할 때, 해당 건조연소가스의 가스량(m³/sec)을 구하시오.

> **풀이**
>
> 열효율 $= \dfrac{\text{전력 생성량(kW)}}{\text{초당 소비연료량(kg/sec)}}$
>
> $0.34 = \dfrac{500\text{MW} \times \dfrac{10^3 \text{kW}}{\text{MW}} \times \dfrac{4.2^{-1}\text{kcal}}{\text{kW}}}{7,000\text{kcal/kg} \times x\text{(kg/sec)}}$
>
> $x = 50.02\text{kg/sec}$
>
> 건조가스량(G_d : m³/kg)
> $G_d = (m - 0.21)A_0 + (1.867\text{C} + 0.7\text{S})$
>
> $A_0 = \dfrac{1}{0.21}[(1.867 \times 0.62) + (5.6 \times 0.14) + (0.7 \times 0.02)]$
>
> $= 9.312\text{m}^3/\text{kg}$
>
> $= (1.5 - 0.21) \times 9.312 + [(1.867 \times 0.62) + (0.7 \times 0.02)]$
>
> $= 13.1841\text{m}^3/\text{kg} \times 50.02\text{kg/sec}$
>
> $= 659.47\text{m}^3/\text{sec}$

2023년 4회 산업기사

01 프로판 30%, 부탄 70%로 구성된 혼합기체 $1Sm^3$를 완전연소시키는 데 필요한 이론공기량(Sm^3)을 구하시오.

> **풀이**
>
> C_3H_8 연소반응식
>
> $C_3H_8 + 5O_2 \rightarrow 3CO_2 + 4H_2O$
>
> C_4H_{10} 연소반응식
>
> $C_4H_{10} + 6.5O_2 \rightarrow 4CO_2 + 5H_2O$
>
> 혼합 시 이론공기량(Sm^3) $= \dfrac{O_0}{0.21} = \dfrac{(5 \times 0.3) + (6.5 \times 0.7)}{0.21}$
>
> $= 28.81 Sm^3/Sm^3 \times 1Sm^3 = 28.81 Sm^3$

02 대기안정도에 따른 연기형태 중 환상형, 부채형, 훈증형을 안정도 판정에 관련하여 설명하시오.

> **풀이**
>
> 1. Looping(환상형) : 굴뚝의 상·하층 모두 불안정
>   공기의 상층으로 갈수록 기온이 급격히 떨어져서 대기상태가 크게 불안정하게 되며, 연기는 상하 좌우방향으로 크고 불규칙하게 난류를 일으키며 확산되는 연기 형태이다. 대기가 불안정하여 난류가 심할 때, 즉 풍속이 매우 강하여 혼합이 크게 일어날 때 발생한다.
>
> 2. Fanning(부채형) : 굴뚝의 상·하층 모두 안정(역전)
>   고기압 구역에서 하늘이 맑고 바람이 약하면 지표로부터 열방출이 커서 한밤으로부터 아침까지 복사역전층이 생길 때에 발생하는 연기형태이며, 대기상태가 안정조건일 때 아침과 새벽에 잘 발생한다.
>
> 3. Fumigation(훈증형) : 굴뚝의 상층 안정, 하층 불안정
>   대기의 하층은 불안정하고, 그 상층은 안정상태일 경우에 나타나는 연기의 형태이며, 하늘이 맑고 바람이 약한 날 아침에 주로 발생한다.

03 다음 내용에 맞는 흡수방법을 쓰시오. (단, 충전탑 또는 단탑 중 선택)

(1) 흡수액에 부유물이 포함되어 있을 경우 또는 고체부유물 생성 시 효율적이다.
(2) 비교적 소량의 액량으로 처리가 가능하다.
(3) 단(Stage) 수를 증가시킴으로써 고농도의 배출가스도 처리가 가능하다.
(4) 흡수액에 고형물이 함유되어 있는 경우에는 침전물이 생겨 성능이 저하할 수 있다.

풀이

(1) 단탑   (2) 단탑   (3) 단탑   (4) 충전탑

04 다음은 충전탑 관련 용어이다. 간단히 설명하시오.

(1) Hold-up   (2) Loading Point   (3) Flooding Point

풀이

(1) Hold-up
충전층 내의 세정액 보유량을 의미한다.

(2) Loading Point
부하점이라 하며 세정액의 Hold-up이 증가하여 압력 손실이 급격하게 증가되는 첫 번째 파괴점을 말한다.

(3) Flooding Point
범람점이라 하며 충전층 내의 가스속도가 과도하여 세정액이 비말동반을 일으켜 흘러넘쳐 향류조작 자체가 불가능한 두 번째 파괴점을 말한다.

05 원심력집진장치의 Blow Down 방식에 대한 정의를 서술하고, 효과 3가지를 쓰시오.

풀이

블로다운(Blow Down) 방식

1. 정의
   사이클론의 집진효율을 향상시키기 위한 하나의 방법으로서 더스트 박스 또는 호퍼부에서 처리가스(유입유량)의 5~10%에 상당하는 함진가스를 추출·흡인하여 운영하는 방식이다.

2. 효과
   ① 원추하부의 가교현상을 방지하여 장치 내부의 먼지 퇴적을 억제한다.
   ② 사이클론 내의 난류현상(선회기류의 흐트러짐 현상)을 억제시킴으로써 집진된 먼지의 재비산을 방지한다.
   ③ 유효원심력을 증가시켜 집진효율이 향상된다.

06 전기집진장치에서 먼지의 비저항이 정상영역보다 높을 경우 비저항을 낮추는 조치사항을 4가지 쓰시오.

> **풀이**
> **비저항(전기저항)을 낮추는 방법**
> ① 비저항 조절제(물, 수증기, 트리메틸아민)을 주입
> ② 탈진 시 집진극의 타격을 강하게 함
> ③ 탈진 시 탈진빈도를 늘임
> ④ 습식전기집진기를 사용
> ⑤ 집진극의 면적을 증가
> ⑥ 함진가스의 유입온도를 높임

07 다음 물음에 답하시오.
 (1) 리차드슨수의 공식을 쓰시오.
 (2) 다음 경우의 대기안정도를 설명하시오.
  ① $0.25 < R_i$
  ② $0 < R_i < 0.25$
  ③ $R_i = 0$
  ④ $-0.03 > R_i > 0$
  ⑤ $R_i < -0.04$

> **풀이**
> (1) **리차드슨수**
> $$R_i = \frac{g}{T_m}\left[\frac{\Delta T/\Delta Z}{(\Delta U/\Delta Z)^2}\right]$$
> 여기서, ΔT : 두 층의 온도차
> g : 중력가속도(=9.8m/s²)
> T_m : 평균 절대온도=$\frac{T_2 + T_1}{2}$ (K),
> ΔU : 두 층의 풍속차= $U_2 - U_1$(m/s)
> ΔZ : 두 층의 고도차= $Z_2 - Z_1$(m)
>
> (2) **대기안정도**
> ① $0.25 < R_i$: 수직 방향의 혼합이 없음을 나타낸다.(수평상의 소용돌이만 남음)
> ② $0 < R_i < 0.25$: 성층(Stratification)에 의해서 약화된 기계적 난류가 존재한다.
> ③ $R_i = 0$: 중립 상태로서 기계적 난류가 지배적인 상태를 나타낸다.
> ④ $-0.03 > R_i > 0$: 기계적 난류와 대류가 존재하나 주로 기계적 난류가 혼합을 일으킨다.
> ⑤ $R_i < -0.04$: 대류난류에 의한 혼합이 지배적이다.(대기안정도 : 불안정)

08 A공장에서 배출되는 분진을 사이클론과 전기집진장치를 직렬로 연결하여 제거하고자 한다. 사이클론에서의 유입농도 80g/m³, 유량 30,000m³/hr이고 전기집진장치에서의 유입농도 15g/m³, 유량 36,000m³/hr, 최종출구 농도 1.0g/m³, 유량 36,000m³/hr일 때, 이 집진장치의 총효율은 몇 %인가?

풀이

총집진율(η_T) = $\eta_1 + \eta_2(1 - \eta_1)$

Cyclone 집진율(η_1) = $\left(1 - \dfrac{C_o Q_o}{C_i Q_i}\right) = \left(1 - \dfrac{15 \times 36,000}{80 \times 30,000}\right)$
 = 0.775

전기집진장치 집진율(η_2) = $\left(1 - \dfrac{C_o Q_o}{C_i Q_i}\right) = \left(1 - \dfrac{1 \times 36,000}{15 \times 36,000}\right)$
 = 0.9333

 = 0.775 + [0.9333(1 - 0.775)] = 0.9850 × 100 = 98.50%

09 이론적으로 탄소 1kg을 연소시키면 30,000kcal의 열이 생기고, 수소 1kg을 연소시키면 34,100kcal의 열이 발생한다고 할 경우, 프로판(C_3H_8) 1kg을 연소시킬 때 발생하는 열량(kcal/kg)을 구하시오.

풀이

C_3H_8 : C 함유비율 = $\dfrac{36}{44}$, H 함유비율 = $\dfrac{8}{44}$

프로판(C_3H_8)열량 = $\left(30,000\text{kcal/kg} \times \dfrac{36}{44}\right) + \left(34,100\text{kcal/kg} \times \dfrac{8}{44}\right)$
 = 30,745.45kcal/kg

10 어떤 유해가스와 물이 일정 온도에서 평형상태에 있다. 유해가스의 분압이 기상에서 45.6mmHg일 때 수중 유해가스의 농도가 2.0kmol/m³이다. 이때 헨리상수(atm · m³/kmol)는?(단, 전압은 1atm이다.)

풀이

$P = H \cdot C$

$H = \dfrac{P}{C} = \dfrac{45.6\text{mmHg} \times \dfrac{1\text{atm}}{760\text{mmHg}}}{2.0\text{kmol/m}^3} = 0.03\text{atm} \cdot \text{m}^3/\text{kmol}$

11 어떤 중력침강실의 집진효율이 85%, 배출가스 중 분진농도가 200g/m³, 배출가스유량이 1,000m³/min, 침강된 분진의 밀도가 800kg/m³이다. 이 중력 침강실에 쌓인 분진의 부피가 1.55m³이 될 경우 청소해야 한다면 청소하는 시간(hr)의 간격을 구하시오.

> **풀이**
>
> 집진된 분진량 $= 200\text{g/m}^3 \times 1,000\text{m}^3/\text{min} \times \text{kg}/1,000\text{g} \times 0.85$
> $\qquad\qquad\quad = 170\text{kg/min}$
>
> 집진된 분진량을 부피로 나타내면(V)
>
> $V = 170\text{kg/min} \times \dfrac{1}{800\text{kg/m}^3} = 0.2125\text{m}^3/\text{min}$
>
> 청소하는 시간 간격(t)
>
> $t = \dfrac{1.55\text{m}^3}{0.2125\text{m}^3/\text{min} \times 60\text{min/hr}} = 0.12\text{hr}$

12 대기오염공정위험기준상 원자흡수분광광도법의 원리와 원자흡수분석장치의 구성을 쓰시오.

> **풀이**
>
> **(1) 원리**
>
> 시료를 적당한 방법으로 해리시켜 중성원자로 증기화하여 생긴 기저상태(Ground State or Normal State)의 원자가 이 원자 증기층을 투과하는 특유파장의 빛을 흡수하는 현상을 이용하여 광전측광과 같은 개개의 특유 파장에 대한 흡광도를 측정하여 시료 중의 원소 농도를 정량하는 방법이다.
>
> **(2) 장치구성**
>
> 광원부 → 시료원자화부 → 단색화부 → 측광부

13 중력집진장치의 길이 10m, 높이 5m이고, 분진의 밀도는 2.5g/cm³이다. 이론적 집진가능한 최소 입경(μm)은?(단, 배출가스유속 1.4m/sec, 공기의 점성계수 2.0×10^{-4}g/cm·sec, 가스밀도는 무시함)

[풀이]

$$\frac{V_g}{V} = \frac{H}{L}$$

$$V_g = \frac{d_p^2(\rho_p - \rho)g}{18\mu}$$

$$d_p\min(\mu m) = \left[\frac{18 \times \mu \times H \times V}{(\rho_p - \rho) \times g \times L}\right]^{0.5} \times 10^6$$

$$\rho_p = 2.5\text{g/cm}^3 \times \text{kg}/10^3\text{g} \times 10^6\text{cm}^3/\text{m}^3 = 2,500\text{kg/m}^3$$

$$\mu = 2.0 \times 10^{-4}\text{g/cm}\cdot\text{sec} \times \text{kg}/10^3\text{g} \times 100\text{cm/m}$$
$$= 2.0 \times 10^{-5}\text{kg/m}\cdot\text{sec}$$

$$= \left[\frac{18 \times 2.0 \times 10^{-5} \times 5 \times 1.4}{2,500 \times 9.8 \times 10}\right]^{0.5} \times 10^6$$

$$= 101.42\mu m$$

14 송풍관 내를 30℃의 공기가 20m/sec의 속도로 흐를 때 동압(mmH₂O)을 구하여라. (단, 공기밀도는 1.293kg/m³, 기압 1atm)

[풀이]

$$VP(\text{동압}) = \frac{\gamma V^2}{2g}$$

$$= \frac{1.293 \times 20^2}{2 \times 9.8} = 26.38\text{mmH}_2\text{O}, \text{ 온도보정하면}$$

$$= 26.38 \times \frac{273}{273 + 30} = 23.77\text{mmH}_2\text{O}$$

15 유입계수가 0.82, 속도압이 20mmH₂O일 때 후드의 압력손실(mmH₂O)을 구하시오.

> **풀이**
> $$\Delta P = F \times VP$$
> $$F = \frac{1}{C_e^2} - 1 = \frac{1}{0.82^2} - 1 = 0.487$$
> $$= 0.487 \times 20 = 9.74 \text{mmH}_2\text{O}$$

16 일정한 온도에서 기상의 유해가스 분압이 40mmHg일 때, 기액경계면에서 평형상태가 되었다. 이 온도에서 유해가스의 헨리상수가 0.01atm·m³/kmol일 경우 다음 물음에 답하시오.

(1) 헨리의 법칙을 설명하시오.

(2) 문제조건에서 액 중 유해가스농도(kmol/m³)를 계산하시오.

> **풀이**
> **(1) 헨리의 법칙**
> 동일온도에서 같은 양의 액체에 용해될 수 있는 기체의 양은 기체의 부분압과 정비례한다는 기상농도와 액상농도의 평형관계를 나타낸 법칙
>
> (2) $P = HC$
> $$C = \frac{P}{H} = \frac{\left(40\text{mmHg} \times \frac{\text{atm}}{760\text{mmHg}}\right)}{0.01\text{atm} \cdot \text{m}^3/\text{kmol}} = 5.26 \text{kmol/m}^3$$

17 전기집진장치의 분진제거효율은 다음 식으로 계산한다. ($\eta = 1 - e^{-\frac{AV}{Q}}$) 효율을 90%에서 99.9%로 증가하고자 한다면 집진극의 면적은 몇 배 증가시켜야 하는가? (단, 다른 조건은 변하지 않는다.)

> **풀이**
> $\eta = 1 - e^{-\frac{AV}{Q}}$, 양변에 ln 취한 식을 만들면
> $$-\frac{AV}{Q} = \ln(1-\eta)$$
> $$\text{증가면적비} = \frac{-\frac{Q}{V}\ln(1-0.999)}{-\frac{Q}{V}\ln(1-0.9)} = 3\text{배(초기 면적의 3배)}$$

18 배출가스양이 5,000Sm³/hr, HF의 농도는 50ppm이다. 수산화칼슘으로 HF를 침전제거시키고자 할 경우 5일간 사용된 수산화칼슘의 양(kg)을 구하시오.(단, 운전시간 1일 10시간, HF의 물에 대한 흡수율 80%)

> **풀이**
>
> 흡수반응식
>
> $2HF \quad + \quad Ca(OH)_2 \quad \rightarrow \quad CaF_2 + 2H_2O$
>
> $2 \times 22.4 Sm^3 \quad : \quad 74kg$
>
> $5,000 Sm^3/hr \times 50ppm \times 10^{-6} \times 10hr/day \times 5day \times 0.8 : Ca(OH)_2(kg)$
>
> $$Ca(OH)_2(kg) = \frac{5,000Sm^3/hr \times 50ppm \times 10^{-6} \times 10hr/day \times 5day \times 0.8 \times 74kg}{2 \times 22.4Sm^3} = 16.52kg$$

19 100ppm의 HF를 함유한 배기가스를 NaOH수용액으로 흡수처리하는 충전탑이 있다. 기상총괄이동단위높이(H_{OG}) 0.6m, 흡수탑의 높이(H)가 2.4m일 때 HF의 출구농도(ppm)를 구하시오.

> **풀이**
>
> HF 출구농도(C_o)
>
> $C_o = C_i \times (1 - \eta)$
>
> $H = H_{OG} \times N_{OG} = H_{OG} \times \ln\left(\frac{1}{1-\eta}\right)$
>
> $N_{OG} = \dfrac{H}{H_{OG}} = \dfrac{2.4}{0.6} = 4$
>
> $4 = \ln\left(\dfrac{1}{1-\eta}\right)$
>
> $\eta = 98.17\%$
>
> $= 100 \times (1 - 0.9817) = 1.83ppm$

20 단면이 정사가격인 굴뚝을 등면적으로 4등분하여 먼지농도를 측정하였더니 총평균먼지농도가 $0.50 g/Sm^3$이다. 유속 및 먼지농도가 다음과 같을 때 3번째 농도(g/Sm^3)를 구하시오.

유속(m/sec)	4.8	5.0	5.2	4.5
농도(g/Sm^3)	0.5	0.48	—	0.55

[풀이]

총평균 먼지농도($\overline{C_N}$)

$$\overline{C_N} = \frac{C_{n1}V_1 + C_{n2}V_2 + C_{n3}V_3 + C_{n4}V_4}{V_1 + V_2 + V_3 + V_4}$$

$$0.50 = \frac{(0.5 \times 4.8) + (0.48 \times 5.0) + (x \times 5.2) + (0.55 \times 4.5)}{4.8 + 5.0 + 5.2 + 4.5}$$

$5.2x = 9.75 - 7.275$

$x(3번째\ 농도) = \frac{2.475}{5.2} = 0.48 g/Sm^3$

SECTION 73 2024년 1회 기사

01 액체연료를 완전연소하는 경우 다음 조건에서 공기비를 구하시오.

- 이론 공기량 : 11.4Sm³/kg
- 이론 습윤연소가스양 : 12.2Sm³/kg
- 습윤연소가스양 : 16.6Sm³/kg

풀이

습윤연소가스양(G_w) = 이론 습윤연소가스양(G_{ow}) + 과잉공기$[A_o(m-1)]$

$G_w = G_{ow} + A_o(m-1)$

$16.6 = 12.2 + [11.4 \times (m-1)]$

$m = 1.39$

02 화석연료(석탄)의 연소에서 배출되는 SO_2의 배출량을 규제하기 위해 연료의 연소 시 발생하는 발열량당 SO_2의 중량을 2.5mgSO_2/kcal 이하로 규제할 경우, 단위중량당 발열량이 6,000kcal/kg인 석탄의 황(S) 함량은 몇 % 이하로 유지해야 하는가?(단, 황 함량은 중량비이며, 석탄 중 황은 전부 SO_2로 변환된다.)

풀이

$S + O_2 \rightarrow SO_2$

32kg : 64kg

1kg : x kg

$x(\text{kg}) = \dfrac{1\text{kg} \times 64\text{kg}}{32\text{kg}} = 2\text{kg}$

석탄 중 황 함량 허용치를 x%라고 하면 황 1kg은 2kg의 SO_2 발생

$\dfrac{x\text{kgS/kg석탄} \times 2\text{kgSO}_2/\text{kgS}}{6,000\text{kcal/kg석탄}} \leq 2.5 \times 10^{-6} \text{kgSO}_2/\text{kcal}$

$x = \dfrac{2.5 \times 10^{-6} \times 6,000}{2} \times 100 = 0.75\%$ (석탄 중 황 함량은 0.75% 이하로 유지)

03 흡수탑 1개의 효율이 90%인 3개를 직렬로 연결 시 유출가스 중의 염소가스 농도 (ppm)를 구하시오. (단, 유입가스 중 염소가스 농도는 7,700ppm)

> **풀이**
>
> 전체집진효율$(\eta_T) = 1 - (1 - \eta_c)^n$
> $= 1 - (1 - 0.9)^3 = 0.999$
>
> 유출농도(ppm) = 입구농도 × 통과율
> $= 7,700\text{ppm} \times (1 - 0.999) = 7.7\text{ppm}$

04 세정집진장치의 기본원리와 입자포집원리 4가지를 쓰시오.

> **풀이**
>
> **(1) 기본원리**
>
> 세정집진장치는 함진가스에 세정액을 분산시키거나 세정액에 함진가스를 분산시킬 때 생성되는 액적·액막·기포 등에 의해서 배기가스에 함유된 먼지를 관성력, 확산력, 중력 등에 의하여 분리·포집하는 집진장치이다.
>
> **(2) 입자포집원리**
>
> ① 액적에 입자가 충돌하여 부착한다(관성충돌).
> ② 미립자 확산에 의하여 액적과의 접촉을 쉽게 한다(확산작용).
> ③ 배기가스의 증습에 의하여 입자가 서로 응집한다(응집작용 또는 증습작용).
> ④ 입자를 핵으로 한 증기의 응결에 따라 응집성을 촉진시킨다(응집성).

05 메탄의 이론연소온도(℃)를 구하시오.

- 메탄과 공기는 18℃에서 공급
- 상온~2,100℃ 사이에서 CO_2, $H_2O_{(g)}$, N_2의 정압몰비열은 각각 13.6, 10.5, 8.0 kcal/k·mol·℃
- 메탄의 발열량 : 8,500kcal/Sm^3

> **풀이**
>
> CO_2의 부피비열 = $13.6 \times \dfrac{1}{22.4} = 0.607 kcal/m^3 \cdot ℃$
>
> $H_2O_{(g)}$의 부피비열 = $10.5 \times \dfrac{1}{22.4} = 0.47 kcal/m^3 \cdot ℃$
>
> N_2의 부피비열 = $8.0 \times \dfrac{1}{22.4} = 0.36 kcal/m^3 \cdot ℃$
>
> **CH_4의 연소반응식**
>
> $CH_4 + 2O_2 + 2 \times 3.76 N_2 \rightarrow CO_2 + 2H_2O + 2 \times 3.76 N_2$
>
> **CH_4의 발열량**
>
> $8,500 kcal/Sm^3 = G \times C_p \times \Delta t$
> $= (1 \times 0.607) + (2 \times 0.47) + (2 \times 3.76 \times 0.36) \times (t - 18)$
>
> $t = 2,016℃$

06 다음은 원통직경 1m인 Lapple에 의해 제시된 Cyclone이다. 함진가스유량 150m^3/min (350K, 1atm)을 처리하고자 할 때 다음을 구하시오. (단, 입자밀도는 1.6g/cm^3, 가스의 점도는 0.075kg/m·hr, 공기밀도는 무시)

구분	유입구 폭(W)	유입구 높이(H)	원통부 직경(D)	원통부 길이(L_b)	원추부 길이(L_c)	출구관경 (d_e)
규격	0.25D	0.5D	1m	1.5D	2.5D	0.5D

(1) 가스유입속도(m/sec)

(2) 유효회전수(Ne)

(3) 절단입경(μm)

> **풀이**
>
> (1) 가스유입속도(V)
>
> $$V = \frac{Q}{A} = \frac{150\text{m}^3/\text{min} \times \text{min}/60\text{sec}}{0.25\text{m} \times 0.5\text{m}} = 20\text{m/sec}$$
>
> (2) 유효회전수(Ne)
>
> $$Ne = \frac{1}{\text{유입구높이}} \times \left(\text{원통부높이} + \frac{\text{원추부높이}}{2}\right)$$
>
> $$= \frac{1}{0.5} \times \left(1.5\text{m} + \frac{2.5\text{m}}{2}\right) = 5.5(6회)$$
>
> (3) 절단입경(d_{p50})
>
> $$d_{p50} = \left(\frac{9\mu W}{2\pi N(\rho_p - \rho)V}\right)^{0.5}$$
>
> $\mu = 0.075\text{kg/m} \cdot \text{hr} \times \text{hr}/3,600\text{sec} = 2.083 \times 10^{-5}\text{kg/m} \cdot \text{sec}$
>
> $W = 0.25\text{m}$
>
> $Ne = 6$
>
> $\rho_p = 1.6\text{g/cm}^3 \times \text{kg}/10^3\text{g} \times 10^6\text{cm}^3/\text{m}^3 = 1,600\text{kg/m}^3$
>
> $$= \left(\frac{9 \times 2.083 \times 10^{-5} \times 0.25}{2 \times 3.14 \times 6 \times (1,600 - 0) \times 20}\right)^{0.5} \times 10^{-6}\mu\text{m/m}$$
>
> $= 6.24\mu\text{m}$

07 선택적 촉매환원법은 TiO_2와 V_2O_5를 혼합하여 제조한 촉매에 NH_3, H_2, CO, H_2S 등의 환원가스를 작용시켜 NO_x를 N_2로 환원시키는 방법이다. 다음 환원가스의 반응식을 작성하시오.

(1) H_2 (2) CO (3) NH_3 (4) H_2S

> **풀이**
>
> (1) H_2
>
> $2NO_2 + 2H_2 \rightarrow 4H_2O + N_2$
>
> (2) CO
>
> $2NO + 2CO \rightarrow 2CO_2 + N_2$
>
> (3) NH_3
>
> $6NO + 4NH_3 \rightarrow 6H_2O + 5N_2$
>
> (4) H_2S
>
> $NO + H_2S \rightarrow H_2O + S + \frac{1}{2}N_2$

08 다음은 대기오염공정시험기준상 굴뚝배출가스 중 황화수소 분석방법(자외선/가시선분광법-메틸렌블루법)에 관한 설명이다. ( ) 안에 알맞은 내용을 쓰시오.

> 배출가스 중의 황화수소를 (①) 용액에 흡수시켜 (②) 용액과 (③) 용액을 가하여 생성되는 메틸렌블루의 흡광도를 (④) 부근에서 측정한다.

풀이
① 아연아민착염 ② p-아미노다이메틸아닐린
③ 염화철(Ⅲ) ④ 670nm

09 가스연료의 성분이 CH_4 80%, H_2 20%로 되어 있다. 이론건조배기가스 중의 CO_{2max} %를 구하시오. (단, 완전연소로 가정)

풀이
$$CH_4 + 2O_2 \rightarrow 2O_2 + 2H_2O + 2 \times \frac{0.79}{0.21} N_2$$
$$H_2 + \frac{1}{2}O_2 \rightarrow H_2O + 0.5 \times \frac{0.79}{0.21} N_2$$
$$G_{od} = 0.8(CO_2 + N_2) + 0.2N_2$$
$$= 0.8\left(1 + 2 \times \frac{0.79}{0.21}\right) + 0.2 \times 0.5 \times \frac{0.79}{0.21} = 7.20$$
$$CO_2 = 0.8 \times 1 = 0.8$$
$$CO_{2max}\% = \frac{CO_2}{G_{od}} \times 100 = \frac{0.8}{7.20} \times 100 = 11.11\%$$

10 고용량 공기시료채취기를 사용하여 측정한 결과 유량은 채취 시작 시 $1.6m^3/min$이고 채취 종료 직전 $1.4m^3/min$이었다. 25시간 동안 채취할 경우 시료가스 채취량(m^3)을 구하시오.

풀이
$$시료가스\ 채취량 = \left(\frac{1.6 + 1.4}{2}\right) m^3/min \times 25hr \times 60min/hr$$
$$= 2,250 m^3$$

11 Freundlich 등온흡착식의 상수 $\frac{1}{n}$, K를 구하는 방법을 log좌표를 이용하여 설명하시오. (단, $\frac{X}{M} = KC^{\frac{1}{n}}$)

> **풀이**
>
> $\frac{X}{M} = KC^{\frac{1}{n}}$ (양변에 log를 취하여 정리)
>
> $\log \frac{X}{M} = \frac{1}{n} \log C + \log K$
>
> 농도와 평형흡착량 관계를 그래프로 나타낸다.
>
>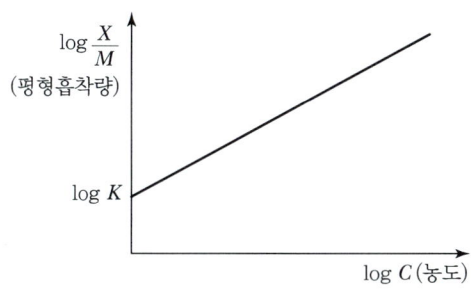
>
> 종축에 $\log \frac{X}{M}$, 횡축에 $\log C$를 놓고 plot하면 직선이 얻어진다.
>
> $C = 1$인 점에서 $\frac{X}{M}$로부터 K, 직선의 기울기에서 정수 $\frac{1}{n}$을 구할 수 있다.

12 국소배기장치에서 총압력손실이 200mmH$_2$O, 배출가스처리량이 250m³/min인 경우 송풍기효율이 88%일 때 송풍기의 소요동력(kW)을 구하시오. (단, 송풍기의 여유율은 20%)

> **풀이**
>
> 소요동력(kW) $= \frac{Q \times \Delta P}{6,120 \times \eta} \times \alpha$
>
> $= \frac{250 \times 200}{6,120 \times 0.88} \times 1.2 = 11.14$kW

13 다음 A사업장의 자가 측정기록부를 근거로 다음 물음에 답하시오.(단, 270℃에서 배출가스 비중량 1.3kg/m³, 17℃에서 물의 포화수증기압은 14.5mmHg이다.)

- 굴뚝직경 : 3m
- 배출가스 온도 : 270℃
- 경사마노미터(수액은 물) : 확대율 10, 경사각 30°, 액주이동거리 20cm
- 피토관 계수 : 0.8614
- 여과지 : 채취 전 0.8010g, 채취 후 0.9210g
- 습식 가스미터 : 지시흡인량 1,200L, 온도 17℃, 게이지압 0mmHg
- 대기압 : 1atm

(1) 이 사업장의 배출가스 유속(m/sec)
(2) 이 사업장의 배출가스 중 분진농도(mg/Sm³)

풀이

(1) 배출가스 유속(V)

$$V(\text{m/sec}) = C \times \sqrt{\frac{2gH}{\gamma}}$$

H(속도압, mmH_2O) = $x \times \sin\theta$ = 200$mmH_2O \times \sin30°$ = 100mmH_2O

확대율 10, 실질적 속도압은 $100 \times \dfrac{1}{10}$ = 10mmH_2O

$= 0.8614 \times \sqrt{\dfrac{2 \times 9.8 \times 10}{1.3}} = 10.58 \text{m/sec}$

(2) 배출가스 중 분진농도(C)

$$C(\text{mg/Sm}^3) = \frac{m_a}{V_s}$$

$m_a = (0.9210 - 0.8010)\text{g} = 0.12\text{g}(120\text{mg})$

$V_s = 1,200\text{L} \times \dfrac{273}{273+17} \times \dfrac{760+0-14.5}{760} = 1,108.1\text{L}(1.1081\text{Sm}^3)$

$= \dfrac{120\text{mg}}{1.1081\text{Sm}^3} = 108.3\text{mg/Sm}^3$

14 전기집진장치에서 저비저항 및 고비저항의 현상 및 대책을 1가지씩 쓰시오.

> **풀이**
>
> 1. **저비저항($10^4\Omega \cdot$ cm 이하)**
>   1) 현상 : 재비산 현상
>   2) 대책
>   ① 처리가스 속도를 낮추어 조절   ② 재비산 장소에 배플 설치
> 2. **고비저항($10^{11}\Omega \cdot$ cm 이상)**
>   1) 현상 : 역전리 현상
>   2) 대책
>   ① 처리가스 온습도 조절   ② 탈진빈도 및 탈진강도 증가

15 중력집진장치의 길이가 11m, 높이 2m, 침강실의 가스유속 1.5m/sec, 가스밀도 1.2kg/m³, 입자밀도 2,000kg/m³, 가스점도가 2×10^{-5}kg/m·sec일 때, 먼지가 완전히 제거될 수 있는 최소입경(μm)을 구하시오.

> **풀이**
>
> $$d_p = \left[\frac{18\mu g \times H \times V}{g \times L(\rho_p - \rho)}\right]^{\frac{1}{2}}$$
>
> $$= \left[\frac{18\times(2\times10^{-5}\text{kg/m}\cdot\text{sec})\times 2\text{m}\times 1.5\text{m/sec}}{9.8\text{m/sec}^2\times 11\text{m}\times(2,000-1.2)\text{kg/m}^3}\right]^{\frac{1}{2}}$$
>
> $= 0.00007080\text{m}\times 10^6\mu\text{m/m} = 70.80\mu\text{m}$

16 먼지농도 3.0g/Sm³인 배출가스를 액가스비 1L/Sm³의 물로 세정하는 집진장치가 있다. 먼지입자의 직경 5μm에서 물방울의 직경이 300μm일 경우 먼지입자수(N_d)와 물방울수(N_w)의 비 $\left(\dfrac{N_d}{N_w}\right)$를 구하시오. (단, 먼지의 비중은 2이며 구형입자)

> **풀이**
>
> 배출가스 1Sm³당 분 3g, 분무수 1L의 비율
>
> 입자 1개 체적(V) = $\dfrac{m}{\rho}$ = $\dfrac{3\text{g/Sm}^3}{2\times 10^6 \text{g/Sm}^3}$ ($2\text{g/cm}^3 = 2\times 10^6 \text{g/Sm}^3$)
>
> 입자수(N_d) = $\dfrac{V}{\frac{4}{3}\pi r^3}$ = $\dfrac{1.5\times 10^{-6}}{\frac{4}{3}\times 3.14\times (2.5\times 10^{-6})^3}$ = 2.293×10^{10}개
>
> 물방울수(N_w) = $\dfrac{V}{\frac{4}{3}\pi r^3}$ = $\dfrac{1\times 10^{-3}}{\frac{4}{3}\times 3.14\times (150\times 10^{-6})^3}$ = 70,771,409개
>
> $\dfrac{N_d}{N_w}$ = $\dfrac{2.293\times 10^{10}}{70,771,409}$ = 324

17 유효굴뚝높이 70m에서 최대지표농도가 25μg/m³일 경우 유효굴뚝높이 125에서의 최대지표농도(μg/m³)를 구하시오.

> **풀이**
>
> $C_{\max} = \dfrac{1}{H_e^2}$
>
> $25 : \dfrac{1}{70^2} = x : \dfrac{1}{125^2}$
>
> x(최대지표농도) = 7.84μg/m³

18 직경이 50mm인 관으로 유체가 흐르고 있다. 1기압, 20℃에서 유체의 동점성계수가 1.5×10^{-5}m²/sec일 때 관내유속(m/sec)을 구하시오. (단, $Re = 3\times 10^4$)

> **풀이**
>
> $Re = \dfrac{VD}{\nu}$
>
> $V = \dfrac{Re\times \nu}{D}$ = $\dfrac{3\times 10^4 \times 1.5\times 10^{-5}\text{m}^2/\text{sec}}{0.05\text{m}}$ = 9m/sec

19 충전탑 관련 용어인 Hold-up, Loading, Flooding에 대하여 설명하시오.

> **풀이**
>
> **1. Hold-Up**
> 충전탑의 충전층 내의 세정액 보유량이 증가하는 것을 의미하며 Hold-up이 증가되면 가스의 압력손실이 커진다.
>
> **2. Loading**
> 부하점이라 하며 충전탑 내의 가스유속을 증가시킬 경우 세정액의 Hold-up이 현저하게 증가되는 상태를 의미한다.
>
> **3. Flooding**
> 범람점이라 하며 Loading Point를 초과하도록 충전층 내의 가스속도가 과도하여 가스가 액 중으로 분산하면서 상승하게 되는 현상을 의미한다.

20 연소과정에서 등가비(Equivalent Ratio)가 1보다 큰 경우 CO와 NOx의 변화(증가, 감소) 및 그 이유를 쓰시오.

> **풀이**
>
> 1) CO : 증가
> 연료과잉상태, 즉 산소량이 상대적으로 적어 불완전연소에 의한 CO 등과 같은 미연소 가스 발생
>
> 2) NOx : 감소
> 연료과잉상태, 즉 공기부족상태이기 때문에 NOx는 감소함

2024년 1회 산업기사

01 다운 워시와 다운 드래프트의 정의 및 방지대책에 대하여 쓰시오.

> **풀이**
>
> **1. Down Wash(세류현상)**
>   1) 정의 : 연기가 굴뚝 아래로 흩날리어 굴뚝 밑부분에 오염물질의 농도가 높아지는 현상이다. 오염물질의 토출속도에 비해 굴뚝높이에서의 풍속이 크면 연기가 굴뚝 아래로 향하여 오염물질이 흩날리어 굴뚝 일부분에 오염물질의 농도가 높아진다($V_s/u < 1$의 경우 생김).
>   2) Down Wash 방지조건
>   배출가스의 유속을 풍속보다 2배 이상 높게 유지시킨다.
> $$\frac{V_s}{u} > 2 \ [V_s > 2u]$$
>   여기서, V_s : 굴뚝배출가스의 유속(오염물질 토출속도)
> u : 풍속(굴뚝높이에서의 풍속)
>
> **2. Down Draught(역류현상)**
>   1) 정의 : 굴뚝 주변 건물이나 지형물의 배후에서 발생되는 와류(소용돌이)에 연기가 말려 들어가는 현상이다. 건물은 바람의 영향에 의해 하류 측에 난류를 발생시킨다.
>   2) Down Draught 방지조건
>   ① 굴뚝높이를 주변 건물높이의 2.5배 이상 높게 한다.
>   ② 배출가스의 온도를 높여 부력을 증가시킨다.

02 질소산화물 제어방법은 연소조절방법과 배연탈질방법이 있다. 다음 중 연소조절법에 의한 질소산화물 발생을 억제시키는 방법을 4가지만 쓰시오.

> **풀이**
>
> **연소과정 중 질소산화물 억제방법(4가지만 기술)**
> ① 저산소 연소(저과잉공기 연소)   ② 저온도 연소(연소용 예열공기의 온도 조절)
> ③ 배기가스 재순환   ④ 2단 연소
> ⑤ 버너 및 연소실의 구조 개선   ⑥ 수증기 물 분사

03 HF가 함유된 가스를 기상총괄 이동단위높이가 0.5m인 충전탑을 이용, NaOH 수용액으로 흡수 제거 시 HF의 처리효율은 99%였다. 충전층의 높이(m)를 구하시오. (단, 배기가스 중 HF 이외의 NaOH 수용액에 흡수되는 가스성분은 없다.)

> **풀이**
> 충전탑 높이(H)
> $H = H_{OG} \times N_{OG}$
> $H_{OG} = 0.5\text{m}$
> $N_{OG} = \ln\left(\dfrac{1}{1-\eta}\right) = \ln\left(\dfrac{1}{1-0.99}\right) = 4.605$
> $= 0.5\text{m} \times 4.605 = 2.3\text{m}$

04 다음은 대기공정시험기준상 알데히드류-고성능 액체크로마토그래프에 관한 설명이다. ( ) 안에 알맞은 내용을 쓰시오.

> DNPH 유도체와 액체크로마토그래프 분석법은 카르보닐 화합물과 DNPH가 반응하여 형성된 DNPH 유도체를 (①) 용매로 추출하여 고성능액체크로마토그래프를 이용하여 자외선검출기 (②)nm 파장범위에서 분석한다.

> **풀이**
> ① 아세토니트릴　　　② 360

05 공기역학적 직경의 정의를 쓰시오.

> **풀이**
> 입자형태가 구형이 아니더라도 동일한 침강속도 및 단위밀도(1g/cm^3)를 갖는 구형입자의 직경을 공기역학적 직경이라 한다.

06 세정집진장치의 입자포집원리 4가지를 쓰시오.

> **풀이**
> **세정집진장치의 포집원리**
> ① 액적에 입자가 충돌하여 부착
> ② 배기가스 증습에 의하여 입자가 서로 응집
> ③ 미립자 확산에 의하여 액적 접촉
> ④ 액막과 기포에 입자가 충돌하여 부착

07 전기집진장치의 장점과 단점을 3가지 이상 쓰시오.

풀이

(1) 장점(3가지만 기술)
① 집진효율이 높다.(0.1~0.9μm인 것에 대해서도 높은 집진효율)
② 광범위한 온도범위에서 적용이 가능하며 부식성·폭발성 가스가 함유된 먼지의 처리도 가능하다.
③ 고온가스(500℃ 전후) 처리가 가능하여 보일러와 철강로 등에 설치할 수 있다.
④ 압력손실이 낮고 대용량의 처리가스가 가능하며 배출가스의 온도강하가 적다.
⑤ 운전 및 유지비가 저렴하다.(전력소비 적음)
⑥ 회수가치 입자포집에 유리하며 습식 및 건식으로 집진할 수 있다.
⑦ 넓은 범위의 입경과 분진농도에 집진효율이 높다.

(2) 단점(3가지만 기술)
① 처리가스가 적은 경우 다른 고성능 집진장치에 비해 건설비가 비싸다.
② 설치공간을 많이 차지한다.
③ 설치된 후에는 운전조건의 변화에 유연성이 적다.
④ 먼지성상에 따라 전처리시설이 요구된다.
⑤ 분진포집에 적용되며 기체상 물질 제거에는 곤란하다.
⑥ 부하변동에 따른 적응이 곤란하다.(전압변동과 같은 조건변동에 쉽게 적응이 곤란함)
⑦ 가연성 입자의 처리가 곤란하다.

08 바람의 종류 중 지균풍에 영향을 주는 힘의 요소를 이용하여 설명하시오.

풀이

지균풍에 영향을 주는 힘의 요소는 기압경도력과 전향력이며 이들은 크기가 같고 방향은 반대이다. 즉, 지균풍은 지표면으로부터의 마찰력이 무시될 수 있는 고도에서 등압선이 직선일 경우 전향력과 기압경도력의 두 힘만으로 완전히 평형을 이루고 있을 때 부는 수평 바람을 의미한다.

09 어떤 중유 연소로의 연소가스를 분석하였더니 용량비로 CO_2 12%, O_2 8%, N_2 80%였다. 이때 공기비(m)를 구하시오.(단, 중유 중 질소성분은 존재하지 않음)

풀이

$$m = \frac{21N_2}{21N_2 - 79O_2} = \frac{N_2}{N_2 - 3.76O_2} = \frac{80}{80 - (3.76 \times 8)} = 1.6$$

10 중유 연소 시 건연소가스 중 SO_2의 농도가 500ppm이었다. 이 경우 습연소가스 중 SO_2 농도(ppm)를 구하시오. (단, 중유 중 수소는 12%, 건연소가스양은 14Sm³/kg)

> **풀이**
> $$G_w = G_d + 11.2H + 1.24W$$
> $$= 14 + (11.2 \times 0.12) = 15.34 Sm^3/kg$$
> $$SO_2(ppm) \frac{SO_2량}{G_d} = \frac{500mL/Sm^3 \times 14Sm^3/kg}{15.34Sm^3/kg} = 456.32 mL/Sm^3 (ppm)$$

11 공중기온역전의 종류 4가지를 쓰시오.

> **풀이**
> ① 침강역전
> ② 전선형 역전
> ③ 해풍형 역전
> ④ 난류형 역전

12 다음은 각 연소 종류에 대한 내용이다. 설명에 대한 연소 종류를 쓰시오.

> (1) 고체연료 표면에 고온을 유지시킴으로써 반응을 일으켜 내부로 연소가 진행되는 연소방법
> (2) 외부 공기 없이 고체 자체의 산소분해에 의해 연소하면서 내부로 연소가 폭발적으로 진행하는 연소방법
> (3) 액체연료가 액면에서 증발하여 가연성증기로 되어 산소와 반응한 후 착화되어 화염이 발생하고 증발이 촉진되면서 연소가 이루어지는 방법

> **풀이**
> (1) 표면연소
> (2) 자기연소
> (3) 증발연소

13 어떤 도시의 대기 중 분진의 농도에 의한 가시거리의 변화를 측정하려고 한다. 상대습도가 70%이고 분진농도가 30μg/m³일 경우, 가시거리(km)를 구하시오. (단, 분산계수 $A=1.2$)

> **풀이**
> 상대습도 70%일 때 가시거리(L)
> $$L = \frac{1{,}000 \times A}{G} = \frac{1{,}000 \times 1.2}{30} = 40\,\text{km}$$

14 다음은 기체크로마토그래피에 사용되는 검출기에 대한 내용이다. 설명에 해당되는 검출기의 종류를 쓰시오.

> (1) 광이온화 검출기는 10.6eV의 자외선(UV) 램프에서 발산하는 120nm의 빛이 벤젠이나 톨루엔과 같은 대부분의 방향족 화합물을 충분히 이온화시킬 수 있고, 또한 H_2S, 헥산, 에틸알코올과 같이 이온화 에너지가 10.6eV 이하인 화합물을 이온화시킴으로써 이들을 선택적으로 검출할 수 있다. 장점으로는 매우 민감하고, 잡음이 적으며, 직선성이 탁월하고 시료를 파괴하지 않는다.
> (2) 시료를 헬륨펄스방전에 의해 이온화시키고 이로 인해 생성된 전자는 전극으로 모여서 전류의 변화를 가져오며 전자 포획 모드와 헬륨 광이온화 모드로 이용할 수 있다. 전자 포획 모드에서는 기존의 전자 포획 검출기와 같이 전자 친화성이 큰 원소를 함유한 화합물인 프레온, 염소성 살충제 등의 할로겐 함유 화합물을 수 펨토그램(1fg = 10^{-15}g)까지 선택적으로 검출할 수 있는데, 기존의 전자 포획 검출기와 달리 방사성 물질을 사용하지 않아 안전하다. 검출기의 온도는 400℃까지 올려 사용할 수 있다.

> **풀이**
> (1) 광이온화 검출기(PID)
> (2) 펄스방전 검출기(PDD)

15 대기오염 배출원에서 배출되는 가스 중 SO_2의 함유량이 25℃, 1atm 상태에서 460μg/m³이었다. SO_2 농도를 ppm으로 나타내시오.

> **풀이**
> $$\text{농도(ppm)} = 460\,\mu\text{g/m}^3 \times \frac{\left(22.4 \times \frac{273+25}{273}\right)\text{mL}}{64\,\mu\text{g}} \times \text{mg}/10^3\,\mu\text{g}$$
> $$= 0.17\,\text{mL/m}^3\,(\text{ppm})$$

16 흡수탑의 염소가스제거 흡수효율이 75%이다. 이 흡수탑 3개를 직렬로 연결 시 유입가스 중 염소가스농도가 10,000ppm일 때, 배출공기 중 염소가스농도(ppm)를 구하시오.

> **풀이**
>
> **총제거효율(η_T)**
>
> $\eta_T = 1 - (1 - \eta_c)^n = 1 - (1 - 0.75)^3 = 0.9844$
>
> 배출염소농도(ppm) = $10,000 \times (1 - 0.9844) = 156$ppm

17 염소가스농도(부피기준)가 0.8%인 배출가스 5,000Sm³/hr를 수산화칼슘 현탁액으로 세정처리하여 배출가스 중 염소를 제거하려고 할 경우 이론적으로 필요한 수산화칼슘량(kg/hr)을 구하시오. (단, 반응식을 반드시 표기하여 풀이하시오.)

> **풀이**
>
> $2Cl_2 + 2Ca(OH)_2 \rightarrow CaCl_2 + Ca(OCl)_2 + 2H_2O$
>
> $2 \times 22.4 Sm^3 : 2 \times 74 kg$
>
> $5,000 Sm^3/hr \times 0.008 : Ca(OH)_2$
>
> $Ca(OH)_2 (kg/hr) = \dfrac{5,000 Sm^3/hr \times 0.008 \times (2 \times 74) kg}{2 \times 22.4 Sm^3} = 132.14 kg/hr$

18 여과집진장치에서 직경 220mm, 높이 2.5m인 원통형 백필터를 사용하여 먼지농도가 6g/Sm³이고 가스양이 360m³/min인 배기가스를 처리하고자 한다. 겉보기 여과속도가 1.5cm/sec일 때 백필터의 개수는?

> **풀이**
>
> 여과포 개수 = $\dfrac{\text{처리가스양}}{\text{여과포 하나당 가스양}}$
>
> $= \dfrac{360 m^3/min \times min/60sec}{(3.14 \times 0.22m \times 2.5m) \times 0.015 m/sec} = 231.50 (232개)$

19 연소속도 정의와 연소속도를 지배하는 영향인자 3가지를 쓰시오.

> **풀이**
>
> (1) **연소속도**
>
>   연소속도는 연료가 착화되면서 나타나는 연소반응의 빠르기를 의미하며, 연소속도가 급격하게 진행될 때를 폭발이라 한다.
>
> (2) **연소속도를 지배하는 영향인자(3가지만 기술)**
>   ① 공기 중의 산소의 확산속도
>   ② 연료 중 공기의 산소농도
>   ③ 반응계의 온도 및 농도
>   ④ 활성화에너지
>   ⑤ 산소와의 혼합비
>   ⑥ 촉매

20 직경이 $4\mu m$, 밀도가 $4g/cm^3$인 입자의 공기역학적 직경을 구하시오.

> **풀이**
>
> $$d_a = d_s \times \sqrt{\frac{\rho_s}{\rho_a}} = 4\mu m \times \sqrt{\frac{4g/cm^3}{1g/cm^3}} = 8\mu m$$

2024년 2회 기사

01 저위발열량이 10,000kcal/kg인 중유를 시간당 10kg 사용하는 보일러가 있다. 연소에 필요한 실제공기량은 13.50Sm³/kg이고 보일러의 연소효율은 90%이며 외기온도는 20℃, 연료 및 연소용 공기는 80℃로 예열하여 공급한다. 중유의 평균비열은 0.5kcal/kg·℃, 공기의 평균비열은 0.31kcal/Sm³·℃일 때 보일러 연소실의 열발생률(kcal/m³·hr)을 구하시오.(단, 보일러 연소실 부피는 5m³이고 연소실 벽을 통한 열손실은 0.1kcal/m²·min이다.)

> **풀이**
>
> **연소실 열발생률(Q_c)**
>
> $$Q_c = \frac{G_f(H_l \eta + Q_a + Q_f) - Q_o}{V}$$
>
> 여기서, G_f(연료사용량) = 10kg/hr
> H_l(저위발열량) = 10,000kcal/kg
> η(연료연소효율) = 0.9
> A(실제공기량) = 13.50Sm³/kg
> Q_a(공기의 입열현열) = 13.50Sm³/kg × 0.31kcal/Sm³·℃ × (80-20)℃
> = 251.1kcal/kg
> Q_f(연료의 입열현열) = 0.5kcal/kg·℃ × (80-20)℃
> = 30kcal/kg
> Q_o(연소실의 열손실량) = 0.1kcal/m²·min × 60min/hr = 99kcal/hr
>
> $$= \frac{10 \times [(10,000 \times 0.9) + 251.1 + 30] - 99}{5}$$
>
> $= 18,542.4 \text{kcal/m}^3 \cdot \text{hr}$

02 세정집진장치 관련 충돌수(관성충돌분리계수) 관련식을 작성하고 세정집진장치의 집진 성능을 향상시키기 위한 충돌수를 크게 할 수 있는 방안 2가지를 쓰시오.

> **풀이**
>
> (1) 충돌수(S)
>
> $$S = \frac{d_p^2 \rho_p V}{18 \mu_g d_w}$$
>
> 여기서, d_p : 분진입경, V : 분진입자와 액적과의 상대속도
> μ_g : 처리가스 점도, d_w : 액적 직경
>
> (2) 충돌수를 크게 할 수 있는 입자의 특성과 운전조건(2가지만 기술)
> ① 분진입경이 커야 한다.
> ② 분진밀도가 작아야 한다.
> ③ 처리가스와 액적의 상대속도가 커야 한다.
> ④ 처리가스의 점도온도가 낮아야 한다.
> ⑤ 액적의 직경이 작아야 한다.

03 화력발전소의 유해가스 처리장치의 고장으로 아황산가스가 처리되지 않은 채 굴뚝으로 배출되고 있다. 이때 유효굴뚝높이가 200m, 배출가스양 40,000m³/hr, 풍속 5m/sec인 대기 중에 SO_2이 1,000ppm으로 배출되고 있을 때, 다음 질문에 답하시오. (단, Sutton의 확산식을 이용하고, 수직 및 수평방향의 확산계수는 모두 0.07, 대기안정도계수 $n = 0.25$이다.)

(1) 굴뚝에서 배출되는 SO_2의 최대지표농도(ppm)
(2) 굴뚝에서 배출되는 SO_2의 최대착지거리(m)

> **풀이**
>
> (1) $C_{\max} = \dfrac{2Q}{\pi \times e \times u \times H_e^2} \left(\dfrac{C_z}{C_y}\right)$
>
> $= \dfrac{2 \times 40,000 \times \dfrac{1}{3,600} \times 1,000 \times 10^{-6}}{\pi \times 2.72 \times 5 \times 200^2} \left(\dfrac{0.07}{0.07}\right) \times 10^6$
>
> $= 0.013 \text{ppm}$
>
> (2) $X_{\max} = \left(\dfrac{H_e}{C_z}\right)^{\frac{2}{2-n}} = \left(\dfrac{200}{0.07}\right)^{\frac{2}{2-0.25}}$
>
> $= 8,905.05 \text{m}$

04 다음 조건에서 여과집진장치의 탈진주기(min)를 구하시오.

- 유량 : 300m³/min
- 여재비 : $\dfrac{3\text{m}^3/\text{min}}{\text{m}^2}$
- 압력손실 : 220mmH$_2$O
- $K_2 = 127$mmH$_2$O(m/min)
- 입구농도 : 12g/m³
- 여과집진기 효율 : 98%
- $K_1 = 59.8$mmH$_2$O(m/min)
- $\Delta P = K_1 V_f + K_2 C V_f^2 t$

풀이

$$\Delta P = K_1 V_f + K_2 C V_f^2 t$$

$$t(\min) = \frac{\Delta P - K_1 V_f}{K_2 C V_f^2}$$

C(포집된 분진농도) $= 12\text{g/m}^3 \times \text{kg}/1{,}000\text{g} = 0.012\text{kg/m}^3 \times 0.98$
$\qquad\qquad\qquad\quad = 0.01176\text{kg/m}^3$

$$= \frac{220 - (59.8 \times 3)}{127 \times 0.01176 \times 3^2} = 3.02\min$$

05 다음은 배출가스 중 브로민화합물(자외선/가시선 분광법)의 분석방법이다. ( ) 안에 알맞은 내용을 쓰시오.

배출가스 중 브로민화학물을 수산화소듐 용액에 흡수시킨 후 일부를 분취해서 산성으로 하여 (①)용액을 사용하여 브로민으로 산화시켜 (②)으로 추출한다. (②) 층에 정제수와 황산제이철 암모늄 용액 및 싸이오사이안산제이수은용액을 가하여 발색한 정제수 층의 흡광도를 측정해서 브로민을 정량하는 방법이다. 흡수파장은 (③)nm이다.

풀이

① 과망간산포타슘, ② 클로로폼, ③ 460

06 SO_2 농도 2,000ppm, 배출가스유량 10,000m³/hr(150℃, 1atm)를 처리하기 위해 습식 석회석탈황공정을 설치하여 가동한다. 이 공정에서 SO_2 90%가 석고($CaSO_4 \cdot 2H_2O$, Mw=172)로 전환되어 제거된 후 70℃로 배출된다. 굴뚝에서의 상대습도가 100%이고 유입가스 내 수분농도가 부피비로 10%일 경우 습식 탈황탑의 물높이를 일정하게 유지하기 위하여 보충하여야 하는 물의 양(kg/hr)을 구하시오. (단, 70℃에서의 절대습도 0.3kg/kg-dry gas, 건배출가스밀도 1.1kg/m³, 반응 후 배출되는 가스 내 수분은 70℃, 절대습도를 기준으로 하며 미반응 SO_2는 수분을 포함하지 않는 것으로 가정함)

> **풀이**
>
> - 유입 SO_2 mol 수
> $= 10,000 \text{m}^3/\text{hr} \times 2,000\text{ppm} \times 10^{-6} \times \dfrac{1\text{kmol}}{22.4\text{Sm}^3} \times \dfrac{273}{273+150}$
> $= 576 \text{mol/hr}$
> - 유입 H_2O mol 수
> $= 10,000 \text{m}^3/\text{hr} \times 0.1 \times \dfrac{1\text{kmol}}{22.4\text{Sm}^3} \times \dfrac{273}{273+150} = 28,812 \text{mol/hr}$
> - SO_2 제거 mol 수 $= 576 \text{mol/hr} \times 0.9 = 518.4 \text{mol/hr}$
> - 석고에 동반되는 수분량 $= 2 \times 518.4 \text{mol/hr} = 1,036.8 \text{mol } H_2O/\text{hr}$
> - 유출 수분량은 $CaSO_4 \cdot 2H_2O$에 의해 $1,036.8 \text{mol/hr}$
> - 150℃ 배출가스 10,000m³/hr 중 SO_2 양(20m³/hr)과 수분량(배출가스의 10%이므로 1,000m³/hr)을 제외한 양 $= 10,000 - 20 - 1,000 = 8,980 \text{m}^3/\text{hr}$
> - 온도 70℃ 고려한 배출가스양 $= 8,980 \text{m}^3/\text{hr} \times \dfrac{273+70}{273+150} = 7,281.55 \text{m}^3/\text{hr}$
> - H_2O mol 수 $= 7,281.55 \text{m}^3/\text{hr} \times 1.1 \text{kg/m}^3 \times 0.3 \text{kg/kg air} \times \dfrac{1,000\text{g}}{18\text{kg}}$
> $= 133,497 \text{mol } H_2O/\text{hr}$
> - H_2O에 대한 수지식
> $28,812 \text{mol/hr} - 1,036.8 \text{mol/hr} - 133,497 \text{mol/hr} = -105,721.8 \text{mol/hr}$
> - 보충 물의 양(kg/hr) $= 105,721.8 \text{mol/hr} \times \dfrac{18\text{g}}{1\text{mol}} \times \dfrac{1\text{kg}}{10^3\text{g}}$
> $= 1,903 \text{kg } H_2O/\text{hr}$

07 다음은 물리적 흡착과 비교하여 화학적 흡착에 대한 설명이다. 알맞은 용어를 고르시오.

(1) 반응계가 (가역적/비가역적)이다.

(2) 흡착제의 재생이 (가능/불가능)하다.

(3) 흡착열이 물리적 흡착보다 (큰/작은) 편이다.

> **풀이**
> (1) 가역적, (2) 가능, (3) 큰

08 중유 1kg의 조성이 중량조성 C : 86.6%, H : 4%, O : 8%, S : 1.4%일 때 이론산소량(Sm³/kg)과 이론습연소가스양(Sm³/kg)을 구하시오. (단, 표준상태 기준으로 한다.)

> **풀이**
> (1) **이론산소량(O_0)**
> $O_0 = 1.867C + 5.6H - 0.7O + 0.7S$
> $= (1.867 \times 0.866) + (5.6 \times 0.04) - (0.7 \times 0.08) + (0.7 \times 0.014)$
> $= 1.795 \, Sm^3/kg$
>
> (2) **이론습연소가스양(G_{ow})**
> $G_{ow} = A_0 + 5.6H + 0.7O$
> $A_0 = \dfrac{O_0}{0.21} = \dfrac{1.795}{0.21} = 8.55 \, Sm^3/Sm^3$
> $= 8.55 + (5.6 \times 0.04) + (0.7 \times 0.08) = 8.83 \, Sm^3/kg$

09 처리가스양이 15,000Sm³/hr, 압력손실이 750mmH₂O인 어떤 집진장치가 1일 12시간 운전하여 연간 2,000만 원의 동력비가 들었다. 이 경우 가동시간은 동일하며 처리가스양이 50,000Sm³/hr, 압력손실이 30mmHg인 같은 형식의 집진장치를 사용할 경우 연간 동력비(원)를 구하시오. (단, 송풍기 효율은 변화 없음)

> **풀이**
>
> $$kW = \frac{\Delta P \times Q}{102 \times \eta}, \ kW = \alpha \, \Delta P \times Q$$
>
> 여기서, α : 동력비용
>
> $$30mmHg \times \frac{10,332mmH_2O}{760mmH_2O} = 407.84mmH_2O$$
>
> $750mmH_2O \times 15,000Sm^3/hr : 2,000만 원$
> $= 407.84mmH_2O \times 50,000Sm^3/hr : 동력비용$
>
> 동력비용 $= \dfrac{407.84 \times 50,000 \times 2,000만 원}{750 \times 15,000} = 3,625.24만 원$

10 배출가스의 유량이 10,000Sm³/hr이고 배출가스 중 NO의 농도가 300ppm, NO₂의 농도가 60ppm일 때, 이 배출가스를 NH₃에 의한 선택적 촉매환원법으로 처리하고자 한다. 이때 필요한 NH₃의 이론 소요량(kg/hr)은? (단, 표준상태이고 반응효율은 100%이며, 반응에 있어서 산소의 공존은 고려하지 않는다.)

> **풀이**
>
> (1) NO
>
> $6NO \ + \ 4NH_3 \ \rightarrow \ 5N_2 \ + \ 6H_2O$
>
> $6 \times 22.4Sm^3 : \ 4 \times 17kg$
>
> $10,000Sm^3/hr \times 300mL/Sm^3 \times 10^{-6}Sm^3/mL : NH_3(kg/hr)$
>
> $$NH_3(kg/hr) = \frac{\begin{array}{c}10,000Sm^3/hr \times 300mL/Sm^3 \\ \times 10^{-6}Sm^3/mL \times (4 \times 17)kg\end{array}}{6 \times 22.4Sm^3} = 1.52kg/hr$$
>
> (2) NO₂
>
> $6NO_2 \ + \ 8NH_3 \ \rightarrow \ 7N_2 \ + \ 12H_2O$
>
> $6 \times 22.4Sm^3 : \ 8 \times 17kg$
>
> $10,000Sm^3/hr \times 60mL/Sm^3 \times 10^{-6}Sm^3/mL : NH_3(kg/hr)$
>
> $$NH_3(kg/hr) = \frac{\begin{array}{c}10,000Sm^3/hr \times 60mL/Sm^3 \\ \times 10^{-6}Sm^3/mL \times (8 \times 17)kg\end{array}}{6 \times 22.4Sm^3} = 0.61kg/hr$$
>
> $\therefore NH_3(kg/hr) = 1.52 + 0.61 = 2.13kg/hr$

11 표준상태(0℃, 1atm)의 단면적 70cm²의 원통배출구에서 C_3H_8가스가 시간당 22kg으로 발생되고 있다. 원통배출구로 배출되는 속도(cm/sec)를 구하시오.

> **풀이**
>
> $$\text{배출속도(cm/sec)} = \frac{22\text{kg/hr} \times \frac{22.4\text{m}^3}{44\text{kg}} \times \text{hr}/3{,}600\sec \times 100\text{cm/m}}{70\text{cm}^2 \times \text{m}^2/10^4\text{cm}^2}$$
>
> $$= 44.44 \text{cm/sec}$$

12 다음은 대기환경보전법상 저공해자동차의 배출허용기준이다. ( ) 안에 알맞은 내용을 쓰시오.[단, 2020년 4월 3일 이후 기준 적용, 저공해자동차 종류는 제3종(휘발유·가스자동차)의 대형·승용·화물, 초대형 승용·화물 적용]

(1) 일산화탄소 배출허용기준 : ( ) 이하

(2) 질소산화물 배출허용기준 : ( ) 이하

(3) 탄화수소(배기관가스) 배출허용기준 : ( ) 이하

> **풀이**
>
> (1) 4.0, (2) 0.35, (3) 0.10

13 C : 75%, H : 15%, O : 5%, S : 3%, N : 2%로 구성된 중류 1kg을 완전연소시킨 후 오르자트기기로 연소가스를 분석한 결과 연소가스 중 O_2 농도가 3.5%일 경우 습연소가스양(Sm^3/kr)을 구하시오.

> **풀이**
>
> $G_w = mA_o + 5.6H + 0.7O + 0.8N + 1.244W$
>
> $m = \dfrac{21}{21-5} = 1.31$
>
> $A_o = \dfrac{1}{0.21}[(1.867 \times 0.75) + (5.6 \times 0.15) + (0.7 \times 0.03) - (5.6 \times 0.05)]$
>
> $= 9.43 Sm^3/kg$
>
> $= (1.31 \times 9.43) + (5.6 \times 0.15) + (0.7 \times 0.05) + (0.8 \times 0.02)$
>
> $= 13.24 Sm^3/kg$

14 전기집진장치는 탈진방법에 따라 건식과 습식으로 구분된다. 건식에 비해 습식 전기집진장치의 장·단점을 각각 2가지씩 쓰시오.

> **풀이**
> (1) **장점(2가지만 기술)**
>   ① 처리가스속도를 2배 정도 크게 할 수 있다.
>   ② 역전리와 역이온화에 의해 재비산을 방지할 수 있다.
>   ③ 집진면이 청결하여 강한 전계를 얻을 수 있다.
> (2) **단점**
>   ① 다량의 슬러지가 발생하며 폐수처리시설이 필요하다.
>   ② 구조가 복잡하다.

15 어떤 집진장치에서 집진해야 할 함진가스 중 입자의 입경범위별 중량분포와 부분집진율을 다음 표에 나타내었다. 이 집진장치의 함진가스에 대한 총집진율(%)을 구하시오.

입경범위(μm)	0~5	5~10	10~15	15~20	20~25	25~30
중량분포(%)	5	25	30	20	15	5
부분집진율(%)	92	94	96	98	99	99

> **풀이**
> 총집진율(η_T)
> $\eta_T = f_1\eta_1 + \cdots + f_n\eta_n$
> $= (5 \times 0.92) + (25 \times 0.94) + (30 \times 0.96) + (20 \times 0.98) + (15 \times 0.99)$
> $\quad + (5 \times 0.99)$
> $= 96.3\%$

16 자동차 연료로 쓰이는 가솔린($C_8H_{17.5}$)을 완전연소시킬 때의 AFR을 부피 및 중량(질량) 기준으로 각각 구하시오.

> **풀이**
>
> $C_8H_{17.5}$의 연소반응식
>
> $C_8H_{17.5} + 12.375O_2 \rightarrow 8CO_2 + 8.75H_2O$
>
> 1) 부피기준 AFR = $\dfrac{\text{산소의 mole}/0.21}{\text{연료의 mole}}$
>
> $= \dfrac{12.375/0.21}{1} = 58.93$ mole air/mole fuel
>
> 2) 중량기준 AFR = $58.93 \times \dfrac{28.95}{113.5} = 15.03$ kg air/kg fuel
>
> [113.5 : 가솔린 분자량, 28.95 : 건조공기 분자량]

17 연돌 내의 배기가스의 평균온도가 280℃, 대기의 온도는 25℃이다. 이때 통풍력을 40mmH₂O로 하기 위한 연돌의 높이(m)는?(단, 연소가스와 공기의 표준상태에서의 밀도는 1.3kg/Nm³이고, 연돌 내의 압력손실은 무시)

> **풀이**
>
> $Z = 355H \left(\dfrac{1}{273+t_a} - \dfrac{1}{273+t_g} \right)$
>
> $40 = 355 \times H \left[\dfrac{1}{(273+25)} - \dfrac{1}{(273+280)} \right]$
>
> $H = \dfrac{40}{0.55} = 72.73$ m

18 사이클론의 직경이 140cm, 유입함진가스의 접선속도가 12m/sec일 경우, 이 사이클론의 분리계수를 구하시오.

> **풀이**
>
> 분리계수 = $\dfrac{\text{원심력}}{\text{중력}} = \dfrac{V_e^2}{R \times g} = \dfrac{12^2 \text{m}^2/\sec^2}{0.7\text{m} \times 9.8\text{m}/\sec^2} = 20.99$

19 다음은 환경정책기본법령상 대기환경기준이다. (   )안에 알맞은 내용을 쓰시오.

- 아황산가스 : 연간 평균치 (①)ppm 이하
- 일산화탄소 : 1시간 평균치 (②)ppm 이하
- 이산화질소 : 24시간 평균치 (③)ppm 이하
- 오존 : 8시간 평균치 (④)ppm 이하
- 납 : 연간 평균치 (⑤)$\mu g/m^3$ 이하
- 벤젠 : 연간 평균치 (⑥)$\mu g/m^3$ 이하

풀이

① 0.02, ② 25, ③ 0.06, ④ 0.06, ⑤ 0.5, ⑥ 5

20 다음 내용을 의미하는 용어를 쓰시오.

대기 중의 먼지에 대한 대기질의 오염도를 평가하는 방법으로 깨끗한 여과지에 먼지를 모은 다음 빛전달률의 감소를 측정함으로써 결정되며, 이 측정값이 0이면 대기가 깨끗한 것이며 이 값이 커질수록 대기질은 오염된 것을 의미한다.

풀이

빛의 전달률계수(COH : Coefficient of Haze)

2024년 2회 산업기사

01 여과집진장치 포집원리 4가지를 쓰시오.

> **풀이**
>
> **여과집진장치의 메커니즘(4가지만 기술)**
> ① 관성 충돌   ② 직접 차단(간섭)   ③ 확산
> ④ 중력 침강   ⑤ 정전기 침강

02 충전탑(Packed Tower)에 사용되는 충전물 구비조건 4가지를 쓰시오. (단, 가격이 저렴할 것 및 내구성이 클 것은 정답에서 제외함)

> **풀이**
>
> **충전물(Packing Material) 구비조건(4가지만 기술)**
> ① 단위부피당 표면적이 클 것
> ② 가스와 액체가 전체에 균일하게 분포될 것
> ③ 가스 및 액체에 대하여 내식성이 있을 것
> ④ 압력 손실이 적고 충전밀도가 클 것
> ⑤ 충분한 화학적 저항성을 가질 것(화학적으로 불활성)
> ⑥ 대상 물질에 부식성이 작을 것
> ⑦ 세정액의 체류현상(Hold-up)이 작을 것

03 벤투리스크러버 목부의 직경이 0.25m, 수압이 20,000mmH₂O, 목부의 유속이 90m/s, 노즐의 직경이 0.4cm이다. 노즐의 개수를 6개로 할 경우에 2.2m³/sec의 가스 처리 시 요구되는 물의 양(L/sec)을 구하시오.

> **풀이**
>
> $$n\left(\frac{d_n}{D_t}\right)^2 = \frac{V_t \cdot L}{100\sqrt{P}}$$
>
> 여기서, n : 노즐의 개수, d_n : 노즐의 직경(m)
> D_t : 목부의 직경(m), V_t : 목부의 유속(m/s)
> L : 액가스비(L/m³), P : 수압(mmH₂O)
>
> $$6\left(\frac{0.004}{0.25}\right)^2 = \frac{90 \cdot L}{100\sqrt{20,000}} \Rightarrow L = 0.2414 \text{L/m}^3$$
>
> 액가스비(L/m³) = $\dfrac{\text{가스 처리 시 요구되는 물의 양(L/sec)}}{\text{가스의 양(m}^3\text{/sec)}}$
>
> $0.2414 \text{L/m}^3 = \dfrac{X(\text{L/sec})}{2.2 \text{m}^3/\text{sec}}$
>
> 가스 처리 시 요구되는 물의 양 = 0.53L/sec

04 사이클론 집진장치에서 절단입경은 유입구의 폭, 입자의 밀도, 가스의 점도, 유효회전 수, 유입속도 등에 의하여 결정된다. 기타 조건은 일정하다고 할 때, 유입속도를 16배 증가시키면 절단입경은 어떻게 변하는지 Lapple 방정식을 이용하여 산출하시오.

> **풀이**
>
> Lapple의 절단입경(d_{p50})
>
> $$d_{p50} = \sqrt{\frac{9\mu g W}{2\pi N(\rho_p - \rho) V}} \text{ 에서}$$
>
> $$d_{p50} \propto \sqrt{\frac{1}{V}} = \sqrt{\frac{1}{16}} = 0.25$$
>
> 즉, 절단입경은 1/4로 감소한다.

05 Propane 1Sm³에 20%의 과잉 공기로 완전연소하였을 경우 다음 물음에 답하시오.
  (1) 건조연소가스양(G_d)
  (2) 습윤연소가스양(G_w)
  (3) 습윤연소가스양(G_w)/건조연소가스양(G_d)의 비

> **풀이**
>
> 연소반응식
>
> $C_3H_8 + 5O_2 \rightarrow 3CO_2 + 4H_2O$
>
> (1) 건조연소가스양(G_d)
>
> $G_d = (m - 0.21)A_0 + CO_2$
>
> $A_0 = \dfrac{O_0}{0.21} = \dfrac{5}{0.21} = 23.81 \text{Sm}^3/\text{Sm}^3 \times 1\text{Sm}^3 = 23.81 \text{Sm}^3$
>
> $= [(1.2 - 0.21) \times 23.81] + 3 = 26.57 \text{Sm}^3$
>
> (2) 습윤연소가스양(G_w)
>
> $G_w = G_d + H_2O = 26.57 \text{Sm}^3 + 4 = 30.57 \text{Sm}^3$
>
> (3) 습윤연소가스양(G_w)/건조연소가스양(G_d)의 비
>
> $\dfrac{G_w}{G_d} = \dfrac{30.57}{26.57} = 1.15$

06 유효 굴뚝높이가 60m인 굴뚝에서 SO_2가 5g/s의 비율로 배출되고 있다. 굴뚝높이에서의 풍속은 7m/s이고, 풍하거리 600m 지점에서의 편차 $\sigma_y = 95$m, $\sigma_z = 65$m일 경우, 굴뚝으로부터 풍하거리 600m의 중심선상의 지표농도($\mu\text{g/m}^3$)를 구하시오.

> **풀이**
>
> $C(x, y, z, H_e) = \dfrac{Q}{2\pi\sigma_y\sigma_z U} \exp\left[-\dfrac{1}{2}\left(\dfrac{y}{\sigma_y}\right)^2\right]$
>
> $\times \left[\exp\left(-\dfrac{1}{2}\left(\dfrac{z - H_e}{\sigma_z}\right)^2\right) + \exp\left(-\dfrac{1}{2}\left(\dfrac{z + H_e}{\sigma_z}\right)^2\right)\right]$
>
> 위 식에서 중심선상의 지표면 농도 $y = z = 0$
>
> $C(x, 0, 0, H_e) = \dfrac{Q}{\pi u \sigma_y \sigma_z} \times \exp\left[-\dfrac{1}{2}\left(\dfrac{H_e}{\sigma_z}\right)^2\right]$
>
> $= \dfrac{5\text{g/sec} \times 10^6 \mu\text{g/g}}{3.14 \times 7\text{m/sec} \times 95\text{m} \times 65\text{m}} \times \exp\left[-\dfrac{1}{2}\left(\dfrac{60\text{m}}{65\text{m}}\right)^2\right]$
>
> $= 24.06 \mu\text{g/m}^3$

07 기체연료의 장점 4가지를 쓰시오.

> **풀이**
>
> **기체 연료의 장점**
> ① 적은 과잉공기(공기비)로 완전연소가 가능하며 연료의 예열이 쉽다.
> ② 연료 속에 회분 및 유황 함유량이 적어 배연가스 중 SO_2, 먼지, 검댕 등 대기오염물질 발생량이 매우 적다.
> ③ 연소효율이 높고 연소조절, 점화 및 소화가 용이하다.
> ④ 저발열량의 것(저질연료)으로도 고온을 얻을 수 있고 전열효율을 높일 수 있다.
> ⑤ 연소율의 가연범위(Turn-down Ratio, 부하 변동범위)가 넓어 연소조절이 용이하다.

08 다음 환경정책기본법상의 대기환경기준이다. ( ) 안에 알맞은 내용을 쓰시오.

(1) 아황산가스의 연간 평균치 ( ) 이하
(2) 이산화질소의 연간 평균치 ( ) 이하
(3) 미세먼지(PM-10)의 연간 평균치 ( ) 이하
(4) 미세먼지(PM-10)의 24시간 평균치 ( ) 이하

> **풀이**
>
> (1) 0.02ppm
> (2) 0.03ppm
> (3) $50\mu g/m^3$
> (4) $100\mu g/m^3$

09 장방형 덕트의 단변 0.13m, 장변 0.26m, 길이 15m, 속도압 20mmH$_2$O, 관마찰계수(λ)가 0.004일 때 덕트의 압력손실(mmH$_2$O)은?

> **풀이**
>
> 압력손실$(\Delta P) = \lambda \times \dfrac{L}{D} \times VP$ 에서
>
> 상당직경$(d_e) = \dfrac{2ab}{a+b} = \dfrac{2(0.13 \times 0.26)}{0.13 + 0.26} = 0.173\text{m}$
>
> $= 0.004 \times \dfrac{15}{0.173} \times 20 = 6.94\text{mmH}_2\text{O}$

10 대기압이 700mmHg 기상조건에서 굴뚝에서 배출되는 배출가스의 온도는 100℃이고 부피는 150m³이다. 이 배출가스를 표준상태로 할 경우 부피(m³)를 구하시오.

> **풀이**
>
> $$V = V_1 \times \frac{T_2}{T_1} \times \frac{P_1}{P_2}$$
>
> $$= 150\text{m}^3 \times \frac{273+0}{273+100} \times \frac{700}{760} = 101.12\text{m}^3$$

11 염소농도가 300ppm, 배출가스양이 3,000Sm³/hr로 발생하고 있다. 이를 수산화나트륨 수용액으로 흡수처리하여 제거할 경우 발생되는 차아염소산나트륨의 양(kg/hr)을 구하시오.

> **풀이**
>
> 2NaOH + Cl₂ → NaCl + NaOCl + H₂O
> 22.4m³ : 74.5kg
> 3,000Sm³/hr × 300ppm × 10⁻⁶ : NaOCl(kg/hr)
>
> $$\text{NaOCl(kg/hr)} = \frac{3,000\text{Sm}^3/\text{hr} \times 300\text{ppm} \times 10^{-6} \times 74.5\text{kg}}{22.4\text{m}^3} = 2.99\text{kg/hr}$$

12 광화학 스모그의 대표적인 원인물질(3가지) 및 광화학 스모그의 발생기후조건 3가지를 쓰시오.

> **풀이**
>
> (1) 3대 원인물질
>   ① NOx   ② HC(올레핀계)   ③ 자외선(380~400nm)
>
> (2) 발생기후조건(3가지만 기술)
>   ① 자외선의 강도가 큰 경우
>   ② 공기의 정체가 크고 대기오염물질(NOx, HC) 배출량이 많은 경우
>   ③ 기온역전이 형성된 경우
>   ④ 혼합고가 낮은 경우
>   ⑤ 기압경도가 완만하여 풍속 4m/sec 이하의 약풍이 지속될 경우

13 전기집진장치에서 입구 분진농도가 16g/Sm³, 출구 분진농도가 0.1g/Sm³ 이었다. 출구 분진농도를 0.03g/Sm³으로 하기 위해서는 집진극의 면적을 약 몇 % 넓게 하면 되는가?(단, 다른 조건은 무시한다.)

풀이

$\eta = 1 - \exp\left(-\dfrac{AW}{Q}\right)$ 과 $\eta = 1 - \dfrac{C_o}{C_i}$ 에서

$1 - \dfrac{C_o}{C_i} = 1 - \exp\left(-\dfrac{AW}{Q}\right)$

$\dfrac{C_o}{C_i} = \exp\left(-\dfrac{AW}{Q}\right)$ 양변에 ln을 취한 식을 만들면

$\ln\left(\dfrac{C_o}{C_i}\right) = -\dfrac{AW}{Q}$

$A = -\dfrac{Q}{W}\ln\left(\dfrac{C_o}{C_i}\right)$

면적비 $\left(\dfrac{A_1}{A_2}\right) = \dfrac{-\dfrac{Q}{W}\ln\left(\dfrac{0.1\text{ g/Sm}^3}{16\text{ g/Sm}^3}\right)}{-\dfrac{Q}{W}\ln\left(\dfrac{0.03\text{ g/Sm}^3}{16\text{ g/Sm}^3}\right)} = 0.808$

$A_2 = \dfrac{A_1}{0.808} = 1.2376 A_1$

즉, 초기집진극 면적보다 23.76%를 더 넓게 하면 된다.

14 다음 조성을 가진 중량기준의 중유 1kg을 공기비 1.25로 완전연소시키는 경우 건조 가스 내의 먼지농도(mg/Nm³)를 구하시오.[단, 조성 중 회분은 모두 먼지로 배출된다. C(86.9%), H(11.0%), S(2.0%), 회분(0.1%)]

> **풀이**
>
> 먼지농도(mg/Nm³) = $\dfrac{\text{단위연료당 먼지배출량(mg/kg)}}{\text{건조가스양(Nm}^3\text{/kg)}}$
>
> 단위연료당 먼지배출량 = $\dfrac{0.001\text{kg} \times 10^6 \text{mg/kg}}{\text{kg}}$
>
> $= 1,000 \text{mg/kg}$
>
> $G_d = mA_0 - 5.6H + 0.7O + 0.8N$
>
> $A_0 = \dfrac{1}{0.21} \times [(1.867C) + (5.6H) + (0.7S)]$
>
> $= \dfrac{1}{0.21} \times [(1.867 \times 0.869) + (5.6 \times 0.11) + (0.7 \times 0.02)]$
>
> $= 10.726 \text{Nm}^3/\text{kg}$
>
> $= (1.25 \times 10.726) - (5.6 \times 0.11) = 12.79 \text{Nm}^3/\text{kg}$
>
> $= \dfrac{1,000 \text{mg/kg}}{12.79 \text{Nm}^3/\text{kg}} = 78.19 \text{mg/Nm}^3$

15 국소배기장치의 송풍기 정압이 160mmH₂O, 송풍량이 150m³/min, 동력이 7.0HP일 경우 송풍기 전동기의 회전수가 300rpm이다. 만일 회전수를 600rpm으로 증가시켰을 경우, 송풍량(m³/sec), 정압(atm), 동력(kW)을 구하시오.

> **풀이**
>
> (1) 송풍량 = $150 \text{m}^3/\text{min} \times \dfrac{600}{300} = 300 \text{m}^3/\text{min} \times \text{min}/60\text{sec} = 5 \text{m}^3/\text{sec}$
>
> (2) 정압 = $160 \text{mmH}_2\text{O} \times \left(\dfrac{600}{300}\right)^2 = 640 \text{mmH}_2\text{O} \times \text{atm}/10,332 \text{mmH}_2\text{O}$
>
> $= 0.062 \text{atm}$
>
> (3) 동력 = $7.0 \text{HP} \times \left(\dfrac{600}{300}\right)^3 = 56 \text{HP} \times \text{kW}/1.341 \text{HP} = 41.76 \text{kW}$

16 입경 5μm의 구형입자의 종말침강속도가 1cm/sec이다. 같은 밀도, 같은 공기조건 하에서 입경 10μm인 구형입자의 침강속도는 입경 5μm의 종말침강속도의 몇 배인지 구하시오.

> **풀이**
>
> 침강속도(V_s) = $\dfrac{d_p^2(\rho_p - \rho)g}{18\mu g}$ 에서 $V_s \propto d_p^2$
>
> 1cm/sec : $(5\mu m)^2$ = 침강속도 : $(10\mu m)^2$
>
> 침강속도 = $\dfrac{1\text{cm/sec} \times (10\mu m)^2}{(5\mu m)^2}$ = 4cm/sec
>
> 침강속도배수 = $\dfrac{4\text{cm/sec}}{1\text{cm/sec}}$ = 4배

17 황 함량이 1.5%인 중유를 3.5ton/hr 연소하는 보일러에서 발생하는 배출가스를 NaOH 수용액으로 처리한 후 Na_2SO_3로 회수할 경우, 이때 필요한 NaOH의 이론량(kg/hr)을 구하시오.

> **풀이**
>
> $S + O_2 \rightarrow SO_2 \qquad SO_2 + 2NaOH \rightarrow Na_2SO_3 + H_2O$
>
> 32kg : 2×40kg
>
> 3,500kg/hr×0.015 : NaOH(kg/hr)
>
> NaOH(kg/hr) = $\dfrac{3,500\text{kg/hr} \times 0.015 \times (2 \times 40)\text{kg}}{32\text{kg}}$ = 131.25kg/hr

18 굴뚝배출가스 중의 유속을 피토관으로 측정했을 때 평균유속이 14.5m/sec였다. 이때의 동압(mmHg)은?(단, 피토관계수는 1.0이며, 굴뚝 내의 습한 배출가스의 밀도는 1.2kg/m³이다.)

> **풀이**
>
> $VP(동압) = \dfrac{\gamma V^2}{2g}(\text{mmH}_2\text{O}) = \dfrac{1.2 \times 14.5^2}{2 \times 9.8}$
>
> $= 12.87\text{mmH}_2\text{O} \times \dfrac{760\text{mmHg}}{10,332\text{mmH}_2\text{O}} = 0.95\text{mmHg}$

19 배출가스 중의 NOx를 제거하는 배연탈질기술 4가지를 쓰시오.

> **풀이**
>
> **배연탈질기술**
> ① 촉매환원법(선택적 촉매환원법)
> ② 흡착법
> ③ 흡수법(물, 알칼리용액)
> ④ 환원법(아황산나트륨, 아황산마그네슘)

20 실내공기질관리법상 실내공기 오염물질 6가지를 쓰시오.

> **풀이**
>
> **실내공기오염물질(6가지만 기술)**
> ① 미세먼지(PM-10) ② 이산화탄소(CO_2) ③ 폼알데하이드(HCHO)
> ④ 총부유세균(TAB) ⑤ 일산화탄소(CO) ⑥ 라돈(Rn)
> ⑦ 휘발성유기화합물(VOCs) ⑧ 석면 ⑨ 이산화질소(NO_2)

SECTION 77 2024년 3회 기사

01 반경 1m인 사이클론에서 외부선회류의 내측 반경이 0.5m, 외측 반경이 0.7m일 경우 장치의 중심에서 반경 0.6m인 곳으로 유입된 입자의 속도(m/sec)를 구하시오. (단, 사이클론으로 유입된 함진가스양은 1.5m³/sec이다.)

풀이

$$V(\text{m/sec}) = \frac{Q_i}{R \cdot W \cdot \ln\frac{r_2}{r_1}}$$

$W =$ 유입구 폭 $(r_2 - r_1)$

$$= \frac{1.5}{0.6 \times (0.7 - 0.5) \times \ln\frac{0.7}{0.5}} = 37.15 \text{m/sec}$$

02 정지된 대기공간에 입경이 45μm인 구형입자가 침강할 때 다음 조건에 따라 계산하시오.

공기점성계수 1.5×10^{-4} Poise, 입자밀도 1,900kg/m³, 공기밀도 1.29kg/m³, 커닝험 보정계수 1.0

(1) 종말침강속도(m/sec)
(2) 항력(N)(단, 유효숫자 3자리까지 기재)

풀이

(1) 종말침강속도(V_s)

$$V_s = \frac{d_p^2(\rho_p - \rho)g}{18\mu_g} \times C_f$$

$$= \frac{(1,900 - 1.29)\text{kg/m}^3 \times (45\mu\text{m} \times \text{m}/10^6\mu\text{m})^2 \times 9.8\text{m/sec}^2}{18 \times 1.5 \times 10^{-5} \text{kg/m} \cdot \text{sec}} \times 1.0$$

$$= 0.14 \text{m/sec}$$

(2) 항력(N)

$N = 3\pi\mu_g d U_s$

$= 3 \times 3.14 \times 1.5 \times 10^{-5} \text{kg/m} \cdot \text{sec} \times (45\mu\text{m} \times \text{m}/10^6\mu\text{m})$
$\quad \times 0.14 \text{m/sec}$
$= 8.90 \times 10^{-10} \text{N}$

03 가우시안 모델의 대기오염 확산방정식을 적용할 때 지면에 있는 오염원으로부터 바람이 부는 방향으로 200m 떨어진 연기의 중심축상 지상 오염농도(mg/m³)는?(단, 오염물질의 배출량은 4.4g/sec, 풍속은 5m/sec, σ_y, σ_z는 각각 22.5m, 12m이다.)

> **풀이**
>
> $$C(x,\ y,\ z,\ H_e) = \frac{Q}{2\pi\sigma_y\sigma_z U}\exp\left[-\frac{1}{2}\left(\frac{y}{\sigma_y}\right)^2\right]$$
> $$\times\left[\exp\left\{-\frac{1}{2}\left(\frac{z-H_e}{\sigma_z}\right)^2\right\} + \exp\left\{-\frac{1}{2}\left(\frac{z+H_e}{\sigma_z}\right)^2\right\}\right]$$
>
> 위 식에서 $\begin{array}{l} y = z = 0 \\ H_e = 0 \end{array}$ 이므로
>
> $$C = \frac{Q}{\pi u \sigma_y \sigma_z} = \frac{4.4\text{g/sec}}{3.14 \times 5\text{m/sec} \times 22.5\text{m} \times 12\text{m}}$$
> $$= 1.0379 \times 10^{-3}\text{g/m}^3 \times 1{,}000\text{mg/g} = 1.04\text{mg/m}^3$$

04 장방형 덕트의 단변 0.13m, 장변 0.26m, 길이 15m, 속도압 20mmH₂O, 관마찰계수(λ)가 0.004일 때 덕트의 압력손실(mmH₂O)은?

> **풀이**
>
> 압력손실$(\Delta P) = \lambda \times \dfrac{L}{D} \times VP$에서
>
> 상당직경$(d_e) = \dfrac{2ab}{a+b} = \dfrac{2(0.13 \times 0.26)}{0.13 + 0.26} = 0.173\text{m}$
>
> $= 0.004 \times \dfrac{15}{0.173} \times 20 = 6.94\text{mmH}_2\text{O}$

05 면적 1.5m²인 여과집진장치로 먼지농도가 1.5g/m³인 배기가스가 100m³/min으로 통과하고 있다. 먼지가 모두 여과포에서 제거되었으며, 집진된 먼지층의 밀도가 1g/cm³라면 1시간 후 여과된 먼지층의 두께(mm)는?

> **풀이**
>
> $$\text{먼지층 두께} = \frac{\text{먼지부하}(\text{kg/m}^2)}{\text{먼지밀도}(\text{kg/m}^3)}$$
>
> 먼지부하 $= C_i \times V_f \times t$
>
> $= (1.5\text{g/m}^3 \times \text{kg}/1{,}000\text{g}) \times \left(\dfrac{100\text{m}^3/\text{min}}{1.5\text{m}^2}\right) \times 60\text{min}$
>
> $= 6\text{kg/m}^2$
>
> $= \dfrac{6\text{kg/m}^2}{1\text{g/cm}^3 \times 10^6 \text{cm}^3/\text{m}^3 \times \text{kg}/1{,}000\text{g}}$
>
> $= 0.006\text{m} \times 1{,}000\text{mm/m} = 6\text{mm}$

06 직경 10cm이고 길이가 1m인 원통형 집진극을 가진 전기집진장치에서 처리되는 가스의 유속이 1.5m/s이고, 먼지입자가 집진극을 향하여 이동한 속도가 15cm/s일 때, 먼지 제거효율(%)은?(단, $\eta = 1 - e^{-2VL/RU}$을 이용하여 계산)

> **풀이**
>
> 제거효율$(\eta) = 1 - e^{-2VL/RU}$
>
> $= 1 - \exp\left(-\dfrac{2\,lW}{RV_g}\right)$
>
> $W = 15\text{cm/sec} \times \text{m}/100\text{cm} = 0.15\text{m/sec}$
>
> $l = 1\text{m}$
>
> $R = 5\text{cm} \times \text{m}/100\text{cm} = 0.05\text{m}$
>
> $V_g = 1.5\text{m/sec}$
>
> $= 1 - \exp\left(-\dfrac{2 \times 1 \times 0.15}{0.05 \times 1.5}\right) = 0.9816 \times 100 = 98.16\%$

07 25℃, 1기압 조건에서 SO₂ 1,000ppm을 함유한 배출가스가 유동층 연소로에서 10,000m³/hr로 배출되고 있다. 이 SO₂ 농도를 줄이기 위해 유동화 장치에 지장을 주지 않는 크기의 석회석을 유동층 내에 직접 투입하는 기법을 선정하여 Ca/S mol비를 서서히 증가시키면서 SO₂의 배출농도를 측정하였더니, Ca/S mol비가 4.0일 때 SO₂가 전혀 배출되지 않았다. 이러한 조건에서 투입되는 CaCO₃량(kg/hr)을 구하시오. (단, 투입되는 CaCO₃의 순도는 100%)

> **풀이**
>
> $SO_2 + CaCO_3 \rightarrow CaSO_3 + CO_2$
>
> $22.4 Sm^3$: $4 \times 100 kg$
>
> $10,000 m^3/hr \times 1,000 mL/Sm^3 \times \dfrac{273}{273+25} \times m^3/10^6 mL$: $CaCO_3(kg/hr)$
>
> $CaCO_3(kg/hr)$
>
> $= \dfrac{10,000 m^3/hr \times 1,000 mL/Sm^3 \times \dfrac{273}{273+25} \times m^3/10^6 mL \times 400 kg}{22.4 Sm^3}$
>
> $= 163.59 kg/hr$

08 질소 75%, 산소 15%, 이산화탄소 10%가 구성성분으로 이루어져 있는 건조공기의 평균분자량(g/mol)을 구하시오.

> **풀이**
>
> 평균분자량 $= (0.75 \times 28 g/mol) + (0.15 \times 32 g/mol) + (0.1 \times 44 g/mol)$
> $= 30.2 g/mol$

09 1기압 20℃의 동점성계수가 $1.5 \times 10^{-5} m^2/sec$이다. 원형 덕트의 직경이 50cm이고 Reynolds Number가 3×10^4일 경우 덕트 내의 가스유속(m/sec)은?

> **풀이**
>
> $Re = \dfrac{V \times d}{\nu}$
>
> $V = \dfrac{Re \cdot \nu}{d} = \dfrac{(3 \times 10^4) \times (1.5 \times 10^{-5} m^2/sec)}{0.5 m} = 0.9 m/sec$

10 유해가스처리 중 흡수액의 구비조건 4가지를 쓰시오.

> **풀이**
>
> **흡수액(세정액)의 구비조건(4가지만 기술)**
> ① 용해도가 커야 한다.
> ② 점도(점성)가 작고 화학적으로 안정해야 한다.
> ③ 독성이 없고 휘발성이 낮아야 한다.
> ④ 착화성, 부식성이 없어야 한다.
> ⑤ 빙점(어는점)은 낮고 비점(끓는점)은 높아야 한다.
> ⑥ 가격이 저렴하고 사용이 편리해야 한다.
> ⑦ 용매의 화학적 성질과 비슷해야 한다.

11 중유 중 함유원소의 부피조성이 C=87%, H=10%, S=3%일 경우, 이 중유의 CO_{2max}(%)를 구하시오. (단, 표준상태 기준)

> **풀이**
>
> $$CO_{2max} = \frac{CO_2}{G_{od}} \times 100$$
>
> $$G_{od} = (0.79 \times A_0) + CO_2 + SO_2$$
>
> $$A_0 = [(1.867 \times 0.87) + (5.6 \times 0.1) + (0.7 \times 0.3)] \times \frac{1}{0.21}$$
>
> $$= 10.5 \, Sm^3/kg$$
>
> $$CO_2 = 1.867 \times 0.87 = 1.624 \, Sm^3/kg$$
>
> $$SO_2 = 0.7 \times 0.03 = 0.021 \, Sm^3/kg$$
>
> $$= (0.79 \times 10.5) + 1.624 + 0.021 = 9.94 \, Sm^3/kg$$
>
> $$= \frac{1.624}{9.94} \times 100 = 16.33\%$$

12 상자모델(Box Model)의 가정조건 4가지를 쓰시오.

> **풀이**
>
> **상자모델의 가정조건(4가지만 기술)**
> ① 고려된 공간에서 오염물의 농도는 균일하다.
> ② 오염물 배출원이 지표면 전역에 균등하게 분포되어 있다.
> ③ 오염원은 배출과 동시에 균등하게 혼합된다.
> ④ 고려되는 공간의 수직단면에 직각방향으로 부는 바람의 속도가 일정하여 환기량이 일정하다.
> ⑤ 오염물의 분해는 일차 반응에 의한다.(오염물은 다른 물질로 전환되지 않고 지표면에 흡수되지 않음)

13 HF 농도가 100ppm인 배출가스양 60,000Sm³/hr를 순환수 10m³를 이용하여 순환 세정할 경우 2시간 후의 pH를 구하시오. 또한 이 순환수를 폐수처리장으로 보냈을 경우 완전히 중화시키는 데 필요한 NaOH(kg)을 구하시오.(단, 충전탑 순환수에 의한 제거효율 90%)

> **풀이**
>
> (1) pH
>
> 배출가스 중 HF 양(g) $= 60,000\text{Sm}^3/\text{hr} \times 100\text{mL}/\text{Sm}^3 \times \dfrac{20\text{g}}{22,400\text{mL}}$
>
> $\qquad\qquad\qquad\qquad \times 2\text{hr} \times 0.9$
>
> $\qquad\qquad\qquad = 9,642.86\text{g}$
>
> HF의 mol 수 $= 9,642.86\text{g} \times \dfrac{1\text{mol}}{20\text{g}} = 482.14\text{mol}$
>
> 세정 순환수 중 HF 몰농도(M) $= \dfrac{482.14\text{mol}}{10,000\text{L}} = 0.0482\text{M}$
>
> $\text{pH} = -\log[\text{H}^+] = -\log 0.0482 = 1.32$
>
> (2) NaOH(kg)
>
> $\text{HF} \quad + \quad \text{NaOH} \quad \rightarrow \quad \text{NaF} + \text{H}_2\text{O}$
>
> $22.4\text{Sm}^3 \quad : \quad 40\text{kg}$
>
> $60,000\text{Sm}^3/\text{hr} \times 100 \times \dfrac{1}{10^6} \times 2\text{hr} \times 0.9 : \text{NaOH(kg)}$
>
> $\text{NaOH(kg)} = \dfrac{60,000\text{Sm}^3/\text{hr} \times 100 \times \dfrac{1}{10^6} \times 2\text{hr} \times 0.9 \times 40\text{kg}}{22.4\text{Sm}^3}$
>
> $\qquad\qquad\; = 19.29\text{kg}$

14 CH$_4$를 10%의 과잉공기로 완전연소시킬 경우 다음 물음에 답하시오. (단, 연소로의 압력은 760mmHg이며 분압법칙을 이용한다.)

(1) CH$_4$를 10%의 과잉공기로 완전연소시키는 반응식(질소 포함)은?

(2) 완전연소 후 연소가스 중 수증기의 부분압력(mmHg)은?

> **풀이**
>
> (1) CH$_4$ 연소 당량반응식
>
> CH$_4$ + 2O$_2$ + 2×3.76N$_2$ → CO$_2$ + 2H$_2$O + 2×3.76N$_2$
>
> 10%의 과잉공기로 완전연소시킬 경우 반응식
>
> CH$_4$ + 2.2O$_2$ + 2+8.272N$_2$ → CO$_2$ + 2H$_2$O + 0.2O$_2$ + 8.272N$_2$
>
> (2) 수증기의 부분압력(P$_{H_2O}$)
>
> $$P_{H_2O} = \frac{2}{1+2+0.2+8.272} \times 760\text{mmHg} = 132.5\text{mmHg}$$

15 황성분함량이 4%인 중유를 매일 100kL 사용하는 보일러에 황성분함량이 1.5%인 중유 40%를 혼합하여 사용할 경우 SO$_2$ 배출량의 감소율(%)을 구하시오. (단, 중유에 포함된 황성분은 전량 SO$_2$로 전환된다.)

> **풀이**
>
> 4%인 중유 중 황성분의 양 = 100kL × 0.04 = 4kL(S)
>
> 1.5%인 중유 40% 중 황성분의 양 = 100kL × 0.015 × 0.4 = 0.6kL(S)
>
> 4%인 중유 60% 중 황성분의 양 = 100kL × 0.04 × 0.6 = 2.4kL(S)
>
> 혼합된 중유 중 황성분의 양 = 0.64kL + 2.4kL = 3kL(S)
>
> 감소율(%) = $\dfrac{\text{처음 S양} - \text{나중 S양}}{\text{처음 S양}} \times 100 = \dfrac{4-3}{4} \times 100 = 25\%$

16 먼지농도 850g/m^3, 유량 30m^3/min이고 집진효율 80%인 집진장치가 설치되어 있다. 먼지배출량 기준을 맞추기 위해 추가로 집진장치를 직렬로 설치하고자 한다. 먼지배출량을 4,500g/hr 이하로 유지하기 위해 추가로 설치할 집진장치에 필요한 최소집진율(%)을 구하시오.

> **풀이**
>
> 먼지유입량 = 850g/m^3 × 30m^3/min × 60min/hr = 1,530,000g/hr
>
> 1,530,000g/hr × (1−0.8) × (1−η) ≤ 4,500g/hr
>
> η ≥ 0.9853 × 100 = 98.53%

17 배출가스 유량이 1,000m³/min(200℃, 0.9기압)인 직경 2m 굴뚝에서 먼지농도를 측정하려고 한다. 먼지 채취를 위해 펌프를 35L/min(25℃, 1기압)의 용량으로 흡인한다면 사용되어져야 하는 노즐의 직경(mm)을 구하시오. (단, 굴뚝 내의 속도구배는 없다고 가정)

풀이

$$\text{펌프용량} = 35\text{L/min} \times \frac{(273+200)\text{k}}{(273+25)\text{k}} \times \frac{1\text{atm}}{0.9\text{atm}} = 61.73\text{L/min}$$

$$\text{굴뚝배출속도} = \frac{1,000\text{m}^3/\text{min} \times \text{min}/60\sec}{\left(\frac{3.14 \times 2^2}{4}\right)\text{m}^2} = 5.308\text{m/sec}$$

$$\frac{3.14}{4} \times d^2 \times 5.308\text{m/sec} = 61.73\text{L/min} \times \text{min}/60\sec \times \text{m}^3/1,000\text{L}$$

$$d = 0.0157\text{m} \times 1,000\text{mm/m} = 15.7\text{mm}$$

18 악취방지법에서 규정하고 있는 지정악취물질 중 휘발성유기화합물(VOCs) 종류 5가지를 쓰시오.

풀이
① 아세트알데히드 ② 메틸에틸케톤 ③ 톨루엔 ④ 자일렌 ⑤ 스타이렌

19 대기환경보전법에 따른 대기오염물질 배출시설의 배출허용기준을 쓰시오. (2020년 1월 1일 적용되는 배출허용기준)

대기오염물질	배출시설	배출허용기준
암모니아	화학비료 및 질소화합물 제조시설	(①)
포름알데히드	모든 배출시설	(②)
이황화탄소	모든 배출시설	(③)
구리화합물	모든 배출시설	(④)
비산먼지	시멘트 제조시설	(⑤)

풀이
① 12ppm 이하   ② 8ppm 이하   ③ 10ppm 이하
④ 4mg/Sm³ 이하   ⑤ 0.3mg/Sm³ 이하

20 다음은 환경대기 중 유해 휘발성 유기화합물의 시험방법(고체흡착법)에 사용되는 용어 정의이다. 알맞은 용어를 쓰시오.

(1) 일정농도의 휘발성 유기화합물이 흡착관에 흡착되는 초기 시점부터 일정시간이 흐르게 되면 흡착관 내부에 상당량의 휘발성 유기화합물질이 포화되기 시작하고 전체 휘발성 유기화합물질 농도의 5%가 흡착관을 통과하게 되는데, 이 시점에서 흡착관 내부로 흘러간 총 부피

(2) 짧은 길이로 흡착제가 충전된 흡착관을 통과하면서 분석물질의 증기 띠를 이동시키는 데 필요한 운반기체의 부피, 즉 분석물질의 증기 띠가 흡착관을 통과하면서 탈착되는 데 필요한 양만큼의 부피를 측정하여 알 수 있다. 보통 그 증기 띠가 흡착관을 이동하여 돌파(파과)가 나타난 시점에서 측정된다.

> **풀이**
> (1) 파과부피, (2) 머무름 부피

SECTION 78 2024년 3회 산업기사

01 HF 2,000ppm, SiF₄ 1,000ppm을 함유하는 배출가스 11,200Sm³/hr을 물에 흡수하여 H₂SiF₆(규불산)을 회수하려고 할 경우 흡수율이 100%라면 이론적으로 시간당 몇 kmol의 규불산이 회수되겠는가?

풀이

HF 부피 : $2,000 \times 10^{-6} \times 11,200 \text{Sm}^3/\text{hr} = 22.4 \text{Sm}^3/\text{hr}$

SiF₄ 부피 : $1,000 \times 10^{-6} \times 11,200 \text{Sm}^3/\text{hr} = 11.2 \text{Sm}^3/\text{hr}$

$$2HF \quad + \quad SiF_4 \quad \rightarrow \quad H_2SiF_6$$
$$22.4\text{Sm}^3/\text{hr} \quad : \quad 11.2\text{Sm}^3/\text{hr} \quad : \quad 11.2\text{Sm}^3/\text{hr}$$

1kmol = 22.4Sm³/hr이므로 11.2Sm³/hr = 0.5kmol/hr

02 처리가스양 20,000m³/hr, 압력손실이 160mmH₂O인 집진장치의 송풍기 소요동력은 몇 kW인가?(단, 송풍기 효율 60%, 여유율 1.3)

풀이

$$kW = \frac{Q \times \Delta P}{6,120 \times \eta} \times \alpha$$

$Q = 20,000\text{m}^3/\text{hr} \times \text{hr}/60\text{min} = 333.33 \text{m}^3/\text{min}$

$$= \frac{333.33 \times 160}{6,120 \times 0.6} \times 1.3 = 18.88 \text{kW}$$

03 여과집진기 입구 함진가스의 분진농도는 20g/m³이고 분진 중 입경범위가 0.5~5μm인 분진의 질량분율은 7%였다. 또 출구 함진가스의 분진농도는 0.20g/m³이고, 이 분진 중 입경범위가 0.5~5μm인 분진의 질량분율이 35%였다면 이 여과집진기에서 입경범위 0.5~5μm인 분진의 부분집진율(%)을 구하시오.

풀이

부분집진율(η_f)

$$\eta_f = \left(1 - \frac{C_o \cdot f_o}{C_i \cdot f_i}\right) \times 100$$

$$= \left(1 - \frac{0.2 \times 0.35}{20 \times 0.07}\right) \times 100 = 95\%$$

04 석탄화력발전소에서 120m³/min의 배출가스를 전기집진기로 처리한다. 입자이동 속도가 15cm/sec일 때, 이 집진기의 효율이 99.5%가 되려면 집진극의 면적은?(단, Deutsch-Anderson식 적용)

> **풀이**
>
> 집진효율$(\eta) = 1 - \exp\left(-\dfrac{A \cdot W}{Q}\right)$
>
> $W = 15\text{cm/sec} \times \text{m}/100\text{cm} = 0.15\text{m/sec}$
>
> $Q = 120\text{m}^3/\text{min} \times \text{min}/60\text{sec} = 2\text{m}^3/\text{sec}$
>
> $0.995 = 1 - \exp\left(-\dfrac{A \times 0.15}{2}\right)$
>
> $\exp\left(-\dfrac{A \times 0.15}{2}\right) = 1 - 0.995$
>
> $\left(-\dfrac{A \times 0.15}{2}\right) = \ln(1 - 0.995)$
>
> $A(\text{m}^2) = 70.64\text{m}^2$

05 연돌 내의 배기가스의 평균온도가 280℃, 대기의 온도는 25℃이다. 이때 통풍력을 40mmH₂O로 하기 위한 연돌의 높이(m)는?(단, 연소가스와 공기의 표준상태에서의 밀도는 1.3kg/Nm³이고, 연돌 내의 압력손실은 무시)

> **풀이**
>
> $Z = 355H\left(\dfrac{1}{273+t_a} - \dfrac{1}{273+t_g}\right)$
>
> $40 = 355 \times H\left[\dfrac{1}{(273+25)} - \dfrac{1}{(273+280)}\right]$
>
> $H = \dfrac{40}{0.55} = 72.73\text{m}$

06 높이가 10m 되는 곳에 직경이 100μm인 분진이 풍속 3m/sec의 바람에 수평으로 이동할 경우 이 분진이은 몇 m 전방의 지점에 낙하하는지를 구하시오.(단, 동일한 분진으로 직경이 10μm일 경우 낙하속도는 0.2cm/sec이다.)

> **풀이**
> $$L(m) = \frac{V \times H}{V_s}$$
> $$V_s = \frac{d_p^2(\rho_p - \rho)}{18\mu_g} \text{에서 } V_s \propto d_p^2 \text{이므로}$$
> $0.2\text{cm/sec} : (10\mu m)^2 = V_s \text{cm/sec} : (100\mu m)^2$
> $$V_s = \frac{0.2\text{cm/sec} \times (100\mu m)^2}{(10\mu m)^2}$$
> $\quad = 20\text{cm/sec} \times \text{m}/100\text{cm} = 0.2\text{m/sec}$
> $$= \frac{3\text{m/sec} \times 10\text{m}}{0.2\text{m/sec}} = 150\text{m}$$

07 탄소 85%, 수소 15%의 조성을 갖는 액체연료를 1kg/min으로 연소시킬 때 배기가스 성분이 CO_2 15%, O_2 5%, N_2 80%였다면 실제 공급된 공기량(Sm^3/hr)은?

> **풀이**
> 실제 공기량(A)
> $A = m \times A_0$
> $$m = \frac{N_2}{N_2 - 3.76\,O_2} = \frac{80}{80 - (3.76 \times 5)} = 1.31$$
> $$A_0 = \frac{1}{0.21}[1.867C + 5.6H]$$
> $$= \frac{1}{0.21}[(1.867 \times 0.85) + (5.6 \times 0.15)] = 11.56\,Sm^3/kg$$
> $= 1.31 \times 11.56\,Sm^3/kg \times 1\text{kg/min} \times 60\text{min/hr} = 908.37\,Sm^3/hr$

08 활성탄 흡착의 분류 중 물질적 흡착의 특징 6가지를 쓰시오.

> **[풀이]**
>
> **물리적 흡착의 특징**
> ① 가스와 흡착제가 분자 간의 인력, 즉 Van der Waals Force(반데르발스 결합력)로 약하게 결합되어 있으며 보통 가용한 피흡착제의 표면적에 비례한다.
> ② 가스 중의 분자 간 상호의 인력보다 고체표면과의 인력이 크게 되는 때에 일어난다.
> ③ 가역성이 높다. 즉, 가역적 반응이기 때문에 흡착제 재생 및 오염가스 회수에 매우 유용하며 여러 층의 흡착이 가능하다.
> ④ 흡착제에 대한 용질의 분자량이 클수록, 온도가 낮을수록, 압력(분압)이 높을수록 흡착에 유리하다.
> ⑤ 흡착량은 단분자층과는 관계가 적다. 즉, 물리적 흡착은 다분자 흡착층 흡착이며, 흡착열이 낮다.
> ⑥ 흡착물질은 임계온도 이상에서는 흡착되지 않는다.
>
> **[참고] 화학적 흡착**
> ① 가스와 흡착제가 화학적 반응을 하기 때문에 결합력은 물리적 흡착보다 크다.
> ② 비가역 반응이기 때문에 흡착제 재생 및 오염가스 회수를 할 수 없다.
> ③ 분자 간의 결합력이 강하여 흡착과정에서 발열량이 많다. 즉, 반응열을 수반하여 온도가 대체로 높다.
> ④ 흡착력은 단분자층의 영향을 받는다.

09 150ppm의 NO를 함유하는 배기가스가 30,000Sm³/hr으로 발생하고 있다. 암모니아 접촉환원법으로 탈질하는 데 필요한 암모니아의 양(kg/hr)은?(단, 산소가 공존하지 않은 경우)

> **[풀이]**
>
> $6NO \quad + \quad 4NH_3 \quad \rightarrow \quad 5N_2 + 6H_2O$
>
> $6 \times 22.4 Sm^3 \quad : \quad 4 \times 17 kg$
>
> $30,000 Sm^3/hr \times 150 mL/Sm^3 \times 10^{-6} Sm^3/mL \quad : \quad NH_3(kg/hr)$
>
> $NH_3(kg/hr) = \dfrac{30,000 Sm^3/hr \times 150 mL/Sm^3 \times 10^{-6} Sm^3/mL \times (4 \times 17) kg}{6 \times 22.4 Sm^3} = 2.28 kg/hr$

10 기체의 용해도에 따른 유해가스처리 설비를 2가지로 분류하고 각각의 장치를 2가지씩 쓰시오.

> **풀이**
> (1) 액분산형 흡수장치(가스 측 저항이 큰 경우 적용)
>   ① 충전탑   ② 분무탑
>   ③ 벤투리스크러버   ④ 사이클론스크러버
> (2) 기체분산형 흡수장치(액 측 저항이 큰 경우 적용)
>   ① 단탑(포종탑, 다공판탑)   ② 기포탑

11 메탄올(CH_3OH) 1kg이 연소하는 데 필요한 이론산소량(Sm^3)을 구하시오.

> **풀이**
> 이론산소량(O_0)
> $O_0 = 1.867C + 5.6H - 0.7O$
> CH_3 각 성분 구성비(CH_3OH 분자량=32)
>   C = 12/32 = 0.375
>   H = 4/32 = 0.125
>   O = 16/32 = 0.500
> $= (1.867 \times 0.375) + (5.6 \times 0.125) - (0.7 \times 0.5)$
> $= 1.05 Sm^3/kg \times 1kg = 1.05 Sm^3$

12 배출가스 중 먼지농도가 1,500mg/Sm^3인 먼지를 처리하고자 제진효율이 50%인 중력집진장치, 75%인 원심력집진장치, 80%인 세정집진장치를 직렬로 연결하여 사용해 왔다. 여기에 효율이 80%인 여과집진장치를 하나 더 직렬로 연결할 때, 전체 집진효율(%)과 이때 출구의 먼지농도(mg/Sm^3)는 각각 얼마인가?

> **풀이**
> 전체 집진효율(η_T)
> $\eta_T(\%) = 1 - [(1-\eta_1)(1-\eta_2)(1-\eta_3)(1-\eta_4)]$
> $= 1 - [(1-0.5)(1-0.75)(1-0.8)(1-0.8)] = 0.995 \times 100 = 99.5\%$
> $P = (1-\eta_T) \times 100 = (1-0.995) \times 100 = 0.5\%$
> $P(\%) = \dfrac{S_o}{S_i} \times 100$
> $0.5\% = \dfrac{S_o}{1,500 mg/Sm^3} \times 100$
> S_o(출구먼지 농도) = 7.5 mg/Sm^3

13 Bag Filter의 먼지부하가 300g/m²일 경우 탈진시키고자 한다. 이때 탈진시간(min)을 구하시오. (단, Bag Filter 유입가스 함진농도 10g/m³, 여과속도 3.0cm/sec이다.)

> **풀이**
>
> $$탈진주기(min) = \frac{L_d}{C_i \times V_f \times \eta}$$
>
> $$= \frac{300g/m^2}{10g/m^3 \times (3.0cm/sec \times 60sec/min \times m/100cm) \times 1.0}$$
>
> $$= 16.67 min$$

14 유효굴뚝높이의 정의를 쓰시오.

> **풀이**
>
> **유효굴뚝높이**
> 실제 굴뚝높이보다 굴뚝에서 배출되는 연기가 더 높은 고도까지 상승하는 경우 이 고도를 말한다. 즉, 굴뚝의 실제높이에 배출가스 연기의 상승고도를 합산한 높이를 말한다.

15 원심력집진시설에서 집진효율을 높이는 방법으로 다음에 제시한 조건을 대상으로 효율의 변화를 쓰시오.

(1) 원심력집진시설의 높이 (2) 원심력집진시설의 직경
(3) 원심력집진시설의 입구크기 (4) 원심력집진시설의 유입속도

> **풀이**
>
> (1) 높을수록   (2) 작을수록   (3) 작을수록   (4) 클수록

16 황 1.5%를 포함하는 액체연료의 저위발열량이 9,500kcal/kg이다. 공기비 1.1로 연소 시 습연소가스 중의 SO_2 농도(ppm)를 구하시오. (단, Rosin식을 적용, 황은 전량 SO_2로 전환)

풀이

$$SO_2(ppm) = \frac{0.7 \times S}{G_w} \times 10^6$$

$$G_w = G_{ow} + (m-1)A_0$$

$$G_{ow} = 1.11 \times \left(\frac{H_L}{1,000}\right) = 1.11 \times \left(\frac{9,500}{1,000}\right) = 10.55 Sm^3/kg$$

$$A_0 = 0.85 \times \left(\frac{H_L}{1,000}\right) = 0.85 \times \left(\frac{9,500}{1,000}\right) + 2.0$$

$$= 10.08 Sm^3/kg$$

$$= 10.55 + [(1.1-1)10.08] = 11.56 Sm^3/kg$$

$$= \frac{0.7 \times 0.015}{11.56} \times 10^6 = 908.30 ppm$$

17 다음은 제작자동차의 배출가스 보증기간 내용이다. ( ) 안에 알맞은 내용을 쓰시오.

사용연료	자동차 종류	적용기간
휘발유	경자동차, 소형 승용·화물자동차	(①)년 또는 (②)km
가스	경자동차	(③)년 또는 (④)km
경유	대형 승용·화물자동차	(⑤)년 또는 (⑥)km

풀이

① 150, ② 240,000, ③ 10, ④ 192,000, ⑤ 6, ⑥ 300,000

18 투과도가 0.3일 경우의 흡광도를 구하시오.

풀이

$$흡광도(A) = \log\frac{1}{투과도} = \log\frac{1}{0.3} = 0.52$$

19 다음 분석 대상 가스별 흡수액을 쓰시오.

(1) 암모니아   (2) 이황화탄소   (3) 페놀

> **풀이**
> (1) 붕산용액(5g/L)
> (2) 다이에틸아민구리 용액
> (3) 수산화소듐용액(0.1mol/L)

20 굴뚝에서 배출하는 배출가스 중 HF 농도를 측정하였더니 20ppm이었다. 플루오르 화합물의 배출허용기준이 F의 양으로 환산하면 5mg/Sm³일 경우 이 배출가스 중 HF는 몇 %를 제거해야 하는가?

> **풀이**
> HF 20ppm을 F(mg/Sm³)로 환산
>
> $$F(mg/Sm^3) = 20 \text{ppm} (mL/m^3) \times \frac{20mg}{22.4mL} \times \frac{19}{20}$$
>
> $$= 16.964 \, mg/Sm^3$$
>
> 제거해야 할 $HF = \frac{16.964 - 5}{16.964} \times 100 = 70.53\%$

대기환경
기사 · 산업기사 실기

발행일 | 2013. 4. 10   초판 발행
2014. 1. 15   개정 1판1쇄
2015. 1. 15   개정 2판1쇄
2016. 1. 15   개정 3판1쇄
2017. 1. 25   개정 4판1쇄
2018. 2. 10   개정 5판1쇄
2019. 2. 10   개정 6판1쇄
2020. 2. 10   개정 7판1쇄
2020. 8. 20   개정 8판1쇄
2021. 2. 10   개정 9판1쇄
2021. 7. 20   개정 10판1쇄
2022. 1. 15   개정 11판1쇄
2023. 2. 10   개정 12판1쇄
2024. 1. 10   개정 13판1쇄
2025. 1. 20   개정 14판1쇄

저 자 | 서영민
발행인 | 정용수
발행처 | 예문사

주 소 | 경기도 파주시 직지길 460(출판도시) 도서출판 예문사
T E L | 031) 955 – 0550
F A X | 031) 955 – 0660
등록번호 | 11 – 76호

- 이 책의 어느 부분도 저작권자나 발행인의 승인 없이 무단 복제하여 이용할 수 없습니다.
- 파본 및 낙장은 구입하신 서점에서 교환하여 드립니다.
- 예문사 홈페이지 http://www.yeamoonsa.com

정가 : 36,000원

ISBN 978-89-274-5720-6   13530